2

结构工程与工程哲学

Structural Engineering and Philosophy of Engineering

张俊平　著

科学出版社

北京

内 容 简 介

　　本书从自然、科学、技术、哲学、经济、历史、艺术等多个视角，结合 63 个典型工程案例，概括了结构工程的科学技术要点，剖析了结构工程的本质和特征，指出了工程观念、工程方法、工程思维对结构工程实践活动的统筹作用，揭示了结构工程创新、结构工程演化的基本规律，阐明了结构工程的四大支柱亦即结构材料、结构体系、结构理论与施工方法的相互作用机制，挖掘了工程大师的思想方法及历史贡献，剖析了结构工程的未来挑战，内容横跨认识论、实践论、工程技术与结构艺术等多个维度，以便在结构工程实践与工程哲学之间的鸿沟上搭建一座"桥梁"，从工程观念、技术方法、力学行为、经济指标等角度将结构工程创新演化的底层技术逻辑展现出来，从而帮助结构工程师更好地认识工程、思考工程、启迪工程智慧，走向结构工程创新实践的新天地。

　　本书可供结构工程领域的高年级本科生和研究生学习，也可供一线的结构工程师和高校教师参考。

图书在版编目（CIP）数据

结构工程与工程哲学 / 张俊平著. -- 北京：科学出版社，2025. 6.
ISBN 978-7-03-082277-2

Ⅰ. TU74；N02

中国国家版本馆 CIP 数据核字第 20256M6T33 号

责任编辑：郭勇斌　邓新平　仝　冉 / 责任校对：王　瑞
责任印制：徐晓晨 / 封面设计：义和文创

科学出版社 出版
北京东黄城根北街 16 号
邮政编码：100717
http://www.sciencep.com
北京厚诚则铭印刷科技有限公司印刷
科学出版社发行　各地新华书店经销

*

2025 年 6 月第 一 版　　开本：787×1092　1/16
2025 年 6 月第一次印刷　　印张：38
字数：868 000
定价：288.00 元
（如有印装质量问题，我社负责调换）

序　一

　　自古以来，结构工程一直是人类生活生产的物质基础，也是支撑人类文明发展的基本架构。近现代以来，在科学理论、技术原理、工程方法的共同推动下，在日益增长的社会需求带动下，结构工程较好地满足了人类"住"和"行"等基本需求，取得了伟大的工程成就，创造了一个又一个工程奇迹，站上了人类工程历史的巅峰。虽然在当代工程实践活动中还面临这样或那样的技术挑战，某些超级工程的技术挑战依然超出了人类目前的工程实施能力，但总的来说，结构工程实践活动的主要矛盾已经从"能不能"转变为"好不好、合适不合适"了。处在这样一个发展阶段，非常有必要从自然、科学、技术、经济、艺术、哲学、历史、文化等不同的视角，对结构工程实践活动进行全方位的思考和剖析，以便结构工程师在技术之上，理解领会结构工程技术背后所蕴藏的"道"，从而更好地从事结构工程的实践活动。

　　基于这样的认识和考量，《结构工程与工程哲学》一书便应运而生了。在该书中，作者从工程本质、工程历史、工程创新、工程设计、工程教育、工程事故、工程演化等多个层面，对结构工程发展演化的底层逻辑进行了全面梳理；从科学、技术、经济、艺术、文化、历史等多个向度，对结构工程进步的内在机理进行了深入剖析；从房屋建筑结构、桥梁结构两个结构工程的分支，对结构理论、结构材料、结构体系、施工方法的相互作用机制进行了系统解构；从研究范式的角度，对结构工程学科的科学研究、技术开发的进阶历程进行了深入刻画。显然，这是一种新的、比较宏观的、有别于常见工程技术专业书籍的"叙事"方式，创造性地将结构工程与工程哲学这两个过去互不相关的领域融合在一起，并采用案例剖析的方式来揭示结构工程背后的工程哲理，洞察结构工程的本质特征，揭示科学、技术和工程三者之间相互作用的机制。

　　作者是我近 30 年的助手和同事，既有扎实的科研基础，也有丰富的工程经验，近些年结合其对工程哲学的学习和思考，笔耕不辍，将学习思考成果比较系统地呈现在读者的面前。相信这样的写作尝试，有助于结构工程师端正工程观念、丰富工程素养、提升创造能力，有利于结构工程师在中宏观层面认识工程、思考工程，从而提升未来结构工程项目的建设品质。

中国工程院院士：（周福霖）

2024 年 12 月

序 二

从作者手中接过《结构工程与工程哲学》一书的打印本，我不觉眼前一亮，立即被书名所吸引，当即迫不及待地翻阅起来。在阅读该书之前，曾经听过一个工程哲学讲座。据介绍，工程哲学在国际上也是近三十年来随着大规模工程建设的快速发展而兴起的一门新学科。它运用哲学思维，分析"自然-工程-社会"的复杂关系，有助于工程建设的均衡发展和持续创新。我国学者在工程哲学领域作出了很大的贡献，影响最大的是殷瑞珏、汪应洛和李伯聪合著的《工程哲学》，已经出了第四版。但《结构工程与工程哲学》一书从结构工程的角度谈工程哲学，对于我们这些长期从事土木工程的专业人士，自然倍感亲切。

目前，结构工程已经发展成为一个非常庞大的、相对成熟的技术体系，造福人类的能力显著增强，但也留下不少遗憾。处在这样一个发展阶段，非常有必要跳出技术来审视技术，从自然、经济、科学、艺术、哲学、历史等不同的视角，对结构工程的实践活动、技术开发活动进行全面而深入的思考和剖析，以便在技术之上，深刻理解、系统领悟结构工程技术发展演化的底层逻辑。

面向这样的认知需求，在《结构工程与工程哲学》一书中，作者基于工程哲学的基本观点，针对房屋建筑结构、桥梁结构两个结构工程的分支方向，精选了历史上 63 个经典案例，系统地探讨和分析了科学、技术和工程三者相互作用的机制，剖析了经典工程案例的方法论价值，指出了未来结构工程实践活动所面临的挑战。该书还系统介绍了结构工程的发展历程，从工程观念、工程思维、工程方法等多个层面反映了结构工程界对各类主客观不确定性的把握尺度和应对方式的演化过程，试图从科学研究、技术开发与工程实践相互作用层面揭示结构工程技术进步的底层逻辑。因此，该书也是一本很好的结构工程史著作。

该书作者从事结构工程的教学与科研已有三十多年，积累了丰富的知识和素材，近年又努力从工程哲学的高度来审视和分析我国结构工程的发展历程，终于完成了该书的写作。这是一种新的探索和尝试。该书特别适合土木工程领域的工程师和高校教师阅读，可以提升自身工程素养和创新能力，从而进一步提升未来结构工程建设项目和人才培养的水平。

中国工程院院士：陈政涛（陈政清）

2024 年 12 月

前　言

一、写作缘由

结构工程是人类生活生产的物质基础，也是人类文明发展的载体之一。近现代以来，结构工程一直是各个工程领域的"排头兵"，率先进入了科学、技术和工程三者相互作用的、自我驱动发展的新阶段。特别是第二次世界大战以后，在工业化、城市化大潮的推动下，结构工程进入了黄金发展期，预应力混凝土、钢管混凝土、斜拉桥、网格结构、弦支结构、索膜结构、扁平流线型钢箱梁、多塔悬索桥等工程创新成果不断涌现，新材料、新结构、新理论、新工法、新工艺在全世界迅速扩散，在短短的 80 年时间里，基本上满足了人类生产生活的需求，夯实了人类文明的物质基础，登上了人类 4000 多年工程历史的巅峰。目前，虽然有时候在进行一些工程项目建设时还会面临某些技术层面的重大挑战，一些结构工程实践活动还存在着这样或那样的不足，不能很好地满足社会各界的期待，但总体来说，结构工程已经不存在难以逾越的技术障碍了，基本实现了从"能不能"向"好不好""适合不适合"的根本转变，这是人类工程史上从未有过的壮举。

站在这样一个结构工程发展历史的关键节点，面对如此辉煌的建设成就，以及存在的遗憾、欠缺和不足，我们既深感自豪、经历了人类历史上最大规模的结构工程实践活动，也有足够多的理由来深入思考结构工程这一古老而现代工程领域的一些深层次问题。例如，就技术层面而言，结构工程创新发展的关键要素有哪些？科学理论、技术方法、标准规范、工程经验之间的关系是什么？结构材料、结构体系、结构理论与施工方法这四大支柱是如何相互作用并推动结构工程不断发展的？在结构工程实践活动中，技术创新、工程创新与经济性能指标的合理适配关系是什么？……就认识层面而言，结构工程的本质是什么？结构工程实践活动中涉及的自然、经济、技术、社会资源要素有哪些？这些要素之间如何耦合、如何相互制约？它们又是如何推动工程建设技术不断迭代升级的？现代结构工程发展演化的基本规律和底层逻辑是什么？……就实践层面而言，工程创新的出发点和落脚点应该是什么？而实际情况又是什么？在近现代结构工程发展进程中，最具典型意义、值得反复品鉴的工程创新案例有哪些？在这些经典案例中，工程设计大师是如何化繁为简、推陈出新的？他们处理工程疑难问题时的思维方式方法对后来者有何启迪意义和示范价值？为什么一些工程设计大师如爱德华多·托罗哈（Eduardo Torroja）、弗里茨·莱昂哈特（Fritz Leonhardt）、林同炎、圣地亚哥·卡拉特拉瓦（Santiago Calatrava）能够在房屋建筑结构、桥梁结构两个细分领域均有突破性创新？……显然，对这些问题的思考和认识，不仅涉及到结构工程的技术本身，而且超越了结构工程实践活动自身，某种意义上就是统揽现代结构工程发展演化历程的认识论与方法论。

另外，正如美国技术哲学家卡尔·米切姆（Carl Mitcham）所言：尽管哲学一直没有给予工程足够的关注，但是，工程界也不应将此作为无视哲学的借口，卓越的工程师依然是后现代社会中未被承认的哲学家。那么，在这样波澜壮阔、成就非凡的结构工程实践活动中，如何从工程哲学的高度来看待工程、思考工程、正确认识工程的本质？结构工程实践活动应遵循的最根本规律和规则是什么？结构工程实践活动中的要素之间如何耦合、如何制约？工程师应该具有什么样的工程观念？如何界定和评价技术创新与工程创新？怎样才能感悟认识工程实践、技术创新与工程创新的真谛？等等。从这个角度来看，非常有必要依托工程哲学的基本思想，结合结构工程的发展演化历程及经典案例，将工程哲学观念春风化雨式地传导至量大面广的一线结构工程师，从而为结构工程师提供认识世界、改造世界的强大思想武器。

正是基于以上两个差异极大、过去互不相关的视角，非常有必要回望历史，从自然、科学、技术、哲学、艺术等不同的视角对结构工程的发展动力和内在机制进行全方位的审视，从工程本质、工程观念、工程思维、工程设计、工程文化、工程创新、工程演化等方面，对结构工程的发展演化进程、以及其背后的推动要素进行系统而深入的梳理和思考，从而促进结构工程师构建与时俱进的工程观念，以更好地回答结构工程实践活动"为了什么？如何集成？如何建构？如何创新？"等基本命题，更系统地理解与践行结构工程的价值理性，更全面地把握和处理结构工程实践活动中各种技术与非技术因素的复杂辩证关系，更准确地领悟把握结构工程实践活动、技术创新、工程创新与艺术表现力的内在联系，进而推动技术创新、工程创新和结构艺术的创作实践走向新天地。这正是作者写作本书的缘由。

二、探索尝试

带着这些疑问、思考和意图，作者进行了大胆的探索尝试，力图从工程哲学的高度将蕴藏在结构工程实践活动之中的哲理揭示出来，从工程思想观念的层面将结构工程创新经典案例的方法价值剖析出来，从技术方法、力学行为、经济指标的角度将结构工程创新演化的底层逻辑展现出来。为此，本书以结构工程实践为主线、以工程哲学的观点为辅线、以时间为隐线，结合63个典型案例，采用夹叙夹议、案例佐证的呈现方式，通过归纳结构工程的科学技术基础概要、阐明结构工程的本质特征、探讨结构工程设计施工与运营过程的经验教训、揭示结构工程创新的规律、展望结构工程的未来挑战，努力将工程哲学思想观点与结构工程技术的方方面面融为一体，以期对结构工程从业者正确工程观念的建构、工程思想的养成、工程创新思维的培育有所帮助和启迪，达到"随风潜入夜、润物细无声"的效果。

对于这种"哲普"方式，打个不严谨的比方，如果说在一片广袤的工程实践活动"森林"里，结构工程师是站在某种树下，一直都在孜孜不倦地探究这种树的种植方法、成长机理、剪裁工艺、病害成因、投入产出等技术性问题，而哲学家则是站在山顶上，面对品种繁多、数量庞大树木组成的"森林"，对其成长机理、演化规律进行高度抽象的概括凝练和总体把握，虽然哲学家得出的认知规律会对结构工程师的实践活动有所帮助，但却不太容易为一线工程师所理解领会。而本书的目的就在于，在森林的一角修筑一条小路，使结构工程师能够从树下走出、登上一个小山包，俯视他所关注这种树木的整体情况、生长态势、演化规律等，从而对结构工程所涉及的自然、科学、技术、经济、社会、历史、文化等要素产生中观乃至宏观的思考、认识和领悟，并能够结合工程实践、逐渐上升到认识论和方法论的层面，构建自己的工程观，从而更好地从事结构工程实践活动。

基于上述意图，本书共分为6章，第1章简要论述多视角下的结构工程，第2章主要阐述结构工程的科学技术概要，第3章专门剖析结构工程的本质和特征，第4章着重论述结构工程的设计，第5章主要阐述结构工程的创新，第6章简要介绍结构工程的未来挑战，涉及认识论、实践论、工程技术与结构艺术等多个维度，各章内容既相互独立、又有内在逻辑联系。此外，在写作中，为达成构建正确的工程观念、启迪工程创新思维这一主要目标，作者在某种程度上需要跳出技术来看技术，为此，写作时在架构上不追求严谨完整，在技术内容上不企求面面俱到，在论述分析上不追求细致详尽，在力学行为分析上不细化到构件或截面层面上，也不采用相关专业书籍常用的理论解析表达方式或严谨的符号体系，而是以结构体系为核心，以结构材料、结构理论、施工方法、经济性能为支撑，在中宏观层面上采用了切片式、断面状的解构方式，着重论述结构材料、结构体系、结构理论、施工方法这四大支柱在结构工程发展进程中相互作用的机制，以及经济性能指标对结构工程的约束筛选作用，力图将结构工程实践活动过程中的哲学观念融合进去、剖析出来。之所以如此，一方面是因为结构工程领域的专业书籍已经汗牛充栋了，另一方面是因为随着现代结构工程向大型化、复杂化发展，已经很难采用理论解析公式来描述刻画结构行为了。

换言之，本书不是一幅关于结构工程的"工笔画"，而是一幅横跨4000多年的、关于结构工程的"写意图"，意在让读者能够从更高的维度、更广的视野去了解结构工程发展演化的概貌轮廓，领悟结构工程技术发展的内在逻辑，感受工程思维的内在魅力，了解相关技术从哪里来、要到哪里去、其间经历了哪些波折，以便从技术创新、工程创新的发展历程中汲取养分，全面把握结构工程的建构性、实践性、系统性和社会性，感悟结构艺术的真谛。另外，作者基于对近现代结构大师们工程创新及其历史贡献的简要梳理，力图将技术创新、工程创新的曲折进阶之路勾勒出来，从而揭示结构工程技术背后科学理论的价值，阐发蕴含在结构工程实践活动之中的工程哲学观点，形成既有技术方法手段、也有思想观点、还有工程历史人物、更有哲学反思批判和人文情怀的呈现方式。为此，本书通过对经典案例的细致解剖，力图再现结构工程发展演化的曲折历程，强化工程哲学观点的渗透，揭示工程创新的客观规律，反思工程实践的经验教训，探究工程大师的思想方法和思维方式，使工程案例分析研究成为联结工程实践活动与工程思想观点的纽带，成为抽象的工程哲学观点剖析的载体。

三、主要困难

诚然，驾驭这样宏大的题材，采用这种依托工程而又超越工程，探讨工程和技术之"道"的写作尝试无疑是非常艰难的、富有挑战的，虽然作者踏遍结构工程与工程哲学两座"大山"，不断穿行于科学、技术、哲学、历史、艺术等多个"山头"，但在杀青之际仍深感吃力与不安。究其原因，是因为作者试图从工程哲学的高度，竭力将结构工程实践活动相互矛盾的内在属性——安全性、科学性、经济性、艺术性、规范性、社会性、建构性、系统性等全方位地展现出来，着力将结构工程发展演化的四大支柱——结构材料、结构体系、结构理论、施工方法相互作用的机制揭示出来，力图将结构工程大师的思想观念、思维方式、个体风格等呈现出来，导致写作难度极大，超出了作者的能力、见识和水平，这些困难主要有以下三个方面。

一是面对工程思维与哲学思维两种不同的思维方式和话语体系，要在二者之间的鸿沟上搭建"桥梁"确实跨度太大、范畴太广、难度太高，要弥合工程思维与哲学思维两种异质思维的差异、符合学术范式地展示出来并能为结构工程师理解确属不易。为此，本书采用依托典型工程案例、叙议结合的写作方式，以阐明技术迭代发展的内在逻辑、揭示结构工程实践活动背后所蕴含的哲学思想。这种依托结构工程科学技术基础的"哲普"写作方式，无疑是一个严峻的挑战。

二是因为现代结构工程规模庞大、技术迭代较快，相关结构工程的技术成果浩繁庞杂，要在有限的篇幅将结构工程的发展历程、工程创新、经验教训以及其背后所蕴藏的哲理全面客观地揭示出来，的确困难很大，为此本书遵循粗细结合、以点代面的原则，以免篇幅过长。另外，由于相关文献资料深受技术思维的影响，多为总结性的论文，普遍存在见物不见人、见结果不见过程、见技术分析不见构思过程的现象，很少谈及方案酝酿、设计构思过程，也很少谈及方案的经济指标或工程材料用量等，价值理性显得不足，导致穿过工程历史的迷雾，挖掘、再现工程大师们的思维过程也是一件非常困难的事情。

三是限于作者的经历阅历，对结构工程实践活动中的一些技术和非技术要素理解掌握得还不够全面系统，加上本书内容涵盖了桥梁工程与房屋建筑工程两个细分领域，导致涉及面较宽、内容较为庞杂，很难精准地将工程哲学观点与结构工程实践活动有机地融为一体并恰当地展现出来。这一点正如著名物理学家理查德·费曼（Richard Feynman）在全程参与美国"曼哈顿计划"后所言：我造不出来的，我就不能真正理解（What I can not build, I do not understand）。对此，作者在写作时也有"纸上得来终觉浅，绝知此事要躬行"的同感。

但是，正如普林斯顿大学教授、著名工程评论学者戴维·P. 比林顿（David P. Billington）所言，工程教授因其终身职位的伦理责任要求，要不惧外部压力，对工程实践活动进行自由而符合学术规范的分析、评判和批评，从而起到推动工程实践活动进步的作用。正因为如此，作者期望通过这样的尝试，首先能够在认识观念上解决"怎么看"这一工程实践活动的基本问题，从而促进工程实践一线的结构工程师结合实际情况、更好地解决"怎么办"的问题。从认识论来说，拉长时间尺度观察，观念认识才是人类社会最根本的变革力量，因为唯有基于观念共识的变革，才有可能激发科学、技术、经济、社会、文化及制度的力量。例如，正是哥伦布相信"地"是圆的这一先进正确观念才开启了大航海时代，拉开了地理大发现的序幕；又如，英国之所以能够率先完成第一次工业革命、实行市场经济、成为全球贸易的开拓者和主导者，正是其有亚当·斯密（Adam

Smith）①关于"分工和交换促进财富增长"的论断作为社会各界共同的观念基础。同样地，结构工程作为人类发展进程中的一个有机组成部分也是如此。因而，从认识论层面来说，"怎么看"远比"怎么办"重要，只有确立了先进科学的工程观念，才有可能推动工程实践、技术创新、工程创新沿着正确的道路不断前进，更好地造福人类。

四、致意致谢

基于上述原因，作者虽历经十余年的资料准备、三载写作、经过十数次修改，书中仍不可避免地存在诸多不足与缺漏之处，恳请工程界、学术界的各位同仁不吝赐教，以便作者修订完善。此外，部分案例的资料数据来源于"设计与哲学""iStructure""桥梁杂志""西南交大桥梁""声振之家""说桥""桥何名欤"等公众号、网络连接或非正式发表文献，无法一一注明来源，特致谢忱；如有侵权，请与作者联系。联系邮箱zhang-jp@139.com。

在本书写作过程中，得到了很多前辈和同行的帮助、指导和支持。德高望重的周福霖院士、陈政清院士对本书的写作提纲和写作方式给予了深入系统的指导，并在百忙之中亲自撰写了序言，令作者备受启发鼓舞！特别是蔡健教授、韩建强教授级高工、刘付钧教授级高工、黄海云副教授深度参与了本书架构和内容的讨论，认真细致地审阅了本书的草稿，提出了很多建设性意见，给予了很多帮助和指导，为书稿的完善付出了艰辛的努力，他们无私的奉献令作者非常感动！还有罗明星教授、庄卫林教授、刘爱荣教授、吴玖荣教授、刘彦辉教授、陈洋洋教授、魏斌教授级高工、林阳子教授级高工、官润荣教授级高工、方壮城副教授等同仁，在百忙当中审读了有关章节，扩充了相关案例的资料，订正了书稿中的错误，提出了许多宝贵的意见建议，在此特致谢忱！与此同时，科学出版社编辑秉持严谨细致的作风，在书稿撰写的后期，深度介入了本书的架构调整、编辑加工，使得书稿质量得以大幅提升，在此特致谢意！此外，研究生苏建旭、谢柱坚、魏旭奇、孙佳国、孙治海、张泰权、黄河淏、吴怡纯、张弛、李涛等人做了很多资料查找加工、插图绘制等技术工作，为本书出版付出了辛勤的劳动，在此一并致谢！

作　者

2024 年冬　于广州

---

① 亚当·斯密（Adam Smith），1723～1790 年，英国经济学家、哲学家，著有《道德情操论》（*The Theory of Moral Sentiments*）、《国富论》（*An Inquiry into the Nature and Causes of the Wealth of Nations*）等经典著作，强调自由市场、自由贸易以及劳动分工，被誉为"古典经济学之父"。

目　录

全书案例目录*

---

* 本书所指的案例取其广义上的内涵，既包括具体的结构工程案例，也包括结构工程某些工程观念、工程经验、技术方法和技术手段的演变，以及某一类工程事故成因分析等。

第1章 多视角下的结构工程

一般而言，工程是人们按照特定目的，有组织地利用各种资源与相关要素构建人工存在物的实践过程及其结果的总和。工程实践活动既受自然条件、经济发展、社会环境、历史文化等因素的制约，也需要科学理论、技术方法、工程经验的支撑和指导，有些时候还具有艺术特质，是一个非常复杂的非线性耦合及迭代过程。同时，工程实践活动处在自然、科学、经济、技术、艺术、社会的交叉点上，有多个观察思考的切入角度。本章将结合结构工程的发展历程，简要论述结构工程的内涵，揭示科学、技术和工程的分野及其相互作用机制，厘清科学、技术和工程内涵，剖析研究范式转换对科学研究与技术开发的推动作用，阐明从科学、技术、艺术、哲学等多个视角认识工程和思考工程的价值意义。

1.1　关 于 工 程

1.1.1　工程的内涵

工程就是以某种预想的目标为依据，应用相关科学理论和技术手段，通过有组织地对自然界物质和能量进行合理利用改造以实现预期价值的"人工过程"。工程最主要的特点就是目标性和复杂性。没有明确的目标，谈不上工程；没有产出或产出为相对简单、单一的产品，一般也不称为工程。工程实践活动的内涵可以概括为"一个对象、两种手段和三个阶段"，一个对象指改造对象的过程和结果，两种手段指技术手段和管理手段，三个阶段即策划阶段、实施阶段和使用阶段。

工程具有明确的目标和价值追求、显著的产业/行业经济属性，是在特定的自然、经济、社会、技术、文化等条件约束下，同体异质的技术要素和非技术要素如政治、资本、社会、伦理、管理等的集成与整合。在规划、设计或实施层面，工程也被称为工程实践或工程实践活动，很多时候并未进行严格的区分。工程实践活动作为一种利用自然、有组织有目的改造自然的"人工过程"，是推动经济社会发展、造福人类的主要力量，是现实的、直接的生产力，是一个地区乃至国家竞争力的集中展现，是创新活动的主战场。从价值工程角度来看，工程实践活动是以专业化的技术知识体系为载体、以工程方法和管理手段为依托、以自然条件资源为约束的集成与建构，从而达成某种目的的创造性建构过程。

1.1.2　工程的外延

纵观人类发展历史，从石器时代起至今，工程实践活动就一直是人类生活生产的一部分。构木为巢、掘土为穴、夯土为墙，就是最早的房屋工程；落木为梁、砌石为拱、挂藤越溪，就是简易的桥梁工程；开井采矿、制陶冶铜，就是矿冶工程的发端；采麻织布、采桑养蚕，就是早期的纺织工程；等等。"工程"一词古已有之，在我国始于南北朝，多指土木建筑工程。《新唐书·魏知古传》所言的"会造金仙、玉真观，虽盛夏，工程严促"，比较直接地揭示了工程建设与时令的关系。西方出现"工程"一词则要到 14 世纪末，开始是指军事设施的建造活动，包括兵器制造、防御工事等，常和 machine 一词相连，意指机器或装备的制造。第一次工业革命①之后，随着民用市场规模的不断扩大、新的机械装置的发明创造，"工程"这一概念的含义也逐渐泛化并逐步扩展到房屋建筑、道路桥梁、采矿冶金、机械装备、机械船舶等许多领域。

　　在工程领域壮大发展过程中，工程师逐渐从传统的工匠中分离开来。第一次工业革命后，工程实践活动空前活跃，英国市场需要大量具有专门技能的人员从事运河、码头、铁路、桥梁的建造，以及从事船舶、机械、车辆等装备的制造，这类人便被称为工程师。有据可考的第一个自称工程师的是英国人约翰·斯密顿（John Smeaton）②，他在 1759 年采用石材、波特兰水泥建成了当时极具挑战的英吉利海峡的埃迪斯通（Eddystone）灯塔，这是自罗马火山灰水泥（pozzolanic cement）之后的第一种人工材料，后来他又建造了多座桥梁和码头，以及数十个水车和风车等当时颇具技术挑战的工程项目。从 1768 年起，他开始称自己为民用工程师（civil engineer），大意是界定自己是从事民用建筑工程的专业技术人员，以便在工作性质上与西方传统的兵器制造、防御工事建造的"军事工程师"（military engineer）相区分，从而能够顺利地被建筑市场所接受。相应地，这一类人员的工作领域——土木建筑工程便逐渐地被称为 civil engineering。

　　到了 19 世纪中叶，现代工程的雏形和主要类别已经基本确立，主要类别如表 1-1 所示。此后，随着第二次工业革命、第三次工业革命③的成果不断向纵深发展、向生产生活领域渗透，工程的疆界急剧扩大，工程纪录不断刷新，逐渐形成了狭义和广义的两种"工程"概念。狭义的"工程"是指一群人通过有组织的活动，构建具有预期使用价值的人造产品的过程及结果，逐渐隐含了产品制造的含义。所谓产品（product），是指被人们使用和消费并能满足人们某种需求的任何东西，一般包括有形物品、无形服务或

---

　　① 第一次工业革命是指 18 世纪 60 年代发源于英国的技术革命，其主要标志是蒸汽机的广泛使用、将热能转化为通用动力，主要集中在纺织、土木、矿冶、机械、造船等工程领域，由此开创了以机器代替手工劳动的时代，并引发了深刻的社会变革、加强了世界各地之间的联系、改变了世界的面貌。

　　② 约翰·斯密顿（John Smeaton），1724~1792 年，英国皇家学会会员，职业生涯开始于钟表制作和机械工程，后来转向土木工程，主要从事建筑工程和机械工程，承建了数十个当时极具挑战性的工程项目，在工程设计和建造方面显现出非凡的才能，发表了 18 篇关于力学、天文学、工程建造方面的论著，推动了土木工程发展。他建造的最著名工程项目是英吉利海峡的埃迪斯通灯塔，第一次将黏土、砂、石灰混合在一起砌筑灯塔的基础，形成了在海水中能够结硬的砂浆，这是波特兰水泥的最早的工程实践（因与英国波特兰地区的石材很像，因此被命名为波特兰水泥），成为近代土木工程史上的里程碑之一。

　　③ 第二次工业革命是指 19 世纪中后期席卷西欧、北美的工业技术革命，其主要标志是电力远程传输并成为通用动力，以及电动机、内燃机等广泛应用，由此人类进入了"电气时代"；其主要特点是科学与技术紧密结合，极大地推动生产力的发展，新兴工程领域不断壮大。第三次工业革命肇始于 20 世纪 50 年代，主要以电子计算机技术、原子能技术、航天技术、人工合成材料为代表，其主要标志是信息技术成为通用技术并获得了广泛应用，由此人类进入了"信息时代"；其主要特点是由科学发现引导技术发明、进而转化为工程实践活动的速度不断加快。

它们的组合。产品是工程实践活动的主要成果,是行业产业最主要的纽带,也是商品社会、市场经济的基础元素之一。但在有些时候,"工程"一词也用于指具体的工程项目(project),人们对此并没有进行严谨的区分。简单来说,凡是造物活动及其结果都可以视为"工程",其中一些"工程"以产品的方式在市场上流通。与此同时,"工程"一词也被延伸引用于社会领域,形成了广义的"工程"概念,广义的"工程"是指由一群人为达到某种目的、在一段较长时间内进行协作活动并不一定产出实物的过程,如各种各样的社会工程。

表 1-1　现代工程的主要类别与造物精度的演化

工程类别	出现时间	现象/科学基础	工程器物	工程尺度/m
土木工程	约 4000 年前	物质砌筑/静力学	结构建筑	$10^{-3} \sim 10^{-2}$
机械工程	18 世纪中叶	对象运动/动力学	机械装置	$10^{-5} \sim 10^{-3}$
化学工程	19 世纪初	分子变化/化学	过程装置	$10^{-8} \sim 10^{-5}$
电力电子工程	19 世纪中叶	电子运动/电磁学	电磁器物	$10^{-9} \sim 10^{-7}$

进入近现代社会,随着国际贸易的发展、工程规模的扩张、技术的迭代进步,工程价值作用的凸显,工程的实施方式、组织形态产生了深刻的变革,逐渐衍生出产业这一新的组织业态。所谓产业,一般是指建立在同类产品、专业技术、工程系统或服务模式基础上的行业性生产或社会服务的业态,由同类或相近的工程知识、专业体系、技术规则、组织实体、运行模式等通过相互组织集合而成的,如纺织业、建筑业、采矿业、通信业等。产业有些时候也被称为行业,并没有进行严格的区分。产业是一种专门的、中观的经济系统,是国家或区域的核心竞争力。产业/行业发展演化具有自身独特的组织逻辑、影响因素与成长规律,主要目标是达成相应的经济效益与社会效益。工程项目是产业最基本的单元,也是产业持续发展、迭代升级的载体和阶梯。

1.1.3　关于土木工程

在众多的工程领域之中,土木工程是一个古老而现代的工程领域,占据了人类"衣食住行"四大基本需求的相当部分,几千年以来都是经济社会发展的物质基础,长期广受社会各界关注。在漫长的工程演化的过程中,有时候人们所说的工程往往就是指土木工程,以至到今天在一些场合仍存在以土木工程泛指工程领域的现象。

在我国,按照国务院学位委员会的定义:"土木工程(civil engineering)是建造各类工程设施的科学技术的统称。它既指工程建设的对象,即建造在地上、地下、水中的各种工程设施,也指所应用的材料、设备和所进行的勘测、设计、施工、保养、维修等专业技术"。土木工程是工业化和城市化进程最重要的物质载体,是诸多工程领域中体量最大、从业人员最多的领域,也是最具有文化传承、艺术价值的工程领域,很长时间以来都是城市乃至国家综合实力与发展水平的标志。根据建造对象不同,土木工程又可以细分为结构工程、桥梁工程、道路工程、隧道工程、地下工程、防灾减灾及防护工程等。

土木工程的科学基础是工程力学和材料科学，与土木工程具有相同或相近科学基础的工程领域还有水利工程、港航工程、近海工程等。

以土木工程为核心的建筑业多数时候都是国民经济的支柱产业，是开发和吸纳劳动力资源的重要平台，由于它投入大、带动的行业多，对国民经济的发展具有举足轻重的作用，在不同国家的不同历史时期都发挥了重要而独特的作用。以我国为例，根据国家统计局对各行业 2024 年 GDP 核算数据，建筑业增加值达 89 949.3 亿元、占 GDP 的 6.67%，大体与第一产业（农林牧渔业 96 612.9 亿元）相当，建筑业从业人数为 5117.2 万人，仅少于制造业从业人数 10 481.4 万人与批发与零售业 5325.8 万人。如果考虑与建筑业密切相关的房地产业，其 2024 年的增加值为 84 565.2 亿元，建筑业、房地产业二者增加值相加，占 GDP 的比重接近 13%，是名副其实的支柱行业。欧美一些发达国家的相关统计结果表明：在工业化城市化进程中，建筑业占 GDP 比例也多在 5%～7%，持续时间常常超过 20 年，进入工业化中后期，这一比例会有所下降，但建筑业仍是国民经济的支柱产业之一。另一方面，建筑业是消耗自然资源最大的行业，也是碳排放量最大的行业。中国建筑节能协会和重庆大学联合发布的《2024 中国建筑与城市基础设施碳排放研究报告》表明：我国建筑业消耗了全球一半左右的钢材和水泥，房屋建筑全过程（不含公路、铁路、地下铁道、发电站等基础设施）能耗占国家全部能耗的 44.7%，已经成为我国能耗最大的行业。

近 40 年来，我国正在进行人类历史上最大规模的土木工程实践活动，形成了强大的工程设计与施工能力，取得了史无前例的成就，目前已经迈入工程强国的行列。就建设规模而言，截至 2024 年底，我国城市率约为 67%，累计建成约 800 多亿 m² 的各类建筑物、110.81 万座公路桥梁、20 多万座铁路桥梁、3.26 万 km 长的公路隧道、1.22 万 km 的地下铁道，为 8 亿人从农村向城市迁移提供了坚实的生产生活条件。就建设成就而言，我国工程界创造出钢管混凝土、多塔悬索桥、空间网格结构等工程创新成果，全世界跨径超过 400 m 的桥梁、高度超过 250 m 的高层建筑约有一半以上在我国；在国际桥梁与结构工程协会（International Association for Bridge and Structural Engineering，IABSE）评出的杰出结构奖中，约有 1/4 的工程项目在我国，我国企业走出国门、参与建设的国外工程获奖项目也为数不少（参见附表 1）。我国土木工程虽然取得了巨大的成就，但就建设品质而言，由于建设规模大、建设速度快、建设时期比较集中等各种因素的影响，工程项目的建设品质仍不能令人满意，在技术创新、工程创新方面仍有很大的提升空间，与传统工程强国如美国、德国、日本、英国、法国、瑞士、丹麦相比还存在一些差距，主要体现在以下五个方面。

一是表现在技术开发上，原始性、颠覆性的技术创新与工程创新还不够多，有重大创新、国际影响的工程项目数量还相对比较少，与我国土木工程实践活动的体量不太相称。

二是表现在创新机制上，能够将科学研究、技术开发、工程应用、市场推广融为一体，并相互促进的创新生态尚未形成，处在国际土木工程技术前沿、工程业务链顶端的设计咨询单位数量明显偏少。

三是表现在领军人物上，催生新技术和新方法、具有国际影响的工程大师数量偏少，不少重大工程项目的方案设计仍由国外建筑师主导，后发劣势比较明显，标准和规范的国际化之路也刚刚起步，与工程创新、技术创新及全球扩散的需求相去甚远。

四是表现在工程建设质量上，重建设、轻管养，重施工图设计、轻结构方案构思，重建设投资、轻全寿命成本控制，重分析计算、轻细部构造等现象普遍存在，导致工程建设运维的质量难以令人满意。

五是表现在工程观念上，部分工程项目经济性能指标①难以令人满意、材料用量偏高、使用性能不佳、耐久性能堪忧、工程品质不高；一些结构工程项目没能很好地兼顾功能性、经济性与艺术性，存在顾此失彼的现象；名为创新、实则怪异，在受力上不合理、经济上不划算、为创新而创新的工程项目数量偏多，占比偏高；等等，不一而足。探究这些现象背后深层次的原因，则是一些结构工程师的工程观念、价值导向存在一定程度的偏差。

1.2 关于结构工程

1.2.1 结构工程的内涵

结构工程是土木工程中最主要的分支，是一门运用力学方法对各种人工结构物（构筑物）进行研究、设计和分析，并通过对材料性能、结构体系力学性能的高效利用，在安全、经济、合理的前提下，达到抵抗自然界各类作用的学科。广义的结构工程是指地球表面或浅表地壳内的一切人工构筑物，包括水利工程、地下工程及防护工程等；狭义的结构工程在国际上主要是指房屋建筑工程及桥梁工程，在我国主要是指房屋建筑工程。

在我国深受苏联计划经济模式影响的历史背景下，房屋建筑工程、铁路工程、公路工程、水利工程等相近的工程领域长期由互不隶属的行政部门主导，造成了比较突出的条条分割的现象，导致技术规范标准多强调特殊性而忽视共通性，也导致一线技术人员难以消化借鉴相近领域的工程创新成果。出于这一考虑，本书按照国际通用概念，所指的结构工程包括房屋建筑工程及桥梁工程，因为二者具有相同的科学基础、技术方法和结构材料，只是在结构形式、荷载类型、施工方法等方面存在一些差异，但本书不包括与房屋建筑工程及桥梁工程密切相关的岩土工程、地基基础工程。之所以如此，一是为了强化房屋建筑结构与桥梁结构之间的内在联系和相互影响，消除人为分割、画地为牢的传统习惯做法，也便于构建结构工程领域的技术创新、工程创新的连续图谱；二是避免本书篇幅过于冗长、内容过于庞杂，但这并不意味岩土工程、地基基础工程等不够重要。

在人类发展进程中，结构工程一直是工程实践活动的主阵地。人类最早的结构大概

---

① 通常，结构工程经济性能指标应采用全寿命造价来表征，但由于工程运营的维护费用计算较为困难，在实践中，多采用建设期的工程造价来表征项目的经济性。然而，由于工程造价与人工、材料、机具、措施、税务、规费等多种因素相关，而各个国家（地区）各个时期的通胀率、人工费用、税务费用、相关规费等存在较大差异，难以进行横向比较。因此，国际通用的做法是，采用折合每平方米（建筑面积或桥面面积）的结构材料用量来进行粗略的对比，借此反映结构工程的经济性能。

是利用天然的巢穴，后来依据不同的自然条件、逐渐发展为类型各异的房屋建筑结构和桥梁结构。早在 3000 年之前，《周礼·考工记》中就记载了各种建筑的形制。到了东汉，王延寿在《鲁灵光殿赋》中写道"于是详察其栋宇，观其结构"。首次出现了"结构"这一专有名词。随着人类文明的发展，人类所建造的结构种类愈来愈多，相继出现了道路、桥梁、兵器、船舶、车辆、机械等各色各样的结构。目前，结构的概念逐渐泛化，延伸至很多工程领域。一般而言，所谓结构，是指凡是能够承受一定荷载的固体构件及其系统的人工物。从更广义的意义上说，凡是承受一定荷载的固体构件及其组成的系统，如植物的根、茎、叶，动物的骨骼、血管，地球的地壳、岩体等也可以看作结构。在结构工程领域，结构是指能够承受一定荷载构件的某种集合方式，是结构形态、结构构型、结构材料、结构力流四个要素的统一综合体。

1.2.2　结构工程的要素

结构材料是结构工程的硬件，也是结构工程发展演化的根本力量。自有工程实践活动以来，结构材料主要经历了天然材料和人工材料两个大的发展阶段。天然材料包括石材、木材、生土、竹、藤等，在 20 世纪初基本退出了工程应用。人工材料包括砖瓦、钢铁、混凝土、玻璃、塑料、膜材、复合材料等，自工业革命后逐渐成为结构工程的主要材料。结构材料的迭代，直接推动了结构体系的演化，促进了结构理论的发展成熟，催生了新的施工方法的出现。

工程力学、材料科学是结构工程发展的软件，也是结构工程的科学基础。工程力学是一门研究梁、杆、拱、板、壳体、弹性地基、挡土墙等结构或构件受力行为与破坏机理的科学，对结构工程发展演化起到了关键的推动作用。自 1638 年伽利略（Galileo）《关于两门新科学的对话和数学证明》问世、提出了材料强度等基本概念以来，历经 300 多年，在强大的社会需求推动下，比较完备的工程力学体系方才建立起来。而发端于 20 世纪中叶的计算力学，将结构工程的研究分析手段，从只有理论、实验延伸至理论、实验与计算三种手段，极大地提升了结构工程的科学化水平，提高了结构分析、结构设计的效率。

进一步来说，工程力学、材料科学是结构工程发展演化的科学基础，结构材料、结构体系、结构理论、施工方法是结构工程四个相互支撑相互促进的支柱，以保障结构工程更可靠更安全地承受荷载与环境作用。其中，结构材料是基础，结构体系是灵魂，结构理论是核心，施工方法是保障。另外，结构设计方法是联结荷载环境作用、结构材料性能、结构体系及结构构件行为的纽带，集中地反映了工程界对主客观世界不确定性的认知水平和把握能力，揭示了人类积极平衡结构工程安全性与经济性的不懈努力。此外，随着信息科学与技术的快速发展，对结构工程实践活动的方方面面产生了深远的影响，成为结构工程实践活动强大而高效的工具。以上几个方面构成了一个相互依托、相互作用的技术体系，形成了结构工程技术自我进化、迭代升级的内在机制，推动了结构工程的发展演化，如图 1-1 所示。

图 1-1　结构工程演化的内部要素示意图

1.3　结构工程的发展历程

工程历史是工程演化、工程创新与技术创新的客观描述，也是工程经验教训的记录载体，还是理解技术创新、工程创新和工程演化的一把钥匙。一般认为，工程历史研究的核心问题主要有两个。一是科学发现、技术原理是如何应用于技术开发和工程实践的？技术是如何实现自我迭代、自我完善的？引发技术创新、工程创新的社会需求及内外部环境是什么？二是工程观念是如何演化发展的？一些带有普遍性的工程疑难问题是如何升华为工程观念的？工程观念又是如何渗透、影响到工程实践活动的方方面面？

纵观人类结构工程发展史，可以根据科学、技术在结构工程实践活动中所起的作用，大致将结构工程发展演化过程分为三个阶段，即依赖于工匠技艺经验的古代结构工程（公元前 2000～约 1650 年）、以科学和技术为支撑的近代结构工程（约 1650～1945 年）、由科学发现和技术发明引导的现代结构工程（1945 年至今）。在人类 4000 多年工程实践活动中，结构工程一直是工程领域的主要分支和排头兵，夯实了人类生产生活物质基础，担负着彰显城市乃至国家实力形象的期望，成为人类文明、历史文化的最主要的载体。为此，以下依据科学发现和技术发明对结构工程实践活动的支撑指导作用，简要梳理结构工程的发展历程，阐明工程思想、科学研究与技术开发对结构工程实践活动的指导意义。

1.3.1　古代结构工程

早在原始社会，结构工程实践活动就成为人类生产生活的一部分。古代结构工程的持续时间超过了 3000 年，虽然留下了以古埃及金字塔、古罗马斗兽场、美洲玛雅神庙，以及中国长城、都江堰和京杭大运河等许多流芳百世的工程，取得了伟大的技术成就，但建设及运营的效能水平一直比较低下，有时候还会出现工程技术长时间停滞不前或技术失传的现象。从本质上来说，古代结构工程中的技术是一种在长期实践基础上不断试错的"经验性技术"或"偶然的技术"，并未上升到技术原理与科学依据的高度。根据一些经济学家的估算，从公元元年到 1800 年，全球人均 GDP 的年增长率始终停滞在 0.02% 上下，几乎没有增长，工程实施能力及造福人类的能力非常有限。

古代结构工程主要成就集中在地中海沿岸地区、中国及古印度等地区。以古埃及、古希腊、古罗马为代表的西方，在城市规划建设、大跨建筑结构等方面达到了很高的技术水平，发明了各种形式的拱券、筒形拱、交叉拱、穹顶等，建造了一大批划时代的石拱结构，并将石拱结构的建造技术扩散至西亚、北非等地中海沿岸地区。以我国为代表的东方，依托对砖瓦烧制工艺、砖木结构、夯土结构建造技术的娴熟运用，我国先民发明了由斗形木块和弓形横木组成、纵横交错、逐层向外挑出"斗拱"，在砖木结构建造的技术工艺达到了极高的水准，建造了诸多无与伦比的宫殿、官衙、寺庙、祠堂等建筑精品，形成了砖木结构和夯土结构的各种形制和样式。总体来说，古代结构工程主要有如下三个特征。

一是技艺不分、水平比较低下，工程与技术融为一体，科学与技术、工程之间几乎没有什么联系。在古代，脑力劳动与体力劳动尚未分化，结构工程实践活动主要依靠的是以专业工匠的技能技巧，专业工匠既是设计师又是施工员，处于技艺不分的状况。以我国为代表的东方，儒家思想影响着生产生活的方方面面，"君子不器"等传统观念根深蒂固，大多数朝代的当权者除军事技术以外，对其他技术的发展进步并不关心，甚至将先进技术视为"奇巧淫技"，担心技术进步带来的社会变革会影响其统治的稳定和长久。另外，无论是东方的中国、印度，还是地中海沿岸区域，由于市场容量不大，工匠们只关心技术技能的实际知识和工程经验，并不关心这些技术背后的科学原理，更不去探究科学与技术之间的因果关联，科学与技术、科学与工程之间也没有关系。除古希腊等少数地区以外，没什么人关注科学的发展，科学大多数时候都游离于人们的视野之外，只是一小部分人认识世界的方式。例如，赵州桥的建造者李春、伊斯坦布尔圣索菲亚大教堂建造者米利都的伊西多尔（Isidore of Miletus）和特拉勒斯的安提莫斯（Anthemius of Tralles）、故宫建造者蒯祥等工程先驱，虽然建造了一些美轮美奂的伟大工程，顺应了农业社会自然经济条件下物流人流量不大、群体集会对大型空间要求不高的基本需求，但却没有将相关技术进一步提炼升华。

二是结构工程实践活动一直建立在天然材料和自然动力的基础上，结构工程实践活动规模总体上不大。古代结构工程主要集中在宗教建筑、皇家建筑、地方官衙、家族祠堂、军事要塞，以及跨径不大的桥梁工程、引水渡槽等生产生活必不可少设施，主要依靠生土、木、石、藤、竹等天然材料，人工材料如砖瓦、水泥、铁的应用非常有限，动力主要依赖畜力、水力、风力和人力。从古罗马至文艺复兴时期的近千年里，西方建筑的技术水平一直没有超越古罗马时期，直到 17 世纪，人类的工程实施能力、生产生活方式与古埃及人和美索不达米亚人并没有什么大的区别；同样地，如果一个清朝末期的工匠穿越回汉朝，适应汉代人的生产生活方式也没有太大的困难。在 3000 多年里，结构工程实践活动的材料、动力、技法、工艺、模式等要素并未发生根本性的变化。

三是工程思维遵循"整体模糊论框架",对结构工程实践活动的指导价值比较有限。在工程经验总结的基础上,古代工匠们创造出一些不太系统全面的工程规则与工程知识,形成了一些对后世影响较大的工程技术著作或建造要诀。以中国为代表的东方,比较强调工程"天人合一"的整体论,如中国春秋战国时期的《周礼冬官·考工记》中最早提出了造物观的"和谐"原则,即"天有时,地有气,材有美,工有巧。合此四者,然后可以为良",认为造物的关键贵在"和合",强调辩证统一。以古希腊、古罗马为代表的西方,则比较强调"物我两分"的还原论,如古罗马皇家建筑师马可·维特鲁威·波利奥(Marcus Vitruvius Pollio)的《建筑十书》,主张一切建筑物都应考虑"实用、坚固、美观",阐明了西方工程造物原则。总的来说,这些工程规则与工程知识虽然非常宝贵,但总体上比较笼统模糊、不易把握,对结构工程实践活动的指导意义比较有限。

案例1-1 石拱结构的起源与发展——"经验性技术"的漫长进阶之路

石拱结构的起源与发展与人类社会的文明进步相伴随行。在18世纪之前,石拱结构一直都是大跨建筑结构的主力。在石拱结构的各种形式中,拱桥与穹顶是两种既古老又年轻的结构形式。穹顶也称为穹隆,从结构观点来看,穹顶是一个由拱轴线围绕竖轴旋转围成几何空间,可以将其视为一系列经向具有共同拱顶的竖拱和纬向水平圆环所组成。拱桥和穹顶以受压为主、局部受弯为辅,能够充分发挥天然石材的抗压能力,具有很强的跨越能力和很大的刚度,但同时也会产生巨大的推力。拱桥和穹顶具有强大的生命力,在结构工程发展史上具有重要的作用和价值,并衍生出钢拱桥、钢筋混凝土拱桥、钢筋混凝土拱壳结构等现代结构形式。

1)石拱结构的起源

对于石拱结构的起源,国内外建筑界尚有不同的看法,经过多年的考证,主要形成了"天生桥说""叠涩拱说"等几种假说。所谓"天生桥说",即指在环境(气候、水流、地质作用等)的侵蚀影响下,大自然造就了众多千姿百态的天生拱桥,古人受到自然界中天生桥的启发,学会了建造拱桥。所谓"叠涩拱说",就是采用砖或石,借助逐层外挑的砌筑方法,形成可跨越一段距离的拱结构,借助叠涩方法,可以用较小尺寸的砖石搭建出尺寸较大的空间或跨越较长的距离。考古证据表明:拱桥及穹顶的起源与地下或地上的陵墓建筑有着密切的关系,石拱结构的出现与发展的几个主要时间节点大致为:①在公元前25世纪左右,在古埃及、两河流域和古印度,最早出现了砖叠涩拱或石叠涩拱;②在公元前5世纪~前4世纪,在古希腊出现了石拱桥;③从公元前2世纪开始,古罗马成为石拱结构技术的领先者,并推动石拱结构的建造技术扩散至世界各地;④中国石拱桥出现的时间,推测不晚于东汉(公元1世纪~3世纪)。纵观工程历史,石拱结构的起源和演变可以简要概括为:从泥砖到石材,从叠涩到拱券,从地下到地上,从建筑到桥梁。

从公元前2世纪开始,古罗马人采用券拱技术修建了各种石拱建筑,一切可以谋求更大空间或更大跨径的拱结构——包括各种形式的拱券、筒形拱、交叉拱、穹顶等,古罗马人都积极地探索尝试。鼎盛时期的古罗马城人口超过百万,城市供水排水等生活设施、宗教祭祀等社会活动、体育竞技等集会场所等都需要各种类型的大跨建筑结构,古罗马石拱建筑的功能用途囊括了渡槽、桥梁、公共建筑、纪念建筑等，给世界留下了丰富多彩的石拱结构遗产。古罗马拱券的特点是：无论采用直接砌筑法，还是采用火山灰水泥砌筑，拱券的形状几乎都是半圆形（半球形），以消除拱的水平推力，最大限度地发挥石材的抗压能力。在石拱桥方面，位于法国的加尔水道桥、位于西班牙的阿尔坎塔拉桥是最具有代表性的［图 1-2（a）、（b）］。其中，加尔水道桥建于古罗马帝国屋大维统治的全盛时期，长 268.83 m，水道桥共三层，顶层是输水渠，最下层为道路，供行人和车马使用，最大跨径 24.99 m（82 ft），最上层渡槽距离地面 49 m，每天可从 50 km 外为尼姆市输水 2 万～3 万 m³，建成时间为公元前 15 年，直到公元 803 年，该桥的输水功能被德意志人毁坏，尼姆市也因此失去活力、逐渐衰落。阿尔坎塔拉桥跨越塔霍河，为 6 跨连拱，总长 181.7 m，最大跨径 28.8 m，桥面高 45 m，宽 8.6 m，建成时间为公元 106 年。在石拱建筑方面，古罗马人多采用廊柱结构、梁柱结构和拱券结构，其主要特点是采用厚实的砖石墙、半圆形拱券或半球形穹顶、逐层挑出的门框装饰和交叉拱顶结构。依靠建造水平很高的拱券结构，古罗马人获得了宽阔的内部空间，罗马斗兽场、罗马万神庙就是石拱技术的集大成者［图 1-2（c）、（d）］。

（a）法国加尔水道桥

（b）西班牙阿尔坎塔拉桥

（c）罗马斗兽场

（d）罗马万神庙

图 1-2　古罗马几座代表性石拱结构（图片来自维基百科）

罗马万神庙是古罗马穹顶技术的最高代表。万神庙正中为一个深 15.5 m 山墙式的门廊，门廊由 3 排、16 根承重柱组成，柱身用红色花岗石，柱头以白色大理石制成，形象庄严厚重、威武肃穆。穿过门廊就是万神殿的正殿，供奉着古罗马的诸神。正殿的穹顶象征天宇，采用半球面，穹顶直径及高度均为 43.3 m，穹顶下部厚 5.9 m，上部厚 1.5 m，平均厚度为 3.7 m，每平方米自重高达 7400 kg，采用多种石材与火山灰水泥砌筑工艺。穹顶中央开了一个直径 8.9 m 的圆孔，寓意着神的世界和人的世界的某种联系，从圆洞进来柔和的漫射光线，照亮空阔的内部空间，营造出一种宗教的宁谧气息。穹顶支承在与其形状吻合的混凝土圆环形墙上，从理论上来说，穹顶在恒载作用下没有水平推力，但在施工误差、温度及不均匀的风雪荷载作用下，穹顶产生的水平推力仍不可忽略。由于当时尚无铁制材料，无法约束和平衡穹顶纬向的拉力，为抵抗穹顶因温度、不均匀风雪荷载、施工误差所产生的水平推力，圆环形墙的厚度达 6.2 m。为减轻穹顶重量，同时也起到装饰的作用，在穹顶顶部采用了火山灰质砂、凝灰岩质碎石、浮石等轻型材料，并在穹顶内面设置了 5 圈、每圈 28 个凹格，在环形墙体内沿圆周设置 8 个拱券，沿墙均布 7 个壁龛，大幅度降低了结构材料的用量。万神庙穹顶的环形墙体采用扩大基础，深 4.5 m、底宽 7.3 m。万神庙工程宏大、气势恢宏，始建于公元前 27 年，公元 80 年被毁，公元 118 年重建，公元 123 年完工，是古罗马最有代表性、最具影响力的建筑，展现了在神权时代，人们对神权的敬畏、对信仰的虔诚，宏伟富丽的建筑贯穿天国与人间，承载着神性通达的神圣使命，其所创造的大跨建筑结构纪录直到 1934 年才被结构大师爱德华多·托罗哈（Eduardo Torroja）[①]设计的西班牙阿尔捷希拉集贸市场（Market at Algeciras）打破。作为一个对比，阿尔捷希拉集贸市场采用钢筋混凝土球面屋顶，直径为 47.6 m，支承在 8 个边柱上，但屋顶钢筋混凝土结构的厚度在 8.89~45.72 cm，厚度及结构自重仅为罗马万神庙的几十分之一。

据考古发掘考证，我国历史上最早的拱券实物来自战国末年（公元前 250 年左右）洛阳的"韩君墓"，墓门为石拱，但直到隋朝，才有石拱桥并流传至今。建于隋开皇四年（公元 584 年）的河南临颍小商桥可能是我国最早的石拱桥 [图 1-3（a）]，该桥全长 21.3 m，桥面宽 6.45 m，主拱净跨径 12.14 m，矢高 3.06 m，拱券厚 0.6 m。建于公元 605 年的河北石家庄赵州桥则首创空腹坦拱结构 [图 1-3（b）]，该桥全长 64.4 m，拱顶宽 9 m，跨径 37.02 m，矢高 7.23 m，规模宏大、技术先进、造型美观，成为享誉世界的古代石拱桥精品。此后，依托一代又一代工匠的经验传承与技艺积累，我国在石拱桥的建造技术长期领先世界，留下了数不胜数、造型各异、艺术价值极高的石拱桥，如杭州拱辰桥、北京颐和园十七孔桥、苏州枫桥等。直到清朝末期在欧美现代桥梁建造技术传入我国之前，石拱桥依然占据了我国桥梁绝大部分，但跨径一直局限在几十米以内，技术上也没有再取得革命性的突破。

（a）河南临颍小商桥　　　　　　　　　　（b）河北石家庄赵州桥

图 1-3　我国早期的两座代表性石拱结构 [图片来自（李亚东，2018）]

① 爱德华多·托罗哈（Eduardo Torroja），1899~1961 年，西班牙马德里大学教授，国际壳体与空间结构协会（International Association for Shell and Spatial Structures，IASS）创会主席，发展了预应力混凝土理论，提出了多种空间结构新形式，在混凝土壳体、空间网格、预应力混凝土结构等方面均有开创性贡献，他的设计作品包括桥梁、大跨建筑等多个领域，以丰富的创造力闻名于世，享有"混凝土诗人"的盛誉。

2）石拱结构的进阶

进入中世纪后，为营造肃穆庄严的宗教氛围、满足宗教集会对大型空间的需求，穹顶在欧洲、中东成为石拱结构主要用武之地，但跨度一直没有突破罗马万神殿的纪录，在技术上也没有革命性的进步，甚至有些建造技术还出现了一度失传的现象。穹顶建造难度主要体现在三个方面：一是在不采用半球面的情况下，如何平衡穹顶产生的水平推力及纬线方向的拉应力，减小拱轴线方向的弯曲应力；二是采用何种方法施工建造，以克服罗马万神庙穹顶采用木支架满堂支承施工技术的低效；三是如何克服基础沉降的影响、提升抵御地震作用的能力。在古罗马之后的 1000 多年里，人们进行了不懈的探索和改进，留下了许多著名的穹顶建筑。在这些穹顶结构中，伊斯坦布尔圣索菲亚大教堂（Hagia Sophia）、伦敦圣保罗大教堂（St. Paul's Cathedral）无疑在技术改进改良方面最具代表性。

圣索菲亚大教堂位于土耳其伊斯坦布尔，是拜占庭帝国首都君士坦丁堡的标志性建筑，也是基督教最著名的教堂之一。圣索菲亚大教堂建成于公元 537 年，由物理学家米利都的伊西多尔和数学家特拉勒斯的安提莫斯设计建造，在其存世的 1500 多年里，圣索菲亚大教堂结构经历多次改造加固，功能用途也不断变化，从基督教教堂变成了清真寺、再变成了博物馆，直到变成现在的模样［图 1-4（a）、（b）］。圣索菲亚大教堂中间正厅为正方形，四周设有 4 个 7 m×10 m 的巨型石柱，柱间设置 4 条半圆形石拱，拱顶支承着直径 30.86～31.24 m、矢高 7.6 m 的偏圆穹顶，因功能需要，南北两拱用砖墙填实，开 3 层窗，东西两拱一端为教堂入口，另一端为祭台厅入口。由于穹顶在支承处轴线与水平线的夹角仅为 49.5°，这使得其水平推力非常大，为此设置了巨型石柱、东西端的半球形穹顶来抵抗水平推力，穹顶受力图式及其整体结构如图 1-4（c）、（d）所示。同时，由于穹顶经向、纬向基本上都处于受压状态，为减轻自重，采用 37.5 cm×37.5 cm×5 cm、密度为 1.48～1.90 kg/cm³ 的薄砖砌筑而成。虽然圣索菲亚大教堂穹顶直径较罗马万神庙小了不少，但穹顶不再由厚重的圆环形石墙支承，而是通过穹隅支承在 4 个巨柱上（所谓穹隅，就是从方形空间向圆形空间过渡性构件，亦即石柱与穹顶之间的三角凹面砖石结构），创造性地解决了在矩形基座上支承圆底穹顶的难题，并通过增设拱门、扶壁、小圆顶等过渡性构造来支承分担穹顶的重量，看起来"穹顶仿佛不是坐落在坚固的墙体上，而是由金链子吊着从空中垂下，遮盖着大堂的空间"，让人们能够仰望天界的美好与神圣。圣索菲亚大教堂建成以来，一直经受着地震的考验，发生于公元 553 年 8 月及公元 557 年 12 月的地震使穹顶破裂，而公元 558 年 5 月的地震则使穹顶彻底坍塌。穹顶修复工作由伊西多尔的外甥伊西多拉负责，他使用了浮石等较轻巧的材料，又将穹顶整体标高抬升了 6.25 m，使穹顶顶部高度达到目前的 55.6 m，修复工程于公元 562 年完成，使圣索菲亚大教堂在 6 世纪的面貌得以保存至今。

到了拜占庭时期，圣索菲亚大教堂又历经多次地震及加固修缮，不断累计的水平变形改变了穹顶的受力性能，穹顶多处开裂、局部坍塌，导致圣索菲亚大教堂显得相当破败，不得不先后增设 8 道厚重的扶壁来抵抗穹顶的水平推力。直到 1847～1849 年，圣索菲亚大教堂才借鉴了 1710 年建成的伦敦圣保罗大教堂水平推力的平衡方式，在穹顶底部增设了若干圈铁链环来约束水平推力，形成了推力自平衡体系，这一问题才得以基本解决。

（a）大教堂全貌

（b）大教堂穹顶内部

（c）穹顶受力图式

（d）大教堂穹顶概貌

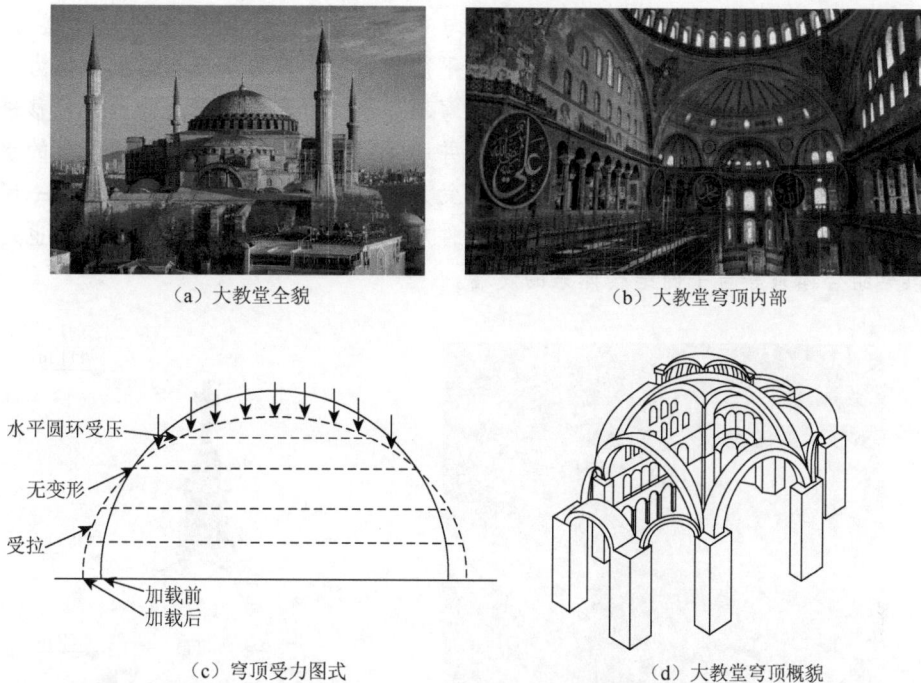

图1-4　圣索菲亚大教堂概貌及结构受力体系［图（a）、（b）来自维基百科，图（c）、（d）自绘］

伦敦圣保罗大教堂是英国国教圣公会（Anglican）的中心教堂，始建于7世纪初，1666年的伦敦大火导致其彻底损毁，重建工程由建筑师克里斯托弗·雷恩（Christopher Wren）设计，建造历时35年（1675～1710年），是英国近现代最具代表性的建筑，被誉为古典主义建筑的里程碑。与那个时代大多数建筑师脱胎于工匠或工匠世家不同，克里斯托弗·雷恩并没有丰富的建筑设计施工经验，但力学家的底色使得他能够摆脱既有工程经验的约束，始终从数学和力学角度来思考建筑，根据力的传递和力的平衡进行结构设计。圣保罗大教堂平面为十字形，穹顶位于教堂两翼的交会之处，塔尖高111.3 m，由8根巨型石柱支撑［图1-5（a）］。在结构上，伦敦圣保罗大教堂在结构形式方面有两大创新，一是采用了双重穹顶形式，二是采用推力自平衡穹顶。从教堂内仰视看到的是偏圆的内穹顶，顶高为69 m，采用石材修建；从外部看到的外穹顶顶高为85 m，直径为34.2 m，由包铅的橡木结构构成，形状接近于半球体，支撑着众多的天窗。其中，铅板用来覆盖整个穹顶的外层，最大厚度为0.25 in（6.4 mm），具有很好的防水和隔热性能，以保护穹顶不受自然环境的侵蚀；在内外穹顶之间设有一个由砖砌圆锥和木十字架组成的、类似于尖顶拱的承重结构，砖砌圆锥顶部与外穹顶齐平，顶高亦为85 m，外穹顶通过石笼及木制的牛腿框架支撑在锥体之上［图1-5（b）］。为减轻穹顶自重和自然采光，类似悬链线形的砖锥设计方案受克里斯托弗·雷恩的挚友、著名科学家罗伯特·胡克（Robert Hooke）实验结果的启发（实际上，胡克既是科学家又是建筑师，最早提出了悬链线是拱轴线的合理形式，他的科学理论成为工程力学的经典，但他的建筑作品却没有被保留下来），在内层穹顶顶部正中也开设了采光口，砖锥和内穹顶的最小厚度仅为18 in（45.72 cm，结构层厚度与跨度比值达到了创纪录的 1/37，与鸡蛋壳厚跨比 1/100～1/50 非常接近），却互相结合构成了穹顶的主要承重结构。为了平衡砖锥和内穹顶所产生的拱脚推力，雷恩创造性地在穹顶底部安装了三道锻铁环，对穹顶纬线应力及可能产生的水平位移进行了有效的约束。铁环放置在预留的石凹槽中，并用铅封闭，由此来承受穹顶产生的水平推力，从而取消了笨重的扶壁，将结构艺术、受力需求与使用功能有机高效地统一起来。圣保罗大教堂穹顶是人类第一次采用柔性杆件对拱结构的推力进行有效约束，也是系杆拱、拱梁组合体系等自平衡结构体系的发端。

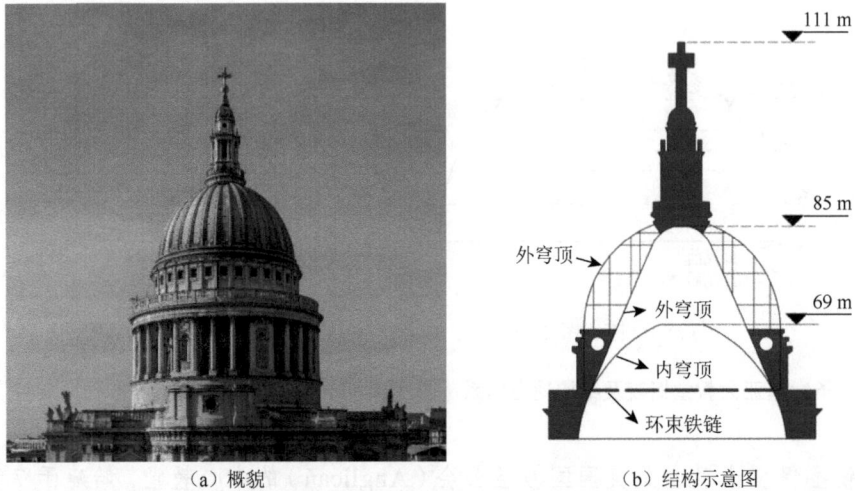

图 1-5　伦敦圣保罗大教堂概貌及结构示意图［图（a）来自维基百科，图（b）自绘］

　　从本质上来说，石拱桥、石穹顶属于形态作用结构体系。所谓形态作用结构体系，就是指其力的传递与改向是通过特殊的形态设计、采用特有而稳定的形态来实现的，基本构件只承受单一的法向应力，悬索结构、帐篷结构、拱结构、穹顶结构等都属于形态作用结构体系。对于拱结构而言，要实现理想的传力途径、保持拱圈处于单一受压状态，关键有两个方面：一是如何找到合理的拱轴线，二是如何确保在水平推力下不产生水平位移。半圆形（半球面）自然是拱轴线合理形态，它在竖向荷载作用下拱脚不会产生水平推力，但如果采用半圆拱桥这种结构形态，很多时候都会与交通需求产生冲突，导致引桥（引道）工程量大增。在崇尚科学的法国，让-鲁道夫·佩罗内（Jean-Rodolphe Perronet）在 1770 年发现了拱结构压力线的连续作用，奠定了近现代石拱桥的理论，使得石拱桥在拱圈更薄、矢跨比更小的情况下跨径得以增大，并将笨重的实体桥墩简化为墩柱，从而大幅度提升了拱结构的适应性、技术水平与艺术表现力，使石拱桥成为近代结构工程中大跨建筑结构的主要形式。

　　3）石拱结构的式微

　　第一次工业革命以后，随着铸铁、锻铁及钢材等人工材料的广泛应用，石拱桥、石材穹顶这种建造难度大、临时材料用量高的结构形式逐渐退出了历史舞台，能够营造大跨空间的结构材料先是由铸铁担纲，继而又被钢筋混凝土、钢材及薄膜材料所取代，并发展出桁架、拱壳、索穹顶等各种新的结构形式。20 世纪 50 年代以后，随着薄壳结构、网格结构、索膜结构的兴起，再也很难看到石穹顶结构的建造了。只是石拱桥，在一些地方仍有零星的建造和应用，但已经没有了技术经济优势。

以 2000 年建成的我国山西晋城丹河大桥为例（图 1-6），该桥桥址处地质条件较好、石材取材便利，适合拱桥建设，经反复比选，确定了上承式石拱桥的实施方案。该桥全长 425.6 m，主跨跨径 146 m，矢跨比 1/4.5，拱轴系数 2.3，截面变化系数 0.5225，拱顶厚度 2.5 m，拱脚厚度 3.5 m，拱上建筑采用空腹式断面，跨径 10.35～11.23 m，拱上填料采用加气混凝土等轻质填料。该桥施工采用拱架法，拱架为钢-木结构，主拱圈分为 5 环、5 阶段、18 个工作面砌筑，建成后成为世界上跨径最大的石拱桥。该桥的设计方法、施工技术、砌筑工艺都是当代最先进、最合理的。即便如此，该桥砌体用量为 52 200 m^3，混凝土用量为 23 100 m^3，钢材用量 2900 t（用于拱架、桥墩及基础），造价仍高达 1.32 万元/m^2，与同等跨径的钢筋混凝土拱桥、预应力混凝土梁桥相比已经没有任何技术经济优势了。另外，随着工业化进程的加速、施工机械的普及，石匠这一古老的职业逐步消亡了，世界各地都很难再去召集大批熟练石匠来完成石材大规模砌筑了，既便是挡土墙、桥台等构筑物，虽然采用浆砌片石经济美观，但受砌筑实现工艺的制约，在工程中的应用也越来越少了，而建造难度更大的石拱桥在国内外就更少了。

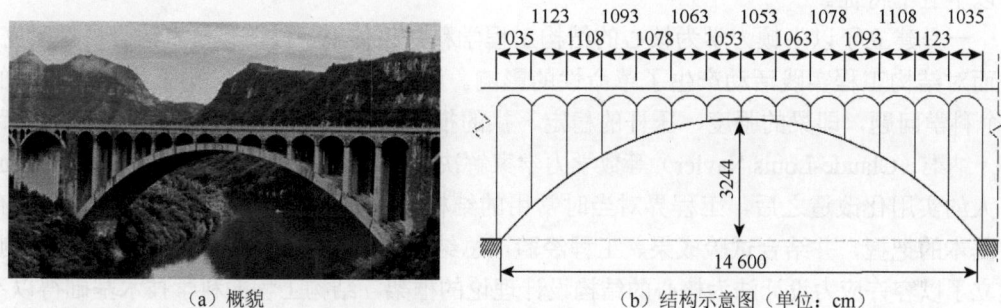

图 1-6　山西晋城丹河大桥概貌及结构示意图［图（a）来自百度图片，图（b）自绘］

4）结语

从石拱结构 2000 多年的发展历程来看，虽然其在结构工程发展史上发挥了重要的作用，成为人类文明的重要载体，但在缺乏科学理论指导的情况下，其技术迭代进阶之路非常缓慢、发展路径面临诸多不确定性，呈现出较大的地域差异，加上其施工难度极大、施工风险极高，导致其技术经济优势逐渐丧失。从这个层面来看，"经验性技术"虽然也能推动工程实践活动进步，但由于迭代升级的速度过于缓慢、技术路线曲折多变，难以满足人类不断增长的生产生活需求，也难以经济高效地实现建筑功能。因此，随着钢材、混凝土等人工材料的兴起，石拱结构消失在工程历史的长河中就是一种必然。

1.3.2　近代结构工程

近代结构工程在 17 世纪中叶到 20 世纪中叶近 300 年的时间里，经历了理论奠基时期（约 1650～1770 年）、进步时期（1770～1874 年）、发展时期（1874～1945 年）三个大的阶段。在科学革命的指引下，催生了一浪高过一浪的三次工业革命，营造出旺盛而持续的社会需求，推动了结构工程领域的不断壮大，生产力进入了自我驱动发展的新时代，引发了社会的深刻变革。工程实践活动的动力不再依赖于人力、风力、水力及畜力，而是开发出蒸汽机、电力等新兴通用动力，工程实践活动的组织方式、实施形式发生了深刻的演变，并由此带动了城市化进程。与此同时，工程实践活动和技术开发活动所提出的各类问题又反过来推动科学研究的深入，科学、技术和工程三者之间的良性作用机制开始形成，极大地增进了人类的福祉。根据一些经济学家的估算，在第一次工业革命以前，全球大约有 95%的人口生活在极端贫困之中，第一次工业革命至 1900 年，全球人均 GDP 年增长率达到 0.66%，而从 1900 年到 1950 年，全球人均 GDP 年增长率加速到 1.66%，工程增进人类福祉的能力显著增强。

近代结构工程的主要成就集中在英国及其自治领地、西欧和北美等地。伴随着第二次工业革命向纵深发展，西欧和北美地区在 19 世纪末率先则进入了电气时代，人们可以便捷高效地把电能转换成机械能，工业化大生产成为一种普遍的生产方式，生产效率及生活水平进一步提高，物流业由此得以迅猛发展，直接带动了运河建设、铁路建设、高层建筑建设高潮的兴起，推动和支撑了城市化进程。在这个发展进程中，结构工程主要有以下五个特征。

一是建立了以牛顿力学为核心的结构工程学科知识体系，科学和技术结合日益紧密，进而对结构工程实践活动产生了革命性的影响。随着 18 世纪困扰结构工程实践活动的 4 个科学问题，即梁的强度、压杆的稳定、拱的推力以及挡土墙承受的压力被克劳德-路易·纳维（Claude-Louis Navier）等数学力学家解决，并经过卡尔·库尔曼（Karl Culmann）等人的实用化改造之后，工程界对当时常用的结构构件如梁、柱、挡土墙的力学行为有了基本的把握，并结合试验成果、工程经验，总结提炼出结构工程设计建造的基本原则，建立了以容许应力设计法为核心的结构设计理论的框架，结构工程的科学技术基础得以不断夯实。在第一次工业革命的策源地英国，虽然以托马斯·特尔福德（Thomas Telford）[①]、乔治·斯蒂芬森（George Stephenson）[②]为代表的一大批专业人士更愿意相信工程试验、工程经验是工程成功建造最重要的基石，但科学方法、技术手段不可阻挡地成为工程实践中备受关注的一部分。在崇尚理性主义、率先完成思想启蒙运动的法国，法国科学家的新发现层出不穷，以巴黎综合理工学院（École Polytechnique）为主要阵地的经典力学研究成果对工程实践的指导作用日益显著，科学（力学）发现对技术开发、工程实践的指导作用日趋显著，有力地推动了工程实践活动效能水平、经济效益的不断提升，结构工程实践活动终于插上了科学的翅膀，开始走出了经验主义的领地。近代结构工程代表性成果见表 1-2。

---

① 托马斯·特尔福德（Thomas Telford），1757～1834 年，自学成才的土木工程大师，1820 年创建英国土木工程师学会（Institution of Civil Engineers，ICE），奠定了近代道路工程设计的基本原则，设计了苏格兰运河、阿伯丁港口等多条运河和港口，设计建造了近代土木工程的里程碑——跨径 176.6 m 的梅奈海峡悬索桥等多座划时代的桥梁。

② 乔治·斯蒂芬森（George Stephenson），1782～1848 年，1814 年发明了蒸汽机车，英国机械工程师学会（Institution of Mechanical Engineers，IME）创会会长，近现代机械工程、铁道工程的奠基者之一。

表 1-2　近代结构工程代表性成果简表

时期	年份	作者/设计者	代表性成果简要描述
理论奠基时期	1638	伽利略（Galileo）	出版了《关于两门新科学的对话和数学证明》，论述了材料的力学性质和强度的概念
	1678	罗伯特·胡克（Robert Hooke）	建立了描述应力-应变关系的胡克定律
	1687	艾萨克·牛顿（Isaac Newton）	出版了《自然科学的哲学原理》，创建了力学三大定律
	1709	亚伯拉罕·达比一世（Abraham Darby Ⅰ）	首次使用焦炭代替木炭炼铁获得成功，成为近代钢铁行业的开端
	1710	克里斯托弗·雷恩（Christopher Wren）	首次采用自平衡结构体系，建成了穹顶直径为 34.2 m 的伦敦圣保罗大教堂（St. Paul's Cathedral）
	1744	莱昂哈德·欧拉（Leonhard Euler）	提出了理想压杆弹性稳定计算的理论公式
	1770	让-鲁道夫·佩罗内（Jean-Rodolphe Perronet）	发现了拱结构压力线的连续作用，奠定了近现代石拱桥的理论，建成了法国巴黎协和桥（Pont de la Concorde）等多座石拱桥，担任巴黎高科路桥学院创校校长
进步时期	1773	查利·奥古斯丁·库仑（Charles-Augustin de Coulomb）	提出了土压力理论
	1779	亚伯拉罕·达比三世（Abraham Darby Ⅲ）	建造了跨径 30.65 m 的铸铁拱桥（Coalbrookdale Bridge，又名 Iron Bridge）
	1788	约瑟夫·拉格朗日（Joseph Louis Lagrange）	采用广义坐标，建立了质点系的拉格朗日方程，推动了动力学的发展
	1824	约瑟夫·阿斯普丁（Joseph Aspdin）	在约翰·斯密顿等人工程实践基础上，发明了波特兰水泥
	1826	托马斯·特尔福德（Thomas Telford）	建成了跨径 176.6 m 的梅奈海峡悬索桥（Menai Suspension Bridge），英国土木工程师学会的创会会长
	1826	克劳德-路易·纳维（Claude-Louis Navier）	出版了《材料力学》，提出了容许应力的概念
	1833	威廉·哈密尔顿（William Hamilton）	采用广义速度，对拉格朗日方程进行了重新表述，建立了经典力学的广义运动方程
	1848	罗伯特·斯蒂芬森（Robert Stephenson）	建成了跨径 71.9 m + 2×140 m + 71.9 m 的不列颠尼亚桥（Britannia Bridge）
	1851	约瑟夫·帕克斯顿（Joseph Paxton）	在 9 个月的工期里，建成了建筑面积 9.19 万 m^2 的伦敦水晶宫（Crystal Palace），标志着装配式建筑的诞生
	1864	詹姆斯·克拉克·麦克斯韦（James Clerk Maxwell）	提出了桁架内力的图解法及求解超静定桁架位移的单位载荷法
	1859～1865	雅克·安托万·布雷斯（Jacques Antoine Bresse）	出版了《应用力学教程》（三卷本），阐明了叠加原理
	1866	卡尔·库尔曼（Karl Culmann）	出版了《图解静力学》，揭示了梁的工作原理，提出了实用图解分析方法
	1873	卡洛·阿尔贝托·皮奥·卡斯蒂利亚诺（Carlo Alberto Pio Castigliano）	提出了卡氏第一定理、卡氏第二定理，阐明了最小功原理，奠定了结构分析理论的基础
发展时期	1874	詹姆斯·布坎南·伊兹（James Buchanan Eads）	建成了跨径布置为 153 m + 158 m + 153 m 的美国圣路易斯钢拱桥（St. Louis Steel Arch Bridge，又名 Eads Bridge），标志着钢桥时代的到来
	1875	约瑟夫·莫尼埃（Joseph Monier）	建成了世界上第一座钢筋混凝土人行拱桥，跨径 16 m

时期	年份	作者/设计者	代表性成果简要描述
发展时期	1877	古斯塔夫·埃菲尔（Gustave Eiffel）	建成了主跨 160.13 m 的皮亚·马里铁路桥（Pia Maria Bridge）
	1883	罗布林父子媳（John A. Roebling、Washington A. Roebling、Emily W. Roebling）	建成了主跨 486 m 的纽约布鲁克林大桥（Brooklyn Bridge）
	1885	威廉·勒巴隆·詹尼（William Le Baron Jenne）	建成了高 42.1 m（1890 年加高至 55 m）的金属结构建筑——芝加哥家庭保险大楼（Home Insurance Building），成为高层建筑结构的开山之作
	1888	约瑟夫·米兰（Joseph Melan）	出版了《拱桥与悬索桥挠度理论》，建立了悬索桥的挠度计算理论，大幅降低了悬索桥的材料用量
	1889	古斯塔夫·埃菲尔（Gustave Eiffel）	耗费 9400 t 铸铁，建成了高 312 m 的埃菲尔铁塔（La Tour Eiffel）
	1890	本杰明·贝克（Benjamin Baker）/约翰·福勒（John Fowler）	采用结构力学分析手段和容许应力设计方法，建成了主跨 521.3 m 的福斯铁路桥（Forth Bridge）
	1892	约瑟夫·米兰（Joseph Melan）	提出了拱桥劲性骨架施工法，破解了大跨径拱桥施工难题
	1900	弗朗索瓦·埃纳比克（Francois Hennebique）	建成了主跨 50 m 钢筋混凝土车行拱桥——法国沙泰勒罗（Châtellerault）桥
	1912	里昂·所罗门·莫西夫（Leon Solomon Moisseiff）	第一次采用挠度理论，设计建成了主跨 448.1 m 的纽约曼哈顿大桥（Manhattan Bridge），成为现代悬索桥的开山之作
	1930	尤金·弗雷西奈（Eugène Freyssinet）	建成了 3×180 m 的法国普卢加斯泰勒（Plougastel）拱桥等大跨径钢筋混凝土拱桥，标志着钢筋混凝土结构的成熟
	1930	罗伯特·马亚尔（Robert Maillart）	建成了跨径 90 m 萨尔基那山谷桥（Salginatobel Bridge），标志着钢筋混凝土结构的成熟
	1931	奥斯玛·安曼（Othmar Ammann）	设计建成了主跨 1067 m 的乔治·华盛顿大桥（George Washington Bridge），标志着现代悬索桥结构的成熟
	1931	约翰·W.鲍泽（John W. Bowser）	设计建成了高度 443.7 m（含天线高度）纽约帝国大厦（Empire State Building）
	1934	约翰·布拉德菲尔德（John Bradfield）/拉尔夫·弗里曼（Ralph Freeman）	设计建成了跨径 503 m 的澳大利亚悉尼海港大桥（Sydney Haiboui Bridge）
	1937	约瑟夫·B.施特劳斯（Joseph B. Strauss）	设计建成了主跨 1280 m 的旧金山金门大桥（Golden Gate Bridge）
	20 世纪40 年代	乔治·W.豪斯纳（George W. Housner）/雷·W.克劳夫（Ray W. Clough）等	地震工程学、结构动力学诞生和发展

二是开发推广了以铁钢、混凝土为代表的人工材料，结构工程实践活动的物质基础得以夯实。1865 年后，随着转炉炼钢法、平炉炼钢法的工艺不断成熟，钢材质量的稳定性不断提高，使得高质量钢材在满足军械制造之余，能够在桥梁结构、高层建筑结构的建造中扮演主要角色。1874 年，跨径 153 m + 158 m + 153 m 的美国圣路易斯钢拱桥的建成，标志着钢桥时代的到来；1885 年，部分采用钢框架的、高 42.1 m 的芝加哥家庭保险大楼建成，成为高层建筑结构的开山之作。与此同时，铸铁、锻铁、钢材等人工材料性能成为当时科学（力学）的主要研究对象，并取得了丰硕的成果，推动了结构工程领域的技术革新。此外，随着西欧和北美地区率先进入了电气时代，人们可以便捷高效地把电能转换成机械能，对人类的生产模式、生活方式和生产效率产生了革命性的影响，并

衍生出新的需求。例如，得益于电梯的发明，美国的纽约、芝加哥等大城市，高层建筑结构如雨后春笋般的出现；又如，有轨电车的问世，带来了城市公共交通的大发展，并由此带动了城市规模的迅速扩张。与此同时，在 19 世纪末到 20 世纪初的 20 年里，混凝土以其低廉的价格、良好的性能和可施工性从装饰材料转变为结构材料，新的配筋方式、节点构造方式也被不断发明出来，使其优良的力学行为、便捷的施工性能、巨大的应用潜力得以不断释放，迅速取代了石材、木材等天然材料，成为人类有史以来获取最容易、性价比最佳、应用最广的人工材料。

　　三是工程思维模式深受牛顿理论体系的影响，"机械还原论框架"占据主导地位。"机械还原论框架"也被称为"科学还原论框架"，其最显著的特点是确定性、可还原和标准化，即认为任何一个复杂的问题都可以分解为若干个简单的问题，解决了这些简单问题之后，原有的复杂问题就必然能够解决。到了 19 世纪中叶，"机械思维"已经在欧洲和北美深入人心，人们相信大部分问题都可以通过机械的方式解决，在此观念的鼓舞下，各种各样和生活、生产相关的机械发明层出不穷。例如，英国乔治·斯蒂芬森发明的火车，美国罗伯特·富尔顿（Robert Fulton）发明的蒸汽船，对人类的交通出行方式、货物运输效率产生了革命性的影响，等等。"机械思维"虽然存在一些问题和不足，但却极大地提升了工程实践活动的效能水平，促进了专业化、精细化分工程度，提高了劳动效率，推动了工程实践活动组织形态的变革，并衍生出以泰勒①管理学为代表的生产管理理论，统治工程界长达 200 年之久，至今仍是工程实践活动的基石之一。

　　四是工程师这一职业从工匠中分离出来，作为一种独立的力量开始登上历史舞台。工程师依托其所掌握的、以牛顿力学为基础的专业知识和工程经验，在工程实践活动中发挥了巨大的主导作用，并与政治家、科学家、律师一样，在一些国家或地区享有崇高的社会地位和经济地位。与此同时，随着工程领域的专业化细分，以及工程项目复杂性的大增，工程师的业务范围也迅速狭窄化、专业化，大多数工程师终其一生都耕耘在一个狭小而幽深的专业领域，专业藩篱开始在工程界显现，直到今天也无法消除。在英国著名工程师伊桑巴德·金德姆·布鲁内尔（Isambard Kingdom Brunel）②之后，就再也不可能出现全能型工程师了。另外，跟随工业革命的步伐，高等工程教育逐渐从博雅教育或通识教育（liberal education）中分离出来，以巴黎高科路桥学院（École des Ponts Paris Tech）、巴黎综合理工学院为代表的高等工科学校在人才培养目标、课程设置、实现路径等方面逐渐与传统大学显现出明显的差异，为工程界输送了大批实用人才，成为工程师

---

　　① 弗雷德里克·温斯洛·泰勒（Frederick Winslow Taylor），1856～1915 年，美国著名管理学家、经济学家，现代管理学主要奠基者之一，著有《计件工资制》《车间管理》《科学管理原理》等管理学著作，被后世称为"科学管理之父"。

　　② 伊桑巴德·金德姆·布鲁内尔（Isambard Kingdom Brunel），1806～1859 年，出生于一个法国土木世家，但主要工程实践活动都在英国。他被称为"在工程历史上最具创造性和最多产的人物之一"，具有非凡的创造力和敢为天下先的精神，在诸多工程领域都有开创性、奠基性的贡献，其工程设计作品横跨土木、机械、船舶等那个时代几乎所有的工程领域，他的一些作品如英国大西铁路、泰晤士河隧道、皇家阿尔伯特桥、帕丁顿车站至今仍在服役，他发明的盾构机成为现代隧道工程施工的主要装备。布鲁内尔在英国历史上享有很高的声誉，为了纪念这位伟大的、全能的工程师，英国在不少地方建有布鲁内尔的雕像，并于 1966 年创建了布鲁内尔大学，在 2006 年布鲁内尔 200 周年诞辰之际铸造了纪念币。

培养的主渠道。高等工程教育的兴起与发展壮大，促进了专业分工与专业协作，推动了工程师与工匠的职业分离，最终使工程师成为一个独立的职业，并在工程实践活动中开始占据主导地位。

五是结构工程建设对经济社会发展的推动作用显著增强，工程实践活动从分散性和经验性，发展到相当程度的规模性和专业性，并初步具备了国际化的属性。随着铁路建设大幕的拉开、工业化城市化进程的加速，工程实践活动对经济社会发展的作用价值越来越凸显，高层建筑、大跨径桥梁成为一些国家或城市展现形象的"代言人"，成为经济繁荣、社会进步的"晴雨表"，承载着更多的社会期望。与此同时，一些结构工程项目的技术挑战推动了先进技术的外溢、带动了跨国跨区域工程实践活动的开展，直接促进了建筑业内的组织形态、业务模式的嬗变，设计咨询公司普遍从建造施工单位中分离出来了，一些著名的工程设计大师如古斯塔夫·埃菲尔（Gustave Eiffel）①、罗伯特·马亚尔（Robert Maillart）②等人都先后创立了独立的设计咨询事务所，工程设计成为结构工程建设运营的龙头和灵魂。另外，一些规模化、国际化的工程总承包企业如法国万喜集团（Vinci Group）、美国柏克德公司（Bechtel）相继在 19 世纪末诞生，成为近代结构工程领域的弄潮儿。

在不到 300 年时间里，近代结构工程取得了远胜古代 3000 年所取得成就，这些成就集中反映在大跨径桥梁、高层建筑结构及大跨建筑结构三个方面。在大跨径桥梁方面，跨越能力从几十米扩张到千米级，1931 年，主跨跨径 1067 m 的美国乔治·华盛顿大桥（George Washington Bridge）建成，这是人类首次跨越千米障碍的工程奇迹。在高层建筑结构方面，建筑高度从近百米发展到 400 m，1931 年，施工工期仅 410 天、高度为 381 m（加上天线，高度为 443.7 m）、102 层的美国纽约帝国大厦（Empire State Building）建成，人类首次实现居住百层高楼的梦想。在大跨建筑结构方面，随着薄壳结构在 20 世纪 20 年代的诞生，在比较经济合理的情况下，可以轻松实现 40～50 m 的跨径，并发展出蘑菇柱、拱壳等混凝土结构的新形式，广泛应用于工厂、展厅、飞机库、集贸市场、体育场馆等场合，只是由于第二次世界大战的爆发，没有在近代之前实现更大的跨径。

案例 1-2　"铁钢时代"结构工程的开端——从依赖经验转向依靠科学

17 世纪以来，依托占据全球贸易体系顶端的优势，在资本力量的推动下，英国毛纺业狂飙突进，"圈地运动"导致大量自耕农不得不去城市谋生，催生了英国产业结构的变化、城市人口的暴增以及物流业的发展。为满足伦敦、曼彻斯特、利物浦等大城市冬季

---

① 古斯塔夫·埃菲尔（Gustave Eiffel），1832～1923 年，法国著名铁路工程和桥梁工程大师，铸铁时代最伟大的结构工程师，金属结构建造商及建筑业界领袖，结构风工程的早期探索者，一生设计建造了数以百计的铁路铁拱桥、铁桁架梁和其他金属结构，其中一些结构如巴黎埃菲尔铁塔、纽约自由女神像已成为世界著名的地标建筑。

② 罗伯特·马亚尔（Robert Maillart），1872～1940 年，瑞士著名桥梁设计大师，"结构艺术"流派的代表人物，钢筋混凝土结构的先驱，创造出三铰拱桥、无梁楼盖、薄壳结构等新的结构形式，一生共设计了 47 座桥梁，其中瑞士萨尔基那山谷桥入选 20 世纪最美的桥梁并高居榜首。

采暖需求，英国不得不大量开采煤炭，采矿业的蓬勃发展又推动了冶金、船舶、机械制造等行业的兴起，形成了一个良性发展、相互促进的产业链。在这个进程中，英国什罗普郡（Shropshire）的煤炭溪谷（Coalbrookdale）堪称那个时代的"硅谷"，是第一次工业革命的摇篮。1709 年，工匠亚伯拉罕·达比一世（Abraham Darby Ⅰ）首次使用焦炭代替木炭炼铁，成为近代钢铁行业的始祖。经过持续不断的改进，到了他的孙子亚伯拉罕·达比三世（Abraham Darby Ⅲ），铸铁冶炼工艺、产能及性能都得以大幅度提升，但与此同时，也产生了铸铁产能过剩、需求不足的问题。1779 年，为了给产能过剩的铸铁开拓新市场，也为了修建平直的道路来更方便地运输煤炭，达比三世在煤炭溪谷主持修建了世界上第一座铸铁拱桥，成为"铁钢时代"的开端。该桥跨径 30.65 m（约 100 ft），但由于当时还不会分析铁结构的受力行为，其结构形式基本上借鉴了木桁架的布置方式，成为近代钢铁桥梁的发端［图 1-7（a）］。此后，人们发现了铸铁、锻铁结构相对于木结构及石结构，具有承载能力高、建造难度小等优势，随着铁路大建设时代的来临，西欧、北美逐步摆脱了对天然结构材料如石材、木材的依赖，开始大规模使用铸铁、锻铁、钢材等人工材料，发展出铁（钢）板梁桥、铁管箱梁桥、铁（钢）悬索桥、铁（钢）拱桥、钢桁梁桥等新的结构形式，并逐渐以性能更为优良的钢材取代铸铁和锻铁，建成了一大批划时代的铁路桥梁。此外，随着城市化进程的加速，在伦敦、纽约、芝加哥等大城市，为提高中心城区土地的利用率，高层建筑结构也开始萌芽，但由于钢铁在当时仍属战略物资，高层建筑钢铁结构及大跨建筑钢铁结构工程实践很少。在"铁钢时代"结构工程开端时期（1820～1890 年），在新材料应用的突破过程中，人们在工程理念、工程方法、技术原则等方面一直存在着各种质疑、争议乃至冲突，一些工程大师的创新实践起到了点石成金的作用，一些工程实践活动起到了引领示范作用，一些工程实践活动推动了结构工程理论的发展成熟，从而推动了技术创新与工程创新的曲折前行。现摘取几个典型工程案例予以说明。

1）英国梅奈海峡悬索桥

1826 年，英国托马斯·特尔福德设计建造了梅奈海峡悬索桥（Menai Suspension Bridge），该桥跨径 176.6 m，桥宽 12 m，索塔和引桥（多跨连拱）采用石灰石建造，主缆采用链式锻铁眼杆，桥面采用木结构，其他采用铸铁材料，是一座采用多种材料建成的、创纪录的悬索桥，反映出结构材料过渡阶段的典型特征。由于当时主要交通工具是马车，该桥设计通行能力仅为 4.5 t，桥面只有 7.3 m 宽的车道，并没有设置坚固的加劲梁，导致其刚度不足的缺陷在大风中暴露无遗。但是，托马斯·特尔福德比同时代的其他人更加深刻地认识到铁的时代到来了，在梅奈海峡悬索桥设计建造过程中，他极力摆脱木结构、石拱结构形式的束缚，直接示范推动了铸铁、锻铁等新材料的工程应用。但由于他过分倚重工程经验，梅奈海峡悬索桥在设计理论及施工技术方面并没有什么大的突破。在过去近 200 年时间里，梅奈海峡悬索桥经受住了时间的考验，但也不同程度地遭受破坏，1840 年即建成 16 年后就对桥面进行了加固，1893 年用钢桥面取代了原来的木桥面，1940 年又用钢制构件替代了铁制构件，1999 年再次进行了桥面更换，但在近 200 年的时间里，索塔、主缆、引桥拱圈等主要受力构件则一直完好无损，梅奈海峡悬索桥目前的概貌见图 1-7（b）。

2）美国圣路易斯钢拱桥

1874 年，由詹姆斯·布坎南·伊兹（James Buchanan Eads）①设计的世界上第一座钢桥——跨径布置为 153 m + 158 m + 153 m 的美国圣路易斯钢拱桥［St. Louis Steel Arch Bridge，图 1-7（c）］建成，标志着钢桥时代的来临。在此前相当长的一段时间里，由于钢材冶炼质量不太稳定，常常发生脆断等破坏现象，英国政府曾明文禁止采用钢材制造桥梁，直到 1877 年才解除这一禁令。由于英国当时是全世界结构工程的领头羊，这一禁令对大洋彼岸的美国也产生了很大影响，工程界普遍对钢材应用持怀疑态度，导致在圣路易斯钢拱桥建设过程中，主要阻力也来自以钢材作为结构材料。对此，詹姆斯·布坎南·伊兹凭借对钢材性能的深入了解和系统试验，顶住了来自各方的质疑与压力，并发出了"如果一件事情以前没有人做过，但我们的知识和判断认为可以，我们是否要强迫承认它永远不可能"这一胆识过人的创新宣言。美国圣路易斯钢拱桥不仅首次采用钢材建造大跨径桥梁，在技术上也有颇多创新，具体包括以下五个方面。一是首次采用铬钢（碳素钢与铬的合金钢）作为拱肋的结构材料，拱肋间斜撑等次要构件仍采用锻铁。二是首创悬臂拼装施工方法及合龙温度控制技术（采用冰冻冷却方法来使拱肋温度达到目标值），对大跨径桥梁施工技术产生了深远的影响。三是建立了科学、系统、严谨的材料检验技术及质量控制方法，确保了大桥各类构件的力学性能符合要求。四是采用气压沉箱技术，改进了施工装备，使基础深度达水下 30 m，拓展了桥梁工程的疆界。五是在采用无铰拱结构形式的情况下，上下弦都采用钢圆管，将桁高降低至 3.66 m，有效削减了温度效应。在圣路易斯钢拱桥建成后，钢材以优越的材料性能、良好的经济性能、突出的跨越能力取代了锻铁和铸铁，成为桥梁工程的主要结构材料，并逐渐发展出钢桁梁、钢桁拱、钢板梁等新的结构形式。

3）葡萄牙皮亚·马里铁路桥

1877 年，由古斯塔夫·埃菲尔设计的葡萄牙皮亚·马里铁路桥（Pia Maria Bridge）建成，该桥主跨 160.13 m，跨越杜罗河，结构形式为新月形双铰拱，下弦矢高 37.5 m，矢跨比为 1/4.27，拱上结构为多跨连续桁梁，钢轨轨面高出水面 77 m。为使拱结构能够更好地抵御风荷载，并看起来更为稳固（当时虽有理想压杆的稳定计算理论，但还不会计算拱结构的稳定），两条拱肋间距从拱顶向拱脚逐渐扩大，从拱顶处的 3.97 m 加宽至拱脚处的 15.0 m，成为空间结构最早的探索实践［图 1-7（d）］；同时，为减小拱肋弯矩、节省了结构材料用量，古斯塔夫·埃菲尔采用了 1864 年詹姆斯·克拉克·麦克斯韦（James Clerk Maxwell）发表的论文 *On the Calculation of the Equilibrium and Stiffness of Frames* 中所提出的求解超静定结构的力法，将结构设计与力学最新研究成果结合起来，取得结构造型与结构受力的高度协调。在皮亚·马里铁路桥国际竞标的 4 个设计方案中，古斯塔夫·埃菲尔的新月形双铰拱方案结构形式最为简洁，造型最为漂亮，且造价要比其他方案低 30%～43%，只是由于种种原因，该桥仍采用锻铁作为主要结构材料。古斯塔夫·埃菲尔在铁路桥梁的长期工程实践中，他对冶金学进行了深入的研究，他的设计

① 詹姆斯·布坎南·伊兹（James Buchanan Eads），1820～1887 年，自学成才的美国港航及桥梁工程大师、钢结构先驱，但一生只修建了一座桥梁——圣路易斯钢拱桥。为表彰他的卓越贡献和创新精神，1920 年美国名人院为他陈列铜像（这是工程师第一次入选美国名人院），圣路易斯钢拱桥也被定为美国国家土木工程里程碑。

方案能够根据拱肋的受力状态，选取结构合理、造型简洁的新月形造型，充分发挥了锻铁这种结构材料的受压性能良好的优势，并将受力要求与外观造型完美地统一起来，展现出非凡的艺术品质。

4）美国纽约布鲁克林大桥

1883 年 5 月 24 日，由罗布林父子媳（John A. Roebling、Washington A. Roebling、Emily W. Roebling）[①]设计的纽约布鲁克林大桥（Brooklyn Bridge）耗资 1540 万美元、历时 13 年后终于建成，拉开了近代悬索桥建设高潮的序幕。布鲁克林大桥跨径布置为 284 m + 486 m + 284 m，如图 1-7（e）所示，设置了 4 根 390 mm 的主缆，每根主缆包含 19 根索股，每根索股由 278 根直径 3.175 mm 的镀锌钢丝采用空中纺线（air spinning, AS）法编制而成，加劲梁由 6 片钢桁梁组成，结构为三跨连续体系，索塔为石砌圬工结构，主要使用荷载为马车和行人，建成后又增设了有轨电车轨道。由于该桥的边中跨比高达 0.59，为克服超长边跨所产生的不利变形，在边跨布置了 108 根斜拉索以及支撑在主缆与加劲梁之间的短柱，来给加劲梁提供辅助支承。全桥由缆索支承的重量大约为 8120 t，其中，由主缆承受的荷载 6920 t，由斜拉索承受的荷载 1200 t。全桥钢铁用量为 24 000 t，其中，主缆和吊杆共 3900 t，主桥桥面系 9900 t，引桥桥面系 10 200 t。布鲁克林大桥是美式悬索桥的典型代表，也是近代悬索桥技术的集大成者，其技术特点主要体现在以下三个方面。一是在结构材料上，平行钢丝索取代了传统的眼杆链式主缆，并发明了主索鞍、散索鞍、散索套、中央扣等一系列铸钢构件，改进了索夹及主缆防护的构造。二是在结构体系上，初步建立了斜拉-悬索协作体系的内力分担机制，成为现代斜拉-悬索协作体系的先声。三是在施工方法上，发明了空中纺线法来编制架设主缆，发明了紧缆机、缠丝机等施工装备来提高施工效率，克服了眼杆链式悬索桥主缆的架设困难和构造缺陷，极大地提升了大跨悬索桥的可靠性和可施工性。有意思的是，在该桥建成通车 1 年后的 1884 年 5 月 24 日，布鲁克林大桥进行了验证使用性能的荷载试验——21 头大象漫步通过大桥。

5）美国芝加哥家庭保险大楼

1885 年，高层建筑开山之作——芝加哥家庭保险大楼（Home Insurance Building）[图 1-7（f）]建成，该建筑位于芝加哥市拉萨尔街和亚当斯街的东北角，建成时只有 10 层楼，高度为 138 ft（42.1 m），1890 年又增加了两层楼，使总高度达到 180 ft（55 m）。1871 年芝加哥大火事故[②]之后，芝加哥亟待重建，因此逐渐聚集了数量众多的、追求卓越

---

① 约翰·A. 罗布林（John A. Roebling），1806～1869 年，德裔美国桥梁大师，近代悬索桥的集大成者，发明了主缆的空中纺线法，提出了斜拉-悬索协作体系，设计建造了多座划时代的大跨径悬索桥，但不幸在纽约布鲁克林大桥勘测过程中受伤感染，于该桥开工的前一年离世。他的儿子、时年 32 岁的华盛顿·A. 罗布林（Washington A. Roebling）从 1870 年起继任布鲁克林大桥的总工程师，但却因气压沉箱事故导致瘫痪，从 1872 年起就一直与病榻和轮椅为伴，于是，妻子艾米丽·W. 罗布林（Emily W. Roebling）便成为他最主要的技术助手，直至大桥建成。父子媳三人投身大桥建设事业，成就了"世界工程的第八奇迹"，成为工程界传颂百年的佳话。

② 1871 年 10 月 8 日，芝加哥一场大火将市区 8 km² 的建成区、6 万多幢木质建筑烧毁殆尽，人员伤亡惨重。在此之前，芝加哥房屋多采用木材建造，且居民取暖、做饭均采用干柴，加上当地常年风速较高，导致火灾隐患十分突出。芝加哥大火之后，城市亟待重建，由此催生了影响建筑界近百年的芝加哥建筑学派，其突出特点是崇尚简洁几何形体、追求结构和空间效率最大化、率先使用钢结构建筑等新技术。

的建筑师和结构工程师，这样一批才华横溢的建筑师和工程师聚集在一起，通过不懈的努力和实践，形成了"芝加哥建筑学派"（Chicago school of architecture），使芝加哥成为现代高层建筑结构的发源地。芝加哥家庭保险大楼的设计者威廉·勒巴隆·詹尼（William Le Baron Jenne）便是"芝加哥建筑学派"的奠基人物之一。该大厦是第一座由金属框架支撑的高层建筑，使用 46 年后于 1931 年被拆除，以便为建设高度更高的拉萨尔银行大楼腾出建设用地。在结构上，芝加哥家庭保险大楼总体上属于钢铁梁柱与石材组成的混合框架结构，虽然出于防火的需要，铁柱外包了砖石，但钢铁梁柱框架的采用，将外墙从传统的承重功能中解放出来，能够有效地减小墙柱的尺寸和结构的自重（该建筑的重量只有当时广泛应用砖石建筑的 1/3）、获得最佳的自然采光和通风。芝加哥家庭保险大楼最下面两层采用花岗岩柱作为承重结构，第 3 层到第 6 层采用铸铁、锻铁梁柱框架结构，铁柱设置在花岗岩柱的顶部，柱端设有连接支架，以便采用螺栓与锻铁工字梁连接；第 7 层到第 11 层采用钢梁钢柱框架，取消了内部的承重墙，外墙不承受荷载，以便大面积采用玻璃窗。对于钢铁梁和柱之间的连接，则设计了专门的连接构造，采用栓接或铆接的连接方式。由此不难看出，芝加哥家庭保险大楼呈现出典型的混合结构特点，一定程度地反映出"铁钢时代"结构工程开端时期人们大胆探索、谨慎实践的风格，但该建筑在高层建筑结构体系、金属结构连接构造、电梯设置、管道布置方式等方面进行了卓有成效的探索，成为现代高层建筑的鼻祖。

6）法国巴黎埃菲尔铁塔

1889 年 3 月，由古斯塔夫·埃菲尔主导的巴黎埃菲尔铁塔（La Tour Eiffel）建成了。建造铁塔的起因是为了纪念法国大革命 100 周年、迎接 1889 年巴黎世界博览会，以彰显国家形象、打造城市名片。为消除各方顾虑，埃菲尔甚至表示只要政府出让 22 年的经营权，他可以承担 80% 的建造费用。在一片反对声中，特别是来自法国文化艺术界包括莫泊桑、大仲马、左拉等名流（他们认为铁塔是一个毫无灵魂、粗俗不堪的"工业巨怪"，是"巴黎之耻"）的诘难声中，铁塔于 1884 年开始设计，并于 1887 年开工建设，共耗费 9400 t 铸铁，建成时高度为 312 m（增设无线电发射天线后，现高度为 330 m），成为当时全世界最高的建筑物。埃菲尔铁塔在受力上实际是一个固结于地面的竖向悬臂梁，风荷载是其主要荷载，秉承埃菲尔在铁拱桥、铁桁架梁设计的一贯风格，铁塔塔身采用了向下逐渐展开的造型，并采用拱结构支承第一层平台，以获得较为空阔的塔下空间，并给人以稳当可靠的感觉，在结构外形与弯矩图高度吻合的同时，营造出无与伦比的结构艺术 [图 1-7（g）]。铁塔的三个空中平台的设计容纳量约为 5000 人，开通后受到了广大民众的普遍喜爱，第一年就迎来了上百万的游客，基本收回了建设成本。巴黎世界博览会之后，有关铁塔的争议逐渐平息，人们也打消了拆除铁塔的意愿（原定为 10 年的临时建筑），并将其命名为埃菲尔铁塔。如今，埃菲尔铁塔成了巴黎乃至法国最著名的地标，每年大约有 700 万人登塔观光，能够为巴黎带来 15 亿欧元的旅游收入，品牌价值高达数百亿欧元。在埃菲尔铁塔建造过程中，古斯塔夫·埃菲尔开创性地进行了空气阻力的研究，首次在铁塔不同高度布置了风速计，实测了不同高度的风速，获得风速沿高度的剖面图。在他的晚年，埃菲尔大部分精力从事于流体力学的研究，他建设了全世界最早的风洞实验室，系统进行了各种物体在空气流动时的阻力实验，研究提出了静风荷载效应的计算方法，使得高层建筑及高耸结构的风荷载计算逐步贴近实际情况，成为现代结构风工程的开端。

（a）铸铁拱桥（1779年）

（b）梅奈海峡悬索桥（1826年）

（c）圣路易斯钢拱桥（1874年）

（d）皮亚·马里铁路桥（1877年）

（e）布鲁克林大桥（1883年）

（f）芝加哥家庭保险大楼（1885年）

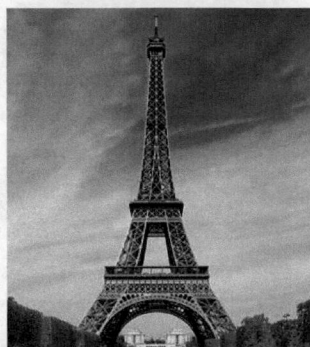
（g）埃菲尔铁塔（1889年）

图 1-7　几座具有里程碑意义的近代钢铁结构（图片来自维基百科）

7）英国福斯铁路桥

1890 年，英国福斯铁路桥（Forth Bridge）建成［图 1-8（a）］，该桥为主跨 521.3 m 的双线铁路悬臂桁架梁桥，全长 1630.2 m，由本杰明·贝克（Benjamin Baker）和约翰·福勒（John Fowler）设计，创造了新的世界跨径纪录，成为维多利亚时代英国的标志。该桥结构形式为桁架，相对于以受压为主的拱结构，桁架有数量较多受拉构件，更能发挥钢材的优势，因而更为高效；相对于悬索桥，钢桁梁可以提供更大的刚度，更适合于铁路桥梁。福斯铁路桥桁架支点处高度为 102 m，左右两支座间距为 36.6 m 并内倾收缩至桁架顶部的 10.1 m，桁架主要构件截面为直径 3.66 m、壁厚 32 mm 的钢管，采用强度 461～510 MPa 的钢板热压成型，允许应力取强度的 1/4。为展示悬臂桁架受力行为，设计者利用非常直观的手段亲自进行了演示，如图 1-8（b）所示，图中左右两人分别是本杰明·贝克和约翰·福勒，用人体躯体及撑杆来示意悬臂桁架的压杆，用手臂来示意桁架的拉杆，用砖块来示意边跨桥墩的锚固作用，中间的是日本留学生渡边嘉一，代表桁架的挂孔，三者构成了一个稳定而简洁的受力体系。然而，受 1879 年英国泰河铁路桥（Tay Bridge）被大风吹垮，13 跨 75 m 的桁架梁和一列客车掉入河中 75 名乘客死亡事件的影响（由于出现了严重的认知偏差，泰河铁路桥在设计时没有考虑风荷载），设计建造时非常保守，将风荷载设计值提高至 2.681 kN/m²（实际上，目前该地区距地面 50 m 高的风荷载取值一般不超过 1 kN/m²），并采用了加大钢桁架立柱横向倾斜度、加强横向联结构件等措施来提高抗倾覆稳定性，导致该桥总用钢量高达 54 000 t，折合每线铁路每延米用钢量高达 17.6 t，使得该桥结构的冗余度极大、安全性极高、但经济性较差，实际用钢量超出了合理范围的数倍。对此，一些人认为福斯铁路桥体现了英国强大的工业实力，也有人认为该桥就是一个钢铁怪兽，但没有人否认福斯铁路桥是一个里程碑式的工程成就，

（a）概貌

（b）设计者本杰明·贝克和约翰·福勒演示的受力图式

图 1-8　英国福斯铁路桥概貌及受力图式演示图（图片来自维基百科）

福斯铁路桥的主要工程创新体现在以下三个方面。一是采用詹姆斯·克拉克·麦克斯韦提出的桁架内力图解法计算了主要构件的轴力，第一次计算了施工及运营阶段桁架结构构件的安装应力、温度应力，采用容许应力设计方法确定构件截面尺寸，标志着结构工程设计从经验主义领地迈入科学（力学）的阵列。二是揭示了桁架结构的经济技术优势，丰富了大跨径桥梁的结构形式，以致此后数十年里，桁架结构逐渐取代了管道梁、石拱桥成为了大跨径铁路桥梁的主要结构形式。三是推动了技术标准规范的编制，通过泰河铁路桥、福斯铁路桥等桥梁工程正反两方面经验教训的总结，1904 年，现代结构设计规范的鼻祖《英国标准型材性能》出版了，对各类荷载取值、钢结构构件的容许应力做出了相对合理的规定。

8）结语

纵观以上几个里程碑式的结构工程案例，不难看出，自"铁钢时代"结构工程开端时期起，结构材料、结构体系、结构理论、施工方法就是结构工程实践活动四个相互促进的支柱。其中，结构材料是基础，结构体系是灵魂，结构理论是核心，施工方法是保障，构成了一个相互依托、相互作用的技术体系，形成了结构工程技术自我进化、迭代升级的内在机制，推动了结构工程的不断发展。正是一个又一个里程碑式的工程实践案例，促进了结构材料的开发改良，带动了冶金工业的进步，发展出了新的结构体系，开发了新的施工方法与构造形式，推动了人们对风荷载、结构稳定性理论、结构分析方法、结构设计方法进行了有益的探索，促进了结构理论的发展成熟，逐步带领结构工程走出了经验主义的领地。

案例 1-3　英国伦敦水晶宫——装配式结构的萌芽

1）工程背景

1849 年，英国决定举办人类历史上首届世界博览会（World Exposition，当时名称为万国工业博览会），以向全世界展示英国工业实力。世界博览会由英国阿尔伯特亲王（Prince Albert）主持，由普林斯·克恩索（Sir Prince Kenso）与亨利·克鲁（Sir Henry Crew）两位爵士具体操办，足见英国当局对世界博览会的重视。展期定在 1851 年 5 月 1 日～10 月 11 日，展馆选址伦敦市中心的海德公园的南侧。计划建造的世界博览会展馆为74 323 m² 临时建筑（世界博览会结束后拆除或易址改建），拟定的造价上限为 10 万英镑。面临如此大体量的建筑以及如此紧迫的建造工期，世界博览会建筑委员会决定公开竞标，在收到的 245 份设计方案，绝大多数方案都是传统的砖石结构，只有英国建筑师兼园艺师约瑟夫·帕克斯顿（Joseph Paxton）的设计构思及建造方式令人眼前一亮，成为最终的实施方案。

2）设计特点与建造方式

约瑟夫·帕克斯顿设计方案的主要特点是：①理念先进超前，采用装配化施工，建造周期短、可拆装、可实施性强、造价比较低廉，非常契合世界博览会临时建筑的需求；②采用铸铁和锻铁等当时最先进的、适合装配化施工的结构材料，并通过标准化、模数化设计来降低工程造价，加快施工进度，工期、造价很好地满足竞标约束条件；③第一次在结构工程中大规模使用玻璃，外墙和屋面均为玻璃，整个建筑通体透明，宽敞明亮，形成了晶莹剔透的造型，与传统砖石建筑厚重的风格形成了鲜明的反差。这也是其后来得到社会大众喜爱并将其称为水晶宫的原因。水晶宫设计者约瑟夫·帕克斯顿是英国著名的景观园艺师和建筑师，他深信"大自然是天然的工程师"，在效法自然层面上有自己独到之处。在设计水晶宫的前 20 年里，他先后设计建造了伯肯黑德公园（Birkenhead Park）等园林，创造性地将强度高、采光好的玻璃引入建筑结构，这些创新技术的应用为后来水晶宫设计打下良好基础。

水晶宫总体上可分为两个阶段，分别是为世界博览会举办时设立在海德公园内的临时建筑（1850～1852 年），以及拆卸迁移到伦敦南部席登汉姆（Sydenham）重建的新水晶宫（1854～1936 年），后者完全延续了世界博览会展馆建筑风格。在两个阶段，水晶宫都有着在那个时代惊人的建筑体量，其主要技术参数见表 1-3。水晶宫作为世界上第一座由金属、木材、玻璃材料作为主构的大型建筑，其结构轻、薄、透、标准化、形式与功能协调等特点广受社会大众赞誉，但其结构比较单薄、细部构造比较简陋，这些欠缺或不足在当时饱受一些社会名流如著名美术理论家约翰·拉斯金（John Ruskin）等人的批评，他们认为水晶宫就是一个造型简单、细部粗糙的"大花房"，与当时伦敦的一些地标建筑如议会大厦（建成于 1834 年）、英国国家美术馆（建成于 1838 年）、大英博物馆（建成于 1840 年）等结构厚重、装饰富丽的古典主义风格显得格格不入。但是，直到很多年以后，建筑师们才意识到，水晶宫的建成标志着西方建筑摆脱了中世纪风格的束缚，一个新的建筑时代由此开启了。

表 1-3　水晶宫两个阶段的主要技术参数

参数	海德公园水晶宫	席登汉姆水晶宫
长度/m	564.18	490
宽度/m	124.36	95
中心圆拱高度/m	33	53（局部 86）
边厅高度/m	19	20
层数	3	5
使用玻璃面积/m²	83 610	循环使用，同前
底层建筑面积/m²	71 791	55 590
总建筑面积/m²	91 971	153 285

海德公园的水晶宫为 3 层的长方形建筑，长度为 1851 ft（564.18 m，象征 1851 年建造），宽度从下往上逐层递减，分别为 408 ft、264 ft 和 120 ft（124.36 m、80.47 m 和 36.58 m），南北立面的中部设计了一个半圆形屋顶，以用于容纳海德公园的大树，成为水晶宫的亮点，建筑概貌及透视图如图 1-9 所示。首届世界博览会参展国家 25 个，参展展品包括蒸汽机、高速汽轮船、起重机、收割机、厨具用品等在内 1.3 万余件，这些展品虽然在外观上仍有点粗陋、缺乏设计性、与欧洲传统的手工制成品相比缺乏美感，但功能强大、用途多样、价格低廉，充分反映了工业化大规模生产的特点，展示了英国强大的工业实力，在世界各国引起了不小的轰动，上百万国外游客及 600 万本土参观者来访。世界博览会促进了工业革命成果向全世界的扩散，此后，便创立了世界博览会这一影响深远的全球盛会。

（a）概貌

（b）建筑透视图

（c）中庭局部

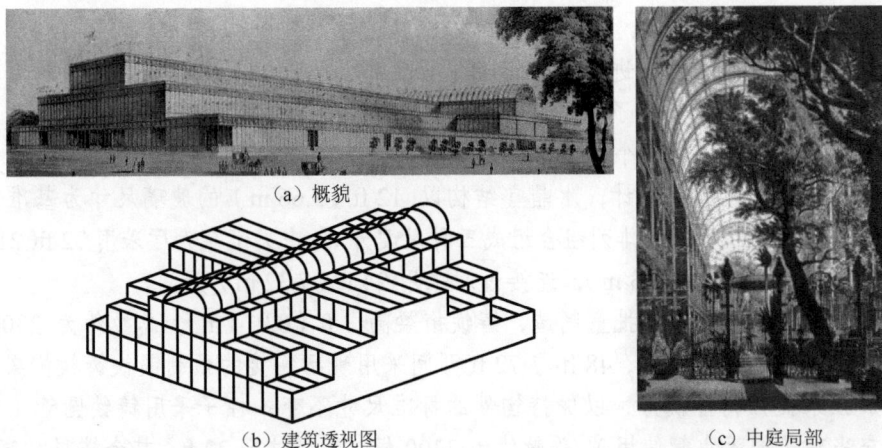

图 1-9　海德公园的水晶宫［图（a）、（c）来自维基百科，图（b）自绘］

　　首届世界博览会于 1851 年 10 月 11 日结束，水晶宫被批准暂缓拆除，并计划将其改造为温室花园，然而这一计划在 1852 年 4 月被英国当局否决。设计者约瑟夫·帕克斯顿团队决定将其买下，拆除构件后在伦敦南部的席登汉姆建造一个新的、更大的水晶宫。新水晶宫为 5 层建筑，在全部利用原有构件及玻璃外墙的基础上，将中央通廊改为筒形拱顶，对结构的长度、宽度及高度作了一些调整，设置有展览厅、音乐厅、喷泉、园林等各种设施，并在南北侧建造两个高 86 m 的水塔，建筑概貌及透视图如图 1-10 所示。1854 年 6 月，维多利亚女王主持了新水晶宫的开放，而后无数国事活动的举办使得席登汉姆水晶宫成为英国的象征。无论是海德公园阶段还是席登汉姆新阶段，水晶宫均是英国的象征之一，也受到了英国民众的普遍喜爱，例如，建队于 1861 年的伦敦老牌足球队——以"水晶宫"命名的英超俱乐部（Crystal Palace F. C.）便是一个证明。

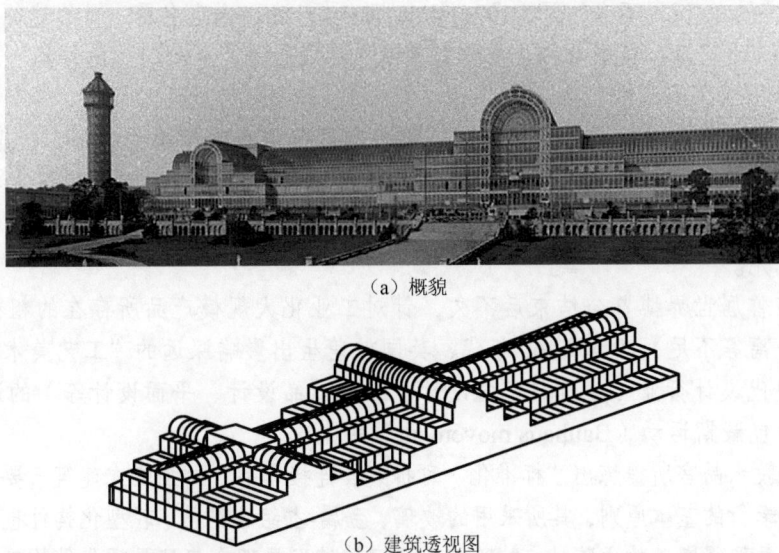

（a）概貌

（b）建筑透视图

图 1-10　席登汉姆的水晶宫［图（a）来自维基百科，图（b）自绘］

3）工程理念及其他

水晶宫具有建设理念先进、设计标准化程度高、施工快捷高效等特征，对近现代建筑结构设计与施工建造产生了深远的影响。归纳起来，水晶宫在建筑设计及结构设计上最突出的特点体现在以下三个方面。

①采用标准化模数化设计，水晶宫结构以 12 ft（3.66 m）的玻璃尺寸为基准，由一系列铸铁柱、铸铁梁、木拱架排列组合组成三种尺度开间，中央十字大厅采用 72 ft（21.95 m）开间，边厅采用 48 ft（14.63 m），连接过厅采用 24 ft（7.32 m）开间。

②结构构件采用标准化批量制造，铸铁桁梁高 3 ft（0.914 m），总数约为 2300 根，24 ft 开间采用预制的铸铁梁，48 ft 与 72 ft 开间采用现场铆接的预制锻铁铸铁桁梁，并通过局部加强来提升构件抗力，以保持构件的标准尺寸不变；柱子采用铸铁圆管（中空的柱子还充当建筑的落水管使用），总数约为 3300 根，底层柱高 22 ft，其余楼层柱高 20 ft；对于中间半圆拱形的屋顶，则采用 17 榀木桁架结构；为增强结构在风荷载下的横向稳定性和整体性，增设了 22 套对角支撑，并采用横向刚度较大的 1.25 in（3.175 cm）木板及 1 in（2.54 cm）铁板组成的复合地板。

③装配施工构造简单易行、连接可靠、施工工效高，梁与柱之间采用楔形形式刚接，连接构件由具有一定弹性的橡木、角钢等组成，铁柱与混凝土基础连接采用螺栓固定，连接构造简单可靠；所有构件及玻璃最大重量均不超过 1 t，可以利用人力及简单的机械进行安装，而基础采用混凝土扩大基础，施工亦不复杂。

正是得益于这些先进高效的结构设计，简便易行的构造方式，在短短的 9 个月时间里，一座体量庞大、造型新颖的结构呈现在世人面前。水晶宫共使用铸铁 3800 t、锻铁 700 t、玻璃 8.36 万 m²，总建筑面积为 9.20 万 m²，工程造价为 79 800 英镑。为了打消公众对这种新型简便结构安全性能的担忧，水晶宫在对外开放之前还进行了严格的荷载试验，以保证结构能够承受两倍预期的使用荷载（人群荷载、设备及展品荷载），这也是现代结构原位试验的源头之一。然而，不幸的是，1936 年 11 月 30 日晚，这座名震一时的建筑毁于一场大火，无数人为之叹息，英国首相丘吉尔曾表示它的烧毁是"一个时代的终结"。

4）后续影响

一是水晶宫摈弃了古典主义的风格，展现了现代装配式结构的雏形，凸显了轻、透、薄的结构特点，以最少的阻隔提供了巨大而灵活的内部空间，实现了建筑、结构与功能的统一，并在新材料、新技术、新工法的运用上达到了一个全新的高度，开辟了装配式建筑的新纪元。

二是在首届世界博览会结束后不久，针对工业化大规模产品所存在的粗糙简陋、技术与艺术分离等不足，19 世纪 60 年代，英国就萌生出影响深远的"工艺美术"运动，直接推动了现代设计行业（建筑与室内设计、工业产品设计、平面设计等）的诞生和蓬勃发展，成为包豪斯运动（Bauhaus movement）的先声。

三是伦敦水晶宫所提炼出"标准化、可拆装、连接可靠"的装配式建筑三要素仍然是现代结构工程奉行的基本原则，其所采用的玻璃、金属-木组合结构、轻型化构件也是现代建筑界不断尝试并取得突破的主阵地，其所蕴含的可持续发展理念仍然是现代结构工程的重要命题，对现代结构工程的设计、施工、运营与接续利用等方面产生的了深远的影响。

1.3.3 现代结构工程

到 20 世纪上半叶，随着第二次工业革命、第三次工业革命的成果不断向纵深发展、向生产生活领域渗透，在以内燃机、电动机、计算机、电力电子等为代表的新技术推动下，人类先后迈入了"电气时代"和"信息时代"，现代结构工程已经成为国家经济社会发展的主要推动力。工程实践活动的规模扩张与技术挑战直接促进了科学研究，而新的科学发现又加速了技术开发创新和工程实践创新，形成了相互促进的良性循环。在科学发现的指引下，很多工程领域都取得了一系列令人瞩目的成就，极大地提升了生产力水平，推动了物质生产能力的飞跃，人类有史以来第一次告别了物质匮乏的时代，生活在极端贫困状况的人口第一次降至了 5%以内。经济统计数据表明：1950～2000 年，全球人均 GDP 年增长率为 2.1%，2000～2023 年全球人均 GDP 年增长率达 3.0%，在短短 23 年内就能使全球人均 GDP 翻番，这是人类有史以来最伟大的成就。

现代结构工程发展的主要成就集中在西欧、北美、东亚等地。伴随着工业化和城市化进程的加速、高速公路建设高潮的到来以及高速铁路的兴起，现代结构工程得到了迅速的发展。在旺盛而持续的社会需求的推动下，结构工程实践活动的规模不断扩大，产业聚集效应日益显著，技术创新与工程创新全球化扩散的速度不断加快，结构工程实践活动的价值理性不断增强，新的建设管理及运营模式不断涌现。在这个发展进程中，结构工程的主要成就可以归纳为如下四个方面。

一是建立了比较完备的结构工程学科知识体系。随着计算力学及结构分析方法、结构设计理论、结构防震理论、结构振动控制理论、结构抗风理论与试验手段等方面理论体系的基本成型，以及基于这些科学理论工程化实用化研究成果的逐步问世，人们能够比较全面地揭示结构工程的力学行为，推动了现代结构工程实现了从依赖工程经验向依托结构理论的根本转变，计算科学范式逐渐成为一种普遍认可的研究范式，以计算机辅助工程（computer aided engineering，CAE）为代表的信息技术则大幅度提升了结构设计建造的效率，人们认识结构工程的手段从理论、试验两种手段转变到理论、试验、模拟仿真三种手段，对大型复杂结构体系、复杂行为的认知把握能力得到了整体的提升。

二是涌现出一大批新材料、新结构、新工法，技术创新起到了催化剂的倍增效应。随着以预应力混凝土、框-筒结构、网格结构、索膜结构、斜拉桥、节段施工法为代表的现代结构工程的新材料、新结构、新工法的问世和推广应用，技术创新成为工程实践的关键要素，新技术不仅成为工程实践的知识基础，而且成为行业、区域乃至国家的核心竞争力，极大地拓展了结构工程实践活动的可能性空间。另外，结构工程的 4 个主要支柱即结构材料、结构体系、结构理论、施工方法基本成型，并呈现出相互支撑、相互影响、相互作用的良性机制，以极限状态设计法为代表的现代结构设计方法有效化解了工程设计安全性与经济性的矛盾冲突，并由此克服了结构工程设计建造的诸多难点，极大地提高了结构工程的效能水平，降低了结构工程建造和运营的资源消耗水平，提升了工程建设的经济效益与社会效益。

三是"系统整体论框架"工程思想逐步占据主流。近代结构工程实践活动中出现的一些极端案例和工程事故，直接或间接地证明"机械还原论框架"的缺陷或不足。对此，20世纪中叶以来，基于"系统整体论框架"的工程方法得以发展壮大，提出了以系统论、信息论、控制论、分岔理论、灰色系统理论为代表的工程思想和工程方法，以更全面地考虑工程内外部的系统性、复杂性及各种不确定性，促进了现代工程思想的发展与完善，推动结构工程界运用更加有效的工具和方法来思考、认识、分析、把握工程的复杂性和综合性，提高了人们在技术和非技术层面对工程的不确定性、模糊性的认知能力和应对水平。

四是结构工程实践活动基本实现了从"能不能"向"好不好"根本转变。随着结构工程实践活动规模的扩张、技术迭代的加速、工程资源的全球化配置，推动了工程创新的扩散速度，现代结构工程80年来所取得的成就远远超越了此前近300年近代结构工程，造福普罗大众的能力得以空前强化、价值理性不断彰显，人类"住"和"行"的品质达到了历史最高水准，并为相近工程领域的发展提供了坚实而便捷的基础设施条件。但与此同时，结构工程实践活动消耗了过多的自然资源，产生了天量的废弃物，结构工程实践活动与自然环境的矛盾日益加剧，工程观念、技术手段、研究范式等方面亟待突破更新。进入21世纪，结构工程已经没有大的、难以逾越的技术壁垒了，基本实现了从"能不能"向"好不好""适合不适合"的根本转变。

总体而言，在近现代结构工程300多年发展进程中，技术体系日益庞大，工程成就层出不穷，已经很难进行简要而全面概括了。其中，划时代的代表性工程主要集中在桥梁结构与高层建筑结构。在桥梁工程领域，共产生了16个跨径的世界纪录；在高层建筑结构领域，共产生了15个高度的世界纪录。现将桥梁工程跨径、高层建筑结构高度的历史进程简要勾勒如图1-11、图1-12及表1-4、表1-5所示，从中可以比较直观、粗线条地感受近现代结构工程发展进步的速度。与此同时，在近代结构工程中属于"新技术"或"高技术"的结构工程，虽然仍时不时地有令人振奋的工程成就，建筑业仍是很多国家（地区）的支柱产业之一，但与一些新兴工程领域如核能工程、信息工程相比，其社会影响逐渐衰减，自第一次工业革命以来的耀眼光环逐渐退去，开始远离了社会焦点，慢慢回归为一种"常规"或"成熟"的技术。

表 1-4　桥梁跨径记录的历史进程简表

桥名	建成年份	跨径/m	所在地	结构形式
泸定桥（Luding Bridge）	1706	101.67	中国	悬带桥
联合链锁桥（Union/Tweed Bridge）	1820	137	英国	悬索桥
梅奈海峡悬索桥（Menai Suspension Bridge）	1826	176.6	英国	悬索桥
惠灵桥（Wheeling Bridge）	1849	308	美国	悬索桥
尼亚加拉-利文斯顿桥（Niagara-Lewiston Bridge）*	1851	310	美国-加拿大边境	悬索桥
辛辛那提桥（Cincinnati Bridge）	1867	322	美国	悬索桥
布鲁克林大桥（Brooklyn Bridge）	1883	486	美国	悬索桥
福斯铁路桥（Forth Bridge）	1890	521.3	英国	悬臂桁架梁桥

续表

桥名	建成年份	跨径/m	所在地	结构形式
魁北克桥（Quebec Bridge）	1917	549	加拿大	悬臂桁架梁桥
大使桥（Ambassador Bridge）	1929	564	美国-加拿大边境	悬索桥
乔治·华盛顿大桥（George Washington Bridge）	1931	1067	美国	悬索桥
金门大桥（Golden Gate Bridge）	1937	1280	美国	悬索桥
韦拉扎诺海峡大桥（Verrazano-Narrows Bridge）	1964	1298	美国	悬索桥
亨伯尔桥（Humber Bridge）	1981	1410	英国	悬索桥
明石海峡大桥（Akashi Kaikyo Bridge）	1998	1991	日本	悬索桥
1915 恰纳卡莱大桥（1915 Çanakkale Bridge）	2022	2023	土耳其	悬索桥

*该桥在 1864 年毁于风灾。

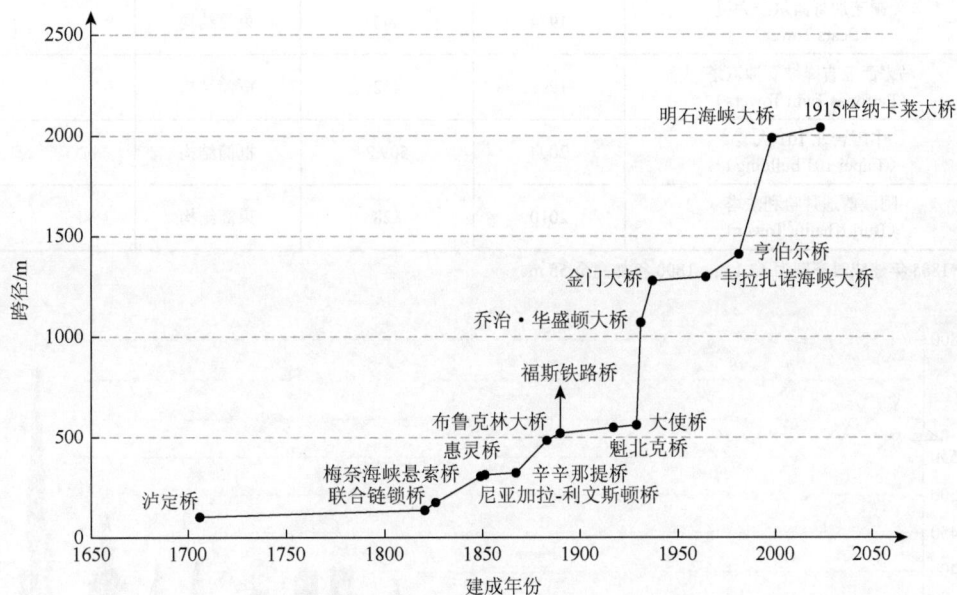

图 1-11　桥梁跨径记录的历史进程简图

表 1-5　高层建筑结构高度纪录的历史进程简表

建筑物名称	建成年份	高度/m	结构体系	备注
美国芝加哥家庭保险大楼 （Home Insurance Building）	1885	42.1/55*	框架结构	1931 年拆除
美国纽约世界大楼 （New York World Building）	1890	94	框架结构	1955 年拆除
美国纽约曼哈顿人寿大厦 （Manhattan Life Insurance Building）	1894	106.1	框架结构	1930 年拆除
美国芝加哥帕克洛大厦 （Park Row Building）	1898	118	框架结构	

续表

建筑物名称	建成年份	高度/m	结构体系	备注
美国费城市政厅 （Philadelphia City Hall）	1901	167	框架结构	
美国纽约胜家大厦 （Singer Building）	1908	187	框架结构	1968 年拆除
美国纽约曼哈顿大都会人寿保险大楼 （Metropolitan Life Insurance Company Tower）	1909	213.36	框架结构	
美国纽约伍尔沃斯大楼 （Woolworth Building）	1913	241.4	框架结构	
美国纽约克莱斯勒大厦 （Chrysler Building）	1923	319	框架结构	
美国纽约帝国大厦 （Empire State Building）	1931	381	框架结构	
美国纽约世界贸易中心双塔 （World Trade Center）	1971	北楼 417 南楼 415	筒中筒结构	2001 年毁于恐怖袭击
美国芝加哥西尔斯大厦 （Sears Tower）	1974	443	束筒结构	
马来西亚吉隆坡石油双塔 （Petronas Twin Towers）	1998	452	框筒结构	
中国台北 101 大厦 （Taipei 101 building）	2004	509.2	框筒结构	
阿联酋迪拜哈利法塔 （Burj Khalifa Tower）	2010	828	束筒结构	

*1885 年建成时高度为 42.1 m，1890 年加高至 55 m。

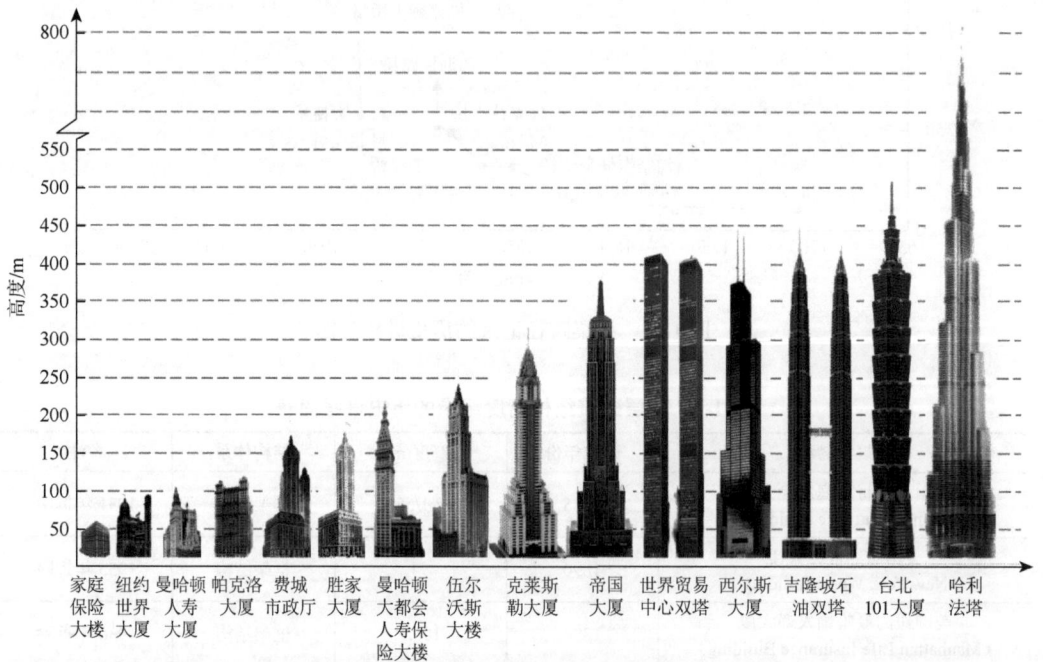

图 1-12　高层建筑结构高度的发展进程简图

案例 1-4　现代斜拉桥的诞生与发展——技术自我进化机制的迭代作用

斜拉桥是继梁桥、拱桥、悬索桥三种传统桥梁结构体系之后发展起来的最年轻、发展速度最快的结构形式，具有跨越能力强、造型美观、设计灵活、施工简便、造价比较合理等技术经济优势，是现代桥梁工程最重要的创新成果，第二次世界大战后迅速成为大跨径桥梁（$L>200\,\mathrm{m}$，L 为跨径）的主要结构形式。但事实上，斜拉桥从构想到工程化应用经历了一个十分复杂曲折的过程。

1）早期探索

第一次工业革命以来，在梁桥、拱桥、悬索桥三大桥梁结构体系蓬勃发展的同时，人们也在探索新的桥梁结构形式，其中，期望利用拉索吊住桥面、形成斜拉桥体系的探索是其中比较活跃的一个方向。从 1817 年建成的第一座带有永久斜拉索的苏格兰国王草甸桥（King's Meadows Bridge，主跨 33 m，1953 年拆除）算起，斜拉桥从构想到成熟、再到大规模应用大约经历了 150 年。受拉索材料强度低、理论分析计算手段弱、拉索布置构造不够合理妥当等多方面因素的限制，近代桥梁工程中针对斜拉桥的尝试均未获得成功，但却促使人们逐步认识到张拉斜拉索、主动承担荷载的重要性，开始探索开发高强度线材及相应的张拉锚固系统。

早在 1858 年，英国工程师罗兰德·梅森·奥迪仕（Rowland Mason Ordish）就开始了斜拉桥的工程实践，创造出"奥迪仕-勒菲弗体系"（Ordish-Lefeuvre System），即采用悬索体系与斜拉体系协同受力，主要做法是让主缆与主跨跨中桥面相连，梁的其余部分则采用斜向布置的铁链锚于塔顶。采用这一体系先后建成了三座桥，包括 1868 年建成的奥匈帝国布拉格市弗朗茨·约瑟夫桥［Franz Joseph Bridge，跨径 100 m，1941 年毁于战火，见图 1-13（a）］、1869 年建成的新加坡加文纳桥［Gavenagh Bridge，跨径 60.96 m 的人行桥，至今仍在使用，见图 1-13（b）］。在这一阶段，由于力学理论不成熟、计算手段跟不上，无法进行拉索受力机理的分析，加上结构体系刚度不足等原因，斜拉体系未能得到工程界的认可。但与此同时，对斜拉-悬索协作体系的探索实践一直没有停歇，例如 1883 年建成的纽约布鲁克林大桥就是一个典型案例，该桥跨径布置为 284 m＋486 m＋284 m，由于边中跨比高达 0.59，为克服超长边跨所产生的不利变形，天才的设计师罗布林父子依据工程经验，在边跨布置了 108 根斜拉索来给加劲梁提供辅助支承，并确定了由主缆承受的荷载为 6920 t、由斜拉索承受的荷载为 1200 t，成为现代斜拉-悬索协作体系的先声。

进入 20 世纪初，法国工程师艾伯特·吉思克拉（Albert Gisclard）申请了斜拉系统的专利，他的主要做法是在主跨内布置一对交叉的主索，通过短吊索将主索与桥面连接，并将其余斜拉索从塔顶与主索相连，以克服主索柔度过大的局限。利用这种斜拉系统的专利，法国在 1909 年建成了跨径 156 m 的卡塞林（Cassagne）铁路桥，在 1924 年建成了跨径 112 m 的莱扎尔德里厄（Lézardrieux）公铁两用桥，见图 1-13（c）、（d）。稍后的 1926 年，著名工程师、素有"混凝土诗人"之称的爱德华多·托罗哈在西班牙藤普尔渡槽桥（Acueducto de Tempul，跨径布置 20.1 m＋60.4 m＋20.1 m）的建设中，借鉴悬索桥的构造、创造性地在塔顶设置了索鞍，并通过顶升索鞍对斜拉索进行张拉，这是最接近现代斜拉桥的结构体系与施工方法，等等。在这一时期，人们逐步认识到张拉斜拉索、主动承担荷载的重要性，开始探索开发高强度线材，开发相应的张拉锚固系统，但受制于计算能力，对斜拉索的受力机理仍然无法分析，导致斜拉系统的应用仍受到较大的局限。

2）破茧而出

1952 年，法国著名工程师阿尔贝·卡科（Albert Caquot）在主跨 81 m 的栋泽尔-蒙德拉贡（Donzère-Mondragon）公路桥的建设中，第一次采用了混凝土斜拉桥体系，但他没有采用千斤顶来张拉斜拉索，而是在一个稍高的位置浇筑混凝土梁，然后通过降低主梁标高、落位到最终标高位置，采用施加强迫位移的方式实现了斜拉索的张拉，但这种施工方法难以准确把控索力，仍未突破如何准确施加索力的技术瓶颈。稍后的 1954 年，德国著名工程师弗朗茨·迪辛格（Franz Dischinger）[1]在主跨 183 m 的瑞典斯特罗姆桑德（Strömsund）桥的建设中［图 1-13（e）］，采用了钢斜拉桥体系，依据他 1937 年在德国奥厄（Aue）车站跨线桥无黏结预应力混凝土桥梁的设计研究与施工经验，通过千斤顶主动、有目标地张拉斜拉索，实现了索力的可控可调，突破了此前各种工程实践探索的技术瓶颈，从而使斜拉索成为主要受力构件，被视为现代斜拉桥的开山之作。此后，欧美各国开启了持续约 30 年的大规模交通基础设施建设，在这个进程中，伴随着高强度钢材的发展、预应力技术的成熟以及悬臂施工法的兴起，斜拉桥作为一种新型的结构体系，以其强大的跨越能力、灵活多变的设计自由度、较低的材料用量、显著的经济效益、优雅的结构造型、良好的适应性及高效的悬臂施工法破茧而出，受到了国际工程界的青睐，获得了广泛的应用，成为大跨径桥梁中最年轻、但发展势头最迅猛的桥型。在斜拉桥早期探索阶段，德国、法国、意大利等国家建成了数十座钢斜拉桥、混凝土斜拉桥，其最显著的特征是：采用稀索体系，主梁与斜拉索共同承担荷载，仅用一对或几对索来给主梁提供弹性支承，斜拉索在某种程度上取代了梁桥的桥墩。这一阶段斜拉桥主要构造特点是：拉索数量少、间距大、单根索力大、锚固构造复杂，主梁无索区长，梁高大、主梁仍以受弯为主，梁体多采用钢箱梁，梁高与主跨跨径之比一般在 1/100～1/50。

1959 年，由著名结构设计大师弗里茨·莱昂哈特[2]设计的德国科隆塞弗林（Severin）桥建成［图 1-13（f）］，该桥为跨径 302 m 的空间索面、全漂浮体系的独塔钢箱梁斜拉桥，高耸的索塔与科隆大教堂的塔尖呼应并立，使独塔斜拉桥成为连接历史与现实的载体，成为新的城市景观。塞弗林桥的建成也意味着采用同样设计参数的双塔钢箱梁斜拉桥跨越能力已经达到了 600 m 以上，清晰明确地释放出斜拉桥拥有巨大跨越潜力的信号，使

---

① 弗朗茨·迪辛格（Franz Dischinger），1887～1953 年，德国柏林工业大学教授，预应力混凝土的早期探索者，现代斜拉桥的奠基者，集科学研究、技术开发与工程应用为一体，在混凝土收缩徐变、斜拉桥结构形式、斜拉-悬索协作体系等方面均做出了奠基性的贡献，与尤金·弗雷西奈平行发现了混凝土的徐变特性，提出了无黏结预应力混凝土结构，著有《混凝土收缩徐变》等著作，设计了第一座现代斜拉桥——瑞典斯特罗姆桑德桥。

② 弗里茨·莱昂哈特（Fritz Leonhardt），1907～1999 年，德国斯图加特大学教授，20 世纪最伟大的结构工程大师之一，在结构工程的诸多领域都建树颇丰，设计了 140 多座桥梁、电视塔、体育场等标志性工程，发明正交异性板、顶推施工法、冷铸锚具、PBL 剪力键等，提出斜拉桥的倒退分析法，推动了钢箱梁、组合梁、斜拉桥的发展，开创了桥梁美学研究方向，著有《结构设计原理》《桥梁建筑艺术与造型》等多部传世之作，创建了莱昂哈特国际咨询公司，培养出约格·施莱希（Jörg Schlaich）等新一代结构大师。

斜拉桥成为悬索桥有力的竞争者。

1962 年，由意大利桥梁设计大师里卡尔多·莫兰迪（Riccardo Morandi）[①]设计的委内瑞拉马拉开波湖桥（Maracaibo Lake Bridge）建成 [图 1-13（g）]，开创了多跨斜拉桥的新纪元，极大地促进了混凝土斜拉桥在全世界的推广应用。该桥主桥为 5×235 m 预应力混凝土多跨斜拉桥，采用刚性稀索、X 形桥墩、高度较大的主梁及挂孔等，利用挂梁将多跨斜拉桥受力问题解耦，解决了多跨斜拉桥刚度偏小、各跨之间受力的相互影响的问题，巧妙化解了多跨斜拉桥温度效应较为突出的技术难题，也与当时的计算条件、计算分析能力相匹配。该体系因其造型独特、受力明确、建造及养护维修费用较低，在当时钢桥占据大跨径斜拉桥主流的情况下，在 12 个国际竞标方案中突出重围，成为斜拉桥发展史上又一个里程碑。

1967 年，由赫尔穆特·霍姆伯格（Hellmut Homberg）[②]设计的德国波恩弗里德里希·艾伯特（Friedrich Ebert）桥建成 [图 1-13（h）]，标志着斜拉桥密索体系时代的来临。该桥跨径布置为 120.1 m + 280 m + 120.1 m，主梁为 4.2 m 高的钢箱梁，梁高与主跨跨径之比为 1/66.67，采用梁上索距 4.5 m、由 80 根拉索构成的单索面密索体系，在索塔处的加劲梁下不设支座、塔梁分离，并运用有限元软件对 82 次超静定问题进行结构分析计算，显现出分析计算能力对新型结构发展的关键支撑作用。该桥将斜拉桥主梁受力小、便于安装施工、拉索可更换等优势完全显现出来，斜拉桥由此进入了全面成熟阶段。

（a）弗朗茨·约瑟夫桥（1868～1941 年）

（b）加文纳桥（1869 年）

（c）卡塞林铁路桥（1909 年）

（d）莱扎尔德里厄公铁两用桥（1924 年）

---

① 里卡尔多·莫兰迪（Riccardo Morandi），1902～1989 年，意大利享誉国际的桥梁设计大师，佛罗伦萨大学的教授，发明了拱桥的竖向转体施工法，在世界各地设计了 10 多座大跨径混凝土桥梁，以善于建造风格独特、创意丰富的混凝土桥梁而闻名。

② 赫尔穆特·霍姆伯格（Hellmut Homberg），1909～1990 年，德国著名桥梁设计大师，斜拉桥发展初期的主要探索者、计算机辅助结构设计的先行者之一，率先提出了单索面斜拉桥、密索斜拉桥等新的结构体系，在德国、英国、泰国设计了 10 多座大跨径斜拉桥。

（e）斯特罗姆桑德桥（1954年）　　　　　　　　　（f）塞弗林桥（1959年）

（g）马拉开波湖桥（1962年）　　　　　　（h）弗里德里希·艾伯特桥（1967年）

图 1-13　斜拉桥发展早期的几座代表性桥梁（图片来自维基百科，查看彩色图片可扫描封底二维码）

此后，密索体系占据了斜拉桥的主流，其主要受力特征是：①斜拉索成为主要承力构件，结构整体刚度主要由斜拉索体系提供；②主梁逐步退化为传递荷载的构件，其刚度对结构整体刚度的贡献不断弱化，受力属性从受弯构件逐步演变为压弯构件，主梁日益轻薄化，梁高与跨径之比一般多在 1/300～1/100。

3）壮大发展

在斜拉桥进入全面成熟阶段后，其设计施工技术得到了全方位、多样化的发展，并呈现出加速迭代和不断升级的态势，技术自我进化主要体现在以下四个方面：①在结构材料上，钢斜拉桥、混凝土斜拉桥、组合梁斜拉桥、混合梁斜拉桥竞相发展，形成了丰富多彩的工程创新成果，拉索材料、锚固构造不断完善改进，更好地适应了桥梁建设需求与经济约束条件；②在结构体系上，从独塔两跨、两塔三跨发展到多塔多跨，从自锚式发展到部分地锚式，并发展出了部分斜拉桥（索辅梁桥）、斜拉-刚构协作体系、斜拉-悬索协作体系、单索面斜拉桥等新的结构体系，对地形、地质、水文、航运、经济指标约束等建设条件的适应性更强；③在适用性上，在跨径增大的同时，结构刚度不再成为斜拉桥的制约控制因素，铁路斜拉桥、公铁两用斜拉桥不断发展，为交通基础设施建设提供了更加丰富的选择；④在结构分析计算理论上，非线性分析理论、倒退分析法、索力优化理论、施工监测控制方法得以快速发展，结构分析软件得到了普遍的应用，并成为斜拉桥设计计算的基础性工具。

进入 20 世纪 80 年代后，斜拉桥设计施工技术从欧洲的德国、法国、西班牙等国向全世界扩散，并在日本、美国、中国等国家获得了更为广泛的应用，结构形式也得以不断丰富和发展，相继发展出三索面斜拉桥、四索面斜拉桥、组合梁斜拉桥、混合梁斜拉桥等新的结构形式，施工方法从最初的悬臂施工法发展出顶推施工法、转体施工法、大节段吊装法等新工法，使得斜拉桥在 300～800 m 跨径范围内占据主导地位，当跨径超过 1000 m 时，斜拉桥也成为悬索桥强有力的竞争桥型。总的说来，现代斜拉桥开创于德国，拓展于法国和日本，推广应用于北美，壮大于中国，现代斜拉桥诞生 70 多年以来，全世界建成的各类斜拉桥数量多达 600 多座，其中约有 1/3 在我国；跨径 400 m 以上的斜拉桥多达 120 多座，其中超过一半在我国，并建成了以主跨 1092 m 沪苏通公铁两用长江大桥、主跨 2×1120 m 的马鞍山公铁两用长江大桥、主跨 1208 m 的常泰长江大桥（主塔中心线间距为 1176m）为代表的一大批国际工程界高度关注的大跨径斜拉桥。现将最有代表性的技术创新及其首次工程应用的情况汇总如表 1-6 所示。

表 1-6　现代斜拉桥结构创新的主要成果简表

序号	年份	成果简述	设计者	首次工程实践应用
1	1954	现代斜拉桥的诞生	弗朗茨·迪辛格（Franz Dischinger）	瑞典斯特罗姆桑德（Strömsund）桥，主跨 183 m
2	1959	空间索面漂浮体系	弗里茨·莱昂哈特（Fritz Leonhardt）等	德国科隆塞弗林（Severin）桥，主跨 302 m
3	1962	多跨斜拉桥	里卡尔多·莫兰迪（Riccardo Morandi）	委内瑞拉马拉开波湖桥（Maracaibo Lake Bridge），主跨 5×235 m
4	1967	密索斜拉桥	赫尔穆特·霍姆伯格（Hellmut Homberg）	德国波恩弗里德里希·艾伯特（Friedrich Ebert）桥，主跨 280 m
5	1972	组合梁斜拉桥	约格·施莱希（Jörg Schlaich）	印度加尔各答胡格利二桥（Second Hooghly Bridge），主跨 457.2 m，设计完成于 1972 年，1993 年建成
6	1972	混合梁斜拉桥	弗里茨·莱昂哈特（Fritz Leonhardt）	德国曼海姆-路德维希港（Mannheim Ludwigshafen）桥，主跨 287 m
7	1977	单索面混凝土斜拉桥	雅克·马蒂瓦（Jacques Mathivat）/让·穆勒（Jean Muller）	法国布鲁东纳（Brotonne）大桥，主跨 320 m
8	1979	铁路斜拉桥	尼古拉·哈丁（Nikola Hajdin）	南斯拉夫萨瓦河桥（Sava River Bridge），主跨 254 m
9	1980	板拉桥	克里斯蒂安·梅恩（Christian Menn）	瑞士甘特（Ganter）桥，主跨 174 m
10	1985	斜拉-刚构协作体系	霍戈·斯文生（Holger Svensson）	美国亨廷顿东大桥（Huntington East Bridge），主跨 274.3 m
11	1988	部分斜拉桥（索辅梁桥）	雅克·马蒂瓦（Jacques Mathivat）	葡萄牙 Socorridos 桥，主跨 106 m，1993 年建成
12	1992	无背索斜拉桥	圣地亚哥·卡拉特拉瓦（Santiago Calatrava）	西班牙塞维利亚阿拉米罗（Alamillo）桥，跨径 200 m
13	2004	斜拉桥的顶推施工	米歇尔·维洛热（Michel Virlogeux）	法国米约高架桥（Millau Viaduct），跨径 204 m＋6×342 m＋204 m
14	2004	加筋土隔震基础	雅克·孔布（Jacques Combault）	希腊里翁-安蒂里翁（Rion-Antirion）大桥，跨径 286 m＋3×560 m＋286 m
15	2008	三索面高铁斜拉桥	中铁大桥勘测设计院集团有限公司秦顺全等	武汉天兴洲大桥，主跨 504 m
16	2016	斜拉-悬索协作体系	让-佛朗索瓦·克莱因（Jean-Francois Klein）/米歇尔·维洛热（Michel Virlogeux）	土耳其博斯普鲁斯海峡Ⅲ桥（Bosporus Ⅲ Bridge），主跨 1408 m

4）认识感悟

斜拉桥 150 多年，特别是现代斜拉桥 70 多年的发展进程表明：新的结构体系的发展成熟不可能一蹴而就，既是一个漫长而曲折的探索过程，也是技术创新与工程创新相互作用、相互成就的过程，更是工程建设经济指标、使用性能约束与筛选的结果，存在着技术自我迭代升级的内在机制。只有当与斜拉桥密切相关的高强度钢材、结构分析方法、预加应力技术和细部锚固构造等要素都发展成熟后，只有当与密索体系匹配的新的计算方法、计算手段、计算工具等发展起来之后，现代斜拉桥这种结构形式才可能得到大规模应用，新的结构体系才会不断涌现出来，技术创新与工程创新的扩散速度才会加快。

1.4　科学、技术和工程的分野

1.4.1　科学革命的兴起

1. 科学革命的发端

一般认为，1543 年是第一次科学革命的发端之年，这一年，波兰天文学家尼古拉·哥白尼（Mikołaj Kopernik）出版了《天体运行论》（*De Revolutionibus Orbium Coelestium*）、布鲁塞尔医生安德烈亚斯·维萨里（Andreas Vesal）出版了《人体构造》（*De Humani Corporis Fabrica*）。在此后的一个半世纪中，在以约翰尼斯·开普勒（Johannes Kepler）、伽利略、艾萨克·牛顿为代表的一大批科学家的推动下，伴随着《宇宙的奥秘》（开普勒，1597）、《关于两门新科学的对话和数学证明》（伽利略，1638）、《自然哲学的数学原理》（牛顿，1687）等皇皇巨著的问世，科学革命的大幕徐徐拉开。第一次科学革命上承古希腊理性传统，遵循实验观察、逻辑推理、数学描述相结合的思想体系，在人类的好奇心、求知欲、科学本身发展惯性等内部动力，以及社会需求、群体利益等外部动力的共同作用下，新的科学知识不断被"生产"出来、新的科学分支不断被"催生"出来，成为人类知识和智慧系统中最具生命力的一种。

作为科学革命划纪元的旗帜人物，牛顿深刻影响了科学革命的进程。在牛顿之前，世界充满了迷信，人们相信万事万物都出于造物主的精心安排，匍匐在"神"的脚下，习惯于从"神"（或"先知""圣人"）那里寻找答案，无论是以儒家思想立国的东方世界、还是信奉基督教的西方世界，世界由人们信奉的各式各样的"神"主宰着。在牛顿之后，人类才真正认识到世界万事万物的变化是有规律的，这些规律既可以描述解释已发生的现象、也可以预测即将发生的事件，而且这些规律是人类可以掌握的并可以服务于人类的。从此，人类摆脱了"神"的控制、才真正"站立"起来，建立在逻辑和推理基础上的理性主义（rationalism）①成为一种普适的哲学方法，使得通过论点和论据来揭示真理、通过逻辑推理获得结论并不断证实或证伪成为知识界信奉的基本原则，知识的疆界由此

---

① 理性主义认为人的理性高于并独立于感官感知，能够借助于识别、判断、评估等方式，使人的行为符合特定的目的，能够通过论点、论据、逻辑、推理而非依靠表象来获得结论。从本质上来说，理性主义是一种"生产"知识的哲学方法，也是思想启蒙运动的哲学基础。与理性主义大致相对应的是经验主义或神秘主义，经验主义认为人的知识主要来源于经验，而神秘主义则认为万事万物都是出于"神"或"造物主"的安排，世界上存在着秘密或隐藏的自然力。

得以不断扩张。简单来说，牛顿的主要贡献有以下三个方面。

一是清晰地定义了各种物理学的基本概念如力、时间、质量、速度、加速度等，然后在概念基础上采用逻辑推理的方式将碎片化的物理知识凝练成牛顿力学的三大定律，构建起了严密的近代物理学学科体系。

二是将科学数学化，采用数学语言将科学变为一个逻辑严密、知识自洽的学科体系，避免了采用自然语言描述科学规律所产生的各种歧义，并率先采用微积分等数学化的表征方式，使人类认识自然规律从静止孤立的方式跃升到动态连续的方式。

三是奠定了实验科学研究范式，即以理论推导为引领，先预测可能观察到的结果，然后再通过实验观察来证实或证伪，由此衍生出演绎推理等新的科学方法，并带动了近代科学仪器和研究工具如显微镜、望远镜、温度计、压力表的发展和普及应用。

在牛顿之后的 200 多年里，科学革命深刻地改变了人类的世界观、方法论和思维方式方法，孕育出新的科学精神、科学思想、科学思维等，深刻影响了人类的精神生活和社会文化。科学革命不仅催生了一浪高过一浪的工业革命，对技术变革和工程实践活动产生了革命性的影响，而且将发源于 16 世纪初期基督教世界的宗教改革[①]进一步推向深入，打碎了禁锢人们认识自然的心灵枷锁，彻底改变了西方世界的认知方式，并对政治、经济、社会、哲学、工程和艺术等方方面面产生了深远的影响，为近现代社会的孕育扫除了一个又一个的观念障碍，引导西方世界走出了漫长的中世纪。

2. 科学革命的价值意义

从本质上来说，科学革命发展的进程，其实就是不断地将新的科学知识点数学化，然后融入已有科学框架之中的过程。在这个曲折多变的发展演化进程中，科学思想、科学方法逐渐形成，并逐渐走出自己的领地，渗透至包括工程实践活动在内的社会生产生活的方方面面，引发了轰轰烈烈的思想启蒙运动，深刻影响了人类文明的发展进程。例如，建筑业、机械制造业的发展直接推动了近代力学的奠基与壮大；又如近代化学的发展进程，就是通过一个个化学方程式总结物质转化规律、从定性转向定量的转变、逐渐走出古代炼金术的过程。概括来说，科学革命的价值意义大致可以归纳为以下四个方面。

一是尊重科学、崇尚科学成为社会的风尚。科学探索从少数人的业余爱好变成了上流社会、艺术家、航海家、军官、商人、匠人等各色人等共同探索的领域，支持科学研究逐渐成为欧洲上流社会的风尚，并走出了古希腊科学研究脱离实际的传统，开始解决建筑业、采矿业、造船业、航海探险活动所提出了的一系列新问题，工匠与学者之间有了更多的联系和相互启发，职业科学家作为一种引领社会进步的力量登上了历史舞台，并受到了社会各界的普遍尊重。

二是科学开始从神学、哲学中分离出来。在牛顿之后，科学研究依然受到了宗教、

---

① 宗教改革运动发端于德意志地区，始于 1517 年马丁·路德（Martin Luther，1483～1546 年）提出的《九十五条论纲》，此后席卷西欧，持续时间约 130 年。宗教改革运动奠定了新教的基础，瓦解了天主教会所主导的政教体系，打破了天主教对人们精神的束缚，催生了文艺复兴、科学革命和思想启蒙运动，开启了近现代世界的大门，为西欧资本主义发展和多元化的现代社会奠定了思想基础。

文化及传统习俗等外部力量的影响，还得继续披着哲学研究的马甲，以获取当时社会主导力量——神权和王权的认同和支持。例如，科学史上一些大科学家如威廉·哈维（William Harvey）、亨利·卡文迪许（Henry Cavendish）等被后世尊为伟大科学家的人，在当时称谓是"natural philosopher"（自然哲学家）或"philosopher"（哲学家），从事的是哲学研究工作。直到 1833 年，英国科学家和哲学家威廉·惠威尔（William Whewell）仿照"artist"（艺术家）一词，发明了"scientist"（科学家）一词，从此以后，科学家有了一个全新的、尊荣的专属身份，而不再被人们称为"自然哲学家"了，人们也不再称科学为自然哲学了，自然科学研究的专业化、职业化也已成为定局。此后，科学家研究的具体对象主要是各种自然现象及各种各样的"人造物"的内在规律。科学也正如其名称一样，成为一种分科之学，不再受到神学和哲学的牵扯和羁绊。

三是科学革命深刻改变了人类的世界观和方法论，并对包括工程实践和技术革新在内的各种生产活动产生了本质性的影响。科学革命的成果不仅奠定了技术革新与工程实践活动的理论基础，而且改变了人类对自然界的看法以及对自身的认识，微积分、概率论、解析几何等先进的数学工具成为人们认识自然规律、描述自然规律的强大武器，理性和逻辑的力量得以彰显，人类对神灵、先知的盲目崇拜和迷信被逐渐打破，并由此孕育出新的研究方法——即以实验、观察、逻辑推理、假设检验为核心的科学方法，成为人类认识自然、利用自然、改造自然最强大的思想武器。例如，英国格拉斯哥大学实验室技师詹姆斯·瓦特（James Watt）正是在牛顿运动定律的指导下，完成了对纽科门蒸汽机[①]的改造，使其工作效率大幅度提高，成为第一次工业革命的通用动力。与此同时，由科学研究所衍生出来的科学精神、科学思维开始向人们生产生活的方方面面渗透，成为科学价值理性的体现，覆盖了生产生活、经济社会发展的各个维度。正如吴国盛所言："无论懂与不懂的人，无论守旧和维新的人，都不敢公然对他（科学）表示轻视或戏侮的态度。那个名词就是科学……（人们）将科学默认为'好的'东西。"

四是科学精神、科学方法、科学思维成为人们信奉和追求的完美境界，并外溢至科学研究以外的其他各个领域，产生了形形色色的影响。所谓科学精神，本质上来说就是一种求真的精神、自由的精神，也是一种充满好奇、不断求知的精神，还是一种不断质疑、不断颠覆旧知的精神，正是这种求真至真的科学精神，才推动人类对外部世界的认识不断向更客观、更准确的彼岸迈进。这一点正如当代著名物理学家理查德·费曼在一次演讲中所说："科学家们成天经历的就是无知、疑惑、不确定，这种经历是极其重要的。当科学家不知道答案时，他是无知的；当他心中大概有了猜测时，他是不确定的；即便他满有把握时，他也会永远留下质疑的余地。承认自己的无知，留下质疑的余地，这两者对于任何发展都必不可少。科学知识本身是一个具有不同层次可信度的集合体：有的根本不确定，有的比较确定，但没有什么是完全确定的。科学家们对上述情形习以为常，他们自然地由于不确定而质疑，而且承认自己无知……作为科学家，我们知道伟大的进

---

① 纽科门蒸汽机是英国工程师托马斯·纽科门（Thomas Newcomen，1663～1729 年）在 1705 年发明的，主要用途是从矿井中抽水，这种蒸汽机虽然得到一定应用，但工作效率并不高。1785 年，詹姆斯·瓦特创造性地制造出蒸汽压缩器与汽缸分离的新型蒸汽机，使蒸汽机工作效率、可控性和速度大幅度提高，开启了第一次工业革命的大门，使蒸汽机成为当时的通用动力。

展都源于承认无知，源于思想的自由。那么这是我们的责任——宣扬思想自由的价值，教育人们不要惧怕质疑而应该欢迎它、讨论它，而且毫不妥协地坚持拥有这种自由——这是我们对未来千秋万代所负有的责任。"

3. 科学与技术、工程的融合

科学革命是人类对客观世界认识的第一次飞跃，也是工业革命的酵母。科学革命在显现出技术进步无限可能性的同时，也给工程实践活动给予了强大的理论指导、精神感召和方法启迪。在科学精神、科学思想和科学理论的指导下，从 18 世纪中叶开始，人们从科学研究、科学发现中得到的"好处"开始不断显现出来，科学、技术和工程三者相互影响、相互作用的良性机制开始形成，工程师开始与科学家携起手来，着力解决工程实践活动中的疑难问题，工程实践活动提出的一些问题也开始成为科学研究的主要对象。在近代科学刚诞生时，启蒙运动最著名的思想家弗朗西斯·培根（Francis Bacon）就讲过："科学真正合法的目的，是把新的发现和新的力量惠赠给人类生活"。

科学革命和工业革命在推动了生产力水平呈指数形式跃升的同时，也深刻改变了人们的传统观念、社会形态和生活方式。例如，英国经济学家亚当·斯密提出的"分工和交换促进财富增长"论断成为先发工业化国家社会各界共同的观念基础，进而又促进了社会化专业化分工与协同，推动了劳动生产率的不断提高。工业化生产方式极大地提升了人类工程实践活动的效率效能，工程设计逐渐成为工程实践活动的龙头和灵魂，大规模、标准化的商品生产成为一种常见的生产方式，由此推动了城市化进程的加速、国际贸易量的大幅增长，人类生产力水平显现出阶梯式跃升的现象。在工业革命成果的支撑下，人类认识自然、利用自然、改造自然的能力实现了质的跃升，全球人口的快速增长，人类生活生存的物质基础得以夯实，生活水平得以显著提升。根据一些经济学家估计，在 20 世纪初，欧洲城市化率第一次超过了 20%，一些大中城市市民们的生活水平终于第一次超过了古罗马帝国时期的罗马城。与此同时，消费也逐渐演化成为拉动生产发展的动力之一，新的需求、新的市场、新的产品不断被创造出来。例如，在第一次工业革命前，人类可用物品只有 100 多种，人均每日能源消耗量只有现代人的 $1/5\sim1/3$，而现代人可用物品多达 1 亿多种，人均每日能源消耗量达 $(100\sim150)\times10^7$ cal，如图 1-14 所示。

总体来说，在近代工程实践活动中，随着科学革命、工业革命的兴起与发展，工程、技术与科学从分离走向融合，科学研究指导工程实践、技术开发活动成为一种普适的模式，工程、技术与科学相互联系和相互影响不断加强。但与此同时，人们对科学、技术和工程的内涵与外延、联系与区别等问题产生存在着诸多含混不清的认知。例如，人们常常将工程视为科学和技术的应用，往往以技术的先进性来覆盖技术在工程项目中的适用性，忽视了工程的本体地位。另外，随着科学研究、技术开发、工程实践活动向纵深发展，人们逐渐形成了与这些认知活动相对应的思维方法和思维方式，但却对这些方法、思维方式的联系与区别研究较少，常常产生思维方式的僭越，等等。然而，要消除这些形形色色的认知误区，仅仅从科学、技术和工程自身层面是非常困难的，往往需要升华至哲学的层面才有可能。

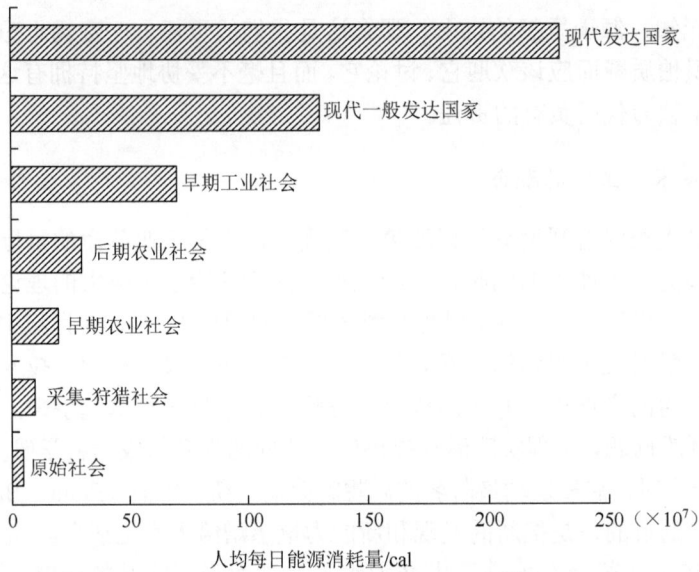

图 1-14　不同社会发展阶段人均每日能源消耗量

案例 1-5　英国不列颠尼亚桥的模型试验——科学理论指导工程实践的开端

1）工程背景

切斯特（Chester）到霍利黑德（Holy head）的铁路是 19 世纪中叶英国铁路网的重要组成部分，铁路建成后，可将从伦敦到都柏林的旅程减少 6 个小时。横跨梅奈（Menai）海峡的不列颠尼亚桥（Britannia Bridge）、横跨康威（Conwy）河的康威桥是切斯特-霍利黑德铁路的两个控制性工程。梅奈海峡全长约 18 km，水道宽度从 300 m 到 1200 m 不等，海峡的中心有一个名为不列颠尼亚的长方形巨礁，不列颠尼亚桥便因以此礁石做基础而得名。蒸汽机车发明者乔治·斯蒂芬森是切斯特-霍利黑德铁路的技术总负责，儿子罗伯特·斯蒂芬森（Robert Stephenson）[①]则是不列颠尼亚桥、康威桥的总工程师。1845 年，英国议会通过了修建不列颠尼亚桥建设的立项。大桥的设计荷载换算成线荷载，大约是 32.2 kN/m 的均布荷载。

2）结构形式

1845 年的英国，为数不多的几座大跨径桥梁都是铸铁拱桥。罗伯特·斯蒂芬森最初的设计桥方案也是一座跨径 2×140 m 的铸铁拱桥，但由于梅奈海峡是英国海军的一条重要水道，海军对桥下净空有严格要求，且不容许使用脚手架或临时墩，因此拱桥方案没能获得海军的批准。由于桁架结构在当时尚不成熟（主要制约因素是不会计算桁架的内力，求解桁架内力的图解法及桁架位移的单位载荷法直到 1864 年才由詹姆斯·克拉克·麦克斯韦提出），应用也很少，那么，可能的结构形式就只有悬索桥了。不同于通行马车的

---

① 罗伯特·斯蒂芬森（Robert Stephenson），1803~1859 年，第一次工业革命时期最著名桥梁工程师、机械工程师，他设计了不列颠尼亚桥、康威桥等多座划时代的铁路桥梁，改进完善了由其父乔治·斯蒂芬森发明的蒸汽机车，使蒸汽机车的运行速度大幅提升至 60 km/h 左右，进入工程实用化阶段。

梅奈海峡悬索桥，铁路桥梁对刚度有一定的要求，荷载也要比梅奈海峡悬索桥大很多倍（梅奈海峡悬索桥通行能力仅为 4.5 t），因此必须对当时的悬索桥结构形式做出一些改进。面对这一史无前例的挑战，天才罗伯特·斯蒂芬森构想出以巨型管道梁（tubular beam）为主要受力构件、以悬链主缆及吊杆作为辅助受力构件的结构体系，确定了结构跨径布置为 75.0 m + 151.95 m + 151.95 m + 75.0 m = 453.9 m 的悬索桥方案 [图 1-15（a）]，由于圬工桥墩的尺寸很大，净跨径为 70.1 m + 140.2 m + 140.2 m + 70.1 m。管道梁采用锻铁板件制造，梁高 6.93~9.14 m、约为跨径的 1/15。如此高大的管道梁，足以让列车从中穿行。于是，分幅设置、通行双线铁路的巨型管道梁结构就这样应运而生了。但是，管道梁的基本设计参数如管道合理形状、板件厚度、铆钉连接构造等，在当时都是第一次，毫无经验和先例可循，虽然也从法国引进克劳德-路易·纳维创立的连续梁计算理论，但由于理论很不成熟、也不实用，难以对该桥的结构设计提供帮助。因此，罗伯特·斯蒂芬森对设计方案的可行性论证，对管道梁的截面形状和细部尺寸的确定，很大程度上都是依赖结构试验完成的。

3）科学试验

为罗伯特·斯蒂芬森的管道梁桥提供可行性论证依据并最终确定管道梁截面设计方案的，是两位研究金属材料的力学家威廉·费尔贝恩（William Fairbairn）和伊顿·A. 霍奇金森（Eaton A. Hodgkinson）。结构试验内容及规模十分庞大，试验经费占全桥建造费用的比例高达 0.67%，结构试验共分为 3 个阶段。

第一阶段的试验是寻找最合理的截面形式，考虑到抗风和横向刚度，试验选择了圆形、椭圆形和矩形 3 种截面形式，共进行了 33 次试验。试验以同一种形状的试件以壁厚和跨距作为变量，采用简支梁受力图式，在梁的跨中施加集中荷载，直到试件破坏。试验结果表明：圆形和椭圆形截面铁管在竖向荷载作用下，截面刚度较小、变形较大；三种截面的抗弯刚度比为 1.0∶1.17∶1.65，矩形截面抗弯性能最佳。此外，试验发现了试件破坏形式有管道梁顶板腹板的局部屈曲变形和底板在铆钉连接处的撕裂两种，其中局部屈曲变形这种破坏模式此前没有人发现过，因此在后续的试验中，板件局部屈曲变形成为最重要的关注对象。

第二阶段的模型试验重点是顶板、底板和腹板的构造以及铆接强度。根据费尔贝恩和霍奇金森的试验，管道梁的顶板和底板采用了双层铁板铆接的方式，以有效发挥材料的抗拉和抗压效率，提高管道梁的整体承载能力；在管道梁的腹板布置了多道竖向加劲肋，以有效阻止腹板的局部屈曲变形，因设置加劲肋而增加的用铁量约为 20%，但可将管道梁的承载能力提高至 150%。最终确定的管道梁矩形截面如图 1-15（b）所示，桥台处梁高 6.93 m，中跨采用等高梁、梁高 9.14 m，外部宽度为 4.47 m，中部梁段腹板厚度为 12.7 mm，梁端腹板厚度为 16 mm，内侧设有肋高 178 mm 的加劲肋，内部净宽 4.09 m。

第三阶段的试验采用 6 个 1/6 比例的模型试验，目的是获得管道梁的破坏荷载，并完善管道梁的截面构造细节。根据模型试验结果的推断，对于净跨径为 140 m 的简支梁当采用上述截面参数时，破坏荷载超过设计荷载的两倍，考虑到管道梁的连续作用，安全储备还会更大。这说明原设计方案的悬索铁链已经没有必要了，但此时的桥塔施工已经完成，于是取消了主缆的安装，将原设计支撑铁链大缆的桥塔变成了纯粹的装饰。

此外，罗伯特·斯蒂芬森还委托了当时最著名的结构设计大师伊桑巴德·金德姆·布鲁内尔独立进行了一个试验，对四跨连续梁挠度计算结果进行验证，试验结果与计算结果的吻合程度令人满意。在该桥建成后，又对列车产生的挠度进行了实测验证，实测值比计算值高出约 20%，但仍在合理可接受的范围内。

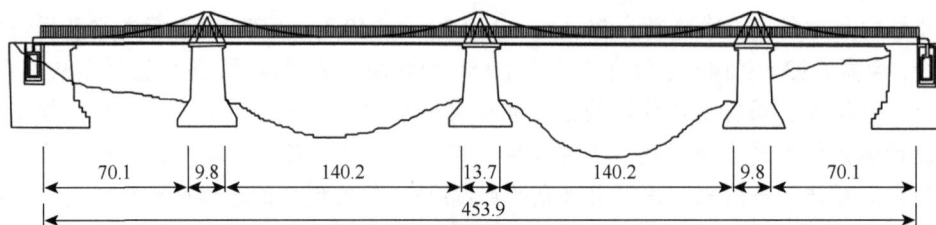

（a）原设计方案（单位：m）

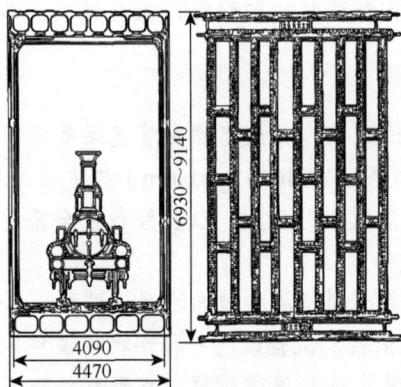

（b）截面形式（单位：mm）

（c）整垮架设方式

（d）管道梁节段

（e）概貌

图 1-15　英国不列颠尼亚桥（1850～1970 年）概貌及管道梁构造形式 [图（a）、（b）自绘，其他来自维基百科]

4）施工方法

不列颠尼亚桥的施工架设方法也极具开创性。该桥采用大节段工地拼装、整跨提升的架设方法，整跨提升采用先边跨、后中跨、再连接边跨和中跨的方式 [图 1-15（c）]。其中，两个边跨在现场支架上拼装完成后直接提升，中间两跨的拼装场地选在桥位附近，拼装完成后浮运至桥下提升。中跨 140 m 长的管道梁总重大约 1400 t，而四个浮筒提供的浮力约为 1600 t，可以方便地利用潮差、液压装置逐一提升就位。整个安装过程的关键是测量和控制管道梁的跨中挠度和支座处的转角，以便利用连续梁支座位移和梁端转角，调整分配中跨支点和边跨跨中的弯矩。

不列颠尼亚桥自 1848 年建成以来，使用性能一直非常良好稳定。由于该桥的桥墩及梁体几何尺度大，建设耗资高，该桥建成后被民间冠以"大笨桥"的昵称，足以说明其外观特点。该桥管道梁节段及概貌如图 1-15（d）、（e）所示。遗憾的是，1970 年，几个小孩在该桥管道梁中玩火，导致结构着火、严重受损，不得不在安全运营 122 年后拆除重建。新桥于 1972 年恢复下层铁路，1980 年开通上层公路。

5）结语

作为一种桥型，管道梁桥因造价较高、施工拼装难度较大，在仅仅应用于 4 座桥之后就被迅速发展兴起的钢桁梁桥所取代，但不列颠尼亚桥对金属结构的推广起到了极大的促进作用，对桥梁工程学科的发展做出了巨大贡献。在不列颠尼亚桥建设过程中，在实验力学的指导下，关于截面选型、结构受力行为、材料强度、施工方法等的探索取得了极其丰富的科研成果，管道梁桥型、薄壁截面结构设计、连续梁结构计算、大面积铁板制造和连接、大吨位梁段的架设，几乎每一项都具有开创性。值得特别指出的是，该桥建造过程中基于工程经验、结构试验和科学理论的相互验证的工程方法，成为科学理论与工程实践活动完美结合的典范；模型试验中所提出的试验原则和试验方法蕴含着严谨的科学思想，至今仍有现实指导意义。在不列颠尼亚桥建成后，科学理论逐渐成为结构工程技术开发、工程创新最主要的指导和支撑力量。

1.4.2　哲学视域中的科学、技术和工程

第一次工业革命以来，以力学为核心的科学对技术进步的影响开始显现，科学革命所孕育出的科学方法对工程实践和技术开发产生了巨大的影响，科学、技术和工程的相互作用机制逐渐得以建立，知识形态的技术登上了工程实践的舞台并逐渐占据了舞台的中央。但与此同时，科学、技术和工程三者之间的关系日趋复杂，以致人们一度混淆了科学、技术、工程的异同，产生了诸多模糊乃至错误的认识。例如，在我国，长期以来以"科技"来统称科学与技术，将科学与技术混为一谈，普遍认为工程就是"科技"的应用；又如人们常说的高科技，实际上应为高技术或新技术（因为科学只有大小之别、并无高低之分），人们常说的科技创新，实际上应为技术创新或工程创新（因为科学只有新的现象、新的规律的发现，而不能去创新）。此外，在科学革命高歌猛进的历史进程中，科学方法、科学思维似乎也成为包医百病的"灵丹妙药"，被人们简单直接机械地移植嫁接到工程实践活动、社会科学等复杂领域，逐渐产生了科学方法与科学思维的僭越。

为了改变这种普遍存在的混乱认识现象，人们做出了各种各样的尝试和探索，力图廓清科学、技术和工程等基本概念的内涵、外延及相互联系。在这些探索中，一类是从具体的科学领域或工程领域出发，来探讨该领域研究对象或工程实践对象的本质特征、根本规律、相关影响因素等。另一类是一些哲学学者从经典哲学阵地转战而来，从认识论、实践论、方法论、本体论层面的高度进行了哲学思考与批判，逐渐构建了科学哲学、

技术哲学与工程哲学等哲学分支，从哲学高度廓清科学、技术、工程的本质与异同。到了 20 世纪 90 年代，随着工程哲学的发轫、"科学-技术-工程"三元论的确立，"工程"作为一个单独的哲学认知对象从"技术"中剥离出来后，才为从认识论上廓清科学技术和工程的内涵、外延，以及三者之间的差异和相互作用机制提供了可能。为此，以下依据科学哲学、技术哲学和工程哲学的基本观点，简要介绍科学哲学、技术哲学与工程哲学的内涵。

科学哲学（philosophy of science）是 20 世纪初兴起的一个哲学分支，也是哲学中最有活力的分支之一。科学哲学主要研究科学的本质、科学的哲学基础、科学的逻辑结构、科学知识的产生机制、科学理论的演化模式、科学语言与科学概念的内在本性、科学目标与科学方法的合理性、科学的终极目的等问题。一般说来，科学哲学的研究可分为两类：即针对科学哲学的基础理论研究和针对具体科学学科的哲学研究，前者主要是针对科学推理、科学评价、科学发展模式、观察与理论等方面的研究，也包括著名科学哲学家的思想和理论研究；后者是指物理学、生物学、心理学等具体科学学科理论本身的哲学研究。例如，物理学哲学关注的重点在于量子测量、量子场论等的哲学研究，以及物理学理论的解释问题，探讨的问题包括绝对性与相对性、决定论与非决定论、广义相对论和量子引力的时空问题等。

技术哲学（philosophy of technology）主要研究技术与自然、技术与文化、技术与价值、技术与政治、技术的社会控制、技术活动的基本方法等内容，是一门高度综合的、具有浓厚方法论性质的、横跨于人文社会科学与自然科学之间的综合性学科。技术哲学的研究目标是通过技术方法、技术工具的发展历程来解释人类文明的演进历史，换言之，技术哲学就是以技术为中心，从技术的角度来看世界，探讨技术的发展演变规律、技术的价值属性、技术的人文特性、技术与自然及经济社会关系的哲学分支。从技术哲学发展历程来看，早在 1877 年，德国哲学学者恩斯特·卡普（Ernst Kapp）就出版了《技术哲学原理》一书，首创"技术哲学"这一术语，开明宗义地阐述了技术哲学的研究目的、研究对象及研究方法，但技术哲学研究却在很长一段时间里依附在科学哲学的门下，直到 20 世纪 60 年代，技术哲学才从科学哲学中分离出来。在这一时期，伴随第三次工业革命向纵深发展，技术开始成为公众关注的热点，一些技术的出现和发展产生了不小的争议，于是技术哲学便随之独立出来了。

工程哲学（engineering philosophy）是近 20 多年来兴起的哲学分支。所谓工程哲学，就是关于工程本质、工程观念、工程创新、工程方法、工程演化等方面的基本认识，以及据此指导工程实践活动的方法论总和，是与科学哲学、技术哲学相并列的哲学分支。20 世纪 90 年代末，以美国学者卡尔·米切姆、路易斯·L. 布希亚瑞利（Louis L. Bucciarelli）、比利·沃恩·科恩（Billy Vaughn Koen）、沃尔特·G. 文森蒂（Walter G. Vincenti），以及我国学者李伯聪、殷瑞钰、陈昌曙等人为代表，逐步将工程哲学从技术哲学中分离出来，形成了"科学-技术-工程"三元论的基本架构。2003 年前后，以路易斯·L. 布希亚瑞利 *Engineering Philosophy*、李伯聪《工程哲学引论——我造物故我在》等著作出版为标志，工程哲学进入了开创期。工程哲学诞生 20 多年以来，对于廓清技术与工程的区别与联系，端正工程实践主体，特别是工程决策者和工程师的工程观念，正确认识工程、评价工程、反思工程，培育工程师的哲学思维、激发工程师的创新意识，产生了较大的影响与一定的纠偏效果。

1.4.3　科学、技术和工程的内涵

在高度抽象的哲学思维加持下，近 20 年来，人们逐步认识到科学、技术和工程是三类既有密切联系、又有明显差异的认知方式和实践活动，开始重新完善和定义"科学、技术、工程"的概念，并据此对其内涵、外延、特征、区别与联系等方面进行深入严谨的探讨，但迄今为止，仍难以取得一致的认识，现将普遍认可的看法简述如下。

关于科学。科学是研究客观世界的构成、本质及其运行规律的知识体系。科学的基本特征是发现，科学活动的特点是分类与归纳、探索与研究，重在逻辑与理论构建，重点解决"是什么？为什么？如何表征？"等问题。进一步来说，科学知识体系是科学活动的成果，科学研究是科学活动的过程，科学研究一般由实验观测阶段、理论抽象阶段和推理检验阶段三个阶段组成。概括来说，科学的主要特点可以归纳为以下三个方面：一是理性，即具有在本质上描述刻画"事物"的能力，能够获取关于事物"自身"的知识；二是科学有可能转化为技术，进而指导和支撑工程实践活动、转化为现实的生产力，这一内在禀赋在当代变得尤为突出；三是科学以精确的数学语言作为研究工具，为自然界的描述提供一种普适通达的方法，将自然界"本身"变得通体透明，以至于一门科学的成熟程度取决于它使用数学的程度。

关于技术（technique）。技术是运用科学知识，在生产实践活动中所创造的劳动手段、工艺方法和技能体系的总称。技术的基本特征是发明和革新，技术活动的特点是发明与开发、改进与实践，重在效率与效能，重点解决"怎么做？怎么做得更好？怎么做效率更高？"等问题。换言之，技术是基于科学知识体系的手段和方法，具有自然和社会双重属性，一般包括操作形态、实物形态和知识形态三种具体的存在形式。操作形态是依附于身体控制、内化于特定个体的技术，如经验、技能、手艺等，大致等同于人们常说的技艺（technics）、技能（skill）或手艺（handicraft）；实物形态是客观的技术存在物，如工具、设备、装置等，从原始人的石斧到当代最复杂的光刻机，都是实物形态的技术存在方式；知识形态是以科学原理为基础的、系统化的专业知识体系，是现代技术的主要组成部分，如规范标准、工艺流程、检验方法等，也就是工程界常说的、狭义的技术（technology）。

关于工程。工程是人们按照特定目的，有组织地利用各种资源与相关要素构建人工存在物的实践过程及其结果的总和。工程的基本特征是建构与集成、实践与创造，重在多要素的集成和价值的创造，强调的是系统集成性和投入产出比，重点解决"为了什么？如何集成？如何建构？如何选择？"等问题。工程具有明确的目标和价值追求、显著的产业/行业经济属性，是在特定的经济、社会、技术、自然等条件约束下，同体异质的技术要素和非技术要素（政治、资本、社会、管理等）的集成与整合。工程实践活动中涉及的要素非常宽泛，包括技术层面的规范标准、工艺流程、检验方法、工具装置、经验技能等，也包括非技术层面的自然、政治、经济、社会、历史、伦理、文化等，工程实践活动就是技术要素和非技术要素有机集成、因地因时制宜地寻找优化解的过程。简而

言之，工程就是一种"人工过程"，是产业/行业的最基本单元。工程是现实的直接的生产力，是创新活动的主战场。

综上所述，以工程为轴心，可以将科学、技术和工程三类实践活动的区别与联系大致概括为：①科学属于上层建筑，指引着技术和工程发展的方向，能够影响甚至颠覆人类的世界观，而工程、技术则是经济基础的一部分，工程实践常常与科学研究、技术开发相提并论；②工程具有本体地位，科学和技术是工程实践活动的最主要支撑要素，但工程并不是单纯的"科学和技术的应用"，而是技术要素和非技术要素创造性集成的过程和结果；③科学属真理定向，技术以先进性为导向，工程则具有明显的价值取向。换言之，科学并无实用价值，但却是技术开发的指针；技术既是生产力水平的标尺、也是科学实用化系统化的产物；工程实践则是科学和技术推动经济社会发展的载体，通常可以立竿见影地惠及大众，造福人类。

由此可见，基于哲学思维高度抽象的特征，不仅可以在认识论层面廓清科学、技术与工程的内涵和外延，将三类实践活动的认知特征提炼出来，从认识论、方法论、思维方式层面对三类实践活动进行剖析解构，从而为工程思维的训练培育提供方法指导；而且还可以在实践论层面界定三类实践活动的基本特征，更好地、更全面地把握工程实践活动的本质特征，构建先进科学的工程观念，指导量大面广的工程师更好地从事工程实践和技术开发活动。这正是哲学的"无用之用"的大用，也是观念建构、方法提炼、思维升华的进阶之路的关键要素。

此外，人们常常把数学作为科学的一部分，构成所谓的 STEM（science-technology-engineering-mathematics）四元论。实际上，数学只是各种科学理论的表达载体和各类工程行为的分析工具，是自然科学家、社会科学家、工程技术人员描述自然规律及工程规律的精确语言，所有的概念、定义、方法都是人为创造和演绎归纳的，并不存在于自然界，也没有明确而具体的客观研究对象。换言之，数学不是科学，但却是科学发现、技术发明、社会现象分析、工程创造创新的强大、严谨、高效的工具。

通过以上分析，可以将科学、技术与工程的概念简单归纳为：科学求真、技术求新、工程求用。此外，也可将与工程密切相关的艺术与产业简单归纳为：艺术求美、产业求聚。由此，可以粗略地将数学、科学、技术、工程、艺术、产业的关系勾勒如图1-16所示。

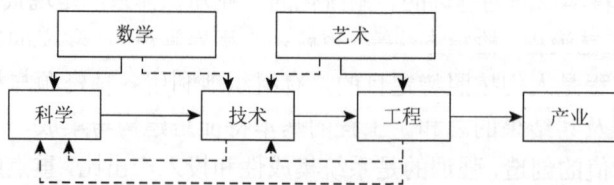

图 1-16　数学、科学、技术、工程、艺术、产业的关系示意图

案例 1-6　大跨径悬索桥抗风对策的探索——经验性技术与科学发现的对垒

1）蓬勃发展进程中的 X 因素

悬索桥是一种典型的大变形柔性结构，在斜拉桥出现之前，一直是大跨径桥梁（$L>$

300 m，L 为跨径）的主要结构形式。作为挠度理论的创建者和实践者之一，桥梁设计大师里昂·所罗门·莫西夫（Leon Solomon Moisseiff）早在 1912 年就设计建成了纽约曼哈顿大桥（Manhattan Bridge，跨径布置 221 m + 448.1 m + 221 m），成为现代悬索桥的奠基之作。20 世纪 20 年代，他又设计建成了美国费城的本杰明·富兰克林桥（Benjamin Franklin Bridge，主跨 533.75 m）、美国-加拿大边境的大使桥（Ambassador Bridge，主跨 564 m，创造了新的桥梁跨径纪录）等几座大跨径悬索桥，这使得他对悬索桥的挠度理论及重力刚度有着独特而深刻的理解。20 世纪 20 年代末，他和另一位桥梁设计大师奥斯玛·安曼（Othmar Ammann）[①] 一起，合作设计建造了纽约乔治·华盛顿大桥，该桥跨径布置 186 m + 1067 m + 198 m，这是人类第一次跨越千米障碍的伟大工程成就，1931 年建成时只有高 3.06 m 的上层板式桥面，梁高与跨径之比为 1/348，显得非常纤细，见图 1-17（a），随着交通量的增大，乔治·华盛顿大桥于 1962 年加装了下层桥面，最终形成了桁架式加劲梁，见图 1-17（b）。在此 31 年间，该桥运营性能一直正常良好。在乔治·华盛顿大桥建成后的数年间，里昂·所罗门·莫西夫又承担了美国奥克兰海湾大桥、旧金山金门大桥的设计咨询工作，成为美国乃至全世界的悬索桥权威之一。

20 世纪 30 年代末期，里昂·所罗门·莫西夫在设计华盛顿州塔科马海峡大桥（Tacoma Narrows Bridge，跨径布置 335 m + 853 m + 335 m）时，根据乔治·华盛顿大桥、大使桥等桥梁的建造经验，将加劲梁高取为 2.45 m，梁高与跨径之比为 1/350，这些主要设计参数与乔治·华盛顿大桥非常接近，但桥面宽度仅为 11.9 m，宽跨比达 1/71.7。虽然在设计过程中委托了华盛顿大学教授弗雷德里克·伯特·法夸尔森（Frederick Burt Farquharson）进行了风荷载的静力模型试验，但却仅仅在建成通车的 4 个月后，于 1940 年 11 月 7 日毁于一场时速 69 km 的中风 [图 1-17（c）]。对此，有关当局成立了由桥梁设计大师戴维·B. 斯坦因曼（David B. Steinman）、奥斯玛·安曼、格伦·B. 伍德拉夫（Glenn B. Woodruff，金门大桥的技术负责人）三人组成的调查委员会，这个委员会是由当时美国乃至全世界悬索桥最专业最权威专家组成的。调查委员会对事故原因究竟是否可以预知、是否由于设计缺陷所致进行了激烈的争论，最终奥斯玛·安曼的意见占据了上风。调查委员会的主要结论是：塔科马海峡大桥风毁事件超出了当时美国乃至国际桥梁界对大跨径悬索桥风致颤振认知的范畴，谁都无法预料事故的发生，设计者没有过错。虽然这个结论是公允的、经得起时间检验的，但在事故结论公布后，却饱受社会各界的诟病，社会各界普遍认为奥斯玛·安曼在为他的老搭档里昂·所罗门·莫西夫开脱，里昂·所罗门·莫西夫也因塔科马海峡大桥的风毁事件郁郁而终，于 1943 年离世，不得不说这一个由于工程界认知局限而导致的悲剧。

2）停滞阶段的艰难探索

塔科马海峡大桥风毁事件后，国际桥梁界在加州理工学院教授西奥多·冯·卡门（Theodore von Kármán）、哥伦比亚大学教授詹姆斯·基普·芬奇（James Kip Finch）、华

---

① 奥斯玛·安曼（Othmar Ammann），1879～1965 年，瑞士裔美国人，20 世纪杰出的桥梁设计大师，现代悬索桥的奠基者之一。奥斯玛·安曼毕业于苏黎世联邦理工学院，主要执业地在美国纽约市，他设计建造了包括乔治·华盛顿大桥、韦拉扎诺海峡大桥、布朗克斯-白石（Bronx-Whitestone）大桥、贝永（Bayonne）大桥等多座划时代的大跨径悬索桥和拱桥。

盛顿大学教授法夸尔森等流体力学专家的帮助下，才开始对风致振动，特别是颤振的基本机理及其危害有了一些基本认识。例如，悬索桥跨径增大后，主缆、吊索对加劲梁横向变形的约束能力显著下降，悬索桥横向刚度不足不仅会在静风作用下产生过大的横向变形，也会导致悬索桥动力特性、抗风性能的劣化、颤振临界风速的降低，还会诱发具有气动负阻尼效应的弯扭耦合颤振或扭转颤振等发散性振动的出现。此外，人们认识到决定桥梁颤振性能的主要因素，一个是主梁的抗扭刚度，另一个是主梁的气动外形。不幸的是，旧塔科马海峡大桥在这两个方面都属于坏的典型：主梁采用的钢板梁属于开口薄壁杆件，导致主梁的扭转固有频率很低，进而造成颤振临界风速很低；同时，旧塔科马海峡大桥主梁具有十分钝化的气动外形，这导致风流经主梁以后，产生很大的空气漩涡，正是这种漩涡形成的负阻尼自激气动力导致了主梁发生了大幅度扭转振动。但是，对如何改进完善大跨径悬索桥的抗风性能，人们在机理认识、应对策略、技术路径等方面仍未形成一致的看法。在塔科马海峡大桥风毁事件之后的 20 多年里，国际桥梁界进行了不懈的探索和实践，但进展却颇为缓慢，比较有代表性的是美国密歇根州的麦基诺海峡大桥（Mackinac Bridge）、纽约州韦拉扎诺海峡大桥（Verrazzano-Narrows Bridge）、葡萄牙里斯本塔古斯桥（Tagus River Bridge，又名 4 月 25 日桥）三座千米级悬索桥的设计方案。

　　1958 年，桥梁设计大师戴维·B. 斯坦因曼设计的麦基诺海峡大桥建成，该桥跨径布置 549 m + 1158 m + 549 m，加劲桁梁高 11.58 m，梁高与跨径之比为 1/100，采取了增大桁高、改善桁架透风性能、增设中央扣等一系列气动抗风措施，抗风性能非常优越，据称可以抵御任何飓风。稍后的 1964 年，另一位桥梁设计大师奥斯玛·安曼设计的韦拉扎诺海峡大桥建成，该桥跨径布置 370 m + 1298 m + 370 m，加劲桁梁高 9.30 m，梁高与跨径之比为 1/140。由于奥斯玛·安曼此前主持设计建造了包括乔治·华盛顿大桥在内的多座著名桥梁，他坚信恒载重量是产生刚度的根源，因而也不可避免地存在技术路径依赖，他并没有采用中央扣、开敞式断面等气动抗风措施，而是采取增加自重、增大桁架刚度、增强桥面系等技术措施［图 1-17（d）］，回到了依赖结构自重抵御风荷载的经验之路上，其结果是诞生了历史上自重最大的悬索桥，恒载集度达到了惊人的 538.77 kN/m，远高于此前以及 20 世纪后来建成的其他大跨径悬索桥（表 1-7）。由于加劲梁用钢量常常占到悬索桥总用钢量的 1/2～2/3，导致该桥用钢量高达 132 100 t，经济性能很差。

（a）乔治·华盛顿大桥（1931～1962 年）　　　　　　（b）乔治·华盛顿大桥（1962 年至今）

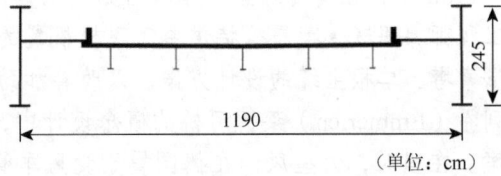

（c）旧塔科马海峡大桥（1940年7～11月）

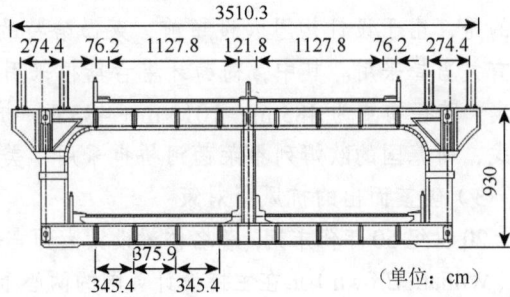

（d）韦拉扎诺海峡大桥（1964年）

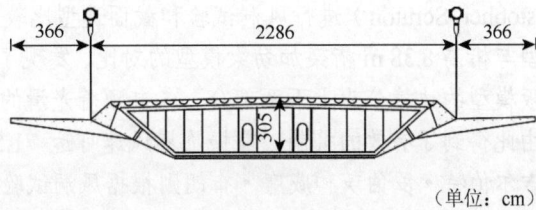

（e）塞文桥（1966年）

图 1-17 采用不同抗风对策的近现代五座大跨径悬索桥概貌及其加劲梁典型构造
（照片来自维基百科，截面图自绘）

表 1-7 20 世纪国外若干座大跨径公路悬索桥的活恒载比值

桥名	建成年份	主跨跨径/m	加劲梁形式	活载集度/(kN/m)	加劲梁恒载集度/(kN/m)	活恒载比值
美国乔治·华盛顿大桥*	1931/1962	1067	钢桁梁	117.0	569.0	0.206
美国金门大桥	1937	1280	钢桁梁	58.40	310.8	0.188
英国福斯公路桥	1964	1006	钢桁梁	23.36	153.3	0.152
美国韦拉扎诺海峡大桥	1964	1298	钢桁梁	70.05	538.77	0.130
英国塞文桥	1965	988	钢箱梁	23.36	122.6	0.191
日本关门桥	1973	712	钢桁梁	24.60	190.4	0.129
土耳其博斯普鲁斯海峡Ⅰ桥	1973	1074	钢箱梁	19.47	142.6	0.136
英国亨伯尔桥	1981	1410	钢箱梁	35.06	139.2	0.252
土耳其博斯普鲁斯海峡Ⅱ桥	1988	1090	钢箱梁	57.40	219.1	0.262
日本明石海峡大桥	1998	1991	钢桁梁	32.50	420.13	0.008

*表中所列美国乔治·华盛顿大桥数据为 1962 年安装下层桥面后的情况。

1960 年，在葡萄牙里斯本塔古斯桥的国际设计竞赛中，德国斯图加特大学教授、著名工程师弗里茨·莱昂哈特借鉴了飞机机翼的形式，首次提出了扁平流线型钢箱加劲梁、A 形索塔、单根主缆的设计方案，以改善加劲梁的抗风性能。稍后的 1961 年，在德国欧姆列希（Emmerich）莱茵河桥的概念设计中，莱昂哈特再次提出了扁平流线型加劲梁的方案。在当时，大型风洞在德国属于受盟军管制的大科学装置、以避免德国利用风洞研制航空器和导弹，在竞标过程中，为摸清扁平流线型钢箱加劲梁的抗风性能，弗里茨·莱昂哈特团队委托了英国国家物理实验室（National Physical Laboratory）进行风洞试验。遗憾的是，由于设计构思太过超前，莱昂哈特的上述构思并未获得工程界的认可，也没有被有关当局采用。其中，葡萄牙塔古斯桥采用了戴维·B. 斯坦因曼提出的美式加劲桁梁方案，跨径布置为 483 m + 1013 m + 483 m，抗风气动措施基本沿用了麦基诺海峡大桥的方式，而德国的欧姆列希莱茵河桥也采用了美式加劲桁梁方案。

3）破茧而出的抗风新对策

20 世纪 50 年代末期，著名桥梁设计大师吉尔伯特·罗伯茨（Gilbert Roberts）和威廉·布朗（William Brown）正在主持设计英国的两座千米级公路悬索桥——福斯公路桥和塞文桥。其中，在塞文桥（Severn Bridge，跨径布置 305 m + 988 m + 305 m）设计过程中，据说借鉴了莱昂哈特扁平流线型钢箱加劲梁的构思，委托英国力学家克里斯托弗·斯克尔顿（Christopher Scruton）进行风洞试验和截面选型比较。克里斯托弗·斯克尔顿通过平板加劲梁模型与桁高 8.38 m 桁架加劲梁模型的对比，发现了平板加劲梁具有优越的抗风性能，气流被平板模型的边棱分为上下两部分，各自顺着光滑的顶板和底板流过，很少产生涡流，扭转振动由此得到了有效的抑制，颤振临界风速可达 71.5 m/s，能够很好地满足塞文桥的抗风要求。吉尔伯特·罗伯茨和威廉·布朗则根据风洞试验结果，创造性地拟定了梁高 3.05 m、由 22.86 m 宽的钢箱及两侧各 3.66 m 的翼板构成钢箱加劲梁的断面［为反映风洞节段模型试验中平板边棱对气流的分割作用，将钢箱梁翼板位置下沉、形成像鱼鳍一样锐利的悬臂板，并置于主缆外侧、兼做人行道，见图 1-17（e）］。在这个过程中，风洞试验研究起到了关键作用，而吉尔伯特·罗伯茨和威廉·布朗将克里斯托弗·斯克尔顿的科学发现转换为扁平钢箱梁构造形式也展现出他们无与伦比的洞察力与创造力。1965 年，梁高与跨径之比为 1/324 塞文桥建成，不仅验证了扁平流线型钢箱梁的优越抗风性能，探索出大跨径桥梁抗风新途径，而且也大幅度节省了材料用量，降低了恒载集度（该桥恒载集度为 122.6 kN/m，仅为韦拉扎诺海峡大桥的 22.7%，折合每平方米桥面用钢量仅为 455 kg，用钢量仅为同等跨径钢桁加劲梁悬索桥的 2/3 左右，关于塞文桥设计的详细情况，可参见案例 4-8）。在塞文桥之后，风洞试验成为大跨径桥梁设计建造必不可少的环节，在结构整体布局、截面选型、气动措施检验完善等方面发挥了不可替代的作用。此后，因扁平流线型钢箱梁风致动力性能好、加劲梁材料用量小、经济技术效益显著，在吉尔伯特·罗伯茨的主持下先后为土耳其博斯普鲁斯海峡 I 桥（主跨 1074 m，1973 年建成）、英国亨伯尔桥（主跨 1410 m，1981 年建成）等著名桥梁所采用（参见表 1-7），并迅速向全世界扩散，形成了大跨径悬索桥的英国流派，困扰国际工程界多年的大跨径悬索桥抗风问题由此得以基本解决。

4）科学发现的价值意义

从工程实践角度来看，三种不同的抗风对策，虽然都经受住了历史和实践的检验，由于其基本依据不同、技术路线不同（韦拉扎诺海峡大桥采用的重型钢桁梁依据工程经验与静力学、塞文桥采用的扁平钢箱梁依据空气动力学、而麦基诺海峡大桥介于二者之间），导致所付出的经济代价则大相径庭，韦拉扎诺海峡大桥的用钢量高达 132 100 t，麦基诺海峡大桥为 38 100 t，塞文桥仅为 18 191 t（当然，桥长及跨径大小、车道数多少、地质情况差异对用钢量也有一定的影响，但这些因素并不足以掩盖科学发现的价值意义）。上述几座经典悬索桥抗风对策的差异，不仅阐明了科学发现对技术发明的决定意义，揭示了技术创新对工程创新的关键支撑作用；而且反映了工程项目选择技术、集成技术的本体地位，显现了不同工程方法、技术路径选择所导致的经济指标和工程造价的巨大差异。另外，从表 1-7 可以看出，在英国塞文桥建成之后，20 世纪后期若干座采用钢箱加劲梁的悬索桥，其恒载集度（亦即结构材料用量）普遍较小、活恒载比值普遍较高，这从工程实践的层面进一步揭示了科学发现、技术方法对工程经济指标的决定性影响。

1.5　结构理论研究和技术开发的范式进阶

如前所述，在近现代工程近 400 年的发展进程中，经历了以科学和技术为支撑的近代工程、以科学发现和技术创新为引领的现代工程两个大的发展阶段，科学发现和技术创新对工程实践活动的发展起到了至关重要的、不可替代的作用。然而，科学研究和技术开发是有其内在的规律和相应方式方法的，那么，这些隐藏在科学研究和技术开发活动背后的规律和方式是什么？有什么主要特征？它们又是以什么样的方式在演化迭代？这种演化迭代方式对工程实践和技术开发活动产生了怎样的影响？等等。显然，这些问题的重要性超过了科学发现和技术创新活动的本身，属于科学研究、技术开发和工程实践活动的"元问题"。廓清这些"元问题"，不仅有助于在哲学层面提升人类对科学规律的认知能力和认识水平，而且有助于在实践层面加速技术创新、工程创新的进程。

近代以来，结构工程一直是经验性技术与科学发现对垒的主阵地之一。从科学研究与技术开发的视角来看，在近 400 年的发展进程中，结构工程的理论研究与技术开发的进阶之路经历了实验科学范式、理论科学范式、计算科学范式、数据科学范式的多次跃升，从而增强了科学与技术对工程实践的指导支撑作用，推动了结构工程设计计算理论与方法的不断完善，提升了结构工程设计的科学性与合理性。另外，研究范式的转变与跃升，不仅大幅度提升了人类对工程背后科学规律的认知能力，加速了技术创新、工程创新乃至工程演化迭代升级的速度，而且统筹调和了工程建设的安全性与经济性的矛盾冲突，增进了人类应对工程实践活动中各种不确定性的能力和水平。

从工程历史来看，研究范式是科学研究活动和技术开发活动的前哨战场，其发展、演变和成熟常常对工程实践活动具有先导意义和示范价值，昨天的研究范式往往就演变成今天工程实践活动的实施模式。从这个角度来说，研究范式的转变与跃升对结构工程实践活动具有革命性的价值。甚至可以简略地说，研究范式的转变与跃升意味着人类认识自然、利用自然、改造自然的能力产生了根本性的改变，也意味着科学研究、技术创新、工程观念发生了根本性的转变，不仅具有突出的工具理性，也具有强大的价值理性。

分析阐明研究范式在结构工程领域演化转变的意义价值在于回答如下几个基本问题，即科学发现、技术方法和技术手段是如何指导结构工程实践的？一些带有普遍性的工程疑难问题是如何引发研究范式的嬗变或跃升的？研究范式的转变又是如何推动结构工程领域的技术创新、工程创新的？等等。

1.5.1 范式的内涵与价值

1. 范式的内涵

"范式"（paradigm）是一个科学哲学概念，最早是由美国学者托马斯·塞缪尔·库恩（Thomas Sammual Kuhn）[①]1962 年在《科学革命的结构》（*The Structure of Scientific Revolutions*）一书中首次提出的，是第四次科学革命时期最重要的概念之一。虽然托马斯·库恩并没有对这个概念给出明确的定义，也没有作出前后一贯的阐释，但却引起科学界的长期热议与争论，并对科学研究的方法、路径与模式产生了深远的影响。一般认为，范式演化模式大致是：前科学时期—常规科学—反常与危机—科学革命—新的常规科学，也就是说科学发展不是线性的，而是通过一系列科学革命来实现的，每次革命都会带来新的范式，而范式主要包括如下三层含义。

一是指科学共同体所一致认可的科学研究活动的模式。简言之，范式就是一种公认的研究模式，这些研究模式都是某一研究领域在长期研究实践活动中形成的方法，集中反映了人们当时人们的认知水平和应对能力，具有一定的稳定性和普适性。例如，力学界对结构（构件）力学行为解析法的认同，工程界对结构试验研究手段的赞赏，地震工程界对场地安全评价方法的认可，等等。

二是范式是一种理论框架，具有开放性和发展性。每个时代都有在科学界占主导地位的范式，直到出现现有研究方法无法解答的、留待新的研究模式才有可能解决的未知问题大量出现时，才可能萌芽出新的研究范式。也就是说，范式也存在与时俱进的转换现象，以应对一系列新的科学现象和尚未解决的科学问题、保持研究方法的生命力，但以范式转换为特征的科学革命是在一个比较大的历史尺度下发生的，且范式之间不见得具有通达性或通约性。

三是自第一次科学革命以来，主要有四种范式。第一范式也称为实验科学范式或经验科学范式，侧重于观察和实验，例如伽利略进行的自由落体实验。第二范式即理论科学范式，通过构建数学模型来研究自然现象或社会现象，例如牛顿的经典力学体系。第三范式就是计算科学范式，侧重于通过计算和模拟来描述刻画自然界，例如通过计算模拟来掌握复杂结构的行为。第四范式即数据科学范式，它强调数据的收集、处理和分析，通过大数据挖掘来发现新的科学规律和工程知识，例如目前正在发展中的各种大数据模型。

---

① 托马斯·塞缪尔·库恩（Thomas Sammual Kuhn），1922~1996 年，物理学家、科技史专家，首次使用"范式"这一核心概念，提出了科学思想发展的动态结构理论，指出了科学发展实际上是一种受范式制约的常规科学，以及突破旧范式的科学革命的交替过程。

2. 范式的价值意义

范式是科学研究活动不可分割的一部分，是科学研究的基本方法和实现路径。从宏观上来说，科学进步大致可以划分这几个阶段：前科学—常规科学—危机—革命—新的常规科学—新的危机—新的革命。进一步来说，在前科学阶段，某个领域缺少成熟的理论；某个被广泛接受的理论体系产生后，就进入了常规科学阶段，科学家们都在一个范式中开展研究；在共同构建"理论大厦"的过程中，如果出现了现有范式难以解释的科学发现，也就是所谓的"反常"，而且这类"反常"越来越多，就遭遇到了科学危机；为应对危机，一些新的理论出现了，它们挑战现有范式，引爆科学革命；最终，一个新的理论占据主导地位，完成"范式转换"，从而开启了又一个常规科学阶段，由此循环往复、不断推动科学不断向前发展。从本质上来说，科学理论的本质是为自然界"画图像"，科学革命可简单地理解为"图像革命"。进一步来说，虽然自然界是客观存在的，但人类无法直接认识它，而是要借助科学家构建的、以"图像"或"模型"为载体的科学理论才能认识。因此，科学革命发生后，人类看待世界的方式就会随之改变。

纵观近现代结构工程的发展历史，其主要科学和技术基础都是建立在研究范式的转变之上的，没有研究范式的转变跃升，就不可能有新的科学发现，也不可能开发出新的技术方法和研究手段，更不可能出现颠覆性的技术创新和工程创新。因此，廓清研究范式的内涵、界定研究范式的特征、揭示不同研究范式之间的联系，不仅会对结构工程的研究者、技术开发者的思想观念和思维方式有所启迪，而且会对量大面广的结构工程师的工程观念产生深远的影响。例如，结构工程的理论分析、计算模拟、工程经验三者比较恰当的关系是什么？单纯依靠计算理论、计算手段能够在什么程度上把握大型复杂结构的受力行为？如何恰当而科学地在工程实践活动中利用既有工程经验、激发工程师的创造力？在计算科学及人工智能高速发展的当今，理论科学范式阶段所提炼出的理论-经验公式在工程实践活动中有何价值和局限？等等。

显然，这些问题涉及科学方法和技术方法的自身，如果仅仅在工程理论或工程技术层面上进行探讨是有局限的，必然会得出一些片面或模糊的认识，甚至掉入"科学主义"或"高技术主义"的陷阱。因此，对于这些带有根本性、全局性的技术问题，既需要追根溯源，也需要登高望远，将其上升到哲学高度，升华到研究范式的层面才有可能得出具有普遍指导意义的认识看法。

3. 结构工程研究范式的分类

在近现代结构工程近 400 年科学研究、技术开发的进程中，研究范式经历了实验科学、理论科学、计算科学、数据科学的四次跃升，形成了 4 种相对清晰的研究范式，其基本手段、在结构工程中的价值及主要局限可以简略地概括如表 1-8 所示。然而，由于结构材料的离散性、结构体系力学行为的复杂性以及荷载环境作用的不确定性，迄今为止，从本质上来说，结构工程仍然是一个半理论-半经验的学科，现阶段结构工程的理论研究及技术开发主要依托理论科学范式和计算科学范式，但以实验科学为核心的第一范式仍在结构工程的实践活动中发挥着不可或缺的作用，而正在萌芽的数据科学范式，有望解决一些长期困扰结构工程界的难题。

表 1-8　4 种研究范式及其在结构工程中的价值

范式名称	基本手段	在结构工程中的价值	主要局限
实验科学	概念体系、理论公式、实验方法	可以粗略地把握材料-构件的行为	难以上升到结构体系的层面
理论科学	理论-经验公式、设计计算方法	可以粗略地分析材料-构件-结构的行为	无法分析大型复杂结构的行为
计算科学	数值模型、本构方程、CAE软件	可以系统地描述材料-构件-结构的行为	人为选择的计算模型及本构方程对结构行为分析结果的影响较大
数据科学	数据、算法	可以更好地刻画材料-构件-结构-环境的行为	对数据的依赖强、但仅能得出结构行为与环境荷载的相关性

目前，伴随着计算科学的发展演变，借助于人工智能、数据科学等先进的方法工具，结构工程的理论研究及实践活动正处在范式交叉重叠与范式转换的探索酝酿阶段。因此，为便于从宏观层面上理解结构工程理论研究与技术开发的进阶之路，构想技术创新的未来图景，以下结合结构工程发展历史，对 4 种研究范式在结构工程领域的映射结果做一简要论述，从而启迪后来者从更大的时间尺度上，把握结构工程研究方法和技术手段的迭代，不断在工程实践中提升各类不确定性的认知能力和应对水平。

1.5.2　第一范式：实验科学

所谓实验科学范式，是指通过对结构工程的典型构件如梁、板、杆等的试验加载，观测其在特定荷载作用下的行为，舍弃一些次要影响因素，在相关基本假定的基础上提出半理论-半经验公式，描述刻画结构构件的力学行为，引导结构工程师理解结构构件受力机理、掌握结构构件力学行为的一种研究方法。实验科学范式始于伽利略，实验观测与数学分析是其最突出的特征，大约持续了两个世纪，至 19 世纪 70 年代基本成型。从1630 年起，伽利略系统深入地研究了杆和梁的力学行为，提出了材料强度的基本概念，阐明了悬臂梁的破坏模式，提出了等强度梁的合理截面形式，得出了杆件的强度与其截面积成正比、而与长度无关的结论，并采用数学语言描述这些现象，从此使物理学演变成以高度数学化为特征的学科，并传承至今。这些成果系统地反映在 1638 年出版的《关于两门新科学的对话和数学证明》，虽然相当一部分研究成果被后来的研究者所修正否定，但这并不影响伽利略成为结构工程研究的开山鼻祖，也不影响《关于两门新科学的对话和数学证明》成为近代科学研究的奠基之作。

伽利略之后，受牛顿力学巨大成功的影响，18 世纪之后的物理学（力学）乃至整个科学都走上了牛顿所指引的道路，这一点正如牛顿本人所说："自然哲学的全部任务看来就在于从各种运动现象来研究各种自然之力，而后用这些力去论证其他的现象"（《自然哲学的数学原理》，第一版序）。牛顿引入了"力"的概念，使力学的基本范畴从 17 世纪的物质和运动变成物质和力，"机械还原论框架"由此得以确立，并在科学研究和工程实践活动中发挥出巨大的作用。具体来说，围绕着结构工程及机械工程上常用的杆件、梁、板等结构构件的力学行为，罗伯特·胡克、莱昂哈德·欧拉等人基本建立了常见工程构件的分析方法，到了 1865 年前后，随着雅克·安托万·布雷斯《应用力学教程（三卷本）》的出版，标志着基于实验观测、力学数学分析所总结提炼出来的关于工程构件的实验科学体系已经基本成型，而卡尔·库尔曼《图解静力学》的出版，建立了力的矢量化图示、力的分解与合成、力的平衡的图示体系，并利用弯矩图和剪力图展现了梁的工作机理，为结构工程师提供了实用高效的分析方法。加斯帕尔·蒙日（Gaspard Monge）提出的正交投影法和画法几何学成为近代结构工程最重要的设计工具，工程图学也逐渐演化成为工程师的语言。进一步来说，实验科学范式界定了结构工程大部分基本概念，明确了结构试验的原则和基本方法，构建了结构工程师的话语框架，虽然实验科学范式难以分析掌握复杂结构的行为，但至今仍具有不可替代性。实验科学范式的主要成果可参见表 1-2。

在实验科学范式阶段，基于实验现象的观测、依据观测结果做出基本假定、然后进行数学力学解析是最重要的研究手段，因而在这一阶段，力学家、数学家的贡献无疑是独领风骚的，力学成为最早向宗教权势的真理观发起挑战，并且取得决定性胜利的学科，直接推动了现代科学的发展，成为现代科学的领头羊，并奠定了现代工程如土木、机械、冶金、电气、船舶等领域的科学基础。在这一阶段，以公式、定理、定律来揭示表征科学规律是其最典型的特征。正如英国物理学家威廉·汤姆森（William Thomson）所说："我的目标就是要证明，如何建造一个力学模型，这个模型在我们所思考的无论什么物理现象中，都将满足所要求的条件。在我没有给一种事物建立起一个力学模型之前，我是永远也不会满足的。如果我能够成功地建立起一个模型，我就能理解它，否则我就不能理解。"但不可否认的是，虽然工程构件力学机理的揭示是沿着数学力学理论的大道上前进的，力学也已成为现代工程最重要的理论支撑，但一些实验现象的观测与理论解析则经历了非常复杂曲折的历程。例如，关于受弯弹性梁截面上的应力分布方式，从伽利略假设的应力均匀分布，到克劳德-路易·纳维 1826 年提出截面中性轴通过其形心的观点，差不多过去了两个世纪。

总的来说，经过两个多世纪的努力，在结构工程实验科学范式阶段，人们终于阐明了结构工程基本构件如梁、板、柱的受力机理，描述了常见结构构件的力学行为，提出了相应的理论计算公式，基于容许应力等基本概念也逐渐成为结构工程的设计准则，虽然还没有上升到结构体系的层面，也难以分析结构构件在复杂荷载作用下的力学行为，但这些研究成果仍具有极高的理论价值与普遍的工程指导意义，也使结构构件的安全性与经济性回到了较为合理的水平。其中，一些理论公式根据结构材料、结构构造的特点经过不断修正，目前仍是工程构件设计计算的主要依据；一些模型试验的基本原则、基本方法经过数百年的积淀，仍然在工程实践活动中发挥着指导作用；一些理论公式的表述形式经过不断优化完善，至今仍是结构工程学科教科书的经典内容。

1.5.3 第二范式：理论科学

所谓理论科学范式，即根据结构工程的主要特征，基于力学基本理论和结构构件的力学行为，研究结构体系的受力行为，提出结构设计的基本理论、基本方法与基本流程，刻画描述结构工程的力学行为、指导结构工程师进行设计施工的一种研究方法。理论科学范式大致始于 19 世纪 90 年代，奠定了设计、施工、检测、养护等各类规范的科学基础，结构工程实践活动中最常用的方法和工具大多都出自理论科学范式，成为现代结构工程学科的坚实内核。第二次工业革命之后，随着结构工程实践活动规模的迅速扩张、工程事故教训的不断积累，结构工程日益大型化与复杂化，直接推动了结构理论的发展和成熟，并催生了结构工程研究新范式的诞生。模型试验和归纳是理论科学范式最主要的特征，逐渐形成了一个庞大的、开放的理论体系，至今仍在不断发展之中。理论科学范式的成果主要反映在发达国家（地区）各类林林总总、不断修订完善的技术规范规程中。相对于实验科学范式，理论科学范式构建了比较系统全面的结构工程分析理论和计算方法、设计方法与施工指南，促进了结构材料、结构体系、结构理论与施工方法的相互作用，成为结构工程发展的最主要的推动力之一，在工程实践活动中起到了普遍的指导价值与关键的支撑作用。在这一阶段，结构理论主要沿着以下几条主线不断向纵深发展推进。

一是结构荷载学。即研究结构工程在其服役期间会承受哪些荷载？这些荷载的作用规律是什么？统计特征是什么？如何才能简洁而准确地进行描述？特别是围绕着地震作用与风荷载的研究，形成了地震工程学、风工程学等结构工程新的分支。

二是结构设计方法。即基于概率论等数学工具和塑性力学理论，针对容许应力设计法的不足，发展出以结构荷载学和结构设计方法为核心的结构可靠性理论，发展出破坏阶段设计法、极限状态设计法等新的结构设计方法，引领结构工程走出经验主义的领地，调和了结构工程设计安全性与经济性的矛盾冲突。

三是结构体系的力学行为。即针对结构与结构构件的内力效应如何分析，由此推动了经典结构力学的发展与成熟，成为了结构分析的主要手段，为新型复杂结构形式如桁架结构、框架-剪力墙结构、连续梁结构等的广泛应用扫清了认知障碍。

四是结构形式。即围绕着新型结构材料如钢筋混凝土、预应力混凝土、纤维混凝土、钢管混凝土力学性能的研究，发展出新的结构形式与细部构造，丰富了结构工程的内涵，增强了结构工程的适应性，改善了结构工程的经济指标。

五是结构设计规范体系。为增强结构工程设计的规范性，基于研究理论成果、工程经验及工程事故总结，以及结构工程的当地特点所提炼出来的各类规范标准，逐渐成为结构工程师的得力助手，有效提升了结构工程的安全性。

六是专门的设计理论。即针对一些特殊结构或结构的特殊问题，提出了相应的分析与应对方法，例如围绕铁路钢桥的广泛应用发展出钢结构的疲劳理论，围绕着的钢箱梁的工程应用发展出薄壁结构分析理论，围绕着船舶撞击桥梁这一问题发展出船舶撞击计算理论与分析方法，等等。

　　有据可考的理论科学范式的首次工程应用为 1890 年建成的英国福斯铁路桥（参见案例 1-2），该桥在设计阶段，即采用结构分析手段和容许应力设计方法，计算了施工及运营阶段桁架结构的安装应力、温度应力，确定了主要构件的截面尺寸。此后，基于结构工程实践正反两方面经验教训的总结，1904 年，现代结构设计规范的鼻祖《英国标准型材性能》在英国出版。在此基础上，经过近 20 年的酝酿，世界上第一本结构工程的技术标准 BS153 在 1922 年出版，对各类荷载取值、钢构件的容许应力做出了相对合理的规定。经过上百年的发展演变，现代结构工程的标准规范已经成为一个非常庞大的体系，成为结构工程领域的科学发现、技术规律、工程经验总结的主要载体，成为结构工程师提升工程设计质量、提高工作效率的有力工具和强大武器，对结构工程的设计、施工、运营维护具有普遍的指导性和一定的约束力。

　　与此同时，规范体系越来越庞大、越来越复杂、越来越细致，以致一线结构工程师的设计工作常常要在浩瀚如海的规范文本中去寻找相应的依据，这无疑是一件利弊夹杂、令人厌烦的事情。以欧洲结构规范（Structural Eurocodes）为例，仅仅涉及到桥梁工程的就有 30 本之多，构成了一个庞大的、复杂的，甚至相互冲突的体系，常常令一线结构工程师叫苦不迭。正如一些结构工程师经常抱怨的：假定越来越多，公式越来越复杂，规范标准越来越厚，以至于很多工程师穷其一生，也很难融会贯通地全面把握理论科学研究范式的精髓要义。对此，国际结构工程界主流看法是：要一分为二、辩证地看待规范标准所起的作用，规范标准仅仅是一个最低要求，不应将满足规范等同为具体问题的圆满解决，也不应将规范视为限制结构工程师创造力的桎梏。这一点正如日本结构设计大师斋藤公男（Masao Saito）[①] 在《空间结构的发展与展望》一书中所指出的：规范体系明确了结构设计建造的最低要求，是对结构工程师进行技术普及及技术教育的载体；标准规范所起的作用与结构工程师所起的作用是两个不同层面的问题，应该分开考虑。

1.5.4　第三范式：计算科学

　　所谓计算科学范式，即依托计算机的计算能力，依据有限元法、结构材料本构模型、数值模拟仿真软件等方法工具来把握结构工程各种宏观微观行为、指导工程师进行结构设计与管养维护的一种研究方法。模拟和仿真是计算科学范式最主要的特征。20 世纪初，英国著名的力学家奥古斯塔斯·爱德华·霍夫·乐甫（Augustus Edward Hough Love）在其名著《数学弹性理论》的开篇总结力学发展的规律时说："定理越来越少，计算越来越繁……"，深刻地揭示了计算工具和计算方法已成为力学发展的瓶颈。正是针对这种状况，20 世纪 60 年代计算科学才破茧而出、茁壮成长，到了 20 世纪 80 年代计算科学已经广泛应用于很多传统工程领域，应用于各种复杂系统的模拟分析与行为预测，如天气预报、河流泥沙动力行为分析、社会系统模拟分析等。其中，计算机科学与结构分析方法结合形成了计算力学，目前已经成为结构工程研究、技术开发与工程设计必不可少的手段工具。

---

　　① 斋藤公男（Masao Saito），1938 年至今，东京大学教授，享誉国际的结构设计大师，专注于大跨轻型结构的研究与设计，提出并系统实践了张弦梁结构（beam string structure，BSS），设计了多座影响深远的大跨建筑结构。

1943 年，在世界上第一台电子计算机问世的前夕，波音公司工程师理查德·库兰特（Richard Courant）提出了单元概念，以便将工程结构进行离散化分析，但并未引起学术界与工程界重视。1960 年，美国加利福尼亚大学伯克利分校的雷·W. 克劳夫（Ray W. Clough）[①]在美国土木工程师协会（American Society of Civil Engineers，ASCE）年会上首次提出了"有限元法"（finite element method）的名称，阐述了有限元法的思想，即把连续体近似地用有限个在节点处相连接的单元组合体来代替、从而把连续体的受力行为分析转化为单元分析。有限元法的程序一经问世，与原来弹性力学的一些分析方法相比显现出无比优越性，使得一批经典的力学分析方法渐渐退出了历史舞台。在此后短短的 20 多年时间里，欧美发达国家涌现出一大批通用分析软件，对传统工程领域如土木、水利、机械、航空、船舶等产生了深远的深刻影响，并衍生出计算机辅助工程（computer aided engineering，CAE）这一新的业态。所谓 CAE，主要包括工程数值分析、结构与过程优化设计、强度与寿命评估、运动/动力学仿真等功能，以模拟验证工程/产品的性能与可靠性。在这个进程中，作为 CAE 软件开发的基础，计算力学沿着以下几条主线蓬勃发展。

一是发展新的单元和新的求解器。先后提出了二维元、三维元、壳单元、等参元、杂交元、样条元、边界元、罚单元等各种不同的单元，发展出变带宽消去法、超矩阵法、波前法、子结构法、子空间迭代法等求解方法，以及网格自动剖分等前后处理的方式，这些工作大大增强了有限元法的解题能力，推动有限元法逐渐成熟。

二是拓展应用范围。计算力学能够解决物理非线性与几何非线性问题，能够解决弹性、塑性、流变、流体、温度场等各种复杂力学问题，也能够解决包含初应力、初应变的各类特殊问题。可以说，宏观力学问题中的绝大部分都能够借助于计算力学得以解决。

三是形成了 CAE 软件开发与销售的新产业。发展迭代出各种通用分析软件与专用分析设计软件，使得 CAE 软件的分析能力不断提升，辅助工程设计的功能模块不断完善，推动了 CAE 软件在工程实践活动中普及应用，大幅度提升了一线工程师工程设计计算的工作效率。

四是探索计算力学应用的新途径新方式。例如结构优化，即在给定的荷载与功能要求下寻求最优的结构形式与结构参数；又如智能结构行为研究与技术开发，即利用智能材料建造智能结构，使结构在极端荷载环境下依据计算力学的结果迅速作出所需要的反应。这些新的学科分支都是建立在计算力学的基础之上。

计算力学及相应工具的发展，标志着结构工程从依托理论、试验两种手段转变到依托理论、试验、模拟仿真三种手段，也意味着工程界对大型复杂结构体系认知把握能力的整体提升。此后，基于现代控制论、系统论的基本原理，结合大跨径桥梁、大跨建筑结构及高层建筑结构的材料特性、受力特点和施工方法，发展出结构优化设计、结构非线性稳定、结构振动控制、结构施工控制等问题的分析方法，逐步成为结构工程精细化设计、安全施工与良好运营的主要保障。与此同时，非线性数值方法与有限元法结合，使得结构工程实践中的结构大位移、弹塑性、初应力等非线性问题得以基本解决，结构

---

① 雷·W. 克劳夫（Ray W. Clough），1920～2016 年，美国加利福尼亚大学伯克利分校教授，力学家、地震工程学家，有限元法之父，在工程结构数值分析、结构动力学、工程结构抗震设计等方面均有开创性的贡献，对结构工程的发展产生了深远影响。

分析能力与水平得以显著提升。进入 20 世纪 90 年代，结合相关国家的设计规范，一大批专用设计软件经过市场的洗礼，逐步成为现代结构工程创新发展最得力的工具之一。但是，由 CAE 计算工具升级所衍生出的问题也接踵而至，有时候甚至会对结构工程师的认知产生一些不利影响，主要体现在以下三个方面。

一是计算科学范式为结构工程的分析模拟插上了"翅膀"，但结构工程的物理模型转换为力学数学模型变得更加重要。由于计算模型、边界条件、相关参数取值等方面均不同程度地存在人为选择和干预的情形，不可避免地具有较强的主观性，很多时候并不见得能够符合工程实际情况，有些情况下还会存在明显局限甚至严重缺陷，导致一些没有抓住要害、反映结构受力本质的计算模型及其计算结果常常会令结构工程师困惑，在某些时候还甚至会误导结构工程师的设计思路与应对策略，产生了计算结果"反噬"的现象。尤其是当包含有重大错误的结果产生并未被识别出来的时候，有可能把工程师引入歧路，做出"不正确"乃至错误的设计方案，因此，合格的工程师并不期望计算软件总是产生"正确"的结果，而是时刻对计算结果保持质疑，想方设法地对 CAE 软件的计算结果进行检验验证。

二是结构计算理论和结构材料的本构方程无疑是计算力学的基石，但现实中并不存在"完美无缺"的基石。由于计算理论和本构方程都是在相关假设假定、理想化条件情况下得出的，不可避免地存在着一些偏差；同时，人为选择本构方程、计算参数必然会放大这些假定的局限性，而这些偏差常常导致的计算结果出现偏离，如何检验校正就成为结构工程师必须妥善应对的问题。因此，结构工程师需要还通过初步估算、模型试验、现场结构监测等结果对计算分析结果进行匡定与校验，以"粗糙的正确"初步估算结果，来匡定"貌似精细、实则可能错误"的模拟分析计算结果，以免一些结构工程师盲目迷信分析计算结果，掉入过度依赖计算软件的陷阱。优秀的、经验丰富的结构工程师都意识到：CAE 软件造就不出称职的结构工程师，而只有称职的工程师才能使用好 CAE 软件。

三是结构概念设计的重要性愈发突出。在 CAE 软件普及化的今天，在成功地将结构工程师从繁复枯燥的结构计算中解放出来之后，结构工程师的工程素养、职责与能力要求不是降低了，而是大幅度地提高了。结构工程师首要任务是依据实验科学范式、理论科学范式的经典方法或同类工程项目的实践成果，强化概念设计与方案构思能力，提升结构分析结果的判断能力，强化结构行为的估算/匡算能力，并在结构方案构思、关键构造优化、工艺工法改良等方面提升创造力，以应对越来越复杂、越来越个性化的结构工程项目。CAE 软件虽然是工程实践活动中非常强大的工具，但它不可能成为人类经验、灵感、远见、创造力的替代品，更不可能替代人类进行结构艺术的构思、判断、评价和鉴赏。

1.5.5　第四范式：数据科学

关于数据科学范式，目前正在萌芽发展，尚未形成一致的看法和认识。一般认为，数据科学是一门综合信息科学、应用数学、统计学、人工智能、机器学习以及高性能计算等学科的综合科学，是利用流程、算法和系统从数据中提取价值、进而对现象进行洞察分析的跨学科领域。数据科学依赖数据的广泛性、多样性，通过对各种相关数据的搜索、聚类、挖掘、分析等手段，来帮助人们更加深入系统地理解把握各类复杂现象或复杂系统的本质，提升对客观世界的认知水平，做出更加符合客观情况的判断。数据科学范式最主要的特点是：只需要从大数据中查找和挖掘所需要的信息和知识，无须直接面对所研究的物理对象。数据科学范式反映了人们对客观世界的认识方式发生了根本性的变化，即从二元认识（精神世界/物理世界）转向三元认识（精神世界/数据世界/物理世界），即在原有的"精神世界"和"物理世界"之间出现了一个新的世界——数据世界。因此，在数据科学的加持下，各个领域的科学研究和技术开发活动可以直接越过物理世界、面对数据世界，通过对数据世界的研究达到认识和改造物理世界的目的。由此，人类有望显著增强对客观世界中各种不确定性的认识、应对、把控能力和水平。

数据科学与大数据、人工智能是几个既有区别又有密切联系的术语，可以简单地将数据科学理解为由大数据时代新出现的理论、方法、模型、技术、平台、工具、应用和最佳实践组成的一整套知识体系，将人工智能视为数据处理和智能决策的工具或平台。数据科学为人工智能提供数据支持，人工智能则为数据科学提供智能决策能力。其中，人工智能作为通用技术和核心手段，有望对科学研究、技术开发产生革命性的影响，甚至有人认为其作用可以媲美第一次工业革命中的"蒸汽机"、第二次工业革命中的"电动机"或第三次工业革命中的"计算机"，蕴含着难以预估的价值。数据科学研究继承了统计学的一些思想，例如对大量数据做统计性的搜索、比较、聚类、分类、分析、归纳，但其结论是一种相关性，而并非一定是某种因果关系。虽然都依赖大量的计算，但数据科学与计算机模拟不同，它不是基于一个已知的数学-物理模型，而是用大量数据的相关性取代了因果关系和严格的理论和模型，并基于这些相关性获得新的"知识"。例如，谷歌公司基于人工智能研发了天气预报系统 GraphCast，并不需要借助于传统的天气预报的数学-物理模型，而是将其视为一个黑箱，根据近 40 年极端气象的实际数据，以海量数据作为驱动"原料"，反复迭代、直接预报，其预报准确性、预报速度已优于传统预测方法。由此可见，数据科学正在成为一种普适的思想方法和强大的技术工具，意味着人工智能时代的大幕已经拉开，将对各个工程领域的组织方式、管理模式、研究范式、技术变革等方方面面产生革命性的影响。

进一步来说，基于数据科学和人工智能，人们有望能够全面充分地考虑各类工程或复杂系统的各种不确定性和未确知性，弥补"机械还原论框架"工程思想的不足，使其成为"系统整体论框架"工程思想最坚实的基础，推动工程界站在更高的层面、运用更有效的思想方法和工具手段，来思考、认识、把握工程的复杂性和综合性。目前，随着人工智能、云计算、物联网等新技术的兴起，大数据的获取、存储、计算不再是瓶颈或难题，数据科学因此受到了各个学科及工程领域的高度关注，以破解传统研究范式无法科学解释和有效利用大数据的瓶颈。现阶段，数据科学和人工智能的研究应用尚处在快速发展的早期，主要研究内容大致可以划分为理解问题、数据收集、数据清洗、模型构建、评估部署、结果可视化等方面，但已显现出其作为一种通用工具所蕴藏的巨大潜力。例如，2024 年诺贝尔物理学奖获得者约翰·霍普菲尔德（John J. Hopfield）和杰弗里·辛顿

（Geoffrey Hinton），诺贝尔化学奖获得者德米斯·哈萨比斯（Demis Hassabis）、约翰·江珀（John Jumper）几人都是人工智能领域的专家，其主要贡献在机器学习，以及基于人工智能来预测蛋白质结构，这个获奖名单无疑具有"风向标"的意义，或许会对研究范式的转换产生深远的影响。

对于古老而现代的结构工程，数据科学、人工智能与结构工程深度融合的目的在于：系统深入地探索结构工程设计建造运营过程中所蕴含的各类科学问题、技术问题和工程实现问题，主要包括结构工程相关数据的全生命周期管理、数据管理分析技术和算法、数据系统基础设施建设等，并有可能形成以点带面的突破，成为理论科学范式、计算科学范式的重要补充。数据科学与人工智能的发展和赋能，使得结构工程实践活动的手段方法从理论、计算和工程经验三个方面发展到理论、计算、数据和工程经验四个方面，可以将结构工程师从繁复重复的事务性工作中解放出来，更全面系统地把握结构工程的力学行为、更好地从事创造性智力劳动。可以相信，随着数据科学范式的兴起，数据科学和人工智能将对传统而现代结构工程赋予了新的"能量"，升华结构工程界对工程建设运营过程各种不确定性的认识理解能力和应对水平，提升结构工程师在"材料-构件-结构-环境"四个层面的统筹和宏观把握能力，增强结构工程抵御各种自然灾变的水准，大幅提高了结构工程设计建造的效能效率。现阶段，数据科学与结构工程实践融合的探索实践非常活跃，有望取得突破的主要有以下六个方面。

一是产生研究范式的转变或更替。在传统的研究范式中，由于数据的获取、存储和计算能力所限，人们往往采取"数据-知识-问题"的范式，从样本数据中提炼出知识之后，用知识来解决现实问题。大数据及人工智能时代的到来为人们提供了另一种研究思路，即采取"数据-问题"的数据范式，在尚未从数据中提炼出知识的情况下，直接利用数据解决工程实践活动中问题。例如，由于信息技术、人工智能等通用技术的发展，结构工程设计建造运维过程中的许多经验可以收集起来、形成新的工程知识，从而可以更好地描述诸多信息不确定和不确知的现象，出现了工程经验的"硬化"现象。

二是颠覆人们对数据属性的认知。此前的三种研究范式中，人们一直从被动属性方面来对待和认识数据，需要先定义关系模式，然后将数据按照关系模式的要求进行转换后放入数据库中，从而完成数据挖掘和分析任务；在大数据思维模式下，人们开始意识到数据的主动属性，更加重视数据的积极作用，探索数据在先模式、以数据为中心的模式、数据驱动型应用模式、数据业务化模式等新模式，并有可能借助于人工智能，解决一些长期困扰传统工程界的问题如风荷载、温度荷载、运营汽车荷载的统计规律等。

三是结构工程数据产品开发。即把数据科学的理论融入传统结构工程设计建造的实践之中，借助于智能勘察设计、智能建造、智能检测、智能管养、智能运营等环节，借鉴工业化产品的设计制造方式，通过数字化提高结构工程的精细化程度、通过智能化增强既有结构防灾能力及运维保障水平，并逐渐衍生出以数据为中心的设计、施工模式和管养模式，以实现结构工程的高效建造、有效管养、长效服役，并推动智能结构（intelligent structure）的落地生根、开花结果，促进传统建筑业的全面转型升级。

四是结构工程行为的精细化模拟。随着结构健康监测（structure health monitoring,

SHM）的推广普及、海量监测数据的积累，为全面精细把握大型复杂结构行为等科学问题奠定了数据基础，依据数据科学的基本方法，可以将基于理论科学范式的结构荷载学进一步科学化，将依据计算科学范式的复杂结构力学行为分析进一步精细化，将依据工程经验的养护维修决策进一步合理化，并在海量数据挖掘提炼的基础上，对理论科学范式主要成果的结晶——各类技术规范进行全面的检验、反馈和修正。

五是重新认识数据与算法的关系。在传统的研究范式中，智能主要来自算法，尤其是先进复杂的算法，算法的复杂度随着智能水平的提升而提升。但随着数据科学的快速发展，数据也可以直接用于解决问题，由此引发了关于"更多数据还是更好模型"（more data or better model debate）的讨论，各行各业都在结合自身需求与愿景、开发功能各异的"大模型"。目前，"更多数据＋简单算法＝最好的模型"（more data＋simple algorithm＝the best model）这一论断基本得到了学术界与企业界的认可，以更好地统筹协同算力、算法与数据之间的制约关系。因此，如何结合一些传统工程领域应用场景的特点与需求，设计出简单高效的算法就成为数据科学的重要挑战。

六是既有结构工程设计成果的挖掘与利用。在 20 世纪，人类经历了历史上最大规模的结构工程实践活动，产生了难以计数的结构工程设计成果，这些设计成果经受住了时间的检验，其正反两方面的经验教训无疑是一笔丰富而宝贵的资产，依据数据科学的基本理论与基本方法，借助于大数据、人工智能等新一代通用技术，以海量既有结构设计成果作为驱动"原料"、实现结构设计的初级智能化，并有望将蕴藏在这些设计成果背后的科学理论、技术方法、工程经验成体系化地挖掘出来并加以提炼升华，形成新的工程知识或通用图库，指导结构工程实践活动的开展。

案例 1-7　有限元法 60 年——计算科学及 CAE 软件对结构工程的推动作用

自加利福尼亚大学伯克利分校的雷·W. 克劳夫在 1960 年 ASCE 年会上发表 *The Finite Element in Plane Stress Analysis* 论文、第一次正式提出有限元法名称以来，有限元法在过去的 60 多年里得到了非常迅猛的发展，结构分析能力不再是制约大型复杂结构工程设计和建造的因素，并由此对土木、机械、船舶、水利、材料、航空航天等诸多工程领域产生了深远的影响，至今仍以各种形式向纵深不断发展，直接推动了结构工程的研究及技术开发从实验科学范式、理论科学范式跃升到计算科学范式，促进了结构工程设计施工模式发生了革命性的转变，在提高工程设计质量、降低研究开发成本、缩短设计周期等方面都发挥了重要作用。现根据有限元法 60 多年发展历程，简要论述其对包括结构工程在内的传统工程领域的推动作用。

1）有限元法的诞生

每一项新技术的推出都是由于时代的迫切需要，而新技术出现后也需要经历历史的重重考验。在 20 世纪 40 年代，由于航空事业的快速发展，对飞机内部结构设计提出了越来越高的要求，为了实现重量轻、强度高、刚度大的目标，人们不得不进行精确的设计和计算。正是在这一背景下，有限元法逐渐地发展起来。1943 年，美国波音公司的工程师理查德·库兰特发表了第一篇有关有限元法的论文 *Variational Methods for the Solution of*

Problems of Equilibrium and Vibration，描述了使用三角形区域的多项式函数来求解扭转问题的近似解，由于当时计算机尚未出现，这篇论文并没有引起注意。1945～1955 年，希腊学者约翰·H. 阿格里斯（John H. Argyris）提出了结构矩阵分析方法，奠定了利用计算机进行结构数值分析的基础。1956 年，美国加利福尼亚大学伯克利分校的雷·W. 克劳夫、波音公司工程师 M. J. 特纳（M. J. Turner）、L. J. 托普（L. J. Topp）等人将结构矩阵分析思路引入弹性力学分析，采用有限元法计算飞机机翼强度，发表了名为 *Stiffness and Deflection Analysis of Complex Structures* 的论文，将结构矩阵分析思路引入弹性力学分析，系统研究了离散的杆、梁、三角形单元的刚度表达式，成为有限元法的开篇之作。1963 年，爱德华·L. 威尔逊（Edward L. Wilson）在雷·W. 克劳夫的指导下完成的博士论文《二维结构的有限元分析》中，研制了世界上第一个解决弹性力学问题的通用程序 SMIS（symbolic matrix interpretive system），该程序只要输入描述问题的几何、材料、荷载等数据，程序就可以对平面弹性力学问题进行计算分析，并按照要求输出计算结果，成为通用分析软件的鼻祖。1967 年，O. C. 辛克维奇（O. C. Zienkiewicz）、张佑启出版了有限元法的经典著作 *The Finite Element Method in Structural Mechanics*，并多次修订再版，推动了有限元法的发展和完善。此后，有限元法迅速发展起来，并广泛地应用于各种力学问题和非线性问题的求解，成为分析大型、复杂工程结构的最强有力手段，随着计算机的迅速发展，大量人工难以完成的计算工作开始由计算机来实现。

2）从有限元法到 CAE 软件

有限元法的提出，与原来弹性力学的一些经典分析方法相比显现出无比优越性，使得一批经典的力学分析方法渐渐退出了历史舞台，并由此引发了欧美学术界、工程界进行计算分析软件开发的热潮，在短短的 20 年里，涌现出一大批通用分析软件，如美国的 SAP、ABAQUS、ADINA、ANSYS、BERSAFE、MARC，德国的 ASKA、英国的 PAFEC、法国的 SYSTUS 等，对传统工程领域如土木、水利、机械、航空航天的生产实践与技术开发产生了深远的深刻影响，并衍生出计算机辅助工程这一新的业态。CAE 软件的核心思想是结构离散化，以得出满足工程精度的近似分析结果、解决理论科学范式无法解决的复杂问题，并带动了计算机辅助系统（CAD/CAE/CAM）的发展壮大。此后，CAE 软件功能不断提升、计算精度不断提高，逐渐成为分析连续力学各类问题的一种主要手段，同时也成为工程设计、产品研发过程中必不可少的数值计算工具。CAE 软件发展到今天，不仅仅只有有限元法一种基本算法，还包括有限差分法、有限体积法等多种算法，多种求解方法使 CAE 技术得到了长足的发展，但究其本质，都是采用微积分的方法对离散方程进行求解。一般的，CAE 软件的基本结构包含前处理模块、有限元分析模块、后处理模块、用户界面模块等，其中有限元分析模块毫无疑义地居于核心。现摘取 CAE 软件发展早期的几个典型片段予以说明。

1969 年，加利福尼亚大学伯克利分校的爱德华·L. 威尔逊在 SMIS 的基础上，开发了第二代有限元分析程序——著名的结构分析软件 SAP（structural analysis program）。1978 年，威尔逊的学生 Ashraf Habibullah 创建了 Computer and Structures Inc.（CSI），并聘请威尔逊担任 CSI 公司的高级顾问，开发了 SAP5、SAP80、SAP90、SAP2000 等通用结构分析软件，成为有限元法问世 60 年来应用最广的系列分析软件。同时，威尔逊及 CSI 公司培养了软件开发界诸多领军人才，后来居上的一系列分析计算软件与威尔逊及 CSI 公司都有着千丝万缕的关系，例如 ALGOR FEAS（finite element analysis system）等分析软件就是在 SAP5 源程序的基础上开发出来的。

在 20 世纪 60 年代，为了能够与苏联在太空竞赛中获胜而成立了美国国家航空航天局（Nation Aeronautics and Space Administration，NASA），对复杂结构分析有着迫切的需求。1966 年，NASA 提出了世界上第一套泛用型的有限元分析软件 Nastran 的开发计划，美国 MSC 公司、SDRC 公司在 NASA 的支持下，参与了整个 NASTRAN 程序的开发过程。1969 年，NASA 推出了第一个 NASTRAN 程序的版本，称为 COSMIC Nastran，之后 MSC 公司对其继续改良，在 1971 年推出 MSC Nastran。与此同时，SDRC 公司于 1968 年发布了世界上第一个动力学测试及模态分析软件包，在 1971 年推出商业用有限元分析软件 Supertab，成为 CAE 发展早期功能最强大的分析软件。

进入 20 世纪 70 年代后，随着有限元理论的趋于成熟，CAE 技术进入了蓬勃发展的时期。一方面，MSC、ANSYS、SDRC 三大 CAE 公司致力于大型商用软件的研究、开发与推广应用。另一方面，更多的新的、功能各异的 CAE 软件不断涌现，为 CAE 市场的繁荣注入了新鲜血液。其中，在麻省理工学院任教的 Klaus J. Bathe 于 1975 年发布了著名的非线性求解器 ADINA（automatic dynamic incremental nonlinear analysis），并先后推出了 ADINA81、ADINA84 等新版本。ABAQUS 公司的前身 HKS 公司于 1978 年建立，其商业软件 ABAQUS 能够引导使用人员增加用户单元和材料模型，对 CAE 行业注入了新的活力。20 世纪 80 年代，由 John Hallquist 编写的、采用显式有限元的 DYNA 程序被法国 ESI 公司商业化，推出了商用程序 PAM-CRASH，并在此基础上衍生出一系列专用分析软件如铸造软件 ProCAST、焊接软件 SYSWELD、振动噪声软件 VA One、空气动力学软件 CFD-FASTRAN 等。

经过 10 多年的研究开发与迭代完善，到了 20 世纪 80 年代，CAE 研究对象与应用范围产生了翻天覆地的变化，有限元法从刚提出时的航空航天领域的线性问题与静力问题，发展了非线性问题、动力问题等各种复杂问题，应用范围囊括了力学、热、流体、电磁自然界四大基本物理场，并已经发展到多场耦合技术，如表 1-9 所示。进入 21 世纪，CAE 领域呈现出了激烈的市场竞争态势，一些大的软件公司如 MSC、SDRC、ANSYS 为了提升自己的分析技术、拓宽应用范围，采取大鱼吃小鱼、并购小的专业软件公司的策略，CAE 软件的功能由此也得到了极大的提升。例如，ANSYS 通过一连串的并购与消化壮大后，将其产品扩展为 ANSYS Mechanical 系列，ANSYS CFD（FLUENT/CFX）系列，ANSYS ANSOFT 系列以及 ANSYS Workbench 和 EKM 等，塑造了一个体系规模庞大、产品线极为丰富的仿真平台，在结构分析、电磁场分析、流体动力学分析、多物理场等方面，都能够提供完善的解决方案。但与此同时，在激烈残酷的市场竞争中，一些软件开发商如 MSC、SDRC 逐渐淡出了人们的视线，成为 CAE 行业不断前行的背景板。目前，CAE 市场是一个群雄割据的年代，据不完全统计，全球有超过 200 种仿真分析的软件在被各类企业所使用，昔日的软件巨头命运也各不相同，更有无数新锐软件逐次崛起、进入工程界的视野。

表 1-9　CAE 软件发展进程简况表

时间	新增应用场景	主要研究对象
20 世纪 60 年代	航空航天	线性问题、静力分析
20 世纪 70 年代	土木、机械、船舶、水利	非线性问题、动力分析
20 世纪 80 年代	热传导场、电磁场、流体、生物体	非线性接触、碰撞、断裂力学

在古老而现代的结构工程领域，CAE 软件的出现及广泛应用在研发新型结构、提高设计质量、降低开发成本、缩短设计周期等方面发挥了关键作用，直接推动了结构工程的研究及技术开发从理论科学范式向计算科学范式的转变。CAE 软件对结构工程设计施工的主要影响可以概括为以下三个方面。

一是将结构工程师从大量、繁复、低效的计算工作中解放出来，从而可以更好地进行设计构思、工艺工法改良、细部构造改进等创造性工作，加快了对长期沿用的、静态的、孤立的、不准确的、凭经验确定的设计参数和结构构造的淘汰力度。例如，预应力混凝土超静定结构的次内力分析及收缩徐变长期效应的计算，在没有 CAE 软件的情况下，即便耗费了大量的人力及时间，仍难以得出相对准确合理的结果，不得不借助于模型试验、工程经验进行大致的把握，因此也就谈不上进行结构行为优化了。

二是催生了新结构、新体系的诞生和应用。例如密索斜拉桥的合理索力分配、索膜结构及整体张拉结构的找形找力、复杂结构地震响应分析等工作，依据经典力学方法、依靠人工计算是不可能完成的，正是有了 CAE 软件，才可能分析把握这些复杂结构的力学性能。

三是发展出新的结构工程分支方向。例如结构控制，即在一定的外力条件下寻求最优的控制力使结构的内力或位移符合要求；又如智能结构，即利用智能材料来建造智能结构、使结构在极端荷载环境下依据仿真结果迅速作出所需要的反应；等等。这些新的学科分支都是建立在 CAE 软件的基础上。

值得特别一提的是，20 世纪 60 年代初，在有限元发展的早期，我国力学界为有限元法的发展做出了一定贡献，较早地将有限元法应用于土木建筑、水利工程和机械工程等领域。例如，早在 1964 年，崔俊芝就研制出国内第一个平面问题通用有限元程序，解决了刘家峡大坝的复杂应力分析问题。遗憾的是，有关管理部门对 CAE 软件在认识上产生了偏差：CAE 既不属于基础科学，又不属于技术攻关，故而失去了必要的支持、发展举步维艰，逐渐拉开了与国外 CAE 软件的距离。20 世纪 90 年代以来，大批国外 CAE 软件涌入国内市场，应用遍及国内的各个工程领域，进一步压缩了我国自主研发 CAE 软件的发展空间，导致国外 CAE 软件占据市场主流的现状在短时间内已经无法撼动。随着国家对发展自主 CAE 平台的重视，国内 CAE 的研究开发已经逐渐走出低迷状态，获得了一定的发展，一些结合我国实际情况（如规范规程、工艺流程）的专用分析软件如建筑结构 CAE 软件 PKPM 在市场上表现不俗。

3）CAE 软件的未来

随着计算机科学技术的不断发展，CAE 软件自诞生至今的 60 多年里，作为一门新兴的交叉学科已经走下神坛，但其技术手段与应用范围已经日新月异，成为了各大工程设计咨询与研发企业在设计工程/产品过程中不可或缺的手段，为工程技术人员提供了强大而高效的工具。目前，有限元法覆盖的领域已经非常广泛，几乎涵盖了所有的工程领域，在工程/产品仿真、结构分析与设计优化等方面发挥出不可替代的巨大作用，并向着多物理场耦合分析的方向发展。另外，工程实践活动和产品研发创新也为 CAE 技术发展提供了强大的动力，相信 CAE 软件将会随着工程技术的飞速发展，迎来一个更为灿烂辉煌的明天。

1.6　认识结构工程的几个视角

如前所述，结构工程实践活动是复杂的、多面的，是一个同体异质要素耦合的作用过程和结果，存在着多个不同的切入、观察和思考的视角。由于结构工程源远流长、工程实践活动的规模大、对经济社会发展的影响显著，因此，观察结构工程可以从自然、科学、技术、艺术、哲学、经济、历史、文化等多个视角切入，以深入剖析工程的系统性、综合性和社会性。只有统筹这些角度迥异、尺度不同的观察思考方式，才有可能全面深入地剖析结构工程的本质特征，揭示结构工程的发展演化规律。例如，人们经常会从经济角度来分析评价结构工程，揭示结构工程实践活动对经济社会发展的推动作用，分析社会条件、技术要素等对结构工程经济性能指标的影响，评价工程项目的经济性能指标的合理性；人们还会从艺术角度来剖析结构工程项目展现出来的艺术价值，试图将技术与艺术融合为一个整体，促进工程项目将实用、经济、美观三方面更好地融合在一起；人们也常常从文化角度来观察思考结构工程，以揭示建筑流派、建筑形式与文化传承的内在关系；等等，不一而足。

从科学角度、技术角度对工程实践活动进行观察研究是人们最常用、最主要的方式，其目的在于分析科学发现对技术研发的引领价值，揭示技术要素对工程实践活动的支撑作用，阐明科学发展对技术进步和工程实践活动的推动意义。近 20 年来，随着工程哲学的兴起，人们在认识工程、思考工程又多了一个强大的思想武器——从哲学视角观察思考工程，以揭示工程的本质特征，阐明技术创新、工程创新、工程演化的内在规律，帮助工程师构建先进科学的工程观念。打个不太准确的比喻，如果说从科学视角观察工程的要点在于"看深、看透"——目的在于透过工程实践活动的过程、揭示工程背后的科学规律；从技术视角观察工程的要点在于"看细、看实"——目的在于深入工程实践活动的方方面面，掌握工程规划、设计、施工及维养等环节所需的各类技术手段和实施细则；从哲学视角观察工程的要点在于"看全、看远"——目的是在一个相对较高的视点、透过工程实践活动的各类现象，把握工程实践所蕴含的本质特征和演化规律；那么，从艺术视角观察工程的要点在于"发现美、欣赏美"——目的在于体会如何优雅地将结构材料、结构形式与建造工艺结合在一起，最大限度地提升结构的效率效能、展示工程的内在美。为此，以下就从科学、技术、艺术、哲学这四个不同的视角，对结构工程实践活动进行多角度的审视和思考，并为后续各章节的论述做一铺垫。

1.6.1　科学视角

科学是隐藏工程背后看不见的"巨人"，借助于技术这个"中介"，指引着工程实践活动发展的方向。科学的基本特征是发现，即发现自然界及"人工过程"的客观规律，解决自然现象、工程现象"是什么？为什么？"这一根本问题。从科学视角看工程，就是要阐明作为上层建筑的科学是如何将真理导向、并无实用价值的科学，通过系统化、实用化的技术，转化为工程实践活动的指南针。反过来，工程实践活动所提出的问题，又会推动科学研究与技术开发向纵深发展。

结构工程是近现代工程的样板。在法国经典力学、英国实验力学研究成果的带动下，力学对结构工程实践活动的指导作用日益显著。18 世纪中后期以来，随着压杆弹性稳定理论、土压力理论、挠曲计算理论等理论的问世，以及容许应力设计法的提出，恰逢其时地解决了结构工程实践活动中的难题，近代结构工程实践活动终于插上了科学的翅膀。到了 19 世纪末，随着社会需求的激增、生产力水平的提高、专业化程度的提升，力学发现对技术开发、工程实践的指导作用日趋显著，科学方法、技术手段成为工程实践中不可或缺的一部分，直接推动了工程实践活动效能水平、经济效益的不断提升。第二次世界大战以后，科学发现对技术进步和工程实践的引领作用日趋突出，工程不再过度依赖工程师的经验、技能、技艺等，而是成为科学理论、技术方法知识物化的结晶，科学理论通过技术开发，进而引领和支撑工程实践活动的开展，现代工程也逐渐演化为现代科学理论、技术原理等知识物化的结晶。一般而言，结构工程背后的科学理论是一个庞大的体系，但可以简要地概括为以下三个大的方面。

一是力学及材料科学。具体包括固体力学、流体力学、计算力学、断裂力学等林林总总的分支，将与结构工程相关的宏观及微观的力学规律揭示出来，并根据结构材料、结构构件的特点进行实用化研究，以客观反映结构（构件）的力学行为，形成系统、全面、准确的结构理论体系。

二是结构荷载学。即基于力学、气象学、地球科学等科学的基本原理，将与结构工程相关的地震荷载、风荷载等各类荷载的作用规律和统计特征表征出来，以全面提升工程界对结构工程与自然环境相互作用的认知水平。

三是结构设计计算理论与方法。即针对结构材料的离散性、结构工程的各种不确定性，提出更能揭示结构工程在各类荷载作用下结构行为的分析方法，研究提出更能反映客观世界规律、便于实际使用的结构设计方法，以掌握结构工程的力学行为、调和结构工程设计安全性与经济性的矛盾冲突。

由此可以看出，结构工程背后所涉及的科学既比较传统、又比较庞杂，由于人们现阶段对一些基础科学如地球科学、地震工程学、大气科学的尚存在诸多认知局限，距离全面、系统、客观、准确地认识和描述自然界对结构工程的影响仍有一定差距。

1.6.2　技术视角

工程是技术的优化集成或系统集成，技术是工程的基本要素或关键要素。自有工程以来，工程和技术便密不可分地结合在一起，技术主要以操作形态、实物形态两种形式存在，依附于能工巧匠这一特定群体。在我国，"技术"一词作为技艺和医、卜、星、相等方术的统称，最早出现于西汉司马迁的《史记·货殖传》中；在西方，"技术""技艺"概念最早出现于古希腊。第一次工业革命以后，技术的迅猛发展以及技术社会功能的突显，产生了在不同层面上从不同角度探讨技术概念、技术现象、技术活动的需要，17 世纪初，英文中出现了"technique"（技术、技艺）一词，用于统称各种应用技艺。18 世纪中叶，法国哲学家德尼·狄德罗（Denis Diderot）在主编《科学、美术与工艺百科全书》撰写了"技术"（art）词条时，将技术定义为"为了完成特定目标而协调动作的方法、手段和规则相结合的体系"，技术第一次有了比较完整的概念。

对于结构工程而言，在 19 世纪中叶之前，技术主要以技能的存在方式、依附于石匠、木匠、铁匠等各类工匠的身上。第一次工业革命后，在近现代力学、材料科学的支撑下，在工程实践正反面经验教训总结的基础上，在旺盛的社会需求刺激下，工程师作为一种独立的力量登上历史舞台，结构工程的技术发展非常迅猛，并率先形成了较为成熟的技术体系。一般而言，结构工程的技术领域非常宽泛，而且还在不断发展之中，但可以简要地概括为以下四个大的方面。

一是结构材料。主要包括工程化规模化结构材料的制备工艺流程、性能提升改良方法、性能检测评估方法、维养工艺工序、材料与环境的相互作用、材料再生利用等。

二是结构体系。具体包括各种结构构件的在荷载作用下的力学性能、结构构件力学性能及其组合方式对结构体系力学行为的影响、结构构件连接的细部构造、结构体系长期力学行为的演化规律，以及各种结构体系的特点和经济适用范围等。

三是施工方法。主要包括施工机具装备的研发、施工工艺工法开发、施工过程控制、各种施工方法效能效率评估等。

四是信息技术对结构工程的改造和赋能。大致包括结构分析计算方法和工具的升级、结构勘察设计手段的换代、控制论和系统论等工程思想的移植，以及信息技术手段对工程建造、运维管理的赋能等。

由此可以看出，结构工程的技术是一个庞大的、开放的、不断发展的体系，也是一个高度依赖于力学、材料科学等基础科学的技术体系，还是一个深度依托于工程实践活动不断迭代的技术体系，最终以技术规范、技术标准、设计导则等形式展现给量大面广的结构工程师群体，也以不同形式出现在各类专业书籍中。从技术角度看工程，工程是技术的集成体，相关技术通过工程项目的选择、集成、优化并转化为现实的生产力，从而不断提升工程的效能水平和规模尺度，实现预期的经济效益和社会效益。技术既是生产力水平的标尺，也是科学理论实用化、系统化的产物，还是工程实践活动的关键要素乃至瓶颈要素。但与此同时，深谙某些技术要义的工程师们也常常被各种各样的技术成效遮蔽了视野，以致产生了对技术过度依赖乃至迷信的现象，"技术至上"便是一种典型的代表。

1.6.3　艺术视角

在满足使用功能之余，结构工程具有突出的艺术特质，一直是人类文明的重要组成部分。在漫长曲折的发展过程中，结构工程深受自然、政治、经济、宗教、文化、历史等方面的影响，"结构艺术"逐渐成为一个被广泛认同的理念，深刻影响了结构工程的发展。然而，"结构艺术"是一个杂糅了艺术、技术、经济及文化的混合体，既包含与传统建筑学相关的艺术内容，也涵盖了结构工程高效设计建造、发挥结构材料性能的技术手段。20 世纪 70 年代，普林斯顿大学教授、著名工程评论学者戴维·P. 比林顿提出了衡量结构艺术的 3E 原则，即高效（efficiency）、经济（economy）、优雅（elegance）。高效是指使用最少的结构材料，确保结构在服役期间安全地执行其功能；经济是指结构在建设期及运营期的全寿命成本较小，以体现技术进步的作用、展现结构工程增进人类福祉的价值意义；优雅是指基于工程内在因素驱动、表现工程创造力和文化内涵的结构造型，常常与轻盈、纤细、通透、灵动地联系在一起，是一种感官之上的、纯粹的、内在的美的展示。后来，有人在 3E 原则基础上又补充了一条，环境（environment），即只有把结构工程置于其所处的自然环境及时代背景下，才有可能恰当地评价工程的美学价值与艺术特性，揭示结构艺术的当时当地属性。结构艺术的 4E 原则融合了技术、经济、艺术、社会、环境等因素对建筑及结构设计的原则要求，是现代结构工程领域中普遍认同的工程观念，阐明了结构工程实践活动的最高原则，纠正了近代建筑及结构设计中一度流行的形式脱离功能、过度强调装饰的不良现象。

狭义上来说，所谓结构艺术，是指在遵循 4E 原则的情况下，因地因时制宜地将结构材料、结构形式与施工方法优雅完美地结合在一起，最大限度地提升结构的效率效能、展示结构工程的力与美、促进结构工程与自然的和谐、降低结构工程实践活动对自然资源的过度消耗。广义上来说，结构艺术一般包括如下三层含义。

一是强调结构设计应遵循形式服从功能的基本原则。在包豪斯主义①成为设计界的主流的百年里，形式服从功能成为设计界奉行的普遍观念和最高准则，结构工程逐渐走出了巴洛克建筑风格的影响，将结构工程的艺术性融合在功能性之中，重在展现结构的内在美，从而使结构工程摆脱纯艺术表现形式的桎梏，以设计施工的批量化、标准化和低成本化，促进了使用价值与美学价值的完美融合，推动了结构工程的良性发展。

二是提倡结构工程师要向艺术家学习，借鉴艺术家的想象能力与思维方式。虽然工程思维与艺术思维存在较大差异，但艺术家对事物的想象能力、洞察能力、整体描述能力都值得结构工程师学习，以利于养成既有整体宏观把握、又有周密细节安排的工程思维方式。同时，艺术思维的植入，也隐含着工程界对内部协调、外部和谐技术美学理念的推崇和追求，期望结构工程实践活动过程及其结果具有内在的艺术性。

三是彰显了一些结构工程设计大师在进入"自由世界"之后对结构工程本质的深刻、灵活而又不乏艺术性的整体把握。这些设计大师们在迈入"随心所欲不逾矩"的自由王国后，能够随心所欲地驾驭结构功能、结构材料、结构形式、细部构造、艺术表现力等要素，恰到好处地把握外在的时代要求与内在工程规律的矛盾冲突，将结构工程作品以艺术化的方式展现出来；能够在传承与创造之间发现广袤的创新空间，出人意料而又符合技术逻辑地推陈出新，提升工程设计的品质，在实现结构工程的功能要求之外，以合理经济的造价展现出工程的外在形式美、内在的技术美。

---

① 包豪斯主义 20 世纪 20 年代发源于魏玛德国时期的包豪斯学院，其主要设计理念可以概括为：一是强调设计形式应服从于产品的功能；二是提倡功能、技术和经济效益的统筹协调；三是追求艺术与技术的统一。

由此可见，从艺术视角来看结构工程具有非常丰富的内涵，既包含结构材料的高效利用方式的优化，也包含结构工程的功能性与艺术性的有机融合、涵盖了结构工程师思维方式方法的进阶提升，还包括结构工程设计作品的艺术化展现，是一个感性与理性、技术与艺术、经济与技术、方案构思与工程实践、个体创作与社会评价等多个维度交织的技术创造活动。

1.6.4　哲学视角

作为一种利用自然、有组织有目的改造自然的"人工过程"，工程实践活动虽然是推动经济社会发展、造福人类的主要力量，但蕴藏隐匿在工程实践活动背后的一些基本问题如工程的本质是什么？工程实践活动应遵循的根本规律规则是什么？科学理论、技术原理、工程经验之间的合理关系是什么？工程师应该有什么样的工程观念？等等，这些问题一直是近现代工程界有识之士结合自身工程实践活动经验来思考研究的哲学命题等，只是研究还不够深入系统，产生的影响也不够大。例如，早在1958年，享誉国际的西班牙结构工程师美誉的爱德华多·托罗哈就出版了 *Philosophy of Structures* 一书，从哲学高度提出了结构工程的若干基本命题，如什么是结构表达的"真"、什么是结构艺术的"美"？结构的"真"和"美"如何协调？各种结构形式及其存在的根本原因是什么？等等。在我国，近20年来，一些工程界的有识之士如徐匡迪、殷瑞钰、朱高峰、项海帆、邓文中、聂建国等人曾多次结合具体工程领域的一些不当现象，撰文呼吁工程界要进一步端正工程观念，正确认识工程、评价工程，培育工程师的哲学思维、激发工程师的创新意识，产生了较大的影响，产生了一定的纠偏效果。

针对工程实践活动中的一些深层次问题的反思与批判，一些哲学学者如路易斯·L. 布希亚瑞利、比利·沃恩·科恩、沃尔特·G. 文森蒂、李伯聪、殷瑞钰等人逐渐将工程哲学从技术哲学中分离出来，形成了工程哲学这一新兴学科。所谓工程哲学，就是关于工程本质、工程观念、工程创新、工程方法、工程演化、工程思维等方面认识，以及据此指导工程实践活动的方法论总和，是与科学哲学、技术哲学相并列的哲学分支，是一种针对工程实践活动的反思之学、爱智之学，也是一种改变世界、塑造未来的哲学。在高度抽象哲学思维的加持下，人们开始重新从自然、经济、社会、人文、历史等多个角度重新认识工程、评价工程、反思工程，并对工程实践活动的本质规律、基本特征、理念方法、思维方式等进行了深入系统的探讨、高度的概括与凝练，取得了比较丰富的成果。一般而言，工程哲学主要探究工程实践活动的基本特征和普遍规律，研究工程思想、工程方法、工程思维的发展演变等，研究内容可以概括为以下八个方面。

一是工程的本质特征是什么？包括不同时期工程实践活动的基本特征有哪些？工程实践活动中涉及的要素有哪些？这些要素之间如何耦合、如何制约？在不同历史发展阶段有什么显著的特点？

二是怎样才能构建并秉承正确的工程观念，并将自然、经济、技术、社会资源等要素调动起来、有机整合、发挥最大效益，从而让工程更好地造福人类？工程师、工程决策者等工程实践主体应该树立什么样的工程观念？

三是科学理论、技术手段与工程方法的联系与区别是什么？具体包括科学知识、技术手段、工程经验之间的关系是什么？科学、技术和工程是如何从游离走向相互作用的？科学方法、技术方法与工程方法的联系与区别是什么？如何把握工程实践活动中知与行的关系？

四是科学思维、技术思维与工程思维的本质特征是什么？它们之间的联系与区别是什么？面对具体的工程问题时，如何将科学理论、技术方法、工程规范与工程经验结合起来，形成系统全面的工程思维并应用于工程实践活动？工程思维有什么特点？如何培育工程创新思维？

五是什么是工程创新？什么是技术创新？工程创新的原动力是什么？如何正确处理工程传承与工程创新的关系？如何恰当把握工程创新过程中各种矛盾与冲突？如何准确理解工程创新与技术创新的联系与区别？工程创新与工程演化的关系是什么？

六是如何强化工程设计在工程实践活动中的核心和龙头作用？如何发挥工程师的创造力，将科学理论、技术方法、工程规范与工程经验结合起来，在工程实践活动中不断提高工程设计水平，提升工程建造运营的品质和效能水平？

七是工程与工程师的合理适配关系是什么？工程和工程师是如何影响社会的？工程师具有哪些职业特征？这些职业特征有何优势、有何局限？又是如何影响工程实践活动的？如何发挥工程师的创造力？怎样才能让工程师建立正确的工程观念？

八是工程教育与科学教育的异同是什么？工程教育的主要特征和价值作用是什么？如何在高等工程教育中将工程思想熏陶、工程思维培育与工程技能训练结合起来？

从哲学角度看工程，工程实践活动的核心就是其所具有的唯一性和当时当地性，不同的工程项目具有不同的实践活动目标，也有不同的自然条件、经济条件和技术约束因素，还有不同的社会推动力量和实现方式方法。工程实践活动就是在这些相互矛盾的约束条件下，发挥工程师的主观能动性与创造力、寻求合理优化解答及其实现路径的过程。工程的基本特征是建构与集成、实践与创造，重在多要素的集成和价值的创造，强调的是系统集成性和投入产出比，重点解决"为了什么？如何集成？如何建构？如何选择？"等基本问题。

进一步来说，在认识论层面，工程实践活动涵盖了"自然-人类-工程"三者之间的相互依存、相互制约的复杂关系，仅仅在科学或技术层面来进行剖析是有局限的，既难以透过纷繁芜杂的工程现象直抵工程的本质特征，也难以促进工程师建构先进科学的工程观念。在实践层面，结构工程作为人类工程实践活动历史最悠久、规模最庞大、系统性社会性等特征最突出的工程领域，存在需要哲学思考的问题情境和逻辑必然性。由此可见，结构工程实践活动的背后蕴藏着丰富的哲学命题，既包含认识论层面的思考认知，也有实践论层面的矛盾冲突，还有方法论层面的启示启迪。虽然在历史上工程与哲学长期处于分离状态，一旦二者结合起来，势必会为工程师提供强大的思想武器，促进工程师工程观念的进阶，推动工程师思维方式的更新，从而不断提升工程品质，更好地从事工程实践活动。

案例 1-8　技术与艺术的矛盾统一体——圣地亚哥·卡拉特拉瓦代表性作品赏析

圣地亚哥·卡拉特拉瓦，1950 出生在西班牙瓦伦西亚，早年在瓦伦西亚、巴黎学习艺术，1981 年毕业于苏黎世联邦理工学院，获结构工程博士学位，学位论文的题目是融艺术性与前瞻性为一体的、跨学科的《可折叠的空间结构》。同年，他开办了自己的建筑与工程设计事务所，他具有建筑师、结构工程师、雕塑家、产品设计师等多重身份（但他最喜爱的身份可能是雕塑家，例如在美国加利福尼亚日晷桥的铭牌写着 Sculptured by Santiago Calatrava，而不是 Designed by Santiago Calatrava，这似乎意味着他更倾向于将桥梁视为一个可作为交通设施的艺术品，而不是将其视为一座具有艺术成色的交通设施）。他以非同凡响的想象力、颠覆传统结构形式的创造力、无与伦比的艺术感染力而享有"结构诗人"的称号，在世界各地设计建造了 100 多座艺术与技术俱佳、创造力非凡的桥梁和公共建筑。在专业化、碎片化业务模式主宰结构工程界的 20 世纪下半叶，卡拉特拉瓦无疑是极少数兼具艺术家、工程师才华于一身的特殊存在，是当代"结构艺术"流派的旗帜人物，对力与结构形式、材料与建造过程、运动与结构形式等方面均有突破传统的探索实践。

卡拉特拉瓦创作活动的基本方法可以大致简要地概括为：有选择地运用、整合和突破已有结构形式，根据受力需求分解结构，分配材料在结构中的位置，并将它们不断地调整、完善并重新组合，使材料既符合结构受力要求，又清晰地展现了整体结构特征，以适应不同的功能要求与环境特色。卡拉特拉瓦独到之处或许在于：把解决问题的方法与理念在作品中刻意表现出来，从高维度层次上综合体现出作品的美学价值，通过理性手段创造艺术表现力。事实上，对于卡拉特拉瓦形态各异、创造力丰富的设计作品，很难找到一个合适的术语来概括其特点，如果用"发明"来形容它们就忽略了从中体现传统的因素，用"机械"来形容它们则削弱了其中非常有意义的文化价值，用"结构物"来描述则又与其中最明显的运动观点相矛盾。卡拉特拉瓦认为运动是自然界中普遍存在的美，地球上的任何物体都是通过对抗自身重力而存在，基于对"美源于运动、美源于力度、美源于自然"理念的深刻把握，通过对运动爆发瞬间稳定与不稳定的精妙平衡，将结构的创造性与艺术性高度统一起来，他的作品似乎总处在一个特定的运动状态、处在一个待完成的状态，甚至有些作品兼有"结构"和"机构"的双重属性，预示着结构形态的无限可能性。有人将卡拉特拉瓦作品称为"孕育的时刻"（pregnant moment），总是处于一种"含苞待放"的状态，意味着变化即将产生，尽管它是稳固的、静止的，却总是呈现出跃跃欲动的趋势。进一步来说，他的设计作品对结构与形体的关系有着别具一格、精准恰当的整体考虑，既能展现出技术理性的逻辑美，又仿佛超越了结构法则的约束，具有强烈的运动冲击感，能够将艺术表达与结构设计高度融合为一体，拓展了现代结构工程的疆界。

此外，卡拉特拉瓦对自然界、对人体的构造有着细致的观察与深入的洞察，并将一些对眼睛、手指、骨骼、树木等形态的洞察感悟结果巧妙地融入结构设计中，创作了一批令人惊叹的结构形式，正如他在一次演讲中所言："我要强调的一个产生趣味的源泉，是对自然直接的观察，它意味着去直接观察我们周围自然的存在方式……张开的手掌形象、眼睛的形象、嘴和骨骼的形象都是灵感的源泉。通过研究我们身体的结构，你可以发现一张对建筑非常有益的内在逻辑性。"与此同时，他并不过度追求形式艺术的展现力，对超越功能需求的表现形式也持批评态度，正如他所言："工程是关于可能性的艺术，并寻求一种基于技术知识、但不是技术赞歌的形式语言。"他的设计作品或许有些夸张炫耀、但不进行外观装饰，目的性实在而明确，也没有多余的构件，而是将力学要求融入结构形态中，宛若天开，浑然天成。与此同时，他善于运用光、影、照明等手法展示结构的力度，营造意象丰富的空间或结构形式。

令卡拉特拉瓦声名鹊起的是 1986 年建成的西班牙巴塞罗那罗达巴赫（Bac de Roda）拱桥及 1992 年建成的塞维利亚阿拉米罗（Alamillo）桥。在罗达巴赫拱桥的设计中，卡拉特拉瓦采用异化赋形的手段，创造出一个联结铁路两旁社区、行人、车辆的连接通道，开辟了巴塞罗那最大的公共广场之一。该桥净跨径 52 m，桥面标准段宽 25.8 m，全长 128 m。为解决拱肋稳定问题，卡拉特拉瓦开创性地采用辅助拱而非视觉凌乱的横撑来增强拱的稳定性，形成了通透开阔的桥面空间，并使辅助拱浑然天成地成为人行道阶梯的一部分。在塞维利亚阿拉米罗桥中，他采用指向天空的、巨大三角形的结构形式，13 对斜拉索将跨径 200 m 的主梁和后倾 58°、高 142 m 的索塔连接成一个自平衡结构体系，但结构又似乎处于一种待完成的状态，充满了力量感和运动视觉效果，暗喻着结构状态的变化，隐含着人们积极进取的雄心，唤醒了当地民众对桥梁建造的记忆。除此之外，卡拉特拉瓦还创造出许多造型优雅、富于人文内涵、独树一帜的现代结构形式，如半拱形索塔斜拉桥、扭索面斜拉桥、倾斜式拱梁组合结构、斜拉分岔桥梁等，引领了当代结构艺术的发展潮流，一些结构形式如斜靠式拱桥、扭索面斜拉桥、半拱形索塔斜拉桥受到了国际同行的普遍认可、大众的喜爱赞誉而得以广泛应用，并结合工程所在地的风貌、由全世界的同行演绎出各种新的表现形式。其中，一些结构形式兼具"结构"和"机构"的双重属性，具有将功能性与艺术性融为一体的开-合机制，如阿根廷布宜诺斯艾利斯女人桥、爱尔兰都柏林市萨缪尔·贝克特桥就是自平衡的半拱形索塔斜拉桥，可以根据航运要求进行平转开合；又如美国密尔沃基美术馆桥的开合屋面结构，与后倾 47°的无背索斜拉桥的浑然一体、相映成辉，与一般建筑不同的是，该馆在户外增设了一组遮阳的百页，如同一叶纤细的羽毛片随着阳光在不断调整角度，在解决工程问题的同时，卡拉特拉瓦塑造出自由曲线、流动形态、变化秩序之美，国际桥梁与结构工程协会认为该馆是一个"将艺术、戏剧性建筑与包含移动雕塑相结合的博物馆扩建项目"；等等。需要特别指出的是，这些别具一格的结构形式用于中小跨径桥梁或人行景观桥梁或许是适宜恰当的，用于大跨径车行桥梁则在经济性能上不够合理，在施工上则会因临时措施较高而不太可行。卡拉特拉瓦部分代表性桥梁设计作品见表 1-10。这些规模不大的景观桥梁以独特优美的造型在受到人们喜爱的同时，也因每平方米高达 2 万美元的造价引起了广泛争议，个别桥梁如意大利威尼斯宪政桥甚至因为造价严重超过预算、维护成本过高引发了当局的司法诉讼，虽然最终判定卡拉特拉瓦胜诉，但还是引起了国际桥梁界对景观桥梁结构合理性、功能性与艺术表现力之间矛盾冲突的长期热议。

表 1-10　卡拉特拉瓦部分代表性桥梁设计作品简介

桥名	建成年份	结构主要特点	规模及跨径	造价及单价	概貌
西班牙巴塞罗那罗达巴赫拱桥	1986	斜靠式拱桥，利用副拱来增强主拱的稳定性	全长 128 m，跨径 52 m	总造价 8800 万欧元，折合每平方米桥面单价约 2.6 万欧元	
西班牙塞维利亚阿拉米罗桥	1992	利用后倾 58°、高 142 m 混凝土塔来平衡梁体自重	全长 200 m，主跨 200 m	总造价 6500 万美元，折合每平方米桥面单价约 2.0 万美元	
美国密尔沃基美术馆桥	2001	后倾 47°的无背索斜拉桥，与美术馆浑然一体、相映成辉	全长 87.5 m，桥宽 4.2 m，主跨 73 m	与美术馆一起建造，总造价 1.22 亿美元	
阿根廷布宜诺斯艾利斯女人桥	2001	主跨为前倾 39°的自平衡钢-混凝土无背索斜拉桥	全长 160 m、桥宽 6.2 m，平转长度 102.5 m，旋转重量约 800 t	总造价 600 万美元，折合每平方米桥面单价约 0.6 万美元	
美国加利福尼亚日晷桥	2004	三角形钢管桁梁，无背索斜拉桥，"日晷"形索塔后倾 42°	全长 210 m，主跨 150 m	总造价 2350 万美元，折合每平方米桥面单价约 1.6 万美元	
意大利威尼斯宪政桥	2008	矢跨比 1/16 的坦拱，拱肋由 3 根钢管构成 π 形截面	全长 101 m，主跨 80.8 m	总造价 940 万欧元，折合每平方米桥面单价约 1.96 万欧元	

续表

桥名	建成年份	结构主要特点	规模及跨径	造价及单价	概貌
以色列耶路撒冷轻轨斜拉桥	2008	主跨 160 m、塔高 118 m 的折线后倾式独塔侧索斜拉桥	总长度 360 m，桥宽 14.82 m	总造价 7000 万美元，折合每平方米桥面单价约 1.3 万美元	
西班牙瓦伦西亚市塞雷利亚大桥	2008	竖直背索的独塔斜拉桥	桥长 180 m，塔高 125 m，桥宽 35.5～39.2 m	总造价 5990 万欧元，折合每平方米桥面单价约 0.92 万欧元	
爱尔兰都柏林市萨缪尔·贝克特桥	2009	半拱形索塔的平转开启斜拉桥	全长 124 m，主跨 95 m	总造价 6000 万欧元，折合每平方米桥面单价约 1.79 万欧元	
加拿大卡尔加里和平桥	2010	空间管网式梁桥	单跨简支，全长 130 m	总造价 1800 万美元，折合每平方米桥面单价约 2.1 万美元	
美国达拉斯玛格丽特·亨特·希尔桥	2012	拱形索塔的扭索面斜拉桥	全长 368 m，主跨 184 m，索塔高 136 m	总造价 1.82 亿美元，折合每平方米桥面单价约 1.34 万美元	

续表

桥名	建成年份	结构主要特点	规模及跨径	造价及单价	概貌
英国伦敦 Peninsula Place 桥	2016	半拱形索塔的空间管网加劲梁人行斜拉桥	全长 130 m，主跨 50 m	总造价 3000 万美元，折合每平方米桥面单价约 3.84 万美元	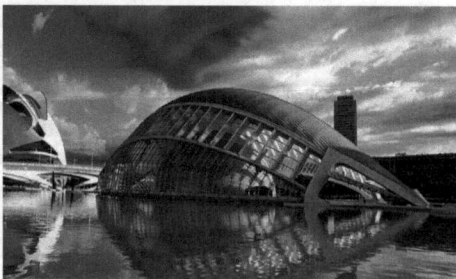

注：表中主要数据来源于人民交通出版社出版的邓文中《桥梁话语》，图片主要来自维基百科和 https://structurae.net/en/，查看彩色图片可扫描封底二维码。

　　在桥梁之外，卡拉特拉瓦凭借对人体和自然界的深入洞察，提炼升华了一些人们习以为常的现象，设计了一大批展现自然之美、力学之美的公共建筑，并赋予其深刻而生动的文化内涵，反映了他对自然人类、城市生活、科学技术等方面的新思考，构建或改造了新的城市节点，引领了全世界公共建筑的发展方向。其中，以 1991 年建成的西班牙瓦伦西亚科技中心天文馆、1993 年建成的葡萄牙里斯本东方火车站、2016 年建成的纽约世贸中心交通枢纽三座公共建筑最具代表性。

　　在西班牙瓦伦西亚科技中心天文馆的设计中，卡拉特拉瓦采用一组透明的、密集的混凝土拱肋群组成了长 110 m、宽 55.5 m 的结构，遮蔽着一个球状的天文馆，在拱肋群的一侧设置了一道巨大的可旋转开启的门，或开或关，显露出其内部的球状天文馆，就仿佛是眼帘的开合，当球体完全展现出来时，便犹如地球在浩渺的宇宙中，而天文馆旁反光水池中的倒影又进一步加深了人们对这一点的领悟。于是，眼睛这一心灵的窗户，同时接受和感受着外部信息——在这一刻，它既是主体又是客体，契合了天文馆的功能，引发了人们对人类、自然、地球、宇宙的联想和思考，被大众昵称为"大眼球"（图 1-18）。天文馆建成后深受当地民众及游客的喜爱，带动了瓦伦西亚科技城的建设发展，此后，一大批独具匠心的建筑、桥梁拔地而起，如今科技城已经成为瓦伦西亚新地标和旅游景点。

（a）日景　　　　　　　　　　　　　　（b）夜景

图 1-18　西班牙瓦伦西亚科技中心天文馆概貌（图片来自 https://structurae.net/en/，查看彩色图片可扫描封底二维码）

　　东方火车站位于距里斯本市中心约 5 km 处、距塔古斯河岸不远，城市中心的变迁使东方火车站显得有些衰败。为迎接 1998 年世博会，当局决定重建火车站。在火车站规划和设计中，卡拉特拉瓦将车站月台建在距地面 11 m 高的高架桥上、供 8 条铁路线通过，而让城市主干道从车站下面穿过，并在底层布设了公交站场、停车场等服务设施，使城市道路、铁路与整个车站建筑群有机地连接起来，将火车、汽车、地铁各种交通工具有机地整合在一起，强化了交通枢纽转乘的方便性，带动了衰败工业场地的复兴，突出了城市交通与城市生活的一体化，使其成为新的城市节点。同时，在火车站站台的设计中，他采用了轻型仿生的树状结构和玻璃屋顶，像"树"一样的柱子形成了"森林"，6 排宽 78 m × 长 238 m 的弯曲状透明钢悬挑结构的长廊生成了通透简洁、意象万千的公共空间，构建了功能丰富、造型别致的交通综合体，打造出交通枢纽新的生态系统，成为里斯本的地标建筑，引领了全世界交通综合体的建设方向（图 1-19）。

（a）远眺　　　　　　　　（b）候车大厅　　　　　　　（c）月台

图 1-19　葡萄牙里斯本东方火车站概貌（图片来自 https://structurae.net/en/，查看彩色图片可扫描封底二维码）

纽约世贸中心交通枢纽位于曼哈顿世界贸易中心双塔遗址旁，连接 11 条地铁线路以及纽约至新泽西铁路，集换乘车站、购物中心和人行过街通道等多项功能于一体，承载着使用功能以外的价值理念，卡拉特拉瓦将其设计概念称为"眼窗"（oculus）。从外观上来看，椭圆形结构形似一只展翅翱翔的白鸽，仿佛是从一位孩童手中释放鸽子，结构造型极具运动感，展示着一种由死向生的生命力，寓意着纽约这座城市在"9·11"事件后的浴火重生，以及人类对和平的向往。从内部来看，整个建筑通体由白色的钢骨架和玻璃打造，透过屋脊的玻璃可看到纽约的一线天空，自然光线可直入枢纽内部，长 107 m、宽 35 m 的椭圆形大厅让交通枢纽颇有教堂的神圣感，而采用钢管和玻璃精心打造的屋盖可以营造出极为丰富的光、影变化，将创造性与艺术性融为一体（图 1-20）。

（a）远眺　　　　　　　　（b）近观　　　　　　　　　（c）内部

图 1-20　纽约世贸中心交通枢纽概貌（图片来自 https://structurae.net/en/，查看彩色图片可扫描封底二维码）

卡拉特拉瓦的设计作品，以宽广多变的视角重新审视了项目所在地的历史和人文环境，突破了技术与艺术间的阻碍，重构了建筑功能与结构材料、结构形式之间的关系，表现出令人赞叹想象力、别具一格的造型和别出心裁的艺术感染力，展现了设计者对建筑艺术和结构工程技术都具有高超娴熟的驾驭能力，在更高的水平上实现了人与自然、人与环境的和谐及升华。卡拉特拉瓦的设计作品，在新一代建筑师、结构工程师中都产生了深远的影响，在世界各地衍生出一大批各种各样的解构和模仿作品。但是，对于卡拉特拉瓦的设计作品，由于其综合造价高、建造难度大，国际结构工程界一直充满各种争议，而社会大众则好评如潮、赞誉有加，这实质上是由工程的社会性、系统性、建构性与复杂性所引发，也是工程思维与艺术思维的分野所致，从一个侧面充分说明了结构工程就是一个各种矛盾的综合体。

参 考 文 献

艾伦，2023. 工业革命[M]. 史正永，赵后振，译. 南京：译林出版社.

阿迪斯，2008. 创造力和创新：结构工程师对设计的贡献[M]. 高立人，译. 北京：中国建筑工业出版社.

比林顿，1991. 塔和桥：结构工程的新艺术[M]. 钟吉秀，译. 北京：科学普及出版社.

布希亚瑞利，2008. 工程哲学[M]. 安维复，等译. 沈阳：辽宁人民出版社.

朝乐门，邢春晓，张勇，2018. 数据科学研究的现状与趋势[J]. 计算机科学，45（1）：1-13.

陈昌曙，1999. 技术哲学引论[M]. 北京：科学出版社.

崔京浩，2005. 伟大的土木工程：内涵与特点·地位和作用·关注的热点——第十四届全国结构工程学术会议特邀报告[C]// 第14届全国结构工程学术会议论文集（第一册）. 北京：工程力学杂志社.

邓文中，2014. 桥梁话语[M]. 北京：人民交通出版社.

凤懋润，2011. 挑战-桥梁建设工程的哲学思维[M]. 北京：人民交通出版社.

弗里曼，苏特，2004. 工业创新经济学[M]. 华宏勋，华宏慈，等译. 北京：北京大学出版社.

海曼，2016. 西方建筑结构七讲[M]. 周克荣，译. 上海：同济大学出版社.

加比，撒加德，伍兹. 2015. 爱思唯尔科学手册：技术与工程科学哲学（中）[M]. 张培富，译. 北京：北京师范大学出版社.

李伯聪，2002. 工程哲学引论：我造物故我在[M]. 郑州：大象出版社.

李亚东，2018. 亚东桥话[M]. 北京：人民交通出版社.

米切姆，1999. 技术哲学概论[M]. 殷登祥，曹南燕，等译. 天津：天津科学技术出版社.

米切姆，2013. 工程与科学：历史的、哲学的和批判的视角[M]. 王前，等译. 北京：人民出版社.

斯塔夫里阿诺斯，2005. 全球通史：从史前到21世纪（第七版上下册）[M]. 吴象婴，梁赤民，译. 北京：北京大学出版社.

铁木生可，1961. 材料力学史[M]. 常振概，译. 上海：上海科学技术出版社.

王大洲，关士续. 2003. 走向技术认识论研究[J]. 自然辩证法研究，(2)：87-90.

王应良，高宗余. 2008. 欧美桥梁设计思想[M]. 北京：中国铁道出版社.

武际可，2009. 力学史杂谈[M]. 北京：高等教育出版社.

吴国盛，2023. 什么是科学（第2版）[M]. 北京：商务印书馆.

项海帆，肖汝诚，徐利平. 2011. 桥梁概念设计[M]. 北京：人民交通出版社.

殷瑞钰，汪应洛，李伯聪. 2018. 工程哲学[M]. 北京：高等教育出版社.

斋藤公男，2006. 空间结构的发展与展望[M]. 李小莲，徐华，译. 北京：中国建筑工业出版社.

张华夏，张志林，2002. 关于技术和技术哲学的对话：也与陈昌曙、远德玉教授商谈[J]. 自然辩证法研究，18（1）：49-53.

张俊平，2023. 现代桥梁工程创新：认识、脉络及案例[M]. 北京：人民交通出版社.

中国城市轨道交通协会，2025. 2024年中国内地城轨交通线路概况[R].

中国公路学会桥梁和结构工程分会，2009. 面向创新的中国现代化桥梁[M]. 北京：人民交通出版社.

中国国家统计局，2025. 中华人民共和国 2024 年国民经济和社会发展统计公报[R].

中国建筑业协会，2025. 2024 年建筑业发展统计分析[R].

中华人民共和国交通运输部，2025. 2024 年交通运输行业发展统计公报[R].

中共中央马克思恩格斯列宁斯大林著作编译局，2012. 马克思恩格斯选集[M]. 北京：人民出版社.

佐尼斯，2005. 圣地亚哥·卡拉特拉瓦：运动的诗篇[M]. 张育南，古红樱，译. 北京：中国建筑工业出版社.

Addis B，2007. Building：3000 years of design engineering and construction[M]. London：Phaidon Press.

Bucciarelli L L，1994. Designing engineers[M]. Cambridge，Mass.：Massachusetts Institute of Technology.

Bucciarelli L L，2003. Engineering philosophy[M]. Deflt，Netherlands.：Delft University Press.

Dieter G E，2000. Engineering design：A materials and processing approach[M]. London：McGraw-Hill.

Holgate A，1996. The art of structural engineering：The work of Jörg Schlaich and his team[M]. [S.l.]：Axel Menges.

第2章　结构工程的科学技术概要

在第 1 章中，作者简要梳理了结构工程的发展历程，从工程哲学的层面廓清了科学、技术与工程的联系与区别，指出了科学和技术对工程实践活动的指导和支撑作用，剖析了结构工程的科学性、经济性与艺术性。所谓科学性，就是采用先进合理的结构体系和结构材料，达成高效抵抗外荷载及环境作用并使结构持久运营这一基本要求；所谓经济性，就是采用最少的材料、最先进最适宜的技术、最巧妙的结构形式来实现预定的结构功能；所谓艺术性，就是在科学、技术和社会准则约束下能够达到的优美程度，并使工程项目积淀成为人类文化的有机组成部分。在本章中，作者以结构体系为主线，从结构荷载学、结构设计方法、结构体系、结构理论、结构材料、施工方法等六个方面，简明扼要地概括结构工程的科学和技术基础，在技术层面上阐明结构工程的系统性、集成性、稳健性等本质属性，将结构工程发展演化的内在规律揭示出来，将工程哲学的基本观点春风化雨式地渗透到结构工程的科学技术基础之中，以便读者从中观层面上把握结构工程的实质（参见图 1-1）。为达成这一目标，需要特别说明的有以下三点。

一是作为工程实践活动"两种手段"之一的工程管理，限于作者的见识和书稿的篇幅，本书不做探讨。主要原因是作为与技术手段平行的管理手段，本身就是一个庞大的技术体系，包含了对具有技术成分的工程实践活动进行计划、组织、资源分配的指导和控制，囊括了规划、论证、勘设、施工、运行各阶段的管理行为，需要综合考虑技术问题、经济问题、工期问题、合同问题、质量问题、资源问题、安全问题和环境问题等工程实践活动的方方面面，既具有科学性，也具有艺术性，还具有经验性和时代性，这就决定了工程管理是一项包含巨大复杂性的管理行为，难以在有限的篇幅将其核心要义阐述清楚。

二是一般认为，结构荷载学、结构设计方法、结构理论属于科学范畴，主要回答"是什么、为什么"等基本问题，多采用数理模型、统计规律、经验公式等方式来呈现，是刻画自然界及人类社会对结构工程影响的基本规律，也是应对结构工程建设运营过程中各类风险的主要方法。结构体系、结构材料、施工方法则属于技术的范畴，主要回答"怎么做、怎么做得更好、怎么做效率更高"等包含实践内涵的技术实现问题，具有自然与社会双重属性，具有自我发展迭代的内在机制，多数时候可用经济性能指标进行简略的反映。当然，在这些技术问题的背后，一般还存在许多科学问题，但这并不足以改变技术成分占主导地位的特征。

三是在结构工程演化的进程中，技术内部要素如何划分向来存在一些交叉和争议，具有多个观察和切入的视角。究其原因主要有两个方面。一是工程的根本属性就是系统性和集成性，结构工程也不例外，工程创新历来是多种技术要素相互交织、相互促进的，单一技术要素的工程创新是比较少见的，有些技术创新、工程实践创新还存在着曲折复杂的演化过程。二是人们对工程创新、技术创新的解读理解也存在多个技术视角，存在"横看成岭侧成峰、远近高低各不同"的主观认识差异，例如采用钢管劲性骨架施工的混凝土拱桥，在其应用早期，更多地考虑如何解决大跨径混凝土拱桥无支架施工的难题，属于施工方法创新，后来逐渐演变、被工程界认为一种新的材料。但毋庸置疑，这些视角差异在工程历史尺度下，揭示结构工程创新的内在机制、阐明科学和技术对结构工程实践活动的支撑作用、瞭望结构工程创新发展的未来之路，反而显得不那么重要了。

2.1　结构荷载学

结构荷载学是结构工程的科学基础，揭示了结构工程在服役期间所承受的各种荷载及环境作用，揭示了工程与自然、工程与社会的相互作用，反映了工程界对结构与自然环境相互作用的整体认知水平。结构荷载学是结构工程合理设计、安全服役的前提，对结构工程实践活动具有明显的先导意义。近现代以来，在结构工程实践正反两方面的经验教训总结的基础上，依托历史状况调查、现场实测、数理统计、理论分析、数值模拟仿真等科学方法，工程界逐渐掌握了各类荷载的基本特点和表征方法，成果主要反映在林林总总的各类设计规范规程中，夯实了结构工程设计的科学基石。

按照通常的荷载作用分类方法，结构工程的作用可以分为两大类。一类是直接作用在结构上、使结构产生内力效应，这一类称为荷载，主要包括结构自重、风荷载、活载、施工荷载等；另一类是由于某些原因使结构产生附加变形或约束变形、从而产生内力效应，这一类称为作用，例如温度作用、收缩徐变作用、沉降作用、地震作用等。其中，相当一部分荷载作用具有很强的随机性，与结构工程所处区域、所用材料、使用状态及服役期限等多种复杂的因素相关，人们尚未完全掌握其客观规律，因此常常采用荷载或作用的标准值来表征。所谓标准值，是依据概率统计理论得出的、能够为大多数专业人员所接受的估计值。此外，人们又根据荷载作用出现的频率，将上述两类荷载作用分为永久作用、可变作用和偶然作用，以便依据其出现概率水准更合理地确定其标准值，并在荷载组合时采用不同的分项系数，使荷载作用及其组合结果能够较好地反映结构工程内外部因素作用的客观情况。

虽然不同地域的自然环境或荷载作用差异很大，但结构工程所承受的大多数荷载作用仍具有内在的科学规律，可以借助于数理统计方法、可靠性理论来进行整体刻画描述。因此，从 20 世纪 20 年代起，以英国、法国、美国为代表的发达国家就着手在国家（或行业）的层面上制定各种各样的荷载标准，以期在宏观层面上统筹结构工程的安全性与经济性的矛盾冲突。经过 30 多年的研究，到了 20 世纪 50 年代，人们基本上构建起了结构荷载学的框架，掌握了大多数荷载作用如结构自重、土压力、雪荷载的特点及表征方法，并不断深化对风荷载、地震作用、温度作用的认识，初步确立了结构设计计算的荷载作用取值。与此同时，人们逐步认识到汽车、人群等荷载具有自然与社会双重属性，建构了表征汽车荷载、人群荷载的统计与预测方法，等等。这些研究成果，集中反映在不同国家（地区）不同时期的设计规范之中，并得到了工程界普遍的认同采纳。荷载作用取值的规范化，是现代结构工程的一大进步，走出了近代结构工程实践活动中过度依赖工程经验进行荷载作用取值的误区，避免了近代结构工程实践活动中一些结构工程师在安全与经济两个极端来回摇摆的窘境，基本上满足了现代结构工程设计的需求。

然而，由于结构工程的荷载作用具有突出的地域性和复杂性，一些荷载如汽车荷载还具有社会性，此外，一些荷载作用的观测研究与模拟方法还具有很强的主观性，导致迄今为止，人们还没有完全掌握某些荷载作用如风荷载、地震作用、温度作用的量值及分布特征，仍需深入研究，不断提升对自然界规律的认知水平和描述刻画能力。例如，国内外不同标准规范对温度作用的梯度差值、温度分布的描述相差甚远，导致同一桥梁结构依据不同规范标准所得出的温度效应往往相差 1 倍以上。又如，由于对汽车荷载的变异性认识不够全面、相关的车辆荷载管控措施不够到位，导致很多国家在工业化中后期都产生了运营车辆荷载远大于设计荷载的情况，对一些活载敏感结构如中小跨径桥梁、钢桥的正交异性板产生了严重的损伤，甚至导致一些桥梁发生了整体垮塌事故。再如，由于人们对地球科学、地震工程的尚存在诸多认知局限，以致现行的地震区划图并不科学、地震动参数也常常难以准确确定，而地震造成的灾难性后果往往发生在设防不足的低烈度区域，以我国为例，河北唐山按 6 度、0.05 g 设防、震中地震动峰值加速度达 0.90 g，四川汶川按 7 度、0.10 g 设防、震中地震动峰值加速度达 0.90 g，青海玉树按 7 度、0.10 g 设防、震中地震动峰值加速度达 0.80 g，等等，设防烈度与实际地面震动峰值加速度相差达 10～20 倍。面对地震动参数的高度不确定性，现有的结构防震技术对策常常力不从心，导致严重震害还时有发生。

总体来说，近几十年来，结构荷载学虽然取得了极大的进展，但距离全面、客观、准确地认识和描述自然界和人类社会对结构工程的作用输入，距离科学、合理、系统地把控结构工程安全性与经济性的矛盾仍存在较大差距，人们仍需进一步研究探索。

案例2-1　荷载科学性与社会性的妥协——关于结构抗震设防标准的两点讨论①

就人类结构工程实践活动4000多年的历史而言，地震是各种自然灾害包括洪涝灾害、风灾、地质灾害中最难预防、导致生命财产损失最大的灾害，是群灾之首，严重危害民众生命安全与社会稳定。在地震工程学诞生两百多年里，在地球物理学、地质学、力学、材料科学、计算机科学与技术等学科的支撑下，结构工程的防震科学理论和防震技术取得了巨大的进展，在地震烈度区划、地震设防水准、地震危险性分析、结构地震响应分析、隔震减震技术、主动控制技术等方面取得了一系列突破性成果，极大地促进了结构工程的发展。然而，由于人类对地球物理学、地质学的认知尚存在诸多局限，导致地震难以预测、地震动参数难以准确地确定，加上结构工程在地震作用下的结构行为与破坏机理十分复杂，难以进行系统全面的把握和准确分析。历次震害调查表明：面对高度不确定的地震作用，人类的认知水平及应对能力还十分有限，需要综合科学、技术、经济、社会、历史等多方面的因素，持续不断地深入研究。其中，如何选择设防地震动水准及地震动参数是结构工程防震（抗震/隔震/减震）的首要问题，关系到工程项目建造运营的

---

① 本案例部分观点来自王克海桥梁抗震研究学科组公众号"关于桥梁抗震中正确理解和使用《中国地震动参数区划图》的一点思考"。

安全性、科学性、经济性与社会性，具体包括抗震设防标准的确定和地震动参数选取两个方面，简要论述如下。

1）经济、社会、技术发展水平是确定抗震设防标准的决定性因素

在地震工程学创立之初，地震频发的日本根据地震纪录、估计强烈地震导致的地震动峰值加速度可达 0.30 g；然而使用这一加速度进行抗震设计超出了当时的技术水平和日本经济的承受能力，在 20 世纪 30 年代，利用静力法进行抗震设计时，日本采用的震度系数仅为 0.1，即作用于结构上的水平加速度为 0.1 g。同一时期，美国、意大利建筑法令的抗震设计中规定，作用于结构的加速度数值也为 0.1 g 左右。此后，随着经济和社会的发展、历次震害调查结果的分析，日本地震动峰值加速度已经提高至 0.20 g 乃至更高，美国地震动峰值加速度则区分不同区域，取值范围在 0.05～0.40 g。这一发展演变过程的本质，正如美国工程抗震专家马克·芬特尔（Mark Fintel）所总结概括的：一个国家的抗震设防水平，应该适应该国的经济水平，抗震规范所要求的，实际上是该国政府为老百姓所付出的保险费用；发达国家经济实力雄厚，可以多付一些保险费，但发展中国家要量力而行。

地震区划图是震灾防御的基础，地震区划图编制方法是震灾防御的核心之一。经过上百年的发展，目前确定地震动途径主要有两种。第一种是通过地震烈度的估计，再利用烈度与地震动的对应关系，将烈度换算为地震动设计参数，这种方法是过去广泛使用而现在仍为一些国家使用的途径。第二种是根据历史强震观测结果，寻求地震动与地震大小、震源特性、传播介质、场地影响的统计规律或衰减规律，然后直接采用衰减规律来估计地震动参数，这种方法主要应用于美国、日本、印度、加拿大等国家。其中，美国的地震动参数区划开始较早，1978 年即以 C. A. 康奈尔（C. A. Cornell）概率地震危险性分析为基础，提出以有效峰值加速度（effective peak acceleration，EPA）、有效峰值速度（effective peak velocity，EPV）两个地震动参数为核心的地震区划原则，并于 20 世纪 80 年代完成了具有概率意义的地震动区划图。美国现行的地震动区划图提供了三种地震重现期（500 年、1000 年、2500 年）的地震动参数，通过插值计算可以得到任何地震重现期的地震动参数，基于这样的地震动区划图，可以较为方便地实施"多水准、多阶段"的抗震设计。

我国自 20 世纪 50 年代至今，已经完成了 5 幅全国地震区划图。新中国成立之初就编制了全国地震烈度区划图，编图结果表明各地可能发生的最大地震烈度多为Ⅷ度或Ⅷ度以上，据此进行结构抗震设计显然大大超出了当时的国力，故此区划图只能被搁置，而采用"低烈度地区不考虑抗震、高烈度地震不开发建设"的宏观策略。此后，又规定了298 座城市地震基本烈度，但抗震设防实际上只限于大城市、大水坝、大电站和大型交通枢纽，导致一些经济欠发达和偏远地区成为防震减灾事业的短板。改革开放之后，随着国民经济的迅速发展和大规模基础设施的建设，原来不设防的基本烈度Ⅵ度区逐步纳入抗震设防范围，并根据建筑重要性规定了不同的设防标准，提高了弱势群体驻留建筑（如幼儿园、中小学和医院）和人员密集建筑的设防要求。2001 年，第四代《中国地震动参数区划图》（GB 18306-2001）实施，明确了"小震不坏、中震可修、大震不倒"的设防原则，抗震设计也从原来的一水准一阶段设计过渡到多水准多阶段设计。2015 年，依据历史地震纪录结合地震地质资料，并考虑区域重要性及经济条件而确定的第五代《中国

地震动参数区划图》（GB 18306-2015）颁布，采用地震动峰值加速度 A、特征周期 Tg 表达，给出了 50 年超越概率 10%（相当于中震，重现期为 475 年）的地震动参数。但是，由于地震是偶然、随机的极端事件，地震区划图标示的基本地震动参数与实际发生的地震情况有非常大的出入，常常出现实际地震强度大于基本地震动的情形，例如区划图中的Ⅵ度区，也有发生大震（Ⅸ度~Ⅹ度甚至更高）的可能性，"Ⅵ度区不设防或简易设防"的认识常常会对结构工程的抗震设计产生误导。2021 年，国务院颁布了《建设工程抗震管理条例》，对两区（高烈度地震区、地震重点监视防御区）八类建筑（学校、幼儿园、医院、养老机构、儿童福利机构、应急指挥中心、应急避难场所、广播电视等建筑）明确了中震作用下正常使用的设防标准，反映了随着经济社会发展水平的提高、抗震设防标准与时俱进的指导思想。

目前，根据概率地震危险性分析结果，世界多数国家和地区均采用未来 50 年内超越概率为 10% 的地震动作为设防基本地震动，相应的地震动峰值加速度多为 0.05~0.40 g。从本质上来说，取上述设防地震动水准是基于经验判断的风险决策，即现有强震观测资料表明灾害性地震引起的绝大多数地震动峰值加速度均处于上述范围内，采用上述地震动水准进行抗震设计在目前具有技术可行性与经济合理性，所造成的地震灾害损失是社会可以承受的。相信随着地球物理学、地震工程学的发展，以及经济社会发展水平的提高，未来世界各国还会进一步优化完善设防基本的震动参数。

2）地震烈度是一个模糊的、过时的概念，应予淡化舍弃

地震烈度概念的提出已经有两百多年的历史了，世界各国曾编制过数十个版本的地震烈度表来评估震后不同地点的宏观地震烈度。在我国，地震烈度在描述震害和地震作用、采取抗震防灾对策中曾发挥了重要作用，例如利用地震烈度评估震情或灾情的严重程度、绘制烈度等震线图，表述不同地区地震危险性的强弱，编制烈度区划图，进行结构工程的抗震设计，推断古地震的震中和震级等。另外，在结构工程的抗震设计中，长期以来的工程习惯做法使结构工程师对设防地震烈度产生了根深蒂固的依赖，以至于在工程界目前仍存在诸多似是而非的模糊认识。

事实上，地震烈度表规定，宏观地震烈度需依据人的感觉、室内器物的振动、一般建筑的损坏程度和地震地质灾害进行评定；对于造成灾害的地震，烈度Ⅵ~Ⅹ主要依据建筑震害评定，烈度Ⅺ~Ⅻ则依据地震断层出露和地形地貌的重大变化评定。但是，在烈度评定实践、地震烈度表的应用中一直存在问题，具体包括评估者经验的主观性、评估指标的模糊性、局部地域震害的平均性和多指标评估结果的矛盾性等。同时，烈度的内涵也始终未能取得一致的认识，例如日本的河角广认为地震烈度是人感觉到的某个地点的地震强度，我国刘恢先定义地震烈度是某一地点地震动的平均强弱程度，李善邦认为地震烈度是某个地点受地震动影响的强弱程度，美国 N. M. 纽马克（N. M. Newmark）定义地震烈度是地方性的地震破坏程度，等等。产生上述不一致认识的根源在于，宏观地震烈度将地震动与其引起的后果混为一谈，并不具备科学概念所应具有的简明确切的内涵和外延。一系列研究表明，宏观地震烈度与地震动诸参数间虽具有不同程度的相关性，但并不存在明确的函数关系或统计规律。

近年来，在地震工程学研究中长期处于领先地位的发达国家，已经停止修订地震烈

度表，也不再通过现场调查绘制烈度等震线图，传统的地震烈度概念已被排除于地震工程研究和结构抗震设计之外。目前，虽然在震害调查和评估、结构概念设计阶段以及结构地震响应粗略估算时还会沿用烈度概念，但新建结构工程的抗震设计、既有结构工程的抗震性能评价等相对精细化的分析计算工作已经改用地震动参数了。此外，2001 年第四代《中国地震动参数区划图》（GB 18306-2001）实施后，已经将"地震烈度"修改为"地震动参数"了，"多水准多阶段"结构抗震设计思想已经纳入抗震规范，因此，在结构工程的抗震设计时就不应该再提"按几度设计"、"设防烈度"多少、"提高Ⅰ度设计"等含混不清的说法了。但是，在结构工程实践中，这些传统的、模糊的、不太科学的说法仍在一线结构工程师中继续使用，不得不说这是一个需要量大面广的工程技术人员及时更新的技术观念。

　　3）结语

　　由以上论述可见，地震动参数的确定对结构设计的安全性、科学性、经济性与社会性影响十分显著，但却不是一个简单的科学问题或技术问题，而是一个十分复杂的科学、技术、经济、社会问题，需要兼顾科学技术发展状况、经济社会发展水平来综合统筹。在未来，随着地震工程学的发展、社会财富聚集程度的提高，以及结构工程应对能力的提升，相信抗震设防标准的确定和地震动参数的选取还会进一步完善优化。

2.2　结构设计方法

　　风险是工程实践活动的固有属性，结构工程也不例外。一部结构工程发展史，从本质上来说就是人类认识风险、规避风险、化解风险的历史。结构设计方法既是人类认识防范风险、提高结构可靠性的方法策略，也是主动回应、积极揭示工程系统性和社会性的高效而科学的工具。结构设计方法对于提高结构工程设计的科学化合理化水平、平衡工程建设的安全性与经济性之间的矛盾冲突起到了不可替代的作用。

　　自第一次工业革命以来，人们对结构设计方法进行了卓有成效的探索，围绕提高结构材料的利用的效率效能，结构设计方法经历了基于实验和经验的方法、容许应力设计法、破坏阶段设计法、极限状态设计法和基于结构可靠性理论的概率设计法的发展历程。在结构工程实践正反两方面的经验教训总结的基础上，依托历史状况调查、现场实测、数理统计、理论分析、数值模拟仿真等方法，工程界逐渐掌握了结构材料的离散性和结构工程的不确定性（不确定性包括物理不确定性、统计不确定性、模型不确定性），发展出结构可靠性理论，走出了古代工程、近代工程完全依赖工匠经验的窠臼，逐步建立了比较完善的结构设计方法。

2.2.1　发展历程

　　第一次工业革命初期，人们采用基于试验和经验的方法，总结出基于工程经验、结构试验和科学理论的相互验证的工程方法（参见案例 1-2、案例 1-5），但限于试验条件和认识局限，人们无法采用试验方法去解决所有可能出现的、各种不同性质的问题，导致

19 世纪中后期欧洲、北美的多座铁路桥梁因各种原因发生了重大工程事故，这说明只靠结构试验和工程经验来指导结构工程的设计是行不通的。于是，由法国力学家克劳德·路易·纳维提出的容许应力概念开始受到了工程界的重视，并逐步发展为容许应力设计法（allowable stress design method）。容许应力设计法将材料视为理想弹性体，采用结构分析手段，计算出结构在使用荷载下的内力，然后再计算控制截面上的应力，要求结构的任一构件任一截面上的任一点应力都不得超过材料的容许应力。1890 年，容许应力设计法首次成功应用于英国福斯铁路桥，计算了施工及运营阶段桁架结构主要构件的安装应力、温度应力等，标志着结构工程设计从经验主义领地开始迈入科学的阵列。

　　早期采用容许应力设计法的设计中，工程师们以安全系数 K 来应对各类不确定性，朴素地选择尺寸或强度"大"一号的构件来获得更大的安全储备，在 19 世纪 80 年代，K 值大约是 2.5~3.0，到了 20 世纪 40 年代，K 值逐渐降低到 1.7，但始终无法根除以经验推断 K 值、主观性较为突出的缺陷。同时，随着工程实践活动的深入，人们逐渐发现取大的 K 并不意味结构更加安全。经过 50 多年发展及工程应用，容许应力设计法四个方面的缺陷也开始显现出来。一是仅仅采用容许应力的验算方式难以防止结构出现其他形态的破坏如失稳、疲劳、脆断等，而这些形态的破坏往往后果更严重。二是采用单一的安全系数来考虑不同性质的荷载作用及构件抗力是不合理的，例如桥梁结构的恒载和汽车活载的变异性差别很大，而在应力验算中对恒载和活载均取同一安全系数，这必然会导致材料的浪费，而且跨度越大、恒载占比越高、浪费就越大。三是依据材料试验和经验判断确定的安全系数的内涵过于模糊、主观性较强，难以用一个安全系数来统一描述不同结构（构件）的安全水平，也难以反映不同结构材料、不同结构形式的不同破坏状态，导致不同结构体系的安全水平没有可比性。四是容许应力设计法适用对象是理想弹性材料，而结构工程实践中的相当一部分结构材料如铸铁、钢筋混凝土属于典型的脆性材料，并不具备理想弹性材料的特性。20 世纪 60 年代后，容许应力设计法开始逐步退出结构工程的设计领域。虽然如此，容许应力设计法仍是结构工程设计的基石之一，一些受力简单明确的构件如缆索承重桥梁的主缆、吊索（吊杆）的强度验算目前仍采用容许应力设计法，一些复杂的结构行为如钢结构疲劳、焊缝验算也被转换为容许应力设计法的形式，但人们对其安全系数合理取值的研究一直没有停止。

　　从 20 世纪 20 年代起，苏联、美国和欧洲的一些学者如马克斯·迈耶（Max Mayer）、N. S. 斯特雷勒茨基（N. S. Streletski）、A. P. 尔然尼采（А. Р. Ржаничын）、C. A. 康奈尔开始研究新的结构设计方法，先后提出了破坏阶段设计法、极限状态设计法等新的设计方法。破坏阶段设计法也被称为破损阶段设计法或极限荷载设计法，其基本原则是结构构件达到破坏阶段时，设计承载能力不低于荷载产生的构件内力与安全系数的乘积，该方法以截面内力而不是以截面应力为分析对象，考虑了材料的塑性性质及构件的极限强度，凭借计算而不是借助于试验就可确定荷载安全系数。相对于容许应力设计法，破坏阶段设计法基于塑性力学、可以考虑构件弹塑性状态、比较合理地推算出构件的承载能力，取得了一定的进步。但是，容许应力设计法存在的不足如难以防止其他形式的破坏、安全系数内涵过于笼统等并未得以克服。因此，破坏阶段设计法具有补充性质和过渡属性，在极限状态设计法得到发展之后，它就被更合理地包含在其中了。

1955 年，N. S. 斯特雷勒茨基等人提出的极限状态设计法被引入到苏联建筑规范中，标志着结构上的各种荷载作用、各种构件抗力的随机性和离散性被逐步纳入到可靠性理论的框架下。所谓极限状态（limit state），是指整个结构或结构的一部分超过某一特定状态、不能满足设计规定的某一功能要求。一般地，人们将极限状态分为两类，即承载能力极限状态（ultimate limit state，ULS）和正常使用极限状态（serviceability limit state，SLS）。所谓 ULS，是指结构或构件达到承载能力或出现不适于继续承载的变形（包括强度破坏、失稳等），这种状态的发生可能导致严重的人员伤亡和财产损失，故安全性要求较高。所谓 SLS，是指结构或其构件达到影响正常使用（如变形过大、裂缝过宽、振动过大等）的某个限值，但该状态对结构安全的影响较小或不够直接，故可适度降低安全性要求，但仍应进行相应的验算。

与容许应力设计法相比，极限状态设计法在风险认识水平上、工程设计实践上均有较大突破，主要表现在以下四个方面。一是在认识层面上，第一次明确提出结构"极限状态"的概念，规定了各种极限状态及其内涵，并可方便地纳入今后可能需要防止的一些极限状态（如与结构耐久性相关的极限状态、防止结构因局部破坏而引起连续倒塌的极限状态），从而能够对安全性和经济性这一结构工程的主要矛盾进行比较全面系统地把控。二是在设计计算中，将单一的安全系数转化成多个（一般为 3 个）分项系数，分别用来考虑荷载作用、作用组合的不确定性，以及材料特性离散性的影响，提升了对各类不确定性描述刻画的科学水平。三是在安全性应对策略上，用多个安全系数取代单一安全系数，可以根据荷载变异性的大小，选取相对合理、数值有所差异的分项系数，从而避免了单一安全系数过于笼统含混的缺点。四是在表述形式上，可根据具体情况采用合适的验算公式，例如处理承载能力极限状态时，验算公式可以基于破坏阶段设计法，处理正常使用极限状态时，验算公式可以基于容许应力设计法。这样，极限状态设计法就继承了容许应力设计法和破坏阶段设计法的优点，又克服了容许应力设计法的主要不足。

然而，极限状态设计法仍无法对结构工程的安全水平进行统一的衡量和横向的比较，因此，人们又发展出了基于概率论的概率（极限状态）设计方法，该方法的基本特征是以极限状态作为结构的设计状态，以概率方法来处理结构的可靠性问题，采用统一的可靠度指标 P_f 或 β 来表征结构的安全水平，从而能够相对客观地、统一地反映不同类型结构（构件）的安全水准，但由于其涉及社会、经济和技术等众多复杂因素，计算也非常繁复，目前尚未发展到工程实用化的阶段。

不失一般性，将近现代以来的主要结构设计方法的脉络、特征、典型验算公式归纳汇总如表 2-1 所示。

表 2-1　近现代结构工程主要结构设计方法

产生年代	方法名称	典型验算公式	主要特征
19 世纪中叶之前	基于试验和经验的方法	$K=\dfrac{破坏荷载}{工作荷载}$	①采用模型或原型试验确定安全系数 K；②难以应对可能出现的各类失效问题；③迄今仍是应对工程疑难问题的有效方法
19 世纪中叶	容许应力设计法	$\sigma\leqslant[\sigma]$；$[\sigma]=\sigma_y/K$	①结构上任一点应力不超过 $[\sigma]$；②难以防范应力超限以外的其他破坏形态

产生年代	方法名称	典型验算公式	主要特征
20 世纪 30 年代	破坏阶段设计法	$K \times S \leqslant M_u$	基于塑性理论，以截面内力作为验算对象
20 世纪 50 年代	极限状态设计法	$S \leqslant R$ $\Delta d \leqslant \Delta l$	①根据需求规定了多种极限状态；②将安全系数转化为多个分项系数，分别考虑荷载、荷载效应组合及材料的不确定性
20 世纪 70 年代	概率（极限状态）设计法	$P_f \leqslant [P_f]$ $\beta \geqslant [\beta_t]$	①以极限状态作为结构的设计状态；②以概率论方法来反映结构可靠性问题；③采用统一可比的指标 P_f 或 β

注：产生年代是指该方法最早提出的大致时间。

2.2.2　极限状态设计法

目前，极限状态设计法已成为世界上大多数国家结构设计规范的主流，依据概率理论的应用程度和水平可分为半概率（水准Ⅰ）、近似概率（水准Ⅱ）、全概率（水准Ⅲ）、风险设计（水准Ⅳ）四个水准。其中，水准Ⅰ为传统的确定性安全系数方法，抗力和荷载作用的取值分别采用概率统计方法确定；水准Ⅱ是联合抗力和荷载作用近似概率分布、形成功能函数，以可靠度指标描述结构可靠性；水准Ⅲ是在水准Ⅱ的基础上，进一步对理想近似的概率分布函数进行修正，以更接近真实的结构全生命周期的失效概率；水准Ⅳ是将结构设计视为一个风险决策过程，从更宏观的角度考虑结构设计中的各类风险。目前，全世界主流设计规范处于从水准Ⅱ向水准Ⅲ发展、个别规范处于从水准Ⅲ向水准Ⅳ发展的过渡阶段。现以体系完善先进、内容系统丰富的欧洲结构规范为例，对极限状态设计法予以简要说明。

欧洲结构规范编制始于 20 世纪 90 年代初，其主要目的有两个方面。一是协调各成员国的技术规范，消除欧盟内部中的技术障碍，在欧盟内部市场实现工程/产品和技术服务的一体化。二是使欧洲不同地区的工程结构获得更趋一致的安全性水准，提升结构工程设计理论研究和技术开发的水平，增强欧盟结构工程在全球范围内的竞争力。欧洲结构规范编制由欧洲标准委员会统筹，其中欧洲结构规范编制由标准委员会下设的 40 多个专业委员会承担，编制工作始于 1990 年，2002 年出版第一册（编号 EN 1990），2006 年完成共计 10 册、58 卷、约 700 万字整套欧洲结构规范的出版工作，2010 年全面实施，并撤销了与欧洲结构规范相抵触的各成员国规范。欧洲结构规范的制订实施是国际建筑与土木工程领域标准化进程的重要成果，代表当今世界先进水平，标志着结构设计理论进入了新的发展阶段。

欧洲结构规范是针对土木工程结构物的通用技术规范，由 EN 1990 Eurocode: Basis of Structural Design、EN 1991 Eurocode 1: Actions on Structures、EN 1992 Eurocode 2: Design of Concrete Structures、EN 1993 Eurocode 3: Design of Steel Structures、EN 1994 Eurocode 4: Design of Composite Steel and Concrete Structures、……、EN 1998 Eurocode 8: Design Provisions for Earthquake Resistance of Structures 等 10 册构成，形成了一个体系庞大、适用性强的技术体系。适用对象包括建筑结构、桥梁结构和特殊结构（如大坝、核电站等），涵盖了钢结构、混凝土结构、钢-混凝土组合结构、木结构、砌体结构和铝结构，既可用于永久结构和临时结构的设计，还可用于既有结构的加固改造设计。欧洲结构规

范是基于可靠性理论的极限状态设计法，概率理论的应用程度大致接近于水准Ⅲ，其主要特色体现在 EN1990：Basis of Structural Design 中。EN1990 主要包括：对结构安全性与适用性的基本要求，对可靠度、设计工作寿命、耐久性和质量控制的要求，对承载能力极限状态、正常使用极限状态以及其他极限状态设计的规定，对荷载类型和荷载特征值、材料及构件的性能以及几何数据的规定。EN1990 最核心的概念体系反映在以下四个方面。

一是定义了设计状况。规定了持久状况（指正常运营情况）、短暂状况（指结构是处于暂时状态，如在施工或维修过程中）、应急状况（指结构处于异常状态，如遭遇火灾、爆炸、撞击或局部损坏状态）和抗震设计状况，廓清了不同设计状况下的关注重点。

二是规定了 6 种承载能力极限状态，涵盖了结构工程各种可能的失效模式。其中前 4 种包括强度破坏（含失稳、过大变形、形成可变机构）、疲劳、刚体丧失平衡、场地失效或过度变形，在目前的结构工程实践中比较常见；后两种包括水中箱体出现漂浮、渗流压力导致土体失效，主要面向未来结构工程的新形式如箱式基础浮桥等。

三是明确了单一来源准则，以便更合理地设定荷载的分项系数、减小结构分析计算的工作量。根据这一原则，对某种单一来源的荷载只设置单个不变的分项系数，不再区分其效应对结构是有利的还是不利的，避免了以往规范中因分项系数设定的摆动而导致的设计人员的误读。

四是确定了 5 种不同的荷载组合方式，使不同极限状态的验算更加合理。其中两种组合用于承载能力极限状态（持久和短暂设计状况，应急设计状况），三种用于正常使用极限状态（特征值组合、频遇值组合及准永久值组合）。

2.2.3　极限状态设计法存在的不足

总的来说，极限状态设计法能够比较系统科学地应对结构工程实践活动中的各种不确定性，比较恰当地平衡结构安全性与经济性的矛盾冲突；能够为一线工程师提供强大而高效的设计与实施依据，有效提升结构工程的社会效益和经济效益。但是，由于受结构工程的复杂性、结构材料的离散性以及荷载作用随机性等因素的影响，极限状态设计法仍存在诸多不足，集中体现在以下三个方面。

一是研究和应用多停留在"材料-构件"二阶层面上，难以上升到"材料-构件-结构"三阶层面。就目前现状而言，构件强度的验算方法比较系统深入，相关的规范标准也比较完备，但在"材料-构件-结构"三阶层面上，人们还难以科学合理地把握大型复杂结构受力行为及其可靠性水平，常常以构件的可靠性来代替结构体系的可靠性，难以反映结构体系创新对结构整体可靠性的提升价值。例如，预应力混凝土超静定结构因受力均匀、结构冗余度高、承载潜力大在工程中得到了广泛的应用，但预应力产生的二次内力在承载能力极限状态验算时究竟是否应该计入，不同规范对此截然不同，长期以来难以形成共识。

二是在构件层面上采用基于可靠性理论的极限状态设计法，但在结构体系层面上仍按照弹性结构进行内力分析。换言之，现行设计方法在构件层面上认可随机性及非线性的影响，但在结构体系层面上多采用确定性计算手段进行内力计算、然后进行包络的分析方法，忽略了荷载环境作用随机性对结构效应的影响，导致基于可靠性理论的极限状态设计法没有完全落地。例如，在结构内力分析时，目前多采用"作用组合"的方式进行线性或非线性分析，然后再乘以不同的组合系数、进行"作用效应组合"，以减小结构内力效应分析计算的工作量。这种方法在大多数情况下均能得到满足工程精度的计算结果，但对于非线性特征显著、非线性因素相互影响的结构如混凝土自锚式悬索桥，由于混凝土的收缩徐变与主缆轴力、吊索索力存在着明显的相互影响，这种计算方式有可能得出偏于不安全的结果。

三是有关可靠性理论的研究仍需不断向纵深发展。可靠性理论的一些基本要素诸如某些极限状态的内涵厘清、目标可靠度指标的界定、分项系数的取值研究、荷载效应的组合方式等，尚应根据经济社会发展水平的提升，以及人们对工程风险的接受程度进一步深入研究完善，以使结构设计方法能够与经济社会发展水平实现更好的匹配。前述欧洲结构规范规定了 6 种承载能力极限状态，远多于其他规范规定的 2 种极限状态，就是一种与时俱进的探索。

针对这些工程实践活动中的问题，一些新的、更科学的设计方法，如基于性能的设计方法、基于风险的设计方法、全寿命设计方法等正在萌芽发展之中，其中一些方法有望在不远的将来达到工程实用化程度。有理由相信，未来结构设计方法将更趋完善，能够更加科学合理地应对结构工程的各种主客观不确定性，更加全面系统地控制工程风险，更加恰当地把握结构工程的安全性与经济性的矛盾。

案例2-2　小半径曲线连续梁变形的释放与约束——设计思想如何顺应结构的受力机理

1）小半径曲线连续梁的受力特点

在立交桥建设中，小半径曲线连续梁是一种常用的结构形式，也是病害隐患比较多见的结构形式。由于小半径曲线连续梁暴露在大气当中，温度与环境作用的影响比较突出，在温度、收缩作用下会产生径向变形，在徐变及预应力作用下会产生切向变形，在汽车及人群活载作用下会产生扭矩及离心力。此外，小半径曲线连续梁存在明显的弯扭耦合现象，导致梁体内外侧受力产生明显的差异，加上小半径曲线连续梁跨径不大、结构的活载效应与恒载效应比值较大，导致活载偏载产生的梁体扭矩量值相对较大，从而引起支座或墩柱产生较为复杂的径向变形和切向变形，如图 2-1（a）、（b）所示。在工程实践中，受外部环境（结构朝向、周边建筑遮挡、通风情况等）、温度梯度模式及升温时限过程等一系列不确定因素的影响，这些复杂的、相互耦合作用所产生的支座反力及桥墩桥台的内力状态很难准确分析。此外，上下部结构匹配对受力行为也有明显的影响，布置不当时会在梁体或墩柱中产生较大的次内力，严重时甚至会产生病害。

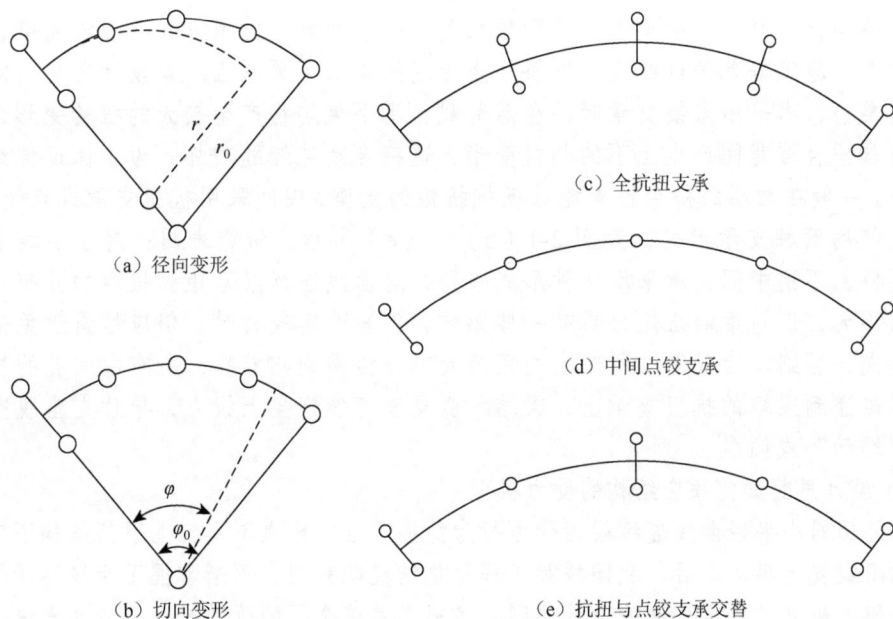

（a）径向变形

（b）切向变形

（c）全抗扭支承

（d）中间点铰支承

（e）抗扭与点铰支承交替

图 2-1　小半径曲线连续梁变形的约束与释放示意图

对于小半径曲线连续梁复杂的、不确定的受力行为，我国桥梁工程界在过去的 20 多年来经历了"硬抗""顺应""抗放结合"等多种设计思想的交锋，其间，在工程实践中也产生了各种表象不一的缺陷病害，在经验教训总结的基础上才逐步确立了小半径曲线连续梁的设计原则。

2）小半径曲线连续梁的病害特点及其成因

从我国多座城市立交桥的运营情况来看，小半径曲线连续梁桥的病害十分普遍，常见病害有以下几种：①梁体、帽梁开裂，曲线连续梁桥常设置双支座抗扭，一侧支座脱空后，另一侧支座受力过大而引起梁体或帽梁局部开裂；②梁体侧移、转动，梁体结构产生难以恢复的径向变位，外移量逐年增加，当径向变位累积到一定量后，梁体存在爬行、脱落、失稳的可能；③支座破坏，在恒载活载作用下曲线连续梁桥梁端内、外侧支座受力不均，内侧支座可能产生脱空现象，外侧支座可能产生过大的、难以恢复的变形，在活载长期反复作用下，这种受力不均匀的情况会进一步演变为"脱空-拍击"现象；④下部结构开裂，由于预应力的径向力及活载扭矩的作用，使梁体产生扭转变形，如果墩梁联结方式不当或下部结构刚度过大，就会导致墩柱开裂甚至产生破坏现象。近 20 多年来我国工程实践表明：上述病害得不到及时发现处理时，往往会演化为工程事故，轻者导致曲线连续梁爬移、伸缩缝破坏，影响行车的舒适性，严重时会导致曲线连续梁整体倾覆倒塌，如 2000 年发生的深圳华强北立交 A 匝道爬行 470 mm 的运营事故，又如杭州某非机动车匝道桥 2017 年发生整体侧倾事故，等等。这些事故造成了很大的社会负面影响，引起了桥梁界的重视。

小半径曲线连续梁桥产生病害或工程事故产生的原因比较复杂，属于典型的多因一果，既有因认知局限产生的设计缺陷乃至设计错误，也有施工偏差乃至施工错误所引起的初始缺陷，还可能与检测养护不到位相关。一般而言，支承方式不当或支座设计或安装错误、施工偏差是曲线连续梁桥产生上述病害的主要原因。就设计而言，对于曲线连续梁桥，当采用点铰支承时，在活荷载作用下梁端将产生较大的扭转变形，从而在梁端与桥台墙背间产生上下的相对变形，这将导致伸缩缝破坏。为了保证伸缩缝正常工作，一般在两端的桥台设置能够抵抗扭矩的支座，中间采用抗扭支承或点铰支承，或交替使用两种支承形式，如图 2-1（c）～（e）所示。研究表明：对于曲线半径较小的梁桥，不论中间支承采用何种形式布置，对曲线连续梁弯矩和扭矩的分布和峰值影响均不大，仅对梁端扭矩分布有一些影响；但当曲率较大时，仍应尽量避免采用独柱墩形式，否则，活载偏心所产生的扭矩大部分传递到相邻孔，所有中间孔的扭矩最终累积传递到梁端的抗扭支承上，梁端一侧支座可能产生上拔力，导致支座脱空引起梁体"蠕动"式倾覆。

　　3）设计思想如何顺应结构的受力机理

　　在经历对小半径曲线连续梁因受力行为把握不准、约束不当、上下部结构不匹配而产生隐患或发生事故之后，我国桥梁工程界总结经验教训、逐渐掌握了曲线连续梁桥的受力规律，确立了科学合理的设计原则，提出了系统全面的改进对策。概括来说，主要有以下几条。

　　①把握温度变形约束与释放的基本原则，即根据曲线半径、曲线连续梁长度、桥墩刚度、墩梁连结形式等因素，合理地布置点铰支座与抗扭支承，以便既能够对活荷载产生的扭矩进行适当的约束，将扭矩顺畅地传递给桥台或专门设置的抗扭支承，又要设法保障曲线连续梁的纵向自由伸缩、允许径向位移的发生，将温度产生的变形予以释放，从而减小温度所产生的墩台的水平作用力。

　　②在曲线连续梁设计时，应采用空间分析方法来掌握曲线连续梁的力学行为。在结构材料选择时，优先采用钢筋混凝土结构，以避免难以准确分析预应力所产生的附加内力。当采用预应力混凝土结构时，宜按照"少股多束，长短结合"的原则进行配索，并加强横隔板、防崩钢筋等构造措施。

　　③在下部结构设计时，要根据曲线连续梁的半径、桥宽、墩高等因素，统筹考虑优化下部结构的形式，并通过加大双支点间距、预偏心等措施来减小由扭矩产生的支座反力差异。对于温度变形的约束，只有在独柱墩墩高较大、抗推刚度较小的情况下，才可以采用墩梁固结的方式进行约束。

　　④优化细部构造，对于墩柱截面形式、支座形式、限位挡块等细部构造，根据曲线连续梁具体情况进行完善、优化选用。

　　4）结语

　　小半径曲线连续梁工程经验与教训表明：面对温度效应、收缩徐变、预应力次内力等难以准确计算的内外部影响因素，以及比较复杂的弯扭耦合空间受力行为，设计者要顺势而为、因势利导，根据实际情况因地制宜地采取释放或约束的技术对策，而不是一味地采取"硬抗"的工程策略。可喜的是，在经历小半径曲线连续梁病害高发期之后，近年来有关我国小半径曲线连续梁工程事故的报道明显减少。

2.3　结　构　体　系

所谓结构体系，很多时候也被称为结构形式，是指结构抵抗外部荷载及环境作用的构件组成方式，是结构功能、结构外形与受力形态的统一，从本质上反映了力的传递组织机制，决定了力流的传递路径、结构的内力分布以及在各种外力作用下的结构反应（响应）。结构体系从本质上反映了结构材料性能的利用方式和利用效率，暗含着合理可行的施工方法，基本决定了结构的承载能力、跨越能力（建筑高度）和经济性能，是现代结构工程发展演化的主线，也是现代结构工程创新的主阵地。

在结构工程实践中，没有最好的结构体系，只有因地因时制宜的、最合适的结构体系。一般认为，只要满足基本设计原则，符合结构工程高效（efficiency）、经济（economy）、优雅（elegance）、环境（environment）4E 原则就是最合适的结构体系。从工程历史进程来看，结构体系发展演化的技术逻辑就是在遵循 4E 原则的基础上，通过一些因时因地制宜的改进，实现结构体系的创新与迭代发展，具体包括既有结构体系的解构与未来结构体系的创新两个方面，以便通过构件的层次、构成、刚度、受力状况、平衡方式的重新组合优化，生成合理性更突出、适应性更好的新结构体系。

从工程历史层面来看，结构材料是结构体系演化发展的基石，也是结构工程演化的内部推动力之一。结构体系从一个可深入分析的侧面，深刻揭示了结构工程演化发展的内在规律。但是，在新的结构材料应用之初，人们总是习惯性地沿用原有的结构形式，直到新一代的结构形式颠覆原有的结构形式。在人类 4000 年的结构工程实践活动中，以砖石材料为主的古代结构工程，造就了拱结构（穹顶、筒形拱等）的辉煌，以便发挥砖石材料抗压性能良好、易于砌筑的优势。以铸铁、锻铁、钢材、混凝土材料为主的近代结构工程，促进了桁架结构、拱壳结构、缆索承重结构的推广应用。而随着高强度钢材（线材、板材及相应锚固装置等）的普及，预应力混凝土结构、弦支结构、索膜结构在现代结构工程中得到了普遍应用，以便发挥高强度钢材利于受拉的材料优势。近现代结构工程的实践表明：结构材料迭代、结构体系创新能够从根本上改变结构的受力行为，从而突破原有结构体系的功能壁垒或效率瓶颈，更好地满足社会需求。

2.3.1　结构体系的划分方式

关于结构体系的划分，长期以来形成了林林总总、特点各异的多种分类方式。从结构材料的构成角度，将结构分为木结构、砌体结构、钢结构、混凝土结构、钢-混凝土组合结构及钢-混凝土混合结构；从受力分析与结构设计的角度，将结构形式划分为平面结构与空间结构；从功能用途角度，将结构分为桥梁结构、大跨建筑结构、工业建筑结构、高层建筑结构等；等等。这些角度各异、内涵交叉的分类方式，都具有一定的合理内涵，从不同角度地反映了结构体系的特点，一定程度地反映了人们对结构抵御外部荷载作用的认识，也印证了结构工程演化是多要素共同作用的结果。但是，这些分类方法未必能够反映结构体系的主要受力特征，也不见得能够揭示结构体系的本质特征，有些时候还会产生一些不必要的误导，影响工程师对结构体系发展脉络的认知。因此，有必要从本质上对形态各异的结构体系进行比较系统严谨的分类。

结构体系的本质是力流（flow of force）的组织机制和传递路径，反映了结构抵御外部荷载及环境作用的内在机制。力流具有大小与方向，因而具有抽象的、内在的几何形式。结构形态是结构体系的内核，也是承载力流结构材料的构成方式，还是结构体系抵抗外部荷载及环境作用的关键，反映了结构内部荷载的传递方式及其平衡时的内力状态，决定了主要构件的受力特征和结构材料选择。结构形态的变换可以引导与组织力流，从而直接影响结构体系的力学行为、承载能力与使用性能，进而间接影响结构体系的经济指标。进一步来说，力流轨迹是某一结构体系区别于其他体系的标尺，结构体系在承受外部荷载作用时，以其独特的工作机制，通过荷载接收、荷载传递、荷载释放来形成力流，传递或抵抗这些力量作用，力流的组织机制和传递路径决定了结构材料的利用效率，进而决定了结构体系的经济适用范围。从结构工程的经济性能来看，经济指标是结构体系的传力方式、力学行为的外在体现。有些时候，为了实现同一结构功能，不同结构体系经济指标会有巨大的差异，这说明经济指标是由结构体系力学行为与材料利用方式所决定的，也说明结构工程师技术水平高低对经济指标的影响很大。

为便于从本质上把握结构体系的特征，本书参照德国海诺·恩格尔（Heino Engel）[①]的结构体系广义划分方式，依据承担外部荷载及环境作用的机制机理差异，将结构体系分为截面作用结构体系（section-active structure systems）、形态作用结构体系（form-active structure systems）、向量作用结构体系（vector-active structure systems）、面作用结构体系（surface-active structure systems）、高度作用结构体系（height-active structure systems）五种。五种结构体系的基本特征、典型结构形式见表 2-2。这种分类方式突出的特点是：从力流形成、力的改向、传力机制等方面抓住了结构体系的本质，揭示了结构体系的重要性，蕴含了结构体系与结构材料、施工方法的相互依托的内在规律，阐明了结构材料高效利用的技术逻辑。

表 2-2　广义结构体系的基本特征与典型结构形式

结构体系	传力机制主要特征	主要内力元素	典型结构形式
截面作用结构体系	对力量做约束	弯矩、剪力	梁板柱结构、框架结构、平板结构
形态作用结构体系	对力量做调整	轴力	拱结构、悬索结构、穹顶
向量作用结构体系	对力量进行分解	轴力	桁架结构、网格结构
面作用结构体系	对力量进行分散	薄膜应力	墙板结构、折板结构、薄壳结构
高度作用结构体系	荷载汇集与达地	弯矩、轴力	高层建筑结构、斜拉桥

不失一般性，现将五种结构体系的传力机制、主要内力元素及典型结构形式简要概括如下。

① 海诺·恩格尔（Heino Engel），1925～2013 年，德国建筑师，美国明尼苏达大学、德国奥芬巴赫（Offenbach）设计学院建筑学教授，其于 20 世纪 60 年代提出的"结构体系"分类概念和分类方法，在建筑界、结构工程界产生了较大影响。

1. 截面作用结构体系

截面作用结构体系（section-active structure systems）是由刚性可挠曲的构件通过一定规则和构造组合而成的结构体系，主要借助于结构材料的连续性将外部荷载及环境作用转化为结构构件截面上的正应力和剪应力。截面作用结构体系是最常用的，可以采用金属、钢筋混凝土、木材等结构材料来建造。结构工程中常见的梁板柱结构、框架结构均为截面作用结构体系，进一步地，还可以将截面作用结构体系细分为梁式结构、刚架结构、交叉梁结构、平板结构等，其主要构件是梁、板、柱等，借助于刚性节点将这些构件组合起来，使每个构件通过自身的挠曲或剪切来参与整体受力、形成一个共同承担外部荷载及环境作用的受力体系。一般的，截面作用结构体系的承载机制是由截面上压应力及拉应力的联合作用形成抵抗弯矩、以平衡外部荷载作用所产生的力矩，并协同剪应力来承担剪力。

截面作用结构体系具有受力简单、刚度大、施工方便等特点，能够较好地满足常用建筑结构或桥梁结构的功能需求和受力要求，但因弯曲应力、剪切应力在构件截面上的分布极不均匀，导致结构材料的利用效率较低，跨越能力在五种结构体系中是最小的，当应用于大跨径桥梁、大跨建筑结构时，结构材料耗费较高、经济指标较差。

2. 形态作用结构体系

形态作用结构体系（form-active structure systems）是将柔性材料或可挠曲的刚性构件依据某种方式成形并将其端点固定于地基基础的结构体系，以便通过结构形态将外部荷载及环境作用转化为结构主要构件上的轴力。形态作用体系的结构材料可以采用金属、砖石、木材、绳索、钢筋混凝土等。结构工程中常见的悬索结构、拱结构、穹顶、薄膜结构、弦支结构、帐篷结构、气囊结构都是典型的形态作用结构体系，其中以悬索结构和拱结构最为常用。形态作用结构体系最突出的受力特征是主要构件以承受轴力为主，且轴力的大小与结构形态密切相关，主要构件处于单向拉/压应力状态，因此可将某些结构材料如高强度钢丝、混凝土及砖石比较优越的轴向力学性能充分地发挥出来。

形态作用结构体系的关键有两个方面。一是确保固定主要构件端点如拱桥的拱座或悬索桥的锚碇牢固不变，以保持结构体系具有特定的、稳定的形态。二是优化主要受力构件的几何形态（例如，对于悬索结构是垂跨比，对于拱结构是矢跨比），使主要构件的轴力处在比较合理的区间。正是因为形态作用结构体系主要构件受力状态简单明确、材料利用效率较高，因此其具有很强的跨越能力，成为大跨径桥梁、大跨建筑结构的主要形式之一，但形态作用结构体系在某些情况下存在整体刚度偏小、对地基基础要求高的局限。

3. 向量作用结构体系

向量作用结构体系（vector-active structure systems）是将短直构件按照某种方式组合并采用铰接连接起来的结构体系，主要通过力的改向将外部荷载及环境作用转化为短直构件上的轴力，构件位置与外部荷载作用方向之间的关系直接决定了向量作用结构体系构件轴力的大小。向量作用体系的结构材料可以采用金属、钢筋混凝土、木材等。结构工程中常见的桁架结构、交叉桁架、网格结构等就是典型的向量作用结构体系，其最突出优势是可以用短直小型构件来进行装配施工、在自重较小的情况下实现较大的跨越能力，因此向量作用结构体系是大跨径桥梁、大跨建筑结构的主要形式之一。

在向量作用结构体系中，构件承受的轴力大小与其组合方式及构件之间的夹角密切相关。一般来说，三角形是最合理的组合方式，适宜的角度多在 45°～60°。由于向量作用结构体系中轴向受压构件、受拉构件数量大体相当，材料利用效率相对较高，因此在大跨径桥梁及大跨建筑结构中，具有一定的技术经济优势。但当跨度增大时，向量作用结构体系的高度随之增大，导致其受压构件长度亦随之增大，受压构件的稳定性常常制约着高强度结构材料如钢材性能的充分发挥，技术经济优势有所削弱。

4. 面作用结构体系

面作用结构体系（surface-active structure systems）是指将钢筋混凝土等可塑性良好的结构材料按照某种特定的空间形态浇筑形成的结构体系，主要通过力的改向、力的分散将外部荷载及环境作用转化为结构表面上比较均匀的薄膜应力。面作用结构体系的空间形态基本上决定了应力分布和大小，空间受力行为非常突出，因此其可以在结构厚度很小、结构材料用量较省的情况下，实现较大的跨越能力。面作用结构体系属于典型的围合结构，将结构受力构件与围合辅助构件合为一体，融结构形态、结构性能与结构艺术为一体，可以充分发挥钢筋混凝土造价低廉、可塑性良好、抗压性能较高等特点，是大跨建筑结构常用的结构形式，结构工程中常见的墙板结构、折板结构、薄壳结构均是典型的面作用结构体系。

但是，由于面作用结构体系受力行为与其空间形态密切相关，导致其施工难度较大、施工措施费用较高，随着向量作用结构如网格结构、形态作用结构如弦支结构的兴起，面作用结构体系如薄壳结构逐渐在大跨建筑结构中失去了主流地位，只是在某些特殊情况下才有一定的竞争优势。

5. 高度作用结构体系

高度作用结构体系（height-active structure systems）是借助于垂直向上伸展的刚性构件来汇集荷载并能有效抵抗侧向力的结构体系，结构体系的主要功能是汇集荷载，然后将荷载传递至地基基础。高度作用结构体系并没有固定的工作机制，可以依托截面作用、形态作用、向量作用等结构体系的工作机制来实现力的改向及力的传递，但不同传递路径和传递方式导致其力学行为相差甚远、结构材料的利用效率差异较大，并由此直接决定了高度作用结构体系的经济指标。高度作用体系的结构材料主要是钢材和钢筋混凝土。

结构工程中最常见的高度作用结构体系主要有两类，一类是具有核心筒或采用巨型框架形式的高层建筑结构，一类是设计参数多、设计自由度大的斜拉桥，这两类结构均由数量众多、组合多变的各类构件组成。具体来说，高层建筑结构的核心筒、斜拉桥的索塔是传递给地基基础的竖向刚性构件，而主梁、斜拉索、次梁、楼板等构件的主要作用则是将荷载汇集至核心筒（巨型框架柱）或索塔。此外，随着高层建筑高度的增大或斜拉桥跨度的增大，水平荷载如风荷载、地震荷载逐渐成为高度作用结构体系的控制因素，抗侧力体系就成为高度作用结构设计中的最重要的部分。

根据海诺·恩格尔的定义及上述论述，以下将五种结构体系典型的传力机制、结构形式简要汇总如表 2-3、表 2-4 所示。

表 2-3 五种结构体系的传力机制

类别	传力机制
截面作用结构体系	
形态作用结构体系	
向量作用结构体系	
面作用结构体系	
高度作用结构体系	

表 2-4　五种结构体系的几何特征及力的传递机制

类别	结构形式	力的属性	几何特征	传力机制
截面作用结构体系	梁 刚架	截面应力	截面形状	主应力　切应力
形态作用结构体系	拱 悬索	压力或拉力	悬链线	
向量作用结构体系	桁架梁	压力或拉力	三角形	
面作用结构体系	折板 圆筒薄壳	薄膜应力	面的形状	
高度作用结构体系	核心筒高楼	复合状况		

需要特别说明的是，由于结构体系是一个庞大的"家族"，并且仍在不断发展之中，以上分类方式虽然能较为方便简洁地抓住结构体系的本质、便于理解力流的汇集与传递机制，但不免偏于粗糙，有些情况下可能还会产生一些偏差。但这并不影响从中宏观层面来理解把握庞大开放的结构体系"家族"的本质特征，也不影响这种分类方式的价值和适用性。另外，要想在有限的篇幅内将结构工程实践活动中的各种结构体系的受力特征、传力机制比较全面系统地呈现出来是非常困难的。为此，下文转换视角，从结构使用功能的层面，对桥梁结构、大跨建筑结构、高层建筑结构这三种典型结构的常用结构体系进行概括性的论述，以揭示力学主线对结构体系发展的引领作用，阐明常用结构体系的工作机制，厘清不同结构体系的经济适用范围及其背后的技术逻辑。

2.3.2　高层建筑结构

一般而言，高层建筑结构是指层数超过 10 层或 28 m 的建筑结构。对于高层建筑结构体系的主要特征体现在荷载汇集、荷载传递及保持侧向稳定三个方面。高层建筑结构体系的核心就是主要受力构件以什么方式排列，形成高效合理的基底的基印图（foot print），从而使结构构件能够更好地协同受力工作，更高效地汇集、传递和抵御外部荷载及环境作用，并提供灵活方便的平面布置形式与使用空间，满足建筑功能需求，适应建筑美学的展示要求。所谓基印图，就是建筑底部的平面布置图，好似建筑的基底脚印，反映了结构中"力流"传递给地基基础的方式，揭示了建筑底部平面布置与结构整体受力的关系。常用几种高层建筑结构体系的典型平面（基印图）、立面布置形式及经济适用层数可归纳如表 2-5 所示。需要说明的是，经济适用层数只是一个大致的参考，具有一定的变易性和当时当地性，也与技术进步的程度有关。

表 2-5　常用几种高层建筑结构体系的典型平面、立面布置形式及经济适用层数

结构名称	框架结构	剪力墙结构	框架-剪力墙结构	框架-核心筒结构
典型立面				
典型平面				
经济适用层数	10～20 层	10～30 层	30～50 层	30～60 层
适宜高宽比	4	6	5	6

续表

结构名称	框筒/桁架筒结构	筒中筒结构	束筒结构	巨型框架结构
典型立面				
典型平面				
经济适用层数	50～80 层，300 m 以下	50～100 层，400 m 以下	50～110 层，500 m 以下	30～150 层，500 m 以下
适宜高宽比	6	7	8	10

　　高层建筑结构从本质上来说，就是一个固定于基础上的竖向悬臂结构，抵御水平荷载是其合理设计与正常运营的关键。虽然竖向荷载及其效应随着结构高度的增大而近似的线性增大，但风荷载产生的基底倾覆力矩大致与结构高度的平方成正比，结构顶层的水平位移大致与高度的四次方成正比，而地震响应则更加显著，因此，高层建筑结构设计的核心就是在保持一定侧向刚度的情况下，能够有效抵抗风荷载、地震产生的水平剪力与弯矩。就力流改向及力的传递机制而言，高层建筑结构多依托截面作用、向量作用等工作机制来实现力的改向及力的传递，但不同力的传递路径、传递方式导致结构材料的利用效率差异较大，直接决定了结构体系的经济适用范围和经济指标。

　　纵观高层建筑 140 多年的发展进程，结构体系演化的主要推动力是在比较经济的前提下，如何安全地承受各类荷载及环境作用，展现技术进步对室内空间利用、对工程经济性的有利影响。从框架结构、剪力墙结构、框架-剪力墙结构到筒体结构，都是围绕提升抵御水平力能力、提高结构材料利用效率而发展起来的，例如将框架结构的竖向构件和水平构件移至外围集中布置构成巨型框架结构后，不仅可以有效地提升抵御水平荷载的能力，而且可以大幅度提升结构材料的利用效率。

　　不失一般性，高层建筑结构体系的发展进程可以粗略地勾勒如图 2-2 所示。从技术上来说，影响结构体系演化的主要因素可以归纳为以下四个方面。

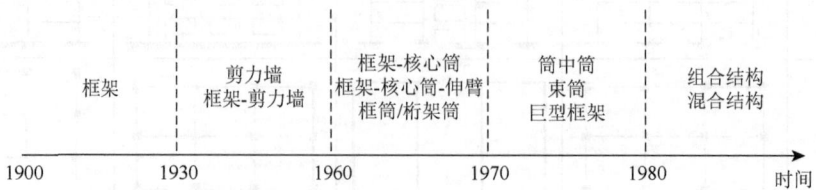

图 2-2　高层建筑结构体系的演化进程

　　一是如何优化高层建筑结构的传力路径，高效而简洁地抵御水平侧向力。随着建筑高度的增大，风荷载等侧向力迅速增大，在经济合理的情况下使高层建筑结构具有适宜的侧向刚度成为高层建筑结构设计的主要矛盾，高层建筑结构体系的发展演化始终围绕这一力学主线而展开。例如，布设剪力墙、筒体、X 形斜撑、伸臂桁架、巨型框架等技术策略都可有效地增大高层建筑结构的侧向刚度，但不同技术策略的材料利用效率及经济性能差异较大。又如在剪力墙结构中增设平面外支撑、在平面框架结构中增设面外刚性连接、在高层建筑结构的设备层布置刚度很大的跳层桁架或跳层墙体等措施，都是增强高层建筑结构的整体性、削减结构侧向位移的有效措施，可以根据需求灵活选用。

二是如何调适结构体系受力行为要求与结构功能、空间需求之间的冲突。高层建筑结构的基底基印图反映了抵御水平侧向力的方式及效率，同时也在很大程度上决定了高层建筑结构的空间布局。因此，优化高层建筑结构的基印图、增大立柱与基底形心的距离，使高层建筑结构具有更大的侧向刚度、更好的使用功能、更灵活的平面布置方式，一直是建筑师与结构工程师矛盾冲突的焦点之一，框筒、筒中筒、束筒等结构体系就是在这一基本需求下应运而生的。但有些时候，这些结构形式仍难以很好地满足建筑功能的需求，需要不断地推陈出新。

三是调适高层建筑结构抵御风荷载和地震荷载的矛盾冲突。一般来说，刚度较大的结构体系有利于结构抗风，但却不利于结构抗震，反之亦然。因此，合理的结构设计应使结构具有足够的刚度，能够抵御常见的风荷载，避免产生过大的风致振动，满足用户的舒适度要求；同时，在强震作用下又能够表现出足够的柔性与韧性，降低结构的地震响应。

四是优化结构材料组成及节点构造。一是围绕着降低结构材料用量、改善结构受力行为，从纯粹的钢结构、混凝土结构发展出钢-混凝土组合结构，进而发展出钢-混凝土混合结构，其主要目标都是降低单位建筑面积的结构材料消耗量。二是改进节点构造、布设转换层、增强结构单元的标准化模块化程度，以加快高层建筑结构的施工进度、改善高层建筑结构的经济指标。

以下就对框架结构、剪力墙结构、框架-剪力墙结构、框架-核心筒结构、筒体结构建筑这几种典型高层建筑结构体系进行简要论述，大致勾勒出高层建筑结构体系发展演化的技术逻辑。

1. 框架结构

框架结构就是采用梁体、立柱刚接，其间以连系梁连接成空间骨架的高层建筑结构。框架结构属于截面作用结构体系，其受力机理重在对力流进行约束，即利用梁体和立柱相互嵌固作用所形成的"刚架效应"，提高立柱的抗弯刚度和强度，削减高层建筑结构的侧向位移，并将外部荷载及环境作用转化为梁柱构件内力及截面应力。框架结构是多层结构、高层建筑结构最基本的结构体系，具有平面布置灵活、设计施工简便、开设门窗不受限制等优点，但由于其侧向刚度小、构件截面上的应力分布极不均匀，结构材料的利用效率并不高，因此其经济适用层数多在 10～20 层。

通常，混凝土框架结构的跨度一般取主梁的合理跨度（6～12 m），框架的间距取次梁的合理跨度（4～6 m），框架的层间高度取建筑物的合理层高（3～4 m），在这个跨度范围内，可以采用比较常见的梁板体系，满足建筑的使用功能需求。当需要增大柱距、满足内部较大的空间需要时，可采用混凝土主次梁板体系、双向密肋体系或钢结构主次梁板体系。但随着层数和总高度的增加，侧向力产生的底层梁柱弯矩、剪力将会显著增大，从而迫使底层梁柱的截面尺寸和配筋显著增大，导致结构材料用量的大增，也会给建筑底层平面、立面的处理带来一定的困难，甚至会影响建筑空间的合理有效利用。另外，由于梁柱的水平刚度有限，框架结构在强震作用下，侧向位移及层间相对位移较大，虽然能够在一定程度上耗散地震能量、呈现出"延性"结构的特征，但过大的层间相对位移可能会导致结构构件、非结构构件及设备管道发生破坏，影响结构的安全性能与使用性能。因此，一般而言，在高烈度地震区，框架结构的适用性并不强，常常被框架-剪力墙结构所替代；在低烈度地震区，钢筋混凝土框架结构不宜超过 20 层，钢框架结构不宜超过 30 层，超过这一高度，框架结构的经济指标就会迅速恶化。

2. 剪力墙结构及框架-剪力墙结构

剪力墙结构是采用纵横向交错墙体作为承重结构及抵抗侧向力的高层建筑结构，比较适合于高层住宅。在建筑上，外墙的功能是封闭结构并形成可使用的建筑空间，内墙的功能是分割建筑物的内部空间，因此在满足建筑功能的同时，内墙和外墙可以形成剪力墙体系，与楼板屋面协同工作。剪力墙不仅能够有效承受竖向荷载，而且可以高效地抵御侧向荷载、提供较大的侧向刚度。剪力墙结构具有受力整体性好、侧向刚度大、经济性能优越等优势，一般情况下经济适用层数为 20～30 层，应用相对较广。剪力墙结构虽仍属于截面作用结构体系，但与框架结构相比，结构材料的利用效率有所提高，结构顶端侧向位移及层间位移相对较小，且剪力墙结构的自重较大，增加了结构抗震的难度，内部空间利用也因设置剪力墙而受到了一定的限制。

剪力墙的布置方式对结构整体刚度及受力性能影响很大。在受力上，剪力墙类似于一个宽而扁的立柱，由于剪力墙面内与面外刚度相差甚远，剪力墙只能有效抵御与墙面平行的水平荷载，因此高层建筑结构必须在两个相互垂直的方向对称、均匀、成对地设置剪力墙，以有效抵抗任意方向的水平力以及由此引起的扭转效应。通常，混凝土高层建筑结构多采用实心剪力墙，布置成工字形、井字形、口字形或田字形，形成比较大的抗剪与抗扭能力；钢结构多采用 X 形、K 形桁架式墙体，桁架式墙体通过杆件的轴力传递荷载。由于拉压杆承受轴力时所产生的轴向变形远小于梁柱承受弯矩时的弯曲变形[①]，因此，桁架式墙体在限制高层建筑结构侧向变形、增强受力整体性方面是非常有效的。但是，建筑功能需求往往需要在剪力墙上开洞，过大的开洞率或不合理的开洞方式会严重削弱剪力墙的受力性能，因此需要从受力性能、建筑功能需求两方面，对剪力墙的开洞数量、大小、排列布置方式进行统筹，并对开洞位置进行适当的结构加强。

当高层建筑结构超过 30 层时，单纯采用剪力墙会导致结构受力性能与建筑功能之间

---

① 长度为 L、截面积为 A、惯性矩为 I、弹性模量为 E 的杆件，在轴向荷载 P 作用下的变形为 $\delta_1 = \dfrac{PL}{EA}$；当荷载 P 作用于杆件跨中时，其弯曲变形为 $\delta_2 = \dfrac{PL^3}{48EI}$；通常，$\delta_2$ 要比 δ_1 大一个数量级以上。

的冲突加剧，难以满足室内大空间的需求，经济性能指标也不够合理。此时，可以将框架结构与剪力墙结构的优势结合起来，采用框架-剪力墙结构，使其空间组合效应得以发挥出来。框架-剪力墙结构是兼有框架结构与剪力墙结构优点的混合结构，在受力性能上更为优越，具有更大的侧向刚度和更好的抗震性能；在建筑空间利用方面更为灵活，建筑物门窗开洞受到的约束因素更少。通常，混凝土框架-剪力墙结构的经济适用层数为30～50 层，钢框架-剪力墙结构的适用范围稍大一些，可用于 40～60 层的高层建筑结构。

3. 框架-核心筒结构

框架-核心筒结构是采用核心筒与外围框架联合受力的高层建筑结构，因此也被称为框筒结构。框架-核心筒结构不仅能够有效传递竖向荷载、而且可以有效抵御各个方向的侧向荷载，呈现出空间结构的显著特征以及特殊的"筒效应"（tube action）。在框架-核心筒结构中，核心筒主要承受水平剪力，并可兼做高层建筑结构的电梯井；外围框架因远离结构的形心，可以高效地承受水平荷载产生的侧向弯矩；必要时还可以在高层建筑结构的适当部位设置伸臂桁架等横向加强构件，使核心筒、外围框架与梁板结构形成一个受力整体。在核心筒、外围框架与梁板结构三者协同得当的情况下，不仅可使高层建筑结构获得良好的力学性能，而且可以在比较经济的情况下提供灵活的内部使用空间及优美的建筑造型，达成建筑功能与结构受力性能的统一。因此，框架-核心筒结构是一种比较高效的高层建筑结构，是介于框架结构与筒中筒结构的一种过渡结构。一般的，混凝土框架-核心筒结构的经济适用层数不宜超过 60 层，钢框架-核心筒结构的经济适用层数不宜超过 80 层。

在框架-核心筒结构中，可以根据抗侧力的需要，采取形式各异、传力途径不同的外围框架结构。以密集等间距外柱所组成的"外筒体"，虽然也具有一定的抵抗水平力的能力，但结构材料的利用效率并不算高，且外柱的布置常常会与建筑功能、建筑造型产生冲突，因此，各种改进型的外围框架结构就应运而生，比较常用的有如下三类。

第一类是将外柱的数量减少、截面加大，在建筑的角偶处设置巨型柱、形成"外核"，并利用建筑的设备层或专门布设的传力层，采用强大的横梁或桁架梁将外柱联结成为一个整体，并通过拉开"外核"的间距、形成抗弯抗剪性能俱佳的巨型框架结构。巨型框架结构不仅可以有效提升结构材料的利用效率，也容易形成宽敞的无柱大空间，具有一定的技术竞争优势（参见案例 3-8、案例 5-11）。

第二类是采用斜柱桁架结构，外柱、楼板与斜腹杆一起，构成刚度大、冗余度高的桁架筒结构，桁架筒的斜腹杆可采用 V 形、X 形、K 形等各种形式，由于桁架构件的轴向变形远小于受弯构件的弯曲变形，因此可以通过调整柱距、桁架形式及斜腹杆的角度，有效地增大框架-核心筒结构的侧向刚度。

第三类是在第二类的基础上，将外围框架筒体或桁架筒体的构件斜置、形成斜交网格结构，以替代传统的垂直柱与斜向支撑。斜交网格结构的网格多采用菱形形式，具有显著的空间受力特征、更大的水平刚度和结构冗余度，但也存在斜杆轴力较大、稳定性问题比较突出、构件耗能能力偏弱等问题，因此其应用范围受到一定限制，目前主要用于抗风问题比较突出的低烈度地震区。

4. 筒体结构

筒体结构是将结构竖向构件布置在四周、能够形成最大抗弯惯性矩的结构形式。以矩形筒体为例，由于四面筒壁共同工作，使筒结构具有很大的承载能力和侧向刚度，在侧向力作用下，筒壁可以抵抗约 90%的剪力，而两片筒壁形成一对力偶，则可以抵抗 80%左右的倾覆力矩。由于筒体结构可以提供较大的抗弯力臂，充分地利用筒壁材料，因此当超过 50～60 层以后，筒体结构就成为高层建筑主要结构形式。筒体结构的具体形式很多，框架-核心筒、筒中筒、束筒是几种最主要的形式，筒体可以是混凝土结构，也可以是钢桁架结构。一般的，内筒多采用混凝土核心筒，以承受轴力、提供较大竖向刚度；外筒多采用钢框架或钢桁架筒体，其中以钢桁架筒体最为常用，必要时在外柱之间增设斜腹杆或设置 X 形撑架，以增大抵抗侧向力的能力，并便于满足建筑功能需求。对于高层建筑，外筒构成方式及开孔率对其艺术表现力有决定性的影响，也会对结构体系的效率产生至关重要的影响。此外，由于筒体开孔和局部弯曲的影响，延缓了剪力的传递，筒体结构会产生剪力滞后（shear lag）现象，并引起筒壁的应力重分布，使得外角柱的内力增大、中柱的内力减小，增减幅度常在 50%上下。

筒中筒结构是一种内外筒相互配合、发挥各自作用的高效结构体系。通常，可以利用内筒的竖向刚度，来承受大部分竖向力和层间剪力，而利用外筒的抗弯能力承受结构的倾覆力矩。由于内筒开孔率较低，可以较好地抵抗层间剪力，但与外筒相比，内筒非常细高，抵抗倾覆力矩的能力非常有限；外筒的截面宽度较大，可以有效地抵御倾覆力矩，但外筒开孔率较大时会削弱它的抗剪能力。筒中筒结构可采用钢结构或混凝土结构，也可将钢结构与混凝土结构结合起来，例如采用混凝土井筒作为内筒，钢框架作为外筒，就可以使整个结构既有足够的抗剪刚度，也能高效地抵抗倾覆力矩。

此外，高层建筑中的筒体高宽比通常不超过 7，其在侧向荷载作用下以受弯为主，弯曲变形较大、剪力滞后效应比较突出，因此在层数超过 100 层超高层建筑中，可以采用将几个细高的筒体连接起来、形成束筒结构的方式，以便获得更大的侧向刚度，并有效削减筒体的剪力滞后效应。工程实践结果表明：当筒体尺寸相对于其高度较小时，将会显著提升筒体受力的均匀性，由若干个小筒组成束筒后，将会显著降低框架中间立柱的剪力滞后效应。此外，束筒结构既便于在筒墙中采用较大柱距、获得较为均匀的受力状态，又便于建筑立面造型的布置及内部空间的设计。因此，束筒结构为超高层的建筑设计与结构设计提供很大的创新空间。

案例 2-3　从纽约帝国大厦到香港中银大厦——高层建筑结构的抗侧力体系的迭代演化

20 世纪上半叶以来，随着工业化、城市化进程的加速，高层建筑在北美、西欧进入了黄金发展期。随着工程实践活动的增多，人们逐渐认识到抗侧力特别是抗风是高层建筑结构设计的核心问题；随着人们对高层建筑受力本质认识的不断深化，引发了高层建筑结构体系特别是抗侧力体系的快速发展迭代。在高层建筑结构快速发展的 140 多年里，涌现出许多富有创造力、影响深远的工程案例，现摘取几个典型的案例对其抗侧力体系的特点予以简要说明。

1）纽约帝国大厦

1931 年，由约翰·W. 鲍泽（John W. Bowser）设计的美国纽约帝国大厦［图 2-3（a）］的建成，标志着高层建筑结构进入了成熟期。该大厦底层平面为 130 m×60 m，共 102 层，从底层到 85 层为办公楼，至 85 层收缩为 40 m×24 m，86～102 层是观光塔（塔楼直径约 10 m，高约 61 m），连同塔楼高为 381 m（加上天线高为 443.7 m），建筑面积约 25.7 万 m²，大厦总用钢量约 5.7 万 t，折合每平方米用钢量为 206 kg。帝国大厦结构形式采用传统的密柱形钢框架-剪力墙结构，标准柱间距为 5.4 m×7.0 m，为了增大结构侧向刚度（帝国大厦建设时，尚无结构风压计算的有关规定，后来建成的纽约其他高层建筑，距地面高度 10 m 处设计基本风压取值为 1.675 kN/m²），在中心电梯区设置了 V 形斜撑，此外在钢结构上外包炉渣混凝土墙体，虽然在结构计算中并未计入外包混凝土的贡献，但结构的侧向刚度却由此得以显著增大，实测结果表明，帝国大厦实际侧向刚度是裸露钢框架结构的 4.8 倍。除了保持高层建筑高度世界纪录 37 年之外，帝国大厦令世人惊奇的事件还有两件。一件是施工速度非常快，整个大厦采用铆钉连接的钢结构，开辟了多个平行的作业面，采用三台设置在不同楼层的塔吊接力吊装运输施工材料，以克服当时塔吊最大吊装高度仅为 120～130 m 的局限性，施工工期仅 410 天，最快时每周可施工 4 层半。第二件是 1945 年 7 月 28 日，一架重约 10 t 的美国 B-25D 型轰炸机因天气、人为操作失误等原因撞进了帝国大厦 78～79 层，撞出一个约 42 m² 的大洞，撞击的中心正对 79 层的楼板，导致支承楼板的梁侧向挠曲达 46 cm，立柱也有轻微的损伤，飞机油箱爆炸，13 人当场死亡，但由于帝国大厦具有很好的延性和冗余度、实际侧向刚度很大，整体性能并没有因此受到影响。

2）芝加哥约翰·汉考克中心

在帝国大厦建成后的 20 多年里，人们在工程实践中逐渐认识到同等截面拉压杆承受轴力产生的轴向变形，要比梁柱结构承受弯矩时的弯曲变形小很多（大约为 1/10～1/30），于是开始采用桁架作为抗侧力体系，逐渐形成了外围框架结构来承受竖向荷载、用钢桁架作为核心内筒来承受风荷载的外框-内筒结构体系，同时也发展出侧向刚度更大、可以灵活开设门窗洞口的剪力墙结构体系，等等。1955 年，高层建筑结构的一代宗师法兹勒·汗（Fazlur Khan）[①]加盟 SOM 建筑设计事务所（由 Louis Skidmore、Natha-niel Owings、John O. Merrill 三人于 1936 年在美国芝加哥创建的建筑设计事务所，按三人姓氏的第一个字母取名为 SOM）后大胆地推陈出新，开创性地将斜撑钢桁架用在四周外墙上，于 1969 年建成了 100 层、高 344 m（加上天线高 457.2 m）的芝加哥约翰·汉考克中心［John Hancock Center，图 2-3（b）］，成为简体结构的奠基之作。

---

① 法兹勒·汗（Fazlur Khan），1929～1982 年，孟加拉国裔美国人，高层建筑结构的一代宗师，提出并完善了框架简体、框架-核心简、桁架简体、束简、核心简-伸臂桁架等高层建筑结构的新体系，对现代高层建筑结构的发展做出了诸多开创性贡献，开创了高层建筑结构的新时代。

（a）帝国大厦　　　　　　　　　　　　　　（b）约翰·汉考克中心

图 2-3　美国纽约帝国大厦及芝加哥约翰·汉考克中心概貌（图片来自维基百科）

该大厦建筑面积约 26 万 m^2，46 层以下为办公用房，46～92 层为公寓，93 层以上为电视台和餐厅，采用锥体外形，由底层平面的 80.8 m×50.3 m 逐渐缩减为顶层的 50.3 m×30.3 m，既满足了建筑功能对进深的不同需求，又非常有利于抗风，提高了外框的剪力分担比例，侧向位移相对于矩形筒体减小了 10%～30%，形成了一个受力性能与使用功能俱佳的锥体建筑。在结构上，法兹勒·汗首创对角支撑桁架筒体结构体系，即在锥体的 4 个侧面上各设置了 5 个半、18 层半高的巨形 X 形钢支撑，X 形斜撑呈 45°，每个 X 撑的两端设有水平系杆、立柱及斜撑，杆件均采用工字钢截面，最大截面高度 920 mm，最大钢板厚度 150 mm，钢框梁柱、斜撑、水平系杆和裙梁一起，构成了一个刚性巨大的桁架筒体结构，显著地增大了大厦的侧向刚度，提高了结构材料的利用效率，在顶部最大计算风压取值为 3 kN/m^2 的情况下，用钢量仅为 145 kg/m^2，比帝国大厦降低了约 30%，在经济上显现出巨大的优势。

在建筑上，法兹勒·汗一反古典美学的传统，将结构构件如 X 形支撑、立柱、系杆全部都暴露在外观上，大厦的 X 形斜撑和方斜锥形筒体在建筑上给人以强烈的安全稳重感，取得了坚实稳定、新颖轻巧的微妙平衡。在结构概念上，法兹勒·汗具有无与伦比的工程洞察力，创造性地化繁为简，将高层建筑简化为一个巨大的、中空的、固结于地基基础的竖向悬臂梁，刷新了人们对高层建筑结构的认识，深刻影响了高层建筑结构的发展。

3）美国芝加哥西尔斯大厦

1974 年，SOM 建筑设计事务所的法兹勒·汗和 H. 艾因格尔（H. Iyanger）一起，进一步将筒体结构发展为束筒，建成了当时的世界第一高楼——高 443.2 m、110 层的芝加哥西尔斯大厦［Sears Tower，图 2-4（a）］，成为高层建筑结构的又一典范。该大厦底层平面为 68.6 m×68.6 m，总建筑面积约 41 万 m²，由 9 个 22.9 m 见方的筒体组合而成。其中，第 1~50 层有 9 个筒体，第 51~66 层有 7 个筒体，第 67~90 层有 5 个筒体，第 91~110 层有 2 个筒体，平面面积从底层的 4893 m² 缩减至 91 层的 1141 m²［图 2-4（b）］，以满足不同楼面建筑功能需求、便于出租给中小用户，并营造活泼多变、意象丰富的景观和天际线，用多变的平面组合方式满足了使用空间和建筑美学两个方面的不同需要。

在结构上，西尔斯大厦创造了一种新的筒体结构形式——束筒结构，即采用若干个小筒组成束筒，内筒壁相互连接，每个筒的筒壁有 5 个立柱，立柱采用工字形截面，高度为 990 mm，柱间距为 4.6 m，形成了一个多格室筒体，内部柱列演化成为筒体的"腹板"，使得束筒的"腹板"的面积得以有效增大，筒体在侧向荷载作用下的剪力滞后效应大幅降低，各立柱的受力均匀性、结构的抗扭能力和筒体的侧向刚度显著提升，受力性能更接近于实壁筒体［图 2-4（c）］，但与此同时，内部柱列带来了立柱相对密集、不利

（a）概貌

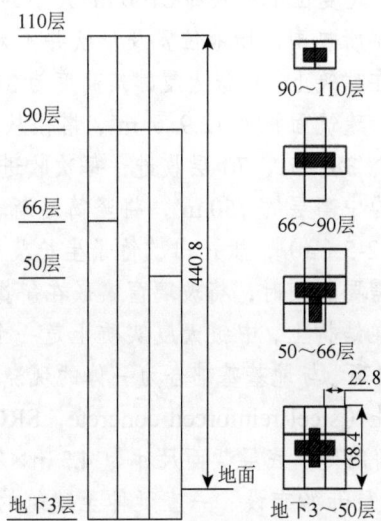

（b）结构总体布置（单位：m）

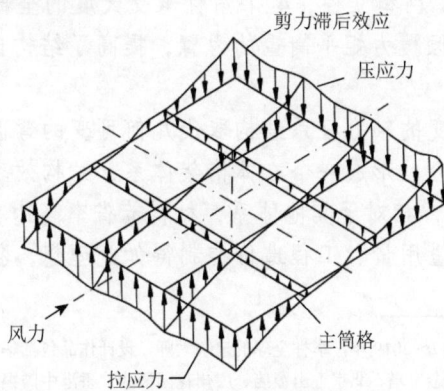

（c）剪力滞后效应

图 2-4　芝加哥西尔斯大厦［图（a）来自维基百科，图（b）、（c）自绘］

于布设大面积开敞空间的不足。为保证成束框架筒体结构的整体性，在 66 层、90 层设置了强大的钢桁梁。西尔斯大厦总用钢量为 7.6 万 t，折合每平方米用钢量为 150 kg，比帝国大厦减小了 27%，与约翰·汉考克中心大体相当。西尔斯大厦设计时顶部计算风压取值为 3 kN/m²，允许顶端侧移为 $H/500$（H 为建筑高度）。建成后西尔斯大厦侧向刚度非常良好，实测基本周期为 8 s，最大风速下结构物顶端侧向位移为 46 cm，仅为设计允许侧向位移的一半。

4）香港中银大厦

1988 年，由著名建筑大师贝聿铭（Ieoh Ming Pei）[①]与结构设计大师莱斯利·罗伯逊（Leslie Robertson）[②]主持设计的香港中银大厦建成，在建筑上、结构上均有诸多创新。该大厦建设条件非常严苛，主要体现在两个方面，一是香港台风频发，风荷载是结构设计的控制荷载，设计最大风压达 6.15 kN/m²（约为西尔斯大厦的一倍），大厦承受的侧向作用力高达 5500 kN，因此对大厦的侧向刚度、抗倾覆能力要求极高。二是建设场地十分狭小，大厦位于一块约 8100 m² 大小的陡坡上，面向海湾，但进入这块场地的通道三面被高架桥所包围，场地位置及形状并不太具备建设一座新的地标建筑的条件。

在建筑上，中银大厦建筑高度为 315 m（加上天线高度为 369 m），底层平面为 52 m×52 m，建筑面积为 12.9 万 m²，塔楼从正方形的竖筒底座上升起，以对角线为界，依次在第 17、38、51、70 层收进，每次收进约 1/4 的建筑面积，楼面面积从中低层的 2600 m²演化为中高层的 750 m²，将竖筒逐渐转变为 4 个三角形棱柱体，最后保留一个达到顶部［图 2-5（a）］，烘托出"竹子生长节节高"的美好意念，以便于满足不同用户对建筑面积的需要。同时，将玻璃窗镶嵌在斜撑和立柱的后面，将结构构件突出地衬托出来。

在结构上，中银大厦实质上是一个固定在底座上的竖向空间桁架结构，竖筒底座为 4 层楼高、与地基基础合为一体的现浇钢筋混凝土结构，整个大厦的关键构件是 5 个型钢混凝土（steel reinforced concrete，SRC）巨型立柱，其中 4 个 SRC 巨型立柱位于筒体的 4 个角偶处，底层截面尺寸为 4.3 m×7.9 m，第 5 个 SRC 巨型立柱位于筒体的中心，从第 25 层开始布设、一直延伸至建筑的顶部。SRC 巨型立柱、斜撑和内部钢梁构成了以 13 个楼层高为模数的巨型空间桁架体系，利用空间桁架的立柱和斜撑，将各楼层重力荷载传递至角偶处的 SRC 巨型立柱，4 个角柱承受大厦的全部竖向荷载和侧向荷载，增大了楼层自重作为抵抗倾覆力矩平衡重的力臂，提高了结构自重作为平衡重的有效性［图 2-5（b）］。

中银大厦采用几何不变的轴力杆系结构取代几何可变的弯曲杆系来抵抗水平荷载，借助于多片平面桁架的组合，形成一个立体桁架体系，结构效率更高，经济性能更好，结构用钢量仅为 145 kg/m²，相对于其他体系，材料节省率高达 35% 左右，在设计风压如此大的情况下，能够将钢量用量、工程造价控制得如此理想，独树一帜的结构体系起到

---

① 贝聿铭（Ieoh Ming Pei），1917～2019 年，享誉全球的建筑大师，设计作品包括华盛顿美国国家美术馆东馆、波士顿约翰·汉考克大厦、巴黎卢浮宫玻璃金字塔、北京香山饭店、广州花园酒店、香港中国银行大厦、多哈伊斯兰艺术博物馆等 50 多项地标性建筑，是 20 世纪最多产、最具影响力的建筑大师。

② 莱斯利·罗伯逊（Leslie Robertson），1928～2021 年，超高层建筑结构设计大师，理雅建筑事务所（LERA）创始人，代表作包括纽约世贸中心双子塔（毁于"9·11"事件）、上海环球金融中心、香港国际金融中心、香港中国银行大厦等。

了决定性的作用。作为一个粗略的对比，由著名建筑大师诺曼·福斯特（Norman Foster）[1]
设计，位于中银大厦东南侧的香港汇丰银行大厦在风荷载、地质条件与中银大厦几乎相
同的情况下，采用巨柱-桁架悬挂结构体系，虽然取得了建筑立面造型别具一格、内部具
有无柱大空间等便利，但在楼高仅为 180 m 的情况下，用钢量接近 $300\,kg/m^2$，经济指标
与中银大厦形成了强烈的对比。同时，中银大厦将最主要受力构件——4 个巨型立柱布置
在建筑物的角偶处，不仅可以抵抗任何方向的侧向力，具有最大的抗力矩的力偶臂，且
能够最大限度地减小对视线的阻挡，获得了结构受力性能、结构功能与结构造型的完美
结合。中银大厦实现了结构美与建筑美的统一，成为高层建筑结构的又一个里程碑。

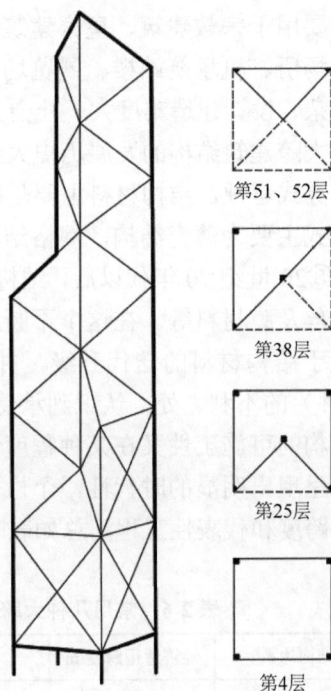

（a）概貌 （b）结构体系示意图

图 2-5 香港中银大厦［图（a）来自维基百科，图（b）自绘］

5）对抗侧力体系的简化认识

关于高层建筑抗侧力体系的效率，美国结构工程师本格尼·S. 塔拉纳特（Bungale S.
Taranath）在 *Steel Concrete & Composite Design of Tall Building* 一书中，定义的弯曲刚度
指数（bending rigidity index，BRI）就可以方便粗略地揭示各种抗侧力体系的效率效能。
弯曲刚度指数是指建筑物底层所有立柱围绕结构重心轴旋转所得出的截面惯性矩的相对
值，如果把所有立柱汇集成 4 个角柱，其 BRI 将得到最大值，香港中银大厦就是一个典

---

[1] 诺曼·福斯特（Norman Foster），1935 年至今，英国当代最著名的建筑大师，建筑设计"高技派"的代表人物，至
今仍活跃在结构工程设计一线，代表作包括香港汇丰银行大厦、德国法兰克福银行大厦、伦敦千禧桥、北京首都机场 T3 航
站楼、美国苹果公司总部大楼、深圳大疆公司总部等。

型。如果定义香港中银大厦 BRI 值为 100，则纽约帝国大厦、芝加哥西尔斯大厦的 BRI 值仅为 33，而芝加哥约翰·汉考克中心的 BRI 值约为 75，这从另一个角度揭示了高层建筑结构抗侧力体系的效率，阐明了结构体系对经济指标的决定性影响。当然，弯曲刚度指数比较粗略，没有考虑核心筒、剪力墙的贡献，但这并不妨碍对高层建筑结构抗侧力体系本质的理解，也不影响在概念设计阶段对高层建筑结构抗侧力体系的总体把握。

2.3.3　大跨建筑结构

　　一般而言，大跨建筑结构是指跨度超过 20～30 m 的建筑结构。在古代，大跨建筑结构主要用于宗教建筑、皇家建筑等；在现代，大跨建筑结构应用场景拓展于体育场馆、演艺场所、机场航站楼、展览场馆、火车站场及工业厂房等。大跨建筑结构具有结构体系复杂、设计建造难度大、社会关注度高等特点，一直是结构工程最具挑战的前沿阵地。
　　大跨建筑结构的发展历史大致可以划分为三个阶段：①20 世纪之前，结构形式主要为拱券式穹顶，结构材料主要是砖石、木材及铸铁；②20 世纪初至 20 世纪 70 年代，结构形式主要为薄壳结构、网格结构和悬索结构，结构材料主要是钢筋混凝土及高强度钢材；③20 世纪 70 年代以后，结构形式主要为弦支结构和薄膜结构等，结构材料主要是高强钢丝及膜材料等。在这个不断迭代演化的进程中，新的结构形式的出现很大程度上都依赖于结构材料的迭代升级，并促使结构工程师逐渐认识到承受弯矩剪力对整个结构（构件）的不利之处，认识到承受轴力或薄膜应力对整个结构（构件）带来的有利之处，而结构的可施工性又在某种程度上又加速了结构形式迭代的进程。总体来说，大跨建筑结构呈现出明显的时代性，个性化也比较突出，现将常用几种大跨建筑结构体系的经济适用跨度和代表性工程汇总如表 2-6 所示。

表 2-6　常用几种大跨建筑结构体系的经济适用跨度及代表性工程简表

结构体系	经济适用跨度/m	代表性工程
梁板柱结构	20～30	巴黎乔治·蓬皮杜国家艺术和文化中心，钢桁架梁最大跨径 44.8 m
薄壳结构	20～60	①罗马小体育馆，直径 60 m；②法国巴黎国家工业与技术中心陈列大厅，平面为三角形，边长 218 m，矢高 48 m
网格结构	50～200	①北京国家大剧院，结构尺寸 142 m×212 m×46 m；②美国新奥尔良体育馆穹顶，净跨 213 m，矢高 32 m
弦支结构	50～300	①北京奥运会羽毛球馆（北京工业大学体育馆）屋盖，外层直径 98 m；②杭州奥体中心体育馆罩棚，罩棚外边缘 333 m×285 m，罩棚最大宽度 68 m
薄膜结构	100～300	①美国亚特兰大乔治亚穹顶，跨径 240.79 m；②英国伦敦千禧穹顶，结构直径 320 m、周长约 1000 m、中心高 50 m

　　纵观近现代大跨建筑结构发展进程，结构体系演进的主要影响因素可以归纳为三个方面。
　　一是减轻结构自重、提高材料的比强度（强度/自重）、开发与新型结构材料相匹配的结构形式及施工方法一直都是大跨建筑结构发展演化的底层技术逻辑，这也是网格结构、弦支结构、薄膜结构等新的结构形式近几十年来突飞猛进的主要原因。与此同时，人们更加注重大跨建筑结构的结构功能、结构材料、结构形式与结构艺术表现力的有机统一，重视大跨建筑结构建造的材料用量、运营维护过程的能源消耗水准。

二是力学主线始终是结构形式演化的内在推动力，从梁板柱结构、薄壳结构、网格结构到薄膜结构，在结构整体及结构构件两个层面上削减内力、增强结构（构件）受力的均匀性一直是结构工程师孜孜追求的方向。与此同时，计算力学及有限元分析方法的发展，使得结构效应的几何非线性分析、结构"找形找力"、结构荷载效应分析不再那么困难，克服了早期依靠解析方法的局限性，为新型大跨建筑结构的推广应用创造了重要条件。

三是施工方法变得更加重要，施工技术特别是预应力技术的导入，直接推动了大跨建筑结构形式的创新，有力地改善和调节了结构的内力、刚度与稳定性，推动了弦支结构、索膜结构的发展壮大，减小了施工支架的用量，使得借助于小型机具完成大跨建筑结构的施工成为可能，降低了大跨建筑结构的工程造价。

就大跨建筑结构常用的结构形式而言，从力流的形成与传递机制来看，梁板柱结构属于截面作用结构，网格结构属于向量作用结构或形态作用结构，薄膜结构属于形态作用结构，薄壳结构、弦支结构则属于形态作用结构或面作用结构。力流的形成、传递与扩散机制不同，导致大跨建筑结构的力学行为、经济适用范围与经济指标存在较大的差异，现将常见几种大跨建筑结构形式的特点简要论述如下。

1. 梁板柱结构

梁板柱结构属截面作用结构，是大跨建筑结构体系中跨越能力最小的、但也是最基本的形式，具有设计简单、施工方便等特点。由于构件截面上应力分布极不均匀、结构材料利用效率较低，当跨度超过 20～30 m 时在受力上不合理，在经济上缺乏竞争优势。从受力机制上来看，梁板柱结构中的板主要起荷载传递的作用，将荷载及外部环境作用传递给梁柱，并转化为梁柱的弯矩和剪力，梁柱则通过截面上的拉压应力及剪应力来抵抗外荷载。从结构材料角度来看，钢筋混凝土、预应力混凝土、钢材是梁板柱结构最常用的材料。当采用混凝土结构时，由于梁高与跨度之比通常在 1/20～1/15，跨度增大时，过大的梁高往往会压缩建筑空间，而减小梁板的跨度则需要布置更多的承重柱，导致结构构件布置与建筑功能、空间布局容易产生冲突。当采用钢结构或钢-混凝土组合结构时，梁体及承重柱的尺寸和数量可以得到一定程度的削减，建筑与结构的冲突会有所缓解，但难以完全消除矛盾冲突。对此，人们常常采用交叉梁结构、钢桁梁来满足结构受力及无柱大空间的要求。总体来说，梁板柱结构仅适用跨度小于 20～30 m 的情况，在大跨建筑结构中缺乏技术经济优势，艺术表现力也比较平淡，应用并不广泛。

2. 薄壳结构

薄壳结构是利用钢筋混凝土可塑性好、易于成形、受力整体性好等特点发展出来的一种空间曲面薄壁结构，依据几何外形和曲面形式的不同，可以分为旋转壳、球面壳、柱面壳、双曲扁壳和双曲抛物面壳等多种形式。此外，折板结构亦可视为薄壳结构的一个变种。通常，折板结构由折板、边梁和隔板三部分构成，兼有梁和拱的受力特点，空间受力特征比较突出。薄壳结构发轫于 20 世纪 20 年代，壮大于 20 世纪 50～60 年代，在网格结构、薄膜结构发展起来之前，一直是大跨建筑结构的主要形式。

薄壳结构属于面作用结构，主要通过力的改向、力的分散将外部荷载及环境作用转化为结构表面上比较均匀的薄膜应力，具有刚度大、造型流畅、艺术表现力突出等优势，可以用很小的结构厚度实现较大的跨越能力。一般来说，薄壳结构经济适用跨度为 40～50 m。视造型与建筑功能需求，可以采用球面壳、柱面壳、双曲扁壳、鞍形壳等形式。视受力需要及施工方便程度，可采用薄壳或带肋的薄壳。混凝土薄壳具有良好的受力性能，将承重与围护两种功能合二为一，基本上没有非结构构件，因此其结构材料用量很省，混凝土折算厚度一般在 8～10 cm，约为跨度的 1/500～1/400，结构自重约为 200～250 kg/m²，具有一定的技术经济竞争力。视结构形式及曲面曲率的变化情况，可采用支架法现浇施工，或采用预制肋板与现浇相结合的施工方法。其中，支架法现浇施工仅适用于跨度较小的情况，而预制肋板与现浇相结合的施工方法则适用性相对较强。

然而，由于薄壳结构施工需要的支架模板数量大、构造复杂、重复利用率低，导致其施工临时措施费用占总造价的比例高达 50%～60%（不同国家地区因人工费用稍有差异），成为薄壳结构推广应用的主要制约因素。针对这一问题，工程界立足于钢筋混凝土材料的可塑性，发展出了易于标准化预制拼装的各种折板结构如 V 形折板、Z 形折板、梯形折板、带肋折板等，在工业厂房和车站站台等工程中得到了比较广泛的应用，但跨度一般不超过 30 m。

3. 网格结构

网格结构是按一定规则布置离散的短直构件、通过节点将短直构件连接而成的空间结构，主要包括网架、网壳以及立体桁架等具体形式。其中，应用最广的是网架结构和网壳结构。所谓网架结构，是指按一定规律布置的杆件通过节点连接而形成的平板形或微曲面形的空间杆系结构，结构整体上以受弯为主，而杆件则主要承受轴力，属向量作用结构。所谓网壳结构，是指按一定规律布置的杆件通过节点连接而形成的曲面状空间杆系结构，结构主要承受薄膜内力，属形态作用结构，但杆件仍主要承受轴力。网壳结构既有网架结构的一系列优点，又能提供各种优美的造型，虽然其设计、构造与施工都比网架结构复杂，但钢材用量有所减少。

网格结构是 20 世纪 50 年代发展起来的网格状高次超静定结构，具有杆件受力明确、空间受力行为突出、材料用量省、抗震性能好等技术经济优势，杆件可以采用钢、木、铝、塑料等多种材料，其中以钢制管材和型材最为常用。相对于薄壳结构，网格结构具有杆件小型化、施工拼装简便、可施工性良好等优势，基本克服钢筋混凝土薄壳的弱点，因此一经问世，便很快便得到了广泛应用，逐渐取代了风靡一时的薄壳结构。而发轫于 20 世纪 60 年代的有限元法和 CAE 软件，破解了网格结构力学分析的难题，推动网格结构在大跨建筑结构中得到了广泛的应用。

网架结构主要形式包括交叉桁架体系、四角锥体系及三角锥体系，这三种体系进一步又可细分为形态多样的各种结构形式如井字形网架、棋盘形四角锥网架等。通常，网架结构的经济适用跨度为 30～100 m，网架厚度可取短边的 1/18～1/10，网格大小可取 4～6 m，支承形式包括四边支承、三边支承或对边支承等。网架结构主要用于大跨建筑结构的屋盖，能够大幅度减轻屋盖的自重，取代了早期常用的钢筋混凝土薄腹梁、交叉梁或拱形屋架。网架结构主要特点是：①杆件只承受轴力，整体刚度大，构件受力比较均匀，材料利用率较高，用钢量多在 40～70 kg/m²，相对于钢桁梁节约钢材达 30%～40%；②可以借助于螺栓、球铰等，将短直构件连接起来，杆件设计制作的标准化程度高、施工简便快捷、质量精度高、临时材料用量小；③平面布置灵活、适应性强，适用于矩形、圆形、多边形，甚至不规则的建筑平面，是空间结构中最常用的一种结构形式。但是，随着网架结构跨度的增大，导致网架厚度增大，杆件的长度也随之增大，受压杆件的稳定性开始控制结构设计，导致难以充分发挥钢材的优势，网架结构不得不让位于网壳结构或薄膜结构了。

网壳结构主要形式包括柱面网壳、球面网壳、双曲抛物面网壳以及复杂曲面网壳等形式，视跨度大小，可以采用单层或双层网壳结构。网壳结构在本质上与穹顶结构类似，即把穹顶壳面划分为经向的肋和纬向的水平环线，并用短直构件连接在一起，在每个梯形网格内再分解成若干个三角形，构成空间杆系结构，这样壳面上的内力分布会更加均匀，结构自重也可大幅度地降低，从而具有更大的跨越能力。由于薄膜应力的存在，使得网壳结构的杆件以均匀受压为主，能够充分发挥构件的承载能力。一般的，单层柱面网壳结构厚度为跨度的 1/50～1/20，双层球面网壳结构厚度为跨度的 1/60～1/30，结构自重约为 40～50 kg/m²，仅为同等跨度薄壳结构的 1/5～1/4、网架结构的 80% 左右，经济适用跨度范围比较广，在 50～200 m 的跨度范围内均有很强的竞争力。

4. 弦支结构

弦支结构又被称为张弦结构，是用撑杆连接上弦刚性压弯杆件和下弦柔性拉索，并通过张拉下弦拉索改善上弦受力状态、调整结构整体刚度、减小结构水平推力的自平衡结构体系，在大跨建筑结构中后来居上。按照结构的布置方式和受力性能，弦支结构可以分为平面弦支结构和空间弦支结构。平面弦支结构是指受力构件仅承受平面内的荷载作用，受力比较简单明确，具体形式包括张弦梁、张弦桁架、张弦拱等。空间弦支结构包括双向弦支结构、多向弦支结构、弦支筒壳和弦支穹顶等，具有突出的空间受力行为。

平面弦支结构属形态作用结构，其整体刚度和受力行为由上弦刚性构件截面尺寸、结构几何形态和下弦张拉力几个因素共同决定，张弦结构（张弦梁、张弦桁架、张弦拱）的整体刚度与几何形态、施工过程密切相关，结构成形前刚度相对较小。由于上弦刚性构件的存在，平面弦支结构是一种半刚性结构，几何非线性的影响并不显著，属于小变形的线性结构。平面弦支结构受力明确，各荷载工况下依然可以采用线性叠加原理，即可先计算各单项荷载作用下的构件位移和内力，然后依据荷载效应组合原则得出控制构件内力和节点位移，结构初始状态的确定、预加力的优化、结构行为分析等方面的计算相对比较简单。凭借其结构刚度较大、结构材料用量较省等优势，平面弦支结构在展览场馆、车站及候机大厅的大跨径屋盖结构得到了较为广泛的应用。

空间弦支结构是将柱面网壳、球面网壳等空间网壳结构作为上弦构件，以柔性拉索作为下弦构件，并通过张拉下弦获得整体刚度的空间结构。空间弦支结构在 50～300 m 的跨度范围内具有很强的竞争力，在体育场馆、展览场馆、大型站场等大跨建筑结构中得到了一定的应用。空间弦支结构属于面作用结构，主要承受薄膜应力，因而其上弦构件的内力更为均匀，材料用量更省。依据建筑功能及结构受力性能的差异，双向弦支结构、多向弦支结构、弦支筒壳主要适用于矩形平面，弦支穹顶则适用于跨度较大的圆形或椭圆形的建筑。依据结构形状及受力需求，下弦拉索可采用交叉斜索、环向索等多种形式。与网壳结构相比，空间弦支结构的厚度更小、刚度更大、受力性能更好、跨越能力更强，在同等跨度下更节省材料，自重多在 20～50 kg/m^2，但设计计算更复杂、施工难度更大、结构的受力状态与施工的关系更为密切。

5. 薄膜结构

薄膜结构是利用高强度薄膜采用及其加强构件、通过一定方式使其膜材料产生预定的预张应力以形成特定的空间形状，并能够承受外荷载的大跨空间结构。薄膜结构既能承重又能起围护作用，与传统的薄壳结构、网格结构相比，自重大大减轻，重量仅为薄壳结构、网格结构的 1/30～1/10，是一种全新的建筑结构形式，薄膜结构大体可分为三种。一种是充气式膜结构，即主要利用膜内外空气的压力差来给膜材施加预应力，使膜面能够覆盖所形成的空间，形式较为单一，膜面多为半球体，膜面的矢跨比一般小于 0.75，但纯粹的充气式膜结构会因气体泄露而存在一定的隐患，目前已很少用于永久性结构。第二种是近 20 年发展起来的张拉膜结构，即通过对膜材及拉索施加预拉力使其成为具有一定刚度的结构，也被称为索膜结构。当跨度较小时，可通过膜面内力直接将荷载传递给边缘构件如立柱圈梁，形成整体式张拉膜结构；当跨度较大时，由于轻薄的膜材抵抗局部荷载的能力较差，膜材需与钢拉索结合，形成索膜结构。第三种是骨架支承式膜结构，即利用钢结构骨架来支承薄膜材料、提供膜材局部张拉的支点，确保膜材保持预定的形状，骨架支承式膜结构具有刚度大、几何形状稳定等特点，在受力本质上更接近于桁架，主要用于半开敞式结构如体育场的挑蓬、火车站月台的罩棚等，但其用钢量稍大。

经过几十年的发展，索膜结构已经成为一种比较成熟的结构体系，拉索多采用高强钢丝，膜材一般由纤维纺织布基层和树脂涂层组成，常用的纤维纺织布基层包括玻璃纤维、聚酯纤维、碳纤维等，常用的树脂涂层主要包括聚氯乙烯（polyvinyl chloride，PVC）、聚四氟乙烯（polytetrafluoroethylene，PTFE）、聚偏二氟乙烯（polyvinylidenefluoride，PVDF）、乙烯-四氟乙烯共聚物（ethylene terafluoroethlene copolymer，ETFE）等，并在工程实践中不断改进提升膜材强度、半透明性、自洁性、耐久性和耐燃性等性能指标。

索膜结构是一种典型的形态作用结构体系的，它通过特定的几何形状来承受荷载及外部环境作用，只承受拉力，可以发挥高强度钢丝及膜材料的优势，具有单位面积的平均重量不随结构跨度的增大而增大的典型特征，因而在具有更大跨越能力的同时，可以显著降低结构材料用量。因此，在几种常用大跨建筑结构形式中，索膜结构跨越能力是最强的，材料用量是最省的，其用钢指标仅为 12L/100（L 为跨度，单位为 m，用钢量指标为 kg/m²，如跨度 100 m 的索穹顶，用钢量为 12 kg/m²），约为网格结构、弦支结构的 1/5～1/2，因此非常适用于大跨体育建筑，跨度越大，优势越明显。

与刚性结构不同，薄膜结构的主要材料和构件本身并不具有刚度和形状，即在自然状态下不具有保持固有形状与承受荷载的能力，只有对膜材和拉索施加预应力后才能获得结构承载所必需的形状和刚度。换言之，预应力的大小和分布、结构的初始曲率等，决定了结构的形状、刚度和承载能力。因此薄膜结构的设计计算十分复杂，主要包括寻求满足建筑功能的理想几何外形（找形）及合理应力状态（找力）的两个方面。薄膜结构属于典型的小应变、大位移非线性结构，其初始形状的确定、在外荷载作用下膜材应力分布与变形、用二维膜材料来建构三维空间曲面等一系列计算都具有显著的非线性特征，计算非常复杂。此外，膜材剪裁、预加应力程序等也是一个比较复杂的多目标优化问题，因此薄膜结构的发展离不开计算力学及 CAE 软件的成熟。另外，膜材为柔性材料，只能承受拉力，因此薄膜结构在把面外荷载作用下产生的弯矩、剪力通过结构变形转化成面内拉力的过程中，为避免薄膜结构面内应力过大，结构形状应保持一定的曲率，即薄膜结构必须为曲率较大的曲面，这就极大地丰富了薄膜结构的空间造型，实现了结构逻辑、技术手段与艺术表现力的完美统一。

案例 2-4　从罗马体育馆到亚特兰大乔治亚穹顶——现代大跨建筑结构形式演化的几个典型切片

大跨建筑结构一直是结构工程最具挑战的前沿阵地，其跨度从罗马万神殿 43.3 m 发展到西班牙阿尔捷希拉集贸市场的 47.6 m，差不多经历了近 1800 年，这从一个侧面反映了大跨建筑结构的设计与建造难度。第二次世界大战后，随着体育赛事的活跃、会展业的兴旺、交通枢纽的建设及文艺演出业的发展，人们对大跨建筑结构的建造需求显著增多，推动了大跨建筑结构的结构形式、计算理论、结构材料、施工方法快速发展，取得了不少令人惊叹的工程成就。另外，随着混凝土结构的成熟、预应力技术的普及，以及新型结构材料如薄膜材料的快速迭代，为大跨建筑结构的发展奠定了坚实的技术基础。在这个进程中，皮埃尔·路易吉·奈尔维（Pier Luigi Nervi）[①]、坪井善胜（Yoshikatsu Tsuboi）、理查德·B. 富勒（Richard B. Fuller）等结构大师对薄壳结构、刚性悬索结构、网格结构、薄膜结构的探索和工程实践，无疑引领了大跨建筑结构发展的潮流，现摘取三个代表性工程案例予以简要说明。

1）罗马小体育馆

罗马小体育馆是 1960 年第 17 届奥运会篮球、排球等项目比赛的场馆，可以容纳 6000 名观众，建成于 1957 年，见图 2-6。罗马小体育馆是一个典型的混凝土拱壳结构，也可看成是传统穹顶结构的一个变种，扁球形拱壳结构直径为 60 m。罗马小体育馆由意大利著名工程师皮埃尔·路易吉·奈尔维设计建造，在结构上最突出的特点是：①采用混

---

① 皮埃尔·路易吉·奈尔维（Pier Luigi Nervi），1891～1979 年，意大利著名结构工程师，毕生致力于钢筋混凝土结构的开发、研究和应用，在大跨建筑结构、高层建筑结构等方面具有开创性的贡献，他和费利克斯·坎德拉（Félix Candela）、坪井善胜（Yoshikatsu Tsuboi）、海因茨·伊斯勒（Heinz Isler）等人一起，发展完善了薄壳结构。

凝土交叉拱肋、混凝土 Y 形支撑及钢丝网混凝土屋面，不仅将屋面荷载产生的水平推力连续顺畅地传递给地基基础，而且形成了韵律丰富的艺术造型，展现了奈尔维对混凝土艺术诠释的一贯风格；②采用现浇与预制装配相结合的方式进行施工，交叉拱肋、Y 形支撑、钢丝网混凝土屋面均采用石膏模板预制，屋面由 1620 块钢丝网混凝土预制菱形薄板组成，板件最薄处仅有 25 mm（折算平均厚度约为 60 mm，每平方米自重约为 150 kg），然后在现场利用活动支架浇筑拱肋、屋面混凝土板与镶板之间的接缝混凝土，形成整体结构；③为便于结构基础抵抗水平推力，设置了混凝土环梁基础，确保了推力结构具有稳定的长期性能；④观众看台、更衣室等训练比赛配房的结构与混凝土拱壳完全分离，受力互不影响；⑤将结构的力学美与艺术美有机地融为一体，交叉拱肋形成的几何图案直接呈现给观众，结构内部不进行二次装饰。由此不难看出，罗马小体育馆是大跨建筑结构一次全新的实践尝试，在结构体系、结构材料、预应力技术运用及施工方法上有诸多创新。

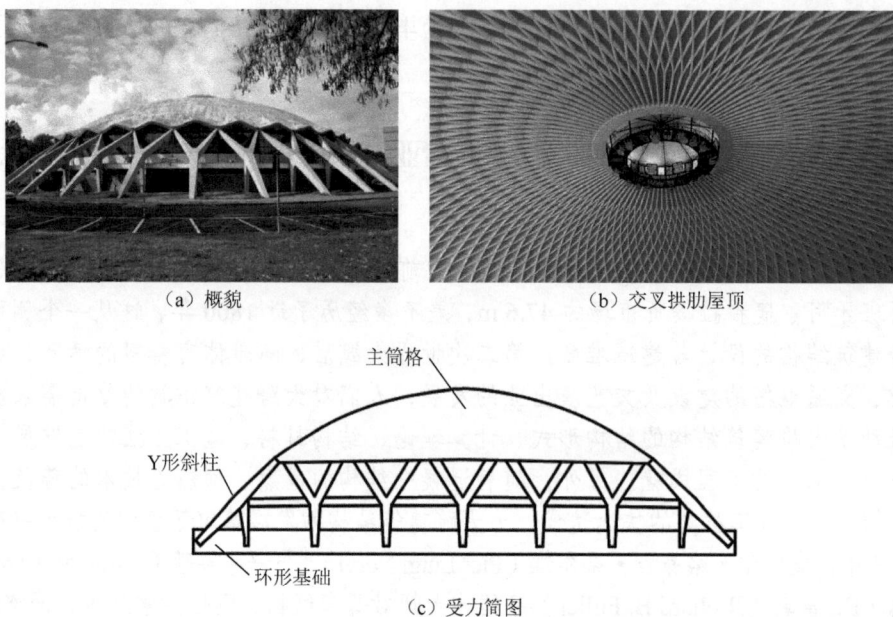

（a）概貌　　　　　　　　　　　　　（b）交叉拱肋屋顶

（c）受力简图

图 2-6　罗马小体育馆［图（a）、（b）来自维基百科，图（c）自绘，查看彩色图片可扫描封底二维码］

　　实际上，罗马小体育馆仅仅是皮埃尔·路易吉·奈尔维混凝土结构建造技术长期积累的结果，从 20 世纪 30 年代以来，奈尔维采用可塑性强、造价低廉的钢筋混凝土设计建造了众多的大跨建筑结构如工厂、展厅、飞机库等，发展出蘑菇柱、拱壳、刚性悬索结构等混凝土结构的新形式，是 20 世纪初期追寻钢筋混凝土这种新材料合理结构形式的探索者，也是"结构艺术"流派的代表人物，他率先看到了塑性流态的混凝土需要"找形"所蕴含的巨大设计潜力，用与力流相关的概念来理解把握结构与形式的关系，并将"建构的整体"（tectonic compact）作为混凝土结构主要设计目标。在他的设计作品中，对建筑功能需求、结构形式、力学行为和施工技术有着独特的理解与演绎，他比较偏爱混凝土壳体结构，认为在所有建筑形式里壳体是最真实的，表现的空间是最直接的，结构效率是最高的，具有内部空间和外部形式的融为一体的特征，结构和形态可以同时直接被用户阅读。

与大多数工程大师不同，皮埃尔·路易吉·奈尔维既是一个卓越的设计工程师，还是一个优秀的建筑承包商，依据丰富的设计施工经验，他在混凝土的材料特性、浇筑工艺、建造方式对工程造价的影响等方面有着自己独特而系统的理解，在大跨建筑结构的温度效应、混凝土表面光洁度控制、预制节点构造等方面造诣颇深，能够将现浇施工与预制装配完美地结合起来，有效地简化施工、降低造价，成为混凝土建造艺术的践行者。

2）东京奥运会代代木国立综合体育馆

1964 年东京奥运会代代木国立综合体育馆（Yoyogi National Stadiums for Tokyo Olympics）是典型的半刚性（semi-rigid）悬索结构，该馆包括游泳馆、篮球馆两座体育馆，游泳馆由两个相对错位的新月形结构组成，篮球馆则形似蜗牛状的螺旋形，两馆屋面均采用半刚性悬索结构，中间的空地形成中心广场。游泳馆长边 240 m，短边 120 m，最高点为 40.4 m，建筑面积 25 396 m²，可容纳 15 000 名观众，结构跨度为 126 m×120 m。篮球馆为直径 70 m 的圆形平面，建筑面积 5591 m²（另有附属建筑面积 3217 m²），最高点 35.8 m，可容纳 4000 名观众。代代木国立综合体育馆被称为 20 世纪世界最美的建筑之一，是坪井善胜（Yoshikatsu Tsuboi）[①]与建筑大师丹下健三（KenzoTange）合作的巅峰之作，其概貌如图 2-7（a）所示。

在建筑上，代代木国立综合体育馆独特的外部形状、刚柔相济的结构形式，具有原始而大胆的想象力，最大限度地发挥出材料、功能、结构的功效，用先进的材料和技术营造出合理的空间功能，表达了日本传统的民族文化，是日本现代建筑发展史上的又一个顶点，被斋藤公男称为"近乎于合理性的美"。正如丹下健三所言："虽然建筑的形态、空间及外观要符合必要的逻辑性，但建筑还应该蕴涵直指人心的力量。这一时代所谓的

(a) 鸟瞰图

---

① 坪井善胜（Yoshikatsu Tsuboi），1907～1990 年，日本东京大学教授，国际著名结构设计大师，对薄壳结构、网格结构的发展做出了突出贡献。

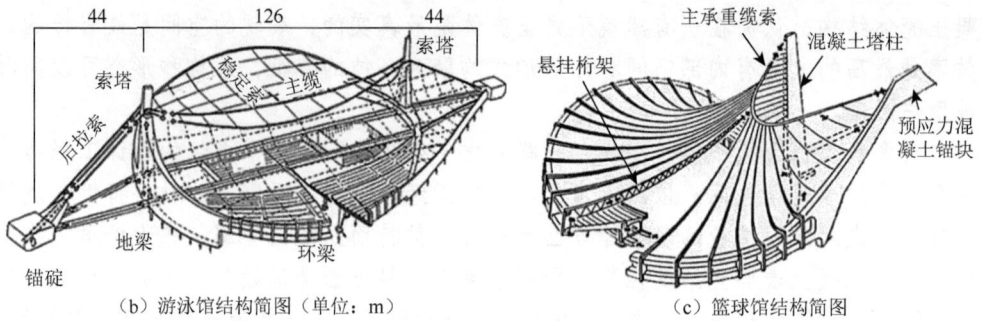

（b）游泳馆结构简图（单位：m）　　　　　　　　（c）篮球馆结构简图

图 2-7　代代木国立综合体育馆（图（a）来自维基百科，查看彩色图片可扫描封底二维码）

创造力就是将科技与人性完美结合……"代代木国立综合体育馆于 1961 年开工建设，1964 年奥运会前投入使用。

在结构上，代代木国立综合体育馆巧妙地融合了结构和建筑的要求，标识出力流的作用方向，展现出结构的力学之美，主要特点体现在以下三个方面。

一是屋面采用半刚性悬挂式屋面，即利用柔性主缆和边缘构件（立柱及环梁）来形成的承重结构，以实现大跨无柱室内空间，并形成通透开阔、挺拔向上的视觉感受。所谓半刚性悬挂式屋面，正如坪井善胜解释的："主缆拉成悬索桥形式，在其两侧看台之间架设钢结构悬挂构件，稳定索呈受拉状态……，通过引进弯曲刚度这一概念解决索网的受力特性及抗风稳定性……"

二是游泳馆屋面借鉴了现代悬索桥的结构形式（1962 年，日本已建成了主跨 367 m 的福冈若户悬索桥，并采用预制索股法进行主缆的制造与架设，对现代悬索桥的设计与施工有深入系统的工程实践），利用两根直径 330 mm 主缆作为主要承重构件，两根主缆在跨中分开，稳定索沿短轴方向布置，支承在主缆和边缘构件上，形成了纵横交错的网格，在其上布设由厚 4.5 mm 钢板及石棉瓦组成的屋面板，主辅索体系的采用，使得屋面结构的纵向跨度达到了 126 m，横向最大跨度达 120 m。此外，为减小主缆的锚碇尺寸、平衡主缆水平拉力，增设了支撑在边缘构件的受压地梁，形成了自平衡体系，见图 2-7（b）。在施工上，为更好地处理柔性缆索结构在施工过程中变位对接头安装的影响，设计了专门的万向接头；为了保证屋面在台风作用下的稳定性，在主缆上安装了油阻尼器；等等。

三是篮球馆屋面的悬索结构形式更为新颖，采用一根高 35.8 m 的混凝土独柱塔及预应力混凝土锚块来实现主缆的旋转，主缆索采用直径 406 mm 的钢管，从地面盘旋至柱顶，在主缆索和边缘构件上安装放射状悬挂桁架，形成悬挂屋面结构，使建筑内部形成一种反向漏斗形态的室内空间，并在屋面悬索与塔柱之间设置天窗以加强室内空间向上升腾的空间感觉，屋面由 32 mm 厚的钢板焊接而成，见图 2-7（c）。

3）亚特兰大乔治亚穹顶

亚特兰大乔治亚穹顶（Georgia Dome）建成于 1992 年，是 1996 年亚特兰大奥运会主要主场馆的屋盖结构，穹顶为 240.79 m×192.02 m 的椭圆形平面，建筑总高度为 82.5 m，能够容纳 70 000 名观众。屋盖呈钻石状，采用索穹顶体系（cable dome），由涂有聚四氟乙烯（PTFE）的玻璃纤维膜覆盖，屋盖膜材面积达 3.48 万 m²，如图 2-8 所示。

（a）远眺　　　　　　　　　　　　　　　（b）内部

（c）屋盖结构透视　　　　　　　　　　　（d）结构短轴、长轴剖面

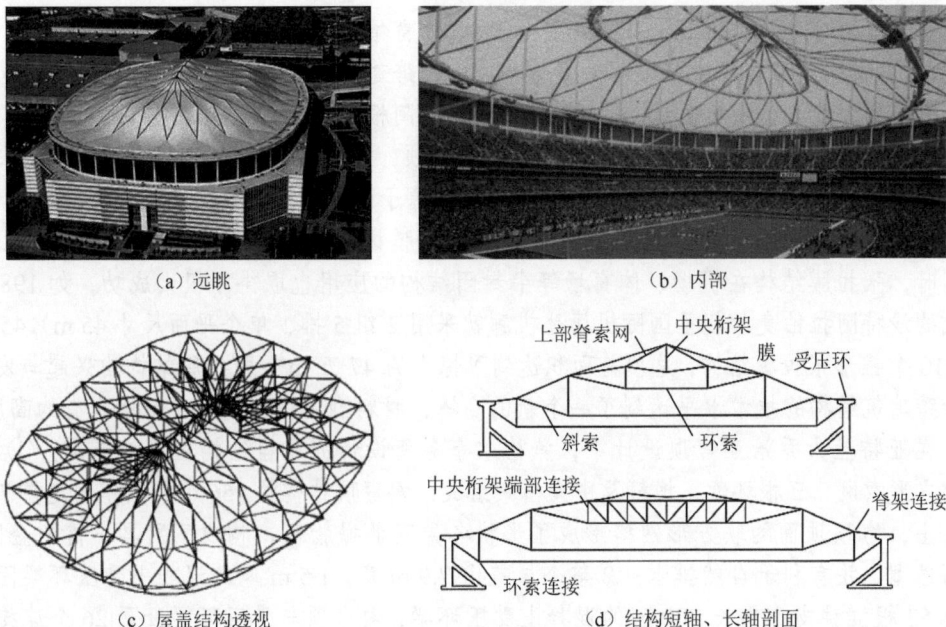

图 2-8　亚特兰大乔治亚穹顶（图（a）、（b）来自维基百科，查看彩色图片可扫描封底二维码）

索穹顶体系是一种典型的张拉膜结构，由三角形网格索网和嵌于其间压杆构成整体张拉结构，最早由美国建筑大师及未来学家理查德·B. 富勒（Richard B.Fuller）[①]在 1962 年提出，其特点是大量采用预应力钢索，压杆少而短、能充分发挥高强度钢索的抗拉强度，结构效率极高，但由于其存在平面内刚度不足、几何找形复杂、容易失稳等特点，很长时间内并没有在实际工程中得到应用。20 世纪 80 年代，美国著名结构工程师大卫·盖格尔（David Geiger）等人在富勒整体张拉穹顶的基础上，重新构造了一种用连续受拉钢索和不连续受压桅杆组成的预应力空间结构体系，发明了支承于周边受压环梁上的整体张拉穹顶体系，推动了索膜结构的工程化应用。在此后的工程实践中，大卫·盖格尔、M.P. 勒维（M. P. Levy）等人又进一步将整体张拉结构的辐射状脊索改变为三角化联方型脊索，消除了结构内部存在的机构，将索穹顶的 Geiger 体系优化为 Levy 体系（Geiger 体系的脊索、斜索和立柱均在同一平面内，每个节点上仅有一根斜索相连，脊索沿径向布置，斜索、立柱与其相应的脊索构成一竖向平面三角形；而 Levy 体系的脊索、斜索和立柱构成了空间桁架），提高了结构的几何稳定性和空间协同工作能力。此后，美国盖格尔事务所（Geiger Associates）、美国魏德林格尔事务所（Weidlinger Associates）先后设计建成了韩国汉城奥林匹克体操馆和击剑馆（1986 年，直径分别为 119.8 m 和 89.9 m）、美国伊利诺依大学红鸟竞技场（1988 年，椭圆 91.4 m×76.8 m）、美国太阳海岸穹顶（1989 年，直径 210 m）、美国亚特兰大乔治亚穹顶（1992 年，椭圆 240.79 m×192.02 m）、中国台湾桃园体育场（1993 年，

① 理查德·B. 富勒（Richard B.Fuller），1895～1983 年，美国发明家、未来学家，也是一个"非传统型"的建筑设计大师，提出了整体张拉结构、短程线穹顶、索穹顶等新的结构形式，毕生致力于人类与环境生态可持续发展的研究，著有《地球号太空船操作手册》等影响深远的著作，除 1967 年蒙特利尔世博会美国馆之外，他付诸工程实践的设计作品很少，但他的思想和发明却在建筑界产生了很大影响。

直径 120 m）、阿根廷 Estadio Ciudad de la Plata 体育馆（2009 年，两个圆心相距 48 m、直径 85 m 的圆形屋顶）等大跨径体育场馆，这些大跨建筑结构的用钢量多在 $10\sim25$ kg/m²，展现出很强的技术经济竞争力。特别值得一提的是阿根廷 Estadio Ciudad de la Plata 体育馆，该馆可容纳 53 000 名观众，拥有独特的双峰索穹顶，由一套独一无二的预应力钢索和轻型钢柱的空间网络组成，这一独特的结构几何形状源于两个部分重叠的圆，代表了共用该设施的两个足球俱乐部，该屋盖总用钢量为 5900 t，膜材 29 300 m²，造价为 1.19 亿美元。与此同时，张拉膜结构在机场、体育场等半封闭结构的应用也取得了极大成功，如 1981 年建成的沙特阿拉伯麦加朝圣国际机场登机廊就采用 2 组 5 排、单个平面尺寸 45 m×45 m、共 210 个锥形张拉膜结构，总覆盖面积达到了惊人的 47 万 m²。张拉膜结构的兴起与发展，使大跨建筑结构的技术水平达到了一个新的高峰，材料利用效率达到了前所未有的高度。

　　在亚特兰大乔治亚穹顶设计中，盖格尔事务所设计的屋盖结构主要特点是：①索穹顶由方形索网、三根环索、桅杆及中央桁架组成，索穹顶结构共 156 个节点，固定在 78 根立柱上，穹顶顶面的联方形网格形成了形状各异双曲抛物面，构成了别具一格的金刚石屋面造型，并有利于自然排水；②整个屋盖由 7.9 m 宽，1.5 m 厚的混凝土受压环梁固定，采用 52 根立柱支撑周长 700 m 的混凝土受压环梁，索穹顶与受压环梁设置 26 个连接点；③为隔断屋盖的温度作用对下部支承结构的影响，受压环梁坐落在特制的承压垫上，外力作用下承压垫只能径向移动，以便将风力和地震作用均匀传向基础；④为便于安装，立柱与拉索之间均采用铰接，并允许接头在不均匀受力情况下旋转。正是这些先进大胆的结构措施，乔治亚穹顶在跨度如此大的情况下，索穹顶结构用钢量仅为 25 kg/m²。

　　从本质上来说，索穹顶结构是一种大量采用预应力钢索而较少使用压杆的形态作用结构，单位面积的重量和造价不随结构跨度的增大而明显增大，也是一种运用预应力原理建立的、突破传统思维的新型结构形式，具有构思精巧、体态轻盈、受力合理和经济性突出等特点，实现了技术和艺术的完美结合和高度统一。虽然建筑大师理查德·B. 富勒提出的"让压力成为张力海洋中的孤岛"的整体思想得到了国际结构工程界的高度认可，但索穹顶结构的结构形态、分析设计理论、施工成形技术和计算算法等方面仍有很大创新空间，结构工程师对这种现代结构形式的研究和实践仍在不断深化之中。

　　4）结语

　　以上几个典型案例表明：对于大跨建筑结构，结构材料、结构形式、可施工性是影响其发展演化的最主要因素，从受压性能良好的钢筋混凝土到受拉性能优越的高强度钢丝及膜材，高效合理地利用结构材料、减小施工临时材料用量是大跨建筑结构永恒的发展主线；从石穹顶结构、薄壳结构到半刚性悬索结构及柔性索穹顶结构，减轻结构自重、寻求合理的结构形式、改进改良施工方法、减小结构材料用量、增强结构艺术表现力是结构工程实践探索永不停歇的主旋律。

案例 2-5　张弦结构——一种刚柔相济的大跨建筑结构形式

　　1）受力特点

　　张弦结构具有结构体系简单、受力明确、结构形式多样、跨越能力较大等优势，最早由英国著名工程师伊桑巴德·金德姆·布鲁内尔应用于英国伦敦皇家阿尔伯特桥（Royal Albert Bridge，跨径 2×138.6 m，1859 年建成），后来在一些特殊情况下，在应对桥梁设计困难也偶有应用，但一直没有得到大的发展。1979 年，斋藤公男重新梳理正式提出了张弦梁结构（beam string structure，BSS）的概念，系统地研究了其受力特征与分析方法，创造性地通过主动张拉柔性下弦来提高结构刚度，并进行了卓有成效的工程实践，先后建成了日本酒田市体育馆（采用木桁架与钢索组成张弦梁结构，跨度 54 m，1991 年建成）、日本出云穹顶（采用木拱架与钢索组成张弦拱结构，球形穹顶直径 143.8 m，顶部高度 48.9 m，1992 年建成）等大跨建筑结构，显现出巨大的经济技术优势。

张弦结构广义上可视为整体张拉结构的一个特例，其中上弦的梁、拱或桁架属压弯构件，撑杆间距及预加力的大小基本决定了梁、拱或桁架的弯矩和轴力，因而可以通过下弦索力的大小、撑杆间距等设计参数的优化，大幅度降低梁、拱或桁架内力和变形，在材料用量较小、结构自重较轻的情况下，获得较大的跨越能力和体系刚度。张弦结构作为一种刚柔相济的结构形式，其建筑造型和结构设计能够完美地融合为一体，用于房屋建筑工程时，可以有效化解建筑功能与结构设计的矛盾冲突，在比较经济合理的情况下获得无柱的大空间，经济技术效益非常显著，例如 2008 年建成的北京国家体育馆采用 114 m×144 m 双向正交的张弦桁架结构，每平方米用钢量仅为 90 kg。张弦梁结构用于桥梁工程时，则成为一种应对因地质、地形、水文等条件制约时结构设计的有效工具，但由于桥梁工程活荷载较大，对刚度、稳定性的要求较高，应用相对较少。以下通过几个典型实例，简要说明张弦结构（张弦梁、张弦拱、张桁弦架）的受力特点、构造要点及技术经济优势。

2）德国耐卡桥

德国耐卡（Neckar）桥是一座典型的张弦梁结构，该桥建成于 1978 年，是德国 A81 高速公路的一座跨谷桥，桥面高出谷底 127 m，由于边跨的地质条件较差，存在滑坡的隐患，不能设置桥墩。对此，著名桥梁设计大师弗里茨·莱昂哈特一反常规，突破连续梁边跨与中跨跨度比值的合理区间（通常，边跨与中跨之比一般在 0.5~0.8），在边跨采用大跨，跨径布置为 233.62 m＋3×134.32 m＋253.2 m＝889.8 m，边跨与中跨之比达 1.89，采用高度 6 m 的等截面钢箱梁。

对于这一极不合理的跨径划分方式及弯矩分布，莱昂哈特创造性地采用了张弦梁结构，利用钢丝绳、钢压杆给边跨跨中提供弹性支承，以减小边跨跨中的正弯矩。张弦梁这种特殊的体外预应力束应用方式，反映了弗里茨·莱昂哈特对拉索弹性支承作用、调整梁体内力的深刻洞察和灵活应用，体现了因地因时制宜的工程观念。此外，该桥为 6 车道，桥面宽度为 31.5 m，为减小高墩尺寸、节省下部结构的材料用量，形成通透、纤细的景观效果，该桥采用了大挑臂截面，钢箱梁底宽仅为 10.0 m，采用钢管斜撑来支撑悬挑长度 10.75 m 的钢箱梁翼板，该桥的总体布置、张弦梁局部见图 2-9。德国耐卡桥设计既因地制宜、顺应自然，又非常前卫大胆、构思巧妙，即使在几十年之后的今天，仍有许多值得借鉴之处。

3）德国上阿根桥

上阿根（Obere Argen）桥位于德国 A96 高速公路上，跨越 Obere Argen 峡谷，建成

(a) 总体布置　　　　　　　　　　　　　　　　　(b) 张弦梁及大挑臂局部

图 2-9　德国耐卡桥总体布置及横断面简图 [图片来自（丁洁民等，2019）]

于 1990 年。由于该桥桥位一侧山坡的地质较差，地表层为厚 16 m 的滑泥土层，年滑移量约为 10 cm，滑泥层沿桥轴线长约 250 m，会对桥墩产生约 30 MN 的挤压力，故不宜在滑泥层上建造桥墩。对于这一特殊的建设条件，经反复比选，设计大师约格·施莱希[①]最终选取了 42 m + 5×55.8 m + 50 m + 86 m + 258 m 的非常规孔跨布置，即选用 258 m 的单跨钢箱梁斜拉桥来"跨越"滑泥层，鉴于山谷比较平缓，在斜拉桥之外的其余桥跨采用了跨度 42～55.8 m 的混凝土连续箱梁。

　　面对这一极端的跨径组合，约格·施莱希采用了地锚式斜拉桥及张弦梁结构来予以应对，具体对策是在 258 m 的主跨中，设置 2 根拉索，其中一根为 2×φ126 mm 普通斜拉索，其在钢箱梁上锚固间距为 43 m，将另一根 8×φ126 mm 的拉索延伸锚固至下一墩顶的钢箱梁上，使斜拉桥的主跨演变成张弦梁结构，在张弦梁区段，设置 3 根钢撑杆为钢箱梁提供弹性支承，钢撑杆间距 43 m，视其高度分为 I 形和 V 形两种。斜拉索为螺旋封闭索，单根 φ126 mm 最大张拉力为 7 MN。这样，就将 258 m 的主跨，通过张弦梁的方式演化为 6×43 m 的弹性支承的连续梁，如图 2-10 所示。

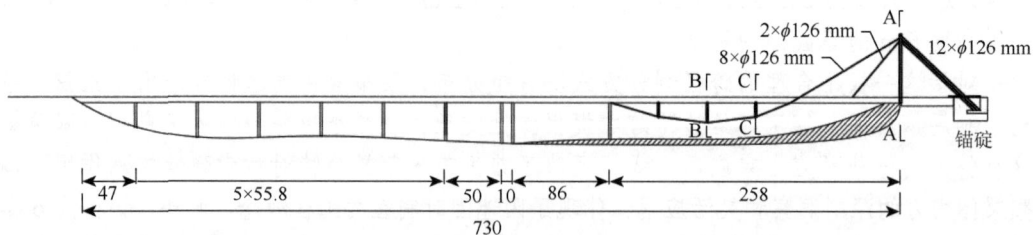

(a) 总体布置

　　① 约格·施莱希（Jörg Schlaich），1934～2021 年，斯图加特大学教授，结构工程"斯图加特学派"的灵魂人物，20 世纪著名的结构设计大师，专注于大跨轻型结构的研究，发展完善了混凝土结构的基本理论，提出了组合梁斜拉桥，发展了槽形梁、多塔斜拉桥的结构体系，设计了印度胡格利二桥、香港汀九大桥、澳门澳凼大桥、法国图卢兹 A380 机库、德国汉诺威世博会展馆等著名结构，创建了国际知名的 sbp 工程咨询公司。

5.85

67.5

7.5

4

A-A

（b）索塔

31

3.75

17

B-B

31

3.75

12

C-C

（c）典型截面

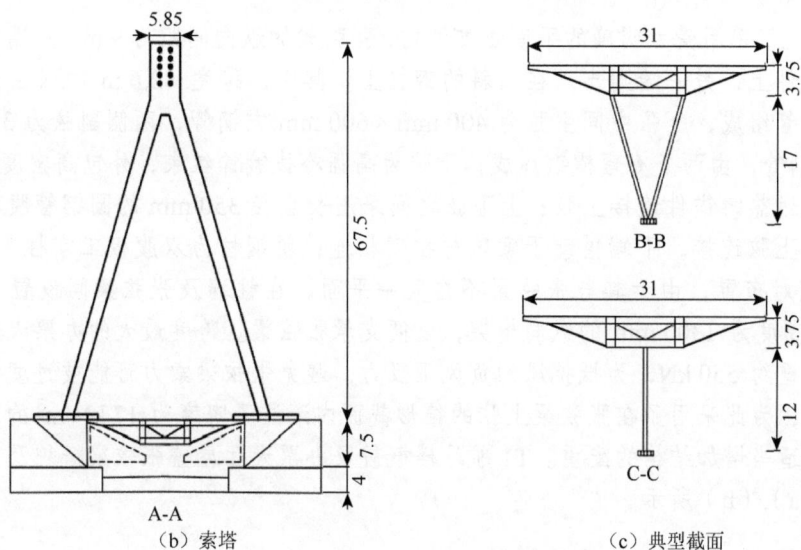

图 2-10 德国上阿根桥的总体布置（单位：m）

由于索塔位于山坡顶，无需边跨，为便于将主跨荷载通过索塔传递给锚碇，采用了高 55 m 的倒 Y 形索塔，两条塔腿固结在混凝土端横梁上，端横梁宽 5 m、高 7.5 m、腹板厚 1.0 m，刚度非常大，以确保将主跨钢箱梁、索塔牢靠地固结在其上。斜拉桥 12×φ126 mm 的背索直接锚固在 55 m 之外的地锚中，竖向分力由地锚自重平衡，水平分力由两根支撑地梁直接传递到端横梁上，这样，由锚碇、支撑地梁、背索、索塔、主跨形成了自平衡体系，大幅度地减小了锚碇的工程量。

该桥在全桥 730 m 范围内，均采用高 3.75 m 箱梁，其中钢箱梁总长 344 m，箱梁顶宽 31.0 m、底宽 9.4 m，通过钢斜撑形成大挑臂结构，以减小桥墩截面尺寸和工程量。施工方法为在间距 50 m 左右的临时墩上大段拼装，钢箱梁拼装完成后再安装、张拉两根拉索，并考虑预留了拉索更换方式。混凝土箱梁总长为 376 m，采用分幅式布置、顶推法施工。在钢箱梁与混凝土箱梁交界处设置双支墩，梁体各伸出 5 m、形成结合部，全桥伸缩缝设在钢箱梁与混凝土箱梁的交界处。该桥总用钢量为 6850 t（斜拉索 250 t、钢板材 3500 t、钢筋 3100 t），折合每平方米桥面仅为 323.6 kg，非常经济。上阿根桥建设条件特殊复杂，设计构思巧妙、富于创造力，反映了约格·施莱希对斜拉桥本质的深刻洞察，对拉索受力特性的个性化灵活应用，体现了设计者尊重自然、顺势而为、因地制宜的工程观。

4）上海浦东国际机场 T1、T2 航站楼

由法国建筑师保罗·安德鲁（Paul Andreu）与华东建筑设计研究院有限公司联合设计的、1997 年建成的上海浦东国际机场 T1 航站楼是张弦结构在我国的首次应用，T1 航站楼的进厅、办票厅、商场和登机廊四个既独立又紧密联系空间的屋盖总面积达 102 294 m²，均采用张弦结构。其中，登机廊纵向长度达 1374 m，其他三部分的纵向长度均为 402 m，四个空间独立的结构水平投影跨度分别为 49.3 m、82.6 m、44.4 m 和 54.3 m，结构整体外形恰似振翅欲飞的海鸥，艺术表现力十足。

　　在结构上，采用受力明确的平面弦支结构，张弦梁的纵向间距为 9 m，一端支承在钢筋混凝土构件上，另一端则支承在倾斜的钢柱上。其中，跨度 82.6 m 的张弦梁上弦由三根平行方管组成，上弦中间主弦为 400 mm×600 mm 方钢管，两侧副弦为 300 mm×300 mm 方钢管，由两个冷弯槽钢焊成；下弦为高强冷拔镀锌丝束，外包高密度聚乙烯，拉索两端通过热铸锚件连接上弦；上下弦之间采用长直径 350 mm 的圆钢管腹杆，上端通过销轴与上弦连接，下端借助于索球与拉索相连；斜钢柱为双腹板工字柱，按 18 m 轴线间距成对布置，由于其与张弦梁不在同一平面，在柱端及张弦梁间设置一宽度为 1700 mm、高度为 1300 mm 的纵向桁架，以便支承张弦梁。跨度最大的办票大厅单榀张弦梁屋架自重约 550 kN，为抵抗风的负风压吸力，避免张弦梁索力可能被过度抵消而造成结构失效，为此采用了在张弦梁上弦的箱形截面内灌注了密度为 17 kN/m³ 的水泥砂浆的方式，以适当增加结构的配重。T1 航站楼概貌及办票大厅屋盖张弦梁概貌及主要构造如图 2-11（a）、（b）所示。

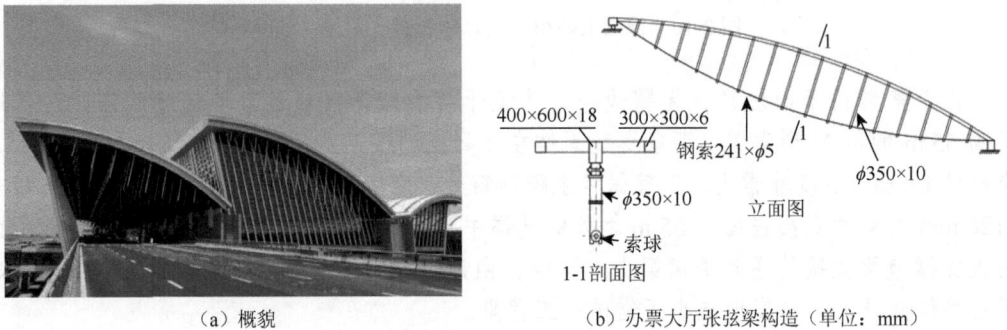

（a）概貌　　　　　　　　　（b）办票大厅张弦梁构造（单位：mm）

图 2-11　上海浦东国际机场 T1 航站楼概貌及结构简图［图（a）来自百度图片，图（b）自绘］

　　2006 年由华东建筑设计研究院有限公司设计建成的浦东国际机场 T2 航站楼分为候机廊和航站主楼两部分，出于与 T1 航站楼风格一致的考虑，采用平面尺寸为（46.9＋89＋46.9）m×414 m 的连续张弦梁结构，屋盖总面积达 510 000 m²，共设置张弦梁 46 榀；张弦梁纵向间距 9 m，支承柱选用空间 Y 形立柱，柱间距 18 m，撑起的两道波浪线如同自由翱翔的鲲鹏，与 T1 航站楼遥相呼应。张弦梁上弦在结构上为五跨变截面连续钢箱梁（含 Y 形立柱构成的两个小跨），由柱顶位置的单片箱形截面形式分叉变为两根通过腹杆连接的箱形梁，截面尺寸在（600～200）mm×300 mm 的范围内变化；下弦采用单根直径 100 mm 或 130 mm、屈服强度为 550 MPa 的高强度钢棒，下弦通过铸钢锚具与上弦及腹杆相连，并通过加密腹杆数量来控制其长细比。张弦梁与 Y 形柱铰接，形成横纵交错、受力整体良好的屋盖体系，其概貌及主要构造如图 2-12（a）、（b）所示。

　　5）广州国际会展中心

　　2002 年建成的广州国际会展中心南北长 396 m，东西长 525 m，最大跨径为 126.6 m，整体结构外形如同在水中游弋的鱼，张弦桁架应用在 5 个纵向长 90 m、跨度 130 m 的展览大厅的屋盖上，屋盖总面积达 367 800 m²，张弦桁架的间距为 15 m。由于跨度较大，

（a）概貌　　　　　　　　　　　（b）楼屋盖结构简图（单位：mm）

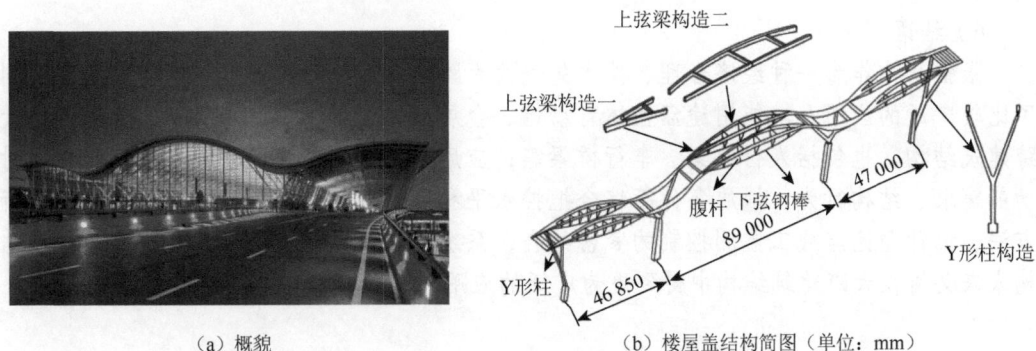

图 2-12　上海浦东国际机场 T2 航站楼概貌及结构简图［图（a）来自百度图片，图（b）自绘］

张弦桁架上弦采用倒三角形断面钢管桁架，桁宽 3 m，桁高由端部 2 m 渐变为跨中的 3 m，桁架杆件分别为 $2 \times \phi 457 \times 14$ mm 和 $\phi 480 \times (19 \sim 25)$ mm 的钢管，桁架腹杆为 $\phi 168 \times 6$ mm 和 $\phi 273 \times 9$ mm 的钢管；下弦采用 $\phi 165$ mm、强度 1570 MPa 的高强冷拔镀锌钢丝索，并通过冷铸钢锚头与上弦连接；上下弦通过 11 根 $\phi 325$ mm 的钢管腹杆连接，上端销接桁架，下端通过索球与钢索连接，上弦与腹杆均采用 Q345H 低台金钢。单榀张弦桁架重约 135 t，通过特殊设计的铸钢节点支承在高差 3 m 的混凝土立柱上。广州国际会展中心由日本佐藤综合计画株式会社与华南理工大学建筑设计研究院联合设计，其概貌及结构简图如图 2-13 所示。

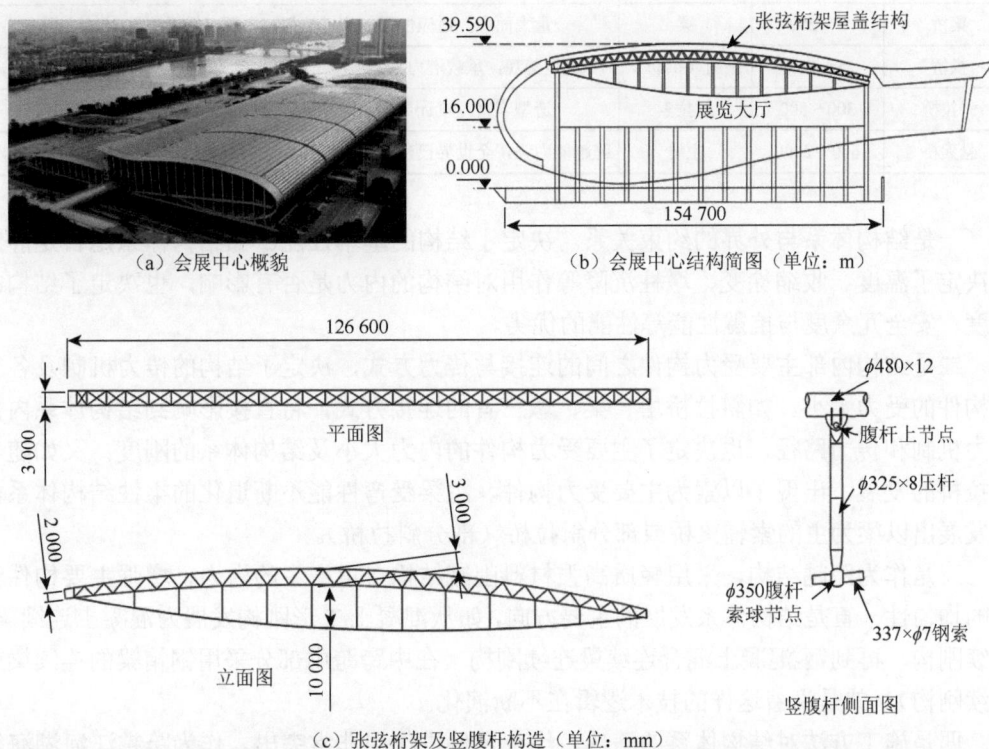

（a）会展中心概貌　　　　　　　（b）会展中心结构简图（单位：m）

（c）张弦桁架及竖腹杆构造（单位：mm）

图 2-13　广州国际会展中心概貌及结构简图［图（a）来自百度图片，图（b）、（c）自绘］

6）结语

张弦结构作为一种经济合理、技术先进的大跨建筑结构形式目前在结构工程中得到了比较广泛的应用，功能用途涵盖体育场馆、会展展馆、机场车站、楼宇大堂等各类大跨建筑结构，也包括人行桥梁、车行桥梁等；应用方式丰富多样，体现了结构工程师对功能需求、结构行为、地质条件等综合把控水平和创造能力。可以相信，随着结构分析方法、设计理论与施工监测控制的紧密结合，系统分析与整体张拉技术的进步，张弦结构未来必将在大跨建筑结构中得到更为广泛的应用。

2.3.4　桥梁结构

就桥梁结构而言，可以分为梁桥、拱桥、斜拉桥、悬索桥四种主要的结构体系。此外，当各种体系之间相互组合，还可以衍生出各种形式的协作体系或组合体系，如拱梁组合体系、斜拉-悬索协作体系等。经过现代桥梁工程近 80 年现代桥梁工程的实践，四种常见桥梁结构体系的主要受力构件、经济适用跨径和应用概况可汇总如表 2-7 所示。概括来说，影响桥梁结构体系发展及推广应用的主要因素可以归纳为以下四个方面。

表 2-7　现代桥梁结构体系的主要受力构件、经济适用跨径及应用概况简表

结构体系	经济适用跨径/m	主要受力构件	应用概况
梁桥	5～250	梁	量大面广，适应性强，施工简便，占既有桥梁总量85%以上
拱桥	5～500	拱圈（拱肋）	造型美观，承载潜力大，但施工难度大，占既有桥梁总量10%左右
斜拉桥	300～800	斜拉索	造型丰富，设计灵活，跨越能力强，全世界已建成 600 多座
悬索桥	600～2400	主缆	跨越能力强，全世界已建成 100 多座，其中跨径超过 1000 m 的有 40 多座

一是结构体系与外界的约束关系，决定了结构的基本性能。如结构体系是否是静定将决定了温度、收缩徐变、墩柱沉降等作用对结构的内力是否有影响，也决定了结构的刚度、安全冗余度与抗震性能等性能的优劣。

二是结构内部主要受力构件之间的连接与传力方式，决定了结构的传力机制及各主要构件的受力大小。如斜拉桥塔、梁、墩三者的连接方式，将直接影响到结构体系内部传力机制和传力路径，也决定了主要受力构件的内力大小及结构体系的刚度；又如随着斜拉桥的发展，出现了以索为主要受力构件、主梁受弯性能不断退化的柔性结构体系，也发展出以梁为主的索辅梁桥或部分斜拉桥（部分斜拉桥）。

三是作为跨越结构，采用轻质高强材料削减结构自重产生的内力、增强主要构件受力的均匀性一直是结构体系发展的主要方向，如从混凝土 T 形刚构发展为混凝土连续梁、连续刚构，再到钢-混凝土混合连续梁连续刚构（在中跨跨中部分采用钢箱梁的连续梁或连续刚构），就是沿着这样的技术逻辑在不断演化。

四是施工方法对结构体系的筛选、约束及促进作用非常突出。作为跨越江河湖海等障碍的结构，采用无支架施工方法一直是桥梁施工技术的核心，以免施工临时措施费过

高而影响结构体系的经济竞争力,例如钢管混凝土拱桥就是一种为克服大跨径拱桥施工难题而发展起来的一种新型结构形式。

从力流的形成与传递机制来看,梁桥属于截面作用结构体系,拱桥、悬索桥属于形态作用结构体系,而斜拉桥则属于高度作用结构体系,桁架虽然通常将其归属为梁桥并称为桁梁,但从受力本质上来说,它却属于向量作用结构体系。传力机制不同,导致桥梁结构的力学行为、经济指标与适用范围存在较大的差异,也导致制约其设计建造及运营的控制因素差别较大。以下就对四种常见桥梁结构体系的基本特点进行简要论述。

1. 梁桥

梁桥是所有桥梁体系中最基本、最成熟的形式。从受力机制上来看,梁桥将荷载及外部环境作用直接转化为主梁的弯矩和剪力,主梁弯矩大致与跨径的平方成正比,主梁通过上下缘的拉压应力和腹板的剪应力来抵抗外荷载。从结构材料角度来看,主要有混凝土梁桥(具体可分为简支梁、连续梁、连续刚构、V 形刚构等结构形式)、组合梁桥(具体包括钢梁-混凝土板组合梁桥、波形钢腹板组合梁桥、钢桁腹杆组合梁桥等多种组合方式)、钢箱梁桥三大类。从结构体系演化规律来看,梁桥的发展脉络基本上围绕着如何有效减小控制截面所承担弯矩剪力这个核心技术问题在不断地发展演化。从等截面向变截面演化,从简支梁、连续梁向连续刚构、V 型刚构发展,从单一材料向两种材料的组合,实质上都是在设法削减降低支点截面和跨中截面的内力峰值,使梁体内力分布更为均匀,以便更有效地发挥材料的性能。由于梁桥的正应力、剪应力在截面上分布极不均匀,导致其材料利用效率并不高,但却具有结构简单、施工方便、刚度大、经济适用等技术经济优势,是常见桥梁跨径范围内($5\text{ m}<L<250\text{ m}$,$L$ 为跨径)的最主要结构形式,占到已建成桥梁总数的 85% 以上。

在梁桥中,视腹板形式的不同,可以分为板式腹板梁桥和桁式腹板梁桥两种不同的结构形式。钢桁梁是梁桥比较古老的结构形式,由于可采用较小的构件组拼成跨越能力较大的结构,加上其对施工运输装备、计算能力的要求也比较低,钢桁梁一度成为大跨径桥梁的主要形式,在 19 世纪末、20 世纪初欧美铁路大建设时代就得到了广泛的应用,并发展出 Warren 式(即三角形桁架)、Howe 式(即 N 形桁架)、K 形桁架等多种形式,结构体系也由简支桁架梁演变为悬臂桁架梁及连续梁桁架梁,最大跨径也超过了 500 m。桁梁桥属于典型的向量作用结构,通过力的改向,将外部荷载作用转化为桁架构件上的轴力。随着跨径的增大,钢桁梁桥的受压杆件的长度随之增大,杆件的受压稳定性控制结构设计,导致高强度钢材材料性能难以得到充分发挥,经济指标欠佳。因此,近几十年大跨径桁架梁桥的建设得比较少,只是在一些特殊情况下还偶有应用,更多的以斜拉桥主梁或悬索桥的加劲梁的方式出现在桥梁工程中。

2. 拱桥

拱桥属于典型的形态作用结构体系,工作机制在于对力作调整。因此,拱桥对地基基础的要求比较高,以确保其具有维持固有结构形态不变的能力。从内在传力机制来说,拱桥的本质是将外荷载通过行车道系传递给主拱,并通过拱圈(拱肋)的轴力、弯矩最终传递给桥墩桥台，在竖向荷载作用下拱脚存在水平推力。正是这个水平推力，大大减小了主拱弯矩，使主拱成为偏心受压构件，从而可以充分利用主拱的材料强度，增大跨越能力。矢跨比是拱桥最主要的设计参数，直接决定了拱圈内力的大小，矢跨比越小，拱桥的水平推力越大，对地基基础的要求越高，反之亦然，因此，拱桥矢跨比多在 1/8～1/4。另外，合理的拱轴线可以有效削减拱圈弯矩，改善拱桥的受力行为，增强拱桥的适应性。所谓合理拱轴线，是指在给定荷载下使拱圈各截面弯矩为零的拱轴线，荷载不同，合理拱轴线的形式不同。但由于恒载、活载的分布及组合方式多变，理想的合理拱轴线在实际工程中是不存在的，工程实践中只能寻求较为合理的拱轴线，例如当荷载为竖向均布荷载时，抛物线是比较合理的拱轴线。

拱桥可采用砖石、钢筋混凝土、钢管混凝土和钢材建造，其中以钢筋混凝土和钢管混凝土最为常用。由于拱桥可以充分发挥钢筋混凝土、钢管混凝土抗压性能好的优势，在中等跨径（$40\,\mathrm{m} < L < 150\,\mathrm{m}$，$L$ 为跨径），拱桥的经济指标常常与梁桥不相上下，选用与否更多地取决于地形地质情况、施工条件与景观要求。对于大跨径拱桥（$150\,\mathrm{m} < L < 500\,\mathrm{m}$，$L$ 为跨径），钢管混凝土拱桥、钢筋混凝土拱桥经济指标与其他桥型差异主要取决于地质情况及施工方法，如果施工方法得当，其造价要比同等跨径的斜拉桥低 30%～40%，经济技术竞争优势比较明显。当跨径超过 500 m 时，拱桥的施工难度及施工临时费用急剧增大，远不如斜拉桥、悬索桥来得简便经济，因此一般情况下就比较少采用拱桥了。另外，由于以拱圈（拱肋）受压为主，难以充分发挥高强度钢材的力学特性，钢拱桥的技术经济优势并不突出，只是在一些特殊的情况下偶有应用。

3. 斜拉桥

斜拉桥属高度作用结构体系，其最主要特征是借助于斜拉索将荷载汇集于索塔并通过索塔传递给地基基础。斜拉桥具有跨越能力强、造型美观、设计灵活、施工简便、造价比较合理等技术经济优势，是桥梁结构体系中最年轻、发展最为迅猛的结构体系，也是大跨径桥梁的主要结构形式。斜拉桥主要受力特征体现在三个方面。一是斜拉索与索塔是最主要的受力构件，结构整体刚度主要由斜拉索体系提供，端锚索对结构体系刚度的贡献非常大。二是主梁逐步退化为传递荷载构件，受力属性从受弯构件逐步演变为压弯构件，主梁日益轻薄化，梁高与跨径之比通常在 1/300～1/100。三是塔、梁、墩三者的组合及匹配关系与结构整体受力行为的影响很大，并据此演化出结构形式多样、适用场合各异的约束体系。

从静力特性来说，斜拉桥的传力路径为：荷载—主梁—拉索—索塔—墩台—地基，斜拉索与主梁、索塔构成了稳定的三角形结构来承受桥面荷载，如图 2-14 所示。正是由于三角形结构形态的构建，索塔、主梁设计参数的灵活性以及斜拉索索力的可调控性，使得斜拉桥的设计参数多、可变范围大、具有实现目标的路径多样性，是一种设计灵活度大、艺术表现力强、跨越能力突出的结构形式。从动力行为来说，随着斜拉桥跨径的增大，结构柔性显著增大、结构非线性行为突出，结构体系刚度的构成与组合优化更加复杂，动力行为特别是风致振动问题变得较为突出，逐渐成为斜拉桥设计、施工和运营的控制因素。目前，斜拉桥的工程实践非常活跃，在结构材料上，钢斜拉桥、混凝土斜拉桥、组合梁斜拉桥、混合梁斜拉桥竞相发展；在结构体系上，从独塔两跨、两塔三跨发展到多塔多跨，从自锚式发展到部分地锚式，并发展出斜拉-刚构协作体系、斜拉-悬索协作体系、部分斜拉桥等新的结构形式，技术经济优势得以不断彰显，在 300～800 m 跨径范围内占据主导地位，跨径超过 1000 m 时，斜拉桥也成为悬索桥强有力的竞争桥型。

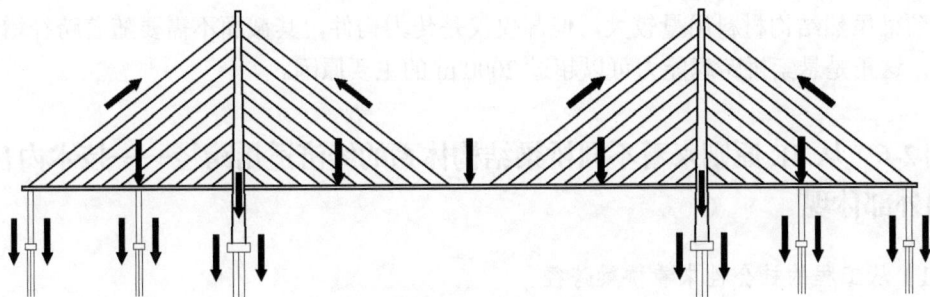

图 2-14　斜拉桥的传力路径示意图

4. 悬索桥

悬索桥属于形态作用结构体系，具有跨越能力大、材料利用效率高、建造技术成熟等特点，跨径越大、悬索桥的优势越明显，但随着跨径的增大，悬索桥的竖向及侧向刚度迅速减小。一般的，悬索桥的传力路径为：车辆荷载—加劲梁—吊索—主缆—索塔—桥墩及锚碇—地基，如图 2-15 所示。主缆是悬索桥最重要的构件，在恒载作用下具有很大的初始张拉力，提供了悬索桥的绝大部分刚度，并通过自身的弹性变形、几何形状的改变来影响体系平衡，表现出大位移非线性的力学特征。主缆最重要的设计参数是垂跨比，控制着悬索桥的主缆轴力、结构刚度及锚碇的尺寸，减小垂跨比可以提高结构竖向刚度，但也会增大主缆及索塔的受力，从而导致锚碇规模的增大，反之亦然。因此，悬索桥垂跨比多在 1/11～1/9，其中以 1/10 最为常用。正是由于主缆的重力刚度，且重力刚度随着跨径的增大而增大，导致主缆分担的荷载比例也随跨径的增大而增大，这既是悬索桥区别于其他桥型最主要的特征，也是悬索桥仅适用于大跨径桥梁的根本原因。跨径小于 600 m 时，悬索桥恒载与活载的比值偏小，导致其刚度较小、使用性能较差，经济技术指标并不合理。

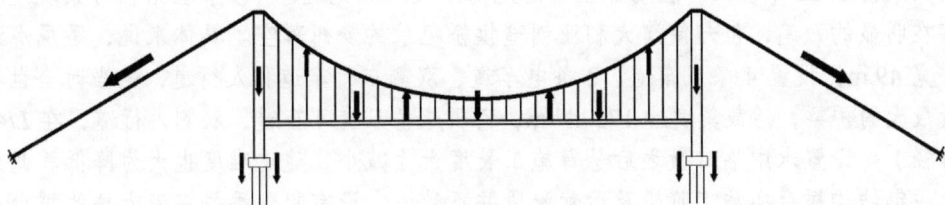

图 2-15　悬索桥的传力路径示意图

悬索桥属于典型的大变形结构，从静力性能来看，悬索桥是依靠主缆初应力刚度来抵抗变形的二阶结构，加劲梁的挠度从属于主缆，主缆刚度基本上决定了结构体系的刚度。从动力特性来说，随着悬索桥跨径的增大，结构柔性显著增大、几何非线性行为非常突出，动力行为尤其是风致振动问题变得更加突出，往往成为悬索桥设计施工运营的主要控制因素。一方面，主缆仅承受轴向拉力，可以充分发挥高强度钢丝的强度，相对于受弯、受压构件，材料利用率最高，跨越能力由此得以显著增强。另一方面，悬索桥的加劲梁虽然结构材料用量较大，但却仅仅是传力构件，其截面不需要随着跨径增大而改变，这正是悬索桥跨越能力可以超过 2000 m 的主要原因。

案例 2-6　从 4E 原则来看不同桥梁结构体系的经济适用跨径——技术内在规律的外部体现

1）从工程的社会性来看桥梁跨径

竞争是人类的天性，对各类纪录的向往和追求也常常被上升到国家民族感情的高度，结构工程因其体量大、显示度高，自古以来便承载着各种各样的社会期望，例如，在绝对皇权时代，庄严雄伟的皇家建筑、地方官衙建筑担负着诠释皇权正当性的作用，起到了展现强盛、震慑人心、教化民众的作用，传说中的巴比伦塔、北京故宫、伦敦白金汉宫、巴黎凡尔赛宫，以及遍布我国各地的文庙无疑是这类建筑的杰出代表。近现代以来，建造大跨径桥梁、大跨度建筑、超高层建筑曾经是一个城市乃至国家层面的大事，也是结构工程实践活动的高地，因此结构工程的纪录也被赋予了诸多精神内涵及象征意义。如英国福斯铁路桥、美国乔治·华盛顿大桥、纽约帝国大厦、日本明石海峡大桥、吉隆坡石油双塔、迪拜哈利法塔等，在规划建设过程中就承载着诸多的国家意志和社会期望，这一现象在经济后发国家尤为突出。

欧美发达国家也曾有过一段时间显现出对桥梁跨径、高层建筑高度纪录的追求。例如，1981 年亨伯尔桥以 1410 m 跨径打破美国韦拉扎诺海峡大桥保持 27 年世界纪录建成时，英国工程界发出了"英国重新站上了世界工程之巅"的欢呼声。又如，在钢拱桥跨径纪录争夺中，在获悉澳大利亚悉尼海港大桥 [Sydney Haiboui Bridge，跨径 503 m，见图 2-16（a），约翰·布拉德菲尔德（John Brafield）和拉尔夫·弗里曼（Ralph Freeman）设计，1923 年开工建设] 将在 1932 年建成开通的消息后，美国工程界就迫不及待地抢先建成了纽约贝永桥 [Bayonne Bridge，跨径 504 m，见图 2-16（b），奥斯玛·安曼设计]，虽然贝永桥 1931 年竣工时在功能上与悉尼海港大桥相比逊色不少，在结构与景观处理上还存在明显的败笔，但却使澳大利亚创造拱桥纪录的梦想落空。具体来说，悉尼海港大桥桥宽 49 m，设置 4 条汽车道、2 条电车道、双侧自行车道和人行道，是当时全世界交通量最大的桥梁，活载集度达 175 kN/m；而贝永桥只有 4 车道、双侧人行道，在 $L/4$（L 为跨径）处设置水中临时墩之后悬臂施工长度大为减小、建造难度也大为降低。此外，贝永桥钢结构桥台在施工阶段及运营阶段并不受力，没有起到悉尼海港大桥的桥台在施工阶段起到平衡钢拱肋悬臂重量、在运营阶段给人以厚重稳当感觉的作用。这一设计败笔就连行外人士也看得出来，而建设时正逢美国经济大萧条时期、未砌筑花岗岩饰面的做法无疑又进一步放大了这一败笔。

（a）悉尼海港大桥　　　　　　　　　　　　　　　　（b）纽约贝永桥

图 2-16　20 世纪 30 年代两座著名钢拱桥的概貌（图片来自维基百科，查看彩色图片可扫描封底二维码）

　　欧美国家进入工业化中后期以来，大跨径桥梁、超高层建筑建造变得越来越容易，结构工程的建设需求也有所放缓，修建大跨径桥梁、超高层建筑不再像之前那么受到社会的广泛关注，工程界也不再热衷于打破纪录，而是更加专注于提升工程品质，2017 年建成的英国昆斯费里（Queensferry）大桥就是一个典型的案例。昆斯费里大桥也被称为福斯三桥，该桥与 1890 年建成的福斯铁路桥（主跨 521 m 的悬臂钢桁梁，一度保有桥梁跨径的世界纪录）、1964 年建成的福斯公路桥（主跨 1006 m 的钢桁梁悬索桥）比邻而立，如图 2-17 所示。在方案设计阶段，也曾研究过主跨 1000 m 左右的斜拉桥方案，出于适用性及经济性能的多重考虑，最终选取了 2×650 m 的双主跨斜拉桥，为增大竖向刚度、减小不平衡活载产生的索塔弯曲变形、提高中塔的纵向稳定性，斜拉索在两主跨跨中约 25%、长 160 m 的范围内采用了交叉布置方式等提高结构刚度的措施，不仅有效减小了工程规模、降低了工程造价，而且其所采用的交叉斜拉索布置方式成为提高多跨斜拉桥刚度的新途径，在经济合理的情况下增大了结构的竖向刚度，在工程观念上颇为先进，在技术对策上颇具创新，从而引领了全世界多跨斜拉桥的发展方向。昆斯费里大桥的技术策略，比较典型地反映了时代的风貌、技术的进步规律以及英国工程界对桥梁合理跨径的认识，值得工程界借鉴学习。

图 2-17　英国福斯铁路桥（左）、福斯公路桥（中）及昆斯费里大桥（右）概貌（图片来自维基百科，查看彩色图片可扫描封底二维码）

　　但是，对于一些经济后发国家如中国、卡塔尔、阿联酋、马来西亚等，创造结构工程纪录的情结仍然比较突出。例如，阿联酋迪拜哈利法塔在建设之初，就承载着将"世界最高建筑"的头衔重新带回中东的历史使命（建成于公元前 2670 年的埃及胡夫金字塔高 146.59 m，在近 4000 年的时间里一直是世界上最高的建筑物，直到公元 1311 年才被英国林肯大教堂超越）。再以我国近年来建造的跨越长江的桥梁为例，长江武汉至南京段因长江航道因水深不足，被定为内河 I 级航道、通行 3000 t 级船舶，通航净高要求 24 m、净宽为 2×160 m，但近十多年来参建各方以减小桥梁船舶撞击风险、打造区域标志性建筑物为由，修建了许多主跨 1000 m 左右的桥梁，主跨的净跨与净高之比超过了 20，在比例上不协调、在美观上有缺陷、在经济上不合算。对于这些桥梁，虽然适度增大跨径体现了航运业发展的时代要求、反映桥梁工程技术进步，具有相当程度的合理内涵，但却与早年建成的武汉长江大桥（跨径 128 m）、南京长江大桥（跨径 160 m）的跨径极不匹配，也与近十多年来建成的武汉天兴洲长江大桥（跨径 504 m，2008 年建成）、南京大胜关长江大桥（跨径 336 m，2009 年建成）的跨径极不协调。这也许是结构工程的社会性和系统性的副作用所致，在不同的时空里会反复出现，以至在一些情况下异化了对工程本质的认识。

2）不同桥梁结构跨越能力与经济适用跨径的内在规律

实际上，结构材料的允许应力才是结构跨径（高度）最主要的限制因素，如果不考虑工程建造的经济指标约束及工程项目的具体条件，在采用 2000 MPa 级高强度钢丝、800 MPa 级高强度钢板、100 MPa 级混凝土的情况下，现有结构工程纪录距单纯由技术可行性所决定的最大跨径（最高高度）的上限还有很大空间，不断被打破的结构工程纪录也就成为工程实践活动人们竞相追逐的目标。但是，可能性与可行性之间存在很大差距，且可能的、可行的并不意味着是合理的或必要的，因此，单纯探讨工程纪录并无太大的价值理性，剖析不同结构体系跨越能力与经济适用范围的内在逻辑才更有工程意义。对于桥梁工程，因对材料强度有效利用程度的差异，梁桥、拱桥、斜拉桥、悬索桥的经济适用跨径呈现出 1∶2∶4∶8 的级差（参见表 2-7）；对于大跨建筑结构，梁板柱结构、网格结构、薄壳结构、索膜结构的经济适用范围也大体符合这一级差（参见表 2-6）。为此，以下以桥梁工程为例，从结构艺术的 4E 原则即高效（efficiency）、经济（economy）、优雅（elegance）、环境（environment）出发，在钢材、混凝土作为主要结构材料的情况下，对不同结构体系的跨越能力差异的内在原因简要粗略地解释如下。

对于缆索承重的悬索桥、斜拉桥，其跨越能力强的原因在于以下四点。一是悬索桥、斜拉桥主要承重构件是主缆或斜拉索，高强度线材受拉，可以将其强度优势充分地发挥出来，材料用量较省，符合高效原则。二是悬索桥的加劲梁、斜拉桥的主梁虽然材料用量较大、在全桥材料用量的占比较高，但却仅仅是传力构件而非主要承重构件，只产生局部弯曲，其受力行为主要取决于吊杆（斜拉索）的间距，其截面不需要随着跨径增大而改变；同时，可以利用主缆或斜拉索架设加劲梁或主梁，无需在施工措施方面花费额外的费用，符合经济原则。三是索塔、缆索的布置方式灵活多变，可以创造出丰富多彩、意象优美的结构造型，承载起社会各界对桥梁工程的期望，符合优雅原则。四是大跨径缆索承重桥梁常常应用于跨越江河、海口或山谷，宽阔的水面或深切的山谷与高耸的索塔、纤细的加劲梁或主梁形成强烈的对比，在使用功能之外，还可以展现出卓越的艺术价值，展现了人类跨越自然障碍的能力和精神追求，符合与环境协同的原则。

对于悬索桥、斜拉桥跨越能力的倍差，也可以用高效、经济原则给出基本解释。随着斜拉桥跨径的增大，其主梁逐步从承受弯矩为主、承受轴力为辅，转变为承受轴力为主、承受弯矩为辅（如果要减小主梁的轴力，则需通过增大索塔高度来增大斜拉索与主梁的夹角），主梁演变为压弯构件，受整体稳定性、局部稳定性的制约，需要在主梁截面形式、细部构造等方面采取相应的工程措施，如增大主梁的宽度与跨径之比、增大截面、布设足够强劲的加劲肋等，这样就难以充分发挥高强度钢材的作用，导致其经济性能降低，跨径超过千米时尤为明显，不得不让位于悬索桥或斜拉-悬索协作体系了。对于悬索桥，随着跨径的增大，加劲梁作为传力构件，局部受弯的属性没有发生任何改变，而主缆、锚碇、索塔等主要受力构件的尺寸可以根据受力需求比较方便地增大，施工难度及施工风险并没有产生本质性的改变，几乎没有制约因素。相关分析估算结果表明，大跨径悬索桥主缆拉力具有如下两个特点。一是随着跨径的增大，活载效应占比不断降低，跨径 3000 m 级的公路悬索桥，活载产生的主缆拉力约占主缆总拉力的 4%，跨径 5000 m 级的公路悬索桥，活载产生的主缆拉力约占主缆总拉力的 2%。二是主缆的恒载拉力大部分来自自身，跨径 5000 m 或更大时，加劲梁自重、二期恒载的重量产生的主缆拉力只占 25% 左右，主缆的拉力及竖向、横向刚度主要来自自身。因此，一些学者推断，悬索桥的极限跨径可达 10 000 m，可以覆盖人类跨越障碍的任何需求。主跨 3300 m 的意大利墨西拿海峡大桥拟实施方案则从侧面说明了这一点，该桥在极为严苛环境条件下（海底与两岸的连接坡度非常陡、存在崩塌的风险，距海面高度 70 m 的风速为 60 m/s，地表最大水平加速度峰值为 0.60 g），能够抵御 2000 年一遇地震，颤振临界风速可达 90 m/s，这说明悬索桥在技术上并没有什么不可突破的壁垒，只是在实施的某些方面还存在一些技术上挑战。

对于拱桥，其主要构件以受压受弯为主，受整体稳定性或局部稳定性的制约，无法将高强度钢材的优势发挥出来，很多时候就只好采用受压性能较好的钢筋混凝土或钢管混凝土作为结构材料，导致其施工工序较多、工期较长、施工难度及施工风险大增，如果施工方法不够先进合理，施工临时措施费用也会剧增，并不符合高效原则。对于梁桥，截面主要由上缘、下缘和腹板构成，视腹板形式的不同，当采用实腹式截面时，梁体以受弯受剪为主，截面上的应力分布极不均匀；当采用空腹式截面或进一步改良为桁架梁时，应力分布不均匀这一现象有所改善，但空腹式腹杆或桁梁中仍存在数量较多的受压构件，依然会对高强结构材料的高效利用形成钳制。虽然早在 1890 年，采用悬臂桁架梁的英国福斯铁路桥跨径就已达到了 521 m；在 1974 年，采用钢箱梁的巴西里约-尼泰罗伊（Rio-Niterói）桥跨径达到了 300 m，但当梁桥跨径超过 300 m 时，无论是采用钢桁梁桥、钢箱梁桥、预应力混凝土箱梁桥、钢-混凝土组合梁桥还是钢-混凝土混合梁桥，结构材料利用效率在四种桥型中仍然是最低的，多数情况下依然缺乏技术经济优势。此外，当预应力混凝土箱梁桥、钢筋混凝土拱桥跨径增大至 300 m 左右时，恒载产生的内力占比常常高达 90% 左右，能够提供给活载可利用的承载能力一般多在 10% 上下，且混凝土拱桥的施工临时措施费用常常较高，不太符合经济原则。因此，跨径超过 300 m 时，在与斜拉桥、悬索桥的竞争中，受现有的结构材料性能及施工方法的制约，梁桥、拱桥就很难占据优势了。只是在一些特殊情况下如山区桥梁、高速铁路桥梁的建设中，拱桥因其承载潜力高、刚度大、造价低廉，仍然占据一席之地。

2.4　结　构　理　论

一般说来，结构理论包括结构分析方法、结构（构件）行为理论、结构试验方法等几个方面，是一个遵循实验科学范式、理论科学范式构建起来的庞大理论体系，也是一个建立在工程力学、结构试验、数理统计科学基础上的正在发展中的理论体系。具体来说，结构分析方法是将结构物理模型转化为力学-数学模型并进行求解，得到各种荷载作用下反映物理模型近似结果、满足工程精度的手段和方法，从而尽可能较为客观地掌握"不能被精确分析"结构的内力。结构（构件）行为理论是基于经典工程力学、结构试验来描述刻画结构构件在弯矩/剪力/扭矩等内力作用下受力行为的理论-经验公式的集合体。结构试验方法是揭示结构（构件）的受力机理，描述结构（构件）的力学行为的专门手段，以弥补工程力学的欠缺，更好地反映结构材料的离散性、结构细部构造传力机理的特殊性、结构体系力学行为复杂性等因素的影响。

第二次世界大战以后，在工程力学、材料科学、计算机科学、现代结构实验技术等学科的支撑下，面向蓬勃发展、日益复杂的结构工程实践，结合结构工程实践活动中出现的各类问题及疑难症结，基于工程经验教训的总结提炼，借助于结构（构件）行为试验研究、现场实测成果的数理分析及归纳升华，现代结构工程的设计计算理论迅速发展成熟，比较全面系统地揭示了结构工程的力学行为，结构工程设计施工实现了从依赖工程经验向依托理论分析计算的根本转变。由于现代结构工程的结构理论体系非常庞大、内容非常丰富，并还在不断发展完善之中，为将结构理论的发展脉络勾勒出来，现将80 多年以来的结构理论创新成果简要罗列如表 2-8 所示，并从结构（构件）设计理论、结构防震理论、结构抗风理论与试验手段等三个主要方面进行粗线条的阐述。

表 2-8　现代结构工程结构理论创新成果简表

成果	奠基年代	主要创建者
结构防震理论	20 世纪 30 年代	George W. Housner、未广恭二、N. M. Newmark、Ray.W. Clough、武藤清、刘恢先、R. Park、T. Paulay 等
结构（构件）设计理论	20 世纪 50 年代	Eugène Freyssinet、Gustave Magnel、Yves Guyon、Franz Dischinger、Eduardo Torroja、T. Y. Lin 等
结构抗风理论与试验手段	20 世纪 60 年代	Theodore von Kármán、K. Klöppel、Alan Garnett Davenport、Christopher Scruton、Robert Harris Scanlan 等
有限元法及 CAE 软件	20 世纪 60 年代	Richard Courant、John H. Argyris、Ray W. Clough、Edward L. Wilson、Olgierd Cecil Zienkiewicz、张佑启等
结构振动控制理论	20 世纪 80 年代	J. T. P. Yao、H. H. E. Leipholz 等

注：奠基年代是指该理论框架基本确定的大致时间。

2.4.1　结构（构件）设计理论

结构工程设计的核心问题是解决结构外部作用与内部抗力的矛盾。外部作用产生的内力效应可借助于有限元法及 CAE 软件进行分析，内部抗力则由结构（构件）设计计算理论来确定。由于结构（构件）抗力包括客观世界的模糊性与随机性，以及主观认知不完备性和未确知性，如何科学合理地应对这些不确定性就成为结构（构件）设计理论的核心任务。经过近百年的发展，结构（构件）设计计算理论已从近代的半经验-半理论转变为现代的半理论-半经验阶段，并且理论的"含金量"一直在不断提升之中。现阶段，结构（构件）设计计算理论基本成型，能够比较系统地回应结构工程实践中的各种不确定性、满足工程实践的需要，但在科学性上，仍存在诸多认识不深刻、理论不完备、方法不严谨、应用不方便等局限。因此，在工程实践，特别是大型复杂结构的工程实践活动中，仍然离不开目的各异、尺度不一的结构试验。以下根据结构（构件）的材料构成，对混凝土结构（构件）、钢结构（构件）、钢-混凝土组合结构（构件）的设计计算理论发展状况做一简要概括论述。

1. 混凝土结构（构件）

20 世纪 30 年代以来，随着混凝土的广泛应用，面对复杂多变、难以基于工程力学把握的材料性能与工作机理，人们不得不借助于结构模型试验、现场实测等手段，来研究掌握混凝土结构的力学机理与服役行为，据此弥补工程力学的局限。第二次世界大战后，人们逐步掌握了混凝土结构的受力机理，发展完善了多向受力状况下的混凝土强度理论，基本阐明了混凝土收缩徐变以及其对结构行为的影响，提出了混凝土结构刚度、裂缝宽度、长期行为的计算方法，明确了预加应力效应及次内力的衍生机理，开发了预应力混凝土结构体系、主要构造与张拉装备，并形成了一系列高效的施工方法，推动了预应力混凝土结构的发展和壮大。在这个进程中，人们逐步发展出部分预应力、体外预应力、无黏结预应力混凝土、纤维混凝土的设计理论，极大地丰富了混凝土结构的配筋形式。到了 20 世纪 70 年代，混凝土结构理论基本成型，基本揭示了混凝土材料离散性对结构的受力行为的影响规律。虽然混凝土结构设计理论取得了极大的进展，但由于混凝土材料的非匀质性、时变性和复杂性，一些问题如混凝土多向受力的本构模型、混凝土结构收缩徐变及其产生的附件内力计算、复杂混凝土结构的失效模式失效路径和极限承载能力等至今尚未得到圆满的解决，有些时候还会给结构工程师的设计工作带来不小的麻烦。

此外，进入 20 世纪 70 年代，人们发现混凝土结构的耐久性并不像过去认为的那样好，普遍存在碳化、氯粒子损害、钢筋锈蚀、碱骨料反应等耐久性病害。所谓耐久性，是指在正常的使用维护条件下，材料和结构（构件）承载能力和使用性能不发生大的变化的能力。于是，人们又发展出混凝土耐久性理论、全寿命设计理论，在材料、结构、工程应用等多个层面上，研究大气环境对混凝土碳化和钢筋锈蚀的影响，探明锈蚀钢筋混凝土构件的力学性能，从材料制备、施工工艺、结构构造、养护维修等多个方面提升混凝土耐久性，并将研究成果逐步被纳入设计规范的框架体系下，基本上破解了港口工程、海洋工程、高寒地区的混凝土结构的建设与管养的瓶颈。

2. 钢结构（构件）

目前，结构分析能够摆脱解析解方法的束缚、模拟大型复杂钢结构施工过程中结构局部或整体在不同阶段的受力特性。但与此同时，随着钢结构特别是钢桥的发展，两阶段设计法的局限逐渐显现出来。所谓两阶段设计法，即在钢结构进行内力分析时不考虑几何非线性和材料非线性的影响，在构件设计时才考虑几何初始缺陷、构件残余应力、半刚性连接、P-δ 效应等，虽然这些问题在混凝土结构中也普遍存在，但因混凝土结构的厚度相对较大，问题并不像在钢结构中那样突出。于是，钢结构的高等结构分析理论便应运而生。钢结构高等分析理论将强度理论、稳定理论和塑性理论统一在结构整体分析之中，避免了常规分析中通过计算有效长度系数考虑结构（构件）的稳定性、通过相关方程考虑结构（构件）的弹塑性状态、通过规定结构（构件）各板件的宽厚比控制局部稳定等局限性。这方面典型案例是 20 世纪 70 年代初发生的澳大利亚墨尔本西门大桥、德国德科布伦茨桥等五起钢箱梁腹板局部失稳事故，催生了具有初始几何缺陷或结构缺陷钢板屈曲理论的发展成熟，并由此发展出第二类稳定理论。另外，随着薄壁钢箱梁的推广应用，结合有限元法，薄壁箱梁的翘曲、畸变、约束扭转、剪力滞后等复杂力学行为的空间分析方法及相应 CAE 软件应运而生，薄壁钢箱梁结构应用的主要认知障碍得以扫除，但在工程实践中，仍有一些问题如钢结构节点构造及其剪切变形的影响、塑性铰的设置与分析等亟待深化。

此外，针对钢结构的疲劳断裂现象，人们基于结构疲劳试验，得出了疲劳断裂内因是因为构造细节的焊接缺陷、外因是活荷载的应力幅（即最大活载应力与最小活载应力之差）这一基本认识，提出了疲劳设计理论，明确了钢结构设计、加工制造、安装过程中进行构造细节处理的基本原则，优化完善了钢结构的细部构造，建立了质量缺陷检测与控制的体系化方法，构建了用于结构疲劳验算的荷载谱，基本上掌握了钢结构疲劳行为。但在工程实践中，仍有一些问题如正交异性板的疲劳机理、构造形式、焊接工艺、改进对策等仍亟待进一步深入研究。

3. 钢-混凝土组合结构（构件）

进入 20 世纪 80 年代后，为克服钢结构或混凝土结构的局限性，钢-混凝土组合结构便逐步发展起来，并成为与钢结构、混凝土结构并列的三大结构类型之一，得到了较为广泛的应用。在旺盛的工程实践需求推动下，依托混凝土结构、钢结构的基本理论，钢-混凝土组合梁、钢-混凝土混合梁、钢管混凝土、钢壳混凝土等新型组合（复合）结构的设计理论也逐步发展起来了，提出了围箍约束状态下的混凝土强度理论，发展了剪力连接件的设计计算理论，完善了钢构件与混凝土构件的内力（应力）重分布的分析方法，等等。在这些结构理论方指引下，提升了结构工程师对钢-混凝土组合结构一些特有问题的认识能力，能够更好地考虑各组成材料和构件的力学性能，有效地发挥各种材料的优势，并推动了钢与混凝土新的组合形式、新的组合构造的研究开发。

目前，广义的钢-混凝土组合结构如钢-混凝土组合柱、钢-混凝土组合楼板、钢-混凝土混合梁、波形钢腹板组合梁、钢腹杆组合梁、钢壳混凝土结构、FRP-混凝土组合梁等新的组合方式层出不穷，组合形式得以不断优化，应用场景得以不断拓展，技术经济优势得以逐渐显现。相信通过市场洗礼、技术迭代与自我完善，一些综合性能优越的组合方式会脱颖而出。但与此同时，针对组合（复合）结构的一些特殊问题如组合构造的优化、剪力连接件力学性能的提升、组合界面的脱空滑移行为、组合结构的长期力学行为等还需深入研究。

案例2-7　几座钢箱梁桥的屈曲失稳——工程事故对设计计算理论的推动作用[①]

1）技术背景

在 1969～1971 年，英国、奥地利及澳大利亚相继发生了五座大跨径钢箱梁桥或钢箱梁斜拉桥的施工事故（奥地利维也纳多瑙河第四大桥、澳大利亚墨尔本西门大桥、英国米尔福港大桥、德国德科布伦茨桥、民主德国措伊伦罗达桥），其中英国米尔福港大桥、澳大利亚墨尔本西门大桥造成了严重的生命及财产损失，震动了国际桥梁工程界。虽然事故现象各异，但事后调查主要原因都指向钢箱梁受压板件局部失稳、发生屈曲。事实上，薄壁板件局部失稳这一现象早在 1845～1848 年，在英国不列颠尼亚桥（参见案例 1-5）建设时的模型试验过程中，就被两位力学家威廉·费尔贝恩和伊顿·A. 霍奇金森所发现，但时隔 100 多年，随着钢箱梁向"轻质、薄壁、大跨"方向发展，到了 20 世纪 60 年代，薄壁构件局部失稳这一现象更为突出。作为现代结构工程领头羊之一的英国，也有研究者向当局提出了课题立项的申请，但有关当局认为：大型箱梁结构的设计可以借鉴航空工业中的薄壁结构理论，无需专门进行研究。于是，在工程实践中人们多参照德国钢箱梁设计建造经验，重点关注正交异性板的设计和构造要求，对薄壁板件局部失稳的严重危害认识不到位，也没有充分考虑构件体量、设计荷载、制造工艺、初始缺陷、架设方法等差异带来的问题与挑战。另外，限于当时计算能力和认知水平，人们还不会计算复杂支承条件钢板的抗压承载能力，也难以提出科学合理的钢箱梁构造形式，而不恰当施工方法、构造方式及施工临时措施又加剧了事故的灾难程度。其中，1970 年发生的澳大利亚墨尔本西门大桥边跨垮塌事件最为典型。

2）西门大桥概况

澳大利亚墨尔本西门大桥（The West Gate Bridge）总长 2.6 km，跨越雅拉河（Yarra River），桥下最大净空 58 m，主桥跨径布置为 112 m + 144 m + 336 m + 144 m + 112 m = 848 m 的两塔五跨钢箱梁斜拉桥，引桥为混凝土连续梁桥。由于澳大利亚本地的工程咨询公司缺乏此类大型桥梁的设计经验，因此当局邀请英国弗里曼·福克斯合伙人（Freeman Fox & Partners，FF & P）公司承担设计任务，设计工作于 1967 年完成。由于当时正处于斜拉桥从稀索体系向密索体系发展的初期，该桥仅设置两对斜拉索，并将主跨钢箱梁向两侧延伸了一跨，形成了比较独特的五跨连续钢箱梁结构。该桥钢箱梁采用单箱三室梯形等高度截面，布设双向 8 车道，梁高 4.115 m，高跨比为 1/82（主跨）～1/27.2（边跨），顶板宽度为 37.4 m，悬臂宽度为 5.867 m，共设置 4 道腹板，桥面为正交异性钢桥面板。为减小工地焊接工作量，采用了栓焊结构，该桥结构总体布置及钢箱梁截面形式如图 2-18 所示。客观地讲，该桥设计反映了当时国际桥梁界最新成果，技术指标与欧洲同期建设的几座斜拉桥相比毫不逊色，但规模更大，建成后将成为澳大利亚结构工程新的里程碑，也将创造新的斜拉桥跨径的世界纪录。

---

① 本案例图片来自载于"桥何名欤"公众号推文"澳洲墨尔本的西门大桥事故"。

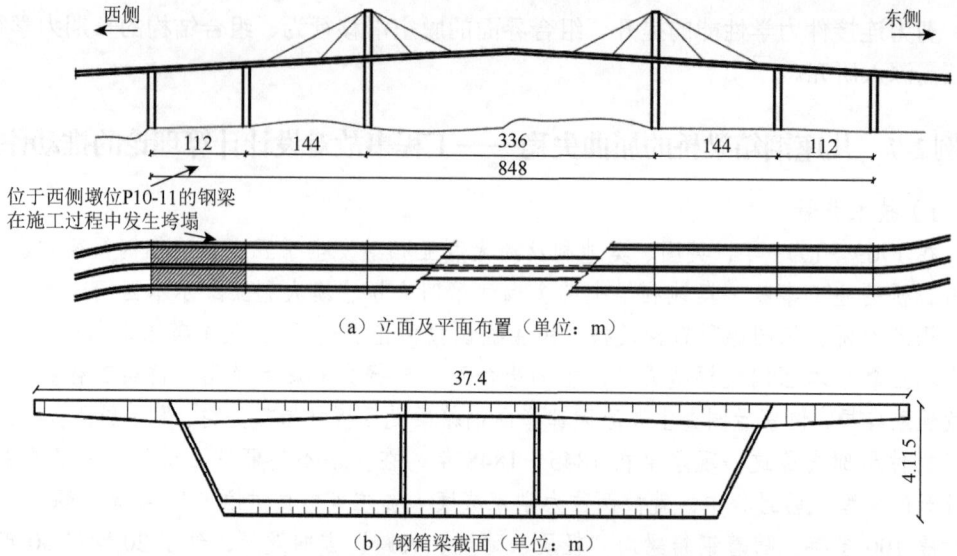

（a）立面及平面布置（单位：m）

位于西侧墩位P10-11的钢梁
在施工过程中发生垮塌

（b）钢箱梁截面（单位：m）

图 2-18　西门大桥结构总体布置及钢箱梁截面形式

拉尔夫·弗里曼早在 1932 年就出色地完成了悉尼海港大桥的设计任务，是国际知名的桥梁设计大师，其所创立的 FF&P 公司在澳大利亚有着不错的口碑和业绩。西门大桥于 1968 年 4 月开始动工，原计划耗时 30 个月、在 1970 年 12 月底竣工。但由于工人罢工和其他原因，工期多次的延误，到了 1970 年初，工期已经延后接近 1 年。为了抢赶工期、减小起吊重量，对于东西两岸 112 m 边跨的架设，由于桥下净空较高（约 50 m）、钢箱梁重量较大（单跨钢箱梁重约 1200 t），施工单位提出了不搭设拼装支架，将钢箱梁沿纵向切成左右两半分别起吊，并在桥墩上完成横移和拼接的施工方案。对这一另类的施工方案，经 FF&P 公司驻地工程师审核，同意了施工单位方案，从而埋下了事故的祸根。

3）事故过程及原因分析

事故发生的第一个原因是，在开口大悬臂钢梁的应力计算时，FF&P 公司驻地工程师存在偏于不安全的概念错误和计算错误。钢箱梁从中间切开后，由于悬臂宽度达 5.867 m，大悬臂钢梁半幅截面存在的不对称性，使截面的主轴绕形心发生了旋转，导致半幅截面的抗弯惯性矩发生了改变、钢箱梁顶板应力控制点到主轴的距离明显增大，而按闭口截面计算得出的弯曲应力明显小于开口截面的实际应力，跨中处顶板处的实际应力比计算结果大 31.1%［图 2-19（a）］。另外，由于顶、底板间只有稀疏的竖向撑杆和斜向临时拉索，临时支撑的刚度明显不足，在东岸边跨现场组拼时，开口钢梁在恒载作用下，过大的顶板压应力导致钢梁顶板发生了局部失稳［图 2-19（b）］。然而，怪异的是，施工单位竟对此竟置之不理，决定继续吊装，待钢箱梁梁段在空中就位后、两个半幅箱梁组拼时再去处理已发生屈曲的板件。对此，业主、设计方都没有认识到潜在的危险，也没有对施工方的做法表示异议。

事故发生的第二个原因是，钢箱梁加劲肋嵌补段的连接强度明显不足。原设计中的钢箱梁顶板的纵向加劲肋间距为 1060 mm，横梁高 460 mm、间距 3200 mm。施工时将钢箱梁从中间切成两半后，纵向加劲肋、横梁对钢箱梁顶板的约束能力被严重削弱，受压顶板变成了一边自由、三边简支的板件。根据板的受压理论，临界屈曲应力降低了 57.4%。而实际情况更糟，由于横梁并非绝对刚性，临界屈曲应力的降低幅度还会更大。由于顶板的边界刚度较弱，顶板的实际屈曲模态变成了覆盖多根横梁的整体失稳［图 2-19（c）］。为解决这一问题，施工单位采取了在顶板纵肋上嵌补节点板 K 板的构造措施，K 板单侧尺寸为 100 mm×12.5 mm，每侧设置 2 个高强螺栓进行连接［图 2-19（d）］。非常不幸的

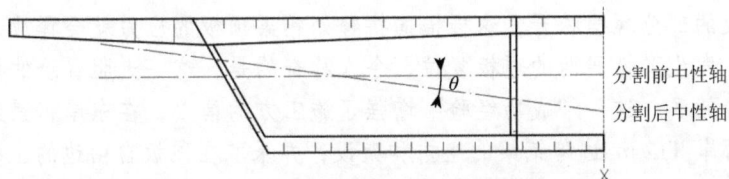

（a）半幅大挑臂钢箱梁的中性轴位置

（b）半幅钢箱梁组拼

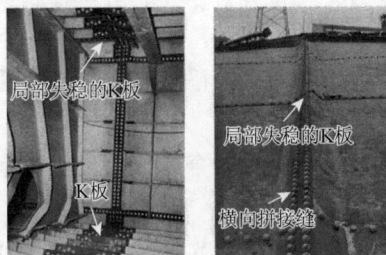

（c）局部失稳的 K 板

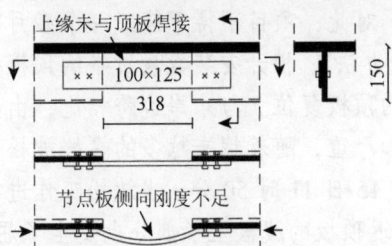

（d）嵌补节点板 K 板的构造措施（单位：mm）

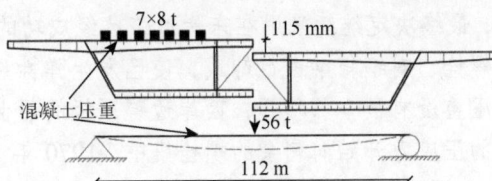

（e）跨中混凝土块压重示意图

（f）自由边失稳情况

（g）西岸边跨垮塌概貌

图 2-19　澳大利亚西门大桥西岸边跨施工措施及垮塌示意图

是，K 板在构造上存在明显的缺陷，连接强度明显小于被连接构件的强度，上缘也没有和顶板焊接，导致其侧向刚度不足，犯了结构构造中的"连接件刚度小于被连接件刚度"的大忌。

事故发生的第三个原因是，采取错误的方法来卸载已经屈曲的钢梁。卸载已经屈曲的钢梁就本来就是一个十分棘手的问题，在高空卸载更是加剧了施工风险，施工单位尝试了在简支钢梁的一侧增加悬臂段来降低跨中正弯矩、帮助跨中卸载的对策，但在拼接了一个箱梁节段后，效果并不明显。于是，又去尝试另一个更加大胆的想法：把顶板上连接钢梁节段的部分螺栓松开，这样横向拼缝处箱梁顶板的应力就会释放、发生纵向相对滑动，使已发生弹性屈曲的顶板复位。令人称奇的是，这一大胆冒险的措施在东岸边跨竟然成功奏效了。这一"成功经验"增强了施工方的信心，在东岸积累经验后，施工方开始着手西岸 112 m 边跨钢梁的组拼和架设，并采取在顶板自由边的上缘增设加劲槽钢、在每一道横梁的位置增设 L 型钢斜撑的临时措施。实践证明，增加临时支撑效果还是明显的，在吊装西岸左、右半幅钢梁时，顶板并没有像东岸一样发生屈曲。但新的问题来了，西岸边跨左、右两侧半幅箱梁的预拱度相差很大，跨中高差达 115 mm，大大超过了钢梁组拼的误差限值，也超出了通过支座顶升来调平跨中高差能力的极限，施工单位不得不另想办法。

事故发生的第四个原因是，把侥幸的"成功经验"当成规律来运用。面对西岸边跨跨中 115 mm 的高差，施工单位又想出来一个新主意：在跨中处放置混凝土压重来消除高差。经计算，在跨中放置 7 块共计 56 t 混凝土压重可以消除高差，但计算时又一次忽视了顶板受压的局部稳定问题，致使顶板的应力水平又增大了 10%~20%，结果是顶板自由边带着加劲槽钢一起失稳了 [图 2-19（e）、（f）]。对此，项目不得不停工一个多月商讨对策，最终决定继续采用在东岸边跨已经成功的"老办法"：松开安装数量过半的顶板横向拼缝螺栓、对钢箱梁进行卸载，使已发生弹性屈曲的顶板复位。与东岸边跨相比，由于混凝土压重没有被全部移开，西岸边跨顶板的屈曲更加严重，随着越来越多的螺栓被松开，顶板的压应力开始向剩余的螺栓集中。1970 年 10 月 15 日 11 时 50 分，当放松工作进行到第 37 个螺栓时，顶板的屈曲开始沿横桥向发展，临近顶板的腹板上半部分也发生了屈曲，剩下的螺栓逐一被剪断，一个"人为"的塑性铰就这样产生了。由于左、右半幅之间的一部分横梁已经连接，失稳的左半幅箱梁带着右幅一起从 50 m 高空掉落下来，1200 多 t 重量并直接砸中了桥下工人休息的工棚 [图 2-19（g）]，直接造成包括 FF & P 公司 3 名驻场的工程师在内的 36 人当场遇难、17 人受伤，成为澳大利亚有史以来最严重的工程事故。

事故发生后，有关当局调查得出的主要结论是：①施工方采取了一种"反常规"、将钢箱梁纵向切分的吊装组拼方案、但又没有进行充分的研究论证，这无疑是事故的主要原因；②设计方对钢梁施工阶段应力计算错误、同意放松连接处螺栓的决定等也是事故原因之一；③一系列认知偏差和接二连三的、错误的临时工程措施共同导致了事故的发生。客观来说，当时国际工程界对薄壁结构板件的局部稳定性存在认知局限也是一个不容忽视的因素。事实上，1970 年 1 月，发生在英国威尔士的米尔福港大桥钢箱梁悬臂根部底板局部屈曲事故，设计方也是 FF & P 公司，但显然 FF & P 公司并没有从事故中吸取教训、提升对钢板件屈曲失稳的认识水平和应对措施。

1972 年，西门大桥工程重新开工。在事故发生 8 年后，西门大桥终于在 1978 年 11 月建成通车，由原设计的 8 车道扩充为 10 车道，大桥共耗资 20.2 亿元澳元。如今，作为墨尔本城市重要通道，西门大桥日均交通流量达 18 万辆/天，成为澳大利亚最繁忙的桥梁。

4）工程事故对设计计算理论的推动作用

澳大利亚墨尔本西门大桥、英国米尔福港大桥等五座桥梁钢板件局部失稳屈曲事故，推动了国际结构工程界对具有初始几何缺陷或物理缺陷钢板屈曲理论的研究，薄壁结构分析理论与方法成为 20 世纪 70 年代最热门的研究课题。在这些研究中，1973 年 2 月最终成文的、由英国物理学家 A. W. 麦里逊（A. W. Merrison）领衔的麦里逊委员会报告得到了广泛的认同。麦里逊报告认为传统欧拉理论是针对理想平直构件，在理想受力条件下推演出来的，而实际工程构件尺寸较大，无法达到理想的平直状态，因此在进行结构稳定分析时，不能忽略构件的几何初始缺陷和物理初始缺陷，有初始缺陷的实际工程构件，其极限承载力远低于用欧拉理论计算得到屈曲荷载。同时，麦里逊报告还对诸如偏心荷载作用、剪力滞后效应、平板大挠度变形、焊接残余应力等多种因素进行了系统的分析和试验研究。基于这些研究成果，人们把针对工程实际构件、计及各类初始缺陷的稳定计算理论称为第二类稳定理论。这些研究成果集中反映在 1982 年颁布的英国规范 BS5400 中，后又被欧洲结构规范 EN1993 所沿用。此后，薄壁钢箱梁力学行为的认知障碍得以扫除，很少再发生因钢箱梁局部屈曲失稳而导致的严重事故。

5）结语

澳大利亚墨尔本西门大桥等桥梁钢板件局部失稳屈曲事故虽然已经远去，结构工程界对薄壁钢箱梁力学行为的认知、细部构造的改良产生了巨大的进步，薄壁钢箱梁也逐渐演化为一种常见的截面形式。但是，这些事故提醒我们：力学行为是结构设计与建造的根本，结构分析理论是把控力学行为的关键，即便是施工临时措施，也应该掌握其背后的结构理论、进行细致深入的力学分析。但令人遗憾的是，钢箱梁施工事故，特别是整体倾覆事故还时有发生，例如近年来，由于施工措施、施工工序不当，我国相继发生了南京内环西线、四川叙威高速、广东中山西环高速等多起曲线钢箱梁或钢-混凝土组合梁的整体侧倾失稳的工程事故，虽然机理并不复杂，但其中的教训仍令人深思。

2.4.2　结构防震理论

地震是各种自然灾害包括洪涝灾害、风灾、地质灾害中最难预防、导致生命财产损失最大的灾害，严重危害结构工程的安全，影响震后救援工作的开展。一般来说，结构防震理论主要包括结构抗震、结构隔震、结构减震、地震反应分析方法等。为此，以下就结构防震理论的发展状况及存在的主要瓶颈、结构地震反应分析方法、结构隔震技术、结构减震技术等几个方面，进行简要论述。

1. 发展状况

通过上百年的努力，经历抗震强度设计（1940～1970 年）、抗震延性设计（1970 年至今）两个发展阶段，结构工程界明确了结构抗震设防目标，提出了抗震延性设计方法，推动了结构弹塑性时程分析方法的普遍应用，在历次地震震害调查结果的基础上，构建了相对完善的结构抗震理论体系，一定程度地提高了结构的抗震能力，减轻了地震给人类带来的灾难。但是，受结构弹塑性分析方法水平不高、结构延性利用难度较大等因素的制约，结构抗震理论仍存在诸多局限。以延性设计为例，其以允许结构主要受力构件发生塑性变形为代价，存在震后难以修复、使用功能难以恢复等困难，带来的直接与间接损失仍然巨大，仍难以满足建筑、人口、财富高密度分布的社会需求。另外，面对地震动参数具有高度不确定性、实际地震动的风险水平可能远超设计值的情况下，延性设计并不能防止结构产生倒塌等严重震害，也难以抵御地震过程中余震的多次袭击。以 2023 年 2 月 6 日凌晨 4 时 17 分发生的土耳其东南部与叙利亚边境的卡赫拉曼马拉什省大地震为例，震源深度约 20 km，震级为 7.8 级，11 min 后，又发生了 6.7 级强震；9 h后，又爆发了一次 7.8 级大地震，即在短短的 60 h 内，先后在同一地区发生了 7.8 级地震 2 次、5.1～6.7 级地震 4 次、小震 790 次，导致 10 万栋房屋倒塌、50 500 人遇难，这再一次说明延性抗震设计方法的前提假设（抵御一次强震）、基本原则（某些构件可产生塑性破坏）、震后救援可实施性（黄金 72 小时法则）等方面仍存在诸多待解决的基本问题。

进入 20 世纪 80 年代，人们从历次震害中逐渐认识到传统结构抗震理论的局限与不足，在姚治平（J. T. P. Yao）、H. H. E. 莱普霍尔茨（H. H. E. Leipholz）等人的带动下，结构防震理论与技术进入了结构抗震、结构隔震、结构减震、结构振动控制多路径协同发展的新阶段，概括来说，主要表现在以下三个方面。

一是发展出结构隔震、结构减震耗能等防震新对策，走出了单纯依靠结构抗力"硬抗"的路径依赖，并进行了卓有成效的工程实践，防震策略进一步趋于科学化、多元化、合理化，提升了人们应对高度不确定性地震作用的科学化水平。

二是发展出结构振动控制理论与技术，提出了各种结构振动控制的新策略，开发出类型各异、性能优越的控制装置，改善了结构的动力性能，丰富了结构防震的技术手段，增强了结构工程抵御自然灾害的能力。

三是提出了基于性能的抗震设计方法，明确了多级地震设防水准、多级性能水准和多级性能目标的设计原则，发展出包括性能目标多级性、性能目标可选性、结构抗震性能可控性在内的基于性能的抗震设计方法，拓展了地震危险性分析、易损性分析、概率性决策分析等新的分析方法。

2. 主要瓶颈

由于人类目前对地球科学、地震工程学、结构动力行为、结构材料本构模型及破坏准则等方面尚存在诸多认知局限，加上地震输入的高度不确定性，导致结构防震理论仍存在诸多瓶颈，结构防震理论仍处在半理论-半经验的发展阶段，现有的防震理论、分析方法与技术措施均存在程度不同的局限性，亟待提升其科学化程度与工程应用水平。概括来说，这些瓶颈主要集中在以下五个方面。

一是三水准的"小震不坏、中震可修、大震不倒"设防目标与经济社会发展的水平还不够匹配，存在诸多需要在理论上厘清、在工程应用上探索的问题。随着社会经济发展水平的提升，这一矛盾冲突还会进一步加剧，因此，需要因地制宜地对设防目标进行调整提升。

二是结构地震反应分析方法受制于结构材料的本构关系、复杂应力状态下结构局部破坏准则等因素的制约，目前仍不够完善成熟，导致现有地震反应分析方法都存在程度不同的局限性，难以全面系统地指导结构设计。

三是结构损伤状态及对应的性能指标尚未廓清，表征方式方法也不够完备，而结构工程的地域性和个性化设计又进一步加剧了其地震响应的复杂性，目前还很难达到对实际结构工程项目进行完全的性能设计。

四是结构抗震构造虽然是抵御地震破坏的有效对策之一，但受制于地震输入的高度不确定性、结构地震响应的复杂性以及震害调查样本的差异性，很难提升其标准化、科学化的程度，目前仍一定程度上停留在"工程经验"的层面。

五是一些新的结构防震对策如减震耗能与振动控制理论在工程应用中仍存在诸多瓶颈，难以推广应用。以主动控制为例，该技术由美国学者最先倡导、并由日本工程界最先试行，也曾是我国地震工程研究的前沿领域，但最终并未取得预期的效果，难以在工程实践中应用而被迫放弃。

此外，历次震害调查结果表明：地震中绝大部分建筑结构、桥梁结构的倒塌并不是因为某个构件的刚度或承载力不足，而是缺失合理构造措施、导致结构整体牢固性或强健性不足所致。从这个角度来说，加强结构的整体牢固性、增大结构的冗余度、采取合适的技术对策才是结构防震的核心策略。因此，先进的防震技术、合理的结构抗震概念设计、有效的抗震措施等，在应对高度不确定性地震输入时仍具有相互难以替代的作用。

3. 结构地震反应分析方法

结构地震反应分析方法经历了由拟静力法、振型反应谱叠加法、弹性时程分析法、弹塑性时程分析法以及结合能力谱的静力弹塑性分析法等。其中，非线性地震反应动力时程分析方法始终备受关注，采用精细有限元模型模拟复杂结构从弹性阶段到倒塌破坏的完整过程也一直是近年来研究的热点。然而，由于结构发生破坏倒塌模拟包含太多的实际困难，具体包括结构材料开裂随机性的模拟、结构构件破损及结构局部破坏准则的界定，也包含弹塑性连续体和刚性碎块组合物大变形结构体系的分析等，导致数值模型和相应计算方法具有极大的不确定性。另外，由于目前计算模拟所采用的材料非线性本构模型是建立在一定假定的条件下，难以究其精确度，且多向复杂应力状态下结构构件的破坏试验结果也呈现很大的离散性，无法为计算分析模拟方法提供科学合理的标尺。此外，地基基础-结构相互作用的分析、结构阻尼构成及其在地震作用下演化规律等基础问题的研究进展也非常缓慢，相关的数值模拟分析结果的可靠性和科学性并未得到充分的定量验证。

令人遗憾的是，上述困难在短时期内是难以克服的，加上结构弹塑性分析、非线性地震反应时程分析与计算者的工程素养关系极大，计算模拟结果呈现出较大的离散性，常常难以令结构工程师们信服，并在结构设计中直接采用，只能将其视为一种定性的参考，结构工程师更倾向于相信弹性分析结果和依据工程经验、震害调查采取的抗震构造措施。计算只能解决可预见的部分，不可预见的部分则只能借助于完善的构造措施来应对。从结构工程实践的角度来看，现有地震反应分析方法都有其适用范围和程度不同的局限，目前的结构抗震设计在很大程度上仍是基于工程经验的方法，地震响应数值模拟只是辅助性量化分析的手段。对此，作为应用学科的结构工程不能超越现实、过度依赖数值模拟结果。

4. 结构隔震技术

结构隔震技术的基本思想是"以柔克刚"，本质是通过设置隔震装置、将结构自振周期从 1～2 s 延长至 3～5 s，从而远离地震卓越周期、隔离地震作用，同时采用合适的消能限位装置，避免在大震作用下结构产生过大的变形。结构隔震技术主要用于多层建筑结构及中小跨径桥梁，是一种行之有效、值得推广的技术对策，在技术上最为成熟，在经济上有竞争力，在施工及维护上没有原则困难。采用隔震技术后，结构防震的安全性大幅提高，震后维修代价也可大幅度降低。根据日本学者和田章（Akira Wada）等人的研究，结构抗震强度设计、延性设计、减震设计、隔震设计震后维修代价差异甚大，隔震结构在小震、中震下几乎没有维修代价，显现出隔震技术的优越性，如图 2-20 所示。

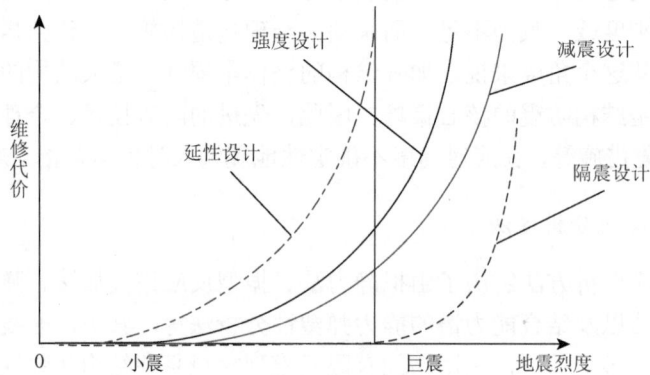

图 2-20　不同应对地震策略的维修代价

大量试验研究与理论分析表明：传统抗震体系水平刚度大，结构基频与地震动能量输入的主频率之比一般在 0.8～1.5，地震动放大系数为 2～4 倍；隔震结构因其水平刚度小、周期大幅度延长，基频与地震动频率之比一般在 2～8 倍，地震动放大系数在 1/8～1/2，一般情况下地震响应可降低至 1/3～1/2。尽管如此，面对高度不确定的地震输入，隔震结构设计时还常常会遇到一些矛盾或冲突，对此，需要结构工程师把握隔震本质、辩证思考、深入研究，根据具体情况综合分析应对。概括起来，结构隔震技术应用的技术难点大致有四个方面。

一是如何正确选择隔震体系，以兼顾正常使用阶段结构必要的刚度与罕遇地震作用下结构水平刚度足够小的矛盾，满足两类极限状态对结构刚度的不同需求。换言之，隔震结构适用范围是有限的，如何拓展其适用范围就变得极为重要，这一点对于高层建筑结构、大跨径梁桥尤为突出。

二是在隔震结构在罕遇地震作用下变柔了，地震内力减小了，但变形增大了，如何在内力与变形的矛盾中取得平衡，实现隔震结构体系与细部构造的优化匹配，以避免桥梁的帽梁、伸缩缝，以及建筑结构附属设施如各种管线、隔震构造措施的设计困难。

三是对位于高烈度地区的非规则结构、刚度不均匀的结构、在地震作用下扭转行为明显的结构等，单纯采用某一种防震技术来应对地震风险都是极为困难的，如何将隔震、减震与抗震几种策略结合起来，形成相互支撑而不是非此即彼的技术线路。

四是如何结合结构设计的实际需求，开发性能更加优越的新一代结构隔震体系如摇摆式自复位柱（桥墩）、体外预应力混凝土组合柱（桥墩）、高强钢管混凝土组合柱（桥墩）等低损伤免修复或微修复的结构体系，使结构隔震技术能够更好地嵌入到结构设计之中。

5. 结构减震技术

结构减震技术主要应用于高层建筑、大跨径桥梁等柔性结构，有时候也用于既有结构的抗震加固。设置减震装置后，结构的阻尼比成倍增大，从而能够耗散外部能量输入、有效削减结构振动响应，某些情况下还可以改善静力行为。一般而言，对于高层建筑结构，减震体系多采取震-振双控的策略，以统筹兼顾地震响应、风振响应的控制，对于大跨径桥梁，有些时候还可以兼顾车辆荷载作用下的振动控制。然而，受制于地震输入的高度不确定性，以及结构响应的复杂性，减震技术在工程应用中还存在如下四个方面的技术瓶颈。

一是在减震结构体系中设置防屈曲支撑、摇摆式自阻尼墙等耗能构件或可牺牲性构件，减震装置发挥作用的前提是结构在地震或风荷载作用下要产生预定的动力响应或破坏模式，产生一定的相对速度或相对变形，耗能构件或减震装置才能发挥预想的作用。然而，在高度不确定的地震作用下，预定的结构动力响应或破坏模式并不一定会出现。

二是一些被动减震装置如调谐质量阻尼器（tuned mass damper，TMD）、主动调谐质量阻尼器（active tuned mass damper，ATMD）等存在控制频率单一、容易失偕的局限，一旦结构的主控振型发生漂移，减震效果就会大幅度降低，控制系统的鲁棒性并不理想，新型减震装置的开发仍然任重道远。

三是如何将先进的结构材料、合理的结构概念设计、良好的细部构造、行之有效的抗震措施与结构减震技术有机结合起来，形成性能良好的减震结构体系，以加强结构的整体牢固性、提升结构的冗余度，避免结构在罕遇地震或强余震作用下发生整体倒塌。

四是由于地震与风振的输入方向、频谱特性存在较大差异，导致具备震-振双控功能的减震装置开发极为困难，技术成熟度尚不够理想。同时，一些减震策略如主动控制技术、自适应减隔震技术等，因需要外部能量输入，导致振动控制系统的可靠性、经济性欠佳，在工程应用上尚存在诸多瓶颈。

案例 2-8　结构抗震体系的保险丝——林同炎、邓文中对可牺牲性构件的演绎

20 世纪 50 年代以来，一些结构设计大师在工程实践中从结构体系入手，采用设置可牺牲性构件、使结构体系在罕遇地震下实现体系转换等策略，将可牺牲性构件作为结构抗震

体系的保险丝，来应对输入具有高度不确定性的地震作用，保证结构在罕遇地震作用下基本体系的完整，取得了令人意想不到的成效。在这方面，林同炎[①]设计的尼加拉瓜美洲银行大厦、邓文中[②]设计的美国奥克兰海湾大桥东桥无疑是最为典型的，具有普遍的方法论价值，对结构工程防震思想、设计理念产生了深远的影响。现对这两个经典工程案例简介如下。

1）尼加拉瓜马那瓜美洲银行大厦

1972 年 12 月 23 日，尼加拉瓜首都马那瓜发生里氏 6.2 级地震。马那瓜市坐落于火山区，地下有四条平行的断层，此次地震震中较浅，距地表仅 14.5 km。由于当时的房屋建筑的抗震设防水平比较低下（设计基本地震加速度值仅为 0.06 g），地震摧毁了马那瓜接近 75%、超过 1 万栋的建筑物，造成 1 万多人死亡，25 万人无家可归。震害调查表明：地震产生的水平加速度峰值至少为 0.35 g，地震在美洲银行大厦旁边的街道产生了 0.5 in（约 1.3 cm）的地裂缝，但建筑高度 61 m、18 层的美洲银行大厦（时为中美洲第一高楼）在地震中仅受到了轻微的损坏，核心筒的连系梁混凝土保护层剥落、开裂，经简单修复即可继续使用，成为地震后仅存的高层建筑［图 2-21（a）］；而相邻的、15 层的中央银行大厦则在地震中破坏严重，各层楼板均沿电梯井边开裂，4 层以上立柱均出现裂缝，填充墙遭到破坏，地震后不得不局部拆除。对此，人们不禁要问：为什么建造年代及高度相近、功能用途相同、相邻的两栋建筑结构会出现如此之大的反差？

对于这一现象，要从美洲银行大厦设计者——著名结构工程大师林同炎的设计思想说起。1963 年，在设计美洲银行大厦之初，林同炎就采用了刚柔结合的两道防线来抵御地震，并特意设置了可牺牲性构件防止结构在强震下产生过大的破坏。具体来说，美洲银行大厦的结构设计特点主要是：①结构规整对称，在竖向布置的抗侧力刚度构件均匀、连续，没有大的突变，在平面上刚心与质心重合，减小了地震作用下产生的扭转效应及其破坏；②设置了两道刚柔相济的防线，第一道防线由连梁和 4 个 L 型筒体构成 38 英尺见方（11.58 m×11.58 m）抗侧力体系，并在 L 型筒体之间的连梁中开设较大的孔洞，以保证超过某一弯矩后连梁产生弯曲延性破坏，当其共同工作时，筒体的高宽比约为 5，具有很大的侧向刚度，可以满足抗风等正常使用阶段的刚度及受力要求；当遭遇强震时，连梁在既定的较薄弱环节出现塑性铰，结构的抗侧力体系演化为 4 个 15 英尺见方（4.57 m×4.57 m）L 型柔性筒体，结构变柔，自振周期增大，地震响应减小，形成第二道防线，从而具有继续保持结构承载能力的行为［图 2-21（b）］。

地震响应分析计算表明：4 个筒体共同工作时，结构自振周期为 1.3 s，基底剪力为 27 000 kN，基底弯矩为 930 000 kN·m，楼顶最大位移为 0.12 m；连梁开裂退出工作、转换为 4 个柔性筒体后，结构自振周期为 3.3 s，基底剪力为 13 000 kN，基底弯矩为 370 000 kN·m，

---

① 林同炎（T. Y. Lin），1912～2003 年，出生于福建福州，美国加利福尼亚大学伯克利分校教授，发展了预应力混凝土理论，提出了脊骨梁、悬带桥等新的结构形式，设计了美洲银行大厦、哥斯达黎加科罗拉多悬带桥、台北关渡大桥、Ruck-A-Chuchy 桥（方案）、直布罗陀大桥（方案）等结构，著有《预应力混凝土结构设计》、*Structural Concepts and Systems for Architects & Engineers*（中文译名为《结构概念和体系》）等影响深远的著作，创办了国际知名工程咨询公司——T. Y. Lin International。

② 邓文中（Man-Chung Tang），1938 年至今，出生于广东肇庆，国际著名桥梁设计大师，发明了前置式轻型挂篮悬浇法、剪力键抗震塔柱，提出了"索辅梁桥"的概念，主持和参与了包括美国奥克兰海湾大桥东桥、重庆石板坡长江大桥复线桥、重庆菜园坝长江大桥、重庆两江大桥等 100 多座大型桥梁的设计。

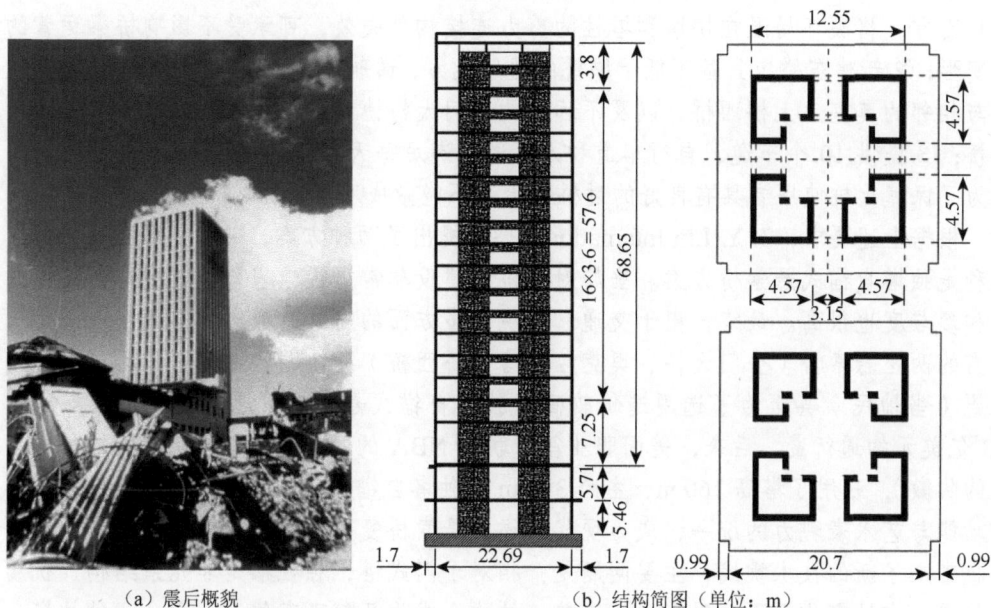

（a）震后概貌　　　　　　　　　　（b）结构简图（单位：m）

图 2-21　尼加拉瓜马那瓜美洲银行大厦［图（a）来自维基百科，图（b）自绘］

楼顶最大位移为 0.24 m（约为建筑高度的 1/254），由此可见，强弱结合的两道防线对地震作用具有极大的削减作用。在结构抗震理论并不成熟的 20 世纪 60 年代，林同炎所采用的多级设防、多道防线的设计思想无疑是非常具有创造性的，深刻影响了结构工程抗震思想的演化以及后来诸多结构工程的概念设计。

2）美国奥克兰海湾大桥东桥

美国奥克兰海湾大桥位于旧金山与奥克兰之间，跨越旧金山海湾，全长 13.2 km，大桥被海湾中间的 Yerba Buena 岛分为东桥和西桥。其中，西桥主桥为两座主跨 704.3 m 的两塔三跨共用锚碇悬索桥，东桥主桥为跨径 154.8 m + 426.7 m + 154.8 m 的钢桁架悬臂梁桥，引桥为简支钢桁梁桥，该桥在 1936 年建成时被誉为当代"最伟大的工程成就"。1989 年发生的震中距桥位约 100 km 的 Loma Prieta 里氏 6.9 级地震，导致奥克兰海湾大桥严重受损、局部坍塌。有关方面对奥克兰海湾大桥进行的全面检测评估结果表明：西桥悬索桥局部受损，震害可以修复；东桥发生震害较为严重，加固改造代价较高，很难在不影响交通的情况下实施加固改造，且修复之后的桥梁可靠性仍是不确定的。基于此，当局最终决定废弃东桥、改变桥位，另外建造一座设防标准较高、防震性能更可靠的新桥，这就是奥克兰海湾大桥东桥新建（San Francisco-Oakland Bay Bridge New East Span）项目。该桥地震风险主要来自 Hayward 断层和 San Andreas 断层，Hayward 断层位于桥位以东 14 km、能产生里氏 7.5 的震级，San Andreas 断层位于桥位以西 25 km 处，能产生里氏 8.1 的震级，因此抗震性能就成为奥克兰海湾大桥东桥设计的关键。

当局选择由 T. Y. Lin International 公司承担该桥的设计工作，主要目标和要求是：①新建东桥按照罕遇地震后仍能提供"生命线服务"进行设计，结构破坏程度不应超过可修复性的极限。所谓可修复性破坏，就是维修风险最小的一种破坏，对于上部结构和塔柱而言，将破坏局限在桥墩和塔柱的剪力连接构件失效，可承受不影响桥梁运营的有限变形；②新建东桥应具备不低于原桥的通航能力，通航净宽不小于 380 m，结构形式必须与相邻的奥克兰大桥西桥，以及不远处的金门大桥协调，但索塔不能高于奥克兰大桥西桥；③提供 10 个车道、自行车道和人行道，满足每天高达 30 万辆汽车的通行能力，但为了保障大桥使用者具有良好的过桥体验，不能做成双层桥面。

根据上述要求，T. Y. Lin International 公司提出了两种方案，一种是斜拉桥方案，另一种是独塔自锚式悬索桥方案。当局对东桥的建设非常重视，当地民众对东桥建设的期望和参与度也很高。最终，出于交通、美观等多方面的需求，考虑到与旧金山海湾地区既有的两座悬索桥（金门大桥、奥克兰海湾大桥西桥）的协调，并根据湾区居民的投票意愿（当地民众甚至为了选用造价较高的独塔自锚式悬索桥，愿意在未来多支付总计 2.3 亿美元的通行费，后来，美国职业篮球联盟 NBA 的劲旅金州勇士队还将该桥作为球队的队徽），采用了塔高 160 m、主跨 385 m 的独塔自锚式悬索桥方案，完美地展现了结构功能与艺术表现力的统一，成为现代自锚式悬索桥复兴的标志性工程。但是，这一方案也带来了新的技术挑战，主要问题是：相对于门式塔，独柱塔是非冗余结构、抗震性能较差，在地震作用下如果形成塑性铰，结构会成为几何可变体系，因此，独柱塔一般不允许用于高烈度地震区。那么，在临近两个地震断裂带、高烈度地震频发的建设条件下，如何破解结构造型与结构抗震性能之间的矛盾呢？

对此，设计者邓文中等人大胆构思、推陈出新，在比较了门式塔、四主缆悬索桥、三独柱塔、三主缆悬索桥等多个方案后，从景观要求出发，将门式塔的横梁间距缩短收窄、形成独柱塔，在塔柱外形上满足湾区民众及当局的要求；从结构抗震性能出发，在塔柱之间设置足够多的短横梁，以提高塔柱的冗余度。进一步的，为提高独柱塔的抗震性能，设计者将独柱塔一分为四、形成格构式塔柱，并在四个塔柱之间设置了很多短横梁，以增强塔柱的抗震性能，在此基础上，设计者将这些短横梁进一步演化凝练、提出了剪力键的概念。所谓剪力键，是指采用低屈服钢材制造的可牺牲构件，在地震作用下率先屈服、形成塑性铰，以便于有效耗散地震能量输入，如图 2-22 所示。于是，独柱塔

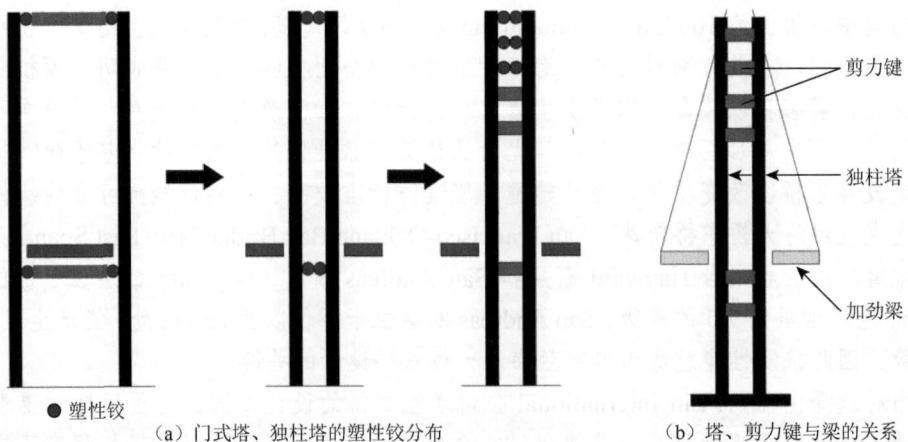

（a）门式塔、独柱塔的塑性铰分布   （b）塔、剪力键与梁的关系

图 2-22   奥克兰海湾大桥东桥独柱塔的概念演化

的结构造型与结构抗震性能之间的矛盾便得以基本解决，为方便震后更换，剪力键与塔柱之间采用高强螺栓连接。

设计构思确定后，T. Y. Lin International 公司进行了大量的试验研究与仿真分析来检验完善独柱塔的抗震性能。试验表明，剪力键具有足够的承载能力与延性，能够实现预定的破坏模式。分析表明，在设防地震烈度作用下，剪力键逐次屈服、形成多个塑性铰，塔柱刚度大幅度降低，在塔顶横向变形超过 5 m 的情况下，剪力键仍具有足够的变形储备与耗能能力，始终可以确保四个塔柱处在弹性受力阶段，如图 2-23（a）所示。根据试验研究与仿真分析结果，最终确定的截面形式由四个五面体塔柱、十字撑及剪力键构成 [图 2-23（b）]，在其间共布设 120 根剪力键。这样，就形成了景观要求与抗震性能俱佳的独柱塔、分离式钢箱梁、空间缆索自锚式悬索桥的设计方案。最终确定的奥克兰海湾大桥东桥总体布置及概貌见图 2-24（a）、图 2-23（b），主桥采用跨径布置 180 m + 385 m 的独塔自锚式悬索桥，其中，索塔采用栓焊结构，结构高度为 148 m，塔身由 4 根不等边五面体塔柱和 120 根剪力键组成 [图 2-24（c）]；主梁由分离式钢箱梁和连接横梁组成，单幅箱梁梁宽 28 m，高 5.5 m，采用栓焊结构；主缆采用 17 400 丝 5.4 mm 高强钢丝，直径为 0.78 m，破断力为 700 000 kN。该桥设计完成于 2001 年，建成于 2012 年，所选取的独塔自锚式悬索桥完美地兼顾了结构艺术表现力与结构防震性能，促进了自锚式悬索桥的复兴，成为旧金山市的新地标。

3）结语

林同炎、邓文中在美洲银行大厦、奥克兰海湾大桥东桥的工程创新实践表明：可牺牲性性构件的设置，允许结构（构件）在罕遇地震作用下发生破坏，从而使结构实现体系转换、延长结构自振周期、有效地削减地震响应，成为结构抗震体系的保险丝，创新了结构防震思想，对于高烈度地区结构防震设计具有普遍的示范意义。进一步来说，林同炎、邓文中对结构抗震概念的提炼，对于后续工程实践活动具有普遍的方法论价值。从本质上来说，工程理念、设计思想是工程设计大师对事物客观本质认识的高度抽象和浓

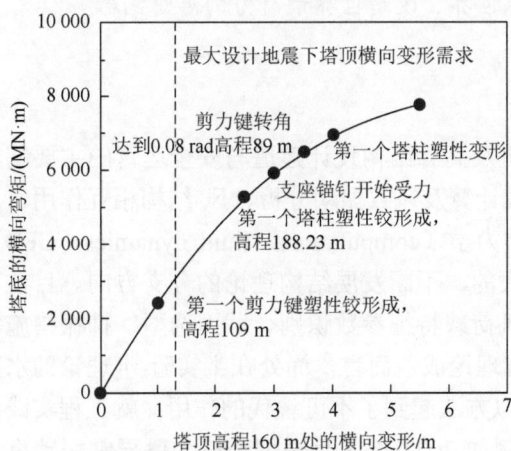

（a）塔柱受力弹塑性分析结果　　　　　　　（b）塔柱截面及剪力键布置（单位：mm）

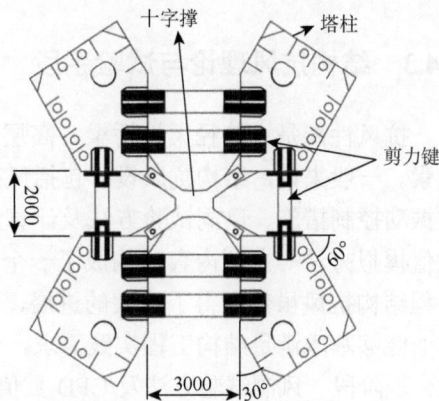

图 2-23　塔柱截面及剪力键布置及受力行为分析结果

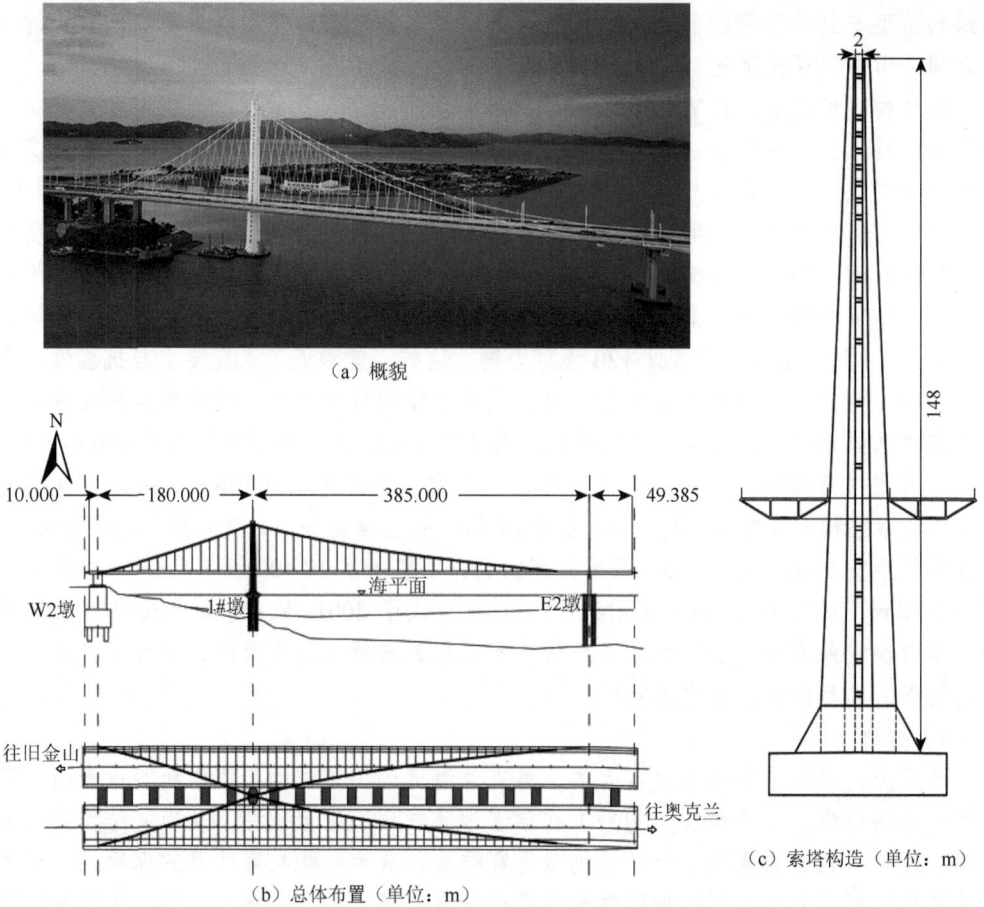

（a）概貌

（b）总体布置（单位：m）

（c）索塔构造（单位：m）

图 2-24　奥克兰海湾大桥东桥主桥［图（a）来自维基百科，图（b）、（c）自绘］

缩升华，也是工程大师对客观世界最深刻的洞察和凝练，虽然在工程实践活动中看不见摸不着，成为工程师们抓住主要矛盾，认识世界、改造世界最有力的思想武器。

2.4.3　结构抗风理论与试验手段

抗风性能是大跨径柔性桥梁、高层建筑及高耸结构设计建造与安全运营的主要制约因素。一般来说，结构抗风设计包括风荷载计算及风致振动分析、风-结构相互作用、风致振动控制措施、风洞试验方法及计算流体力学（computational fluid dynamics，CFD）数值模拟方法等主要内容，构成了一个庞大的、不断发展结构理论的分支方向。目前，工程结构抗风虽然取得了巨大的进展，在风荷载特征参数识别、截面选型、抑振措施等方面能够基本满足结构工程实践需求，但就理论成色而言，尚处在半实验-半理论的水准上，现阶段，风洞试验方法及 CFD 数值模拟方法起到了不可替代的作用；就工程实践而言，还时不时发生结构风致振动的事故，例如 2021 年 5 月深圳赛格大厦异常振动事件（参见案例 4-11），大厦停用约 110 天，造成了较大的经济损失和一定的社会影响。另外，随着结构振动控制理论与技术的发展，结构风致振动控制策略如被动控制、混合控制、主动控制、半主动控制等控制策略取得了较大的进步，基本上能够满足工程实践的需求。在未来，在理论研究方面，近地边界层强风特性、风致结构损伤及失效机理、结构气动阻尼的演化规律、风致振动舒适性评价标准、基于使用性能的抗风可靠性设计有望取得突破，以不断提升结构抗风理论的"理论成色"。在风洞试验手段与仿真模拟方法方面，大尺度风洞紊流场的模拟技术、数值风洞模拟方法、山区紊流风场模拟方法等问题正在深入研究，以克服现行风洞试验缩尺比例过小、部分动力相似比难以满足、试验结果容易局部失真的局限。鉴于结构抗风理论与试验手段内容较为庞杂、相关的理论与试验方法比较深奥，以下结合结构抗风的发展历程，对两类风敏感结构——大跨径柔性桥梁、高层建筑及高耸结构的风致振动及其响应控制的理论、实验手段做一简要介绍。

1. 大跨径柔性桥梁

大跨径柔性桥梁主要包括斜拉桥和悬索桥，风致振动具体形式包括影响结构安全的发散振动如主梁颤振、索塔驰振、斜拉索风雨振和细长构件的尾流驰振，也包括影响结构正常使用的限幅振动如涡激振动和抖振。总的来说，桥梁风致振动虽然也会在大跨径连续钢箱梁、拱桥的长细吊杆中偶尔发生，但主要出现在悬索桥和斜拉桥中。不同的风振类型其振动机理和表现形式不一样，振动控制措施也不尽相同，发散振动的预防和控制主要依靠风洞试验，从结构气动外形、辅助气动外形抗风设施等方面予以防止；限幅振动的控制对策主要是设置 TMD、磁流变（magneto rheological，MR）阻尼器等来增大附加阻尼，或增加结构阻尼来削减振动响应。

1940 年美国塔科马海峡大桥风毁事件，促使人们认识到风对结构的动力作用，拉开了大跨径柔性结构抗风理论研究的序幕，西奥多·冯·卡门、克里斯托弗·斯克尔顿等空气动力学家率先开展了桥梁模型风洞试验，揭示了桥梁颤振的形成机理，发现了扁平流线钢箱梁优越的抗风性能，推动了大跨径柔性桥梁的发展（参见案例 1-6）。在科学理论的指引下，工程界开发出扁平流线型钢箱梁、分体式箱梁结构、半飘浮结构体系等新的结构体系，一定程度上克服了风致振动对大跨径柔性桥梁建设与运营的制约。1977 年，罗伯特·哈里斯·斯坎兰（Robert Harris Scanlan）对抖振分析方法作了重要的修正，引入了平均风自激力的概念，建立了桥梁颤振理论，以及考虑颤振作用力的颤抖振理论，从科学层面揭示了柔性桥梁风致振动的机理。此后，大气边界层理论、线性准定常计算方法、气动参数实验识别方法等逐渐成熟，对于防止发散性振动、控制限幅振动起到了重要的理论指导作用。进入 20 世纪 90 年代，阿兰·加内特·达文波特（Alan Garnett Davenport）又进一步提出了采用概率方法进行抗风设计的框架，以便与结构设计规范正在向基于概率性设计方法的过渡进程相适应。与此同时，随着计算流体动力学的发展，数值风洞逐渐成为结构风工程重要模拟手段之一。

对于悬索桥，当跨径增大后，主缆、吊索对加劲梁横向变形的约束能力显著下降，导致悬索桥抗风性能劣化、颤振临界风速降低，抗风性能成为大跨径悬索桥设计、施工和运营的制约因素，常常需要结合实际情况、在设计阶段进行专题研究。例如针对悬索桥加劲梁的风致振动，在长期工程实践中，人们开发出扁平流线型钢箱梁、扁平流线型分体式钢箱梁、钢框架-箱梁等新一代截面形式，并因地制宜地对风格栅、导流板、扰流板等辅助气动外形抗风设施进行改良改进，极大地提高了颤振临界风速，避免了发散性振动的出现，满足了工程实践活动的需求。但悬索桥加劲梁的限幅振动特别是涡激振动还时有发生，近年来我国先后发生了广东虎门大桥、武汉鹦鹉洲大桥、浙江西堠门大桥3起悬索桥涡激振动事件，这些桥梁的涡激振动事件引起了社会各界的广泛关注，说明在大跨径悬索桥限幅振动控制、结构阻尼演化规律仍亟待深入研究。

扁平流线型加劲梁悬索桥及钢箱连续梁桥的涡激振动具有相同的本质，即在特定风速风向下，当旋涡脱落频率与结构自振频率接近时，就会引发涡激共振，随着空气升力频率、能量输入差异以及风向、气动阻尼的变化，会在前几阶竖向弯曲或扭转振动模态之间转换，但最大振幅相差不大。虽然大多数涡激振动并不会产生结构安全问题，但会明显影响司乘人员的舒适度及驾驶安全。研究表明：当结构等效阻尼比达到 0.6% 以上时，涡激振动衰减很快，当结构等效阻尼比达到 1.0% 以上，涡激振动很难发生。因此，设置 TMD、MR 阻尼器等就成为控制涡激振动的主要对策，例如 1995 年建成的、主跨 240 m 的日本东京湾大桥，结构形式为单箱三室的 10 跨钢箱连续梁，建成后在风速 13～18 m/s 的情况下、观测到振幅高达 50 cm 的涡激振动现象。为此，采用了 16 个 TMD 对该桥的第一阶、第二阶竖弯模态进行控制，最终将涡激振动振幅控制在 5～6 cm 以内；又如我国上海崇启长江大桥、港珠澳大桥等大跨连续钢箱梁桥或组合箱梁桥，在建设时就设置了 TMD，各阶模态阻尼比普遍在 1.2%～1.8%，迄今为止尚未出现涡激振动。

对于斜拉桥，人们在长期工程实践中，发现斜拉桥的抗风性能明显优于同等跨径的悬索桥，但也存在一些特殊的振动现象，其风致振动情况可简要汇总如表 2-9 所示。具体来说，在成桥状态下，斜拉桥采用钢桁主梁时，抗风稳定性一般不控制设计；采用箱梁或肋板式主梁且梁高与梁宽之比（H/B）小于 1/10～1/8 时，成桥阶段的抗风稳定性也不会控制设计；在施工阶段，斜拉桥的单悬臂长度不超过主梁宽度的 20 倍时，抗风性能也不会成为控制性问题。另外，斜拉桥斜拉索所独有的尾流弛振、风雨耦合振动等振动现象具有独特的机理与控制方法，可采用在 PE 套上设置螺旋线、布设点坑阵等制振技术来化解。

表 2-9　斜拉桥风致振动情况简表

类型	振动形式	作用机理	断面特征	振动性质	破坏性	构造物
颤振	弯扭耦合颤振	气动负阻尼效应	平板	自激	发散	梁
	扭转颤振	气动负阻尼效应	钝体	自激	发散	梁
弛振	挠曲弛振	气动负阻尼效应	钝体异形	自激	发散	塔/索
	尾流弛振	形状激振阻尼效应	钝体异形	自激	发散	索
涡激振动	挠曲涡激振动	旋涡脱落引起的涡激力	钝体	自激	限幅	塔/梁/索
	扭转涡激振动	旋涡脱落引起的涡激力	钝体	自激	限幅	梁
抖振	挠曲抖振	紊流风作用	平板	强波	限幅	梁/索

2. 高层建筑及高耸结构

对于高层建筑及高耸结构，其水平风荷载是其承受的主要侧向荷载，围绕着结构抗侧力性能的提升，20 世纪 60 年代以来，在法兹勒·汗等人的推动下，工程界发展出包括筒体、桁架筒体、成束筒体在内的一系列高层建筑的结构体系，以布设在结构外围的支撑体系作为高层建筑结构抗风的主要策略，极大地提升了高层建筑结构抗侧力体系的效率，改善了高层建筑结构的抗风性能。然而，1973 年美国波士顿约翰·汉考克大厦（John Hancock Tower，60 层、240 m 高的钢框架结构）在一次大风中玻璃幕墙出现大量破碎掉落的事故，引起了结构工程界对高层建筑结构抗风性能的重视，促使人们对高层建筑结构的风致振动、人体舒适度、玻璃幕墙细部构造等方面开展深入研究。

在抗风理论研究方面，20 世纪 60 年代，阿兰·加内特·达文波特采用统计数学方法进行风工程研究，提出了近地风的紊流模型，建立了计算高层建筑顺风向振动响应的阵风因子法，提出了人体舒适度与高层建筑结构顶层加速度的对应关系，并将风效应表示成等效静力风荷载的形式，奠定了结构风工程理论的基础。此后，人们考虑了迎风面与背风面风压相关性，创造性地解决了随机抖振问题，以及风速谱随高度变化的规律，建立了相应的随机振动简化分析方法和专门分析程序，基本上可以较准确地估计高层建筑及高耸结构的顺风向风振响应。另外，基于荷载响应相关（load response correlation）法及其扩展方法，结合结构风致响应的随机振动法和概率理论所建立的等效静力风荷载评估方法，能够帮助结构工程师对各类工程结构抗风性能进行相对科学合理的评价。

在工程实践中，对于高层建筑及高耸结构的风致振动，基于其动力特性分析结果及所承受的风荷载动力特征，一般多采用 TMD、电涡流阻尼器进行控制，例如台北 101 大厦、上海中心、广州塔等高耸结构，就采用了性能各异的阻尼器进行风振响应控制。对于高层建筑及高耸结构而言，由于其第一阶振型的风致振动响应占结构实际风振响应的大部分，因此阻尼器的主控振型常常以第一阶振型为主，控制系统与主体结构对应的模态质量比多在 1% 以内，即可将风致振动控制在期望的范围内。但与此同时，随着高强轻质材料的应用和结构设计水平的不断提高，使得高层建筑及高耸结构向更高更柔的方向发展，建筑结构的固有频率更加接近强风的卓越频率，导致在动力风荷载作用下的结构响应进一步加大，高层建筑及高耸结构的工程实践对结构抗风提出了更迫切的需求。

然而，由于近地边界层强风特性的随机性，对于某些细长的建筑结构，在特定结构截面形状及高雷诺数的情况下，横风向的风致作用可能会引起结构共振，甚至超过顺风向的风致动力响应，给某些结构工程带来很大的危害。由于横风向激励机理复杂、影响因素较多，目前人们还没有完全弄清楚横风向风振的激励机理，还难以用解析表达式来描述具有一般类型截面的高层建筑及高耸结构的横风向荷载相关的统计特征。

2.5　结构材料

纵观结构工程的发展历史，结构材料的发展迭代一直是结构工程技术进步、结构体系演化的主要内在推动力。第二次世界大战以后，随着预应力混凝土的普及、高性能钢材的使用、钢与混凝土复合形式的发展和丰富，新的结构体系、施工方法得以不断涌现，结构工程的发展由此驶入了快车道，取得了令人瞩目的建设成就。在这个进程中，结构材料的迭代演化起到了关键的支撑作用。但与此同时，随着结构工程建设规模的扩张、建设环境的严苛化和运营条件的复杂化，混凝土及钢材的一些新的问题如耐久性问题、循环利用问题等逐渐显现，需要在工程理念、材料性能研究开发、工程实践等多个层面上予以破解。

材料科学是发现、分析、认识、阐释材料本质的学科，其目标是提供描述材料性能的理论模型，解释材料结构与材料性能之间的关系。以材料科学为基础的材料工程，是关于材料成分、结构、工艺、性能与功能的应用学科，是把材料科学的基础知识应用于材料的开发、改性、研制和生产，以实现特定的目标，解决材料批量生产的技术、经济、效率、环境等问题。材料科学虽属基础科学，但却是结构工程演化的基石，也是工程技术进步的发动机之一。无论是天然材料石材、木材，还是人工材料铸铁、锻铁、钢材、混凝土，由于这些材料不同程度存在着"不能被彻底认知"的特性，因此，材料性能研究开发的主要目标有两个方面：一是尽可能全面客观准确地描述现有结构材料的力学行为与劣化机理，为结构设计、结构分析、结构维护提供准确的参数；二是开发出力学性能更好、施工工作性能更佳、耐久性能更优良、技术经济指标更优越、可循环利用程度更高的新材料。

总体来说，在可预见的未来，混凝土、钢材仍然是结构材料的主力军，结构材料与结构体系、施工方法的深度融合仍然是结构材料开发的主基调。现阶段，结构材料仍在不断迭代升级之中，相关的科学研究、技术开发、工程实践非常活跃，主要集中在高性能混凝土、高性能钢材开发，以及以纤维增强复合材料为核心的新材料研发三个方面，简述如下。

2.5.1　高性能混凝土

1990 年，美国工程界率先提出了高性能混凝土（high performance concrete，HPC）的概念，主要是指抗压强度超过 80 MPa 的、具有良好的施工和易性的混凝土，并用高工作性、高强度、高耐久性等指标来衡量。HPC 是在传统混凝土中通过添加高效减水剂与活性细掺和料来实现，活性细掺和料主要有细磨水淬矿渣、优质粉煤灰、硅灰等，活性细掺和料颗粒拌合在混凝土中，产生了填充效应、滚珠效应及火山灰效应。这些效应使混凝土具有良好流动度的同时，强度及密实度显著提高，降低了水分及有害物质的渗透，提高了耐久性。HPC 的组分与普通混凝土相比有显著的区别，在水泥、石子、砂子和水四组分的基础上，还掺加了大量的矿物掺和料及高效减水剂，配合比设计不再单纯地根据强度来进行，而是按所需的工作性能来设计。目前，抗压强度 120 MPa 以下的 HPC 一般由硅酸盐水泥＋活性细掺和料＋沙＋碎石＋高效减水剂拌和而成，其塌落度可以保持在 20 cm 以上，工作性能非常良好，并由此衍生出免振捣自流平混凝土、泵送混凝土、水下混凝土等新的品种，以改善混凝土在一些特殊情况下的施工性能、提高施工质量和施工速度。目前，强度超过 80 MPa 的 HPC 已经比较广泛地应用于桥梁工程、高层建筑及高耸结构中。工程实践证明：HPC 可以有效地降低自重，减小混凝土用量，提高混凝土浇筑质量与耐久性，降低结构的全寿命成本。

1993 年，法国 Bouygues 公司率先研制出一种新的超高性能水泥基复合材料——活性粉末混凝土（reactive powder concrete，RPC），强度可以达到 200 MPa 以上。进入 21 世纪，欧美研究者统一将超高性能水泥基复合材料命名为超高性能混凝土（ultra-high performance concrete，UHPC），主要是指抗压强度在 120 MPa 以上、具有超常耐久性的水泥基复合材料，在抗压强度、抗拉强度、密实度、耐久性、韧性、延性等方面均优于传统混凝土。UHPC 虽然被命名为混凝土材料，但实际上是一种高强度、低孔隙率的超高性能水泥基材料。其配制原理是在不使用粗骨料的情况下、通过提高组分的细度与活性，从而使材料内部缺陷如孔隙与微裂缝减到最少，以获得超高强度与高耐久性，并基本消除了普通混凝土水泥基体与骨料之间存在的界面过渡区，内部致密、无先天短板，受力时具有更好的均一性，因此具有高强度、高耐久性、高工作性的协调统一。UHPC 的材料构成与普通混凝土有显著区别，其组成材料主要包括 52.5 水泥、级配良好的细砂、磨细石英砂粉、硅灰等矿物掺合料、高效减水剂，当对韧性有较高要求时，还需要掺入钢纤维。掺入钢纤维的 UHPC 在受拉开裂后表现出显著的应变硬化特征，使得 UHPC 的抗拉强度和延性均具有明显提升。此外，由于 UHPC 的拉伸变形能力与钢筋相当，使得配置在 UHPC 中的钢筋能够很好地实现协同受力，这也导致 UHPC 结构与普通钢筋混凝土结构的性能特征存在明显的差异。

现阶段，UHPC 的工程应用主要集中对自重比较敏感的大跨建筑结构特别是桥梁结构中。对于房屋建筑而言，UHPC 目前主要用预制部件如楼梯和外幕墙板，以便降低自重、在造型上取得更突出艺术效果，应用并不广泛。此外，UHPC 具有显著高于普通混凝土的抗冲击能力和耗能能力，其耗能能力为普通混凝土 50 到 100 倍，因此在防护工程、防撞结构等领域也有很大应用潜力。然而，由于 UHPC 弹性模量的提高程度相对于其强度的提高幅度偏小（UHPC 的抗压抗拉强度提高了 3～5 倍，但弹性模量只提高了 1.5 倍），导致在某些情况下，UHPC 结构设计受刚度指标的制约，其材料性能的优势难以完全发挥出来，因此，如何通过结构体系改了来提高刚度、全面充分发挥 UHPC 力学性能就成为探索的重点。另外，尽管掺入纤维可以提高 UHPC 的韧性，但是破坏时结构仍具有较大的脆性，因此，需要在结构形式上有所创新，以通过合理的结构设计、避免结构出现脆性破坏。

概况说来，目前制约 UHPC 推广应用的因素主要有三个方面。一是 UHPC 采用何种结构体系、截面形式才能有效提高结构刚度、更好地发挥材料性能，从而走出钢筋混凝土、预应力混凝土结构形式的窠臼。二是 UHPC 材料单价目前仍然比较高，在与传统混凝土结构，甚至钢结构的竞争中并不占优势。三是 UHPC 浇筑养护方式、养护制度对其性能指标的影响较大，需要将养护方式改造得更加简便易行、更加切合施工现场的情况。

不失一般性，现将普通混凝土、HPC 与 UHPC 的主要性能指标汇总如表 2-10 所示。

表 2-10　普通混凝土、HPC 与 UHPC 主要性能对照表

性能指标	普通混凝土	HPC	UHPC
抗压强度/MPa	30～60	≥60～80	150～200
抗拉强度/MPa	3～5	3～5	8～20
弹性模量/GPa	30～35	30～40	40～50
收缩应变	0.03%～0.05%	0.03%～0.05%	0.05%～0.09%
徐变系数	2.0～3.0	2.0～3.0	0.9
韧性与延性	较差	可以通过改变纤维掺量予以调整	
耐久性	较差	抗氯离子渗透及水分传输能力强，耐久性总体上比普通混凝土高一个数量级	

2.5.2　高性能钢材

20 世纪 80 年代，美国、日本等国就开始了高性能钢材（high performance steel，HPS）的开发与工程应用，随后，欧盟、中国、澳大利亚等国家也展开了高性能钢材的研究与工程应用。在欧洲，高性能钢包含高强钢、耐候钢以及耐火钢等钢种；在美国，高性能钢被定义为集强度、可焊性、韧性、延性及耐久性于一体，在实现结构最佳总体性能的同时保持较高性价比的高强度钢材；在日本，高性能钢是指在强度、延性、韧性、抗火性、耐候性、可焊性、冷加工性能等多项具有优越性的钢材。一般来说，就强度而言，各个国家的高性能钢材定义略有不同，目前多在 450～700 MPa，也有一些更高强度钢材的开发与工程规模化应用；就屈强比（屈服强度与极限强度之比）而言，多在 0.8 以下，以保障结构的延性、冲击韧性及抗震性能，在强度指标与其他性能指标之间取得平衡。

高性能钢材主要用于大跨径桥梁和大跨建筑结构中，从结构设计角度来看，使用高性能钢材可以有效减小结构构件的尺寸、减少焊接工作量，从而降低结构自重、增大跨越能力、改善结构性能，具有明显的技术经济优势，如日本明石海峡大桥钢桁加劲梁采用了 800 MPa 级钢板；又如法国米约高架桥的钢箱梁、索塔分别采用了 80 mm、120 mm 厚的 S460 钢板，取得了减轻自重的良好效果。我国已经完成了屈服强度 235～500 MPa 级别耐海洋大气腐蚀桥梁钢的研制，形成了 1%Ni 和 3%Ni 两种类型的镍系高耐候钢，进行了工业化试制生产；此外，Q690 级高性能桥梁钢已经初步研发成功，并在主跨 408 m 的武汉江汉七桥（中承式钢桁系杆拱桥）上进行了规模化应用。其中，Q690qE 等高性能桥梁钢材具有良好的低温韧性和可焊性，其屈服强度为 690 MPa，极限强度为 810 MPa，屈强比不大于 0.85，延伸率大于 0.14。

在提高钢材强度的同时，美国、日本等国还将高强度与耐候性结合在一起，形成了高强耐候钢。耐候钢是在钢材中添加磷、铜、铬、镍等微量元素，使其表面形成致密和附着性强的氧化物层保护膜，以阻碍锈蚀向内部扩散和发展，保护锈层下面的基体，提高钢材的耐大气腐蚀能力，这一点对于主要受力构件裸露在大气中的桥梁结构尤为重要。研究表明，耐候钢虽然也会发生锈蚀，但其所含合金元素会导致锈蚀层稳定，从而减慢腐蚀速率，如果设置 2 mm 左右的可牺牲厚度，则其耐候性还可进一步提升。早在 20 世纪 60 年代，美国就在桥梁工程中开始应用推广耐候钢，目前美国大约有 40%～45% 的钢桥是采用耐候钢建造的。日本由于其特殊的气候环境，耐候钢桥的应用也比较广泛，大约有 38% 的钢桥采用耐候钢。近年来，我国也加快了耐候钢的推广应用，如 2020 年建成的拉林铁路雅鲁藏布江大桥钢管桁架弦杆采用 Q420qENH，腹杆、横撑和横梁采用 Q345qENH 免涂装耐候钢，全桥耐候钢用量达 1.28 万 t。

20 世纪 90 年代，在提高板材强度的同时，欧美发达国家还通过改变钢材的化学成分和轧制工艺，同步提升了钢材的可焊性。热处理对钢材的晶体结构有很大影响，通过热力控制等精细化热处理技术，可以生产出的细晶粒结构钢材的同时，保持材料的高强度、高韧性和易焊性。如美国的 HPS485W 钢材板厚在 60 mm 以下时，焊接一般厚度板材预热温度只需 20℃，厚度 60 mm 以上者为 50℃，而普通钢材焊接的预热温度常常达 100～200℃，可焊性的改进极大地提高了现场施工速度。同时，高可焊性还体现在不同强度板材之间的焊接，以便根据结构受力情况选用不同型号的板材，充分发挥材料特性，取得更好的经济效益。现将各国（区域）高性能钢材概况汇总如表 2-11 所示。另外，日本、欧美的 HPS 都可轧制成纵向不等厚度的板材，非常便于结构设计时选用。变厚度板是在热轧时改变沿板长方向的厚度，形成与结构受力需求高度吻合的、顺畅变化的不等厚板材，以减少结构焊缝数量、减轻结构自重，变厚度板在大跨径钢箱梁桥、钢箱拱桥中得到了一定的应用。例如，连续钢箱梁中腹板、底板在不同位置时需要采用不同厚度的钢板，如果采用变厚度板，就无需采用不同厚度的钢板拼接，既可减少焊缝数量、又可节省钢材。

表 2-11　各国（区域）高性能钢材概况

国家（区域）	板材基本规格	备注
美国	345S，345W、485、485W、690、690W	屈服强度不随板厚变化，可焊性良好
日本	SM570、SMA570W、SHY685 等	
欧盟	S460、S690	屈服强度随板厚增大小幅降低
中国	Q345q、Q370q、Q420q、Q500q、Q690q	板厚小于 16 mm 时屈服强度

注：代号中数字表示屈服强度（MPa），W 表示具备耐候性，q 表示桥梁专用钢。

此外，国内外在高强钢丝的研制上也投入了大量精力，2000 MPa 级高强钢丝已经工程化应用。对于悬索桥，高强钢丝可以大幅减小主缆的用钢量，如主跨 1688 m 的广州南沙大桥坭洲水道桥、主跨 1700 m 的武汉杨泗港长江大桥采用 1960 MPa 级热镀锌铝合金镀层钢丝，主缆钢丝用量减小了 11%左右，技术经济优势非常突出。对于斜拉桥的拉索，高强钢丝可以有效提高斜拉索初始张拉力、增大换算弹性模量、改善斜拉索的疲劳性能，如沪通长江大桥、芜湖长江三桥的斜拉索采用了抗拉强度 2000 MPa 的高强平行钢丝束，极大地提高了斜拉索的利用效率，降低了拉索的材料用量。与此同时，抗拉强度 2160～2400 MPa 的超高强钢绞线已经研制成功，开始进入工程化规模化应用，如正在施工中的、主跨 2300 m 的江苏张靖皋长江大桥就采用了强度 2200 MPa 级热镀锌铝合金镀层钢丝。

2.5.3　纤维增强复合材料

纤维增强复合材料（fiber reinforced polymer，FRP）是将碳纤维、玻璃纤维或芳纶纤维等纤维材料包裹在环氧树脂、聚酯或酚醛热固性树脂等基体中而形成的新型材料，具有很高的比强度（抗拉强度/密度）、无磁性、耐腐蚀及不导电等优越性能。表 2-12 为常用纤维材料与传统钢材的轴向力学性能对比，由表 2-12 可知，就单一纤维而言，常用纤维的比强度约为传统钢材的 10～20 倍。此外，现有常用纤维的比模量（抗拉模量/密度）

为传统钢材的 2～3 倍。当纤维材料和基体材料混合硬化形成 FRP 后，FRP 的比强度相对于单一纤维材料会有所降低，但总体上仍远高于钢材，展现出优越的力学性能、高强轻质特性。FRP 性能的优越性能可以概括为：①塑性变形小，且轴向应力-应变关系近似线弹性；②耐腐蚀性好，在合理设计情况下，可在酸碱、氯盐、冻融等恶劣或腐蚀性环境中长期使用，具有实现结构全寿命周期成本最小化的潜力；③可设计性良好，通过调整纤维含量和铺设方向可以设计出满足各方向强度指标、弹性模量以及特殊性能要求的产品，产品成型方便、形状设计加工灵活。

表 2-12　常用纤维材料与传统钢材的轴向力学性能对比

类别	相对密度/(t/m³)	拉伸强度/GPa	弹性模量/GPa	延伸率/%	比强度	比模量
玻璃纤维	2.5	3.2～4.9	68～110	3.2～5.7	1.2～2.0	27～38
碳纤维	1.7～2.2	2.2～5.6	230～390	0.3～1.7	1.01～3.1	134～180
芳纶纤维	1.45	2.9～3.6	77～165	1.3～4.2	2.0～2.5	55～114
钢材	7.8	0.21～2.0	210	3.5～18	0.027～0.25	26

目前，FRP 产品主要形式有布材、片材、筋材、板材、型材、管材等，FRP 在结构工程中的应用主要分为加固既有结构和新建结构两种。借助于良好的可设计性和耐久性，采用 FRP 布材或板材等产品替代钢材对既有结构进行加固逐渐成为结构加固领域的主流方法。此外，随着 FRP 产品制作工艺的逐渐成熟，基于 FRP 产品为主要结构材料的新建结构也开始涌现，典型案例如我国第一座采用 GFRP 桥面板的组合结构公路桥—大广高速 6 号桥，以及国内目前跨径最大的 GFRP 桁架桥—洪泽高良涧船闸扩容工程闸区工作桥等等。尽管 FRP 相较于传统钢材具有优越的轴向力学性能和良好的耐腐蚀性，展现出担当新一代结构材料的潜力，但仍存在一些局限、技术成熟度显得不足，导致 FRP 尚难以支撑大规模工程化应用。这些局限主要表现在以下三个方面。

一是 FRP 是一种各向异性材料，即沿纤维方向具有较高的强度和弹性模量，但垂直于纤维方向的强度和弹性模量较低，这导致 FRP 的抗压强度、剪切强度和层间抗拉强度往往仅为其抗拉强度的 5%～20%。这一特殊性使得 FRP 相关构件的连接、弯折及锚固构造成为其实际应用中亟需解决的关键问题。

二是 FRP 的极限应变过小，延伸率多在 1.5%～3.0%，破坏时接近于弹性，塑性变形能力远低于钢筋（钢筋延伸率为 3.5%～18%），导致其与混凝土复合形成的构件破坏时，当配筋较少时，FRP 先达到破断强度，发生脆性破坏；当配筋较多时，混凝土发生压溃破坏，同样也是脆性破坏，破坏模式不够理想，破坏时耗能能力偏弱。

三是 FRP 相关制品的力学性能对制备工艺及基体材料具有较强的依赖性，即采用不同制备工艺、不同的基体材料制作形成的产品之间的性能存在较大差异，加上 FRP 普遍存在的蠕变断裂问题尚未解决，导致利用其作为预应力筋材时存在着诸如张拉应力低、有效应力小等局限。

案例 2-9　混凝土性能改良改进的百年历程回顾——技术内部因素整体统筹作用的启示

1）早期探索

尽管在古罗马时期就已发明火山灰水泥，并广泛应用于砖石结构的砌筑，建造了一大批流芳百世的石拱桥和石穹顶建筑，但钢筋混凝土却是 19 世纪末的产物。在房屋建筑中，钢筋混凝土结构显现出其优良的力学行为与便捷的施工性能，并很快发展出砖-混凝土结构、混凝土框架结构等新的结构形式，钢筋混凝土多层建筑结构进入了推广阶段，在 19 世纪和 20 世纪交替之际，就有超过 1200 个钢筋混凝土房屋建筑项目建成。在桥梁工程中，出于对混凝土抗压强度充分利用的考虑，混凝土结构的最初实践多采用拱结构，1875 年，法国园艺师约瑟夫·莫尼埃（Joseph Monier）建成了一座 16 m 跨径的人行拱桥。在工程实践过程中，由于混凝土的"不定形"，或者更确切地说是具有塑性流体的"找形"能力，这使一大批学者、工程师看到了它巨大的潜力，并开始探索钢筋混凝土的结构形式、布筋方式与计算方法。1886 年，美国学者 T. Hyatt 通过钢筋混凝土梁的试验明确指出：对于简支梁，钢筋的大段应该布置在梁的底部，并让钢筋的两端弯转向上、以抵抗该处的斜拉力；同年，德国学者 M. Koenen 提出了钢筋混凝土梁的弹性分析方法；等等。1900 年，弗朗索瓦·埃纳比克设计建成了第一座钢筋混凝土车行拱桥——主跨 50 m 的沙泰勒罗（Châtellerault）桥［图 2-25（a）］；1903 年，第一幢钢筋混凝土高层建筑——美国辛辛那提莫格尔斯大厦（Ingalls Building，16 层，高 74 m）建成，标志着钢筋混凝土结构时代的来临。

在 20 世纪前 30 年里，以尤金·弗雷西奈（Eugène Freyssinet）[①]、罗伯特·马亚尔为代表的工程大师充分发挥钢筋混凝土抗压强度大、可施工性良好等优势，建成了一批影响深远的大跨径桥梁如萨尔基那山谷桥［1930 年建成，跨径 90 m，见图 2-25（b）］、普卢加斯泰勒拱桥（Plougastel Bridge，跨径 3×180 m，1930 年建成）等，取得了结构材料、结构形式、工程造价的完美结合，使钢筋混凝土拱桥成为大跨径桥梁"家族"的一员。尤其是结构设计大师罗伯特·马亚尔，他以混凝土板为设计语言，创造出三铰拱桥、无梁楼盖、薄壳结构等钢筋混凝土的新形式，设计了 47 座混凝土拱桥，赋予混凝土结构以灵性和活力，带领混凝土结构走出了石拱结构笨重粗犷的窠臼，打破了艺术表现力与工程造价存在天然冲突的观念，一些结构甚至成为了 20 世纪最经典的结构艺术作品，成为当时"结构艺术"流派的代表人物。

2）预应力混凝土结构的问世

由于自重大、抗拉强度低这两个缺陷在跨越结构中显得更加突出，因此，有关混凝土改良的相关探索首先发轫于桥梁工程。在这个探索进程中，人们差不多历经了 60 年，

[①] 尤金·弗雷西奈（Eugène Freyssinet），1879～1962 年，毕业于法国巴黎高科路桥学院，20 世纪最伟大的桥梁设计大师，集科学研究、技术开发与工程设计咨询为一体，他系统研究了混凝土的徐变特性，提出了预应力混凝土结构的基本思想，开发了预应力张拉设备及锚固装置，设计了多座划时代的混凝土桥梁，创建了弗雷西奈国际咨询公司，培养出让·穆勒（Jean Muller）、米歇尔·维洛热（Michel Virlogeux）等新一代桥梁设计大师，以及伊夫·居庸（Yves Guyon）等桥梁工程专家。

横跨近代工程与现代工程两个阶段，才开发出混凝土结构的合理形式——预应力混凝土结构。其中，尤金·弗雷西奈在 1910～1930 年设计建造大跨径钢筋混凝土拱桥的过程中，深刻认识到徐变对混凝土结构设计建造的重要性，探索出消除混凝土徐变不利影响的工程方法。即为了解决钢筋混凝土拱桥拱顶下挠过大的难题，弗雷西奈尝试在拱顶预先埋置液压千斤顶、根据监测结果调整拱顶标高和拱圈应力的做法，并取得了成功，由此孕育出预应力思想的胚芽：如果在钢筋混凝土梁中主动地施加水平拉力，也可以改善混凝土应力、延缓混凝土开裂、抵消徐变影响，从而改善钢筋混凝土梁的受力性能。从 1930 年起，弗雷西奈专心于预应力混凝土的研究及相应技术装备的开发，对混凝土收缩徐变特性、高强度钢筋力学性能、预应力锚具及张拉千斤顶等装备等，进行了 10 多年系统深入的研究与开发，1939 年，他成功研制出锚固高强钢丝束的弗氏锥形锚具及双作用千斤顶。在这个过程中，弗雷西奈逐步形成了通用的预应力思想，突破了预应力混凝土结构的关键瓶颈。

与此同时，20 世纪 30 年代，德国著名工程师弗朗茨·迪辛格也意识到混凝土的收缩徐变会引起预应力损失，萌生了采用体外预应力的布束构想，以便随时张拉、调整预应力。这种构思于 1934 年获得专利，并在 1937 年应用于德国奥厄车站跨线桥的设计建造中 [图 2-25（c）]。该桥跨径布置为 25.2 m + 69.0 m + 23.4 m，其中主跨由两侧各 18.75 m 的悬臂箱梁和 31.5 m 的 T 梁挂孔组成，预应力采用极限强度为 220 MPa、直径 70 mm 的无黏结高强粗钢筋，在 1962 年、1983 年两次维修时重新张拉预应力钢筋，运营状况一直良好，奥厄车站跨线桥也成为无黏结预应力混凝土结构的开山之作。

第二次世界大战结束后，欧洲交通基础设施亟待恢复建设，而钢材极为匮乏，在这一需求刺激下，预应力混凝土登上了历史舞台。1946～1950 年，弗雷西奈运用预应力技术、采用预制拼装施工方法，在法国马恩河上先后建成了吕章西桥 [Luzancy Bridge，跨径 55 m，见图 2-25（d）] 等 6 座刚架桥，在经济指标、施工方法上取得了巨大的成功，示范了二战后欧洲桥梁的重建。到了 1950 年，德国著名工程师乌立希·芬斯特沃尔德（Ulrich Finsterwalder）[①]在主跨 62 m 巴尔杜因斯泰因桥 [Balduinstein Bridge，主跨 62 m，跨越 Lahn 河，在我国又被称为兰河桥，图 2-25（e）] 的施工中，采用悬臂浇筑施工方法，发明了挂篮这种空中作业平台，创造性地利用预应力钢筋的张拉进行主梁应力和变形控制和调整。稍后的 1953 年，乌立希·芬斯特沃尔德在德国尼伯龙根 [Nibelungen，图 2-25（f）] 桥的建设中，创造性地利用预应力技术进行平衡悬臂浇筑施工，解决了制约大跨径混凝土梁桥发展的施工难题。该桥为主跨 114.20 m 的 T 形刚构，因其受力图式简洁、设计施工简便，一经问世便受到了工程界的欢迎。这样，预应力技术就具有了高效配筋和悬臂施工应力调控的双重属性，将大跨径混凝土梁桥的施工要求与运营要求完美地结合在一起，从而破解了大跨径混凝土梁桥发展的瓶颈——如何进行无支架施工，为预应力混凝土梁桥的发展和推广应用铺平了道路。

---

① 乌立希·芬斯特沃尔德（Ulrich Finsterwalder），1897～1978 年，德国著名桥梁工程大师，提出了混凝土桥梁的悬臂施工法，发明了预应力混凝土悬带桥，设计建造了多座划时代的预应力混凝土桥梁。

（a）沙泰勒罗桥（1900年）　　　　　　　　　（b）萨尔基那山谷桥（1930年）

（c）德国奥厄车站跨线桥（1937年）　　　　　　　（d）法国吕章西桥（1946年）

（e）德国巴尔杜因斯泰因桥（1950年）　　　　　　（f）德国尼伯龙根桥（1953年）

图 2-25　混凝土桥梁发展历程的几座里程碑（图片来自维基百科，查看彩色图片可扫描封底二维码）

3）薄壳结构的兴起

与此同时，在大跨建筑结构中，在皮埃尔·路易吉·奈尔维、费利克斯·坎德拉（Félix Candela）[①]等 "创造空间的魔术师" 发展出薄壳结构、肋壳结构、折板结构、刚性悬索结构等新的结构形式，采用预制与现浇相结合的施工方式，充分发挥了钢筋混凝土的抗压性能高、可塑性强和经济性好等优势，创造出形式美与力学美融为一体的新结构形式，展示了混凝土结构的美丽和优雅，罗马小体育馆（图 2-6）、墨西哥洛斯·马纳迪阿勒斯餐厅［Los Manantiales Restaurant，图 2-26（a）］、罗马大体育馆［图 2-26（b）］等结构堪称 20 世纪中叶混凝土大跨建筑结构经典作品。尤其是洛斯·马纳迪阿勒斯餐厅，在跨度 30 m 的情况下，平均厚度仅为 4 cm，厚度与跨度之比达到了惊人的 1/750，将混凝土壳

[①] 费利克斯·坎德拉（Félix Candela），1910～1997 年，享誉世界的西班牙结构设计大师，他的结构设计实践主要集中在墨西哥，以薄壳结构的设计与建造见长，将薄壳结构的美丽和优雅发挥到了极限，代表作包括洛斯·马纳迪阿勒斯餐厅（Los Manantiales Restaurant）、1968 年墨西哥城奥运会场馆等。

体的轻盈优雅发挥到了极致，而造型别致的落地玻璃窗又进一步强化了网壳结构轻巧通透艺术表现力。

20 世纪 50～70 年代，钢筋混凝土逐渐发展成为大跨建筑结构的主流结构材料之一，与网格结构、悬索结构平分秋色。但由于薄壳结构需要的临时支架多、模板制作复杂、重复利用率低、施工工期较长、施工措施费用偏高，随着网架结构、网壳结构及薄膜结构在 20 世纪 80 年代兴起之后，薄壳结构不再具有明显的技术经济优势，工程应用也就逐渐减少了。

<table>
<tr><td>（a）洛斯·马纳迪阿勒斯餐厅（1958年）</td><td>（b）罗马大体育馆（1960年）</td></tr>
</table>

图 2-26　混凝土大跨建筑结构的两座范例（图片来自维基百科，查看彩色图片可扫描封底二维码）

4）高性能混凝土结构的探索

20 世纪 60 年代，结构工程界借助于提高水泥强度等级、减少用水量等措施，开发出抗压强度 80 MPa 以上的结构混凝土，但因弹性模量、密实性等指标并未同步增长，含水量的减少使混凝土的施工工作性能大为降低，导致其工程应用受到一定的限制。如果应用于梁桥、则拱桥结构刚度成为新的制约因素，如果用于缆索承重结构则难以发挥出其优势，如果应用于高层建筑则施工工作性能成为新的瓶颈。对此，人们不得不采用混凝土桁架梁这种结构形式来进行高强混凝土的工程实践，在此期间，日本、法国等国家修建了一些具有试验性质的中等跨径（$60\,\mathrm{m} < L < 80\,\mathrm{m}$，$L$ 为跨径）预应力混凝土桁架梁桥，由于其受拉构件多、节点构造复杂，人们发现预应力混凝土桁架梁桥经济技术优势并不明显。于是，在相当长的一段时间里，结构工程主要采用 40～60 MPa 混凝土，高强混凝土的研究及工程应用则陷入停滞状态。与此同时，在微观层面上人们致力于混凝土的改良改性，先后研发了纤维增强混凝土、轻骨料混凝土、自流平混凝土等一系列新材料；在中观层面上，人们不断改进钢与混凝土的复合方式、完善设计计算理论，推动了钢-混凝土组合梁、型钢混凝土梁柱的工程应用，开发出剪力墙结构、框架-剪力墙结构、预应力混凝土斜拉桥等新的结构形式。

进入 20 世纪 70 年代，欧美发达国家率先发现了钢筋混凝土结构的另一个缺点，即耐久性并不像早期人们所认为的那样好，混凝土存在碳化、氯粒子损害、钢筋锈蚀、碱骨料反应等各种耐久性病害，在港口工程、海洋工程、高寒地区的混凝土结构产生了一些比较严重耐久性的问题，引起了工程界的高度重视。此后，人们不再单纯针对混凝土强度指标进行研发，而是针对混凝土的综合性能，包括强度、耐久性、密实性、弹性模量、可施工性等方面进行研究开发。1990 年，美国率先提出了高性能混凝土（HPC）的概念，HPC 具有高强度、高耐久性、高工作性，初步回应了结构工程界对混凝土改性的关切，C80 及其以上的 HPC 在一些桥梁工程、高层建筑及高耸结构得到了较为广泛的应用。

进入 21 世纪，欧美研究者开发出了超高性能混凝土（UHPC），并迅速从实验室技术转化为工程化技术。现阶段，UHPC 的试点工程主要集中在桥梁工程中。据不完全统计，目前全世界超过 1000 座桥梁采用了 UHPC，其中，美国、加拿大约有 350 座桥梁的施工接缝采用 UHPC，马来西亚已建成 150 座 UHPC 桥梁，我国约有 80 座桥梁采用了 UHPC，应用方式主要是钢-UHPC 组合桥面，以及构件之间的现浇接缝、结构维修加固等。在这些探索实践中，最具影响的工程案例是南京长江第五大桥，该桥又名南京江心洲长江大桥，建成于 2020 年，桥跨径布置为 80 m + 218 m + 600 m + 600 m + 218 m + 80 m，结构为半漂浮体系的组合梁斜拉桥［见图 2-27（a）］，主梁采用钢箱-UHPC 组合梁，索塔采用钢壳混凝土组合结构。采用钢箱-UHPC 组合梁后，桥面板抗裂强度提高了 4 倍，主梁自重减轻 30% 以上，徐变应力减小 70% 左右。与同等跨径的斜拉桥相比，主梁用钢量从 400 kg/m^2 减小到 311 kg/m^2，综合造价仅为 1.78 万元/m^2，远低于同期建成的同等跨径的斜拉桥工程造价（普通钢-混凝土组合梁斜拉桥造价约 1.95 万元/m^2，钢箱梁斜拉桥造价约 2.5 万元/m^2）。另外，采用 UHPC 作为主体结构的工程实践，其结构形式以沿袭传统桥梁的构造为主，主要有混凝土 T 梁、混凝土箱梁及板桁组合梁等，也有一些 UHPC 拱桥的探索。在这些探索中，跨径最大者为 2023 年建成的广东省省道 S292 英德北江四桥跨堤桥［见图 2-27（b）］，该桥为单跨 102 m 的 UHPC 简支箱梁桥。总的来说，由于没有找到与 UHPC 性能相匹配的结构形式，加上 UHPC 制备工艺较为复杂、造价相对较高，目前，仅有为数不多的结构形式如 UHPC 组合桥面板、UHPC 矮肋桥面板因可以有效降低自重、大幅提高了桥面的局部刚度、为沥青面层提供了易黏结的混凝土基面，由此通过了工程选择、进入到规模化工程应用。

（a）南京江心洲长江大桥（2020 年）　　　　（b）英德北江四桥跨堤桥（2023 年）

图 2-27　两座 UHPC 桥梁概貌（图片来自"桥梁视界"公众号，查看彩色图片可扫描封底二维码）

5）回望历史所得出的几点启示

纵观结构混凝土材料的 100 多年的发展历程，可以得出如下五点基本认识。一是结构材料是结构工程发展最主要的推动因素，但结构材料必须与结构形式、施工方法、结构理论三者密切配合、相互作用才能推动结构工程的发展。二是在科学发现（徐变特性及规律）与预应力混凝土结构创新之间，技术创新（高强度线材、预应力施加技术及相应的装备）起到了催化剂的倍增效应。三是在新材料的工程应用过程中，经济性能指标（含后期维护费用）、可施工性始终是主要的筛选力量。四是在新材料的开发及工程应用迭代进程中，工程设计大师对工程症结的洞察能力起到了点石成金的作用。五是在可预见的未来，混凝土仍然是结构工程的主要材料，针对混凝土结构建造和运营过程中的各种问题，混凝土材料的改良改性永无止境。对此，在未来结构混凝土材料改良改性的进程中，应在更广的工程视野下，关注技术内部因素的整体协调和系统推进、避免单兵突进，这一点，和 100 年前设计大师尤金·弗雷西奈、罗伯特·马亚尔等人在率先采用钢筋混凝土这种新材料、走出传统石拱结构形式的窠臼在本质上没有什么区别。

案例 2-10　钢管混凝土的发展——材料开发与结构形式及施工方法相互作用的典范

钢管混凝土具有力学性能好、无需模板、施工方便、节省钢材、造价低廉等优势。早在 1939 年，苏联在乌拉尔卡缅斯克（Kamensk-Uralsky）地区就建成了跨径 135 m 的铁路钢管混凝土拱桥，但因采用支架法施工，钢管混凝土的优势并未得以充分发挥。此后几十年里，国际结构工程界虽然一直没有停止对钢管混凝土的研究与技术开发，但由于种种原因，钢管混凝土并未得到广泛应用，仅在地铁工程、房屋建筑工程、桥梁工程中有零星的应用，大多数以短柱的形式出现，并未形成经济合理的结构体系。

1）钢管混凝土拱桥的异军突起

1991 年，四川省公路规划勘察设计研究院有限公司吴清明推陈出新、设计建成了跨径 115 m 的四川旺苍东河桥［图 2-28（a）］，该桥拱肋截面为哑铃形，由两根直径 80 cm 的钢管混凝土组成，结构性能、经济指标均优于同等跨径的混凝土连续梁桥，施工方法也非常简便，取得了极大的成功，开启了钢管混凝土结构发展的新篇章。在受力机理上，混凝土受钢管约束具有较大的承载能力，而混凝土又增强了钢管的局部稳定性，钢管同时具备支架、模板和组合结构的一部分共同受力的三重作用。在结构形式上，可以采用混凝土拱桥的各种体系，并根据跨度变化、受力要求等，灵活选用钢管直径或钢管支数，形成轻巧、纤细、力量感十足的承重结构。在施工方法上，钢管混凝土拱桥具有得天独厚的优势，在中等跨径时，可以采用整体吊装钢管、形成钢管结构后再泵送混凝土的方法；跨径增大时，可以采用斜拉扣挂法来悬臂拼装钢管桁架，或采用转体施工法、大节段提升法形成钢管桁架，然后再逐段或逐管泵送混凝土，形成钢管混凝土结构，施工方法灵活多变、适应性极强，因而经济指标良好，造价与同等跨度的混凝土连续梁、连续刚构不相上下，仅为同等跨径斜拉桥的 60%～70%，具有很强的技术经济竞争优势。钢管混凝土拱桥一经问世，迅速在我国各地推广应用，代替了传统的钢筋混凝土拱桥，并在 100～500 m 跨径范围内对连续梁、连续刚构、斜拉桥保有很强的竞争力。据不完全统计，我国已建成的钢管混凝土拱桥 500 多座，其中跨径大于 200 m 的钢管混凝土拱桥 50 多座，跨径大于 400 m 的钢管混凝土拱桥 10 座，在设计计算理论、施工工法工艺、结构形式、材料制备与泵送装备等方面形成了成套技术，成为最具中国特色的桥型。

2）钢管混凝土拱桥的技术特点

在钢管混凝土拱桥异军突起的发展进程中，我国桥梁建设者立足国情、因地制宜，不断改进材料工艺、施工方法、计算理论、结构形式，形成了完善的钢管混凝土拱桥技术体系，具体包括以下四个方面。

一是丰富发展了钢管混凝土组合结构的设计理论，推动了钢管混凝土拱桥设计施工技术的全面成熟，建成了以湖北秭归长江大桥（跨径 531.2 m，2019 年建成）、四川合江长江三桥［跨径 507 m，2021 年建成，图 2-28（b）］、广西天峨龙滩大桥［跨径 600 m，2024 年建成，图 2-28（c）］等著名桥梁，实现了材料特性、结构形式、施工方法、工程造价四者的高度匹配优化，在国际桥梁界产生了较大的影响。例如，四川合江长江三桥主桥的结构钢材用量为 621 kg/m^2、建安费仅为 1.42 万元/m^2，与同等跨径的斜拉桥、悬索桥相比，技术经济指标明显占优。

二是采用钢管混凝土作为劲性骨架、外包钢筋混凝土的成拱技术，破解了大跨径拱桥的施工难题，先后建成了包括万州长江大桥（跨径 420 m，1997 年建成，参见案例 2-12）、沪昆高铁北盘江大桥［跨径 445 m，2016 年建成，图 2-28（d）］在内的等大跨径钢筋混凝土拱桥，外包混凝土的重量与钢管骨架的重量之比达到了 15 左右，钢材用量极省，不仅解决了山区大跨径桥梁建设的难题，大幅度降低了桥梁造价（造价一般为同等跨径斜拉桥的 2/3 左右），获得了显著的经济社会效益。

三是发展出大跨径铁路连续梁-拱、连续刚构-拱等新的结构形式。所谓连续梁-拱、连续刚构-拱（拱辅梁桥），即在传统连续梁桥或连续刚构桥的体系上，增设辅助受力、提升刚度的钢管混凝土拱肋，以削减主跨的弯矩剪力、增大结构刚度，从而满足大跨径高速铁路桥梁对刚度的严苛要求。在连续梁或连续刚构上设置钢管混凝土拱肋后，一般可以将徐变上拱控制在 $L/5000$ 及 20 mm 以内，将活载作用下挠跨比控制在 $L/7000 \sim L/3000$（L 为跨径），将梁端转角控制在 0.01% 以内，以保证在温度、风荷载、徐变、运营列车荷载的作用下，梁体的变形及梁端转角、振动满足运营的安全性与行车舒适性要求。近 20 年来，我国先后建成了以青藏铁路拉萨河桥［跨径布置为 36 m + 72 m + 108 m + 72 m + 36 m 的连续梁-拱，2003 年建成，见图 2-28（e）］、宜万铁路宜昌长江大桥［跨径布置为 130 m + 2×275 m + 130 m 连续刚构-拱，2007 年建成，见图 2-28（f）］为代表的 30 多座大跨径连续梁-拱或连续刚构-拱。

四是积极探索钢管混凝土新的结构形式和应用方式，充分利用钢管混凝土力学性能好、安装速度快、施工便捷、延性好、用钢量省的特点，开发出适用于高烈度地震区的中小跨度钢管混凝土桁架梁等新的结构形式，建造了一批处于高烈度地震区的中小跨径钢管混凝土梁桥，如四川雅西高速干海子桥、四川汶马高速汶川克枯大桥。这些梁桥采用了钢管混凝土桁架的结构形式，对于受压构件，可以发挥钢管混凝土优越的抗压性能；对于受拉构件，则可布设无黏结预应力筋予以应对。钢管混凝土桁架桥与传统混凝土梁桥相比，普遍可以节省材料用量 30%～40% 以上，降低了上部结构的自重，有效削减了地震响应，成为高烈度地震区桥梁建设的典范。

（a）四川旺苍东河桥（1991年）　　　　　　　（b）四川合江长江三桥（2021年）

（c）广西天峨龙滩大桥（2024年）　　　　　　（d）沪昆高铁北盘江大桥（2016年）

（e）青藏铁路拉萨河桥（2003年）　　　　　　（f）宜万铁路宜昌长江大桥（2007年）

图 2-28　几座典型的钢管混凝土拱桥概貌（图片来自百度图片，查看彩色图片可扫描封底二维码）

3）创新扩散

近 10 多年来，我国这一工程创新也扩散至国外，但应用并不广泛，日本、越南、法国等国家有一些零星的钢管混凝土拱桥建设的工程实践，其中跨径最大是日本新西海大桥（跨径为 235 m），而越南钢管混凝土拱桥工程建设的主导者也多来自我国。与此同时，受钢管混凝土拱桥蓬勃发展的启示，在旺盛的建设需求带动下，钢管混凝土结构在我国高层建筑结构中也得到了一定程度的应用，应用方式主要有以下几种。

一是采用钢管混凝土柱-混凝土梁板的组合结构，以减小柱的截面尺寸、方便施工并获得较大的侧向刚度，例如高层建筑结构的框筒体系中，外围框架柱采用钢管混凝土，深圳赛格大厦就是一个典型的案例，其外围框架柱就采用了 16 根直径 1.3～1.6 m 的钢管混凝土柱。

二是采用钢管混凝土框架结构，利用钢管混凝土柱优越的抗压能力和良好的抗震延性构成高层建筑的竖向子结构，如广州合景国际金融广场就是一幢由 7 根直径 1.0～1.3 m 的钢管混凝土柱、部分跨间增设钢斜撑的超高层建筑。

三是采用钢管混凝土柱-钢板剪力墙的组合结构，如高度 596.5 m 的天津 117 大厦的外框柱由 32 根直径 1.2～1.6 m 的钢管混凝土柱组成，核心筒由 7 道带钢管混凝土柱的横向钢板剪力墙和 1 道纵向剪力墙构成，增强了结构的延性和滞回耗能能力，克服了高烈度地区高层建筑结构设计的困难，取得了良好的技术经济效益。

四是采用钢管混凝土斜交网格外框筒，形成钢管混凝土外框筒与钢筋混凝土内筒的组合结构，如"广州西塔"内筒为六边形钢筋混凝土筒，外筒由 30 根直径 0.95～1.8 m 的钢管混凝土构成的巨型斜交网格。又如与"广州西塔"比邻而立的、高 600 m 的广州塔，也采用 24 根、直径 2000 mm 的钢管混凝土构成外围巨型斜交网格（参见案例 5-4）。

但总的来说，在建筑结构中，由于钢管混凝土柱与梁板的节点构造比较复杂，施工效率并不高，钢管混凝土的材料特性、施工优势仍难以完全发挥出来，导致其技术经济优势不如在拱桥中那样突出，因此，钢管混凝土在高层建筑结构中的应用并不是很广泛。

4）结语

回望钢管混凝土结构 80 多年的发展历史，从中可以看出推动其蓬勃发展的内外部因素，即需求拉动是基础、技术创新是关键、工程造价是推手，三者互相支撑、缺一不可，也揭示了结构材料的开发必须与结构形式、施工方法密切结合才有可能获得成功。钢管混凝土拱桥正是结构材料、施工方法、结构形式与力学性能四者融合为一体的新体系，其诞生之初，正值我国大规模桥梁建设需求释放之时，而优越的技术经济优势又使其如虎添翼，这才得以茁壮成长，成为最具中国特色的创新桥型。

2.6　施 工 方 法

2.6.1　施工方法概述

1. 施工方法与结构形式、结构材料的相互作用

施工方法是建造结构工程的工艺、工序、手段和装备的总称。施工方法不仅是结构工程设计意图实现的主要保障，关系到结构工程的安全和质量，影响着结构工程的施工工期，而且与结构材料、施工装备、建设条件、人力成本等经济社会因素联系紧密，往往是高层建筑结构、大跨建筑结构、桥梁结构建设的瓶颈因素，直接影响着结构工程建设的经济性能指标，有些时候还会控制着结构设计参数乃至设计方案。不同的结构体系、结构材料，在不同地形地貌、水文地质、气象气候等自然条件下，以及不同的装备水平、劳动力供给、交通运输条件等社会条件下，都有相对安全可靠、经济合理的施工方法。因此，因地制宜地选择安全、合理、先进的施工方法，最大限度地提升施工质量、控制施工风险、降低施工措施费用就成为结构工程实践活动的关键技术问题之一。概括来说，施工方法与结构形式、结构材料的相互作用关系体现在以下四个方面。

一是施工阶段往往是结构工程最薄弱的阶段，容易发生各类安全事故乃至重大工程事故。从现代结构工程实践活动结果来看，在工程界付出了巨大努力后，结构工程的施工事故已经降低到人类工程发展史的低位，但在现实中，因勘察、设计、施工等原因造

成的工程事故还时有发生，虽与人们的主观意愿相悖，却已客观地成为工程实践活动的一部分。从历史上结构工程重大事故发生占比来看，施工事故占比高达 40%左右，因施工技术原因造成的工程瑕疵、工程缺陷、工程隐患的占比更高，这从另一个角度说明了施工方法、施工技术的重要性。

二是结构恒载受力状态与施工方法、施工工序密切相关。施工方法和施工工序不同，结构的恒载受力状态也明显不同，这一点对于以跨越为主要特征的大跨径桥梁尤为突出。通常，大跨径桥梁结构的恒载效应占比高达 70%以上，而结构的恒载效应及最终受力状态则主要取决于施工方法及施工工序，先进合理的施工方法能够最大限度地调整恒载内力，使结构的恒载内力峰值得以削减、内力分布变得更加均匀，反之亦然。目前，恒载内力调整及结构线形优化已经成为大跨桥梁结构施工的常规内容。

三是不同结构形式的施工难度、施工风险差异较大，结构的可施工性有些时候还会成为结构设计的控制因素。从工程历史的经验教训来看，一些新的结构形式的诞生、成熟和壮大主要依赖其独特的施工方法和施工装备，因此，不考虑施工方法的工程设计是不完整的，甚至有可能导致设计方案难以实现。结构工程的施工难度、施工风险主要集中在大跨径桥梁、大跨建筑结构中，为应对这方面的挑战，一大批专门的施工方法、施工工艺、施工装备被发明出来，如大跨桥梁的转体施工法、大跨建筑结构的整体提升法，成为结构工程创新的主阵地之一。

四是结构的可施工性、艺术表现力与经济性能是一个永恒的矛盾体。结构工程的成果最终是要通过施工这个环节来具体实现的，如果无法施工，再好的构想方案也只是纸上谈兵。但是，一些比较大胆前卫的地标性建筑，有时候会产生一系列施工工法、施工工艺、细部构造等方面的难题，在工程实践中也常常存在一些在理论上可行、但构造复杂、施工难度很大的结构设计方案，如果不加以改进，不仅施工成本高，而且施工质量难以保证，并给工程建造运营埋下安全隐患。例如，薄壳结构所存在的施工困难、临时措施费用高、经济指标欠佳一直是制约其推广应用的重要原因，澳大利亚悉尼歌剧院就是一个典型的样本，其独特的混凝土壳体虽然展现出无与伦比的结构艺术效果，但却导致工程造价从 700 万澳元飙升至 1.02 亿澳元，建设工期更是长达 14 年（参见案例 2-11）。

2. 现代施工方法的基本特征

总体来说，施工方法与结构形式、结构材料的相互作用关系，具有突出的当时当地性，需要结构工程师在概念设计阶段就因地制宜地通盘考虑和综合统筹，也需要借鉴相近工程领域先进的理论、技术、装备、方法来不断更新迭代，以通过先进合理、安全可靠的施工方法来保障结构设计目标的达成。概括来说，在现代控制论、预应力技术、BIM技术、大型施工机具装备及精细化测控技术的支撑下，现代结构工程的施工方法、施工技术具有以下三个基本特征。

一是更加强调施工方法的当时当地属性，以更好地体现结构工程的社会性与系统性。由于施工方法是联结工程项目自然条件、经济社会发展水平、结构体系与结构材料的纽带，与工程项目所在地的材料、人工、工期、运输条件、制造加工水平等方面具有千丝万缕的关系，因此，因地制宜地改进施工方法和施工装备、降低施工临时措施费用、最大限度地适应匹配当地各类资源，改进结构工程建设的经济指标就成为施工方法比选的应有之义。以大跨径混凝土梁桥的悬臂施工法为例，我国因劳动力供给丰富、人工费用较低、工期约束力度较弱，工程界长期以来偏爱悬臂浇筑法，以便于控制桥梁线形、降低对大型施工机具的依赖，但却导致大跨径桥梁预制装配化施工水平偏低、工效不高。近年来，随着工程建设外部条件如工期约束的增强、人工费用的增长、施工装备的升级以及建设规模的增大，悬臂节段拼装法、大型块件安装法等先进高效施工方法才得以推广应用。

二是无支架施工方法已经成为当代结构工程的主流施工方法。随着预应力技术的发展、大型施工机具装备的普及，无支架施工方法逐渐占据主流，以不断增强施工方法的适用性、提升工效、减小施工措施费用、降低施工过程对环境的影响。以大跨径混凝土拱桥为例，它既是一种比较经济、适应性强的结构体系，也是施工难度较大、施工风险较高的一种桥型，当跨径超过 100 m 时，采用支架施工方法就会令混凝土拱桥失去竞争优势。对此，工程界先后发展出悬臂节段拼装法、转体施工法、劲性骨架施工法等混凝土拱桥的无支架施工方法。

三是借鉴工业化产品的生产模式，结构工程正在从建造向制造转型，并萌芽出智能建造的新形态。随着结构工程实践活动规模的扩大，传统结构工程施工方法在环境保护、质量控制等方面的欠缺进一步显现，标准化设计、预制化生产、工业化制造、数字化管控正在迅猛发展，有望成为结构工程建设的标准范式，并从传统的设计指导施工模式，逐步向设计施工一体化融合发展。另外，大型施工装备已经成为结构工程建造的基本配置，以数字孪生为基础的结构工程智能建造技术正在快速发展，由此推动结构工程建设的工效和品质不断提升。

通常，就前述三类结构工程的主要形式即高层建筑结构、大跨建筑结构、桥梁结构中，虽然各自都有一些其独特的施工方法，呈现出一定的共性和特殊性，在某一个时段也呈现出相互作用、相互影响的态势，共同推进了结构工程施工方法的演化发展。与大跨建筑结构、桥梁结构相比，高层建筑结构施工虽然也有自身的一些特点，但却没有独特的施工方法，因而施工方法与结构形式的适配性问题并不显得特别突出。而大跨建筑结构、桥梁结构因同属跨越结构，对结构自重比较敏感、恒载效应占比高、支架搭设困难等原因，导致其施工难度较大、施工风险较高，施工方法往往成为结构设计的钳制因素。为此，以下简要阐述高层建筑结构的施工方法，着重论述大跨建筑结构、桥梁结构的施工方法要点及其适用性，阐明施工方法与结构形式、结构材料的相互作用机制。

2.6.2　高层建筑结构施工方法

就施工方法的特殊性、施工方法对结构形式的制约程度等方面而言，因高层建筑结构多具有钢筋混凝土核心筒，且核心筒常采用现场逐层浇筑的施工方式，因此高层建筑结构虽然也具有一定的施工难度，但却不会成为结构设计的制约因素。与多层建筑相比，高层建筑施工特点主要有以下三个方面。

一是随着高层建筑层数的增多，结构材料的垂直运输量常达数十万吨、垂直运输的高度常达数百米，导致高层建筑结构的施工装备特殊、施工组织复杂，由此对结构材料制备与垂直运输、施工质量管控、施工机械装备提出了一系列新的特殊要求。例如，采用液压爬模技术、自重上千吨、承载能力达数千吨的"空中造楼机"已经在高层建筑结构施工中普遍采用，能够将高空施工作业转化为"地面"施工、开辟若干个平行的作业面。

二是随着高层建筑高度的增加，为增强结构抗倾覆能力、开发利用地下空间，基础的埋深越来越大，深基坑开挖的施工风险越来越大，基础的形式与施工方法越来越复杂，基础与结构相互作用越来越突出，深基坑开挖与支护技术逐渐成为高层建筑结构施工的制约因素之一。限于本书的内容和篇幅，这方面内容略去不述。

三是高层混凝土结构的施工工艺比较复杂，既包括现浇大模板、滑动模板、爬升模板、泵送混凝土等特殊的施工工艺，也包括现浇施工与装配施工方式的优化组合，以更好地适应施工工期、造价、建筑平面和立面多样化要求，提升高层建筑的施工品质。

就施工方法与结构材料、结构形式的适配性而言，当采用混凝土作为高层建筑结构的结构材料时，施工方法以全现浇为主，以发挥混凝土的可塑性好、结构整体性强的优势；当采用钢-混凝土混合结构时，多采用混凝土现浇与钢结构安装相结合的施工方式，以加快施工进度；当采用钢结构时，工厂制造、工地拼装就成为一种常见的施工方法。此外，一些混凝土构件如剪力墙、楼板的预制装配在某些情况下显现出施工质量好、安装速度快的优势，现浇与预制拼装相结合的施工方法近年来得到了一定的应用，但也存在较大的地域差异性，需要结合具体情况合理选用。不失一般性，根据国内外已建成的高层建筑，可将其结构形式、结构材料与施工方法的关系归纳如表 2-13 所示。

表 2-13　高层建筑结构形式、结构材料与施工方法的关系

结构形式	层数	主要结构材料	施工方法
框架结构	10～20	混凝土	全现浇
剪力墙结构	20～30	混凝土	全现浇
框架-核心筒结构	30～60	混凝土	全现浇
		钢-混凝土混合	现浇筒体，安装钢结构
框架-剪力墙结构	40～50	混凝土	全现浇
		钢-混凝土混合	现浇（安装预制）剪力墙，安装钢结构
筒体结构	50～100	钢-混凝土混合	现浇筒、板，安装钢结构
		钢	安装钢结构

2.6.3　大跨建筑结构施工方法

目前，钢结构已占据现代大跨建筑结构的主流，主要结构形式包括网格结构（网架结构、网壳结构）、弦支结构、悬索结构、薄膜结构等，这些结构施工的主要特点可以概括为以下三个方面。

一是几种典型大跨建筑结构形式如网格结构、弦支结构、薄膜结构等均具有"化整为零、集零为整"的构成特性，可利用小型杆件组拼而成，钢结构构件的加工、制作均可在工厂内完成，构件及节点的设计制造标准化程度比较高，现场施工主要是钢结构的拼接、吊装等环节，由于杆件的重量轻、尺度小，安装相对容易，施工难度大为降低。

二是相对于一般建筑结构，大跨建筑结构施工往往存在高空安装的特殊性，导致不同施工方法的施工效率、施工工期、施工临时措施相差甚远，施工安装方法和结构形式的关系比较密切，一些些施工方法还存在着比较复杂的结构体系转换问题。

三是对于悬索结构、弦支结构、薄膜结构等形态作用结构，还存在结构优化几何外形即"找形"（优化几何外形）、确定合理受力状态即"找力"（合理受力状态）等特殊问题，对拉索或膜片的安装定位、张拉程序的要求很高，施工过程、施工工序对结构受力行为的影响比较显著。

针对网格结构、弦支结构、薄膜结构等大跨建筑结构的特点，工程界逐渐发展出与各种结构形式特点相适应的施工方法，现简述如下。

1. 网格结构的施工方法

网格结构主要包括网架结构、网壳结构以及空间桁架结构等。网架结构的施工方法主要有高空拼装法、高空滑移法、整体提升法、整体顶升法等。其中，高空拼装法、高空滑移法的主要问题是如何提升高空施工作业效率，而整体提升法、整体顶升法的主要问题是采用何种施工机具实施并进行施工的精准控制。此外，网壳结构、空间桁架结构与网架结构一样，都是由基本单元和节点组成，其施工方法与网架结构的安装方法具有诸多相同之处。

高空拼装法是将结构的全部杆件和节点在高空一次拼装完成，具有施工简单、无需大型起重设备等优势，但支架用量大、高空作业多、工期长、需占建筑物场内用地，一般仅适用于跨度不大的情况。作为高空拼装法的一种改进，可将构件在地面上拼接成锥体或平面桁架形式的小拼单元，然后将小拼单元吊到高空拼装，以减少高空作业量。进一步地，为平衡施工效率与吊装能力的矛盾、达到不搭设或少搭设支架的目的，可采用分条（分块）安装法，即把结构分割成若干个条状或块状单元，每个单元先在地面上拼装好，然后再用起重机吊装到高空就位后连成整体。分条（分块）安装法适合于分割后刚度和受力状况改变较小的网格结构，条块的大小主要取决于起重设备的能力。总体来说，网架拼装方法、拼装顺序可根据网架形式、支承类型、结构受力特征、杆件小拼单元、边界条件、施工机械设备性能和施工场地情况等综合确定，施工方案的灵活性、地域性较强。

高空滑移法是通过设置在网格结构端部或中部的拼装平台，以及专门布设的滑道，用牵引设备将在拼装平台上拼好的网格条状单元滑移到设计位置、拼装成整体的施工方法。这种施工方法和分条（分块）安装法一样，比较适用于正放类的网架，其最大优点是网架安装速度快、工期短、无需大型起重设备。条状单元既可以在地面拼好后、吊至平台进行滑移，也可以用散件或小拼单元在拼装平台上拼成条状单元后滑移，比较灵活，可结合结构跨度、吊装能力、场地条件等统筹选用。一般的，拼装平台可利用建筑物的端部，滑移轨道常设在网格结构的两边支承柱上，并利用柱顶钢筋混凝土连系梁作为滑道。

整体提升法是指网格结构在地面总拼完成后，在结构立柱上安装提升设备、直接提升网格结构的施工方法。整体提升法能够充分利用现有结构构件和小型机具进行大跨度网格结构的施工，节省安装设施费用。与整体提升法类似，整体顶升法是网格结构在地面完成总拼后，利用布设在网格结构下的顶升设备，以立柱作为顶升的支承结构，逐渐顶升就位的一种施工方法。整体提升法和整体顶升法都是大跨网格结构的高效施工方法，可大幅度减少高空施工作业、提高施工工效、降低施工风险，具体可根据结构类型、施工装备和施工条件灵活选用。需要特别指出的是，网格结构就位后，需进行结构体系转换，以便将提升（顶升）支架的反力转换为网格结构的内力、使结构达到设计状态，体系转换是整体提升法的关键工序之一，提升（顶升）支点数量越多，转换越复杂，必要时应进行体系转换程序和控制目标的专项设计。

2. 弦支结构及薄膜结构的施工方法

弦支结构及薄膜结构是通过张拉拉索获得整体刚度的结构，其整体刚度、受力状况主要取决于张拉程序。不同结构形式，其施工张拉程序、测控要求存在一定差异，需要根据结构形式具体确定。但就施工方法而言，则有一定的共通之处，大致可分为构件节点制作、杆件组拼、整体组拼、张拉测控等几个大的阶段。由于杆件及拉索重量较小、尺度不大，弦支结构及薄膜结构的组拼及吊装可以借鉴网格结构的施工方法，总体来说难度不大，但由于结构线形、内力状态主要取决于张拉力的大小及张拉程序，导致在施工过程中同时存在"找形"（优化几何外形）和"找力"（合理受力状态）的问题，施工过程本质上就是一个大变形非线性多维度优化问题的实现过程，因此其对张拉程序的优化、张拉测控精度的要求非常高。

以平面弦支结构为例，其施工要点如下。①按照无应力状态放样、加工制作构件，运至现场拼装。为节省拼装胎架材料，通常多采用卧式拼装法，然后结合测定误差进行调整，以确保上弦杆件的拼装精度。②张拉下弦拉索，同步监测索力、上弦杆的内力及节点位移，确保自平衡半刚性结构的几何形态、受力状态符合设计目标。③吊装就位，具体吊装就位方式可根据场地条件、吊装能力、边界条件等，采用与网格结构类似的吊装就位方法。例如，对于矩形平面的弦支结构，可采用高空滑移法将几榀弦支结构连接在一起、滑移就位。

对于空间弦支结构，其上弦杆件的安装可采用高空拼装法、高空滑移法、整体提升法、整体顶升法等安装方法，在支架上安装网壳、就位合龙，其间穿插拉索和撑杆的安装，然后张拉拉索，实现预定的结构内力、线形的设计目标，拆除支架，完成体系转换。在这个过程中，由于空间弦支结构的径向索、环向索及撑杆组成了一个有机的整体，索力与撑杆轴力互为依托、相互影响，张拉程序优化与张拉过程测控就成为施工过程最关键、也是最复杂的环节。不同的张拉方法、张拉顺序对结构内力及结构线形有较大影响，是一个典型的大变形、小应变、多目标的优化问题，既需要在设计阶段就反复优化，也需要在施工过程中根据索力及结构变形监测结果不断反馈修正。

对于薄膜结构，因其主要结构材料为拉索、薄膜及撑杆，具有材料用量少、构件轻、易于拼装等特点，因此其组拼施工并不复杂。其中，骨架支承式膜结构的施工相对简单，施工可分为两个环节，即钢结构骨架安装和膜材剪裁张拉，由于钢结构骨架具有稳定的几何形状和一定的刚度，膜材张拉可依托骨架进行，施工并没有太大难度。但是，对于张拉膜结构而言，由于膜材、拉索本身并不具有刚度，只有对膜材和拉索施加预应力后才能获得结构承载所必需的形状和刚度，因此，拉索张拉就成为张拉膜结构施工的关键。从这个角度来看，薄膜结构的施工与空间弦支结构有诸多类似之处，张拉方法、张拉程序及张拉过程测控是其施工的核心，要通过施工同时实现理想几何外形（找形）及合理应力状态（找力）两个目标，导致其施工工序十分复杂，需要从结构形式、支承方式、膜材剪裁、预加应力程序等方面进行反复优化，也需要根据张拉设备数量及能力、监测结果等因素不断进行反馈修正，设计与施工的关系非常密切，且不同结构形式具有不同的施工方式，呈现出较大的差异性，需要结合具体案例才能分析清楚。

案例 2-11　悉尼歌剧院——结构艺术性与施工可实现性的冲突及其解决之道

1）工程背景

在第二次世界大战后的澳大利亚，因战争创伤小、恢复快，经济发展迅速，在此背景下，这个蓬勃发展、蒸蒸日上的国家急切地寻找一种定义自己的方式，向全世界展示国家形象。悉尼交响乐团指挥家尤金·古森斯（Eugène Goossens）极力游说政府建造一个能够表演大型戏剧作品的场所。同一时期，新南威尔士州当局多次召开会议为歌剧院的建造进行造势，朝野各方遂对歌剧院建设的必要性达成了共识，并将其命名为悉尼歌剧院（Sydney Opera House）。1955 年，当局决定搬迁位于悉尼港入口 Bennelong Point 海角上的电车厂，将其作为悉尼歌剧院的建设场址。这个海角原先是澳大利亚原住民采牡蛎的地方，三面环海，视野开阔，不远处就是著名的悉尼海港大桥，歌剧院建成后将与悉尼海港大桥一起，成为悉尼乃至澳大利亚的新地标，如图 2-29（a）所示。同年 9 月，当局进行国际设计竞赛，以寻求优秀的建筑方案。招标文件明确的功能需求是：有一个能容 3000 人的大厅、一个能容 1200 人的小厅，两个厅都有不同的演艺用途，包括演出歌剧、交响乐、芭蕾舞和音乐会，也包括大型会议、讲座等；当局计划的投资额度为 700 万澳元，预定的工期为 4 年。

（a）建成后的概貌　　　　　　　　　（b）约恩·乌松的建筑设计构思草图

图 2-29　悉尼歌剧院概貌及设计构思草图［图（a）来自维基百科，图（b）自绘］

　　1957 年, 通过国际设计竞赛, 当局共收到了 233 个方案, 最终胜出的是名不见经传的丹麦建筑师约恩·乌松 (Jørn Utzon), 他此前并无大型建筑的设计经验。获胜作品是由 10 对"海贝"组成的薄壳结构, 外形犹如即将乘风出海的风帆, 有机地与周边自然景色融为一体, 展现出无与伦比的艺术表现力。四位评委认为:"由于其独创性, 它显然是一个有争议的设计。然而, 我们绝对相信它的优点", 不得不说这是一个精准而老到的评价, 后来发生的一切印证了这一判断。评审过程也充满了戏剧性, 因故迟到的现代主义美国建筑大师埃罗·沙里宁 (Eero Saarinen) 从已淘汰的作品中选出这位这份潦草的、想象力丰富的设计图 [图 2-29 (b)], 并说服了其他三位评委。据传, 约恩·乌松 1956 年在瑞典斯德哥尔摩旅行时从一份杂志上得知这个建筑竞赛的消息, 在尚未造访过悉尼的情况下, 凭借着几个悉尼姑娘对家乡的描述就绘制出这份天才的设计草图。

　　2) 建筑设计方案

　　悉尼歌剧院占地 18 000 m², 南北长为 183 m, 东西最宽处为 120 m, 整个建筑由三组巨大的薄壳结构组成。第一组薄壳在场地的西侧, 四对壳片成串排列, 三对朝北, 一对朝南, 内部是音乐大厅。第二组薄壳在场地的东侧, 与第一组大致平行, 形式相同但规模略小, 内部是歌剧厅。第三组在它们的西南方, 规模最小, 由两对薄壳组成, 内部为餐厅, 建筑平面布置如图 2-30 (a) 所示。整个建筑耸立在 186 m×97 m 的钢筋混凝土结构的基座上, 最高处为西侧大厅的顶点, 净高 54.6 m, 风帆张开的"嘴"则采用玻璃幕墙, 在满足采光要求之余, 营造出先锋前卫的现代主义风格, 如图 2-30 (b) 所示。这一个建筑设计让人们不禁联想到海面上迎风航行的三角帆船, 联想到一朵朵飞溅的浪花, 等等。正如后来的一些建筑师所说的, 约恩·乌松的设计极具造型空间意象, 用壳体作为设计语言诠释了建筑物的独特性, 从四面八方来乃至空中观赏, 这座雕塑化的建筑都仪态万方。

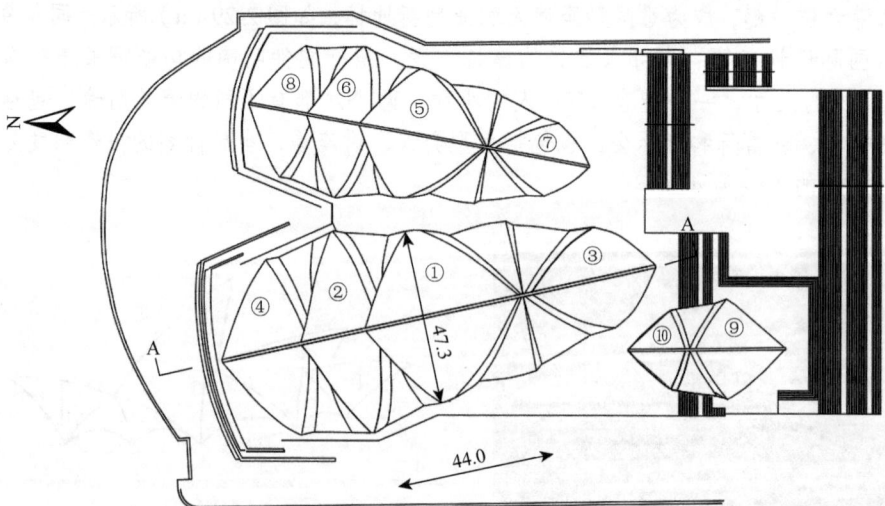

(a) 平面

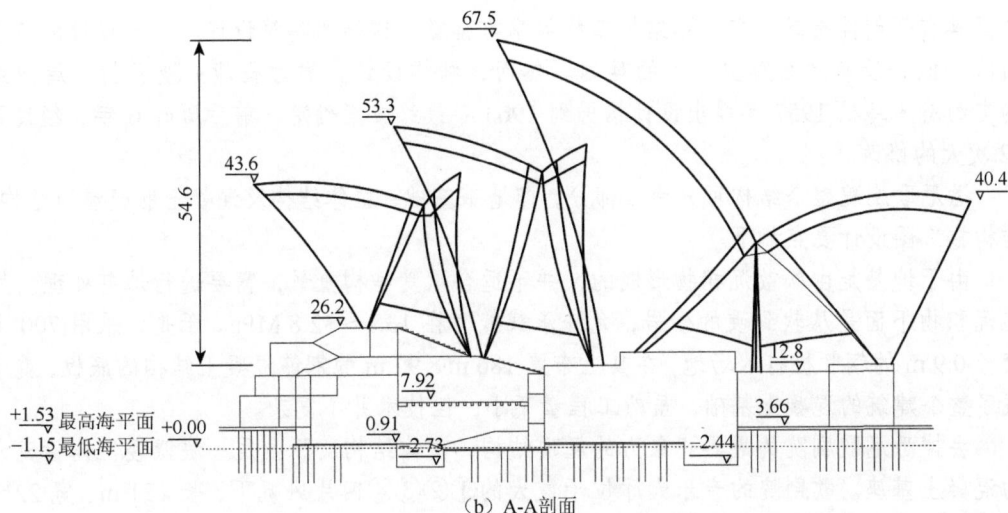

（b）A-A 剖面

图 2-30　悉尼歌剧院的结构简图（单位：m）

　　约恩·乌松的设计方案在所有参赛作品中独树一帜，既充分强调了建筑所在地的历史背景与周边环境，又合理地阐释了建筑的功能性，演绎了混凝土结构的雕塑感，将建筑的人文性、地域性、历史性与功能性有机地整合在一起，成为现代主义建筑的又一力作。然而，令约恩·乌松万万没有想到的是，正是这种大胆前卫的风格，仅仅在数年之后，就因对结构实施方案的争执、预算严重超标等原因，他就成为当地舆论的众矢之的，甚至被当局告上法庭，以致他在 1966 年迫于各种压力、辞去了歌剧院总设计师的职位，从此后就不再踏足澳大利亚，也没有亲眼看到过建成后的悉尼歌剧院的真面目，不得不说这是一个令人唏嘘不已的现实荒诞剧。

　　3）结构设计方案

　　建筑方案确定下来之后，结构施工图设计就成为悉尼歌剧院建设的关键。悉尼歌剧院拟采用薄壳结构，在当时，混凝土薄壳以其良好的受力性能、优雅的艺术表现力，可以以很小的结构厚度实现较大的跨越能力，在国际建筑界非常流行，是大跨建筑结构的主要形式，罗马的大小体育馆便是薄壳结构的典型代表。但是，悉尼歌剧院因其独特的造型，导致其采用混凝土薄壳作为结构设计方案几乎是不可能的，也导致施工难度大增。结构施工图设计由如日中天的英国奥雅纳事务所（Arup & Partners）承担，老板奥韦·阿鲁普（Ove Nyquist Arup）[①]本人亲自领衔，设计难点集中在不采用满堂支架的情况下，采用何种结构形式实现高度不一、曲率多变的薄壳结构，采用何种施工方法来完成最高高度达 54.6 m、规模庞大的屋顶。奥雅纳事务所早在二战期间就采用预制拼装法为盟军建造了一大批的混凝土临时港口，在装配式混凝土结构、剪力墙结构、结构滑模施工等

---

① 奥韦·阿鲁普（Ove Nyquist Arup），1895～1988 年，出生于英国的丹麦裔人，20 世纪最具影响力的结构设计大师，在装配式混凝土结构、剪力墙结构等方面均有开创性的贡献。他在 1938 年创立的奥雅纳事务所，目前已成为全球性最具创造力的咨询公司，并培养出杰克·宗兹（Jack Zunz）、彼得·莱斯（Peter Rice）、塞西尔·巴尔蒙德（Cecil Balmond）等著名的结构设计大师。

方面具有开创性贡献，在国际结构工程界享有盛誉。这样的建筑设计与结构设计的组合团队，似乎没有什么解决不了的难题。然而，结构设计方案过程却一波三折，屋顶结构自约恩·乌松 1957 年提出设计构思到 1963 年最终方案确定，前后历时 6 年、经过了 12 次大的修改。

悉尼歌剧院整个结构可分为三部分，即地基基础、主体结构及混凝土肋壳屋顶结构，结构施工图设计要点如下。

由于地基是由松散沉积物形成的，并不适合承受结构重量，需要进行地基处理。好在沉积物下面是从软到硬的砂岩，允许承载能力在 13.1～32.8 MPa。于是，采用 700 个直径 0.9 m 的钢管桩打入场地，在其上布置 186 m×97 m 的钢筋混凝土结构的底板，就形成了整个建筑的混凝土基础，虽然工程量不小，但技术并不复杂。

去掉悉尼歌剧院的最具想象力的屋顶结构，主体结构实际上是一块低矮但体量庞大的混凝土基座。歌剧院的音乐大厅位于最大的①②③④四片风帆下，长 121 m、宽 22～57 m，覆盖的面积为 4750 m²，最宽处亦即壳体结构的最大跨度为 54 m；在⑤⑥⑦⑧四片风帆下则是歌剧院大厅，长 85 m、宽 34～42 m，覆盖的面积为 3090 m²，最宽处亦即壳体结构的最大跨度为 42 m；而最小的⑨⑩两片风帆下是贝朗尼餐厅，覆盖的面积为 630 m²，最宽处亦即壳体结构的跨度为 27 m，如图 2-30 所示。主体结构隐匿在高大的风帆屋顶之下，观众席由逐渐抬升的梁柱板体系和混凝土侧墙支承，采用钢筋混凝土或预应力混凝土，体量虽然较大，但结构设计及结构施工并没有什么难度。

悉尼歌剧院结构施工图设计的难点在于以何种结构形式及施工方法实现 10 对高度大、曲率不一的三角形风帆形屋顶结构。主厅最高处的屋顶净高为 54.6 m，其余高度从大到小依次分别为 46 m、38 m、28 m、两处 24 m、20 m、16 m，除此以外，餐厅屋顶的 2 对风帆高度分别为 15 m 和 17 m。这 10 对大小不一、形状各异的混凝土屋顶结构既是悉尼歌剧院的标志，也是结构设计的难点，还是结构施工的噩梦（无论采用装配式施工还是或支架现浇法施工，总有当时施工水平难以跨越的技术障碍，导致工程造价大幅度增大），更是建筑设计师与结构工程师争执的焦点。

约恩·乌松非常推崇薄壳结构，以使歌剧院的屋顶结构具有雕塑感、成为凝固的音乐，能够更好地演绎他的设计理念。但是，他没有意识到特殊的壳体形状会给结构设计及施工带来巨大的挑战，也与结构工程受力的合理性和经济性相悖，虽然此前建成的罗马大小体育馆也是采用混凝土薄壳，但它们属于扁球形拱壳结构，曲率是不变的，因而结构大师皮埃尔·路易吉·奈尔维可以采用带肋壳体以及预制-现浇相结合的施工方法，在比较经济合理的情况下予以实现，但是，对于悉尼歌剧院屋顶壳体，由于其为悬挑结构，在结构自重的作用下，壳体上是弯曲应力而不是薄膜应力，而作用于壳体凸面的风荷载则进一步增大了弯曲应力，采用混凝土壳体结构根本无法实现。对此，约恩·乌松最初的设想为顶部厚 10 cm、支座处厚 50 cm 的双曲薄壳结构，但采用这种结构形式来实现歌剧院屋顶特殊的造型，受力极其不合理，因此被奥雅纳事务所否定。之后，奥雅纳事务所提出了多个结构设计方案，其中比较容易实施的有两种，一种是双层薄壳结构（即利用混凝土包裹的空间桁架），另一种是钢结构支撑的混凝土壳体，但这两种方案都没有被约恩·乌松所采纳，原因是他认为这样做会隐藏主体结构、有悖于最初的建筑理念，使建筑失去了雕塑感。建筑师与结构工程师反复争论后达成的共识是：放弃纯粹的混凝土薄壳方案，采用带肋的混凝土受弯构件组成一个巨大的混凝土"壳体"结构，结构形式也退化为常见的三铰拱，在保持歌剧院屋顶外观的情况下，尽可能减小施工难度、匹配当时的施工水平，但这样却使薄壳结构能够将外部荷载及环境作用转化为结构薄膜应力的能力完全丧失了，导致"壳体"的厚度大幅度增大。

1961 年，奥雅纳事务所的杰克·宗兹（Jack Zunz）提出以预制混凝土肋壳作为骨架的拼装方案，得到了业主、建筑、结构等多方的认可，并决定沿此方向进一步深化。1963 年，年仅 28 岁、后来成为结构设计大师及奥雅纳高级合伙人的彼得·莱斯（Peter Rice）[1]被派往悉尼担任驻场工程师，负责屋顶结构的设计深化。他在混凝土肋壳骨架的拼装方案的基础上，将施工方案明确为由八块半径均为 75 m 的"主壳"以及若干球面三角形"副壳"拼接而成的屋顶结构，类似一个巨大的、放射状的橘子皮，每一瓣的夹角都是 3.65°，根据拱肋长度及拱肋间距变化，屋面板可在半径 75 m 的球面上灵活"裁剪"。这样一来，每个壳体都出自同一球面，具有相同的曲率，该方案的最大优势是可以采用公用模板预制不同长度的拱肋，预制件之间也有几何上的关系，基本解决了数量众多、长度不一、曲率多变拱肋预制拼装施工的难点；同时，屋面板也可以采用预制标准件，大大节省了施工费用和施工难度。最终确定的屋顶结构透视图及施工阶段的场景见图 2-31。

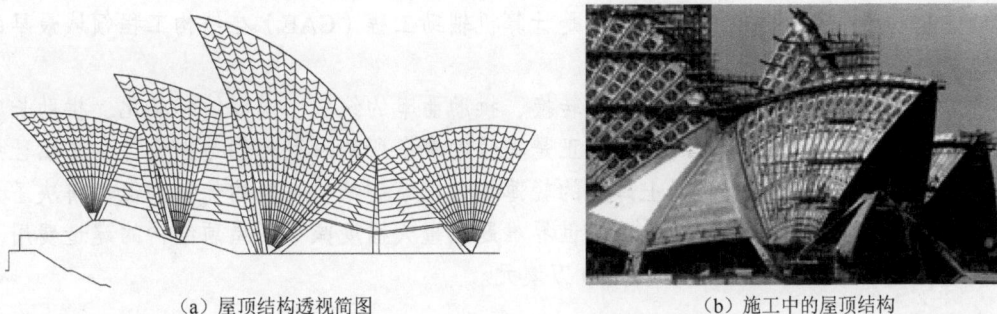

(a) 屋顶结构透视简图　　　　　　　　　　　　　(b) 施工中的屋顶结构

图 2-31　悉尼歌剧院屋顶结构 [图（a）自绘，图（b）来自（张敏政，2022）]

进一步来说，每一片"壳"都由固结于基座的若干个预制混凝土拱肋和位于屋脊的混凝土箱梁拼接组成，而每一条拱肋则由若干个拱肋组件通过预应力连接而成，屋脊箱梁也采用分段拼装的方式，与节段拼装法施工的预应力混凝土桥梁非常类似，这种处理的优点是可以有效减少支架数量、降低吊装重量。以结构尺度最大的①号屋顶为例，屋顶结构由 2×16 根混凝土拱肋及屋脊箱梁拼装而成，其中，标高最高、尺度最大的①号拱肋长 64 m，与相对的拱肋、屋脊箱梁一起构成了跨度 47.3 m 的三铰拱；以①号屋顶的①号肋为例，混凝土拱肋的横截面从顶部的 Y 形开口截面、逐渐变化为底部的 T 形实心

---

① 彼得·莱斯（Peter Rice），1935～1992 年，爱尔兰人，20 世纪最具创造力的结构工程大师之一，结构工程应用 CAE 的先驱，1956 年加入奥雅纳事务所后，在悉尼歌剧院、巴黎乔治·蓬皮杜国家艺术和文化中心和伦敦劳埃德大厦等引人瞩目的项目担任结构工程师，解决了当时国际结构工程界的诸多难题，获得了建筑业内外的广泛赞誉。

截面，拱肋截面高度在 1.2～2.1 m 变化，厚度与跨度之比为 1/39～1/23，远大于常见薄壳结构的厚度（一般在 8～10 cm，约为跨度的 1/500～1/400），以满足拱肋在自重、风荷载作用下存在较大拉应力的受力要求，并便于预制（图 2-32）。为减轻吊装重量，每 4.6 m 长为一个预制单元，①号肋由 12 个预制组件通过施加预应力形成整体。屋脊箱梁采用逐节拼装而成的竖平面内的曲线连续梁，梁高 2.5 m。这样，就由悬臂拱肋、屋脊箱梁构成了一个三铰尖顶拱屋顶，在造型上基本实现了建筑设计的意图，在结构上受力比较合理，在细部构造上也不算复杂，但施工难度则大幅度降低了。另外，由于装配式拱肋的曲率及截面相同，长度不一的肋都可以采用 4.6 m 长的预制组件拼接，例如①号屋顶结构最低处的⑯号拱肋长 32 m，采用 9 个预制组件就可以了，歌剧院整个屋顶结构共采用 2194 个预制组件。在拱肋的底端，由于其拼装施工时处于悬臂受力状态，拱肋底部几乎垂直于底板，加上拼装工序是先拼装半拱、再合龙成拱，因此其水平推力很小，只需通过预应力钢绞线锚固在主体结构上就可以了，因此，这一部分可以实现标准化。此外，在三铰拱的拼装过程中，安装相邻拱肋之间横向连系梁，形成大小不一的梯形骨架网格，就可以在梯形骨架网格上安装预制的厚 4.45 cm 六边形混凝土屋面板（图 2-32），然后再浇筑厚 15.2 cm 的钢筋混凝土，形成雕塑感极强的三角形风帆形屋顶。由于屋面板数量很多、尺寸大小不一，为解决屋面板的预制、安装与质量控制等问题，彼得·莱斯采用了计算机辅助设计手段，开发了一个 3D 专用程序，可将已架设单元的实际位置与其理论位置进行对比，并根据对比结果对下一单元制作与安装尺寸进行相应调整，以确保预制构件的精确安装和整个屋面铺装的顺滑，这是计算机辅助工程（CAE）在结构工程领域最早的工程实践，无疑也具有开创性。

应该说，风帆形屋顶结构形式的转换、拱肋曲率的统一、模板的标准化、拱肋长度的模数化是结构施工图设计的关键，正是奥雅纳事务所的一系列创造性设计，虽然让悉尼歌剧院屋顶结构失去了混凝土薄壳的轻薄均匀、节省结构材料的优势，但却解决了大跨、特殊造型屋顶结构无支架施工的世界难题，也大幅度减小了屋顶结构的建造费用。即便这样，屋顶结构造价仍高达 1250 万澳元。

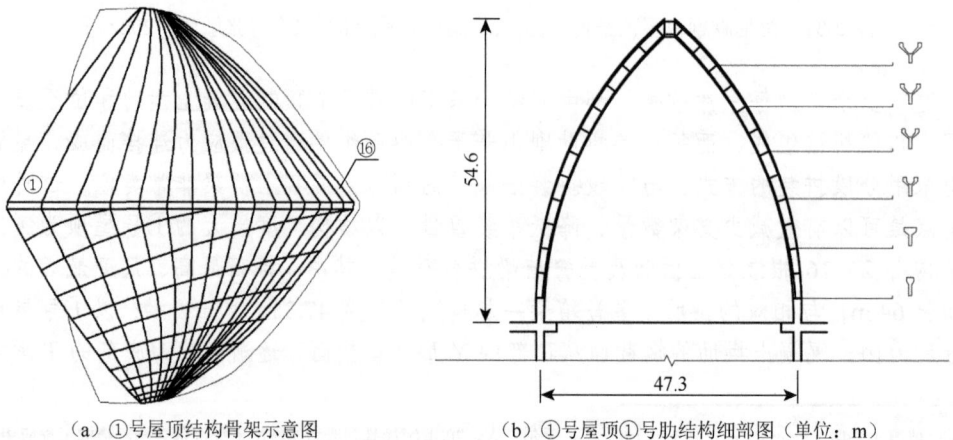

（a）①号屋顶结构骨架示意图　　　　（b）①号屋顶①号肋结构细部图（单位：m）

图 2-32　风帆形屋顶结构骨架示意图

4）屋顶结构施工方案

悉尼歌剧院于 1959 年开工，基础施工进展比较顺利，但因屋顶结构形式、施工方法确定不下来，导致与屋顶结构联系紧密的主体结构施工就陷入停顿状态。1963 年，风帆形屋顶的最终的结构形式与施工方案确定下来之后，由于施工难度过大、屡次突破预算等种种原因，其间多次停工，直到 1973 年才正式竣工，比预计的完工日期整整晚了 10 年。屋顶结构的主要施工工序如下。

①拱肋组件预制。拱肋组件在现场预制，共 2194 块。预制组件标准化长度为 4.6 m，重量为 10.16 t。模板为带有内衬胶合板的钢模，胶合板用玻璃纤维黏合聚酯树脂处理，以获得光滑精确的表面。

②拱肋吊装。设置若干个带有升降装置临时钢支架，以适应长短不一的拱肋吊装，铺设滑道，使支架能从一个拱肋位置移动到下一个拱肋位置。预制组件架设是通过三台吊机进行的，由于构件重量及尺寸不大，吊装并没有太大难度。在每片拱肋架设工作完成后，在拱肋预留管道内张拉的钢绞线、形成整体，即完成了拱肋的拼装，这方面也没有原则性困难。

③风帆状屋顶骨架形成。屋脊箱梁由多个节段组成，每个拱肋对应一个节段，用螺栓临时固定，待其连接成整体后施加预应力、形成多点弹性支承的混凝土连续梁。最后，浇筑接缝间混凝土，形成了帆状屋顶的骨架。

④屋面施工。在拱肋骨架上铺设预制的屋面板，浇筑钢筋混凝土面层，塑造三角形风帆形屋顶的最终状态。

5）几点认识

从普通民众的角度来看，悉尼歌剧院设计前卫大胆、极具结构艺术表现力，与悉尼海港大桥一起，成为悉尼乃至澳大利亚最引人瞩目的地标，引来了无数游客的如潮好评，并于 2007 年被列为世界文化遗产，无疑是一件成功的结构工程精品。

从建筑师与结构工程师协作的角度来看，约恩·乌松无与伦比的建筑方案无疑是悉尼歌剧院这一工程精品的灵魂，而奥韦·阿鲁普及奥雅纳事务所诸多结构大师的结构设计方案，则为这一精品的实现奠定了坚实的基础，他们之间的争执、争论让结构工程师深刻认识到薄壳结构的局限性，认识到结构形式对经济指标具有关键性全局性的制约作用，认识到结构可施工性的重要性。

从结构工程历史角度来看，悉尼歌剧院建成之后，薄壳结构日渐式微，在需要展现大跨建筑结构艺术表现力的情况下，结构工程师往往另辟蹊径，即采用钢结构作为骨架、在其之上再布设混凝土预制-现浇板，或采用自重更轻、更容易安装的铝型材，或采用钢结构-玻璃幕墙结构，等等，这些工程措施都可以有效平衡结构艺术表现力和结构可施工性的矛盾冲突。

从工程哲学的角度来看，悉尼歌剧院未能很好地兼顾结构艺术性、受力合理性和施工可实现性，一定程度上超出了当时的结构设计和施工技术水平，某种程度上违背了结构工程建设的客观规律，导致其施工工期长达 14 年，经济指标较差，工程造价高达1.02 亿澳元，达到了计划投资的 14 倍。

但是，没有人否认，悉尼歌剧院是一个超越时代的、无与伦比的结构工程艺术杰作，其中，约恩·乌松石破天惊的想象力与执着探索的精神、奥韦·阿鲁普和彼得·莱斯等人在标准化模数化预制拼装施工方面的技术创新，以及埃罗·沙里宁独具慧眼的鉴赏判断能力，起到了关键的、相互不能替代的作用。虽然薄壳结构的时代已经远去，但这种蕴含在工程背后的工程观念、思想方法、解决问题的思路仍具有穿透时代的力量，值得反复品味。

2.6.4　桥梁结构施工方法

在梁桥、拱桥、斜拉桥、悬索桥四种结构体系中，施工方法与结构体系是相辅相成、密不可分的，各类桥型与常用施工方法的匹配关系见表 2-14。其中，脱胎于古代桥梁工程的支架现浇法或拱架砌筑法则因临时支架材料用量大、适应性差、工期长等原因，竞争力不断削弱，应用范围逐渐被局限在小跨径（5～50 m）混凝土桥梁异形桥梁的施工中，而从近代桥梁工程延续而来的钢桥悬臂拼装法得以发扬光大，应用范围不断增大，并衍生出诸如混凝土桥梁的节段施工法、大型块件安装法等新的施工方法。此外，悬索桥因其结构的独特性和构造的特殊性，其施工方法在 19 世纪 80 年代建设纽约布鲁克林大桥时已具雏形（参见案例 1-2），后来经过纽约华盛顿大桥、旧金山金门大桥等多座千米级大桥建设过程的完善和发展，在 20 世纪 40 年代之前就已经成熟，第二次世界大战后并没有大的发展。此外，斜拉桥自 20 世纪 50 年代诞生以来，借助于斜拉索的弹性支承，节段施工法自然而然就成为斜拉桥的主要施工方法。总的来说，施工方法的发展演变，对于桥梁结构体系演化起到了重要的促进作用，并正在推动桥梁建造向桥梁制造转变。以下就对几种常用的桥梁施工方法做一简要介绍。

表 2-14　各类桥型与常用施工方法的简要匹配关系

施工方法	适用跨径/m	简支梁桥	连续梁/刚构桥	拱桥	斜拉桥	悬索桥
支架现浇法	5～50	可	可	可	/	/
节段施工法	50～400	/	常	常	常	/
大型块件安装法	20～2000	常	可	可	可	常
顶推施工法	40～100	/	常	可	可	可
米兰法（劲性骨架施工法）	200～500	/	/	常	可	/
转体施工法	50～500	/	常	常	可	/

注：表中"可"表示可以采用该法，"常"表示通常采用该法，"/"表示不宜采用该法。

1. 节段施工法

节段施工法是分节段、逐节进行施工的预应力混凝土桥梁的建造方法，是几种长大跨径混凝土桥梁无支架施工方法如悬臂节段浇筑法、悬臂节段拼装法、预制节段架桥机拼装法的总称，是混凝土桥梁的主要施工方法。20 世纪 50 年代，伴随着预应力技术的成熟，在德国乌立希·芬斯特沃尔德、法国让·穆勒（Jean Muller）[①]等桥梁设计大师的直接推动下，悬臂节段浇筑法、悬臂节段拼装法相继问世，到了 1965 年，采用短线法施工的、主跨 84 m 的法国 Pierre-Benite 桥建成，标志着节段施工法基本成熟，使得混凝土梁桥的施工速度得以加快、施工工期得以缩短、混凝土浇筑养护质量得以提高，造价得以大幅度降低，基本上破解了大跨径混凝土桥梁的施工难题，增强了混凝土桥梁相对于钢桥的竞争优势。20 世纪 70 年代以后，随着三向预应力技术的普及、大型施工装备的发展迭代，节段施工法的应用范围不断拓展，成为混凝土梁桥、拱桥、斜拉桥的主要施工方法，并衍生出移动模架拼装法、架桥机逐跨拼装法、大型块件安装法等新的施工方法。

2. 大型块件安装法

大型块件安装法是在节段施工法基础上发展出来的一种先进高效的施工方法，其核心是标准化设计、大节段工厂化预制、整孔安装架设，最常见的装备是形式各异的各类架桥机。大型块件安装法最初主要应用于中等跨径混凝土长桥，具有整体质量好、架设速度快、对周边环境影响小等竞争优势，建成了诸如美国长礁桥（跨径 35.97 m、全长 3701 m）、七英里桥（跨径 43.2 m、全长 10 931 m）、英国第二塞文河桥引桥（跨径 98.12 m、全长 4178 m）等中等跨径长桥。这些中等跨径长桥采用大型块件安装法后，施工速度大大加快，最快每天可以拼装 1 跨，满足了技术、经济、工期与环保要求的约束和挑战，成为桥梁工业化制造的先声。1997 年竣工的、采用大型块件安装法施工的加拿大联邦大桥（Confederation Bridge），孔跨布置为 14×93 m + 165 m + 43×250 m + 6×93 m = 12 940 m，该桥的基座、桥墩、梁体全部采用大型混凝土预制构件，成为大型块件安装法的里程碑，并对跨海大桥的建设理念、设计施工产生了深远的影响（参见案例 5-8）。

此外，对于量大面广的混凝土简支梁桥，采用标准化设计、工厂化预制、现场整片或整孔拼装无疑是工效最高、质量最好的施工方法。依据截面形式、运输吊装装备能力的差异，主要可分为整孔架设法和分片架设法两种。其中，公路桥梁因桥宽较大，常采用分片架设、浇筑后浇带形成整体的施工方法。铁路桥梁特别是高铁桥梁因对刚度要求极高，但桥宽较小、梁体运输架设条件较好，多采用混凝土箱梁整孔架设的施工方法，例如我国高速铁路累计应用长度超过 2.0 万 km 的 32 m 简支箱梁桥，整孔箱梁重约 820 t，具有横向竖向刚度大、动力性能好、架设方便、造价低廉等诸多优势，就是采用运架一体的千吨级架桥机架设的。此外，在跨海长桥的引桥中，为减小墩台基础的建造费用、加快施工进度、提升建设品质，也常常采用箱形截面简支梁桥，采用架桥机或大型浮吊进行施工，例如，我国东海大桥、杭州湾大桥等跨海桥梁就采用了跨度 60～70 m 的预应力混凝土简支箱梁，丹麦大带海峡西桥采用了跨度 82～110 m 的预制混凝土箱梁。

3. 顶推施工法

顶推施工法是逐段预制、张拉预应力束、利用液压千斤顶和滑动装置将梁体沿桥轴

---

① 让·穆勒（Jean Muller），1925～2005 年，享誉国际的法国桥梁设计大师，发明了混凝土桥梁的悬臂节段拼装法、大型块件安装法，提出了单索面混凝土斜拉桥等新的结构形式，设计建造了法国 Oléron 高架桥、法国布鲁东纳大桥、美国阳光高架桥、加拿大联邦大桥等多座著名桥梁，在混凝土桥梁节段施工、混凝土斜拉桥、跨海长桥等方面均有开创性的贡献。

线方向推出使其就位，然后再落梁、更换支座的一种施工方法。顶推施工法是由著名结构大师弗里茨·莱昂哈特在 1959 年发明的，其目的是破解多跨大中跨径长桥（40 m<L<100 m，$\Sigma L \geqslant$500 m，L 为跨径）的施工工期长、施工装备需求数量大的瓶颈。顶推施工法施工的桥梁主要特点是施工过程中结构体系不断改变，顶推前端主梁承受比较大的正负弯矩，施工时结构体系与成桥后结构体系有较大差别，施工过程的梁体内力会控制设计。为此，须在设计阶段综合统筹顶推过程结构受力状态、结构永久受力状态及节段预制方便性三个方面不同的要求，对顶推系统、临时墩设置、结构截面形式及其形成过程、预应力配束方式进行优化完善，以减小顶推施工法临时束用钢量多、临时墩工程量较大的不足，增强顶推施工法的适用性，提升顶推施工法的技术经济竞争力。

20 世纪 80 年代后，顶推施工法的技术工艺、装备装置、监测手段在欧美发达国家已经成熟，应用范围不断扩大，适应性不断增强，一般情况下可应用于除悬索桥以外的所有桥型，很好地顺应了发达国家人工昂贵、环保要求高的建设条件。目前，全世界采用顶推施工法建成的桥梁有 1000 多座，其中我国占百余座。例如，2012 年建成的杭州九堡大桥，主桥为 3×210 m 的连续拱梁组合体系，引桥为跨度 85 m 的钢-混连续组合箱梁，主桥及引桥均采用了顶推施工法，不仅解决了钱塘江涌潮区域的施工困难，变江上施工为岸上施工，加快了施工进度；而且将组合结构截面二次形成的优势充分发挥出来，降低了工程造价，产生了显著的技术与经济效益。

4. 劲性骨架施工法

劲性骨架施工法又被称为米兰法，是奥匈帝国著名工程师约瑟夫·米兰（Joseph Melan）[①]在 1892 年发明的，主要做法是先架设钢（铁）骨架，然后利用骨架来吊装模板、浇筑混凝土形成拱圈，骨架既是施工过程的支架，又是永久配筋的一部分。劲性骨架施工法能够有效利用先期合龙的骨架来承受后期截面增大过程的荷载，可以解决某些情况下混凝土拱桥的施工困难，例如，结构设计大师爱德华多·托罗哈早在 1939 年就采用劲性骨架施工法建成了主跨 210 m 的西班牙 Esla 拱桥，创造了混凝土拱桥跨径纪录。但由于劲性骨架的稳定性控制结构设计、用钢量偏高（体积含钢率多在 3%以上），有些情况下与支架现浇法相比并不占明显优势，导致其工程应用受到一定影响。

20 世纪 80 年代以来，我国桥梁界因地制宜地对米兰法进行了卓有成效的改进，提升了米兰法的适用性与竞争力，主要改进体现在以下三个方面。一是发展出混凝土分环浇筑方法，即在劲性骨架拼装完成后，先浇筑箱拱的底板混凝土，待混凝土达到强度后与劲性骨架共同承受下一环的混凝土重量，以此类推，直至完成后最后一环混凝土的浇筑，从而大幅度降低劲性骨架的用钢量。二是采用钢管混凝土作为劲性骨架，在提高劲性骨架刚度的同时，劲性骨架的用钢量得以进一步减小，体积含钢量多控制在 2%左右，外包混凝土重量与劲性骨架重量之比达到了 15 左右，非常合理经济。三是改良混凝土材料特性，改进混凝土浇筑施工工艺，发展了适合泵送、免振捣的混凝土材料，全面提升了钢

① 约瑟夫·米兰（Joseph Melan），1853～1941 年，奥匈帝国著名的桥梁工程师，发明了混凝土拱桥的劲性骨架施工法，设计建造了多座大跨径混凝土拱桥，提出了分析悬索桥、拱桥二阶效应的挠度理论，对 20 世纪的大跨径悬索桥、拱桥的设计施工产生了深远的影响。

管混凝土的性能。其中，最具开创性的当属 1997 年竣工的万州长江大桥，其所提出的拱圈成拱方法、施工过程控制方法深刻地影响了大跨径混凝土拱桥的发展（参见案例 2-12）。目前，劲性骨架施工法成为我国建造大跨径混凝土拱桥的主要施工方法，先后采用劲性骨架施工法建成了 20 多座跨径超过 300 m 的拱桥，最大跨径达到了 600 m（广西天峨龙滩大桥，2024 年建成），在国际桥梁界产生了很大影响。

5. 转体施工法

转体施工法是利用地形或少量支架先将半桥预制拼装完成，然后由半桥结构及施工临时设施组成机构、借助于转盘滑道和牵引系统，将半桥结构整体旋转、就位合龙的一种施工方法。转体施工法不仅可以解决特殊建设条件下的桥梁施工困难，而且具有施工用材少、施工快捷安全、对通航行车干扰影响小等特点，可以节省 15%～20% 的施工费用，具有明显的技术经济优势。转体施工法可分为竖向转体施工法、水平转体施工法以及竖转 + 平转施工法三种。

竖向转体施工法是桥梁设计大师里卡尔多·莫兰迪 1955 年在建造南非暴雨河桥（跨径100 m）时发明的，在欧美、日本得到了一定的应用，成为一些特殊的情况下克服拱桥建设困难的法宝，但由于竖向转体施工法所节省的拱架材料数量有限，经济技术优势并不突出。

水平转体施工法是我国四川省交通科学研究所张联燕等人 1977 年在建造跨径 70 m四川遂宁建设大桥发明的，该桥转体重量（含平衡重）约 1200 t，开创了混凝土拱桥建造的新途径。1989 年，主跨 200 m 涪陵乌江大桥采用水平转体施工法建成，标志着水平转体施工法的成熟。进入 20 世纪 90 年代，转体施工法在我国得到了广泛应用，并发展出了竖转 + 平转转体施工法，在工艺构造、转动牵引系统、位移监测控制体系等方面取得了长足的进步，成为一种安全高效、经济快速的施工方法，也是最具我国特色的施工方法创新。目前，转体施工法的技术已经十分成熟，转体施工法的适应性也得以不断增强，从早期的拱桥，逐步拓展至 T 形刚构、连续梁、连续刚构、斜腿刚构、斜拉桥等，在跨越既有道路、铁路站场、通航河流时显示出独特的优势。据不完全统计，我国采用转体施工法建成的桥梁达数百座，转体重量也屡创新高，最大转体重量高达 45 600 t（河北保定乐凯大街南延线跨京广线斜拉桥，2020 年竣工）。

案例 2-12　万州长江大桥——施工方法对大跨径拱桥建设的制约与促进作用

1）技术背景

大跨径混凝土拱桥具有造型美观、造价低廉、承载潜力大、养护费用低等优点，但也存在施工难度大、施工风险高、临时工程材料用量较多等局限，当跨径超过 200～300 m时，施工难度及施工费用急剧增大，导致其竞争优势明显降低。在第二次世界大战后的几十年里，大跨径混凝土拱桥的创新主要围绕着施工方法的革新而展开，相继发展出悬臂桁架拼装法、斜拉悬臂拼装法、斜拉悬臂浇筑法、缆索吊装法、转体施工法等无支架施工方法，这些施工方法虽然一定程度地降低了大跨径混凝土拱桥的施工临时设施费用，增强了混凝土拱桥施工过程的安全性，使得大跨径混凝土拱桥在某些情况下仍葆有竞争优势。但总的来说，无支架施工方法仍是制约大跨径混凝土拱桥发展的主要瓶颈因素。截至 20 世纪 90 年代，国外比较有代表性的混凝土拱桥及其施工方法主要有：日本采用劲性骨架施工法建成了主跨 235 m 的别府拱桥，南斯拉夫采用悬臂桁架拼装法建成了主跨 390 m 的 Krk 拱桥。在我国，采用无支架施工方法建造混凝土拱桥的主要集中在西南地区的四川、贵州、广西等省份，工程实践非常活跃，如采用半劲性骨架建成了主跨 240 m 的四川宜宾小南门金沙江大桥（体积含钢率为 1.28%），采用转体施工法建成了主跨 200 m 的涪陵乌江大桥，采用缆索吊装、节段拼装的施工方法建成了主跨 150 m 的四川宜宾马鸣溪金沙江大桥，等等。在这些工程实践中，虽然积累了宝贵的工程经验，但仍未取得无支架施工方法的关键性突破，当跨径超过 300 m 时，施工方法仍然是混凝土拱桥建设的瓶颈。

2）结构形式及设计要点

万州长江大桥，位于重庆市万州区上游 7 km，是国道 318 线跨越长江的一座特大公路桥梁。万州长江大桥该桥前期规划勘察工作自 1983 年开始，由四川省公路规划勘察设计研究院有限公司负责，经过了"预可行性、工程可行性、技术设计、施工图设计"四个阶段。在"预可、工可"阶段，选取了 4 个桥位、6 种桥型（钢悬索桥、钢拱桥、钢斜拉桥、混凝土连续刚构桥、混凝土斜拉桥、混凝土拱桥）进行比选，提出了 8 个总体布置方案。由于桥梁位于峡谷地段，航道狭窄，水深流急，江中不能设墩，故需一孔跨越江面，因此，桥梁最小跨径被确定为 400 m。在 6 种桥型方案中，钢筋混凝土拱桥造价最低，明显低于混凝土斜拉桥、混凝土连续刚构桥等各种桥型，降幅在 7%～39%，这对经济欠发达的四川来讲意义非同一般。因此，工可阶段确定了主跨 420 m 的钢筋混凝土拱桥方案进行技术设计。技术设计所确定的主要设计参数及结构形式如下。

公路等级：四车道高速公路，净宽 2×7.5 m 行车道 + 2×3.0 m 人行道，总宽 24 m。

荷载等级：汽车-超 20 级，挂车-120，人群-3.5 kN/m²。

通航标准：在三峡水库正常蓄水位 175 m 以上时，通航净空为 24 m×300 m，双向通行三峡库区规划的万吨级航队。

桥孔布置：5×30.668 m + 420 m + 8×30.668 m，全桥总长 856.12 m，拱圈净跨 420 m，净矢高 84 m，矢跨比为 1/5，拱圈高 7 m、宽 16 m，横向分为三箱，主要尺寸如图 2-33 所示。

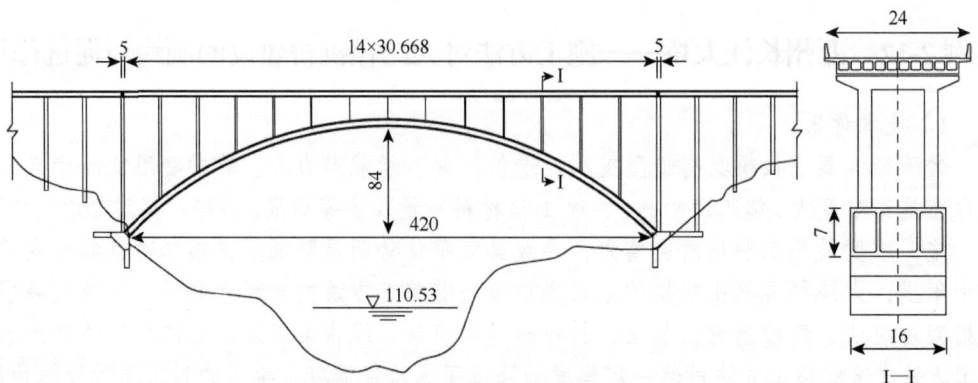

图 2-33 万州长江大桥总体布置（单位：m）

3）施工方法

对于大跨径混凝土拱桥而言，结构设计的核心是采用何种无支架施工方法，在临时措施费用较低的情况下保障施工阶段结构的安全可靠性。进一步来说，就是如何综合各种无支架施工方法的优点，让一部分材料先形成拱圈（拱肋）、以便减轻施工技术难度并降低建造成本。在当时，劲性骨架施工法、转体施工法、节段施工法三种拱桥的无支架施工方法在我国都有一定的工程实践基础，也积累了一些经验与教训，但采用劲性骨架施工法施工的最大跨径仅为 240 m（宜宾小南门金沙江大桥），采用其他无支架施工方法建成的拱桥最大跨径仅为 150 m。要实现从 240 m 到 420 m 的跨越，无疑是一个严峻的挑战，需要在分析借鉴国内外拱桥先进施工方法基础上，根据当地的施工水平、前期工程经验积淀做出科学的抉择与大胆的创新。经分析，劲性骨架施工法既是大跨径混凝土拱桥无支架施工的发展方向，在当地也具有较好的工程实践基础，主跨 120 m 的四川新龙坳大桥、主跨 160 m 的四川攀枝花保果大桥均采用钢管混凝土作为劲性骨架进行施工，因此，以钢管混凝土作为劲性骨架、采取相应改进措施与工法创新后是可以应对这一严峻挑战的。此外，宜宾小南门金沙江大桥采用型钢半刚性骨架，虽然用钢量省，但刚度小、施工过程中难以准确达到设计的几何线形，也曾出现过险情，故向更大跨径发展则施工风险较大，用钢量也不省，于是四川省公路规划勘察设计研究院有限公司决定舍弃型钢半刚性骨架，采用刚度更大、用钢更省的钢管混凝土作为劲性骨架。经反复计算比选，采用上下弦杆为 $\phi402 \times 16$ mm 钢管组成 5 片桁片，横向间距为 3.8 m，采用角钢组成的 H 形断面作为腹杆，以实现刚度大、用钢省、便于节点焊接处理等目的。骨架在桥轴方向长划分为 36 节桁段，每节段长约 13 m、高 6.8 m，宽 15.6 m，节段之间由上、下弦杆的法兰盘螺栓连接，每节段重约 61 t，在工厂制作完成，船运至工地起吊安装。拱脚节段的下弦端面设临时铰，以便安装时调整骨架几何线形。劲性骨架构造见图 2-34。

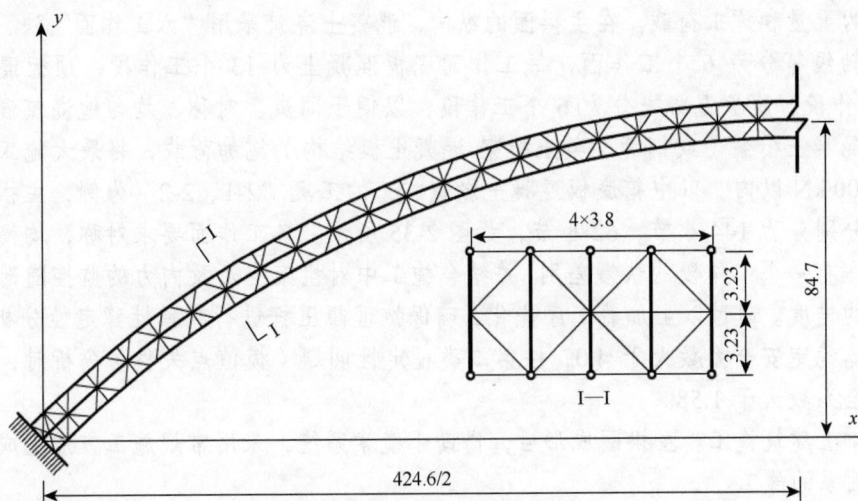

图 2-34　劲性骨架构造（单位：m）

　　确定了结构形式、施工方法及技术路线之后，施工工序就成为特大跨径劲性骨架钢筋混凝土拱桥建设成败的关键之一，因为拱圈应力与拱圈形成历程、形成方法直接相关。四川省公路规划勘察设计研究院有限公司通过理论分析、数值模拟及模型试验，确定了"步步为营"的拱圈截面成型法，以最大限度地降低劲性骨架用钢量，提高劲性拱架施工过程的稳定性。简单来说，拱圈截面成型分为三个大的阶段，即先采用缆索吊装法拼装钢管骨架、然后采用泵送方法灌注混凝土形成钢管混凝土劲性骨架、最后再分环分段浇筑混凝土箱形截面。在实施过程中，又根据施工阶段钢管混凝土桁架（或钢管混凝土桁架-混凝土板结构）的稳定性、承载能力以及拱圈应力等控制目标，提出了"六工作面"同步对称浇筑方法，按横向分块、纵向分环、先中室后边室的方式逐步形成拱圈截面。经反复优化，混凝土拱圈形成过程共分为 8 个工序、9 个阶段，各工况混凝土浇筑量在 499～1909 m^3，劲性骨架的最小弹性稳定系数为 4.0，施工过程中劲性骨架的内力变形基本无波动，内力增量比较均匀，在阶段末达到最大值，并明显小于其他施工加载工序的最大值。详细施工工序如下。

　　①安装劲性骨架。采用缆索吊装方式逐段安装劲性骨架，安装就位、线形调整完毕后封闭拱脚的临时铰。然后，采用泵送混凝土，按照先中间后两边、先下弦后上弦的原则，在 10 根钢管内灌注 C60 混凝土，形成钢管混凝土劲性骨架。

　　②浇筑混凝土拱圈。混凝土拱肋浇筑工序是成拱的关键，钢管混凝土桁架（或钢管混凝土桁架-混凝土板结构）的稳定性是最主要控制因素，在初步拟定的 8 种加载工序中，经反复分析比较，最终选取了将主拱圈浇筑混凝土分为 8 个工况、9 个阶段的施工加载路径，如表 2-15 所示。在主拱圈横截面上，三室箱形截面分 8 次浇筑形成，即：浇筑中箱底板混凝土→浇筑中箱下 1/2 腹板混凝土→浇筑中箱上 1/2 腹板混凝土→浇筑中箱顶板混凝土、形成中箱混凝土截面→浇筑两侧边箱底板混凝土→浇筑边箱下 3/4 腹板混凝土→浇筑边箱上 1/4 腹板及顶板混凝土，形成边箱混凝土截面。每环段浇筑后间隔一定龄期，使混凝土达到 70%以上的强度，以便与劲性骨架共同受力、承受下一阶段混凝土的重量和施工荷载。在主拱圈的纵向，混凝土浇筑采用"六工作面"法，即半拱圈沿纵轴线等分为 6 个工作面，每工作面底板混凝土为 13 个工作段，顶板混凝土为 12 个工作段，腹板混凝土分为 6 个工作段，以便于同步、对称、均匀地浇筑混凝土，给钢管混凝土桁架（或钢管混凝土桁架-混凝土板结构）施加荷载，将最大施工荷载控制在 4000 kN 以内。以中箱底板混凝土浇筑施工的工况"2-1、2-2"为例，主拱圈沿桥跨纵向分别分为 144 小节、62 小节，如图 2-35 所示。各工作面要求对称，均衡浇筑，最多允许有一个工作段的快慢差别，并结合施工中对拱架变形及内力的监控随时调控各工作面的进度。通过以上加载工序优化，确保按理想压杆进行线弹性稳定性分析时，结构的整体稳定安全系数大于 4.0，按第二类稳定性问题（极值点失稳）分析时，结构的整体安全系数大于 1.58。

　　③拱上建筑施工。主拱圈成形后，借助于缆索系统，采用常规施工方法完成拱上建筑及桥面系的施工。

表 2-15　浇筑混凝土拱圈顺序及稳定性分析结果

工况	浇筑混凝土截面	混凝土浇筑量 /m³	稳定安全系数	跨中最大竖向 位移/m	超极限承载力的 杆件数量
1		499	4.0	−0.3094	0
2-1		930	4.5	−0.3831	0
2-2		605	4.0	−0.4736	0
3		1111	7.0	−0.5364	0
4		1120	7.5	−0.5830	0
5		1668	6.5	−0.6330	4 根，下平斜撑，位于左右拱趾边箱处
6		1393	8.5	−0.6615	4 根，下平斜撑，位于左右拱趾边箱处
7		1781	7.5	−0.6942	4 根，但已与混凝土底板硬结，应视为不失稳
8		1909	7.5	−0.7220	8 根，但已与混凝土板硬结，应视为不失稳

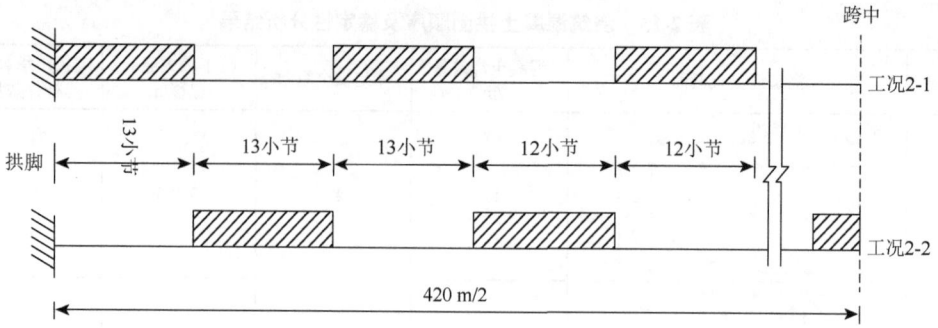

图 2-35　中箱底板混凝土分段浇筑示意图（图中阴影表示混凝土浇筑加载）

4）经济技术优势

万州长江大桥对大跨径混凝土拱桥的新理论方法、新工艺技术、新材料应用、新结构措施等方面进行了卓有成效的探索，针对钢管混凝土-混凝土拱圈复合结构逐步形成的特点，提出了劲性骨架安装及拱圈施工过程控制方法，发展了拱圈混凝土浇筑的"多点平衡法"，开发了 C60 级高强混凝土工艺技术，揭示了几何非线性与徐变对混凝土拱圈长期行为的影响，等等。这些技术突破有力保障了万州长江大桥的建设，该桥于 1993 年开工、1997 年建成，建成后结构概貌如图 2-36 所示。该桥主要材料用量为：钢材 5299 t（其中钢管骨架 2191 t），混凝土 46 392 m^3，折合每平方米桥面用钢量为 289 kg、混凝土用量为 2.34 m^3；该桥工程竣工造价 1.675 亿元，折合每平方米桥面造价为 8178 元，与相近跨径的各种桥型相比是最经济的。

图 2-36　万州长江大桥概貌（图片来自百度图片）

5）工程创新扩散

万州长江大桥成功地解决了大跨径混凝土拱桥设计施工中的主要技术难题，提出了劲性骨架安装及拱圈施工过程控制方法、拱圈混凝土浇筑的"多点平衡法"，形成了一套比较完善的大跨径混凝土拱桥设计施工技术，不仅推动了我国大跨径混凝土拱桥、大跨径钢管混凝土拱桥的发展，而且提升了大跨径混凝土拱桥的竞争力，引起了国际桥梁界的广泛关注。在万州长江大桥建成后的 20 年内，我国的钢筋混凝土拱桥、钢管混凝土拱桥建设取得了令世界瞩目的成就，其中跨径大于 200 m 的超过 50 座，占据全世界同类拱桥的 75%以上。在这些拱桥工程实践中，或多或少地都可以看出万州长江大桥成拱方法、截面构造、计算理论等方面的影响。万州长江大桥的工程创新，揭示了结构体系、结构材料、结构理论、施工方法是四个相互依托的支柱，在技术迭代升级过程中存在着相互作用、协同发展的内在机制。

案例 2-13 广州丫髻沙大桥——大跨径桥梁转体施工的里程碑

1）技术背景

进入 20 世纪 90 年代，转体施工法在我国得到了广泛应用，采用转体施工法建成的各类桥梁达 60 多座，并在转体方法、转动牵引系统、位移监测控制体系等方面有了长足的进步，技术呈现出明显的自我进化规律，最大跨径发展到了 200 m，成为最具我国特色的施工方法创新。在转体方法方面，从有平衡重转体施工法发展为无平衡重转体施工法，从水平转体施工法逐渐发展为水平转体与竖向转体相结合的转体施工法，使转体施工法的适应性大为增强。在转动牵引系统方面，从早年由简易混凝土转盘、环形滑道、千斤顶等组成的转动牵引系统，发展到由不锈钢转盘、液压千斤顶同步联动、自动反馈控制组成的转动牵引系统，转体施工的安全性、可靠性得以显著提升。在位移测控体系方面，从早年的卷扬机-扣索体系，发展到全液压自动监测、实时修正的计算机位移控制体系，转体施工的精度、可控性大幅度提升。在应用范围方面，随着转体技术，尤其是平转技术的成熟，转体施工法从早期的拱桥，逐步拓展至 T 形刚构、混凝土连续梁、连续刚构、斜腿刚构、斜拉桥以及大跨径体育场馆，显现出转体施工法的独特优势。

然而，作为一种正在迅速发展的施工方法，在世纪末的我国转体施工法还是存在一些亟待解决的问题，这些问题主要有以下两个方面。一是不同于 T 形刚构、连续刚构、斜拉桥等本身就属于自平衡的结构体系，当拱桥跨径超过 300 m 之后，因其几何尺度长、结构自重大、施工过程中整体稳定性问题突出，能否借助于转体施工法来克服大跨径拱桥施工困难、增强拱桥的技术经济竞争优势尚存在疑虑。二是在当时的我国正处于转体施工法快速发展探索阶段，施工工艺、细部构造、施工机具、测控方法、作业细则等方面虽呈现出百花齐放的态势，但一些实施细节仍显粗陋、一些测控方法还不完善，亟需通过典型代表性工程的实施，对转体施工法的相关实施方法和细则进行规范，以促进转体施工法发展得更快更好。

2）工程概况

广州丫髻沙大桥位于广州环城高速公路上，跨越珠江后航道及江中的丫髻沙岛，桥址处江面宽阔、河道顺直，桥轴线与河流流向交角约为 70°，主航道水面净宽约为 350 m，通行万 t 船舶，航运十分繁忙。综合桥址处地形、地质及通航要求，该桥主航道桥跨径布置为 76 m + 360 m + 76 m，桥宽为 32.4 m，结构形式为钢管混凝土飞鸟式自平衡系杆拱，矢跨比为 1/4.5，是当时国内外跨径最大的钢管混凝土拱桥。每片拱肋由 6 根直径 750 mm、壁厚 16 mm 的钢管混凝土组成，内灌 C60 收缩补偿混凝土，拱脚钢管中心距为 8.039 m、拱顶为 4.0 m，全桥设置 6 道米字形横撑、2 道 K 字横撑，桥面系为工字钢组成的纵横梁格体系，系杆采用高强钢绞线，该桥结构整体布置及截面形式如图 2-37 所示。

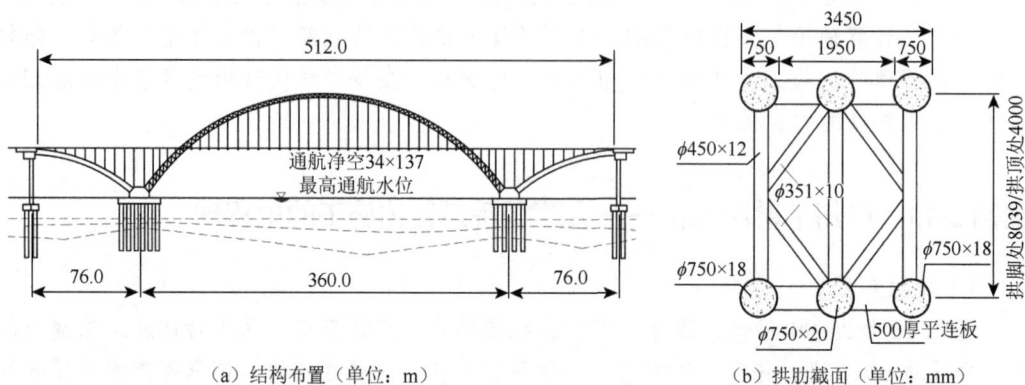

（a）结构布置（单位：m）　　　　　　　（b）拱肋截面（单位：mm）

图 2-37　广州丫髻沙大桥主桥总体布置及拱肋截面形式

　　广州丫髻沙大桥在结构设计上非常新颖、在材料用量上非常节省、在艺术表现力上也颇为出色。但关键问题在于采用什么施工方法成拱，以尽可能降低造价、缩短工期、减小施工对珠江航道的影响。对于这一棘手的问题，在技术设计阶段，该桥设计单位中铁工程设计咨询集团有限公司曾研究过斜拉悬臂拼装法、大节段提升法等多个施工方案，但这些施工方案要么因临时工程量太大、要么因对航道干扰太多而未能获得通过。因此，迫切需要推陈出新，采用能够适应该桥地形水文、航运要求、结构体系的施工方法。

　　3）施工方法

　　在施工图设计阶段，中铁工程设计咨询集团有限公司联合四川省公路规划勘察设计研究院有限公司创造性地提出了"竖转＋平转"的转体施工方案。即先利用少量支架卧拼边拱及中跨半拱的钢管拱肋，然后利用边拱、中跨半拱、临时塔架、撑架和扣索等形成自平衡结构体系后，分级同步张拉扣索、使边跨及中跨半拱竖向转动达到设计位置，完成竖向转体、形成平转机构；平转机构形成后，利用转盘、滑道、液压千斤顶转动牵引系统将转体机构旋转一定角度，实现中跨拱肋的空中合龙，其间，借助于测量控制系统的反馈不断修正调整牵引系统的输出。相对于斜拉悬臂拼装法、大节段提升法等传统施工方法，转体施工法具有临时工程量小、工期短、施工质量高、施工风险小、对航运基本没有影响等突出的优点。但是，这一方案也带来了转体机构重量大、结构尺度长、精度要求高、控制难度大等诸多挑战。

　　经反复研究比选，丫髻沙大桥转体主要工序如下：①制作转盘系统，竖向转体采用 $\phi 1500 \times 50$ mm 的钢管混凝土铰，水平转体的转盘由直径 33 m 的环道支承和中心支承组成；②采用卧拼方式，在支架上拼装边拱及主跨钢管拱肋，以最大程度地减小支架材料用量、提高拱肋的拼装质量精度；③设置临时塔架、扣索，利用临时塔架及扣索、采用液压同步提升技术，将主跨半拱逐步提升、完成拱肋的竖转，主拱竖转重量为 2058 t；

④竖转就位后，边拱、中跨半拱、塔架与扣索形成了一个稳定的施工结构，然后利用水平转盘构造、大吨位钢绞线张拉牵引系统进行平转，使两岸转体机构合龙成拱，平转体重量为 13 850 t，转体机构长 258.1 m、宽 39.4 m、高 86.3 m。为确保上述工序顺利实施，该桥进行了转体阶段转体机构的静力、动力、抗屈曲稳定性及抗风性能的分析，对转体系统的材料及构造进行了多次试验，在此基础上，编制了转体过程结构行为测控、转体操作规程、保障措施等方面的作业指南。经过近 1 年的准备，1999 年 10 月 24 日，丫髻沙大桥水平转体施工正式开始，水平转体过程历时不足 24 小时即实现了中跨钢管拱肋的合龙，各项监测指标均在预期范围之内，施工精度达到了厘米级，转体施工非常顺利，该桥转体过程见图 2-38。

图 2-38　广州丫髻沙大桥转体施工过程（图片自拍）

　　丫髻沙大桥竖转与平转相结合的施工方法是大跨径拱桥施工技术的一个新突破，该桥所提出的转体施工结构、转体构造、转体过程抗风行为、结构行为测控等方面的成套技术，成为转体施工法发展进程中的又一座里程碑，引领示范了我国后续多座大跨径钢管混凝土拱桥的设计施工，在国际桥梁界也产生了很大影响。

　　4）技术经济优势及后续影响

　　借助于合理先进的结构体系和大胆巧妙的转体施工方法，丫髻沙大桥大幅度降低了结构材料用量、临时工程量和工程造价，该桥全桥钢材用量仅为 7498 t、混凝土用量为 49 333 m³，折合每平方米桥面造价为 1.35 万元，这在国内外相近跨径的拱桥中材料用量都是最省的。

　　在丫髻沙大桥建成之后，我国转体施工法的工艺构造不断改进，测控技术日益先进，应用场景不断拓展，适应性也不断增强。目前，转体施工法已普遍应用于除悬索桥以外的各种桥型，采用转体施工法建成的桥梁多达数百座，在跨越天然河流、山谷、既有道路、铁路站场等障碍物时，竞争优势十分明显，逐渐成为一种安全高效、经济快速的常规施工方法。

参 考 文 献

阿迪斯，2008. 创造力和创新：结构工程师对设计的贡献[M]. 高立人，译. 北京：中国建筑工业出版社.

比林顿，1991. 塔和桥：结构工程的新艺术[M]. 钟吉秀，译. 北京：科学普及出版社.

崔京浩，2005. 伟大的土木工程内涵与特点·地位和作用·关注的热点：第十四届全国结构工程学术会议特邀报告[C]//第 14 届全国结构工程学术会议论文集（第一册）. 北京：工程力学杂志社.

邓文中，2014. 桥梁话语[M]. 北京：人民交通出版社.

丁洁民，张月强，张峥. 2019. 建筑结构设计中的创新与实践[J]. 建筑结构，49（19）：43-44.

董石麟，2009. 空间结构的发展历史、创新、形式分类与实践应用[J]. 空间结构，15（3）：22-43.

董石麟，邢栋，赵阳，2012. 现代大跨空间结构在中国的应用与发展[J]. 空间结构，18（1）：3-16.

渡边邦夫，2008. 结构设计的新理念新方法[M]. 小山广，小山友子，译. 北京：中国建筑工业出版社.

韩庆华，2014. 大跨建筑结构[M]. 天津：天津大学出版社.

黄真，林少培，2010. 现代结构设计的概念与方法[M]. 北京：中国建筑工业出版社.

吉姆辛，2002. 缆索支承桥梁：概念与设计[M]. 金增洪，译. 北京：人民交通出版社.

莱昂哈特，1987. 桥梁建筑艺术与造型[M]. 徐兴玉，高言洁，姜维龙，译. 北京：人民交通出版社.

蓝天，2019. 中国空间结构七十年成就与展望[J]. 建筑结构，49（9）：5-10.

李乔，2023. 桥梁纵论[M]. 北京：人民交通出版社.

李亚东，2018. 亚东桥话[M]. 北京：人民交通出版社.

恩格尔. 2002. 结构体系与建筑造型[M]. 林昌明，罗时玮，译. 天津：天津大学出版社.

林同炎，斯多台斯伯利，1999. 结构概念和体系（第二版）[M]. 高立人，方鄂华，钱稼茹，译. 北京：中国建筑工业出版社.

罗福午，1991. 建筑结构概念体系与估算[M]. 北京：清华大学出版社.

罗福午，张慧英，杨军，2003. 建筑结构概念设计及案例[M]. 北京：清华大学出版社.

奈尔维，1983. 建筑的艺术与技术[M]. 黄运升，译. 北京：中国建筑工业出版社.

聂建国，2016. 我国结构工程的未来：高性能结构工程[J]. 土木工程学报，49（9）：1-8.

钱冬生，2007. 谈桥梁[M]. 成都：西南交通大学出版社.

铁木生可，1961. 材料力学史[M]. 常振概，译. 上海：上海科学技术出版社.

王应良，高宗余，2008. 欧美桥梁设计思想[M]. 北京：中国铁道出版社.

武际可，2009. 力学史杂谈[M]. 北京：高等教育出版社.

项海帆，2003. 世界桥梁发展中的主要技术创新[J]. 广西交通科技，28（5）：1-7.

项海帆，潘洪萱，张圣城，等，2009. 中国桥梁史纲[M]. 上海：同济大学出版社.

项海帆，肖汝诚，徐利平，2011. 桥梁概念设计[M]. 北京：人民交通出版社.

项海帆，2023. 中国桥梁（2013-2023）[M]. 北京：人民交通出版社.

肖汝成，2013. 桥梁结构体系[M]. 北京：人民交通出版社.

伊藤学，川田忠树，2001. 超长大桥梁建设的序幕：技术者的新挑战[M]. 刘健新，和丕壮，译. 北京：人民交通出版社.

斋藤公男，2006. 空间结构的发展与展望[M]. 李小莲，徐华，译. 北京：中国建筑工业出版社.

詹伟东，董石麟，2004. 索穹顶结构体系的研究进展[J]. 浙江大学学报，38（10）：1298-1307.

张雷，2021. 桥梁之道：中国哲学思想对桥梁工程的启迪[M]. 北京：中国铁道出版社.

张敏政，2022. 关于抗震防灾的若干思考[J]. 地震学报，44（5）：733-742.

张其林，2019. 膜结构在我国的应用回顾和未来发展[J]. 建筑结构，49（9）：55-64.

张俊平，2023. 现代桥梁工程创新：认识、脉络及案例[M]. 北京：人民交通出版社.

中国公路学会桥梁和结构工程分会，2009. 面向创新的中国现代化桥梁[M]. 北京：人民交通出版社.

周福霖，张俊平，2021. 如何建造一座耐震（振）的桥：桥梁抗震隔震减震与振动控制技术发展和应用[J/OL]. 桥梁，（1）.
　　　http://www.chinabridge.org.cn/magzinelist-danben-shidu.jsp?articleId=10000013710048.

《中国公路学报》编辑部，2014. 中国桥梁工程学术研究综述[J]. 中国公路学报，27（5）：1-96.

Amp O，Zunz J，1973. Sydney Opera House[J]. The Arup Journal，8（3）：4-21.

Cardellicchio L，Stracchi P，Tombesi P，2021. Danish spheres and Australian falsework：Casting the Sydney Opera House[M]//History of Construction Cultures Volume 1. [S.l.]：CRC Press：786-794.

Dieter G E，2000. Engineering design：A materials and processing approach[M]. London：McGraw-Hill.

Harms A A，Baetz B W，Volti R R，2005. Engineering in time[M]. London：ICP.

Holgate A, 1996. The art of structural engineering: The work of Jörg Schlaich and his team[M]. [S.l.]: Axel Menges.

Menn C, 1990. Prestressed concrete bridges[M]. [S.l.]: Birkhäuser Basel.

Moropoulou A, Cakmak A, Polikreti K, 2002. Provenance and technology investigation of Agia Sophia bricks, Istanbul, Turkey[J]. Journal of the American Ceramic Society, 85 (2): 366-372.

Nordenson G, 2008. Seven structural engineers: The felix candela lectures[M]. New York: The Museum of Modern Art.

Tassin D M, Muller J M, 2006. Muller: Bridge engineer with flair for the art form[J]. PCI Journal, 51 (2): 2-15.

Virlogeux M, 2003. Design and designers[M]. London: McGraw-Hill Education.

Wells M, 2002. 30 Bridges[M]. [S.l.]: Watson-Guptill Publications.

第3章 结构工程的本质和特征

作为人类实践活动开展最早、规模最大的工程领域，结构工程一直是人类生活生产、文明发展的物质基础。在长达 4000 多年的发展史上，在工程思想方面，大致经历了"整体模糊论框架""机械还原论框架""系统整体论框架"三个大的工程思想阶段之后，人类从形形色色的工程经验、工程事故、工程教训中，逐渐加深了对结构工程本质特征的认识、理解与运用。在科学、技术和工程相互作用与相互促进方面，科学革命催生了第一次工业革命，推动了科学、技术及工程从游离走向融合，科学研究逐渐成为引导技术变革、工程创新的最关键力量。在工程实践方面，留下了难以计数、流芳百世的结构工程精品，极大地改善了人类生活生产的物质条件，成为人类文明发展进程的典型缩影，等等。在本章中，作者将依据工程哲学的基本观点，依托前两章关于结构工程发展历程及其科学技术基础的论述，对工程本质、工程观念、工程方法、工程思维、工程与工程师、工程教育等与工程实践活动等密切相关的"形而上"的内涵做一简要概括，力图穿透形式各异、迷雾重重的各类工程现象，从工程哲学的高度揭示工程的本质特征，阐明工程实践活动的根本规律。期望通过这些内容的阐述剖析，能够使结构工程师从工程哲学的高度把握结构工程的建构性、系统性、社会性与复杂性，从而促进结构工程师工程观念的更新、工程创新思维的觉醒，更好地从事结构工程的创新实践。

3.1 工程与哲学

作为一种利用自然、有组织有目的改造自然的"人工过程"，工程实践活动一直是推动经济社会发展、造福人类的主要力量，工程实践能力和水平历来是各个国家（地区）竞争力的主要体现，某些时候还是技术开发、科学研究的重要推手。那么，工程的本质是什么？工程实践活动应遵循的基本规律和根本规则是什么？工程师应该有什么样的工程观念？科学理论、技术方法、工程经验之间的合理适配关系是什么？工程方法与科学方法、技术方法的异同是什么？工程思维与科学思维、技术思维的联系与区别是什么？工程实践活动中涉及的经济、技术、自然、社会等要素之间又是如何耦合、如何制约的？在工程实践活动中，工程师的作用价值如何实现？工程教育与科学教育有何联系、有何区别？等等，这些蕴藏或隐匿在工程实践活动、技术开发活动背后的基本问题，显然需要在认识论、方法论和实践论的层面上进行思考、升华和凝练，这就是工程哲学的主要任务。所谓工程哲学，就是关于工程本质、工程观念、工程创新、工程方法、工程演化等方面的基本认识，以及据此指导工程实践活动的方法论总和。作为"认识世界、改造世界"终极学问，工程哲学自本世纪初从技术哲学中分离出来以来，一直致力于对工程实践活动的总体思考，探究工程实践活动的基本特征和普遍规律，研究工程思想、工程方法、工程思维的诞生、演变和发展等等。概括说来，工程哲学关注的基本问题主要有以下几个方面。

一是工程的本质特征究竟是什么？工程实践活动的基本特征有哪些？工程实践活动中涉及的自然、经济、技术、社会资源要素有哪些？这些要素之间如何耦合、如何制约？

二是科学理论、技术原理与工程方法的联系与区别是什么？科学知识、技术方法、工程经验之间的关系是什么？科学方法、技术方法与工程方法的联系与区别是什么？如何把握工程实践活动中知与行的关系？

三是科学思维、技术思维与工程思维的本质特征是什么？它们之间的联系与区别是什么？面对具体的工程问题时、工程师应该具有怎样的思维方式？工程思维有什么特点？如何培育工程创新思维？

四是怎样才能秉承正确的工程观念，并将自然、经济、技术、社会资源等要素，调动起来、有机整合、发挥最大效益，从而让工程更好地造福人类？工程师、工程决策者等工程实践主体应该树立什么样的工程观念？

五是什么是工程创新？什么是技术创新？工程创新的原动力是什么？如何正确处理工程传承与工程创新的关系？如何准确理解把握工程创新与技术创新的联系与区别？如何恰当把握工程创新过程中各种矛盾与冲突？工程创新与工程演化的关系是什么？

六是如何强化工程设计在工程实践活动中的核心和龙头作用？如何在自然及社会环境约束下，发挥工程师的创造力，将科学理论、技术方法、工程规范与工程经验结合起来，在追求"可能性艺术"的过程中，不断提高工程设计水平，提升工程建造运营的品质和效能水平？

七是工程和工程师是如何影响社会的？工程师具有哪些职业特征？这些职业特征有何优势、有何局限？又是如何影响工程实践活动的？工程决策者、工程师应该如何对工程实践活动成果进行哲学层面反思，从而推动工程实践活动不断进步？

八是作为工程师培养摇篮的高等工程教育，她与科学教育存在什么联系与区别？如何在高等工程教育中将工程思想熏陶、工程思维培育与工程技能训练结合起来？高等工程教育与产业界的期待有何差距？未来工程实践活动对工程教育提出了什么新的要求？

针对以上问题，本章将对此进行比较系统的探讨，其中，对于其中一些比较复杂的问题如工程设计和工程创新，将在第 4 章、第 5 章中专门讨论。由此可见，工程哲学虽然脱胎于技术哲学，但思考追问的对象是工程实践活动，比技术哲学、科学哲学的研究对象和范畴更庞大、更复杂、更直接，因而其作用价值更为突出，因此近 20 多年来受到了诸多哲学学者和工程大师们的关注与重视。从哲学思考对象方面来看，工程是一种相对独立的社会实践活动，有其自身的规律，存在需要哲学思考的问题情境和逻辑必然性。从认识论层面来看，工程实践活动涵盖了"自然-人类-工程"三者之间的相互依存、相互制约的复杂关系，仅仅在技术层面来进行思考剖析是有局限的，难以透过纷繁芜杂的现象直抵工程的本质。从工程哲学的应用亦即指导生产实践活动层面来看，工程哲学的发轫、渗透与普及，有利于推动工程师站在更宽的视野、更高的层面、更广的时空，来认识工程的建构性、社会性、系统性与复杂性，促进工程师摆脱"器物"层面的羁绊，站在更高的维度上更新工程理念、感悟工程哲理、领悟工程方法、迭代工程思维、建构工程文化、增强行动自觉。

工程师需要有哲学思维、而且也有能力从事工程哲学研究和实践，工程师对此不必妄自菲薄。对于这一点，正如美国技术哲学家卡尔·米切姆所言：尽管哲学一直没有给予工程足够的关注，但是，工程界不应将此作为无视哲学的借口，卓越的工程师依然是后现代社会中未被承认的哲学家。事实上，在近现代工程实践活动中，一些工程大师结合自身工程实践活动经验，开始思考研究工程实践活动背后的哲学命题、价值取向、表现形式等，只是这些研究成果隐匿在工程技术成果的背后，产生的影响还不够大。例如，早在 1958 年，享誉国际的西班牙结构工程大师爱德华多·托罗哈就出版了 *Philosophy of Structures* 一书，从哲学高度提出了结构工程的若干基本命题，例如什么是结构表达的"真"？什么是结构艺术的"美"？结构的"真"和"美"如何协调？各种结构形式及其存在的根本原因是什么？结构的"科学性"与"设计性"如何和谐共生、相辅相成？另外，工程哲学不仅可以在认识论的高度上指导工程师处理好工程实践活动中各种技术与非技术因素的复杂辩证关系，为工程师提供改造世界的强大思想武器，而且可以指引工程师在实践论的层面，正确地理解和把握科学发现、技术创新、工程创新、工程演化的内在联系，帮助工程师更好地理解、协调和驾驭工程实践过程中的各种矛盾冲突。这一点，从工程历史上的工程大师的思想轨迹、思维方式、设计风格、经典作品中也能够得到有力的佐证，只不过有些时候处于不自觉的状态而已。

综上所述，工程实践活动的背后蕴藏着丰富的工程哲学命题，既包含认识论层面的思考认知，也有实践论层面的矛盾冲突，还有方法论层面的启示启迪。但是，由于工程哲学一直处于被工程现象、技术问题遮蔽的状态，长期以来人们并未对其去蔽、进行系统深入地挖掘分析，导致其作用价值难以显现出来。工程与哲学虽然在历史上处于长期分离状态，一旦二者结合起来，势必会为量大面广的一线工程师提供强大的思想武器，从而促进其工程观念的进阶、思维方式的更新。在未来，随着工程实践活动疆界的扩张，工程实践活动涉及的要素将更加多元复杂，面临的自然与社会矛盾将更加突出，工程决策者、工程师只有在高度抽象哲学思维的加持下，才有可能把握工程实践活动的本质特征、建构科学先进的工程观念，从而更好地进行工程创造，达成服务社会、造福人类的最高目标。

3.2　工程本质

从本质上来说，工程就是有组织地利用各种资源、相关技术构建一个人工存在物的建造过程和运营方式的总和。工程涉及的要素非常宽泛，包括技术层面的规范标准、工艺流程、检验方法、工具装置、经验技能等，也包括非技术层面的自然、经济、政治、社会、历史、伦理、文化等。工程实践活动既是技术要素和非技术要素的集成过程，也是一个因地因时制宜的矛盾综合体，还是一个寻找优化解的过程。在工程实践活动中，科学理论、技术方法、工程经验对工程实践都有重要的引导和支撑作用，自然条件、经济效益、社会期望、技术能力都会从不同角度来约束、影响和限定工程实践活动。进入现代社会，在旺盛的社会需求刺激下、在科学理论的指引下，工程规模得以迅速扩大、工程领域得以不断扩张、技术得以不断更新，工程、技术与科学的相互作用的良性机制逐渐完善，人们也开始从科学、技术、艺术、经济、哲学、历史、创新等多个视角多个层面对工程进行系统全面地思考、审视和剖析，以期能够把握工程的本质特征，掌握工程实践活动的根本规律，使科学研究能够更好地指导工程，使技术开发更好地服务工程，使工程实践能够更好地造福人类。

　　然而，受工程复杂性系统性的制约，工程本质并不是显而易见的。理解把握工程本质有多个切入的视角，既需要具有高度的抽象性，也需要具备宽广的视野，还需要结合工程实践活动中的经验教训，在不同的维度里反复穿行、体会感悟，是一个由表入里、层层深入的高级认知活动，也是一个知行合一的领悟过程。另外，概括和把握工程活动、工程创新的基本特征，既是工程哲学研究的内在要求，也是工程师提升工程素养、增强工程创新能力的有效途径，还是从优秀工程师走向工程大师的必由之路。一般说来，工程本质可以概括为建构性、实践性、科学性、创造性、系统性、社会性、风险性等七个基本特征，在这些基本特征之外，还会衍生出工程的综合性、复杂性、时代性等附属特征。现将上述七个基本特征简要论述如下。

1. 建构性

　　所谓建构性，既包括工程理念确立、工程目标厘清、工程可行性分析、工程概念设计等主观性认识的建构过程，也包括物质资源配置、加工生产、能量转化、信息传输变换以及人力资源调配等建构运筹过程。其中，主观性认识的建构亦即工程规划、工程决策、工程设计是工程实践活动的灵魂，决定了整个工程的建设品质乃至成败，决定了工程项目所需要 80%左右的资源。这一点正如马克思在《资本论》中所言："蜘蛛的活动与织工的活动相似，蜜蜂建筑蜂房的本领使人间的许多建筑师感到惭愧。但是，最蹩脚的建筑师从一开始就比最灵巧的蜜蜂高明的地方，是他在用蜂蜡建筑蜂房以前，已经在自己的头脑中把它建成了。劳动过程结束时得到的结果，在这个过程开始时已经在劳动者的表象中存在着了，即已经观念地存在着了。他不仅是自然物发生形式变化，同时他还在自然物中实现自己的目的，这个目的是他知道的，是作为规律决定着他的活动方式和方法的，他必须使他的意志服从这个目的。"马克思在这里以盖房子为例，深刻地阐明了主观观念先于实践是人类工程实践高于蜜蜂筑房活动的根本，建构性是工程实践活动最根本的特征。

　　然而，由于工程实践活动的复杂性、系统性和社会性，确立正确的主观认识并为社会接受并不见得容易。正确的主观认识既需要依托先进的科学理论、成熟的技术方法，还需要借助于工程师的大胆而富于创造力的构思设想、严谨简洁而切中要害的论证，更需要工程决策者富有洞察力、符合工程规律的拍板决定。工程观念建构性认知的关键在于能否落实工程的"当时当地性"，即一切认识都要从工程所在地的自然、经济、社会等条件出发，以最大限度地利用发挥当时当地的自然、技术、社会等方面的优势，使工程项目最大程度地造福当地民众。因此，要建构一个符合工程规律、具有创造性的工程认知并不容易，其路径十分复杂、曲折多变，常常有一个反复曲折的过程、呈现出螺旋式上升的现象，有些时候需要汲取以往工程事故的教训，有些时候需要历经数十年的反复，有些时候还会出现"老树发新芽"的现象，等等，难以一概而论。

以组合梁斜拉桥为例，1971 年，为了应对主跨约 450 m 的印度加尔各答胡格利二桥（Second Hooghly Bridge）的建设条件，德国斯图加特大学教授、著名桥梁设计大师约格·施莱希提出了采用组合梁作为斜拉桥主梁的方案。在当时，欧美发达国家的大跨径斜拉桥主要采用钢箱梁或钢桁梁，以便采用工厂制造、工地拼装的施工方法，从而加快施工进度、缩短施工工期。但对于工业化水平较低的印度，由于其国内钢结构加工、制造、运输、拼装的能力非常有限，难以加工体量较大、工艺复杂的钢箱梁或钢桁梁，于是约格·施莱希便因地制宜地采用了由混凝土板和钢工字梁组成的组合梁。虽然由于印度当地政府的种种原因，该桥直到 1993 才建成，但在此间的二十多年里，胡格利二桥设计思想、设计成果却在印度以外的国家得到了广泛的应用，一些发达国家如西班牙、美国、加拿大发现了组合梁斜拉桥具有节省材料、施工简便、易于安装等经济技术优势，国际桥梁界的认识观念由此产生了很大的转变，随即在工程实践中经常将组合梁斜拉桥作为钢箱梁斜拉桥的主要比选对象，大力发展组合梁斜拉桥，先后建成了西班牙兰迪海峡大桥（跨径 400.14 m，1977 年建成）、美国阳光高架桥（跨径 366 m，1982 年建成）、加拿大安纳西斯桥（跨径 465 m，1986 年建成）、休斯敦市哈特曼桥（跨径 381 m，1995 年建成）等数十座斜拉桥，所采用组合梁构造与印度胡格利二桥也非常类似，都是采用"工字钢纵梁 + 横梁 + 混凝土桥面板"的构造形式，只是在钢纵梁布置、混凝土板的构造细节上做了一些改进。在此期间，我国桥梁界及时洞悉了斜拉桥这一技术发展趋势，采用组合梁斜拉桥建成了上海南浦大桥（跨径 423 m，1991 年建成）、上海杨浦大桥（跨径 602 m，1993 年建成）、福建青州闽江大桥（跨径 605 m，2002 年建成）等著名桥梁，并呈现出后来居上的态势。上述这些斜拉桥采用组合梁后，相对于钢箱梁或钢桁梁斜拉桥显现出巨大的经济技术优势，节省钢材 1/3 左右，每平方米主梁的钢材用量多在 125～300 kg/m^2（平均值为 213 kg/m^2），工地及工厂的焊接加工工作量大为减少；每平方米主梁平均自重仅为 850 kg/m^2，自重大幅降低，并可由此减小索塔、基础的工程规模，显现出组合梁斜拉桥在跨径 300～600 m 范围内技术经济优势。如今，组合梁斜拉桥已经成为与钢斜拉桥、混凝土斜拉桥并行的斜拉桥三大结构体系之一。这个案例说明，先进正确的工程观念建构往往不是一蹴而就的，科学合理的工程观念认识常常需要在工程实践活动的基础上反复提炼升华。

2. 实践性

所谓实践性，既包括根据实际情况，对工程规划、工程设计、工程建造过程、工程运行效果的各类决策管理的控制调适行为，也包括工程实践主体对工程意图实现程度的评估检验与反馈修正，还包括有关方面对工程社会效益、经济效益的客观评价，既是一个比较复杂的同体异质要素的非线性耦合作用的过程及结果，也是一个不断积累工程经验、吸取工程教训、逐渐改进改良的过程。实践性是工程区别于科学研究和技术开发最重要的特征，体现了工程实践活动的复杂性、系统性、目标性等特征，意味着工程项目效果评价检验尺度和方法的多元性，蕴含着对工程实践活动的稳健性要求，是一个不断迭代、永无止境的优化过程。自有工程实践活动以来，一代又一代工匠、一代又一代工程师在长期实践的基础上，与时俱进地将工程实践活动的特征提炼为具有一定可操作性的工程建设原则，将工程经验教训升华为新的工程知识，指导后续工程实践活动，在总体上达成了"实践出真知"的目标。例如都江堰水利工程在长期实践的基础上，提取出来"深淘滩、低作堰"的六字箴言，既反映了人们对自然规律的敬畏和尊重，也揭示了如何利用自然力量的工程策略。

然而，由于工程实践活动的复杂性与系统性，即使在科学和技术高度发达的今天，人们仍难以凭借科学理论、技术方法来把握工程项目错综复杂的特点，不得不借助于工程实践活动的结晶——工程经验来对其进行系统、全面地把握。工程经验是工程实践性的另一个剖面，也是工程实践活动的基本保障。所谓工程经验，是指在面对诸多主客观不确定性和未确知性的工程实践活动中，当科学理论、技术方法不完善不完整时，人们解决工程疑难问题、保障工程实践活动的顺利开展主观性认识的积累和提炼。工程经验是在长期工程实践活动积累的，是在一代又一代工程师传承过程中积淀形成的，常常以难以言表和传授的隐性知识依附于特定的工程师（工匠）个体。正如当代物理学家理查德·费曼在全程参与美国"曼哈顿计划"后所言：我造不出来的，我就不能真正理解（What I can not build，I do not understand）。通常，工程经验包括直接经验与间接经验两大类，是工程师基于直觉判断、感性认识、工程洞察力的感悟，往往需要长时间的积累和领悟。另外，工程经验经过系统的挖掘、提炼和升华，一些工程经验有可能被逐渐"硬化"，转化为新的工程知识或工程规则，成为技术方法、规范规程的一部分，成为指导工程实践活动的重要依据之一。从人类工程历史来看，没有科学理论的指导完成工程实践活动是可能的，但没有工程经验的支撑完成工程实践活动是不可能的。从这个层面来看，很多时候工程的实践性也许会比工程的科学性更加重要，这也是工程师与科学家成长路径有所差异的根本原因。

3. 科学性

所谓科学性，一般是指工程实践活动在一定条件下进行技术要素和非技术要素集成时，必须严格遵循科学规律、正确运用技术方法，按照相应的工程规则、工程规范、工程知识、技术约束条件从事工程实践活动，否则就可能面临失败或酿成重大工程事故。纵观人类4000多年工程历史，古代杰出工匠们虽然留下了诸多流芳百世的工程精品，但在缺乏科学理论支撑的情况下、是以工程事故频发为代价的。进入近现代工程阶段以来，在力学、荷载学、材料科学、计算科学、现代结构设计方法的支撑下，工程师才逐步掌握了结构、材料、环境相互作用的基本规律，发生工程事故的几率才得以逐步降低。但即便如此，工程事故还是常常超出了社会可接受的范围。无数工程事故证明，工程事故背后往往存在人们尚未认识的科学规律或技术原理。正是一次次惨痛的工程事故，推动人们揭示、发现工程事故背后所蕴藏的科学规律，促进工程技术规范规程的完善，提升工程管理水平及风险防控能力。在这方面，比较典型的案例是金属作为一种新的结构材料登上结构工程舞台之初，在缺乏科学理论的指导下，工程事故频发、工程的经济合理性常常被束之高阁。

此外，在工程实践活动中，虽然对工程项目的整体理解把握需要借助于丰富的工程经验，但这些工程经验必须依托科学方法，遵循逻辑性、协调性、可验证性等基本要求，最大限度地将工程经验纳入科学的轨道上，避免出现群体性的认知路径偏差。这一点对于工程规模急剧扩大、技术迭代速度较快的某些工程领域尤为突出。例如在铁钢结构发展的初期，人们为了防止工程事故的发生，普遍选择尺寸或强度"大"一号的结构构件，以获得更大的安全储备，导致结构（构件）的安全系数高达 2.5～3.0、工程经济指标恶化，但因没有掌握结构的破坏模式和失效路径，仍难以避免工程事故频发。虽然有些时候，依赖工程经验和依据科学理论都可以实现预定的工程目标，但工程成本、经济指标可能相去甚远（参见案例 1-6）。

4. 创造性

所谓创造性，从工程哲学的层面来说，一般包含了最低、最高两层含义，最低意义是工程创造，最高意义是工程创新。最低意义是从工程器物角度来看，是指每个工程项目在传承以往工程实践经验的基础上，都有其特定的外部约束条件，都是独一无二的人工创造物，都是从无到有的创造过程。因此，从工程器物角度来说，所有的工程实践活动都具有创造性，但是，在创造工程器物之外，能否展现出创新性就另当别论了。工程创新是在创造工程器物、实现预定功能目标的同时，在工程理念、技术手段、设计方法、计算理论、结构材料、建造方式、工艺流程、运行管理的某些方面突破了以往工程的壁垒，或解决了以往工程实践活动的瓶颈问题和制约因素，或有效降低了工程的建造成本和运营维护费用、提升了工程的效能水平，并呈现出价值的提升，具有工程创新扩散的前景。工程创新反映了多要素的集成和价值的创造，揭示了工程实践活动检验、社会市场筛选的作用过程，具有突出的集成性、系统性、复杂性和组织性，也具有明显的当时当地性。因此，工程创新是创造性的最高形式，对技术创新具有选择、筛选、检验等多重功能。

由于工程实践活动的宗旨是更好地利用自然资源、增进人类福祉，因此，工程创新具有一定的应然性。工程创新表现在经济尺度上，就是降低工程项目全寿命造价或提升工程项目的投入/产出效益，实现更大的经济与社会效益；表现在效能尺度上，就是突破先前同类工程功能的局限、克服此前类似工程的弊端、或打破以往同类工程能力与效率的壁垒；表现在艺术尺度上，能够产生美学价值的提升，将自然环境、历史人文与工程项目有机地融为一体，创造出新的审美价值或人文意义。然而，现实情况却常常与人们的期望存在不小的差距，在工程的系统性、社会性、经验性和稳健性等本质的影响下，在相关技术规范规程的约束下，在当时当地工程文化的熏陶下，工程实践活动中因循守旧、怯于创新、流于平庸的情形常常占据主流，多数工程实践活动常常只是在传承借鉴的基础上实现了预定的功能，实现了从无到有的工程器物的创造，并不具备工程创新特征。

关于工程实践活动创新性所具有的应然性、实然性、表现形式及实现载体，详见第 5 章的有关内容。

5. 系统性

所谓系统性，是指工程所涉及的技术因素和非技术因素非常宽泛，具有突出的系统性，这些因素都在一定程度地制约或限定着工程实践活动的开展。这些不同维度的因素存在着相互作用、相互矛盾的复杂关系，工程实践活动就是因地因时制宜地、系统协调地处理这些复杂关系和矛盾、实现预定功能的过程及结果。一般来说，技术是工程的基本要素，也是工程实践活动最关键的因素，在技术因素内部，呈现出相互作用、相互促进的对立统一关系，制约着技术创新的迭代进程，影响着工程建造、运营维护的成本。非技术因素包括自然、经济、政治、历史、文化、宗教等多个方面，具有突出的当时当地性，既非常复杂、又相互制约且无法量化分析，在工程建造运行时常常难以进行客观全面的分析评估，往往需要时间或历史的检验。此外，系统性还体现在技术和非技术因素两个不同层面的矛盾冲突，这往往超出了工程师的职责和能力范围，需要工程的决策者、工程投资者与工程相关方协调协商、妥协或让步，得出令各方比较满意的最终决策。

工程的系统性体现在工程实践活动的成果上，就是工程的集成性。所谓集成性，即以实现工程项目的功能为最高目标，将工程实践所涉及的各种要素有机地集成为一个整体、达成预定的目标。集成性既包括技术层面多种技术的整合，也包括工程技术要素和非技术要素的选择、优化和集成。集成性意味着工程实践活动本身就是一个包含多目标的矛盾综合体，即在满足自然条件约束的情况下，在功能、经济、技术等方面做出恰当的妥协，并获得工程利益相关方的认可，在技术的先进性与成熟性之间取得平衡，在市场检验洗礼中不断迭代完善。随着现代工程规模的扩大、工程领域的细分、技术迭代进步的速度加快，不同行业、不同类型工程的集成性日趋复杂，跨行业、跨学科交叉融合态势日趋明显，这必然要求工程师具有宽广的视野、系统全面的工程观念，以在更加宽广的领域里更好地实现大型复杂工程的综合集成。

6. 社会性

所谓社会性，是指工程不仅是人类社会存在和发展的物质基础，更是社会变革、经济发展的主要推动力量，工程实践活动不仅要展现出工具理性，更要体现出价值理性，使其成为引领社会进步的力量之一。因此，在很多时候，工程实践活动在满足预定使用功能之外，还承载着特定时期的社会期望，具有推动产业进步、经济发展、社会和谐的内在属性与价值追求。例如，20 世纪以来，建造大跨径桥梁和超高层建筑往往是一个城市乃至国家层面的大事，因此结构工程的纪录也被赋予了诸多精神内涵及象征意义，如纽约帝国大厦、美国金门大桥、英国亨伯尔大桥、日本明石海峡大桥、吉隆坡石油双塔、迪拜哈利法塔、港珠澳大桥等，在规划建设过程中就承载着诸多的国家意志和社会期望。

此外，任何工程都是在一定社会条件、经济技术条件下建设运行的，工程规划、工程决策、工程设计、工程建造等各个环节都不可避免地受到社会的影响，既可能存在一些认知上的局限，也有相应的技术经济条件约束。正如马克思在《路易·波拿巴的雾月十八日》一文所指出的："人们自己创造自己的历史，但是他们并不是随心所欲地创造，并不是在他们自己选定的条件下创造，而是在直接碰到的、既定的、从过去承继下来的条件下创造"（人民出版社 2018 年版，第 9 页）。马克思这一论断，就是要求工程师及工程决策者既要辩证地、历史地看待既有工程经验和以往工程经验，又要结合技术发展趋势、站在工程历史和工程哲学的高度来看待分析当下的技术经济问题，避免在有些时候过分迁就社会现实情况，或向工程利益相关方做出过度妥协，留下一些遗憾乃至败笔。

7. 风险性

所谓风险性，是指工程建造和运行过程中，由于人类对科学规律和技术方法的认知局限、外部约束条件如经济指标的限制、内部管控能力不足等原因而产生的生命与财产损失的可能性。风险是工程实践活动的固有属性，与工程实践活动相伴相生、始终存在、难以彻底根除，但可设法降低。具体来说，风险既有因对客观规律掌握不全面不深入而导致的认知风险，也有因工程实践的管理者/决策者管控能力欠缺所导致的人为风险。从历史角度来看，一部工程发展史，本质上就是人类认识风险、规避风险、化解风险的历史。进入现代工程阶段，对于工程风险，人们采用了一系列科学方法、技术手段、管控机制，在耗费相应经济成本后将其防控在人们可接受的程度以内，以实现风险发生概率与防控代价的大致平衡，从而使工程实践活动更好地服务于人类。

为了科学地应对工程实践活动中的各种风险，工程界逐渐形成了以稳健性为核心的工程传统和工程文化。所谓稳健性，就是工程师们在应对主客观风险时的职业态度或行事风格，大致包括两个方面。一是指运用已有的科学理论、技术手段来把控工程建造和运行过程中，对于可能遇到各类未确知性和不确定性，通过适度增大结构（构件）安全裕度、提高工程的容错性、增大工程的冗余度等工程方法来预防弥补，以最大限度地规避、防范、化解工程风险，从而提高工程的可靠性。二是指在新技术研发及推广过程中，一些新技术、新工艺、新材料虽然具有某些方面突出的技术经济优势，但也可能存在一些尚未暴露出的问题，对此，工程界秉承稳健积极的态度，通过试点工程、示范工程、设计指引（指南）等方式来稳步推进，在技术的先进性与成熟配套性方面取得协调平衡。

需要指出的是，稳健不是墨守成规的代名词，也不是技术创新、工程创新的对立面，更不是不愿创新、怯于创新的托词。稳健性与风险性是工程建设运行过程中始终存在的、相互矛盾的两个方面，关键在于因地因时地恰当地把握好度，单纯强调任何一方面都会令工程设计、建设运营误入歧途，导致社会难以承受由此产生的成本或代价。实际上，很多时候在工程建设成本增加非常有限的情况下，既可采用一些成熟的技术来增强工程的冗余度，也有可能通过技术创新提升工程的强健性。此外，在工程管理方面，也有诸多防范工程风险、提升工程可靠性的对策，这正是需要工程师们时时处处予以积极思考、加强经验积累和提升认知水平之处，也是不断强化工程技术对策与工程管理对策融合的进阶之道。

案例3-1　从几种新型桥梁结构名称的争论与演变说起——基于工程本质的抽象

结构名称是其受力特征的高度概括，是结构受力属性的本质反映，是一种结构体系区别于其他结构体系的概念化表述。经过一段时间的推广应用后，慢慢演化为结构工程师习以为常的专业术语，成为方案构思、技术交流、信息传递的高效载体，并对结构工程师的思维过程、思维疆界、思维结果等产生形形色色的影响。例如我国在斜拉桥引进的早期，行业中就存在斜拉桥、斜张桥等不同的称谓，至今在台湾地区仍惯用斜张桥的提法。在工程实践活动中，有些时候由于工程实践活动发展比较迅速、有些时候由于概念的内涵比较模糊或宽泛，常常出现某种结构形式在工程应用过程中，人们并不能恰如其分地为其命名、或不能贴切准确地翻译外来术语的现象，以致借助于这些概念名称思考时会产生某些歧义或认知偏差。这种现象，在某些新的结构形式出现、发展、壮大过程中尤为明显。现列举三个我国桥梁工程的案例予以说明。

1）桁式组合拱桥

20 世纪 80 年代，我国贵州交通行业在桁架拱的基础上，发展出一种新的拱桥形式，其主要设计施工特点是：基于"化整为零、集零为整"的设计思想，采用预制混凝土构件拼装桁架式 T 构，然后在跨中区域布设矢跨比较小的混凝土肋拱或板拱，将桁架式 T 构和混凝土拱桥二者组合成为一个整体。这种桥型具有节省材料、预制构件重量小、便于用简易机具运输吊装施工等特点，经济指标较好，兼有 T 形刚构与桁架拱桥的优势，比较适合于山区拱桥的建设。贵州交通行业将这种桥型命名为"桁式组合拱桥"，并先后在贵州省内建成了以剑河大桥[主跨 150 m，1985 年建成，图 3-1（a）]、江界河大桥[主跨 330 m，1995 年建成，图 3-1（b）]为代表的 40 余座大跨径拱桥。但是，由于这一名称并未反映出该结构形式的受力本质，也容易产生认知偏差，因此，当时我国桥梁界有人将其命名为"桁式 T 构接拱"，还有人将其戏称为"黔式拱桥"。应该说，"桁式 T 构接拱"这个名称更加贴切，抓住了这种结构形式的本质，阐明了这种结构形式的设计和施工特点。进入新千年，随着钢管混凝土拱桥的兴起，以及桁式组合拱桥存在的先天不足（如节点构造复杂、整体性较差、耐久性不足等）的显现，桁式组合拱桥逐步退出了工程应用，对其名称的争论才随之消散。

（a）剑河大桥 （b）江界河大桥

图 3-1 两座典型桁式组合拱桥概貌（图片来自百度图片）

2）索辅梁桥

索辅梁桥俗称矮塔斜拉桥，也称为部分斜拉桥，是介于梁桥与斜拉桥之间的一种过渡结构形式。索辅梁桥概念最早由法国工程师雅克·马蒂瓦（Jacques Mathivat）[①]在 1988 年在设计法国阿勒特达雷（Arrêt Darré）高架桥时提出，其主要设计思想是：在主跨 100 m 左右的预应力混凝土连续箱梁中，设置低矮的索塔，斜拉索穿过索塔的索鞍，提高预应力的效率，给梁体施加较大的预加应力。在雅克·马蒂瓦的概念中，斜拉索更接近于预应力混凝土梁的体外索，而索塔索鞍相当于体外索的转向块，拉索索力除了对梁体产生水平压力外，其垂直分力还大幅减小了梁体的弯矩，因而可以有效降低梁高，只是拉索的应力变化幅值与常规斜拉桥拉索相比大幅度减小，因而可以不考虑拉索疲劳问题、从而提高斜拉索的容许应力值。因此，雅克·马蒂瓦将其命名为 extra-dosed beam，直译为"超配量梁"或"超剂量梁"。雅克·马蒂瓦在构思这种桥型时，关注的是混凝土梁和拉索的内力分担比例，但结构形式在本质上还是梁的属性，只是由于种种原因，这个构思在当时没能被工程界接受、应用于法国的实际工程。1993 年，完全按照雅克·马蒂瓦设计理念的"超剂量"梁桥率先在葡萄牙 Socorridos 桥中建成，该桥主跨跨径为 106 m，成为世界上第一座超配量预应力梁桥。与此同时，日本在获悉阿勒特达雷高架桥的设计信息后，对这种桥型进行了深入的研究，认为它在技术、经济两方面都有很多优势，随即开发这种桥型，于 1994 年建成了跨径为 74 m + 122 m + 74 m 的小田原港桥，随后又相继建成了数十座主跨跨径 100～275 m 的同类桥梁，显现出突出的经济技术优势，并积极向更大跨径发展，引起了国际桥梁界的关注。

　　进入 20 世纪 90 年代末，雅克·马蒂瓦所提出的 extra-dosed beam 构思，开始在全世界开始推广应用。该桥型引进至我国时，由于其索塔高度约为常规斜拉桥索塔高度的 1/2 左右，索塔相对较矮，因此，有人从桥梁外形角度出发将其称为矮塔斜拉桥，但由于未反映出该桥型的本质，容易引起误解、导致概念混乱，也会束缚设计者的思路。对此，2003 年前后，严国敏借鉴类比"部分预应力混凝土"概念的内涵、对其重新定义，称为部分斜拉桥（partially cable-stayed bridge），大意是指这种桥型部分程度的具有斜拉桥特性，基本上反映了雅克·马蒂瓦的思想，因而在我国得到了一定的认可。

　　一般情况下，部分斜拉桥属梁桥和斜拉桥之间的渡桥型，适用跨径范围为 100 m～300 m，其主要设计参数是：①索塔较矮，桥面以上塔高多在主跨的 1/12～1/8（铁路部分斜拉桥的塔高与主跨跨径之比为 1/8～1/6），塔高与同等跨径的悬索桥比较接近，大致为常规斜拉桥塔高的 1/2 左右；②主梁高度较大，当跨径小于 150 m 时，一般采用等高度混凝土箱梁，以便于施工，梁高与跨径之比在 1/40～1/30，大约是同跨径梁桥的 1/2，远大于公路斜拉桥梁高与跨径之比的 1/300～1/100；当跨径大于 150 m 或应用于铁路桥梁时，多采用变高度箱梁，以减轻自重、提高材料利用效率、增大结构刚度，公路桥梁支点梁高为 $L/35$～$L/33$、跨中梁高为 $L/60$～$L/50$（L 为跨径），铁路桥梁的梁高还要再大一些；③边跨与主跨的跨径比值较常规斜拉桥要大，斜拉桥的边跨与中跨跨径比值一般在 0.4 左右，而部分斜拉桥与连续梁相似，为避免端支点出现负反力，边跨与主跨的跨径合理的比值在 0.6 左右。

---

　　① 雅克·马蒂瓦（Jacques Mathivat），1932～2012 年，法国著名桥梁设计大师，提出了索辅梁的基本概念，发展了体外预应力技术和悬臂节段施工方法，和让·穆勒一起，合作设计了多座划时代的桥梁，如法国布鲁东纳大桥、法国 Oléron 高架桥、法国 Pierre-Benite 桥。

由于该桥型兼具梁桥和斜拉桥的优点，在跨径 100～300 m 的范围内，部分斜拉桥能使主梁、拉索的承载能力都得到充分发挥，且具有设计自由度大、参数可调节性强、经济指标优越等特点，因此在我国公路桥梁、铁路桥梁中得到了广泛应用，目前已经建成了 100 多座，几乎占全世界总量的一半。但是，由于其名称特别是工程界常用称谓矮塔斜拉桥，并没有概括出这种桥型的受力特点，容易使桥梁工程师产生一些误解，对其设计思路形成了不利的钳制，甚至会影响到主要结构设计参数的合理取值。随着工程实践活动的开展、对结构形式本质的认识深化，突破"矮塔斜拉桥"常见设计参数范围的工程实例逐渐增多，随即引发了各种争议。例如，广西南玉高铁六律邕江特大桥，跨径布置为 41 m + 109 m + 320 m + 109 m + 41 m，桥面以上塔高 70 m，塔高与主跨跨径之比为 1/4.4；支点梁高 14.5 m，跨中及边支点梁高为 6.0 m，支点梁高与主跨跨径之比为 1/22，并不符合铁路部分斜拉桥的塔高与主跨跨径之比 1/8～1/6 常见取值范围，但主梁提供了大部分结构刚度，分担了超过 70% 的荷载，此时再以矮塔斜拉桥或部分斜拉桥来称谓就有点名实不符了。进一步来说，当采用适宜布设双层交通的钢桁主梁时问题就更为突出，由于交通限界的需求，桁架梁的桁高常常达 10 m 左右，桁架自身就具有较强的抗弯能力，需要借助于斜拉索分担的荷载本身就不大，但出于结构美观、斜拉索分担荷载高效性的考虑，索塔并不见得矮，2014 年建成的重庆东水门大桥就是一个典型的例子。该桥主跨 445 m，上层桥面为双向四车道公路交通，下层为双线城市轨道交通，标准桁高 11.74 m，主梁为板桁组合结构，桁高与跨径之比为 1/37.9。为取得优美挺拔的造型、提高斜拉索的效率，该桥索塔采用了"天梭"造型，两座索塔高度分别为 174 m、162 m，塔高跨径比为 1/2.55，不仅远大于常见部分斜拉桥塔高跨径比的 1/8～1/6，而且也大于常规斜拉桥的塔高跨径比的常用范围 1/5～1/4。由于桁高较大，桁梁承担了 70% 荷载，而 36 根斜拉索仅承担了 30% 的荷载，如果仍沿用矮塔斜拉桥或部分斜拉桥的名称，就有点不知所谓了。需要指出的是，这种现象并非个例，而是带有一定的普遍性，因此在这种情况下，矮塔斜拉桥这个术语的局限性就会被放大，容易误导结构工程师产生模糊乃至错误的认识。

2006 年，邓文中将这种以梁为主、以索为辅的桥型称为索辅梁桥（partially cable-supported girder bridge），体现以梁体抗弯为主、拉索弹性支承为辅的协作关系，是一个洞察结构本质的广谱概念，既反映了这种结构形式的受力本质，也便于设计者因地制宜地分配主梁与斜拉索的受力比例。实际上，适当增大梁高后，就可演化出以主梁受弯为主、拉索受力为辅的结构体系，主梁承载能力不足的部分则利用斜拉索的弹性支承来予以弥补，如图 3-2 所示，这种受力体系不仅提高了主梁材料利用效率，而且降低了对拉索及索塔的要求，索塔可根据受力、造型景观要求灵活设计，这便是索辅梁桥发展的技术逻辑。索辅梁桥名称的提出，起到了正本清源的作用，从本质上揭示了这种过渡桥型的受力特点。遗憾的是，索辅梁桥名称已经提出近 20 年了，但尚未被一线桥梁工程师所广泛接受，一些工程师仍习惯沿用矮塔斜拉桥的名称。

3）拱辅梁桥

近 20 年来，我国在高速铁路（客运专线）、城际铁路大跨径（100 m<L<300 m，L 为跨径）桥梁的建设中，创造出连续梁-拱、连续刚构-拱这一新的桥梁结构形式，建成了 40 多座

（a）均布荷载作用下连续梁

均布荷载的作用下弯矩图　负弯矩承载力

正弯矩承载力

（b）主梁正、负弯矩承载力

（c）主梁无法承担的剩余弯矩

（d）拉索提供的承载力

（e）拉索提供的弯矩承载力大于剩余弯矩

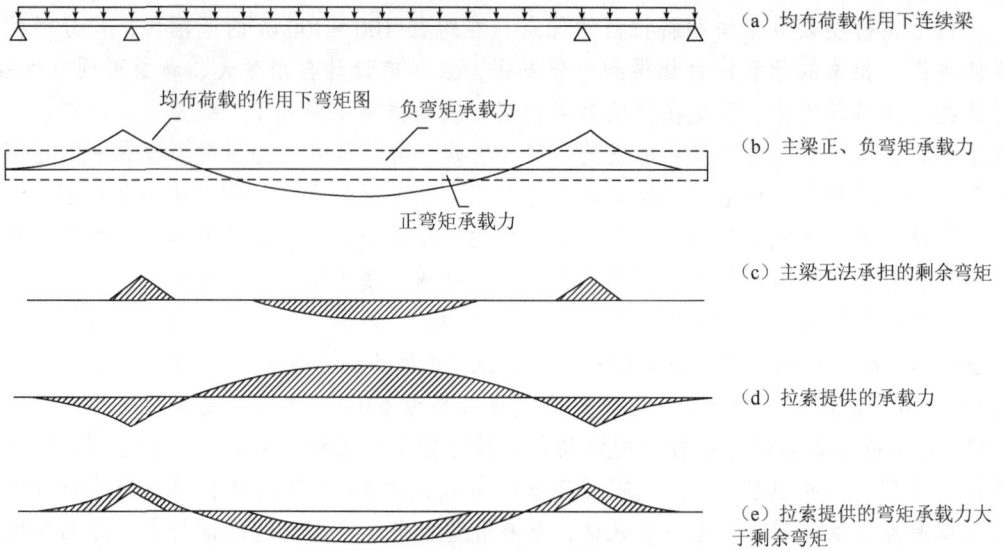

图 3-2　索辅梁桥内力分担示意图

下承式大跨径下承式连续梁-拱、连续刚构-拱桥。其中，最具代表性的桥梁当属京沪高铁镇江京杭运河特大桥[跨径布置为 $90\,m + 180\,m + 90\,m$，参见图 3-3（a）]、汉十高铁崔家营汉江特大桥（跨径布置为 $135\,m + 2\times300\,m + 135\,m$，参见图 3-3（b））。与公路桥梁不同，大跨径铁路桥梁，特别是高铁桥梁设计关键在于取得合理的刚度，保证在温度、风、徐变、运营列车荷载的作用下，梁体的变形及梁端转角、振动满足运营安全性与行车舒适性要求。一般而言，由于桥梁的变形随跨径的增大而增大，但高速铁路无砟轨道对变形与振动响应的要求不随跨径而变化，因此就对大跨径混凝土桥梁的徐变变形、竖向变形、梁端转角及振动响应的控制提出了极高的要求。在跨径大于 $100\,m$ 的情况下，如采用连续梁桥或连续刚构桥会因竖向刚度不足、长期变形性能不易控制，难以满足行车安全性与舒适性的要求；如采用斜拉桥则因其横向刚度较小，为了满足结构横向刚度及行车舒适性要求，不得不增大加劲梁的宽度，导致其经济指标恶化。因此，连续梁-拱和连续刚构-拱是一种兼顾受力及刚度要求、相对比较经济的大跨径高速铁路桥梁的结构形式。

（a）京沪高铁镇江京杭运河特大桥（2008年）　　　　（b）汉十高铁崔家营汉江特大桥（2019年）

图 3-3　两座典型的连续刚构-拱桥（图片来自百度图片）

实际上，连续梁-拱、连续刚构-拱是一种刚性梁-柔性拱的组合体系。但是，对于这一新的结构形式如何命名，则存在一些分歧，设计单位多将其称为连续梁-拱、连续刚构-拱，或简称为连续梁-拱、连续刚构-拱，也有人将其称为连续梁-拱组合体系、连续刚构-拱组合体系，相应的英文多采用 partially arch-supported prestressed concrete girder，虽然略显冗长，但却较为全面地反映了这种结构形式的受力特点及其本质，暗含了合理的设计参数和施工方法。另外，连续梁-拱，连续刚构-拱一般采用"先梁后拱"的施工方法，即主梁常采用悬臂浇筑法施工、合龙后再利用主梁架设柔性的钢管混凝土肋拱，在支点梁高取主跨跨径的 1/20～1/15、跨中梁高取主跨跨径的 1/40～1/30、钢管混凝土拱肋与主梁抗弯刚度比取 1/25～1/15 情况下，主梁承担了 60% 以上的荷载，提供了大部分刚度，且兼有系杆的作用、承担由拱肋产生的水平推力。那么，针对其受力特点及施工方法，参照所辅梁桥的概念，将其命名为拱辅梁桥，是不是就更为贴切准确？更能够反映结构体系的本质？也便于将其从拱梁组合体系三种常见的形式，即刚性拱柔性梁、刚性拱刚性梁、柔性拱刚性梁区别开来。进一步来说，从概念或专业术语的本源来说，概念是反映事物本质属性的思维结晶，是人类思维体系中最基本的构筑单位，而结构名称是对某一结构形式受力特性的高度概括和概念化表述，具有贯穿性的价值意义，对于设计人员在概念设计阶段将主梁与拱肋承担的荷载、提供的刚度分配得更加科学合理无疑具有普遍的指导意义，也便于在不同的应用场景下优化结构体系的设计参数。

4）结语

以上三个关于桥梁结构名称的例子，或许存在一些偏颇或过于较真之处，但从一个桥梁工程师最常见的角度，揭示了结构名称、专业术语是结构形式本质特征的高度抽象，反映了人们在认识工程本质、概括结构特点过程中的艰难之处，阐明了工程实践活动是工程师们深化工程本质认知的主要途径。实际上，这类案例在不同工程领域都存在，特别是在一些发展迅猛的工程领域比较常见，甚至出现了一些以讹传讹、约定成俗的专业术语或专有名词。例如，在国外广泛应用 civil engineer 一词，词义本来是"民用工程师"，以便将这一职业与当时社会上常见的"军事工程师"（military engineer）区分开来，但在 20 世纪初从日本传入我国时，被误译为"土木工程师"，大概与当时的工程师群体主要从事土木工程方面的工作有关，并一直以讹传讹、沿用至今。

案例 3-2　从独柱墩连续梁倾覆来看工程的稳健性——基于工程事故的反思

1）事故现象

2007～2022 年的 15 年间，我国相继发生哈尔滨阳明滩大桥、粤赣高速河源匝道桥、无锡 312 国道跨线桥、湖北黄石大广-沪渝高速花湖互通立交 D 匝道等 8 起独柱墩连续梁桥倾覆垮塌事故。其中，既有处在匝道上曲线梁桥，也有位于主线上的直线梁桥，跨径多在 30～50 m，联长多在 80～110 m，在此期间，国内外还发生了 3 起简支梁桥倾覆的事故，引起了社会各界的广泛关注。究其根源，大多是为了桥下通透美观，结构上采用了独柱墩支承的混凝土连续箱梁桥或钢-混凝土连续组合梁桥，一般多设置单支座、或虽设置双支座但支座间距偏小。由于连续梁桥的外部约束方式或支承方式不当，支座难以有效限制梁体的扭转变形，当纵向结构连续长度较大时，结构抗扭能力不足这一问题就显得比较突出，导致在偏心荷载作用下容易出现支座脱空的现象，甚至发生了在超载车辆作用下梁体倾覆的极端事故，部分典型案例概况如表 3-1 所示。

发生事故的连续梁在结构类型、事故原因和破坏特征上基本相同，大致可以概括为以下五点：①发生倾覆事故的桥梁基本采用箱形整体式截面，采用联端横向双支座抗扭 + 联中点铰支承的支承体系；②发生倾覆事故的原因为偏心荷载作用下结构的支承体系失效；③在已发生的箱梁桥倾覆事故中，重载车辆乃至重载车队的偏载作用尤为突出；④发生倾覆事故后主梁、桥墩的整体性能基本保持完好；⑤事故中结构破坏无明显预兆、猝然发生、危害极大，拆除重建耗费时日较长，直接损失较大、间接损失难以估量。

表 3-1　梁体倾覆事故典型案例及其支承体系示意（部分）

案例概貌（图片来自百度图片）	支承体系
 哈尔滨阳明滩大桥	
 粤赣高速河源匝道桥	
 无锡 312 国道跨线桥	
 黄石大广-沪渝高速花湖互通立交 D 匝道	

2) 事故原因及其启示

经过对事故系统认真细致的分析，事故原因是毋庸置疑的：严重超载的货车车队是主要诱因，相对集中的、远超运营荷载限值的偏心荷载引起的失稳效应明显大于上部结构的稳定效应，造成桥梁支承体系的系统性失效，梁体和墩柱之间产生相对滑动和转动，从而导致梁体侧向滑移、倾覆。从工程系统性来看，工程界对车辆荷载变异的社会性认识不足，对超载超限车辆管控不到位、结构设计存在缺陷也是事故发生的因素之一。就结构设计而言，结构强健性不足的安全隐患也是客观存在的，在 2018 年《公路钢筋混凝土及预应力混凝土桥涵设计规范》（JTG 3362-2018）颁布之前，相关规范虽未对梁桥抗倾覆稳定性设有专门条款，相关的 CAE 设计软件也无这方面的验算内容，但规范设计原则是明确的，要求"公路桥涵的持久状态设计应按承载能力极限状态的要求，对构建进行承载力及稳定计算，必要时尚应进行结构的倾覆和滑移的验算……"；倾覆机理也是比较清晰的，即梁体结构在偏载作用下发生弯曲和扭转变形，导致支座反力重分配，远离倾覆轴的单向受压支座逐渐脱空，结构约束体系发生变化，梁体绕倾覆轴线转动，当转角到达一定程度时，梁体开始侧向滑移，引发桥梁倾覆。因此，即便不考虑梁体的弹性变形、按照刚体进行抗倾覆检算，也可得出大致合理的结论。然而在工程实践中，由于规范没有给出具体详细的验算方法与计算公式，导致一些奉规范为桌圭的工程师们在结构设计过程中并未进行抗倾覆性验算，也未采取相应的构造措施。这些事故再次说明，设计规范标准仅仅是现有的科学理论、技术方法和工程经验的总结，只是结构工程设计的最低要求，不可避免地具有局限性，并不要求工程师盲从。

此外，从工程实践角度来看，既然车辆超载已经成为一个普遍性、长期性的社会问题，必然存在着深层次、多方面的原因，桥梁工程界除了呼吁交通管理部门从法律法规、经济处罚、计重收费、超载货车管控等工程管理的层面予以纠正，以遏制非法、极端重载车辆无序通行之外，工程师们在工程设计建设中也应给予正面的、积极的回应，而不是将满足设计规范等同为各类问题的妥善解决、让规范去应对千变万化的现实交通情况，更不能将事故原因完全归结为超载车辆、一推了之。

可喜的是，在上述事故发生之后，我国桥梁界对独柱墩连续梁桥的隐患和适用性进行了系统的反思，2018 版的桥梁设计规范中补充了桥梁抗倾覆验算具体计算方法，工程界也对服役中的独柱墩连续梁桥进行了大规模的现状检测和验算评估，并根据其抗倾覆性能的需要，采取了增设墩柱、拓宽帽梁、增设支座、设置抗拔销等综合整治措施，在付出较大经济代价的情况下有效提升了桥梁的安全性与稳健度，但仍存在一些独柱墩桥梁加固改造滞后或加固不到位、对超重超载车辆的管控不严格的现象，以至在 2021 年 12 月 18 日仍发生了湖北黄石大广-沪渝高速花湖互通立交 D 匝道整体倾覆的重大事故。倘若能就此举一反三，正确应对处理设计规范与现实状况的落差，积极面对既有桥梁存在的工程隐患，对于提升工程设计品质、增强工程的稳健性、端正工程设计者的工程观念则善莫大焉。

3.3　工 程 观 念

所谓观念，就是人们对事物主观认识的集合体，就是客观事物在人的头脑中的高度概括。从人类学的角度来看，正如历史学家、哲学家尤瓦尔·诺亚·赫拉利（Yuval Noah Harari）在《人类简史》一书中所言：人是观念的动物，观念是支配行动的无形密码；人类是观念的集合体，因信奉某些共同的观念而结为群体，并不断创造出新的事物。从历史学的角度来看，一部人类的历史，本质上就是各种观念的形成、演化的存汰史；拉长时间尺度观察，社会变革通常是观念先行，政治、经济、社会等方面才有可能随之变革，才有可能激活经济、科学、技术、文化及制度的力量，从商鞅变法到思想启蒙运动、再到科学革命乃至工业革命，莫不如此。从这个角度来说，观念才是人类社会最根本的变革力量，工程实践活动也不例外。在工程实践活动中，工程观念是一个在中宏观层面上认识工程、思考工程、改进工程的思想工具，也是一个面向所有工程实践人员、联结工程需求与工程实施的转换平台，无时无处不在，具有跨时空、跨技术的穿透能力。正如马克思在《＜黑格尔法哲学批判＞导言》中所指出的："批判的武器当然不能代替武器的批判，物质力量只能用物质力量来摧毁，但是理论一经掌握群众，也会变成物质力量。"由此可见，量大面广的一线工程技术人员一旦构建了先进正确的工程观念，就会转化为认识世界、改造世界的强大力量。

所谓工程观念，就是在长期工程实践活动中人们对工程本质、工程特征、工程方法等方面形成的系统性认知。工程观念的内涵十分丰富，并还在不断发展之中，具有突出的系统性、综合性与时代性，反映了工程界对"自然-社会-工程"这一复杂巨系统的总体认识和高度概括，揭示了工程与自然环境、工程与社会需求的矛盾冲突及其解决对策的根本之道，体现了人与自然和谐相处的美好意愿，反映了工程实践活动不断增进人类福祉的最高宗旨。工程观念是价值理性与工具理性的高度统一，既能帮助工程师在更高的维度认识工程、思考工程，抓住工程的本质特征，也能促进工程师在实施层面上拿出具体的技术或管理对策，应对形式各异的各种工程矛盾。

所谓工程理念，主要回答工程实践活动的几个基本问题，即"为了什么（造物的原因）""是什么（造物的目标）""怎么样（造物的方法）""好不好、适合不适合（造物的结果评价）"等。工程理念是工程哲学的基本概念，在工程实践活动中发挥着最根本性、贯穿始终、影响全局的指导作用。工程理念是统帅工程实践活动全过程的灵魂，体现了人们对工程实践活动的价值追求，反映了人们对工程实践活动的总体性、原则性、纲领性要求，立足于现实又适度超越现实，既是现实与理想的辩证统一，也是可能条件与奋斗追求目标的辩证统一。换言之，工程理念既体现美好的理想，又兼有实现这种理想的可能性，是对工程本质、演化规律、发展方向等方面的思想信念和理想追求的集中概括、深度浓缩和高度升华。另外，高度抽象浓缩、应然性突出的工程理念，结合行业特点、工程实践的时代性，以及现阶段工程建设过程中存在的突出问题等具体因素后，在不同工程实践活动主体——工程决策者、工程师、技术工人等群体中，就会转化生成为内涵或视角略有差异的工程观念或工程思想，并在社会、经济、文化、伦理、生态等层面上映射出来，成为统领工程实践活动最强大的思想武器。

在工程实践活动中，工程理念也常常被称为工程观念或工程思想，很多情况下并没有进行严格的区分。实际上，工程理念是工程观念高度抽象浓缩升华的结晶，是应然世界、理想状况下工程师的信条，是工程师认识客观世界、改造客观世界最有力最根本的思想武器，因此，工程理念比工程观念更加理想化、抽象化，而工程观念比工程理念更加具体、更具有可实现性。另外，工程思想是工程观念系统化、技术化的诠释，以便于工程师更好地理解和掌握。在本节中，作者不对工程理念、工程观念和工程思想进行严格细致的区分，而是统一采用工程观念这一表述，以便于将工程观念的应然状态和实然状态、可能性与可行性结合起来进行讨论，也便于结合工程实践活动将抽象的、高度概括的工程理念具体化，从社会、伦理、生态、文化等多个角度进行比较系统全面的阐述。

3.3.1　工程观念的内涵

从人类工程发展史来看，随着工程实践活动的发展演化，工程观念也一直在不断发展演变、曲折前进。与古代、近代、现代工程相对应，工程观念大致经历了"听天由命、敬畏自然""锐意进取、改造自然""天人和谐、尊重自然"三个大的阶段，具有突出的时代性，反映了人类对工程实践活动正反两方面经验教训的深刻认识、整体把握和反思纠偏。近现代以来，在"锐意进取、改造自然"工程观念的指导下，借助于规模空前的工程实践活动，人们对自然的掠夺和破坏已经超出了自然环境的承受能力，工程实践活动的一些弊端和教训开始显现，人们开始认识到人与自然和谐、可持续发展的重要性。于是，工程观念随之更新升华，目前虽然尚未形成工程界普适的、一致认可的表述形式，但以人为本、与自然和谐、绿色节能环保、可持续发展这几个核心内容却得到了工程界的普遍认同，成为工程观念的内核，并结合时代要求、行业特征或工程项目特点，形成了各具特色、针对性强的工程观念的具体表述方式。

工程观念既是一个承上启下的重要载体，也是一个在横向上面向工程实践活动的各类人员、在纵向联结工程本质特征与工程实施过程各类技术管理活动的转换平台，更是在中宏观层面上认识工程、思考工程、改进工程的指针，反映了工程实践人员特别是工程师对工程实践活动方方面面的认识和看法，体现了某一时期人们对工程实践活动某种不良倾向着力匡正的意愿，具有一定的普适性和可实施性，也具有跨技术的穿透能力。一般说来，工程观念主要包括工程系统观、工程社会观、工程伦理观、工程生态观及工程文化观等，虽然这几者之间在外部视角上有一定差异，但在内涵上存在着密不可分的有机联系，都是从不同角度揭示工程的本质特征，它们构成了一个互相依托、有机统一、对工程实践活动本质认识的整体。

1. 工程系统观

工程系统观就是要把工程项目当成一个有机的系统加以认识和把握。工程系统观源于工程的系统性本质。从本质上来说，工程项目就是系统地恰当地处理其所包含的技术和非技术因素相互作用相互矛盾的复杂关系、实现预定功能的过程及结果。在这个过程中，面对物质（物料、设施、工具等）、技法（技术、方法、技能等）、人员（投资、决策、经营、管理、实施实操等各类人员）、管控（目标链、价值流、物质流、能量流、信息流等）四个相互冲突的方面，要求工程实践活动主体特别是工程师发挥主观能动性，克服"机械还原论框架"思维的束缚，依据现代系统论、控制论、信息论的思想方法，高屋建瓴地构建综合集成的工程系统思维，将定性分析与定量分析结合起来，把理论与经验、安全性与经济性、规范性与创新性等主要因素统筹起来，始终将工程项目视为一个矛盾对立、有机统一的整体，抓住复杂系统的主要矛盾或矛盾的主要方面，有序协调各方面的冲突，必要时做出适度妥协，实现工程目标、工程效益的最大化。一般而言，在工程实践活动中，基于工程系统观、需要竭力避免的认知误区主要有以下三类。

一是以试图局部最优或要素最优来替代全局优化。实际上，工程功能取决于各个局部功能的匹配，单纯强调局部最优往往价值意义不大；同时，由于评价尺度的多元化和工程建设条件具有不完全确定性，很多时候全局最优解常常处于可遇不可求的情况，在此情况下片面追求局部最优或要素最优就失去了意义。对此，就要求工程师在工程系统观的指引下，既"谋全局"、也"谋一域"，并在"谋全局"的高度上来"谋一域"，将局部最优或要素最优放在全局优化的大框架下进行谋划，以实现工程全局功能的优化。

二是盲目迷信技术的先进性。在工程实践中，试图以技术的先进性替代技术的适用性的现象比较常见，认为技术愈先进愈好、新技术愈多愈好，对技术的实用性、适用性、兼容性、可调适性考虑得不够充分全面，导致工程建设运行中出现各种各样的技术性问题，甚至产生技术手段与工程项目实际情况产生不兼容、不协调等"水土不服"的问题。实际上，一系列先进技术集成在一起时，有些时候难免会产生新的问题、形成新的瓶颈，甚至导致工程项目难以展开。在这方面，法国著名的飞机设计师马塞尔·达索（Marcel Dassault）确立的原则无疑具有方法论价值，他在新型号战机定型时，坚持每个新型号只采用一项新技术，正是洞察了多项新技术应用可能会衍生出新的问题。

三是对工程师的重要性认识不足。现代工程的技术体系越来越庞大，辅助勘察设计的 CAE 软件越来越完善，过程管控手段越来越先进，工程师的重要性似乎一直在降低，导致在工程实践活动中常常出现"见物不见人"的情形，比较重视器物装备、方法工具的革新，但容易忽视工程师的主观能动性、创造性、洞察力和判断能力的培育和激发，也没有着力强化工程师全局把控能力的训练。实际上，在从无到有、孕育"工程生命"的过程中，工程师的想象力、创造力无可置疑地居于最高地位，在面临一些大型复杂的工程问题时，工程师的洞察力、全局把控能力才是解决复杂工程问题的关键，工程历史上无数成功或失败的案例已经证明了这一点。

2. 工程社会观

工程社会观就是要把工程项目置于当时当地的社会经济条件下进行整体把控。工程社会观源于工程的社会性本质。工程不仅是社会存在和发展的物质基础，也是社会变革的主要推动力量，自然而然地就需要社会各界理解工程、参与工程、评价工程。工程社会观就是要求工程实践活动主体特别是工程决策者和管理者跳出工程来看工程，从自然、政治、经济、文化、历史等广义的"社会"维度，来理解处理与工程相关的社会问题，促进工程实践活动与社会发展的和谐，从工程目标、工程实践活动过程、工程能效评价等方面更好地认识工程和审视工程，妥善协调处理工程相关方的不同诉求乃至利益冲突，建构工程社会效益多元评价的机制，以寻求工程的最大社会公约数，最大程度地提高工程的能效水平，最大限度地减小工程的负面效应。同时，从工程实践活动内部协调好投资者、管理者、工程师、技术工人四类工程人才的技术组织活动，提升工程实践活动的效率，以实现工程推动产业进步、经济发展、社会和谐的内在属性与价值追求。

此外，作为社会变革的推动力量之一，工程项目要在现实条件的可行性与引领社会变革的可能性之间取得平衡，通过工程项目实施的示范、带动作用，引导社会从器物层面、文化层面乃至精神层面实现渐进性的变革。显而易见，这必然要求工程在项目目标、技术标准、管理运行等方面适度超前，而不是过度地迁就现实情况或过分向利益相关方妥协，有些时候，社会公众会对工程项目有一些不理解，甚至会对工程项目产生一些没有多少道理的责备或诘问。对此，工程界特别是工程的决策者要秉承对社会、对未来负责的精神，恪守不为社会舆论所动的独立人格，积极而通俗地面向公众解释沟通，将工程项目的价值意义向社会大众解释到位，将工程项目的局限性或缺憾降至最低，将工程项目的价值理性落到实处。同时，处在工程实践一线的工程师也要敢于坚持标准，恪守职业道德，筑牢质量底线，将工程实施与运营过程中可能存在的瑕疵、隐患、局限性等降低到最低程度。

3. 工程伦理观

工程伦理观就是要将工程实践过程中所可能涉及的工程安全、环境污染、潜在风险等纳入社会伦理的框架下，进行整体性思考和评判，以更好地使工程项目能够更好地兴利避害。工程伦理观源于工程的价值内涵和稳健性要求。工程是一个汇集了自然、科学、经济、技术、政治、社会、文化、环境等要素的复杂系统，在给人类带来巨大福祉的同时，也使人类面临诸多的潜在风险。在工程实践活动过程中，工程伦理在其中起着重要的定向和调节作用。工程伦理是一种在价值原则指导下实践伦理，是工程实践主体将公众福祉置于至高无上的地位、坚守工程项目的价值内涵、恪守职业道德的基本素养，是工程决策者和工程师面对工程实践活动效果不确定性时、面对不同利益方的诉求时，以一种更为积极主动的、建设性的态度，增强对工程实践活动中的未确知性的敬畏，增强对工程的风险性、负面效应的科学认识和行动自觉，从而在独立思考的基础上，前瞻性地预测、判断工程实践活动所可能产生的负面效应。

工程负面效应控制是困难的，不仅需要学识能力，还需要智慧勇气，更依赖于公平、科学、审慎的决策机制。正如戴维·科林格里奇（David Collingridge）所指出的：试图控制技术负面效应是困难的，而且几乎是不可能的；因为在技术发展的早期可以控制时，我们没有足够的关于其可能的有害后果的信息，因而不知道该控制什么；当技术的负面后果变得明显时，该技术已经广泛扩散、占领了生产和市场，此时对其控制往往需要很高的代价而且进展缓慢。戴维·科林格里奇这里所说的技术，不是指实验室技术，而是指工程化技术或产品化的技术，其内核为技术发明或技术创新、外部载体是大规模工程应用或商品化生产，很多时候会出现难以预测的负面效果，在扩散之后无法替代或置换。对此，工程师始终要葆有足够的敬畏之心，保持审慎理性的态度，以避免工程/产品留下难以消除的缺憾。工程实践活动的经验教训表明，对工程的负面效应乃至危害的认识需要一个比较漫长的过程，工程负面效应的控制更是难上加难。因此，当工程实践活动效果具有不确定性时，采取理性审慎的态度在任何时候无疑都是合适的。在结构工程中，受历史悠久、技术迭代相对缓慢等因素的影响，工程负面效应出现的几率很低，但在一些特殊历史条件下建成的工程，如多层建筑的大板体系、在我国广泛应用的双曲拱桥和桁架拱桥，其所存在的工程隐患、工程瑕疵的消除根治仍是一个令人头疼不已的问题。

4. 工程生态观

工程生态观就是将工程置于"自然-人类-工程"大的框架下进行工程实践活动，以便将工程对自然生态的影响降至最低，从而有利于工程实践活动的可持续发展。工程实践活动作为人与自然相互作用的载体，对自然、环境、生态都产生了这样或那样的直接影响。自第一次工业革命以来，在"锐意进取、改造自然"工程观念的指引下，人们在很长一个时期都将工程视为是对自然改造的结晶，是人类征服自然的产物，这种片面的理解一直持续到了 20 世纪下半叶。随着人类工程能力的显著增强，工程引发的生态教训屡屡出现，生态环境问题日益突出，严重影响了人类的生存质量和可持续发展。在这个过程中，一些工程器物的创造和生产有悖于自然逻辑，破坏了正常的生态循环过程，形成了典型的"自然资源—工程/产品—废弃物"单向流动方式，工程实践活动的内在逻辑与自然界循环属性产生了明显的矛盾冲突，同时工程实践活动又缺乏自我调控与反馈机制，导致工程实践活动的产物或结果变成了与环境和生态平衡的对立物。以混凝土结构为例，自 2010 年来，我国年水泥消耗量一直维持在 18 亿～25 亿 t 的高位上，占全球水泥消耗量的 50%以上，一方面，体现了我国强大的基础设施建设能力，反映了城市化进程的加速和基础设施建设的规模；另一方面，庞大的水泥消耗量、废弃的老旧混凝土材料产生了严重的环境污染和环境压力，如何应对解决这一对矛盾，我国工程界适时修订建设理念，将环境保护的要求纳入设计原则，并着力开发以混凝土的再生利用技术为载体的循环经济新模式。

工程生态观是在人类工程实践活动能力增强、技术手段丰富、自然环境变得脆弱的大背景下，进行理性反思的产物，其核心是"天人和谐、尊重自然、适度改造自然"工程观念的确立和具体化应用。这其中既包含了合理使用工程技术、从事工程实践活动的期望，也反映了对工程项目过度建设开发和技术手段滥用的担忧，还寄托了对工程、技术、生态一体化设计的理想追求。具体说来，工程生态观主要包括以下三个方面。

一是强调工程项目与生态环境相协调。在工程实践活动中，应秉承"尊重自然、适度改造自然"的基本原则，将工程视为自然的一个子系统，强化对工程实践活动后果进行多个维度的分析，尤其是加强对工程建造运营的负面后果进行系统的评估分析，将其作为工程建设的约束因素和前置条件。

二是工程建设与环境重建优化一体化。在工程实践活动中，有目的地将工程项目融入自然生态循环之中，赋予工程项目新的使命担当，要求工程项目在环境生态保护和建设的大前提下，顺势而为、因势利导，不仅要避免工程的负面效应，而且要通过工程建造优化完善生态环境。

三是转变技术范式，提倡工程生态技术的循环思想。具体来说，在工程项目实现路径、技术工艺选择、材料再生利用、运行管控模式等方面，将生态环境要求、能源消耗等置于技术的顶层进行筛选和否决，从工程要素上体现出工程的生态性，从技术环节上注入生态环境保护的价值要求。

5. 工程文化观

工程文化观是指工程实践不仅是器物的建造生产过程，更是人类文化传承发展的重要载体，需要在工程实践活动中不断提升其文化内涵和精神价值。自有工程实践活动以来，工程实践活动便与文化建构具有密不可分的内在关联，从古埃及的金字塔、古罗马的万神庙到各个城市的现代地标性建筑，无一不具有丰富的文化内涵，集中展现了那个时代人们的精神寄托。一方面，任何工程实践活动都是在一定的文化背景下进行的，集中反映了那个时代人们的价值理性和精神追求，并凝结成为当地文化的有机组成部分。另一方面，工程实践活动也会传导至生产生活的方方面面，直接影响到社会文化面貌的变迁。例如，德国人以思辨、严谨、细致著称，其制造的产品以高品质、高可靠性、高性价比而闻名于世，但在 19 世纪 60 年代以前，德国制造却意味着质量低下、可靠性差，在欧美市场备受歧视。在第二次工业革命的大潮中，德国人急起直追，引领了工业革命的潮流，创造出一大批前所未有的工程器物如发电机、电动机、内燃机、汽车、化工合成物等，率先发展出电力、电气、化工、制药等新兴产业，并将严谨细致的工业文化渗透至社会的方方面面，对德意志民族性格演化产生了显著影响，彻底改变了德国的社会文化面貌。

一般而言，工程文化是工程活动的人性化，是工程实现过程中以人为本的具体体现，是在"人为"的工程实践过程中更加强调"为人"的价值理性。工程文化是在特定的文化背景下，在工程实践活动中形成的一种分支文化，是一种与工程管理实践紧密结合的应用型文化。工程文化对工程实践活动的影响贯穿始终、无处不在。在工程项目搭建了一个实施平台之后，工程文化能够无形而强有力地渗透到工程实践活动的各个方面和环节，能够有效弥合制度法规章程甚至技术工人作业指导书的细微间隙，形成细密、绵长、超强的穿透能力，是凝聚工程团队、提高工程管理水平、促进工程成功建造运营的重要保障，最终体现在工程师、技术工人追求卓越的行动自觉之中。另外，各个行业都有自己的历史传统，也在某种程度上形成自己独特的工程文化和工程传统；一些企业在自身发展壮大过程中，结合社会环境、行业特点、文化传统也都培育形成了自己独特的企业文化；而每个工程项目都有自己特殊的环境条件和项目特点，有时候也会产生新的工程文化表现方式。

进一步来说，工程文化处在工程和文化的交叉点上，具有明显的时代性、开放性、行业性和时效性。工程文化内涵非常丰富，涵盖了精神文化理念、制度法规章程、技术技能知识、习俗习惯礼仪等多个层面，经过长期演变、千锤百炼、精心培育才得以成形、发展和丰富。工程文化是工程建造和运营的软实力，对工程目标、工程实施过程、工程实践结果具有决定性的影响，是工程实践活动的精神内涵和"黏合剂"。另外，工程实践活动成果本身所体现出的文化与艺术，集中反映在人们在享用这一建造成果时的喜爱和褒奖，从巴黎的艾菲尔铁塔、纽约布鲁克林大桥、南京长江大桥到悉尼歌剧院，莫不如此。这一点，正如结构工程斯图加特学派灵魂人物、享誉国际的桥梁大师约格・施莱希所言："……结构首先需要满足使用的功能性，但只有具备文化因素的考量，这些基础设施才能升华成为人类文明的一部分。留下深入人心的建筑文化是人类对大自然造成破坏后能做出的唯一的、有限的补偿。结构工程师们不要把眼光拘泥于技术层面上的考量，更要抓住机会在创新和文化方面做出贡献，……重复而乏味的结构设计恰是文化缺失的一种表现。"

案例 3-3 法属留尼旺岛普莱支流河大桥——践行工程系统观的典范

1）工程概况和设计特点

留尼旺岛坐落在印度洋上，是法国的一个海外省。普莱支流河（Bras de la Plaine）大桥跨越深约 110 m 的 U 形深切河谷，由法国桥梁设计大师让·穆勒完成概念设计，2002 年建成，是一座单跨 280.772 m 的固端悬臂桥，桥宽 11.90 m，布设双车道、双侧人行道及自行车道，截面形式为钢桁腹杆组合结构，支点桁高 17.39 m，由华伦式钢管桁架-预应力混凝土顶板-钢筋混凝土底板组合而成，每侧桥台重约 7500 t，以便在施工运营阶段能够满足抗倾覆稳定性要求，如图 3-4 所示。为释放温度、收缩徐变产生的影响，让·穆勒在设计时将跨中的下弦混凝土板断开，巧妙地兼顾了结构受力的连续性与行车的舒适性；为适应当地的运输条件，在现场建立了混凝土拌合厂，专门设计了两套移动模板，以便分节段悬臂浇筑混凝土顶底板，大幅度降低了桥梁施工的措施费。

该桥最突出的特点在于：①根据当地自然条件和建设条件，选取了固端悬臂梁这种已被淘汰的结构形式，巧妙地顺应了地形，在总体上缩短了桥梁长度，减小了工程量，实现了工程项目的全局优化；②在跨中区域，采用钢桁腹杆组合梁顶板连续、底板断开的构造措施，既释放了温度、收缩徐变的影响，又克服了悬臂梁的弱点、保障了行车的

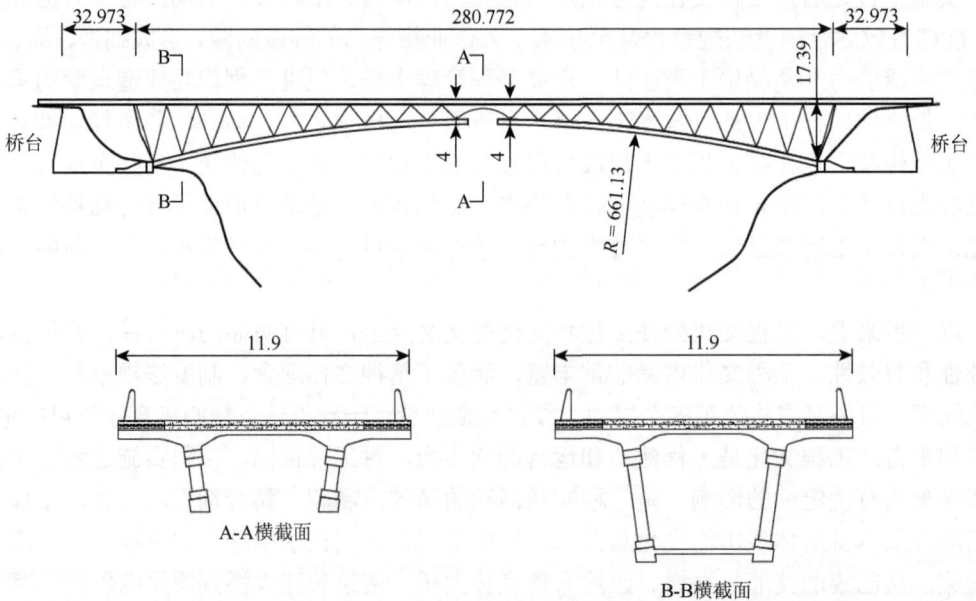

（a）总体布置（单位：m）

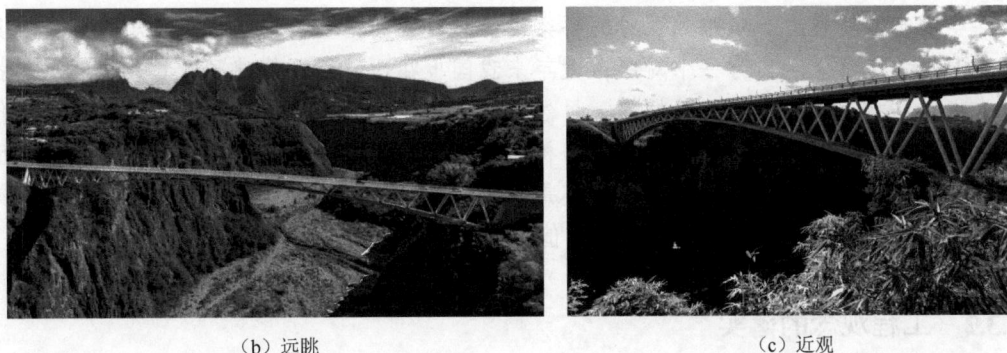

（b）远眺　　　　　　　　　　　　　　（c）近观

图 3-4　普莱支流河大桥[图（a）自绘，图（b）、（c）来自维基百科，查看彩色图片可扫描封底二维码]

平顺性；③采用小型钢管构件、现浇混凝土板来组拼大跨径结构，很好地顺应了当地运输条件、运输能力较差的建设条件，既大幅降低了施工措施费用，也将结构施工对环境的影响降至最小。该桥总造价 2100 万欧元，材料用量为：混凝土 8150 m³、钢材（含钢筋、预应力筋、钢管、钢板）1750 t，折合每平方米桥面的用钢量为 523 kg/m²，从材料用量来看，该桥造价要明显低于同等跨径的斜拉桥。

2）设计蕴含的工程观念

进一步设想一下，要实现 280.772 m 的跨越能力，从结构形式来看，可以选用的桥型有斜拉桥、悬索桥、拱桥或 T 形刚构，但实际上，适合于本桥桥址地形状况、运输建设条件的桥型实际上很少。如果采用斜拉桥、悬索桥或拱桥，要么会抬高桥面标高、造成配套的引桥或引道延长，导致工程规模、总体造价的增大，要么会导致大体量的基础开挖、对环境造成影响；如采用 T 形刚构或斜腿刚构，则需在谷底修建高墩，施工材料运输则会变成新的制约因素。因此，这几类桥型应用在当地只是解决了"能不能"的命题，同时也会衍生出新的技术经济问题或环境问题，没有解决"好不好、适合不适合"的命题，并不是一个优秀合理的设计方案。对此，设计者让·穆勒推陈出新，既最大限度地考虑了建桥当地的实际情况、减小了工程规模体量，又创造了轻盈优雅的结构造型，使悬臂梁这一古老的桥型在特定的条件下重新焕发了活力。

让·穆勒之所以能够推陈出新，这与他在长期工程实践过程中形成的工程观念是分不开的，与他对桥梁工程的系统性、创造性、社会性等本质的把握是分不开的。他认为：庞大的结构往往不是最好的结构，那些不必要的，甚至有时是有害的结构安全系数，实际上是掩盖对责任恐惧的面纱。对于结构工程师在实践中所面临的工程风险，他曾经辩证地说过：我们的职业并非没有风险，但如果我们利用从自己或他人的错误中积累的经验，这些风险仍然是有限的，唯一不可原谅的是故意或因疏忽而重复过去的错误。从让·穆勒这些观点中，我们体会到了设计大师对工程系统性、实践性、创造性及风险性的辩证认识，领悟到结构工程师应该如何因地因时制宜地全面把握工程项目这一矛盾综合体，在特定的自然及建设条件下寻找全局优化解。

这种因地制宜、从全局出发确定桥梁结构形式和施工方法的工程观念，很好地控制了工程规模体量，是一个比较典型的全局优化解决方案，并取得了轻盈飘逸、与环境和谐共生的艺术表现力,对跨越深谷的桥梁设计有较大的借鉴价值,对工程思维的提升具有普遍的示范意义。作为一个对照,近年来我国也在西部山区修建了数量众多、以斜拉桥为主要结构形式的跨越深谷桥梁,虽然克服了诸多建设困难,取得了不小的成绩,但在线位选择、桥隧配合、工程规模、结构形式、施工方法、艺术造型、工程造价等方面仍存在许多需要改进提高的地方,尤其是采用斜拉桥后,产生了边跨及引桥较长、桥梁规模体量过大、总体造价过高等不足,值得桥梁界总结和深思。

3.3.2　工程观念的落实

　　一方面,工程观念是工程师在实然世界应对各种工程矛盾冲突问题的指南针,在面对具体工程问题时支配着工程师"怎么看"、进而决定了"怎么办",是工程师面对具体工程问题时的"世界观",对于工程实践活动具有贯穿性、全局性的价值意义,是工程师最重要的思想观念,并会以多种形式、多种途径、时时刻刻地渗透到工程实践活动的方方面面。工程观念的差异,往往是杰出工程师与普通工程师最大的区别。另一方面,工程观念虽然具有贯穿性、全局性的影响,但却是一个高度概括、高度抽象的指针,往往难以直接转化为技术问题的解决方案、作用于具体的工程实践活动,既需要将其与时代要求、前期工程实践活动所存在的问题结合起来,因地因时制宜地落实落地,也需要结合行业特点将其转化为本行业的技术规范规程和管理准则,还需要结合工程项目具体情况将其转化为工程师及技术工人的文化自觉,并能够持之以恒、滴水穿石地坚守,否则就会变成大而无当、不知所云的口号。只有这样,理想的、抽象的、宏大的工程观念才能保持旺盛而鲜活的生命力;才能"随风潜入夜、润物细无声"、渗透到工程实践活动的方方面面,将思想武器转化为具体的行动力量,提升工程实践人员的行动自觉、发挥工程实践人员的主观能动性。一般说来,工程观念落实大致可以分为以下四个层面。

　　一是发挥行业的指导性作用。行业是由同类或相近的工程知识、专业体系、技术规则、组织实体、运行模式等通过相互组织集合而成的,具有自身独特的组织逻辑、影响因素与成长规律,是技术创新迭代、工程创新扩散的主力军,是国家或区域的核心竞争力。在工程实践活动过程中,行业要不断提升对工程规律的认知能力和水平,能够及时将科学发现、技术迭代、工程事故教训等方面的最新成果纳入到本行业技术规范规程之中,积极回应社会各界对工程,尤其是工程负面效应的关切,适时将其他工程领域先进的工程思想、技术方法、装备材料、管控手段等引入移植到本行业当中,使本行业的工程观念能够与时俱进,保持鲜活旺盛的生命力。

　　二是工程观念要以问题为导向。工程实践活动既是一个面向矛盾冲突妥协平衡的过程,也是一个不断改进迭代的动态实践过程,最优解往往处在可遇不可求的状况,因此,缺憾、隐患或瑕疵向来就是工程实践活动的孪生姐妹,只能设法降低,不可能完全消除。某一时期当人们重视某一方面时,必然会带来其他方面的欠缺或遗憾,当这种欠缺发展到一定程度就会带来新的问题,甚至成为工程实践活动的瓶颈,工程实践活动就是在这样一个摇摆不定的状态中前行的。对此,作为工程实践活动最高指针的工程观念必须要有针对性和时效性，能够及时地做出与时俱进的回应，以纠正前一时期工程实践活动的欠缺或不足。

三是健全完善各类技术标准与管理规章。随着现代工程实践活动规模的扩张、技术迭代升级速度的提升，技术标准与管理规章在工程实践活动中的重要性越来越突出，工程实践人员特别是工程的决策者、管理者在工程观念指引下，结合行业特点或工程项目的具体情况，因时因地制宜地、创造性地完善各类管控制度、技术规章、行动指南，并将最先进的技术要素、管理要求等纳入到工程项目建设、运营、维护、改造、废弃的全生命过程中就成为应有之义，也成为行业组织、工程管理者的主要任务之一。

四是增强文化自觉，将追求卓越、精益求精的精神追求植入工程实践活动的主体。工程实践人员特别是工程师始终要将工程实践活动的基本问题"为了什么"置于至高无上的位置，时时刻刻能够回到工程建设的原点和初衷，将工程实践的总体目标细化为具体的行为，在行动自觉的基础上，不断塑造打磨、升华工程文化，铸造提升工程品质、追求卓越的精神追求。同时，在工程观念的引导下，不同层面的工程实践人员包括决策者、管理者、工程师、技术工人结合自己的实践行为，将工程观念深入领会和细化落实，提炼升华成为规范性操作文件，并把它当成本职工作的指南，不间断地、自觉地贯穿于行动的全过程，沉淀成为一种相对稳定的文化属性。

案例3-4　近70年来我国结构工程设计原则的演变——工程观念落实的一个缩影

设计原则是工程观念的具体化表现和规范化表述，反映了整个行业对工程规律的基本认识，体现了行业对社会关切及前一阶段存在问题的总体回应，揭示了结构工程界对安全性与经济性这一对主要矛盾的整体把握，具有明显的时代性和普适的指导性。桥梁结构和房屋建筑结构是结构工程最重要的两个分支，其所提炼出的设计原则体现了不同社会经济条件下工程建设理念的变迁，反映了结构工程界对工程本质特征的认识。在我国，结构工程主要分属于公路、铁路、房建三个细分行业，虽然在结构材料、结构理论、分析方法、施工方法等方面存在诸多共通之处，但其设计原则、设计方法却有不小的差异，一定程度上体现了三个细分行业对结构的安全性、经济性、设计荷载、运营特点等方面差异的系统认知和总体把握。以下就对近70年来我国公路桥梁、铁路桥梁及房屋建筑结构设计原则的演变做一简要概括，以便结构工程师从中领悟其背后蕴藏的工程观念。

1）公路桥梁设计原则的演变

自1954年我国公路桥梁设计原则第一部《公路工程设计准则（草案）》颁布算起，公路桥梁设计原则60多年来历经多次修订（见表3-2），大致可以划分为三个阶段。

第一阶段，1950～1990年。这一时期公路桥梁设计原则一直是"适用、经济、安全、美观"，反映了在国家经济实力不强的情况下，对公路交通运输的需求不高，社会所能为公路桥梁建设付出的人力物力都非常有限，所以设计原则比较强调"适用"和"经济"。

第二阶段，1990～2010年。从1997年版的《公路工程技术标准》（JTJ 001-97）开始，设计原则调整为"安全、适用、经济、美观"，在这个时段内，随着公路交通运输业的快速发展，以及既有桥梁性能的退化，我国先后有百余座公路桥梁发生垮塌，桥梁安全问题凸显，将"安全"的位置前移，反映出设计原则对桥梁现实状况不佳、存在安全隐患的积极响应。

第三阶段，2010 年以后。《公路工程技术标准》（JTG B01-2014）、《公路桥涵设计通用规范》（JTG D60-2015）以"安全、耐久、适用、环保、经济、美观"作为设计原则，并视"安全、耐久"为基本要求，"适用"为功能要求，"环保、经济、美观"为其他要求。这样的调整，既反映了我国公路桥梁运营安全问题仍然比较突出，也针对当前严峻的耐久性问题和严格的环保要求有的放矢，体现出了近年来我国桥梁工程设计理念与时俱进的变化。

表 3-2　60 多年来我国公路桥梁设计原则的演变

年份	技术标准/设计通用规范	设计原则
1954	《公路工程设计准则（草案）》	适用、经济、安全及适当照顾美观
1981	《公路工程技术标准》（JTJ 01-81）	适用、经济、安全和适当照顾美观
1985	《公路桥涵设计通用规范》（JTJ 021-85）	适用、经济、安全、美观
1989	《公路桥涵设计通用规范》（JTJ 021-89）	适用、经济、安全、美观
1997	《公路工程技术标准》（JTJ 001-97）	安全、经济、适用、美观
2003	《公路工程技术标准》（JTG B01-2003）	安全、经济、适用、美观和有利环保
2004	《公路桥涵设计通用规范》（JTG D60-2004）	技术先进、安全可靠、适用耐久、经济合理
2014	《公路工程技术标准》（JTG B01-2014）	安全、耐久、适用、环保、经济和美观
2015	《公路桥涵设计通用规范》（JTG D60-2015）	安全、耐久、适用、环保、经济和美观
2018	《公路钢筋混凝土及预应力混凝土桥涵设计规范》（JTG 3362-2018）	安全、耐久、适用、环保、经济和美观

2）铁路桥梁设计原则的演变

与公路桥梁建设类似，作为具有相同建设背景、相似建设条件的我国铁路桥梁，自 20 世纪 50 年代以来也对铁路桥梁设计规范进行了多轮修订，其所提出的设计原则可归纳为表 3-3。由表可以看出：铁路桥梁设计原则始终将"安全"放在首要位置，且长期以来采用容许应力设计法进行设计，这是由铁路运输能力大、设计荷载大、对经济社会发展作用突出、一旦发生安全事故所产生的直接及间接经济损失非常大等基本特点所决定的。纵观 70 多年来我国铁路桥梁设计原则的演变历程，"美观"要求一直处在若隐若现的状况，与强调"安全"形成明显的反差，反映在人们的感受上，就是铁路桥梁具有明显的"粗梁胖墩、类型单一"外观特点，与"轻巧纤细、花样繁多"的公路桥梁及城市桥梁形成了明显的反差。铁路桥梁设计原则演变大致可以划分为以下两个阶段。

表 3-3　70 多年来我国铁路桥梁设计原则的演变

年份	技术标准/设计通用规范	设计原则
1951	《铁路桥涵设计规程》	安全、适用、经济、应求美观
1958	《铁路桥涵设计规范》	安全、适用、经济、应求美观

续表

年份	技术标准/设计通用规范	设计原则
1974	《铁路工程技术规范·第二篇·桥涵》	安全、适用、经济、适当考虑美观
1985	《铁路桥涵设计规范》（TBJ 2-85）	安全、适用、经济、适当考虑美观
1996	《铁路桥涵设计规范》（TBJ 2-96）	安全、适用、经济、适当考虑美观
1999	《铁路桥涵设计基本规范》（TB 10002.1-99）	安全适用、技术先进、经济合理
2005	《铁路桥涵设计基本规范》（TB 10002.1-2005）	安全适用、技术先进、经济合理
2017	《铁路桥涵设计规范》（TB 10002-2017）	安全可靠、先进成熟、经济适用、保护环境

第一阶段，1950~2000 年代。在这一阶段，由于国家经济实力不强，在"安全"之后，设计原则更强调"适用"和"经济"，设计原则着重考量在国家财力有限的情况下，如何更多地建成铁路桥梁，回应社会对增大铁路建成里程的迫切期望。在这一阶段，我国铁路桥梁规范深受到苏联的影响，对技术的先进性重视不足、稳当保守成为铁路桥梁设计的突出特点，加上铁路桥梁设计荷载大，导致一些新材料、新结构如斜拉桥在铁路桥梁中发展较为缓慢，应用也不多。

第二阶段，21 世纪以来。围绕着既有铁路干线多次提高运行速度以及准高速客运专线工程实践的开展，新颁布的《铁路桥涵设计基本规范》（TB 10002.1-99）、《铁路桥涵设计基本规范》（TB 10002.1-2005）在设计原则中适时增加了"技术先进"的要求，其地位仅次于"安全适用"，反映了铁路行业对当时兴起的新结构、新技术、新材料、新工法的渴望和期待，也主动回应了社会各界对我国铁路桥梁技术落后、保障水平不高的诟病，为我国客运专线、高速铁路的建设和技术飞跃夯实了思想观念基础，直接推动了大跨径混凝土连续梁、大跨径混凝土连续刚构、整孔架设的混凝土箱形截面简支梁、连续梁-拱、连续刚构-拱、铁路斜拉桥、铁路悬索桥等新结构的蓬勃发展和广泛应用。在 2017 年颁布的《铁路桥涵设计规范》（TB 10002-2017）中，又适时将"保护环境"纳入到设计原则中，积极响应了国家提倡的生态观，高速铁路建设中"以桥代路"就是一个典型的例子。

3）房屋建筑结构设计原则的演变

房屋建筑结构的建设背景条件与公路铁路桥梁大同小异，但其设计原则的确立和演变却更为曲折。1952 年，依据苏联相关规范，东北人民政府工业部颁布了我国第一部建筑结构设计标准——《建筑物结构设计暂行标准》，对木结构、砖石结构、地基基础的设计做出了一些基本规定；1954~1958 年，国家建筑工程部参照苏联建筑工程的规范体系，采用极限状态设计法，颁布了一批全国性的设计规范（业内称为"55 规范"），具体包括《荷载暂行规范》（规结-1-54）、《砖石及钢筋砖石结构设计暂行规范》（规结-2-55）、《木结构设计暂行规范》（规结-4-55）、《钢砼结构设计暂行规范》（规结-6-55）、《荷载暂行规范》（规结-1-58）等，明确了设计荷载的取值，规定了木结构、钢结构、砖混结构、钢筋混凝土结构的设计方法和构造要求，并对一些结构类型提出了相应的设计原则，例如钢结构设计的基本原则是"金属消耗最少，结构制造最省和建造时间最短"，等等，但是，"55 规范"是一批过渡性规范，并未在结构材料及结构体系之上、提炼出建筑结构总的设计原则。此后，国家建筑工程部根据我国实际情况，对"55 规范"进行了全面的修订，于

1966年颁布了《钢筋混凝土结构设计规范》（BJG 21-66）、《钢筋混凝土薄壳顶盖及楼盖结构设计计算规程》（BJG 16-65）等3部设计规范，但仍未提炼出建筑结构总的设计原则。这一阶段，我国房屋结构以多层结构为主，普遍比较低矮，多采用砖混材料、砌体结构，建设体量也不算很大，没有提炼出总的设计原则对房建工程实践活动的影响并不突出。总的来说，设计原则以1974年颁布的《工业与民用建筑结构荷载规范》（TJ 9-74）为起点，大致可划分为两个阶段，对应的设计原则可归纳如表3-4所示。由表可以看出：由于房屋建筑是直接面向社会大众的结构物，与老百姓生活生产息息相关，因此"确保质量"始终贯穿于规范的设计原则中。

表3-4　近70年来我国房屋建筑结构设计原则的演变

年份	技术标准/设计通用规范	设计原则
1974	《工业与民用建筑结构荷载规范》（TJ 9-74）	技术先进、经济合理、安全适用、确保质量
1984	《建筑结构设计统一标准》（GBJ 68-84）	技术先进、经济合理、安全适用、确保质量
2001	《建筑结构可靠度设计统一标准》（GB 50068-2001）	技术先进、经济合理、安全适用、确保质量
2010	《混凝土结构设计规范》（GB 50010-2010）；《建筑抗震设计规范》（GB 50011-2010）；《高层建筑混凝土结构技术规程》（JGJ 3-2010）	安全、适用、经济、确保质量
2018	《建筑结构可靠性设计统一标准》（GB 50068-2018）	安全可靠、经济合理、技术先进、确保质量

第一阶段，1974～2010年。在1974年颁布的《工业与民用建筑结构荷载规范》（TJ 9-74）中，房屋建筑结构第一次提炼出通用的设计原则，并将其表述为"技术先进、经济合理、安全适用、确保质量"。受当时政治社会氛围的影响，这一设计原则并未恰当地处理好"安全适用"与"技术先进"的关系，但却对后续规范如《混凝土结构设计规范》（GBJ 10-89）、《建筑结构抗震设计规范》（GBJ 11-89）以及《混凝土结构设计规范》（GB 50010-2002）的设计原产生了长远的影响，这些规范的设计原则仍沿用了《工业与民用建筑结构荷载规范》（TJ 9-74）的表述方式，反映了在国家财力有限的情况下，如何基于技术进步降低建设成本成为了房建结构设计的根本宗旨，但"安全适用"问题并未能得到足够的重视，多少有些本末倒置。但是，以"技术先进"居首的设计原则，则有力推动了新理论、新材料、新结构、新工艺、新工法在房屋建筑结构的广泛应用，这也是我国房屋建筑在技术迭代升级方面一直领先于公路桥梁、铁路桥梁的深层次原因之一。在这一阶段，我国经济发展较快，工业化城市化进程不断加速，民用建筑的体量和规模增速惊人，大跨建筑结构、高层及超高层建筑结构的大量修建，一些安全方面的问题苗头开始显现。

第二阶段，2010年以后。在既有房屋结构服役期增长、结构性能退化，以及大跨高层建筑大规模建造的大背景下，发生了多起震惊全国的房屋坍塌事故，造成了严重的生命及财产损失，建筑结构的安全问题得到了全社会的重视，加上此时国家及社会财力已经远强于上个世纪，因此，"安全"被摆在了设计原则中的首要位置，并贯穿于《混凝土结构设计规范》（GB 50010-2010）、《建筑抗震设计规范》（GB 50011-2010），以及2018年颁布的《建筑结构可靠性设计统一标准》（GB 50068-2018）中。

4）结语

回顾近70年来我国公路桥梁、铁路桥梁及房屋建筑结构设计原则的演变过程，集中地反映了结构工程具有突出的社会性、实践性和系统性，揭示了我国结构工程界对工程观念的时代理解，体现了三个相近行业对结构工程本质的系统认识和全面把握，及时地、有针对性地回应了前一阶段结构工程建设所存在的不足。相应的，这些设计原则传导至工程实践活动，使得三个结构工程领域的细分行业呈现出大相径庭的整体样貌，也对这些细分行业的工程文化、实施方式、发展路径产生了深远的影响。

案例 3-5　装配式混凝土结构的困局——基于工程观念的思考和认识

1）装配式混凝土结构的现状

自 1851 年伦敦水晶宫采用装配式结构在短短的 9 个月内建成以来（参见案例 1-3），装配式结构以其快捷的施工方法、良好的可拆装性受到了结构工程界的普遍关注，装配式金属结构、装配式木结构在一些工业化国家得到了比较广泛的应用。第二次世界大战之后，欧洲、日本的基础设施亟待重建、而钢材较为匮乏，于是装配式混凝土结构得到了迅猛的发展。装配式混凝土结构以其较为优良的施工质量、相对较低的能源消耗和环境友好性，在德国、日本、法国、美国、南斯拉夫等国家得到了广泛应用，被业界视为建筑工业化的主要抓手。其中，应用最广、发展最为迅猛的当属桥梁工程，以混凝土桥梁及钢-混凝土组合梁桥为例，早在 20 世纪 80 年代，上述国家采用预制拼装的桥梁上部结构占比高达 80% 以上，桥墩、桥台、涵洞采用预制拼装的占比也在 50% 左右。另外，对于采用预制节段、悬臂拼装施工的大跨径混凝土连续梁桥、连续刚构桥及混凝土拱桥也占据主流。在房屋建筑结构领域，日本装配式住宅占比超过的 1/3，从设计、材料采购、安装、调试到运营，都有相应的行业标准作为技术支撑，但由于日本地震频发，特别强调轻质材料应用，装配式住宅中以木结构、轻钢结构居多。德国的装配式建筑普及率超过 1/5，不论是承重构件还是装修材料，建筑的绝大部分构件均在工厂中预制完成，并形成了成套技术与管理规定。20 世纪 50～60 年代，苏联及我国专门开发了适用于低层和多层房屋的大板结构体系，一度被视为建筑产业化的代表，但由于其在防水、隔音、保暖等方面存在诸多功能缺陷，在安全方面也存在一些隐患，且难以满足用户需求的差异，很快就被市场淘汰了。

进入 21 世纪，随着我国工业化、城市化进程的加速，建筑业产生的能源消耗、环境污染问题日趋突出，装配式建筑的发展又一次被提上议事日程。2006 年，遵循"提高质量、提高效率，降低消耗、降低成本"的基本原则，中华人民共和国住房和城乡建设部颁布了《国家住宅产业化基地试行办法》，从国家政策层面上引导建筑业朝着装配化、工业化方向发展。经过近 20 年的实践探索，在政府大力鼓励、技术成熟度较高的情况下，装配式房屋建筑只是在工业厂房、轻钢结构等细分领域得到了较大的发展，在量大面广的住宅市场占有率并未明显提高，反而显得举步维艰，政府、设计施工企业、结构工程师、施工技术人员及技术工人各有苦衷，即便是一些建筑行业或房地产开发的龙头企业，建筑装配化建造的进阶之路也步履蹒跚。与此同时，装配式建筑一定程度地丧失了混凝土整体性好、可塑性强、防水隔热物理性能好等优点，建筑业内人士对此看法也很不一致，用户对装配式建筑还存在一些误解。那么，在发达国家已经普及、在桥梁领域已经普遍采用的装配式混凝土结构究竟因何原因而导致了这一困局？以下就从工程观念、建造特点、技术要素、经济性能指标等多个维度作一探讨。

2）工程观念

装配式混凝土结构具有的节省建筑能耗、降低环境负荷、降低人力成本、提高施工质量、缩短施工周期、符合可持续发展原则等优势，符合工程生态观、工程伦理观的主流观点，无疑是建筑业未来发展的主要方向。但是，作为系统性非常突出的房屋建筑结构，涉及的工程观念还有工程社会观、工程文化观，是一个多维的矛盾综合体，因此不能以要素最优来代替全局最优。这一问题的破局，既需要结合工程项目的特点、规模、标准化程度等技术要素，还需要结合工程项目的当时当地性、社会支撑条件、经济性能指标等非技术要素，探索全局性、系统性的解决之道。以我国高铁应用长度超过 2 万 km 的 32 m 预应力混凝土简支梁为例，采用了标准化设计、工厂化预制（一个制梁场预制的梁体达数百跨乃至上千跨，货值常常达数亿元乃至数十亿元，辐射范围约为 20～30 km，但预制构件的类型却只有一两种）、梁上运梁架梁等技术对策，将上部结构的设计、制造、运输、架设等环节作为一个有机的整体来考虑，无疑是一个非常成功的、具有示范意义的工程案例。

3）建造特点

一般而言，房屋建筑结构单个工程项目的规模、工艺工序、标准化程度等方面与装配化程度较高的铁路桥梁呈现出明显的不同，具体体现在以下三个方面。

首先，房屋建筑结构具有单体工程规模小、户型多、个性化突出的特点，导致其构件类型多、重复率低、难以提升预制构件的数量、难以发挥工业化的集成优势，从而将预制构件的成本降下来。特别是在进入城市化中后期、市场供求改变、人们对居住条件要求日益提高的情况下，房屋建筑结构的个性化、定制化现象更为突出。以一栋 2 万 m^2 的高层住宅为例，其土建成本不足 1 个亿，但却有多种户型，有几十个乃至上百个规格及设计参数不同的梁、板、柱、墙、楼梯等受力构件，但每个构件的复用率一般不过 10 多次，导致装配式混凝土结构相对于现浇混凝土结构存在着一些天然的竞争劣势。与此相对应，整跨预制架设的混凝土桥梁或分片预制装配式混凝土桥梁在包含下部结构的情况下，却仅有 3～5 个不同规格的构件；对于采用短线法预制的变截面预应力混凝土梁桥，其预制节段的规格数量往往也不超过 10 个。即便在这种情况下，工程实践经验表明：当梁桥上下部结构均采用预制装配混凝土构件、建造长度超过 6～8 km 时，其造价方才与下部结构现浇、上部结构装配施工的传统施工方法大致持平。

其次，根据结构受力要求或功能需求，装配式房屋建筑的一些构件常常需要二次浇筑或分段分层预制，导致房屋建筑结构在主体结构完工后，仍有装饰装修、门窗安装、防水消防、水电安装、网络布设等多道工序，具有施工工序多、主体结构装配完成后工作量大、多个工种在同一时空中反复交叉作业的特点，导致主体结构完工后仍需半年至一年的施工时间，而现行的设计、施工招标、工程分包模式又进一步放大了房屋建筑结构"规模小、工序多、作业点分散"的特点，导致制约其设计标准化因素较多，与桥梁结构特别是铁路桥梁形成了鲜明的对比。

最后，装配式混凝土结构施工的前期一次性投入较大、涉及面广，往往成为施工企业的难以全方位突破的瓶颈。在钢筋混凝土作为主材的情况下，即便号称是装配式混凝土结构的一些大型住宅项目，但其预制率多在 10%～60%，后续施工仍需较多地采用传统施工工艺，导致施工企业不得不面临预制和现浇"双线作战"的困局。

4）技术要素

概括来说，装配式混凝土结构的技术要素涉及标准规范、设计模式及设计流程、施工技术与施工管理方式、建筑物理性能、产业链配套等多个方面，制约因素较多，主要包括以下五个方面。

第一，在标准规范体系建设上，虽然装配式混凝土结构的受力性能、装配构造、施工工艺、抗震性能等技术问题已经基本解决，不再是工程建造与运营维护的制约因素，但由于装配式混凝土结构涉及的范围广、工艺工序多，相对于现浇混凝土结构，目前国内尚未形成完备的混凝土预制装配技术规范体系，规范数量的充足性和配套性远未达到成熟建筑市场的水准，导致在某些情况下装配式混凝土结构的设计、施工和检测都存在无据可依的现象，产生了技术标准对工业化建造钳制的现象，而条块分割的管理模式无疑又进一步加剧了这种现象。

第二，设计标准化是装配化施工的前提和基础，但现行的各专业分工协作的设计模式和相应的设计流程，导致设计对装配化施工的工艺、工序、材料、构造考虑得不够周全，与施工安装单位的技术衔接、技术反馈也不够到位，以致在设计阶段就常常产生了不同专业工种之间缺乏统筹、标准化程度低的现象，标准化、装配化设计只针对结构主要构件而非整个设计领域，梁、板、柱、楼梯等构配件之间难以互换替代，结构与装饰装修、水电安装等辅助工序的衔接更是问题多多，难以实现生产工厂化、装配模块化和体系规模化，而分散程度较高、竞争极为激烈的工程设计市场在无形中又降低了设计标准化的程度。

第三，从施工技术及施工管理来看，装配式混凝土结构借助于工厂大规模预制方式提高了混凝土构件的质量、降低了能源消耗，但放弃了工艺简便成熟的混凝土现浇方式意味着必须提高施工机械化施工水平，对预制构件、连接细部构造、配件材料、现场检测手段的要求都大幅度地提高，而我国长期以来形成的粗放式施工现场的管理方式、以专业素质专业技能参差不齐农民工为主体的施工队伍，使装配式混凝土结构的施工质量保障面临不小的挑战。

第四，相对于现浇混凝土结构，装配式混凝土结构固有的一些局限如建筑物理性能（防水防渗性能、隔音性能、保温性能等）不佳等，并未在技术上得到圆满解决，难以简便而有效地满足不断提高的建筑三防（防水、防潮、防火）要求，以致社会大众对装配式混凝土结构的认可度偏低、普遍存在误解，笼统地认为装配式混凝土结构的质量较差，而四川汶川地震中装配式混凝土结构的不佳表现又进一步放大了大众的误解。

第五，由于市场发育不良、容量还不够大、利润比较稀薄，装配式混凝土结构尚未形成完整的、良性竞争的产业链供应体系，上游缺乏可靠的预制件工厂，下游缺乏完善的质量管控队伍，导致装配式混凝土结构的技术迭代速度较慢。而条块分割的建筑市场现状无疑又加剧了这一问题，导致市场难以培育出生产规模大、技术工艺先进、服务全行业的通用预制构件生产厂商。

5）经济性能指标

装配式混凝土结构的经济性能指标的构成主要包括人工、材料、设备机具、运输费用、税费、管理费用等，装配式混凝土结构虽可以有效降低材料、人工等费用，但却会使构件运输、财务等其他成本的增大，导致其经济指标并不理想。

首先，按照我国当前税制，建筑企业税率为3%，而预制构件被划分为工业商品，其增值税税率高达 17%，明显的税率差异无疑会压制建筑企业采用装配式混凝土结构的积极性。这些不利的因素叠加在一起，导致建筑企业没有合理的利润，没有积极性去从事装配式建筑的技术开发，技术进步的速度放缓，全产业链成熟度不高。即使是国内房地产开发的龙头企业，对于装配式建筑的推进意愿其实也不强烈。

其次，装配式混凝土结构的前期一次性投入较大、重复利用率低、折旧费用低，但受房屋建筑建造规模的制约，导致其前期成本难以摊薄、边际成本居高不下，直接影响了建筑企业前期投入的意愿，而物流成本的不断上涨又严重削弱了重量及尺寸大、货值低的预制构件的竞争力，物流成本直接决定了着预制构件生产厂家的辐射半径（不超过50～80 km，这也是新加坡、中国香港等地能够提升装配式建筑占比的主要因素之一），间接制约着预制构件的生产规模，降低了企业的投入意愿。

最后，现阶段我国人口红利虽不再明显，建筑技术工人的年龄老化现象也比较明显，但相对于一些发达国家如日本、德国、美国、新加坡等人工费用常常高达总造价的 40%以上的情况，我国人工费用仍然比较低廉，在建造成本中的占比相对较小（占20%左右），加上我国物流运输成本普遍要比发达国家高 6%～8%、预制构件的税费也不够合理等等，这些因素导致装配式混凝土结构的建造成本要比现浇式混凝土结构高 10%～15%（幅度大小与建筑物的结构特点、体量规模、运输物流成本等因素相关），这对于竞争非常激烈、行业平均利润稀薄的建筑企业来说无疑极具影响。

6）几点认识

综上所述，规模化是装配式建筑的前提，标准化设计、工厂化制造、机械化施工是装配式建筑的核心，经济指标、规模效益是装配式建筑发展的关键，社会支撑条件则是装配式建筑发展的制约因素，而系统全面、与时俱进的工程观念则是装配式建筑发展的思想基础。进一步来说，关于装配式混凝土结构的困局现状，可以得出以下三点具体认识。

一是只有当工程观念、经济技术、地域特征、结构建造特点等相关要素在同一时空里聚合相互作用时，才可能形成良性发展的产业形态，才可能推动先进科学的工程观念落实落地，才可能正确认识和把握技术迭代的基本规律。

二是只有将工程的当时当地性、经济发展水平及社会支撑约束条件等纳入工程项目建设方式的考量重点，才可能选择与发展阶段相适宜最匹配的技术手段，促进先进的设计施工模式落地生根，达成装配式混凝土结构"提高质量、提高效率，降低消耗、降低成本"的主要目标。否则，观念先进但超越发展阶段的行政政策和技术策略只能是事与愿违，难以使行业、企业、社会、用户等利益相关各方形成合力。

三是只有找到政府、市场、建筑企业、用户利益的最大公约数，才有可能推动装配式混凝土结构进入良性发展的轨道，破解装配式混凝土结构面临的困局，圆满回答可持续发展这一现代结构工程的重要命题。

3.4　工 程 方 法

3.4.1　科学、技术和工程的方法

所谓方法，广义上来说就是指在给定的条件下，为达到预定目标所采用的手段、方式、工具、流程的总称。换言之，方法就是人们生产生活实践过程中通过一连串的、具有特定逻辑关系的动作来完成某种任务，这些具有特定逻辑关系的动作所形成的集合就称为方法。进一步来说，方法就是实现目标的具体手段，方法就是具有共同逻辑特征的行动过程。方法的应用对象及应用场景包括人类生产生活的方方面面，无时无处都在对人类的生产生活产生各种各样的影响。

科学研究、技术开发和工程实践是人类生产实践与社会实践中主要的几种创造性活动，它们都有不同的对象和目的，实践的对象不同，方法自然有所不同，由此衍生而来的思维方式也是不同的，据此，人们将其按照实践对象的差异划分为科学方法、技术方法和工程方法。因而，在具体的创造过程中，各类实践活动依据的原则、遵循的逻辑、思维的路径、应对的方法等都是不尽相同的，既存在密切的联系、又有明显的差异，需要分门别类地进行探讨分析，以免产生方法的混淆或思维的僭越。进入近现代社会，随着科学的先行发展壮大，科学发现对技术开发、工程实践产生了深远的影响，科学方法由此也成为一个巨大的思想宝库，对技术方法和工程方法的发展及应用产生了巨大的带动作用。为此，以下简要介绍科学方法、技术方法和工程方法的主要特点。

1. 科学方法

所谓科学方法，狭义来说是指关于科学研究、科学评价、科学发展的一般方法。换言之，科学方法就是人们在认识世界中遵循的、符合科学原则的各种途径和手段，包括在科学研究活动过程中采用的思路、程序、规则、技巧和模式的总和，某种程度上存在一定的内在规定性。对此，美国科学哲学学者托马斯·塞缪尔·库恩将科学方法概括为"范式"（paradigm），迄今为止，相对清晰的范式主要有实验科学、理论科学、计算科学、数据科学等 4 种。广义来说，科学研究是从实践到认识、从个别到一般的高度概括，是人类认识客观世界过程中的第一次飞跃，成果主要形式是知识形态的概念、定理、定律、公式、模型以及由它们组成的理论体系。因此，与科学研究如影随形的科学方法遵循着"分类—问题—假设—研究—理论"的总体演化路径，是正确认识世界、改造世界的根本方法。在科学研究中，科学方法大致可以分为单学科方法如物理科学方法、生物科学方法，多学科方法如生物力学方法、物理化学方法，以及具有最普遍方法论意义科学哲学方法三个层次。进一步来说，科学方法是人们为获得科学认识所采用的规则和手段的总称，具有如下四个基本特征。

一是具有一般性，科学方法属真理定向，能够系统量化地解释表面纷繁复杂的现象，能够改变人类看待世界的方式，以发现普遍的科学规律、揭示现象背后的规律为目标。

二是科学方法具有高度抽象性，略去了无关宏旨的次要因素和细节过程，能够帮助人们认识事物的主要矛盾，能够为自然界或各种"人造物"画像，并以此为基础进行技术开发与工程实践。

三是科学方法具备逻辑性和可证伪性，不受思维对象的具体时间和具体空间的约束，放之四海而皆准，可以基于归纳法无穷尽地对观察结果进行总结和提炼，可以不断地提升给自然界或"人造物"画像的准确和全面程度。

四是科学方法具备跨越时间的能力，既能够解释已经发生的事情，也能够预测未来将要发生的事情。

2. 技术方法

所谓技术方法，就是在创造劳动手段、工艺方法和技能体系过程中思维方法与物质手段的统一。技术方法以提高效能效率为目标，以发明、改进、融合为展现形式，具体表现为新路径、新工具、新工艺、新技能的提出与改进等。技术方法的基本特点是：以科学理论和经验知识为指导，以工程应用为目标，通过技术试验、技术模拟、技术验证等途径，使科学知识或经验知识向工程实践或社会服务转化。试验是技术开发的实践基础，也是技术方法的中心环节，还是各种技术方法应用的基本途径。技术方法门类繁多，它既包括了各种专门技术的方法，如电子电力技术、机械加工技术、土木建筑技术等各种专门方法，也包括了社会性的、非生产技术性的方法，如决策技术、管理技术、预测技术、评估技术等各种方法。自有人类以来，技术方法一直是人类生产生活的有机组成部分，在几千年的发展演化过程中，经历了由简单到复杂、由低级到高级的"经验-技术""经验-科学""科学-技术"及"体系化技术"四个发展阶段。

近现代以来，随着科学发现对技术开发引领与支撑作用的强化，科学方法对技术方法产生了巨大而直接的带动作用，技术开发是人类认识客观世界过程中的第二次飞跃，即从认识到实践、从一般到个别，最终成果主要是知识形态的标准规范、工艺流程等，以及物质形态的工具、装备、装置等。因此，科学方法和技术方法之间，既存在着某些共同点，又有许多明显的区别，但二者作为人类的认识活动，在思维逻辑层面上是统一的、自洽的，正如列宁在《哲学笔记》中所指出的"任何科学都是应用逻辑"。如果说科学是关于事物发展规律的知识体系，那么技术就是为了某一目标协同各种工程知识、工具设备、经验和工艺等的操作实现体系。概括来说，技术方法具有如下三个特征。

一是技术方法具有自然属性和社会属性双重属性。技术方法不仅与科学发现直接相关，受到自然规律的支配；而且与社会生产力发展水平直接相关，也会受到社会经济规律和各种社会因素的制约，具有一定的"当时当地性"。在工程实践活动中必须充分考虑技术方法的适应性与适用性，以在给定的条件下达成"怎样做""怎样做得更好"的目标。

二是技术方法是连接科学方法与工程方法的过渡性手段，工具理性比较突出。技术方法既要考虑技术的先进性与效率效能，又要充分考虑工程的综合性和集成性，将在科学研究过程中被舍弃的次要因素和关系——恢复起来，并结合工程实践的具体情况，进行综合统筹与权衡取舍，探寻实现某种技术目标的最优途径。

三是技术方法要统筹的因素比科学方法更多更广。技术方法需要更多地考虑技术的时效性、扩展性、迭代性等问题，处理好近期与远期、先进性与成熟性的辩证关系，同时应具备改进、融合和移植的空间和接口，注重技术自我迭代、融合成长的机制。

3. 工程方法

所谓工程方法，就是基于科学理论、技术方法及工程经验应对各种工程问题的策略和路径的总称。工程方法是在长期工程实践活动中积累形成的，大致与科学方法相对应，与技术方法存在一定程度的重叠，但也有明显的区别。一般来说，技术方法是以技术路线、技术指标、技术参数的先进性为核心，对与工程相关的自然、经济、社会、人文等因素则考虑得相对较少。与技术方法相比，工程方法在符合相关的科学规律、满足技术可能性之外，更关注工程的当时当地性、系统集成性、稳健性等因素，更关注经济技术分析、投入产出的效益比研究，更关注可行性与可实现性及工程措施的综合应用，因此工程方法需要考量的因素更多、也更复杂，很多时候都需要借助于工程经验来统筹把握。

进一步来说，工程经验是工程方法的基础，决定了工程方法的应用方式和大致走向；工程洞察力是工程方法的灵魂，对技术方法具有突出的筛选作用，决定了科学方法、技术方法在工程应用的具体方式，有时也会提出了科学研究和技术开发的任务和内容。在工程方法的发展过程中，由于科学发现对现代工程的发展进步起到了无可替代的推动作用，工程方法也就自然而然地与科学方法有着千丝万缕的联系。另外，技术是工程的关键要素，技术开发对工程实践活动起到了关键支撑作用，技术方法也就自然而然地对工程方法产生了全方位的渗透和影响，以致在很长一段时间里，人们对技术方法与工程方法不作严格区分，甚至采用"工程技术方法"这一笼统的概念来进行整体描述。鉴于上述情况，以下就对工程方法的主要特征进行简要分析阐述。

3.4.2　工程方法的主要特征

自人类有工程实践活动以来，工程方法就一直若隐若现地存在于工程实践活动中，只不过长期以来以来隐匿在技术方法的背后而不被人所知。近 20 年来，在卡尔·米切姆、路易丝·L. 布希亚瑞利、李伯聪、殷瑞钰等人的努力下，人们开始认识到科学方法、技术方法与工程方法既有密切的联系、又有一定的区别，于是将工程方法从技术方法中分离出来，进行专门的研究。

在工程方法的发展过程中，大致经历了"模糊整体论框架""机械还原论框架""系统整体论框架"三个阶段，目前虽然"系统整体论框架"已占据主导地位，但还没有完全摆脱"机械还原论框架"的影响。一般说来，工程方法遵循着"科学发现—技术开发—工程实践—工程知识—工程方法"的总体演化路径，纵向上可以归结为各类工程领域的工程方法，如结构工程方法、化学工程方法、系统工程方法等；横向上可以分解为工程实践活动中各个层面或阶段上的方法，如工程决策方法、工程设计方法、工程管理方法等。对于工程方法的研究，一种是超越具体工程领域，在工程哲学层面总体上把握、提出解决工程问题所应遵循的一般原则和途径，研究工程方法的分类、基本特征、演化规律、运用原则等，相对来说比较宏观抽象，但具有普遍的指导意义。另一种是研究某一行业或某一工程领域的决策、设计、管理、运营、评估的具体方法，如化学工程设计方法、结构工程施工方法、机电工程评估方法等，相对来说比较具体专业，但却是工程技术人员从事工程实践活动的基本工具。这两种对工程方法的研究方式，具有相辅相成、互相促进的关系。

工程方法是由工程的建构性、实践性、科学性、创造性、社会性、系统性、风险性和复杂性等本质属性所决定的。工程方法是把握工程本质、落实工程观念的载体，也是提高工程效能、解决工程疑难问题、推进工程实践活动的强大工具，还是工程实践活动长期积淀、挖掘提炼的宝贵财富和思想结晶，更是统筹平衡工程安全性与经济性的重要手段。从方法论的层面来说，工程方法的发展在一定程度上决定着工程创新的活跃程度，决定着工程实践活动的效率效能和建设品质。一般来说，工程方法具有重视整体综合集成、重视过程管控、重视工程经验积累提炼、行业特色鲜明等基本特征，简要论述如下。

1. 重视整体综合集成

由于工程的本质在于系统性的建构和运营，工程实践活动就是在一定的自然社会边界条件下通过"选择—集成—建构"等过程，将技术和非技术要素合理配置、转化为结构-功能-效率优化的人工存在物。因此，工程方法的首要特征就是重视整体综合集成和价值创造，将解决"为了什么？如何集成？如何建构？如何选择？"等问题始终置于工程实践活动的顶端，围绕这些问题，工程方法就是将工程实践活动所涉及的物料、技法、人员、管控等方方面面的因素揉碎重组，结合工程的"当时当地性"寻求优化解的过程及结果。

所谓整体综合集成，就是按照"要素-关联"的结构性思维，通过"解构—集成""集成—再解构—再集成"的思维路径，以工程项目整体的功能达标、效率提升、结构优化为目标，借助于科学理论、技术方法、工程经验、虚拟仿真、控制纠偏等实现手段，不断对工程的构成要素或组成单元进行反复拆解、整合和集成，最终达到工程全局目标优化的过程。在这个过程中，既要谋一域、谋一时，更要谋全局、谋万世，将局部与全局的关系处理好，将短期效益与长期效益的矛盾冲突协调好，并对工程实践活动相关利益方相互矛盾的诉求予以恰当地平衡协调。

2. 重视过程管控

由于工程实践活动是技术与非技术复杂系统的集成和建构过程，只有过程正确才有可能保障工程目标和工程功能的实现，只有过程正确才有可能将工程建设运营过程中的各种不确定性的影响降低至可接受程度。因此，过程控制是工程实践活动中最基本的方法，虽然不同领域过程控制的方法有所差异，但都非常强调过程控制管理，并形成了如下一些普适的过程控制的方法手段。

一是程序化管控。工程方法遵循"观念—规划—决策—设计—建造—运行—评价"这一基本程序，并在这一基本程序之下结合行业及具体工程项目特点，衍生出决策层、管理层、实施层、操作层的各类作业程序，形成标准化的过程管控方法。只不过随着行业不同、工程项目大小不同，程序的繁简程度有所差别、执行的细致程度有所差异。只有这样，才能将基于"解构—集成"的综合集成性落到实处。

二是结构化分解。工程方法在"系统整体论框架"下、结合"机械还原论框架"方法，按照工程项目的特点，将其分解为若干个既有联系、又相对独立的组成单元，并将工程项目的目标、功能、造价等因素细化分解落实到各个组成单元，以便进行过程控制，以单元优化、过程控制来促进整体优化的实现。另外，随着现代工程的大型化、复杂化，在结构化分解时应避免"机械还原论框架"的桎梏，更加注重组成单元的有机联系，以实现集成效果的优化。

三是协同化推进。工程本质上是同体异质要素的建构与集成，工程方法不仅依赖组成单元的优化和组合，而且更注重系统论思想的运用，关注构成要素或组成单元在不同时空条件下的动态耦合所产生的矛盾冲突，在坚持和妥协之间取得平衡，在技术先进性与成熟度之间取得协调，在经济性能与功能目标之间取得协同，从而实现工程整体优化的最高目标。

3. 重视工程经验积累提炼

一方面，从工程的本质属性来看，由于工程是同体异质要素的建构过程，工程建造及运营过程中普遍存在着复杂性和不确定性，有些时候还存在着未确知性，加上工程目标确定、工程效果评价存在比较突出的主观模糊性，即便在科学发现、技术创新进步迅速的今天，工程仍然是一个高度依赖经验、直觉判断、洞察力在中宏观层面上进行把握的对象。因此，工程经验是工程实践活动最不可或缺的要素。正如有人所言：没有理论指导建成工程项目是可能的，但没有经验建成工程项目是不可能的。在未来，随着工程实践活动的日益大型化复杂化，工程经验的重要性还会进一步凸显。

虽然当代科学和技术水平取得了巨大的进步，但工程经验、工程洞察力居于工程实践活动核心的地位却没有改变。工程经验来源于感性认识与理性思考的融合，来源于工程洞察力的积淀。关于感性认识在工程实践活动中的作用，正如毛泽东在《实践论》中指出："要完全地反映整个的事物，反映事物的本质，反映事物的内部规律性，就必须经过思考作用，将丰富的感觉材料加以去粗取精、去伪存真、由此及彼、由表及里的改造制作工夫，造成概念和理论的系统，就必须从感性认识跃进到理性认识。"高度概括地阐明了感性认识与理性认识的关系。而所谓工程洞察力，就是对工程项目特征特点的高度凝练和全面把握，是工程实践活动最宝贵的财富，但却常常隐匿在浩如烟海的工程项目之中，需要走进工程历史，在品读工程大师工程实践案例的过程中才能领悟体会。因此，需要在工程实践经验教训总结提炼的基础上，将感性认识升华到理性认识的高度，借助于工程洞察力透过现象直抵本质，才有可能完善发展既有的工程方法。

此外，随着近 20 年来认知科学的发展，人们普遍认可将知识分为显性知识和隐性知识两大类。从工程知识形成过程来看，能够书写出来的工程知识只占一小部分，相当一部分工程知识属于隐性知识，以说得出来的方式或需要领悟的方式普遍存在于工程实践活动中。著名哲学家路德维希·约瑟夫·约翰·维特根斯坦（Ludwig Josef Johann Wittgenstein）在《逻辑哲学论》一书中曾指出：语言的边界即"世界"的边界，在认知领域中存在着大量"不可言说"知识。如图3-5所示。这提醒我们警惕语言的局限性，重视语言无法触及、文字难以表述的领域，并要求工程师在工程方法的提升过程中，加强直接经验的积累，加强间接经验和意会性知识的领悟。从工程知识生成的角度来看，工程规则和技术规范所具有的不完备性是必然的，满足技术规范规程并不等同于工程问题的圆满解决，这一点需要引起工程师的普遍注意，以便将工程技术规范置于恰当的位置，而不是盲从规范，奉规范为圭臬。上述两个基本特点，要求工程实践主体在工程方法的完善过程中，努力将意会性知识转化为言传性知识，不断提炼、发展新的工程知识，完善工程观念、工程规则和技术规范，不断将工程经验、工程智慧提炼升华为工程设计建造原则，将隐性知识去蔽、转化为显性的工程规则或工程知识，并在此基础上持续完善工程方法。

图 3-5　工程知识的边界示意图

4. 行业特色鲜明

虽然不同工程领域、不同行业在工程理念、工程原则、实施程序等方面有一些共通之处，但工程方法则存在比较大的差异，具有鲜明的行业特色和传统做法。行业特色是在行业分类的基础上，对本领域的工程方法、技术手段进行总结提炼和归纳的体现，更加切合本行业工程实践的需要，更具专业性和针对性，具有一定的传承性和稳定性，因而也具有更强的指导价值和现实意义。行业特色是工程经验长期积淀的结果，也是工程传统重要的组成部分，对工程技术人员的成长发展具有潜移默化的影响，对行业技术进步、产业聚集升级具有显著的促进作用。

此外，行业/产业是一个建立在同类专业技术、工程系统或服务模式基础上的生产或服务的业态，具有明显的发展性和易变性，并没有一个一成不变的划分标准。因此，如果只强调行业特色而不注重具有相同科学基础的相近工程领域的积极影响，就有可能落入思想僵化、条块分割的陷阱，并不利于工程方法的发展和丰富，也就谈不上借鉴他山之玉了。案例3-4便是一个典型的佐证，我国房屋建筑结构、公路桥梁、铁路桥梁三个结构工程的细分行业，因其对"安全可靠"和"技术先进"这两个基本原则的出发点和落脚点的不同，导致三个细分行业的技术先进性存在不小的差异。这在工程项目日益复杂化大型化、学科交叉融合、技术迭代速度日益加快的当代尤为突出。从这个层面来看，打破行业藩篱、跳出细分的工程领域来博采众长，引进吸收其他领域的技术思想、先进方法、工具手段等，在更广的视野里进行工程实践活动，对于技术创新和工程创新不仅非常必要，而且有可能突破本领域的技术瓶颈。

案例 3-6　如何应对混凝土结构徐变的不确定性——基于科学方法、技术方法与工程方法的比较

1）徐变对混凝土结构的影响

徐变是指在荷载不变的情况下，混凝土结构（构件）变形随时间增长的一种现象。徐变量值一般为瞬时弹性变形的 2～3 倍，在持续加载的 3～6 个月内发展较快，可占总变形的 80% 左右；2～3 年后变形逐渐趋于稳定，但其增长可能会延续数十年；卸载后绝大部分徐变不可恢复，可恢复的徐变变形仅为 5%～30%。徐变是混凝土结构的固有属性，对混凝土静定结构，只影响其变形和使用性能；对混凝土超静定结构，则会产生内力重分布；对预应力混凝土结构，还会影响有效预应力的大小，进而影响结构的开裂、变形、内力（二次内力）等，与徐变相关的计算内容包徐变引起的变形、预应力损失、预应力次内力、预拱度等 6～7 方面。

混凝土徐变及其衍生的问题，常常会给结构设计施工带来了极大的困扰，有些时候甚至会演化为工程缺陷或工程隐患。以我国铁路桥梁为例，在 20 世纪 70～80 年代，由于对简支梁的预应力损失估算结果过大，导致一些铁路简支梁桥设置的预拱度偏大，在徐变作用下普遍产生了过大的徐变反拱，不得不在运营过程多次刨薄桥面道砟，以维持铁路线路的平顺。又如，国内外大跨径公路连续梁桥、连续刚构桥，因对徐变效应估算不够恰当、箱梁效应考虑得不够全面，普遍出现了梁体跨中下挠、梁体开裂、桥面线型不顺畅的通病，对其使用性能、耐久性能产生了严重的影响，其中一些桥梁如 1995 年竣工的湖北黄石长江大桥（主跨跨径 3×245 m 的连续刚构）、1997 年竣工的广东虎门大桥辅航道桥（主跨跨径 270 m 的连续刚构）等桥梁，在竣工多年后因梁体跨中下挠明显、梁体开裂严重，不得不限制使用荷载或多次加固改造，一度引起工程界对大跨径连续刚构桥推广应用的担忧。工程界普遍认为，对混凝土的徐变特性，尤其是加载龄期对后期徐变的影响和演变规律认识不清、计算不准，导致永存预应力普遍小于设计计算值被认为是导致大跨径连续刚构桥梁体下挠的主要原因。

因混凝土徐变而产生工程缺陷的典型实例是 1977 年建成的帕劳共和国科罗尔-巴伯尔图阿普大桥（Koror-Babelthaup Bridge），该桥为跨中设铰的预应力混凝土悬臂梁，跨径布置为 53.65 m + 240.79 m + 53.65 m，1985 年（竣工后 8 年）跨中下挠达 850 mm，1990 年跨中下挠达 1030 mm，1996 年跨中下挠达 1540 mm，接近跨径的 1/150，已经影响到该桥的正常使用，而该桥在设计时对因混凝土徐变产生的长期挠度估算值仅为 480 mm，实际情况达设计预期值 3.2 倍，存在明显的工程缺陷，但与因设置 6% 纵坡

而形成的跨中 3.66 m 的预拱度相比，这个工程缺陷似乎又可以接受。此间，该桥业主委托了一些国际专业公司对该桥进行了相关检测及复核验算，主要结论有三点：①混凝土强度满足设计要求，混凝土弹性模量比设计计算值低约 30%，钢筋性能正常且无锈蚀现象；②预应力损失高达 50%，远超过设计预期值，但该桥承载能力是足够的；③下挠过大的主要原因是对混凝土的徐变计算不够精细、预测量值明显失真、导致预应力损失过大所致，而混凝土箱梁顶板开裂又进一步加剧了下挠，且下挠还会进一步发展。

为了改善桥面行车的平顺性，该桥业主决定对该桥进行大修加固。加固大修方案的要点是：①在跨中铰接处的顶板位置布设一组扁千斤顶，施加约 27 MN 的顶推力，以弥补过大的预应力损失；②将跨中铰接改为固结，将结构形式由带铰的悬臂梁由转换为连续体系，并设置总张拉力为 34.72 MN 的 8 组体外预应力束，如图 3-6 所示；③采用沥青铺装代替原来的混凝土桥面铺装，以减轻桥面铺装重量。大修历时 3 个多月于 1996 年 7 月完工。然而，在大修完工后不到 3 个月，该桥在毫无征兆的情况下于 1996 年 9 月 26 日垮塌了，引起了全球结构工程界长时间的关注和讨论，并对该桥垮塌原因进行了各种各样的分析。虽然研究者得出的结论不尽相同，但普遍共识有三点：一是假如没有进行加固施工，该桥不会垮塌，只是使用性能存在严重缺陷罢了；二是该桥靠近主墩箱梁顶板混凝土的早期开裂，悬臂结构非常敏感脆弱，难以承受由跨中千斤顶、体外束施加的二次作用力是垮塌事故的主要诱因；三是破坏机理是大修施工时在箱梁顶板形成了过高的压应力，箱梁顶板在压应力作用下首先出现屈服、压溃或层间错位变形，导致腹板因承受不了原来由顶板承担的轴向压力，从而发生了纵向压溃、竖向剪切的破坏，形成了连锁反应，最终发生全桥垮塌事故。

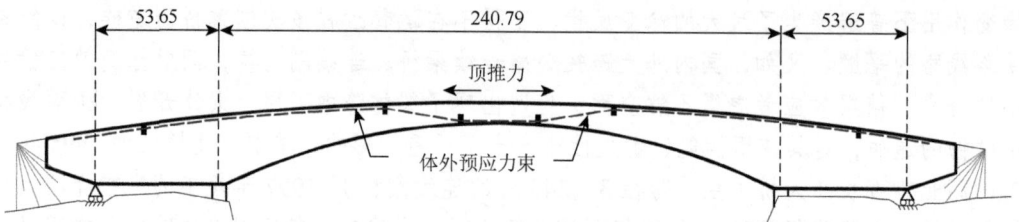

图 3-6　科罗尔-巴伯尔图阿普大桥大修方案要点示意图（单位：m）

由于混凝土徐变是一个基础性、科学性的共性问题，因此，自 1907 年加拿大学者 William Kendrick Hatt 发现混凝土徐变现象的 100 多年里，人们从徐变发展机理、徐变影响因素、徐变估算方法、徐变控制措施等方面做出了各种各样的探索尝试，相关的分析理论、技术方法、工程措施也可谓车载斗量，力图将这一对混凝土结构，特别是预应力混凝土结构设计施工影响最大的要素搞清楚。遗憾的是，由于混凝土徐变机理复杂、影响因素众多、不确定性比较突出等原因，迄今为止，混凝土结构的徐变及其产生的附加内力、徐变长期效应估算等问题仍未得到圆满的解决，有些时候还会给结构工程师的设计工作带来不小的困惑。那么，在量大面广的结构工程实践活动中，人们是如何处理应对混凝土结构的徐变问题的？采用了哪些科学理论、技术手段和工程方法予以应对呢？以下就从科学规律、技术工具与工程措施三个层面做一简要梳理。

2）科学规律层面

关于徐变发展机理，自尤金·弗雷西奈、弗朗茨·迪辛格以来，通过数十年的研究，人们基本上廓清了其主要影响因素和发展机理。一般认为，徐变是由于水泥凝胶体的黏性流动、骨料表面和砂浆内部微裂缝发展所致，而瞬时变形主要是骨料和水泥砂浆弹性变形所致；徐变的主要影响因素包括混凝土的原材料和配合比、应力水准、加载龄期、构件理论厚度、环境温湿度、结构（构件）制作和养护条件等近 20 个。面对如此之多且包含高度不确定性的影响因素，一些发达国家及国际学术组织投入了大量人力财力进行了长期研究，研究成果主要体现在混凝土徐变理论模型构建和构件的徐变效应计算方法等方面。

在理论框架方面，提出了老化固结理论、弹性老化理论、塑性流动理论、继效流动理论、阻滞吸附水承载理论等 10 多种理论。在徐变计算方法方面，提出了老化系数法、有效模量法、调节龄期的有效模量法和有限元法等一系列计算方法，并形成了相应的徐变计算模式。所谓徐变计算模式，是指反映徐变系数随时间变化规律的数学函数式，混凝土结构徐变效应分析的准确性往往在很大程度上取决于徐变计算模式的选取。目前，国际上比较权威的徐变计算模式研究机构或个人主要有：国际结构混凝土协会（Fédération Internationale du Béton，FIB）、美国混凝土协会（American Concrete Institute，ACI）、美国学者 Z. P. Bazant、美国学者 N. J. Gardner 与 J. W. Zhao 等；国内外结构工程界比较认可的徐变模式有 CEB-FIP1978 模式、CEB-FIP1990 模式、FIB-MC2010 模式、ACI209R-08 模式、BP-2 模式、B3 模式、AASHTO 模式、GL2000 模式等 10 多种，这些模式所采用的理论框架、考虑的影响因素、给出的表达方式各不相同。现将这些不同徐变模式所考虑的影响因素罗列如表 3-5 所示，从中可以看出，各徐变模式所考虑的影响因素相去甚远，但普遍认可混凝土构件所处环境的相对湿度、原材料和配合比、构件形状及尺寸、加载龄期是几个最主要的影响因素。此外，应力水准超过 0.5 倍的混凝土强度还会发生非线性徐变现象，徐变长期效应估算会更加困难。

面对徐变计算模式这一棘手的科学问题，一些研究机构或个人还会根据最新研究成果与时俱进地更新其数学表达式和相关参数，形成了系列的徐变模式。但即便如此，研究成果仍不能令人满意。美国研究混凝土徐变的著名学者 Z. P. Bazant 曾对 800 多条、约 1 万个收缩徐变测试结果进行统计分析的结果表明：BP-2 模式的误差为 ±37%；CEB-FIP1978 模式的误差为 ±92%；ACI209-82 模式的误差为 ±77%。针对徐变影响因素不确定性因子的分析结果表明：B3 模式误差为 23%，CEB-FIP1990 模式误差为 35%，ACI209-92 模式的误差为 45%。此外，一些研究者还结合实际工程项目的监测数据对徐变预测结果的准确性进行了分析，结果表明，不同徐变模式的预测结果与监测结果差异在 6%～121%，离散性极大且这种差异随不同的材料和环境条件而明显不同。这说明，就目前人们对混凝土徐变规律的认知水平，不管依据哪种徐变模式，要去估算千差万别混凝土结构的徐变效应还是存在很大的困难，模拟结果存在显著的不确定性。严格来说，对于徐变及其衍生的效应，与其说是计算，不如说是估算或匡算更为恰当。

表 3-5　　不同徐变模式考虑的影响因素简况表

考虑因素		CEB-FIP1990	ACI209R-08	B3	GL2000	FIB-MC2010	AASHTO
内部因素	细骨料/粗骨料	×	√	×	×	×	×
	空气含量	×	√	×	×	×	×
	水泥含量	×	×	×	×	×	×
	水泥品种	√	×	√	√	√	×
	混凝土级配	×	√	×	×	×	×
	骨料/水泥重量	×	×	√	×	×	×
	坍落度	×	√	×	×	×	×
	水灰比	×	×	×	×	×	×
	构件形状及尺寸	√	√	√	√	√	√
外部因素	加载龄期	√	√	√	√	√	√
	干燥龄期	×	√	√	√	×	×
	加载时强度	×	×	×	×	×	×
	养护条件	√	√	√	×	×	×
	28d 强度	×	√	×	√	√	√
	弹性模量	√	√	√	√	×	×
	环境相对湿度	√	√	√	√	√	√
	环境温度	√	×	×	√	×	×

注：表中符号"√"表示考虑了该因素；符号"×"表示未考虑该因素。

3）技术工具层面

在有限元法及 CAE 软件尚未普及的 20 世纪 80 年代以前，徐变效应计算耗费了结构工程师的大量精力、但却常常与工程实际情况出入很大，即便是结构相对简单的预应力混凝土连续梁，要比较准确地计算其长期行为都非常困难。随着数值模拟方法的迭代及 CAE 软件的普及，计算科学及模拟手段的发展极大地方便了混凝土结构徐变效应的计算，并在计算方法、计算手段、计算软件方面取得了巨大的进展，使得徐变效应的估算变得越来越容易，但其可信度并未因 CAE 软件的高效而发生实质上的变化。以我国为例，公路桥梁规范采用修正的 CEB-FIP1990 模式，铁路桥梁规范采用修正的 CEB-FIP1978 模式，相关研究结果表明：计算结果与实测结果普遍偏差较大，多在 5%~56%，且不同计算软件得出的计算结果差异也很大，与国外研究者得出的结论基本一致。由此可以看出，技术方法发展、技术手段的迭代，并未从根本上解决徐变效应估算或匡算的难题。CAE 软件对徐变效应的模拟计算结果只能在设计中起重要的参考作用、而不能过分依赖，已经成为工程界的共识。

4）工程措施层面

针对混凝土徐变效应及其产生的影响，结构工程界在基于徐变影响因素、徐变机理、CAE 软件的计算结果的基础上，汲取总结工程经验教训，借助于系统、全面、严格的技术措施或工程管理措施，基本上能够将混凝土徐变效应控制在期望的范围内，解决了这一高度不确定性的、半经验-半理论的问题，较好地满足了预应力结构建设运营的要求。

在这方面，我国高速铁路桥梁无疑是一个典型的范例，通过严格控制混凝土材料构成及配合比、规范混凝土构件的养护条件、管控混凝土构件的应力水平、增大混凝土构件的加载龄期等综合工程措施，将混凝土徐变效应及其影响控制在一个狭小的、期望的范围内，满足了高速铁路运营对预应力混凝土桥梁的严苛要求。例如，近 10 多年来在我国高速铁路中应用最广、布设总长度超过 2.0 万 km 的 32 m 预应力混凝土简支箱梁中，采用预应力技术将跨中截面上下缘应力差控制在 3～4 MPa 以内，并辅以增大预制梁体存梁时间等措施，使梁体截面在使用过程中长期处于均匀受压状态、实现了将混凝土简支箱梁桥的徐变变形控制在 10 mm 以内的目标，很好地满足无砟轨道的运营要求。又如，对于高铁大跨径（100 m<L<300 m，L 为跨径）连续梁-拱、连续刚构-拱，在采取严格材料配比、合理调配工序、优化预加应力参数、严格保证混凝土应力不超过强度 0.4 倍等综合措施后，通常可以将竣工时的徐变变形控制在 $L/5000$（L 为跨径）及 20 mm 以内，竣工后徐变控制在 10 mm 以内。此外，基于现代控制论的施工监测控制方法和参数识别方法的发展，以及体外预应力技术、结构行为仿真分析方法、结构反应监测手段的成熟，也为大跨径预应力混凝土桥梁的应力调整、中长期变形控制提供了强大的工具，即便在徐变效应超出预期的情况下，桥梁工程师亦有事中调整或事后补救的手段和能力。

5）由混凝土徐变问题得出的基本认识

由混凝土徐变这一高度不确定性问题可见，混凝土结构的设计计算理论仍是一个半经验-半理论的领域，单纯依靠科学理论和技术方法来解决工程实际问题，很多时候会显得力不从心，效果也不见得理想。混凝土结构，特别是预应力混凝土结构的徐变效应估算既需要科学理论的支撑，也离不开技术工具的加持，还需要借助于工程措施、管理手段来综合施策。正是工程方法重视整体综合集成、重视过程管控、行业特色鲜明等特点，才将徐变理论、计算方法及其软件、工程措施和管理手段融合为一个相互依托相互支撑整体，使得全面系统、比较准确地掌握徐变对预应力混凝土结构长期行为的影响成为现实。

3.5　工程思维

思维是人类用语言或符号进行思考和表达某种观念的活动过程，是人脑的一种独特而复杂的精神活动。思维活动是宇宙最复杂最、奇妙的现象之一，也是人类最重要、最具特征性的能力。人的思维方式、思维特点都深受生活生产方式的影响，在不知不觉中形成了有别于其他人群的思维模式，这种差异既可能来源于地域，也可能来源于职业行业，还可能来源于个体独特的经历阅历，等等。思维反映了人们在生活生产实践活动中知识积累程度、经验阅历和认知水平等，直接决定了人们的行为原则、行动目标，以及实现目标的作业程序。从实践论认识论的层面来说，人的思维在思维内容、思维结构、思维形式、思维过程、思维情景等诸多方面都要受到生产生活方式的影响和制约，进而又对生产生活行动的方方面面产生至关重要的二次作用。

此外，思维与方法是紧密相关的。思维是方法的格尺，方法是思维具体操作化的结果；思维为"里"、方法是"表"；思维是方法的内在支撑，方法是实现目标的具体手段。思维反映在人们头脑中，表现在人们的行动中的各种规则，决定了人们为达到预定目标所采取的具体步骤和行动。在经受不同方法如科学方法、技术方法、工程方法或其他方法的长期熏陶之后，人们自然而然地会形成以某种方法为核心的思维方式，如科学思维、技术思维、工程思维或经验思维，并对其生产生活方式产生无处不在的影响。进一步来说，在同一思维模式下，可以有许多不同的实现方法。例如，为了优化一个结构体系，可以采用分析计算方法、模型试验方法、案例类比方法等，虽然有些方法属于通用方法、有些方法属于专用方法，但在生产实践活动中，思维过程可通过一定的模式来描述，而采用的方法却是很难统一的。换言之，既然存在科学方法、技术方法与工程方法，也就自然而然地存在科学思维、技术思维与工程思维。在本节中，作者将简要介绍科学思维、技术思维和工程思维的主要特点，厘清科学思维、技术思维和工程思维的联系与区别，进而对工程思维的培育进行比较系统的论述。

3.5.1　思维方式及其主要特点

思维方式就是指人们的大脑对信息进行加工、处理、思考的程序或方法，是按一定结构、方法和程序把思维诸要素结合起来的运行方式。思维与行动的相互作用机制，是认知科学领域最具挑战性的难题。遗憾的是，由于思维活动总是以结果的形式呈现出来，人们往往难以解构、再现思维过程，导致对思维方式方法的研究困难重重。正如爱因斯坦所说："结论几乎总是以完成的形式出现在读者面前，读者体验不到探索和发现的喜悦，感觉不到思想形成的生动过程，也很难达到清楚地理解全部情况。"近30年来，虽然许多学者都致力于思维活动、思维过程的研究剖析，也发展出认知科学这一新的研究领域，但由于思维的复杂性及作为认识主客观一体的特殊性，迄今为止进展极为有限，许多基础性、根本性的问题尚未廓清。

1. 思维的类型

一般来说，人们依据实践活动方式的不同划分相应的思维方式和思维类型，如依据科学研究、工程实践、技术开发等实践方式的对应关系，将思维划分为科学思维、工程思维、技术思维等不同的思维类型；或依据对生活生产活动直接感受提炼的规范化、模式化、科学化程度，将思维区分为经验思维或理性思维等等。虽然这种划分方式并不严谨，但却是一种比较实用的分类方式。目前，科学思维、技术思维、工程思维分别是科学哲学、技术哲学、工程哲学研究的中心命题，它们分别构成科学方法论、技术方法论和工程方法论的重要内容。

在生产实践中，科学思维和工程思维是两种最常用的思维方式，对于二者的异同，著名流体力学家西奥多·冯·卡门曾经一针见血地说过：科学家致力于发现已有的世界，工程师则致力于创造从未有过的世界（Scientists discover the world that exists, engineers create the world that never was），深刻揭示了两种思维的本质差异，即科学思维的核心在于"发现",而工程思维的核心在于"创造"。此外,对于技术思维,简单来说就是人们在进行技术研制、技术开发、技术创新、技术推广等活动过程中,通过接受、存贮并处理各种技术信息,并对技术客体进行加工提炼的一种认知活动的方式。换言之,技术思维是一种关于技术问题的提炼、升华、开发过程中的思维活动。

由此可见,如果将思维方式单一化,科学思维的"发现"、工程思维的"创造"和技术思维的"开发"的主要特征,概括地表达了三种不同类型的"思维与现实"的本质关系。具体来说,"发现"体现了思维与现实的"反映性"关系,"创造"体现了思维与未来现实的"建构性"关系,"开发"体现了思维与技术实现路径的"可能性"关系,这三种思维方式从本质上体现了科学求真、工程求用、技术求新的价值取向。对于这三种思维方式,比较典型的例子是:科学家发现了一种植物的生长机理,工程师建造了一座火力发电厂,发明家开发出一种新材料的制备工艺流程。然而,在实际思维过程中,"反映性""建构性"和"可能性"相互之间存在着错综复杂的关系,存在着相互支持、相互渗透、相互重叠、相互借鉴、相互促进、不可分离的互动关系,不仅异中有同,而且同中有异。

近现代以来,随着科学的快速发展与先行壮大,科学思维长期处于显性强势状态,成长为一个巨大的思维底座,对技术思维、工程思维等产生了普遍而深远的影响。工程思维、技术思维虽然是工程实践活动中常用思维方式,但长期以来处于一种"日用而不知"遮蔽状态。直到近 30 年来,借助于一些哲学家的挖掘梳理才得以逐渐去蔽,人们开始认识到科学思维、技术思维和工程思维是三种既有密切联系、又有一定差异的思维方式。然而,在科学研究、工程实践、技术开发过程中,人们还是会混淆三者的区别。表现在认识论上,就是区分不清科学思维与技术思维、工程思维的异同,常常以科学思维替代工程思维或技术思维;体现在技术开发活动中,单兵突进、忽视技术与工程差异的现象屡见不鲜,导致不少技术开发成果都因体系性不佳而被束之高阁;反映在工程实践活动中,循例依规、怯于创新占据了工程界主流,既导致平庸的工程设计大行其道,也导致名为创新、实为怪异的设计方案屡见不鲜;映射在工程教育上,忽视了科学家与工程师在培养机制和成长规律的差异,产生了工程教育科学化的问题;等等。

2. 科学思维

所谓科学思维,一般具有两种含义。一是指揭示研究对象的性质和结构、变化规律的思维方式。二是指正确思维、高效思维和具有可操作性的思维,实质上是指思维的科学性程度,是一种定性的评价方式。本书所述的科学思维取第一种含义。一般而言,科学研究不仅要发现某种新的事实,而且还要深入到事物的深层结构,揭示事物的内在规律性,并将这种认识表述为准确的概念和系统的理论。因此,科学思维的主要载体是概念和理论体系。概念是人们反映客观事物的属性和本质特征的思维单元,具有高度的概括性和抽象性,只有先抽象出概念,才有可能建立理论、揭示概念之间的关系。因此,概念是科学思维的基本素材,抽象是科学思维的基本内核,科学思维的目标就是揭示研究对象的性质、结构和功能,揭示事物之间的因果关系,揭示事物变化的规律性。

一般而言,科学思维的基本原则有以下三点。一是逻辑上非常严密,能够达到归纳和演绎的统一。二是方法上可采用辩证分析和综合归纳等多种思维方式，具有一定的灵活性。三是体系上要达成逻辑与历史的统一，不断迈向最客观、最准确、最全面的描述方式。因此，从本质上说，科学思维是"反映性思维"或"发现性思维"，以求真为目的，主要解决"是什么"和"为什么"的问题，关注重点是思维的正确性和逻辑的自洽性，在工具理性层面不断探究关于规律的最正确、最客观的描述。从实现过程看，科学思维是一个"假设—实验—验证—再假设……"逐步接近真理的探索过程，这就要求科学思维具有高度的抽象性、严格的逻辑性和不断接受辩驳的可验证性，呈现为一种超越时空的纯逻辑性思维，讲求理论的统一性、严密性与自洽性。另外，科学思维的目标及结果具有一定的相对不确定性，它是人们在好奇心、求知欲等精神动力驱使下的自由探索与发现活动，不一定会产生有价值的成果。

3. 技术思维

技术思维是以发明方法、革新手段、改造工具、优化工艺等为核心的实践性思维，是解决技术问题的一种特有的思维活动，思维结果是提出新的、可行的、创造性的技术方案或技术路线，以提升工程实践活动的效率效能，并为技术发明、工艺革新、工法改良等实践活动夯实基础。技术思维的主要内容是加工处理各种有关的技术信息，并将这些技术信息提炼为可以解决具体问题的技术方案。这些信息既包括各种技术元件或技术要素的功能规格、工艺方法、适用范围等，也包括其所依据的科学理论、技术原理，有些时候还会涉及与技术相关的经济、社会、文化等因素。从本质上看，技术思维以解决具体技术问题为目标，是一种典型的工具主义思维，借助于技术方案、实施流程、工艺步骤、工具装备、检验方法等实现载体，遵循实用逻辑，在求新、求妙、求巧、求精的工具理性驱动下的发明创造或技术改良活动，是一种与时间无关的工具性、手段性思维，主要解决"如何做、如何做得更好"等问题。

总体而言，技术思维的基本原则主要有四个。一是创新原则，即技术系统从原理到元技术都追求先进性，力求功能更强、效率更高、结构更完善，不断逼近科学理论与技术原理所规制的可能性边界，从而使技术能够为工程所选择嵌入。二是协调原则，主要包括技术目的与社会要求相协调、技术功能与相关技术相协调、技术原理与元技术相协调、元技术之间相协调等，以避免产生单兵突进、互不协调的现象。三是简单性原则，技术革新改良力求化繁为简、简单易行、可靠性高，以使技术的效率效能更加凸显。四是标准化原则，即尽可能将技术活动中涉及的工艺工序、操作流程、检验方法等技术元素标准化，以便通过规范化、标准化、系列化、规模化应用来提升效率效能，并竭力降低人为因素的影响。

从实现过程看，技术思维主要采用"分析—抽象—形象思维—综合"的方式，技术思维的一般过程是：需求分析—技术反思—技术原理—技术建构—技术系统—评估评价。通过对技术信息的反思与分析，从中抽象出技术手段、技术方法、技术路线等要素应遵循的逻辑，然后按照技术逻辑或技术原理的要求，运用形象思维方法探寻要素选择、组合、重构的方式，构造出符合技术逻辑要求、满足技术功能需求的技术结构与操作系统，或发明创造出新的工艺方法。技术思维必须遵循一定的技术规则，具有形象性与抽象性相结合的特点。从思维边界来看，技术思维介于科学思维与工程思维之间，虽然不必过多地考虑经济、社会等因素的影响或制约，但必须将与技术相关的道德、伦理、文化、历史等因素考虑在内，以确保技术思维成果与社会经济条件的兼容性。

4. 工程思维

工程思维是指以科学理论、技术原理、工程规则为基础，以工程方法、工程经验、技术手段、经济指标为支撑（约束）的思维过程及其结果。工程思维是在特定的工程观念指引下，介于工程本质与工程方法之间的过程性、思想性活动，思维对象是未然的、带有一定理想性的客体，思维趋向是面向应然的、即将生成的理想世界。工程思维是工程本质、工程方法落实落地的前提，体现了工程师的创造性、建构能力和主观能动性。换言之，工程思维是一种"运筹性思维"或"建构性思维"，具有知识内涵、价值特征和实践特性，具有一定的稳定性和传承性，反映了工程实践活动的内在规定性。工程思维既是工程实践活动的灵魂，也是工程实践活动最宝贵的财富，对工程实践活动的品质乃至成败有决定性的影响。

进一步来说，工程思维是工程观念导向下的建构性思维或造物思维，以追求效能（效益、效率、效力）并创造价值（经济价值、社会价值、生态价值、审美价值等）为目的，是工程师、工程管理者、工程决策者在工程实践中经常运用的一种思维方式，其核心是运用各种知识（包括自然科学、社会科学、人文科学、管理科学等）、工程经验、技术方法及管理措施解决工程实践的具体问题，并将思维结果贯穿、渗透、落实到工程实践活动的全过程中。工程思维关注的重点是现实行动逻辑，主要解决"为了什么、如何建构、如何集成"等基本问题。从本质上来看，工程思维以运筹性、集成性、构建性、实践性为根本特征，是一个以科学思维与技术思维为基础，包含着人文思维、艺术思维、社会思维，以及非逻辑思维（如直觉、体验、想象、顿悟等）的高阶筹划性思维。

3.5.2　工程思维的基本特点

从思维过程看，工程思维的核心是工程问题的"解构"及其"协调和集成"。所谓"解构"，就是将一个复杂的、具体的，甚至相互制约的工程问题通过庖丁解牛式的分解，细化为一系列技术或非技术的子问题，在此基础上逐一解决，并形成局部优化解或要素优化解。所谓"协调和集成"，就是将这些技术或非技术子问题的解决方案在一定约束条件下进行有机地整合、妥协、优化和集成，形成该工程问题的全局优化解，以实现工程实践活动的目标。进一步来说，工程思维是涵盖了科学思维与技术思维的某些方式、围绕工程实践活动的目标及当时当地的条件、进行思维融通与思维整合而形成的一种高阶综合性思维，是解决边界条件不清晰、目标复杂多变、包含各种矛盾冲突的具体工程问题的一种高阶思维。为达成这一思维目标，工程思维有些时候还需要借助于艺术思维的想象、直觉、顿悟等形式，以期形成对未来理想世界既有整体、又有关键细节的整体把握。

概括来说，工程思维的基本原则主要有以下六个。一是合规律性与合目的性相统一的原则，将工程的价值取向置于最高位置，将满足人的需求、适宜人并造福于人作为一切工程实践过程的出发点和落脚点。二是和谐性原则，强调工程与自然环境、工程与社会、工程与人类的和谐共生，强调可持续发展。三是安全性原则，将稳健性、可靠性落实在工程建造运营的方方面面，最大限度地降低工程建造运营过程中各种不确定性的影响。四是经济效益原则，即追求工程的经济效益，期望工程项目在效能效率方面能够取得突破或有所改进，以实现投入/产出的最大化，使有限的资源发挥更大的作用，取得良好的经济效益。五是现实性原则，即一切从工程项目的自然、社会、经济等条件出发，充分考虑工程项目的当时当地性，考虑工程项目的可实施性。六是最优化原则，通过技术手段和非技术手段，使工程项目的结构-功能-效率实现最优化，并将工程项目的负面效益降低至最小化。

然而，工程思维从古至今虽一直被工匠或工程师们运用，但却难以用语言准确表达、往往被人们忽视，长期隐匿在经验思维、科学思维、技术思维的背后，处于一种"日用而不知"的不自觉状态，难以被揭示出来。正如钱学森所言："工程师处理问题，别人看来不明白是怎么回事，譬如总工程师最后下了决心，大家就这么干。一干对了，究竟怎样对的？为什么要这样干？谁也不知道是怎么回事。……"这说明，工程思维蕴涵着科学性与创造性，是工程师们经常运用的思维方式，但却很难提炼出普适的思维准则或思维模式。另外，工程思维具备了"科学性、逻辑性、系统性、可验证性"等基本特征，但源于工程的建构性、系统性、创造性等本质特征，工程思维在这些基本特征之外，还具有实践认识的集成性与经验性、思维建构的创造性与艺术性、思维对象的一般性与特殊性、工程对策的可靠性与容错性等特点，简述如下。

1. 实践认识的集成性与经验性

由于工程是在特定的经济社会技术等现实条件约束下同体异质的技术要素、非技术要素（政治、资本、社会、管理、伦理等要素）的集成与整合的实践活动，这就决定了工程思维必须以因地因时制宜的集成性和运筹性为根本特点。与此同时，实际工程问题往往存在着需求目标不清晰、边界条件不明确、技术路线多样化、经济约束条件严苛等现象，不仅包含科学原理、技术方法，也包含经济指标、道德法律、历史艺术、文化传统的等因素，甚至还包括未发现的科学原理，因此，解决实际工程问题必须要借助于工程经验，必然要调动和使用科学思维、技术思维、艺术思维、社会思维等各种思维方式，全方位、多层次和多角度对思维对象进行运筹、建构和集成，以达到解决工程问题的目的。在集成和运筹的过程中，有些时候工程要素之间常常存在相互制约甚至相互矛盾的现象，因此工程思维必须摒弃局部最优或要素最优，在工程经验的统筹下，抓住主要矛盾或矛盾的主要方面、着眼全局优化，以期取得技术与非技术等各方面的平衡、达成工程目标。

此外，作为工程实践活动主要支撑的科学理论和技术方法，其发展常常滞后于工程实践的需求，导致在一些时候，工程师必须在科学理论和技术方法不完备的情况下，借助于已有的工程经验进行工程实践活动的探索和尝试，并在工程实践过程中提炼出相应的科学问题或技术问题，推动科学研究或技术开发向纵深发展。例如在预应力混凝土结构发展的早期，一些工程大师如尤金·弗雷西奈、弗朗茨·迪辛格、林同炎之所以兼顾科学研究与工程实践两个方面，兼具科学家和工程师的作用价值，其根本原因是他们在工程实践中遇到了以前结构理论尚未涉及到的一些问题如混凝土徐变对结构内力的影响，不得不自行研究。此外，不可否认的是，即便是一些成熟的科学理论和技术方法在经过高度概括浓缩之后，在工程应用过程中还会存在各种各样的症结，有时候存在着假设不兼容的情形，有时候存在着要素遗漏的局限，有时候存在着条件不适用的情况，等等。由此可见，科学理论和技术方法并不能全面、恰当地回答工程活动中的各类技术问题，甚至一些极端情况下甚至难以给工程实践活动指出努力的方向。因此，在这种情况下，往往需要借助于包括直觉、类比、推断、洞察力等在内的工程思维和经验思维，以弥补科学理论和技术方法的局限，解决实际工程的疑难问题。

2. 思维建构的创造性与艺术性

概括来说，工程思维的创造性能够不断提升工程师对工程实践活动的整体把握，并逐渐深化对工程系统观、工程社会观、工程生态观、工程伦理观和工程文化观等深层次问题的系统认识，促进工程创造能力的不断提升，从而驾驭纷繁芜杂的实际工程问题。一般而言，工程思维建构的创造性主要体现在以下三个方面。一是在工程建造运行过程中，在技术板块内必须遵循科学思维、技术思维的内在要求，不允许出现逻辑错误和逻辑混乱，达成逻辑自洽。在技术板块与非技术板块之间，常常不得不进行权衡协调、取舍决断，服从全局最优的超协调逻辑。这两种不同层面的逻辑关系的兼容、协调或妥协，常常需要创造性的工程思维，在头脑中完成待建人工物的思维构建。二是在工程项目实施之前，工程思维必须对工程项目的理念、规划、设计、实施、运行、管理、评估等方面进行全面的分析和把控，形成既有整体、又有细节、自成体系的周密谋划，在思维层面形成逻辑自洽、技术完备、实施程序严谨的构想，这无疑是在思维世界中实现了从无到有的创造性过程。三是在一些工程项目中，提炼出项目独有的、特殊的技术问题，并创造性地运用科学原理和技术方法，因时因地制宜地提出最适宜的实现方案，赋予该工程项目独特的"生命"，体现出工程项目的创新特征。上述三个方面，必然要求工程思维结合项目的具体情况，将同体异质的技术和非技术要素打破、揉碎、捏合并创造性地重构，以便抓住关键要素或主要矛盾，针对具体工程项目、灵活运用相应的工程方法和技术手段进行再创造。

工程思维具有一定的艺术特质是人类长期工程实践活动的结晶之一，具体表现为设计者的思维特质、想象力，以及对工程内在美的追求，这也是工程思维能够高屋建瓴地把握工程实践活动纷繁芜杂本质特征的关键之一。有些时候，为了更好地从整体上把握具体工程项目的创造性、社会性、系统性等特征，工程思维要对技术方法或工程策略进行再创造、对实现路径进行再优化，从而创造出先前在现实中不存在的人工物，甚至在人们的观念中不存在的人工物。在这个过程中，工程思维需要学习借鉴艺术思维某些方面的优势，如重视整体构思、发挥想象能力、勾画关键细部等，不仅非常必要，而且大有用武之地。另外，工程思维的艺术性在概念设计阶段显得特别重要，是工程设计大师与一般工程师的显著区别之一。但是，工程思维的艺术性往往难以用语言表达，需要长期工程实践活动的积累、体会和感悟，存在着"运用之妙存乎一心"的现象。例如，当代"结构艺术"流派的旗帜人物圣地亚哥·卡拉特拉瓦，其对力与结构形式、运动与结构形式等方面整体把握就达到了随心所欲的高度，浑然天成地展现出其设计作品的美学价值和人文内涵，而其效仿者的一些设计作品则让人觉得缺乏韵味灵气、缺失文化内涵。

3. 思维对象的一般性与特殊性

一方面，工程思维在科学理论、技术方法指引下长期工程实践经验的总结提炼，因而具有明显的经验性和传承性，其中一部分可以提炼、升华、总结，形成普遍适用于某一工程领域的工程知识、工程规则或工程规范，某种程度上揭示了其背后所蕴藏的科学理论和技术方法。此外，在很多情况下，客观世界所存在一些的未确知性和不确定性，导致人们所总结提炼出的科学规律、技术原理、技术方法不可避免地具有不完备性。这些客观存在的认知局限，如果机械地照搬有时候会使工程实践活动走入歧路。例如，以往依据工程经验对高层建筑结构的高宽比、铁路桥梁的宽跨比做出的限制（高层建筑结构的高宽比不大于 7，铁路桥梁的宽跨比不小于 1/20），这些限值一定程度上反映了结构的静力性能、动力性能与结构主要设计参数的内在联系，在概念设计阶段有很强的参考价值，但毋庸置疑，高层建筑结构的高宽比及铁路桥梁的宽跨比是一个内涵比较笼统、外延不甚明了的参数，是以往工程经验的高度概括，在工程实践中并非不可突破。因此，某些工程知识所揭示的现象是一般的、普适的，按此进行思考所产生的结果也只具有一般性，对某些具体工程项目的指导意义往往比较有限。

另一方面，工程师面对具体项目时，对象是独一无二的，所面临的自然环境条件是千变万化的、社会经济技术约束条件是千差万别的，导致具体工程项目在某些方面存在其自身的特殊性，而这个特殊性性恰恰又可能是该工程项目的控制因素。因此，工程实践活动必然要求工程师结合项目具体特殊情况，在遵循一般性科学理论、技术方法、工程规则的情况下，发挥工程思维的创造性和艺术性，妥善处理好共性与个性的矛盾冲突，必要时突破现有工程原则、技术规范的束缚，因地因时制宜地进行谋划、构思、设计和建造，创建出最适合当时当地的工程项目，并在适当时候将这些特殊情况下的创造性思维结果进行提炼升华，形成新的工程知识或工程规则。

4. 工程对策的可靠性与容错性

在工程实践活动中，由于主观认知不可避免地存在着一些认识盲区或认识局限，客观因素也存在着一定程度的不确定性和未确知性，这就导致工程实践活动必然蕴藏着一定的风险性，存在着失败的可能性。对此，一些工程评论学者如美国工程评论学者亨利·彼得罗斯基（Henry Petroski）对此曾不无极端地说过：某种程度上也应允许工程失败，以便于工程界深刻理解把握某些工程规则。但是，不同于科学研究或技术开发，社会各界普遍难以接受工程实践活动失败或存在重大隐患。为了防范工程实践活动失败、防控工程缺陷或重大隐患的产生，必然要求工程思维结合具体情况，着眼于风险因素排查、安全机理研究、避险对策探索，从而提高工程技术对策的可靠性，增强工程项目的灾害耐受能力，并将其贯穿于概念设计、方案设计、施工建造、运行管理、维护检修的全生命周期中，以提高工程建造和运行的可靠性，并在可靠性与经济性的矛盾中取得适当的平衡。这一普遍性的社会要求，必然促使工程思维在可靠性、稳健性和容错性等方面不断提升应对风险的能力。

此外，风险是工程的固有属性，工程思维必须要积极面对风险，正确应对工程的不确定性和未确知性。具体来说，就是在工程设计阶段平衡经济性与安全性的同时，通过系统全面的技术手段，来增强工程技术对策的容错性、增大工程的冗余度、提高工程设施的可检查可维护可更换性，将未知但可能存在的工程缺陷、工程隐患产生的影响最小化，确保工程设施即便在出现某些错误的情况下仍能够继续有效运行，避免次生错误的扩大，或由此演化、产生比较严重的二次灾害。相关研究表明：在建造阶段提升工程结构的冗余度，往往只需要增加2%～3%的工程造价，但却可以成倍地增强极端条件下的工程安全度。此外，在采取技术对策的同时，还要借助于工程管理手段，以工程建设、运行、维护、检验与管养规章制度为载体，夯实各方责任，将人为错误、人为工程事故消解在萌芽状态。

案例3-7 工程思维的样式剖析——结构工程实践活动中几种典型思维方式的探讨

结构工程学科的学科基础是力学、材料科学等基础科学，其思维方式属典型工程思维，基于科学思维而又与科学思维存在较大差异，与技术思维联系比较紧密但又异于技术思维，思维方式比较丰富多样，常常因问题而异。结构工程学科常用的思维方式主要包括抽象思维（也称为简化思维）、类比思维、发散思维、逆向思维及组合/融合思维等。其中，简化思维是从具象到抽象，是结构工程中最重要的思维方式；类比思维与发散思维则可以借助于他山之石，为结构工程疑难问题的解决提供新途径；逆向思维往往会令原本陷入迷局的思维豁然开朗，步入创新的新天地；组合/融合思维则可以将原本不相干的元素相互渗透、相互融合，实现新的功能。以下结合结构工程的一些具体技术问题，对几种典型思维方式的特点及应用方式进行简要介绍。

1）简化思维——从具象到抽象

事物都是具体的，认识对象总是作为一个具体的整体出现在人们面前，人们对它的认识是感性的、具体的、多面的，通过对感性认识由表及里、由粗到精的分析，抽象出其固有的内在规定性或必然的规律性，并从中提炼出其与其他认知对象本质上的差异，这便是由具体现象升华为抽象规定，由感性认识上升到理性认识。理性认识是内在的、深刻的，是在思维空间中对客观事物的内在因素、固有特性的认识升华，但这些内在规定性是感官不能直接感知的，需要通过抽象思维与理论分析才能获得。所谓抽象思维，本质上是一个简化的过程，就是在特定条件下把复杂的事物简单化、但又不失去事物本质特征的提炼升华过程。抽象思维或简化思维有如下三个基本特点：一是要掌握事物主要规律，并将其作为简化的主要线索，以使抽象结果能够为提炼规律来服务；二是要把握事物的主要因素，简化或忽略次要因素，保证简化后抽象认知与主要因素相对应；三是要对次要因素的相对影响进行评估，明确简化方法或提炼出规律的适用性及局限性。

　　在工程实践活动中，由于结构工程涉及的因素较多、应用场景各异、外在表现形式千差万别，在面对纷繁芜杂的结构工程问题时，抽象思维或简化思维就显得特别重要。抽象思维是一般工程师与卓越工程师最主要的区别之一，直接关系到概念设计的品质与工程设计效率。例如，各种结构形式的优劣、适应范围、主要参数对其力学行为及受力机理的影响等内在规律，常常需要借助于简化思维进行整体上的把控，以达到揭示结构形式的本质特征、专业知识概念化的目的。对此，德国建筑师海诺·恩格尔依据结构承担外部荷载机制机理的差异，根据力流的组织机制和传递路径，将千变万化的结构体系划分截面作用结构体系、形态作用结构体系、向量作用结构体系、面作用结构体系、高度作用结构体系等五种，就是一种把握结构受力规律、忽略次要因素的简化方法，不仅揭示了结构体系传力机理的本质，而且为功能不同、形态各异的结构形式提供了一个切中要害的比较格尺。为进一步说明阐明抽象思维的应用方式，以下借用两个结构工程的小例子予以简要说明。

　　第一个例子是对高层建筑结构本质的认知简化。20 世纪 50 年代之前，人们对高层建筑结构的认识还停留在竖向构件、水平构件及其组合方式上，并逐渐开发出外框-内筒、剪力墙等抗侧力结构体系，但是，随着高层建筑结构层数的增大、构件种类和数量的增多，这种"胡子眉毛一把抓"认知方式导致结构工程师很难恰当地把握数量众多构件的主要设计参数，以及构件之间的合理匹配关系，导致一些工程设计成果存在着受力不够合理、材料用量较大、经济指标偏差等问题。20 世纪 60 年代，高层建筑结构的一代宗师法兹勒·汗在设计芝加哥约翰·汉考克中心时，化繁为简，将高层建筑结构简化为一个巨大的、中空的、固结于地基基础的竖向悬臂梁，指出了高效抵御水平荷载是高层建筑结构设计的关键，并由此创造出对角支撑的桁架筒体结构体系，将钢框梁柱、X 斜撑、水平系杆和裙梁组合在一起，构成了一个刚性巨大的桁架筒体，在显著增大结构侧向刚度的同时，提高了结构材料的利用效率，大幅降低了材料用量，引领了高层建筑结构发展的潮流。正是法兹勒·汗将构件数量众多的高层建筑结构视为竖向悬臂梁的简化思维，才能够借助于经典材料力学梁的计算理论，将主要受力构件布置在建筑的四周，形成了桁架筒体来承受水平荷载。此后，受这一简化认知模式的启迪，高层建筑结构体系得以不断创新优化，并对筒体结构"剪力滞后"效应比较突出等不足予以设法克服，发展出了筒中筒、束筒、巨型框架等新的高层建筑结构形式。

　　第二个例子是简化思维在结构内力效应估算过程中的应用。在重庆石板坡长江大桥复线桥概念设计中，出于通航需求及新旧两幅桥跨径布置的协调，须采用 330 m 的主跨，对于这一创纪录的跨径，邓文中等人构思出"混凝土箱梁＋钢箱梁"的连续刚构桥方案，即在跨中 110 m 范围内采用钢箱梁、其他部分仍采用预应力混凝土箱梁的混合结构方案。对于这一创纪录的钢-混凝土混合梁的连续刚构桥在受力上是否可行，邓文中采用简化思维，给出了简单而令人信服的论证方式。其结构受力行为估算要点如下：①忽略次要因素，抓住主要因素，考虑到跨径 300 m 以上的混凝土梁桥，恒载产生的荷载效应占比通常在 90%以上，估算时不考虑活载效应，同样的理由，该桥地处重庆，地震作用、风荷载作用也不控制设计，估算时亦不必考虑；②化繁为简，抓住主要控制要素，鉴于连续刚构桥的控制因素是支点截面的负弯矩效应，在估算时，不考虑截面高度变化，将连续刚构桥的主跨梁体简化为两端固结的等截面梁来估算固端弯矩（图 3-7），得出固端弯矩为 $4369q_1 + 4706q_2$（q_1、q_2 分别为钢箱梁、混凝土箱梁的恒载集度），然后假设钢箱梁的荷载集度为混凝土箱梁的 30%，即 $q_2 = 3.33q_1$，则可得出固端弯矩为 $20\,040q_1$，如取跨中钢箱梁的荷载集度为 150 kN/m，则可得出固端弯矩大约为 3×10^9 N·m；③类比得出结论，在采用同一运营荷载、设计规范体系的情况下，国内已建成的、主跨 270 m 虎门大桥副航道桥的恒载作用下中支点弯矩约为 4×10^9 N·m，当时运行已超过 10 年，构思方案支点截面负弯矩的量值小于虎门大桥副航道桥，说明其在受力上没有问题，在设计上没有原则困难，构思的"混凝土箱梁＋钢箱梁"的连续刚构桥方案是合理可行的。在这个案例中，正是抓住了问题的本质、忽略了次要因素，邓文中才能将墩梁联合作用行为比较显著、截面变化复杂的大跨径连续刚构桥简化为常见等截面固端梁，但又未失去其受力特性的本质，采用常见的结构力学方法就得出了大致正确的结论。而该桥主跨 330 m 最终采用的结构方案为：111 m（混凝土箱梁）＋108 m（钢箱梁）＋111 m（混凝土箱梁），中间钢箱梁段总重约 1400 t，一期恒载集度 127 kN/m（加上二期恒载后，与估算时荷载集度 150 kN/m 则非常接近），与估算时采用的钢、混凝土节段长度及荷载集度假定十分接近。

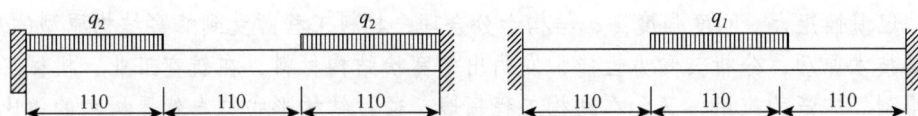

图 3-7　重庆石板坡长江大桥复线连续刚构桥支点截面弯矩估算图式（单位：m）

2）类比思维——借鉴不同领域的技术方法

所谓类比思维，就是根据两类对象或两个对象在某些属性上的相同或相似之处，并在已知一类（个）对象具有某种属性的情况下，推断出另一类（个）对象也具有某种属性，这种属性可以是技术性的或功能性的，也可以是内涵性的或规律性的。类比思维是科学发现、技术发明的重要工具。但是，与科学思维演绎得出的结论是必然的不同，类比思维所得出的结论是或然的，因而在使用时需要加以注意甄别，必要时还要通过实践检验所得出的结论是否符合实际。类比思维有如下三个特点：一是类比的相似程度越高，结论的可靠性越高、价值越大；二是类比思维可以跨领域、跨学科、跨时空，不受思维对象的限制；三是类比思维是帮助人们理解把握新生事物最简单、最形象的方式，因而也是工程思维最常用的方式，还是工程界向社会大众宣讲工程价值及其文化内涵最有效、最常用的方式。在结构工程的实践中，常常用到类比思维方式，比较常见的有以下三类：一是相近工程领域的技术借鉴，二是仿生学，三是结构力与美的展示方式。现结合相关案例简要说明如下。

对于相近工程领域技术方案、技术路线的借鉴，在大跨建筑结构中表现尤为明显。20 世纪 50 年代以来，诸多大跨建筑结构的屋面结构都借鉴了悬索桥、斜拉桥、拱桥的结构形式，并根据建筑功能和空间布置方式等因素对索塔锚固方式、缆索布置方式、拱的形态进行了改进，形成了半刚性屋面结构、刚性屋面结构等新的结构体系。例如 1963 年建成的东京奥运会代代木国立综合体育馆的游泳馆借鉴悬索桥的构造方式，就采用了主辅索体系及悬挂式屋面，使得屋面结构的纵向跨径达到了 126 m，横向最大跨径达 120 m（参见案例 2-4）。又如 1988 年建成的北京英东游泳馆借鉴了斜拉桥的结构形式，采用 4 根斜拉索以及与其匹配的混凝土索塔来支承面积覆盖 4 个标准游泳池的屋面。美中不足的是，北京英东游泳馆是利用强健的混凝土索塔来抵抗斜拉索的水平分力，如果设计时能够将索塔向外适当倾斜并轻型化，不仅可以更高效地平衡斜拉索的水平分力，且其艺术表现力还会再上层楼。

仿生学就是在工程上模仿、有效借鉴生物功能并实现特定目标的一门学科。仿生学发轫于 20 世纪 60 年代，现已成为各个工程领域常用的一种方法。从哲学层面来看，自然界经过几十亿年的演变进化，呈现出纷繁复杂的多样性与协调性，存在着人类尚未完全认识到的、严谨而深刻的系统规则，人们可以根据生物体的结构与功能的原理，发明出一系列新材料、新装备、新结构和新工具，在某些情况下可以取得令人惊奇的效果。例如，蜘蛛网是最先进、最科学、最合理的悬索结构，在结构、功能和材料应用等方面展现出了令人惊叹的先进性，还具有感知、捕获和清洁的功能。科学家们通过研究蜘蛛网的构造，提出了静电吸附俘获技术，开发出人造蛛丝等功能性材料，并在诸多领域显现出广阔的应用前景。再以蜂窝状材料开发为例，蜜蜂的蜂窝是正六角形结构，截面面积小，但惯性矩大、刚度强度高，结构十分合理，材料工程师受到蜂窝结构原型的启发，探索其技术原理，分析其受力性能，发明出蜂窝状结构材料，在航空工业、机械工业工程中得到了广泛的应用。又如在结构工程领域，通过结构形式与自然界树木的类比，结构工程师发明了树状结构。树木是自然界常见的植物，树干树枝的末端比较细、承受的风力也小，越接近树干树基，树枝直径越粗，体现了内力从远到近传递且增大的力学原理，树的结构非常合理且节约材料，于是结构工程师利用类比方法设计出树状的钢结构，用于大跨建筑结构的竖向构件，取得了轻盈通透、节省材料的效果，伦敦希思罗机场 5# 航站楼、里斯本东方火车站、上海浦东国际机场 T2 航站楼就是树状结构的一些典型应用案例。

对于结构力与美的展示方式，结构设计大师圣地亚哥·卡拉特拉瓦无疑是最善于借助于类比思维进行工程创新实践的代表性人物。卡拉特拉瓦基于对"美源于运动、美源于力度、美源于自然"理念的深刻把握，通过对运动爆发瞬间稳定与不稳定的精妙平衡，将结构的创造性与艺术性高度统一起来，不但预示了结构形态的无限可能性，而且拓展了现代建筑技术的疆界（参见案例 1-8）。卡拉特拉瓦之所以能够将自然界及人体运动瞬间的美与力引入到结构设计中，正是认识到地球上的任何物体都是通过对抗自身的重力而存在，具有内在的相同之处，因此可以借助于类比思维予以移植、改造、再创作。另外，卡拉特拉瓦设计作品中的眼睑的开合、运动的稳定性、力度的平衡与结构形态在某种意义上具有内在同一性，既是人们最为常见、最易为社会大众所接受的外观形态，也是寓意最为丰富、内涵十分广泛的结构语言。

3）发散思维——拓展工程知识的疆界

发散思维又称扩散思维或放射思维，一般是指大脑在思维时呈现出一种扩散状态。它表现为思维视野广阔，思维呈现出多维发散状，能够发挥出与众不同的想象力，使思维结果以与众不同的方式呈现出来，具体表现为思维沿着许多不同的方向扩展，产生多种可能的方案，使工程方案或技术路线能够突破常规、取得出人意料而又符合技术逻辑的效果。发散思维具有流畅性、变通性和独特性，是创造力的主要标志之一。发散性思维常常立足于某一个点或某一个侧面，然后通过丰富的联想、大胆的构思、发散的想象，探讨这个"点"或"面"拓展的可能性与可行性，因而其具体表现形式非常多样化，在工程实践活动中常见的主要有以下几种：①材料发散法，以某个物品功能材料为发散点，设想它的多种用途或应用方式；②功能发散法，从某个事物的某项功能出发，构想出获得该功能的各种可能性和实现路径；③结构发散法，以某个事物的内在结构为发散点，设想出利用该结构的各种可能性及其价值意义；④形态发散法，以事物的某种形态为发散点，设想出利用该形态的各种可能性及应用场景；⑤方法发散法，以某种方法为发散点，设想出利用方法的各种可能性及其优越性；⑥因果发散法，以某个事物发展的结果为发散点，推测出造成该结果的各种原因，或者由原因推测出可能的各种结果。需要指出的是，对于工程实践活动，发散思维虽然可能会令人耳目一新，但如果没有经过后期扎实的推演、严格的论证和系统的检验验证，思维结果只能是一些天马行空的创意，往往止步于头脑中、停留在纸面上，并不见得有实际价值。

在结构工程实践中，受工程风险性、稳健性、实践性等内在本质的制约，发散思维应用并不算多，但往往能够让人们突破原有的工程认知，创造出新的工程知识或新的工程结构，现列举两个小例子予以说明。例如，在人们的认知中，结构是稳定的、不动的，结构工程师的首要职责就是防止结构演变为机构、发生倒塌现象，但是，英国纽卡斯尔盖茨黑德千禧桥（Gateshead Millennium Bridge）采用竖向整体旋转的开启方式，将结构与机构融为一体，将桥梁工程与机械工程、控制工程结合在一起，创新了桥梁的开启方式，刷新了人们对结构的传统认知（参见案例 3-11）。又如在桥梁工程师所学的专业知识、所习得的工程经验中，桩基应与承台固结，使其满足传力及构造要求，但是，在希腊里翁-安蒂里翁大桥的建设中，为适应高达 2 m 的断层滑移、隔离桩基传来的地震力，雅克·孔布（Jacques Combault）[1]、米歇尔·维洛热（Michel Virlogeux）[2]等桥梁设计大师创造性地采用基底隔震技术，把大型沉箱基础直接放置在砂砾层上，基础与桩基及砂砾层之间不连接，在罕遇地震下允许基础与地基之间产生三维位移（沉箱会发生微小滑动、桥墩会发生轻微的旋转，但不会对上部结构产生过大的不利影响，因为柔性主梁及斜拉索具有一定的复位能力，并可以通过重新调整斜拉索索力，使结构恢复到可接受的几何状态），从而创造出加筋土隔震基础、起到隔震作用，有效消减了传递至上部结构的地震作用，较好地解决了主塔基础变形的释放与控制矛盾（具体可参见案例 5-3）。

---

① 雅克·孔布（Jacques Combault），1943 年至今，享誉全球的法国桥梁设计与建造大师，曾任 IABSE 主席，长期在巴黎高科路桥学院担任教职，发明了波形钢腹板组合梁桥、加筋土隔震基础，主持设计了希腊里翁-安蒂里翁大桥等多座著名桥梁，作为施工方总工程师建造了法国诺曼底桥、英国塞文二桥等多座著名桥梁。

② 米歇尔·维洛热（Michel Virlogeux），1946 年至今，享誉全球的法国桥梁设计大师，在混凝土斜拉桥、组合梁桥等方面具有开创性贡献，主持设计了法国诺曼底桥、米约高架桥等多座世界著名桥梁，承担了葡萄牙瓦斯科·达·伽马大桥、希腊里翁-安蒂里翁大桥、土耳其博斯普鲁斯海峡Ⅲ桥等多座桥梁审核咨询工作。

4）逆向思维——从统一到对立、发现新的规律性

逆向思维也被称为反向思维或求异思维，是一种沿着与常规逻辑和既有观点相反的方向思考问题的方法。在客观世界里，由于对立统一规律是普遍适用的，而对立统一的形式又是多种多样的，如果能从相反方向思考，就有可能突破常规思维的壁垒，产生令人意想不到的效果。逆向思维是对传统、惯例、常识的反动，是对常规的挑战，它能够克服思维定势，破除由已成定论的原理、经验和习惯所造成的认识路径的僵化，发现事物之间存在的一些不为人知的联系。常用逆向思维的主要方式有以下四种：①就事物依存的条件逆向思考；②就事物发展的过程逆向思考；③就事物的位置逆向思考；④就事物的结果逆向思考。逆向思维往往具有新颖性和批判性，适用于各个领域和各种研究和工程实践活动，对于某些问题，如果从结果、过程、依存条件等因素倒过来思考，或许会使问题简单化。

在结构工程实践活动中，逆向思维特别是基于以往工程实践活动结果的逆向思维具有普遍的方法论价值，现以桥梁设计大师尤金·弗雷西奈如何萌生出预应力混凝土结构的通用思想为例予以说明。在1910～1930年，弗雷西奈设计建造了一批钢筋混凝土拱桥，为了解决钢筋混凝土拱桥拱顶因徐变下挠过大的难题，他尝试在拱顶预先埋置液压千斤顶、根据监测结果调整拱顶标高和拱圈应力，这一工程措施取得了极大的成功，有效消除了因混凝土徐变产生的拱顶下挠，说明采用预压力来抵消混凝土徐变效应是可行的。由此，弗雷西奈从结果出发，采用逆向思维、孕育出预应力思想的胚芽：如果在钢筋混凝土梁中主动地施加水平压力，也可以改善混凝土应力、延缓混凝土开裂、抵消徐变影响，进而改善钢筋混凝土梁的受力性能。于是，弗雷西奈从1930年起致力于混凝土收缩徐变特性、高强度钢筋力学性能、预应力锚具及张拉千斤顶等装备的深入研究与系统开发，并逐步形成了通用的预应力思想，开发出预应力混凝土梁桥的新形式。

5）组合/融合思维——整合相关要素、实现新的功能

组合/融合思维方式是将两个看似不相干的事物进行组合，使"组合体具有单个事物所不具备的新特质"，实现新的功能或新的用途。组合思维方式非常丰富多样，可以是同类组合、异类组合、重组组合或共享补代等，视功能需求而异。组合思维的关键有两点：一是要根据事物的发展方向、功能用途或市场需求，厘清通过组合/融合要解决什么问题；二是要有广博的知识、丰富的实践经验、深刻的洞察力，能够把平常积累的信息、知识、方法、经验、判断等碎片化的认知揉碎、捏和后重塑，让思维触角向四周延伸、引发"共振"，从而使原本互不相干的元素相互渗透、相互融会，从而实现某种新的功能或新的用途。在如今的互联网时代，组合思维更是无处不在，大显神通的"互联网＋"正在迅速改变人们的生活生产方式，如共享单车就是"通信工具＋移动支付＋自行车"，结构工程智能建造就是"结构工程＋工厂化生产＋物联网"，等等，这方面的案例很多，这里就不再列举了。

6）结语

由上述论述可见，结构工程实践活动所需的工程思维非常复杂多变，以上就几种典型工程思维方式的特点、模式和应用例子进行了简要介绍，虽然着笔不少，但仍属挂一漏万。需要指出的是，没有普适的工程思维方式，也不存在非此即彼的排它现象，例如前文所述的重庆石板坡长江大桥复线桥方案构思的例子中，邓文中就交替使用了简化思维与类比思维。工程思维的关键是要抓住工程问题的主要矛盾或矛盾的主要方面，灵活运用各种工程思维方式，直抵工程问题的核心，鞭辟入里地抓住要害，正所谓"运用之妙存乎一心"。但遗憾的是，这个"存乎一心"并不能一蹴而就，需要长期积淀、体会和领悟，这也许是工程大师与一般工程师的区别之一。

3.5.3　工程思维、科学思维和技术思维的联系与区别

科学思维、技术思维与工程思维是三种具有紧密联系的、不可分割的、具有内在关联性的思维，它们同属于人类经过长期实践积累的、以认识世界和改造世界为目的的思维方式，适应于不同的实践领域——科学研究、技术开发、工程实践，并各自发挥着其独特的作用。因此，我们既不能忽视它们之间的相互联系，把它们视为毫无瓜葛、彼此独立、互不相关的思维方式，也不能无视它们的区别，把它们混为一谈，甚至相互替代或彼此僭越，而应当全面正确地看待科学思维、技术思维和工程思维之间的联系与区别。

1. 工程思维、科学思维、技术思维的联系

工程思维与科学思维、技术思维的共同点主要有以下三点。一是都具有科学性，都必须符合客观规律，都是以认识世界和改造世界为目的的思维方式，科学思维是技术思维与工程思维的底色和基础。二是都讲求逻辑性，科学思维是一种超越时空的纯逻辑性思维，在工具理性层面不断探究关于规律的最正确、最客观描述；技术思维必须按照技术逻辑或技术原理的要求，以构造出符合技术逻辑要求、满足技术需求的技术结构或操作系统为目标；工程思维在技术板块内也必须在逻辑上自洽，具备科学思维的基本特征。三是都具有可验证性，无论是科学思维、还是技术思维或工程思维，思维结果的正确与否、合理程度如何，都需要依据理论推论、科学实验、技术检验、工程实践等各种手段来进行检验验证，从而去伪存真、去粗存精，使认识世界、改造世界的思维结果更加符合客观情况。

工程思维与科学思维、技术思维存在着密切的相互作用、相互影响、相互促进的复杂互动关系，三种思维的联系可以简要地概括为三点。一是科学思维是技术思维和工程思维的基础和前提，无论是技术思维还是工程思维都必须遵循事物因果联系与客观规律。二是技术思维是科学思维和工程思维之间的"桥梁"，为工程思维提供了方法指导和操作手段，支撑了工程思维的运筹性、系统性和建构性等本质，设置了工程思维的路径与可能性边界，避免了工程思维沦为不具备可能性的主观想象。三是工程思维是建立在科学思维与技术思维基础上的、融合艺术思维和社会思维的一种高阶思维，是一种技术可行性与经济社会性并重的"运筹性"或"建构性"思维。

2. 工程思维、科学思维、技术思维的区别

虽然工程思维与科学思维、技术思维存在着密不可分的联系，但从思维内容、思维路径、思维逻辑结构、思维成果形式、思维要素原则等方面来看，科学思维、技术思维

与工程思维的存在明显差异，显现出各自独有的特征，其差异主要体现在以下四个方面。

一是表现在导向上，科学思维是真理定向思维，技术思维是先进性导向思维，工程思维是价值定向思维。科学思维只需回答"是不是？对不对？"，对于回答之后的一些价值性问题如应用前景、现实意义则无需涉及。技术思维是先进性导向思维，主要回答"如何做？如何做得更好？"，面向操作性与实现性，追求实用、可行、高效、精巧的方法与手段，工具理性占据主导地位，其评价标准是以高效、新颖、巧妙为核心的技术指标，对于技术的适应性、适用性、经济性、社会性及其负面影响等问题考虑得较少。工程思维是价值定向的思维，在回答"对不对？行不行？"的基础上，还要回答"为了什么？好不好？合适不合适？"等问题，面向包括求真维、求善维、臻美维等多元向度价值，依据多元多维价值统一的综合评价体系，价值理性比较突出，这就导致工程思维蕴含着比较明显的时代性和地域性，思维结果也具有较强的主观性和模糊性。

二是反映在对象上，科学思维是普遍性思维，技术思维是要素性思维，工程思维是特殊性思维。科学思维超越了具体对象的时间和空间限制，只需针对普遍的、一般的对象，对思维对象进行了高度的简化和抽象，所得出的结论具有普遍性，不受时空的制约。技术思维是要素性思维，常常以"攻其一点、不及其余"作为突破技术壁垒的指导思想，无需过多考虑工程的系统性、建构性、社会性等本质属性，以技术要素的突破为主要目标。工程思维则必须与具体的时间空间联系起来，针对唯一对象，具有突出的"当时当地性"，是一种特殊性、个性化思维，有时候甚至会带有明显的时代印记或个人风格。

三是体现在方式上，科学思维是一种还原思维，技术思维是一种分解思维，工程思维是一种集成思维。科学思维讲究分门别类、提出问题、大胆假设、严格分析、层层论证、逐一还原，在理想化条件下追根溯源、揭示机理、发现规律，答案是唯一的、放之四海而皆准的。技术思维在遵循技术原理的同时，具有浓郁的分解特征，讲究技术系统功能（性能）指标的分解还原，通过技术参数的优化、技术元件的功能强化、技术要素性能的提升，实现预定的技术目标，评价尺度是单一的、具体的、量化的。工程思维是一种集成思维、系统思维、建构思维，重点关注工程目标的可达成性、要素的可集成性、方法的可操作性、过程的可控制性、结果的可检验性，评价尺度是多元的、模糊的，答案也是因地因时因人而异的，有些时候甚至需要放在历史尺度下才可能得出比较客观的评价。

四是反映在精度上，科学思维是一种精确性思维，技术思维是一种精细化思维，工程思维是一种容错性思维。科学思维关注问题的核心本质而舍弃了无关宏旨的部分，不仅科学理论、科学定律本身是严谨自洽的，且其结果也是严丝合缝的，不存在半点理论误差。同样地，基于科学理论、技术原理、技术规则的技术思维虽然可以包容一定的误差，但其本质是一种精细化的思维，秉承求精求巧的原则，能够将科学理论、技术方法转化为严谨细致的规范标准、工艺流程、检验方法、工具装置等，注重的是程序的严谨性、方法的可操作性、流程的精细化以及结果的准确性，并以此来保障技术的先进性、稳定性与成熟度。工程思维是一种容错性思维，可以接纳、处理、分析诸多主客观的不确定性和未确知性，可以基于不系统的科学理论、不完善的技术方法、不完备的工程知识、不健全的工程经验，来提炼规则、制订方法、编制规范并指导工程实践活动，也可以应对、化解工程实施运行过程中的各种偏差乃至人为错误，并以此来化解工程风险、保障工程的稳健性。

案例 3-8　工程思维与技术思维融合的样板——德国法兰克福银行大厦结构设计方案剖析

1）大厦概况

德国法兰克福银行大厦（Commerzbank Tower Frankfurt）坐落在美因河畔法兰克福金融区，是一个高 259 m、56 层的巨型框架结构。直到今天，法兰克福银行大厦仍然是德国最高的建筑，该大厦建筑面积总为 120 400 m²，其中塔楼面积 85 700 m²，结构总用钢量约 18 700 t，折合每平方米建筑面积用钢量约 160 kg，造价约为 4.14 亿美元。法兰克福银行大厦在建筑设计上、结构设计上采用了一系列技术措施，大幅度降低了结构自重及建筑能耗：结构总重量仅为 10 万 t，折合每平方米楼面面积自重仅 0.8 t，约为当地同等高层建筑结构的 2/3；在室内环境设计上落实了节能低碳原则，采取了一系列节能措施，使大厦每平方米能耗水平降低至 185 kW·h/（m²·a），约为德国同类公共建筑的 4/5、我国同类公共建筑的 2/3。在设计上，该大厦最突出的特点有三个：一是在建筑物理上，该建筑有一个自然通风系统，通过"空中花园"和中庭的横向通风能够使办公区域在一年中的 3/4 时间里保持自然通风，无需采暖或制冷，因此该建筑被视为"生态高层建筑"的开山之作；二是在结构上采用"角筒＋错层空腹桁架"的巨型框架结构，通过 3 个位于建筑三角形平面顶点的框筒所组成的巨型柱、8 层楼高的钢框架共同围合形成了巨型框架结构，结构抵御风荷载的方式独树一帜；三是通过别出心裁的结构设计和巧妙的室内园林布置，形成了大跨度无柱办公空间、人与环境和谐的室内公共区域，且不同楼层度具有不同的视觉效果。法兰克福银行大厦 1994 年 1 月开始施工，1996 年 12 月竣工，1997 年 5 月投入使用，其建筑设计、结构设计理念对后来高层建筑结构的设计产生了深远的影响。

2）建筑设计

进入后工业化社会，建筑业逐渐演变为能源消耗大户，一些欧洲发达国家如德国、法国、英国、荷兰的统计结果表明：建筑业消耗了大约 50% 的原材料、40% 的能源，产生了高达 35% 的碳排放量。受气候条件、自然禀赋、工程观念、生活习惯等因素的影响，美国、加拿大等发达国家的建筑能源消耗的占比还要比欧洲高出不少。因此，在建筑业能源消耗及碳排放居高不下的大背景下，一些欧洲发达国家率先提出了"绿色建筑"的理念。德国作为一个能源高度依赖进口的后工业化国家，对建筑节能极为重视。1991 年，法兰克福市由绿党执政，作为环境保护运动的政治延伸，当局竭力提倡鼓励新建公共建筑（市政、教育、医院等）项目落实"绿色建筑"的理念，积极推动公共建筑的节能改造。法兰克福作为德国乃至欧洲的金融中心，法兰克福银行大厦建设自然要积极践行"绿色建筑"的理念，以彰显银行业对可持续发展的探索和担当。因此，业主在项目设计竞赛招标文件中提出了"设计的环境友好性应与功能价值同等重要"这一原则。

12 家国际著名建筑设计公司应邀参加了国际竞标。设计人员对招标文件要求的反应是错综复杂的，从标书中领会到业主的关键意图，从现场获取人文风土风貌，从以往工程设计中获取灵感，等等，以便能够将招标原则创造性地、独树一帜地展现出来。经过激烈的角逐，由建筑大师诺曼·福斯特领衔的团队中标，其中，结构设计由英国奥雅纳事务所（Arup & Partners）杰克·宗兹等人负责，环境设计由罗杰·普雷斯顿事务所（Roger Preston & Partners）、彼得森和阿伦茨事务所（Petersen & Ahrends）共同负责。中标方案的核心要点是突破了 20 世纪 60 年代以来国际结构工程界所普遍奉行的"核心筒+外框柱"的高层建筑结构布局的方式，采用"多核"设计理念，将大厦的建筑平面设定为三角形，将公共场所和进出通道都设在大楼的正南面、将办公房间设在沿三角形斜边的楔形区域内，以便形成宽阔通透的中庭空间、使办公楼区能够避开阳光直接辐射，减小建筑能耗，并与建设场地适配、和毗邻建筑相协调，因此，中标方案的结构布置方式增加了建筑立面的透明度，避免了跨窗的斜撑干扰内部空间布置的灵活性和自然通风，给人一种冷静、克制、均衡的艺术表现，也使外筒具有了使用功能。

此外，为营造人与自然和谐的室内环境，在大厦内部布置了大体量的室内花园，室内花园采用错层布置方式、有规律地分散在大楼的不同位置，每一层都由一个空中花园和两个办公区域构成，每 8 层为一段、逐段旋转上升，形成了有利于自然通风采光的小环境，并根据不同楼层朝向种植不同的景观植物，例如西向布置了北美枫树，东向布置了松树和竹子，每一层的花园都给人带来了别样的绿意，实现了建筑、自然与人的和谐共生。此外，得益于出色的结构设计，每层办公区域面积大约为 900 m^2，两个办公区域过道相连且都可以都抵达该层的空中花园，每层花园面积大约 500 m^2。同时，办公区域柱间距达 17.5 m，在室内几乎看不到柱子，非常便于室内办公空间的布设，也便于将各类管井和梯道集中布置在三个角筒处。最终确定的建筑平面布置如图 3-8（a）所示，实

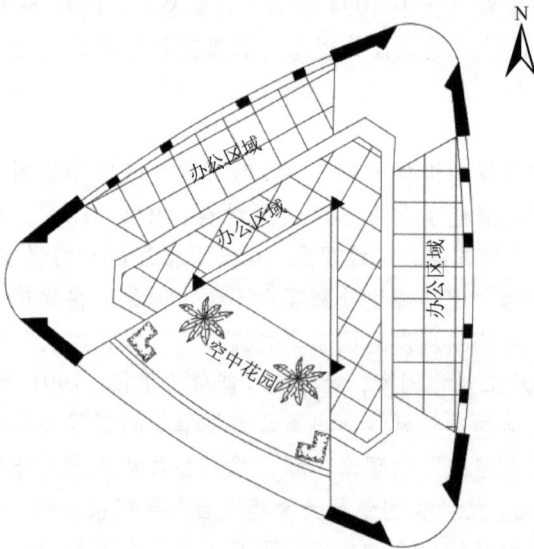

（a）建筑平面示意图　　　　　　　　　　　　　（b）建筑概貌

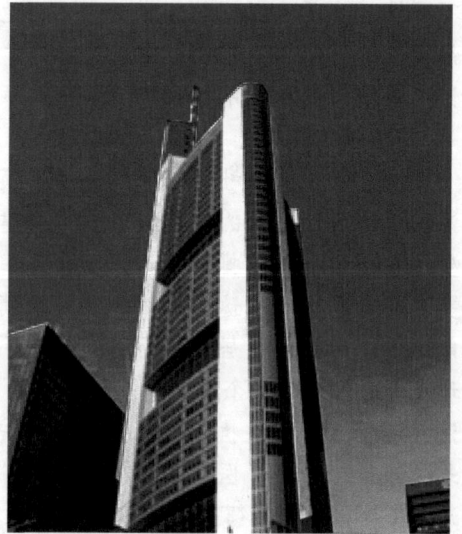

图 3-8　法兰克福银行大厦[图（a）自绘，图（b）来自维基百科]

现了 200 m 高的中央中庭和采光井、多个 4 层高的无柱花园等特点，该大厦建成后的概貌如图 3-8（b）所示，很好地解决了建筑通风采光、节能低碳、室内环境布置及无柱大空间需求等多方面的问题，总体上非常合理。

3）结构设计

建筑设计所确定的由大开洞式外筒结构支承巨型钢框架的传力方式，虽然较好地解决了建筑物理性能及场地适配性问题，但却给结构的设计施工带来了不小的挑战，结构设计的挑战及解决途径主要体现在以下四个方面。

一是如何保证大开洞外筒结构具有足够而均匀的整体刚度，并使局部刚度也比较均匀？由于结构在空中花园的部位断开了，而空中花园的楼层荷载高达 13 kN/m²，需要有足够大的竖向及侧向刚度来满足受力要求，借鉴同类工程如芝加哥约翰·汉考克中心大厦、增设巨型的 X 撑虽然能够解决这一问题，但却会严重影响空中花园的视觉效果和使用，因此，增设 X 撑的方案被放弃。另外，计算表明增大位于三角形顶点的竖向巨型柱尺寸对整体刚度均匀性的改善也非常有限、可行性不强。面对这一难题，结构设计团队别出心裁、将三角形平面一边的空中花园沿建筑物错层转动，每隔四层在平面内旋转120°，从而使结构具有均匀的抗侧刚度性，并通过采用巨型钢-混凝土组合外筒、增设中庭柱等结构措施，将建筑侧向位移与楼高之比控制在 1/500 之内。

二是结构体系优化的路径是什么？大厦在确定采用的外框筒支承巨型钢框架结构体系之后，整个结构在平面上是边长 60 m 的等边三角形，约 30 m（8 层楼）高的巨型钢框架支承在外框筒上。其中，外框筒由三对巨大的型钢混凝土（steel reinforced concrete，SRC）柱组成，SRC 柱长边约 7.5 m、短边约 1.2 m，内部埋置两根 H 形钢板柱；此外，还在中庭部分设置了 3 个边长 2 m 的等边三角形 SRC 柱。对于 8 层楼高的钢框架，采用不设斜腹杆、由全竖杆构架支撑的巨型框架，通过剪切作用而不是弯曲作用来承担水平荷载。这样，由三个外框筒、三个中庭柱和旋转断续设置的巨型钢框架一起构成了高效的抗侧力体系。钢框架竖向杆件高 1.0 m，宽 0.475 m，厚 65 mm；水平杆件高 1.1 m，宽0.475 m，厚 85 mm，均采用 St52 级钢板材制成，为满足受力要求，在靠近外框筒的部位加大了构件的截面高度和宽度，但不调整竖向构件的间距，也不设斜腹杆。这种构件布置方式虽然在传力上不够合理高效，但却保证了建筑立面的统一，很好地实现了建筑设计意图。解决了这些问题，最终确定的结构立面布置展开图如图 3-9（a）所示。

三是大开洞高层建筑结构的动力性能如何？模型实验、风洞实验和数值模拟结果表明：该结构具有良好的整体受力行为和抗扭刚度，在假定阻尼比 1.25%、10 年一遇风的情况下，办公楼顶楼最大水平加速度为 0.093 m/s²，能够满足最大水平加速度小于 0.15 m/s²的德国规范的限值，也能够很好地满足了人体舒适度的要求。此外，风洞试验还验证了德国规范关于风荷载的取值方法是偏于保守的，检验了开洞方式对局部气流的影响，以及利用百叶窗开启方式来调整不同季节通风等问题。

四是如何简化结构设计以便于快速施工？法兰克福银行大厦外框筒为 SRC 组合结构，现浇施工。由于 8 层楼高的钢框架受力不随建筑高度及结构方向变化，于是采用标准化、模数化的钢结构拼装施工方法，钢框架被细分为 10 多种规格不同、工厂焊接的十字形预制组件，并将预制组件的连接位置设置在水平构件的反弯点上，以便在现场采用

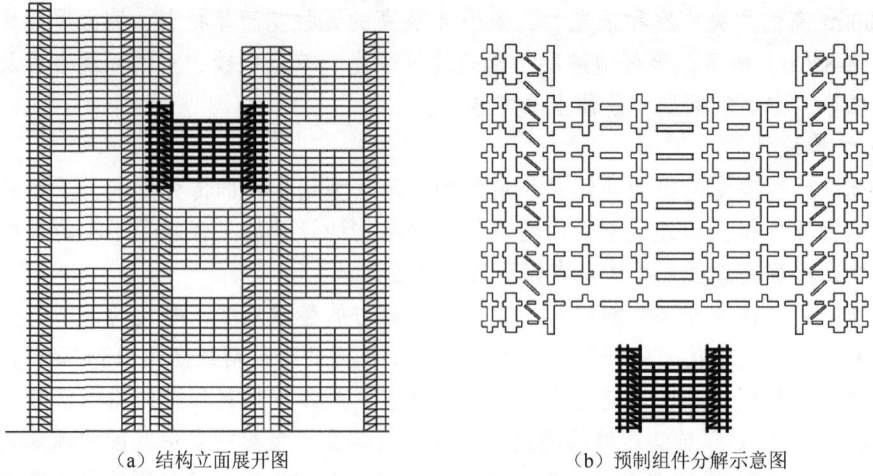

（a）结构立面展开图　　　　　　　　　　（b）预制组件分解示意图

图 3-9　法兰克福银行大厦立面展开图及预制件示意图

高强螺栓连接，如图 3-9（b）所示。办公楼层楼板采用厚 130 mm 混凝土楼板，支承在间距 3 m、梁高 560 mm 钢梁上，钢梁跨度最大为 15.65 m。花园楼层楼面结构与办公楼层的楼面结构相似，虽然荷载集度高达 13 kN/m^2，但仅需进行结构局部加强即可解决问题。由于采用了标准化、模数化设计，这些梁板柱构件都可以方便地适应运输和现场组装的要求。正是这一系列标准化、模数化的设计，使得该大厦在短短的 41 个月时间里得以交付使用。

4）后续影响

法兰克福银行大厦不仅营造了宽阔通透的中庭空间，为建筑内部创造了丰富的人造景观，给每一个角落都带来了绿色和阳光，在建筑运营能耗方面达到了绿色建筑的要求，成为被动式节能建筑的典范[所谓被动式节能建筑（passive house），是指在几乎不利用人工能源的前提下，依然能够使室内环境达到人类正常生活工作的需要]，建筑能耗仅为欧洲同类高层建筑的 75%～80%；而且在结构材料方面也有所体现，相较于高层建筑每平方米用钢量多在 180～270 kg（例如美国帝国大厦为 206 kg，美国威利斯大厦为 180 kg，上海中心大厦为 175 kg，上海金茂大厦为 262 kg，等等），法兰克福银行大厦在室内花园重量非常大的情况下，采取技术措施将建筑物自重降低了约 1/3，其结果便是折合每平方米用钢量仅为 160 kg。

应该说，在探索节能绿色建筑的道路上，在诺曼·福斯特的协调下，奥雅纳事务所、罗杰·普雷斯顿事务所、彼得森和阿伦茨事务所等结构、环境、建筑物理方面的专业人士无疑做出了开创性的贡献。在法兰克福银行大厦建成之后，近 20 年来，绿色低碳建筑成为建筑界研究、实践、探索的热点，世界各国普遍结合当地气候特点、提出了诸多因地制宜的建筑节能措施，掀起了绿色建筑认证的新潮流。在我国，近年来也开始尝试建立建筑能源证书制度，以评价不同建筑的能源消耗情况，一些高层建筑如上海中心大厦、广州烟草大厦、深圳平安大厦等，都采用了各种简便有效的建筑节能措施，践行了人、建筑、自然和谐发展的工程理念。

5）认识感悟

在法兰克福银行大厦设计建造中，以建筑大师诺曼·福斯特为核心的团队，创造性地将工程价值导向、工程建造及运营各类相互矛盾的需求拆解为一个又一个具体的技术问题，将工程思维的综合集成与技术思维要素分解融为一体，取舍有度，综合结构受力行为的科学性、结构施工的便捷性以及结构艺术的展现方式，提出了卓尔不群、系统性俱佳的解决方案，创造出了高层建筑结构巨型框架结构的新形式，充分满足了结构的功能要求、降低了建造及运营成本，使高技派（high-tech，亦称结构表现主义）建筑在极具工业主义特色的情况下又增添了厚重的人文底色，成为可持续发展理念的典型诠释。

3.5.4 工程创新思维

所谓工程创新思维，就是突破工程传统、解决复杂疑难工程问题过程中的创造性思维，是突破工程禁区、拓展工程疆界、将"不可能"转化为现实工程项目/产品的高阶思维。在面对工程疑难瓶颈问题时，工程创新思维无疑是最重要最关键的要素，也是工程创新实践活动的酵母，思维的创新程度不仅直接关系到工程实践创新的成败与效果，甚至会对工程创新扩散、工程演化的路径产生一定的影响。从这个角度来看，工程创新思维无可置疑地居于工程创新的最高层次。但是，在总结提炼工程创新实践成果时，受思维的复杂性及主客体关系特殊性的影响，工程创新思维常常又处于遮蔽或混沌状态，以至于大多数工程创新思维的萌发、运用与扩散机理消失在工程创新实践的历史长河中。从认识论角度来看，如果缺少对工程实践主体——特别是工程师思维方式的洞察，就很难提炼出工程创新思维的培育之道，也难以从认识论层面上指导工程创新、技术创新活动的开展。从工程创新要素角度来看，工程实践主体，特别是工程师的创新思维与主观能动性是工程创新最关键的要素，也是最难以把握分析的要素。从人文角度来看，如果缺少对工程创新思维养成和塑造特点的把握，工程创新就会见物不见人、见结果不见思维过程，工程创新就会因思维方式、价值取向的消隐而失去了灵魂。为此，以下就对工程创新思维的生长发育机理、工程创新思维的培育之道做一简要探讨论述。

1. 工程创新思维的生长发育机理

概括来说，工程创新思维的生长发育机理主要取决于工程实践活动的需求、科学和技术的支撑、创新生态环境、工程大师的个性化思考等几个要素的相互作用，当这些要素汇聚在同一时空时，就会迸发出巨大的创造性力量，催生工程创新思维。

一是工程实践活动的需求与挑战是工程创新思维的源头。工程与自然环境、工程与社会的矛盾无处不在、无时不有，旧的矛盾解决了，新的矛盾又会出现，这就需要持续不断地推进工程创新。换言之，社会需求与工程建设运营能力的落差是工程创新思维产生的主要源头。一旦积聚了旺盛的需求，必然促进社会整合各种资源、调动各方力量，推动工程建设能力的提升；当现有的工程方法和技术手段难以解决当前工程实践活动中的疑难问题时，必然会催生各种各样的工程创新思维，进而对工程实践活动产生形形色色的影响。其中，一些切中要害的、先进合理的、技术经济优势显著的工程创新思维，经过工程实践检验和社会经济筛选之后，就会沉淀为新的工程观念、工程方法、工程知识或技术手段。

二是科学和技术发展水平是工程创新思维的支撑。工程创新思维不是天马行空的想象，而是立足工程实际、聚焦技术难点、突破工程瓶颈的创造性构思或颠覆性思维。一般说来，科学发现指引了工程创新的前进方向，技术创新为工程创新提供了坚实的基础，储备了技术路线选择的多样性，回答了工程创新的可能性限度。离开科学与技术的支撑，工程创新思维就会成为无源之水、无根之木。进一步来说，科学思维和技术思维为工程创新思维提供了方法指导、实现路径和操作手段，支撑了工程创新思维的运筹性、系统性和操作性，设置了工程创新思维的路径与可能性边界，避免了工程创新思维沦为不可能的主观想象。

三是创新生态是工程创新思维的孵化器。在具备了旺盛的社会需求、坚实的科学基础和技术支撑后，工程创新思维总会喷涌而出，但正如著名经济学家约瑟夫·阿洛伊斯·熊彼特（Joseph Alois Schumpeter）[①]所言：“创新不是孤立事件，并且不在时间上均匀地分布，而是相反，它们趋于群集，或者说成簇地发生”。工程创新之所以会成簇地发生，无疑与当时当地当时社会需求的强劲推动息息相关，更与当地当时社会对新生事物是否持开放态度、行业对工程创新的瑕疵缺陷是否包容、创新生态环境是否良好等密切相关，这就是为什么一些国家或一些地区在具备了旺盛的社会需求后并没有形成工程创新的原因之一。工程历史表明：活跃的创新文化、良好的创新生态是工程创新思维的孵化器，能够滋润、呵护若隐若现的工程创新思维破土而出，并在不断试错过程中迭代成长，最终成为创新生态的有机组成部分。

四是工程大师个性化思考与实践探索是工程创新思维的催化剂。任何工程创新都是依靠人来突破的，工程创新不但是物化建造过程，更是全方位渗透着创新者的思想、知识、经验、胆识、价值观、审美观等精神内涵的思维过程。工程创新思维及其成果主要依附于一些工程大师，这些大师总能在技术限定的可能性空间中推陈出新，提出不同的创新设想，在工程的可行性空间中化繁为简，建构不同的创新路径，并进行卓有成效的创新实践。一些大师甚至显现出鲜明的个体风格，并将其升华到工程理念、工程方法的高度，对工程发展演化产生了深远的影响。没有工程大师的个性化思考与实践探索，工程创新可能会滞后若干年，工程创新的路径或许会有所不同。

2. 工程创新思维的培育之道

工程创新思维是在科学发现、技术革新与工程实践经验传承的基础上，在工程观念、设计理论、结构形式、建造方法、工序工艺、运行管控等方面打破瓶颈或突破壁垒的思维过程，由于其需要突破的难题面广点多、受到的束缚因素多、外部环境复杂，这必然导致工程创新思维的培育非常艰难。但是，工程创新思维还是大致有迹可循的，也是可

---

① 约瑟夫·阿洛伊斯·熊彼特（Joseph Alois Schumpeter），1883～1950 年，奥地利裔美国经济学家，哈佛大学教授，20 世纪最具影响的经济学家之一，“经济创新理论”的鼻祖，著有《经济发展理论》《资本主义、社会主义与民主》《经济分析史》等传世之作。

以后天培育的。以下就从汲取工程历史财富、提升工程问题洞察力等六个方面，对工程创新思维的培育之道做一探讨。

一是走进工程历史，探寻工程先辈的思维轨迹。工程历史是一座矿藏丰富的思想宝库，蕴藏着工程大师的思想方法、思维模式、经验教训、个体风格等，经过几十年、上百年的检验沉淀后更加弥足珍贵。谁对工程发展历史中正反两方面的经验教训把握得更为深刻透彻，谁就更有可能在遇到当下的工程难题时另辟蹊径。有些时候通过回望历史，将经典工程案例放在历史的大尺度下，才可能对其创新价值做出更加客观全面的判断，从而在面对当前工程实践的瓶颈问题时，能够更加准确地抓住要害、提出新构想、摸索出新方法，走向工程创新的新天地。虽然时代变了、技术进步了、工程规模与工程难度增大了，但面对工程疑难问题时，工程大师的思想方法、思维方式、思维艺术等精髓却仍然能够穿透时空、启迪当下，催化工程创新思维的生根发芽。另外，经典工程案例是工程历史的重要节点，也是工程历史的主要载体之一，工程案例研究承载着对技术创新、工程创新经验教训的深刻反思，有助于揭示工程创新的客观规律；工程案例研究蕴含着工程创新思想的深入阐发，有助于探究工程创新者的思维方式，对后来者的启迪价值远胜于抽象的科学理论；工程案例研究也是对工程创新具体过程的生动再现，有助于激发工程师的想象力与创造力。因此，工程案例研究对于工程创新乃至工程创新思维，无论从理论上还是从理论与实践的结合上，都具有重要的现实意义和长远价值，正如殷瑞钰所说："案例研究可以成为直接沟通理论与实践的'桥梁'，它不但可以成为抽象理论的'落实'过程，同时又可以成为实现理论'起飞'的基地"。

二是夯实基本功夫，提升工程问题的洞察力。简单来说，洞察力就是透过现象看本质的能力、就是穿过层层迷雾抓住问题要害的能力，包含了大量的分析和判断，是一种高阶的综合分析能力，有些时候还包含了预感、直觉、顿悟等难以用语言表述的方式。正如张五常所言：以预感而起，加上想象力多方推敲，有了大致的构想构思，再辅以逻辑、理论来证实或证伪，这才是最有效的思考方法。对于工程创新思维而言，在萌芽阶段往往很难清晰地展现出来，也不易有机会得到检验验证，常常止步于原始混沌的构思阶段，甚至胎死腹中，但是，这些朦胧混沌的思绪往往隐藏着创新的火种，因而显得弥足珍贵。正如当代哲学家伯特兰·亚瑟·威廉·罗素（Bertrand Arthur William Russell）所指出的：无论一个预感是怎样的不成体系，它总要比没有一点见解更好，预感再辅以逻辑论证、理论推演、案例类比等，就可以将可行的与不可行的区分开来。在这个过程中，逻辑可以让人在思想上变得清晰，在感觉上变得敏锐，在行动上找到方向。换一个角度来说，工程创新思维以价值目标为导向，具有突出的建构性与集成性，导致思维过程及结果评价存在着较大的主观性和模糊性，一开始往往显得与众不同、也不见得完善，常常难以获得业内同行的认可。因此，在面临科学理论、技术方法、经济性能、传统经验、现行规范规程等诸多方面束缚的情况下，必然要求创新者具有炉火纯青的工程理论基础、深厚扎实的工程实践经验、卓越不凡的洞察能力，这样才有可能准确抓住工程难题的主要矛盾或矛盾的主要方面，洞察工程难题的关键结症，构思出解决工程难题的新方案新途径，论证其合理可行性，阐明其技术经济优势及可行性。

三是永葆好奇之心，强化工程思维的批判性。从源头来看，工程创新思维或源于具体工程项目的瓶颈难题，或源于新的科学发现、技术发明的启迪，或源于对传统解决方案效率效能的不满意，或源于对其他工程领域技术方法学习借鉴移植嫁接的渴望，等等。正是这些殊途同归的源头，催生了工程创新思维。由此看来，问题意识的重要性怎么拔高都不为之过，正如爱因斯坦所言："提出一个问题比解决一个问题更重要更困难，因为解决一个问题也许仅是一个数学上或实验上的技能而已，而提出新的问题、新的可能性，从新的角度去看待旧的问题，都需要有创造性的想象力，而且标志着科学的真正进步"。从这个意义上来讲，不满足于工程问题的既有解决方案、不满意解决现实需求的技术路线，保持永不停歇的好奇心、带着问题意识与批判性思维从事工程实践活动，才有可能让工程创新思维喷涌而出。进一步来说，对于工程创新思维训练方法，邓文中将其归纳为 3W（Why？Why not？What…if？）模式，即面对一个具体工程问题，或具体工程问题的既有解决方案，通过思考"为什么"，深刻洞察工程问题的本质或既有解决方案的不足，激发批判性思考；通过思考"为什么不"，进行大胆质疑、挑战现状，尝试走出旧方法旧经验的束缚，摸索导入新理念、新方法、新工具的可能性；通过思考"假如……又如何"，探索如何才能使新理念、新方法、新工具具备工程可行性，并妥善解决新方法所衍生技术问题或经济问题，必要时借助于理论分析、数值仿真、产品试制、案例类比、试验验证、试点工程等手段检验其工程价值和能效指标，完善其中不足，其间可能会有不断反复、推倒重来，甚至失败的可能性。在这个 3W 思维活动过程中，提出的问题要浅显、要直接、要重要、要一针见血、要有不同答案的可能性，问题问得好，答案往往就可能隐含在问题之中。3W 模式是突破陈规经验、推陈出新的普适思维模式，是工程创新思维训练的基本方法。3W 思维训练方式告诉我们，工程师在从事工程实践活动过程中，既要处处带着问题意识、不满足于现状或现有解决方案，又要时时永葆好奇之心、不断进行自我发问，久而久之，就会上升为一种工程创新思维自觉，在工程实践活动中逐步形成"提出问题、洞察要害、厘清目标、确定手段、提出解决方案、制作验证、说服决策者、优化完善实施"的闭环思维路径，形成个体的创新风格乃至群体的创新文化，催生工程创新思维的不断涌现。

四是主动跨界融合，汲取相近工程领域养分。随着现代工程领域的细化，形成了一个个相对封闭的、细分的工程领域，这种发展趋势固然极大地推动了专业化分工，提升了工程建设运营的效率，但也产生了相近工程领域的交流融合不足、交叉集成困难等问题，工程师的思维长期被局限在一个狭窄而悠长的通道中，甚至形成了原始的职业壁垒。显然，这种状况并不利于工程创新思维的培育。事实上，虽然各个工程领域都有其行业特色及工程传统，但在技术层面，可能存在突破其他领域瓶颈的独门利器或工具装备，正所谓"他山之石可以攻玉"；在技术层面之上，存在着超越具体工程领域之外的、普遍适用的工程思想和工程方法。因此，从相近工程领域汲取先进的工程思想和工程理念、借鉴技术方法手段，无疑是催生工程创新思维的有效途径。据统计，1900 年以来的 480 项重大创新成果中，以跨界融合为特征的创新成果占据了其中的 60%以上，这充分说明跨界融合是技术创新、工程创新的主要途径。进一步来说，工程创新思维的培育就是要走出影响深远"机械还原论框架"的束缚，更好地领悟把握工程思维的集成性、系统性与构建性特征，主动走出细分工程领域，关注相近工程领域的新进展，善于跨界融合，主动向工程界大同行学习，积极引进移植相近工程领域的新理论、新方法、新材料，结合本领域的实际，对相近工程领域的新技术、新工艺、新工具进行二次开发。

五是效法自然规则，拓展工程问题的解决渠道。从科学层面来看，自然界经过几十亿年的演变进化，呈现出纷繁复杂的多样性与协调性，存在着人类尚未完全认识的、严谨而深刻的规则和机制。与之相比，人类工程实践活动的历史仅仅只有几千年，虽然取得了巨大的进步，但在某些方面还不能很好地认识自然、顺应自然，与自然和谐相处。正如《道德经》所言：人法地、地法天、天法道、道法自然。因此，面对一些工程问题的解决方案时，有必要效法自然、借鉴自然法则、顺应自然规律，拓展工程问题的解决渠道，以全面提升工程实践活动的效能水平，使工程能够更好地与自然融为一体。另外，从工程发展历史来看，一些重大的、原始的工程创新和技术创新的原理都来源于工程大师对自然界细致观察和深入思考后所得到的启迪，走进一个崭新的思维世界，进而迸发出解决问题新思路或新途径。因此，在面对一些工程疑难问题时，有必要创造性地利用自然法则和技术原理，拓展工程问题的解决渠道，使原本陷入迷途的工程思维豁然开朗，进而通过工程实践探索、促进工程实践活动的能效水平和经济效益的提升。效法自然虽然一开始往往从简单的模仿起步，但随着工程实践的深入，人们可以由表及里地发现自然规律，在此基础上提炼出技术原理，创造性地利用自然法则和技术原理，进行技术开发和产品研制。

六是厚植人文底蕴，发散工程思维的视角广度。一方面，任何工程实践活动都要体现出其价值理性，回到以人为本这个原点。因此，工程实践活动要体现人本思想，密切细致地关注人的需求、人的使用，同时也要贯通服务经济社会发展的主线，贯彻可持续发展理念，遵循工程伦理，最大程度地与生态环境相协调，彰显工程对推动社会经济发展的意义。另一方面，结构工程处在科学、技术与艺术的交叉点上，通过工程来创造美、彰显美是工程实践活动的应有之义。工程实践活动所具有的人文性、社会性和艺术性特质，必然要求工程思维在技术维度之外，从更广阔的文化、历史、艺术、宗教等维度上来顺应社会需求，呼应时代关切。从这个意义上来讲，厚植人文底蕴，彰显人本思想，跳出单纯技术的藩篱，思考工程实践活动的出发点和落脚点，将"人为"的工程与"为人"的工程有机地融为一体，恰当地展现工程的人文价值，就自然而然地成为工程创新思维培育不可或缺的要素。

案例 3-9　工程创新思维的样本解剖——荷兰鹿特丹伊拉斯穆斯大桥的方案构思要点

1）工程背景

伊拉斯穆斯大桥（Erasmus Bridge，也被译为伊拉斯谟大桥）位于荷兰鹿特丹市，横跨新马斯河、连接城市中心与南部 Kop van Zuid 地区，建成于 1996 年。鹿特丹是荷兰第一大港口，但随着港口西移，导致 Kop van Zuid 地区经济衰退、码头逐渐被遗弃。到了 20 世纪 80 年代，随着城市规模的扩张，Kop van Zuid 地区被列为改造重建的重点区域，需要修建一座交通功能完备、独具艺术特色的大桥，以加强该地区与市中心的联系、提振老港口区的雄心。大桥以荷兰著名的人文主义学者和神学家德西德里乌斯·伊拉斯穆斯（Desiderius Erasmus，1469～1536 年，曾在鹿特丹生活工作多年）命名，表明了鹿特丹人对大桥的看重。

经过激烈的竞标，该桥的设计任务由建筑师本·凡·伯克尔（Ben van Berkel）承担。他在深入理解了伊拉斯穆斯大桥的建设需求和当地产业的发展历史后，从鹿特丹市、Kop van Zuid 地区的造船业、码头机械装备特色中获得灵感，将船舶、起重机、港口、码头及吊装技术等相关概念融入大桥的概念设计中，以彰显现代主义的新城市风格，打造新的城市地标建筑。通过与结构工程师的通力合作，在满足交通需求和结构受力要求之外，建筑师本·凡·伯克尔赋予大桥独特的、丰富的艺术感染力。

大桥桥址处新马斯河宽约 600 m，上游不远处的岛屿将河面分成东窄西宽的两个航道，西侧航道通航要求为 200 m×12.5 m，东侧航道水深相对较大、但通航需求不大（主要是满足船舶修理的进出需求）。设计师本·凡·伯克尔采用非对称的独塔斜拉桥以及旋转开启桥跨的总体布置，很好地顺应通航需求及景观要求。在反复优化之后，最终确定的跨径布置为 51.7 m + 284.0 m + 73.6 m + 88.5 m + 50.1 m = 547.9 m，桥面宽 33.8 m，布置 4 条行车道、2 条电车轨道、2 条自行车道和双侧人行道，该桥总体布置及概貌如图 3-10（a）、（b）所示。索塔位于桥轴线与岛屿的轴线交会处，以便在整体上与岛屿、两岸的地貌取得均衡，并减小基础的工程量，索塔的西、东两侧分别布置长 284.0 m 主跨和 73.6 m 副跨，副跨东端连接 88.5 m 长的竖旋式开启桥跨，以供大型船只进出修理码头。这样的孔跨布置，既为西航道提供了宽敞的通航空间，满足水上运输的需求，又大幅度降低了桥面标高、减小了桥梁长度、压缩了桥梁的总体规模，在打造景观桥梁、适度彰显地标建筑价值的同时，不致使桥梁体量过大、与周边环境相比显得过于宏大和突兀。

2）方案构思要点

确定了结构总体布置方案之后，展现人文价值、体现景观效果的重担就聚焦在了独塔斜拉桥上了。独塔斜拉桥是一种设计自由较大、艺术表现力较强的结构体系，可以较好地适应主副跨跨径差异、充分地反映出设计师的匠心。在独塔斜拉桥中，其中又以斜塔斜拉桥最具艺术表现力。在此之前，一些斜塔斜拉桥如由圣地亚哥·卡拉特拉瓦设计的、1992 年建成的西班牙塞维利亚阿拉米罗无背索斜拉桥等曾因独特的结构造型引起了业内外人士的广泛关注，也因受力不够合理、高达 6500 万美元的总造价而饱受争议（折合每平方米桥面单价约为 2.0 万美元）。如何使斜塔斜拉桥在展现出艺术特质的同时，保证结构受力比较合理、造价比较恰当？为此，建筑师本·凡·伯克尔在阿拉米罗桥的基础上，融合当地条件、大胆构思并推陈出新，方案构思要点如下。

一是采用高索塔，索塔、锚杆与副跨 73.6 m 长的主梁形成刚劲的三角形构架。索塔高 139 m，与主跨跨径之比达 1/2，突破了桥梁工程师常用的斜拉桥塔高与跨径的合理比值 1/5～1/4，使得索塔既显得挺拔俊俏，又能更高效地分担主梁荷载；主跨采用 16 对扇形分布的斜拉索，斜拉索锚固全部在上塔柱上，以增大斜拉索的水平夹角、提高结构传力的效率，并减小斜拉索产生的主梁轴力；副跨采用 1 对内含 4 根拉索的锚杆，锚固在副跨与开启跨的墩顶。这样的构件布置方式，使索塔、副跨和锚杆构成了一个稳定的、强劲的三角形构架，在改善受力的同时，给人以稳定可靠、力度十足的感受[图 3-10(c)]。

二是优化索塔几何形态，以尽可能地减小索塔底部弯矩、提升艺术表现力。由于该桥索塔高度与主跨跨径之比超出常见斜拉桥的 1 倍，索塔受力会控制整个设计。为此，塔柱采用向后斜倾的折线形式，形似正在拔河的大力士，既挺拔有力、又棱角分明，充分展现出力与美的高度协同。斜塔受力原理与臂架式起重机的臂架相近，折点以上为拉索锚固区，如果将主跨扇形拉索向另一侧延伸，拉索的合力将作用在虚交点上，索塔的轴线、锚杆轴线与斜拉索合力作用线相交于一点，斜拉索合力与锚杆拉力产生的索塔弯矩将会互相抵消，导致折线形索塔的弯矩大幅度减小，折点以下索塔主要承受轴力，如图 3-10（d）所示。

三是采用比较短而厚重的副跨，形成了一个自平衡的受力体系。副跨钢箱梁采用与索塔相近的变截面形式，结构自重约 4000 t，虽然副跨刚度及自重较大，但却只有 73.6 m 长，难以与主跨形成平衡体系。为此，将开启跨墩顶大型基座外延，利用其压重来平衡锚杆的上拔力；主跨、开启跨均采用纤细轻巧的钢板梁结构，梁高 2.25 m，高跨比为 1/130，主跨钢结构自重约 3195 t。这样，主跨、副跨、索塔及斜拉索（锚杆）共同构成了一个基本平衡受力体系，不会因造型独特产生受力不合理、导致造价大增的现象。

四是采用倒 Y 形钢索塔，以取代常用的钢筋混凝土索塔，拉索锚固区以下的塔柱在横向逐渐展开，在塔底与副跨钢箱梁固结为一体，以适应较宽的桥面系、提供较大的横向刚度，从上塔柱上引出的拉索所形成空间索面，改善了桥面系的空间受力性能。整个钢索塔重 1800 t，与副跨一起制造、形成强劲稳定的三角形构架后，采用大型浮吊运输架设，施工十分简便，如图 3-10（c）所示。

五是注重美学设计和细部构造处理。在细部上，对索塔结构线条未加任何修饰，反而显得棱角分明、孔武有力、造型简洁；在色彩上，建成后的大桥钢部件被漆成淡蓝色，远远望去，既像一艘战舰停靠在港湾，又酷似一只优雅的天鹅浮于水面，被当地居民昵称为"天鹅桥"；在夜间照明上，刻意消瘦了强壮的索塔和副跨，使其与轻巧的主跨、拉索构成了流畅的力线，展现了与日间迥然不同的形象[图 3-10（e）]。

伊拉斯穆斯大桥在满足交通功能的同时，以较低造价（该桥总的用钢量约 11 820 t，折合每平方米桥面用钢量 638 kg）、特殊的造型顺应了当地的人文环境和历史传承，营造出别具一格、蓬勃向上的意象，令昔日被废弃的内河港口重新散发出生机和活力，成为鹿特丹市的地标建筑。

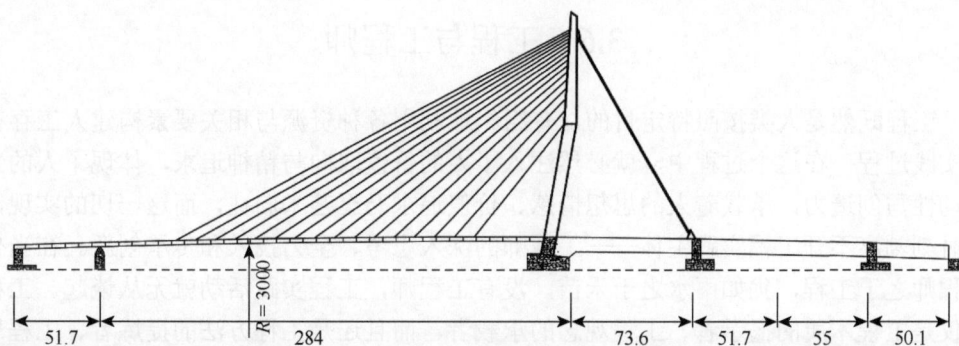

（a）总体布置（单位：m）

（b）建成后概貌

（c）索塔与副跨

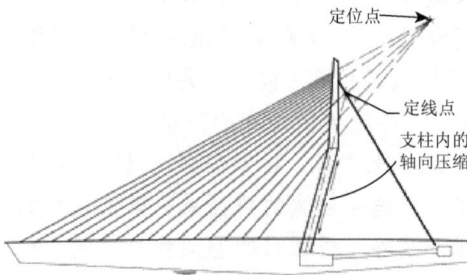

（d）斜拉桥造型构思

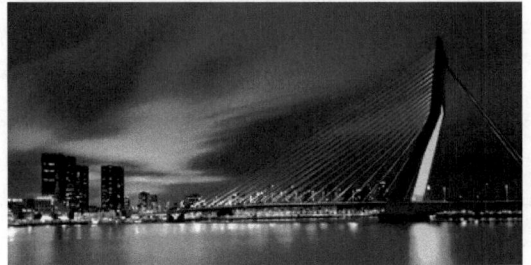

（e）夜景

图 3-10　鹿特丹伊拉斯穆斯大桥［图（a）、（d）自绘，其他来自维基百科，查看彩色图片可扫描封底二维码］

3）两点启示

伊拉斯穆斯大桥的方案构思过程和结果告诉我们：一是工程创新思维必须根植于对工程需求的总体把握和深刻理解，能够将特定的约束条件和资源要素揉碎、消化、吸收后，进行重新加工、提炼和再创造，在传承的基础上大力扬弃，使创新思维成为工程创新的酵母；二是结构工程创新思维必须立足于结构的本质——将力学与美学融为一体，将功能、造型与受力行为视为一个有机的、不可分割的整体，在突破现有工程经验的基础上、在否定之否定之上不断产生跃升。

3.6　工程与工程师

工程既然是人类按照特定目的、有组织地利用各种资源与相关要素构建人工存在物的实践过程，在这个过程中，就必然注入了人的价值取向与精神追求，体现了人的主观能动性与创造力，承载着人的思想情感、价值追求乃至艺术向往，而这一切的实现，都时时刻刻离不开工程实践主体——工程师的深入思考、全力投入和传承创新。在当代，工程师之于工程，犹如雨水之于禾苗，没有工程师，工程实践活动就无从谈起。工程师不仅是工程本质的揭示者、工程观念的承载者，而且还是工程方法的提炼者、工程思维的应用者。那么，在思考、认识、反思工程时，就非常有必要研究量大面广的工程师们是如何在工程实践活动中发挥作用、创造价值的，就非常有必要探究工程师具有什么样的职业特征、思想特质、思维方式，以及社会是如何看待工程师这一职业的。只有这样，才能更好地彰显工程师的价值、发挥工程师的作用、激发工程师的创新能力、创造出更大的社会效益和经济价值，吸引无数后来者从事工程实践活动，造就数量充足、业务卓越的工程师队伍。

3.6.1　工程师的由来和作用

1. 工程师的由来

工程师一词 engineer 源于中世纪拉丁语的 ingeniator，字面意思是"灵巧的人"，历史上原是专指修造军工械备、防御工事的军队装备及后勤人员，大多都具有某些专门技能，早在古罗马时期就是军队的一部分，是西方冷兵器时代军队的"高级技术人才"。第一次工业革命后，英国市场需要大量专门人员从事运河、码头、铁路、桥梁的建造，以及从事船舶、机械、车辆等装备的制造，知识形态的技术（如工程规划、设计、勘察和管理）与操作形态（如机器操作、铆钉挤压等）的技能开始剥离，并在工程实践活动中显现出越来越重要的作用，工程师这一职业逐步从传统的工匠中分离出来，开始活跃在各个工程领域。1820 年，英国著名道路桥梁工程师托马斯·特尔福德创建了世界上第一个工程师自治组织——英国土木工程师学会，标志着工程师作为一种独立的力量开始登上历史舞台，在工程实践活动中开始发挥巨大的主导作用，并与政治家、科学家、律师一样，在英国享有崇高的社会地位和经济地位。

2. 工程师的特点

那么，从本质上来说，什么是工程师（engineer）？工程师具有什么特质和职业特征？通俗来说，工程师就是掌握、开发和应用工程技术的群体，就是干工程、对工程成功建造和顺利运营负有技术责任的群体。严谨一点的说法是，所谓工程师，一般是指具有某一领域系统的工程知识和扎实的专业技能，能够将科学理论、技术方法、管理法则、专业技能等运用于具体工程，达成预定工程目标的专业人士。进一步来说，工程师具有系统的工程设计、工程建造与工程管理的专业能力，是工程传承和工程创新的主要力量和智力保障，也是新生产力的主要创造者，还是新兴产业的积极开拓者，更是一个国家或地区最重要的人力资源，一定程度上承担着工程实践活动对经济社会发展和环境影响的责任。

最初，被称为工程师的人们的共同特点是涉猎业务范围广、严谨细致，能将工程规划、设计、建造、运营的大小事宜和各种细节都考虑得非常周到并做出妥善安排，能够为雇主（用户）最大化地创造经济效益。进入近代工程阶段，随着工程领域的专业化细分，以及工程复杂性的增大，工程师的重要性日益显现、队伍迅速扩大、经济地位与社会声誉日渐凸显，但涉猎的业务范围也迅速狭窄化、专业化，大多数工程师终其一生都耕耘在一个狭小而幽深的专业领域，甚至形成了难以突破的职业壁垒。在英国著名工程师伊桑巴德·金德姆·布鲁内尔之后，随着工程领域的分化，就再也不可能出现全能型工程师了。在当代，随着工程实践规模的扩大、工程实施难度的增大，工程师的专业分工更加细化，这固然极大地提高了工程实践活动的专业性与效率，但也在很大程度上强化了工程师的工具理性，局限了工程师的技术视野，甚至形成了难以突破的职业壁垒。

如今，所谓工程师，一般是指在某一工程领域具有系统的工程知识、扎实的专业技能，能够从事某项专业技术工作的群体，主要包括研发工程师、设计工程师、管理工程师，也包括生产工程师、工艺工程师、安全工程师等，这些职责各异的工程师群体和工程投资者、工程决策者、技术工人一起构成了工程实践的主体。在我国，工程师一般具有双重含义，其一是对从事工程技术工作的人员的称谓，是一个特定职业群体的总称；其二是作为一种职称，表明个体的从业资历与业务水平。自约翰·斯密顿自称工程师200多年来，虽然工程师的角色定位、作用价值、社会期望、职业特征等方面都产生了深刻的变化，并还在不断地演化之中，但对公众的福祉与安全负责的义务始终没有改变，对推进技术创新和工程创新、降低工程实践活动对自然社会资源消耗的使命职责始终没有改变。

3. 工程师的作用

在当代，工程师群体的规模越来越大，工程师在工程实践活动中的作用越来越重要，成为地区、行业乃至国家竞争力的重要智力支撑。另外，和科学家、律师、教师、医生、技术工人一样，工程师是一种独立的职业，具有其独特的培养机制、成长规律与职业特征。一般说来，合格的工程师通常需要经过严格的科班训练和长期的工程实践历练，能够结合具体工程项目，将相关的科学理论、技术方法、管理法则、专业技能等灵活运用，达成预定的工程目标；而卓越的工程师是在长期工程实践的基础上，具备了异于普通工程师的工程洞察力和创造力，能够在传承的基础上推陈出新，在工程理念、技术方法、工程创新或工程知识创造上有所突破。

工程师是工程理念践行者，也是工程观念和工程思维的负载者，更是工程知识的应用者和创造者，并在工程传统传承、技术开发创新、工程创新实践的过程中逐渐形成了鲜明的职业特征。在当代，没有工程师群体就不可能进行工程实践活动，没有工程师群体就不可能有技术进步，更谈不上技术创新与工程创新了。从技术角度来看，古代工程技术是一种偶然的技术、工匠经验的技术，更多地依赖师徒传授。近现代的工程技术，总体上表现为工程师的技术，普遍以科学方法、技术原理、规范规程等为支撑，载体也演变为系统化的专业知识体系，并构建起了持续修正、不断迭代工程知识的更新机制。从工程实践角度来看，工程师是工程的规划者、设计者、实施者和运行者，全方位地介入到工程全寿命周期的每一个环节，工程师是赋予工程生命、推进工程实施、提升工程品质的主要力量，因而也是推动产业/行业进步、促进经济社会发展的主要力量。进入知识经济时代，技术创新和工程创新成为直接的、现实的生产力，是行业、区域乃至国家的核心竞争力，而工程师就是生产力最主要的组成部分，是人力资源最核心的力量。

3.6.2　工程师的职业特征

在工程的建构性、系统性、稳健性、社会性等本质属性的约束下，在学习传承、科班训练和长期工程实践活动过程中，工程师群体逐渐形成了独有的职业特征，打上了深深的职业烙印，这些职业特征既促进了工程师职业生涯的持续发展，保证了工程实践活动的顺利开展。但与此同时，这些职业特征在很多时候也会产生异化、变成了工程师终生难以突破的职业壁垒，甚至异化成为技术创新工程创新的对立面。工程师职业特征的形成与固化的成因非常复杂，既有经济社会发展及历史文化的约束，也受科学、技术及工程发展水平的制约，还有来自高等工程教育自身定位及实现路径偏差的影响。以下就对工程师的职业特征及其局限性的成因做一简要探讨。

1. 工程师的职业特征及其局限性

在当代，工程师群体既包括面向工程项目的设计工程师、建造工程师、工艺工程师、研发工程师、管理工程师、维养工程师等，也包括名称略有差异但工作属性相近的建筑师、规划师、园艺师、软件架构师等，虽然其工作方式、面向领域存在着不小的差异，但却具有共同的职业特征。这些职业特征大致可以概括为以下四个方面。

一是具有扎实的专业技能，但视野常常被局限在一个狭小的领域，普遍存在着细节思维制约中宏观思维的现象。随着现代工程实践活动规模的扩大，工程项目的复杂性越来越高，导致技术分工越来越细、越来越窄，这就自然而然地要求从事技术工作的工程师在某一方面越来越专、越来越深，经过数十年的训练、熏陶和工程实践，工程师常常难以走出技术隔离的藩篱、突破技术孤岛的制约，只能成为某一细分领域的专家。就工程实践活动而言，这种日益细化的分工对于提升工程实践活动能效水平无疑是十分必要而有益的，也会加速工程师群体的成长。就工程师个体而言，这种过度细化的分工固然会促进专业技能的提升，但却会产生"一叶障目、不见泰山"的现象，并不有利于个体工程思想的养成和工程创新思维的培育。从创新角度来看，过度细化的分工有些时候还会成为技术创新、工程创新的阻碍，因为在没有"谋全局"的情况下，要将"谋一域"做得出类拔萃是有悖于人类的认知规律的。因此，强调工程师具有宽广的视野，具备触类旁通、借鉴他山之石的能力，对技术创新、工程创新而言不仅是非常必要的，而且是十分有益的。

二是求真务实、严谨可靠、注重细节，但常常困于工程传统，存在着思维定势对技术创新和工程创新钳制的现象。一方面，受职业行为、职业规范、职业环境的熏陶，工程师群体往往会形成求真务实、严谨可靠、注重细节、稳当保守等职业习惯，这些职业习惯对其职业生涯发展具有极大的帮助作用，对于工程实践活动的顺利开展具有贯穿性的价值理性与工具理性，对于经济社会发展具有潜移默化的带动作用。另一方面，这些职业习惯在很多情况下却会异化成为工程师群体的因循守旧、固守传统的源头之一，工程实践活动当然需要传承传统、需要借鉴先前的工程经验和教训，但事物都具有两面性，虽然传承传统并不等于因循守旧，但在工程实践中却往往会异化为技术创新、工程创新的对立面，异化为技术想象力与工程创造力的天花板。因此，面对具体工程问题，将求真务实、严谨可靠、注重细节的职业习惯与富于想象、敢于创新、善于创新的精神恰当地结合起来，虽然非常困难甚至有悖于常人的认知习惯，但却是技术创新、工程创新的不二法门。正如结构工程大师约格·施莱希所言："设计出一个综合意义上的高品质结构，一方面，工程师需要在培养自身的工程知识，同时修炼敏锐的直觉和创造性的联想……如此说来，结构优美的建筑本应该随处可见，然而事实并非如此。那就说明一定是存在某种鸿沟——即专业知识和想象力之间的连接出现了缺失。"

三是注重工程技术的实践性与建构性，但不善于赋予工程实践活动相应的价值意义，存在着工程思维模式对工程社会性和人文性遮蔽的现象。一方面，工程师群体是工程实践活动最主要的、主观能动性最强的人力资源，他们责任心强、思维周密、考虑细致，非常关注"人为"的工程设计建造及其运行过程，注重工程技术的实施流程、作业程序、操作细则，重视工程的可靠性与稳健性，关注技术细节、工艺工法的可实现性，从而为工程实践活动的顺利开展提供了坚实的保障。另一方面，工程师群体常仅仅专注于技术工作，在推进工程实践活动、增进社会福祉的同时，普遍存在对工程技术以外的事物熟视无睹的现象，对"为人"的工程认识不全面，对工程实践活动的价值理性认识得不够深刻，对工程实践活动的系统性、社会性认知也不系统，常常难以恰当地诠释工程实践活动的价值内涵，也不懂得如何向社会公众阐释工程活动的作用意义、说明工程项目的局限性，致使工程实践活动有些时候难以为社会大众所理解，一些极端情况下甚至会出现社会公众在没有充足理由下，反对工程实践活动开展的事例。这种现象在国内外多次出现并不偶然，既有大众认知偏差的原因，也有科学普及工作不到位的因素，但是，工程师对工程实践活动价值意义的阐述不清晰、解释不通俗、普及不到位无疑也是原因之一。工程师不善于赋予工程实践活动价值意义的习惯做法，既导致工程实践活动的价值意义被社会大众普遍低估，也导致社会大众长期以来对工程师群体的工作属性、作用价值不甚了解。

四是关注技术发展、注重工程技术的与时俱进，但不善于站在更高的层面对技术活动和工程实践进行反思升华，存在着技术思维遮蔽工程哲理的现象。由于工程项目的复杂性和特殊性，大多数工程师及技术研究开发者的视野都被局限在一个幽深而狭窄的业务空间中，甚至形成了难以逾越的职业壁垒，对技术以外的但与工程相关的事情了解不多、理解不深、感悟不透，也不见得有主动反思工程、升华认识的行动自觉，普遍缺乏对工程实践活动的宏观认识和哲学思辨，某种程度上存在"不识庐山真面目、只缘身在此山中"的认知瓶颈。从认知规律来说，只有在理解、反思、掌握、灵活应用工程规律的基础上才可能沿着"能、会、美、雅"的技术境界拾级而上，不断提升工程设计建造的品质。在这里，所谓"能"，是指遵循工程的相关规范规程，正确地完成工程设计、建造和运行维护；所谓"会"，是指能够融会贯通运用技术原理、因地因时制宜地设计建造出最适宜的工程；所谓"美"，是指将工程的内在美与表现形式完美地结合在一起，创造出新的结构艺术；所谓"雅"，是指创造性地运用工程设计艺术，形成新的设计风格乃至技术/艺术流派。虽然现实情况是大多数工程师都处在"能"和"会"的境界，但这并不妨碍工程师们对"美"和"雅"境界的向往和孜孜不倦的追求，也不影响工程师对工程哲理的领会感悟，只是这种追求在实践层面上还不太普遍，也没有在认识论层面上去刻意升华提炼。

2. 工程师职业特征局限性的成因分析

合格的工程师既需要在接受高等工程教育期间构建工程知识和能力的框架，也需要在执业期间不断提升工程素养、刷新工程观念。在长期科班训练和工程实践活动中，工程师职业特征逐渐固化，虽然这些职业特征大多数时候都有利于促进工程实践活动的顺利开展，但在一些时候却异化成为因循守旧、怯于创新的思想根源，成为工程创造力的瓶颈。工程师职业特征局限性产生的成因比较复杂，与经济社会、历史文化、教育教学等因素都有一定的关联。但毋庸置疑，工程师职业特征形成的主要来源于其接受高等工程教育期间的训练，而长期工程实践活动无疑又强化这些特征。概括来说，工程师职业特征局限性的主要成因可归纳为如下五个方面。

一是在工程观念上，"科学还原论"占据主导地位。近现代以来，随着科学率先发展壮大，"科学还原论"主导了科学研究、技术开发与工程实践的全域，其最显著特点是确定性、可还原和标准化，即认为任何一个复杂的问题都可以分解为若干个简单的问题，解决了这些简单问题之后，原有的复杂问题必然能够解决。"科学还原论"虽然极大地提升了科学研究、技术开发、工程实践活动的效率效能水平，促进了专业化分工，但当面对系统性强、不确定性显著的复杂工程时，其局限性也比较突出。从本质上来说，工程实践活动就是系统地恰当地处理其所包含的技术和非技术因素相互作用相互矛盾的复杂关系、实现预定功能的过程及结果，从这个层面来看，基于"科学还原论"工程观念有些时候难以把握协调工程实践过程中错综复杂的内外部关系，难以把握驾驭各种技术问题与非技术问题的矛盾冲突。

二是在培养规格定位上，工程师培养的工具理性过于突出，而价值理性显得不足。由于工程界及教育界对工程实践活动的社会性、经济性、人文性、艺术性等价值内涵认识不充分，导致工程人才培育过程中，能力培养被局限在专业技能训练这一孤立的面上，执业工程师继续教育也常常局限在技术范畴内，对工程项目非技术因素如自然、经济、政治、伦理、历史、文化、宗教等方面认知不够系统全面，在某些时候甚至变成了典型的"工具人"，难以站在更高的层面，建构先进正确的工程观念和工程思想、实现工具理性与价值理性的均衡统一，难以恰当地赋予工程项目相应的价值意义。

三是在实现路径上，高等工程教育模仿科学教育。由于对科学、技术和工程的内涵外延、相互作用机制等方面的认识不够清晰，导致"科学还原论"也传导至高等工程教育，工程教育过分模仿科学教育，对工程的综合性、集成性属性认识不到位，普遍存在重理轻工、口径偏窄、脱离实践的现象，存在专业能力与通用能力融合不足的问题，没有恰当地处理理论知识传授、工程实践能力训练之间的辩证关系，也没有很好地处理工程传承与工程创新的矛盾对立统一。具体表现为：一是在教育教学过程中主要训练学生运用技术规范的能力，普遍存在课程体系学科化的倾向，存在注重理论分析而不重视工程构思、注重局部分析或要素优化而不重视系统集成优化的现象，存在工程能力训练会计化、专业知识学术化等问题。二是专业细分化、知识碎片化、实验形式化、方法单一化，导致高等工程教育失去了应有的张力，受教育者在专业领域之外失去了必要的拓展能力，甚至形成了在其职业生涯都不容易突破的原始专业壁垒，难以进行跨界跨领域交流融合，适应日益复杂的、需要跨文化协作的工程实践活动要求。

四是在实施载体上，工程实践能力训练载体如课程设计、毕业设计、实习实训等普遍简化过度、脱离了工程实际，导致工程思想、工程思维培育的载体明显变形走样。工程思维是一种集成性思维或运筹性思维，是介于工程本质与工程方法之间的过程性、思想性活动，是不完善不完整的科学理论和技术方法的重要补充，是工程实践活动最宝贵的财富，但需要反复穿行在"知"与"行"的空间中才能够领悟。工程思维的构建需要结合科学理论、社会经济实际、工程建设条件、技术发展水平、工程典型案例、工程经验教训等方面的具体情况，反复思考品味才可能有所感悟。但现实情况是，工程思维训练处常常游离于工程项目之外、在过度理想条件下进行，对工程的当时当地性条件鲜有涉及，对工程的技术因素覆盖不到位，对非技术因素如经济、社会、历史、文化等方面则基本不予考虑，导致工程实践能力往往被推移至就业后的二次培养，错失了在校期间反复穿行于"知"与"行"空间的机会，并没有达成"工程师坯璞"的训练目标。

五是在成长机制上，工程师工程素养持续提升的机制不健全、要素不齐全、措施不配套。由于高等工程教育仅能够完成工程师的基本训练，从"工程师坯璞"到合格工程师还需要经过长期实践，持续不断地提升技术能力与工程素养，与时俱进地更新工程观念。然而，现实情况是工程师的继续教育多集中在规范标准宣贯以及新技术、新方法、新工具的培训等技术层面，很少关注工程观念更新、工程思想培育、工程案例批判、工程伦理思辨、工程文化熏陶、工程创新意识启迪等更高层次的教育和提升，在培训性与教育性之间没有取得恰当的平衡。总体来说，虽然继续教育对工程师专业能力的提升有所帮助，但却在某些方面上进一步固化了工程师对规范标准的过度依赖，导致一些奉规范为圭臬的工程师产生了认知偏差，强化了工程师"工具人"的属性，弱化了工程创新的应然性，放大工程师价值理性缺失的短板。

3.6.3　工程师的社会地位

1. 多重属性的"工具人"

一代又一代的工程师们奋斗在利用自然、改造自然、创造财富、增进人类福祉的第一线，用他们所掌握的科学理论、技术方法与专业技能，设计和制造出人们需要各式各样的产品器物，改善与丰富了人类的生产生活，提升了全社会的生产力水平，理应受到社会的普遍认可与广泛尊重。然而，现实情况却有点左右摇摆、飘移不定，自工业革命200多年来一直如此，在某些时候，工程师是一种令人向往的职业，受到了全社会的推崇，但大多数时候，工程师虽然在工程实践活动中发挥了不可替代的作用，但却未获得应有的社会地位和社会声望，工程师的社会地位并不高、社会影响也不大，常常被若隐若现地笼罩在科学家的身影背后。这既与一个国家的历史文化传统有关，也与社会各界对工程师的作用价值的认识相关，但毫无疑问的是，轻视或低估工程师的作用价值往往会减缓技术进步的速度，进而影响经济社会的持续发展。一些科技史研究者认为：英国之所以能够率先完成工业革命，原因之一是社会各界对以伊桑巴德·金德姆·布鲁内尔、托马斯·特尔福德、乔治·斯蒂芬森、罗伯特·斯蒂芬森等人为代表工程师们非常推崇，他们在世时就获得了极高的社会声誉，他们去世之后也被人们不断地缅怀铭记。例如，英国土木工程师学会创会会长托马斯·特尔福德，他去世后入祀英国伦敦西敏寺（Westminster Abbey），葬在离牛顿、达尔文十几米远的地方，享受着无与伦比的荣光，后来,英国政府又以他的名字命名了 Telford 市。又如现代英国的一些建筑结构大师如奥韦·阿鲁普、诺曼·福斯特、杰克·宗兹等人先后被英国皇室授予爵士称号,与物理学巨人斯蒂芬·霍金(Stephen William Hawking)、万维网发明者蒂姆·伯纳斯-李(Tim Berners-Lee)、"上帝粒子"发现者彼得·希格斯(Peter Higgs)、足球教练亚历克斯·弗格森(Alex Ferguson)等著名人士并列,表明了英国各界对这些工程大师非凡创造力的高度赞赏。

此外,受工程实践活动的系统性、复杂性、社会性和综合性的影响,导致工程实践的主导者——工程师的工作内容和工作属性经常会产生各种变化,以致有些时候存在多个身份的重叠和交叉。有人将工程师称为"工具人"或"边缘人",因为工程师部分的作为脑力劳动者、部分的作为工程管理者、部分的承担科学家的作用、部分的涉及到商业活动,这就必然引起工程师在"自身定位"时会陷入某种困境,扮演着多个角色,社会大众由此也很难搞清楚工程师的作用价值。例如,结构设计大师尤金·弗雷西奈、皮埃尔·路易吉·奈尔维、林同炎、弗里茨·莱昂哈特、让·穆勒等人都具有这类"边缘人"的典型特征,他们都具有科学家、工程师、企业家的多重身份:他们创造出预应力混凝土结构的新形式、发展了混凝土结构的设计计算理论,起到了科学家的作用;他们设计了诸多划时代的工程精品,创造性地解决了一个又一个工程难题,推动了结构工程的快速发展,体现出工程师的创造价值;但与此同时,他们创办的国际知名的工程咨询公司,全面介入了诸多工程项目的实施和商业活动,使工程咨询公司成为落实其工程理念与设计思想的市场主体,并成为培养新一代设计大师的肥沃土壤,呈现出企业家的某些特征。美国工程院一项调查揭示:许多人未能区别科学家、工程师与技术员,也不能自然而然地把工程师与技术创新、工程创新联系起来。这种情况在我国也很普遍,正如徐匡迪所言:"当孩子们被问到长大之后想做什么时,很少有孩子说想当工程师,这件事情本身就值得我们忧虑",这从一个侧面说明工程师并不是一个令青少年向往的职业,社会大众并不了解工程师的作用价值,也不理解工程师的工作方式和行为规范。

2. 社会定位失衡的深层次原因

事实上,从社会需求来看,工程师的数量要比科学家、企业家的数量多得多;从社会作用来看,工程师与科学家、企业家各有重要的社会作用,相互不能替代,人们不该扬此抑彼或扬彼抑此;从创造经济社会价值来看,工程师的作用价值更加直接明显,大多数情况下的直接贡献也会高于科学家。进入知识经济时代,这一点表现得更为突出。但是,由于观念认识、宣传定位、历史文化等多方面原因综合作用的结果,目前普遍的状况是社会对待科学家、企业家与工程师出现了明显的失衡现象,主要表现在以下五个方面。

一是表现在认知上,就是区分不开科学、技术和工程的异同,重理轻工的现象普遍存在。在当代,很多人仍然误认为技术是科学的应用,而工程不过就是技术的应用而已,没有意识到工程、技术、科学三者是既有紧密联系,又有明显区别的认知与实践活动。这样的认识,从源头上就将工程实践划归为科学的"二级附属物"了,将技术创新、工程创新的内涵价值以及工程师在创新过程中的作用忽视了,工程师的社会作用、价值创造力也就自然而然地被严重低估或彻底抹杀了。以杭州钱塘江大桥的总工程师、我国现代桥梁工程的奠基者茅以升为例，他是一名卓越的工程师，一生专注于桥梁建设、高等工程教育和科普教育，是名副其实的桥梁泰斗，但却一直被宣传为科学家，并以此身份为社会所广泛接受。又如我国相当一部分工程设计咨询单位，设置了"首席科学家"的职位，试图以此提升工程师的社会地位与声望，表达对声誉卓著工程师的推崇和尊重，但却在客观上混淆了工程师与科学家的异同，无意之中显露出工程师群体的不自信。

二是表现在社会声望和社会影响上，工程师的作用价值被严重低估或"转移"了。在"器道分途、重士轻工"的传统观念的影响下，社会大众多认为工程师的工作是艰苦的、乏味的、执行性的、缺乏创造性的活动，工程师的工作性质、意义价值未能被社会充分了解和理解，甚至在一些情况下还存在轻视或贬低工程师作用的情况。实际上，工程师虽然是最平凡、最普罗的职业，但也是最神圣、最能改变世界的职业之一，鄙薄工程师是荒唐而有害的，矮化工程师是浅薄而短视的，工程历史上的无数经验和教训已经证明了这一点，正如美国工程评论学者亨利·彼得罗斯基所言：如果你想要知道世界会怎么变，请你去问工程师而不是科学家（If you want to know how the world will change, please ask engineers, not scientists），非常直白明了地阐明了工程师在改造世界过程中的作用价值。此外，工程师也没有渠道、没有能力将自己的声音传递到社会大众中，工程师的社会声望被严重地"打折"或"转移"了。例如，阿波罗工程、空客 A380 民航客机、三峡工程、港珠澳大桥、500 米口径球面射电望远镜（five-hundred-meter aperture spherical radio telescope，FAST）等都是伟大的工程成就，虽然离不开科学理论的支撑，但社会大众却普遍把这些成就归功于科学家而抹杀了数以万计工程师的主要贡献。

三是表现在工程教育上，以科学教育模式覆盖工程教育占据主流。不少人认为，一流人才学理科，二流人才学文科，三流人才学工科，高等工程教育的重要性被严重低估了。同时，在工程教育过程中，没有认识到科学人才与工程技术人才是两种不同类型的人才，二者虽有许多共同的特点，但也有各自的特征和成才规律，以科学教育模式覆盖工程教育在过去的几十年里占据了全世界的主流，导致社会各界进一步模糊了科学、技术与工程的差异。此外，高等工程教育的工具性过于突出、社会声望不高，很多以工科见长的学校甚至不愿意将工程师作为自己的培养定位，仅有为数不多的高校能够坚守工程教育的初心和宗旨。以享誉全球的麻省理工学院（Massachusetts Institute of Technology，MIT）为例，虽从 20 世纪 30 年代开始转型成综合性大学，但仍以工科为主和见长，人们一提到 MIT，第一反应就是"工科殿堂"，有趣的是，该校的吉祥物是动物界最擅长筑水坝的"工程师"——海狸，校训是"脑手并用"（mind and hand），彰显其对工程技术的重视、对培养工程师目标的坚守。

四是表现在工程技术研究开发上，以科学研究模式去引导、约束、评价工程技术研究开发，导致高等学校的工程技术研究开发与工程实践活动普遍存在"两张皮"的现象。在近代工程实践活动中，高等工程教育不仅为产业界大培养了大批技术人才，而且为产业界提供了系统的理论指导和技术支撑，然而，进入现代工程阶段，受"工程科学运动"的影响，科学研究模式对技术研究开发的影响日益显著，导致大学的工程教育、技术研发常常落在了产业/行业技术发展潮流的后面，"学院派"的研究选题、研究成果与产业界的需求明显脱节，引起了产业界的普遍诟病。直到 20 世纪 90 年代，由美国麻省理工学院、斯坦福大学、欧林工学院、瑞典皇家理工学院、加拿大滑铁卢大学等高校领衔的"工程教育回归工程"运动在欧美国家兴起后，情况才开始有所好转，但要彻底扭转科学教育模式的影响还需要一个漫长的过程。

五是表现在科技史研究上，对科技史研究主要集中在科学史，而很少涉及技术史、工程史。正如法国一些科技史学者所言："在法国……除了极个别的情况外，那些声称专门研究科学技术史的研究中心把 95%的精力花在了科学上，花在技术上的只有 5%"，对于工程史，这一问题则更为突出。这一现象在全世界都普遍存在，这固然与工程史研究需要跨越的专业门槛较高有关，也与人们对工程史的研究不够重视也密切相关，导致很多技术沿革、技术创新、工程创新、工程演化的来龙去脉消失在历史的迷雾中，也导致工程观念、工程思想演变研究对当下的技术研发和工程实践活动的指导意义大为削弱。实际上，一些技术问题、工程事故教训在上升至认识论层面后，在工程本质上是相同相近的、不断重复的，只有从工程历史中汲取经验教训，才有可能让后人少走弯路，才有可能构建先进正确、与时俱进的工程观念。这种情况在我国工程界也很常见，这固然与工程史、技术史研究者的关注焦点、知识背景、业务范畴有关，也与相关领域的工程技术人员未能担负起应有的责任，长期忽视本行业本领域工程历史、工程思想、工程观念的研究密切相关。

应该指出的是：工程师社会作用和社会地位的问题绝不是事关工程师群体团体利益的小事，而是一个事关产业/行业兴衰、经济社会持续发展的大事，更是一个事关国际竞争、打造产业优势的大事。对此，社会各界应积极作为、综合施策，既需要全社会从工程的本质属性、工程价值作用等认识方面予以纠偏，也需要政府从政策导向、教育宣传等方面予以扭转，还需要工程界奋发有为、积极面向社会大众，宣讲工程意义、普及工程常识、阐释工程价值。只有从以上几方面综合施策，才有可能让社会大众更加全面地认识工程、了解工程师，提升工程师的社会声望，吸引一代又一代的优秀人才从事工程实践活动，造就数量充足、业务优秀、品质卓越的工程师群体队伍。

3.6.4　结构工程师与建筑师

对于结构工程，由于其处在科学、技术、工程与艺术的交叉点上，承载着人类的历史文化，彰显了人类对美好生活的向往和精神追求。那么，作为结构工程实践活动的主体，结构工程师在工程实践活动中所起的价值如何？所扮演的角色有哪些？结构工程师与建筑师如何相辅相成？职责如何分割？作用如何体现？等等，这些问题长期以来一直是一个争论不休的话题。进一步来说，这个话题的本质就是在建筑设计中，建筑师与结构工程师的作用价值如何展现？如何协作融合？如何使建筑兼具工程的经济合理性与艺术表现力？

1. 建筑师与结构工程师的分离

从结构工程的发展历史来看，18、19 世纪以来，随着巴洛克建筑的兴起，从原来由营造师承担的策划、设计、采购材料、雇佣工人、组织施工等职责中，逐渐区分出一个新的技术称谓，即建筑师（architect），其主要职责是从艺术而不是技术的角度对建筑进行设计，以实现巴洛克建筑外形自由、追求动感、喜好富丽、表现自由思想、营造神秘气氛的风格。从此，建筑师这一新的定位与古代工程中的建筑师出现了一定差异，也标志着建筑师与结构工程师分离的开始（实际上，古罗马时代的建筑师如维特鲁威，其职责更接近于营造师，即统筹负责建筑规划、设计、建造、运营等方面的一切事务）。

此外，随着近代力学的萌芽、结构材料的迭代、结构工程特别是桥梁工程的蓬勃发展，结构设计和建造的重要性变得更加突出，于是就逐渐产生了结构工程师（structural engineer）这一称谓，其主要职责是从结构材料、结构形式、工程管理、工程测量、工程造价、施工工艺方法等层面来保障结构工程的正确建造和安全服役。到了 20 世纪初，随着人们对建筑空间构建、建筑环境营造、建筑物理性能的重视，也随着结构工程复杂性的增大、设计领域专业化分工的深化，以及各种新的建筑流派的兴起，建筑师作为一个独立的职业从营造师中先行分离出来了，成为整个建筑设计的龙头。随后，结构工程师、测量工程师、设备工程师、测绘工程师等专业工种也逐渐分离出来了，形成了职责相对清晰、专业技能有一定差异的工程师群体。在这个历史进程中，结构工程师则逐渐演化为实现建筑师意图的"工具人"，担负着结构安全、结构实现的重担，但却在不知不觉中被建筑师耀眼的光影所遮蔽，以至建筑师和结构工程师的角色和定位的冲突成为一个普遍现象。

在当代，一般来说，建筑师主要职责是：在给定的自然及经济约束条件下，综合考虑空间组织及其优化，对与用户活动相关的空间形式及其使用性能做出物质的、象征性的总体构思，统筹空间形式和技术性能等方面的要求，构建完整而优雅的使用环境，必要时赋予其文化内涵和审美价值。结构工程师的主要职责是：考虑有关物质的整体性、强度和效能等方面要求，统筹物质（物料、设施、工具等）、技法（技术、方法、技能等）、人员（投资决策、管理经营、实施实操等人员）、管控（目标链、价值流、物质流、能量流、信息流等）等几个方面，在比较经济合理的情况下实现建筑设计的意图。由此可见，建筑师着眼于总体，致力于构思一个保障用户功能目标、物质及象征性等要求协同一致的人居环境总体方案，并以此来引导或限定结构工程师的工作；而结构工程师致力于建筑设计的可实现性与技术的先进性，着眼于结构的安全性、经济性与可靠性。

2. 建筑师与结构工程师的矛盾冲突

从建筑师与结构工程师的职责分工中可以看出，结构工程设计普遍呈现出碎片化、流程化的现象，建筑师与结构工程师在工作流程上有先有后，出发点和落脚点有一定差异，处理问题的手段方法也有明显不同，于是，建筑师与结构工程师的矛盾冲突就不可避免地显现出来了。但放宽视野来看，建筑业界的设计碎片化现象，在其他工程领域尤其是在制造业中并不是一个普遍的现象，例如在机械装备制造业中，工程设计中并没有出现建筑业界的两层分离或多层分离，而是融为一体。这种分离的模式既来源于几百年来的历史传承，也来源于建筑业规模大、系统性强、社会性突出等基本特点，虽具有相当的合理性，但却造成了建筑设计与结构设计的矛盾冲突。这些矛盾冲突对于功能比较明确的桥梁结构或中小型建筑结构尚不明显，但对于大型建筑结构、地标性建筑则十分突出。

此外，在欧洲、北美等西方发达国家，建筑尤其是大型公共建筑向来被视为"艺术"而非"工程"，建筑师主导建筑设计具有一定的历史传统，但常常却因观念、目标、职责等方面的差异，建筑师和结构工程师在设计过程中存在着各种各样、或大或小的矛盾和争执，有些时候甚至演化为艺术表现力与技术可实现性、结构造型与安全性、经济性与艺术感染力等方面的矛盾冲突。比较典型的现象包括但不限于：大型公共建筑常常出现形式脱离功能的倾向，以"新、奇、怪、特"来展示建筑师的设计风格；建筑设计常常忽视结构受力的合理性和科学性，在实现独特造型的同时，罔顾结构工程的经济性、社会性与系统集成性；社会大众普遍存在以建筑造型来评判结构工程优劣的现象，对结构的合理性则不太在意；等等。这些现象引起了众多结构工程师的抱怨和批评，但问题由来已久、积重难返，在某些情况下还有愈演愈烈之势，一些造型比较怪异、受力不合理、施工难度大、工程造价高的建筑还时不时地"粉墨登场"，这也许是由结构工程的复杂性、社会性所致。例如，悉尼歌剧院建造过程中建筑师约恩·乌松与奥雅纳事务所的奥韦·阿鲁普、杰克·宗兹、彼得·莱斯等结构工程师关于屋面结构实现方案长达 4 年的争执就是一个典型的案例。

3. 建筑师与结构工程师的协作

对于建筑与结构的矛盾冲突，工程界孜孜不倦追求的目标是强化建筑与结构的融合，提倡"建筑师要懂结构设计的要义，结构工程师要懂建筑设计的意图"，在工程实践中也通过各种管控措施、技术流程、经济约束来强化建筑师与结构工程师的协作。然而非常不幸的是，普遍实行的分科教育常常使建筑学与结构工程的结合成为了泡影，创造力被程式化、单一化的专业训练所泯灭，而长期工程实践活动则进一步强化了各自职业壁垒的厚度和韧性，导致结构工程师和建筑师的矛盾冲突在结构工程实践活动中屡见不鲜，成为一个普遍性话题。虽然存在像圣地亚哥·卡拉特拉瓦那样集建筑师与结构工程师于一身的设计师，但毕竟只是个例；虽然也存在像贝聿铭与莱斯利·罗伯逊、丹下健三与坪井善胜、伦佐·皮亚诺（Renzo Piano）和彼得·莱斯那样合作无间、创造力卓越的搭档，但这些毕竟不是工程设计界的主流形态。那么，这种普遍性的、建筑师与结构工程师的矛盾如何化解呢？以下就从建筑文化、建筑技术、建筑师与结构工程师的作用贡献等三个方面进行简要说明。

一要拓宽认识视野，从文化层面对建筑设计进行再认识、再思考。建筑，特别是大型建筑和地标性建筑，不仅仅属于结构工程的范畴，更属于人类文明的范畴，包含着自然、经济、政治、伦理、历史、文化、宗教等非技术因素，满足使用功能、满足安全性能仅仅是其基本要求，结构工程师不应把眼光局限在技术层面上，而应该更进一步，从人文、历史、环境等多个视角对建筑设计进行再认识、再升华。一些世界知名地标建筑如巴黎埃菲尔铁塔、乔治·蓬皮杜国家艺术和文化中心（Le Centre national d'art et de culture Georges-Pompidou）、悉尼歌剧院等在建设之初，很多都受到当时业内外知名人士的非议和批评，但最终却成为享誉世界的地标建筑。这说明，仅仅从工程技术层面来看待、来评价这些地标建筑的片面性是非常明显的。在这方面，结构工程师所接受的工程教育和执业再教育，无疑具有普遍的局限性。一方面，工程教育普遍存在重视理论教学、轻视工程思想熏陶、忽视文史哲陶冶的现象，这无疑会让工程师从细节而不是整体来看待考虑技术问题，导致其对总体方案缺乏足够的理解，无意中降低了对建筑设计理解领悟的高度，无形中加深了对建筑师的隔阂。另一方面，人文教育的弱化、艺术熏陶的缺失，则不仅使结构工程师难以全面理解和生动诠释建筑的艺术表现力，而且使其"匠气"过重、赋予建筑文化内涵的能力不断萎缩，成为一个被各类技术规范规程束缚操控的"工具人"。

二要加强建筑与结构的协作融合，避开"技术至上"的泥潭。概括来说，建筑与结构是一个工程问题的外在表现与内核骨架，在工程实践活动中并没有严格的界面划分，自古以来都是这样。在技术、艺术不分的古代，古罗马的维特鲁威、赵州桥的建造者李春、伦敦圣保罗大教堂设计者克里斯托弗·雷恩等人既具有建筑师的才华，又担负结构工程师的职能，某些时候还履行技术工人的职责，成为建筑与结构的多面手。进入近现代社会，随着结构工程实践活动规模的扩大、专业化分工的深入，建筑与结构开始分离，一些业务界面或区分方式被人们发明出来，这固然极大地提升了专业化程度与设计效率，但却在建筑与结构之间形成了一条不大不小的鸿沟。与此同时，随着市场竞争的加剧，建筑设计的艺术成色一直在不断提升，建筑方案越来越少地考虑工程可行性与经济合理性，甚至出现了一些天马行空、难以实现的建筑方案。与此同时，随着结构工程学科化程度的加剧、结构工程工具性的强化，结构工程的设计性被不断弱化，结构工程师已经很难将结构材料、结构构件、结构形式、施工方法与结构的艺术表现力等要素全部揉碎、重新组合、有效改良并推陈出新。面对这一现实情况，建筑师与结构工程师要相向而行，不断探索"结构艺术"的实现路径，不断优化结构形式与主要设计参数，让结构工程实践活动回归到原点——使工程的效能效率更高、材料用量更省、向自然索取的资源更少、安全性可靠性更高，避免让技术的工具理性误入歧途，成为炫技的载体，或变成"吞食"结构材料的"黑洞"，甚至掉入"技术至上"的泥潭，在工程价值观、工程伦理观方面衍生出明显的歧义。

三要客观全面地区分建筑师与结构工程师的价值，避免以建筑师作用来覆盖结构工程师的贡献。简单来说，建筑师是建筑设计的龙头，把控着建筑设计的方向，而结构工程师是建筑设计的中坚力量，担负着在经济合理条件下结构安全建造、正常运维的重担，二者相辅相成、不可相互替代。但现实情况是，结构工程师却往往隐藏在建筑师的光芒下，以致社会大众或许还多少了解一些知名建筑师的作品，但却很少了解其背后结构工程师的辛劳和付出，甚至存在以建筑师作用来覆盖结构工程师价值的现象。这一问题在国内外都很普遍，在房屋建筑工程领域尤为突出，甚至一些著名的结构设计大师也不能幸免。例如，著名结构设计大师彼得·莱斯在其自传《工程师奇想》中不无抱怨地写道"结构工程师的自我在他人的屏幕后被隐藏了……缺乏职业认同感，是结构工程师最根本的弱点"。他始终认为结构工程师应当被独立对待，而不是隐藏在建筑师身后、成为"工具人"。然而，现实情况并不乐观，有人做过调查，当问起一个建筑系学生"著名建筑大师有哪些？"，他也许能说出安东尼奥·高迪、勒·柯布西耶、伦佐·皮亚诺、保罗·安德鲁、贝聿铭、诺曼·福斯特、丹下健三、安藤忠雄、雅克·赫尔佐格、扎哈·哈迪德等人中的一部分或大部分；但是，当问起学土木工程或学结构工程学生"著名结构（桥梁）设计大师有哪些"，恐怕学生很难说出尤金·弗雷西奈、罗伯特·马亚尔、奥斯玛·安曼、弗里茨·莱昂哈特、爱德华多·托罗哈、皮埃尔·路易吉·奈尔维、林同炎、约格·施莱希、法兹勒·汗……之中的几个。这本身就是一个意味深长的典型例证，从一个侧面说明了结构工程师的尴尬处境，也反映了工程历史教育缺失所产生的不良影响。以我国桥梁工程为例，在与国际基本隔绝、钢材严重匮乏、缺少大型施工机具的大背景下，在强调集体主义、见物不见人、技术思维占据要津的情况下，我国桥梁工程师自力更生，发明出了独具特色的钢筋混凝土双曲拱、刚架拱、桁架拱等新的结构形式，解决了我国特殊时期桥梁建设的困难，虽然这些拱桥存在着这样或那样的问题而消失在工程演化的进程中。但是，仅仅过去了几十年，如今又有多少桥梁工程师还知道双曲拱桥的发明者苏松源、拱桥平转施工法的发明者张连燕、钢管混凝土拱桥的发明者吴清明呢？又有多少桥梁工程师能够说清楚他们的历史贡献呢？

案例3-10　20世纪最伟大的30位结构工程大师及其主要贡献——基于历史的沉淀

20世纪是结构工程发展速度最快的时代，也是一个结构工程创新喷涌而出的时代，结构工程所取得的成就超过了此前任何一个时代。在经济合理的情况下，大跨建筑结构的跨度达到了300 m，高层建筑结构的高度达到了500 m，桥梁结构的跨径逼近了2000 m，结构工程基本实现了从"能不能"向"好不好""适合不适合"的根本转变，这是人类工程史上从未有过的壮举。在这个波澜壮阔的历史进程中，涌现出一大批杰出的、富有创造力的结构工程大师，他们创造性地解决了结构工程实践活动中的疑难问题，揭示出工程背后的科学问题，发展完善了现代结构设计理论和计算方法，提出了一系列新的结构形式，丰富了结构材料的应用方式，发明了许多令人惊奇的施工方法和细部构造，创造出新的工程理念和工程知识，留下了一大批影响深远的论著，设计出一大批划时代的结构工程的精品，成为近现代结构工程史上的一个个节点，对结构工程的发展起到了重要的推动作用。

在这些繁星如海、卓越超群的结构工程大师中，以瑞士的罗伯特·马亚尔（1872～1940年）、法国的尤金·弗雷西奈（1879～1962年）、德国的弗朗茨·迪辛格（1887～1953年），意大利的皮埃尔·路易吉·奈尔维（1891～1979年）、西班牙的爱德华多·托罗哈（1899～1961年）、德国的弗里茨·莱昂哈特（1907～1999年）、美国的林同炎（1912～2003年）、瑞士的克里斯蒂安·梅恩（1927～2018年）、美国的法兹勒·汗（1929～1982年）、德国的约格·施莱希（1934～2021年）、爱尔兰的彼得·莱斯（1935～1992年）等30人最具代表性。他们或兼顾科学研究、人才培养与工程实践多个方面，兼具科学家洞察力和工程师的创造力，创造出新的工程知识；或横跨建筑与结构工程两个领域，或专注于高层建筑结构或桥梁结构，创造出新的结构体系、结构材料的应用方式或施工方法，留下了影响后世的经典论著，在结构工程领域做出了卓越的贡献；或创办享誉国际的工程咨询公司,培养出新一代的结构大师……虽然各个大师成长轨迹、创新载体、作品数量有所差异,但是,他们都毫无例外地展现了结构工程师的作用、价值和才华,一些大师甚至形成了自己独特的风格、开创了新的设计流派,对新一代结构工程师成长和发展产生了深远的影响。只是一些结构大师如爱德华多·托罗哈、法兹勒·汗、彼得·莱斯等人英年早逝,成为结构工程界不可估量的损失。20 世纪最伟大的 30 位结构工程大师的主要贡献、代表性作品可简要归纳为表 3-6。

表 3-6　20 世纪最伟大的 30 位结构工程大师的主要贡献简表

大师	主要贡献	代表性作品
罗伯特·马亚尔	提出三铰拱桥、无梁楼盖、薄壳结构等新的混凝土结构形式,20 世纪初"结构艺术"流派的代表人物	①瑞士萨尔基那山谷桥等多座混凝土三铰拱桥;②采用无梁楼盖、蘑菇柱帽等混凝土结构新形式建造了多座大跨径厂房、仓库,如跨度 20 m 的瑞士基亚索仓库屋架(ChiassoWarehouse Shed)
尤金·弗雷西奈	预应力混凝土的奠基者之一,开发了预应力张拉锚固设备;提出了预应力混凝土刚架桥的新形式;创建了弗雷西奈国际咨询公司	①普卢加斯泰勒等多座大跨径混凝土拱桥;②吕章西等 6 座混凝土刚架桥;③澳大利亚格莱兹维尔拱桥(咨询);④培养出米歇尔·维洛热、让·穆勒、米歇尔·普拉西迪等著名结构设计大师
奥斯玛·安曼	现代悬索桥的奠基者之一,发现了悬索桥的重力刚度,设计建造了多座划时代的大跨径桥梁	①纽约乔治·华盛顿大桥;②纽约韦拉扎诺海峡大桥;③纽约布朗克斯-白石大桥;④纽约贝永大桥;⑤纽约狱门大桥
爱德华多·托罗哈	发展了预应力混凝土理论;提出了多种新的空间结构形式	①西班牙腾普尔渡槽桥;②西班牙埃斯拉拱桥;③西班牙阿尔芬斯输水桥;④Pont de Suert 教堂;⑤Torrejon de Ardoz 飞机库;⑥著作 *Philosophy of Structures*
弗朗茨·迪辛格	现代斜拉桥的奠基者之一,预应力混凝土结构的先驱,提出了无黏结预应力混凝土	①德国奥厄车站跨线桥;②瑞典斯特罗姆桑德桥;③著作《混凝土收缩和徐变》
皮埃尔·路易吉·奈尔维	发展了薄壳结构,在薄壳结构、折板结构、刚性悬索结构等方面具有开创性的贡献	①罗马小体育馆;②罗马大体育馆;③巴黎联合国教科文组织总部会议厅;④都灵展览馆
费利克斯·坎德拉	发展完善了薄壳结构,提出了多种薄壳结构的新形式	①墨西哥洛斯·马纳迪阿勒斯餐厅;②1968 年墨西哥城奥运会场馆
奥韦·阿鲁普	发展完善了装配式混凝土结构和剪力墙结构,创建了奥雅纳事务所	①悉尼歌剧院;②Kingsgate 步行桥;③培养出杰克·宗兹、彼得·莱斯、塞西尔·巴尔蒙德等结构设计大师
弗里茨·莱昂哈特	发明了正交异性板、冷铸锚具、PBL 剪力键等新结构新构造;发明了桥梁的顶推施工法;提出斜拉桥的倒退分析法;开创桥梁美学研究方向	①德国道伊译尔(Deutz)桥;②德国 Flehe 桥;③委内瑞拉卡罗尼河桥一桥、卡罗尼河二桥;④著作《桥梁:美学与设计》《桥梁建筑艺术与造型》;⑤慕尼黑奥林匹克体育场;⑥斯图加特电视塔
林同炎	发展了预应力混凝土理论;提出了脊骨梁、悬带桥等新的结构形式	①尼加拉瓜美洲银行大厦;②台北关渡大桥;③哥斯达黎加科罗拉多反吊桥;④直布罗陀海峡大桥方案;⑤Ruck-A-Chuchy 桥设计方案;⑥著作《预应力混凝土结构设计》《结构概念和体系》
里卡尔多·莫兰迪	提出了多跨斜拉桥的结构体系,推动了混凝土斜拉桥的发展,发明了拱桥的竖向转体施工法	①委内瑞拉马拉开波湖桥;②意大利热那亚波尔切韦拉高架桥;③南非暴雨河桥
克里斯蒂安·梅恩	提出了连续刚构、部分斜拉桥等新的结构形式	①瑞士弗尔泽瑙(Felsenau)桥;②瑞士 Fegire 桥;③瑞士甘特桥;④瑞士阳光桥(Sunniberg Bridge);⑤著作 *Prestressed Concrete Bridges*;⑥美国波士顿 Charles River 桥

续表

大师	主要贡献	代表性作品
海因茨·伊斯勒	薄壳结构的先驱，提出了多种薄壳结构的新形式和找形方法	①瑞士空军博物馆；②瑞士 Heimberg 网球中心；③瑞士 Bürgi 花卉中心
赫尔穆特·霍姆伯格	提出了斜拉桥的密索体系、单索面斜拉桥等新形式，促进了计算机结构分析方法在工程中应用	①德国波恩弗里德里希·艾伯特桥；②德国波恩易北河桥；③泰国曼谷拉玛九世桥；④英国伊丽莎白二世桥
约格·施莱希	发展了混凝土结构的基本理论；提出了组合梁斜拉桥；发展了多塔斜拉桥结构体系	①印度加尔各答胡格利二桥；②香港汀九大桥；③希腊 Evripos 桥；④汉诺威世博会展馆；⑤柏林新中央火车站著作；⑥著作 *Light Structures*、*Concrete Box-Girder Bridges*
吉尔伯特·罗伯茨	发明了扁平流线型钢箱加劲梁，开拓出大跨径柔性桥梁抗风的新途径，形成了悬索桥的英国流派，设计了多座划时代的大跨径悬索桥	①英国塞文桥；②英国福斯公路桥；③土耳其博斯普鲁斯海峡 I 桥；④英国亨伯尔桥
坪井善胜	发展完善了薄壳结构，在薄壳结构、刚性悬索结构等方面具有开创性的贡献	①东京奥运会代代木国立综合体育馆；②大阪世博会场馆；③东京国际贸易中心；④东京圣玛丽大教堂；⑤著作 *Theory of Plates*、*Shell Structures*
法兹勒·汗	高层建筑结构的一代宗师，提出了框架-核心筒、桁架筒体、束筒、核心筒-伸臂桁架等高层建筑结构的新体系；提出了电梯分区分段运行和电梯转换层的设计原则	①美国芝加哥约翰·汉考克中心；②美国芝加哥西尔斯大厦；③美国威斯康辛银行大楼；④沙特阿拉伯麦加阿卜杜勒国际机场候机楼；⑤美国休斯顿第一贝壳广场大厦；⑥美国芝加哥 Onterie Center
彼得·莱斯	发展了薄壳结构的预制装配施工方法，提出了多种玻璃幕墙的构造方式，完善了铸钢节点构造形式	①悉尼歌剧院；②巴黎乔治·蓬皮杜国家艺术和文化中心；③伦敦劳埃德大厦；④卢浮宫倒金字塔；⑤日本关西机场航站楼
让·穆勒	发明了混凝土桥梁的悬臂拼装施工方法，提出了单索面斜拉桥，在跨海长桥建设方面具有开创性贡献	①巴西里约-尼泰罗伊跨海大桥；②法国布鲁东纳大桥；③加拿大联邦大桥；④法属留尼旺岛普莱支流河大桥；⑤美国切萨比克-特拉华运河桥
莱斯利·罗伯逊	发展完善了高层建筑结构体系，创新了高层建筑结构的形式，创建了理雅设计事务所	①纽约世贸中心双子塔（毁于"9·11"事件）；②上海环球金融中心；③香港国际金融中心；④香港中国银行大厦；⑤日本美秀美术馆
斋藤公男	提出并完善了张弦梁结构，在大跨轻型建筑结构、薄膜结构等方面具有开创性贡献	①日本酒田市纪念体育馆；②日本出云穹顶；③日本静冈体育场；④著作《空间结构的发展与展望》
雅克·马蒂瓦	提出了 extra-dosed beam 的基本概念，发展了体外预应力技术	①法国布鲁东纳大桥（和让·穆勒一起）；②法国 Oléron 高架桥；③著作《混凝土桥梁的节段施工》（和让·穆勒合著）
雅克·孔布	发明了波形钢腹板组合梁桥、加筋土隔震基础，发展了钢-混凝土组合结构	①希腊里翁-安蒂里翁大桥；②法国科尼亚克（Cognac）桥；③法国曼普（Maupré）桥
圣地亚哥·卡拉特拉瓦	当代"结构艺术"的旗帜人物，提出了无背索斜拉桥、半拱形塔索斜拉桥，设计了诸多划时代的公共建筑，开创了交通枢纽综合体设计的新潮流	①西班牙塞维利亚阿拉米罗桥；②爱尔兰都柏林市萨缪尔·贝克特桥；③加拿大卡尔加里和平桥；④葡萄牙里斯本东方火车站；⑤纽约世贸中心交通枢纽
米歇尔·维洛热	发展完善了斜拉桥、斜拉-悬索结构体系，提出了斜拉桥的顶推施工法	①法国诺曼底桥；②法国米约高架桥；③土耳其博斯普鲁斯海峡III桥
邓文中	发明了前置式轻型挂篮悬浇法、剪力键抗震塔柱，提出了"索辅梁桥"的概念	①美国奥克兰海湾大桥东桥；②重庆石板坡长江大桥复线桥；③重庆菜园坝长江大桥；④重庆两江大桥

续表

大师	主要贡献	代表性作品
大卫·盖格尔	发展完善了索膜结构，在大跨体育建筑方面有开创性的贡献	①韩国汉城奥林匹克体操馆和击剑馆；②美国伊利诺依大学红鸟竞技场；③美国太阳海岸穹顶
塞西尔·巴尔蒙德	发展了高层建筑结构体系，提出了新的结构形式	①北京 CCTV 大楼；②英国伦敦阿赛洛·米塔尔轨道塔；③里斯本世界博览会葡萄牙馆；④美国西雅图市图书馆
威廉·贝克	发展完善了高层、超高层建筑结构体系	①阿联酋迪拜哈利法塔；②芝加哥 Trump 大厦；③南京紫峰大厦；④伦敦 Exchange House

此外，随着现代结构工程建设规模的扩张、技术难度的增大，结构工程设计建造涉及的学科领域越来越广、专门理论和工程知识技能越来越深、分工越来越细、协作水平越来越高，以致再也很难出现像尤金·弗雷西奈、弗朗茨·迪辛格、爱德华多·托罗哈、弗里茨·莱昂哈特那样集理论研究、技术开发与工程设计咨询于一体的全能型工程大师了，甚至像罗伯特·马亚尔、林同炎、圣地亚哥·卡拉特拉瓦等横跨房屋建筑、桥梁工程两个细分领域的设计大师也日益变得稀少。这虽然是专业分工细化、技术进步的必然现象，但也无形中割裂了房屋建筑结构与桥梁结构这两个结构工程主要分支的内在联系。

诚然，这 30 位大师是 20 世纪群星璀璨结构设计大师中的一小部分，并不能完全代表结构工程大师们无与伦比的洞察力、卓尔不群的创造力及其对结构工程发展演化的贡献。这 30 位大师之所以能够将技术创新、工程知识创造、工程创新实践融为一体，达到后人难以企及的高度，除了旺盛的社会需求推动以外，与他们善于创新、勇于实践、勤于总结等个人优秀品质是分不开的。虽然时代变了，工程实践活动的外部环境更加严苛、尺度更加极端、规模更加庞大，但他们所揭示的"源于工程、高于工程、指导工程"的工程理论的认知路径、所凝练的"因时因地制宜"工程理念、所践行的"结构艺术"的实践宗旨，在任何时候对一线的结构工程师都具有启迪价值。

案例 3-11　从几座人行景观桥梁说起——兼论建筑师与桥梁工程师着眼点的差异

与房屋建筑作为围合结构不同，桥梁作为跨越结构，具有功能单一、结构形式特殊、空间组织及环境优化相对简单等特点，也具有受力复杂、施工难度大等突出的技术问题，因此，建筑师一般不主导桥梁工程设计，但有时会从桥梁美学角度介入桥梁设计。与公路桥梁、铁路桥梁不同，人行桥梁因设计荷载轻、结构体量小、功能相对简单，往往成为前卫建筑师的试验田，也成为许多城市刻意打造的文化景观。20 世纪 90 年代以来特别是千禧年间，以圣地亚哥·卡拉特拉瓦、贝聿铭、诺曼·福斯特、威尔金森·艾尔（Wilkinson Eyre）为代表的一大批建筑师，以其独特的构思、与桥梁工程师迥异的设计语言、有别于桥梁工程师常用的表现方式，创作了一批令人称奇叫绝、赏心悦目的人行桥梁，催生了新的结构形式，拓展了结构材料的利用方式，引起了社会大众对桥梁这一公共建筑的关注，其中一些人行桥梁更是成为新的城市地标。其中，以日本美秀美术馆桥、英国纽卡斯尔盖茨赫德千禧桥、英国伦敦千禧桥等几座桥梁最具代表性，现简要介绍如下。

1）日本美秀美术馆桥

美秀美术馆是一座由日本富商小山美秀子（Koyama Mihoko）创建的私立艺术馆，主要包括美秀美术馆及其配套的道路桥梁工程两部分，由建筑大师贝聿铭和结构工程大师莱斯利·罗伯逊合作设计、1997 年建成。为营造出世外桃源的意境，建筑大师贝聿铭将美术馆建造在一个环境幽雅的山顶，并将美术馆主体工程的 80%隐匿在地下，游览者需要从另一个山坡下走过弯曲的山间小路、穿过隧道，然后豁然开朗、走过桥梁才能到达美术馆，这一路过来仿佛远离了人间喧嚣，来到了"桃花源"。美秀美术馆桥（Miho Museum Bridge）跨越风景秀丽的山谷，前接隧道、后接美秀美术馆，是一座跨径 114 m、桥宽 7.5 m 的斜拉人行桥，如图 3-11 所示。

作为美术馆配套工程的斜拉桥秉持与美术馆相同的设计理念，在满足功能的同时，采用消隐的表现手法，最大限度地降低了桥梁结构的体量和存在感，将结构不着痕迹地融于自然环境，实现了技术与艺术的高度和谐统一。具体来说，人行桥采用钢桁梁斜拉桥，索塔则采用高度 16.146 m 的拱结构，背索锚固在隧道洞门上，塔高与跨径之比仅为 1/7.06，远小于常规斜拉桥塔高与跨径之比 1/5～1/4 的合理范围。斜拉索采用空间扭索的竖琴式布置，与主梁夹角为 30°。面对跨径较大与锚固点高度不足、斜拉索夹角过小的矛盾冲突，设计者采用了将索塔前倾 31°、将前端斜拉索延伸形成至梁底形成张弦梁的技术对策，既满足了非常规的跨径布置的受力要求，又避免了高大索塔对自然环境的干扰。进一步设想一下，如果增大索塔高度、或将斜拉索锚固在隧道上方的山顶，虽然都可以有效增大拉索夹角、改善斜拉桥的受力性能，但从整体来讲，桥梁就显得有点突兀或喧宾夺主，与整个美术馆消隐于自然的风格显得不太协调。

(a) 侧视　　　　　　　　　　　　　　　(b) 正视

图 3-11　日本美秀美术馆桥（图片来自维基百科，查看彩色图片可扫描封底二维码）

2）英国纽卡斯尔盖茨黑德千禧桥

建成于 2001 年的盖茨黑德千禧桥（Gateshead Millennium Bridge）位于英国纽卡斯尔泰恩河上，紧临盖茨黑德音乐厅与当代艺术中心，是一座人行和自行车开合桥（图 3-12）。纽卡斯尔是第一次工业革命时期英国重要的煤炭和钢铁生产基地，随着知识经济时代的来临不免有些衰落，当局急于打造新的城市地标，以提振城市的雄心、吸引游客。在千禧年来临之际，通过全球招标，当局选定了由英国威尔金森·艾尔建筑事务所的设计方案。威尔金森·艾尔是一名资深建筑师，其设计作品数量不多、但颇具影响力。盖茨黑德千禧桥是一座旋转式开启桥，由跨径 105 m 半径 45 m 的钢曲线梁、倾斜约 135° 钢拱肋以及联结二者的 18 根吊杆构成，结构总重约 850 t，整个结构实际上是一个外部静定、内部超静定的空间拱与曲线梁的组合体系，支承在特殊设计制造的两端桥台上。桥梁旋转开启装置也安装在两端桥台上，开启动力由 55 千瓦的液压泵提供，开启一次需时 4 分钟。在平时，普通船只可以直接从桥下通行，遇到大型船只，全桥旋转 45°，桥下净空从 4.5 m变为 25.0 m。盖茨黑德千禧桥的设计灵感源于人类眨眼的动作，而 Gifford & Partner and Wilkinson Eyre 建筑事务所的结构工程师彼得·柯伦（Peter Curran）对桥梁结构、机械装置、控制系统的精细设计使这一奇妙的构思成为现实。

　　盖茨黑德千禧桥在开启桥常见的竖转、平转、提升三种模式之外，第一次采用了第四种开启模式——整体竖向旋转模式，并将结构与机构融为一个有机的整体，取消了开启桥常见的索塔、缆索等牵引装置，将开启装置不着痕迹地隐藏在两端桥台，桥梁在闭合状态下与两岸道路街区衔接顺畅，在开启状态下呈现出令人难以置信的结构形态，打破了人们对桥梁结构的"稳定不动"的固有印象，以一个不算太大的建筑体量实现了当局打造新地标的目标。盖茨黑德千禧桥的建成展现了建筑师无与伦比的想象力，受到了全世界的民众喜爱，提升了纽卡斯尔的知名度，吸引了无数游客，并被民众亲切地称为"眨眼桥"。

（a）闭合状态　　　　　　　　　　　　　　（b）开启状态

图 3-12　英国纽卡斯尔盖茨黑德千禧桥（图片来自维基百科，查看彩色图片可扫描封底二维码）

3）英国伦敦千禧桥

　　伦敦千禧桥（London Millennium Bridge）跨越泰晤士河，该桥距上游的黑衣修士桥（Black friars Bridge，上承式石拱桥）约 400 m，距下游的南华克桥（Southwark Bridge，上承式钢拱桥）约 300 m，自 1894 年伦敦塔桥建成后，伦敦市百年以来新建的第一座横跨泰晤士河的桥梁（在此期间，伦敦市扩建、改建和重建了多座既有桥梁，以适应现代交通方式的改变及交通量的增长）。因此，该桥从设计到建造都吸引英国民众的目光。由于伦敦老城区桥位非常紧缺，该桥两岸分别为圣保罗大教堂（参见案例 1-1）、莎士比亚剧场、泰特现代美术馆等著名历史文化建筑，特别是圣保罗大教堂是英国国教圣公会的中心教堂，因此对桥梁结构设计品质的要求很高。具体来说，该桥不宜采用具有高大索塔的缆索承重桥梁，以免索塔对圣保罗大教堂穹顶产生视觉干扰，从而影响城市文脉和天际线；也不宜采用拱桥，以免与上下游的黑衣修士桥和南华克桥结构雷同；但采用梁桥又显得过于平淡，难以展现百年以来的桥梁工程技术的进步，也与千禧桥的纪念主题不太相符，导致其设计方案极具挑战性。

对于这一极具挑战性设计项目，经过国际设计竞赛，建筑大师诺曼·福斯特别出心裁的悬带桥方案中标，中标方案为长 333 m、宽 4 m、跨径 81 m + 144 m + 108 m 的 3 跨悬带桥。悬带桥是一种古老的结构形式，在悬索桥发展初期曾有一些应用，如我国四川泸定大渡河桥就是一座悬带桥，该桥曾以 100.67 m 的跨径保持世界纪录长达 114 年（1706～1820 年），此后，虽有一些工程实践探索，但终因悬带桥垂跨比过小、缆索轴力过大、对锚碇基础要求高等原因，导致其造价较高、刚度较小而被弃用。诺曼·福斯特在千禧桥的方案构思中之所以采用悬带桥，一是要尽量削减索塔高度，避免高大的索塔对圣保罗大教堂形成视觉干扰；二是要让主缆承担全部设计荷载，以便于达成轻巧纤细的美学印象。

对于悬带桥结构外观与结构性能的冲突，诺曼·福斯特联合奥雅纳事务所对中标结构方案进行了反复优化，确定了缆索承重的无加劲梁结构设计方案。最终确定的主要设计参数是：主缆采用 8 根直径 120 mm 的平行钢丝束，144 m 跨主缆的垂度为 2.3 m，垂跨比为 1/62.6，其他两跨的垂跨比分别为 1/35.2、1/49.0，均远小于悬索桥常用的垂跨比 1/10；将桥墩向上外伸形成低矮的 Y 形索塔，索塔与桥墩采用钢-混凝土的混合结构，以抵抗主缆在人群荷载作用下产生的巨大不平衡水平拉力，并使桥墩看起来比较稳当；桥面系由间距 8 m、兼做吊杆的 U 形伸臂梁，以及支承在 U 形伸臂梁上的两个 300 mm 直径钢管组成，钢管上直接堆放总高度 100 mm 的铝型材作为桥面板，并未设置悬索桥常用的加劲梁；主缆锚固于两岸的重力式桥台，南岸桥台外观尺寸为 20 m×20 m×3 m，北岸桥台外观尺寸为 30 m×15 m×2 m，由于桥台大部分埋置于地面以下，并兼做行人上桥的梯道，看起来并不算笨重。该桥概貌及截面形式如图 3-13 所示。应该说，伦敦千禧桥是一座创意丰富、推陈出新的设计，虽然其建设造价高达 1820 万英镑（折合每平方米桥面造价高达 1.37 万英镑），但却很好地担负起创造新地标的重任。

（a）概貌

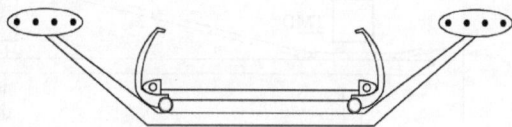
（b）截面形式

图 3-13　英国伦敦千禧桥[图（a）来自维基百科，图（b）自绘，查看彩色图片可扫描封底二维码]

2000 年 6 月 10 日，伦敦千禧桥建成并向公众开放，当天就有 8 万～10 万人涌上桥面参观游览，最多时桥面人数达 2000 人，最大行人密度达到了 1.3～1.5 人/m²，导致该桥发生了严重的振动问题，引起了行人的恐慌，不得不在开放后的第三天就紧急关闭了桥梁，引起了全世界的关注。根据相关测试，108 m 跨振动最为显著，其一阶横向振动频率为 0.8 Hz，最大水平加速度达 2.0～2.5 m/s²，最大振幅达 50 mm，144 m 主跨及 81 m 跨振动虽然较小，但由于其一阶横向振动频率分别为 0.5 Hz、1.03 Hz，水平加速度幅值也超出了人体承受的限度。分析表明：伦敦千禧桥的多阶自振频率与人体行走频率 1.0～1.5 Hz 非常接近，但结构阻尼比较小，在密集人流、同频步幅的作用下极易发生共振，需要采用相应的制振对策。

伦敦千禧桥振动过大的问题超出了该桥建设各方的意料，也让结构设计方奥雅纳事务所面临不大不小的挑战。经过测试、分析、研究，奥雅纳事务所选取了增设黏滞阻尼器的制振策略，在不改变伦敦千禧桥外观的情况下，采用了分布式阻尼器的布置方式，解决了这一引人瞩目的工程隐患。对于横向振动控制，全桥共增设了 37 个水平向黏滞阻尼器，具体布置方式是：①17 个黏滞阻尼器布置位置在 U 形伸臂梁中部，每隔 16 m 布置一个，阻尼器两端各连接一个长 8 m、固定于相邻 U 形伸臂梁上的 V 形水平支撑，桥面横向振动带动 V 形支撑、进而带动黏滞阻尼器产生横向相对位移、耗散振动能量，如图 3-14 所示；②16 个粘滞阻尼器布置在 Y 形桥墩上，以控制水平向和扭转振动；③在靠近两端桥台处，设置了 4 个延伸至地面的黏滞阻尼器，兼顾水平向和竖向振动的控制。对于竖向振动控制：分别在各 U 形伸臂梁上布置一对 TMD，共采用 26 对、52 个分散式 TMD、形成了 M-TMD 群；为控制在中跨比较突出的振动响应，还额外增设了 4 对 TMD 来提供侧向阻尼。布设阻尼器后，千禧桥横向振动的阻尼比达 20%左右，竖向振动的阻尼比达

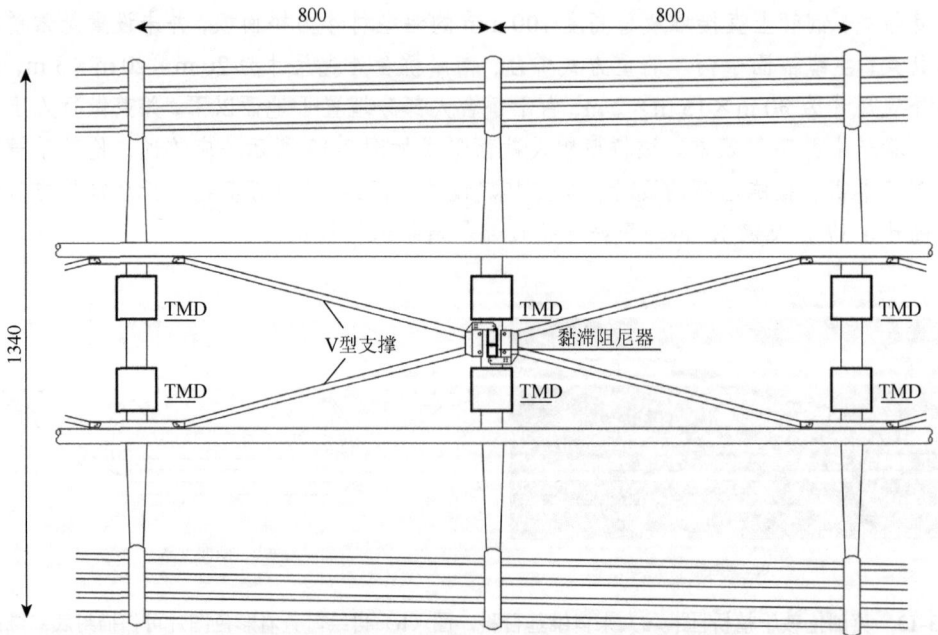

图 3-14 伦敦千禧桥黏滞阻尼器及 TMD 布置局部仰视图（单位：cm）

10%左右。经过 1 年半的紧张施工，在耗费 500 万英镑的加固改造费用的情况下，伦敦千禧桥在 2002 年 2 月再次向公众开放。此后，该桥再未发生过振动过大的现象。

伦敦千禧桥的建设及加固改造，引发了国际桥梁界对人致振动研究的热潮，人们很快搞清楚了人致振动的机理，提出了各种人致振动分析模型，研发出了一系列低频 TMD、TLD、M-TMD、电涡流阻尼器等附加阻尼装置，并结合具体桥梁情况不断改进，使人行桥梁的各阶等效阻尼比大幅提升。此后，类似的人行桥梁振动问题就再未见诸报道。

4）结语

以上几座人行桥梁，无一不具有非凡的想象力和别出心裁的创造力，在空间环境衔接、人文历史传承、城市景观创造等方面独树一帜，显现出建筑师在使用功能之上具有宽广的视角，体现了建筑师在结构设计理念、艺术表现手法、结构实现方式等方面与桥梁工程师的差异。如果说，美秀美术馆桥突出了一个"隐"字，那么，纽卡斯尔盖茨赫德千禧桥则突出了一个"显"字，而伦敦千禧桥则采用风格迥异的设计语言演绎了一个"融"字。建筑师在把人文历史、自然环境、结构形式、艺术表现力诸要素理解、揉碎、重组、提炼、升华之后，建构了先进的、因时因地而异的设计理念，进而决定了桥梁结构形式、结构材料的选择，突破了一些成熟的结构体系、结构形式的束缚，创作出最适合当时当地的桥梁艺术作品，在这方面，贝聿铭、诺曼·福斯特等建筑大师无疑深谙此道，值得桥梁工程师学习借鉴。

3.7　工程教育

工程教育是工程创新和技术进步的发动机之一，是工程师及技术工人培养的摇篮，是专业技能训练、工程思想传承的大本营，也是工程思维培育，特别是工程创新思维孕育的基地，还是高等教育事业的主阵地。自第一次工业革命以来，工程师从工匠中分离出来、作为一个独立的力量登上了历史舞台以来，工程教育在培养和造就工程人才、推动经济社会实现可持续发展方面发挥着重要作用，一直受到了政府、社会及民众的广泛关注。一般而言，工程人才包括工程师、工程决策者和技术工人三类，其中工程师是工程人才的主体；工程教育一般分中等工程教育和高等工程教育，其中高等工程教育是工程教育的主体。工程人才培育主要分为两个阶段，即工程教育阶段及执业期间的继续教育，前者的目标是完成专业技能与通用能力的训练、达成"工程人才坯璞"的培养目标，后者的目标是提升工程人才的创造创新能力，达成工具理性与价值理性的统一。

中等工程教育主要培养培训技术工人，多采用以"学徒制"为核心的培养模式，主要培训内容是操作形态的技术技能，并在此基础上积累操作经验。自工业革命以来，其培养模式相对比较单一稳定，"工学交替"则是其主要的实现路径。例如，现代人的汽车驾驶技能与 300 年前马车的驾驶技能，在培训方式、教学组织形态虽有所改变，但在培训本质上并无不同，主要依靠老师傅的心口相传和实践经验的积累。直到今天，德国的"双元制"、英国的"现代学徒制"等仍是欧美制造业传统强国培养技术工人行之有效的方式之一。执业之后，其中的一些技术工人经过长期工程实践和经验积累就可能会脱颖而出，成长为技术技能操作形态的行业翘楚，这部分人便被称为高级技师或工艺技能大师。此外，先发工业化国家的经验表明：中等工程教育与高等工程教育同等重要，操作技能型人才与研发技术型人才都是工程建造运营的人力保障，缺一不可、也不能相互替代，社会各界应该在培养、就业、待遇、成长路径等方面一视同仁，使技术工人成为工程建造运营的支撑力量。

高等工程教育主要培养工程师，是工程教育的主力军，也是高等教育改革的主战场，还是社会关注的焦点。随着科学的发展、技术的进步、工程实践活动规模的增大，高等工程教育对工程实践活动的支撑和引领作用越来越重要、越来越关键。但与此同时，高等工程教育越来越复杂、越来越与工程实践脱节，常常落在了工程实践活动的后面，一些时候甚至被工程界所诟病。另外，随着知识经济时代的来临，以人工智能、大数据、计算机科学与技术等为代表的新兴技术不断涌现，将促使工业生产模式、社会经济组织架构乃至人类生活形态发生颠覆性变革，进而使人们对高等工程教育产生了新的期待，对工程人才培养提出了新的更高的要求。但现实情况是：工程人才培育的质量规格、创造创新能力、跨文化交流能力等方面与产业界期望存在不小差距。之所以产生这样的现象，原因是复杂的、综合的、多方面的，既有工程教育自身的问题，也有工程人才继续教育机制不健全的原因，还有社会外部环境及历史文化传统的影响。鉴于工程师是工程人才的主体，且其培养机制及后期成长的问题也比较突出，以下就从高等工程教育发展历程、未来工程对工程人才的要求、回归工程之路三个方面对高等工程教育面临的挑战和破解之道作一探讨。

3.7.1　高等工程教育的发展历程

一般而言，在国家和社会层面，各种进步都可以直接或间接地归为教育的结果，同时，各种社会问题也都和教育有关；教育有其自身独特的规律，但也受经济社会条件的影响和制约。从世界第一所高等工科学校——巴黎高科路桥学院 1747 年创办算起，高等工程教育在 18 世纪的法国、普鲁士、英国、奥匈帝国等国家逐步兴起，紧跟第一次工业革命的步伐，为工程实践活动培养了大量的实用人才，有力地支撑了工程实践活动的开展和技术创新迭代，高等工程教育逐渐成为高等教育的主要类型之一。这类教育的特征是：专业数量很少（主要是土木、机械、矿冶、船舶等）、专业口径较宽，在人才培养目标、课程设置、实现路径等方面能够主动回应业界的需求，与传统的、以博雅教育为主的大学如博洛尼亚大学、牛津大学、剑桥大学、巴黎大学等具有明显的差异。在近 300 年的高等工程教育历程中，高等工程教育大致经历了三个阶段，即"技术模式""工程科学运动""回归工程运动"，不同程度地回应了当时产业界对高等工程教育的期望和要求，现简要论述如下。

1. "技术模式"阶段

在 20 世纪 40 年代以前，"技术模式"占据了近代高等工程教育的主流，大约持续了 200 年，主要由法国、德国（普鲁士）、英国等国主导。"技术模式"的主要特点是专业口径普遍较宽，侧重专业技术知识及专业经验的传授、动手能力的培养与专业技能的运用，适应性较强，在产业界比较受欢迎，能够对工程建造运营、产品开发制造方面面的技术问题给出系统的解决方案，但科学素养有点显得不足，一些工程师常常处在"知其然、不知其所以然"的状况。在"技术模式"阶段，虽然培养的工程人才规模体量较小、面向的工程领域较为传统狭窄，但却促进了专业分工与协作，推动了工程师与工匠的职业分离，使工程师成为一个独立的职业，并在工程实践活动中开始占据重要地位。在"技术模式"的引导下，高等工程教育为产业界供应了以古斯塔夫·埃菲尔、尼古拉·特斯拉（Nikola Tesla）、伽利尔摩·马可尼（Guglielmo Marconi）为代表的大批工程技术专门人才，有力支撑了第一次、第二次工业革命向纵深发展。

2. "工程科学运动"阶段

20 世纪 20 年代以来，随着世界科学中心从欧洲转移至美国，也随着人类工业化城市化进程加速、工程实践活动规模的扩张、科学研究对工程和技术支撑作用的强化，科学发现进入了快车道，技术创新活动日益活跃，人们在生产实践中逐渐产生了"科学至上"的信条，自然而然地将这一认识传导至高等工程教育中，于是便产生了"工程科学运动"。"工程科学运动"由美国主导，在 20 世纪 40～90 年代占据主流，大约持续了50 年。"工程科学运动"主要方式是引进科学教育，强调科学理论教育与科学分析训练，期望工程师首先能够完成科学家的训练，能够跟上发展日益迅速的科学潮流。"工程科学运动"有效提升了工程师的科学素养，强化了科学理论、技术原理、工程应用之间的联系，使得工程师们能够依托先进的科学理论来应对日益复杂的大型工程问题，但与此同时，不可避免地弱化了工程隐性知识的传承和实践能力的培养，成为产业界诟病的主要问题。具体来说，"工程科学运动"的局限性主要表现在以下三个方面。

一是高等工程教育科学化。工程教育过分模仿科学教育，普遍存在重理轻工、口径偏窄、脱离实践的倾向，导致受教育者在专业领域之外缺失了拓展能力，视野被限制在一个狭长而幽深的通道之中，普遍存在专业细分化、专业知识学术化的现象，难以认识领悟工程实践活动的系统性、综合性和集成性，难以进行跨界交流和跨界融合，难以适应日益复杂的、系统的工程实践活动的要求。

二是高等工程教育的工具性过于突出。工程人才的价值主要包括知识运用、知识构建两个方面，前者注重服务工程界的发展需求，体现的是学科使用价值亦即工具理性；后者注重知识本身的传承与创造，体现的是学科的内涵边界亦即价值理性。在"工程科学运动"主导高等工程教育的几十年里，工程人才的视野被局限在技术范围之内，工程实践活动的社会性、经济性、人文性、艺术性等价值内涵在高等工程教育过程中未得到充分体现，导致受教育者被局限在科学理论学习、专业技能训练这两个孤立的点上，未能实现工具理性与价值理性的内在均衡统一，难以建构科学先进的工程观念、形成系统综合的工程思维，就更谈不上埋下工程创新思维的火种了。

三是对工程的综合性、创造性、集成性属性认识不到位。受"机械还原论框架"思想的影响，高等工程教育普遍在教学目标、课程体系、实现载体等方面重分解分析、轻综合还原、"匠气"过重，导致教育教学活动失去了应有的张力，在教育过程中普遍以讲授规范应用为主要载体、存在工程能力训练会计化的倾向，导致受教育者难以融会贯通地掌握工程知识、科学理论、技术原理和工程经验，工程认知能力和创造能力受到了各种条条框框的抑制，"会计型"工程师比较常见，甚至形成了在其今后的职业生涯中都不容易突破的原始专业壁垒。以土木（结构）工程的教育教学为例，普遍奉行从截面、构件、简单结构到复杂结构的教育认知模式，例如对受弯构件相关内容被分散在材料力学、混凝土结构、钢结构、钢-混凝土组合结构等多门课程中，学生只能大致地了解各类材料组成的受弯构件的优缺点和计算方法，却很少去思考怎样设计才能使构件比较轻巧、使围合的空间更加开敞、使施工更加简便可靠，存在着明显的重分析轻综合、重局部轻整体、重性能轻设计的倾向。

3. "回归工程运动"阶段

20 世纪 90 年代后，为了走出高等工程教育过于科学化的认识误区、适应知识经济时代及工程界要求，修正高等工程教育持续实践了 50 年"工程科学运动"的弊端，以麻省理工学院、斯坦福大学、瑞典皇家理工学院、滑铁卢大学、欧林工学院为代表的院校提出了"回归工程运动"，回归到以综合实践、工程思维训练为基础的工程教育的原点，以消除"工程科学运动"所显现出来的弊端、回应产业界对高等工程教育的期待。所谓"回归工程运动"，是在认可科学研究对高等工程教育基础支撑作用的情况下，回归到以工程知识传承、综合实践、工程思维训练为基础的工程教育本质，探索了"大工程观"、构思-设计-实现-运作（conceive-design-implement-operate，CDIO）、基于项目的学习（project based learning，PBL）、合作教育（co-operative education，Co-op）等实现形式，在教育界、工程界产生了比较深远的影响，取得了一些共识，也形成了一些路径不同的实现方式，至今仍以各种形式向纵深发展。"回归工程运动"的起因主要有以下两个方面。

一是源于高等工程教育界对产业界期待的主动回应。随着第四次工业革命的萌芽及向纵深推进，以人工智能、大数据、云计算、物联网、清洁能源、量子信息技术、虚拟现实技术以及生物技术等为代表的各种新兴科学技术不断涌现，将会促使社会经济组织架构、工业生产模式乃至人类生活形态产生颠覆性变革。因此，面向日益复杂的未来工程，社会各界对高等工程教育的期望在不断提升。然而，现实情况是高等工程教育却没有跟上技术进步的潮流，在技术创新中所起的作用、在产业升级中所担负的使命却并不能令人满意，既没有能够为产业界提供支撑其发展的新理论、新方法、新技术，也没有培养出产业界急需的人才。在大多数情况下，高等学校的工程教育、技术研发与产业界的需求明显脱节，落在了产业界的后面。这一现象的成因比较复杂多变，或因过于追求科学化而脱离工程实际、未能引领技术发展的潮流，或因陷于因循守旧而落在了产业界的后面、未能与时俱进，或因产学研脱节而难以落地而惠及企业行业，等等，不一而足。

二是源于对高等工程教育内涵的认知深化。近二十年来，通过对知识内涵的研究，人们认可了知识分为显性知识和隐性知识两大类的判断，认识到隐性知识在工程实践活动中的重要作用。所谓隐性知识，是指在实践中形成而难以用文字表达的知识，它通常以经验形态存在，难以被归纳进科学体系，难以通过传授的方式为受教育者所接受掌握，只能通过受教育者在实践过程中的感悟、体会逐渐领悟习得。但是，隐性知识在工程实践活动中，特别是在技术创新工程创新中却至关重要，很多时候甚至是工程创新思维、工程创新实践的酵母。因此，高等工程教育改革的方向就是要强化实践的分量，在完成工程师认知能力及思维框架的建构的基础上，通过丰富实践的实现载体与实现方式，使受教育者习得形式多变的隐性知识、领悟工程思想的要义，并埋下工程创新思维的火种。

4. 我国高等工程教育发展历程

伴随着 19 世纪中叶"洋务运动"的兴起，我国高等工程教育在 19 世纪末艰难起步，从北洋学堂（天津大学前身）、山海关铁路官学堂（西南交通大学前身）、南洋公学（上海交通大学及西安交通大学前身）等高等工程教育的雏形算起，高等工程教育已经有 130 年的历史了。期间，经历了效法欧美、效法苏联、与世界接轨三个大的阶段。

在新中国成立以前，我国的高等工程教育以英美为师，深受欧洲"技术模式"的影响。受有限的社会需求等因素的制约，长期处在办学规模小、办学覆盖面窄的精英教育阶段，主要集中在土建、矿冶、机械、交通等工程领域，虽然在一些局部，我国高等工程教育跟上了世界技术进步的潮流，提出并实践了"习而学""理工结合""经世致用"等工程教育模式，一定程度地推动行业技术进步，培养了一批以茅以升、侯德榜、刘宝锷、林同炎为代表的工程大师，成为我国各工程领域的奠基者，也涌现出以梅贻琦、李书田、刘仙洲、唐文治为代表的高等工程教育大家，深刻影响了我国工程教育发展的轨迹。但总的说来，新中国成立以前，高等工程教育规模小、适应性有限，尚不足以担当起推动工程实践接续发展的重任。

1952 年，为适应新中国建设需求，我国借鉴苏联的高等教育模式，对高等学校及院系进行了大规模的调整，建立了一批专门的工科院校，以及门类众多、口径偏窄的专业，成为高等工程教育的主力军。苏联采用的开设专门院校、细分专业领域、强化专业技能培养的高等工程教育模式，导致行业分工几乎直接"映射"到高等工程教育之中，其优点是有利于专业知识传授和专业技能的训练，培养产业界急需的大批专门技术人才，可以较快适应国家工业化发展初期以"模仿与跟踪"为主的发展需求，有力地促进了我国工业化进程的加速发展。但是，苏联的高等工程教育模式缺点也很突出，不仅割裂了学科之间的有机联系，不利于高等工程教育的渗透与交叉；而且忽视了工程的综合性、社会性和集成性，难以适应现代超大规模、日益复杂的工程实践对人才的需求，同时也制约了创新性人才的培养，难以满足以"创新与超越"主要特征的当代工程实践活动的要求。

进入 20 世纪 90 年代，随着第三次工业革命向纵深发展以及第四次工业革命的萌芽，苏联高等工程教育模式的弊端日益凸显，为应对新一轮技术革命和产业变革所面临的新机遇、新挑战，跟上世界高等工程教育改革的潮流，我国高等工程教育界开始尝试与欧美高等工程教育界的主流接轨，进行了各种各样的探索与教育改革，取得了一定的成效。其中，以 1997 年专业目录调整优化、扩大专业覆盖面的影响最为显著，而近年来积极推行的"新工科"，以培养具有创新创业意识、数字化思维和跨界整合能力的"新工科"人才、支撑国家创新发展战略为目标，改革成效也值得期待。总体说来，我国的高等工程教育虽然取得了巨大的成就，为工业化、城市化进程提供了智力支撑，培养了量大面广的专业技术人才，形成了工程师红利，在许多工程领域都实现了从"模仿与跟踪"阶段向"创新与超越"阶段的转型。但也无需讳言，我国高等工程教育现状与知识经济的时代要求仍存在较大差距，与行业企业的期望也存在较大偏差。

3.7.2　未来工程对工程人才的要求

在全球人口膨胀、资源匮乏、环境污染严重、自然灾害频发、城市化进程加速、技术革命正在酝酿的大背景下，未来工程呈现出一些新的特点和发展趋势，自然而然地也对高等工程教育也提出了新的要求。高等工程教育从根本上来说，就是要完成工程师的基本训练、完成工程师认知能力和思维框架的建构。具体来说，就是要在知识、技能、思维、价值观四个维度，全面提升工程人才关键能力的培养。其中，知识层面主要包括基础知识和专业前沿知识，以更好理解工程实践活动中的技术挑战和解决路径；技能层面主要包括对具体问题的分析解剖和实践能力，旨在掌握解决实际工程问题的各种科学理论、技术手段和工程方法；思维层面就是结合工程实践活动特点，建构工程思维的框架，培育工程创新思维的火种，以全面认识和应对工程的综合性、系统性和建构性；价值观层面主要包括工程观念建构和价值判断，以便能够将工程实践活动和当时当地的自然、历史、文化等具体条件融合为一体，能够进行自我反思并做出价值与伦理判断。面对未来工程实践活动的社会经济环境的严苛约束和全球化配置资源挑战，工程人才除了具备传统工程人才所拥有的专业技能、工程思维、工程伦理、工程经验之外，还应具备创造能力、通用能力、工程知识更新能力、国际视野与跨文化交流能力等四个方面的能力，简述如下。

一是创造能力。随着社会经济的快速发展，对工程实践活动的总需求越来越大、市场日益细分，新的需求不断被创造出来，这就使得未来工程呈现出集成要素更多元、规模尺度更极端、约束条件更复杂、市场检验更严苛、国际竞争更激烈等特点，这必然要求工程技术人才在传承的基础上，能够创造性地突破既有工程知识、工程规则、工程实践经验的束缚，提出新方法、新工具，探索新模式、新路径，开发新市场、新需求，从而不断推动技术创新和工程创新。

二是通用能力。通用能力包括表达沟通能力、组织协调能力、团队协作能力、观察判断能力、信息处理能力等建立在专业技能之上的通用能力。通用能力体现了工程同体异质要素建构与集成的基本特征，是工程人才适应现代工程实践活动的基本要求，也是工程人才获取、筛选和驾驭日益纷繁复杂的工程知识、工程信息的基本素养，还是工程人才适应竞争日益激烈市场的基本功夫，决定了工程人才的职业成长速度和发展潜力。

三是工程知识更新能力。根据美国工程院恩斯特·斯默登（Ernst Smerdon）的研究，工程知识的半衰期大约是 2.5～7.5 年，其中，软件工程大约为 2.5 年，电力工程大约为 5.0 年，机械工程和土木工程大约为 7.5 年。也就是说，工科学生所学的知识在 5～15 年内会基本过时。身处知识爆炸时代，如果没有知识更新能力，就难以及时汲取科学发现、技术创新所创造出的新的工程知识、工程方法和技术手段，工程人才原有的工程知识很快会过时，专业能力很快会落伍，工程素养很快会跟不上，就更谈不上跨界融合、进行工程创新的实践了。

四是国际视野与跨文化交流能力。随着工程实践活动的全球化，工程人才不仅要熟悉掌握不同国家地区的技术标准，更要了解不同国家地区的自然、政治、社会、经济、文化、宗教、历史、法律法规等与工程实践活动密切相关的外部约束因素，具备全球视野和跨文化交流能力，从工程所在地的历史文化沿革中汲取创新的力量。在此基础上，将理论与实践紧密结合在一起，将"人为"的工程与"为人"的工程融为一体，发展成长为某一工程领域兼具人文广度和专业深度的行家。只有这样，才能适应工程要素全球化配置的时代要求，才能顺应日益专业化的技术要求，才能回应工程创新"当时当地性"的基本要求。

3.7.3 高等工程教育回归工程之路

高等工程教育是工程知识传播和工程知识创造的主阵地，也是工程人才培育和工程思维训练的大本营，更是技术创新与工程创新的重要基地，具有多重属性，担负多重使命。与科学研究工作者的成长发展路径不同，高等工程教育工作者只有深入工程实践活动，才能发现工程背后的科学问题或技术结症，进而从事科学研究或技术开发，并将研究开发与教学实践结合起来，传播新的工程知识和技术方法，培养未来的工程技术人才。与工程实践活动一线工程师担负的使命不同，高等工程教育工作者必须将人才培养置于首位，将人才培养、科学研究、技术开发与工程实践四方面有机结合起来，形成有利于未来工程技术人才培养和成长的创新氛围和创新机制。因此，高等工程教育工作者常常肩负着来自科学界、工程界、教育界多个方面的期待，面临着观念上的、现实中的种种制约和诸多困境，有时候还存在着理念不清、定位不准、摇摆不定的现象。正因为如此，结合未来工程实践活动对工程人才培养的要求，基于"回归工程运动"的精髓要义，有必要面向高等工程教育工作者，在工程教育观念更新、工程创新思维培育、工程素养提升等方面进行一些反思和批判，以期对适应未来工程要求的工程人才的培养有所帮助和启迪。

1. 回归工程，克服工程教育科学化的弊端

一是深刻认识工程的本质属性。从本质上来说，工程就是有组织地利用各种资源构建一个人工存在物及其运营方式的总和，其基本特征是建构与集成、实践与创造，重在多要素的集成和价值的创造。工程本质属性传导至高等工程教育，就是要把握工程实践活动的价值取向、要素属性、演化规律等方面与科学研究和技术开发的差异，升华对高等工程教育基本属性如传承性、综合性、创新性、人文性的认识，将工程思想熏陶、工程观念建构、工程方法训练和工程思维培育置于高等工程教育的顶端，从而刷新工程教育观念、校准高等工程教育改革的逻辑起点。此外，高等工程教育工作者要积极投身到工程实践活动之中，对工程实践的基本特征、要素属性、演化规律等方面进行再认识、再思考，努力更新工程观念和工程知识，拓展工程视野，丰富与工程实践活动密切相关的人文、经济、历史、社会等方面的知识，强化对工程的集成性、创造性、系统性的认知能力，不断提升自己的工程经验和工程素养，形成自己的工程观。

二是主动更新教育观念。高等工程教育工作者要主动对高等工程教育的传承性、综合性、创新性、人文性等基本属性反复领悟、提炼升华，辨析工程、技术与科学的异同，摆脱"科学还原论"的影响，克服科学教育模式直接移植应用于高等工程教育的局限性。在科学研究、工程实践、教育理念与教育实践四者交汇的情况下，反复穿行、往返于"知"与"行"两个世界，促使理论知识、工程经验与教学感悟互相融合，创造产生新的教育智慧与教学经验，并自觉贯穿到教育全过程中，促使受教育者工程思想的生根发芽。另外，将专业知识概念化或许是一条促进"知""行"结合的有效途径，有望将支离破碎的工程知识点串成线，有望增进学生对复杂设计方案的全面理解。可喜的是，由格哈德·帕尔（Gerhard Pahl）、林同炎、约格·施莱希等大师 40 年前所提倡的"概念设计"课程目前已经在工科专业中普遍开设。

三是积极回应技术创新和工程创新的时代要求。未来工程内外部的复杂性、不确定性会更加显著，工程内部虽依然遵循"科学性、系统性、可验证性"等技术逻辑，但是在工程与社会之间，超协调逻辑往往起主导作用，以更好地适应非技术因素包括社会、经济、历史、文化、宗教等因素对工程的约束和影响。为此，高等工程教育工作者要与时俱进，积极适应社会经济发展、技术迭代升级的需求，更加重视工程要素的可集成性、方法的可操作性、过程的可控制性、结果的可检验性、目标的可达成性，深度参与行业企业的技术研发活动，努力提升工程技术研究开发能力，积极解决工程实践活动中的科学问题和技术结症，创造出新的工程知识和技术方法，并将其有计划、系统性地渗透在教育教学实践中，达到教学相长的效果。

2. 面向未来，培育复杂场景下的工程创新思维

一是具有全球视野和历史情怀。高等工程教育工作者要站在全球化的视域下，秉承"各美其美、美美与共"的理念，提升跨文化交流与融合能力，了解工程发展历史，强化对工程的"当时当地性"的理解认识，深化对工程实践活动及其结果历史的、辩证的批判和传承，强化工程典型案例研究，使受教育者能够从工程历史的大尺度上认识工程、思考工程，初步建立自己的批判性思维，顺应工程要素全球化配置的时代潮流。

二是面向未来、面对未来复杂场景从事教育教学实践。高等工程教育工作者必须遵循"系统整体论框架"的工程方法，秉承提升工程品质、促进工程可持续发展的理念，加强跨学科研究与技术开发，并将最新研究成果渗透到教学实践中，使受教育者能够认识到未来工程的巨大复杂性和综合集成性，认识到工程的社会性、创造性与稳健性的要求，激发受教育者的好奇心和想象力，促进其工程创新精神、工程创新思维的生根萌芽。

三是坚持开门办学。高等工程教育工作者要以未来社会对工程人才的需求为指针，强化与行业企业的联系与合作，拓展产学研协同的办学路径，积极拥抱专业国际认证，经常性检查校正自身的办学定位、办学模式的长处与不足，借鉴国际教育同行先进的办学理念、办学经验及实现路径，吸纳国内外工程界对工程人才培养的新要求，融入工程实践活动全球化配置资源的相关要素，拓展高等工程教育工作者的视野，促进工程教育的规范化和国际化。

四是主动拥抱信息技术革命带来的工程实践变革潮流。随着以人工智能、大数据、

云计算、物联网应用等新技术为核心的新兴产业蓬勃兴起，各个工程领域都面临着新一轮的技术赋能，对工程人才的培养模式、培养质量提出了新的期待。这就要求高等工程教育工作者主动跃入信息技术革命，推动跨界融合的深入，运用新方法新工具改造传统工程领域，加快信息技术在本领域的渗透移植，推动本行业的技术升级迭代。在此基础上，启迪受教育者能够利用纷繁多元的、跨学科领域的新方法新工具，进行工程创新思维的训练。

3. 加强实践，强化专业能力与通用能力的协同培养

一是区分科学教育与工程教育的异同。科学教育、工程教育是不同属性的教育类型，并无高低之分。高等工程教育工作者要厘清科学家与工程师在职业特征、培养机制、成才规律等方面的异同，强化对高等工程教育类型特征的认知，坚守高等工程教育的初心。即便是科学和技术高度发达的今天，工程仍属于半理论-半经验的领域，很多隐性知识只能在实践的基础上"习得"，但现实情况是教师的专业素养和工程实践能力还不够系统全面，学生的实践能力常常被推移至工作后进行二次培养。因此，非常有必要借助于实践教学、团队教学、项目教学等实现载体，将科学理论、工程知识、专业技能、工程经验从分散的点串成能力的线，织成工程思维的网，并孕育出工程创新思维的胚芽。

二是要重视工程思想培育和工程思维训练。工程思想和工程思维是工程实践活动的灵魂，是根据科学理论和技术原理、运用工程方法和工程经验解决工程实践具体问题的思维方式，具有知识特征、价值内涵和实践特性，反映了工程实践活动的内在规定性，体现了工程师对工程本质的理性思考和整体把握。因此，高等工程教育工作者要在先进科学的工程观念基础上，加强工程思想的培育，强化工程思维的培育，强化工程历史、工程事故在教育教学过程中的渗透，通过案例教学、教育体验、实践教学等手段，使受教育者能够克服"科学还原论"的影响，能够在较为宽广的视角上来认识工程的本质，把握工程的建构性、综合性、集成性等基本特征，初步构建自己的工程思维方法，形成工程思想的胚芽。

三是要强化专业能力与通用能力的协同培养。通用能力体现了工程同体异质要素建构与集成的基本特征，不仅是工程师的基本素质要求和立业之本，更是其将工程创新构思转变为工程创新实践过程中克服种种非技术障碍的得力工具。通用能力与专业能力的协调发展，是应对未来工程复杂场景、进行工程创新实践活动的基本要求，也是顺应工程实践活动全球化趋势的必备技能，还是打破职业壁垒、走出技术孤岛的主要途径。为此，在面对集成要素更多元、规模尺度更极端、约束条件更复杂、市场检验更严苛的未来工程场景，高等工程教育工作者要通过学科竞赛、科研活动、社会实践等载体，加强通用能力的培养，强化专业能力与通用能力的协同。

4. 学生中心，激发工程创新思维的自我建构

一是要全方位转变教育观念，从以"教"为中心转变为以"学"为中心。根据建构主义教育理论，知识和能力不是传授的、而是建构的，在科学教育环境下成长起来的教师，教育观念常常与未来工程人才培养目标和实现路径相左，这就要求高等教育工作者

重新定位教育教学目标，革新教育教学模式，从知识传授转变为思维训练和能力培养，从课堂灌输式为主转变为理论-实践一体化等多模式相融合，借鉴基于项目的学习（project based learning，PBL）、基于案例的学习（case based learning，CBL）等教学模式，培养学生反思与批判精神。

二是要多角度地强化人文渗透。相关研究表明，在工程人才培养过程中，课程、课堂、教材的作用是比较有限的，有效教育行为的绝大部分源自课堂以外、校园以内。这就要求高等教育工作者从学生的认知特点出发，在人文素质熏陶、职业道德养成、创新意识培养等方面，注重言传身教，将工程教育与通识教育相结合，回归高等工程教育的价值理性；加强工程人文观、社会观、伦理观的渗透，探究"大家、大师"成才路径，努力营造创新氛围、强化学科交叉、促进工程技术研究与教学实践的相互转化。正如东京大学教授、国际桥梁与结构工程协会前主席伊藤学所提倡的：工程师应该拥有广阔的视野，在工程教育阶段学习文科不仅是非常必要的，而且是十分有益的。

三是丰富教育教学方式，摆脱对传统说教式教学方式方法的依赖。在知识获取越来越容易的信息时代大背景下，高等教育工作者要走出知识传播者单一身份的误区，在完成信息传递和知识传授之余，更重要的职责是进行工程思维特别是工程创新思维的训练。正向的课程教学、课外训练、教学效果评估虽然可以促进受教育者对工程发展历史规律的领悟，但反向的案例循证如工程事故的剖析、工程经验教训总结有些时候更能激发受教育者的深度思考。只有将正向与反向的教育教学活动结合起来，才能提升受教育者的学习体验，突破受教育者的认知瓶颈，提升受教育者的认知能力，培养出具有建设性批判性的工程思维，培育出解决应对复杂问题的能力。

四是拓展拓宽高等工程教育的实现途径。高等工程教育工作者要以学生为中心，开门办学，拓展拓宽工程教育的实现途径，加强校企合作育人、实践育人、劳动育人，通过项目教学、团队学习和朋辈学习等工程教育的载体和实现方式，使受教育者能够逐步运用科学家的求真精神、工程师的创造性思维、企业家的经营管理思想、能工巧匠精益求精的工匠精神去发现和解决实际工程问题，初步建构自己的工程观。在这方面，加拿大滑铁卢大学无疑开创了一条新途径，其所创立的 Co-op 课程模式使学生在校学习期间，有机会在 IBM、Bell 等国际著名公司通过长达 12～16 个月实习获得实际工作经验，使学生能够感受了解到产业界的未来需求、激发求知探索的欲望、埋下创新创业的火种。

案例 3-12　　高等工程教育的典范——浅析苏黎世联邦理工学院的办学传统

1854 年，以巴黎综合理工学院为蓝本，苏黎世联邦理工学院（Swiss Federal Institute of Technology Zurich，ETH）正式成立，相比于法国、普鲁士、英国等国家，瑞士的高等工程教育差不多起步晚了 100 年，但苏黎世联邦理工学院很快形成了自身独特的治学风格，建校 170 年来人才辈出，在国际科学界、工程界的影响长盛不衰。在科学界，培养出阿尔伯特·爱因斯坦、冯·诺依曼、沃尔夫冈·泡利、冯·布劳恩、罗伯特·奥本海默等几十位著名科学家，校友中诺贝尔奖得主达 33 位。在土木建筑界，培养出克里斯蒂安·诺伯格-舒尔茨（Christian Norberg-Schulz）、雅克·赫尔佐格（Jacques Herzog）、皮埃尔·德梅隆（Pierre Demeuron）等著名建筑大师，以及罗伯特·马亚尔、奥斯玛·安曼、海因茨·伊斯勒（Heinz Isler）、克里斯蒂安·梅恩、圣地亚哥·卡拉特拉瓦、让-佛朗索瓦·克莱因等一大批享誉全球的结构设计大师，创造出三铰拱、混凝土薄壳、连续刚构桥、索辅梁桥、无背索斜拉桥等新的结构形式，形成了"结构艺术"的流派，使瑞士这一面积不大、结构工程实践活动需求并不十分旺盛的国家跃居成为结构工程强国之一。之所以能从苏黎世联邦理工学院走出如此多的结构设计大师，与其对高等工程教育本质的深刻认识是密不可分的，与其对工程教育与科学教育的异同准确把握是密不可分的，与其形成的办学传统是密不可分的。虽然时代变了、工程技术迭代的速度加快了，但高等工程教育本质并没有发生根本性的变化。该校工程教育的办学传统可以概括为以下三点。

一是要求工科教师必须具有较高的工程素养和丰富的实践经验。从学校开办之初的卡尔·库尔曼（图解静力学的奠基者，第一位利用弯矩图、剪力图揭示梁的工作原理的学者）、到后来的卡尔·威廉·里特（Karl Wilhelm Ritter，库尔曼的学生和主要合作者，静力学与运动学的奠基者之一，著有《图解静力学》四卷本，对 20 世纪上半叶梁、拱、连续梁、桁架等结构计算产生了深远的影响）、克里斯蒂安·梅恩等人一脉相承。例如，著名桥梁工程师罗伯特·马亚尔之所以能够设计出瑞士萨尔基那山谷桥（Salginatobel Bridge）这一传世精品，这无疑与在大学期间就和老师卡尔·威廉·里特一起探究钢筋混凝土这种新材料的力学特性、应用方式有关。

二是博采众长、与时俱进。该校充分发挥毗邻德国、法国的优势，既学习德国工程界精确细致的分析方法，又借鉴法国工程界轻巧美观的设计风格，非常重视结构与艺术的结合。例如，克里斯蒂安·梅恩之所以能够创造出索辅梁桥这一新的结构形式，就是在瑞士阳光桥（Sunniberg Bridge）的设计中，有关当局、民众对该桥在艺术造型上、与环境协调等方面要求颇高，从设计构想到确定初步设计方案历时 20 多年，而梅恩的设计方案，创造性地采用低矮的索塔、纤细的曲线主梁、以混凝土板为主的设计语言，将桥梁结构不着痕迹地融入当地田园风光，创造出新的结构形式，引领了全世界大中跨径（$100\ \mathrm{m} < L < 300\ \mathrm{m}$，$L$ 为跨径）混凝土梁桥的发展潮流（参见案例 4-2）。

三是重视教育体验和实践教学，重视工程隐性知识及工程经验的传授。建校伊始，苏黎世联邦理工学院就深得法国高等工程教育"技术模式"重视实践的精髓，从卡尔·库尔曼开始，就非常重视工程现场教学、工程案例教学、师徒经验传授、动手能力的培养与专业技能的运用，使得毕业生普遍具有专业面宽、适应性强、创造力丰富、后期发展潜力大的特点，能够在日新月异的工程潮流中始终勇立潮头，圣地亚哥·卡拉特拉瓦无疑是一个最典型的样本。

参 考 文 献

阿迪斯，2008. 创造力和创新：结构工程师对设计的贡献[M]. 高立人，译. 北京：中国建筑工业出版社.

爱因斯坦，1977. 爱因斯坦文集 第 1 卷[M]. 许良英，范岱年，译. 北京：商务印书馆.

比林顿，2022. 思维决定创新[M]. 计宏亮，安达，王传声，等译. 北京：中译出版社.

布希亚瑞利，2008. 工程哲学[M]. 安维复，等译. 沈阳：辽宁人民出版社.

陈昌曙，1999. 技术哲学引论[M]. 北京：科学出版社.

陈昌曙，2002. 重视工程、工程技术与工程家[M]. 大连：大连理工大学出版社.

陈凡，程海东，2014. 科学技术哲学在中国的发展状况及趋势[J]. 中国人民大学学报，28（1）：145-153.

邓文中，2014. 桥梁话语[M]. 北京：人民交通出版社.

弗里曼，苏特，2004. 工业创新经济学[M]. 北京：北京大学出版社.

顾佩华，2017. 新工科与新范式：概念、框架和实施路径[J]. 高等工程教育研究，（6）：1-13.

郭贵春，程瑞，2007 科学哲学在中国的现状与发展[J]. 中国科学基金，（4）：202-204.

郭哲，徐立辉，王孙禹，2022. 面向可持续发展教育的工程科技人才需求特质与培养趋向研究[J]. 中国工程科学，24（2）：179-188.

胡德鹿，2015. 建筑结构设计规范六十二年简介[J]. 工程建设标准化，（7）：84-91.

姜嘉乐，张海英，2005. 中国工程教育问题探源：朱高峰院士访谈录[J]. 高等工程教育研究，（6）：1-8.

金新阳，陈凯，唐意，2019. 《建筑结构荷载规范》发展历程与最新进展[J]. 建筑结构，49（19）：49-54.

李伯聪，2002. 工程哲学引论：我造物故我在[M]. 郑州：大象出版社.

李伯聪，2008. 工程创新：聚焦创新活动的主战场[J]. 中国软科学，（10）：44-51，64.

李伯聪，2014. 工程与工程思维[J]. 科学，（6）：13-16，4.

李伯聪，2014. 关于方法、工程方法和工程方法论研究的几个问题[J]. 自然辩证法研究，30（10）：41-47.

李乔，2023. 桥梁纵论[M]. 北京：人民交通出版社.

李永盛，2017. 科学思维、技术思维与工程思维的比较研究[J]. 创新，11（4）：27-34.

米切姆，1999. 技术哲学概论[M]. 殷登祥，曹南燕，等译. 天津：天津科学技术出版社.

米切姆，2013. 工程与科学：历史的、哲学的和批判的视角[M]. 王前，等译.北京：人民出版社.

钱冬生，2007. 谈桥梁[M]. 成都：西南交通大学出版社.

沈珠江，2006. 工程哲学就是发展哲学：一个工程师眼中的工程哲学[J]. 清华大学学报（社会科学版），21（2）：5.

盛世豪，金松，1988. 技术思维、科学思维与艺术思维比较论析[J]. 延边大学学报（社会科学版），（1）：45-54.

田运，1988. 谈谈技术思维方式[J]. 科学、技术与辩证法，（2）：33-36，13.

王大洲，关士续，2003. 走向技术认识论研究[J]. 自然辩证法研究，2：87-90.

王续琨，陈悦，2002. 技术学的兴起及其与技术哲学、技术史的关系[J]. 自然辩证法研究，18（2）：37-41.

王章豹，石芳娟，2008. 从工程哲学的视角看未来工程师的素质：兼谈工科大学生大工程素质的培养[J]. 自然辩证法研究，（7）：63-68.

王众托，2003. 知识系统工程[M]. 北京：科学出版社.

项海帆，2023. 中国桥梁（2013-2023）[M]. 北京：人民交通出版社.

熊彼特，2012. 经济发展理论[M]. 邹建平，译. 北京：中国画报出版社.

徐长福，2002. 理论思维与工程思维[M]. 上海：上海人民出版社.

徐长福，2013. 理论思维与工程思维：两种思维方式的僭越与划界[M]. 重庆：重庆出版社.

殷瑞钰，2014. 关于工程方法论研究的初步构想[J]. 自然辩证法研究，30（10）：35-40.

殷瑞钰，傅志寰，李伯聪，2018. 从"两类物质世界"出发看工程知识：工程知识论研究之一[J]. 自然辩证法研究，34（9）：31-38.

殷瑞钰，汪应洛，李伯聪，2018. 工程哲学[M]. 北京：高等教育出版社.

张俊平，2023. 现代桥梁工程创新：认识、脉络及案例[M]. 北京：人民交通出版社.

张俊平，禹奇才，童华炜，2012. 创建基于大工程观的土木工程专业人才培养模式[J]. 中国高等教育，（6）：27-29.

中共中央马克思恩格斯列宁斯大林著作编译局，2012. 马克思恩格斯选集[M]. 北京：人民出版社.

朱高峰，2015. 论教育与现代化[M]. 北京：高等教育出版社.

卓甸，梅明荣，2012. 混凝土徐变计算理论和方法综述[J]. 水利与建筑工程学报，（2）：14-19，40.

Baily P，Bridge H，Cross P，et al.，1997. Commerzbank，Frankfurt[J]. The Arup Journal，32（2）：3-12.

Bucciarelli L L，1994. Designing engineers[M]. Cambridge，Mass.：Massachusetts Institute of Technology.

Bucciarelli L，2003. Engineering philosophy[M]. Deflt，the Netherlands.：Delft University Press.

Dallard P，Fitzpatrick A J，Flint A，et al.，2001. The London Millennium Footbridge[J]. Structural Engineer，79（22）：17-21.

Dieter G E，2000. Engineering design：A materials and processing approach[M]. London：McGraw-Hill.

Harms A A，Baetz B W，Volti R R，2005. Engineering in time[M]. London：ICP.

Holgate A，1996. The art of structural engineering：The work of Jörg Schlaich and his team[M]. [S.l.]：Axel Menges.

Moropoulou A，Cakmak A，Polikreti K，2002. Provenance and technology investigation of Agia Sophia Bricks，Istanbul，Turkey[J].
    Journal of the American Ceramic Society，85（2）：366-372.

Tassin D M，Muller J M，2006. Muller：Bridge engineer with flair for the art form[J]. PCI Journal，51（2）：2-15.

Virlogeux M，2003. Design and designers[M]. London：McGraw-Hill Education.

Wells M，2002. 30 Bridges[M]. [S.l.]：Watson-Guptill Publications.

第4章 结构工程的设计

在工程实践活动中，工程设计无可争议地居于龙头地位。工程设计是工程实践活动的灵魂，也是工程成功建造和顺利运行的前提和基础，更是工程观念、工程方法落地实施过程中最重要和最关键的一环，影响到工程建设与运营维护活动的全过程，具有起始性、渗透性和贯穿性等作用，基本决定了工程建设运营的品质和能效水平。平庸的设计预示着平庸的工程，拙劣的设计则会给工程埋下隐患或缺陷，而错误的设计必然会导致工程建设的失败。另外，在现代工程实践活动中，工程设计创新往往是工程创新的主要来源，新结构、新材料、新工法、新构造等都要借助于工程设计这个枢纽，才有可能转化为现实的工程项目，离开了设计创新，工程创新往往就成了无源之水、无本之木。

工程设计的本质是面对不确定性工程问题的求解，是在对工程问题缺乏唯一性表述、解决方案具有多样性、实现路径多元化的情况下，结合工程项目所处的自然及社会经济条件约束情况下寻找优化解的过程。进一步来说，工程设计是将社会需求、科学理论、工程知识、技术方法、工程经验转化为现实生产力的先导过程，是一个行业乃至一个国家工程实施能力的主要体现。另外，工程解决方案的评价具有一定主观性、模糊性和时代性，导致对工程设计结果的评价因人因时而异，很多时候需要经过历史的积淀才能得出比较正确的看法。受以上两个方面因素的制约和影响，使得工程设计既是一个技术因素与非技术因素高度融合、全面反映工程系统性与集成性的创作过程，更是一个发挥工程师主观能动性、体现设计者思想情感乃至价值取向的创造过程。

对于结构工程，由于其处在科学、技术与艺术的交叉点上，导致结构工程的设计既具有严谨的科学性和系统的集成性，也兼具突出的时代性与一定的艺术性，加上结构工程的一些设计基本依据如荷载作用及材料特性具有高度的不确定性、一些建设条件如环境作用具有明显的地域性和差异性，必须借助于工程规则、工程经验才能够全面地把握，这使得近现代以来，结构工程的设计一直都是设计行业的探索者和先行者之一，示范和引领了科学发现、技术开发、工程经验、标准规范制订对各个工程领域设计的支撑作用。另外，作为规模最大、历史最为悠久的工程领域，结构工程在消耗 1/3 以上原材料和能源的情况下，在物质极大丰富的当代，人们对结构工程的要求已不再是满足安全可靠等基本要求，而是期望结构工程能够成为践行可持续发展观念、增进人类福祉的工程实践活动，这必然对结构工程设计的品质提出更高的要求。

在本章中，作者将结合结构工程的特点，从设计的内涵、结构工程设计的主要特点和若干准则、结构工程的概念设计、结构工程设计中的若干冲突、工程事故对工程设计的启迪等多个层面，系统阐述工程设计对结构工程实践活动的龙头引领作用，全面剖析结构工程设计的价值意义，深入论述概念设计的核心要义，详细分析设计过程的各种矛盾冲突。通过上述探索尝试，力图从工程哲学层面上深入揭示结构工程设计在工程实践活动中的灵魂作用。

4.1　关　于　设　计

从认识论角度来看，人的主观能动性、创造性常常集中而突出地表现在设计之中，设计既包括多种显性知识的获取、加工、处理、集成、转化、融合和传递，也包括一些隐性知识的汲取、消化及融合，还涵盖着新方法、新材料、新技术、新工艺、新手段的实践探索。正如马克思在《资本论》中关于蜜蜂筑巢和人类盖房子的论述，深刻地阐明了主观观念先于实践、设计是器物创造活动的灵魂这一基本特征。那么，设计的内涵是什么？设计的作用价值如何体现？工程设计与非工程设计有何不同？设计与艺术有何渊源？等等，以下就对这些问题做一简要论述。

4.1.1　设计的内涵

所谓设计（design），一般是指针对社会或个体的某种目标或某类需求，把规划、设想、构思或解决方案，通过恰当而严谨的方式、周密而合理的计划传达出来的一种创造性智力劳动过程。关于"设计"一词，大致起源于 14 世纪的文艺复兴时期，原本就有计划、构思、运筹的含义，也含有意象、作图、造型之意，一开始便与艺术创作具有密不可分的联系。在英文中，"design"一词主要包括以下三层意思：①to conceive or fashion in the mind（以主观想法为主的构思）；②to plan out in systematic, usually graphic form（系统地计划并画成图）；③to create or contrive for a particular purpose（为特定目的或效果而创造）。在中文中，设，陈设也；计，会算也；合起来便是预先算度后进行布置和应用的意思。

在现代社会中，虽然人们对"设计"一词能够耳熟能详并有诸多的延伸应用，但却没有一个严格的定义。广义上来说，设计无处不在，可以把任何造物活动的计划方案和运筹过程都理解为设计，一切包含有计划、运筹、安排的活动都包含有设计的内在特征。例如，村民在没有图纸的情况下建造土坯房和工程师研发某种工业产品，都可以归类为广义的设计；也可以把一件复杂事项实现路径的分解、解构、整合过程视为设计，例如教学内容设计或教学过程设计，或者在体育比赛中的战术设计，广义上来说也是一种"设计"。此外，还可以将"设计"延伸应用于社会场景，例如人们常说的某种制度的设计或某种运行流程的设计，等等，不一而足。就本质而言，正如日本当代设计大师原研哉[①]所言：设计不是一种技能，而是捕捉事物本质的感觉能力和洞察能力；设计就是通过创造与交流来认识我们生活的世界，就是将人类生活生存的意义，通过制作过程予以解释。

[①] 原研哉（Kenya Hara），1958 年至今，日本当代平面设计大师、日本设计界的代表人物，武藏野美术大学教授，业务范围包括海报、包装、推广项目与活动计划等整体设计工作，著有《设计中的设计》《为什么设计》等在设计界影响深远的著作。

由此可见，设计所涉及的范围十分广泛，具有一定的时变性，要廓清其内涵外延并不容易。就狭义的"设计"而言，核心内容大体上包括需求的厘清、解决方案的构想、工程建造或产品生产条件的统筹、实现过程的组织和实施效果的评估等几个方面，简要概括如下。

一是厘清需求。即比较准确全面地厘清社会、个体某种需求或目标的具体含义是什么？这些需求或目标如何度量表征？或在没有明确清晰需求的情况下，如何将潜在的需求引导或激发出来？设计成果的主要应用场景是什么？

二是设想构思。即形成比较清晰的设想、构思或满足这种需求目标解决方案的集合，这些解决方案有何优势、有何不足或者有何局限？现有的技术能力、生产条件对这些解决方案支撑程度如何？设想或构思能否顺利实现？

三是准确传达。即采用恰当严谨的方式、周密合理的计划将解决方案的集合明确地传达出来，确保其能够为实施者所准确理解把握，在实现过程中不走样、不跑偏、不变形，能够全面准确地实现设计意图，达成设计目标。换言之，设计成果如何展示才比较准确高效、严谨准确、可测可控？

四是价值追求。即在满足社会或个体功能需求的过程中，如何引导用户并使其能够感受到设计产品/工程的价值取向或精神追求？并由此使用户在精神层面产生愉悦或美的享受、引发人们的情感共鸣？进一步来说，如何将设计的功能性、价值性与艺术性完美地融合为一体？

五是评估度量。即在设计成果实施后，如何度量评价设计目标或设计意图的达成度？或检验证明需求的满足程度？如何基于用户感受评价来不断改进设计、提升设计品质，使设计更好地为人类服务？

4.1.2　设计的历史沿革

设计与工程、技术的起源一样久远，自人类有工程实践活动以来，设计便密不可分地成为工程实践活动的一部分，但设计一直与制作/施工建造联结在一起，隐匿在工程和技术的背后，若隐若现地起着不为人们完全理解的作用。根据设计在工程实践活动过程中所起的作用，将设计的演变划分为三个大的阶段，即依赖于手工业者技艺经验的古代设计（公元前 2000 年～约 19 世纪 50 年代）、工业化大生产初期的近代设计（19 世纪 50 年代～20 世纪 30 年代）和现代设计（20 世纪 30 年代至今）。

1. 古代设计

狭义上来说，古人所从事的建筑建造、陶瓷制作、纺织服装、兵器打造等实践活动都包含着设计的特征，但设计在制作/施工建造过程中所起的作用较小。概括来说，古代设计具有如下几个特点。一是设计所能覆盖的领域非常狭小，主要服务对象是王公贵族或宗教事务等，应用领域局限在建筑家具、装饰服装、兵工器械等几个狭小的领域，但设计与普罗大众的生产生活是没有关系的，这种状况被一些工程技术史学者称为"穷人没有设计"。二是设计与制作/施工建造合为一体，处于技术与艺术不分的状况，无论是东方还是西方世界，由于需求有限、商业贸易规模不大，技艺封闭严重、设计迭代普遍非常缓慢，有些情况下还会出现技艺失传的现象。三是设计与科学、技术之间并没有多少联系，由于没有规模化的市场需求，手工业者只是笼统地将某些方面的实践经验和技能技艺加以简单地总结并在一定范围内传承迭代，但并不关注如何以设计为纽带、全面均衡产品的性能品质与经济性能，也不关注技术工艺背后的科学理论和技术原理。

2. 近代设计

第一次工业革命以后，近代设计诞生了，设计所展现出来的投入小、回报高、风险小、成长潜力大、综合效益好等特点，深受行业企业的欢迎和喜爱，加快了设计对传统工程领域的赋能。近代设计成为工程实践活动的龙头和灵魂，成为技术开发、工程实践、产业发展和经济运行的重要组成部分，成为新的科学发现应用、技术迭代进步及产业升级的主要载体，成为量大面广的工程师、设计师施展才华的主要阵地。近代设计主要特点可概括为如下四个方面。一是设计的领域急剧扩大，设计在工业化大生产中的作用日益突出，凡是工业领域或工程行业，都需要借助于设计来统筹造型、功能、技术、工艺、装备、经济性能等相互冲突的生产要素。二是设计的知识密集程度迅速加剧，工程设计逐渐成为设计行业的主战场，越来越明显地依赖于技术、依托于技术背后的科学理论，科学理论、技术工艺、艺术表现力三者融合成为设计能力拓展与设计品质提升的主渠道。三是设计主要面向社会大众的需求，经济性能指标成为工程设计考量的要素之一，设计被非常有效地纳入到经济社会发展的过程之中。四是设计与制作/施工建造开始分离，作为一种独立的力量登上了工程实践活动舞台的中央。

特别值得一提的是，1851 年在伦敦举办的首届世界博览会对近代设计的诞生、发展与演变起到了至关重要的催化作用，修正了大规模工业化生产初期所衍生出的工业产品简陋粗糙、缺乏个性、人文情怀缺失等问题。在首届世界博览会之后，经历近 80 年的激烈交锋、到了 20 世纪 30 年代，包豪斯主义最终成为了设计行业的主流，"形式服从功能"成为设计最高准则。包豪斯主义发源于魏玛德国时期的包豪斯学院（Staatliches Bauhaus，1919～1933 年），该学院是世界上第一所为发展现代设计教育而创建的专门性学院，由著名建筑大师和建筑教育家瓦尔特·格罗皮乌斯（Walter Gropius）[1]创办，其办学宗旨是提升设计在工程实践活动中的作用、扭转当时一些不良的设计倾向。其中，bauhaus 一词是瓦尔特·格罗披乌斯将德语 hausbau（房屋建筑）一词倒置而成。包豪斯学院创办对现代设计行业产生了革命性的影响，其设计理念可以概括为以下三点：一是强调以人为本，坚信设计的目的是人而不是产品，强调设计的形式应服从于产品的功能；二是提倡在实现产品功能的前提下，讲究功能、技术和经济效益的统筹协调；三是设计应遵循自然与客观的法则，以使设计具有美的展现形式，追求艺术与技术的统一。

---

① 瓦尔特·格罗皮乌斯（Walter Gropius），1883～1969 年，德裔美国建筑大师，现代主义建筑学派的创始人之一，他认为建筑必须顺应工业化时代的要求，提倡用工业化方法改造建筑设计与建造方式，将功能、经济因素置于首位，以更好地服务大众。同时，他还是一位影响深远的建筑教育家，担任包豪斯学院的创校校长，哈佛大学建筑学系主任，主张将艺术和工艺结合起来解决工业化大生产所产生的问题。

3. 现代设计

进入现代社会，随着工程实践活动规模的扩展、工业化产品的丰富，人类物质生活得到了极大的改善，设计几乎融入人类生产生活的方方面面，范畴非常广泛、行业特征非常显著、对经济社会发展的促进作用非常大，逐渐成为一个国家、行业或区域的核心竞争力。概括来说，现代设计主要特点可以归纳为以下四个方面。一是设计的核心价值不断显现，龙头作用不断强化。很多时候，设计都是孕育工程生命、赋予产品灵魂的主要抓手。二是工程设计成为联结科学发现、技术开发、工程实践的主要纽带，并逐渐占据了工程实践活动舞台的中央，工程设计逐渐变成为一种知识密集型的集体创作活动。三是工程设计在某种程度上实现了艺术性的回归，以便将造型美、技术美、结构美不着痕迹地融入工程/产品的设计中。四是在一些工程领域，工程设计深刻改变了产业行业的组织形态，在工程领域出现了许多有别于近代工程实践活动的组织形态，提升了先进技术、先进管理方法的辐射范围。

一般地，现代设计可按属性划分为工程设计和非工程设计两大类。所谓工程设计，就是指现代工程领域的结构设计、产品研发设计、材料制备设计、制造/施工工序工艺设计、运营维护措施设计等技术性突出的设计工作。工程设计最突出的特点是要兼顾安全性、可靠性及经济性，导致其实现过程比较复杂。在工程设计之外的都被称为非工程设计，例如广告设计、平面设计等。此外，人们常常基于设计的历史沿革、工程传统，按照设计对象进行分类，将其分为建筑设计、工业设计、平面设计、服装设计、广告设计等几个大的类别，还可以在此基础上将其进一步细分，例如建筑设计又可以细分为城市规划设计、建筑方案设计、结构（房屋、桥梁、大坝、道路等）工程设计、环境设计、风景园林设计等，以及与土木建筑功能相关的水电能源、通信网络等细分工程领域的设计。另外，设计范畴随着时代发展还在不断演变，一些新兴的、细分的设计领域如网络游戏设计等不断破茧而出，形成一个庞大的、开放的、无所不包的族系。

4.1.3　工程设计

概括来说，工程设计，就是以目标需求为导向，将能够达成工程功能目标的实现路径清晰准确地展示出来，将工程建造运行所需的物质（物料、设施、工具等）、技法（技术、方法、技能等）、管控（目标链、物质流、能量流、信息流等）等方面有机组织衔接起来，形成严谨细致的、可操作性强的设计成果，以全面指导、规范工程建设和运营维护。进一步来说，狭义的工程设计就是为满足特定工程目标，应用科学理论、技术方法、工程经验等，给出设计图纸、编制概预算、提出施工建造方法、给出运营维护建议的技术活动；广义的设计包括承办业主所需的全部技术服务，即在狭义的设计之外，还包括技术咨询、技术研究开发等，但不包括施工建造。工程设计是工程实践活动的龙头，是孕育新的工程生命、赋予工程项目灵魂的创造性劳动，是技术创新、工程创新实践活动的主战场，是一个行业、一个地域工程实施能力的主要体现。工程设计的覆盖面非常宽广，涵盖了现代工程领域的方方面面，主要领域包括土木建筑、机械工程、电力电子工程、化学工程、能源工程、生物工程等，且其覆盖面还在不断扩展。

作为工程实践活动中的有机组成部分，工程设计具有突出的复杂性和明确的目标性。工程设计是将科学理论、工程知识、技术方法、工程经验转化为现实生产力的先导过程，包含多种显性知识的获取、加工、处理、集成、转化、融合和传递，也包括一些隐性知识的汲取、消化及融合，是一种知识密集型、创造性的技术活动。概括来说，工程设计的作用价值主要包括但不限于以下三个方面。一是提升造物的品质，满足人类日益增长的物质需求，使造物活动能够更好地增进人类福祉。二是提升造物的效能效率，使造物的技术（方法、工具、装备、技能等）更加先进科学，使造物所需的材料、人工、装备等资源能够更大限度地发挥作用。三是防范、削减、化解造物所可能产生的负面影响，增进人类-工程-自然的和谐程度，促进人类永续发展。

此外，工程实践活动因调集的资源庞大、建设运行对经济社会发展的促进作用突出，因此，工程建造运营不允许失败，这就对工程设计的安全性和可靠性要求更高、约束更严，对工程的经济性更加重视。这些严苛的要求，一方面强化了工程设计的统筹作用和枢纽价值，使得工程设计成为工程实践活动的龙头，另一方面则对工程设计人员产生了严格的约束，促使工程师们逐渐形成了严谨细致、稳当保守、怯于创新的设计传统，并成为工程文化的一部分。为应对日益复杂的工程设计，倡导观念先行、强调过程控制、重视流程管控、加强专业协作等是现代工程设计行业普遍奉行的准则，只不过在不同国家地区、不同行业有不同的体现形式。一般而言，工程设计包含了设计方法论、设计基本原理、具体的设计方法和设计学等主要内容，是一个孕育工程生命的创造性技术活动。工程设计的基本特点，正如美国学者乔治·E. 迪特尔（George E. Dieter）在 *Engineering Design* 一书中用 4C 所概括的。

一是创造性（creativity）。工程就是造物，工程设计就是造物活动总体性的统筹安排，从这个层面来看，工程设计无疑具有创造性，或接续传承、创造出先前在现实中不存在的人工物，或推陈出新、创新建造出在人们的观念中不存在的人工物，以实现工程特定的功能目标。

二是复杂性（complexity）。工程具有明确的目标和价值追求，是在特定的自然、经济、社会、技术、文化等条件约束下，同体异质的技术要素和非技术要素如政治、资本、社会、伦理、管理等的集成与整合。因此，工程设计就是在多目标、多变量、多参数、多约束条件等复杂情境下寻求工程问题的最优解决方案或最满意方案的过程及结果，并将工程项目所可能产生的负面影响降至最小。从这个层面来看，工程设计无疑是非常复杂的，需要因时因地制宜地给出系统性的解决方案。

三是选择性（choice）。在满足工程目标需求的过程中，常常存在着多种路径、多种方法、多种手段，在实现技术指标的过程中，也存在诸多的技术路线或技术方法，这些路径、路线、方法、手段的适用性常常因时因地而异，需要进行系统的选择优化。因此，在技术和非技术层面上，工程设计都必须在诸多不同的解决方案中做出自认为或工程相关方认为最适宜的选择，以满足工程建设运行的系统性和集成性的要求。

四是妥协性（compromise）。由于工程设计的目标多样化、影响因素众多、工程相关方诉求存在差异、工程建设运行效果评价尺度多元，导致工程设计常常要在多个相互矛盾冲突的目标和约束条件中进行权衡、折中和妥协，在技术、经济、工程效果多个维度上寻求最大公约数，以满足工程社会性和系统性的约束。此外，在进入知识经济时代后，在市场高度竞争的外部环境影响下，工程设计还必须不断地推陈出新，在传承性和创新性之间不断探索尝试并取得恰当的平衡，以积极顺应当时当地的建设条件、与时俱进地践行新的工程观念。

由此可见，工程设计既要传承传统、厚积薄发，又要遵循工程规则、技术规范，更要打破常规、推陈出新，还要因地制宜、顺应时势，这些原则性的、相互矛盾的期望势必给工程设计人员提出了更高、更全面的要求，常常令工程设计人员绞尽脑汁、费尽心思而乐此不疲。与此同时，随着现代工程疆界的扩展、工程实践活动挑战的增大，工程设计过程中的研究成色也在不断强化，导致在很多工程领域，工程设计逐渐演变为纯粹的技术活动，设计与艺术失去了必要的内在联系，技术压制艺术成为一个普遍现象，设计的艺术性日益变得稀有，工程设计成果变成一个个纯粹的"技术人工物"。在结构工程领域，结构工程设计在某种程度上被"结构工程学"所取代，结构设计的人文性、艺术性普遍显得不足，对建筑功能、造型、空间和美学表达中所起的作用价值乏善可陈，大部分结构设计仅有承重功能，结构构件单调乏味、构造和节点粗糙。

案例 4-1　建筑设计的本质是什么——技术性与艺术性如何兼容统筹

1）建筑设计中的矛盾冲突

建筑设计是建筑师根据项目目标和建设任务，将建筑物建造和使用过程中可能发生的各类问题，预先做好通盘的构想，拟定好解决办法或方案，并用图纸和文件严谨表达出来的一种创作过程。建筑设计作为一项集技术与艺术为一体、既感性又理性的专业实践活动，涉及面非常宽广，主要包括建筑学、结构工程、给排水、空气调节、消防防火、建筑声学、建筑光学、建筑热工学、工程估算、园林绿化等方面，需要各学科的专业技术人员的密切协作。在建筑设计时，经常面临的矛盾主要有：形式和内容之间的矛盾，需要和可能性之间的矛盾，建筑的适用、经济、坚固、美观这几个基本原则之间的矛盾，建筑设计与结构设计之间的矛盾，等等。这些矛盾构成了错综复杂的局面，既有一般性、又有特殊性。建筑设计工作的核心，就是要寻找解决上述各种矛盾的最佳方案，并说服项目的投资者或决策者。

在这些错综复杂的矛盾交织体中，建筑设计与结构设计是一对经常冲突的矛盾体，不仅影响着建筑造型和经济性能指标，而且影响着最佳方案的比选，给房屋建筑建造及运营过程带来各种各样的问题。相对而言，桥梁工程因无需考虑结构物内部使用功能和使用空间的安排，问题就变得比较简单了，但仍存在结构造型、结构力与美展示等工程美学问题，一般情况下可由桥梁工程师独立解决。所谓结构设计，就是围绕建筑设计方案，以力学分析为基础，以各种规范规程为依托，在经济合理的情况下，采用合适的结构材料、结构体系、施工方法等，来实现建筑意图的构思、谋划、分析和统筹过程。由此可见，结构设计处在科学、技术与艺术的交叉点上，是一种创造性的技术活动过程，兼有科学性、技术性、艺术性、系统性、集成性等多个属性。虽然大多数结构工程师都认同：结构设计是一项建立在科学理论基础之上、以技术性为主、兼具设计性与艺术性的智力劳动，即结构设计就是一个创造"结构艺术"的过程。但是，结构工程师的知识结构、工作内容和执业经历，常常难以"驾驭"结构设计的艺术性，导致结构设计常常变成了以各种规范条文为准绳、不厌其烦校验核算的技术活动过程，艺术性难觅踪影，乏味的、重复的结构设计便由此大行其道，甚至"结构艺术"则变成了一些结构设计大师的专利。有些时候，不当的社会环境和工作氛围又会进一步加剧这种现象。与此同时，一些建筑师的设计工作，则往往是天马行空的奇思妙想，虽有别具一格的艺术表现力，但却缺失了必要的技术合理性，增加了实现的难度，很多时候令结构工程师叫苦不迭。这一类现象，在不同时期、不同地域、不同发展阶段都曾经出现过，显现出人们对建筑设计本质属性把握的摇摆不定，某些情况下，艺术占据了建筑设计的核心地位，导致结构设计只能跟在后面去费力而不讨好地勉强实现，建筑结构的经济技术合理性严重受损，甚至会留下无法弥补的遗憾或败笔。某些情况下，建筑设计只有技术性和功能性，而缺失了艺术性，虽然降低了结构设计的难度，但却导致建筑物变成了一个个冷冰冰的"人工技术物"或"工业制成品"，难以展现人们的精神追求与价值取向，等等。

2）建筑设计中的技术性与艺术性如何统筹

在当代，随着各种建筑思潮的兴起以及结构工程技术实现能力的跃升，建筑艺术性和技术合理性之间的矛盾冲突达到了前所未有的激烈程度，这种混乱和不确定性源于人们不能明确自己未来的生活方向，建筑师不能恰当诠释人们可取的生活方式和建筑物的确切定位，而结构工程师只能被动地去挑战技术可能性空间的边界。那么，从本质上来说，在建筑设计中，技术性与艺术性如何统筹？它们之间比较合理恰当的关系是什么？如何将结构工程的结构美与艺术表现力融为一体？以下就对此做一简要探讨。

一是技术合理性是建筑设计的基础。一般而言，建筑形式是其使用功能、结构材料及结构形式的合理表达。在这里，"形式"有着双层含义：一个是外显的，指外在的表现如外观或肌理，所对应的是"形"；另一个是内显的，指内在的结构章法、法式、法则、创作的规律等，所对应的是"式"。"形"是"式"的外显，"式"是"形"的内核，二者具有对立与统一的辩证关系。归根结底，建筑是为人的生活生产而设计的，受人们的生活方式、自然环境及社会经济条件制约，不是天马行空的纯艺术品，任何打着文化和艺术的幌子，否定建筑功能性、物质性和社会性的创作行为都是十分危险和有害的。因此，技术合理性是建筑设计的"基础"，舍去"基础"去追求形式无异于缘木求鱼。但是，有悖于这一基本认知的案例还是层出不穷，在不同时空中都曾轮番出现过。其中，以雷姆•库哈斯（Rem Koolhaas）[①]设计北京 CCTV 大楼最具典型性。在艺术上，库哈斯尝试在高楼林立的北京 CBD 区中创造出一个不能明确界定的物体，一个介于美与丑、实与虚、水平与竖直、动态与静态、过去与未来、意识与实践的混合物，一个充满了矛盾与妥协、发展与平衡的共同体，

---

① 雷姆•库哈斯（Rem Koolhaas），1944 年至今，荷兰建筑师、作家、哈佛大学建筑学教授，早年从事文学创作，1975 年创办大都会建筑事务所（OMA）、并担任首席设计师。他的主要建筑设计作品包括美国西雅图中央图书馆、中国北京 CCTV 大楼、葡萄牙波多音乐厅、中国台北艺术中心等，著作有《错乱的纽约》《小、中、大、特大》等，对建筑与城市文化有深入而独到的研究。

一个无论是功能空间系统、结构系统还是表皮肌理都渗透着不确定性的大楼，具有高度的象征意味。但是，在技术上，库哈斯有意无意地忽视了北京处在 8 度抗震设防烈度区这一实际情况，在总建筑面积约 55 万 m^2、两座塔楼分别为 52 层和 44 层、高度分别为 234 m 和 194 m 的情况下，采用双向内倾 6° 的倾斜扭曲结构形态，以及在距离地面 162 m 的高度上由 L 形悬臂结构连为一体的大悬挑结构，导致其受力极不合理、结构设计难度极大、材料用量极高，虽然经奥雅纳事务所的结构设计大师塞西尔·巴尔蒙德（Cecil Balmond）等人着力优化，北京 CCTV 大楼总用钢量仍高达 14 万 t，工程造价高达近百亿，折合每平方米用钢量高达 255 kg/m^2，折合每平方米造价接近 2 万元（作为一个对比，近 30 年国内外建成的百层上下的超高层建筑结构，其用钢量多在 150 kg/m^2 左右）。这样一座在造型上争议很大、在技术上极不合理的公共建筑，引起了社会各界的广泛批评，成为一个追求独特艺术造型、忽视技术合理性的典型案例。

二是艺术表现力是建筑设计的结果而不是出发点。在建筑设计创作中，对形式的追求是必然的，也是必要的，但更重要的是从形式中显现出功能作用和价值取向，展现时代风貌。事实上，从形式中反映出积极的价值取向、愉悦的审美情趣正是艺术特有的功能。但是，不同于纯艺术，建筑艺术是兼具功能性、经济性的艺术展现，其形式不仅指建筑的外显实体和实体包含的空间，还应该从结构材料、内在结构、外部环境等层面展开，达成"式"对"形"的经营，实现形式与功能的统一，最终达成愉悦人、感染人、激发人、鼓舞人的目的。正如 20 世纪的建筑宗师勒·柯布西耶（Le Corbusier）[1] 所说："建筑的任务在于对外在无机自然加工，使它与心灵结成血肉因缘，成为符合艺术的外在世界。人们使用石头、木材、水泥，人们用它们造成了住宅、宫殿，这就是营建。创造性在积极活动着。但，突然间，你打动了我的心，你对我行善，我高兴了，我说：这真美。这就是建筑。艺术就在这里。"从柯布西耶的论述中可以看出，建筑打动人心，使人感受到美、感受到震撼、感受到物我相融，只是建筑建成后人们鉴赏的效果，是建筑师将自身的思想、情感、心境、愿望、志趣等通过建筑造型展现出来的结果，是一种感性体验而不是理性分析的结果。从这个角度来看，那些在建设之初试图建造出摄人心魄的地标性建筑如美国圣路易斯大拱门、北京 CCTV 大楼、合肥美术馆等无一不是事与愿违，而在建设过程中备受批评或争议的一些建筑，如巴黎埃菲尔铁塔、伦敦水晶宫、悉尼歌剧院、巴黎乔治蓬皮杜国家艺术和文化中心等，最终却成为世界性知名地标建筑，颇有些"无心插柳柳成荫"的意味。这种不期而遇的成功，与其说是建筑设计艺术表现力的作用价值，不如说是其暗合了社会经济发展的潮流、契合了人们审美情趣的迁移。从这个角度来看，尽管建筑设计有其相对稳定的内容体系和内在规律，但创作的方法却是无定形的，应该是感性与理性、精确与模糊、传统与时代的统一，建筑造型应该是基于功能、结构、材料、尺度、构造、色彩等技术载体的设计结果，而不是建筑设计的出发点。

---

① 勒·柯布西耶（Le Corbusier），1887～1965 年，20 世纪最著名的建筑大师，现代主义建筑的奠基人之一，国际现代建筑协会创始人，功能主义建筑的泰斗，其作品包括法国马赛公寓、朗香教堂、萨伏伊别墅等，著有《走向新建筑》《光辉城市》等传世之作。

　　三是 4E 原则是结构设计的根本宗旨。简单来说，建筑设计是关于建筑的外观、肌理和皮肤的统筹和展现，结构设计是关于建筑骨骼和内核的谋划和呈现，二者一表一里，相互依托、相辅相成，建筑设计是房屋建筑工程的龙头，结构设计是建筑设计的基本支撑。因此，好的结构设计往往会令建筑设计的艺术表现力更加突出，平庸的结构设计则会令建筑设计效果大打折扣，而错误的结构设计则会让建筑设计方案进退两难。结构设计依其试图达到的建筑效果而有多种可供选择的表现策略，这些策略有时是统一的，有时又是矛盾的，最优秀的结构设计就是能够将看似完全对立的特性相互协调并融合在建筑中，又能将隐藏在受力构件间的紧张感以令人赞叹的方式表现出来，仿佛一场在建筑表现力与结构合理性之间取得微妙平衡的精彩的杂技表演。案例 2-3 所述的香港中银大厦，结构设计大师莱斯利·罗伯逊的结构设计方案（竖向空间桁架结构）无疑给建筑大师贝聿铭的建筑设计方案增色不少，在完美实现建筑功能的情况下，展现了结构的力度，大幅度降低了结构材料的用量，等等，这方面的案例不胜枚举。对结构工程师而言，在根据建筑功能、艺术表现力的需要进行结构设计时，应对来自建筑功能、结构材料、受力合理性、工期造价等方面的挑战，创造出前所未见而又富于魅力的结构形式，这正是他们最值得自豪的地方。另外，自古罗马维特鲁威提出"实用、坚固、美观"三原则以来，结构工程界与时俱进地对结构设计原则进行了迭代更新，形成了目前普遍认可的"安全适用、经济合理、技术先进、美观耐久、绿色环保"等基本原则，对结构设计给予了极大的指导。然而，从结构设计效能效用的角度出发，仅有这些原则还是远远不够的，既很难回答结构设计是否具有艺术性，也难以评价结构设计的优劣。20 世纪 70 年代，由著名工程评论学者戴维·P. 比林顿提出的、经后人补充形成的结构艺术的 4E 原则，即高效（efficiency）、经济（economy）、优雅（elegance）、环境（environment），融合了技术、经济、艺术、社会、环境等要素对结构设计的原则要求，从艺术角度阐明了结构艺术正确恰当展现的原则，对结构设计具有普遍的指导价值。此外，近 20 年来，随着结构工程服役年限的增长、废旧结构材料的循环利用问题变得日益突出，又有人提出了结构设计的 3R（reduce、reuse、recycle）设计原则，以便采用新技术、新工艺、新方法来减小新建结构工程对资源的消耗以及对自然的影响，延长既有结构工程的使用寿命，增大废旧结构材料的循环利用程度。实际上，4E 中的"高效""环境"两个要素已经相当程度地包含了 3R 原则的内涵，只是切入点不同罢了。

　　3）基本认识

　　综上所述，建筑设计处在科学、技术、工程、艺术、社会的交叉点上，兼有科学性、技术性、艺术性、系统集成性等多个属性，是一项集技术与艺术为一体、既感性又理性的专业创作活动，其创作规律纷繁复杂而多变，难以进行简要概括。但一般认为：技术合理性是建筑设计的基础，艺术表现力是建筑设计的结果而不是出发点，在这个复杂多变的创作实践活动中，建筑设计是立足于技术合理性基础之上的艺术展现，优秀的建筑设计应该达成形式和内容的统一；结构设计是建筑设计意图实现的关键支撑，卓越的结构设计应该符合结构艺术的 4E 原则。

案例 4-2　瑞士阳光桥———一座融技术性与艺术性为一体的桥梁

1）技术背景

早在 20 世纪 70 年代，为了适应大跨径混凝土梁桥建设的需要，瑞士著名桥梁设计大师、苏黎世联邦理工学院教授克里斯蒂安·梅恩就综合混凝土 T 形刚构与连续梁的优点，创新出连续刚构这一新的桥型，建成了主跨跨径 144 m 的瑞士弗尔泽瑙（Felsenau）桥，增强了混凝土梁桥的跨越能力，改善了混凝土梁桥的使用性能，使得连续刚构桥在 150～300 m 的跨径范围内具有突出的经济技术优势。到了 20 世纪 90 年代，全世界建成跨径大于 200 m 的连续刚构超过了 100 座，连续刚构桥的跨越能力达到了 300 m。因此，在跨越深谷时选用连续刚构桥就成为一种比较常见的、合理的选择。

此外，到了 20 世纪 80 年代，经过 30 年的发展，斜拉桥的设计施工技术已经非常成熟。斜拉桥以其强大的跨越能力、灵活的设计自由度、显著的经济效益、良好的适应性及高效的悬臂施工法，在全世界得到了广泛的应用，发展出密索斜拉桥、单索面斜拉桥、独塔斜拉桥、斜拉-刚构协作体系等新的结构形式，演化出混凝土梁、组合梁、混合梁、钢桁梁等多种主梁形式，技术经济优势不断显现，跨越能力在当时已经覆盖了 200～800 m 的区间。此外，1988 年，法国桥梁设计大师雅克·马蒂瓦在设计阿勒特达雷高架桥时，提出了“超剂量梁”（extra-dosed beam）的构想，成为斜拉桥发展的有益补充，其主要设计思想是：在主跨 100 m 左右的预应力混凝土连续箱梁中，设置低矮的索塔，斜拉索穿过索塔的索鞍，给梁体施加较大的预加应力。葡萄牙、日本等国桥梁界借鉴该构想，分别于 1993～1994 年分别建成了主跨 106 m 的 Socorridos 桥、主跨 122 m 的小田原港桥，弥合了连续梁、连续刚构桥与斜拉桥之间的鸿沟，揭开了部分斜拉桥发展的序幕。

由以上两个方面可见，进入 20 世纪 90 年代，在跨越宽度不大（宽 100～200 m）的深谷时，可以采用连续刚构或部分斜拉桥等技术成熟、施工简便的结构形式，当然，亦可采用钢筋混凝土拱桥来跨越深谷。因此，在跨越宽度不大的深谷时，似乎没有必要、也没有可能再产生突破性的工程创新了。

2）方案构思

瑞士阳光桥在我国又被称为森尼伯格桥，该桥位于瑞士阿尔比斯山 Klosters 镇的高速公路上，路线跨越 Landquart 山谷，山谷最深处约 60 m，跨越山谷的桥梁两侧紧接隧道，隧道总长约 4.5 km、造价约 3.5 亿瑞士法郎，由两侧隧道出口所确定的桥梁长度约为 500 m。修建这样一座规模不大、跨越能力要求不高的桥梁在技术上并无挑战，但瑞士当局及当地民众对该桥在艺术造型上、与环境协调方面的要求颇高，这既因为该桥处于风景秀丽的景区，也是瑞士桥梁等公共设施建设的一贯传统。早在 20 世纪 70 年代，建设阳光桥的构想即被提出，然而当时提出的设计方案因没有能够很好地满足环境要求，多次修改仍未获当局认可。

1993 年，业主邀请了三家顾问公司提出新的设计，最终由克里斯蒂安·梅恩所提出的部分斜拉桥方案获得广泛好评，成为施工实施方案。阳光桥的设计理念是：采用消隐表现手法，将结构物最大程度地融入当地的自然环境，在实现结构功能的同时，打造新的人文景观。该桥典型的结构特征是：高桥墩、矮索塔、曲线梁、竖琴形斜拉索，完美地将桥梁力学性能与桥梁美学要素有机地结合为一体，不着痕迹地融入当地田园风光，不太突出却能给人以美感，但从远处看又非常显眼，成为 Klosters 镇的一个标志。

克里斯蒂安·梅恩的设计方案为四塔五跨斜拉桥，方案设计的主要着眼于结构造型与艺术表现力，但同时很好地兼顾了受力行为，开创了部分斜拉桥发展的新阶段。该桥跨径布置为 59 m + 128 m + 140 m + 134 m + 65 m，墩高 24.55～62.15 m，并向上延伸构成了索塔，桥墩宽度从墩底的 8.8 m 变化为桥面处的 13.4 m，延伸至索塔顶部时达到了 17.25 m，构成了一个三维杯状结构；主梁位于半径 503 m 的曲线上，采用 0.32～0.40 m 厚的板式结构；斜拉索采用竖琴式平行索。设计方案中的墩、塔、梁均采用板件作为主要设计语言，墩、塔、梁等采用高度协调的曲线形式，特别是墩塔一体、取消了塔顶横梁、索塔向上向外延伸的构型手法，使人感觉索塔仿佛是自然生长出来的一样，使桥梁整体造型显得简洁、轻快，从桥面上行驶而过，给人一种开阔舒展、蓬勃向上的感觉。另外，设计方案采用了高度较小的索塔，主塔塔高仅为 14.8 m，塔高与跨径之比为 1/9.5，远小于常规斜拉桥塔高与跨径之比为 1/5～1/4 的范围，以避免较高的索塔产生雄伟、挺拔的意象，导致桥梁整体造型在周边田园风光中显得过于突兀。

瑞士国土面积不大、桥梁建设需求并不旺盛，但却是世界桥梁强国之一、"结构艺术"流派的重要阵地，在山区桥梁建设中常常能够出人意料、而又符合技术逻辑地推陈出新。自罗伯特·马亚尔以降，瑞士工程界及社会公众非常重视结构与艺术的结合，非常看重结构的轻巧美观和艺术表现力，创造出三铰拱、连续刚构、部分斜拉桥等新的结构形式。其中，克里斯蒂安·梅恩无疑是一位承前启后的关键人物，他不仅著述甚丰，而且勇于工程实践、善于工程创新。在阳光桥的设计中，如果采用连续刚构桥，实现结构功能、满足交通需求当然没有问题，但在艺术表现力方面则显得过于平淡，桥梁只有功能性、没有艺术性，并不符合当局及民众的要求。如果采用常规斜拉桥，在结构设计与施工方面也没有任何困难，但较高的索塔并不符合结构艺术的 4E 原则，会在优雅（elegance）、环境（environment）两个方面有所欠缺，也难以表现出工程项目的创造力，当采用常规的两塔三跨斜拉桥、索塔较高时，这方面的冲突尤为明显。如果采用上承式拱桥，满足受力要求后会导致结构体量过大，产生与斜拉桥相似的问题，且施工临时费用会比较高。因此，只有部分斜拉桥才能完美地将结构受力性能、结构造型与艺术表现力融为一体，兼顾功能与环境要求，创造出新的结构艺术。虽然部分斜拉桥方案造价为 1700 万瑞士法郎，比连续刚构方案增加 240 万瑞士法郎、约 14% 的工程造价，在结构设计方面也有一些难点如墩塔结构形式、温度效应、拉索夹角等问题需要准确分析、精心应对，但却是当局及当地民众最认可的方案。于是，在克里斯蒂安·梅恩方案的基础上进行细部设计、形成实施方案。该桥于 1996 年动工兴建，1998 年建成通车。

3）主要技术参数

桥跨布置：59 m + 128 m + 140 m + 134 m + 65 m = 526 m，跨中无索区为 22 m，桥面平面线形位于半径 503 m 的曲线上，桥面纵坡 3.2%，布设 2 个车道，结构概貌见图 4-1，主要尺寸如图 4-2 所示。

索塔：主跨塔高 14.8 m，塔高与跨径之比为 1/9.5，塔顶横向间距为 17.25 m，索塔在桥面及以下设 3 道横梁，在桥面以上不设横梁，避免影响行车视界和视觉感受。

桥墩：墩高 24.55～62.15 m，墩底横向间距为 8.8 m，逐渐变化到桥面处的 13.4 m，并向上延伸构成索塔，墩塔采用由 3 个矩形组成的类似 T 形的变截面，墩塔尺寸沿高度按曲线变化，如图 4-3 所示。

斜拉索：由平行钢丝束组成，每根拉索由 125～160 根直径 7 mm 的镀锌钢丝编制而成，允许应力为 800 MPa，拉索布置为竖琴式，桥塔每侧布置 20 根，桥面索距为 10 m。

主梁：主梁宽 12.37 m，由两根边梁及桥面板组成，边梁高 0.8 m，桥面板厚 0.32～0.40 m，桥面铺装层厚 0.17 m，为满足 503 m 曲线半径外侧超高要求，采用主梁斜置、设置 7%横坡的结构措施，如图 4-4 所示。

图 4-1　瑞士阳光桥概貌（图片来自维基百科，查看彩色图片可扫描封底二维码）

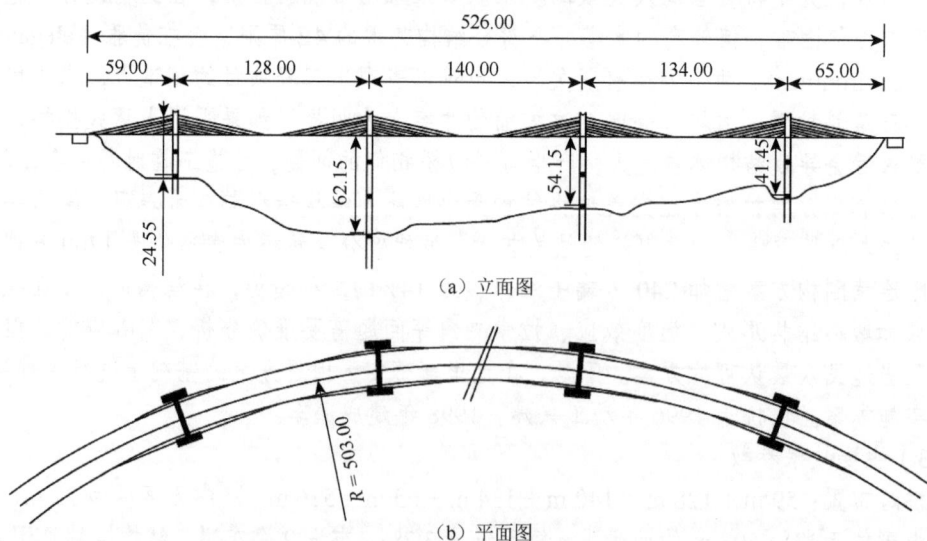

（a）立面图

（b）平面图

图 4-2　瑞士阳光桥总体布置（单位：m）

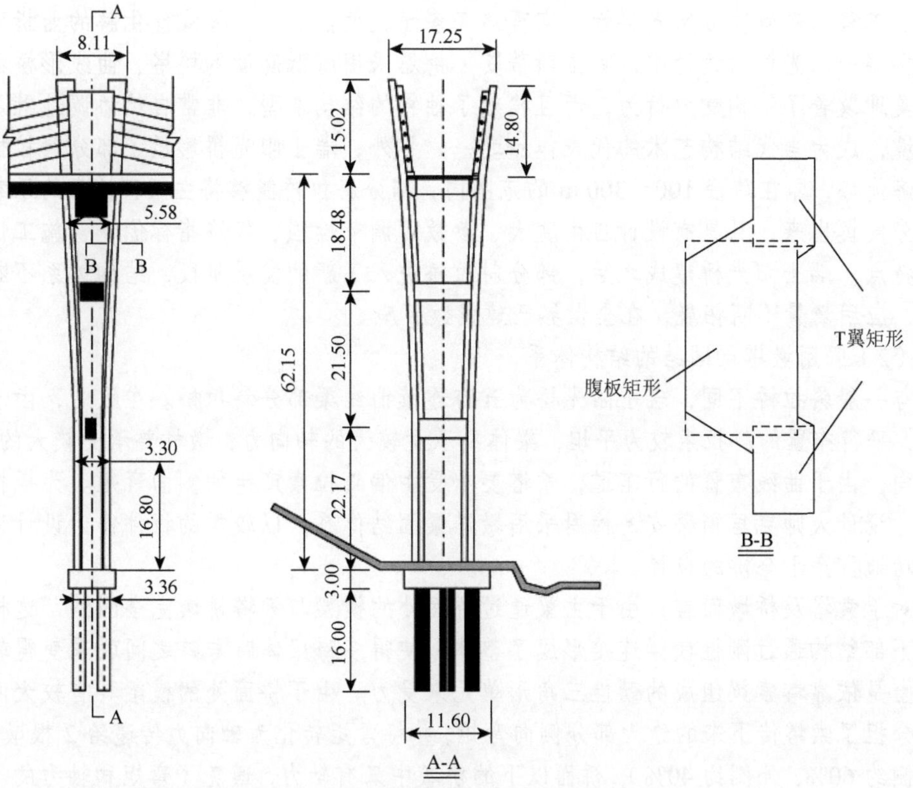

图 4-3　桥墩及索塔布置（单位：m）

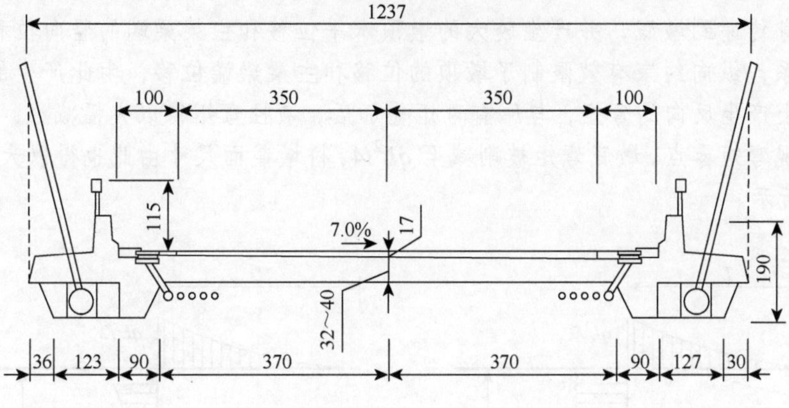

图 4-4　主梁截面（单位：cm）

4）主要技术创新

（1）开创了部分斜拉桥发展的新阶段

部分斜拉桥是梁桥与斜拉桥之间的一种过渡结构形式，它的出现和发展，可以理解为斜拉桥早期稀索体系的一种回归和升华，也可以视为常规斜拉桥设计理念改良调和的结果，反映了在某一跨径范围内如何抓住主要矛盾、提高材料利用效率的设计思想，体现了在工程问题解决方案多样性、实现路径多元化的情况下，寻找优化解的曲折发展历程。在瑞士阳光桥的设计中，克里斯蒂安·梅恩采用超低高度的桥塔、曲线形桥面，不仅完美地改善了结构受力行为，而且构建了独特的结构造型，非常自然协调地融入了周边环境，成为当代结构艺术的代表作品之一。另外，瑞士阳光桥彰显了部分斜拉桥的技术经济优势，即在跨径 $100\sim300$ m 的范围内，部分斜拉桥能够将主梁、拉索的承载能力都充分发挥出来，且具有设计自由度大、参数可调节性强、经济指标优越、施工快速便捷等特点。瑞士阳光桥建成之后，部分斜拉桥进入了新的发展阶段，结构体系不断迭代优化，应用场景不断拓展，在全世界已建成数百座。

（2）采用墩塔梁固结的结构体系

与一般斜拉桥不同，瑞士阳光桥为五跨连续曲线梁部分斜拉桥。在纵向，由于索塔很矮，平行布置的斜拉索较为平坦，梁体要承受较大的轴向力，墩柱要承受较大的弯矩；在横向，由于曲线布置的行车道，索塔要承受由偏心拉索产生的侧向弯矩。为抵抗这些内力，设计大师克里斯蒂安·梅恩采用墩塔梁固结体系，以较柔的板件作为设计语言，并成功地贯穿于全桥的布置。

对于索塔及桥墩而言，由于主梁通过桥面处的横梁与索塔桥墩完全固结，这样就使得上下部结构通过刚性横梁连接形成了整体，使得多跨梁体跨与跨之间联系变得较弱，基本上是依靠塔索梁组成的劲性三角形单元来受力。由于桥面处的横梁具有较大刚度，从而分担了索塔传下来的绝大部分侧向弯矩，并将弯矩转化为轴向力传递给 2 根墩柱（曲线内侧约 60%、外侧约 40%），桥面以下的桥墩中只有轴力，避免了弯矩和轴力的不利组合。进一步分析不难发现，在梁上满布均布荷载 q 作用下，主梁在墩顶处的弯矩可以近似为 $qL^2/2$（L 为跨径），若采用飘浮体系或者半飘浮体系，由于没有纵向约束，该弯矩将沿墩身传递到墩底，并产生较大的墩顶水平位移和主梁梁端的竖向位移。而墩塔梁固结体系，纵向约束有效限制了墩顶的位移和主梁梁端位移，由此产生的水平力还会在墩柱上产生反向的弯矩，与原有弯矩叠加后，墩柱弯矩得以大幅减小，在墩高 1/3 位置处出现弯矩零点，墩底弯矩被削减至 $qL^2/4$，桥墩截面尺寸由此也得以大幅度减小，如图 4-5 所示。

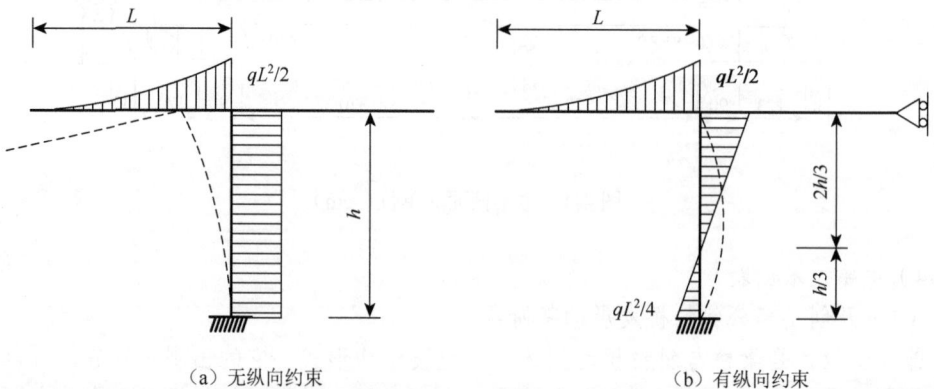

（a）无纵向约束　　　　　　　　（b）有纵向约束

图 4-5　墩塔梁固结体系桥墩受力分析简图

对于主梁而言，由于该桥主梁高度很小，在恒载作用下主梁挠度较大，为了满足受力要求和保持主梁的连续性，在边梁中施加了预应力，使得厚度仅 0.32～0.40 m 的混凝土板能够满足受力要求。此外，对于跨中 22 m 长的无索区，则通过增强纵向预应力束来弥补拉索水平分力引起的缺失。

（3）采用无伸缩缝结构体系

在平面内，阳光桥梁体是一块整体的板，类似于一个平面拱结构，在两侧桥台不设伸缩缝。在温度荷载作用下，梁体伸缩变形可以依靠梁体的平面曲线径向位移来抵消，为适应平面拱结构的径向位移，桥墩的横向尺寸因此设计得很小很薄，在构建轻巧纤细造型的同时，很好地顺应了受力要求。另外，连续的曲线梁还约束了桥墩纵向和横向的变位，桥墩弯矩由此也得以减小，后期的维护成本也会有所降低，实现了结构造型与结构性能的完美统一。

5）工程创新扩散

瑞士阳光桥虽然规模不大、结构不复杂，但却理念先进、构思巧妙、富有艺术性，既新颖别致又低调自然，不着痕迹地融入在阿尔比斯山的风光中，成为新的艺术景观。另外，该桥结构设计中独具匠心，采用塔梁索组成的三角形劲性受力单元大幅度削减了桥墩的纵向弯矩，兼有连续刚构与斜拉桥的优势，以板件为主的设计语言完美地兼顾了结构受力要求与艺术造型，成为部分斜拉桥发展的里程碑之一，促进了部分斜拉桥在全世界的推广应用。

从桥梁工程的社会属性来看，自古以来，期望桥梁在满足预定的使用功能之外，创造出艺术价值，实现人与自然的和谐共生，彰显工程的价值理性，推动工程技术的进步，一直是一代又一代桥梁工程师的精神追求。瑞士阳光桥的实践，揭示了桥梁界对内部协调、外部和谐技术美学理念的推崇，展现出桥梁的外在形式美、内在技术美，开创了部分斜拉桥发展的新时代，演绎了"结构艺术"的时代内涵。从这个角度来看，与其说瑞士阳光桥是一座桥梁，不如说是一个低调的艺术品，一个与罗伯特·马亚尔设计的瑞士萨尔基那山谷桥一脉相承的艺术精品。

4.2　结构工程设计的特点和准则

广义上来说，结构工程的设计包括水文地质勘察、地基基础设计、结构设计、运营维养建议等，对于房屋建筑结构，设计还包括建筑学设计、室内环境设计、水电暖通设计等，是一种系统性、综合性、社会性极强的工程设计工作。狭义的结构工程设计主要是指房屋建筑工程、桥梁工程的结构设计，即基于建筑设计方案，基于结构工程、岩土工程的基本理论与工程方法，综合地质水文条件、结构形式、结构材料、施工方法、经济性能、使用性能等方面，给出结构工程建造的详细安排与运行维护的基本建议，是一种技术性、综合性、创新性极强的创造性技术活动。很多时候，结构工程设计也被人们简称为结构设计。在当代，结构工程设计在理念原则、设计方法、结构分析、结构行为计算、细部构造优化等方面取得了巨大的进步，在控制施工和运营风险、降低结构材料用量、提升结构使用性能、改善全寿命经济指标等方面起到了关键的不可替代的作用，结构设计的能力和水平站上了人类工程实践活动历史的顶峰。然而，由于结构工程设计的难度大、涉及面广、系统性强、复杂性突出、与地域历史文化联系密切、有些时候还要妥善处理"剪不断理还乱"的建筑与结构的关系，加上现代结构工程建设规模大、设计周期短、结构工程师工程素养参差不齐等各种现实因素的影响，导致平庸的、拙劣的结构设计还常常出现在工程实践中，因结构设计不当而引发的工程事故还时有发生，虽然令人遗憾，但却客观地成为工程实践活动的一部分。在本节中，作者将针对狭义的结构工程设计，从结构设计的主要特点、结构设计应遵循的若干基本准则两个方面，面向房屋建筑结构及桥梁结构，基于工程而高于工程地对结构工程设计或结构设计进行简要论述。

4.2.1　结构工程设计的主要特点

近现代以来，结构工程一直是各个工程领域的领头羊，结构工程设计一直是设计行业的排头兵，示范了科学发现、技术开发、标准规范制订对工程设计的支撑和带动作用。但与其他领域如机械、电子、化工等领域的工程设计有所不同，结构设计除具有前文所述工程设计的 4C 特点以外，还具有如下三个特点。

一是结构工程实践活动的资源消耗占比很高，设计对于提高结构材料利用率、降低能源消耗具有决定性的作用。在工业化城市化进程中，建筑业是国民经济的支柱产业，而结构工程则是建筑业的主力军，具有需求刚性化、工程体量大、能源消耗占比高等特点。宏观统计数据表明：欧美发达国家建筑业消耗了 50% 的原材料和 40% 的能源，产生了 40% 的废弃物、35% 的碳排放量；我国建筑业消耗了全球一半的钢铁和水泥，建筑能耗占能源消耗总量的比例超过了 40%，碳排放量占到总排放量的 30% 以上，这说明结构工程的资源消耗量非常大，对环境保护、可持续发展产生了很大的压力。因此，通过科学合理的结构设计、采取先进可靠的技术手段，降低结构工程建造运行过程中的各种资源占用消耗，不仅非常必要，而且意义重大。此外，工程实践经验表明，降低结构工程的资源消耗主要取决于设计而不是施工建造，先进合理的设计不仅可以大幅度降低工程材料用量和结构运行维护成本，而且可以有效减小施工费用和施工风险。从这个层面来看，结构设计对于提高结构材料利用率、降低能源消耗具有决定性作用。

二是结构工程的地域性非常突出，更加强调因时因地制宜，工程项目设计的个性化特征比较突出。与其他工业制成品如机械电子产品、运载工具不同，受地理气候、文化习俗、历史传统等因素的影响，受当地的建设条件如气候条件、地质地形、水文地质、地形地貌等因素的制约，导致每一个结构工程项目都是独一无二的，具有非常突出的地域性，一般情况下难以直接复制移植，也难以大批量设计生产，同时，借鉴先进技术方法时还常常存在着明显的"淮南为橘淮北为枳"现象，需要结合工程所在地的具体情况加以改进。另外，作为资源消耗最大的工程领域，结构设计自然而然地要及时吸纳先进、成熟、合理的技术成果，以降低资源消耗、体现技术进步的工具理性，这必然导致不同时代的结构工程在设计理念、设计原则、设计方法等方面具有较大的差异性。此外，作为人类文明主要载体之一，在不同时代不同地域，结构工程的艺术性有不同的审美标准、展现手段和演绎方式，这些因素必须在设计阶段加以统筹。正是结构工程的这些特点，导致结构工程的设计更加强调因时因地制宜、更加注重设计的个性化表达。

三是结构工程尚未完成工业化大规模生产的进阶之路，导致结构工程设计的标准化程度较低、边际成本较高。与其他工业产品的设计不同，结构工程体量大、材料用量多，对工程材料的在当地可获取性、加工制造能力、运输条件、技术工人技能水平等因素的依存度较高，导致结构工程设计必须结合当地的自然、经济、社会条件进行。另外，结构工程虽然规模体量巨大，但受制于建设方式、建设成本及建设条件的约束，导致其设计的标准化程度较低，建造方式仍然比较传统，其有利之处是能够吸纳大量的低端劳动力、促进了社会和谐发展，不利之处是建造效率不够高、质量控制手段方法也难以标准化。上述两个方面的共同作用，使得结构工程设计的标准化程度较低，工程设计的边际成本较高，难以全面借鉴工业化大规模生产的设计模式和工程管理方式，与一些新兴行业如电子产品、IT 软件的设计形成了鲜明的对比。以装配式混凝土结构为例，即便在一些发达国家（地区）也面临着诸多制约因素，建筑工业化生产的比例也不过才 1/3 左右。

以上三个特点，导致在结构工程设计过程中，必须更加注重工程的综合性、系统性和社会性，以更好地顺应当时当地的建设条件，展现结构设计对安全性、经济性、适用性和艺术表现力的统筹作用。工程实践经验表明：结构形式是结构设计的核心，它从本质上反映了结构材料的利用方式和利用效率，对结构的经济指标与建造方式具有决定性作用；同时，在结构工程实践中，没有最好的结构形式，只有因地因时制宜的、最合适的结构形式，最合适的结构形式应符合高效、经济、优雅、环境的 4E 原则。因此，结构工程设计的核心任务，就是要寻求、优化出最适合当时当地建设条件的结构形式，并采用最适宜的结构材料和施工方法予以实现。然而，受认知能力、技术水平、评价方式等因素的影响，合理先进的结构形式并不是显而易见的，受历史文化、艺术表现力、行政力量等方面的干扰，高效先进的结构形式并不见得能够为工程决策者或社会大众所接受。因此，在工程实践活动中常常还会出现一些结构形式选用不当、经济指标不合理的现象，这种现象在大跨桥梁结构、大跨建筑结构中尤为突出。

案例4-3 若干座体育场结构材料用量比较——结构形式对经济指标的决定性作用

1）概述

大型体育赛事如奥运会、足球世界杯、世界大学生运动会等各大赛事历来备受世人关注，举办开幕式、闭幕式及关键场次比赛的主体育场馆的建设更是受到了社会各界重视。由于主场馆赛场面积大、空间巨大、容纳人数多，一直是主办国或主办城市向全世界展现形象的重要载体，也是顶级建筑师和结构工程师施展才华的重要舞台，还是结构工程的新结构、新技术、新材料的"竞技场"。在大型赛事体育场馆的建设中，屋盖（罩棚/顶棚）工程的设计施工一直是结构工程领域最具挑战的项目，由于其具有覆盖面积大、材料用量高、结构形式多样、高空施工作业难度较大等特点，因此，关于其设计理念、结构形式、艺术表现力、建造方法和后期综合利用的探索实践非常活跃，并成为结构工程实践活动的热点之一。近百年来，体育场馆的屋盖大致经历了薄壳结构、网格结构、索膜结构三个大的发展阶段。随着新的结构形式的发展壮大，结构形式的比选优化在降低结构材料用量、提升结构艺术表现力方面发挥了越来越重要的作用。

表 4-1 汇总了近 30 年来奥运会、足球世界杯、世界大学生运动会大部分主体育场馆的结构形式、座位数量和总用钢量等基本情况。总的来说，这些主场馆的建设和运营，展现了结构工程的新理念、新结构、新技术、新材料和新工法，突破了大跨建筑结构的规模尺度，探索了大型场馆的综合利用之道，成为现代结构工程实践活动中最耀眼的明珠。现从建设设计理念、结构规模尺度、结构形式三方面简述如下。

表 4-1　15 座大型体育场馆屋盖（罩棚/顶棚）工程的主要指标

名称	结构形式	座位数量/万人	总用钢量/万 t	建成年份
1996 年亚特兰大奥运会主场馆（亚特兰大乔治亚穹顶）	索膜结构	7.0	0.83	1992
1998 年法国世界杯主场馆/2024 年巴黎奥运会主场馆（法兰西体育场）	斜拉结构	7.7（含 2.5 万个可移除座位）	1.0	1997
2000 年悉尼奥运会主场馆	空间网格结构	8＋3.5（临）	1.2	1999
2002 年韩日世界杯主场馆（首尔世界杯体育场）	骨架支承式膜结构	6.7	1.8	2001
2004 年雅典奥运会主场馆	网壳结构	5.5	2.8	2004
2008 年北京奥运会主场馆（鸟巢）	交叉刚架结构	9.0	4.2	2008
2009 年第 11 届全运会济南主场馆	折板型空间桁架结构	5.6	1.2	2006
2010 年广州亚运会主场馆主场馆（广东奥体中心体育场）	空间桁架结构	8.0	1.2	2001
2010 年南非世界杯主场馆（足球城体育场）	钢框架结构	9.4	0.71	1987（2009 年改造）
2011 年深圳大运会主场馆（深圳湾体育中心）	空间折面网格结构	6.1	1.8	2011
2012 年伦敦奥运会主场馆（伦敦碗）	弦支薄膜结构	2.5＋5.5（临）	1.0	2011
2016 年里约热内卢奥运会主场馆	索膜结构	7.7	0.4	1950（2014 年翻新）
2020 年东京奥运会主场馆	空间桁架结构	6.8	2.0	2019
2022 年杭州亚运会主场馆（杭州奥体中心体育场）	弦支薄膜结构	9.0	2.8	2019
2022 年卡塔尔世界杯主场馆（卢塞尔体育场）	空间网格＋索膜结构	9.2	3.0	2021

注：①表中数据主要来源于 "Structurae-International Database and Gallery of Structures" "中国土木工程学会（cces.net.cn）" "WikiArquitectura-The World's Largest Architecture Encyclopedia" 等网站；②表中座位数量是指场馆最大容量，包括临时座位或可移除座位；③2016 年里约热内卢奥运会主场馆、2010 年南非世界杯主场馆（足球城体育场）系老馆翻新，表中总用钢量为升级改造时的材料用量。

2）建设设计理念

就建设设计理念而言，践行"绿色、可持续"办赛无疑是大型场馆建设及改造的核心理念。表 4-1 所列的 15 座场馆中，包括新建场馆和既有场馆改造升级两大类，大约 1/3 的采取既有场馆升级改造或永临结合的方式。其中，2016 年里约热内卢奥运会主场馆、2010 年南非世界杯主场馆（足球城体育场）属于老场馆翻新，2012 年伦敦奥运会主场馆（伦敦碗）、2000 年悉尼奥运会主场馆、1998 年法国世界杯主场馆（法兰西体育场）则采用增设临时座位的方式，以节省资源、便于赛后综合利用、落实可持续发展的宗旨。在这 5 座大型场馆中，用途兼容性最好的当属法兰西体育场，它是 1998 年法国世界杯及 2024 年巴黎奥运会的主场馆，也一直是法国国家足球队的主场。该体育场由 CRSCAU 建筑事务所设计，共用 1 万 t 钢材，18 万 m³ 混凝土，造价为 3.94 亿美元，屋盖采用 18 个纤细的索塔，构成了环形的斜拉结构，形成了如城市雕塑般的屋顶，国际桥梁与结构工程协会认为它"是一个杰出的结构和体育场，它是城市中的开放性建筑，采用自然采光和拥有优雅的线条"。在功能上，举办足球、橄榄球赛事及音乐演唱会时，最多可容纳 7.7 万人，能够很好地满足观众近距离观赛的需求；举行田径比赛时，只要把下、中部之间的平台降下去（这部分看台的底部装有专门设计气垫，可以利用液压系统自如地推进推出），下部看台可向后退缩 15 m，露出田径跑道和跳跃运动场地，但观众座位减少了约 2.5 万个，非常巧妙地兼具了多种功能用途，探索出大型场馆赛后综合利用的新途径。

3）结构规模尺度

就屋盖（罩棚/顶棚）的结构规模尺度而言，规模最大的当属 2022 年足球世界杯主场馆（卢塞尔体育场）。该场馆外部主体结构由屋盖索网、受压环梁和 V 形钢结构柱等组成，内部主体结构由现浇钢筋混凝土框架结构及预制钢筋混凝土看台等组成。该场馆是世界上最大跨径索网屋盖单体建筑，压环上弦中心点的投影是一个直径为 274 m 的圆，内拉环索中心点的投影是一个直径为 122 m 的圆，屋盖结构像一个马鞍形的碗，结构面积达 56 300 m²，屋盖采用双层交叉索网轮辐式张力结构，悬挑长度达 76 m。屋盖钢结构包括 24 榀、周长约 1000 m 压环桁架，支承在沿周长布设的 48 片 V 柱桁架上，中心索环由上层 8 根直径 90 mm、下层 8 根直径 110 mm 的环向索通过 94 根交叉索连接组成，在压环桁架与中心索环间布设径向拉索 48 幅（96 根）、短撑杆 240 根（沿每一幅径向拉索上下拉索之间布置五根）、水平拉索 1152 根、压（拱）杆 624 根（布置于径向拉索上，用以支承层膜材料），共同构成一个形如巨大的车轮状的"碗盖"，然后在其上布设膜材，形成体育场的屋盖结构[见图 4-6（a）、（b）]。由于施工难点是在 70 m 高空编织菱格索网，且需保证索力和变形同时满足设计精度要求，因此其索网的找形、找力非常关键，但正是借助于精巧优化的结构设计及高精度的施工控制，整个屋盖结构的重量控制在 3 万 t 以内，在比较经济合理的情况下实现了美轮美奂的艺术效果。

4）结构形式

就结构形式而言，近 30 年来新建的场馆主要包括刚性结构如交叉刚架、空间桁架及空间网格结构等，柔性结构如索膜结构、弦支薄膜结构等，以及半刚性结构如骨架支承式膜结构、空间网格＋索膜结构等，结构形式非常丰富，艺术造型也各有所长，但经济性能差异较大。对于这些受力性质不同结构形式的应用，2012 年伦敦奥运会主场馆（伦

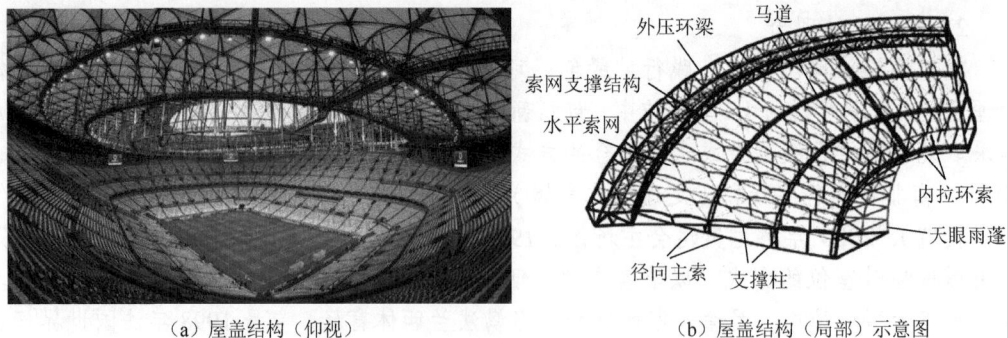

（a）屋盖结构（仰视）　　　　　　　　　　（b）屋盖结构（局部）示意图

图 4-6　卢塞尔体育场概貌（图片来自百度图片，查看彩色图片可扫描封底二维码）

敦碗）无疑具有方法论的价值。伦敦碗采用 5 个环状结构组合而成，从下至上依次是：环形比赛场地、底层下沉式混凝土永久看台、中间的钢桁架临时看台、索网屋顶及顶部灯塔。其中，下沉式混凝土看台与结构基础（5000 根深约 20 m 的桩）合为一体，结构上比较简单，布置 2.5 万个永久座位，可以让观众更近距离地观看比赛；钢桁架临时看台布设 5.5 万个座位，采用长 315 m、宽 256 m、高 60 m 的轻型桁架结构，赛后可以拆除；周长约 900 m 的屋盖系统悬挑跨径约 30 m，覆盖面积约 2.45 万 m²，由 10 根直径 60 mm 的中心预应力环索 + 28 根径向索 + 重约 2500 t 的受压环形桁架 + 包含 14 个照明单元的灯塔支承系统组成，屋顶采用轮辐式索网结构，通过张拉中心环索、径向索成形并提供必要的刚度，径向索与环向索通过铸钢节点连接，各径向索间共设 84 根径向副索用以支承含聚酯纤维涂层的 PVC 屋面；高 28 m、重 34 t、沿屋盖内侧布设的灯塔则采用轻型桁架，利用拉索固定在屋面上，如图 4-7 所示。正是这些理念先进、颇具匠心的结构设计，使得伦敦碗在容纳 8 万名观众的情况下，用钢量仅为 1 万 t，非常完美地践行了"绿色奥运、科技奥运"的理念。奥运会结束后，伦敦碗"瘦身"成为一座中型社区体育场，英超劲旅西汉姆联足球俱乐部也于 2016～2017 赛季迁入伦敦碗，为大型赛事体育场馆的接续利用探索出新途径。

（a）结构局部　　　　　　　　　　　　　（b）结构分解示意图

图 4-7　伦敦碗概貌（图片来自维基百科，查看彩色图片可扫描封底二维码）

5）几点认识

纵观近 30 年国内外大型体育场馆的功能用途与结构材料用量，不难看出，结构形式对总用钢量起着决定性作用。其中一些体育场馆在功能规模、建设年代相近的情况下，总用钢量相去甚远。之所以如此，是因为不同结构形式的结构材料的利用方式和利用效率相差较大，具有内在的规律性。参照表 4-1 中结构形式、座位数量和总用钢量，就技术层面而言，可以得出以下基本认识。

①在大型体育场馆的屋盖结构中，柔性结构如索膜结构、弦支薄膜结构是最合理、最经济的结构形式，而半刚性屋盖结构如骨架支承式膜结构、空间网格＋索膜结构的经济指标亦属合理，刚性屋盖结构如刚架结构、交叉刚架结构的经济性能较差，折合每个座位的用钢量明显偏高。

②索膜结构、弦支薄膜结构之所以能够大幅度降低用钢量，是因为它们均属于典型的形态作用结构体系，通过特定的几何形状来承受荷载及外部环境作用，主要构件（索网）只承受拉力，可以发挥高强度钢丝及膜材料的优势，在跨越能力增大的同时，单位面积的平均重量并不随结构跨径的增大而增大，因而可以显著降低结构材料用量。

③刚性屋盖结构如刚架结构或交叉刚架结构之所以用钢量较大，是因为它属于截面作用结构，构件主要承受弯矩和剪力，由于构件截面上应力分布极不均匀、结构材料利用效率较低，当跨径超过几十米后受力极不合理，导致其总用钢量偏大。

4.2.2　结构工程设计的若干准则

一般而言，结构设计原则是工程观念的具体化表现，反映了整个行业对结构工程建设运营基本规律的认识，体现了建筑行业对社会关切的总体回应，对结构工程的设计具有普适的指导性。从古罗马时期维特鲁威提出的"实用、坚固、美观"三原则，到目前结构工程界所普遍奉行的"安全适用、经济合理、技术先进、美观耐久、绿色环保"等基本原则，都对结构设计给予了极大的指导价值。但与此同时，设计原则具有泛化的一般性和高度的抽象性，既是一种理念性的引导，也是一种价值性的约束，原则之间也常常存在着矛盾冲突之处，导致设计原则在贯彻实施过程中存在着难以落实的现象。同时，设计原则的抽象提炼并不是一蹴而就的，有些时候还存在明显的时代烙印，可能有一个反复曲折的过程，从案例 3-4 可以看出，我国铁路、公路及房屋建筑结构的设计原则便经历了多次反复，其中，直到 2010 年，房建规范才将"安全"摆到了首要位置，才将"安全适用"与"技术先进""经济合理"之间的关系恰当准确地表述出来。此外，在某些时候或因外部行政力量的干预、或因评审者审美情趣的异化、或因设计者理解的偏差、或因技术的复杂性，导致在结构工程实践活动活动之中，时不时地会出现一些严重背离设计原则而不自知的现象，成为结构工程实践活动无法避免的遗憾。

此外，面对高度抽象且相互冲突设计原则的落实落地，在工程设计实践中难免会出现不易落实或落实不到位不准确的问题，导致结构设计成果并不先进合理，这方面的案例不胜枚举。以建筑功能比较单一、结构受力较为简单的大跨单层厂房结构形式为例，图 4-8（a）～（f）所示的人字桁架、刚接拱结构、带撑杆的两铰拱结构、刚架支撑的人字拱结构、三铰拱结构、带拉杆的 Y 形撑架结构等 6 种设计方案，都可以实现其建筑功能，都符合结构受力的基本原理，但在相同的跨径情况下，其受力行为、使用性能、建造难度、工程造价却相去甚远，设计水平的高下不言自明。如果进一步考虑结构材料（混凝土结构、钢结构、钢-混凝土混合结构、SRC 结构、高强度拉索等）的选择优化、地质条件的影响等因素，这些方案的优劣还会更加明显。这说明，仅仅满足建筑功能、符合设计原则并不见得能够评判设计成果的优劣，也很难根据设计原则改进结构设计的优化工作。

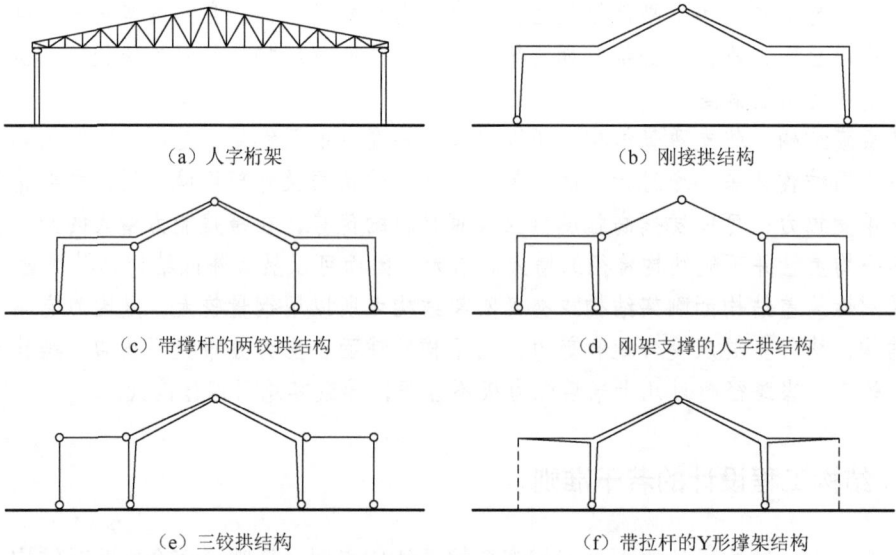

（a）人字桁架　　　　　　　　　　　　（b）刚接拱结构

（c）带撑杆的两铰拱结构　　　　　　　（d）刚架支撑的人字拱结构

（e）三铰拱结构　　　　　　　　　　　（f）带拉杆的 Y 形撑架结构

图 4-8　大跨单层厂房的几种结构形式

　　之所以如此，是因为设计原则是高度概括的、抽象的，只具有一般性，未必能够涵盖各类工程项目的特殊性，也是因为在设计原则与具体结构工程项目概念设计之间，还缺少一层依据工程设计本质进行评判筛选的准绳准则，将设计原则的某些过于模糊或相互冲突的内涵明确化、清晰化、具体化，以比较明确清晰地判定"好"与"不好"或"合理"与"不合理"。这样的准绳准则，既是概念设计阶段"概念选择"的筛选器，又是具体工结构程项目设计构思的评价格尺，不仅可以核查概念设计的欠缺或不足，而且有助于将设计"形式服从功能"的最高原则贯彻到位，将比较抽象或相互冲突的设计原则落实到位。基于上述原因，在下文中，作者将结合结构工程设计的主要特点，从工程设计的本质出发，进一步挖掘补充结构工程设计的若干准则，具体包括设计的科学性、技术的先进性、施工的可实现性、结构的强健性等四个方面，以利于结构工程师在工程哲学层面提升的认识水平，在实践中自觉批判和抵制结构工程设计中不良倾向，远离技术背后的认知误区。

1. 设计的科学性

结构工程就是承担外部荷载并通过力的改向、力的约束、力的调整、力的分散等各种传力机制，顺畅高效地将这些荷载传递给地基基础，并尽可能采用新材料使结构更加轻盈优雅，这既是结构设计的根本任务，也是结构设计的出发点和落脚点。结构工程设计应遵循结构功能的高效实现与外观外形表达相融合的原则进行，而不是忽视其结构功能来塑造结构外形。换言之，结构设计是驾驭力流、引导力流的过程，也是选择优化结构传力机制的过程，虽然结构景观性、优雅性是工程师的职责而不是建筑师的工作，但结构工程师不应被建筑师牵着鼻子走，结构传力机制的选择与优化应始终居于核心。因此，结构设计必须在真实可信的基础上，寻求科学合理、高效可靠、简洁清晰的传力方式和传力途径，避免结构设计背离高效传力、经济和美观的初心，这一点来不得半点虚假或故弄玄虚。然而，在现实中，有些时候为了满足独特的建筑艺术展现形式，有些时候为了寻求独特的结构造型，有些时候因为对传力机理机制理解偏差，有些时候甚至纯粹就是为了迎合业主与众不同的要求，等等，各种各样不太科学甚至不太真实的结构设计还是屡见不鲜，这种现象在显示度较高的公共建筑如城市桥梁、艺术展馆中比较突出。概括来说，大致包括但不限于以下四种情形。

一是为了给一些平淡无奇的结构形式赋予与众不同的艺术展现方式，或为了使结构外形看起来更加美观，增加了一些不必要甚至不受力的结构构件（部件），结构设计成果中包含有各种各样的"假构件"，结构设计存在"不真实"的现象。事实上，一些传统的、历经工程历史反复检验的结构形式，多具有受力简单、传力途径清晰的特点，在结构设计中最为常用，但与此同时，这些结构形式也具有造型单一甚至造型呆板的局限。于是，在对美观有一定要求的城市桥梁中，一些建筑师或桥梁工程师或别出心裁地为这些结构形式增添新的构件（部件）、或把装饰部件与结构构件混为一谈、或改变了这些典型结构的展现形式、或突破了结构构件的合理设计参数范围，导致结构设计中包含有不合理的构件或不必要的"假构件"，产生了狗尾续貂的不良倾向。例如，合理的桥墩立面形式是上小下大的截面或采用等截面，但在一些桥梁实例中，为塑造所谓的艺术效果，采用了倒梯形外形，或为了施工方便采用了多段折线式外形（实际上，稍加改变便可做成兼具受力要求与艺术性的花瓶式桥墩），或在支承箱梁的墩顶增设了帽梁以使下部结构显得更加稳当，既不符合受力要求，看起来也不见得美观（图 4-9）。又如，悬臂钢桁梁的挂孔的梁高，应该是两端矮、跨中高，或采用等高桁架，以便与简支钢桁梁的弯矩图契合，但为了使外形更加流畅，却常常采用了两端高、跨中矮的外形，受力要求与美观需求明显冲突（图 4-10），等等。这些问题，明显违背了设计的科学性和真实性。

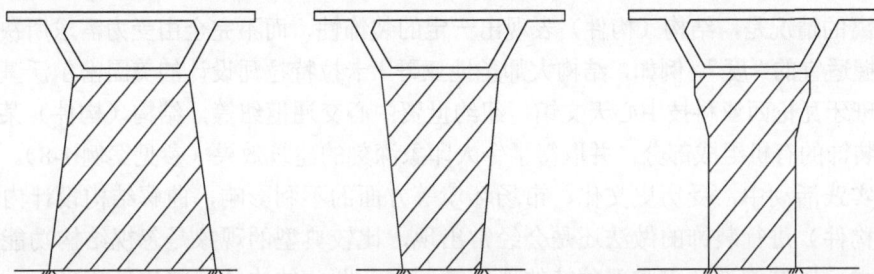

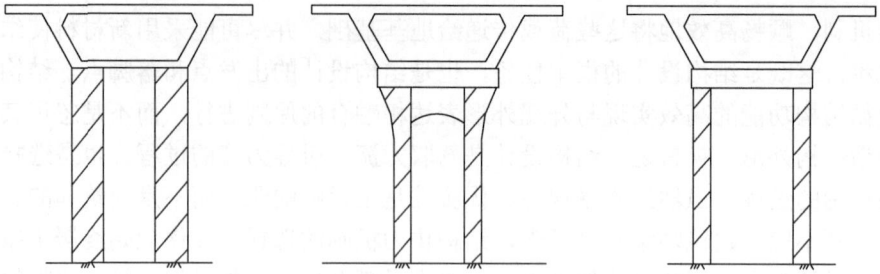

图 4-9　桥墩外观的几种形式

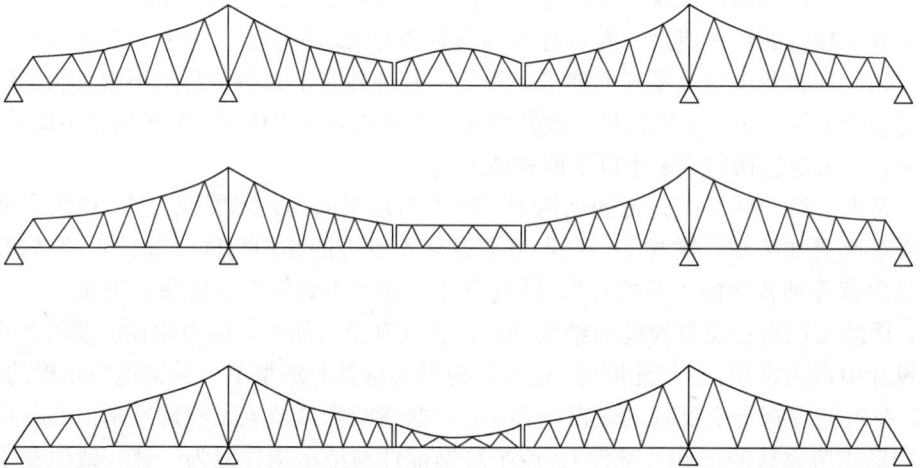

图 4-10　悬臂钢桁梁挂孔梁高的几种变化方式

　　二是以结构设计来实现装饰设计或造型设计的意图，曲解了结构设计的内涵和外延。一般而言，结构设计的内涵就是将结构材料及结构构件形成骨架、有效地抵御各种荷载作用和环境影响，以保证结构在正常使用的条件下能够安全可靠地服役，在偶然或极端荷载作用下，不产生整体破坏或难以修复的损伤，并在建造和运行过程中将各种自然风险、人为风险控制在人们可接受程度以内，取得安全性与经济性的平衡。但严格来说，结构并非只能作为建筑的功能性构件而存在，有些时候也可以作为装饰性构件，比较理想的情况是，结构（构件）既表现出装饰性、又表现出力学特性，例如结构大师皮埃尔·路易吉·奈尔维在结构设计中经常采用的交叉拱肋、Y 形柱、蘑菇柱等结构形式，就兼具受力需求与艺术表现力，罗马大体育馆、罗马小体育馆便是两个典型的实例（参见案例 2-4）。稍有偏离的情况是，结构（构件）表现出一定的装饰性、而不完全由受力需求所决定，关键是把握适宜的"度"。例如，结构大师圣地亚哥·卡拉特拉瓦设计的美国密尔沃基美术馆桥、西班牙瓦伦西亚科技中心天文馆、纽约世贸中心交通枢纽等，结构（构件）某种程度上就是装饰的有机组成部分，并取得了令人印象深刻的建筑效果（参见案例 1-8）。然而，在工程实践活动中，受历史文化、市场环境等方面的不利影响，曲解结构设计内涵、以结构（构件）进行装饰的做法还是会经常出现，比较典型的现象是忽视结构功能需求或受力要求，以结构设计来实现独特的造型或装饰意图，结构的某些构件在受力上并不是

必需的，结构（构件）表现为纯粹的装饰性元素。工程实践历史表明：任何装饰都不能
掩盖或挽救一个平庸或拙劣的设计，在成为设计界普遍奉行"形式服从功能"最高准则
的情况下，这种现象是一种历史的倒退。不幸的是，这种现象在城市桥梁设计中比较突
出，在国内外城市化进程中都反复出现过。图 4-11（a）所示的世界上第一座单索面钢箱
梁斜拉桥——德国主跨 171.9 m 的 Norderelbe 桥就是一个典型的实例。为塑造高大挺拔的
艺术形象，该桥索塔高度是结构受力需要高度的 2 倍多，斜拉索别出心裁地采用"星形"
布束方式（桥面以上索塔高度达 53.1 m，斜拉索上锚固点高度为 22.88 m），两束斜拉索
在主梁上集中锚固、而在索塔上分开锚固，给人一个虚假的印象，即斜拉索是用来支撑
索塔的而不是用来给主梁提供弹性支承的，在受力上不合理，在外观上有缺陷。针对这
一问题，有关当局在 1985 年对该桥进行了彻底改造，大幅度削减降低了索塔高度，并将
斜拉索调整为竖琴式布置，使主梁在中跨有 4 个弹性支承、受力行为得以大幅度改善，
虽然索塔高度依然超过了结构所需要的高度，但接近于可接受的程度。该桥改造后的概
貌如图 4-11（b）所示。

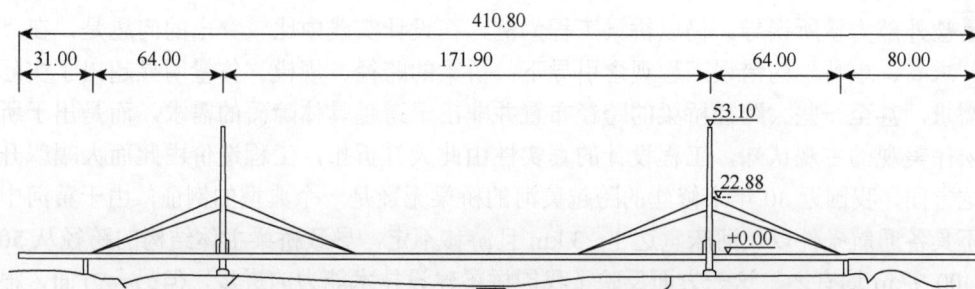

（a）早期（1962～1985年）的Norderelbe桥（单位：m）

（b）Norderelbe桥现状（1985年至今，图片来自维基百科）

图 4-11　德国 Norderelbe 桥

　　三是结构形式不符合基本受力原理，导致传力效率低效、传力机制明显不合理。结
构形式既是承载力流结构材料、结构构件的构成方式，也是结构抵抗外部荷载及环境作
用的关键，反映了结构内部荷载的传递方式及其平衡时的内力状态，决定了主要构件的
受力特征和结构材料构成，直接影响着结构的力学行为、使用性能和经济指标。因此，
合理的结构形式具有传力途径清晰、传力效率高效、构件受力均匀、环境适应性强等基

本特征。然而，在市场竞争激烈、误解工程创新内涵的情况下，时不时还会有一些不太符合受力基本原理的结构设计付诸工程实践，导致结构受力不够合理、材料用量过大。以桥梁工程为例，一些仅适用于小规模人行桥梁的结构形式如蝴蝶拱桥、斜拉拱桥、无背索斜拉桥、刚性索塔悬索桥、飞燕式自平衡系杆拱桥常常被应用于大型过江公路桥梁，导致施工难度大增、经济指标明显偏离了合理区间。对于这一类问题，案例4-6将从经济指标方面进行详细阐述。

四是结构设计的主要参数如跨径、宽度等与功能需求明显不匹配，结构规模或结构尺度在满足功能需求时显得不真实、不适用。无论是古罗马维特鲁威提出的"实用"，还是目前结构工程界奉行的"适用"，都倡导结构设计应围绕功能需求来展开，以避免结构设计脱离实际功能需求，导致功能满足程度不足或严重偏离实际功能需求。其中，功能满足程度不足尚可通过改建扩建等予以补救，而结构体量、跨径规模明显超出实际功能需求的情形则往往无法纠正。然而，实际功能需求往往由多种要素构成，也容易受到外部行政力量的干预或工程投资限额的干扰，客观上要科学准确地厘清功能需求并不容易，进一步来说，如果设计者对功能需求的理解在主观认识上存在一定偏差，则需求分析更容易被外部力量所误导。仍以桥梁工程为例，在设计实践中比较突出的问题是，在"求大、求高、求特"的错误工程观念引导下，桥梁的跨径、规模、体量明显超出了实际功能需求，甚至一些大跨径桥梁的跨径布置并非出于跨越具体障碍的需求，而是出于所谓的宏伟美观的主观认知，工程设计的真实性由此大打折扣，工程造价由此而大幅飙升。在这方面，我国近30年来修建的跨越黄河的桥梁无疑是一个典型的例证，由于黄河中下游不具备通航条件以及河床宽达1～3 km且游移不定，导致桥梁主体结构的跨径从50 m到400多 m均有之，这一方面反映了我国桥梁建设技术能力的进步，但另一方面，很多新建桥梁的跨径并非出于跨越障碍的实际需求，而是出于雄伟壮观的景观需求，这无疑是一种值得思考和警惕的现象。

结构设计的不科学、不真实、不适用的一些典型情况可参见案例4-4。

2. 技术的先进性

结构工程设计是一种智力密集型的创造性劳动，创造性不仅体现在"无中生有"、孕育工程生命的过程中，更体现在先进技术的选择、集成、优化过程中；同时，结构工程设计也是一项具有一定风险性的智力劳动。厌恶风险是人类的天性，避免不可控风险是结构工程师的职责，这必然导致在结构工程设计中，结构工程师天然地倾向于遵循传统，因循守旧因此也似乎理所应当地成为结构工程师的品格底色。显然，采用落后技术或过时技术，多耗费一些结构材料并不会影响工程生命的孕育，也不见得会影响工程建造实施乃至运营，但是，这却与工程实践活动的根本宗旨——更少地向自然索取、更好地造福人类背道而驰，与科学先进的工程观念相冲突，与工程实践活动的发展潮流格格不入。因此，积极探索、尝试、集成新技术（含新材料、新工艺、新装备等，下同）就成为结构设计的应有之义，主动拥抱、顺应技术变革潮流就成了结构工程师的天职。否则，结构设计就会严重地影响工程建造及工程运营的效能效率，就会背离结构工程师的工程伦理，就会留下历史的遗憾乃至败笔，最终被市场无情地淘汰。然而，技术本身是复杂的、多面的，具有自然属性和社会属性，很多时候难以进行简单的评价和取舍；新技术应用肇始也会存在诸多结症或问题，因此，要想将先进技术恰当地嵌入工程实践活动、提升工程的效能效率并不容易，也不会一帆风顺，其间往往存在着诸多矛盾冲突乃至陷阱壁垒。换言之，先进技术并不天然地具有替代落后技术的能力，除了发挥工程师主观能动性、不断地进行尝试迭代之外，尚需在技术的体系性、技术的扩展性、技术的社会性、技术的成熟度、技术的伦理价值等方面齐头并进、共同发力，因地因时制宜地处理好如下几对矛盾对立关系。

一是技术先进性与技术成熟度的关系。一方面，作为事关公众安全、社会稳定的结构工程，在追求技术先进性的同时，有些时候对新技术的可靠性、经济性及其负面作用尚难以全面把握，需要通过工程实践活动来检验、甄别、筛选。另一方面，作为体量庞大、资源消耗占比较大、对环境及人类永续发展影响较大的工程领域，结构工程技术的任何微小进步，都会大幅度降低人类对自然界的索取。因此，结构工程新技术的应用必须兼顾技术先进性与技术成熟度两个方面。所谓技术成熟度，是指技术水平、工艺流程、配套资源、技术生命周期等具有的产业化适用程度，涉及技术知识成果、试验验证、中试模拟、工程化/产品化等问题。根据相关研究，一般将技术成熟度划分为9个等级，其中第1级为原理性技术知识，第9级为普及的商品化或工程化技术，只有第5个等级以后的成果才具备的工程实用价值，适合于推广应用。基于新技术的这一特点，在结构工程设计实践中，既要通过试点工程、分项工程等载体对新技术进行大胆尝试，获取不断改进改良的机会；也要秉承稳妥谨慎、系统可靠的原则，对新技术的应用进行步步为营的探索，逐步揭示新技术的经济技术优势。然而，现实情况是在结构工程设计实践中，要处理好这一矛盾对立关系并不容易，时不时地还会出现一些因技术冒进而产生的工程隐患，给结构工程的安全运营带来了极大的挑战。例如，20世纪80年代，我国贵州交通行业开发出的桁式组合拱桥，该桥型具有节省材料、预制构件重量小、经济指标好、便于用简易机具运输吊装施工等特点，非常适用于山区大跨径桥梁的建设，建成了以主跨330 m江界河大桥为代表的40余座大跨径拱桥。其中，江界河大桥先后荣获首届"中国土木工程詹天佑奖""中国十佳桥梁"等殊荣，在技术上、经济指标上具有独树一帜的优势。然而，该类桥型存在着节点构造复杂、整体性较差、耐久性不足等缺陷的情况下，经过10～20年的运营，其缺陷显露无遗。2005年，贵州省交通科学研究所对贵州境内的30座桁式组合拱桥进行了系统的检测评估，30座桁式组合拱桥都不同程度地存在病害，其中有11座、占比高达36.7%的桁式组合拱桥病害严重，且加固改造难度极大，不得不限载运行或拆除重建。客观地说，产生这一现象的深层次原因就是没有把握好技术先进性与技术成熟度的关系，对技术的先进性存在一定的主观认知偏差。

二是技术局部突破与全局协调的关系。简单来说，技术就是体系化、规范化、标准化的技能或技巧，无论是近代工程还是现代工程，体系化的技术都是工程最重要的要素，只是随着工程实践活动规模的扩大，现代工程实践活动更加注重技术的规范化和标准化，以便形成一个相互支撑的技术体系、更好地提升工程实践活动的效率效能。从这个角度来说，单一的、先进的技术必须有效融入原有的技术体系，才可能发挥其作用价值。然而，旧技术体系的消亡、新技术体系的建构并非一蹴而就，常常会有一个或快或慢的迭代过程，呈现出一定的周期性，有时候还会出现反复，直到旧的技术体系完全丧失优势才可能被新的技术体系所取代。因此，在结构工程设计时，必须注重新技术与原有技术体系的兼容性，处理好单一技术突破与全局协调的关系，避免"单兵突进"可能带来的一系列技术结症。例如开创大跨径悬索桥抗风新纪元的英国塞文桥，在一个项目中采用了全焊扁平流线型钢箱加劲梁、单箱矩形塔柱截面、斜吊索、前锚式重力锚构造形式4项技术创新，导致该桥钢箱梁及斜吊索的疲劳问题极为突出，不得不在竣工20年后就进行全面的加固改造，就是一个典型的案例。关于英国塞文桥设计及加固情况，可参见案例4-8。

三是技术的自然属性与社会属性的关系。技术不同于科学，科学仅仅是自然界规律的客观描述，主要回答"是什么？为什么？"的问题，只有自然属性，追求的是至真；技术是基于科学知识体系的手段和方法，主要解决"怎么做？怎么做得更好？"等问题，具有自然和社会双重属性，追求的是至巧、至新、至实用。因此，在选择技术路线、技术方案时必须考虑技术使用者的现有能力，必须考虑当时当地的支撑条件，在技术的先进性和可实现性之间取得平衡，并具有一定的兼容性和扩展性。从这个层面来看，新技术的筛选和应用必须跳出技术来看技术，必须与工程所在地人们的认知、习惯、技能、传统等因素结合起来，才有可能发挥先进技术的作用价值，甚至在有些时候，技术的适用性、实用性的价值会超过技术的先进性。否则，就会出现"水土不服"的现象。这方面典型的案例是PBL（perfobond leiste）剪力键的发明和工程应用。20世纪80年代末，在委内瑞拉卡罗尼河二桥（Second Caroni River Bridge）的设计中，著名桥梁设计大师弗里茨·莱昂哈特采用了钢-混凝土连续组合梁桥，为顺应当地工业化水平低、钢结构加工能力比较有限的实际状况，采用了三片工字形钢主梁替代了发达国家常用的钢箱梁，并发明了PBL剪力键取代当时发达国家常用的栓钉。其中，PBL剪力键是利用穿过带孔钢板的混凝土榫来抵抗剪力流，除具备刚度大、抗剪能力强、抗疲劳性能良好外，还具有焊接简便、无需采用专用电弧栓焊机、对焊接技工的要求不高等技术经济优势（常见栓钉的焊接须采用电弧栓焊机，将栓钉端头置于陶瓷保护罩内与母材接触并通以直流电，使栓钉和母材之间激发电弧、融化栓钉和母材，将栓钉压入母材局部融化区内），很好地解决了大规模施工与当地工业化水平不高的冲突。在委内瑞拉卡罗尼二桥建成之后，PBL剪力键所具有的性能优势被全面地揭示出来，逐渐成为组合梁桥常用的剪力连接键形式，在全世界结构工程领域得到了广泛的应用。

3. 施工的可实现性

结构工程设计既然是一种赋予工程生命的创造性劳动，就必须考虑如何将图纸上的工程变成现实当中实物的各个实现环节，必须考虑采用何种施工方法和施工工艺才能减小施工措施费用、降低施工风险和安全隐患、提升施工质量。这本是结构工程师的职责之一，在近代结构工程实践活动中，以托马斯·特尔福德、罗伯特·斯蒂芬森、古斯塔夫·埃菲尔、约瑟夫·米兰为代表的结构工程大师就一直非常重视施工实现方式，其中一些大师如约瑟夫·米兰甚至以施工方法创新而载入史册。然而，进入现代工程阶段，随着结构工程实践活动规模的急剧扩大、专业化分工模式的普及，设计咨询行业与施工建造企业开始分离，设计阶段所考虑施工可实现性变得越来越简略、越来越理想化，逐渐使施工可实现性的问题变得比较突出，甚至演变成一种普遍的现象，这种现象对于常规结构尚不算突出，但对于新结构或特殊结构则比较突出。案例 2-11 所展示的悉尼歌剧院就是一个典型的实例，由于其贝壳状结构曲率不断变化、独特的外形采用混凝土结构实现难度极大，即便是奥韦·阿鲁普、杰克·宗兹、彼得·莱斯等结构大师亲自操刀，穷尽了当时国际结构工程界的智慧才得以建成，但导致工期长达 14 年、最终造价达到预算的 14 倍，成为结构艺术性与施工可实现性之间冲突的最佳注解。概括来说，在结构工程领域，现阶段对施工可实现性考虑得不全面不系统主要体现在观念上不够重视、在深度上不够系统完备、在管理模式上衔接不够顺畅等三个方面，简要论述如下。

一是在观念上对施工可行性重视不够。一些工程设计虽然在理论上可行，但构造复杂、施工难度及施工风险很大，如果不从结构设计上加以改进，不仅施工成本高，而且施工质量难以保证，并会给工程项目埋下安全隐患。许多结构形式之所以难以在结构工程界广泛应用，施工困难就是一个重要原因，从这个角度来讲，不考虑施工建造的设计是不完整的设计。有鉴于此，结构工程师应当十分重视施工的可行性，因为如果无法施工，再好的构想也只能是纸上谈兵。但现实情况是，结构工程师深入施工现场不够、调研不足，对施工现状缺乏充分了解，不考虑施工的可行性、方便性的情况比较普遍，常常造成施工质量、施工工期和工程造价的失控。作为一个实践性、系统性、综合性极强的应用学科，结构工程领域中所提倡强调理论联系实际、设计为施工服务的原则在任何时候都是结构工程师应该遵循的宗旨。

二是在深度上存在不深入不系统的问题。从本质上来说，所谓工程设计，就是将工程建造运行所需的物质、技法、管控等方面有机组织衔接起来，形成系统的、严谨细致的、可操作性强的成果，以全面指导工程建造和运营。换言之，结构设计是工程建造运营的统筹者，除了不负责建设资金筹措、工程施工及运维之外，其他技术工作都应由设计方负责统筹。然而，在现代专业化分工的模式下、在市场竞争加剧、在建设业主强势回归的情况下，很多时候，设计咨询单位自觉不自觉地远离了工程建设各方的 C 位，出现了职能的移位、角色的偏离，并有逐渐加强的态势，导致在现实中，设计深度不足的现象普遍存在。具体来说，主要包括但不限于以下几种情形：①没有充分全面深入地比较各种施工方法的优劣，设计文件对施工方法的约束性指导性不强，或迁就施工单位采用落后的工法工艺，或放任施工单位采取违背设计意图的施工措施，最终导致施工质量、施工工期和造价失控；②没有充分地考虑论证施工阶段乃至维护阶段所需的资源消耗及其产生的费用，导致全寿命综合造价较低、但直接费略高的方案难以在方案竞争中脱颖而出；③将各种施工措施的详细设计推给施工单位，导致施工临时措施费用大增，但施工风险、施工隐患并未就此消除；④施工质量管控措施不够明确，检验监控手段不够全面，工程施工建造的交接界面不够清晰，导致一些工程缺陷或工程隐患只能在事后补救，而不能在事中发现、及时处理；⑤细部构造不够合理完善，导致施工作业条件很差、难以保证施工质量。

三是在模式上存在衔接不畅的问题。当前结构工程建造的主流模式是设计与施工是独立承包、相互割裂的，这固然极大地提升各自的运行效率，但也造成了以下两个弊端。

第一个弊端是直接阻碍从全寿命的角度评价工程项目的优劣,容易造成施工建造运维总体费用的上升,例如设计方只单纯控制设计阶段的材料成本,对于施工措施费、建成后的维养费,以及工期等隐性费用往往考虑得并不仔细。第二个弊端是直接影响工程项目建设的综合质量,由于设计方不熟悉或不重视施工建造,对施工的可行性和安全性考虑得不周全不深入,而施工方不熟悉工程设计过程,对设计成果常常提不出建设性意见,导致设计成果本身就包含着某种缺陷或不足。与此同时,过于简短的设计周期和施工工期在某些时候又进一步放大了上述弊端,导致在工程造价居高不下的情况下,工程质量并不优良。相关有识之士指出:解决这些弊端的手段是采用设计-施工总承包模式、推行全寿命周期成本控制评价标准、培育具备设计施工综合素质人才队伍、壮大具有统筹协调管理能力的总承包企业。鉴于这些内容属于工程管理的范畴,因此在这里就不再深入讨论了。

4. 结构的强健性

一般而言,结构的强健性是指结构在偶然或极端荷载作用下,结构仍具有保持完整性和功能性的能力,不产生整体破坏或难以修复的损伤,这些偶然或极端荷载既包括超出设计取值的地震作用或船舶撞击力,也包括各种非正常的使用方式如超载车辆长期作用等。结构的强健性也被称为结构的整体牢固性,主要体现在结构体系的冗余度、结构的失效破坏模式、工程措施的容错度等方面,是结构概念设计阶段重点关注的内容之一,也是提升结构安全性最重要、最有效的途径之一。强健性反映了结构在偶然或极端荷载作用下结构行为的总体表现,与结构形式、结构失效模式、结构失效路径、细部构造可靠性有着千丝万缕的联系。

科学研究、技术开发、工程经验及工程事故教训表明:工程建设与运营过程中包含着各类未确知性和不确定性,风险是工程实践活动的固有属性,工程事故也是工程实践活动的一部分;增强结构的强健性、增大结构的冗余度,是消除工程风险、降低工程事故概率最简单、最有效、最可靠、最经济的对策。但是,增强结构的强健性路径并不唯一,既可以在结构体系层面进行改进,也可以在细部构造设计方面予以完善,还可以在工程措施方面着力补救,等等。从这个层面来看,借助于科学理论、技术手段、工程措施来全面提升结构的强健性,提高结构工程的可靠性,最大限度地规避、防范、化解工程风险,降低工程事故发生的几率,不仅是结构设计的应有之义,而且也是结构设计的根本任务。以下就从结构体系、细部构造、工程措施等三个方面,简要论述如何增强结构的强健性。

一是重视结构体系的合理性与先进性。结构体系是结构功能、结构外形与受力形态的统一,从本质上反映了力的传递组织机制,决定了力流的传递路径、结构的内力分布以及在各种荷载作用下的结构反应。在结构设计中,没有最好的结构体系,只有因地因时制宜的、最合适的结构体系。然而,受结构经济性、施工简便性、计算方便性等要素的制约,在长期工程实践活动中所形成的一些结构体系如排架结构、简支梁、T 形刚构等在某些方面具有明显优势的同时,其强健性并不如人意,在偶然荷载作用下容易发生整体垮塌破坏。另外,受结构体系的复杂性、结构材料的离散性、外部荷载及环境作用的不确定性等因素的影响，要科学客观、全面系统地分析和把握结构体系在极端荷载作用下的结构行为并非易事。以各国结构设计规范为例，在构件层面，人们通过试验研究、理论分析、工程经验尚能全面把握其力学性能，因而在规范规程中，这部分内容较多较细致，但到了体系层面，由于内容过于庞杂、难以兼具规范性与操作性地进行描述和归纳，则往往语焉不详、草草收场，很少谈论结构体系的合理性与先进性，将结构设计最核心的要义——结构体系选型交给工程师在实践中自己去慢慢领会感悟，不得不说这是当前结构工程界最突出的认知瓶颈。这种"重构件、轻体系"的文化氛围必然导致结构工程师的构件计算能力较强、而装配集成能力显得有些不足。与此同时，在结构工程的教育中，教授给学生的大部分知识仍然是有关构件设计计算的知识，对学生概念设计、方案比选等方面的训练明显不足，这势必会削弱其成长为合格结构工程师的进阶能力。事实上，结构材料的高性能、结构构件的高性能，并不一定能保证构件组装成的结构体系就是高性能的。因此，结构体系的合理性与先进性才是结构强健性的关键保障，增强结构整体牢固性就成为增强结构强健性、提升结构防灾减灾能力的核心策略。

二是重视结构细部构造，增强结构的整体性，防止结构在特殊情况下出现二次灾害。所谓细部构造，主要是指构件与构件、构件与部件之间的连接（支承）方式，还包括一些行之有效的工程措施等。细部构造是长期工程实践活动的经验教训总结，是结构工程实践的宝贵财富，具有一定的科学性、行业性和地域性，但却很难通过分析计算把握其力学行为及长期性能。此外，在某些情况下，一些结构工程师过度迷信 CAE 软件仿真分析结果、容易忽视细部构造设计的重要性，"重计算、轻构造"也成为一种普遍的现象。实际上，力学不等同于工程，图纸不等同于实物，计算只能解决可预见的部分，而不可预见的部分则必须由完善的构造措施来解决，这本应是结构工程师的信条之一。但随着计算力学、CAE 软件的蓬勃发展，新一代工程师逐渐出现了观念偏差，普遍依赖计算分析结果而容易忽视构造的重要性，轻则导致结构工程的使用性能不佳、检测养护维修难度大增，重则导致结构工程在偶然荷载作用下发生破坏、或极端使用条件下发生重大工程事故。近年来国内外多次地震震害表明：结构垮塌的主要原因并不是因为受力构件的强度不足引起的，而是由于结构的整体性不足、细部连接构造不合理导致的。这个问题对于排架、简支梁、T 形刚构、框架等结构尤为突出，从图 4-12 所示简支梁桥、多层框架结构的地震震害图片便可管中窥豹。其中，青海野马滩大桥 1#桥梁体沿轴线方向的

（a）青海玛多地震野马滩大桥1#桥连续垮塌　　　　（b）汶川地震多层框架结构底层坍塌

图 4-12　因结构整体性不足而产生的震害

位移超过了盖梁支撑宽度（盖梁半宽为 0.85 m），导致震后下行线落梁 18 孔，上行线落梁 17 孔，落梁跨达总跨数的 70%。如果桥面连续措施或结构连续措施较为强健或增设了阻尼防落梁装置，则不至于产生如此严重的震害；对于多层框架结构，如果能够增强首层框架柱的侧向约束，该结构不至于首层整体坍塌、从 5 层转变为 4 层。因此，良好的细部构造才能保障结构整体牢固性、才能充分发挥结构本身的承载潜力。再以混凝土梁桥为例，超载车辆所导致的梁体倾覆事故、船舶撞击所引发的落梁事故、地震中的落梁现象几乎都是都与构造措施不当相关，如果能够适当增大梁体在帽梁上的搭接长度、在支座处增设强有力的梁体限位措施，就能够大幅度增强结构的整体牢固性，这些工程事故或许可以避免。

三是重视工程措施的针对性，及时消除结构工程的安全隐患。所谓工程措施，既包括一些受力或非受力的整体构造措施，也包括工程检测、维护更换等技术策略，还包括技术管理、安全管控等方面的措施。工程实践证明：工程措施是改善结构受力性能与使用性能、增强结构整体性、提升结构防灾能力的有效对策之一，而结构构件（部件）可检测、可维护、可更换对于结构安全运营和长效服役非常重要，但这些内容常常难以纳入结构设计分析计算的框架之中，需要结构工程师特别注意。仍以桥梁工程为例，多跨简支梁桥是一种受力简单、施工方便、经济适用的结构形式，但却具有体系冗余度不足、结构强健性不佳的局限，出于提升行车舒适性的要求，在进行结构设计时人们常常采用桥面连续措施，即通过强化桥面铺装的连续作用，在实际上起到了降低活载内力、改善行车性能、增强结构整体性的效果，但在计算时仍采用简支图式。进一步地，为克服简支梁的受力缺陷、增强其受力行为的整体性，在公路桥梁设计时也可采用结构连续措施，即改变简支梁的活载受力图式。一种是在梁体架设后将相邻梁体用预应力束连结起来，使结构在恒载作用下处于简支状态，在活载作用下的受力图式转变为连续梁。另一种是对于桥墩高度较大的山区简支梁桥，除了将相邻梁体用预应力束连结起来，还可以将桥墩和梁体固结为一体，使结构在活载作用下的受力图式转变为连续刚构。虽然这两种结构连续措施对多跨简支梁桥的恒活载内力状态的改善程度有限，但却可以大幅度增强结构在极端荷载作用下的整体性、提升多跨简支梁桥抵抗灾变的能力。

案例 4-4　结构设计的真实性与适用性——基于我国若干座城市桥梁实例的反思

城市桥梁是社会大众比较关注的公共建筑之一。近 20 年来，随着我国经济实力的增强，在城市桥梁建设中，社会各界普遍对桥梁美学比较重视，力求通过桥梁展示城市形象、提升城市标识度、激发城市蓬勃向上的雄心。在这个过程中，涌现出一大批造型优美、经济合理、艺术表现力丰富的桥梁，如北京新首钢大桥、天津海河大沽桥、广州猎德大桥、杭州九堡大桥等。然而，事物发展总不是一帆风顺的，在打造城市景观桥梁的过程中，我国一些城市也留下了不少遗憾，甚至出现了不少败笔。归纳起来，比较突出的情况包括但不限于结构形式不真实的情形、结构适用性不恰当的情形、将结构设计与装饰设计混为一体的情形等几种，现结合城市桥梁实例简要剖析如下。

1）结构形式不真实的情形

通常，一些结构形式如拱桥、斜拉桥、悬索桥兼具了功能性与艺术性，很好地承载了展示城市形象、满足交通功能需求的双重使命。但是，还有一些结构形式如混凝土梁桥往往只具有功能性、缺乏艺术性，但因其经济合理性比较突出，常用于中小跨径城市桥梁。于是，在一些场合，针对混凝土梁桥的各种"艺术加工"便大行其道，严重损害了结构设计的真实性。比较常见的方式是增设非受力构件，将梁桥"装扮成"其他结构体系如拱桥、悬索桥，并以此改变梁桥平淡无奇的结构外型，增添所谓的艺术表现力。这些非受力构件往往形似受力构件、体量较大、占用桥面面积较多，且对工程造价影响比较明显。现列举几个国内的工程实例予以简要说明。

图 4-13（a）所示的是某市在多跨简支梁桥面上布设拱肋、吊杆。拱肋采用空间曲线（拱肋投影线与桥轴线的夹角约为 6°）、横跨 4 个桥跨及 2 个车道，将简支梁"装扮成"多跨拱桥。虽然拱肋、吊杆并不受力，但其尺度、材料与真实结构相应构件的相仿，既超出了装饰构件的合理限度、又占用了较大的桥面面积，严重背离了结构设计的真实性准则。

（a）"多跨简支梁 + 空间拱肋 + 吊杆"结构　　　　（b）"多跨简支梁 + 索塔 + 吊杆"结构

（c）"多跨连续梁 + 拱肋 + 吊杆"结构　　　　（d）"钢桁拱 + 混凝土桥台"结构

（e）"多跨简支梁 + 索塔 + 斜拉索"结构　　　　（f）"多跨连续梁 + 拱肋 + 吊杆"结构

图 4-13　几个不真实结构设计的概貌（图片来自百度图片）

图 4-13（b）所示的是某市在多跨简支梁桥面上布设索塔、主缆和吊杆，在桥外布设锚碇，将常见的多跨简支梁桥"装扮成"两塔三跨悬索桥。但实际上索塔、主缆及吊杆并不受力，属于典型的"假构件"。

图 4-13（c）所示的桥梁，属某市为凸显城市入口标识，在与多跨连续梁桥交角较大的另一轴线上布设倾斜的拱肋和相应的吊杆，将多跨混凝土连续梁的造型"艺术化"。但由于吊杆布置与桥面通行功能冲突，稀疏且不规则设置的吊杆既承担不了多少荷载，也实际上很难提升结构的艺术表现力。

图 4-13（d）所示的桥梁，属某城市近年打造的景观桥梁。体量及高度较大的混凝土桥台既不在桥梁运营过程中受力，也不在桥梁施工过程中发挥作用，还可能影响泄洪，只是为了简单地模仿悉尼海港大桥的造型并看起来比较稳当（作为一个对比，悉尼海港大桥的砌体桥台在钢桁拱悬臂施工过程中起到了平衡悬臂重量的作用，具有独特的结构功能），设计多少有点"食洋不化"，设置了"多余"的结构构件。

图 4-13（e）所示的桥梁，为某城市多跨简支梁桥。但在桥中央设置了体量及高度较大的贝壳型索塔，以及 4 对斜拉索，锚固在跨中的斜拉索对简支梁受力尚有一定帮助，但锚固在梁端的斜拉索不知能起到什么作用，属于典型的"假构件"。

图 4-13（f）所示的桥梁，位于某城市景区，结构形式为多跨连续梁桥，但为了增添艺术效果，在与桥轴线交角较大的多个方向，布设了 5 片矢跨比较大的钢拱肋以及相应的吊杆，拱肋及吊杆对梁体受力虽有一定的帮助作用，但由于拱肋体量过大、显得比较突兀，是一种既不真实、又不合理的结构设计。

在桥梁结构中增设"假构件"或"多余构件"的案例虽不普遍，但绝非个例，在我国一些中等城市桥梁中比较多见。究其深层次原因，实质上是将结构艺术的真谛片面化，忽视了结构设计的基本准则——真实性与科学性，而行政力量的不当干预又进一步放大了这种片面性。实际上，混凝土简支梁和连续梁作为一种量大面广、经济合理、施工简便的结构形式，其艺术表现力相对于拱桥、斜拉桥等的确稍逊一筹，难以获得一些工程决策者的青睐。但是，混凝土简支梁和连续梁的艺术性并非一定要通过增设"多余"的构件来体现，而是通过结构线条、结构传力力度等因素来展示。对于如何增强梁桥的艺术性，世界著名桥梁设计评选活动则给出了非常有说服力的例证，该活动是 1999 年由国际桥梁与结构工程协会与英国《桥梁工程与设计》杂志发起、由 30 位全球著名桥梁工程师和建筑师和学者评选出的 20 世纪全世界最美的 15 座桥梁中，就有两座混凝土梁桥，其中德国克莱姆跨线桥[Kirchheim Overpass，1993 年建成，图 4-14（a）]以其"流线型外形和弯矩图相似，给人以力度感"、法国奥莱桥[Orly Bridge，1958 年建成，图 4-14（b）]以其"细致和优美的曲线给人以强烈的感受"赫然在列，这说明混凝土梁桥并非天然地缺乏艺术性，而是需要结构工程师因地制宜、想方设法地予以揭示出来。

2）将结构与装饰混为一谈的情形

为克服混凝土梁桥造型呆板、艺术表现力平淡的不足，一些设计者在梁桥上增添了大体量的装饰，这些装饰的材料用量及工程造价常常占总造价相当部分，但除了增加一些独特的视觉感受之外，并没有什么实际功能，也与现代人快速通过桥梁的出行习惯和文化属性不相匹配。这种做法实际上是巴洛克建筑风格一种不合时宜的复辟。早在 20 世纪

（a）德国克莱姆跨线桥　　　　　　（b）法国奥莱桥

图 4-14　融结构性与艺术性为一体的两座混凝土梁桥概貌（图片来自维基百科，查看彩图可扫描封底二维码）

之初，国际设计界对采用结构装饰、细部雕琢来展现结构美的不当风气就进行过系统的批判，并由此孕育出设计界普遍信奉的包豪斯主义。但令人遗憾的是，在"形式服从功能"这一最高设计准则获得广泛认同的当代，这种以过度装饰、过分雕琢来展现结构艺术的做法，常常又以展现地域特色、传承民族文化、营造城市形象的面目卷土重来，具有一定的迷惑性。在这方面，国外在某些发展阶段也曾出现过这种现象，如加拿大某城市为彰显桥梁作为市区入口的作用，在跨河多跨连续梁桥的中间桥墩处修建了体量和高度巨大、但却不承受任何荷载的塔式标志［图 4-15（a）］，这似乎是对中世纪桥梁桥头堡建筑的一种现代化的致敬，又似乎是在提醒过桥的人们过此即到达（离开）城区，象征意义非常含混不清且随着时间推移而难以理解。但总体而言，受投资体制、决策方式、设计流程等因素的制约，国外这一类城市桥梁数量相对比较少，但近年来我国的一些城市桥梁这样情形一再出现，需要引起注意，现仅列举几个案例予以说明。

图 4-15（b）为某城市跨江公路梁桥，结构形式为多跨 V 形刚构预应力混凝土梁桥，为弥补梁桥艺术表现力的欠缺，在梁体两侧设置了外倾的 3 跨连拱，拱结构实际上以装饰功能为主，并不能帮助 V 形刚构连续梁桥分担多少荷载，却导致结构受力极为复杂。因拱结构跨径及恒载内力较大、导致拱肋构件体量及尺寸较大，从桥面看上去尚有一定的艺术效果，但从正面看上去视觉极为混乱，艺术形象并不令人满意。

图 4-15（c）为某城市大型跨江大桥，该桥主桥长达 700 m、主跨为 4×130 m，结构形式为预应力混凝土连续梁，为展现所谓的地域特色和艺术品质，在桥上设置了 5 座大型风雨亭和连廊，这些风雨亭和连廊的造价占总造价的比例接近 1/3，但却没有太多的实际功能。实际上，风雨桥作为一种地域特色突出的传统结构，其主要目的是保护木结构不受风雨侵蚀，也为过桥的行人遮风挡雨，仅适用于中小规模的人行桥梁，过度拓展其外延并不合理，也与现代交通的基本特征——"快速便捷通行"相悖。

图 4-15（d）为某城市多跨简支梁桥，结构形式为多跨混凝土简支梁，为营造所谓的艺术特色，在梁体两侧设置了体量庞大、覆盖 4 跨简支梁的飞鸟式半拱，以及倾斜的支柱及相应的吊杆，断开的拱肋徒有结构外形，实际上并不受力，既对简支梁受力没有任何帮助，也谈不上美观流畅，但却装模作样地设置了吊杆和拱座，成为结构设计的败笔。

图 4-15（e）为某城市跨江大桥，结构形式为五跨混凝土连续刚构，为打造新的地标、凸显桥梁的作用价值，在两侧边跨的桥墩位置设置了体量庞大的"桥头堡"，"桥头堡"

既无实际功能，也对结构受力没有任何帮助，却生硬粗暴地将简洁流畅的结构线条打断，成为结构造型设计中的"异类"。

图 4-15（f）为某城市主跨 150 m 的双塔自锚式悬索桥，为营造高大挺拔的设计意象，桥面以上索塔高达 44 m，垂跨比接近 1/4，不仅索塔体量显得过于高大，且在两根塔柱之间设置了的拱形装饰构件，既对索塔受力没有任何帮助，也与索塔及索塔横梁的复古造型极不协调，成为一个让人感受复杂、说不清楚的"特殊存在"。

（a）加拿大某城市多跨连续梁桥的"塔式标志"　　　　（b）某城市跨江公路梁桥的"拱结构"

（c）某城市大型跨江大桥的"风雨亭和连廊"　　　　（d）某城市多跨简支梁桥的"装饰拱"

（e）某城市跨江大桥的"桥头堡"　　　　（f）某城市双塔自锚式悬索桥的"拱形索塔"

图 4-15　几座装饰过度的桥梁概貌（图片来自维基百科和百度图片）

实际上，对于中小跨径梁桥艺术表现力的展示问题，著名桥梁设计大师弗里茨·莱昂哈特在其著作《桥梁建筑艺术与造型》一书中就有专门论述，指出桥梁工程师应在梁体长细比优化、跨径划分、截面选型、上下部结构构件匹配、结构线条展示、与周边环境协调等方面下足功夫，重点展示梁桥的纤细美与力度感，而不是故弄玄虚地增设非结构构件，甚至增设不受力、但体量较大的装饰构件。

3）桥梁跨径过大、与实际功能需求不符的情形

有些时候，或为了展现城市形象，或为了体现技术进步，或甚至为了与众不同，一

些城市桥梁的跨径、规模明显超出了实际功能的需求，与桥址处的地质地形、水文条件及桥下净空极不匹配，与地理位置及使用功能相近的既有桥梁极不协调，同时也带来了工程造价大幅度飙升的现象。例如，某跨河自锚式悬索桥主跨跨径达 350 m，但两岸大堤距离不过 150 m 左右，导致桥梁跨径与桥址处的地形水文情况极不协调。客观地说，这种情况在我国很多城市桥梁建设中都出现过，一些学者如项海帆等人也多次撰文予以批评，但并未引起工程决策者、设计者的重视，以至有愈演愈烈之势。现列举两个比较典型的案例予以说明。

第一个案例是在黄河中下游建造桥梁的合理跨径。我国黄河中下游分布着诸多大城市，但由于黄河中下游为地上悬河，河道宽达 1～3 km，河床淤沙、河道较浅，属堆积的游荡性河道，不具备通航条件。自 1905 年郑州黄河铁路大桥、1909 年济南黄河铁路大桥建成以来，黄河中下游所建的上百座公路铁路桥梁多为 50～120 m 多跨梁桥。其中，1986 年建成的郑州黄河公路大桥采用 62×50 m 简支 T 梁，经济指标最佳，此后，也有一些主跨跨径超过 200 m 公路桥梁，如 1982 年建成的主跨 220 m 斜拉桥济南黄河公路大桥，既体现了技术进步，也在跨径的经济合理范围。但是近年来，随着我国桥梁工程实施能力的显著提高，一些黄河沿岸城市修建了多座跨径超过 400 m 的悬索桥、斜拉桥及拱桥，如 2009 年建成的焦作桃花峪黄河大桥（跨径 406 m 的自锚式悬索桥）、2020 年建成的济南凤凰黄河大桥（主跨 2×428 m 的自锚式悬索桥）、2021 年建成的济南齐鲁黄河大桥（主跨 420 m 的下承式网状系杆拱桥）等等，这些桥梁设计时过度纳入了显现当地政府雄心、打造新的城市标志的意愿。另外，这些桥梁的跨径明显超越了桥址处的建设条件、超出了跨径的经济合理范围，甚至其实际功能也不完全是跨越黄河河道，背离了工程设计的基本原则，在比例上不协调、在美观上有缺陷（主要是桥下净空偏小、净跨/净高之比过大），且施工方法落后(一些桥梁采用支架法施工，或搭设了专用的施工栈桥)、造价明显偏高，在业内产生很大争议。

第二个案例是湖南岳阳洞庭湖 3 座大桥。洞庭湖水系水深不足，航道条件较差，有关部门拟将其规划建设成 Ⅱ 级航道（水深 4 m，通航净高 10 m、净宽 2×100 m），通行 2000 吨级船舶。近 20 年来，在岳阳市洞庭湖相近位置，相继建成 3 座大桥，分别是 2001 年建成的洞庭湖大桥，结构形式为 2×310 m 多塔斜拉桥；2018 年建成的杭瑞高速洞庭湖大桥，结构形式为单跨 1480 m 的悬索桥；2020 年建成的蒙华铁路洞庭湖大桥，结构形式为 2×406 m 双主跨斜拉桥。这三座大桥相距不远，地质及水文条件相近，但主跨跨径从 310 m 到 1480 m，差异非常之大，经济指标也相差甚远，在业内外引起很大争议（见图 4-16）。那么，面对这一具体情况，人们不禁要问：在该处建桥什么跨径范围是比较合理适用的？为什么会出现这种情况？

实际上，建造大跨径桥梁、追求桥梁跨径纪录被赋予了诸多精神内涵及象征意义，以展现城市乃至国家形象，这本是人类的天性、无可厚非，但应该有一个合理的限度。欧美发达国家也曾有过一段时间，全社会都显现出对桥梁跨径、桥梁规模、桥梁纪录的追求情结。在我国已经成为工程强国的大背景下，工程决策者、工程设计者应回归工程本质属性，将关注点和注意力适时转移至提升工程品质、增强工程适用性、强化工程创新能力这一核心使命，而不是仍然局限于创造跨径纪录。

图 4-16　岳阳洞庭湖上三座大桥远眺（摄影许理伟，查看彩色图片可扫描封底二维码）

案例 4-5　结构的强健性——基于工程事故的反思批判

结构的强健性是结构设计的核心，是消除工程隐患、防范工程事故的主要手段之一，也是消除工程风险和降低工程事故几率最简单、最有效、最可靠、最经济的对策。然而，受工程的综合性、系统性、社会性的约束，以及结构工程师认知能力的局限，一些强健性或整体性不足的结构或因受力明确、或因施工方便、或因造价低廉、或因认知偏差等原因，还是会在某一阶段的工程实践中得到比较广泛的应用。随着部分工程隐患转化为工程事故、结构工程师对结构行为认识的深化以及技术的进步，一些强健性不足的结构逐渐退出了工程应用。但在这个进程中，曾经发生过一些极为惨痛的工程事故。以下列举几个因强健性不足而诱发工程事故的典型实例，将结构的强健性上升到认识论层面进行反思批判。

1）装配式墙板结构

1968 年 5 月 16 日凌晨，住在伦敦罗南角公寓（Ronan Point）18 层一角的住户，在点燃煤气不巧碰上煤气罐泄漏，引起了爆炸，摧毁了承重墙，墙壁垮塌导致楼板失去了支承。坠落的部分依次撞击下层，造成连续破坏，导致整座公寓的一个角区发生多米诺骨牌效应，从顶层（22 层、距地面高 61.3 m）一直坍塌到底层，如图 4-17 所示。从现场照片上可以看到，整幢公寓坍塌的一角像被狠狠切了一刀，伤口利落而规整，被媒体形容犹如"一堆纸牌的崩塌"。事故造成 4 人死亡、17 人受伤。事故引起了英国社会各界的高度关注和普遍担忧，据不完全统计，英国的一些大城市如伦敦、格拉斯哥在 20 世纪50～60 年代建设巅峰期时期，采用与伦敦罗南角公寓相同技术体系修建的高层住宅中占比高达 80%左右，在全国范围内的比例也在 30%左右。在这些鳞次栉比高层建筑的繁华背后，隐忧和危机也正浮出水面。

事故发生后，英国政府组成的事故调查小组分析表明：①爆炸产生的破坏力并没有想象那么大，爆炸产生的冲击力大约是 70 kPa，是煤气爆炸的正常数值，远小于煤气在该空间里爆炸所能产生的最大值 800 kPa，换言之，煤气爆炸仅仅是事故的诱因而非主因；

②鉴于罗南角公寓是按照设计图纸施工的,两个月前才完工启用,施工质量尚属合格,也不存在维护问题,综合施工、使用状况及设计图纸,设计缺陷才是罗南角公寓事故的真凶,罗南角公寓最终坍塌是由爆炸及其产生的一系列连锁反应导致的。那么,作为结构工程强国之一的英国,缘何能够让这样脆弱不堪的设计通行无阻并大规模推广使用呢?在技术层面上其深层次的原因是什么呢?

(a)垮塌现场全貌

(b)垮塌现场局部

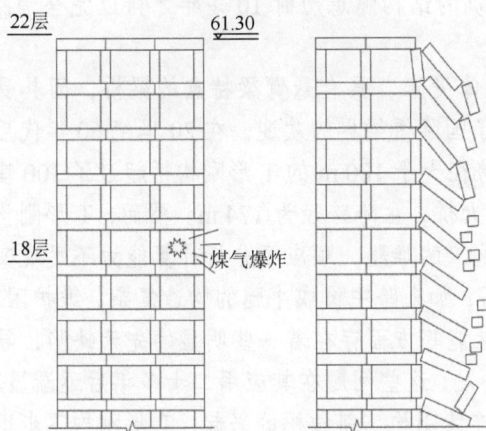
(c)连续垮塌示意图

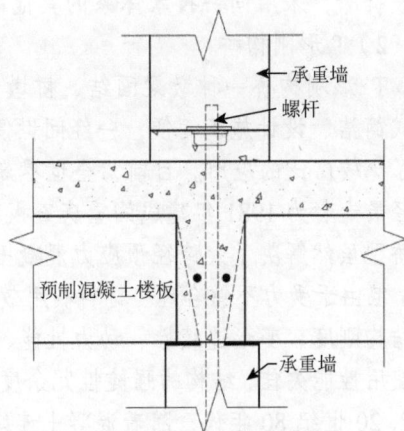
(d)墙体与楼板连接构造

图 4-17 伦敦罗南角公寓垮塌事故概貌[图(a)、(b)来自维基百科,其他自绘]

实际上,第二次世界大战后重建的英国急需推广一种便于缩短工期、快速施工、造价低廉的高层建筑结构体系,以便大规模地为流离失所的民众提供住宅。而 1948 年发源于丹麦、被称为"Larsen-Nielsen 预制建筑组件"的技术体系非常契合这一需求。该体系属于大板住宅建筑体系的一种,是一种典型的非框架体系,其最大的特点是以墙体、楼板替代了常用的梁柱构件,每层楼的楼板都由其下方的承重墙支承,墙体、楼板、楼梯等全部是预制构件,楼板和墙体直接拼接镶嵌在一起,连接处采用螺栓固定、然后再现浇一层找平混凝土。采用这一技术体系，其优点是墙体、楼板、楼梯的标准化程度很高，便于工厂大批量的预制，也便于现场快速拼装施工，这非常适合远离地震威胁、急于快捷施工的英国市场。但是，由于这种结构体系在楼板间仅仅采用了混凝土进行拼合，并没有采用钢筋加强楼板与楼板之间、楼板与上下墙板之间的拼缝，只要有一定的水平力，就容易使墙板克服摩擦力、从拼缝处分离、形成"多米诺骨牌"效应，导致结构体系缺乏结构框架的约束、缺乏必要的冗余度，忽视了结构工程最本质的属性——安全性和强健性。同时，在没有充分检验验证的情况下就匆忙推广，从而为事故的发生埋下了隐患，而勉强合格的施工质量、失控的检测手段又进一步放大了这种技术体系的缺陷。另外，为了刺激开发商建设高层住宅的意愿，英国当局在 20 世纪 60 年代还出台了鼓励装配式高层住宅建设的政府补贴政策，以便迅速满足底层民众的住房需求。这些政策上的、设计上的、施工质量上的以及检测手段等方面因素交织在一起，伦敦罗南角公寓发生垮塌事故就具有必然性。事故调查小组认为：整个事故虽由煤气爆炸而起，但技术体系的缺陷才是最根本的，连续坍塌事故在设计阶段就已经注定了。

基于罗南角公寓垮塌等事故的教训，1970 年，英国政府对现行的建筑规范进行了修正，明确要求建筑结构在设计时必须保证整体性——即建筑在遭遇火灾、爆炸、冲击或者其他人为灾害的时候，必须保证结构不发生与初始事故诱因不相称的连续坍塌，这是全世界最早的对建筑结构整体性、强健性的规范要求，并逐渐演化成其他国家规范的强制性条文。但是，罗南角公寓的住户直到 20 世纪 80 年代初才逐步搬离，该大厦在 1986 年才被拆除，采用同一技术体系的其他高层建筑的结构隐患历时 10 多年才得以完全消除。

2）T 形刚构桥

T 形刚构桥一种墩梁固结、桥墩参与梁体受弯、具有悬臂梁特点的梁桥，因其受力图式简洁、设计施工简便，一经问世便受到了国际桥梁界的欢迎，在 20 世纪 60 年代后得到了比较广泛的应用。目前，全世界建成的跨径大于 100 m 的 T 形刚构桥超过了 100 座，跨径最大者为 1981 年建成的重庆石板坡长江大桥，主跨跨径为 174 m。然而，T 形刚构这种桥型虽然解决了大跨径预应力混凝土悬臂施工的难题，顺应了分析计算能力不足现实状况，但由于受力不够合理、材料利用效率不高，加上跨中铰或牛腿的构造复杂、维护困难，在结构刚度、变形连续性、动力性能、行车性能等方面存在着一些明显的先天缺陷，导致其使用性能欠佳、结构的强健性冗余度严重不足，这些问题在其应用二十多年后逐渐显现。进入 20 世纪 80 年代，随着混凝土连续梁、连续刚构、斜拉桥的兴起，T 形刚构逐步退出了大跨径混凝土梁桥的行列，只是在一些特殊地形地质情况下还偶有应用。

但即便如此，服役中的 T 形刚构桥因结构整体性差、强健性不足而诱发的重大工程事故还时有发生，不得不采取各种措施进行加固改造。其中，以 2024 年 2 月 22 日遭受船舶撞击、边跨挂孔掉落的广州南沙沥心沙大桥最为典型。该桥建成于 1992 年，主桥为 55 m + 85 m + 55 m 的 T 形刚构桥，桥宽 9.8 m，挂梁由 5 片 25 m 预应力混凝土简支 T 梁组成，17#、18#主墩为 4.0 m×5.58 m 的混凝土箱形墩，桩基采用 8 根直径 1.5 m 的嵌岩桩，过渡墩（16#、19#桥墩）采用直径 1.2 m 的双柱式墩（设一道系梁），桩基为直径 1.5 m 摩擦桩。因船员操作失当，在一艘 5000 DWT 的集装箱空船的撞击下，致使 19#桥墩及桩基严重受损、发生明显偏移，19-1#墩、19-2#墩墩顶顺桥向最大残余变形达 2.4 m、3.4 m，竖向倾角高达 10°、14°，导致 18#～19#墩跨的挂梁整体坠落，如图 4-18 所示。事故不仅造成了一辆公交车、三辆小货车和一辆电动摩托车从桥面坠落，5 人死亡；而且导致 19#桥墩及其桩基严重受损，为防止引桥产生二次垮塌，不得不局部拆除，引起了社会各界的普遍关注。除了船员操作不当、双柱式桥墩抗撞能力不足之外，不得不说，这种带挂孔的 T 形刚构桥整体性差、结构缺乏冗余度、强健性不足的先天缺陷也是本次事故的诱因之一。

　　3）斜拉桥的莫兰迪体系

　　里卡尔多·莫兰迪是意大利享誉国际的桥梁设计大师，也是佛罗伦萨大学的教授，在世界各地设计了 10 多座大跨径混凝土桥梁，以善于建造风格独特、创意丰富的混凝土桥梁结构而闻名于世。20 世纪 50 年代斜拉桥方兴未艾，莫兰迪也积极地投身于斜拉桥的工程设计创新的潮流之中。1962 年建成的委内瑞拉马拉开波湖桥是他最著名的作品，该桥的主桥为 5×235 m 预应力混凝土多跨斜拉桥，因其造型独特、受力明确、建造及养护维修费用较低，在当时钢桥占据大跨径斜拉桥主流的情况下，在 12 个国际竞标方案中突出重围，成为斜拉桥发展史上一个里程碑，极大地促进了预应力混凝土技术在全世界的推广应用，开创了多跨斜拉桥的新纪元。

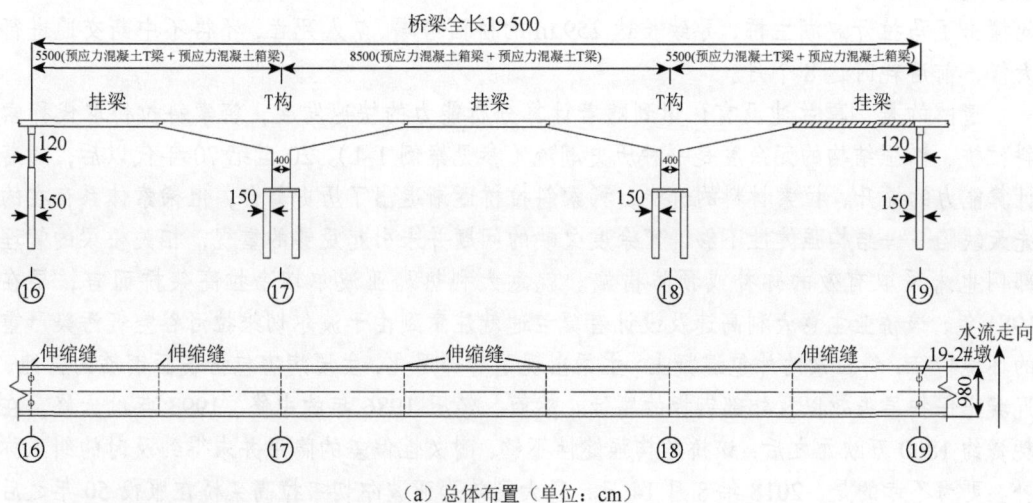

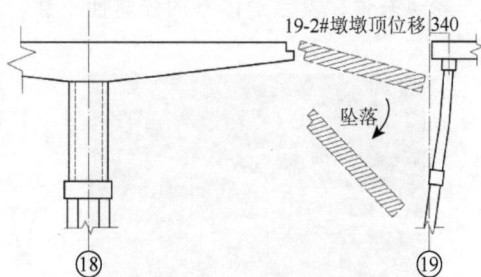

（a）总体布置（单位：cm）

（b）梁体垮塌局部

（c）落梁过程示意图（单位：cm）

图 4-18　广州南沙沥心沙大桥船舶撞击垮塌事故概貌［图（b）来自百度图片，其他自绘］

　　此后，莫兰迪逐步形成了自己的斜拉桥设计风格，即采用刚性稀索、X 形桥墩、高度较大的主梁及挂孔等，以其较低的造价、独特的造型而广受好评，也与当时的计算条件、计算分析能力相匹配；同时，该体系解决了多跨斜拉桥刚度偏小、各跨受力相互影响的问题，并利用挂梁、将多跨斜拉桥受力问题解耦，巧妙地化解了多跨斜拉桥温度效应的难题，在结构体系上有其独特的优势。马拉开波湖桥建成后，莫兰迪采用相似的设计方案，先后又于 1968 年建成了主跨为 202.50 m + 207.90 m + 142.65 m 意大利热那亚波尔切韦拉高架桥（Polcevera Viaduct，为纪念莫兰迪又名莫兰迪桥，见图 4-19），1972 年建成了主跨 282 m 利比亚的 Kuf 山谷桥，1974 年建成了主跨 140 m 哥伦比亚 Barranquilla 桥，等等。莫兰迪对预应力混凝土斜拉桥的推广应用做出了杰出的贡献，他所设计的斜拉桥一度被称为莫兰迪体系，对后来的桥梁工程师产生了较大的影响，近 20 年来建成的一些多跨斜拉桥如希腊的里翁-安蒂里翁大桥还可以依稀看见莫兰迪体系的影子。莫兰迪体系最突出的特点是，索塔刚度大、采用混凝土包裹稀疏的斜拉索，各跨相对独立、受力简单明确，缺陷是结构强健性不够、冗余度不足，存在着一根拉索破坏时会导致挂孔坠落甚至整个桥梁倒塌的隐患。然而，现实情况更为严峻，仅仅在委内瑞拉的马拉开波湖桥建成后的第三年，这一工程隐患就诱发了工程事故。1964 年 4 月，一艘 3.6 万 t 的油轮撞击了马拉开波湖主桥，导致长达 259 m 的桥面垮塌、7 人死亡，不得不中断交通进行大修，前后耗时达 8 个月。

　　遗憾的是，莫兰迪没有认识到随着计算分析能力的快速发展，密索斜拉桥取代稀索斜拉桥、增强结构的冗余度是一种历史潮流（参见案例 1-4）。20 世纪 70 年代以后，随着计算能力的提升、拉索材料的进步，稀索斜拉桥逐渐退出了历史舞台，但稀索体系存在的先天缺陷——结构强健性不够、冗余度欠缺的问题并未引起足够的重视，相关桥梁的管理部门也未采取有效的弥补或预防措施。就意大利热那亚波尔切韦拉高架桥而言，早在 1981 年，该桥业主意大利高速及设计者莫兰迪就注意到由于波尔切维拉河谷空气污染严重的环境特征，斜拉索的外包混凝土、主梁出现了局部恶化，主要病害包括表面钢筋的腐蚀、混凝土保护层失效以及外部钢板的腐蚀。然而，经历 1986 年的中修、1993 年的大修，在耗资约 1800 万欧元之后，该桥结构强健性不够、耐久性偏差的隐患并未得到及时的纠正弥补。更为不幸的是，2018 年 8 月 14 日，意大利热那亚波尔切韦拉高架桥在服役 50 年之后因维护不当、拉索锈蚀断裂而局部垮塌，死伤 40 余人，造成了世界性的影响。对于这类事故，客观来说，莫兰迪体系的强健性不够、冗余度不足的先天缺陷是难辞其咎的。

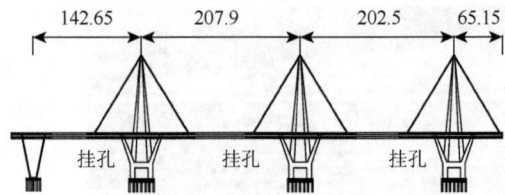

（a）垮塌后概貌　　　　　　　　　（b）受力简图（单位：m）

图 4-19　波尔切韦拉高架桥概貌及受力简图[图（a）来自维基百科，其他自绘]

4）对结构强健性的基本认识

从以上三个案例可以看出，结构的整体性或强健性对于防范工程事故、减小次生灾害的作用意义是非常突出的，一些设计创新往往与工程缺陷是相生相伴的，一些工程隐患的危害常常要经过很长时间演化为工程事故后才能为工程界所彻底认识，这正是工程的复杂性、建构性、系统性等本质所决定的。因此，工程设计时保持足够的强健性和适当的冗余度在任何时代、对任何人、尝试任何创新设计时不仅是必要的，而且是必须的。

4.3　结构工程的概念设计

结构设计是结构工程实践活动的龙头和核心，是赋予结构工程生命的创造性技术活动，基本上决定了结构工程的安全性、经济性和实用性，对于结构工程实践活动具有起始性、贯穿性、全局性的影响，是结构工程实践活动中最重要、最关键的一环。而在结构设计中，概念设计是结构设计的核心，体现了结构工程师对工程总体目标的把控能力，对技术突破的洞察能力，对设计任务的驾驭能力，对工程创新的综合处理能力。在本节中，作者将从概念设计的内涵外延、概念设计的价值意义、概念设计的任务内容、概念设计的基本流程等方面，详细剖析结构工程概念设计的作用意义与工程价值。

4.3.1　概念设计的内涵与价值

1. 概念设计的发轫

"建筑概念设计"一词是 1981 年在由德国建筑师格哈德·帕尔（Gerhard Pahl）与机械工程师沃尔夫冈·贝兹（Wolfgang Beitz）等人的合著 *Engineering Design*: *A Systematic Approach* 一书中首次提出的，在此前后，概念设计的一些做法得到了建筑师、结构工程师和机械工程师的普遍认同，只是没有上升到设计理论或设计流程的高度。"建筑概念设计"这一提法诞生后，"概念设计"的做法便迅速在传统工程领域如土木建筑、机械制造、工业设计等扩散开来，得到了广泛的应用，取得了令工程建设各方或产品研发各方满意的效果，成为设计界驾驭日益复杂设计任务的又一抓手。在这一过程中，概念设计的内涵、流程、做法得以不断完善，并有诸多结合行业特点的改进改良。工程设计界普遍认为：在概念设计过程中，设计自由度是整个工程/产品设计开发过程中最大的，对设计人员的约束是最少的，既有利于设计师发挥创造力、催生创新作品问世，还可以大幅度提升设计工作的品质和效率。

也是在 1981 年，享誉国际的结构设计大师林同炎与建筑学者 S. D. 斯多台斯伯利（Sidney D. Storesbury）合著出版了 *Structural Concepts and Systems for Architects & Engineers*（中文译名为《结构概念和体系》）一书，系统地阐述了用概念来设计结构的方法，梳理了结构总体系和各分体系之间的力学关系，搭建了结构概念设计的基本框架，为建筑师和结构工程师提供了一种把握"结构全局"的思想武器。事实上，随着现代建筑及结构工程的蓬勃发展，专业知识体系越来越庞大，分析理论越来越深奥，CAE 软件越来越专业，要想在建筑结构设计的初期就将包罗万象的结构行为搞清楚，不仅有悖于结构工程的实践性、系统性特征，而且在工程实践层面是不必要的、也是不可能的。因此，"结构概念设计"的提出，不仅抓住了结构工程的本质特征，而且契合了一线设计人员的实际需求，这正是概念设计能够迅速得到工程界普遍认同的内在原因。

进一步来说，针对专业知识体系更新迭代加速、技术规范规程体系日益庞大、很多工程师穷其一生也很难融会贯通地理解运用技术规范规程这一实际状况，结构设计大师约格·施莱希、项海帆等有识之士又进一步提出了"专业知识概念化"的认知路径，旨在使普通工程师能够更好地把握浩如烟海专业知识的精髓要义。应该说，这是概念设计的另一种运用方式。

2. 概念设计的内涵

所谓概念，就是指人类在认识客观事物的过程中，从感性认识上升到理性认识、把事物本质特点抽象出来并加以概括的表达方式。换言之，概念是一种反映事物之间或事物内部"关系"、描述"关系"的基本工具，也是思维体系中最基本的构筑单位，还是一种能够提升思维效力、激发创造力的思想武器，可以高效地帮助人类来整理、分类、概括、定位缤纷繁杂的现象，从而获得对客观事物的新认知。在思维过程中，只有先抽象出概念，才有可能揭示概念之间的关系，并借助于概念来反映事物之间的内在关系。概念作为意识层面与物质层面的工具，在人类的生产生活中有着非常重要的地位，能够处理解决人们在生产生活当中遇到的各类问题。工程设计作为一种利用科学理论、技术原理、工程经验来实现工程目标的创造过程，概念在这个创造过程中具有不可替代的作用价值。另外，科学理论揭示了事物的内在规律性，具有高度的抽象性和严谨的系统性，而概念正是这些特性的基石。由此可见，概念在工程设计中具有相当重要的地位，对概念本身的理解程度和支配能力，直接反映了设计师/工程师对工程实践活动中各种错综复杂关系的理解能力与感悟水平，制约着设计师/工程师的创作水平，决定了设计师/工程师运用概念来构思、酝酿、谋划工程问题解决方案的能力。

所谓概念设计，简单来说就是运用概念，并以概念为主线进行设计方案构思谋划的过程。进一步来说，概念设计就是在技术设计或施工图设计之前，首先对工程相关的区域规划、需求目标、地理环境、建设条件、工程造价、运行维护等情况进行统筹协调、综合分析，然后综合运用工程规则、科学理论、技术原理和工程实践经验，对工程设计进行方向的把握、整体的考虑、快速的估算、全面的比较、综合的评价、果断的选择，同时忽略了具体技术细节的总体构思过程。通俗一点来说，概念设计就是在项目的早期阶段，设计师/工程师基于工程理念、基本技术原理和项目主要特点，对建筑、工程或产品的整体框架进行初步构思和规划的过程。

对于结构工程，概念设计一般包括建筑概念设计和结构概念设计两大类。建筑概念设计是框定建筑使用功能、建筑造型、技术先进性与合理性的建筑方案集合集的构思过程，以使建筑构思方案能够满足相应的使用功能、经济性能和美学价值等方面的要求。结构概念设计是在特定建筑方案下确定结构设计总体方案的构思谋划过程，旨在确定最适宜的结构体系，系统地处理建筑与结构、结构与构件的关系，大致地确定结构材料和施工方法，以便在技术合理、经济可行的情况下满足建筑功能和结构性能的要求，具备工程的可实施性。总体而言，对于结构工程，概念设计是协调建筑功能、结构造型、结构性能、建造条件、艺术表现力和经济指标约束之间关系的统筹谋划，是酝酿并形成设计方向、统筹建筑及结构总体布置的构思过程，是整个结构工程设计工作的灵魂。

3. 概念设计的价值意义

从人的思维规律来看，在构思统筹结构方案过程中，"结构全局"构思是纲、"技术细节"完善是目，纲举必然目张，只要在全局上的想法对了，细节的补充只是时间问题，就算细节错了也无碍大局。从这个层面来看，概念设计就是借助于概念进行设计方案构思谋划的创作过程，而概念正是思维过程中驾驭"结构全局"的"原料"。虽然概念设计不需要投入太多的资金和人力，但却决定了工程设计的框架、走向和品质，是工程设计的灵魂和内核。概念设计是工程需求、工程理念、设计原则与经济技术条件非线性耦合作用、孕育新的"工程生命"的过程，一个好的概念设计固然有可能在随后的详细设计中得不到充分落实而流于平庸，但一个平庸的概念设计从一开始就决定了工程设计绝不可能出类拔萃，就更谈不上有所创新了。

相关研究表明：工程建设所需的 70%～80%的资源都取决于概念设计阶段所做的决定，但大多数设计师却把大部分时间精力花费在详细设计阶段或施工图设计阶段，然而在这个阶段对设计方案的精力投入往往很难再有重要的改进了，所做的工作只是为了去满足相应设计规范规程的要求。从这个意义上来说，概念设计对工程设计和建造具有贯穿性、全局性的作用，对工程项目的设计品质、艺术表现力和工程造价的影响是决定性的。因此，怎么拔高概念设计的意义价值都不为之过，这一点对于大型复杂工程、标志性工程尤甚。

从工程历史角度来看，经典创新案例和事故教训都无数次从正反两方面揭示了概念设计的重要性。一方面，一些影响重大的项目如法国巴黎乔治·蓬皮杜国家艺术和文化中心、香港汀九大桥、加拿大联邦大桥、希腊里翁-安蒂里翁大桥、法国米约高架桥、港珠澳大桥的概念设计历时数年乃至十数年，经过了前期研究、概念设计、国际竞标等多个阶段，最终才进入详细设计阶段，才让创新特征显著、影响深远的工程设计方案得以脱颖而出。而另一方面，澳大利亚悉尼歌剧院、美国圣路易斯大拱门之所以在建设运营过程中存在这样或那样突出的问题，无疑与在概念设计阶段存在的一些认知偏差或概念疏漏息息相关。

然而，概念设计却是整个工程设计最困难的部分。现代心理学认为：概念是思维过程形成的结论，能够代表事物或过程的特征及意义。概念设计过程就是思维由不清晰到逐渐清晰的非线性过程，尽管其中还有相当程度的不确定性、模糊性和重复性，但总的趋势是呈现出从模糊到清晰、从混沌到具体的渐变特征，要将概念设计清晰地、准确地表达出来，无疑是一个"煎熬"乃至"痛苦"的过程。这就要求设计师/工程师在需求目标分析的基础上，对工程问题进行总体的、深刻的、全面地把握，融会贯通地、创造性地运用技术原理、技术方法、工程经验，以及相关的非工程类知识如经济、社会、文化、历史、伦理、宗教等，确立工程问题解决方案的整体构思，并做出关键性的选择与决策。

从认识论来看，概念设计能力和水平并不是来自设计师的灵光乍现或脑洞大开，而是源于设计师对工程需求的总体把握，源于设计师对工程相关的各种技术非技术约束条件的深刻理解，源于设计师综合性、创造性工程思维的长期积淀。即便如此，面对一个具体的工程项目时，设计师/工程师乃至形成了自己独特风格的工程设计大师仍需耗费大量精力时间，审慎地、反复地、开放地对设计构思进行锤炼敲打，其间甚至会推倒重来。只有这样，才能不断提高概念设计的品质，创作出既出人意料、又符合技术逻辑的设计作品。因此，在概念设计阶段多花一些时间、耗费一些功夫、经历一些反复是非常值得的，投入产出比是非常高的。

4.3.2　概念设计的任务内容

概念设计是设计师/工程师构思创意的过程，往往决定着主要矛盾或矛盾的主要方面的解决方向和主导思路。在这个阶段，设计者所使用的是一些基本概念，依靠少量的、不精确的、不齐全的技术信息来得到相对完整的设计方案，并不需要详细的信息，目标只是部分地被定义，解决方案也不是能够得到完全清晰地展现，以便随时推翻重来。同时，在这个阶段，设计师/工程师的思路最活跃、创造性思维最丰富、灵感不断涌现，常常会出现各种反复。一般而言，概念设计虽然非常重要、难度也较大，但设计任务及内容并不算多，主要包括以下三个方面。

1. 需求目标分析

需求目标分析是工程设计的起点，它为后续的设计活动设立了目标和边界，基本解决了工程实践活动"为了什么、适不适合"这一核心命题。但是，很多时候真正的需求是什么却很难全面把握，业主（用户）也不见得能够梳理到位、表达清楚，社会公众也会存在各种似是而非的期待，工程相关方有时还会提出各种自相矛盾、不切实际的要求。因此，对用户或者建设业主需求的分析厘清看似只是整个设计的一小部分，却是最关键的第一步，常常决定着概念设计的走向。第一步如果没有搞清楚、搞准确，往往会出现"差之毫厘谬以千里"的现象。

然而，建设业主或用户需求与可实现的工程/产品的功能之间往往存在着一个时隐时现的、难以跨越的鸿沟，而这个鸿沟形成的原因是多种多样的、因时因地而异的。有时候来源于决策者和工程师对市场需求把握分析不到位不精准，有时候来源于投资者或用户方不切实际的期望和要求，有时候来源于设计师/工程师对工程/产品功能认知能力的局限，有时候来源于工程相关方的不同利益诉求乃至价值取向差异，有时候来源于现有分析预测理论的偏差，等等，不一而足。事实上，概念设计不同于科学问题的解决过程，它本质上是一个发现问题、解决问题、准确描述问题的过程，只有准确恰当地厘清了工程目标并说服工程相关方以后，才有可能寻求解决问题的正确途径。设计师/工程师就是要在这些笼统的、矛盾的、含混不清的表面需求中，能够进行合理而深刻的概括、平衡和取舍，从而全面精准地概括需求、确定目标，校准工程设计的起点。就需求目标分析而言，这方面的正反面案例不胜枚举，比较常见的是因交通流量预测不准, 大到一段高速公路、小至一座立交桥的匝道, 常常因为交通流量预测偏差而导致长期大面积的拥堵。

2. 概念生成

概念生成就是针对工程的各种目标、指标和约束条件, 运用系统性、综合性、创造性的工程思维, 提出各种合理的、可行的初步解决方案的思考过程及其结果的总和。概念生成是一个在既定条件下抓住主要矛盾或矛盾的主要方面、提出各种可能解决方案并进行比选的思维碰撞过程, 也是一个不断自我否定、推陈出新的思维过程, 还是一个将混沌模糊的概念清晰化、准确化的呈现过程, 更是工程创新设计方案孵化的思维过程。在概念构思阶段, 多采用抽象和概括的手法, 并不要求面面俱到, 也不必过多关注局部或细节, 但必须抓住主要矛盾或关键要素, 这样才有可能实现构思上的突破, 或者至少为突破打开缺口或提供契机。设计构思方案的确定, 是发现工程问题、定义工程问题的开始, 是落实工程理念、实现工程目标的发端。

在概念生成过程中, 设计师/工程师的洞察力和包容性是至关重要的, 既依赖于设计师/工程师对当地自然、历史、文化、经济条件的深刻理解, 也依赖于设计师/工程师对既有解决方案的本质、优缺点的总体把握, 还依赖于设计师/工程师个体天马行空的想象力与艺术表现力, 更依赖于团体的相互激发、集思广益, 以便将各种可能解决问题的构思方案纳入其中, 而不是将一些新颖独特的设计构思遗漏或排除在外。概念生成就是在这样一个充满不确定性的模糊空间中, 寻求最具特色、满足各类约束条件、具有上佳艺术表现力的可能性方案的思想碰撞过程, 其间常常存在着诸多矛盾冲突, 甚至需要多次推倒重来。即便这样, 所生成的概念设计成果也不见得能够得到工程决策者的采纳或社会大众的认可, 常常停留在初步构思的阶段, 有些时候甚至得不到展示的机会。工程历史经验表明: 许多结构工程的传世之作如伦敦水晶宫、美国圣路易斯钢拱桥、巴黎埃菲尔铁塔、澳大利亚悉尼歌剧院等著名工程, 往往因采用新结构、新材料、新工法, 或因拓展出新的功能, 在概念生成阶段常常备受建设各方, 乃至社会名流的质疑, 这固然由工程创新的复杂性所致, 也反映了当时业界认知水平的局限性, 以及根植于社会公众的保守性。

3. 概念选择

概念选择是对已经生成的若干个设计构思方案进行比较、鉴赏和评估, 筛选出一个或几个优秀方案, 进行进一步的分析、估算和研究, 并最终确定一个最佳概念设计方案的比选过程。所谓比选, 就是一个同体异质要素的相互耦合、相互作用、相互制约的分析判断过程, 既要从技术层面着眼, 也要从非技术层面考量, 往往需要将定量分析与定性分析结合起来, 将现实可行性与未来发展趋势结合起来, 将方案的专业特点与社会大众的审美水准结合起来, 进行综合权衡、判断和取舍。在这个过程中, 设计者要面对诸多同体异质要素的矛盾冲突, 常规的程序化、结构化的设计方法往往起不了什么作用, 而是需要借助于设计师/工程师的工程实践经验、洞察力、决断力、眼界见识来把控, 有些时候甚至要孤独地、直接地面对来自四面八方的各种非议乃至批评。

概念选择另一项重要工作是恰如其分地给概念设计方案赋予价值意义,高度概括地、恰当地诠释概念设计成果的价值内涵与象征意义,并通俗易懂地向工程建设利益相关方、社会大众阐释,争取工程建设各方的理解与支持,使概念设计成果能够落地生根、开花结果,并使其成为赓续当地历史文化的新节点。遗憾的是,大多数设计师/工程师都不擅长此道,程度不同地存在"会做不会说"的问题,存在着工程思维模式对工程社会性、工程人文性遮蔽的现象,存在着对工程技术以外的事物熟视无睹的倾向。究其深层次原因,就是在某种程度上,设计师/工程师对工程实践活动的价值理性认识得不够深刻,对工程实践活动的系统性、社会性认知不够全面。

4.3.3 概念设计的基本流程

概念设计是一个高度个性化、富于创造力的过程,除了应遵循基本的工程设计原则之外,在不同工程领域还存在一些的差异,但有一个大致的、粗略的基本流程。以结构工程为例,一般说来可以分为以下五个步骤。

①需求概括。即对需求目标进行概括、平衡和取舍,以全面精准地把握需求、厘清工程目标(必要时可分为近期目标与远期目标),并尽可能使其科学化、数据化,以便说服工程决策者、取得工程相关方的认可。

②总体构思。即基于项目需求目标,借鉴以往工程经验、依据工程规则、发挥设计者的想象力和洞察力来孕育多个设计方案,将每个方案的新颖性、独特性等优势,以及可能存在的问题展示出来、概括到位,这是概念设计最重要、最关键的一步。

③方案选择。即确定一个设计者认为最佳的概念设计方案,确定该方案的主要设计参数、主要尺寸和大致的施工实现方法,通过材料用量及施工措施费用的估计,匡算出大体的工程数量和总体造价,以满足经济性指标约束。

④结构估算。即通过简化计算模型对所确定的概念设计方案的结构行为进行大致的估算,以把握其整体力学性能,然后整体统筹,以保证构思方案具有科学性、合理性和可行性。

⑤细节考量。即确定设计的关键细节或施工的关键环节,提出进一步完善的方法手段,必要时开展相关专题研究,以使概念设计结果的可行性、稳健性得以保证。

以上五个步骤,常常需要设计者反复推演、交替进行,甚至有时候不得不推倒重来,这个过程非常耗时、非常困难,常常令设计师/工程师绞尽脑汁而又乐此不疲。但是,这种翻来覆去、不厌其烦的"折腾",正是卓越设计师/工程师突破传统、富于想象、敢于创新、善于创新的具体体现,也是一个又一个工程创新成果"孵化器",还是技术创新、工程创新的不二法门。

案例4-6 若干座大跨径公路拱桥的经济指标对比——概念设计决定工程品质

拱桥是一种古老而现代的桥型,具有造型美观、承载潜力大、造价低廉、耐久性好、经济适用跨径覆盖范围较广等特点,占到已建成桥梁总数的 10%左右。近现代以来，拱桥在不同时期（铸铁、钢材、混凝土）、不同应用场景（铁路、公路、公铁两用）都发挥了自身的优势，成为大跨径桥梁家族中极其重要的一员。20 世纪 90 年代以来，我国桥梁界立足国情、自主创新，开发了以钢管混凝土拱桥为代表的一系列新的拱桥结构形式，改良了结构材料，创新了施工方法，实现了材料特点、结构形式、施工方法、工程造价四者的高度匹配优化，建成了 50 多座跨径大于 200 m 拱桥。进入 21 世纪以来，为满足高速铁路对刚度、振动、线形、行车舒适性的严苛要求，我国桥梁界又开发出连续梁-拱、连续刚构-拱等新的结构体系，并在高速铁路建设中得到了较为广泛的应用，建成了 40 多座跨径 100～300 m 大跨径连续梁-拱桥、连续刚构-拱桥，创造性地解决了桥梁建设需求、工程造价约束、技术瓶颈制约的矛盾，取得了令世界瞩目的成就。

　　然而无需否认，我国在大跨径拱桥建设创新过程中虽然取得了重大成就，但也存在一些因对工程理念、工程创新的认知偏差，出现了一些大跨径拱桥造价明显偏高、施工难度过大、施工工期过长的现象。就设计而言，主要原因是在概念设计阶段没有准确全面地把握结构受力行为，也低估了大跨径拱桥的施工难度。仅以我国近 30 年来建成的若干座大跨径公路拱桥为例（参见表 4-2），在跨径、建造年代相近的情况下，一些拱桥折合每平方米桥面造价仅为 1 万元左右，约为同等跨径斜拉桥的 60%，显现出拱桥强大的技术经济优势；而另一些大跨径拱桥折合每平方米桥面造价达到了同类工程造价的 2～7 倍，高达 3 万～6 万元（当然，地质条件差异、材料构成差别、跨径大小变化、人工价格变动对工程造价也会产生一定的影响）。其主要原因在于结构形式与地质地形的适配性不好，施工方法不够合理恰当，施工措施费用居高不下。例如，某拱桥采用蝴蝶拱的结构形式，空间拱肋受力极不合理、施工难度剧增，由此导致结构材料及临时材料用量大增。又如，某拱桥在施工阶段为了成拱，不得不先后采用了斜拉桥、悬索桥的施工方法，施工过程进行了多次体系转换，导致施工措施费用极高。客观地来说，这些工程概念设计的品质并不优秀，也没有将工程建设过程中所需的各种资源、可能遇到的各类问题谋划统筹到位，导致一些拱桥在建设过程中问题频发、工期多次延长，不能不说这是一个历史的遗憾。

　　究其深层次的原因，一是非技术因素对工程建设影响较大，建设业主对桥梁概念设计干预过多，选取了一些在受力上不合理、在施工上难度大的结构形式，在概念选择上存在认知偏差；二是工程设计者过分追求结构体系或结构造型的独特性，对工程创新、技术创新的本质存在一些的模糊认识，存在着为了创新而创新的现象；三是市场竞争筛选机制不够健全，导致一些技术上不合理、经济上不合算、造型上比较怪异的结构成为实施方案。

　　概念设计的品质不佳的问题在一些发达国家某个时期也曾多次出现过，客观上反映了结构工程尤其是大型工程的复杂性、系统性和社会性，主观上反映了人们对工程的系统性和建构性存在一些共性的认知局限，表征了一些桥梁工程师对概念设计方案把握能力的欠缺。表 4-2 所列的大跨径公路拱桥，则从可直接比较的经济指标视角，阐明了概念设计的重要性，揭示了概念设计对工程建设品质及其效能水平的决定性、贯穿性作用。

表 4-2 若干座大跨径公路拱桥的材料用量及经济指标对比

序号	建成年份	主跨跨径/m	桥面面积/m²	钢材用量/t	混凝土用量/m³	造价/亿元	折合每平方米桥面造价/万元
1	1997	420	20 544	5 299	46 392	1.68	0.818
2	2000	360	18 688	7 498	49 333	2.53	1.35
3	2003	550	30 000	44 499	22 269	6.40	3.20
4	2004	490	11 628	9 022	38 669	1.33	1.15
5	2006	428	21 977	27 857	104 494	4.10	1.87
6	2006	300	19 190	21 093	54 358	2.90	1.70
7	2009	400	16 685	19 420	38 383	2.60	1.56
8	2009	300	10 518	22 873	92 742	6.00	5.70
9	2009	430	13 366	9 618	24 358	1.44	1.08
10	2013	530	23 545	11 600	/	2.60	1.10
11	2020	575	37 778	15 000	/	6.86	1.82
12	2021	507	18 036	15 511	47 976	2.56	1.42
13	2024	600	15 288	11 082	31 138*	4.25	3.43

注：①表中数据主要来源于人民交通出版社 2009 年出版的《面向创新的中国现代化桥梁》；②打*者仅指主桥混凝土用量。

案例 4-7 重庆菜园坝长江大桥的概念设计——创造性与艺术性高度协同的典范

1）概念生成

出于充分利用市区桥位的考虑，重庆菜园坝长江大桥被确定为一座公铁两用桥梁，交通功能需求是承载双向 6 车道、双线轻轨及双侧人行道；出于长江通航的要求，其主跨被确定为 420 m 左右。在现有的四种桥梁体系中，梁桥在技术上难以实现这一跨越能力，而 400～500 m 跨径的悬索桥刚度较小、难以满足轨道交通的运营要求，因此，能够满足跨越能力及轨道交通运营刚度要求，可选择的结构体系只有斜拉桥和拱桥两种。另外，就截面形式而言，作为搭载多线公路、铁路的桥梁，合理且经常使用的截面形式多为钢桁梁，以便在下层布置轨道交通、在上层布置公路交通，公路、铁路平层布置虽然也能够满足交通需求，但常常导致桥面宽度较大、公路及铁路的接线容易产生矛盾冲突。因此，合理的截面形式是钢桁梁。从结构体系层面来看，钢桁梁斜拉桥虽然也能够满足结构功能需求，但为了达成边跨与主跨受力上的平衡协调，边跨跨径需要在 150～190 m（即边中跨比值在 0.35～0.45），且为了满足轨道交通的刚度约束，需要布设过渡墩，导致主桥长度过大，难以很好地顺应桥头北侧重庆站站前立交的衔接要求。综合上述几个方面，在概念设计阶段，邓文中等人兼顾功能需求、经济指标约束、艺术表现力、周边已有桥梁桥型等因素，经过反复比选，最终选取了跨径 420 m 的钢箱提篮拱与高度 11 m 的钢桁梁形成组合体系，以便于既满足交通需求，又能增加结构的艺术表现力。

2）关键问题处理

对于该桥功能需求及外观形式，概念设计所确定的方案无疑是最优的。但是，仍有两个关键问题需要妥善处理，一是如何平衡大跨径拱桥的水平推力，二是如何解决拱肋的面外稳定问题。对于平衡水平推力问题，邓文中将该桥从整体上解构为三段，即中间的拱梁组合结构和两侧的预应力混凝土 Y 形刚构，并设置了三组独立的系杆，各自平衡恒载产生的水平推力（对于跨径 400 m 左右的公铁两用拱桥，活载内力占总内力的比例一般在 10%左右，无需设置专门系杆去平衡），待恒载加载基本完成后，在施工过程中寻求合适时机将三段联结为整体。对于拱肋的稳定问题，由于钢桁梁桁高及刚度很大，承担了组合结构体系的大部分内力，而拱肋分担的内力占比相对较小，因此，拱肋就可以做得比较纤秀轻盈，于是采用了高 4 m、宽 2 m 的钢箱拱，通过采用拱肋内倾、设置横撑的方式来保证拱肋的面外横向稳定性，为使拱结构显得简洁通透，设置了 6 道 I 形横撑、而非横向约束能力更强的 X 撑或 K 撑。解决了这两个主要问题，其他一些技术问题便不再制约概念设计了，例如，对于预应力混凝土 Y 形刚构，由于其跨径仅为 100 m 左右，桁梁高度与跨径之比大于 1/10，依靠钢桁梁自身抗弯能力就可满足受力要求，因此将边跨 Y 形刚构的立柱全部取消，而将 Y 形刚构的 3 个构件特意加粗，既满足受力要求，又使其看起来更结实、更稳重；又如，对于施工方法，可以借助于长江水运和缆索吊装，没有什么原则性的困难，只是混凝土 Y 形刚构，需要借助于支架法进行现场浇筑，施工方法显得不够先进经济，但这仅仅是次要问题，已不属于概念设计阶段需要考虑的问题了。

3）其他

通过以上对概念设计问题的创造性解构和分析，一个结构形式、功能需求与艺术性的高度协调的，由中段钢箱提篮拱 + 两侧 Y 形刚构组成的拱桥方案就构思成型了，如图 4-20 所示，接下来就是对结构细部尺寸进行一些优化和详细设计计算了。在施工图设计阶段，设计者又进一步将 Y 形刚构的钢桁梁向外延伸一跨，以便有效削减梁端转角、利于轨道交通的平顺运营，最终确定的主桥结构跨径布置为 88 m + 102 m + 420 m + 102 m + 88 m。菜园坝长江大桥主桥材料用量为：混凝土 53 000 m³，钢材 25 900 t，总造价 9.5 亿元，经济指标十分优良。由此可见，在该桥的概念设计过程中，邓文中等人对工程问题的洞察力、对设计难点的剖析，以及借助于工程经验类比进行破解之道，不仅展现了设计者高超的概念驾驭能力，而且展现了概念设计的价值作用。

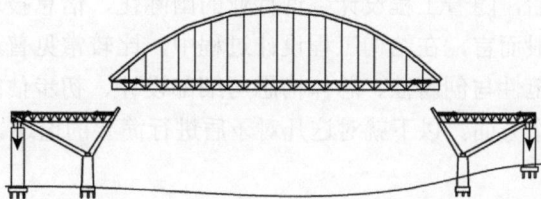

（a）建成后概貌　　　　　　　　　　（b）结构分解简图

图 4-20　重庆菜园坝长江大桥的总体构思示意图[图（a）来自百度图片，其他自绘]

4.4　结构工程设计中的若干冲突

源于结构工程的系统性、建构性、集成性、创新性及稳健性等基本特征，结构工程在设计过程中必然存在一些冲突甚至矛盾，处理化解这些矛盾冲突就自然而然地成为结构工程设计的一部分。其中，以安全耐久性能为核心、以经济指标为约束的技术和非技术矛盾冲突是结构工程师时时处处必须要积极面对的主要矛盾。与此同时，房屋建筑界普遍实行的建筑设计与结构设计分离的模式，无疑又进一步加剧了建筑结构设计过程中的矛盾冲突。虽然各种规范规程也给出了表述各异的设计基本原则，但这些原则本身就是一个矛盾统一的综合体，并不见得容易落地实施，处理化解这些矛盾冲突没有成型的答案，只有在秉承先进工程理念、把握工程本质、领悟创新真谛、运用工程思维的基础上，根据"因地因时制宜、形式服从功能"的最高原则灵活处理，正所谓"运用之妙、存乎一心"，这既是结构设计的本质所决定的，也一定程度上是结构设计艺术特性的体现。

对于结构工程设计的复杂性以及结构工程师的成长过程，结构设计大师爱德华多·托罗哈在 *Philosophy of Structures* 一书指出：每一个新手都需要在一个好的老师手下工作，拜老师傅为师。时常有人讲，生活就是最好的老师，这话虽然没错，但需要指出的是，生活是一个慢腾腾的老师，不论是对于新手、还是对于社会，代价都是很昂贵的……将新手培养成合格的工程设计者是不容易的，因为技术发展日新月异，工程设计者既要深入施工现场、获得感性认识，又要保持谦虚的态度，不断学习、与时俱进。爱德华多·托罗哈在这里用直白的语言告诉人们，结构工程设计既要积累经验、传承传统，又要与时俱进、不断创新，这本身就非常具有挑战性。另外，结构设计虽然要依据各种规范过程，但解决方案、应对策略、工程措施却又是高度个性化的，凝结了设计师的个人思想、工程经验、时代烙印甚至情感因素，富有创造性和独特性。这一点正如国际著名工程师约格·施莱希所言："设计师还应清楚地意识到，那些伟大的前辈们推动结构工程世界进步的艰辛，即便那些志士仁人竭尽全力也许才可将学科前进的齿轮拨动一点点。设计师会愉悦地认识到，自己倾注热情和辛劳完成的设计会成为独特的带有个人烙印的作品。在不同的自然和社会语境下，即便两个完全相同功能和使用属性的建筑，也可以采取不同的设计策略。"从爱德华多·托罗哈、约格·施莱希的论述可以看出结构工程设计工作的复杂性和各种矛盾冲突，感受到结构工程师成长的艰辛，这一点在进入现代工程阶段后，随着工程设计咨询行业的国际化、信息技术的快速发展迭代后表现得更加突出。一般而言，在结构工程设计过程中，比较常见普遍的矛盾冲突主要有安全性与经济性、规范性与创新性、总体构思与细部设计、初步估算与详细分析、设计创新与工程缺陷等五个方面。以下就对这几对矛盾进行简要的论述。

4.4.1　安全性与经济性

毋庸置疑，安全性是结构工程设计的基本要求。一方面，经过数百年的努力，在科学（力学、材料学）理论、技术手段、工程措施、管理方法的支撑下，现代结构工程的安全水准终于提升到历史最高水平，但时不时仍会出现一些工程安全事故。另一方面，风险是工程的固有属性，加上人们尚未完全掌握结构工程设计的一些基本依据如地震动输入参数、温度环境作用等因素的变化规律，因此，工程事故在理论上不可能完全避免，科学理性的态度是将其控制在人们可以接受的限度。以结构工程抗震为例，正如美国工程抗震专家马克·芬特尔所言:"一个国家的工程抗震设防水平,应该与该国的经济水平相适应,抗震规范所要求的,实际上是该国政府为老百姓所付出的保险费用;发达国家经济实力雄厚,地震造成的经济损失大,可以多付一些保险费,发展中国家要量力而行,适度超前一点当然没问题,但过分了也不好。"

1. 安全性与经济性矛盾冲突的由来

实际上,安全性一直是结构工程师设计的主要出发点和落脚点,这就导致在结构工程设计实践中容易出现两种不良倾向,需要上升到认识论层面进行反思。一种是片面地强调安全性,忽视了结构工程设计的其他原则如经济性和适用性等,一味地增大结构构件尺寸、导致结构安全裕度过大,这正如桥梁设计大师让·穆勒所言:"我们的职业并非没有风险,但如果我们利用从自己或他人的错误中积累的经验,这些风险仍然是有限的,……庞大的结构往往不是最好的结构,那些不必要的甚至有时是有害的结构安全系数,实际上是掩盖对责任恐惧的面纱。"另一种是以结构的安全性为由,对工程创新的应然性不以为然,习惯性的因循守旧,盲目排斥新结构、新技术、新材料的应用,对新生事物求全责备,对技术先进性及其在工程实践活动中迭代属性熟视无睹,导致技术迭代进步的速度由此而大受影响。认识和把握结构设计安全性与经济性的矛盾冲突,需要站在更高的层面、跳出技术来看待分析问题,以下就从风险防控、工程实践的本质、工程实践的历史三个不同的角度进行简要分析。

一是从风险防控角度来看,结构设计就是一个认识风险、规避风险、防范风险的过程,就是将在工程建造和运行过程中各种自然的、人为的风险防控在人们可接受程度以内的主观能动性过程,并在认识风险的基础上,通过提高结构工程的容错性和冗余度、提高结构工程的可靠性水准等一系列工程方法,来提升工程的安全性。然而,受人们对客观世界未知性、不确定性认知水平的限制,也受工程建设运营外部社会经济约束条件的制约,并不可能设计建造出在理论上绝对安全的工程。另外,面对提升工程的安全性所必须付出的经济代价,社会不见得能够接受或者承受,加上人们的工程理念、认知水平、接受程度随着经济社会发展也在不断变化,具有明显的时代性、行业性、地域性和局限性。这样,结构工程设计中的安全性与经济性就常常成为一对普遍存在的矛盾,虽然在工程实践中,人们普遍认可安全和经济是相对重要的,不可偏废,但在具体工程项目中,要恰当地把握好限度并不容易。

二是从工程实践的本质来看,工程的经济性是工程实践活动与社会发展的纽带,任何工程的实施都必须在经济上为社会所接受,这一点对于结构工程尤为突出,因为以结构工程为核心的建筑业是资源消耗最大的行业。工程经济就是要从有限的资源中获得最大的工程效益,就是要对工程实践效果与相关投入及可能的损失之间进行比较。工程的安全可靠性与经济指标之间具有对立统一的辩证关系,工程技术的可靠性和高效性是达到经济目标的手段,也是推动经济会社发展的动力。换言之,经济性是工程技术进步的目的。进一步来说,安全性与经济性矛盾冲突的实质是如何以有效地提高工程建设的能效水平、合理地控制工程建设成本,并将工程事故的发生概率防范控制在可接受的程度,以避免社会承受过大的经济代价。

三是从工程实践历史来看，受经济、社会、文化等非技术因素的制约，受工程的系统性、社会性本质特征的影响，在工程设计活动中要准确把握好、平衡好安全性与经济性两个方面的矛盾还是有困难的，经常会出现摇摆不定的群体性现象。在社会财力资源紧缺的时期，人们常常强调经济性，客观上降低了安全性要求，导致结构工程建设存在各种缺陷或工程隐患，而当工程事故、工程灾害发生频发时，人们又着力强调安全性，在事实上削弱了经济性的约束。拉长时间轴观察，人们在工程实践活动中，在安全性与经济性的矛盾中的确存在着把握不当、摇摆不定的现象。这类现象在人类结构工程历史上曾多次出现。随着风险防控科学及相关技术的进步，总体来说找到了一个大致的平衡点，但有些时候在具体工程项目中还不能很好地把握落实。例如，据程懋堃等人的统计，我国有一段时间建造的一些20～30层钢筋混凝土结构，用钢量竟然比国外同等高度的钢结构用量还要大，除了建设条件差异、技术规范比较落后、投资体制影响以外，建设各方过度强调结构设计的安全性也是一个主要因素。

2. 安全性与经济性矛盾冲突的化解

现阶段，随着社会经济发展水平的提高，以及工程事故引发的间接损失不断增大，结构设计总的趋势是更加注重安全性、不断完善结构安全性的应对策略。实际上，要精准地把握安全性与经济性之间的矛盾，需要在更高的层面上来认识工程风险、把控工程风险。具体来说，可以从以下三个方面着手。

一是在工程方法论的层面，加强风险应对策略的研究、总结和提炼。具体包括从工程的稳健性出发，提高结构的冗余度、增强工程的容错性等，降低工程的全寿命建造和维护成本；从工程的系统性出发，提升工程的模块化程度、增强结构构件（部件）的可检查可维护性等；从材料或结构的智能化入手，增加结构构件（部件）对荷载环境或使用条件变异的感知能力；等等。这些应对策略并不必然地会影响工程的经济性，例如，提高结构的冗余度、完善结构细部构造特别是构件之间的连接措施，往往只需要增加 1%～2%的工程造价，但却可以成倍地提高结构在遭受偶然极端荷载时的安全性和抗灾性能。

二是在技术研发层面，加强技术创新的迭代升级。从技术迭代演化规律来看，有些新的工程技术虽然一开始并不见得能够同步提升经济性与安全性，但随着工程实践的筛选、市场的检验淘汰、技术的自我完善，一些技术创新成果在大规模工程化应用之后，在提升工程安全性的同时，其经济性也会逐步显现。例如，结构隔震技术的不仅可以有效提升建筑物的安全性，也可以大幅度降低工程造价，从我国工程实践结果来看，在设防烈度 7 度情况下，隔震结构造价较传统结构高 2%～4%，而在 8 度、9 度及以上的情况下，隔震结构相对于抗震结构，造价降幅高达 10%～40%。

三是在详细设计阶段，更加重视细部构造的可靠性。结构工程中的一些关键细节、细部构造虽然在工程造价中占比很小，但却是整个工程建设成败的关键，如果在设计过程中应对不当，往往会导致结构工程存在先天不足或严重缺陷。而在进入工程运营阶段后，要修正改造这些细节、细部构造会变得更为困难，甚至在付出巨大经济代价、增大全寿命成本后，也不见得能够彻底根除这些缺陷。因此，在结构工程设计过程中，需要结构工程师结合结构体系的特点、细部连接构造与工程事故教训，因时因地制宜地、创造性地改进改良细部构造的设计，并在实践中不断迭代完善。

案例 4-8　开创大跨径悬索桥抗风新纪元的英国塞文桥——一座安全性与经济性协调不当的"病"桥

1）技术背景

1940 年 11 月，主跨 853 m、加劲梁梁高/跨径比为 1/350 的美国华盛顿州塔科马海峡大桥风毁事件后，对悬索桥的发展产生了一定冲击，此后的 10 多年里，全世界的悬索桥建设陷于停顿状态。国际桥梁界在加州理工学院教授西奥多·冯·卡门、哥伦比亚大学教授詹姆斯·基普·芬奇、华盛顿大学教授弗雷德里克·伯特·法夸尔森等流体力学专家的帮助下，才开始对风致振动，特别是颤振的基本机理及其危害有了一些基本认识。到了 20 世纪 50 年代中后期，悬索桥建设再度活跃起来，美国先后建成了主跨 1158 m 的麦基诺海峡大桥、主跨 1298 m 的纽约韦拉扎诺海峡大桥等多座大跨径悬索桥，并以技术输出的方式，在本土以外设计建成了多座大跨径悬索桥，例如由美国桥梁大师戴维·B.斯坦因曼设计的、主跨 1013 m 的葡萄牙里斯本塔古斯桥便是其技术输出的典型代表。为改进抗风性能，这些大跨径悬索桥的抗风策略各不相同，如麦基诺海峡大桥和里斯本塔古斯桥采取了增大加劲桁梁高度、改善桁架梁透风性能、增设中央扣等一系列措施；韦拉扎诺海峡大桥采取了增加自重、增大桁架刚度、增强桥面系的技术路线；等等。这些工程实践活动表明：国际桥梁界虽然对改进大跨径悬索桥的抗风性能进行了卓有成效的探索，但在增强悬索桥抗风性能的技术路线方面并未形成一致的认识，由此也对悬索桥建设运营的安全性能、经济指标产生了一定程度的干扰和影响。

与此同时，为适应公路交通发展，英国政府在第二次世界大战结束后制订了《干线公路法案》，拟在福斯海湾、塞文河口建设大跨径悬索桥。其中，福斯公路桥跨越福斯海湾、连接英格兰与苏格兰，与大名鼎鼎的、建成于 1890 年的福斯铁路桥比邻而立，塞文桥连接英格兰的布里斯托（Bristol）与威尔士的加的夫（Cardiff）两座城市，由此可见，这两座桥梁的建设对于用公路将英伦三岛连接起来的意义非同一般。战后英国政府财力拮据，20 世纪 50 年代中期才将塞文桥、福斯公路桥的建设提上了议事日程，并由英国最著名的桥梁设计公司 Freeman Fox & Partners 公司负责设计，设计工作由英国著名桥梁设计大师吉尔伯特·罗伯茨和威廉·布朗共同负责，为学习美国悬索桥设计建造经验，业主还延请了经验丰富的美国罗布林公司（J. A. Roebling's Sons Corporation）进行技术指导。福斯公路桥、塞文桥的设计工作几乎同时展开，但福斯公路桥的开工日期要比塞文桥早 2 年。综合航运、水文、地质、地形等情况，塞文桥、福斯公路桥均采用跨径 1000 m 左右的悬索桥。在当时，千米级悬索桥建造技术在美国已经比较成熟，跨径 1067 m 的乔治·华盛顿大桥已经运营近 30 年，工程界主要困扰就是如何在比较经济的情况下确保悬索桥具有良好的抗风性能。

2）新型截面形式的问世

在塞文桥、福斯公路桥设计过程中，实测得出的福斯公路桥桥址风速为 44.4 m/s，塞文公路桥桥址风速要稍小一些，为 43.3 m/s，因此，最初将两座桥的截面形式确定为钢桁梁，加劲桁梁桁高 8.40 m，桁高与跨径之比约为 1/120，如图 4-21（a）所示。此外，在 20 世纪 60 年代，风洞试验已经成为检验悬索桥抗风性能的主要手段，英国国家物理实验室拥有的风洞工作段长 18.3 m、宽 18.3 m、高 2.44 m，是欧洲为数不多的大型风洞。上述两座桥的风洞试验在英国国家物理实验室进行，由英国空气动力学家克里斯托弗·斯克尔顿负责，试验包括 1/22、1/32 节段模型试验和 1/100 全桥气动模型试验等多种模型。由于塞文桥开工相对较晚，在进行风洞试验时又增加了平板截面模型，以模拟扁平钢箱梁的气动性能。关于平板模型思路的来源，现有文献均语焉不详，其中一说是参考了 1961 年弗里茨·莱昂哈特在德国欧姆列希莱茵河桥概念设计的思路。克里斯托弗·斯克尔顿在风洞试验过程中测试了 4 种平板加劲梁模型、3 种桁架加劲梁模型，而平板加劲梁模型是以胶合木板来模拟钢箱梁的顶板和底板，在其两边配置不同形状的边棱来模拟箱梁的翼板。节段模型试验和全桥气动模型试验表明：①对于平板模型，气流被边棱分为上下两部分，各自顺着光滑的顶板和底板流过，很少产生涡流，扭转振动得到了有效的抑制，这意味着扁平加劲梁是提升悬索桥抗风性能的一条新途径；②加劲梁的刚度、宽高比、阻尼比对抗风性能均有一定的影响，试验得出了这些因素的影响规律；③检验得出了桁架加劲梁的颤振临界风速为 140 英里/小时（62.6 m/s），平板加劲梁的颤振临界风速为 160 英里/小时（71.5 m/s），均能满足福斯公路桥、塞文桥的抗风要求。

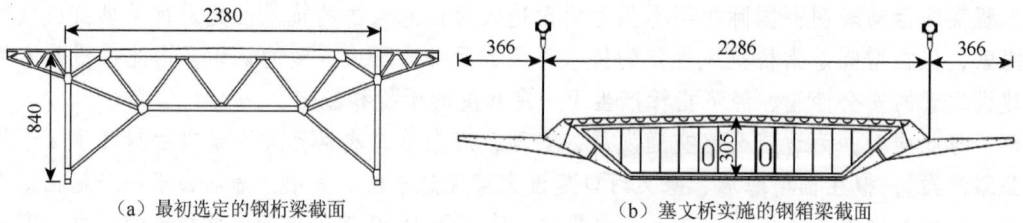

（a）最初选定的钢桁梁截面   （b）塞文桥实施的钢箱梁截面

图 4-21 英国福斯公路桥及塞文桥选定的钢桁加劲梁截面（单位：cm）

根据风洞试验结果，吉尔伯特·罗伯茨和威廉·布朗参照当时已建成斜拉桥如德国西奥特-霍伊斯（Theodor-Heuss）桥、Norderelbe 桥、英国瓦伊河斜拉桥（Wye River Bridge）的截面形式，拟定了塞文桥钢箱加劲梁的截面形式，钢箱梁梁高为 3.05 m，由 22.86 m 宽的扁平钢箱及两侧各 3.66 m 的翼板构成，如图 4-21（b）所示。为反映风洞节段模型试验中平板边棱对气流的分割作用，吉尔伯特·罗伯茨和威廉·布朗创造性地将钢箱梁翼板位置下沉、形成像鱼鳍一样锐利的悬臂板，并置于主缆外侧、兼做人行道。由于福斯公路桥已经开工，设计方就建议建设业主在塞文桥上采用这种新型截面形式。然而，业主对于扁平流线型加劲梁的综合性能还有一些顾虑，本着审慎严谨的态度，要求 Freeman Fox & Partners 公司按照福斯公路桥上部结构（钢桁加劲梁、垂直吊索）形式，做了一个钢桁加劲梁方案进行比选。经初步估算，相对于钢桁加劲梁，钢箱加劲梁可以节省钢材接近 20%，降低工程造价大约 15%，这对财政拮据的英国意义非同一般。于是，相关各方就决定采用扁平钢箱梁作为塞文桥的加劲梁,这样,梁高与跨径之比为1/324、与旧塔科马海峡大桥高跨比非常接近的扁平钢箱加劲梁就问世了。

3)主要设计参数

设计荷载:四车道,计算整体效应时每车道车道荷载按5.84 kN/m取值。

跨径布置:304.8 m+987.6 m+304.8 m,以满足915×36.6 m通航净空的要求,如图4-22(a)、(b)所示。

主缆:垂跨比为1/12,选用较小的垂跨比以适当弥补加劲梁轻型化后重力刚度的降低,主缆间距22.86 m,由19×438丝直径4.978 mm的镀锌钢丝编制而成,主缆直径0.511 m、总重4291 t;钢丝抗拉强度为1544 MPa,屈服强度为1205 MPa,设计允许应力为709 MPa,按屈服强度计,主缆的安全系数为1.70(按抗拉强度计,主缆的安全系数为2.18)。

加劲梁:采用宽31.86 m、高3.05 m的扁平钢箱梁,宽跨比为1/43.2,顶板采用正交异性板、厚11.5 mm,其上铺38 mm厚的沥青,底板厚9.5 mm,纵肋、横肋厚6.4 mm,每延米重量(不含二期恒载)为7.2 t,加劲梁节段长18.29 m,重约131 t,钢箱加劲梁节间采用焊接,总用钢量为11 500 t。

索塔:高121.9 m,采用5.18×(2.9~3.66)m的大格室矩形单箱截面,从塔顶向下逐渐加宽,以充分发挥钢材的强度,两塔柱之间采用I形横撑,索塔总用钢量为2400 t,如图4-22(c)所示。

吊索:采用ϕ51 mm的钢丝绳,由178丝直径3.0~3.5 mm的钢丝组成,上下两端采用锚杯及销钉连接,为增大阻尼,吊索采用斜置方式。

锚碇:采用重力式锚碇,锚碇构造如图4-22(d)所示,整个锚碇呈桥台状。针对近代悬索桥采用的索靴-眼杆锚固系统施工工艺复杂、调节不够方便、经济性能较差等缺点,将传统的后锚式改为前锚式,通过设置前锚板、布设76根螺杆及后锚梁等组成的传力构

(a)概貌

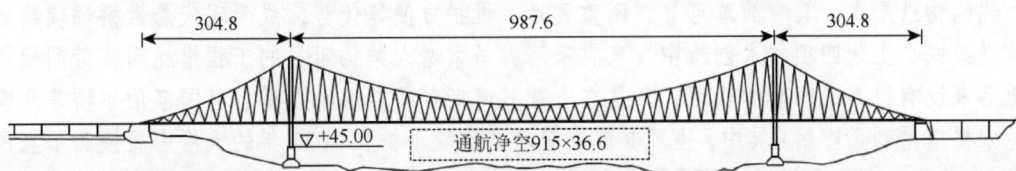

304.8   987.6   304.8

▽+45.00   通航净空915×36.6

(b)总体布置(单位:m)

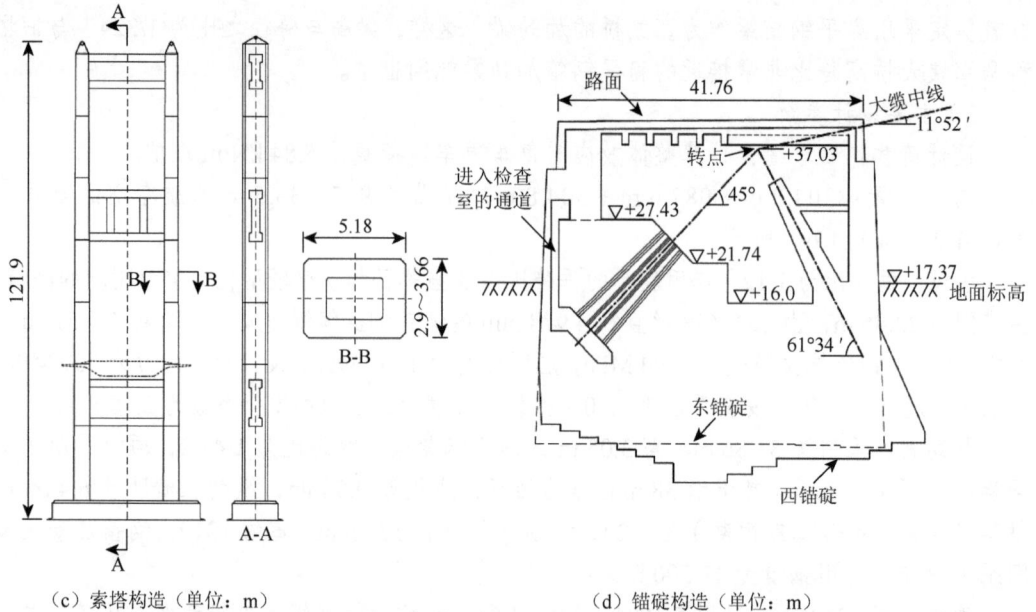

（c）索塔构造（单位：m）　　　　　　　　　（d）锚碇构造（单位：m）

图4-22　塞文桥的总体布置［图（a）来自维基百科，其他自绘］

架，将每根主缆约 105 000 kN 的拉力传递到混凝土锚块中。此外，在张拉完成之后，张拉工作室不予封闭，而是改做检查室之用。

4）技术及经济优势

塞文桥在技术上具有多项划时代的创新，开创了悬索桥的英国流派，主要体现在以下四个方面。①首创全焊扁平流线型钢箱加劲梁，钢箱加劲梁具有极大的抗扭刚度，抗风性能及抗弯性能也非常良好，且具有加工制造效率高、便于现场拼装的施工优势，钢箱梁顶板、底板均按照 2.44 m×18.29 m 的尺寸预先加工成板件，然后将板件焊接成 18.29 m 长的钢箱梁节段，梁段拼装焊接完成后，用厚度 5 mm 的钢板封闭端口，将其滑到水中存放、等待运输吊装。②首创单箱矩形塔柱截面，在塞文桥之前，钢塔柱一般采用十字形或 T 形截面的多格室形式，并在两根塔柱之间设置若干组相互交叉的斜杆，形成桁架式钢索塔，这种构造方式存在高强钢材材料性能难以充分发挥、材料用量较大的不足。在塞文桥中，采用了 5.18 m×（3.66～2.90）m 大格室矩形单箱截面，节段间采用高强螺栓连接，有效地利用了钢材强度，减小了索塔的用钢量，较好地兼顾了受力要求与施工便利性。③首次采用斜吊索，由于以往钢结构节段间都是用铆接或栓接，而塞文桥采用了全焊加劲梁，各箱梁节段之间没有摩擦阻尼，设计者为增大结构阻尼，另辟蹊径地采用了斜吊索，使斜吊索为全桥提供相当可观的阻尼能力，弥补了全焊结构带来的阻尼损失。④首次采用前锚式重力锚的构造形式，具有简单可靠、调整灵活、维护方便等优势，成为现代悬索桥锚碇新的构造范式。上述四项技术创新中，只有采用斜吊索增大结构阻尼的工程措施因疲劳问题严重后来没有得到工程界的认可，只是在土耳其博斯普鲁斯海峡Ⅰ桥、英国亨伯尔桥等几座悬索桥中得到了应用（其中，土耳其博斯普鲁斯海峡Ⅰ桥在 2022 年的大修中更换为垂直吊索），其他三项技术创新都对现代悬索桥的发展产生了深远的影响。

塞文桥建成于 1965 年，其工程创新不仅探明了大跨径柔性桥梁抗风新途径，扁平流线型钢箱加劲梁的抗风性能在成桥运营阶段经受住了考验，而且在经济技术方面具有极大的优势，该桥合同造价仅为 801.4 万英镑（含东引桥），工程造价降低了 15%，与同期规划建设的福斯公路桥相比，在设计活载、材料强度均相同的情况下，该桥折合每平方米桥面用钢量仅为 455 kg，比福斯公路桥低约 16%，详见表 4-3。英国塞文桥建成后，其工程创新成果特别是扁平流线型钢箱加劲梁的技术经济优势引起了全世界的关注，标志着现代悬索桥进入了"翼形截面"的发展新阶段，形成了悬索桥的英国流派。例如，丹麦小带海峡桥在获悉塞文桥的建设成果后，在项目招标时就将钢桁加劲梁变更为钢箱梁，从而降低工程造价约 15%。此后，扁平流线型钢箱梁迅速在欧洲、中国、日本得以推广，土耳其博斯普鲁斯海峡 I 桥、英国亨伯尔桥等多座千米级的悬索桥均采用钢箱加劲梁，并在实践过程中对钢箱加劲梁的构造形式进行了不断的优化改进，钢箱加劲梁成为了大跨径公路悬索桥及斜拉桥的首选截面形式。

表 4-3 塞文桥与福斯公路桥材料用量对比简表

项目	塞文桥	福斯公路桥
主缆用钢量/t	4 291	7 520
加劲梁用钢量/t	11 500	14 000
索塔用钢量/t	2 400	5 500
总用钢量/t	18 191	27 020
主桥桥面面积/(m×m)	1 597.2×25.0	1 822.6×27.28
折合每平方米桥面用钢量/t	0.455	0.543

5）加固补强

然而，塞文桥在建设时过分强调经济性，导致其设计活载标准较低、安全性能存在突出的隐患。由于每车道活载取值仅为 5.84 kN/m，与实际活载差异较大，加上其加劲梁恒载集度比较小，仅为 122.6 kN/m，活载恒载比高达 0.19，这在千米级悬索桥中是比较高的。此外，该桥建成运营后交通量不断增大，货车数量及货车重量逐渐超过了原设计荷载，甚至超过了 1982 年颁布的英国规范 BS5400 活载标准。另一方面，建设时由于过分强调节省材料，如正交异性板面板的厚度明显小于同期建设的福斯公路桥，给该桥安全性及耐久性埋下了隐患。运营数年后的 1971 年，就在桥面板中发现了 3 种正交异性板的疲劳裂纹，裂纹类型主要是：①纵肋与横梁角焊缝连接处；②纵肋下缘与浮运隔板焊接处；③纵肋腹板与盖板连接角焊缝。同时，斜吊索疲劳问题日益严重，不得不在 1985 年进行全面的加固。加固要点如下。

（1）更换斜吊索

采用特别设计制造的吊索及销接构造，来替代更换原有斜吊索，全面提升斜吊索的抗疲劳性能。

（2）补强加劲梁

由于该桥主缆安全系数偏小（按屈服强度计，主缆的安全系数仅为 1.70），加劲梁补强的难点在于不能过多地增加恒载重量，否则会进一步降低主缆的安全储备。为此，采取了以下三条加固对策：①切除位于慢车道的顶板，采用增设箱内肋梁、加厚正交异性板面板等方式，以增大正交异性板的刚度、改善应力分布、适应日益增长的货车轴重，桥面板补强增加的钢结构重量约为原桥面重量的 3.3%；②在加劲梁与索塔相交处，设置特殊设计的缓冲梁，以改善加劲梁在温度、冲击荷载作用下的受力性能；③更换桥面铺装，将沥青铺装层由原来的 38 mm 增加为 46 mm；在桥面设置风屏障，以改善行车运营性能；等等。

（3）补强索塔索鞍

加劲梁恒载增大及活载变异导致该桥实际荷载超过了原设计荷载，必须同步对索塔进行结构加固补强。加固方式是在塔柱钢箱内的四周增设了 4 根钢管立柱，采用分段运进索塔箱内、逐段接长的方式，并同步设置侧向支撑。立柱拼接就位后，在柱顶与主索鞍之间设置支承钢梁，然后利用千斤顶进行反顶，使新设的钢管立柱与原塔柱共同受力。此外，为提高主索鞍的承载能力，采用高强度水泥砂浆填塞索鞍的空腔。

由于不能影响既有交通，加上索塔内作业空间狭小，经过 7 年艰苦的加固工作，耗费约 2000 万英镑（约为原造价的 2.5 倍）资金，方才使塞文桥的承载能力勉强赶上了时代运输的需要。直到 1996 年塞文二桥（Second Severn Crossing）建成运营后，塞文桥的运营窘境才得以缓解，但无可奈何的是，由于该桥的主缆无法加固补强，只能任其安全系数从 1.70 降低为 1.65。

6）几点认识

作为现代桥梁工程史上影响最为深远的工程创新，塞文桥建设及加固补强的正反两方面经验和教训，对于结构工程师们在任何时候进行工程创新时都具有方法论的意义，具体包括以下三点。一是要精准地平衡好安全性与经济性并不容易，该桥在设计时过于追求节省材料、过分强调看重经济指标，客观上降低了结构的安全性；二是该桥在工程创新时在主观上有点冒进，同时采用了四项新技术，这些新技术之间衍生出了新的问题；三是对工程创新与工程风险始终相伴相生的客观规律认知不够全面，对运营车辆荷载的发展演变态势估计不足，在工程创新的同时留下了隐患。

4.4.2　规范性与创新性

1. 规范性与创新性矛盾冲突的由来

一方面，近现代以来，随着科学发现的井喷、技术迭代的加速以及工程经验教训的积累，工程理论和设计方法愈来愈复杂，已经超出了工程师个体可以把握的限度，于是，建立在行业技术共识之上的技术标准、设计规范便成为工程设计最重要的依据。一般认为，标准规范是科学理论、技术规律、工程经验的总结和结晶，是提高工程设计质量及设计工作效率的得力工具，也是工程传统、工程经验教训总结的主要载体，还是工程师进行工程设计的主要依据，具有普遍的指导性和一定的约束力，应该给予必要的尊重、不能随意突破，以免因设计不当导致工程设计成果明显偏离当时当地的经济技术条件约束，产生各种各样的工程隐患及工程缺陷。但与此同时，指导现代工程设计的规范体系越来越庞大、越来越复杂、越来越细致，以致一线工程师的设计工作常常要在浩瀚如海的规范文本中去寻找依据，这无疑是一件利弊夹杂的、令人厌烦的事情。以欧洲结构规范为例，其体量高达 10 册、58 卷、约 700 万字，是一个技术完备庞大、内容丰富复杂的体系，但却常常令一线工程师叫苦不迭。于是乎，设计工作似乎变成了一种重复的、枯燥乏味的检验验算过程，变成了一种"寻章摘句"式的查找相关依据的过程，常常让人看不出有多少创新的意味，也感受不到工程设计的艺术性所在，这既是一些工程师对自身工作属性的一种评价，也是一些工程师不愿创新、怯于创新的托词，还是社会大众对工程师刻板教条印象的由来。

此外，从工程实践活动的使命来看，工程创新是创新的主战场，设计创新是工程创新的主体和龙头。工程历史表明：绝大多数工程创新来源于设计创新，设计创新是将科学发现、技术进步、工程经验和艺术品鉴能力转化为现实生产力的先导过程，是将新材料、新结构、新工法、新工艺等系统化梳理，并进行选择、加工、提炼、集成的创造性智力劳动，具有全局性和贯穿性。设计创新不仅具有应然性，而且创新的空间非常广阔。因此，工程设计必须大胆尝试、勇于创新、善于创新，在多目标、多变量、多参数、多约束条件下寻求解决问题的最佳方案，以实现工程项目的目标，提升工程项目的能效水平，提升工程项目的经济效益，彰显工程的人文价值和社会效益，等等。惟其如此，工程设计的作用价值如提升造物的品质、提高造物的效能效率、增进人类-工程-自然的和谐程度才能恰当地体现出来。

由以上两个方面可以看出，结构工程师无疑处在规范性与创新性的矛盾冲突中，常常面临左支右绌的困难局面，要求其在满足结构的功能性、安全性等基本要求的前提下，在面临浩如烟海规范规程的约束、面对千变万化项目具体情况的制约情况下进行设计创新，是不是一种不切实际的苛求呢？是不是有点强人所难呢？以下就从工程设计的本质、工程设计的实践、规范标准演变等几个层面，就工程设计的规范性与创新性的矛盾冲突由来给予简要说明。

一是从工程设计的本质上来说，结构设计的规范性与创新性犹如一个硬币的两面，相互支撑、不可分离，创新是为了在更高水平上的规范，规范是为了能够更加符合客观规律地进行创新实践，只是对结构设计成果的描述角度不同而已。进一步来说，结构设计的规范性与创新性类似于生物界的遗传和变异，即规范性是为了更加科学地传承结构设计的内在规律，继承先前工程实践活动的优秀"基因"；创新性是为了进化出更加适应环境要求的"基因"，以更好地顺应社会或时代需求、更高效地利用科学原理或技术手段。一些结构工程师的抱怨虽然事出有因，但实际上是没有深刻领悟规范性与创新性的辩证对立关系，而一些设计大师常常有出人意料、又符合技术逻辑的创新设计问世，则是在具体项目中抓住了工程问题的主要症结、恰当地把握住了规范性与创新性之间的矛盾。

二是从工程设计的实践层面来看，必要而适度的规范体系有助于设计行业的健康高效发展，但过度繁杂、捆住工程师手脚的规范却可能会适得其反。工程设计者如果一味强调规范性，工程设计就会落入平庸乏味的泥沼，科学研究、技术创新就会因无用武之地而停滞不前，工程实践活动的集成性、社会性因此而得不到充分的体现，这既不符合工程实践活动的本质特征，也不符合工程发展演变的历史规律。另外，要一分为二、辩证地看待规范标准所起的作用，即规范标准仅仅是成熟技术的归纳总结，是一个最低要求或原则性要求，不能将满足规范等同为具体工程问题的圆满解决，规范并不是万能的，让规范变成应对千变万化工程具体情况的"挡箭牌"。同时，也不应将规范视为限制工程师创造力的桎梏，把工程设计矮化为繁琐枯燥的验算校核过程。这一点正如程懋堃所言：对于规范，要尊重，不能任意突破，但不要迷信。规范条文，是过去工程实践和科学试验等成果的总结，不一定代表将来的发展方向，也不能预见新事物的成长、新技术的诞生……有一些规范条文是各种意见折中的结果；有个别规范的条文甚至是有错误的，设计中无法实施……。

三是从规范标准的发展历程来看，规范标准的发展历史不过百年而已，某些时候难以起到恰当作用实属正常。自1922年世界上第一部结构工程的技术标准BS153出版以来，标志着人类4000年的工程实践活动进入了相对规范的新阶段，即从依靠直接经验迈入了依据间接经验、从依赖设计者个体智慧转入了依据工程师群体智慧，但这并不意味着工程实践活动中的问题从此就基本解决了。另外，标准规范从诞生之日起，就是一个开放的、发展的技术体系，仅仅是现有的科学理论、技术方法和工程经验的总结，不可避免地具有局限性和不完备性，有些时候还会因各种现实情况而存在妥协、调和或折中，甚至在某些情况下还会受到行政力量的干预等等，诸如此类的原因，并不提倡工程师盲从，设计者既不必奉之为圭臬、也不必视之为桎梏。这一点正如日本结构设计大师斋藤公男一针见血地指出：标准规范所起的作用与工程师所起的作用是两个不同层面的问题，不应混为一谈；而结构设计大师林同炎在《预应力混凝土结构设计》一书序言的十四行诗中一针见血地指出：……这本书是……献给不盲从规范而寻求利用自然规律的工程师们。

2. 规范性与创新性矛盾冲突的化解

由此可见，规范性与创新性是一对在结构设计经常遇到的、比较棘手的矛盾冲突，具有内在的对立辩证关系，创新性是寻求更高水平规范性道路上的台阶，而规范性并不会必然地成为工程设计创新进阶之路上的阻碍。设计师/工程师既要遵循规范性要求，更要借助于科学发现、技术创新的支撑，敢于创新、善于创新、及时总结提炼，创造并形成新的规范性。进一步来说，面对工程设计创新性与既有标准规范性的冲突，结构工程师要"大胆尝试、小心验证"，从以下五个方面不断探索、积极创新，达成工程设计规范性与创新性的辩证统一。

一是深刻领悟、准确把握创新的本质。自1912年著名经济学家约瑟夫·熊彼特第一次提出创新概念以来，创新就是一个经济学问题，直到今天也没有改变，但这样一个简单的认知却被人们有意无意地忽略了。作为人类经济活动体量最大的领域，结构工程实践活动自然而然地要回到原点、主动回应工程创新的本质——即展现出价值特别是经济价值（效益）的提升。从工程创新历史来看，摆脱了经济指标约束的工程设计创新往往是一种"伪创新"或"虚创新"，并不符合工程实践活动的本质特征，因而会在工程演化、市场检验筛选中被无情地淘汰，这也是许多所谓的工程设计创新被淹没在工程历史潮流中的主要原因。

　　二是重视渐进性创新这一工程设计创新的主渠道，在规范性的约束下进行设计创新实践。在工程创新活动中，可以根据创新的性质或程度将其分为突破性创新（亦称为颠覆性创新）与渐进性创新两大类。一般情况下，人们对突破性创新往往趋之若鹜、高度重视，但对渐进性创新则重视不够。渐进性创新也被称为改良性创新，是指在工程的设计与建造方法、工艺材料流程、运营管理模式等方面进行不断改进完善、集成优化。从单个方面来看，渐进性创新并不特别令人振奋，但随着工程实践活动体量的增大，渐进性创新通过集群式进步并达到一定水平之后，也会对工程领域、产业行业乃至经济活动产生巨大的促进作用。另外，受制于结构工程的系统性、稳健性、社会性等本质特征的约束，只有先进且成熟的、达到了一定规范化程度的工程化技术，才有可能被工程实践活动所集成、所嵌入、所采用，并孕育出工程设计创新，这一点已经无数次被工程历史演化进程所证明。因此，在工程设计中要高度重视设计细节构造、施工建造方法、工艺材料流程、运营管理模式、信息技术融合等方面的改进完善与集成优化，在保障工程设计的稳健性与可靠性要求的前提下，达成创新性与规范性的统一。

　　三是大胆构思、小心求证、稳扎稳打，采取积极而审慎的技术路线。对于新结构、新材料、新工法的工程应用，需要通过理论分析、产品中试、模型实验、虚拟仿真、试点工程等步步为营的技术路线，不断提升技术的成熟度，推动实验室技术向工程化/产品化技术转化。在这个曲折的进程中，还要不断对工程设计创新成果或创新产品进行检验验证完善，拓展丰富其应用场景，推进工程设计创新成果的扩散，并在扩散过程中进一步提升新技术、新设计的附加价值。即便如此，在工程历史的长河里，大多数创新的工程设计因其存在的"历史局限性"，仍然避免不了被淘汰的命运。

　　四是拓宽工程视野，主动借鉴学习其他工程领域、其他国家地区的标准规范。随着现代工程实践活动规模的扩张、工程项目的复杂性越来越高，导致技术分工方式越来越细、越来越窄，这自然而然地要求工程师在某一方面越来越专、越来越深，导致工程师们常常难以走出技术隔离的藩篱、突破技术孤岛的制约，只能成为某一细分领域的专家，甚至产生了整个职业生涯都难以突破的职业瓶颈。对于这一客观存在的弊端，工程师要走出现代工程领域过度细分的桎梏，克服"一叶障目、不见泰山"的认知障碍，通过对其他工程领域、其他国家地区的标准规范的学习借鉴，达到"他山之石、可以攻玉"的效果，并创造性地解决设计过程中的具体技术问题。

　　五是及时总结、创造出新的工程知识，定义并形成新的规范性。在大量工程实践活动不断传承和扬弃的基础上，工程师要对工程实践正反两方面的经验教训及时总结，并通过概括提炼、去粗存精、归纳升华，揭示其背后所隐藏的科学问题和技术方法，创造出新的工程知识，并将群体工程智慧适时纳入标准规范修订，定义并形成新的规范性要求。

　　关于工程创新、技术创新与工程设计创新之间的联系与区别，详见第 5 章的相关论述。

案例 4-9　拱肋面外稳定解决途径的创新——规范性、创新性与艺术性融合的工程实践探索

　　肋拱桥是下承式、中承式的大中跨径拱桥（80 m<L<200 m，L 为跨径）的常用结

构形式，具有轻巧通透、造型美观、节省材料、造价低廉等优势。通常，肋拱桥可根据跨径大小、施工方法及工程造价等因素，采用钢筋混凝土拱肋、钢箱拱肋、钢管混凝土拱肋等多种结构材料，设计合理的情况下，其造价与同等跨径的预应力混凝土梁桥不相上下，因此，肋拱桥在很多情况下都非常具有竞争力，得到了比较广泛的应用。肋拱桥设计施工的主要控制因素是拱肋的面外稳定问题，应对拱肋面外稳定问题的传统对策是增设 I 形、K 形、X 形、米字形风撑，这些对策虽然可以有效解决拱肋面外稳定的问题，但同时带来了桥面不够通透、视觉比较凌乱、司乘人员过桥时压抑感比较明显等问题，并没有很好地兼顾结构造型与受力要求。

对于这一问题，国内外一些桥梁工程师勇于创新，在解决大中等跨径肋拱桥面外稳定这一传统问题时进行了多方面的设计实践，探索出与一些与增设风撑这一传统路径不同的新途径，实现了技术与艺术的融合，达成了规范性与创新性的统一，形成了新的城市景观和设计语言。梳理起来，近 30 年的主要探索成果大致可划分为以下四类，现结合我国一些典型桥梁设计实例简要说明如下。

①对于跨径小于 80 m 下承式钢管混凝土肋拱桥，采用圆端形截面，以形成比较大的横向惯性矩和侧向刚度来满足拱肋面外稳定性要求，从而实现取消风撑、桥面通透的目的。典型工程实例是 1996 年建成浙江温州南塘河大桥，该桥为跨径 76.5 m 的刚架系杆拱，钢管混凝土采用了高 1.2 m、宽 2.0 m 的圆端形截面，实现了受力性能与结构造型的完美匹配，如图 4-23（a）所示。

②对于跨径较小的（80 m＜L＜100 m，L 为跨径）下承式钢箱拱肋、钢管混凝土拱肋桥，利用吊杆保向力的有利作用，直接取消了风撑，形成无风撑肋拱桥。典型工程实例之一是 1996 年建成的广州解放大桥，该桥位于广州市老城区，主桥采用 55 m＋83.6 m＋55 m 三跨连续无风撑下承式钢管混凝土系杆拱，两拱肋中心距为 18 m，取消了风撑后，取得了简洁通透、轻灵飘逸的结构造型，一度被市民视为广州老城区的地标，如图 4-23（b）所示。典型工程实例之二是 2005 年的建成天津海河大沽桥，该桥为跨径布置 24 m＋106 m＋24 m 的三跨连续空间异形拱梁组合体系，主跨由敞开式大小拱组成，其中大拱圈拱高 39 m，向外倾斜 18.43°，面向东方，象征着太阳，小拱圈拱高 19 m，向外倾斜 24.44°，面向西方，象征着月亮，敞开式大小拱塑造了日月同辉、振臂高呼的意象，创造了轻盈纤细、别具一格的结构造型，具有特别的景观效果和象征意义。之所以能够达成这一突出的结构艺术效果，正是借助于 4 索面的空间吊杆保向力的有利作用、取消了风撑，才能取得结构性能与艺术造型的完美结合，营造出新的城市景观，成为天津市的新地标之一，如图 4-23（c）所示。

③对于跨径较大的（100 m＜L＜150 m，L 为跨径）钢筋混凝土拱肋、钢管混凝土拱肋桥，采用斜靠式肋拱结构。即设置专门的稳定拱斜靠在主拱上，并通过调整施工工序，减小稳定拱参与受力的程度，从而可以利用轻巧的稳定拱来改善提升主拱肋稳定性能。斜靠式肋拱结构是结构艺术大师圣地亚哥·卡拉特拉瓦在 1986 年设计西班牙巴塞罗那罗达巴赫拱桥时提出的，得到了全世界结构工程师的喜爱，并结合项目实际情况进行了各种各样的演绎，在结构功能、结构受力、结构造型几方面进行因地制宜的改进。典型工程实例是 2008 年建成的广东潮州韩江金山大桥，该桥为跨径 85 m＋114 m＋160 m＋

114 m＋85 m 的 5 跨斜靠式五连拱钢管桥 V 形刚构系杆拱，就采用稳定拱及其与主受力拱之间密布的 I 形风撑来提高拱肋的面外稳定性，既解决了拱肋稳定问题，又营造了开阔通透的视觉感受，如图 4-23（d）所示。

　　④对于跨径较大的（150 m＜L＜200 m，L 为跨径）钢箱拱肋、钢管混凝土肋拱桥，采用空间组合拱肋结构，拱肋之间相互支撑约束，从而有效提高肋拱的稳定性。这方面的工程实例很多，如 2009 年建成的吉林长春伊通河大桥，结构形式为跨径 51 m＋158 m＋51 m 的刚架系杆拱，采用主受力拱与两条稳定拱、I 形横撑构成的"月亮拱"空间组合拱肋结构，结构稳定性颇佳，造型则宛如一轮新月，景观效果非常突出，如图 4-23（e）所示。又如 2012 年建成的杭州九堡大桥，为打造新的城市景观，主航道桥采用了 3×210 m 的连续拱梁组合体系，其中拱肋采用钢结构，净跨 188 m，为解决钢拱肋面外稳定比较突出的问题，采用增设两条稳定拱、主拱肋外倾 12°与 I 形横撑一起组成了空间受力体系，在结构造型上非常有特色，成为杭州市区跨越钱塘江桥梁家族中最具艺术表现力的一员，如图 4-23（f）所示。

（a）温州南塘河大桥	（b）广州解放大桥
（c）天津海河大沽桥	（d）广东潮州韩江大桥
（e）吉林长春伊通河大桥	（f）杭州九堡大桥

图 4-23　拱肋面外稳定问题解决新途径的探索实例（图片来自百度图片，查看彩图可扫描封底二维码）

拱肋面外稳定问题，是一个典型的工程景观与力学行为问题，自结构设计大师弗里茨·莱昂哈特1963年发明提篮拱桥以来，兼顾受力要求的结构造型一直是桥梁工程师探索的重点，这些新的解决途径的探索尝试，不仅使肋拱桥这种传统结构形式焕发出新的生命力，丰富了拱桥的设计语言，创造出新的城市景观，而且再一次揭示了结构设计的规范性和创造性并不是天然对立的，结构工程设计的科学性达成、设计性的实现路径也不是一成不变的。只有秉承结构工程设计的4E原则、担负结构设计的创新使命，才能不断地推陈出新，创造出属于时代的工程精品。

4.4.3　总体构思与细部设计

如前所述，工程设计的创造性、新颖性主要来源于概念设计阶段的总体构思，总体构思具有总揽全局、提纲挈领的作用价值。进一步来说，总体构思是一个技术与非技术、逻辑与超逻辑非线性耦合作用的过程，也是一个工程观念、工程建设条件、技术方法、工程造价、工程经验、历史文化等多维度不同要素综合平衡协调的结果，其要点在于对工程项目特点全面系统的深刻理解、在于对工程本质和建设运营规律的整体把握、在于对工程历史经验教训的汲取扬弃，而不在于设计的深度或细致程度。

此外，一些关键细节、关键构造却往往决定了总体构思的成立与否，决定了整个工程设计的品质。如果在总体构思过程中对这些关键细节不能做出大致合理的考量和安排，这些细节就有可能成为总体构思方案的绊脚石，影响着工程设计、工程建造乃至工程运营的全过程。工程历史的经验表明：工程事故、工程灾害常常与细节设计不当密切相关，案例4-5所列的一些因结构整体性不足的工程事故便是一个典型的明证；此外，即便是一些卓越的结构设计，有些时候也会因关键细节处理不当而留下了严重的工程隐患或明显的工程缺陷。例如，斜拉桥的莫兰迪体系具有刚度大、各跨受力基本独立、温度效应小等特点，在总体构思上具有独到之处，在多跨斜拉桥发展的初期显现出明显的、独特的优势，破解了多跨斜拉桥发展的瓶颈，但其结构冗余度小、斜拉索受损后容易产生梁体垮塌，对拉索及其锚固构造的可靠性要求极高，拉索及其锚固构造遂成为莫兰迪体系的"命门"。进一步来说，近年来发生的多起斜拉桥、吊杆拱桥因拉索（吊杆）断裂而导致桥梁垮塌事故，在本质上也是因为没有处理好总体构思与关键细节的矛盾冲突。一般而言，在工程设计实践活动中，妥善解决这些关键细节是详细设计阶段的主要任务，也是结构工程师经常要面对的技术问题。

由此可见，在结构设计实践中，总体构思与详细设计这两个不同水准、不同阶段的工作，经常会存在一些的矛盾和冲突。进一步来说，总体构思与关键构造具有矛盾冲突的对立统一关系，需要上升到认识论层面进行统筹。这些矛盾冲突既有观念性的，也有技术性的，还有方法性的，表现形式多样，程度也有所差异。现从技术方法论、工程系统观、工程文化观三个方面，简要论述如下。

一是从技术方法论层面来看，总体构思是概念设计阶段的主要任务，是详细设计的基本框架，是工程建造的主要指南，当然也是工程建设和运营优劣的关键。与此相对应，细部设计则是依据相关规范规程，对推荐方案进行设计深化细化的落实过程，是确保推荐方案技术可行性、先进性的落地过程，也是采用工程师语言将推荐方案准确客观描述出来的传达过程。换言之，在结构设计过程中，总体构思是纲、详细设计是目，只有出类拔萃的总体构思才有可能产出卓越不凡的设计成果，而平淡无奇的总体构思只能产生平庸乏味的设计成果。但在现实设计工作中，量大面广一线的结构工程师却常常把主要精力放在了详细设计中，在浩如烟海的规范规程指导下约束下，机械而乏味地重复着结构细部设计、结构行为分析计算、结构响应验算、材料用量统计、工程造价核算等详细设计工作，某种程度上有点本末倒置。因此，在结构设计中，必须将总体构思与详细设计的矛盾有机地衔接在一起并妥善解决，以达成纲举目张、总-分结合的实效，从而将优秀的、卓越的设计成果全面系统地呈现出来。

二是从工程系统观的层面来看，设计者应始终将工程项目视为一个矛盾对立、有机统一的整体，抓住主要矛盾或矛盾的主要方面，有序协调各方面的冲突，必要时做出适度妥协，以实现工程设计的目标。从这个层面来说，总体构思就是工程系统观落实落地的过程，就是抓住并解决主要矛盾的过程，因此，总体构思毫无疑义地居于设计工作的核心。总体构思与详细设计虽然在矛盾论上有主有次，在设计实施过程中有先有后，但在有些时候又会相互转化，一些关键细节构造可能会演变为总体构思成立与否的基石。正如程懋堃所言：构造是连接分析计算与施工图之间的一个重要手段，必须搞清楚，不但要知其然，还要知其所以然。这就要求设计者在认识论高度把握工程的系统性、集成性与稳健性的本质，在总体构思过程中，秉承细节改善行为、工艺决定成败的匠人精神，站在全局的高度，发挥工程思维集成性与经验性的特点，对于这些关键细节的材料、构造、工艺、工法等做出大致的考虑和判断，提出存在的问题以及可能的解决途径，部署落实进一步细化研究、开发、完善的目标和计划，以期在详细设计阶段能够彻底地解决这些细节问题，不使其成为总体构思方案的绊脚石。

三是从工程文化观的层面来看，结构工程的重大创新多来源于总体构思的创新，进而衍生出丰富多彩的工程创新文化。例如，高层建筑的一代宗师法兹勒·汗在思考高层建筑的结构形式时，将其视为一个巨大的、中空的、固结于地基基础的竖向悬臂梁，就简明扼要地抓住了高层建筑结构的本质，刷新了人们对高层建筑结构的认知水平，提出了筒体结构、束筒结构的新形式，影响了现代高层建筑结构的发展趋势。因此，突破常规、推陈出新的总体构思往往意味着工程项目具有别具一格的创造性，包含着技术创新、工程创新的合理成分，隐含着工程文化的迭代进阶，而重复乏味、高度雷同的总体构思仅仅满足了工程项目的功能性，但却忽视了工程的建构性、创造性等基本特征，缺失了推动技术迭代、社会进步的意义价值，并不有利于工程创新文化氛围的培育和形成。这一点正如国际著名桥梁设计大师约格·施莱希所言："在不同的自然和社会语境下，即便两个完全相同功能和使用属性的建筑，也可以采取不同的设计策略。因此，重复而乏味的结构设计恰是工程文化缺失的一种表现。……结构首先需要满足使用的功能性，但只有具备文化因素的考量，这些基础设施才能升华成为人类文明的一部分。留下深入人心的建筑文化是人类对大自然造成破坏后能做出的唯一的、有限的补偿。结构工程师们不要把眼光拘泥于技术层面上的考量，更要抓住机会在创新和文化方面做出贡献。"

案例4-10　浙江嘉绍大桥细部构造的创新——兼论细部构造对总体构思的关键支撑作用

1）建设条件

浙江嘉绍大桥是嘉兴至绍兴公路跨越钱塘江口的一座特大型桥梁，东距杭州湾跨海大桥约50 km，西距杭州钱江六桥约60 km。技术标准为公路-I级，按双向8车道高速公路标准建设，总长为10.137 km。该桥建设条件非常严苛，主要体现在：①桥区水文十分复杂，钱塘江涌潮造成河床冲淤变化剧烈，主槽摆幅达 2.3 km；②两岸滩涂发育，低潮位时两岸滩涂较宽、水深不到2 m，大型施工船机设备无法进入施工现场。

2）总体构思

面对这一建设条件，多跨斜拉桥无疑是最适宜的方案。经过反复比选，在施工决定设计理念的指引下，该桥最终确定的设计方案为：主航道采用六塔独柱分幅钢箱梁斜拉桥，跨径布置为70 m + 200 m + 5×428 m + 200 m + 70 m = 2680 m，桥面宽55.6 m，如图4-24（a）所示，以顺应摆动不定的主河槽，将特殊环境条件下结构的可实施性和经济合理性置于结构设计之上。应该说，这样的总体布置兼具结构体系的先进性、受力的合理性与良好的景观效果，但带来了两个比较突出的问题：①如何提高多跨斜拉桥的体系刚度？②如何降低多跨斜拉桥的温度效应？

在力学特性上，多跨斜拉桥具有塔多联长的特点，与典型的双塔三跨斜拉桥存在较大差异，受力行为较为复杂，主要表现在以下两个方面。①结构体系刚度明显降低。由于多跨斜拉桥结构刚度主要由拉索体系提供，中间索塔失去了端锚索的约束，两侧既无辅助墩和过渡墩，两侧拉索所产生的不平衡拉力会使中塔承受巨大的弯矩、产生很大的塔顶水平位移，迫使已是柔性结构的斜拉桥柔度更大，并使活载影响线范围增大，在非对称车辆荷载作用下加劲梁的挠度由此急剧增大，中塔与加劲梁的受力状态明显恶化。②温度效应比较突出。由于主梁连续长度增大后，温度效应的影响会显著增大，对主梁和斜拉索来说，过大的温度变形不仅影响结构的合理性与安全性，也会影响结构的使用性能。对索塔而言，温度效应处理不当将导致边塔塔底内力急剧增大，加大索塔、基础等主要受力构件的设计难度。

3）关键细部构造

对于如何提高多跨斜拉桥的体系刚度，该桥在设计中从总体布置与细部构造两方面出发，采取了如下两条对策：①采用独柱型索塔及与其匹配的分体式钢箱梁，适当加大索塔及钢箱梁的尺寸，索塔塔底截面尺寸为18×14 m，6座索塔采用等高索塔，上塔柱高120 m，塔高与跨径之比为1/3.57，大于常见斜拉桥塔高跨径比的1/5～1/4，主梁单幅梁宽24 m、梁高4.0 m，主梁高跨比为1/107，接近常规斜拉桥主梁高跨比的下限值；②采用X形托架式索塔，在托架上设置了间距46 m的双排支座，有效缩减了主梁的跨径，约束了主梁和下索塔之间的相对转动自由度，在活载作用下由主梁传递给上塔柱的荷载比例下降了，上塔柱的受力由此得到减小，同时主梁的刚度也得到了显著提高。计算表明，设置双排支座后，主梁最大变形从1.127 m降低到0.864 m，降幅约24%，主梁竖向刚度提高约 30%，在最不利活载作用下挠跨比为 1/495，满足了规范挠跨比 1/400 的最低要求；中塔塔根纵向弯矩从 2.17×10^6 kN·m 降低到 1.96×10^6 kN·m，降幅约为 10%。该桥 X 形托架式索塔如图 4-24（b）所示。

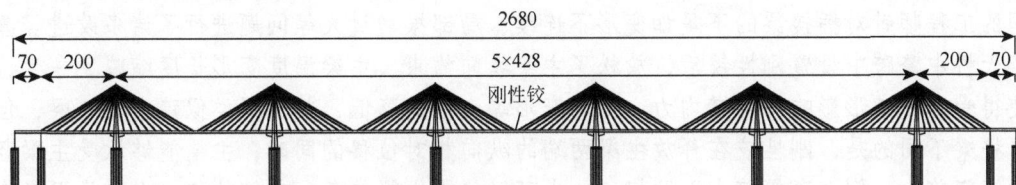

（a）嘉绍大桥主桥总体布置（单位：m）

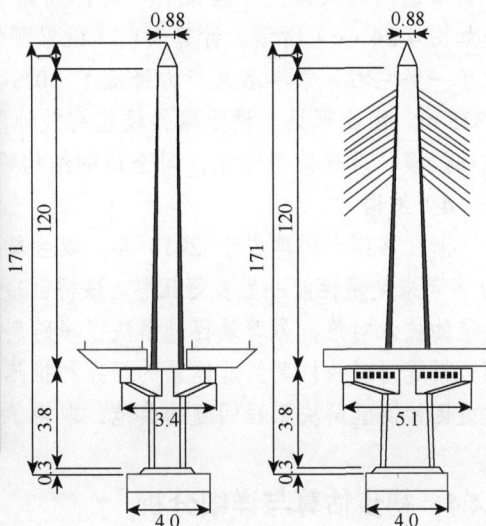

（b）X 形托架式索塔（单位：m）

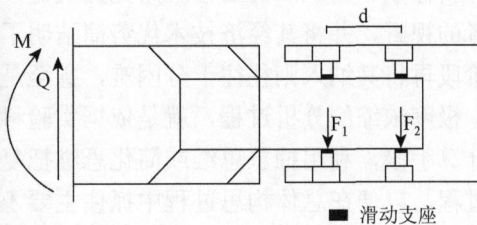

（c）跨中刚性铰的构造示意图

图 4-24　嘉绍大桥主桥总体布置与构造示意图[图（b）、（c）来自百度图片，其他自绘]

对于如何降低多跨斜拉桥的温度效应，该桥采用了刚性铰这一关键细部构造。由于该桥主梁连续长度达 2680 m，采用其他对策很难解决长主梁的温度变形问题，故在设计中创造性地采用了刚性铰这一关键细部构造，将解决对策由下部结构转化到上部结构。全桥在两个中塔之间的主梁跨中位置设置伸缩缝，在伸缩缝处钢箱梁内部设置刚性铰构造。刚性铰又被称为抽屉梁或插接梁，是处理长大跨径桥梁温度效应的一种特殊构造，最早应用于 1937 年建成的美国奥克兰海湾大桥引桥，20 世纪 80 年代，日本在修建大鸣门桥（主跨 876 m 的公铁两用悬索桥）时，由于其主桁连续长度达 1629 m，温度效应极为突出，于是对其构造进行了改进，形成了具有普适性的插接梁构造，再后来，世界各国的工程师针对插接梁的不足如变形不连续、局部振动过大等问题进行了诸多改进。嘉绍大桥中跨跨中设置刚性铰后，放松了主梁纵向约束、主梁温度变形长度缩减了一半，使得受温度变形影响的索塔内力、梁端变形等大幅度降低，其作用类似跨中设挂梁，但与挂梁不同的是，刚性铰在释放主梁两端的纵向相对位移的同时，主梁能够承受主梁竖向弯矩剪力、侧向弯矩剪力以及扭矩，也可以约束主梁转角和剪切位移，在满足温度变形需求的同时又避免了挂梁的不足，确保了变形的连续性和行车的舒适性，刚性铰的构造如图 4-24（c）所示。计算表明，设置刚性铰后，索塔温度效应（塔身剪力及弯矩）降低了一半左右，索塔名义应力降低了 30% 以上，主梁的梁端纵向变形从 0.584 m 降低到 0.318 m。由此可见，设置刚性铰能有效地降低索塔附加内力、提高索塔的安全度、减小基础规模、改善使用性能，对全桥的结构设计及工程造价具有重大影响。

4）结语

浙江嘉绍大桥建成于 2013 年，其主梁连续长度在多跨斜拉桥中一直居于前列，运营 10 多年来使用性能一直良好正常。该桥创造性地采用了 X 形托架式索塔、中跨跨中设置刚性铰的技术对策，另辟蹊径地解决了多跨斜拉桥的刚度问题和温度效应问题。可以说，嘉绍大桥是对斜拉桥莫兰迪体系的扬弃和推陈出新，是细部构造设计对总体构思支撑的范例，也是因地制宜解决工程问题的典范，取得了受力性能、工程造价及景观效果的三赢。

4.4.4　初步估算与详细分析

在总体构思的过程中，初步估算是十分重要的、不可或缺的一环，这一点对于新结构、新体系、新工法的工程应用尤为关键，如果这些新技术不能在总体构思阶段进入设计者的视野，并将其经济技术优势简洁明了、切中要害地论证出来，那么，要在详细设计阶段再将其纳入则往往十分困难，甚至是不可能的。所谓初步估算，就是一个高度简化、极度浓缩的分析过程，就是依据实验科学范式、理论科学范式的一些经典理论公式或计算手段，利用抽象思维或简化思维把复杂结构简单化、但又不失去其本质特征的匡算过程，以便在总体构思过程中抓住主要矛盾或矛盾的主要方面来定性质、定方向、定数值量级，辅助论证总体构思方案的可行性与先进性。初步估算是检验总体构思是否合理可行的基本功夫，是概念设计阶段主要的量化分析手段。初步估算无需借助于复杂先进的 CAE 软件，以手算为主，有些时候也可以借助于类比、推断等方式进行，是工程分析能力水平的体现，也是工程素养高低的标志。

一般来说，初步估算工作内容主要有两个方面。一是抓住主要矛盾，以简驭繁，依据工程力学的基本理论（也就是第 1 章所讲的理论科学范式的经典公式）、利用高度简化的模型或简单的计算手段，对总体构思方案的结构受力行为进行大致的估算，对拟定的结构体系、结构尺寸的合理性进行粗略的校验，以期能够从整体上把握构思方案的受力行为，校验构思方案的可行性，必要时修改构思方案，再次进行估算。二是在结构体系、结构尺寸大致确定的情况下，估算设计方案的总的材料用量以及建造过程中临时配套工程的材料用量，并根据材料、人工、机具、规费等在当时当地工程总造价中所占比例，大致匡算出设计方案的总造价，粗略地把握设计方案的经济性能指标。

　　详细分析是在结构方案、结构主要构件准确尺寸确定之后，关于结构内力响应、结构各种行为的模拟计算过程，是依据相关技术规范标准对设计方案进行全方位检算校核的过程，一般多采用 CAE 软件进行，是详细设计阶段主要内容之一，也是一线工程设计人员的主要内容之一，还是计算科学范式的主要用武之地。与初步估算相比，详细计算是一个系统的、精确的、全面的计算模拟过程，对于一些难以把握的结构行为，必要时还要进行一些专项数值模拟分析、虚拟仿真来把握，或采用模型试验来检验验证。当前，随着计算力学及 CAE 软件的快速发展，借助于 CAE 软件基本上能够较为全面地把握大型复杂结构的力学行为，系统地预测评估结构的长期行为；能够帮助结构工程师更好地去平衡结构设计的安全性与经济性，并呈现出精细化、智能化的发展趋势。这样两个看似不同水准、不同阶段的计算方式，似乎不应该产生矛盾冲突，但在实际工程设计过程中，二者还是存在一定的矛盾冲突，主要体现在以下三个方面。

　　一是设计者对工程尤其是工程创新的把握能力体现在初步估算而非后续的详细分析计算中。相关研究表明：工程建设所需的 80%的资源都可以借助于初步估算来确定，但大多数设计者却把主要时间精力花费在详细分析阶段了，并在分析模型精细化、计算手段高效化等方面付出了过多的精力。从方法论层面来看，无论计算方法、计算工具如何高速发展，初步估算是纲，详细分析是目，纲举才能目张，二者虽然相辅相成，但却有主有次，尤其是在 CAE 软件普及、一线工程师的初步估算能力已经严重退化的现今，怎么强调初步估算能力的重要性都不为之过，以便借助于初步估算结果框定详细分析计算结果的正确性，避免产生不正确计算结果的"反噬"现象。

　　二是详细分析是将诸多不确定性和未确知性，通过假设假定、条件理想化等手段进行程序化分析处理的过程，计算理论、计算模型、边界条件、相关参数取值等方面均不同程度地存在人为选择和干预的情形，很多时候并不见得能够符合实际情况，有些情况下还会存在明显局限甚至严重缺陷。因此，分析计算结果就会不可避免地出现一些偏差甚至存在错误，如果没有初步估算这种"粗糙的正确"结果的框定与校验，就会盲目迷信分析计算的结果，出现对 CAE 软件的过度路径依赖，产生一系列"貌似精细、实为错误"的计算结果，从而可能出现偏离了主航道而不自知的问题，为工程设计隐患乃至设计计算错误的产生埋下伏笔。国内外一系列工程隐患、工程事故已经多次证明这一点，这对于缺乏足够工程经验、工程判断能力的青年工程师群体尤为突出。

　　三是在设计过程中，过度依赖 CAE 软件与计算工具，摊薄了设计者的主观能动性与判断能力，混淆了详细分析与总体构思的差异，过分倚重分析验算结果，而设计创造的成色显得不足，导致在一些关键构造、工艺工法的构思及其比选上，抓不住主要矛盾或矛盾的主要方面来化繁为简，直抵要害。另外，在设计过程中，可能会发现概念设计阶段所构思方案存在一些缺陷或不足需要修正完善时，既需要借助于高效的估算能力，也需要借助于精细化的分析计算，只有将两者融合起来，才能相辅相成、事半功倍。

4.4.5　设计创新与工程缺陷

　　受工程系统性、风险性和复杂性的影响，工程设计者常常既要在多个相互矛盾冲突的目标和约束条件中进行折中和妥协，处理不当时，就会使设计成果存在或大或小的问题。其中，一些问题在建造实施过程中未能得以及时发现或显现出来，就会导致工程项目存在缺陷瑕疵或工程隐患。究其原因，有些时候可能是没有全面准确地厘清工程目标需求，有些时候可能是由于技术路线选择不当，有些时候会因技术成熟度不足或技术配套性不完备而产生单兵突进的问题，有些时候是由于尝试一些冒进新奇冒进的设计构思，有些时候会出现没有平衡好传承性和创新性、存在着一定的"历史性局限"，还有些时候纯粹就是因为设计工作不细致不认真、设计流程不规范不严谨导致的设计计算错误，等等，不一而足，这些林林总总的原因导致工程设计成果存在着这样或那样的问题，这种情况在尝试工程设计创新时尤为突出，因为设计创新意味着设计者率先进入了"无人区"，会先于同行遇到一些前所未有的技术问题或实施困难，并无多少可以借鉴的经验。因此，设计创新往往与设计缺陷相伴相生，很难消除。与此同时，在设计创新过程中，行政力量的不当干预、社会大众对工程项目不切实际的期待，又常常会给设计缺陷或工程隐患埋下伏笔。

　　一般而言，设计缺陷是指设计成果或在功能上不健全、或在性能上不完美，即没有全面系统地实现设计目标，当然这既与有些时候人们很难系统清晰地界定工程设计目标密切相关、也与工程设计水平不高直接相关；而工程隐患则是指确实存在但尚未被发觉、可能导致功能失效或性能突变的隐性缺陷。设计缺陷或工程隐患表现形式多样，产生的原因复杂多变。客观地说，进入现代工程阶段，设计缺陷或工程隐患已经降低至人类工程历史的低点，但受制于人们的主观认知水平和客观条件的制约，设计缺陷或工程隐患在实践中难以完全避免，只能从设计工作流程上、技术人员工程素养上、工程师准入资格上等多个方面想方设法地予以降低，因此，完美的工程设计是可遇而不可求的。另外，对工程的副作用、设计缺陷或工程隐患的认识，往往不可能一蹴而就，需要一个较长甚至曲折的过程等等，诸多原因，导致工程实践活动的结果常常存在这样或那样的功能缺陷或工程隐患。

　　然而，这并非表明工程设计创新与工程缺陷是必然对应的，但也说明了工程缺陷或工程隐患很多时候是工程设计尤其是创新工程设计的孪生姐妹，不可能完全避免。正如许金泉所言："万物皆有缺陷，亦皆会自行产生缺陷。缺陷生灭不息，有积累之势。其势有强弱，故万物之数各异。观其象，察其理，形其势，知其数，道存其焉。数相违，势必伪，理必悖，象必妄，故贵在知数"，从哲学高度上论述了工程缺陷存在的必然性，也指出了对待工程缺陷客观的、科学的、理性的态度，即工程设计就是一个筛查隐患、识别缺陷、防控缺陷以及阻止隐患演化发展的过程，就是一个将工程设计缺陷或工程隐患降低至人们可接受程度的探索过程，就是采用科学严谨的设计方法和设计流程来防范化解设计缺陷或工程隐患的过程。

　　此外，从创新的本质来看，设计创新往往就意味着设计者运用了一个不完全成熟的技术、进入了一条不完全熟悉的路径，会先于工程界同行直接面对一些工程实践活动的未确知性，自然而然地会产生一些认知偏差或认知盲区，有时候还会因设计者的风格放大这种认知偏差。因此，设计创新相对于成熟定型的技术体系或技术方案，在另辟蹊径地提供某一问题解决方案的同时，其产生设计缺陷或工程隐患的几率可能会更高。其中，一些设计缺陷或工程隐患可以通过工程界的实践检验予以完善或者纠偏，而另一些设计缺陷或工程隐患则有可能成为无法改进的短板，只能在不断试错过程中被无情地淘汰。但与此同时，这些被淘汰了的设计成果也为正确技术路径的发现指明了方向，成为技术创新、工程创新进阶之路的铺路石。这正如英国学者卡尔·富兰克林（Carl Franklin）在《创新为什么会失败》一书中所说："多数的创新，无论是多么令人兴奋，最终都将消失在历史的灰烬里"。这既符合新生事物的发展规律，也与人们的认知特点一致。本章的案例 4-5 中所列举的建筑结构大板体系和斜拉桥的莫兰迪体系从诞生、推广应用到最终被淘汰，便是一个比较典型的例证。

面对设计创新与工程缺陷这一矛盾冲突，工程设计者既要有勇气大胆尝试，不能因为率先会遇到认知障碍或同行质疑而裹足不前；又要秉承科学严谨、积极审慎的态度进行探索和实践，充分把握工程的稳健性本质，在未确知的风险性面前保持足够的敬畏，在工程设计中葆有足够的稳健性、留有适当的冗余度，即便出现工程缺陷或工程隐患也有办法予以弥补，以防止工程缺陷或工程隐患演变为工程事故。同样的，工程界对设计创新所伴生的缺陷或不足，既要实事求是地进行反思总结、改进提高，又要从当时当地的实际情况出发，设身处地地站在设计者角度来看待问题症结，抱有一定的宽容度和同理心，从工程历史的高度进行反演分析、总结提高。只有这样，工程设计创新的氛围才能逐渐浓郁，工程设计创新才能步入良性发展、快速迭代的康庄大道，才能将与创新设计相伴相生的设计缺陷或工程隐患的不利影响化解至最小。

案例 4-11　深圳赛格大厦的异常振动事件——工程隐患是如何演化为工程事故的

1）赛格大厦概况

深圳赛格大厦位于深南中路与华强北路交会处，总建筑面积 169 833.8 m²，总重量约 20 万 t，大厦地下 4 层、平面尺寸为 85.6 m×86.8 m；裙房 10 层，平面尺寸为 72.0 m×72.0 m，裙房屋面标高为 49.6 m；塔楼 72 层，平面尺寸为 43.1 m×43.1 m，标准层高为 3.70 m，平面形状为四角切角的八边形，屋面标高为 253.8 m，在屋顶东北方设有高出屋面约 55.0 m 的双桅杆钢结构。大厦基础采用人工挖孔灌注桩，持力层为中风化或微风化花岗岩。大厦主体结构采用框架-核心筒结构体系，核心筒采用墙厚 2.25 m 的组合结构，外围结构采用 16 根直径 1.30～1.60 m 钢管混凝土柱，楼面采用钢梁和压型钢板混凝土组合楼板，为增强结构的抗风能力，在第 19、34、49、63 层设置了加强层及伸臂桁架和环带桁架，其中，位于东北一侧的四根外框架柱延伸出屋面，形成悬臂式屋面桅杆结构桁架部分的主体柱，屋面桁架和桅杆全部采用空心钢管，自重约 160 t。该大厦概貌及典型塔楼平面图如图 4-25 所示。

深圳赛格大厦业主为深圳赛格集团，设计单位为香港华艺设计顾问有限公司，施工总承包单位为中国建筑集团第二工程局，该大厦是我国首栋采用钢管混凝土超高层建筑结构，曾获国家科技进步奖二等奖，是我国高层建筑的标志性工程，也是深圳市的地标建筑之一。自 2000 年竣工投入使用之后，使用性能一直正常良好。

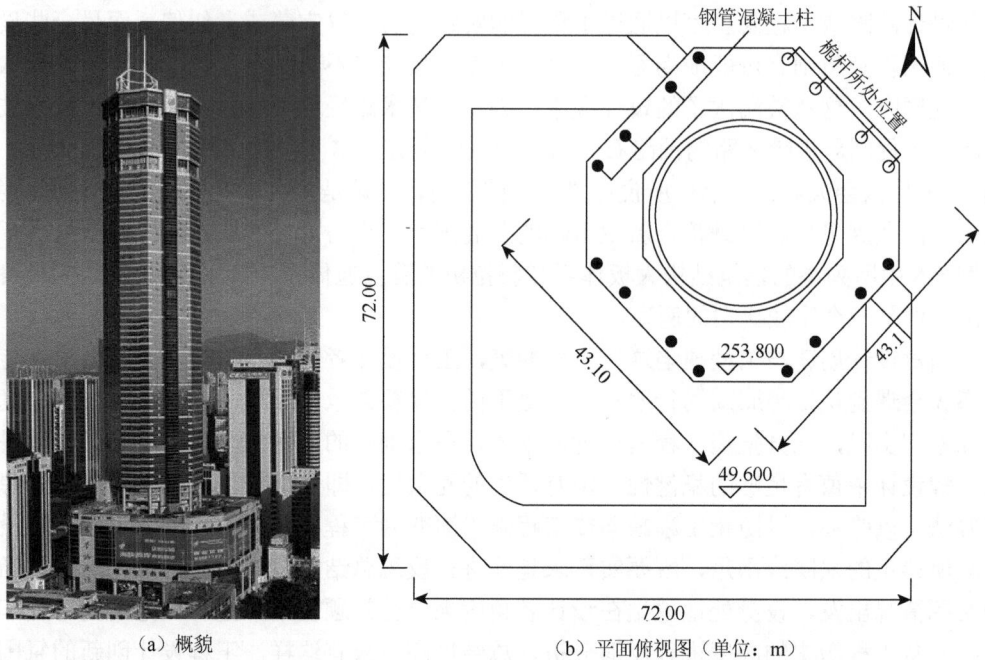

(a) 概貌　　　　　　　　　(b) 平面俯视图（单位：m）

图 4-25　深圳赛格广场概貌[图（a）来自百度图片，其他自绘]

2）异常振动现象

2021 年 5 月 18 日中午 12 时 31 分，赛格广场物业管理处接到主楼多家商户电话，反映大楼振感明显，物业管理处随即疏散了大楼内人员，振动持续约 1.5 h，视频记录显示屋面两个桅杆天线发生了平面内振动。次日中午，留守商户再次反映大楼振感明显，振动持续约 46 min，有关方面随即在大厦的 69 层布设监测传感器。5 月 20 日中午，有感振动再次发生，持续约 1.5 h，观察到屋面双桅杆呈面内振动，监测传感器多次捕捉到明显振动信号。根据 5 月 20 日 11 时 30 分～13 时 15 分时间段内桅杆及 69 层振动信号和风环境信息分析可以发现，桅杆和主楼结构 69 层出现了 4 次较大振动，根据频谱曲线分析发现，桅杆和主楼结构的主导频率为 2.12 Hz，但振幅较小时主导频率为 1.96 Hz，水平加速度峰值在 0.034～0.067 m/s²（见图 4-26），振动方向为西北-东南。加速度振动幅值小于我国《建筑结构荷载规范》（GB 50009-2012）、《高层建筑混凝土结构技术规程》（JGJ 3-2010）关于振动加速度限值的规定：即在 10 年一遇的风荷载作用下，住宅加速度限值不大于 0.15 m/s²，办公楼宇加速度限值不大于 0.25 m/s²，但大厦商户普遍反映人体感受比较强烈，引起了普遍恐慌。

赛格广场的异常振动现象导致大厦停业，数百租户停工停产，经济损失巨大，社会各界的不安情绪弥漫。为查清大厦异常振动现象产生的原因、提出妥善的解决根治对策，有关方面迅速延请了多家国内权威检测单位进行诊断，并成立了高规格、高水平的专家组指导检测诊断及处治工作的全过程。

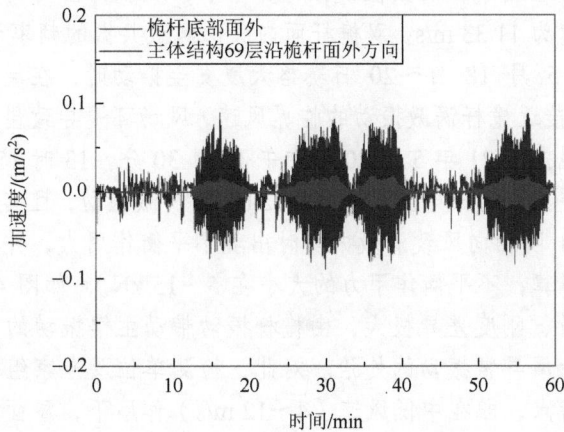

图 4-26　2021 年 5 月 20 日中午赛格大厦 69 层振动时程曲线 ［图片来自（中冶建筑研究总院（深圳）有限公司，2021）］

3）异常振动原因初步分析推断

经初步分析，可能引起大厦异常振动的原因有 4 类，具体包括：①建筑质量存在问题，建筑结构发生沉降或产生倾斜；②地下振动诱发，由地铁振动或爆炸冲击引发了大厦振动；③大楼运行引发，由人群活动、功能改造、空调振动或电梯振动引发了大厦振动；④风致振动，塔楼发生风致涡激振动或由桅杆涡激振动诱发塔楼振动。经监测排查，第 1 类、第 2 类，以及功能改造和人群活动诱发大厦振动的可能性可以完全排除。但对于空调振动，鉴于马来西亚吉隆坡某高层建筑有过先例，旋即在空调机集中的 70 层布设了 6 个测点，测得空调机诱发振动主频率为 19～25 Hz，开机前后主频率为 2.0～2.4 Hz，但持时很短，因此也可以排除空调振动是诱发大厦振动的主因。对于电梯振动，虽然纽约曼哈顿范德比尔特 1# 大厦也曾发生过因电梯检修引发的大厦振动，但赛格大厦电梯运行一直正常、近期并未进行集中检修，因此亦可排除。至此，前 3 类可能性都被排除了，由此可以认定风致涡激振动是引发赛格大厦的"主要嫌犯"。

涡激振动是一种带有强迫和自激双重属性的风致限幅振动，由风经过钝体、周期性漩涡脱落产生的涡激力所激发，在特定风速风向下，当旋涡脱落频率与结构自振频率接近时，就会引发涡激共振。涡激振动虽然不会导致结构产生灾难性的破坏，但发生的风速低、频率高，影响使用者的舒适性，并可能导致构件产生损伤或疲劳破坏。对于涡激振动，在设计阶段、风洞试验过程中很难发现并采取相应制振对策，导致其在结构工程实践中，特别是在桥梁工程中还时有发生。日本东京湾大桥，俄罗斯伏尔加河大桥，我国浙江西堠门大桥、广东虎门大桥、武汉鹦鹉洲大桥等国内外 10 多座大跨径钢箱连续梁桥、钢箱加劲梁悬索桥在运营期间都曾发生过涡激振动，部分桥梁一度中断交通、造成了严重的社会影响。工程实践的经验教训表明：当结构阻尼比达到 0.6% 以上时，涡激振动衰减很快，当结构阻尼比达到 1.0% 以上，涡激振动很难发生。另外，由于高层建筑结构断面大、结构阻尼比相对较高、建筑物周边风环境杂乱多变且难长时间的稳定，很难满足涡激振动的条件，涡激振动事件也因此极少发生。

与此同时，相关检测单位的数值模拟计算显示，双桅杆面内同向涡激共振的频率为 2.0605 Hz，临界风速为 11.33 m/s，双桅杆面内反向涡激共振的频率为 2.1539 Hz，临界风速为 11.85 m/s，而 5 月 18 日～20 日赛格大厦发生振动时，在屋面桅杆高度处风速在 10.5 m/s 左右，非常接近桅杆涡激振动的临界风速，风场环境导致屋面桅杆涡激振动的可能性较大。另外，根据 2021 年 5 月 20 日中午 11 时 30 分～13 时 15 分大厦 69 层的监测结果可以分析推断得出：桅杆发生了频率 2.12 Hz 的涡激振动，且其中一根桅杆损伤程度比较严重，在面内 4 阶相向风致涡激振动时出现不平衡作用力，并由此不平衡作用力带动了主楼振动（经推算，不平衡作用力的大小在 5～15 kN），如图 4-27 所示。然而，由于桅杆与大厦的质量、刚度差异极大，由桅杆振动带动主楼振动的"直接证据"仍显不足，难以据此进行大厦异常振动的处治。对此，检测单位及专家组的主流看法是振动现象符合涡激振动的特点，即在中低风速（4～12 m/s）作用下，屋面桅杆产生了横风向周期性的漩涡脱落，当漩涡脱落频率与桅杆自振频率接近时，就会产生涡激共振、放大振动响应，并由桅杆振动带动了塔楼振动，但需要进一步挖掘、揭示大厦异常振动产生的深层次原因。

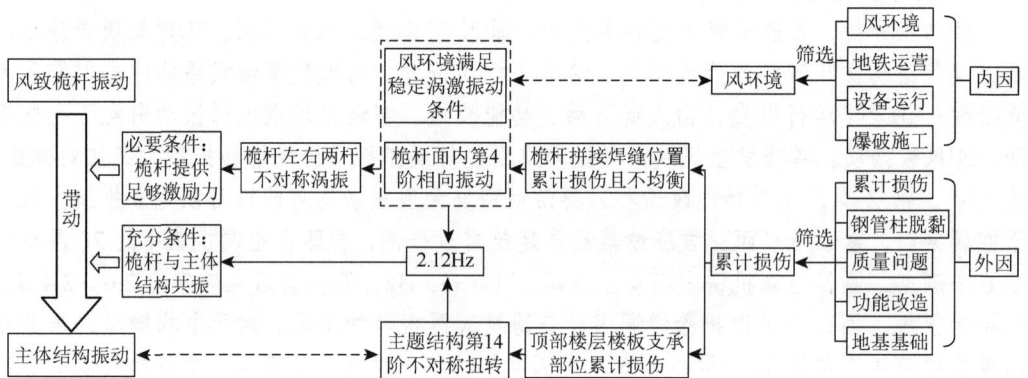

图 4-27　深圳赛格大厦异常振动原因拓扑分析框架

换言之，桅杆涡激振动是大厦异常振动的源头，但仍有两个关键问题尚未解决：一是在主楼与桅杆的刚度、质量、基频差异极大的情况下（大厦总重量约 20 万 t，一阶振动频率为 0.175 Hz；而桅杆总重量约 160 t，一阶频率为 1.69 Hz），桅杆涡激振动是如何带动大厦振动的，如何采取科学严谨的手段来获得"直接证据"来证实这一推断；二是如果将赛格大厦异常振动的源头归结于桅杆涡激振动，那么，如何解释赛格大厦建成运营 20 年来，一直没有发生过异常振动，此次为什么会突然发生异常振动？结构自身是否发生了比较显著的累积损伤？如果有，损伤的主要原因及累积机理是什么？又是如何累积到临界值的？显然，仅仅依靠 5 月 20 日中午的监测结果尚难以提供科学严谨、完整清晰的依据，并据此提出妥善的根治对策。从这个层面来看，赛格大厦突发的异常振动存在尚未搞清楚的机理，需要进一步检测分析。

对于这一非常棘手且无先例可循的事件，专家组经过全面考量、系统分析，做出了一系列大胆而关键的决定，以便为异常振动的追根溯源找出严谨、科学、全面的证据，具体包括以下三个方面：①对桅杆及大楼进行人工激振，再现 5 月 18~20 日大厦异常振动现象，并进行相关测试，以便分析得出赛格大厦异常振动的内在原因；②对赛格大厦主要构件进行全面系统的检查检测，查找各种可能的累积损伤现象并分析其形成机理，再据此分析大厦结构刚度、结构阻尼的现状及演化特征；③根据结构实际情况，对桅杆及大楼动力特性进行精细化的数值模拟分析。

4）异常振动现象再现及测试分析

人工激振从理论上来说是可行的，但实现难度极大，其难点在于：人工激振仅能产生 0.5~2 t 的激振力，将此激振力通过绳索作用于屋面桅杆，然后由桅杆振动来带动近 20 万 t 重的主楼振动，这种激振方式在国内外均无先例，在技术上能否实现？能否重现 5 月 18~20 日的振动模态？对此，广州大学设计改造了专门的激振系统，激振系统包括屋面拉拽式绳索、楼面主动质量阻尼器（active mass damper，AMD）等。其中，AMD 主要技术参数见表 4-4，激振频率为 2.12 Hz，两种设置方式如图 4-28 所示，利用联结 AMD 与桅杆上部斜拉绳索的参数共振放大激振力，绳索端的作用力直接作用于桅杆，持续激振 20~30 min 后，能量累积到某个临界值，便可使主楼产生有感振动。从 2021 年 6 月 3 日起，采用屋面拉拽式激振系统实施了 14 次长时间有效激励，实现了大厦异常振动现象的再现，从而为振动监测数据的采集和分析奠定了坚实的基础。

表 4-4　赛格大厦 AMD 激振系统技术指标

台面尺寸	1.5 m×1.5 m	作动台面重量	2.0 t
荷载	最大配重 8 t	最大位移	±100 mm
最大速度	60 cm/s	最大加速度	空荷 2.0 g，满荷 3 t 时 1.3 g
频率范围	0.4~40 Hz	振动方向	水平向
控制方式	加速度/位移控制可切换，全数字三量控制		
控制波形	正弦波、三角波、人工合成复杂时程波形读入		

（a）作动器布置在外框架顶部　　　　（b）作动器布置在核心筒顶部　　　　　　（c）AMD 概貌

图 4-28　人工激振系统布置方式示意图［图片来自（陈洋洋等，2023）］

借助于人工激振的振动现象再现，相关检测单位加密了赛格大厦的振动监测测点，覆盖了关键楼层、核心筒、外框架及桅杆，对监测结果系统详细的分析表明：

①在 5 月 18～20 日，桅杆发生了以 2.12 Hz 为主导频率的涡激振动，振动模态属于桅杆面内第 4 阶相向振动，截取桅杆自由振动衰减曲线中间段进行阻尼识别（图4-29），得出面内第 4 阶相向振动模态阻尼比仅为 0.31%，与桅杆的第 3 阶模态 1.96 Hz 的阻尼比相比，明显偏低，与钢结构设计时所取的阻尼比 1%～2% 也有较大差异，这意味着 2.12 Hz 的 4 阶模态更容易发生涡激振动现象；而主楼的各阶振动模态的阻尼比也仅在 0.27%～0.96%，平均值为 0.84%，与同类高层建筑结构相比明显偏低，也与设计时确定的阻尼比 2.0%～3.0%存在较大差异。

②屋面桅杆各阶振动模态频率下降明显，面内第 4 阶相向振动频率下降了 6.67%，降至共振敏感频域 2.12 Hz，这说明桅杆损伤导致其刚度劣化，而两根桅杆的不均衡损伤又引起了桅杆振动加速度及振幅差异，不平衡的动力响应导致桅杆根部产生了水平激励力并传递给塔楼结构，而远离主楼形心的桅杆布置方式又进一步放大了水平激励力的作用，形成了较大的扭转力矩［参见图 4-25（b）］。巧合的是，主楼第 14 阶弯扭振型的频率为 2.118 Hz，非常容易被桅杆 2.12 Hz 的涡激振动带动。此外，由于桅杆和主楼的结构阻尼显著降低，容易引发长时间的持续振动。

③将测试获得的大楼振动频域曲线与 2000 年竣工验收时振动试验报告提供的振动频域曲线进行比较，发现大楼经过 20 年的使用，结构频率有所下降，刚度有所退化，且振动明显楼层的楼板工作状态都呈现出一定的非刚性。

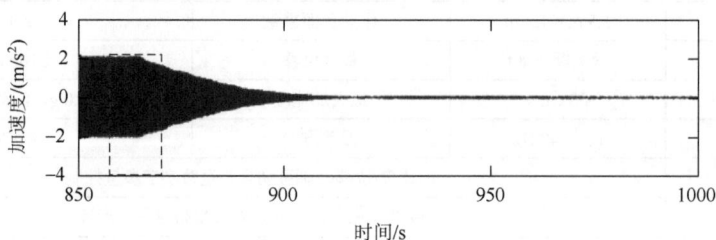

图 4-29　人工激振后桅杆自由振动衰减时程曲线［图片来自（中冶建筑研究总院（深圳）有限公司，2021）］

5）结构损伤检测

虽然赛格大厦 5 月 18～20 日异常振动事件的外部诱因已查明，即受损桅杆产生了不对称涡激振动，激励性能退化明显的主楼结构产生了扭转共振，那么，赛格大厦在使用 20 年后为什么会演化成振动敏感结构？为什么在当年设计阻尼比为 2.0%～3.0%的情况下，实际阻尼比会大幅下降至 0.27%～0.96%，其内在原因是什么？具体表现为哪些现象？如何进行系统全面地排查检测？

对此，专家组与检测单位经过系统全面的分析，就赛格大厦的结构特性及其累积损伤机理，得出了如下基本结论：①并未发现设计与施工质量存在大的问题，可以排除设计与施工质量引发异常振动这一潜在内因；②屋面桅杆拼接焊缝位置存在局部损伤，顶部楼层组合楼板在支承部位存在翘曲、钢板局部屈曲等局部损伤，均属于长期累积性损伤，但仅影响结构的局部行为，也不是主因，亦可排除；③主体结构外框架钢管混凝土柱中，钢与混凝土脱黏或脱空，导致二者不能共同工作，才是结构阻尼比降低和动力特性变化的主因。具体来说，塔楼结构外框架柱为 16 根直径 1.3～1.6 m 的钢管混凝土柱，钢管壁厚 18～28 mm，内部未设置加劲肋，大体积混凝土在收缩、徐变及温度的作用下，会产生钢与混凝土脱黏或脱空现象，这种现象曾在我国的多座钢管混凝土拱桥中出现过，那么，赛格大厦钢管混凝土柱的具体情况究竟如何？有关检测单位随后对大厦的钢管混凝土柱进行系统全面的检测。

钢管混凝土脱黏检测采用敲击法、钻孔法、机电阻抗法、超声相控阵等方法进行，其中，本次检测是超声相控阵技术在钢管混凝土超高层建筑结构中的创新应用，其原理是利用钢管与混凝土界面阻抗差异、对钢管混凝土脱黏脱空进行成像检测。检测结果表明：①单个截面中，最大脱黏率达 84.6%，整体脱黏率达 45.5%，脱黏程度较为严重，钢管与混凝土的最大脱空间隙达到了毫米级；②单根钢管混凝土柱中，中部脱黏率较高、脱黏程度较严重，靠近楼板的下部脱黏率相对较低、脱黏程度较轻；③整栋建筑中，靠近顶层的钢管混凝土柱脱黏率较高、脱黏程度较严重，低层与地下室相对较轻。采用以上各种方法共检测了 6385 个测点，其中脱黏测点约为 4800 个，总体脱黏率达 75.2%。由此可见，钢管混凝土柱的脱黏现象比较普遍，这才是结构长期服役过程中阻尼比不断降低、动力特性变化的主因，进而使结构逐渐成为振动敏感结构。

6）异常振动原因诊断

通过上述系统全面的检测和分析，综合风致结构振动的基本特点，可以将 5 月 18～20 日赛格大厦异常振动的原因归纳为以下三个方面：①由于屋面桅杆拼接焊缝位置产生损伤且两根桅杆损伤程度差异较大，导致桅杆在发生面内第 4 阶相向涡激振动时，在桅杆根部产生一定的水平激励力，在该激励力带动下，大楼结构发生了明显的弯扭振动，而桅杆涡激振动频率与主楼结构第 14 阶不对称扭转模态高度耦合、形成共振，成为赛格大厦异常振动的充分条件。②屋面桅杆拼接焊缝位置的损伤属内在缺陷，在长达 20 年风振作用下产生了疲劳损伤，导致杆件刚度退化，桅杆振动频率下降至共振敏感频域；与此同时，在桅杆长期振动带动下，顶部楼层组合楼板产生了翘曲和局部屈曲，降低了楼板对结构整体扭转的约束作用，而外框架钢管混凝土柱的脱黏甚至脱空则进一步降低了结构阻尼，难以有效耗散风振能量输入，导致了大厦在使用 20 年后，结构达到了临界状态，突然发生了异常振动。③2021 年 5 月 18～20 日，大厦周边风场环境也提供了稳定的超临界风速、垂直桅杆面的风向、持续时间较长等必要条件。这些内部原因与外部诱因汇集在一起，最终造成了赛格大厦的异常振动事件。简言之，赛格大厦异常振动事件可以概括为：受损桅杆在特定风环境下产生了不对称风致涡激振动，激励性能退化的主楼结构产生了扭转共振。

7）异常振动现象的处治

经过系统全面、科学细致的检测工作，尤其是对赛格大厦 5 月 18～20 日异常振动的再现和系统测试，搞清了大厦异常振动的外部诱因与内在原因后，接下来就是如何进行处治了。简单来说，异常振动事件的处治对策主要有三种：①加强结构，布设消能阻尼器，将大厦改造成为振动不敏感结构，这种处治方式在理论上是有效的，但在技术上需进行专门的设计和测试，耗时较长，不利于尽快恢复赛格大厦的正常运营；②改造桅杆，通过静力或动力措施改变桅杆的固有频率，消除桅杆发生风致涡激共振可能性，在理论上也是可行的，但在技术效果存在不确定性，同样也耗时较长；③拆除桅杆，消除此事件的直接主因，从源头上根除桅杆涡激振动。三种对策各有利弊，鉴于大厦桅杆并无实际使用功能，且拆除实施难度相对较小、短期可见成效，有关各方经商议后，旋即采用拆除桅杆的处治对策。

桅杆拆除后，相关单位又多次采用人工激振方式，对赛格大厦的静动力行为进行了系统全面的测试和分析，结果表明：在静力和风动力荷载作用下，大楼结构竖向外框钢管混凝土柱钢管及混凝土最大应力水平、核心筒钢管混凝土柱钢管及混凝土最大应力水平、组合梁中的钢梁最大应力水平均较低，没有超过材料强度限值要求，结构安全，在正常状况下可继续安全使用。

8）几点认识和启示

赛格大厦异常振动事件引起了国内外结构工程界的高度重视，也引发了社会各界的广泛关注。异常振动事件从突然发生、到振动追根溯源、再到处治完毕，前后历时110天，其涉及面不可谓不广、难度不可谓不大、效率不可谓不高。通过这一特殊事件，对于结构工程师而言，所获得的认识和启示不应仅停留在技术层面上，还应上升到设计创新与工程缺陷的辩证关系上。现结合赛格大厦设计与运营的具体情况，谈几点认识感悟。

（1）关于钢管混凝土内部缺陷

对于高层建筑采用钢管混凝土外框架结构，在结构形式上是一种创新，充分发挥了钢管混凝土结构的抗压强度高、施工方便、造价较为低廉等技术经济优势。然而，钢管混凝土结构在我国应用时间不过30余年，虽然已经建成上百栋钢管混凝土高层建筑，但建筑业界对钢管混凝土脱黏脱空、阻尼锐减等问题研究还不够深入，工程措施对策也不够系统完善。从技术层面上来说，每次事故都是技术进步催化剂，存在着进一步深入研究和哲学反思的必要。作为一个对比，在我国建成的500余座大跨径钢管混凝土拱桥中，其钢管混凝土拱肋的脱黏脱空问题，除了内填混凝土收缩、混凝土灌注工艺质量等因素与高层建筑结构具有相同的机理之外，钢管混凝土拱桥还存在混凝土泵送高程大（从拱脚泵送至拱顶）、拱肋裸露导致温度变化剧烈等影响因素，因此，在钢管混凝土拱肋中常常会出现钢管与混凝土脱黏或脱空的现象，由表4-5所列的部分我国早年建成的钢管混凝土拱桥拱肋脱空实桥调查检测概况可见，脱空量值多在几毫米到几十毫米不等，在拱肋顶部位置尤为明显。对于这一新的问题，我国桥梁界较早地认识到钢管混凝土脱黏脱空现象的危害，在工程实践中采取了改进改良泵送混凝土配比、增设加劲肋或剪力连接件、优化混凝土泵送工艺、加密检测频率、化学灌浆或水泥灌浆等二次补强措施，即便是对于存在先天缺陷的钢管混凝土拱肋，也能在竣工后的3～5年内进行了二次灌浆，较好地保证钢管混凝土拱肋的密实性。工程实践证明，钢管与混凝土脱黏或脱空现象是可认知、可测控、可补救的，钢管混凝土结构不可避免的内部缺陷并不会成为其推广应用的瓶颈，近年来相继建成了一系列创纪录的钢管混凝土拱桥或钢管混凝土劲性骨架拱桥如四川合江长江一桥（跨径530 m、2013年建成）、湖北秭归香溪长江大桥（跨径519 m，2019年建成）、广西平南三桥(跨径575 m，2021年建成)、广西天峨龙滩大桥(跨径600 m，2024年建成）等，且钢管混凝土拱肋脱黏脱空现象逐渐减弱便是一个个有力的佐证。遗憾的是，由于细分行业的壁垒，这些宝贵的工程经验教训并未及时地传导至房屋建筑界的设计单位及管养业主，并适时采取相应处治措施。

表 4-5 我国早年建成的钢管混凝土拱桥拱肋脱空实桥调查检测概况（部分）

桥名	建成年份	跨径/m	钢管尺寸(直径×管厚)/(mm×mm)	最大脱空间隙/mm
广东佛山佛陈大桥	1994	112	1000×14	30～100
重庆武隆峡门口乌江二桥	1996	140	700×14	20
重庆彭水高谷乌江大桥	1997	150	600×10	19.8
广东深圳北站彩虹大桥	1997	150	750×12	0.5
湖南湘西王村大桥	2000	208	750×12	2.4
四川资江三桥	2001	114	1300×14	14
重庆奉节梅溪河大桥	2001	288	920×14	2.5
浙江三门键跳大桥	2001	245	800×16	1～2
浙江宁波慈城大桥	2003	100	600×10	2.9
湖南南县茅草街大桥	2006	368	1000×18	3.9
重庆巫山长江大桥	2005	460	1220×22	6.2
辽宁朝阳东大桥	2005	120	700×14	3.0
重庆合川嘉陵江大桥	2002	200	760×14	1～2
湖南益阳康富南路跨线桥	2006	120	1000×12	18

（2）关于高层建筑结构设计规范的有关参数取值

在我国，与高层建筑结构风致振动相关的设计规范主要有《建筑结构荷载规范》（GB 50009-2012）、《高层民用建筑钢结构技术规程》（JGJ 99-2015）及《高层建筑混凝土结构技术规程》（JGJ 3-2010）等，对风荷载取值、风致振动分析计算、人体舒适度等方面做出了比较详细的规定，对高层建筑结构设计起到了很好的指导作用。但是，随着新的结构材料、新的结构体系的发展，规范的一些规定偏离了实际情况。就赛格大厦异常振动事件而言，其所揭示的现行规范落后于工程实践活动的具体技术问题主要有三个方面。①高层建筑结构的设计阻尼比通常取2%左右，对于混凝土结构尚属合理，但对于钢结构、钢管混凝土结构则明显偏大，按此进行动力响应分析计算，则会得出偏于不安全的结论，需要修订完善；特别是对于一些具有"时变"特性的结构、阻尼比降低之后会衍生出一系列难以应对的问题，需要引起重视。②5 月 18～20 日赛格大厦风致涡激共振事件，属中高频小幅有感振动，水平加速度峰值在 0.034～0.067 m/s²，虽然小于《高层建筑混凝土结构技术规程》（JGJ 3-2010）办公楼宇加速度限值不大于 0.25 m/s² 的振动限值的规定，但相关规范并未明确加速度限值与频率的相关性，也没有明确加速度限值与振动持续时间的关系，与适用于评估运载工具舒适度的 ISO 2631-01-1997 指标、英国 Sperling 指标、德国 Diekmann 指标相比，显得比较笼统模糊，加速度限值也过于宽松。本次赛格大厦异常振动的频率为 2.12 Hz，落入了人体敏感区域，且振动持续时间较长（通常，超高层建筑结构风致振动多为 1 阶或 2 阶主导的瞬态非平稳振动为主，主导频率多在 0.1～0.3 Hz，持续时间短，结构设计也很少关注扭转振型或弯扭振型与风作用之间的联系），大楼商户反映振感强烈，产生了普遍的恐慌，这说明高层建筑相关规范限值确定时考虑的因素不够全面、量值也不够科学合理，需要修订完善。③高层建筑结构的屋顶桅杆，是风致涡激振动的发生器和共振放大器，设计时应十分慎重和科学，使用过程中应进行相应的检测维护，以避免其在阻尼比较小的情况下发生涡激共振，并发展演化、带动整个结构振动。

　　（3）关于高层建筑结构的检测维护

　　高层建筑结构因使用条件比较明确、使用荷载变异性较小、使用环境相对较好，因此，建筑界只是在高层建筑结构竣工时进行相应的检测鉴定，在使用期间，除非结构功能、使用条件发生明显改变时，才进行相应的检测评估，这才是为什么赛格大厦使用 20 年后突发异常振动的深层次原因。桅杆拆除后检查发现，桅杆焊缝存在夹渣、气孔 5 处，成为结构累积损伤的突破口，但这些先天缺陷和后天累积损伤在使用的 20 年中，从未进行过检测。另外，在大厦投入使用的 20 年里，设计方及业主没有认识到钢管混凝土是一种"时变结构"，对钢管混凝土外框柱可能存在的先天缺陷及其演化态势，也未做任何检测检查安排，更谈不上进行维护了。其中，既有相关技术规范规程未明确要求的原因，也与大厦业主管养的专业化程度不高有关。从认识论的层面来看，这不是科学客观地对待新生事物（钢管混凝土柱）的态度，也不符合对待新生事物的认知规律，正是这种"不知数、不作为"的管理养护方式，导致工程隐患演化为闻名业界的工程事故。作为一个对比，钢管混凝土拱桥在投入使用后，每隔 3～5 年，管养单位都会延请专业检测单位进行各种定期检查或专项检测，其中，钢管与混凝土的脱黏脱空一直是重点检测的内容，以便据此进行必要的处治，这就是为什么表 4-5 所列的钢管混凝土拱桥脱空现象比较明显、但并未演化为工程事故的根本原因。这一点，既反映了技术体系的集成性和迭代进化能力，也体现了结构工程的实践性和系统性，这对于钢管混凝土这种新材料、新结构在推广应用过程中，显得尤为重要。

4.5　工程事故对工程设计的启迪

1. 工程事故的内涵

　　所谓工程事故，就是指工程结构因自身缺陷或使用不当等原因而破坏，无法继续完成其预定功能，或对周边环境或邻近建筑物造成危害的事件。对于工程事故，因其产生的原因非常复杂，造成的生命财产损失和社会影响也比较重大，向来广受社会各界及工程界的重视。工程事故从来源看，大致可以分为自然灾害引发的事故和人为失误造成的事故两大类。自然灾害引发的事故，是指地震、台风、滑坡、泥石流等极端环境变化而导致的工程事故，与人类工程发展史已经共生共存了几千年，虽难以避免，但可积极防范。人为失误造成的事故原因错综复杂，往往是从工程隐患、工程缺陷演变发展而来，是结构工程建设和运营管理实践活动中规划、勘测、设计、咨询、施工、材料、设备等多种因素共同作用的结果，既有一定的规律性，也有显著的个案差异。当然，有些时候自然灾害和人为失误也存在着一定关联。

第二次世界大战以后，随着全世界工程规模的快速扩大、工程项目数量的井喷，以及新技术新材料的工程化应用，在历经几十年左右的使用运营后，一些工程技术的局限、隐患、缺陷、风险得以逐渐显现，一些工程事故引起了全社会的普遍关注，引发了工程界的深刻反思，工程界也对此做出了持续不断的改进。从现代工程实践活动的结果来看，在科学理论的指导下，在工程界付出了巨大努力和取得了长足进步的过程中，工程事故已经大幅度降低，得到了有效控制，降低至人类工程发展史的低位，并从理念、原则、管理、技术、程序等多个方面对工程瑕疵、工程隐患、工程缺陷进行主动预防及被动补救，降低了工程瑕疵、工程隐患、工程缺陷演变成为工程事故的几率。但在现实中，工程瑕疵、工程隐患、工程缺陷还是经常存在，工程事故也偶有发生，这虽然与人们的主观意愿相悖，却已客观地成为工程实践活动的一部分。

2. 认识论视域中的工程事故分类

面对工程事故难以完全消除的这一现实情况，工程界既需要从在技术层面上积极探索、谨慎应对、不断改进，将工程技术的工具理性发挥到位，更需要从认识论、方法论角度认真反思，凝练出更加科学合理、全面恰当的工程理念，进而为消除工程隐患及工程缺陷、防范工程事故奠定坚实的思想观念基础。从认识论的角度来看，工程事故产生的根源大致可以分为"不知、不能、不为"三大类。

属于"不知"类的工程事故，即当时人类还无法完全了解和把握自然灾害对工程实践活动的影响规律，没有全面精准地掌握科学理论和技术方法，也就难以避免自然灾害引发的事故，暴露出人类对自然规律认知的局限性，揭示出工程界对自然规律、技术原理、工程方法、设计计算理论掌握得不全面不系统，运用驾驭能力也有所欠缺。通俗地讲，就是人们当时不知道自己不知道什么，只有当工程事故发生了，人们才可能通过对事故现象的调查、研究、分析、模拟、试验等手段，逐渐揭示、掌握工程事故背后的科学规律和技术法则，进而提出防范事故的工程方法和技术对策。"不知"类工程事故是技术进步的阶梯，也是技术发明的催化剂。例如，正是 20 世纪 70 年代初欧洲和澳大利亚等 5 起薄壁钢箱梁桥的失稳事故，催生了薄壁结构第二类弹性稳定分析理论的诞生，促进了薄壁钢箱梁结构在全世界的发展和推广应用。

属于"不能"类的工程事故，即人们虽然掌握了工程的某些技术规律以及相应的应对策略，但由于在工程设计建造运行时，受工程的系统性和社会性属性制约，有些时候不得不在安全性与经济性之间做出妥协，但往往很难恰当地把握好妥协的程度，一些情况下还受到时代特征、工程观念的影响，以及行业产业政策或行政力量的干预，常常出现摇摆不定的群体行为，导致在概率层面上存在出现工程事故的必然性，在理论上不可能完全避免，在工程实践活动中时有发生。以工程抗震为例，单纯从技术角度出发，人们虽然可以通过增大结构抵抗能力、建造出在地震中基本没有震害的结构工程，但在经济不够发达、财力有限的时代，社会往往难以承受为此额外付出的经济代价，因此不得不在安全性与经济性之间做出折中和平衡。

属于"不为"类的工程事故，即在工程实践活动中，或因工程建设和管理法则的不科学不健全、或因忽视了工程建设和管理运行规则的要求、或因技术质量管理制度没有落实到位、或因技术操作主体的人为错误而造成的，常常表现为工程实践活动主体的不作为或作为不当，也就是人们常说的"责任事故"。这类事故虽占比较高，但事故成因及发生机理相对清晰、容易防范，属于工程实践活动中的风险识别、制度管控、责任落实追究的问题，是一个典型的工程建设运营过程中的管理问题，但常常以技术现象呈现在人们的面前，具有一定的迷惑性，也容易在事故调查分析过程中被"打扮"成各种技术问题，或出于种种原因被人们有意地掩饰掩藏，需要认真分析、仔细甄别、严肃处理，以避免全社会因为某些个体的工作疏忽或不认真履职而付出沉重的代价。例如，韩国汉城三丰百货店大楼 1995 年的垮塌事故，死亡 502 人、伤 937 人，经济损失约 1 亿美元，就是一起典型的责任事故，除施工质量低劣、偷工减料外，还有在大楼使用期间的违规加层、随意增设屋顶的制冷机、扩建审批及竣工验收流于形式等多种因素综合造成的。又如，2022 年，湖南长沙望城区居民自建楼房垮塌事故，死亡 54 人，就是一起业主违反相关建设法规、多次擅自加层，政府监管部门和第三方检测公司弄虚作假、玩忽职守的重大责任事故。总体来说，在世界各国不断健全完善建设法规、严格执法力度的情况下，"责任事故"的总体数量呈不断下降趋势，但受经济利益驱动、监管行为疏漏、法律责任不清等工程社会性因素的影响，这类事故仍难以彻底根除。限于本书的定位，以下对"责任事故"不作进一步讨论。

3. 工程事故的积极意义

工程事故，尤其是"不知、不能"类事故的发生，往往意味着工程界对工程技术背后的科学问题认识得不够全面深刻，对工程本质和技术规律把握得不够系统到位，因而可以说，一部工程史就是人类同工程事故斗争的历史。另外，风险是工程实践活动的固有属性，在工程建造和运行过程中必然存在，有些时候，当风险未得到有效控制时，就会在各种不利因素共同作用下放大成为工程事故。风险产生的原因比较复杂，既可能来自人们主观认知水平的局限，也可能来源于工程外部条件的不确定性，或者来源于工程内部管控能力不足等原因。

正是为了防范风险、减少工程事故，才推动着工程界不断进行科学研究、技术创新、工程创新和管理创新，进而促进了技术迭代升级和工程发展演化。在这个进程中，由于工程设计是科学研究、技术创新与工程建造运营的纽带，也是工程实践活动的灵魂和龙头，对工程建设、工程运行具有全方位全过程的指导作用，因此，工程事故对工程设计在理念、原则、方法、流程等诸多方面都产生了多层次的启迪，每一次工程事故都是技术进步催化剂，工程设计方法也正是通过对一次次惨痛工程事故教训的总结提炼而得以不断完善。

此外，工程实践表明：实际工程中发生的工程事故、工程隐患、工程缺陷的 60% 以上都是由各式各样的工程设计不当所造成的，如果将因设计不当衍生的各类施工运营事故缺陷考虑在内，这一比例还会更高。因此，工程事故、工程隐患、工程缺陷与工程设计存在着密不可分的关系。在工程实践活动规模日益扩大、工程实践活动的种类日益丰富、工程设计方法相对完善的当代，尽管工程事故的原因错综复杂、交叉影响，但在技术层面上总体还是有迹可循的。因此，需要站在认识论的层面，跳出技术看技术，从工程本质和工程观念出发，揭示工程事故对工程设计的启迪价值、挖掘工程事故对技术进步的促进作用就具有方法论的价值。

案例 4-12　预应力混凝土箱梁桥底板崩裂——游走在"不知"与"不为"之间的多发事故[①]

20 世纪 80 年代末，随着我国桥梁建设大幕的拉开，预应力混凝土箱梁桥在我国得到了广泛的应用。为提高预加应力效率、减小截面，开始从国外引进了大吨位预应力束和群锚构造等先进技术，以满足大跨径预应力混凝土箱梁桥的建设要求。在 1990 年 11～12月，主桥为 $45 m + 65 m + 14 \times 80 m + 65 m + 45 m$ 的杭州钱塘江铁路桥在张拉合龙段预应力束的过程中，两次发生了箱梁底板混凝土崩裂的事故。经检测，混凝土强度远高于设计标号，且张拉的顺序、工艺均符合设计要求和工艺规定。在凿除该桥底板崩裂的混凝土后发现，预应力波纹管不同程度地上浮了 10～20 cm，在悬臂浇筑施工节段内形成了半径较小的、上下起伏的曲线，当张拉预应力束时就会在混凝土中产生较大的局部拉应力，经计算混凝土的局部应力高达 4 MPa，超过了混凝土抗拉强度，导致混凝土底板崩裂。进一步分析表明：造成波纹管上浮的原因是多方面的，主要原因有波纹管刚度小、体积大，定位钢筋数量不足、固定不牢靠，混凝土坍落度大、浇筑时冲击力过大或振捣不当等因素。为确保事故原因分析准确、加固措施有效，设计和施工单位——中铁大桥局集团有限公司、中铁大桥勘测设计院集团有限公司又在现场又进行了混凝土剥离、管道摩阻等一系列试验，验证了分析计算结果的正确性，检验了加固方案的可靠性。在此基础上，钱塘江铁路桥采用了凿除底板、重造波纹管道、增设构造钢筋、重新浇筑底板混凝土，以及在底板施加横向预应力筋等改进措施，比较圆满地处理了工程事故，虽然增加了一些费用，但也掌握了大吨位预应力束布设的合理构造措施及施工要求，如增大波纹管的刚度、加强底板上下层钢筋网之间的防崩裂钢筋、强化混凝土浇筑前波纹管的平顺度检查、完善混凝土浇筑工艺等。客观地讲，钱塘江铁路桥底板崩裂事故属于"不知"型事故，在引进消化新技术过程中出现有一定的必然性。

在钱塘江铁路桥发生混凝土箱梁底板崩裂事故的 20 多年中，此类事故在我国又不断地重复发生。虽然混凝土箱梁底板崩裂事故机理比较容易摸清、防范措施易于实现，但一旦发生事故，维修加固难度很大。相关资料显示，1997～2010 年我国发生箱梁底板崩裂事故就超过 50 起，例如 2003 年贵阳某预应力混凝土连续刚构桥，在张拉箱梁底板合龙预应力束时，5#、2#、1#节段及附近底板共有 5 个部位发生崩裂[图 4-30（a）、（b）]；2005 年南京某预应力混凝土连续刚构桥，在中跨合龙钢束张拉完成后发现跨中的 3 个节段范围内箱梁的腹板底部及底板底面纵向开裂严重，底板崩离、变成"两张皮"[图 4-30（c）]；2012 年内蒙古某预应力连续刚构桥，在张拉边跨合龙段底板预应力束时，箱梁底板混凝土出现大面积底板混凝土崩落，崩落的纵向长度达 26 m[图 4-30（d）]。

---

① 本案例相关资料及图片来源于林国雄、张健峰《桥梁事故和结构性病害》。

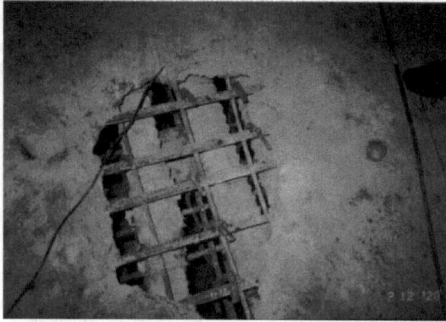

（a）贵阳某桥1#节段底板顶面崩裂　　　　　　（b）贵阳某桥5#节段底板顶面崩裂

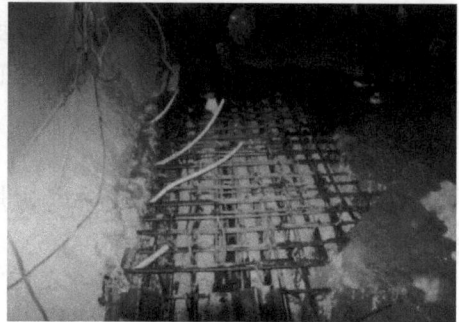

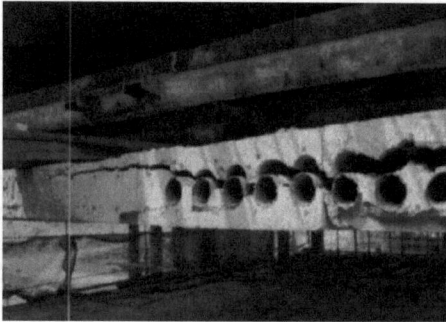

（c）南京某桥底板崩裂　　　　　　　　　　（d）内蒙古某桥底板崩裂

图 4-30　预应力混凝土箱梁底板崩裂现象

从波纹管上浮引起混凝土箱梁底板崩裂事故来看，早期发生的属于"不知"类工程事故。但在事故原因已经探明、防范措施已经提炼得出，且防范措施并不复杂的情况下，后期发生的 50 多次则明显属于"不为"类工程事故，存在人为失误或责任不落实现象。诚然，早年我国的工程界技术交流活动相对较少、技术信息闭塞、经验教训传播不开也是一个不容忽视的原因。进一步的反思不难发现，相关施工单位遮掩问题、不愿将工程事故公开解剖、供业界同行借鉴的文化心理才是混凝土箱梁底板崩裂事故屡屡发生的深层次原因。

4.5.1　技术内部要素的平衡协同

从中微观来看，工程事故与工程的勘察设计、建造施工和运行管理等方面有关，是一个工程技术层面的问题。然而，工程技术是复杂的、多路径的、与时俱进的，在技术内部存在着多种要素，彼此之间构成了一个既相互依托、又相互制约的技术体系，在结合结构工程的"当时当地性"后衍生出了最适合当地条件的工程项目的解决方案。其中，既会有一些工程项目因"单兵突进"而与现有技术体系产生不完全兼容的问题，也会有一些工程项目因为没有很好地平衡技术内部的要素而留下工程缺陷或工程隐患，当这些工程缺陷或工程隐患没有被识别出来、或识别出来之后未采取有效干预纠正之后，就有可能在某种条件下演化为工程事故。因此，就技术层面而言，在反思总结工程事故的经验教训时，需要从工程技术的系统性、稳健性等本质特征出发，着重关注以下四个方面。

一是从工程技术的系统性出发，关注技术要素的内部统筹。技术活动的关注点在于效率与效能，重点解决"怎么做？怎么做得更好？"等问题，然而，关于"好"的评价尺度是多维度的、相互矛盾的，新的技术在解决某一方面瓶颈的同时，可能会带来其他瓶颈或短板。在新技术被工程选择、应用和集成的过程中，既要考虑技术成熟度的问题，更要全面考量新技术与现有技术体系兼容性的问题，还要综合分析技术的社会性问题，以使新技术能够在发挥其优势的同时，避免产生不易被人们觉察出来的隐患或缺陷。在结构工程实践活动中，技术内部统筹常常要处理的矛盾冲突主要有以下几对：即结构体系受力的明确性与结构体系的冗余度、结构构造的可靠性与施工实现的简便性、单一技术要素突破与技术体系的兼容性、多种新技术同步推进与技术要素之间的相容性等等。例如，虽然抗压强度 150～200 MPa 的 UHPC 的制备养护工艺目前已经非常成熟，单价也不算太高，但由于 UHPC 的弹性模量并未随其抗压强度同步增长，导致在很多情况下结构刚度而非强度成为设计的控制因素，而在实际技术开发过程中，材料研发人员却很少研究采用何种结构体系及截面形式才能有效提高结构刚度、以弥补 UHPC 刚度不与强度同步增长的欠缺；也很少去研究如何将 UHPC 养护方式改造得更加简便易行、更加契合施工现场的实际情况，从而产生了 UHPC 承袭混凝土结构的传统形式、材料性能难以充分地发挥出来的现象，导致存在着"叫好不叫座"的现象，UHPC 推广应用的速度相对缓慢。

二是从工程的稳健性本质出发，在技术层面全面统筹技术方法和工程措施。结构工程作为事关民众生命财产安全、消耗社会资源最大的工程领域，安全性一直是结构工程设计的基本要求，而结构的强健性则是安全性最主要、最核心的保障措施。要提升工程设计的安全性，既要从工程规划、设计、建设运行全过程进行考量，审视其背后是否存在尚未被人们认知的客观规律；又要聚焦结构工程设计成果，审查结构设计是否可以通过适度提高工程的容错性、冗余度和强健性等工程方法，将工程建造和运行过程中将可能遇到的未确知性、不确定性的影响能够控制在最低限度；还要从工程运行维护的角度出发，检查检讨结构设计成果能否保障工程的可检查性、可维护性和可调适性，最大限度地防范化解结构工程运营过程中的风险。例如，船舶撞击桥梁的非通航孔极易造成重大工程事故，但在早期的桥梁结构设计中，一般都不去分析船舶的可达性，也不考虑非通航孔桥墩的防撞问题，为便于施工、降低造价，多采用防撞能力很小的桩柱式桥墩，防撞能力常常不足百吨，一旦发生船舶偏航就有可能酿成重大事故。2007 年 6 月 15 日，一艘 3000 t 级运砂船撞击广东南海九江大桥非通航孔桥墩，造成 200 m 桥面坍塌、8 人死亡、国道 325 中断长达两年的重大事故，事故主因无可置疑的是船舶操作不当、误入非通航孔，但客观地说，非通航孔桥墩设计防撞力仅为 400 kN，只能应对中小型漂流物，没有考虑大型船只的可达性、没有一定的防撞能力撞击也是事故的因素之一。

三是从技术体系化的层面出发，关注关键细部构造设计对总体方案的支撑程度。以结构工程防震技术为例，历次地震的震害以及一些比较严重的人为失误工程事故调查分析表明：大多数房屋建筑及桥梁结构的破坏并非因结构构件强度不足而造成的，而是由于关键细部构造设计不当、导致结构丧失了整体性而造成的。从这个角度来看，怎么强调关键细部构造设计的重要性都不为过。然而，在设计实践中，由于现有规范对细部构造仅有一些原则的规定，且难以通过分析计算精准地把握其受力行为，加上细部构造的一些局限或问题需要长时间的运营，乃至出现工程事故后才能被发现，才能被工程师认识，这就导致在实际设计中，原样照搬、传承因袭既有构造方式的做法比较常见，这对于比较传统成熟的结构形式，这样做只是影响了结构的局部、或许没有太大问题。但是，对于新材料、新结构、新工法的工程应用，这种因袭照搬、不重视细部构造改良改进的做法则违背了技术体系的内在规律，与新材料、新结构整体性能的匹配不佳，往往会产生严重的、系统性的问题，甚至会演化成为工程事故"培育"的温床。例如，2021 年美国迈阿密 Champlain Tower South 公寓倒塌事故导致 98 人死亡，成为举世震惊的工程灾难，就是因为细部构造与无梁楼板结构体系不匹配而导致的。该大厦建成于 1981 年，共 12 层，调查表明，该大厦发生倒塌的主要原因是：地下车库的结构柱尺寸明显偏小，截面仅为 16 in×16 in（40.64 cm×40.64 cm），首层楼板厚度仅为 9in（22.86 cm），虽然满足规范要求、但却未加强加密结构柱与楼板连接的配筋、也未设置柱帽及足够的抗冲切钢筋，导致结构柱与楼板节点处的抗冲切能力不足；当结构在使用过程中逐渐老化，最终达到了承载力的临界点，无梁楼盖发生了冲切破坏；楼板破坏后，尺寸偏小的大厦底层柱失去侧向约束，在竖向荷载作用下发生屈曲破坏，导致整栋大厦发生倒塌。在该大厦建设时，无梁楼盖虽属较为成熟的技术，但在没有完全掌握结构柱与楼板合理构造配筋方式的情况下，就采用了较小尺寸的柱、取消了构造性的柱帽，在技术上比较冒进，从而也为 40 年后的垮塌埋下了隐患。

四是从工程的建构性、实践性本质出发，将工程事故的价值挖掘出来、揭示到位，并上升到技术规范规程总结提炼的层面，不断推动技术体系的完善和迭代。当工程事故已经全面或部分程度地揭示了人类对自然规律、应对策略认识的局限性后，在修订完善相应技术标准、规范规程时，要充分汲取工程事故的教训，增强标准规范的针对性，提高工程措施的可靠性，在工程观念、技术路线、计算理论、细部构造设计、维护管养要求等多个层面实现技术的迭代跃升，降低工程隐患工程事故出现的可能性。同时，又要从工程的实践性出发，适当考虑工程的社会经济属性，在安全性与经济性之间尽量取得协调和平衡，并适度超前于社会经济发展水平，防止误入单纯的技术主义通道，或掉入高技术的陷阱。例如，1998 年发生的宁波招宝山大桥（主跨 258 m + 102 m 的独塔双索面斜拉桥）在即将合龙时，主梁 15～17#节段底板发生了破坏性裂崩，导致主梁腹板发生压溃破坏、不得不拆除重建，成为社会各界关注的重大工程事故。事故的主要原因是采用三向预应力这一当时在国内尚属新的技术后、主梁结构过于单薄、尺寸偏小，混凝土箱梁顶板厚 22 cm、底板厚仅为 18 cm，且在底板中布设了较多的后张预应力束，孔道直径约为 8～10 cm，由于孔道所灌砂浆与结构混凝土的力学性能存在较大差异，实质上使底板变成了有孔混凝土板、有效截面不足，但由于当时我国相关规范并无有孔板计算的相应条文，也未借鉴国外相关规范的成果，致使这一致命的缺陷在设计阶段、设计审核阶段未能得到发现和纠正，最终导致主梁在最大单悬臂状态下结构实际应力过大而整体破坏。然而，实际情况更让人痛心，在悬臂施工过程中，施工监控单位就发现了底板实际应力较大、明显超出了分析计算结果，遗憾的是，这一现象并未得到设计单位和施工单位的重视，最终导致了重大工程事故的发生。

案例 4-13　拉索的防护构造工艺的改良与迭代——基于工程经验教训的累积

拉索是斜拉桥、悬索桥、中承式拱桥、下承式拱桥等桥型最重要的承力构件，是索杆结构桥梁的生命线，其耐久性与可靠性直接关系到桥梁的安全运营与使用寿命。然而，由于工程界对工程的系统性、稳健性认识不足，以及对拉索防护技术认知水平的局限，在过去几十年中，国内外建成的拉索承重桥梁几乎都存在不同程度的拉索病害，并且日益恶化，一些桥梁不得不提前大修，甚至换索，这种情况在我国大规模桥梁建设过程中尤为突出。

据不完全统计，我国更换拉索的桥梁已接近上百座，拉索平均使用时间仅 10 年，远低于其设计寿命，产生了巨大的经济利益损失，也增加了难以估量的社会间接成本。比较严重的拉索事故有：①1995 年，建成运营仅 7 年的广州海印桥斜拉索断索，检查发现，拉索锚头防护的环氧铁砂因材料配方工艺问题，发生事故时尚未完全固化，经过半年多封闭交通、加固改造才恢复正常运营。②2001 年，建成运营仅 11 年的四川宜宾南门金沙江大桥短吊杆在应力腐蚀作用下发生断索，因其"横梁＋预应力混凝土空心板＋吊杆"简支桥面系存在冗余度不足、整体性较差的缺陷，导致该桥桥面系发生了局部垮塌事故，如图 4-31 所示，桥面恢复工程历时 8 个月，但并未根除吊杆的安全隐患，不得不在 2018 年再次进行大修改造，采用"纵横钢格子梁＋混凝土桥面板"的整体结构、将桥面系由简支结构改造成连续结构；采用 1860 MPa 级钢绞线整束挤压吊杆，上锚点采用挤压锚、设置于拱圈上缘，下端采用销接式构造、位于桥面上，以便于吊杆的张拉、调索、检查和更换，方才彻底解除了结构强健性不足、可检查可更换性偏差的安全风险隐患。③2019 年，建成运营 21 年的、主跨 140 m 的台湾宜兰县南方澳双叉式单肋拱桥吊杆断裂、整体垮塌（图 4-32），导致 6 人死亡、13 人受伤，引起了全世界的关注。

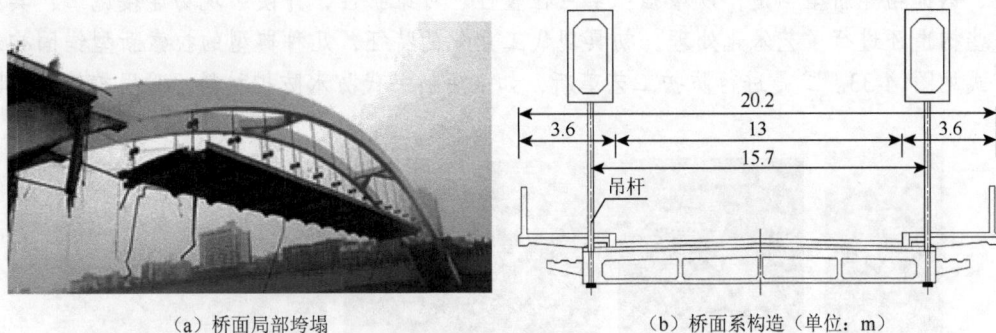

（a）桥面局部垮塌　　　　　　　　　（b）桥面系构造（单位：m）

图 4-31　四川宜宾南门金沙江大桥桥面系局部垮塌情况［图（a）来自百度图片，其他自绘］

（a）主拱坍塌掉落水中　　　　　　　　（b）10#～13#吊杆锈蚀状况

图4-32　台湾宜兰县南方澳大桥整体垮塌及吊杆锈蚀状况（图片来自百度图片）

拉索常见病害主要有：下锚头预埋管水患、拉索腐蚀、护套老化与开裂、拱桥短吊杆剪切疲劳、拉索风雨激振等。归结其原因，主要有设计、管养两大类。一是设计存在先天缺陷，工程界对拉索的水害影响、应力腐蚀、电化学腐蚀、剪切疲劳等方面的机理行为认识不到位，导致早期拉索防护工艺存在技术缺陷，普遍存在下锚头（箱）容易进水、但排水不畅的瑕疵，而拉索防护设施构造的施工质量、施工工艺不过关又加剧了这一先天缺陷，经过数年锈蚀，拉索有效面积严重削弱，承载能力显著降低，容易在车辆荷载、温度荷载作用下发生断裂。以台湾宜兰县南方澳拱桥吊杆为例，垮塌后检查发现锈蚀最严重的 10#～13#吊杆有效残余截面积仅为 22%～31%。二是管理养护不到位，既有因结构设计不合理导致的拉索可检测性、可维护性、可更换性较差因素的影响，由于拉索的上锚头位于拱肋上缘、下锚头位于桥面系横（纵）梁下缘，检测检查人员常常难以到达，因而疏于检查或即便检查也流于形式；也有一线检测检查人员的责任不落实、检查不及时的因素，管理养护不到位、病害发现不及时又放大了这一设计缺陷，最终导致恶性桥梁垮塌事故的发生。

面对拉索防护特别是中承式、下承式吊杆拱桥出现的各种问题，桥梁界汲取事故教训、综合施策，具体改进对策主要包括以下三个方面。一是更新工程理念，如采用锚拉板、钢锚箱等新型构造，以增强拉索可检查性、可维护性，并便于现场连接施工，其中一些构造还进行了艺术化处理，初具现代工业化的特征，几种典型的拉索新型锚固构造方式见图 4-33。二是进行防护工艺革新，如采用新一代防水防护材料、采用柔性橡胶防

（a）吊杆拱桥的上下锚头　　　　　　　　（b）斜拉桥的下锚头

图 4-33　几种典型的拉索新型锚固构造方式（图片自拍）

护罩、改进短吊杆连接构造等，以增强拉索对荷载及外部环境的耐受能力。三是加强巡查检修，如采用拉索观察窗、温湿度监测、锈蚀检测、索力监测等措施，在桥面系下增设检查桁车、改进检查检测人员的可达性，以掌握拉索实际状况及变化态势。相信经过工程界的努力，拉索防护工艺及检测监测技术有望得到根本性提高。

　　桥梁拉索防护工艺虽然只是桥梁建设管养中一个小的技术问题，但在工程理念不健全、技术成熟度不足情况下就大规模地应用，在设计时也未采取积极审慎的、恰当的防范措施或应对对策，反映出某些时段人们对细部构造设计重要性的认识不足，给工程界带来的教训非常沉痛，付出的经济社会代价也非常大。工程界除了在技术层面进行反思改进之外，也有必要升华到工程观念的高度进行再认识再思考，在设计阶段从源头上强化对工程风险性与不确定性的认识，避开可能的认知盲区，提升工程设计的容错性与冗余度，增强结构（构件/部件）的可检查、可维护、可更换性。

4.5.2　非技术因素风险的排查化解

　　从中宏观来看，工程事故发生的几率与一个国家地区的科学研究水平、技术研发能力、经济实力、工业化发展水平、工程发展历史、工程运行管理等方面都有关系，从一个独特的视角反映出工程的系统性与社会性。就技术内外部而言，工程事故的原因尽管错综复杂、交叉影响，但总体上还是有迹可循的，大致包括管理因素、技术因素、社会因素、经济因素，以及相关工程领域的支撑程度等。因此，在工程事故调查分析过程中，要从风险的多源性出发，揭示同类工程的各类技术问题及运行隐患，排查化解非技术因素特别是工程运行管理的风险。另外，在事故调查时，由于只有工程界同行及技术权威才有可能深度介入，才有可能将事故的真实原因揭示出来，因此，在事故调查时一定程度上会存在调查主体与客观事实相关联的现象，常常导致事故主要原因消失在工程历史的迷雾中，有些时候甚至会受到社会各界的诟病。实际上，对于"不知""不能"类事故，工程事故调查分析过程中，寻找事故原因仅仅是一个方面，虽然有可能广受关注或备受社会各界的质疑，但更重要的是通过工程事故原因调查，揭示工程事故的形成机理、演化过程才是重中之重，核查技术责任只是其中一部分，否则就难以通过事故调查分析达到推动技术进步的目的，并可能会催化形成墨守成规、因循守旧、不鼓励创新的社会氛围。为此，在"不知""不能"类事故调查过程中，需要依据工程的社会性、系统性，从以下四个方面排查化解非技术因素的风险。

　　一是从工程的系统性与社会性出发，跳出技术来审视工程事故，排查化解非技术因素的影响。当工程事故发生时，既需要从工程技术的层面来查找勘察、设计、建造、运维等方面可能的原因，也需要从经济社会、工程管理、工程历史等多个维度，来全面地、辩证地反思工程事故，找出工程事故深层次、系统性的原因，进而做出体系化制度化改进，而不是只进行纯技术的分析探究，将事故成因简单化、浅表化，造成新的认知偏差。具体来说，就是要在"系统整体论框架"工程方法的指引下，通过事故调查分析，全面反思工程建设和工程运行的社会性，恰当平衡工程技术的内外部因素，借助于加强规范性、强化程序性、提升稳健性等系统的方法来不断提高工程建造运行的风险控制水平，降低工程隐患、工程缺陷演化为工程事故的几率。所谓加强工程的规范性，是对工程勘察设计建造运营管理的技术标准规范不断进行修订完善，增强其对工程社会性与系统性的回应，加强其对工程实践活动的指导性。所谓强化工程的程序性，是指对工程设计、建造、运营各阶段的工作流程程序不断进行细化完善，加强过程管控，优化界面衔接，以最大程度地防控人为失误。所谓提升工程的稳健性，是指适度提高工程的容错性和冗余度，以最大限度地规避、防范、化解工程风险，以提高工程的可靠性。其中，工程管理作为与工程技术平行的两种手段之一，在防范工程事故、化解工程隐患的过程中，能够发挥技术不可替代的作用，然而，在现实中，各种各样的管理措施的缺失或管控不到位却要通过技术手段予以弥补，这不仅是不科学的、不经济的、不合理的，而且在认识论层面上掉入了"技术万能论"的误区，造成全社会难以承受的经济负担。

二是工程界要善于举一反三、防患于未然。航空工业界普遍采用的海恩法则（Hain's law）表明：任何一起事故都是有原因的，并且是有征兆的，即每1起严重事故的背后，必然有29次轻微事故和300起未遂先兆以及1000起事故隐患，因此，从认识论实践论的层面来说，工程事故是可以控制、可以避免的。基于这一普适性的认识，在工程事故出现后，工程界应及时对同类问题的"事故征兆"和"事故苗头"进行系统化的排查处理，充分考虑工程运行环境的复杂性与多变性，对各类由技术因素和非技术因素产生的隐患进行全面的排查，通过工程管理措施的强化、通过维护维修措施的升级，将工程隐患化解在初始萌芽阶段，并及时消除工程可能面临的各种风险。在此基础上，工程界要积极而审慎地回应工程建设运行的社会性，从工程建设的时代背景、勘察设计、运行使用、管理养护等多个层面总结教训，适时提出技术上或管理上的系统改进对策，善于治"未病"，将表现各异的"未遂先兆"消灭在萌芽状态。只有这样，才能有效防范更多的工程隐患、工程缺陷演变成工程事故。

三是面对已经存在的工程隐患，工程界必须精心应对、谨慎处治、系统施策。工程隐患的存在，反映出人们对工程设计建造运行过程的某些规律把握不到位、认识不全面，具有一定的客观性与必然性，同时也意味着必须基于工程系统观进行综合施策，否则就可能造成新的工程隐患乃至工程事故。具体来说，要运用工程思维，辩证地、全面地分析工程隐患或工程缺陷的演变规律，从技术层面上系统分析、精准处治，着眼改造、改建、有条件运行等多种策略，在工程技术层面寻求最优对策措施，并对改造改建技术进行因地制宜的、系统的分析和校验，防止隐患处置过程中留下二次隐患或演变发展为工程事故。案例3-6所述的帕劳共和国科罗尔-巴伯尔图阿普大桥就是一个工程隐患处治不当、而演化为重大工程事故的典型案例。另外，要积极发挥工程管理的作用价值，有些时候，在将由工程隐患产生的风险控制在最低限度的情况下，恰当地、有条件地发挥既有工程项目的效能，也不失为一种行之有效的工程对策，而一味地从技术层面强调根治工程隐患，有些时候在技术上不可行，有些时候在经济上的不合算。例如，在我国上百万座公路桥梁中，有相当一部分位于地方公路的桥梁，因其服役年限较长、设计荷载等级较低、结构材料耐久性较差，已不具备改造升级的基本条件，但其实际交通量并不大、重载车辆也不多，如采用限制使用荷载、加强维护、分类逐步改造不失为一种务实有效的应对策略。

四是工程事故的调查分析既要立足现实、更要面向未来。工程事故风险经常呈现出多源性和多样性，事故原因往往会出现错综复杂、多因一果的现象，非技术因素特别是工程规划和工程管理等要素常常以技术现象呈现在事故表象中，导致作为工程实施末端主体的结构工程师，往往背负着过多的技术责任和社会压力，不仅不太合理，而且还可能会产生一些影响长远的副作用，诱导设计者不断强化保守稳当、不思进取的设计思想。如果不能历史地、客观地、辩证地、综合地看待工程隐患和工程缺陷，不能恰当地区分责任事故与非责任事故（包括技术局限、认知偏差、手段缺失等），忽视工程设计的时代性局限和社会性约束，而是将工程事故发生的责任都压在设计者的身上，让工程设计者承担无限责任，只会迫使设计者更加因循守旧、谨慎稳当、怯于创新，既不利于平衡协调工程设计的经济合理性与安全可靠性的矛盾冲突，也不利于工程设计创新氛围的形成。长此以往，结构工程设计就会陷入传统保守的泥潭，技术创新、技术迭代进步就会变成无源之水无本之木。

案例 4-14　正交异性板在中国的改良实践——工程隐患多源性的综合化解

所谓正交异性板，就是由密布的纵向加劲肋、相对稀疏的横向加劲肋及相对较薄的面板构成的受力结构，能够很好地兼顾钢箱梁顶板既承受整体弯曲（第Ⅰ体系）、又承受轮载局部作用（第Ⅲ体系）的受力要求。正交异性板是由国际著名工程师、德国斯图加特大学教授弗里茨·莱昂哈特借鉴船舶甲板的构造形式提出的，1948～1950 年首次应用于德国科隆道伊泽尔（Deutz）桥修复工程，紧接又用于曼海姆库法尔茨（Kurpfalz）桥的建设，折合每平方米桥面面积用钢量仅为 390 kg，节省钢材用量约 1/3，在第二次世界大战后面临许多桥梁需要修复或重建、钢材极度匮乏的背景下大受工程界欢迎。正交异性板最突出的特点有三个：一是大幅度降低材料用量、造价低廉；二是力学性能好、刚度也较大；三是便于加工制造。因此，正交异性板自 20 世纪 50 年代就在国际桥梁界呈现出工程创新扩散效应、得到了推广应用，在工程实践过程中发展出各种不同的构造方式。在 20 世纪 80 年代逐渐形成了全世界比较常见的构造形式：12～14 mm 的面板、间距 300～400 mm 的 U 形纵肋、间距 2～3 m 的 I 形横隔板，在欧美、日本等发达国家广泛应用后，偶有出现疲劳开裂的零星案例，但未出现普遍性的疲劳问题。

20 世纪 70 年代，我国开始引进正交异性板，最早应用于广东肇庆马房大桥。进入 20 世纪 90 年代，在广东虎门大桥等大跨径悬索桥、斜拉桥建设时，我国桥梁界大规模采用了钢箱加劲梁，建成了数百座具有正交异性板桥面系的各类桥梁。正交异性钢桥面板以其较高的承载能力、较轻的自重在大跨径钢桥中得到大规模应用，但其疲劳和铺装问题一直是桥梁运营过程中难以克服的顽疾，而重载交通又加剧了上述问题的恶化。进入 21 世纪，随着我国工业化进程的加速，交通运输量快速增大，超重超载车辆显著增多，由此产生的正交异性板的疲劳开裂问题日益普遍、日渐严重。2010～2013 年，由中交公路规划设计院有限公司牵头对覆盖全国 23 个省份、4300 万组数据研究分析表明：大多数情况下实际汽车荷载效应都超过了《公路桥涵设计通用规范》（JTG D60-2004）规范的设计值，个别情况下甚至达到了 1.4 倍以上；同时，在现行的计重收费政策下，汽车荷载效应在未来仍有进一步增大的趋势，这就意味着在《公路桥涵设计通用规范》（JTG

D60-2004）规范实施之前所设计建造的、约 60%的既有桥梁普遍处于超负荷状况。以虎门大桥为例，其钢箱梁慢车道在通车 10 年左右就发现了数量可观的裂纹，并有进一步发展的态势，这些裂纹大致可以分为 U 形纵肋与顶板连接处、U 形纵肋纵向连接处、U 形纵肋与横隔板交界处等 5、6 种类型，对钢箱梁的安全使用和耐久性能产生了严重的威胁，修复难度极大。与此同时，虎门大桥交通流量及运营车辆荷载监测结果表明：该桥在通车运营 5 年后就超过了设计的交通流量，最大日交通流量高达 18 万辆，且超重车辆占比较高，经常可以查验到总重超过 100 t、轴重超过 20 t 的重车，直到 2014 年采取"强制治超"的车辆管控措施以后，这一现象才得以遏制。钢箱梁疲劳开裂这一现象，反映出桥梁界对车辆荷载发展变异的社会规律、对钢结构疲劳的力学机理认识还不够到位，对既有桥梁的科学合理使用的方式有待改进。

针对这一问题，在国家有关部门的统筹下，工程界、学术界正视我国工业化进程中车辆荷载发展变异的现实，从实际国情出发，从以下四个方面寻求系统的破解应对措施。一是重新认识车辆荷载的社会性，在车辆荷载全面调查的基础上，出台一系列运输车辆管控政策，如强制治超政策、计重收费政策等，以期借助于法律法规和经济手段从源头上遏制越演越烈的超载超重运输状况，约束社会各界对既有道路桥梁的进行合理的使用。二是改良正交异性板的结构构造，在加强钢结构疲劳机理、构造形式、焊接工艺研究完善的同时，工程界逐渐认识到正交异性板开裂源于焊缝时不可避免的微小缺陷所致。在裂纹扩展过程中，强度因素与刚度因素互相交织，重载车辆荷载的多轴效应又使得第Ⅲ体系的活载作用次数大大超过了第Ⅰ体系，于是采取了诸如加厚桥面钢板至 16～18 mm、加大横隔板及 U 形纵肋厚度、U 形纵肋双面焊接、优化焊接工艺、降低焊接缺陷、增强桥面板与桥面铺装层共同作用等措施，一定程度上增强了正交异性板的抗疲劳能力。三是开发新的桥面板构造，提出了正交异性板＋UHPC 板、钢箱梁＋预制混凝土桥面板组合结构、正交异性板＋超高韧性混凝土（super toughness concrete，STC，抗裂强度提升至 30～40 MPa）等一系列创新的桥面构造形式，并在工程实践中得到了较为广泛的应用，取得了较好的工程效果。四是及时补充公路桥梁设计规范有关钢桥疲劳验算的条文，在 2018 年颁布的《公路钢结构桥梁设计规范》（JTG D64-2015）中，增加了标准疲劳车验算模型、疲劳荷载正应力和剪应力的验算方法，使得桥梁工程师在设计阶段就能对正交异性板的疲劳及其应对策略进行系统的分析。

相信通过科学研究、技术创新、工程实践检验与市场筛选，有效且经济的正交异性板抗疲劳的技术对策会脱颖而出，我国普遍出现的钢箱梁正交异性板开裂这一工程难题有望得到彻底解决。这个案例充分说明了工程隐患的防治不应仅局限在技术范畴内，而且还应从工程的社会属性出发，采取多元化、综合化的技术对策和管理措施予以诊断处治，这也许会给处于工业化中前期国家的桥梁建设带来一些有益的启示。

案例 4-15　船舶撞击桥梁事故的防范——基于工程系统观念的考量和反思

1）船舶撞击桥梁事故概述

20 世纪 50 年代以来，随着跨河道、跨海湾的大型桥梁建设数量的剧增，也伴随着水上运输的蓬勃发展以及船舶的大型化，船舶撞击桥梁的风险急剧增大。根据美国交通部门的统计及预计：大型桥梁在通航运营期间，约有 10%的桥梁会遭受船舶撞击，如不加重视甚至会达到 50%以上。在我国，据不完全统计，船舶撞击桥梁事件频繁发生，以武汉长江大桥、南京长江大桥和重庆白沙沱长江大桥这三座大桥为例，建成以来船舶撞击桥梁事件就分别发生了 70 起、30 起和 100 起以上；以湖北黄石长江大桥为例，在 1993～1994 年建设过程中，两年内就发生了 19 起船舶撞击事件。在这些大大小小的船舶撞击桥梁事件中，其中约有 10%的事件造成了重大财产及生命损失，一般将其称为船舶撞击桥梁事故。在全世界，船舶撞击桥梁事故直接损失超过 10 万美元的事故每年不少于 10 起，近 40 年来有不少于 40 座重要桥梁或大型桥梁在船舶撞击后倒塌，造成了数百人死亡及数以亿计的财产损失，并导致区域路网交通或航道中断，产生的后果极其严重，引起了社会各界的广泛关注。现将国内外船舶撞击桥梁典型事故的概况罗列如表 4-6 及图 4-34 所示，并列举几个比较严重船舶撞击桥梁事故的后果。①1983 年，苏联 Volga River Ulyanovsky Railroad Bridge 的船舶撞击桥梁事故导致列车出轨、176 人死亡；②2007 年，广东南海九江大桥船舶撞击桥梁事故导致 8 人死亡、200 m 长的桥面垮塌，国道 325 中断长达两年；③2007 年，"中远釜山"号油轮撞击美国旧金山-奥克兰湾大桥主墩的防撞系统，虽然桥梁损伤不严重，但船身被撕裂，约 20 万升燃油泄漏，造成了美国有史以来最严重的环境污染事件；④2024 年，主跨 365.76 m 的美国马里兰州 Baltimore's Francis Scott Key Bridge，被一艘集装箱货船（长约 300 m，可装载近 4700 个标准集装箱，空载重约 9.5 万 t）以大约 7 节（约 13 km/h）的失控速度撞向主跨桥墩，船舶撞击桥梁事故导致 6 人死亡、805 m 长的主桥及 3 跨引桥发生倒塌，巴尔的摩港的航道被完全阻塞。

表 4-6 国内外船舶撞击桥梁事故概况（部分）

桥名	国家	发生年份	死亡人数/桥梁垮塌情况
SevernRiver Railway Bridge	英国	1960	5 人
Almö Bridge	瑞典	1960	8 人
Lake Ponchartain	美国	1964	6 人
Maracaibo Lake Bridge	委内瑞拉	1964	7 人，259 m 长的桥面垮塌
Sidney Lanier	美国	1972	10 人
Ponchartain Lake	美国	1974	3 人
Tasman Bridge	澳大利亚	1975	15 人，127 m 长的三跨梁体垮塌
Pass Manchac Bridge	美国	1976	1 人
Sunshine Skyway Bridge	美国	1980	35 人，366 m 长的桥面垮塌
Tjorn Bridge	瑞典	1980	8 人
Sunshine Skyway Bridge	美国	1980	35 人
Lorraine Pipeline Bridge	法国	1982	7 人
Volga River Ulyanovsky Railroad Bridge	俄罗斯	1983	176 人，桥面严重变形、列车脱轨
Ponchartain Lake	美国	1984	6 人

续表

桥名	国家	发生年份	死亡人数/桥梁垮塌情况
Judge William Seeber	美国	1993	1人
Big Bayou Canot Railroad	美国	1993	47人
浙江温州龙港大桥	中国	1998	4人
四川涪江桥	中国	1999	20余人
河源龙川县黎咀大桥	中国	2000	6人
Port Isabel	美国	2001	8人
Webber-Falls	美国	2002	12人
Interstate 40 Highway Bridge	美国	2002	14人
浙江湖州岂风桥	中国	2003	桥面垮塌
江苏苏州亭子桥	中国	2004	桥面垮塌
广东南海九江大桥	中国	2007	8人，200 m长的桥面垮塌
江苏昆山东门大洋桥	中国	2007	2人
浙江宁波金塘大桥	中国	2008	4人，两跨桥梁坠落
上海大治河随塘桥	中国	2010	2人
浙江嘉绍大桥	中国	2010	7人
哈尔滨松花江浮桥	中国	2010	4人
湖南平江县石拱桥	中国	2012	6人
广东中山市沙口大桥	中国	2012	桥上交通中断
广深高速川槎大桥	中国	2013	桥上交通中断
上海松蒸公路斜塘大桥	中国	2014	桥上交通中断
肇庆西江大桥	中国	2015	桥上交通中断
浙江舟山响礁门大桥	中国	2016	1人
广州番中公路洪奇沥大桥	中国	2017	桥上交通中断
珠海莲溪大桥	中国	2017	桥上交通中断
广东西部沿海高速磨刀门大桥	中国	2017	桥上交通中断
上海 LG 新城公用码头引桥	中国	2018	2人
东莞水道万江大桥	中国	2007/2018	1人，桥上交通中断
佛山南海和顺大桥	中国	2019	桥上交通中断
江苏南通港洋口港区陆岛通道管线桥	中国	2019	部分桥墩及桥面损毁
珠海莲溪大桥	中国	2021	桥上交通中断
广州北斗大桥	中国	2021	桥上交通中断
佛山水口水道丰岗大桥	中国	2022	1人
广州沥心沙大桥	中国	2024	5人，挂孔坠落
Baltimore's Francis Scott Key Bridge	美国	2024	6人，805 m长的桥梁坠落
广东南海九江大桥	中国	2024	4人

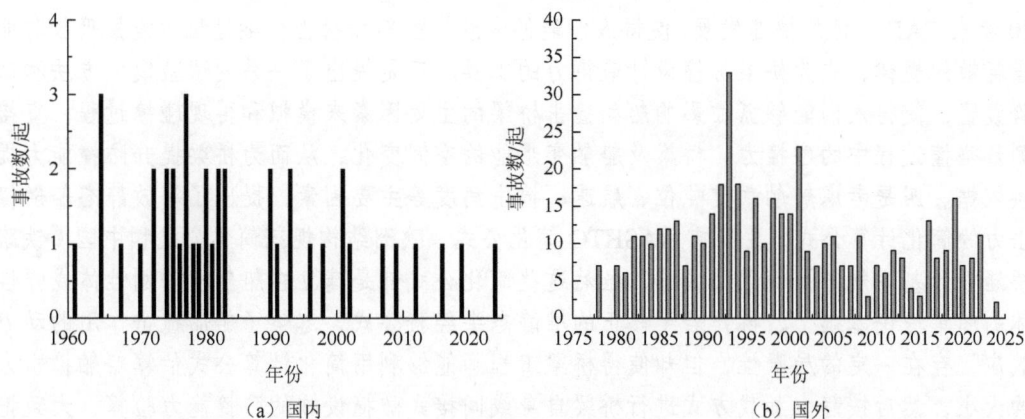

（a）国内　　　　　　　　　　　　　（b）国外

图 4-34　国内外船舶撞击桥梁事故的不完全统计结果示意图（图片来自"西南交大桥梁"公众号）

2）船舶撞击桥梁事件背后的科学、技术和管理问题

船舶撞击桥梁虽属偶发事件，可一旦发生，常常带来巨大的生命和财产损失。因此，船舶撞击风险评估、船舶撞击过程分析、桥梁抗撞击能力分析、桥梁防撞设施设计就成为桥梁规划设计建设运营全寿命过程中不可忽视的因素。另外，由于船舶撞击桥梁涉及面（河流航道状况、船舶驾驶能力、桥梁结构体系、水上运输管理政策措施等）较宽、多学科（船舶结构力学、冲击动力学、水动力学、桥梁工程、材料科学、岩土力学）交叉特征突出且不同利益主体（桥梁业主、桥梁使用者、船舶拥有者、航道部门、水上运输管理部门等）诉求及关注重点不同（例如对桥梁而言，河流是天然障碍物；对船舶而言，桥梁是人工障碍物。从水运行业的角度看，则是桥梁"侵占"了水运交通的地盘）。因此，船舶撞击桥梁事件背后存在着诸多科学、技术和管理问题，需要系统地研究分析。1980 年 5 月 9 日，美国阳光高架桥（Sunshine Skyway Bridge，主跨 366 m 的三跨悬臂钢桁梁结构）被一艘 3.5 万 t 散装货轮撞击垮塌后，导致多辆车辆落水、35 人丧生，造价2.5 亿美元的桥梁以及价值 1300 万美元的船舶损毁，损失巨大，由此引起了桥梁工程界对船舶撞击桥梁问题的高度重视，一些学者对船舶撞击桥梁风险评估方法及损伤破坏机理进行了比较系统深入的研究，在此基础上，桥梁工程界、航道部门、水上运营管理部门都从不同角度取了一系列工程技术对策及运输管理措施。

在科学研究层面，一是将船舶撞击桥梁视为风险事件，明确了基于可靠度原理进行倒塌概率分析的思想，指出了桥梁防撞安全和所付出的经济代价具有相对重要性，主要成果体现在美国 AASHTO 规范《船舶碰撞公路桥梁设计指南》、欧洲结构规范第一卷 EN 1991 Eurocode 1: Actions on Structures 中。这两部规范的核心思想是将船舶撞击桥梁视为风险事件，给出了桥梁目标失效概率，如 AASHTO 规范，对于一般桥梁，期望的最大年倒塌频率应小于 10^{-3}，对于重要桥梁，最大年倒塌频率应小于 10^{-4}。二是基于冲击动力学，考虑船舶结构、桥梁结构、防撞系统结构以及流体介质的各种非线性（材料非线性、几何非线性、接触非线性和运动非线性等），进行船舶撞击桥梁的过程模拟分析，以摸清碰撞事件中桥梁及船舶的损伤破坏机理、掌握了影响船舶碰撞结果的主要因素，而近

20 年来 CAE 软件的快速发展,使得人们能够大致把握船舶撞击桥梁过程中能量吸收与能量耗散的规律,成为桥梁防撞设计最得力的工具。三是提出了一系列试验模拟方法和试验装置,使得人们能够抓住影响船舶撞击桥梁的主要因素来模拟和再现碰撞过程,直接测量碰撞过程中的碰撞力、桥梁及船舶变形能的空间变化,从而为桥梁提升防撞能力提供依据。四是考虑船舶载重吨位、航速、撞击角度等主要因素,提出了等效静态船舶撞击力的简化计算公式,主要有 AASHTO 简化公式、欧洲结构规范简化公式和中国《铁路桥涵设计基本规范》简化公式等,虽然这些简化公式都是建立在船舶撞击刚性体或弹性体的简单理论基础上、再作若干修正的准静态半经验公式,忽略了船舶撞击作用的动力效应,存在一定的局限性,但却使得桥梁工程师能够利用简化计算公式估算船舶撞击力的大小,然后按静力加载方式进行桥梁自身或间接式防撞设施的防撞能力验算,大致把握桥墩、桩基础、防撞设施的抗撞能力是否满足需求。

在防撞技术对策层面,桥梁界对船舶碰撞模式、船舶撞击力分析计算、桥梁防撞设施的设计、桥梁防撞技术对策研究、桥梁规划设计等方面进行了系统而深入的研究和实践,探索出了一系列桥梁防撞技术对策。一是普遍认为:最核心的防撞策略是减小船舶撞击桥梁事件发生的风险,并从船舶的可达性、航道标识引导、偏航干预警告等方面着力,采用适度增大桥梁跨径、人工围岛、增设防撞墩、设置拦截索等技术对策,迫使船舶难以撞击桥梁或难以抵达非通航孔。二是基于能量吸收、动量缓冲的基本原理,开发出了种类各异的被动防撞设施,桥梁被动防撞设施主要可分为三大类。第一类是一体式,即采用固定式护舷、钢围堰套箱、防撞岛等构造形式,船舶撞击力经过缓冲后直接作用在桥墩上,一般应用于在航道较窄、水深较大、桥墩(桩基)具有一定防撞能力的场合,虽然建造费用较省,但难以完全避免桥梁在碰撞后产生损伤。第二类是附着式,多采用钢材、橡胶及复合材料组成的浮动式构造,能够有效吸附耗散船舶撞击能量,减小船舶撞击对桥梁的损伤。近年来,附着式防撞设施的研发取得了新的突破,例如 2006 年建成的广东湛江海湾大桥(主跨 480 m 的斜拉桥、采用宝石型索塔)主墩所采用的双浮体式柔性防撞装置能够随水位自动升降,采用了橡胶气囊、拦阻带、钢骨架和高分子材料组合体吸收传播撞击能量,可以抵御 5 万 t 级船舶撞击主墩,在发生船舶撞击时能够使桥梁、船舶、防撞设施三者都免于严重损伤,但造价高达 2000 万多元。第三类是独立式,即在桥墩之外另设防撞设施,最为常用的是在主墩周边增设钢管防撞墩、设置拦截索等,使船舶的可达性受到一定限制,防撞设施作为可牺牲性构件,桥墩不直接受力,主要应用于水深较浅、地质情况较好或桥梁抗撞能力明显不足的场合,其优点是可让桥墩免于损伤,缺点是工程量较大、造价较高。总体来说,各类防撞设施的构造特点和受力特点不同,经济指标不一,各有适宜的应用场景,需要综合考虑航道、水文、结构、基础、船舶、环境等条件来选择经济合理的防撞设施。三是根据船舶撞击力的计算方法、桥梁的重要性或桥梁构件的重要性,在具体的防撞设计中采取不同的技术对策,以平衡安全性与经济性之间的矛盾冲突。四是开发出是主动防撞预警系统,即利用安装在桥上的防撞监测设施,借助于船载自动识别系统(automatic identification system,AIS)、视频监控、雷达等手段识别船舶位置并设置航道电子围栏,综合应用电子信息、物联网、自动化控制、无线电通信等技术,对驶入桥区的船舶推送助航信息,通过实时航迹线分析及预测,对偏离航道的船舶进行偏航预警和声光报警,提醒船舶谨慎驾驶,注意避让前方桥梁。总的来说,每种防撞技术对策都有其特点和适用条件,但也都有自身不足之处,如图4-35所示。

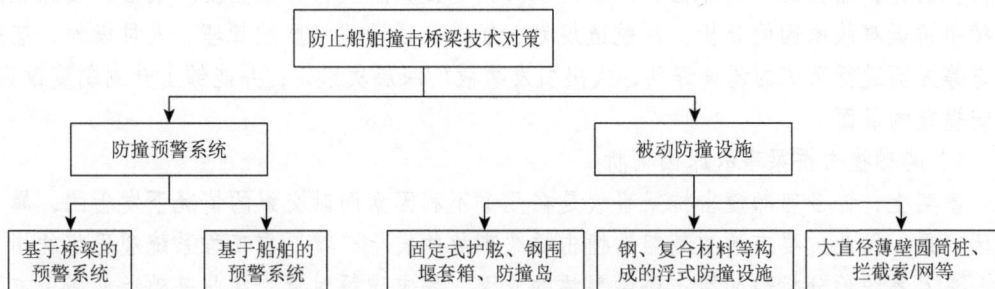

图4-35　被动式桥梁防撞设施的分类

　　需要特别指出的是,在我国,原有的公路及铁路规范防撞设计的指导思想并不明确,将船舶撞击桥梁事件视为偶然作用,并根据航道等级、通航船舶实际情况确定代表性船型,给定设防船撞力,容易误导桥梁工程师在设计时将其视为确定性的荷载作用,且以往规范如《公路桥涵设计通用规范》(JTJ 021-85)没有全面核查桥址处的船舶可达性,所给定的代表性船型、设防船撞力明显也偏离偏小,导致考虑船舶撞击力后对结构设计结果的影响很小,成为既有公路桥梁防撞能力明显不足的诱因之一,这一问题随着航道等级的提升、船舶误入非通航孔而显得更加突出。直到《公路桥梁抗撞设计规范》(JTG/T 3360-02-2020)颁布,基于风险分析的设防水准,明确了新建桥梁"以抗为主,以防为辅"的设计原则、厘清了桥梁防撞设计的重要性等级、规定了设防目标及代表性船型、采用了基于性能的抗撞设计方法以后,我国公路桥梁的防撞设计才赶上了时代的需要。

　　在水上运输管理方面,海事部门与航道部门是船舶运输的监管主体。相关调查研究表明,船舶撞击桥梁事故占水上运输触碰事故的50%左右,船舶撞击非通航孔引起的桥梁垮塌事故的数量约为撞击通航孔的2倍,船舶误入非通航孔的管控问题需要高度重视,前文所述的广东南海九江大桥船撞垮塌事故便是一个典型。实践证明,有效而持续的运输管理措施能够大幅度减少船舶撞击桥梁的安全事故,且仍有很大的提升空间。首先,航道导航设施的设置是否科学配套、航道管理是否到位,是防止船舶撞击桥梁的重要因素,因此要从航道规划、航道交通设施完善、水上交通秩序规范化监管等方面着手,及时完善通航分道、双向分边通航、单向航路、推荐航路等一系列配套设施,理顺船舶间的避让关系,防止船舶偏离主航道或误入非通航区域。其次,运输管理是运输安全的主要保障,安全事故没有纯粹意义的偶然,都是一个量变到质变的积累过程,需要在提高船员准入门槛、规范驾驶行为、加强船员教育培训、加大法规约束力度等方面下足功夫。随着水上运输业的发展,船舶变得愈来愈大、愈来愈快、愈来愈多,导致运输管理的重要性不断提升。仍以美国马里兰州 Baltimore's Francis Scott Key Bridge 为例,1980年8月,一艘穿越巴尔的摩港的日本集装箱船(船长约100 m,总吨位约7600 t)因失去推进力、以约6节(约11 km/h)的速度撞上建成不久的一个桥墩,对桥梁只造成了轻微损伤,而

40 多年后，该桥却在 10 万吨级船舶撞击下 10 多秒钟就轰然倒塌，这说明航运业的快速发展对桥梁防撞击能力、防撞击方式的要求发生了质的变化。与此同时，随着桥址区环境如流速、风速、弯道、冲刷、淤积、潮位等因素的改变，对船舶安全驾驶的要求也在提高。因此，船员的培训评估、知识更新及技能提升就显得更加重要。最后，要深化船舶撞击桥梁事故原因的分析，从航道规划、航道交通设施、监控管理、人员操作、船舶状态等方面进行系统的调查评估，找出引发事故的深层次原因，并能够上升到制度改进、系统提升的层面。

3）船舶撞击桥梁事故原因简析

事实上，许多船舶撞击桥梁事故是在几个不利因素同时交织的情况下发生的，属于多因一果。因此，要有效防范船舶撞击桥梁事故的发生，就要在工程系统观思想的指导下，深入系统地分析船舶撞击桥梁事故的成因，寻求破解对策，在此基础上从多个方面着力。

①人为失误是主因。国际航运协会（Permanent International Association of Navigation Congresses，PIANC）曾对 151 起船舶撞击桥梁事故的分析表明，事故原因中约 70%是人为失误,20%是船舶机械故障,10%是恶劣的自然环境。我国学者也曾对发生在 1959～2000 年的 155 起船撞桥事故进行过原因分析，结果人为失误占 78%，设备故障占 6%，恶劣的自然环境影响占 16%。其中，人为失误又可以分为主动错误、被动错误、无行动三大类。主动错误包括高估驾驶能力、高估通航净空、未遵守航行规定等，例如前文所述苏联 Volga River Ulyanovsky Railroad Bridge 船舶撞击桥梁事故、广东南海九江大桥船舶撞击桥梁事故就是由于船员粗心驾驶，致使船舶偏离航线所致；被动错误包括判断失误、误入非通航区、航行交流不畅、操作失误、处置不当、船体管养不达标等；无行动包括船员擅自脱岗、丧失驾驶能力、操作能力不足等。船舶机械故障则主要指船舶操纵系统、船舶动力系统故障等导致的船舶走锚或驾驶失控，这种情况偶有发生、但总体上比较少，美国马里兰州 Baltimore's Francis Scott Key Bridge 船舶撞击桥梁事故就是船舶失去所有动力、自行漂流所致。自然环境包括风、浪、流、雨、雾、能见度等异常情况，如在潮水河段或者台风季节，可能会导致抛锚船舶走锚或断缆，致使船舶漂流。由此可见，船舶撞击桥梁多属责任事故，船员的素质能力对减小船舶撞击桥梁事件至关重要。

②监管不到位是次要原因。船舶撞击桥梁事故的发生因素主要涉及人、船舶、通航条件环境、监管管理等多个方面，合理、有效、到位的水上交通指挥和管理措施是减小船舶撞击桥梁风险的基础，多管齐下、形成监管合力是降低船舶撞击桥梁事故发生概率的关键。首先，要加强通航监管和航道维护，完善助航设施的维护保养，加大信息技术赋能传统行业的力度，及时发布通航信息，推广航标遥测遥控、视频监控系统的应用，确保航行井然有序，并将这些措施视为一项十分重要的防撞手段。其次，水上执法和管理主体要加大监管力度，切实加强对船舶驾驶人员的技能培训，提高责任意识、风险意识，把好"准入关"，把好船舶安全驾驶的第一道防线，不断督促航运企业提高船舶的管养水平，强化船舶安全检查，减少船舶航行过程中出现机械、电子故障的几率，严肃查处船舶撞击桥梁事故的当事人。最后，桥梁运维管理单位要与水上运输监管机构联合

制定应急预案，定期组织演练，确保发生船舶撞击桥梁事故后各项应急救援措施能够迅速落实，减小船舶撞击桥梁事故后桥上车辆坠落等二次事故的发生概率。

③桥梁防撞能力不足是诱因。保障桥梁具备一定的抗撞能力和安全储备，一直是桥梁设计的重要任务。然而，现实情况并不能令人满意。对于新建桥梁，随着经济社会条件的进步，借助于桥位选择、通航标准论证、河床演化分析、桥梁结构分析计算、防船撞风险分析、桥梁防撞设施设计、防撞措施评估优化等工作，使其具有合理的、较高的防撞能力，目前在技术上已经没有太大的问题，需要关注的是在比较经济的条件下，不断改进完善防撞设施的性能，开发新型防撞设施，将船舶撞击桥梁的损失（桥梁损伤、船舶损失）降至最低。对于既有桥梁，特别是对早年在设计阶段未能充分考虑如何避免或减小船舶撞击风险的桥梁，导致桥梁存在诸如孔跨布置不尽合理、桥下净空尺寸有限、下部结构尤其是非通航引桥部分的抗撞击能力不足、桥梁防撞设施欠缺或不完善、结构体系冗余度偏小等各种隐患，其防撞能力与现实需求相比明显不足，导致船舶撞击后果十分严重，需要系统地改造提升其防撞能力。例如案例 4-5 中的广州南沙沥心沙大桥以及前文所述的美国马里兰州 Baltimore's Francis Scott Key Bridge 之所以成为严重事故，结构强健性不足也是难辞其咎的。对于这一类既有桥梁，首先要从改变船舶的可达性入手，增设防撞桩、拦截索或人工岛；其次要从改良结构体系、增强结构的强健性入手，使桥梁具有一定的抗撞能力。在工程实践中，这些桥梁防撞能力提升的难点在于如何准确地识别风险，取得安全性与经济性的协调、取得技术措施与管理措施的协同，是一个技术经济与运输管理交织在一起的问题而非纯技术问题。此外，对于航道等级的规划和提升，要进行系统、全面、科学、严谨的论证，统筹相关方面特别是航道上既有桥梁的实际情况，全面分析评估由航道等级提升所衍生出的风险，而不是仅仅从水运条件、区域水上运输需求、船舶发展情况出发，以避免直接增大航道上方既有桥梁的风险。

4）几点认识

随着跨越江河及跨海桥梁数量的增长、船型的增大、船舶数量的增多，船舶撞击桥梁事件（事故）虽然与人们的主观意愿相悖，但却已经成为一种客观存在的风险，成为桥梁工程设计与水上运输管理的一部分。对此，需要依据工程系统观念、依托技术和管理多种手段，从防撞技术、航道管理、人员培训教育和法规约束等方面形成齐抓共管、综合发力的局面，只有这样，才有可能降低船舶撞击桥梁的风险，减小船舶撞击桥梁事件的发生概率。根据上述分析论述，可以得出以下几点基本认识。

①减小船舶撞击桥梁事件（事故）需要基于工程系统观念，综合考量、多管齐下。船舶撞击桥梁事故涉及多领域、多学科，既有科学问题、也有技术手段，还有管理问题，事故原因往往会呈现出错综复杂、多因一果的现象，但在本质上，船舶撞击桥梁事件仍是一个技术、管理、经济多因素交织的复杂社会问题，属于工程社会性的延伸，只有切实做好航道、桥梁、船舶、通航环境、运输监管、船员教育等方方面面的安全治理工作，只有采用"投入适度、技术适用、场景适应"的桥梁防撞主动预警系统和被动防撞设施，才可能切实维护好桥梁安全和水上交通运输安全，才能将非技术因素产生的"事故征兆"和"事故苗头"排查处理到位，而不是将舶撞击桥梁事件的防范都归结为技术问题，导致桥梁业主投入巨大、桥梁防撞设计偏离风险防控的本质，但成效并不见得理想。

②科学客观地认知船舶撞击桥梁风险。风险是工程的固有属性，位于航道上方的桥梁也不例外，桥梁防撞设计本质上就是一个识别风险、评估风险、控制风险的过程，而不是通过工程设计，将各种风险都排除在工程建造和运营之外，这既不科学，也不可能，还会带来全社会承受不了的经济负担。在工程实践中，有两种不良倾向需要注意。一种是为了排除船舶撞击桥梁风险，在水中不设桥墩或少设桥墩，导致桥梁跨径在某些情况下明显超出了实际需要、桥梁造价因此成倍增大，这也许是近年来我国大江大河上桥梁跨径偏离合理范围的诱因之一。另一种是在既有桥梁防撞能力的补强设计中，迷信"技术万能论"，完全依赖技术手段而忽视了管理手段，导致桥梁防撞设施体量过大、造价极高、对河道影响过大，在设计指导思想上将一个风险防控事件异化为确定性的设计验算。

③既有桥梁防撞击能力不足的短板亟待补强。对于早年建成的一些桥梁，或因主观认识偏差、或因规范不够完善、或因防撞技术对策缺失、或因设计不够合理，普遍缺乏必要的、一定的抗撞能力，一旦发生船舶撞击桥梁事故，往往会演变成巨大的社会灾难。对于这一类桥梁，特别是采用桩柱式桥墩、高桩承台的多跨梁桥，或通航净空变化较大的 V 形刚构桥、上承式拱桥等，其防撞能力普遍偏弱、上部结构的冗余度小，船舶撞击后容易衍生梁体坠落、桥梁垮塌、桥上车辆坠江的二次事故，亟需通过增设防撞墩、增加构件（承台或系梁）、增强上部结构的整体性等结构措施，使其具有一定的、必要的、合理的抗撞能力。此外，对于因航道等级提升后通航净空不足的桥梁，应尽快采取改建、桥梁整体顶升或拆除重建的措施，避免既有桥梁成为整个航道上的卡点。

④减小船舶撞击桥梁风险既需要关注被动防撞措施，更需要重视主动防撞措施。既然 70%以上的船舶撞击桥梁事故源于人为失误，那么，借助于信息化手段来降低人为失误的几率就顺理成章地成为桥梁防撞对策的重点，也成为消除潜在风险的有效管控手段。实践表明，采取主动防撞措施以后，船舶偏航、误入非通航孔的几率减小了一半左右，船舶撞击桥梁事件因此也得以大幅度减少。另外，主动防撞措施建设基于开放且发展迅猛的现代信息技术体系，具有成本低、实施便捷、升级换代容易、与航运企业及船舶联络通道便捷等特点，符合信息技术赋能传统行业的时代趋势。

4.5.3 工程背后科学问题的挖掘提练

受工程的建构性、经验性、社会性、稳健性等本质属性的制约，工程实践活动不允许失败，人们常常也将工程的风险防控置于首位，导致在工程实践活动中因循守旧、怯于创新的现象往往占据主流，这种现象在结构工程设计中的屡见不鲜。此外，当一些"不知、不能"类工程事故发生之后，社会各界总是对技术抱有不同程度的苛求，认为专业人士应该而且必须有预见、防范、化解这些工程事故的职责和能力，自觉不自觉地陷入了"技术万能论"的泥潭。实际上，当工程事故特别是"不知"类工程事故发生后，常常意味着工程界普遍存在某种认知盲区或认识误区，意味着在技术的背后，隐藏着不为人知的科学规律。对此，人们应该尊重工程发展演化的历史规律，挖掘提练出工程事故所蕴藏的科学问题，并加以深入而系统的研究，在此基础上，开发出新的技术路线、技术对策或技术方法，并在工程实践中不断检验完善。只有这样，工程事故才能成为技术进步的"催化剂"，才能成为工程创新的"接生婆"。而不是在工程事故发生之后，对技术创新、工程创新的践行者求全责备，甚至以当前的认知水平去要求以前的工程实践者，让工程技术人员背负过多的责任和压力，这非但不符合科学精神，也会把未来技术创新、工程创新的火种扑灭，甚至会拖延工程演化的进程。然而，提炼工程背后，特别是工程事故背后的科学问题是非常艰难的，既需要透过重重迷雾洞察工程事故的本质要害，也需要排除层层干扰直抵工程事故的技术核心，还需要葆有客观全面的工程伦理观念，更需要向历史、向未来技术发展负责的正直和勇气。即便如此，有些时候，提炼工程背后的科学问题还会经历一个曲折反复的过程。对此，需要从工程技术进步的历史规律出发，从工程设计的本质特征出发，从工程事故客观规律出发，在以下三个方面反复权衡、仔细斟酌，提练出工程和技术背后的科学问题，促进工程创新设计的推广应用。

一是工程界要以积极审慎的态度，对"不知、不能"类工程事故抱有同理心，保持包容开放的胸怀、努力营造创新探索的氛围。工程历史表明，工程创新须同时满足社会需求拉动、科学技术支撑、工程大师点化等多种有利条件时才可能破茧而出，在这个过程中，设计创新是工程创新的龙头。工程设计创新既包括了多种显性知识的加工集成、也包含一些隐性知识的汲取消化，还可能涉及新理论、新技术、新方法、新材料的移植改造，人的主观能动性、创造性常常集中表现在工程设计阶段。但与此同时，工程设计创新意味着设计者进入了"无人区"，既可能遇到前人未见的认知盲区，也可能因为主观认识差异而出现应对不当，以至工程设计成果中包含各种各样的缺陷、瑕疵乃至错误，成为工程事故的源头之一。因此，面对"不知、不能"类工程事故，工程界要以积极审慎的态度，从工程设计的当时当地性出发，对工程创新设计保持包容开放的胸怀，对设计者抱有同理心，努力营造鼓励创新探索的氛围，而不是求全责备，让工程设计者承担过多的技术责任。例如，在大跨径悬索桥设计中，桥梁设计大师里昂·所罗门·莫西夫所设计华盛顿州塔科马海峡大桥，就是依据美国乔治·华盛顿大桥、美国-加拿大边境的大使桥等桥梁的建造经验，在加劲梁高为 2.45 m、梁高与跨径之比为 1/350、宽跨比为 1/71.7 的情况下，没有意识到过小的宽跨比会带来加劲梁弯扭频率的迁移、从而引发了颤振，设计存在明显缺陷，成为塔科马海峡大桥 1940 年风毁事故的主要原因。工程事故调查委员会认为：塔科马海峡大桥风毁事故超出了当时桥梁界对大跨径悬索桥风致颤振的认知，人们无法预料事故的发生，属于"不知"类工程事故，因此，设计者没有过错。应该说，这个结论是公允的、经得起时间检验的，为美国乃至全世界探索悬索桥的抗风新途径奠定了观念基础。虽然莫西夫因塔科马海峡大桥风毁事故而郁郁寡欢，在 1943 年就离世了，但美国土木工程师协会（ASCE）并未因该事故而抹杀了莫西夫对大跨径悬索桥发展的杰出贡献，并于 1947 年专门设立了里昂·所罗门·莫西夫奖，以表彰那些勇于创新、善于创新的结构工程师，这也许是美国结构工程界能够不断创新的原因之一。

二是对于技术问题要追根溯源，深挖隐藏在技术背后的科学问题。技术问题特别是工程事故所揭露出来的技术问题，反映出人们对工程建设运营的规律掌握不全面、认识不深刻、措施不到位。此外，这些规律性往往被表现各异的技术现象所覆盖，也可能被一些人为因素所遮掩，要将规律性特别是技术背后涉及的科学问题挖掘出来、界定清楚、研究明白无疑是一件十分困难的事情，但惟其如此，才有可能借助于工程事故的调查分析，将技术进步的齿轮向前拨动一点点，将依托科学发现的技术开发向系统化、体系化推进。因此，面对工程事故所包含的技术问题，要咬住不放，善于追根溯源、善于深度挖掘，竭力摸清这些技术问题所隐含的科学理论、技术原理，以及相应的技术应对策略和工程防范措施，从而支撑技术开发的迭代升级。以断裂力学诞生为例，在第二次世界大战后期间，美国各类船舰就发生了 1000 多起脆性断裂事故，但当时人们普遍认为只是材料强度问题。1950 年，美国北极星导弹在一次试验发射时，固体燃料发动机的机壳发生了爆炸，最初人们习惯性地认为是材料强度不足，但经过调查分析，制造机壳的高强钢屈服强度为 1400 MPa，而发生爆炸时的应力还不到屈服强度的一半，于是，材料强度不足这一结论被推翻。经过深入调查发现，原来钢材内部存在着微小裂纹，爆炸原因在于裂纹的急剧扩展，从而发生脆性断裂，断裂处的实际应力远小于材料的屈服强度。此后，进一步的实验研究及英国"彗星"型客机坠毁等事故证明这一现象具有普遍性，隐藏着不为人知的科学规律。于是，美国力学家 G. R. Irwin 等人在金属脆断现象研究的基础上，于 20 世纪 50 年代末提出了"断裂韧性、强度因子"等新概念，创立了断裂力学这门新学科，提炼出断裂力学几个方面主要研究内容：①裂纹出现的条件；②裂纹扩展的规律；③裂纹扩展的阈值；④结构寿命预测。随着这些科学问题的逐步解决，断裂力学在 20 世纪 60 年代开始成熟，并在材料工程、航空航天工程、机械工程、土木工程中得到了广泛的应用，成为工程设计界应对细观世界缺陷的强大工具。

三是深化对工程实践活动与科学研究、技术开发相互作用机理的认识，将工程事故所揭示出来的科学问题和技术问题进行系统化的研究。在实践论层面上，是工程实践活动推动科学研究和技术开发、还是科学研究与技术开发带动工程实践是一个普遍性的话题，二者存在着相互作用、相互支撑的关系，并不见得有规定性的先后顺序。在工程实践活动体量不断扩张、技术活动日益复杂的当代，工程实践活动推动科学研究、技术开发的情形更为普遍，更具导向性和工程应用价值，社会效益和经济效益也更加显著。虽然在现实中，工程实践活动与科学研究、技术开发相互作用的方式多种多样，但认识其内在作用机理的关键有两点。第一点是工程实践活动必须将工程设计建造运营背后的科学问题或技术瓶颈精准地"解构"出来，提出带有普遍意义的、具有科学价值的研究项目或开发课题，从而推动科学研究、技术创新向工程实践活动的纵深发展。第二点是在科学研究的基础上，逐步开发出工程问题的体系化解决方案，使科学研究、技术研发具备新的工具理性，并通过工程实践的选择集成和推广应用，总结创造出新的工程知识和规则标准，从而促进工程设计的创新和推广应用。以薄壁钢箱梁局部屈曲问题为例，正是 20 世纪 70 年代初澳大利亚墨尔本西门大桥、英国米尔福港大桥等五座钢桥板件局部失稳屈曲事故，推动了国际结构工程界对工程尺度板件屈曲理论的研究，发现了传统欧拉稳定理论因忽视工程板件尺寸较大、具有几何初始缺陷和物理初始缺陷的基本特点，会明显高估实际工程板件的极限承载力，在此基础上，提出了针对工程实际板件、计及初始缺陷的第二类稳定理论，扫除了结构工程师的认知障碍，并将这些研究成果实用化、归纳在英国规范 BS5400 中，使其成为结构设计的实用方法。

案例 4-16　纽约花旗集团大厦隐患的消除——如何有效化解工程风险①

1）工程背景

20 世纪 60 年代，美国经济的迅速发展，国力进入最鼎盛的时期。花旗集团（Citicorp）受益于这一浪潮也发展迅速，其位于曼哈顿公园大道的总部，相对于公司的持续增长和快速扩张而言，显得不太相称，急需建造一栋全新的、显眼的、与其经济地位相称的写字楼。与此同时，莱克星顿大道 601 号的圣彼得教会正为他们教堂的日渐老化发愁。圣彼得教堂建于 20 世纪初，最初目的是为教会的会众提供一个礼拜场所，60 多年过去了，教堂早已变得破败不堪。当时还是属于郊区的莱克星顿大道，现在也已变成了纽约市中心，教堂所在地也变成了寸土寸金的金融中心，在缺乏资金的情况下，为了能够对教堂进行全面的修复，教会开始考虑出售其位于莱克星顿大道 601 号的地产。

花旗集团与圣彼得教会经过 5 年旷日持久的谈判，1970 年在花费 4000 万美元的情况下，与圣彼得教会就莱克星顿大道 601 号土地售卖达成协议。协议中有两个特别的条件：①在原址上为圣彼得教会建造一座全新的教堂；②新的大楼不允许有任何结构构件穿过教堂。其中，第二个条件不仅意味着要牺牲宝贵的办公空间，而且给花旗集团大厦的结构设计出了一个不小的难题。

2）设计方案

担任花旗集团大厦设计的是建筑师休·斯塔宾斯（Hugh Stubbins）和结构工程师威廉·勒梅苏里尔（William LeMessurier）。休·斯塔宾斯是享有盛誉的美国建筑师，他曾与包豪斯运动（Bauhaus movement）的发起人瓦尔特·格罗皮乌斯（Walter Gropius）一起在哈佛大学共事 10 年，并有诸多划时代的建筑精品如德国柏林国会大厅（Berlin Congress Hall）问世。而威廉·勒梅苏里尔同样是一名才华出众的结构工程师，他作为休·斯塔宾斯的搭档一起完成了多项地标建筑的设计。他们同样也为第二个条件犯难，为处理好教堂与大厦之间的关系曾考虑过多个方案，但对于如何衔接协调教堂与大厦的空间位置冲突仍然没有头绪。

一天晚上，勒梅苏里尔在一家餐馆里又研究起这个困扰多时的项目，灵感也不期而至。如果将原先布置于大楼四周的承重柱移动到中间、将柱位内缩以让出教堂的位置，并增大柱的截面尺寸、减少柱的数量，整座大楼以一种"踩高跷"的形式坐落于地面，这样的布置方式既避免了与教堂的冲突，也最大程度地减小了大厦的避让。对于承重柱内移后大厦楼面的支撑问题，则可采用树状结构、利用布置在四周的 V 形桁架体系来传力。这似乎是一个两全其美的方案，于是，勒梅苏里尔随手拿起桌上的餐巾纸将草案画了下来，不仅化解了大楼与教堂布置的冲突，而且留出了宽阔的底层架空空间，足以满足圣彼得教会原址重建的要求，也有别于纽约市已建成的其他高层建筑，如此大胆而独特的方案如能实现，将毫无疑问会成为纽约的新地标，大厦方案构思草图及结构骨架如图 4-36 所示。

---

① 本案例资料及图片主要来自公众号 iStructure 推文"飓风营救·纽约花旗总部大厦倒塌危机"。

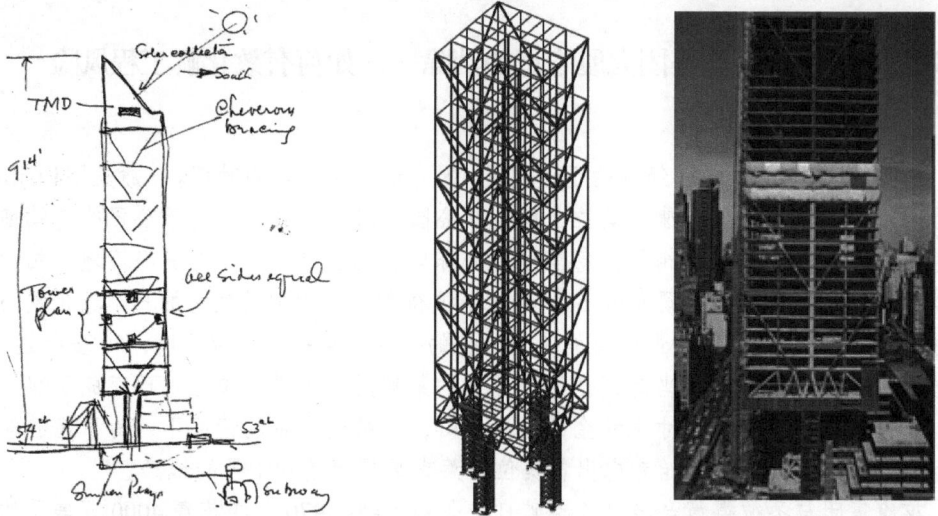

（a）勒梅苏里尔画在餐巾纸上的大厦　　　　　　（b）大厦骨架示意图及其施工过程
雏形手稿

图 4-36　纽约花旗集团大厦设计手稿及骨架示意图

对于勒梅苏里尔的构思，建筑及结构设计团队进行了系统的论证和全面的优化，最终确定的主要设计参数如下：①大厦高 279 m、59 层，层高 4 m，标准层为 48 m×48 m，建筑面积约 28 万 m^2，大厦屋顶采用切角 45°坡面，以便于布置太阳能板（后来未实施）；②大厦由 4 根高 35 m、截面 7.2 m×7.2 m 的 SRC 巨柱以及一个 19 m×22 m 的四角切角的八边形电梯核心筒支承，4 根 SRC 巨柱间距 30 m，使大厦底层形成了一个高 35 m、50 m×50 m 的开敞流动的城市空间，不仅为圣彼得教堂的重建提供了足够空间，而且打破"排列在街道两旁的新的、老套的厚片建筑物"给人的厌倦感觉，富有创造性和现代感；③采用独特的传力体系，各楼层重量借助于四周布设的、巨大的 V 形桁架传递给 4 根承重柱，V 形桁架高 32 m、高度覆盖 8 层楼高，跨径为 24 m，传力途径非常直接，按照勒梅苏里尔的意思，他甚至试图说服建筑师休·斯塔宾斯将这些桁架显眼地外露出来，不过他没有成功；④大厦设计基本风压为 1.675 kN/m^2、基本风速为 45～49 m/s（距地面高度 10 m 处），由于其抗侧力结构体系比较独特，为控制风致振动响应、应对经常来自大西洋的飓风的袭击，在大厦顶部安装了一个外形 9.1 m×9.1 m×1.8 m、重 410 t 的调频质量阻尼器（TMD）。1977 年大楼建成，耗资 1.75 亿美元，被命名为花旗集团总部大厦（Citicorp Center），其建筑概貌、底层平面布置如图 4-37 所示。由于大厦底层大尺度的架空，实现了与城市、市民的亲密结合，受到了纽约各界的喜爱以及建筑业界的普遍好评，正如有人所说："它像一条线，已经纺进了这个城市的经纬。"

3）结构设计缺陷

1978 年夏，普林斯顿大学学生 Diane Hartley 在准备本科毕业论文时，选取了刚刚竣工的花旗集团大厦的抗风性能作为研究对象。她从勒梅苏里尔公司的一名助理工程师拿到了大厦的相关资料，并对大厦的结构性能进行了复核，在复核过程中，她发现大厦的

（a）建成后的大厦概貌　　　　　　　　　（b）底层平面布置（单位：m）

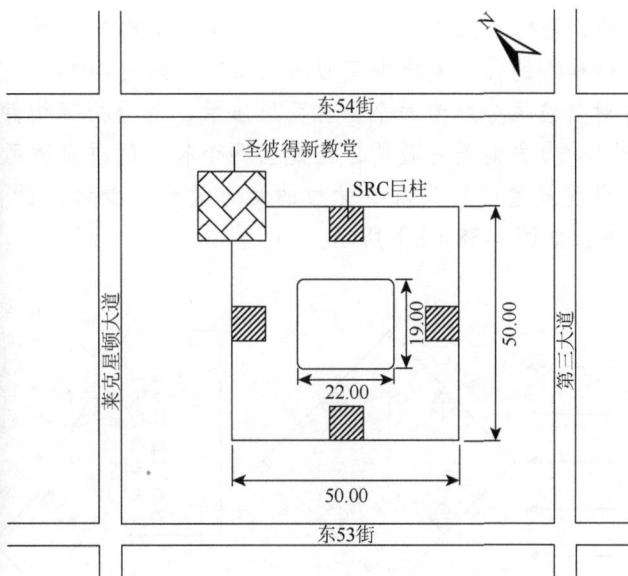

（c）大厦底层概貌（左下角为重建的圣彼得教堂）

图 4-37　花旗集团大厦概貌及底层平面布置（查看彩色图片可扫描封底二维码）

抗风性能上异于常规建筑物。对于常见高层建筑结构，由于四个角都设有柱子，在垂直于建筑表面的风压作用下通常是其最不利工况；但是对于花旗集团总部大厦，Hartley 发现大厦在对角线风压作用下，大厦的主要构件的内力明显高于垂直面风压的情况，验算表明大厦的一些构件在对角线风压作用下抗力显得不足，验算工况的风压作用如图 4-38（a）所示。论文提交后，她的老师也产生了同样的质疑。于是，在 1978 年 6 月的一天，Hartley 联系了勒梅苏里尔，对大厦的结构设计提出了疑问。一开始，勒梅苏里尔并没有在意，但也没有忽视一个本科生的质疑。当天晚些时候，勒梅苏里尔对 Hartley 提到的情况亲自进行了分析，验算了对角风压作用工况。对角风压可以按 45°分解为两个垂直于建筑表面的分力，大小为对角线方向风力的 70%。一般情况下，其内力效应是小于垂直面风工况的。

然而，勒梅苏里尔惊奇地发现，在他设计的 V 形桁架中，在对角风力压工况下，部分桁架构件的内力竟比垂直面风压工况要高出 40%。这是因为大厦特殊的结构布置方式，将对角线风分解为两个垂直面风压后，部分桁架构件的在两个垂直面风压荷载的作用下，受力方向是一致的，因此当两个较小的垂直面风荷载效应叠加时，部分桁架构件会出现双重受压或双重受拉的受力效应，叠加后的内力效应比设计取用值高出了约 40%，如图 4-38（b）所示。

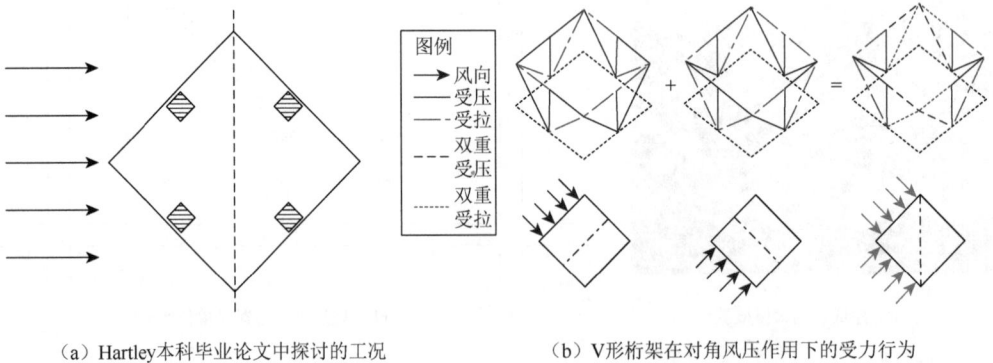

（a）Hartley本科毕业论文中探讨的工况　　　　　（b）V形桁架在对角风压作用下的受力行为

图 4-38　花旗集团大厦在对角风压作用下的受力行为分析简图

面对这一现象，勒梅苏里尔开始有些隐隐不安。所幸的是，经过计算，结构设计预留的安全裕度尚可覆盖漏算最不利工况下所增大的 40%内力，桁架主要构件尚有一定的安全储备，但桁架主要构件之间的连接是否能够保证按照计算图式传力并未得到核验。在此期间，勒梅苏里尔想起了一个月前的另一场会议：在匹兹堡参加由他和休·斯塔宾斯设计的另两栋高层建筑讨论会时，对于类似于花旗集团大厦的桁架支撑，施工单位提出了用高强螺栓来代替全熔透焊接的方案，因为焊接需要大量合格的焊工高空作业，成本比较昂贵、工期也会拖长，出于施工简便性的考虑，建造公司更愿意采用高强螺栓。勒梅苏里尔想核实花旗集团大厦在施工时是否也遇到了类似的情况，如果该大厦施工时采用了焊接连接，则结构设计就没有什么大的问题，但如果采用高强螺栓，则可能意味着主要受力构件间的连接强度不足。然而，实际情况是在勒梅苏里尔不知情的情况下，花旗集团大厦施工方将 V 形桁架的连接变更为高强螺栓连接，并征得了他的设计团队的同意。勒梅苏里尔进一步的检查分析发现：他的设计团队在进行抗风计算时，V 形桁架分析计算模型也不够恰当，直接导致 V 形桁架构件连接的高强螺栓数量几乎减少了一半。这几种不利情况叠加在一起，导致大厦钢结构主要受力构件的强度虽然没有问题，但实际的连接强度却明显不足。于是，一个非常现实而紧迫的担忧出现了：即大厦钢结构设计存在明显的缺陷，V 形桁架节点连接强度严重不足，在强飓风作用下有可能引发重大工程事故。

4）关键抉择和隐患处治

面对这一重大而紧迫的问题，结构工程师勒梅苏里尔没有保持沉默，而是秉持工程师的良知与责任，积极采取了一系列技术、沟通、协调和补救措施，最终将潜在的重大工程事故予以化解。后来，他将这一系列措施命名为"SERENE"计划，它是 special engineering review of events nobody envisioned（无人发现事件的特别工程审核）的首字母缩写，计划名称听起来既悲伤又贴切。

首先，勒梅苏里尔在 1978 年 7 月 26 日飞往加拿大安大略省，请教当时风工程的世界权威阿兰・加内特・达文波特（Alan Garnett Davenport），探究飓风袭击纽约市的概率以及花旗集团大厦在强飓风作用下结构遭受破坏的可能性。纽约气象记录表明：飓风出现的概率为每 16 年 1 次，属常遇事件。分析计算表明：花旗集团大厦最薄弱的地方在第 30 层，如果第 30 层在强飓风的静风压力作用下损坏，整个大厦就会发生灾难性破坏；此外，强飓风来袭时，大厦迎风面在承受静风压力的同时，在与迎风面垂直的另一个面内会产生较大的横向振动，即便考虑安装在楼顶 TMD 的有利作用，在强飓风作用下大厦的安全运营性能也难以得到保证。同时，考虑到 TMD 的运行需要供电，一旦强飓风来袭，大厦供电不一定能够得到保障。因此，纽约花旗集团大厦发生重大工程事故的几率非常高，需要采取相应的结构补强措施才可能消除隐患。

其次，勒梅苏里尔冒着职业生涯终止、法律诉讼、公司破产的压力，决定将花旗集团大厦设计缺陷披露出来，将问题的严重性告知花旗集团的管理层，将可能发生的灾难后果向纽约市政府汇报，以取得各方的理解和支持，以便为潜在工程事故的预防和及时处理提供各种便利。虽然保持沉默对他个人最为有利，最终可能也不会承担任何法律责任——因为当时建筑设计规范并没有要求计算对角线风压内力效应的规定。在此期间，虽有一些波折，但总体上比较顺利，花旗集团管理层、纽约市政府相关部门、大厦建筑师休・斯塔宾斯、业内同行如结构设计大师莱斯利・罗伯逊等方方面面的知情者都非常认可勒梅苏里尔认真负责的精神，并对勒梅苏里尔处治潜在工程事故的能力抱有足够的信心。勒梅苏里尔因此而备受鼓舞，积极投身到大厦隐患处治工作之中。

1978 年 8 月 7 日，勒梅苏里尔设计团队给出了 V 形桁架节点加固补强工程的图纸。加固补强工作的重点是采用厚 50.8 mm（2 in）、长 1828.8 mm（6 ft）的钢板，焊接覆盖、加强原有的高强螺栓连接，增强 V 形桁架结构的整体性。为防止加固补强期间飓风来袭，他们安排了 TMD 的制造商 MTS 系统公司提供 24 h 服务，以确保阻尼器不会因为故障而停止运行。为掌握 V 形桁架主要构件应力状况，对大厦关键结构构件进行了不间断的应力监测。为避免群体性恐慌，花旗集团在 8 月 9 日的华尔街日报发布了一份平淡无奇、充满公司行话的新闻稿，称工程师们建议加强大楼支撑系统的某些连接，提前稀释可能引起的关注。在具体实施时，修复工作安排在非工作时段进行，在每一个桁架节点周围搭设了板房，电焊工从晚上 8 点一直焊接到凌晨 4 点，每周工作 7 天，等等。正是这一系列务实高效的技术对策和管理措施，使得大厦 V 形桁架节点连接的加固补强工作在短短的两个月内完成，而在大厦里上班的工作人员却不知道究竟发生了什么。加固补强工程在 1978 年 10 月完成后，花旗集团大厦成为纽约市安全性、舒适性最好的高层建筑之一，即便是在没有 TMD 的帮助的情况下，也能够抵抗百年一遇的飓风。

5）几点认识和感悟

（1）关于工程师的责任

从普林斯顿大学生 Diane Hartley 的质疑开起，勒梅苏里尔秉承工程师的良知和责任，冒着承担法律责任和经济风险的后果，勇于承认错误，善于补救缺陷，将一场可能殃及成千上万人生命财产损失的潜在工程事故化解于无形，无疑值得称赞，勒梅苏里尔在这个事件中不仅毫发无损，反而因此扩大了他的声望。对于这一点，正如勒梅苏里尔所言："你有社会义务。作为获得工程牌照和被尊重的回报，你应该自我牺牲，超越自己和客户的利益，放眼整个社会。我的故事中最精彩的部分是，当我这样做的时候，没有什么不好的事情发生。"

（2）关于技术背后科学问题的认知

在新技术、新对策、新方法的探索实践过程中，由于种种原因，可能会存在当时认知不全面、认识不到位的科学问题或技术瓶颈，因此，在工程实践活动中，"不知、不能"类工程事故难以避免。花旗集团大厦因其独特的建筑方案而衍生出来的 V 形桁架部分构件受力计算结果偏小、节点连接强度不足的问题，便是一个典型的实例，虽然机理比较简单、也容易理解，但在其他高层建筑结构设计中却很难遇到。当认知局限以技术问题的形式暴露出来时，需要秉持理性客观的态度，实事求是地进行查验、反思和总结提炼，提出工程隐患或工程缺陷的处治对策，并将其上升到规则规范的高度，以便人们从工程事故教训中提升对技术问题的认知能力和把控能力。只有这样，才能将技术背后的科学问题揭示出来、研究清楚。

（3）关于细部构造设计和施工

结构细部构造特别是连接构造是保障结构体系正常工作和有效传力的关键，通常是在长期工程实践活动中的经验教训总结基础上得出的，但在设计施工过程中却容易被人们忽视。此外，细部构造的一些特点是相互矛盾、相生相克的，即施工简便的，性能往往不够可靠，反之亦然。在本案例中，花旗集团大厦建造公司将焊接改成了高强螺栓连接，虽然降低了现场作业强度、降低了建造成本，但却在无意之中增大了整个大厦工程隐患的处治难度。

参 考 文 献

阿迪斯，2008. 创造力和创新：结构工程师对设计的贡献[M]. 高立人，译. 北京：中国建筑工业出版社.

比林顿，1991. 塔和桥：结构工程的新艺术[M]. 钟吉秀，译. 北京：科学普及出版社.

布希亚瑞利，2008. 工程哲学[M]. 安维复，等译. 沈阳：辽宁人民出版社.

陈昌曙，1999. 技术哲学引论[M]. 北京：科学出版社.

陈洋洋，周福霖，刘彦辉，等，2023. 一种绳系式人工激振控制系统及其控制方法：ZL2021109330793[P].

程懋堃，2015. 创新思维结构设计[M]. 北京：中国建筑工业出版社.

崔京浩，2005. 伟大的土木工程内涵与特点·地位和作用·关注的热点：第十四届全国结构工程学术会议特邀报告[C]//第14届全国结构工程学术会议论文集（第一册），北京：《工程力学》杂志社.

邓文中，2014. 桥梁话语[M]. 北京：人民交通出版社.

董石麟，邢栋，赵阳，2012. 现代大跨空间结构在中国的应用与发展[J]. 空间结构，18（1）：3-16.

段敏，王银辉，袁伟东，2015. 船舶撞击桥梁分析方法探讨[J]. 公路与水运，（6）：137-142.

耿波，王君杰，汪宏，等，2007. 桥梁船撞风险评估系统总体研究[J]. 土木工程学报，（5）：34-41.

胡卫华，唐德徽，李俊燕，等，2022. 基于分布式同步采集的赛格大厦结构动力学参数识别[J]. 建筑结构学报，43（10）：76-84.

季元振，2009. 建筑是什么：关于当今中国建筑的思考[M]. 北京：清华大学出版社.

莱昂哈特，1987. 桥梁建筑造型与艺术[M]. 徐兴玉，高言洁，姜维龙，译. 北京：人民交通出版社.

李伯聪，2002. 工程哲学引论：我造物故我在[M]. 郑州：大象出版社.

李乔，2023. 桥梁纵论[M]. 北京：人民交通出版社.

林同炎，斯多达斯伯利，1999. 结构概念和体系（第二版）[M]. 高立人，方鄂华，钱稼茹，译. 北京：中国建筑工业出版社.

米切姆，1999. 技术哲学概论[M]. 殷登祥，曹南燕，等译. 天津：天津科学技术出版社.

米切姆，2013. 工程与科学：历史的、哲学的和批判的视角[M]. 王前，等译. 北京：人民出版社.

聂建国，2016. 我国结构工程的未来：高性能结构工程[J]. 土木工程学报，49（9）：1-8.

桥梁杂志社，2009. 《桥梁》杂志精选本[M]. 北京：人民交通出版社.

王大洲，关士续，2003. 走向技术认识论研究[J]. 自然辩证法研究，（2）：85-93.

王受之，2002. 现代世界设计史[M]. 北京：中国青年出版社.

王应良，高宗余，2008. 欧美桥梁设计思想[M]. 北京：中国铁道出版社.

武际可，2009. 力学史杂谈[M]. 北京：高等教育出版社.

项海帆，2023. 中国桥梁（2013-2023）[M]. 北京：人民交通出版社.

项海帆，范立础，王君杰，2002. 船撞桥设计理论的现状与需进一步研究的问题[J]. 同济大学学报（自然科学版），（4）：386-392.

殷瑞钰，汪应洛，李伯聪，2018. 工程哲学[M]. 北京：高等教育出版社.

原研哉，2006. 设计中的设计[M]. 朱锷，译. 济南：山东人民出版社.

张华夏，张志林，2002. 关于技术和技术哲学的对话：也与陈昌曙、远德玉教授商谈[J]. 自然辩证法研究，18（1）：49-53.

张健，刘占省，张泽华，等，2023. 卢塞尔体育场屋面膜施工及维保技术研究[J]. 施工技术，52（7）：142-148.

张俊平，2023. 现代桥梁工程创新：认识、脉络及案例[M]. 北京：人民交通出版社.

张喜刚，等，2014. 公路桥梁汽车荷载标准研究[M]. 北京：人民交通出版社.

中国公路学会桥梁和结构工程分会，2009. 面向创新的中国现代化桥梁[M]. 北京：人民交通出版社.

中冶建筑研究总院（深圳）有限公司，2021. 深圳赛格广场 518 楼宇振动事件原因分析简要报告[R].

佐尼斯，2005. 圣地亚哥·卡拉特拉瓦：运动的诗篇[M]. 张育南，古红樱，译. 北京：中国建筑工业出版社.

《中国公路学报》编辑部，2014. 中国桥梁工程学术研究综述[J]. 中国公路学报，27（5）：1-96.

Bucciarelli L L，1994. Designing engineers[M]. Cambridge，Mass：Massachusetts Institute of Technology.

Bucciarelli L L. Engineering Philosophy[M]. Deflt，Netherlands.：Delft Univ Press，2003.

Chatterjee S，1992. Strengthening and refurbishment of Severn Crossing. Part 1：Introduction[J]. Proceedings of the Institution of Civil Engineers-Structures and Buildings，94（1）：1-5.

Honigmann C，Billington D，2003. Conceptual design for the Sunniberg Bridge[J]. Journal of Bridge Engineering，8（3）：122-130.

Scruton C，1952. An experimental investigation of the aerodynamic stability of suspension bridges with special reference to the proposed Severn Bridge[J]. Proceedings of the Institution of Civil Engineers，1（2）：189-222.

Vardaro M J，2020. LeMessurier Stands Tall：A Case Study in Professional Ethics[R].

Vogel T，Schellenberg K，2015. The impact of the Sunniberg Bridge on engineering Switzerland[J]. Structural Engineering International，25（4）：381-388.

第5章 结构工程的创新

如前所述，在结构工程实践中，为了解决"为了什么？如何集成？如何建构？如何选择？"这一基本命题，实现方法、实现路径存在着多种可能性，存在着一个合理可用解答的集合。在寻求优化解的过程中，一代又一代的工程大师通过借助于理论研究的范式进阶、工程材料的迭代更新、工程设计方法的科学化、工程建造运营模式的升级等手段，促进了工程建设运营效能效率的不断提升，增进了结构工程造福人类的能力。在诸多工程领域中，结构工程因历史悠久、体量规模大、工程建造和运营过程消耗的资源多、对人类生产生活的支撑力度强等原因，近现代以来一直是工程实践活动的排头兵，对于改善人类生产生活条件起到了不可替代的作用。

然而，现实情况是，虽然结构工程实践活动取得了巨大的成就，但在工程实践活动中，因循守旧、稳当保守文化依然是工程界的底色，相当一部分结构工程师们也未构建起科学先进的工程观念，导致在结构工程实践活动中，普遍存在着思维定势钳制创新的现象，乏味的、重复的、低效的结构设计大行其道，结构材料消耗量过高、经济指标不够合理、结构性能差强人意等现象还是会经常出现，甚至在很多时候结构工程还存在隐患，工程事故还时有发生，等等。这说明结构工程实践主体——工程决策者、结构工程师、技术工人等群体，距离全面科学地把握结构工程本质还存在不小差距，也说明在提升结构工程的效能效率水平、增强结构工程安全性可靠性方面仍大有潜力可挖；同时，随着结构工程疆界的不断拓展，各种自然灾害尤其是地震、台风、泥石流等对结构工程的设计建造和安全运营构成了严重的威胁，一些超级工程项目如我国川藏铁路、渤海海峡跨海通道建设的技术挑战依然还会给工程界带来很大的困扰。

综合上述几个方面，结构工程的创新既具有明显的应然性，以增强结构工程实践活动对经济社会发展的支撑作用、夯实工业化城市化进程的物质基础；也具有突出的现实意义，以克服各类超级工程项目所带来的技术挑战、提升结构工程建造运营能效水平。那么，什么是创新？人们为什么要创新？创新的内涵和外延是什么？创新的应然性和实然性究竟如何？工程创新与技术创新的联系与区别是什么？进一步来说，在结构工程领域，创新的载体有哪些？创新的机制是什么？工程创新与工程演化的关系是什么？等等，在本章中，作者将结合结构工程的特点，对上述问题进行系统而全面的阐述。

5.1 关 于 创 新

5.1.1 创新的内涵与外延

1. 历史沿革

1912 年，奥地利裔美国经济学家约瑟夫·阿洛伊斯·熊彼特在其《经济发展理论》

（*The Theory of Economic Development*）一书中，首次提出了"创新理论"（innovation theory）。在该书中，熊彼特将创新定义为，把一种从来没有过的、关于生产要素新组合引入生产体系，建立一种新的生产函数，并指出了五种创新的形式：即采用一种新产品，采用一种新的生产方法，开辟一个新市场，控制或获取新的原材料供应来源，实行一种新的企业组织形式。熊彼特关于创新理论的阐发，从根本上解释了经济发展的内在原因，阐明了"创造性破坏"是经济发展的主要动力，区分了经济发展与经济增长的异同，指出了创新是企业发展壮大、国家经济发展的必由之路，等等。基于创新理论，熊彼特对现代社会经济发展的动力学过程给出了令人耳目一新的诠释，成为 20 世纪最重要的经济学研究成果之一。由此可见，创新从一开始就是一个经济学概念，而不是一个技术概念，主要存在于企业生产、运营、销售等运行过程中，如生产出一种新的产品、采用一种新的生产方法、开辟一个新的市场等。

在熊彼特创新理论提出之后的几十年间，经济学界围绕创新模式、经济周期、演化理论、创新系统等由创新理论衍生出来的二阶问题，进行了深入系统的研究，但这些研究讨论一直局限在经济学范畴及产业界。到了 20 世纪 60 年代，随着第三次工业革命向纵深发展，计算机技术、原子能技术、航空航天技术等技术创新对经济社会发展的带动作用日益突出，加上美国、苏联在太空竞赛过程中所显示的"硬道理"——先进技术就是国家实力的主要标志，于是，美国、英国等发达国家纷纷在国家层面上开始重视技术创新，不断通过经济政策或国家项目来推动技术创新。例如，美国阿波罗登月工程带动了材料工程、机械工程、计算机技术、控制工程、通信工程等 10 多个工程领域技术的全面跃升，在转化为民用技术后使美国企业界获得了巨大的"技术红利"。

进入 20 世纪 70 年代，熊彼特的创新理论再一次受到了人们的重视，相关研究也变得活跃起来，工业创新经济学、演化经济学等新的理论不断破茧而出，有关制度创新、管理创新、技术创新的研究也开始活跃起来，以便从制度、管理、技术等多个层面来解释纷繁芜杂的经济活动，使中微观的经济活动释放出创造力，并由此推动了国家（区域）层面经济产业政策的出台。在这个过程中，多数经济学者都信服熊彼特"企业利润是成功创新的额外奖励"等基本观点，并对创新的内涵、运行过程和实现形式给出了与时俱进的解释。

然而，在创新研究和创新活动不断向纵深推进、创新外延在不断扩展的同时，但有关创新的内涵和外延却似乎在变得更加复杂和模糊不清。一般认为，所谓创新，就是指利用现有的知识和物质，在特定的环境中，为满足社会需求而改进或创造新的事物、方法、元素、路径、环境，并能获得一定有益效果的行为。虽然这样的定义获得了一定程度的认可，但却并不严谨准确，常常会产生各种歧义。例如，在生产实践或经济活动中，人常常将创意、创造、创新混为一谈，甚至将特立独行、与众不同也视为创新；又如，在我国长期以来使用的基本术语"科技创新"，不仅混淆了科学和技术的内涵，即科学只有新的发现，并不能去创新，而且容易将创新的主体——工程创新排除在创新的范畴之外，等等。之所以产生这些模糊混乱乃至错误的认识，与严谨准确概念的内涵和外延缺失是分不开的。

2. 创新的内涵

2007 年，著名桥梁设计大师邓文中结合长期工程实践的经验感悟，对创新进行了重新定义，即"创新就是有价值的改进"，具体包括三个层面，用五个英文单词来概括，即创新的判据是有无价值的提升（increase in value）、创新的主要表现形式是发明（invention）、改进（improvement）、融合（incorporation），创新的目的是得到经济上的回报和奖励（incentive）。用 5I 来廓清创新概念虽然略显复杂，但从根本上回答了何为创新这一基本问题。具体来说，这一定义的优点在于以下三个方面。一是给出了衡量创新的判据，或者是将"不可能"转化为现实中的工程/产品，能他人所"不能"；或者能够提升产品性价比或降低工程项目的全寿命成本，取得明显的经济社会效益，比他人做得"好"；或者能够增加工程/产品的附加价值，让人们在使用之余，能够获得精神上、文化上、艺术上的愉悦，比他人做得"妙"。二是揭示了获取回报、获得利润或得到奖励是人类各种创新活动的原动力。三是概括了创新的三种表现形式，即发明、改进和融合。因此，用 5I 来定义创新既具有普遍性和严谨性，也便于判断和识别。与熊彼特的创新概念有一定差异的是，邓文中这个创新的定义是普适的，适用于经济活动、社会活动、工程实践活动等各个领域，也适用于不同类别的创新如技术创新、工程创新、管理创新、制度创新等。同时，在这个定义中，价值的含义是泛指的，具有开放性，包括了经济价值、社会价值、艺术价值等多个方面，但强调创新经济属性的主导地位依然没有改变。

在创新的三种表现形式中，发明是最具代表性、最具影响力的创新方式。发明常常也被称为技术发明，一般是指设计制造出前所未有的工程器物、方法工具和工艺流程等，是首创的、有价值的、可以实际使用的器物或方法流程。其中，有为数不多的"种子型"技术发明或"从 0 到 1"的技术发明，在工程原理、基本概念、基本方法、技术路线等方面具有原始性革命或颠覆性的突破，往往会颠覆旧有的框架、塑造新的架构，在工程化应用或产品化生产之后，其所产生的累积效应往往难以估量，能使产业/行业乃至人类生产生活方式发生革命性的变化，人们常常称为颠覆性创新，但这类创新数量极少。相对而言，改进（improvement）和融合（incorporation）也被称为渐进性创新，是最常见的创新方式，也是技术创新、工程创新、管理创新的主要实现路径，还是量大面广的一线技术人员创新的主阵地。所谓改进，就是在既有的技术体系内，通过对原有的方法、材料、工艺、工序、构造等方面，进行改进、集成或再开发，以达到提升产品质量、改进工程能效水平或提高劳动生产率的目的。所谓融合，就是围绕特定的目标，将不同学科或不同工程领域相对成熟的技术、材料、方法、装备等，重新组织、改造、提升、二次开发，以实现预定的功能目标。改进和融合虽然不如颠覆性创新那样令人振奋，但在大规模应用之后，仍然可以使产业/行业产生巨大的效益。有人对 20 世纪以来各个工程领域的 480项重大创新成果进行了分析，发现以融合、组合为特征的创新成果占据了其中的 60%以上，这既说明了渐进性创新是创新的主渠道，也反映了学科交叉融合是技术创新和工程创新的主要动力。但在现实中，人们对突破性创新往往趋之若鹜、高度重视，但对渐进性创新则容易忽略、重视不够。

3. 创新的外延

在熊彼特提出创新理论以来的百年里，经过起起伏伏，从国家宏观政策到企业微观经济活动，创新的作用价值、现实意义获得了普遍的认可，在这个进程中，关于创新的内涵经过长期争论沉淀，取得了大致相近的看法，得出了相对严谨的定义。但是，关于创新的外延，却正在慢慢变得无边无界、无所不包，在现实生产活动中，似乎与传统不一样的、与主流做法不一致的都可以冠以创新的名义，创新俨然成为各行各业解决现实疑难问题的"万能钥匙"。于是乎，各个领域、各行各业都大力提倡、推动形态各异的创新，导致鱼目混珠的现象十分常见。在我国，随着近 10 多年来国家对创新的高度重视和大力扶持，创新似乎成为各个领域包治百病的灵丹妙药，以至于出现了各种似是而非的说法提法，例如我们耳熟能详的"科技创新""文化创新""艺术创新"等等，遗憾的是，这些提法说法却常常经不起推敲，其中一些提法还存在明显的误导作用。那么，创新有没有边界呢？创新的适用对象或应用场景是什么？其科学恰当的外延在哪里？

事实上，在熊彼特离世之后，在经济研究层面，创新主要分为两大流派，即技术创新（technique innovation）和制度创新（institutional innovation），其中以技术创新占主导地位。20 世纪 70 年代之后，随着工业化大生产模式的普及、产品生产营销国际化分工的深化，以泰勒管理学为代表的近代生产管理理论面对这一复杂局面时显得有点力不从心，于是，基于熊彼特经济创新理论，结合产品生产制造营销过程中的特点，管理创新（management innovation）便应运而生了。此外，近 20 年来，随着"科学-技术-工程"三元论的确立，工程创新（engineering innovation）便自然而然地成为创新研究的重阵。以下简要介绍管理创新与制度创新的内涵，关于技术创新与工程创新详见下文。

所谓制度创新，是指在现有的生产条件和生活环境下，通过创设更能有效激励人们行为的制度、行为规范体系来实现社会经济的持续发展和不断变革。制度创新既是支配人的行为和相互关系的规则的变更，也是组织与其外部环境相互关系的变更，以激发人的创造性和积极性，创造出新的知识、技术和方法，进而营造出鼓励创新的文化氛围和社会环境，促进社会资源的合理配置，扩大财富体量，推动社会进步。制度创新是经济学家道格拉斯·C. 诺思（Douglas C. North）在熊彼特创新理论基础上发展起来的，他认为经济增长的关键因素在于制度，指出了在现存制度下出现潜在获利机会、但却无法在现存制度框架内实现，当潜在的利润足够大时，制度创新的契机就到来了。从人类发展史来看，制度创新对社会经济方方面面起到了无法估量、不可替代的推动作用，促进了技术创新的迭代、工程创新的扩散、管理创新的升级，无疑是最核心、最关键、最基础的创新行为，无可争议地位于创新的顶端。例如，英国之所以能够率先完成第一次工业革命、成为人类历史上第一个"世界工厂"，并占据当时国际贸易的顶端，与其较早实行专利制度是密不可分的，正是专利制度的严格实施，才保障了技术创新者的利益，激发了各行各业能工巧匠、工程师们的创造力，推动了工业革命向纵深发展。

所谓管理创新，就是在特定的时空条件下，通过计划、组织、指挥、协调、控制、反馈等手段，对系统所拥有的物质、资本、信息、能量等资源要素进行再优化配置，并实现人们所期望的物流、资本流、信息流、能量流目标的活动。换言之，管理创新就是设法形成一种富有创造力的组织，并将这种组织结构或体制机制的优势，转换为提升产品、服务或作业效率的过程，使组织能够更好地适应外部环境的变化和内部目标的迭代。例如，随着信息技术对传统制造业赋能力度的强化，从以业务流程管理为核心转向以信息化管控为核心就成为现代企业的普遍选择；又如，随着产品生产销售的国际化，以供应链管控为核心的整合活动就是一种典型的管理创新。对于结构工程，工程管理作为与技术同等重要的两种手段之一，涵盖了管理学、运筹学、会计学、市场学、应用统计学、工程经济学、组织行为学等多个领域，是优化资源配置、增强决策科学性、提升工程建设运营效能效率、改进工程建设运营质量的主要手段，在工程实践活动中发挥着技术难以替代的作用。

由以上论述可见，就创新的本质或要素而言，在技术创新、工程创新、管理创新、制度创新这四种主要的创新类型之外，其他关于创新的一些提法或说法，要么在本质上不见得符合创新的内涵或判据，要么在创新要素上与这四种类型有所重叠，并不严谨科学。例如，我们常说的模式创新，无非是以这四种创新的一种或两种为主，形成了一种综合的、集成的、成熟的创新方式，并在某种程度上固化下来。又如，我国工程界常说的集成创新，常常涵盖了技术、经济、工程、社会、产业化等多个维度，在本质上属于工程创新。然而，这样的讨论仍不免过于宽泛和粗浅，难以系统深入地揭示创新的内在规律，为此，结合本书的目标定位，以下将主要论述技术创新与工程创新的异同与联系。

5.1.2　技术创新与工程创新

近 20 年来，随着"科学-技术-工程"三元论的确立，"工程是创新活动的主战场，技术开发是创新的前哨战场"这一论断逐渐得到哲学界多数学者认同，即如果忽视了工程的本体地位、离开了工程的选择和嵌入，技术创新就没有用武之地，会变成无根之木，但在工程界和学术界，这一论断似乎并没有完全被接受，导致在工程技术研究开发过程中，脱离工程目标、单兵突进的技术开发活动还非常普遍。如果不在认识论层面加以廓清，要消除其在实践中的不良影响是不可能的。为此，以下从经济活动与技术创新、技术创新与工程创新的内涵、技术创新与工程创新的联系与区别等几个方面，对技术创新与工程创新做一探讨。

1. 经济活动与技术创新

从技术创新的经济属性来看，技术发明活动不是孤立的，它与社会需求、经济活动、工程实践活动、现有技术体系、激励机制制度等方面都密切相关，其中，社会需求历来是技术创新最重要的源泉。根据苏联经济学家尼古拉·D. 康德拉季耶夫（Nikolai D. Kondratieff）所提出的技术长波理论（long-wave theory，也被称为康波周期），经济活动存在着 50～60 年的周期，其中前 15 年为衰退期，逐渐走出上一个经济周期；之后 20 年为繁荣期，技术创新大量涌现，投资大增，经济繁荣，工程实践活动非常活跃；再后的10～15 年为过度建设期，产品生产能力、工程实施能力严重过剩，经济活动陷入收缩状态；最后 5～10 年为混乱期，经济活动陷入衰退萧条，直至下一个周期的来临。根据康波周期的上述特征，第一次工业革命以来，人类大致经历了 5 次康波周期，可以简单地概括为蒸汽化时代、铁路化时代、电气化时代、汽车和计算机时代、信息化时代。对于经济活动周期性现象的解释，大多数经济学家都认同熊彼特的观点，即技术创新或创造性破坏是康波周期的根源，在康波周期的繁荣期，技术创新会大量出现，当技术红利被人们利用殆尽后，经济活动就进入了衰退期，直至新一轮技术革命的爆发，经济活动才会活跃起来。从工程历史统计结果来看，重大技术发明主要集中发生在 1770 年、1825 年、1885 年、1935 年、1990 年这些年份的前后，说明伴随着经济活动周期的更替，技术创新也呈现出明显的周期性。

受经济活动、技术进步周期性规律的影响和制约，技术创新水准与技术发明数量存在一定的对应关系。在每一项技术体系性能特征提升的过程中，都存在着自我进化完善的规律性和机制，如图 5-1 所示。在新的技术体系尚未形成之前的早期，"种子型"或颠覆性的技术发明数量少、水平高，但只有负效益，颠覆性发明常常难以为市场或工程实践活动所接纳。当"种子型"技术发明实现了"从 1 到 N"的转变、过渡到大规模应用时（图中 a 点）和接近技术体系寿命时（图中 c 点），发明数量有两个峰值，前者说明技术体系在大规模应用时，必然需要足够数量的、配套的发明为其扫除技术障碍；后者反映了人们企图用发明努力延长技术体系寿命、存在路径依赖的现象。同时，随着新的技术体系的成熟，发明的水平、创新的程度是逐渐降低的，逐步演化为各种形式的改良改进，直到原有的技术体系接近其技术寿命、被新一代技术体系所替代时，才会涌现出新的、高水平的"种子型"发明，成为技术体系迭代升级的先锋。另外，发明的有效性即由发明产生的经济效益，在技术体系进入大规模应用后则呈现出上升的态势，虽然在超过 b 点之后，发明的水平、创新程度是在不断降低的，但由于生产或工程规模的扩大，即便是小的改进也能取得大的效益。

虽然"种子型"技术发明有可能对产业行业产生革命性的影响，但其诞生与成长过程往往满布荆棘，需要接受重重检验和市场洗礼，存在着极大的不确定性。从技术开发转移规律来看，一项新的技术发明要实现产业化，一般要经过技术开发、产品化、商品化三个阶段，客观上有一个漫长的过程，也需要高昂的开发成本。根据美国商务部的调查，从技术发明到开发成为市场商品，发明阶段的费用仅占总成本的 5%～10%，而开发阶段的费用，则往往是发明阶段费用的 10 倍以上，也就是说，"从 0 到 1"所需的费用还不及"从 1 到 N"的 1/10。具体来说，从实验室的技术发明到具有工程应用水准的技术创新，常常需要投入海量开发费用、经历种种波折、跨越重重障碍，才有可能掌握其中的工序流程、工艺参数、质量调控、检验方法等隐藏在技术原理背后的操作细则或作业程序。即便如此，技术创新中仍然存在很多需要在实践中摸索积累的、无法用语言描述的、依附在特定人群的技术诀窍，成为一些企业行业乃至国家设法保护的独门利器。在这个过程中，即便技术发明是成熟的，仍然存在着诸多制约因素，或因其经济效益未被市场认识而处于潜伏期，或因相关配套技术不成熟而处于空窗期，或因开发费用高昂而无人问津，或因管理机制僵化而被束之高阁，等等。因此，"从 0 到 1"型的技术发明常常要经历一个曲折反复的过程，才有可能被工程选择、应用和集成，这就是为什么技术发明成果转化成功率比较低的原因之一。

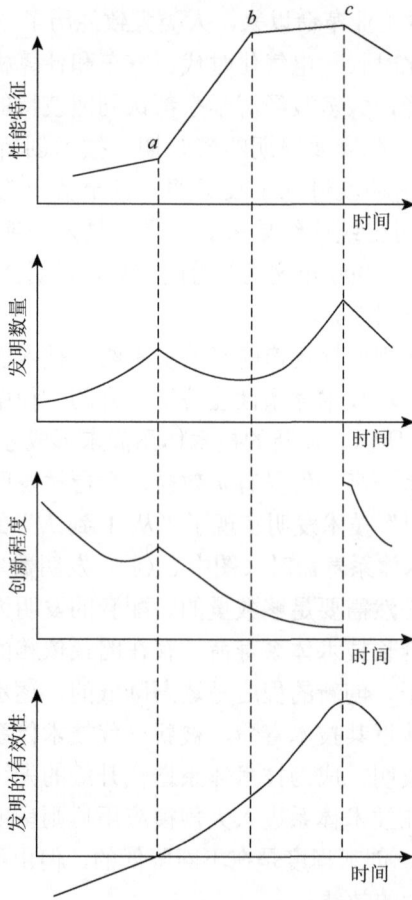

图 5-1　技术创新的一般发展规律示意图

2. 技术创新与工程创新的内涵

所谓技术创新，就是以现有的知识和物质，在特定的环境中，通过创造知识形态的新方法、新工艺、新流程、新服务，改进研制实物形态的新设备、新装置、新工具、新产品、新系统等，并在效率效能方面取得有益效果的行为。技术创新多以先进性为取向，大体上等同于方法手段的更新，工具理性比较突出，主要解决"怎么做？怎么做得更好？怎么做效率更高？"等问题，提升效率效能考虑得较多，而价值理性考虑得相对较少。进一步地，克利斯·弗里曼（Chris Freeman）、罗克·苏特（Luc Soete）、陈昌曙等人将技术创新定义为新产品、新过程、新系统、新服务的首次商业性转化，其标志是新产品首次商业化应用或工程化建造，而不是停留在技术构思层面上的发明或革新，更不是灵光乍现的创意。这样，就将一些不具备技术可行性及经济合理性的创意、构思排除在技术创新之外，比较严谨地揭示了技术创新的实质。按照这个定义，大多数停留在实验室阶段的技术发明或技术革新尚不能被称为技术创新，但它们在方法论层面上仍具有价值意义，在技术路线层面上拓展了选择的空间。

所谓工程创新，就是在特定的自然、经济、社会条件下，有组织地利用各种资源，合理地集成先进技术方法，统筹各类非技术要素，以适当的资源和恰当的路径实现预定的功能目标，创造性地构建出人工存在物，并在技术或非技术层面的某些方面有所突破的实践过程及其结果的总和。工程创新是目的和手段的统一综合体，将"为了什么？如何集成？如何建构？如何选择？"的问题，将"有无价值的提升"置于首位，具有突出的价值理性，主要标志是能否在经济尺度、效能尺度或艺术尺度上突破壁垒或打破瓶颈，主要载体是工程项目、工程产品、技术系统等。因此，工程创新具有突出的集成性、系统性、复杂性、层次性和组织性，也具有明显的当时当地性，体现了工程的本体地位，反映了多要素的集成和价值的创造，反映了工程实践检验、社会市场筛选的作用过程。

3. 技术创新与工程创新的联系

20 世纪 90 年代以来，人们开始认识到工程创新与技术创新是两类既有紧密联系、又存在明显差异的实践活动，以技术创新覆盖工程创新既存在认识上的偏差，也会在工程实践中的产生很多问题。例如，一些工程技术人员所信奉的"技术至上"，盲目地追求技术指标的先进性，便是一种忽视了技术的社会属性和工程本体地位的极端现象。从认识论角度来看，技术创新与工程创新是两类既有密切联系、又有明显区别的实践活动，二者相互交织、相互成就，技术创新致力于新技术的孕育与转化，工程创新着眼于工程活动中关键要素以及这些要素的集成。为此，需要校准技术创新的逻辑起点，回归工程创新的价值内涵和"当时当地性"，深化技术创新与工程创新相互作用机理机制的认知，从而推动技术创新与工程创新的高度协同。概括来说，技术创新与工程创新主要联系包括如下三个方面。

一是技术创新是源、工程创新是流，源远才能流长。从创新过程来看，技术创新秉承先进性取向，基于科学理论和技术原理，开发商业性产品或工程化技术，借助于新产品、新系统、新服务的开发迭代与市场试水，使技术创新走向工程实践，其中一小部分在市场检验洗礼中凝结成为工程创新的要素之一。但是，创新的本质是经济活动而非技术活动，在科学研究、技术开发成果转化为现实生产力的过程中，都要通过工程/产品这一环节，工程具有本体地位。工程/产品是连接技术与社会大众的"桥梁"，直接接受用户的选择，如果不能让用户产生价值的提升、使企业获得经济效益，就会被市场淘汰。与此对应，技术则仅仅是一个隐藏在工程/产品背后的要角，技术创新如果不能带来功能的提升或全寿命价格的降低，多数时候并不会被工程所选择，也难以有机会进入用户的视野。

二是技术创新是工程创新的主要支撑要素，甚至是工程创新的瓶颈因素，但技术创新并不能涵盖工程创新。从技术开发角度来看，技术创新通过对科学理论及技术原理的实用化、工程化研究，将科学的真理定向转化为技术的先进性导向，但如果偏离了工程目标，技术创新将难以被工程项目选择嵌入，失去检验和迭代的机会。然而，在工程创新中，技术创新虽然扮演着最重要的角色，提供了工程创新路线选择的多样性，回答了工程创新的可能性限度，但只有结合工程建设运营的自然社会环境等"当时当地性"约束条件，才有可能孕育出工程创新。

三是技术创新具有催化剂的倍增效应，一旦被工程创新选择嵌入后就能产生巨大的累积效应，推动行业进步。一般而言，技术创新的主要来源于四个方面：①直接由自然环境给定而且尚未被任何技术解决过的难题；②现有技术功能失常、效能低下的情形；③特定时期相关技术之间的不匹配、不协调带来的问题；④被其他科学知识系统预见到的、潜在的问题。一旦这些技术问题有所突破，就可能孕育出技术创新。在当代，在科学理论与工程创新之间，技术创新起到了催化剂的倍增效应，它大多以知识形态或实体形态存在，既有效拓展了工程实践活动的可能性空间，又大幅提高了工程建设运营的效能水平。即便是人们并不十分看重的渐进性技术创新，一旦被规模巨大的工程实践活动所选择嵌入，其所产生的累积效应仍然会对产业行业产生巨大的促进作用。

4. 技术创新与工程创新的区别

虽然技术创新与工程创新联系紧密、相互交织，但二者在价值取向、实现方式、约束条件等方面还是存在着一些比较明显的差异。进入知识经济时代，知识形态的技术创新越来越重要，技术创新对工程创新的支撑作用更加突出。但与此同时，创新的异化也层出不穷。因此，有必要在认识论层面上厘清技术创新与工程创新的区别。

一是技术创新强调工具性，工程创新强调目的性。技术创新以发明、改进、融合为核心，重在提升效率效能、拓展新方法新工具，主要解决"怎么做？怎么做得更好？"的问题，工具理性比较突出，价值理性考虑得较少。工程创新首要问题就是回答"为了什么"，将"有无价值的提升"置于核心，具有明确的工程目标，蕴含着显著的价值理性，同时也要接受自然环境条件、工程经济指标、工程社会观、工程伦理观的强力约束。

二是技术创新具有依附性，需要借助于工程的筛选和检验才能发挥作用；工程创新具有本体性，常常面临着同体异质要素的集成优化的难题。工程创新是技术创新的载体，对技术创新具有选择、嵌入、整合和检验等功能，为技术创新提供了用武之地和自我进化完善的机会，离开了工程的选择、集成和检验，技术创新将成为无根之木。技术创新虽然占据了工程创新的要津，但却只有借助于工程创新才能获得检验迭代的机会，才有可能将技术的先进性转化为市场的认可度。从这个角度来看，市场上只有最适宜的技术、而未必有最先进技术的成长空间。另外，工程创新是一个同体异质要素的集成体，根植于工程的"当时当地性"，必须与具体的时间空间联系起来。因此，工程创新不能简单地归结为技术创新，还需要在技术层面之上融合自然、经济、社会、历史、文化、价值观等诸多要素，具有突出的系统性、集成性和社会性，也具有突出的产业特征和累积效应。

三是技术创新多采用单兵突进的方式，重在效率效能的提升；工程创新多采用渐进性创新的方式，重在投入产出的均衡。技术创新的出现、完善、迭代和扩散，存在着自我发育进化、不断革新完善的内在机制，常常表现为技术指标的单兵突进，较少考虑与工程相关的经济效益与社会效益。与此相对应，受工程稳健性与系统性本质的制约，工程创新是对先进成熟技术创新成果的选择、集成、融合与优化，多采用综合集成的方式，重在投入产出的权衡，重在经济效益与社会效益的提升，以减小工程建设运营能力与社会需求之间的落差。英法两国联合研制的协和超音速客机就是这方面一个典型的反例，其在技术创新上无疑是伟大的、成功的，但在工程创新上是失败的，因油耗过高、噪音过大等原因，导致其在与亚音速客机的竞争中始终处于下风，难以扩大市场份额，最终不得不在运营 27 年后彻底退出航空市场，成为超音速客机的绝唱。

5. 区分技术创新与工程创新的意义

辨析技术创新与工程创新的联系与区别虽然只是一个学理问题，但对于端正工程观念、深化技术创新与工程创新相互作用机理机制的认知、规避创新误区等方面却大有裨益，对工程创新实践与技术创新活动具有普遍的指导价值，具体体现在以下五个方面。

一是围绕工程需求，厘清工程背后的技术问题和科学问题。工程实践是现实的、直接的生产力，其所提出的问题或存在的症结，正是技术创新不断向前发展的动力，也是科学理论发展的源头之一。然而，从工程现象、工程问题凝练出技术课题和科学问题并不是一目了然的，人们看问题的方式会受到当时社会背景和技术条件的影响，同样的工程问题有可能被转换成不同类型的问题，如转换为社会问题、管理问题或技术问题。事实上，技术问题的界定本身就是一个转换、说服和妥协过程，它并非技术人员的专利，而是利益相关方共同介入的产物。例如，桥梁防船舶撞击问题就是一个典型的案例，人们对其究竟是管理问题为主还是技术问题为主，在不同经济发展阶段有不同的认识，相关方面的本位思想又进一步模糊了问题的本质，导致不同应对策略的工程成本相差甚远（参见案例 4-15）。

二是规避创新误区，回归工程创新的价值提升内涵。从工程创新的历史经验和教训来看，由于对创新的规律认知、评价标准、文化认同、思维自觉等方面存在诸多认知误区，人们往往将工程创新与技术创新混为一谈，弱化了工程创新的价值理性，导致在工程创新实践中，出现了一些并未提升价值的工程创新异化，主要表现形式有以下四类：①在认知上将技术创新与工程创新混为一谈，将技术的先进性等同于工程的创新性，将工程创新矮化为技术指标的简单堆砌，对新技术的适用性熟视无睹；②对工程创新的经济属性认识不够深刻、把握不够到位，忽视了工程的经济性是工程实践活动与社会发展的纽带，以致产生各种各样的、未能经受住市场的检验筛选"短命创新"，例如，空客A380 仅仅生产了 251 架，便不得不在 2021 年宣布停产就是一个典型的例子；③打着创新的旗帜标新立异，过度将商业目的植入工程实践活动，从而影响市场、误导用户，产生各种各样的"伪创新"或"虚创新"；④执着地追求一些工程浅表性特征如工程纪录、工程规模等，有意无意地将工程项目的浅表性特征与工程创新混为一谈，甚至以工程纪录替代工程创新。

三是在工程创新中整体统筹技术和非技术要素，避免掉入高技术的陷阱。工程创新可以存在瑕疵、但不允许失败，这使得工程创新需要更加注重整体统筹。整体统筹包括技术与非技术两个层面。在技术与非技术要素的整体统筹中，非技术要素常常占据主导地位，统筹的核心是抓住主要矛盾或矛盾的主要方面，协调处理好工程相关方的利益诉求乃至矛盾冲突。在技术内部因素的整体统筹中，要精准全面地把握市场对技术创新的需求，准确拿捏分析市场对技术创新的认可程度，扫除"技术至上"的迷信，克服技术创新的片面性，避免掉入高技术的陷阱，而忽视了工程的适用性、集成性与行业性。在技术嵌入工程的过程中，突出工程的本体地位，重点处理好技术先进性与成熟度的冲突，掌控好风险性与稳健性的矛盾冲突，把握好单项技术突破与成套技术集成的辩证依托关系，因地因时制宜地选择技术路线。

四是在市场中检验，校准技术创新活动的逻辑起点。一般说来，技术创新选题应满足如下三个条件：①对技术进步发展有明显的意义；②要在现有的条件下能够形成成套技术；③能够获得市场检验与迭代升级的机会。然而，在现实中要满足这三个条件并不容易。通常，有意义但解决不了的题目很容易找到，能够解决但意义不大的题目也很常见，比较成熟、需要提升效能的题目虽然很多，但后来者进入市场时常常会面临不低的技术门槛。因此，在技术创新选题时，需要研发者站在本领域技术发展史的高度，汲取技术发展进程中正反两方面的经验教训，校准技术创新的逻辑起点，既要强化对技术发展方向、研发构想的洞察把握能力，廓清技术问题的内涵；又要深化自然、社会、经济、文化等方面对技术发展演变影响规律的认知，强化对市场技术需求的把控能力。只有这样，才能另辟蹊径、出人意料而又符合技术逻辑地把握市场的脉搏和用户的需求。

五是在协同中迭代，促进技术创新与工程创新的协同。当一项突破性技术创新诞生时，由于其与现有技术体系不兼容，往往难以规模化应用；当既有技术体系接近其使用寿命时，人们又会存在技术路径依赖，企图用各种各样的改进措施来延长其使用寿命。在这两种情况下，技术内部的协同、完善、优化、集成往往存在认知局限、主观阻力或客观困难，有些时候甚至会被异化为其他问题。对此，工程创新的推动、市场需求的激励、行政力量的干预往往可以从技术外部起到打破坚冰的作用，并迅速推动技术迭代升级。因此，在技术开发过程中，需要跳出技术来看技术，始终将市场对技术创新及迭代升级的要求置于核心地位，始终将工程实践对新技术需求和集成要求放在首位，将单兵突进转换为齐头并进，不断提升技术的成熟度和辐射面。只有这样，才能促进促进技术创新的快速成熟和工程集成，推动技术创新与工程创新的高度协同。

综上所述，可以简要地对工程创新与技术创新的关系归纳为：一是技术创新是源、为工程创新提供了路线选择的多样性，工程创新是流、为技术创新拓展了用武之地，源远才能流长；二是创新本质上是经济活动过程而非技术活动过程，单纯强调技术的先进性、迷信高新技术的成功必然带来市场的高收益是对创新本质的片面理解；三是技术创新是工程创新的前哨战场，工程创新是创新活动的主战场，工程具有显著的产业/行业经济属性，只有前哨战场与主战场协同配合、相互支撑，才能推动工程创新；四是工程创新与技术创新的关系复杂多变、因时因地而异，不可以偏概全，需要具体问题具体分析。

案例 5-1　现代桥梁工程创新成果简况表——基于工程历史尺度的积淀

第二次世界大战以来的 80 年里，在力学、材料科学与工程、计算机科学与技术等方面的支撑下，桥梁工程的建设技术得到了极大的进步，人类跨越障碍能力得到了极大的提高，桥梁建设的规模体量、能效水平、建设质量等方面取得了巨大的进步。在这个过程中，涌现出一代又一代桥梁工程创新成果，解决了当时当地的桥梁建设困难。以桥梁工程最显著的特征——结构形式和施工方法为例，近 80 年来曾经出现过许许多多的创新成果，一些创新成果在当时颠覆了国际桥梁界的传统认知，获得了巨大的成功。但是，受工程创新的复杂性和阶段性等因素的制约，经过工程实践的长期筛选、市场的洗礼与历史的检验后，大多数工程创新并未取得最终的"成功"，存留下来的、得到大规模应用的工程创新成果不过数十项，现摘取现代桥梁工程 80 年来最重要、影响最大、应用最广的 20 项结构形式的创新成果，以及 10 项施工方法的创新成果，汇总如表 5-1、表 5-2 所示。

表 5-1 现代桥梁工程结构形式 20 项代表性创新成果简表

序号	年份	创新成果	提出者	首次工程应用
1	1946	预应力混凝土梁桥	尤金·弗雷西奈（Eugène Freyssinet）	法国马恩河吕章西桥（Luzancy Bridge）
2	1948	钢箱梁	弗里茨·莱昂哈特（Fritz Leonhardt）	德国科隆道伊泽尔（Deutz）桥修复工程
3	1950	正交异性板	弗里茨·莱昂哈特（Fritz Leonhardt）	德国曼海姆库法尔茨（Kurpfalz）桥
4	1954	斜拉桥	弗朗茨·迪辛格（Franz Dischinger）	瑞典斯特罗姆桑德（Strömsund）桥
5	1962	多跨斜拉桥	里卡尔多·莫兰迪（Riccardo Morandi）	委内瑞拉马拉开波湖桥（Maracaibo Lake Bridge）
6	1963	提篮拱桥	弗里茨·莱昂哈特（Fritz Leonhardt）	德国费马恩海峡大桥（Fehmarnsund Bridge）
7	1966	扁平流线型钢箱梁	吉尔伯特·罗伯茨（Gilbert Roberts）/威廉·布朗（William Brown）	英国塞文桥（Severn Bridge）
8	1967	密索斜拉桥	赫尔穆特·霍姆伯格（Hellmut Homberg）	德国波恩弗里德里希·艾伯特（Friedrich Ebert）桥
9	1972	混合梁斜拉桥	弗里茨·莱昂哈特（Fritz Leonhardt）	德国曼海姆-路德维希港（Mannheim Ludwigshafen）桥
10	1973	脊骨梁（展翅梁）	林同炎（T. Y. Lin）	美国旧金山机场高架桥
11	1974	连续刚构桥	克里斯蒂安·梅恩（Christian Menn）	瑞士弗尔泽瑙（Felsenau）桥
12	1977	单索面混凝土斜拉桥	雅克·马蒂瓦（Jacques Mathivat）/让·穆勒（Jean Muller）	法国布鲁东纳（Brotonne）大桥
13	1985	公铁两用悬索桥	本州四国联络桥公团	日本大鸣门（Ohnaruto）桥
14	1986~1987	波形钢腹板箱梁	雅克·孔布（Jacques Combault）	法国科尼亚克（Cognac）桥、法国曼普（Maupré）桥
15	1980~1988	索辅梁桥（部分斜拉桥）	克里斯蒂安·梅恩（Christian Menn）/雅克·马蒂瓦（Jacques Mathivat）	瑞士甘特（Ganter）桥、葡萄牙 Socorridos 桥
16	1991	钢管混凝土拱桥	四川省公路规划勘察设计研究院有限公司吴清明	四川旺苍东河桥
17	1992	公铁两用钢-混凝土连续结合梁桥	弗里茨·莱昂哈特（Fritz Leonhardt）	委内瑞拉卡罗尼二桥（Second Caroni River Bridge）

序号	年份	创新成果	提出者	首次工程应用
18	1992	无背索斜拉桥	圣地亚哥·卡拉特拉瓦（Santiago Calatrava）	西班牙塞维利亚阿拉米罗（Alamillo）桥
19	2013	多塔悬索桥	中铁大桥勘测设计院集团有限公司杨进/江苏省交通规划设计院股份有限公司韩大章	江苏泰州长江大桥
20	2016	斜拉-悬索协作体系	让-佛朗索瓦·克莱因（Jean-Francois Klein）/米歇尔·维洛热（Michel Virlogeux）	土耳其博斯普鲁斯海峡Ⅲ桥（Bosporus Ⅲ Bridge）

表 5-2　现代桥梁施工方法 10 项代表性创新成果简表

序号	年份	创新成果	提出者	首次工程应用
1	1950	悬臂节段浇筑法	乌立希·芬斯特沃尔德（Ulrich Finsterwalder）	德国巴尔杜因斯泰因桥（Balduinstein Bridge）
2	1955	拱桥的竖向转体施工法	里卡尔多·莫兰迪（Riccardo Morandi）	南非暴雨河桥（Storms River Bridge）
3	1959	移动模架浇筑法	赫尔穆特·霍姆伯格（Hellmut Homberg）	德国 Leverkusen 桥
4	1959	顶推施工法	弗里茨·莱昂哈特（Fritz Leonhardt）	奥地利 Ager 桥
5	1961	移动模架拼装法	汉斯·维特福特（Hans Wittfoht）	德国 Krahnenberg 桥
6	1962	悬臂节段拼装法	让·穆勒（Jean Muller）	法国舒瓦齐勒罗瓦桥（Choisy-le-Roi Bridge）
7	1964	拱桥的悬臂节段拼装法	Rendel，Palmer & Tritton 公司/郑皆连*（1968）	英国 Taf Fechan 桥/广西灵县三里江桥
8	1966	拱桥的悬臂节段浇筑法	艾黎佳·斯图佳定诺维奇（Ilija Stojadinovic）	前南斯拉夫塞波尼克（Sibenik）拱桥
9	1977	拱桥的水平转体施工法	张联燕	四川遂宁建设大桥
10	1997	大件块件安装法	丹麦 COWI 公司/让·穆勒（Jean Muller）	丹麦大带海峡（Great Belt）西桥/加拿大联邦大桥（Confederation Bridge）

*郑皆连等人在与国际桥梁界完全隔离的情况下，1968 年在我国广西灵县三里江桥建设中，独立发明了拱桥的悬臂节段拼装法。

此外，在近现代桥梁工程技术快速发展迭代的进程中，为了解决当时当地桥梁建设面临的主要问题或疑难症结，受当时当地的建设条件的制约、人们认知水平的局限，桥梁工程师们也创造出一些比较独特的结构形式，但经过数十年的工程应用，这些结构形式都被历史淘汰了，现将其中比较典型的 15 种结构形式汇总如表 5-3 所示。其中，有些结构形式昙花一现并未得到推广应用，如悬带桥、板拉桥、斜拉-刚构协作体系；有些则获得了广泛的工程应用，如钢板梁桥、混凝土 T 形刚构桥等。

表 5-3　近现代桥梁结构形式 15 项"不成功"创新成果简表（部分）

序号	年份	结构形式	解决的主要问题	存在的主要局限
1	20 世纪 60 年代以前	悬臂梁桥	①悬臂平衡施工；②计算能力不足；③结构静定、适用于地质条件较差情况	①受力不合理、材料利用效率不高，经济指标较差；②行车性能不佳
2	20 世纪 70 年代以前	钢板梁桥	①加工制造运输安装比较方便；②对桥宽、跨径适应性强	①抗扭刚度小，受力整体性差；②经济指标较差
3	20 世纪 70 年代以前	半穿式桁架梁桥	①制造运输安装比较方便②节省材料	①抗扭刚度小，受力整体性差；②振动过大
4	1950～1980	混凝土 T 形刚构桥	①大跨径预应力混凝土悬臂施工；②计算能力不足	①因受力不够合理和材料利用效率不够高，导致经济指标相对较差；②行车性能不佳
5	1952～1970	稀索斜拉桥	计算分析简便，设计得当时可以有效发挥主梁的抗弯作用	①弹性支承间距较大、梁高大；②结构冗余度不足
6	1952～1990	星形拉索斜拉桥	便于拉索在塔梁上的锚固，造型比较简洁	①斜拉索利用效率较低；②不利于密索体系的拉索布设
7	1960～1980	双曲拱桥*	在缺乏大型施工机具的情况下"化整为零、集零为整"，从而便于施工、降低造价	①结构受力的整体性差；②结构耐久性差
8	1960～1980	悬臂拱梁组合体系	结构静定，施工方便，对软土地基适应性强	刚度小、变形不平顺、后期养护维修工作量大
9	1970～1980	反吊桥	如何给混凝土梁提供多点弹性支承，以提升跨越能力	①材料利用效率不够高；②施工比较复杂
10	1970～1990	混凝土桁架梁	在节省材料同时，提供较大的刚度，并便于运输吊装	①施工环节多；②结构整体性较差
11	1970～1995	桁架拱桥*	构件小、材料用量省、运输吊装容易，兼有拱和桁架的受力特点，造价低	①节点构造复杂；②整体性较差、耐久性不足
12	1970～1990	刚架拱桥*	兼有拱与斜腿刚构的特点，施工简便、材料用量省、水平推力小、经济指标较好	结构整体性差，刚度偏小、行车性能不佳
13	1980～1990	混凝土斜拉桁架桥	利用预应力混凝土拉杆提供较大的刚度，减小主梁高度	①难以防止混凝土拉杆的开裂；②节点构造复杂
14	1985～1995	桁式组合拱桥*	节省材料，预制构件重量小，便于用简易机具运输吊装施工	节点构造复杂，整体性较差，耐久性不足
15	1985～2000	斜拉-刚构协作体系	两种结构组合后，便于形成适当的跨越能力	①结合处受力较为复杂；②经济指标不如双塔（高低塔）斜拉桥好

*仅在我国应用过的桥梁结构形式。

从表 5-1～表 5-3 不难看出，技术创新、工程创新存在着严格而残酷的筛选淘汰的机制，桥梁工程也是如此。虽然在当时，某种结构形式、施工方法的创新成果的确解决了人们在桥梁建设中的难点，取得了明显的技术进步，有着内涵十足的创新特征。但是，绝大多数创新成果或因结构受力性能不佳，或因行车性能存在一些缺陷，或因在能效尺度上效率不高，或因在经济尺度上效益不突出，或因施工工序过于繁琐，或因节点构造复杂、耐久性较差，或几者兼而有之，并未能经受市场和工程实践的检验，在没有得到大规模工程应用的情况下，就被新一代的结构体系所取代，经历了技术创新—工程创新—技术迭代—退出应用的螺旋式的进阶过程，这既符合技术创新、工程创新的历史规律，也是经济技术性能指标比选、市场筛选的必然结果。但无可否认，这些林林总总的工程创新案例起到了承前启后的作用，解决了当时桥梁建设的主要矛盾，对桥梁工程的发展仍然有显著的推进价值和时代意义，既是成功工程创新的孵化器，也是桥梁工程发展演化的"铺路石"。

5.2　结构工程创新的应然性与实然性

进入现代工程阶段以来，规模空前的结构工程实践活动架起了科学发现、技术创新与建筑行业发展之间的"桥梁"，从而使其成为经济发展和社会进步的主要支柱之一。此外，结构工程实践活动又不断提出新的、复杂的科学问题和技术问题，推动相关科学研究与技术开发向纵深发展，形成了相互促进、共同进步的良性局面，促进了真理取向与价值取向的高度融合。从本质上来说，工程实践活动具有本体地位，对各式各样的技术创新具有筛选、优化、集成和检验作用，对技术和非技术要素具有协同、整合、约束和统筹作用，对减少工程实践向自然索取负有终极责任使命，因而，工程实践活动蕴含着创新的应然要求。然而，面对结构工程非常突出的当时当地性，面对同体异质要素如自然、技术、经济、历史、文化等因素的选择集成，面对结构工程实践的历史传统和稳当保守的工程文化，现实中结构工程创新既要突破壁垒、又须躲避陷阱，常常面临左支右绌的复杂局面，往往会留下许多缺憾、隐患甚至败笔。因此，认识工程创新的应然性、承认工程创新实然性的局限、接受大多数工程创新"不成功"的必然性，并在工程实践活动中不断提升创新能力，实际上就是工程创新价值的一种理性回归。

5.2.1　结构工程创新的应然性

就现实状况而言，虽然结构工程站上了人类4000多年工程实践活动的巅峰，但结构工程所消耗的材料和能源在各类工程实践活动中的占比仍然较高，工程隐患还比较常见，工程事故还时有发生，加上结构工程尚未完成工业化大规模生产的进阶之路，导致结构工程设计建造的标准化程度较低，这就从客观上指明了结构工程创新的应然要求。此外，工程与自然环境、工程与社会、工程与经济活动的矛盾无处不在、无时不在，旧的矛盾解决了，新的矛盾又会出现，正是这一个又一个矛盾，推动着工程不断创新，这正是工程创新应然性的具体体现。进一步来说，面对社会需求与结构工程实践能力的落差，面对市场竞争过程中的经济尺度和能效尺度的筛选，必然推动工程实践活动不断推陈出新。结构工程创新的应然性主要包括外部推动力、工程实践活动内在规律，以及工程实践活动主体——特别是工程师的精神追求三个层面，这三个层面相互作用、相互影响，共同构成了结构工程创新演化的进行曲。

1. **外部推动力**

社会需求历来是结构工程创新的主要推动力。社会需求会从经济尺度、能效尺度和艺术尺度对结构工程的建设进行全方位的评价，会对各式各样的技术创新成果进行多层次评估和筛选，会促进结构工程技术创新的迭代升级，进而对结构工程的创新、结构工程的演化产生决定性的影响。换言之，社会需求与结构工程设计与实施能力经常存在着一定程度的落差，正是这个落差，才给技术创新、工程创新赋予了源源不断的动力。

结构工程创新体现在经济尺度上，具体表现为通过工程创新来降低工程造价，通过工程创新来降低工程全寿命成本，从而实现更大的经济效益与社会效益，减少结构工程实践活动对自然资源的索取。进一步来说，工程的经济性是工程实践活动与社会发展的纽带，降本增效是工程创新的主要目的，技术的先进性、可靠性是达成经济目标的主要手段。以超高层建筑结构体系创新发展的历史为例，从传统的密柱框架-剪力墙结构体系，发展出框架-核心筒结构体系、束筒结构体系、筒中筒结构体系和巨型框架结构体系，其推动力就是在不断增强高层建筑结构抗侧力的前提下，减小结构材料的用量，可以说，高层建筑结构的一百多年发展历史，实际上就是一部降低结构材料用量的历史。例如，1931 年建成的纽约帝国大厦，采用密柱钢框架-剪力墙结构，折合每平方米用钢量为 206 kg，而 1974 年建成的美国芝加哥西尔斯大厦，在顶部最大计算风压取值为 3 kN/m^2 情况下、采用束筒体系，折合每平方米用钢量为 150 kg，比帝国大厦减小了 27%；到了 1988 年，香港中银大厦在设计最大风压高达 6.15 kN/m^2 情况下，采用竖向空间桁架结构后，折合每平方米用钢量仅为 145 kg，这些数据从结构材料用量指标，粗略而有力地说明了经济效益是工程创新的主要源泉。

结构工程创新表现在能效尺度上，主要有以下两种情形：①能以往所不能，突破了以往同类工程能力的壁垒。例如，铁路桥梁因对刚度要求高、对梁端转角限制极为严苛，国际桥梁界长期以来普遍认为大跨径悬索桥存在着横向刚度小、加劲梁端变位大等诸多缺陷，并不适用于铁路桥梁或公铁两用桥梁，直到 2020 年，主跨 1092 m、搭载 250 km/h 高速铁路的江苏镇江五峰山长江大桥建成，才彻底颠覆了这一传统认知。②比先前的工程做得更好，具体包括能够克服先前同类工程的功能局限、消除此前类似工程的缺陷弊端、比以往同类工程的效能效率更高、结构材料用量更省、经济指标更优、使用性能更佳、结构可靠性更高等多种情形。例如，采用混凝土拱壳结构虽然也可以建成大跨建筑结构，但因其支架材料用量大、工期长、施工措施费用高，在网架结构、网壳结构、弦支结构等新的结构形式出现之后，拱壳结构自然而然地就淡出了工程实践活动的舞台了。

此外，源于工程的系统性、实践性、稳健性等基本特征，渐进性创新才是工程创新的主渠道，因而，表现在能效尺度上的工程创新在现实中是最常见的。因为通过工程创新，既能够解决工程实践活动过程中的实际问题、满足当时当地社会经济发展的需求，又能够达成技术手段、工程创新与价值目标的有机统一，从而取得预期的社会效益和经济效益，并将系统性、稳健性等工程本质自然而然地包含在其中。进一步来说，对于表现为能效尺度上的这一类工程创新，从技术层面来看，结构形式的比选优化无疑是最核心、最重要的，因为不同结构形式的传力途径、传力效率、对结构材料的利用方式和利用效率相去甚远，从而导致经济指标、能效水平大相径庭。以大型体育场馆屋盖为例（参见案例 4-3），在容纳观众人数相近的情况下，采用交叉刚架结构屋盖的用钢量大致为采用索膜结构的 5 倍、空间网格结构的 4 倍、空间桁架结构的 3 倍，这说明结构形式对结构工程的材料用量具有决定性作用。

结构工程创新表现在艺术尺度上，就是在实现预定的使用功能之后，能不能将使用价值与美学价值的融为一体，将历史人文、自然环境与工程项目有机地融合在一起，展现出结构工程的外在形式美、内在的技术美，使结构工程的实用、经济、美观三方面能够更好地结合起来，给人们带来精神层面的愉悦、艺术层面的享受，创造出新的审美价值或人文意义，并积淀成为人类文化的有机组成部分。这正是结构艺术的 4E 原则的整体诠释，也是结构工程社会性、系统性的最佳注脚，既包含结构材料的高效利用方式的优化，也包含结构工程的功能性与艺术性的有机融合。

2. 内在规律

就结构工程实践活动的内在规律而言，虽然工程背后蕴含着深刻的科学规律和技术

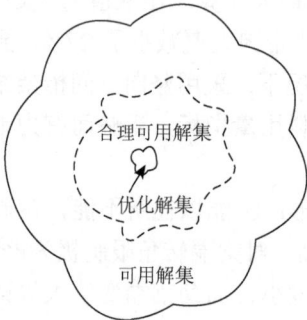

图 5-2　工程创新的应然性空间示意图

原理，但工程不是科学，没有唯一答案、也不存在唯一的实现路径，面对包括自然、经济、社会、技术、环境、文化等不同维度边界条件下的实际需求，工程的解决方案是灵活多变的、因地因时制宜的，答案是多种多样的，评价尺度也存在多元对立、与时俱进的现象。因此，工程创新就是在传承当中寻求突破，就是在"可用解集、合理可用解集、优化解集"的空间中寻求最适宜的方案（图 5-2），没有"对不对？"、只有"行不行、好不好、合适不合适？"，很多时候，最优解虽然是可遇不可求的，但优化解却是一个解集，答案非常多。在现实的工程实践活动中，受工程的复杂性、系统性、社会性等特征的制约，大多数工程实践成果都处在可用解集或合理可用解集的区间里，最优解往往是可求而不见得能够得到的；大多数工程项目也仅仅是实现了从无到有的器物创造，并不具备工程创新或技术创新的特征。从这个角度来看，工程创新的空间非常广阔，评价尺度也因时因地而异。因而，从工程实践活动内在规律来看，工程实践本身就承载着推陈出新的创新使命，否则就会落入墨守成规、食古不化的巢穴，落在了时代的后面。

就结构工程实践活动的主要支撑要素——技术来看，技术本身具有自我迭代的机制。工程实践的历史经验表明：一项新的技术问世后，要么存在与原有的技术体系不兼容、不协调的情形，要么存在与相关的支撑性技术不匹配、不配套的现象，要么自身还存在不完备、不系统的问题，等等。正是这一系列的问题或结症，迫使技术产生自我迭代、自我进化的内在机制，而这一机制要发挥作用价值，必须借助于工程实践活动这个大的舞台，使新技术获得尝试、试用、检验、优化、完善和迭代的机会，经历渐进性的改良改进、大浪淘沙式的洗礼之后，新的技术才能在工程实践中得以不断完善，逐渐形成比较完备的技术体系。但与此同时，工程实践活动与社会需求的落差无时不在、无处不在，旧的问题解决了，新的矛盾又会出现，随着时间的推移，原来比较完备的技术体系经过

一段时期的应用，其所存在的问题、不足和局限性也会逐渐显现出来，成为新一轮技术创新、工程创新的出发点。

3. 精神追求

就精神追求层面而言，结构工程建设者，特别是结构工程师要回归工程实践活动的价值理性，敢于走出因循守旧、甘于平庸的窠臼，担负起工程创新的历史使命，担负起工程实践活动影响社会、改造社会的责任。具体来说，在面对新的工程难点、技术挑战时要有勇气去直面问题、敢于创新，在大胆探索与小心验证取得平衡和协同；在提出一项新技术新方法后，面对工程界同行乃至公众的质疑时，要敢于坚持己见、深入浅出地向工程界解释，推动新技术新方法的落地落实；在面对习以为常的工程解决方案时，要善于质疑、发现这些方案的欠缺或不足，并能够着手去改进改良这些不足或欠缺。正是依托这些"不满意"，才能够发现问题，提出解决问题、破解症结的新对策，铸就追求卓越、善于创新的精神，使自己在从事工程实践活动的同时，实现精神上的升华。在这方面，世界上第一座钢桥——美国圣路易斯钢拱桥设计者詹姆斯·布坎南·伊兹为后来者做出了表率。19 世纪 60 年代，由于钢材冶炼技术还不太成熟稳定，经常会出现脆断等破坏现象，当时结构工程技术的领头羊——英国政府曾以立法的形式禁止在桥梁工程中使用钢材（直到 1877 年才废止这一法令），这一法令的影响传导至全世界，导致同期乃至此后建成的一些重大工程如葡萄牙皮亚·马里铁路桥（1877 年建成）、法国加拉比特铁路桥（1885 年建成）及巴黎埃菲尔铁塔（1889 年建成）等均采用锻铁作为主要结构材料。基于此，美国工程界大多数专业人士、建设业主出于安全稳当方面的考虑，都主张圣路易斯拱桥采用锻铁作为主要的结构材料，面对来自方方面面对采用铬钢（碳素钢与铬的合金钢）作为主要结构材料质疑时，詹姆斯·布坎南·伊兹建立了科学、系统、严谨的材料检验技术及质量控制方法，用详细而全面的试验数据论证了采用铬钢的可行性，并发出了令人无可辩驳的创新宣言："如果一件事情以前没有人做过，但我们的知识和判断认为可以，我们是否要强迫承认它永远不可能？"

5.2.2　结构工程创新的实然性

虽然结构工程创新具有天然的应然性，一代又一代结构工程师也秉承创新的使命，为此恪尽职守、殚精竭虑甚至奉献毕生精力，其中一些工程设计大师更是善于推陈出新，将结构工程的建构性、创造性与艺术性融为一体，创造出令人称道的结构工程传世精品。然而，由于结构工程实践活动规模大、地域性突出、对安全性要求高、对工程经验的依赖性强，加上其他一些因素如设计周期、设计费率、设计人员工程素养不高等方面的不利影响，以及建设业主、社会各界对结构工程创新的重视程度不够，导致在现实中，以增强结构安全性的名义来压制创新性的现象比较常见，将创新性与经济性对立起来的现象也屡见不鲜，平庸的、雷同的、拙劣的工程项目比比皆是。这说明，结构工程创新的应然性与实然性之间存在着巨大的落差，结构工程的创新并不能令人满意，与社会经济发展的需求还存在不小的差距，与普罗大众期望的高质量生产生活的要求也有一定差异，大多数结构工程项目只是实现了从无到有的工程器物的创造，并未包含多少技术创新、工程创新或管理创新的成分。

之所以产生这样的现象，其原因无疑是十分复杂的。从工程实践活动的客观规律来看，工程创新活动不够活跃，既是结构工程系统性、稳健性、实践性等本质特征某种程度的不当折射，也与结构工程技术迭代升级的内在规律高度相关。从结构工程师的主观认识来看，结构工程创新活动成效不够显著，既与结构工程师对工程创新规律的认知把握能力不强密切相关，也深受长期以来形成的稳当保守工程文化的影响，还与结构工程师的勇气、洞察力、想象力、工程创新思维等个体品质密不可分。对此，既需要工程界依托技术和管理两种手段，从结构工程的项目目标、实现路径、技术手段、能效水平、管理模式等方面不断总结提炼，更需要结构工程界站在工程哲学、技术哲学的高度，从工程本质、工程观念、创新环境、评价尺度等方面提升认知水平。那么，如何跨越结构工程创新的应然性与实然性之间存在的巨大鸿沟，以下就从认识论的层面上谈几点看法。

一要正确认识和把握结构工程稳健性与创新性的矛盾冲突。与科学发现、技术创新不同，结构工程体量规模大、占用的自然及社会资源多，且包含着建构性、科学性、经验性、实践性、系统性与社会性等同体异质的要素，导致在实践中要全面把握、恰当统筹这些相互矛盾的要素并非易事，加上结构工程的实践活动事关公众安全、绝不允许失败，因此人们常常将结构工程的风险防控置于首位，对结构工程的稳健性、安全性不断提出了更高要求。这些要求反映在现实的工程实践活动中，就是在相关技术规范规程的约束下，在当时当地工程文化的熏陶下，结构工程实践活动中因循守旧、怯于创新、流于平庸的情形常常占据主流，多数结构工程实践活动常常只是满足了预定的功能，实现了工程器物的创造，但却没有在先进技术集成、效能效率突破、非技术要素统筹等方面取得突破或改进改良，并未体现出价值的提升和效能水平的突破。实际上，结构工程的稳健性与创新性并非不可调和的矛盾，因为结构工程创新的目标也是多种多样的、与时俱进的，有些时候创新就是实现更高水平稳健性的阶梯，有些时候创新是提升结构工程可靠性水平的依托，有些时候创新是降低工程全寿命成本的保障，等等，不一而足。只是在这个纷繁芜杂的创新进程中，必须以工程的稳健性和可靠性为出发点和落脚点，采取稳妥的、渐进的技术路线，将若干先进成熟技术因地制宜地集成在工程项目中。

二要明确渐进性创新才是结构工程创新的主渠道。渐进性创新也称为累积性创新或改进性创新，是指在结构工程的工艺材料流程、施工工艺工法、细部构造设计、工程装备机具等方面进行不断改进完善、集成优化，也就是前文所述的改进（improvement）和融合（incorporation），属于"从 1 到 N"的量变。从结构工程发展历史来看，突破性工程创新须同时满足社会需求拉动、经济技术支撑、工程大师点化等多种有利条件时才可能破茧而出，数量非常少，以桥梁工程为例（参见案例 5-1），近现代以来的突破性工程创新不过数十项而已；渐进性创新则在结构工程实践活动中随时随处可见、层出不穷，既是结构工程创新的主渠道，也是量大面广的一线结构工程师施展才华的主阵地，还可能是突破性创新的孕育场所。另外，与技术创新的先进性取向不同，结构工程深受系统性、稳健性等本质特征的约束，只有先进而成熟的技术，才可能被结构工程实践活动所集成、所采用，得到检验优化和迭代升级的机会，并由此逐渐孕育出颠覆性的工程创新。因此，在结构工程实践活动中，必须在认识论上高度重视渐进性创新的作用意义，摆正渐进性创新的主体地位，正确处理好工程传承与工程创新的关系；必须正确认识技术改进、技术交叉融合的战略价值，将渐进性创新这一工程创新的主航道疏浚拓宽。

三要确立科学客观的工程创新评价标准、避免产生工程创新的异化现象。一方面，由于对工程创新的规律认知、判断依据、评价标准、文化认同、思维自觉等方面存在诸多认知误区或认识差异，导致在结构工程实践活动中，出现了一些形式各异的工程创新异化的现象，比较典型的有三类：①标新立异、未体现出价值提升的"伪创新"；②技术要素单兵突进、但经济技术综合性能不佳的"短命创新"；③过度植入商业目的，经不起市场和时间检验的"虚创新"。这些创新的异化，产生的原因不一而足，有的是为了占据市场、打着创新旗号的商业行为，也有的是为了创新而创新的技术开发行为，还有一些纯粹就是为了标新立异、追求与他人不同的哗众取宠，等等，这类异化的创新现象在人类工程史上一直存在，只是进入现代工程阶段后、随着工程实践活动规模的扩张有所增多。另外，与技术创新不同，工程创新重在先进适用技术的集成，因地因时制宜才是推动结构工程创新的根本策略，既不能陷入单纯技术指标堆砌比较的泥沼，也不能掉入高技术的陷阱、以技术的先进性来取代工程的适用性，更不能忽视工程管理的作用价值、将工程管理问题异化为技术问题，陷入"技术万能论"的认识误区，等等。但总体而言，只要市场竞争机制健全且构建了科学客观的工程创新评价标准，这些形式不一的、异化的工程创新必然会被社会和市场所淘汰，只是在这个过程中，会存留诸多遗憾、反面工程案例或值得后人深思的教训，这也许是人类在工程创新实践过程中必须付出的学费。

四要营造包容进取的创新氛围，促进结构工程创新的良性发展。受经济周期波动、技术体系寿命、创新文化氛围等因素的影响，工程创新常常会呈现出波浪式、集群式特点，这一点正如约瑟夫·阿洛伊斯·熊彼特说："创新不是孤立事件，并且不在时间上均匀地分布，而是相反，它们趋于群集，或者说成簇地发生。"工程创新之所以会成簇地发生，无疑源于当时当地社会需求的强劲推动，源于社会需求与结构工程实践中存在的巨大落差。如果没有旺盛而持续的社会的需求，新理论、新技术、新方法、新工具就失去了检验与迭代完善的机会，创新只能是一种空泛的概念或构想构思。从这个角度来看，工程创新的确存在"时势造英雄"的现象。但是，在同一时间空间下，工程创新却呈现出明显的离散现象，即某一国家、某一区域甚至某一企业的创新能力明显地高于大多数同行，甚至引领了某个工程领域的发展潮流。其中一个重要的原因就是当地当时是否营造出了包容进取的创新氛围和工程文化。因为对于工程创新者而言，创新就意味着他们率先进入了"无人区"，没有先例可借鉴，也会先于同行遭遇到一些"不知""不能"类工程工程风险，苛求创新者将这些风险都应对得恰到好处只能是一种良好的愿望，既有悖于工程实践活动的基本特征，也有悖于人类的认知规律。从这个角度来看，美国工程评论学者亨利·彼得罗斯基所说的"某种程度上也应允许工程失败，以便于工程界深刻理解把握某些工程规则"确有其合理成分。因此，能否营造出包容进取的创新氛围，能否对工程创新过程中出现的工程隐患、工程瑕疵乃至工程缺陷持宽容态度，并设法予以纠正或弥补，才是促进工程创新活动活跃的关键。如果对创新者求全责备，让其对可能存在的工程隐患、工程瑕疵承担无限责任，只能是将无数工程创新构想扼杀在萌芽状态，导致人们不敢创新、不愿创新。在这方面，20 世纪 20 年代的美国结构工程界无疑是一个典型范例，正是在锐意进取、宽容务实的工程文化和创新氛围的鼓舞下，才使美国率先实现了人类跨越千米障碍、建造百层高楼的理想。

5.2.3 "不成功"工程创新的一般原因分析

纵观近现代近 400 年的结构工程发展历史，大多数工程创新即便问世之初备受赞誉，但往往未能经受住工程实践的长期检验或市场的严苛筛选，最终消失在工程历史的长河之中，只有为数不多的工程创新能够通过实践的检验而得以传承和发扬光大，成为工程创新的节点和工程演化进程中的一环。拉长时间轴来看，大多数工程创新都可归类在"不成功"之列。在这里，所谓"不成功"工程创新，并不说这些工程创新失败了、没有意义了，而是其在解决了一些主要工程问题症结的同时，或因自身存在一些技术局限或性能缺陷，或因在能效尺度上效率不高，或因在经济尺度上效益不突出，等等诸如此类的原因，导致其被新一代的工程创新所取代、所淘汰，在工程实践活动中未能实现大规模的扩散、得到广泛应用，成为工程演化进程中的垫脚石。以桥梁工程为例，表 5-3 罗列了一些典型的近现代桥梁结构形式"不成功"创新成果，虽然这些"不成功"的工程创新具有一定的历史局限性和突出的时代性，但人们应该客观地、辩证地、历史地看待问题，即这些被取代的工程创新虽然是工程历史长河中的过客，但却毫无疑问地对工程实践活动起到了巨大的推动作用，具有重大的时代意义，它们既是工程演化道路上的铺路石，更是工程演化进程的加速器。

之所以产生这类现象，归根结蒂是由工程的本质属性所决定的，这既符合结构工程创新的渐进性、系统性、演化性、稳健性的要求，反映了工程创新和技术创新的螺旋式上升、波浪式前景的内在规律。概括来说，在结构工程实践活动中存在着为数不少的"不成功"工程创新既是必然的，也是合理的。从认识论上来看，"不成功"工程创新这类现象一直存在，其合理性体现在以下三个方面。

一是从工程本质上说，工程是建立在科学理论、技术创新、工程经验教训基础上的价值创造过程，工程创新是一个不断冲破技术壁垒、躲避各种陷阱的过程，也是一项冒险性的事业，结构工程非常突出的当时当地性无疑又进一步强化了这些特征。在工程创新实践活动中，每个环节都包含了很多不确定性因素或未确知性成分，在实施过程中虽有律可依、但无迹可寻，必然会存在着种种认知障碍和实际困难，大多数情况下都超出了人们当时的认知能力和应对水平，导致这些工程创新在解决当时工程界疑难症结的同时，本身也存在这样或那样的技术局限及功能缺陷。随着新一代技术体系的发明发展、迭代升级，这些工程创新就难以再有用武之地了。例如，关于砌体房屋结构的抗震问题，人们曾经研究出诸多增强整体性的构造对策，也有不少工程创新实践，但随着城市化进程的加速、房屋建筑高度的增大以及工程建设集约化程度的提升，砌体房屋结构在结构工程实践中的应用已经很少了，导致这些工程创新已经很难再有施展的舞台了。

二是从创新实现过程来看，工程创新是一个对同体异质多要素的集成过程，阻碍工程创新的因素，包括自然、政治、经济、技术、社会、历史、文化等多个方面，导致工程创新者所面对的必然是一个跨学科协同的问题，天然地存在诸多障碍。因此，必须从全要素、全过程集成的角度来认识、剖析、应对工程创新中的种种困局，这必然对工程创新者提出了很高的乃至超越时代的要求，在当时所处的情况下往往难以恰当地协调权衡，导致工程创新会在某些方面存在着先天不足。随着社会需求的演化、结构工程实践活动外部约束条件的变化，以及工程理念和技术方法的更新，这些工程创新就显得不合时宜了。例如，我国在 20 世纪 60～70 年代，受钢材匮乏这一因素的制约，在公路桥梁建设中，一度形成了"无桥不拱"的局面，并因时制宜创造出混凝土双曲拱、混凝土刚架拱、混凝土桁架拱等新的结构形式，修建了数万座混凝土拱桥，破解了特殊困难时期公路桥梁建设的困局。随着 20 世纪 80 年代改革开放国策的落实，钢材不再匮乏，也引进吸收了先进的预应力混凝土成套技术与装备，使得桥梁建设的效能效率大幅度提升。于是，混凝土双曲拱、混凝土刚架拱、混凝土桁架拱等颇具时代特色的工程创新就自然而然地淡出了桥梁工程的舞台。

　　三是从技术角度来看，技术创新是工程创新的前哨战场，前哨战场的变革必然带来工程创新主战场的变化。技术创新具有自我发育进化、不断迭代完善的内在机制，一些技术创新虽然能够解决相应的工程问题或症结，但可能由于在技术原理上存在局限，也可能因为在工程伦理观、工程生态观等方面存在瑕疵，或者在能效尺度上、经济尺度上显现出的比较优势还不够突出，而会被下一代技术创新迅速取代，等等。这就是为什么英国学者卡尔·富兰克林所说的"多数的创新，无论是多么令人兴奋，最终都将消失在历史的灰烬里"的主要原因。

　　正因为如此，结构工程师在进行工程创新、技术创新的实践活动中，必须站在工程哲学的高度，通过回望工程历史来把握工程创新的本质，设身处地地剖析经典工程创新案例的价值，并不断进行反思分析，升华认知水平，从"不成功"的工程创新中汲取经验、教训和方法论的启示，从而回归工程创新的价值理性，全面把握工程创新的内涵本质，担负起工程实践活动主体——特别是工程师的创新义务和使命。

案例 5-2　城市交通综合体——现代结构工程创新的新天地

1）技术背景

　　随着城市化进程的加速、现代轨道交通的蓬勃发展，城市交通综合体的建设进入了快速发展时期。城市交通综合体也被称为立体交通枢纽，常常融铁路、公路、城市轨道，甚至航空为一体，主要着力于超大客流情况下不同交通方式之间的无缝换乘，如 1993 年建成的葡萄牙里斯本东方火车站、2014 年改建完成的上海虹桥综合交通枢纽、2016 年建成的纽约世贸中心交通枢纽等。在此基础上，一些城市交通综合体除了承担交通功能以外，还兼顾商业地产开发，将商场、住宅、写字楼的开发建设与车站建设融为一体，以交通枢纽的建设带动周边区域的发展建设，如 2015 年完成改扩建的英国伯明翰新街车站、2023 年竣工的广州白云站等。城市交通综合体对于提升城市功能、促进城市更新转型、增强城市综合经济实力具有非常突出的价值意义，但也具有涉及面广、功能复杂、工程体量庞大、结构设计建造难度高等特点，因而在近几十年深受社会各界的关注。

城市交通综合体的兴起与发展，给结构工程提供了广阔的实践舞台和巨大的技术挑战。一般而言，大跨建筑结构是城市交通综合体的主要实现方式。近30年来，车站主要采用大跨网格结构、树状结构、弦支结构等新的结构形式，跨径可达百米以上，既能获得内部通透开阔的空间、飘逸灵动的外观造型，也能实现减小材料用量、降低工程造价的目的。另外，随着一些老旧车站在功能上难以适应现代交通发展的需求，对其进行改扩建也被提上议事日程。这些老旧车站不仅是城市发展历史的重要节点，也是城市发展的物质载体和历史印记，对其改扩建不仅涉及到复杂的历史文化传承、相互冲突的功能需求，还要与时俱进地体现结构工程的技术进步与艺术表现力，因而在工程实践层面上更加复杂、更具挑战性。由此可见，城市交通综合体具有功能复杂、涉及面广、投资量大、技术难度大、社会关注度高等特点，一直是结构工程最具挑战的应用场景，也是结构工程创新的前沿阵地。基于这一情况，以下简要剖析两个城市交通综合体的典型案例，以便透过其结构设计施工方案，剖析工程创新的内在机理。

2）英国伯明翰新街车站

英国伯明翰新街车站，地处伯明翰新街南侧，是英国仅次于伦敦站的铁路交通枢纽，5条铁路在此交会，集中了各种各样的客货运，高峰时每天乘客人数高达24万，平均每37 s就有一趟火车开出。伯明翰新街车站建成于1967年，经过40年运营，其所存在的容量有限、功能单一、限制城市开发等局限逐渐显露出来。此外，车站看起来像一个"水泥筑成的大盒子"冷冰冰地坐落在市中心，将车站两侧的城区割裂开来，人们需要通过一个老旧的地下通道才能达到车站另外一侧；车站只有功能性、缺乏艺术性，与伯明翰市民期望的城市形象不太协调，同时也割裂了城市的肌理、限制了车站两侧的城区开发。面对这一境况，2007年，英国国家铁路网公司投资7.5亿英镑改造伯明翰新街车站。改扩建工程的主要目标是：扩大车站运营面积、打造车站标志性中庭大厅，赓续城市发展历史，探索站城融合的方式，带动车站周边区域协同发展。招标要求是：在不中断铁路运营的前提下，打造一个地标性、前卫性兼具的建筑。经过激烈的竞争，英国 AZPML 建筑事务所的方案中标。

中标方案的设计理念是：利用了铁路运营所独有的动态性质，将不同走向的、层叠起伏的建筑几何形态融为一体，创造一个能够向广大公众传达建筑功能乃至所在城市中心区域特色的空间。为此，在最大限度保持旧火车站完整性的情况下，通过建筑饰面的改造、几何形态的重组表达、装饰材料的选择变化等手法，利用动态的几何形体，以及由人流移动营造出的扭曲感装点城市，传递出其作为交通枢纽的特征，并在功能上、构成上、视觉上将新旧结构有机地联系在一起。基于这一设计理念和设计手法，改扩建设计方案主要内容包括以下三部分：①用不锈钢表皮包裹原有建筑的立面，以形成新的时尚外貌；②在建筑中央打造新的大厅屋盖，扩大车站运营面积；③在车站南部增建 Grand Central 购物中心，带动车站周边商业发展。改扩建工程占地16 500 m^2，建筑面积约91 500 m^2，改扩建工程项目于2015年完成，其主要内容及改扩建完成后的鸟瞰图如图5-3所示。

1. 不锈钢包裹原有建筑立面

2. 新的中庭大厅屋盖

3. 增建新的购物中心

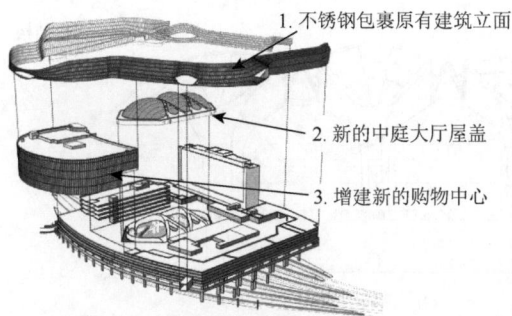

（a）改扩建项目内容　　　　　　　　　　　（b）改扩建完成后的鸟瞰图

图 5-3　英国伯明翰新街车站改扩建工程示意图（图片来自维基百科，查看彩色图片可扫描封底二维码）

伯明翰新街车站改扩建工程虽然涉及面广、体量较大，但其中的一些子项目如购物中心建造、中庭大厅加建等在结构上并不算复杂，主要难点有三个方面。一是如何尽量减小旧结构的拆除量，并使旧结构与新建的中庭大厅比较协调？二是采用何种建筑风格使整个车站成为一个时尚的、前卫的地标建筑，并体现出结构工程技术的进步？三是如何尽量减小改扩建工程对既有铁路运营的干扰？简述如下。

（1）新旧结构的协同

秉持车站原有结构最大化利用的基本原则，在结构设计时采用了以下几个措施。①保留原有车站的结构和外墙，仅拆除原购物中心的两层楼，以减小结构拆除产生的成本、降低施工对既有铁路运营的干扰；②采用轻盈飘逸的交叉拱形钢桁架来建构中庭大厅，中庭大厅 82 m×42 m，面积约 3400 m²，而覆盖新旧结构的屋盖则长达 256 m、最大跨径 64 m，由 36 个拱形桁架组成，桁架中心距约 7 m，拱形桁架的结构高度与跨径大小成比例，并布设系杆来平衡拱形桁架水平推力，桁架支承在经过加固的老车站的混凝土立柱上，这相当于给 20 世纪 60 年代建成的混凝土结构戴上一顶钢结构"帽子"，如图 5-4（a）、（b）所示；③为适应新旧结构因尺度差异较大而产生的温度效应水平位移差，采用运动轴承来支承交叉拱形桁架，运动轴承最大水平位移限值为 75 mm，采用铸铁铸造，利用螺栓将系杆、钢拱架与支承连接在一起，固定在混凝土立柱鞍座上，运动轴承如图 5-4（c）所示；④采用透光性良好的乙烯-四氟乙烯共聚物（ethylene-terafluoroethlene copolymer，ETFE）构成一个气垫系统，敷设在拱形桁架上，构成中庭顶部的三个泡泡膜结构，ETFE 不仅具有透光性强、抗紫外线等观感上的优势，还可以通过充填的空气压力维持自身形状的稳定，能够与桁架融合一体、共同保持整个系统的稳定。这样的设计使自然光自 20 世纪 60 年代以来首次进入车站，营造出一个光线充沛、富有韵律的中庭屋盖，使动态的几何形体和移动的扭曲感成为该项目最突出的表现形式，如图 5-4（d）所示。

（2）建筑装饰风格

围绕如何将改扩建后的车站打造成为时尚的、前卫的地标建筑，建筑设计中着力在"表面工程"上做足功夫，在建于 20 世纪 60 年代的原有建筑上、采用不锈钢重新覆盖了一层反光钢质立面，形成了波浪起伏、反射周围城市环境的建筑立面效果，让各种动静态景致如忽明忽暗的天空、川流不息的旅客、进进出出的火车都能在建筑立面上呈现。此

（a）屋盖布置图

□ 新结构
▨ 旧结构

14.0　4.8　　18.3　　4.5　　18.3　　4.5　13.4　4.8

（b）剖面图（单位：m）

螺栓

运动轴承

（c）运动轴承构造示意图

（d）车站屋盖仰视（局部）

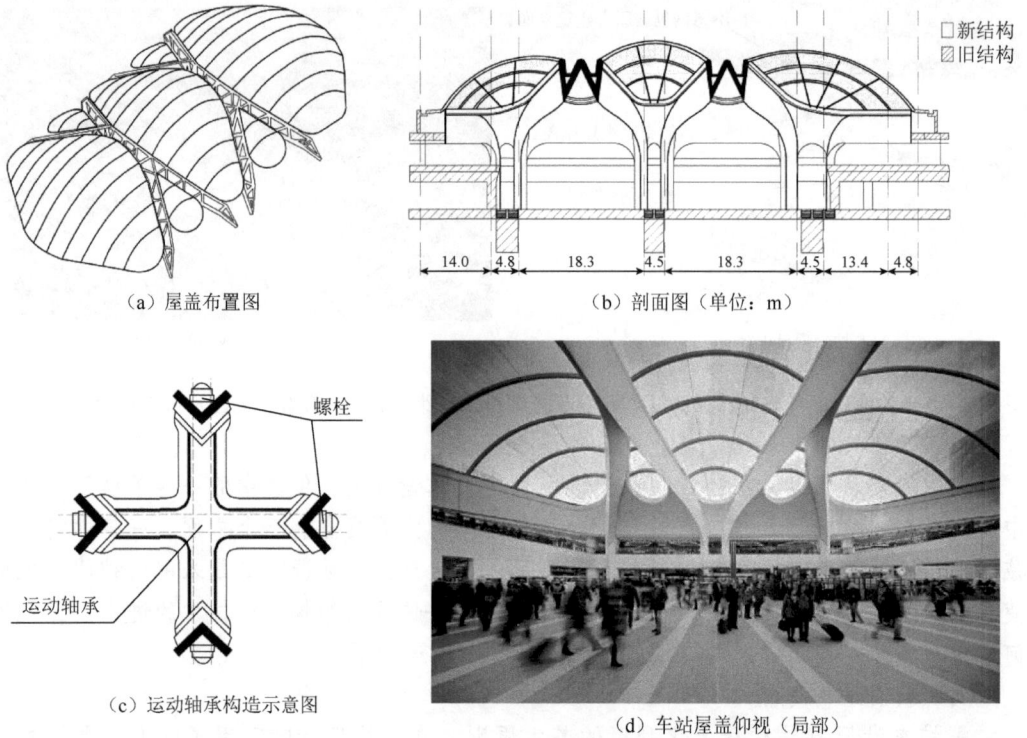

图 5-4　车站屋盖结构示意图［图（d）来自维基百科，其他自绘］

外，为了引导车站人流，在四个主要入口的上方，特意设置了"眼睛状"的电子屏幕，不仅可以发布火车到发信息和广告，而且给体量较大的车站建筑增添了灵气，显得特别时尚。

（3）如何减小改扩建工程对铁路运营的干扰

为了尽量减小改扩建工程对既有铁路运营的干扰，在设计施工两方面均采取了相应的措施。根据最大限度利用原有结构的设计原则，拆除的原有结构仅为 2500 m²，拆除的混凝土结构重约 2 万 t，但是大部分都被重复利用了，整个改扩建工程的废弃物重仅 6000 t。在施工过程中，承包商专门定制开发了"Mega Muncher"遥控挖掘机，减小了混凝土破碎过程中的噪声；同时，每日指定一辆火车向现场运送建筑材料，运出工程垃圾，避免了工程车辆对城市交通造成新的拥堵和环境问题。整个改扩建工程历时 7 年，其间，伯明翰新街车站一直正常运营。

伯明翰新街车站的改扩建工程在结构上、施工上并不算复杂，但却萌芽出站城融合的工程观念，凝练出新的表现手法，避免了老旧结构大拆大建的弊端，解决了新旧结构之间、建筑与结构之间、改扩建施工与铁路运营之间的矛盾，成功地将一个"过气"的交通枢纽改造为一个功能齐全、时尚美观的交通综合体，使其成为伯明翰市最显眼的地标建筑，这些设计理念、设计手法启迪了后续诸多城市交通综合体的设计。

3）广州白云站

广州白云站位于广州市白云区棠涌片区，距离广州站 5 km，是构建"五主四辅"广州铁路枢纽系统的关键性工程，也是国内首座探索站城融合一体化设计的大型综合体枢纽，于 2023 年 12 月 26 日正式投用运营。车站主要衔接京广线、广湛高铁、广清城际等多条铁路，预测年旅客发送量达 4087 万人。车站总占地面积约 150 万 m^2，站台规模为 11 台 24 线，其中站房总建筑面积约 45 万 m^2。

（1）规划设计理念

经过 10 多年的快速发展，铁路（高铁、普铁）已经成为我国民众中长途出行的首选，为提高出行效率、改善出行体验，很多城市都希望将铁路引入市中心，但却又面临着铁路场站占地规模大、建设开发周期长、建设投资主体多、中心区土地价值难以充分发挥等问题。数十座大型高铁枢纽车站建设运营经验表明：绝大多数远离中心城区高铁站的建设运营、与其他交通工具的接驳、对周边城区开发的带动并不成功，仍需探索新的枢纽车站建设运营模式。例如，广州南站是全国客流量最大的高铁站，车站周边地区的规划、基础设施建设的投入很大，自 2010 年投入使用以来，不同交通工具之间的换乘效率、车站周边地区开发远未达到预期，社会各界对此颇多诟病；又如上海虹桥枢纽是全国最早探索、也是最成功的站城融合案例，历经 10 年规划和 10 年开发，目前实际开发的面积也十分有限。在这一大的背景下，针对既有大型铁路枢纽建设开发存在的种种问题和不足，站城融合或站城一体的设计理念便被凝练出来了。所谓站城融合，是指铁路车站与周围地区空间互通互联，交通功能与城市功能有机融合，车站与城市共同开发与发展，达成站中有城、城中有站的站城关系，以充分发挥铁路运力、提升城市综合经济实力，节约土地资源、促进城市更新转型。

（2）总体规划设计

站城融合虽然在理念上极为先进，但建设实施起来涉及面极广、难度极大，需要铁路、市政、区域综合开发等利益相关方一体联动，既需要统筹兼顾各个方面资金投入和潜在收益，更需要建立"规划统筹、管理协同、设计互认、施工有序，同步验收"的工程管理协同机制，并在工程规划、投融资方式、建设管理模式等方面取得突破，是一个十分复杂的建设开发问题。站城融合在工程设计阶段主要特点体现在以下四个方面：①交通组织一体化，考虑功能、人流导向，实现整体统筹布局；②功能布局一体化，与城市配套设施协调，实现综合布置；③多维空间一体化，实现空间互联互通、功能互补；④环境景观一体化，紧密结合建筑与生态，形成有特色的区域空间。站城融合在施工阶段主要特点表现在以下五个方面：①施工组织高效协同，按 1 个施工组织实施；②施工进度时间节点目标一致；③施工技术安排得当；④施工措施互补利用，充分发挥施工资源投入与周边环境优势；⑤施工标准有序统一。

根据站城融合的上述特点，广州白云站工程建设相关各方反复协商、不断优化，最终采用"方-圆-方"的整体布局，外方为城、内方为站，二者之间是环形的公共空间，以利于旅客集散和商业活动，如图 5-5（a）所示。该枢纽由广州市总体统筹，中国铁路广州局集团有限公司负责建设，由中铁第四勘察设计院集团有限公司设计、中铁建工集团有限公司施工，主要工程建设规模为：①铁路客站为 11 台 24 线，由下到上主要为出站层、承轨层、高架候车层及屋盖，站房长 252.5 m、宽 412 m，屋盖投影面积为 97 000 m^2；②铁路站台上方的架空平台，以及立体贯通的市政东广场、西广场，上方大平台尺寸为 220 m×308 m，总面积约 6.8 万 m^2，以便在其上进行 14 栋、高 50 m 的楼宇开发；③配套的 6 条换乘地铁（其中西侧 2 条、东侧 2 条、南北走向横穿站房 2 条），公交线路 9 条，同时承接广州站和广州东站的全部普速客车；④四角市政配套、交通及管理用房等。该枢纽总建设规模约 150 万 m²，是一个交通方式多样、服务半径大、辐射人群广、功能复杂的综合体，如图 5-5（b）所示。

（a）站城融合概念图　　　　　　　　　　（b）效果图鸟瞰

图 5-5　广州白云站总体规划设计［图片来自（唐劲婷，2023）］

（3）架空平台结构设计

架空平台采用预应力混凝土盖板结构，总面积为 68 000 m²，对称布置在高架候车厅两侧，新建"土地"高出站房候车室楼面约 8 m，其下方是 11 台 24 线的站台。上盖盖板为预应力混凝土结构，最大板厚 1.2 m，梁最大截面 3 m×2.8 m，顺轨方向跨度 9 m，垂轨方向跨度 22.5~28.5 m，与高架候车室柱网相同，而盖板上的建筑为综合开发建筑，分为南北两侧对称布置，每侧 7 栋，规划建设面积的上限为 23 万 m²，具体包括写字楼、公寓酒店及交通运营管理等多种业态。

从结构受力行为出发，上盖建筑一般采用小柱网框架结构或剪力墙结构，而车站则出于行车功能要求常采用大跨度柱网。为此，在结构设计中，架空平台结构采用全框支转换结构体系（图 5-6），依据功能、跨度要求，采用 276 根直径 1.65 m 的钢管混凝土柱

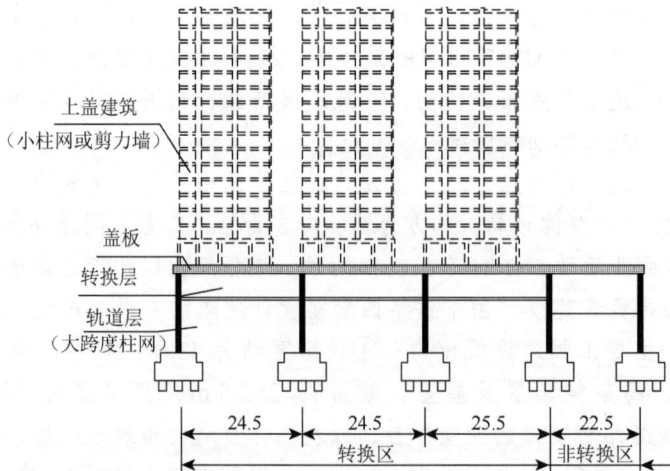

图 5-6　全框支转换结构体系（图中虚线表示待建结构，单位：m）

支承重达 28 万 t 的上盖盖板，并预留了盖上高层建筑所产生的竖向荷载（预计总荷载约 18 万～20 万 t），既实现了结构设计的一体化，也便于盖上结构的灵活布置和分期施工。

（4）车站结构设计

广州白云站出站层、承轨层、高架候车层与架空平台进行一体化的结构设计，结构形式基本相同，只是对一些设计参数进行了调整。车站结构设计的难点在于屋盖设计，该站屋盖投影面积为 97 000 m^2，是广州白云站最具特色的部分。基于"云山珠水、盛世花开"的设计理念，屋盖为三维曲面造型，长 252.5 m，宽 412 m，最大跨度 64 m，最大建筑高度 36 m，主要由候车室屋盖、南北侧波浪形"飘带"、四角桁架、东西侧光谷"花瓣"组成。候车室屋盖、南北侧"飘带"采用空间钢管桁架＋网架结构组合形式，主桁架采用三角钢管桁架，结构高度 2.8～3.7 m；东西侧"花瓣"采用实腹悬臂梁＋刚性环梁＋实腹钢拱组合形式，共有 104 个"花瓣"（外花瓣 50 个、内花瓣 30 个、飘带花瓣 24 个），悬臂桁架最大悬挑长度 28 m；屋盖支撑采用钢管混凝土柱 D1600×50，如图 5-7（a）所示。

白云站屋盖由网架、桁架、钢拱等多种结构形式组成，钢结构设计施工比较复杂，加上其位于市区，既有地铁运营、地下管线对结构构件的运输、吊装施工产生了诸多限制。针对这些因素，采用了"整体提升＋局部吊装"施工方案。即高架层及承轨层上部的屋盖结构，受场地限制、大型履带吊车难以进场站位，因此先在楼面拼装成块，利用同步提升技术将其整体提升就位（图中①、②、③部分）；对于"花瓣"柱、四角桁架和光谷拱等（图中④、⑤部分），则采用大型履带吊车、80 t 汽车吊进行分段或分块安装，如图 5-7（b）。整个屋盖总用钢量为 8100 t，折合每平方米用钢量为 85 kg。

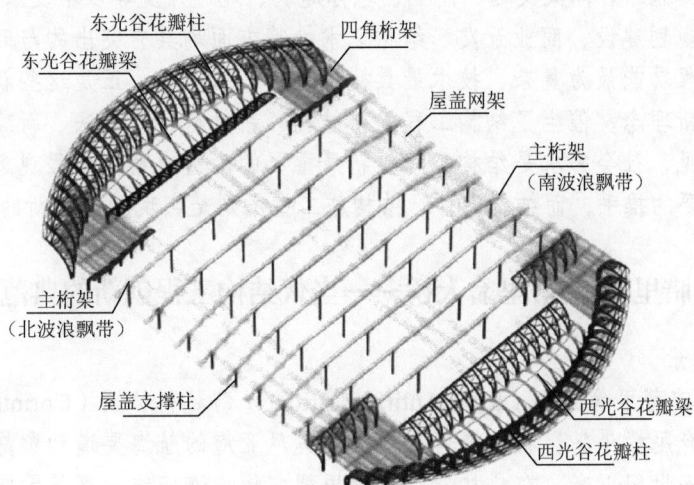

（a）结构整体示意图

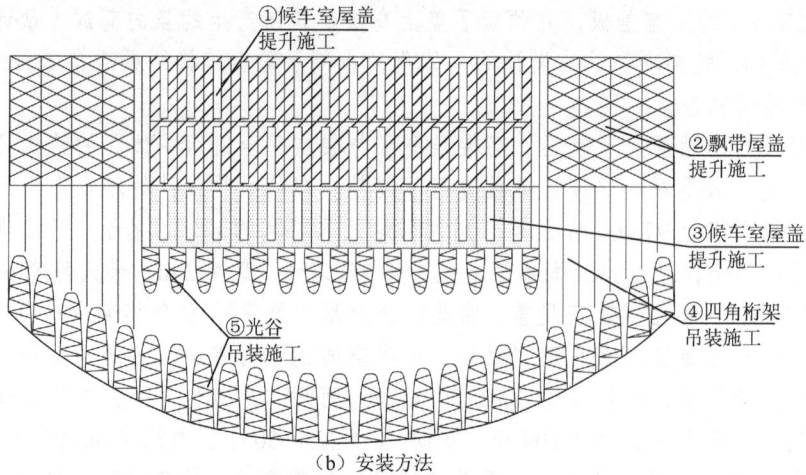

（b）安装方法

图 5-7　广州白云站屋盖结构

由此可见，广州白云站将铁路站房、站场上盖开发、交通配套工程融为一体，采用一体化规划、设计、施工，不仅极大地方便了旅客出行和商业活动的展开、提高了结构工程的综合利用效率，而且"造地"68 000 m²，降低了结构工程对土地资源的消耗，具有典型的示范价值。诚然，作为一个站城融合的工程项目，由于其涉及面极广、资金投入高、利益相关方矛盾冲突多、技术实现难度大，在规划建设开发过程中充满了各种挑战和不确定性，而广州白云站工程实践的创新，则有望探索出一条新的路径，必将对大型交通枢纽的规划建设运营产生深远的影响。

4）基本认识

由于城市交通综合体集交通、商业、地标建筑、地产开发等多个复杂的方面于一体，在功能需求、规划建设、商业开发、结构艺术性等方面均具有突出的与时俱进特征，成为现代结构工程功能最为复杂、技术最具挑战性的工程项目。正是这些新的需求，萌芽出站城融合的新理念，催生了结构工程的新结构、新材料、新工法、新建设模式的工程应用。由此可见，社会需求是结构工程创新最重要的牵引力量，工程观念是工程创新、技术创新最主要的推手，而结构设计、结构施工技术则是实现工程创新的主要保障。

案例 5-3　希腊里翁-安蒂里翁大桥——当代结构工程创新的典范

1）工程背景

希腊里翁-安蒂里翁大桥（Rion-Antirion Bridge）跨越科林斯（Corinth）湾，连接希腊本土和伯罗奔尼撒半岛。科林斯湾是通向伊奥尼亚海的航海要道和贸易要地，航运非常繁忙。一个多世纪以来，在科林斯湾建设桥梁或隧道连接线一直是希腊民众的普遍愿望。大桥（隧道）建成后将成为希腊西部新干线及欧洲公路运输网的一部分，能够减小绕行距离 160 km，工程意义非常突出。但是，在科林斯湾建设桥梁或隧道无疑是人类最具挑战性的工程，虽然该海湾最窄处仅为 2.5 km，但两岸海床陡峭、水深普遍在 50～60 m以上，且海床地质情况极差、淤泥质沉积土厚度大，地质钻探表明海床 500 m 以下仍没有基岩。另外，科林斯湾位处地壳运动的强地震带，破坏性地震频发，在过去的几十年里发生过 3 次 6.5 级的地震，伯罗奔尼撒半岛每年以 8～11 mm 的速度漂离大陆，建设场址处加速度反应谱如图 5-8 所示。

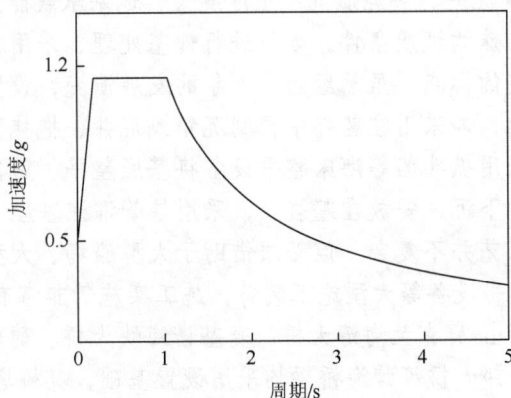

图 5-8　建设场址处加速度反应谱

自 20 世纪 80 年代以来，希腊当局就展开了工程可行性、桥梁隧道方案比选、场地选址、建设标准、结构形式、工程造价等方面的前期研究工作，最终，综合建造难度、使用性能、工程造价等因素，桥梁方案成为首选，桥位选在科林斯湾最窄处，两岸地名分别为 Rion、Antirion，于是，该桥便被称为 Rion-Antirion 大桥。在此期间，一些国际知名的设计大师、研究机构也积极地共襄盛举，提出了多个概念设计方案。1997 年，希腊取得 2004 年奥运会举办权后，当局加快了里翁-安蒂里翁大桥工程建设的推进速度，下决心通过全球招标、借助于全世界的设计和施工力量，在奥运会前竣工。里翁-安蒂里翁大桥全球招标的主要要求是：桥梁能够承受 2000 年一遇的地震，能够承受高达 2 m 的横向、竖向断层位移的需求，地震动峰值加速度为 0.48 g，持时 50 s；桥长不小于 2500 m，桥面为双向 4 车道，桥下净空能够满足 18 万 t 油轮双向通航的要求，桥墩具有抵抗 18 万 t 油轮 8.2 m/s 速度的撞击能力；建造必须在 2004 年奥运会开幕前完工；等等。

2）技术挑战

里翁-安蒂里翁大桥第一个技术挑战是：面对高达 0.48 g 的地震动峰值加速度，如果仍然沿用传统的抗震策略，不仅导致桥梁结构设计难度大增、工程造价飙升，而且很难保证结构在罕遇地震作用下的安全性。因此，必须另辟蹊径、在结构防震体系方面进行技术创新。此前，20 世纪 80 年代发展起来的结构隔震技术、减震技术取得了很好的防震效果和一定的工程应用，但能否应用于该桥尚存在诸多问题。具体来说，隔震技术的基本思想是"以柔克刚"，主要应用于中小跨径简支梁及连续梁桥，主要做法是在桥墩墩顶设置叠层橡胶支座、摩擦摆支座、高阻尼橡胶支座等隔震装置，将结构自振周期从 1～2 s 的范围延长至 3～5 s，从而隔离地震作用、成倍提高结构的耐震安全度。减震技术的基本思想是增加阻尼，主要应用于大跨径柔性桥梁如斜拉桥、悬索桥，主要做法是通过设置减震装置、使阻尼比成倍增大，从而耗散外部能量输入、减小结构地震响应或变形量值，必要时还可以设置可牺牲构件、使结构在罕遇地震下改变受力体系，以保证结构在罕遇地震作用下基本结构体系的完整。由此可见，当时已有的隔震技术或减震技术均难以满足里翁-安蒂里翁大桥严苛的建设条件，必须在结构防震体系等方面进行大胆创新。

里翁-安蒂里翁大桥第二个技术挑战是：该桥水深普遍在 50～60 m 以上，最大水深达 65 m，且海床地质情况差、淤泥质沉积土厚度大、地基承载能力低，海床 500 m 以下没有基岩，面对这种特殊的地质条件，如何进行地基处理、采用何种基础形式、如何进行施工便成为一个严峻的挑战。虽然经过上百年的发展演变，设置沉井基础或设置沉箱基础设置技术比较成熟，即采用在船坞中预制沉箱或沉井、拖拽至桥址处下沉安装的施工方法，主要步骤是采用抓斗船等海床整平设备将基底整平、露出基岩，然后将设置沉井基础或设置沉箱基础下沉、安放在基岩上，采用导管灌注基座与岩面之间的混凝土垫层等，虽然施工工序工艺并不复杂，但必须借助于大型船坞、大型拖带设备、大吨位锚碇及定位系统、海床整平设备等大型施工装备，施工实施仍非常有挑战性。20 世纪的一些著名桥梁如美国旧金山-奥克兰海湾大桥、麦基诺海峡大桥、葡萄牙塔古斯桥、日本明石海峡大桥、加拿大联邦大桥等跨海桥梁均采用设置基础，其桥墩处最大水深见表 5-4。但是，希腊里翁-安蒂里翁大桥与上述桥梁都不一样，即海床以下没有基岩，无法将设置沉井基础或设置沉箱基础安放在基岩上，必须采用新的地基处理方式及基础形式。

表 5-4　深水桥梁的基础形式（部分）

桥名	桥墩处最大水深/m	基础形式	建成年份
加拿大联邦大桥	33	设置钟形基础	1997
日本明石海峡大桥	60	设置沉井基础	1998
美国麦基诺海峡大桥	64	钢制井筒沉箱基础	1958
美国旧金山-奥克兰海湾大桥	67	钢制井筒沉箱基础	1937
美国塔科马海峡大桥	68	钢制井筒沉箱基础	1940
葡萄牙塔古斯桥	79.2	钢制井筒沉箱基础	1965

除了以上两个严峻的技术挑战之外，该桥的结构体系比选、施工建造方法、桥墩防撞等技术问题也颇具难度，需要结合上述两个主要技术挑战的应对策略，统筹考虑、一并解决。

3）方案构思

面对这一严苛的建设条件和设计要求，以法国万喜建筑工程公司（Vinci Construction）为首的联合体中标，并于 1997 年 12 月与希腊当局签订了合同，开始了设计工作。万喜建筑工程公司是一家拥有百年历史的承包商，也是法国建筑行业骨干企业，其营业额一度位列全球工程承包商第一位，业务范围涵盖建筑、铁路、水利、能源、路桥等领域，在全球 80 多个国家开展工程承包业务。大桥设计团队由雅克·孔布、米歇尔·维洛热等桥梁设计大师领衔。毫无疑问，这是一个非常强大、经验丰富、富有创新能力的设计团队，在当时已完成了多座大跨径斜拉桥如法国诺曼底桥、米约高架桥、美国阳光高架桥、葡萄牙达伽玛桥等斜拉桥的设计，提出了诸如波形钢腹板组合梁、斜拉桥顶推施工法等新结构和新工法，对工程本质具有非凡的洞察力，对解决工程疑难问题具有卓越的创造力。他们其中一些人如雅克·孔布早在 20 世纪 80 年代就深度参与了里翁-安蒂里翁大桥的概念设计，对该桥的设计和施工难点了然于胸。设计团队对包括跨径 1500 m 的悬索桥方案、跨径 560 m 多跨斜拉桥方案等多个方案进行了深入的比较。由于桥址处两岸海床较为陡峭、地基承载能力严重不足，如采用大跨径悬索桥会给基础、锚碇设计施工带来一系列难以处理的技术问题，也会导致工程造价的急剧增大，即便如此，悬索桥主墩基础仍存在稳定性不足、有可能崩塌的工程风险，最终综合结构性能、工程造价、施工方法、建设工期等因素，弃用了比较常见的大跨径悬索桥方案，而是采用了比较经济的多跨斜拉桥方案。多跨斜拉桥方案确定后，需要着力解决结构防震对策、地基基础处理及设置沉箱基础施工、结构体系刚度优化等三个比较棘手的技术挑战。

该桥设计面临的首要问题是采取何种防震对策，以应对跨越活动地震断层的挑战。如前所述，传统抗震体系存在放大地震响应、难以适应地震大变形错断的需求；隔震体系主要适用于中小跨径梁桥，且现有的隔震对策主要是在墩顶设置隔震支座，并不适用于大跨径多跨斜拉桥结构；减震体系虽然能够提高结构的等效阻尼比、降低结构的地震响应，但难以完全隔断地震输入。显然，采用传统的抗震、隔震及减震技术既难以抵御该桥高达 0.48 g 的地震动峰值加速度输入、也会导致该桥工程造价的飙升。针对这一前所未有的疑难问题，设计团队在系统分析了现有各种技术路线的优势和不足后决定另辟蹊径：即结合该桥海床地基土体加固与大型沉箱基础施工的要求，采用在海床上打入钢管、敷设砂砾层的方式加固地基，形成加筋土地基；然后将大型沉箱基础直接放置在砂砾层上，基础与砂砾层间不连接、在罕遇地震下允许基础与地基之间产生有限的三维移动，从而起到隔震作用（由于该桥恒载与活载之比足够大，基础在正常运营状态及小震下不会滑动）。另外，基底隔震与加固改善海床地基力学性能、提高地基承载能力、解决大型沉箱基础施工困难相辅相成，是一个问题的两个方面。于是，采用钢管加固土体的加筋土隔震技术对策便被出人意料、又符合技术逻辑地被创造出来了，加筋土隔震基础如图 5-9 所示。此外，为兼顾抵御极端地震、保障在温度及风荷载作用下桥梁正常运营的要求，该桥在采用主梁连续、塔梁分离、塔墩固结结构体系的同时，采取了相应的减

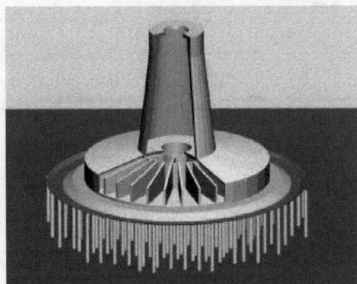

图 5-9　加筋土隔震基础示意图
[图片来自（Combault 等，2005）]

震对策，即在每个墩梁塔连接处布置了若干个阻尼器，以限制地震作用下墩梁相对位移。这样，通过基底隔震、结构减震两种防震对策的混合应用，满足了该桥难度极大的防震要求。

该桥设计施工面临的第二个问题是大型沉箱基础及墩身如何施工。为此，设计团队借鉴海上石油钻井平台的设计建造方法，采用沉箱基础、锥形墩身一体化的设计施工方法，即先在船坞浇筑沉箱基础的下半部分，然后拖拽至设计安装海域，采用爬模技术、逐节浇筑接高沉箱基础及锥形墩身的同时，注水下沉，并最终将沉箱、墩身安放在预定的海床位置。在这个过程中，需要借助于大型船坞、大型拖船、大吨位锚碇、海床整平

设备等大型施工装备及先进的定位系统，虽然难度不小，但在欧美已有比较丰富的深海石油钻井平台工程经验，并没有原则性困难。

控制该桥设计施工的第三个问题是采用何种结构体系，以满足多跨斜拉桥结构体系既具有适宜的刚度、又能适应主梁连续长度大衍生出来的温度效应问题。由于该桥地震作用控制设计，在采用了大型沉箱基础及配套的刚性锥形墩身后，采用刚性索塔就成为一种自然而然的选择。同时，该桥桥墩顶面为边长 40.5 m 的正方形，在其上设置金字塔形的空间索塔、构成纵横向刚度极大的刚性塔架并没有什么困难。这样，结构体系的刚度主要取决于索塔和斜拉索、而与主梁刚度的关系并不大，即在主梁连续的情况下，各跨之间受力基本独立、相互影响较小，于是，多跨斜拉桥的结构刚度问题就此迎刃而解。至于温度效应，虽然主梁连续长度超过了 2200 m，但由于该桥地震响应控制设计，在采用塔梁、墩梁分离的全漂浮结构体系、设置阻尼器后，其温度效应远小于地震效应，因此能够满足地震作用组合的索塔就可以抵抗温度的影响，无须专门考虑。

解决了这些主要问题以后，经过反复比较优化，最终确定的该桥主桥跨径布置为 286 m + 3×560 m + 286 m = 2252 m，上部结构体系为采用空间刚性索塔、钢-混凝土组合梁主梁的全漂浮体系，该桥概貌及总体布置如图 5-10 所示。

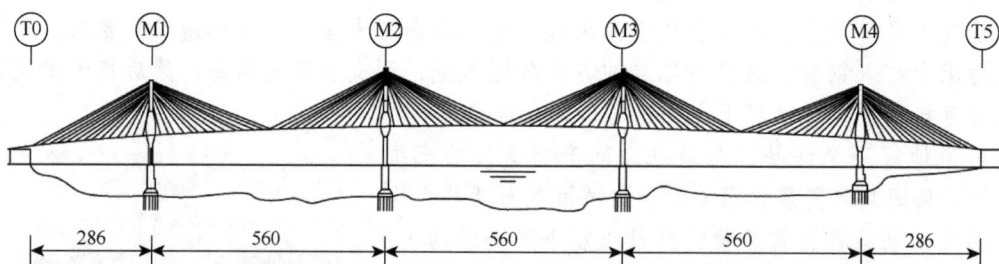

（a）总体布置（单位：m）

（b）概貌

图 5-10　里翁-安蒂里翁大桥总体布置及建成后概貌［图（b）来自维基百科，其他自绘，查看彩色图片可扫描封底二维码］

4）主要设计参数

沉箱基础：基础为直径 90 m 的中空沉箱，包括 1 m 厚的底板、顶板、径向梁和 32 个外围墙板，外围墙板高 9 m。整个沉箱基础直接放置在海床上，沉箱顶板略微倾斜。

墩身：墩身与沉箱基础一体化浇筑，最深的墩身底部距海平面 65 m，整个墩身由圆锥形墩身、八角形墩帽、倒金字塔形塔座三部分组成。锥形墩身底部直径为 38 m，顶部直径为 27 m；顶部连接八角形墩身，宽 24 m，高 29 m；八角形墩帽上支撑 15.8 m 高的倒金字塔形塔座，展开后形成了 40.5 m 宽的正方形塔座，如图 5-11（a）所示。

索塔：每个索塔由 4 根 4 m×4 m 混凝土浇筑的斜腿组成，高 78 m，与塔座刚性连接，4 根斜腿在顶部合并为高 35 m 的上塔柱，内嵌钢锚箱，以便于斜拉索的锚固。

主梁：采用钢-混凝土组合梁，桥面宽 27.2 m，全长 2252 m。用两根高 2.2 m 工字钢梁作为边梁，由 25~35 cm 厚的混凝土板和 7.5 cm 厚的沥青混凝土铺装制成，每隔 4 m 设置 1 道横梁，如图 5-11（b）所示。

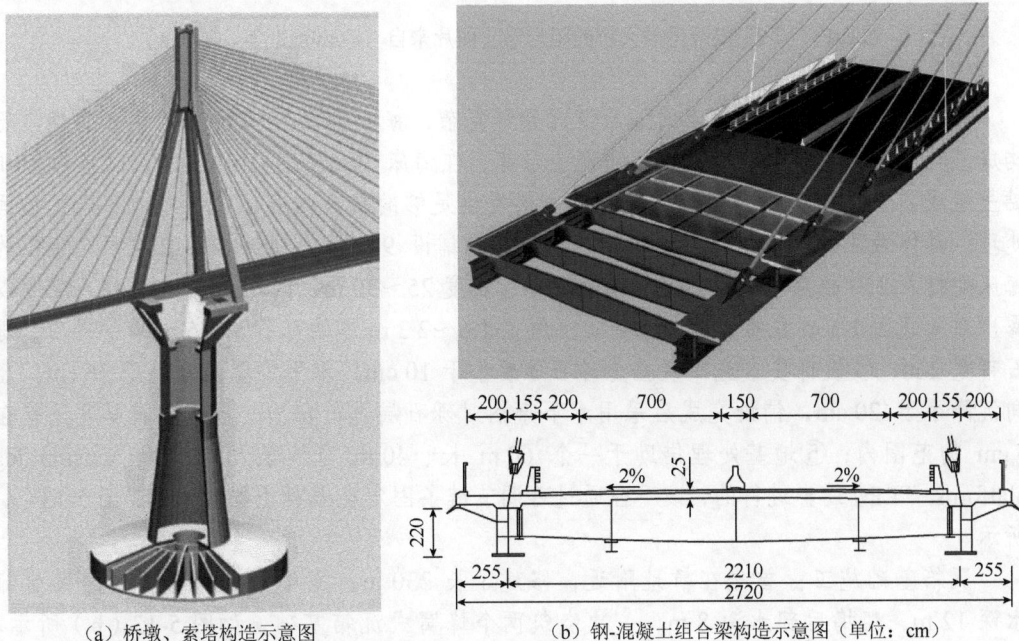

（a）桥墩、索塔构造示意图　　　　　（b）钢-混凝土组合梁构造示意图（单位：cm）

图 5-11　里翁-安蒂里翁大桥主要构造示意图［图片来自（Combault 等，2005）］

斜拉索：斜拉索布置为扇形双索面，拉索由 43~73 根平行镀锌钢绞线组成，桥面索距为 22.6 m，锚固在工字钢梁的外侧。

阻尼器：在每个墩梁连接处布置 5 个液压阻尼器（4 个纵向、1 个横向），最大阻尼力为 3500 kN，如图 5-12 所示。

伸缩缝：主梁两端设置伸缩缝，以适应温度和地震变形，最大容许变形为：纵向压缩闭合 2.2 m、纵向拉伸 2.81 m、横向变形 2.5 m，以及在极端地震作用下 5.0 m 的位移。

5）施工方法

该桥的施工方法不仅要克服深达 65 m 水深的挑战，同时还要考虑工程造价和工期的约束，并根据"施工引导设计"的原则，将设计的创造性与施工可实现性融为一体。经过反复研究、改进，最终确定的施工方法如下。

（a）横桥向阻尼器与塔架的连接　　　　　　　　（b）阻尼器性能检验

图 5-12　里翁-安蒂里翁大桥的阻尼器［图片来自（Combault 等，2005）］

地基处理：鉴于该桥海床的地质情况异常复杂，海床上层 4～7 m 土层由非黏性砂砾构成，其下分布着沙层、淤沙层、淤泥土层等，在海床 30 m 以下，主要由淤泥土和粉质黏土组成。为了让这些力学性能较差的土层提供足够的抗剪强度，需要对地基进行加固处理。具体做法是：①先在桥墩位置疏浚海床，铺设 90 cm 厚的沙层；②在每个墩位的海床处打入 250 根空心钢管，钢管直径 2 m、长度 25～30 m、间距 7～8 m，打入深度以露出海床底面 1.5 m 左右为宜；③在其上覆盖 1.6～2.3 m 厚的砾石及 0.5 m 厚的碎石，砾石带宽 2 m；④设计要求施工误差为碎石厚度小于 10 cm，水平位置偏差小于 36 cm，竖向沉降小于 20 cm，铺设完成后采用水下声纳对砾石层进行扫描，显示出其厚度误差在 5 cm 的范围内；⑤地基处理借助于一个 60 m 长、40 m 宽的张力腿平台（tension leg platform，TLP）逐步进行的，该平台通过可调节链条固定在混凝土锚块中，如图 5-13（a）所示。

沉箱基础施工：首先在桥址附近，修建了长 230 m、宽 100 m 的船坞，船坞前部水深 12 m，船坞后部水深 8 m，一次浇筑两个蜂窝式沉箱基础，如图 5-13（b）所示。当前面的沉箱基础浇筑至锥形墩身底部时，约 17 m 高的沉箱基础被拖曳到附近的深水区，在浇筑墩身的同时逐渐下沉，如图 5-13（c）所示。如此交替，完成 4 个沉箱基础的施工。

墩身施工：沉箱基础在被拖曳至预定位置后，采用爬模方式继续浇筑墩身，沉箱基础及墩身依靠自重、注水加载逐渐下沉淹没，在这个过程中，保持墩身露出海面以上的高度不变，直至下沉到达预计位置，而浇筑墩身所需材料和设备由驳船供应，如图 5-13（d）所示。然后利用墩身重量及满注的水来压实地基，使其产生 20～30 cm 沉降，并在后续施工阶段对不均匀沉降产生的影响进行修正。

索塔施工：索塔采用爬模分段建造，每节段 4.8 m 长，4 个斜腿合并成上塔柱。上塔柱的钢锚箱采用工厂整体制造、现场浮吊安装的方式施工，如图 5-13（e）、（f）所示。

主梁施工：主梁节段长 12 m、重约 340 t，采用工厂制造、现场组拼、浮吊吊装就位的方式施工。

（a）张力腿平台打入钢管桩　　　　　　　　　（b）在干船坞中浇筑沉箱基座

（c）从干船坞转移到预定位置　　　　　　　　（d）浇筑墩身并逐步下沉就位

（e）爬模浇筑索塔　　　　　　　　　　　　　（f）上塔柱钢锚箱安装

图 5-13　里翁-安蒂里翁大桥下部结构主要施工步骤
［图片来自（Combault 等，2005），查看彩色图片可扫描封底二维码］

6）主要技术创新

①首创了加筋土隔震基础，探索出高烈度地震区的大跨径柔性桥梁的防震新途径。在里翁-安蒂里翁大桥之前，隔震技术仅用于中小跨径梁桥，隔震装置一般安装在桥墩墩顶，里翁-安蒂里翁大桥颠覆了这一传统认知，首创了加筋土隔震基础，采用刚性桩加固软弱地基后、较好地解决了主塔基础变形释放与控制的矛盾，削减了传递至上部结构的地震作用，能够适应地震断层大变形错断的需要。推覆分析表明：索塔及较短的斜拉索是整个结构地震性能的控制构件，地震过程中塔柱会产生弯曲和拉伸等裂缝，但不会产生的不可接受的应变，在包括高达 2 m 的断层移动罕遇地震作用下，索塔的位移需求为

0.36 m，远远低于塔柱的最大位移能力 0.90 m。另外，该桥采用隔震、减震并用的混合防震对策，打破了人们在防震理念上非此即彼的认知误区，满足了严苛的建设条件，引领了高烈度地区桥梁防震技术。

②提出了加筋土地基承载力的计算方法，建立了软弱地基的设计计算理论。里翁-安蒂里翁大桥的地基是一个黏土-钢管复合的三维体，其上敷设砾石层，砾石层与沉箱基座之间不连接，限制了界面处的最大剪力，通过滑动来耗散地震能量输入，起到隔震作用，迫使地基按照结构可接受的模式屈服。另外，在软土中插入钢管，增大了土的强度，消除了地基的不良失效模式如旋转失效，有效提高了墩身及上部结构的稳定性。为此，设计团队提出了复合地基基础的设计计算理论，引入了容量设计概念，将加筋土模拟成一个二维连续体，通过屈服设计理论对浅层地基的抗震承载力进行评价，利用屈服设计理论，揭示了加筋土破坏的运动机理［参见图 5-14（a），图中，B 为基座宽度、F 为地震作用下的倾覆力］。在此基础上，推导出加筋土地基整体承载力的上界估计值，并通过多种模型试验、数值分析方法予以验证，得出了加筋土的阻力-位移关系图［图 5-14（b）、（c）］。针对该桥地基基础的计算结果表明：在罕遇地震作用下，沉箱基座会发生微小滑动、桥墩会发生轻微的旋转，但不会对桥梁结构产生过大的不利影响，因为全漂浮的柔性主梁及斜拉索具有一定的复位能力，并可以通过重新调整斜拉索索力，使结构恢复到可接受的几何状态。

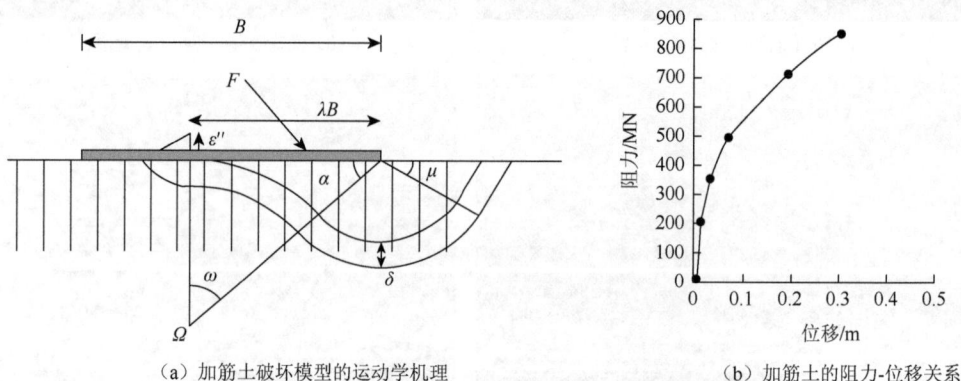

（a）加筋土破坏模型的运动学机理　　　　　　（b）加筋土的阻力-位移关系

（c）加筋土模型试验及破坏模式

图 5-14　加筋土设计计算理论及模型试验简图［图片来自（Combault 等，2005；张俊平，2023）］

③采用预制-现浇法施工大型沉箱基础，破解了深水基础施工困难。里翁-安蒂里翁大桥在借鉴海上钻井平台施工方法的基础上，推陈出新，采用预制沉箱底座、拖曳至桥位、排水下沉、现浇接高锥形墩身的施工方法，将预制与现浇两种施工方法结合起来，破解了大型深水基础施工困难，提高了大型船坞的利用率、增强了设置沉箱基础的适应性，对深水基础施工具有普遍的示范意义。

7）材料用量及造价

里翁-安蒂里翁大桥于 1999 年开工建设，于 2004 年 4 月、雅典奥运会开幕前竣工，建设工期比招标期限提前了 4 个月，奥运火炬传递活动也特意为此改变路线、途经该桥。里翁-安蒂里翁大桥主要材料用量为：混凝土 21 万 m^3，钢材 8.8 万 t，其中结构钢 2.8 万 t、钢筋 5.7 万 t、斜拉索 3800 t。由于该桥基础及下部结构体量非常庞大、防震性能要求极高，折合每平方米桥面用钢量高达 1450 kg、混凝土用量为 3.42 m^3，工程造价高达 7.5 亿欧元。

8）工程创新价值

希腊里翁-安蒂里翁大桥的建设规模、材料用量在跨海桥梁中并不算太大，但却是现代桥梁工程发展史上具技术挑战的跨海桥梁。该桥克服了严苛自然条件的不利影响，创新了桥梁防震的策略，突破了桥梁工程建设的禁区，开启了强震地区的深水大跨桥梁建设的新纪元，堪称现代桥梁工程的里程碑之一。在里翁-安蒂里翁大桥建成后的 10 多年里，国际桥梁界遇到与希腊里翁-安蒂里翁大桥建设条件类似的情形不多，只有在土耳其新伊兹密特海湾公路大桥（New Izmit Bay Bridge，主跨 1550 m 的悬索桥，2016 年建成）、土耳其 1915 恰纳卡莱大桥（1915 Çanakkale Bridge，主跨 2023 m 的悬索桥，2023 年建成）两座悬索桥的建设中，采用了与里翁-安蒂里翁大桥类似的加筋土隔震基础，如图 5-15 所示。其中，新伊兹密特海湾公路大桥的两个主塔基础采用 67 m×54 m、高 15 m 设置沉箱基础，为提高海床表层的软弱土层的承载力，利用水下液压打桩锤将 195 根直径 2 m、长 34.25 m 钢管桩插打到位，然后在海床上铺设砾石，安放设置沉箱基础，设计思路与施工方法与里翁-安蒂里翁大桥如出一辙。此外，里翁-安蒂里翁大桥在墩塔梁处设置阻尼器来控制地震响应、活载位移与温度效应，已经成为大跨径斜拉桥、悬索桥设计建造的标准配置。

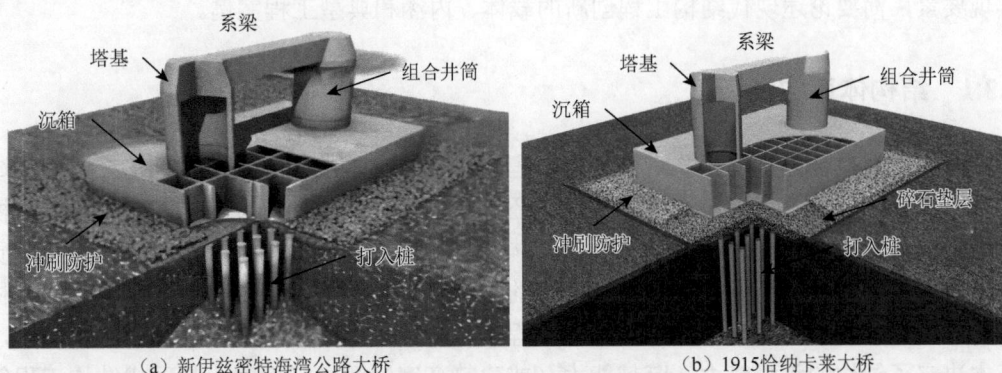

（a）新伊兹密特海湾公路大桥　　　　　　（b）1915 恰纳卡莱大桥

图 5-15　土耳其两座跨海大桥主塔隔震沉箱基础示意图［图片来自维基百科及（张俊平，2023）］

9）基本认识

希腊里翁-安蒂里翁大桥的工程创新表明：工程创新的意义就是体现出价值的提升，就是不断突破工程禁区、将观念当中的"不可能"转化成为现实的工程项目。面对社会需求的拉动，工程创新具有天然的应然性和广阔的创新空间，并由此推动工程实践能力不断向上攀升。从这个角度来看，该桥创造性地将隔震设施从墩顶转移至基础底部、采用预制-现浇方式建造大型设置基础及墩身、提出加筋土地基地震承载力的计算方法等，就是秉承创新使命，大胆构思、精心设计、严格验证的结果，只有这样，才能应对严苛的建设条件挑战，才能不断地拓展桥梁工程的疆界，促进工程演化。

5.3　结构工程的创新载体

如前所述，在结构工程创新发展的进程中，结构体系、结构材料、结构理论、施工方法是四个相互支撑相互作用的支柱，以保障结构工程更可靠更安全地承受荷载与环境作用。其中，结构材料是基础，结构体系是灵魂，结构理论是核心，施工方法是保障。此外，细部构造是将结构构件联结成整体的关键，而对于一些大型结构工程项目如超高层建筑、跨海长桥等，施工装备则是提高施工安全性和施工效能效率的关键，这些要素共同支撑了现代结构工程的不断进步。另一方面，无论是面向荷载与环境作用的描述、还是针对各类结构（构件）力学行为的结构理论都属于科学的范畴，只能不断去寻求、去发现其最客观、最全面、最系统的描述，而不能去创新；结构体系、结构材料、施工方法、细部构造、施工装备则属于技术范畴，创新的应然性非常突出，创新的空间非常宽广。

对于结构体系、结构材料、施工方法等要素方面的创新，创新性主要体现在结构工程的设计成果中。工程历史表明：绝大多数工程创新都来源于结构设计的创新，结构设计的创新程度基本上决定了结构工程创新的限度，结构设计具有全局性和贯穿性。关于结构设计对结构工程创新的主导、支撑和限制作用，详见第 4 章的有关论述，这里不再赘述。在本节中，作者将描述刻画角度从结构工程的实施过程（规划、设计、施工及运营维护）转换为结构工程的实现要素，从结构体系、结构材料、施工方法等结构工程的实现要素，简要论述现代结构工程创新的载体、内涵和典型工程案例。

5.3.1　结构体系的创新

结构体系也称为结构形式，是结构工程的灵魂，也是结构工程区别于相近工程领域如水利工程、港航工程等最突出的标志，还是结构工程两个主要分支——建筑结构与桥梁结构最主要的差异之处。结构体系是结构功能、结构外形与受力形态的统一，从本质上反映了力的传递组织机制，决定了力流的传递路径和结构的内力分布，反映了结构材料的利用方式和利用效率，体现了结构工程师对自然规律的理解把握程度和运用能力，基本决定了结构的承载能力、跨越能力（或建筑高度）和经济性能，是现代结构工程创新的主阵地。

　　然而，源于结构工程的系统性、建构性、稳健性和当时当地性等本质特征，在结构工程实践中，没有最好的结构体系，只有因地因时制宜的、最合适的结构体系。一般认为，只要满足结构功能需求，符合结构工程高效（efficiency）、经济（economy）、优雅（elegance）、环境（environment）4E 原则的结构体系就是最合适的结构。然而，4E 原则并没有重要性排序、也常常相互矛盾，有些时候，结构工程的当时当地性本质特征还会使某些原则的实现变得非常困难，甚至使这些矛盾冲突成为该工程项目独一无二的特点，因此，要恰到好处地驾驭 4E 原则是有很大困难的。从结构工程历史发展进程来看，结构体系创新、发展、演化的基本技术逻辑就是在遵循 4E 原则的基础上，通过既有结构体系的解构、优化、改进和重组，以及新结构体系的开发、迭代、完善两个大的方面，生成受力合理性更突出、跨越能力更大（或建筑高度更高）、对环境适应性更好、更加节省结构材料的新结构体系。另外，作为传统而古老的结构工程，技术迭代的速度相对于电子电气、生物制药等新兴工程领域还是比较缓慢的，因此，结构体系的创新是非常困难的，数量也非常稀少。但这并不是说结构体系创新空间变得逼仄狭小了，而是意味着结构体系创新的难度增大了、对创新的品质要求提高了。从本质上说，结构体系的创新绝不是追求外形上的新奇，而是寻求新颖的结构形式与建筑功能要求的和谐统一、优美的结构形体与合理的受力性能之间的协调一致。为此，结构工程师应在遵循工程系统性、稳健性、社会性等本质特征的基础上，在工程实践活动中从以下五个方面着力突破瓶颈。

　　一是要回归提升结构安全性能、改进经济性能这一结构体系创新的出发点和落脚点，规避各类创新误区。结构体系的创新、改良改进及本土化改造，其目标无非主要包括以下两种情形。第一种情形是"能人所不能"，这种体系在某些情况下具有其他体系所不具备的技术优势，能够满足特定的建设条件，或者当结构规模尺度增大到一定程度时，只有这种结构体系才能将结构响应控制在人们期望的范围内。例如，案例 5-3 中，只有加筋土基底隔震基础才能够适应希腊里翁-安蒂里翁大桥高达 0.48 g 地震加速度输入的建设条件，而其他结构体系均难以满足深水、软弱地基情况下的大跨长桥的建设需求。又如，当今世界第一高楼——高度 828 m 的阿联酋迪拜哈利法塔，从结构上来说，就是由一个位于中心的六边形核心筒与三个层层退缩的支翼构成的，每个支翼自身均拥有混凝土核心筒，并利用 Y 形楼板及中心六边形核心筒将三个支翼联结成管状多塔结构体系，除了建筑景观和使用性能的考虑之外，提升其抗风性能、削减风致结构振动响应也是考量的一个核心因素。第二种情形是这种结构体系在经济性能、使用性能、耐久性能、安全性能、可施工性或可维护性的某一个或几个方面具有一定的优势，比原有的结构体系在某些方面要"好"一些。这种情形在结构工程实践活动中比较常见，这既符合结构工程创新的渐进性特征，也是结构体系创新的主阵地。纵观现代结构工程 80 年的发展历史，这一类创新层出不穷，并结合各个国家（区域）的工程传统和社会经济条件、产生了诸多因地制宜的本土化改良，虽然这一类结构体系创新中的绝大多数都会被新一代创新所取代，但却为结构工程实践活提供了强有力的支撑，成为结构工程发展演化的"铺路石"。除了上述两种情形，其他所谓的一些结构体系创新，例如能够展现出独特的建筑造型或艺术形象，或者能够展现出所谓的

"技术之美"，或者能够体现出地域特色，严格来说，这一类结构体系创新并不见得符合工程创新的内涵和判据，向来存在较大争议，某些情况下是合适的，但大多数情况下却是不合适的。如在大跨径桥梁中采用无背索斜拉桥、在高层建筑结构中采用悬挂结构、在大跨建筑结构中采用受弯刚架结构，只是一种"特立独行"或"与众不同"结构艺术的创作行为，某种程度上误解或曲解了结构体系创新的本质，需要结合具体情况慎重对待分析。

二是善于推陈出新，更加强调结构体系的改进、组合、重构与协作，不断拓宽渐进性创新的主航道，提升结构工程建设的能效水平。客观地说，经过近现代 300 多年的发展，结构体系已经相对比较完善了，已无取得颠覆性创新的空间。在没有特别的社会需求或结构材料取得突破性进展的情况下，不管是高层建筑结构、桥梁结构、还是大跨建筑结构，结构体系很难再有革命性的创新了。因此，渐进性改良改进是结构体系创新的主渠道，结构体系创新关键在于结合工程项目的当地当时条件来不断地推陈出新，在于为先进结构材料寻找与其力学性能匹配的结构形式，在于将原有结构体系解构、优化、重组、整合，以解决当前实际工程项目遇到的症结。事实上，随着结构工程建设规模的扩大，既有结构工程保有数量的增大以及相关工程缺陷隐患的显现，一些小的技术改进往往也能够获得巨大的效益，这正是渐进性创新的用武之地。在这方面，由法国桥梁设计大师让·穆勒设计的普莱支流河大桥便是一个范例（参见案例 3-3），该桥跨越深越 110 m 的 U 形河谷，结构体系采用了早已被结构工程界淘汰的固端悬臂梁，借助于每侧重约 7500 t 桥台，在不布设副跨及引桥的情况下，实现了单跨 280.772 m 的跨越能力，大幅度地压缩了工程规模、降低了工程总造价；同时，为释放温度及混凝土收缩徐变产生的影响、改善行车性能，该桥巧妙地将跨中下弦混凝土板断开、只让上弦混凝土板保持连续，别出心裁地克服了悬臂梁变形不平顺的使用性能缺陷。从这个案例可以看出，结构体系的改良改进，关键是要结合工程项目的具体情况（地形、地质、水文、风荷载、运输条件、使用荷载、地震动输入参数、结构材料的可获取性、当地技术工人能力等），兴利除弊，将原有结构体系的优势发挥出来，将其缺陷或不足予以消除或设法削弱。

三是面对新的社会需求，要敢于走出工程传统的"舒适区"，尝试在结构体系上取得突破。一方面，结构工程与自然条件、经济社会条件的矛盾无处不在、无时不在，旧的矛盾解决了，新的矛盾又会接踵而至；另一方面，随着人类生产生活空间的扩展，结构工程实践活动的疆界一直在不断扩张，原来人们认为"不可能、不可行"的"工程禁区"屡屡会被突破。上述两个方面产生了诸多新的社会需求，这既是结构工程实践活动中的挑战，也为结构体系创新提供了广袤的空间。从结构工程发展历史来看，在应对结构工程实践活动中新的挑战时，结构材料的迭代升级和结构体系的创新改进无疑是最有效的。但在当代，正处在结构材料取得突破的漫长前夜，短期内看不到结构材料发生革命性创新的可能，因此，需要而且应该高度重视结构体系创新这一结构工程创新的主渠道，因为结构体系的创新、改良和改进能够调整优化力的传递和组织机制、提升结构材料的利用效率、破解结构工程实践活动中的症结。以高速铁路大跨径桥梁（$L > 100$ m，L 为跨径）为例，其设计施工的关键在于取得合理的刚度，保证在风、温度、徐变、运营列车荷载的作用下，梁体的变形及梁端转角、振动满足运营的安全性与行车舒适性要求[①]。由于梁体变形会随跨径的增大而增大，但高速铁路无砟轨道对变形与振动响应的限值并不随跨径增大而放宽，因此就对大跨径高铁桥梁的竖向变形、梁端转角及振动响应的控制提出了非常严苛的要求。面对这一新的需求，我国铁路桥梁建设者主动走出桥梁工程传统的"舒适区"，摆脱传统大跨径铁路桥梁结构体系如预应力混凝土连续梁、连续钢桁梁、钢桁梁斜拉桥等结构形式的束缚，推陈出新，走出了与西欧高速铁路大跨径桥梁完全不同的技术路线（德国、法国、西班牙等国，主要采用连续钢桁梁、连续钢桁-混凝土组合梁、连续钢箱-混凝土组合梁、钢桁拱桥、上承式混凝土拱桥等结构体系，出于对混凝土徐变不确定性的顾虑，很少建造跨径超过 100 m 的铁路预应力混凝土连续梁桥），创造性地提出了连续梁-拱、连续刚构-拱等新型结构体系，即在传统的预应力混凝土连续梁或连续刚构桥的基础上，在中跨增设钢管混凝土柔性拱肋来削减控制截面的弯矩剪力峰值、增大梁体刚度，从而梁体的竖向挠跨比控制在 1/7000～1/3000、横向挠跨比控制在 1/10 000 以下，梁端转角控制在 0.1‰ 以内，竣工后徐变控制在 10 mm 以内，很好地满足高速铁路无砟轨道平顺性对大跨径桥梁变形的严苛要求。截至目前，我国已建成了 40 多座大跨径连续梁-拱桥、连续刚构-拱桥，最大跨径也已发展到 300 m（2019 年建成的汉十高铁崔家营汉江大桥），破解了我国高速铁路大跨径桥梁发展的瓶颈因素，取得了显著的社会经济效益，并成为我国最具代表性的桥梁结构体系创新成果之一。

四是更加重视结构细部构造的传承和创新，以提高结构体系的可靠性和冗余度。细部构造是保障结构体系按照既定途径传力的根本和关键，也是结构在偶然荷载作用下安全性能的基本保障。然而，受制于荷载输入的高度不确定性、结构材料的离散性、结构体系的复杂性，以及各类工程灾害和工程事故调查样本的差异性，细部构造的力学行为却很难计算清楚、分析明白，其长期性能只能通过工程实践检验来不断完善。换言之，细部构造的合理性和科学性很难将其提升到标准化、科学化的程度，目前在很大程度上仍停留在"工程经验"的层面；结构细部构造既需要传承、更需要创新。这里的所谓传承，就是沿袭在历次工程灾害和工程事故中表现良好的细部构造、不能随意突破；所谓创新，就是针对原有细部构造存在的缺陷或问题，或针对新结构、新材料的工程应用，通过大胆构思、系统试验、工程检验、反复迭代来完善其性能，最终使其中的"佼佼者"成为新的工程传统。在这方面，结构设计大师彼得·莱斯无疑值得一线结构工程师学习，他在巴黎乔治·蓬皮杜国家艺术和文化中心的结构设计中对铸钢节点的改造完善、对复杂应力状态下铸钢节点铸造的可靠性分析，无疑具有方法论的价值。

五是更加注重结构形式的艺术表现力、彰显结构艺术品位，以担当结构工程的社会属性。由于结构工程处在工程、技术、艺术的交叉点上，在满足预定使用功能之外，还

---

① 简单来说，高铁桥梁刚度要求主要是：在竖向荷载作用下，梁体的竖向挠度不得大于计算跨径的 1/1900～1/1400（随着运营速度的提高趋于严格），相邻两孔梁之间转角不得大于 3‰，桥台与梁体之间转角不得大于 1.5‰；在列车横向摇摆力、离心力、风力和温度的作用下，梁体的水平挠度不大于计算跨径的 1/4000；在各种轨道不平顺的激励下，车辆的竖向加速度、横向加速度不得大于 1.3 m/s² 及 1.0 m/s²。

应展现出人类跨越障碍的精神追求、承载起精神建构和文化传承的使命，有些时候还要延续人们的历史文化记忆。因此，必须高度重视结构工程功能、结构体系与艺术造型的和谐统一，展现创造出艺术价值，满足结构工程社会属性。从结构艺术的4E原则来看，只有高效地使用结构材料、选用优雅而富有创造力的结构形式，才有可能获得良好的经济性能和使用性能，顺应自然环境及时代要求，创造出新的美学价值。例如，在美国奥克兰海湾大桥东桥的建设中，出于交通需求、结构造型等多方面的需求，并根据旧金山湾区居民的意愿，最终采用了塔高160 m、主跨385 m的独塔自锚式悬索桥方案（参见案例 2-8），完美地展现了结构功能与艺术表现力的统一。但是，这种无冗余度的索塔方案并不适宜用于高烈度地震区。对此，结构设计大师邓文中推陈出新，将独柱塔一分为四、在四个塔柱之间设置了120根剪力键，剪力键作为可牺牲构件、在地震作用下率先屈服，以便于耗散地震能量输入，创新了独柱塔的细部构造。

案例5-4　广州塔——当代结构工程艺术与技术创新融合的典范

1）建设背景

广州塔（Canton Tower）伫立于广州市新中轴线和珠江南岸的交会处，是一座高600 m的筒中筒结构（钢管混凝土外筒内接椭圆形混凝土核心筒），是千年商都广州最显眼的地标。在跨过千禧年后，广州正经历着历史上最快的城市化阶段。彼时，广州GDP达2383亿元，常住人口逼近1000万，城市综合实力稳居国内前三、亚洲前列。但作为一个快速发展中的国际大都市，广州的城市建设却显得有点滞后：老城区改造建设步履维艰，城市的中心商务区亦即 CBD 尚未开工建设，城市在国际上的形象比较模糊，缺乏内外普遍认可的地标性建筑——当时作为城市地标建筑的中信广场（Citic Plaza，1997 年建成，高 391 m）、五羊雕塑的辨识度并不高。作为中国的南大门，广州亟需在第 16 届亚运会举办前打造新的城市天际线，为城市提供新的视觉焦点和导向标志，使广州向国际化大都市迈出富有想象力的一步。在这一大的背景下，广州新电视塔（以下简称广州塔）的建设被提上了议事日程，其主要功能为无线电信号发射、旅游观光和展现城市形象。

2）建筑设计

2003 年底，经广州市政府常务会议原则通过，广州塔建设工程正式启动，工程选址在城市新中轴线的核心位置，北临珠江、与海心沙岛和规划建设的珠江新城 CBD 隔江相望，与中信广场、天河体育中心、珠江新城高层建筑群一起，构成了自北到南、长达 12 km 的城市新中轴线。次年，广州塔面向全球开展设计方案竞标，共有 13 个建筑设计单位参与方案竞标。有趣的是，在招标文件中并没有提及建筑期望的高度与详细的功能要求，而是希望设计出"一座具有艺术感的地标"，这一宽松而笼统的招标要求解放了竞标方的思想束缚。有的投标方案从汉字字体中汲取设计灵感，有的投标方案设计出一双筷子代表"食在广州"的形象，有的投标方案专攻高度、试图使广州塔的高度突破 1000 m。在这些别具一格的竞标方案中，荷兰的 IBA（Information Based Architecture）事务所与英国奥雅纳事务所（Arup & Partners）联合的设计方案脱颖而出，成为中标方案。中标方案的设计高度为 450 m，摒弃了以往高耸结构平庸刻板的建筑外观设计，突破了以往高耸结构繁重阳刚的设计风格，在塔的中部扭转形成"纤纤细腰"的椭圆形，将少女的阴柔与性感抽象为广州塔的设计理念，并最终确定了这种以钢管混凝土斜柱组成镂空椭圆旋转体的建筑形式，如图 5-16 所示。据说，名不见经传的荷兰年轻建筑师马克·海默尔（Mark Hemel）和芭芭拉·库伊特（Barbara Kuit）夫妇在阿姆斯特丹家中的厨房里完成了广州塔的第一个模型。他们把一些橡皮绳绑在两个椭圆形的木盘之间，一个在底部，一个在顶部，并用橡皮绳模拟力线，简单地表达出三维结构的概念；当开始旋转顶部椭圆的时候，一个复杂的形状出现了！于是从这个简单的想法开始，他们将其发展成一个建筑物。

　　广州塔在建筑平面上，呈现为椭圆外筒内包一个 17 m×14 m 椭圆核心筒，在垂直方向上按功能需求分为 5 个功能区间和 4 段透空区部分，功能区被分为观光、餐厅、电影厅、休闲娱乐区等，由核心筒串联成为一个整体，底部负 10 m 标高处轮廓为 80 m×60 m，450 m 标高处外筒椭圆轮廓为 54 m×40.5 m，在标高 278.8 m 处的腰部截面最小，为 20.65 m×27.5 m，这也是后来被社会大众昵称为"小蛮腰"的主要原因。广州塔从底部到顶部，外筒截面沿垂直轴顺时针旋转了 45°，圆心沿 x 轴向西平移了 7.07 m、沿 y 轴向北平移了 7.07 m，立面上呈现为两端宽中间细、高宽比达 7.5 的曲面四边形，因此，也有人将其外观比喻成将一把筷子扭结而成的结构，这也是一些人戏称其为"扭纹柴"的来由。整个建筑在外观上由旋转椭圆外筒形成了非对称镂空塔体，在满足高耸结构抗风要求的同时，使得它在不同的角度都有不一样的雕塑感。在 13 个投标方案中，中标方案不同于其他当时已建成高耸结构如加拿大多伦多塔、上海电视塔结构形式，突破了"一杆穿一球"的外观造型的束缚，具有非凡的想象力、仪态万千的视觉传递和流线型斜柱的意向表达，为广州带来了独特的城市空间意向，完美地回应了招标文件中"需要一座具有艺术感的地标"的要求。但与此同时，要恰当地均衡地标建筑的艺术性、功能性与受力合理性，给结构设计的带来了极大的挑战。

（a）马克·海默尔设想的广州塔草图　　　　　　（b）建成后概貌

图 5-16　广州塔最初的构想与建成后概貌（图片来自百度图片）

广州塔由 IBA 事务所负责建筑设计，英国奥雅纳事务所（Arup & Partners）负责结构设计，广州市设计院集团有限公司负责施工图设计，广州市建筑集团有限公司和上海建工集团股份有限公司联合负责施工。在当时，虽然高耸结构的设计和施工技术在国内外已比较成熟，但广州塔作为世界第一高塔，建筑体型独特、结构体系特殊、平面功能复杂，其别具一格的椭圆旋转外筒、内外筒椭圆偏心布置、无楼层的"透空区"、外筒节点错位相交等特点，加上部分设计依据如风荷载取值超出规范范围，导致结构设计与施工方法都成为一个个新的课题。

3）结构设计方案

（1）概述

综合航空限高、结构受力性能、艺术表现力等因素，在结构设计阶段，广州塔最终高度被确定为 600 m，由一座高 454 m 的主塔体和一个高 146 m 的天线桅杆构成。在最贴近马克·海默尔建筑方案的前提下，结构被分为内筒、外筒与天线桅杆三部分，5 个功能区将广州塔在空间上分割成 4 个无楼层的"透空区"，如图 5-17 所示。其中，内核心筒采用椭圆形钢筋混凝土，高度 454 m，采用 17 m×14 m 椭圆形混凝土结构；钢管混凝土椭圆形外框筒由 24 根钢管混凝土斜柱、46 组环梁和钢管斜撑组成，最高处标高 462.70 m；在内筒与外筒之间，共布设楼层 39 层，其余为镂空层，标准层层高 5.2 m，总建筑面积 102 000 m²，这些楼层在满足使用功能的同时，形成内筒与外筒之间的连接。此外，天线桅杆采用钢结构，分格构段和实腹段，固结在核心筒的顶部。

广州塔结构高度高、结构体系特殊，很多设计指标都超出了既有规范的范畴，经反复研究，最终确定的设计控制参数为：100 年重现期时基本风压为 0.55 kN/m²，风压高度变化系数按照《建筑结构荷载规范》（GB 50009-2001）的 C 类地面粗糙度取值，由此可

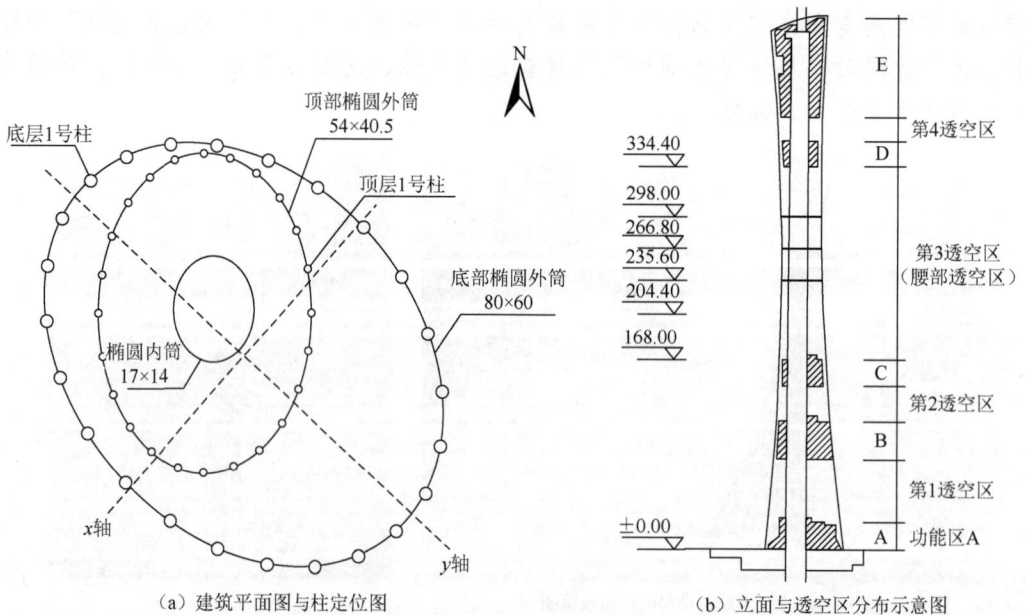

（a）建筑平面图与柱定位图　　　　　　　　　（b）立面与透空区分布示意图

图 5-17　广州塔平面与立面示意图（单位：m）

得出主塔塔顶最大风压设计值为 5.15 kN/m²；小震、中震、大震的加速度峰值分别为 75.51 gal、193.9 gal、336.76 gal；外筒钢管混凝土柱不均匀日照温差为 19～27℃，外筒斜撑、环杆的不均匀日照温差为 26～48℃。抗震性能目标为：在设防烈度（中震）情况下结构处于弹性状态；在罕遇地震（大震）通过控制构件的塑性变形值、实现不倒塌的目标。风振控制目标为：百年风荷载作用下塔顶（454 m 平台）位移角控制在 1/250 以内，钢筋混凝土内筒的有害位移角控制在 1/1500 以内，十年风荷载作用下塔顶平台加速度峰值控制在 0.25 m/s² 以内。

（2）外筒结构设计

广州塔外筒犹如同一个巨大的钢网壳，既是结构设计的难点，也是展现艺术形象的关键。分析计算表明：在底部外筒承担了整个结构 60%的竖向荷载、85%左右的倾覆力矩，巨型钢网壳的稳定性控制着整个结构设计。外筒结构为钢管混凝土组成的镂空式椭圆形空间桁架，具体又可以拆解成斜柱、钢环、斜撑和牛腿四部分。外筒由 24 根、直径 2000 mm 的钢管混凝土斜柱组成，从柱底到柱顶沿垂直方向顺时针旋转了 45°，混凝土强度等级为 C40～C60，钢管壁厚为 30～50 mm，材料主要采用 Q345GJC。针对底部高 52 m、腰部高 166 m 的高大透空区群柱稳定性较为突出的问题，设置了多道钢环杆与斜撑，对斜柱施加环向约束、增强其稳定性；为突出、强调斜柱结构，增强建筑意象表现、体现立面造型，斜柱从底部到顶部保持连续、不被环杆切断，如图 5-18（a）所示。经过反复优化，在满足受力要求的前提下，最终采用了 46 道 ϕ800 mm 钢环杆、通过 ϕ1000×40 mm 牛腿搭接在斜柱上，每根环杆的水平夹角为 15.5°，环杆通过与斜柱牛腿连接形成椭圆环；同时，在斜柱与两道环杆间布置 ϕ700～ϕ850 mm 的斜撑，在椭圆圆周上形心相交，斜撑与斜柱间夹角最大为 48.04°，最小夹角为 16.04°。

外筒节点对外筒结构整体稳定性、结构内力分配与变形协调极为重要，但节点设计缺乏设计规范的指导。针对由斜柱、环杆、斜撑、牛腿组成的新颖独特节点形式，通过整体分析、节点有限元分析及试验验证，结果表明：铰接、半刚接、刚接连接对结构的刚度基本无影响，但对稳定性影响很大，因此必须设计成刚性节点，外筒的整体稳定及底部高 52 m、腰部高 166 m 透空层的局部稳定才能满足要求。另外，特殊的结构体系致使节点形式多变，为减小施工难度需要将节点形式尽可能减少，以便节点的加工制作。经过反复优化，最终将多达 800 多个节点缩减为两类，一类为外筒与楼面梁不连接的典型节点，一类为与楼面梁连接的非典型节点，如图 5-18（b）所示。至此，由斜柱、环杆、斜撑三种主要构件勾勒出了建筑师马克·海默尔所设想的广州塔外形。

（3）内筒结构设计

内筒作为承担广州塔功能区的主要部分，同时也是承接桅杆天线段的下部结构，其结构设计要同时考虑结构受力合理性、施工难度与功能性三个方面。以往，电视塔的筒体常常会采用对称截面以降低施工难度，但广州塔为使结构从视觉效果上保持内外一致，采用了施工难度略大的椭圆截面。内筒结构分为钢骨柱-混凝土、钢管混凝土柱-混凝土两大部分，即在标高 428.8 m 以下部分，采用 14 根 H 型钢并通过楼面钢梁与外筒斜柱连接，标高 428.8～448.8 m 部分，内筒钢骨则由 H 型钢转变为钢管。内筒

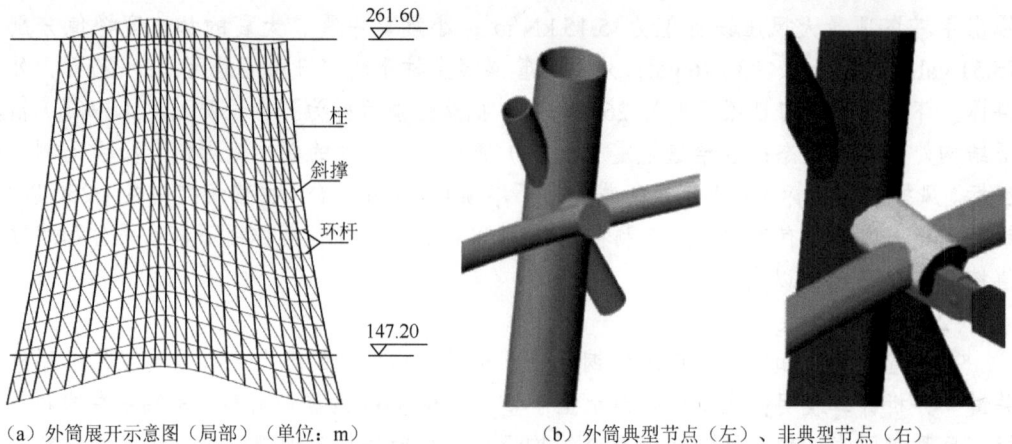

（a）外筒展开示意图（局部）（单位：m）　　　　（b）外筒典型节点（左）、非典型节点（右）

图 5-18　外筒结构及节点示意图［图片来自（周定，2012）］

外墙厚度从底部的 1000 mm 收进至顶部的 400 mm，混凝土强度等级从 C80 降低至 C40。由于内筒比外筒抗侧向刚度小很多，因此其分担的剪力、弯矩比例较小，除标高 330 m 第 3 透空区（亦称腰部透空区）由内筒承担的剪力占 33%、承担的弯矩占 25% 左右以外，其他部位内筒承担的剪力和弯矩都不超过 20%，因此其结构设计并不算复杂，但仍有两个设计难点。

内筒结构设计的第一个难点是内筒如何与外筒连接。由于内筒、外筒的刚度存在较大差异，尤其是透空区内筒与外筒的刚度差异非常大、致使两者难以直接进行连接。由此导致第 3 透空区仅靠环杆给外筒提供径向约束，使其成为整个结构的最薄弱位置、存在沿径向的片状群柱失稳的可能性。在保证视觉上的轻盈以及整体建筑意象的前提下，从结构内部采取以下两项结构增强措施：①在标高 205.7～307.1 m 范围内，增设四层内外筒之间的水平支撑，以此来减小外筒的径向无支撑高度，并协调二者的变形趋势；②在第 3 透空区 18#～35#圆环段，水平撑杆采用标号为 Q390GJC 钢材（其余部位仍为 Q345GJC），并增大截面尺寸。

内筒结构设计的第二个难点在于内筒结构顶层如何承接高达 146 m 的天线桅杆。为此，在标高 428.8～448.8 m 处，内筒的 8 根 H 型钢钢骨转变为钢管，以便内筒钢管柱与天线桅杆底直接连接，其余 6 根则通过斜撑与邻近柱连接，重力荷载直接传到内筒的钢管柱和剪力墙上，如图 5-19 所示。采用承接式的连接方式使塔顶段的刚度变化比较平缓，桅杆内力从内筒逐渐传递给外筒，实现了结构的弱转换。计算分析表明：在标高 448.8 m 处，天线桅杆底的倾覆力矩、剪力约有 20% 传递到外筒，内筒顶承担了 80% 的倾覆力矩和剪力，通过内筒顶部 8 层楼层的过渡，这一比例降低到 25%，到标高 360 m 内筒仅承担 20% 的天线桅杆倾覆力矩，内力传递非常顺畅。因此，桅杆天线承接段下方的内筒外墙成为关键构件，墙体与钢管混凝土柱连接提高了承接段的刚度，但也使受力复杂，为此将 448.8～438.4 m 两层墙体设计为钢板混凝土剪力墙，并设置了三层闭合水平钢梁，墙内钢板分别为 20 mm 和 16 mm，拉力全部由钢板承担，并加强墙身钢筋配置。

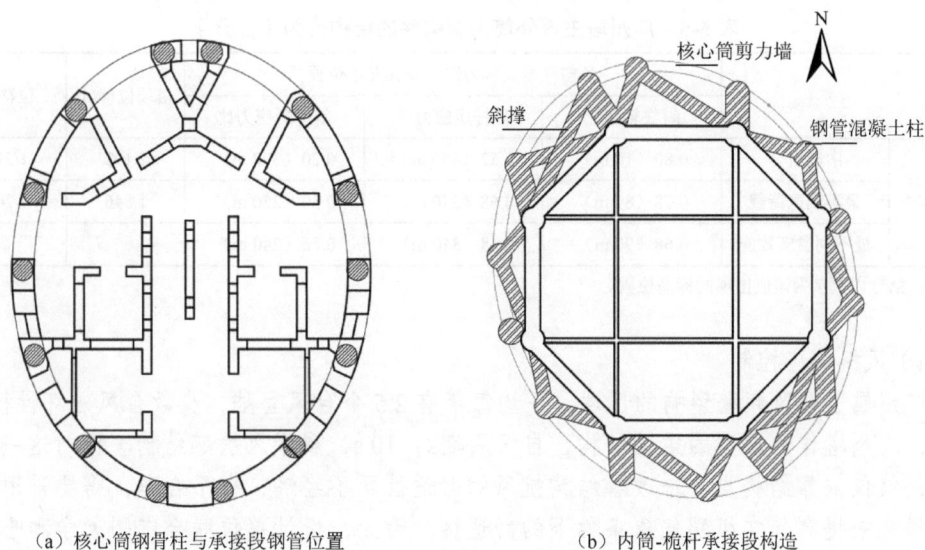

（a）核心筒钢骨柱与承接段钢管位置　　　　　（b）内筒-桅杆承接段构造

图 5-19　广州塔内筒-桅杆承接段示意图

（4）桅杆结构设计

天线桅杆总高 146 m，分格构段和实腹段，格构段标高 454.0～540.5 m，高 86.5 m，平面为正八角形，格构柱采用 Q390GJC，钢管截面为 $\phi1000\times50$ mm 或 $\phi900\times40$ mm，其中 8 根钢管直接连接内筒的钢管混凝土柱；实腹段标高 540.5～600 m，高 59.5 m，截面为正方形-正八边形交替形式，截面尺寸从 2.5 m×2.5 m 逐渐缩小为 0.75 m×0.75 m，板厚从 70 mm 缩小至 30 mm，采用 Q415NH 可焊接耐候钢。

（5）其他

基础设计。根据地质情况和上部荷载（约 19.4 万 t），核心筒采用置于中风化岩上的 20 m×23 m 的椭圆箱形基础，基础底低于核心筒板底 6 m。外框筒柱采用直径 3.8 m、扩底直径 5.0 m 的人工挖孔桩，置于微风化岩上，桩顶设截面 4.5 m×4.35 m 环梁将各桩连成一体，斜撑基础置于环梁内。箱形基础与环梁之间为 1.5 m 桩筏基础，板底为强风化岩。

塔楼楼盖设计。主塔采用钢-混凝土组合楼盖，楼盖钢梁采用放射状布置，最大高度为 1.5 m，钢梁一端与内筒钢骨牛腿连接，另一端采用箱形梁伸出楼面与外筒柱连接。

（6）结构行为简况

广州塔的结构行为主要由风、地震和温度控制，外筒承担了大部分荷载作用，由于塔体体形特点和其与天线桅杆的连接方式，三种作用都不是唯一起控制作用的，但总体来说，内筒、桅杆受力相对较小，外筒受力状况控制着整个结构设计。模拟地震振动台试验结果表明：小震作用下，结构处于弹性状态。中震作用下，局部次要构件接近屈服，结构基本处于弹性状态；大震作用下，腰部支撑及桅杆底部部分构件达到屈服，核心筒腰部及底部出现开裂裂缝，但结构不会倒塌。在各种荷载效应组合下，部分控制构件的结构行为见表 5-5，斜柱、环杆、斜撑的计算轴力与其承载力比值均小于 1，塔顶位移及位移角均能满足抗震性能目标和抗风性能目标的要求。由此可见，在采取上述一系列结构措施的情况下，广州塔结构性能非常良好。

表 5-5　广州塔主塔外筒控制构件的结构行为（部分）

荷载组合		各构件最大应力比值及其发生位置			塔顶位移/m	位移角
		斜柱轴压比	环杆压应力比	斜撑压应力比		
荷载组合	中震组合	0.80（10 m）	0.52（450 m）	0.20（390 m）	2.192	1/210
	最不利风荷载	0.78（89 m）	0.68（240 m）	0.50（250 m）	1.846	1/249
	最不利温度效应	0.68（90 m）	0.48（340 m）	0.26（240 m）	/	/

注：括号内数字为该值出现的标高位置。

4）风振响应控制

广州属于台风频繁影响的区域，平均每年有 2.5 个台风登陆，少数台风破坏性极强；另外，广州塔作为典型的柔性结构，自振周期约 10 s，属于风敏感结构。面对这一建设条件，仅仅依靠结构自身来改善结构抗风的舒适性既不经济、也不合理，需要采用振动控制措施来提高其在极端气象条件下的舒适性。为此，设计单位联合广州大学和哈尔滨工业大学等单位提出了广州塔两级主被动复合调谐减振控制系统——混合质量阻尼器（hybrid mass damper，HMD），兼具被动控制的可靠性、主动控制的自适应性与高效性，与主动质量阻尼器（active mass damper，AMD）、主动调谐质量阻尼器（active tuned mass damper，ATMD）相比，对控制装置的行程、控制系统的出力与外部能源的需求大大降低。

（1）主塔风振响应控制

广州塔前两阶振型分别为主塔在两个主轴方向的第一阶平动弯曲振型，对应周期分别为 9.091 s 及 6.289 s，第三、四阶振型分别为桅杆在两个主轴方向的第一弯曲振型，其余振型多属主塔与桅杆的耦合振型。针对这一特点，在对多种振动控制方案进行系统深入地研究比选后，最终选取了两级主被动复合调谐减振控制系统，即在被动变阻尼调谐装置上再设置一个小质量的主动调谐系统（占控制系统总质量的 10%～12%），通过小质量块的快速运动产生惯性力来驱动大质量块的运动，从形式上看是双层质量在运动，以改善调谐质量阻尼器（tuned mass damper，TMD）控制系统的频率敏感的缺陷、有效地抑制主体结构的振动，其需要的驱动系统出力仅为 AMD、ATMD 的 20%左右，当主动控制系统失效时，复合调谐减振控制系统仍能继续以被动 TMD 的方式工作，提高了控制的鲁棒性，在风振及地震作用下，具有"失效但仍保安全"的特点。

主塔控制方案的设计要点如下：①整个 HMD 系统位于广州塔标高为 438.4 m 的楼面上，HMD 系统包含两套相同的系统，分别以两个 600 t 的消防水箱为母体，每套系统含 3 个大型内置双向弹簧的滑轨支撑系统（包括防撞装置、限位装置和锁死装置），提供竖向承载能力；2 个阻尼器系统，为调谐质量阻尼器的阻尼单元；一套主动控制系统，提供主动控制力；一套抗扭抗倾覆装置，提供水平面内的扭转约束和竖向抗倾覆，使整个控制系统发生水平平动，防止发生转动，振动控制系统质量约为结构总质量的 0.7%；②由于主塔在弱轴即 y 轴方向的风振响应远大于强轴即 x 轴方向（参见图 5-17），因此在弱轴方向采用 HMD 来控制风致振动，即在每个水箱上设置了 58 t 的 AMD 质量块作为可调阻尼装置，并通过在强风荷载作用下增大 HMD 的阻尼值来削减行程，确保控制系统正常工作。主塔控制系统如图 5-20 所示，在百年一遇风荷载作用下部分工况的控制效果比较情况如表 5-6 所示。

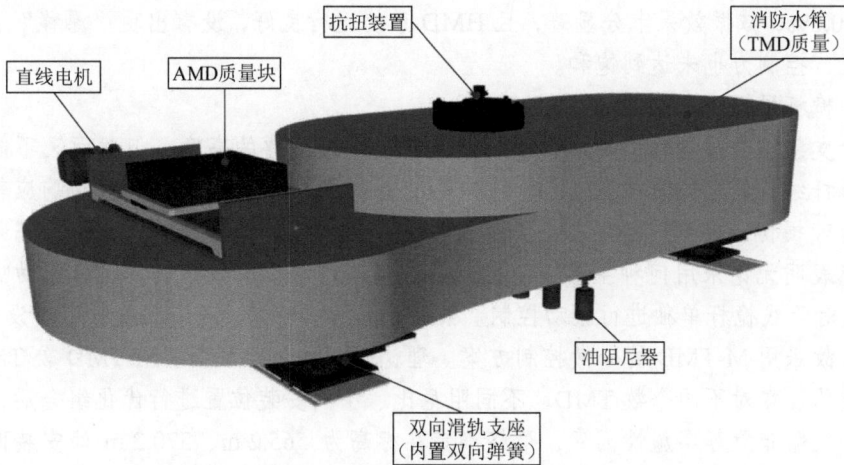

图 5-20 广州塔主塔风振响应的 HMD 控制装置示意图

表 5-6 百年一遇风荷载作用下广州塔主塔风振响应控制效果

		0°输入		45°输入	
		无控响应	HMD 控制下的响应及减震效果	无控响应	HMD 控制下的响应及减震效果
塔顶位移最大值/m	x	0.3775	0.2427/36%	0.9335	0.6318/32%
	y	0.1950	0.1437/26%	0.0667	0.0322/52%
	$\sqrt{x^2+y^2}$	0.3900	0.2473/37%	0.9335	0.6323/32%
塔顶加速度最大值/（m/s²）	x	0.1906	0.1492/22%	0.4411	0.3623/18%
	y	0.2004	0.1461/27%	0.0937	0.0673/28%
	$\sqrt{x^2+y^2}$	0.2150	0.1660/23%	0.4428	0.3650/18%
塔顶位移均方差/m	x	0.1183	0.0794/33%	0.2971	0.2110/29%
	y	0.0700	0.0480/31%	0.0193	0.0112/42%
	$\sqrt{x^2+y^2}$	0.1391	0.0953/31%	0.3009	0.2159/28%
塔顶加速度均方差/（m/s²）	x	0.0565	0.0365/35%	0.1381	0.0930/33%
	y	0.0648	0.0387/40%	0.0231	0.0173/25%
	$\sqrt{x^2+y^2}$	0.0859	0.0532/38%	0.1400	0.0946/32%

模拟分析结果表明：HMD 对主塔塔顶的加速度、位移的控制效果多在 20%～40%，效果比较明显。现场实测结果表明：无控结构的阻尼比仅为 0.4% 左右，采用 HMD 控制后，阻尼比增加到 2.62% 左右，增大了 6.5 倍左右，振动衰减很快。2012 年 6 月 30 日、

2012 年 7 月 22 日，台风"韦森特""杜苏芮"登陆广东沿海期间，塔顶 452 m 处最大风速达 32.1 m/s，通过对无控、HMD 系统两种工作情况的对比测试，无控结构的加速度均方差为 0.0098 m/s²，有控结构加速度响应均方差 0.068 m/s²，塔顶加速度响应均方差减小幅度为 30.6%，减振效果十分显著，且 HMD 系统运行良好，没有出现"漂移"、不能复位等情况，控制力也未达到饱和。

（2）桅杆风振响应控制

出于发射信号覆盖面的要求，桅杆结构既要保证足够的高度、但截面又不能太大，这使得桅杆结构周期较长（2.24 s）、结构阻尼比较小（不超过 1%）、振动响应较大，存在诸如疲劳损伤、局部破坏等安全隐患。另外，由于天线桅杆的基频与主塔基频相差较远，研究表明无论采用何种主塔振动控制的方案，均难以有效控制的桅杆振动响应，因此，需要对天线桅杆单独进行振动控制。根据桅杆结构特点，考虑到桅杆中布设 TMD 空间受限，故采用 M-TMD 的分散控制方案。理论分析和试验证明，M-TMD 较 TMD 的控制效果更佳。在对不同个数 TMD、不同阻尼比、不同安装位置进行优化组合后，综合安装空间、线路布置等实施性因素，最终确定在标高为 565.2 m、570.2 m 处安装两个质量为 2 t、直径为 0.65 m 的铅球作为质量块，阻尼比采用 20%，阻尼系数为 2250 N·s/m，刚度系数为 15 680 N/m。实测结果表明：大多数情况下 M-TMD 系统的减振率保持在 10%～30%，振动控制效果较好。

5）施工方法

为在 2010 年亚运会前建成广州塔，广州塔施工工期被大幅度缩短，为缓解吊运压力（每层垂直吊运钢材重量约 350 t）、满足施工进度要求，最终确定的施工方法为：内筒施工采用整体提升钢平台施工方法，外筒使用两台 M900D 塔吊施工。钢平台在施工过程中位于整个结构的顶部，面积约 320 m²，由主次工字梁组成。在南北侧安装 2 台 1200 t·m 级的 M900D 塔吊进行钢结构吊装，塔吊跟随钢平台提升，如图 5-21（a）所示。由于透空区的楼层缺失和内外筒之间的偏心布置，给外筒施工作业带来了一定的困难，为此，采用径向布置的临时支撑作为结构在安装阶段的稳定措施。径向临时支撑与外框筒钢环位置对应布置，每道环增设 12 根长度不等的临时支撑，最长达 31 m。

桅杆天线高 156 m、重量约 1800 t，分成格构段施工与实腹段施工。格构段施工利用位于标高 454 m 的单台 M900D 塔吊进行吊装，没有原则性困难。对于实腹段，无法利用塔吊继续施工，因此采用整体提升技术进行施工，即以 8 组导轮和 8 根导轨作导向及抗风纠偏装置，8 组 16 只穿心式液压千斤顶及钢绞线作为提升设备，在格构段顶部进行重约 220 t 天线的提升和安装，如图 5-21（b）所示。

6）结语

广州塔总建筑面积为 10.2 万 m²，其中塔体建筑面积约 3.8 万 m²；结构总重约 19.4 万 t，结构总用钢量为 6 万 t（其中外框筒为 4 万 t），混凝土约 5.9 万 m³，总造价为 29.48 亿元。借助于出色的结构设计，广州塔 2006 开工，施工非常顺利，2008 年 12 月钢结构外筒封顶，2009 年 6 月天线桅杆提升完成，2009 年 12 月主体结构的验收，整个施工工期约 40 个月，在 2010 年 11 月在亚运会时投入使用，它以广州第一地标的形象展现在世界面前，得到了社会各界的高度评价。广州塔集建筑美学与结构艺术于一身，借助于卓越不凡的

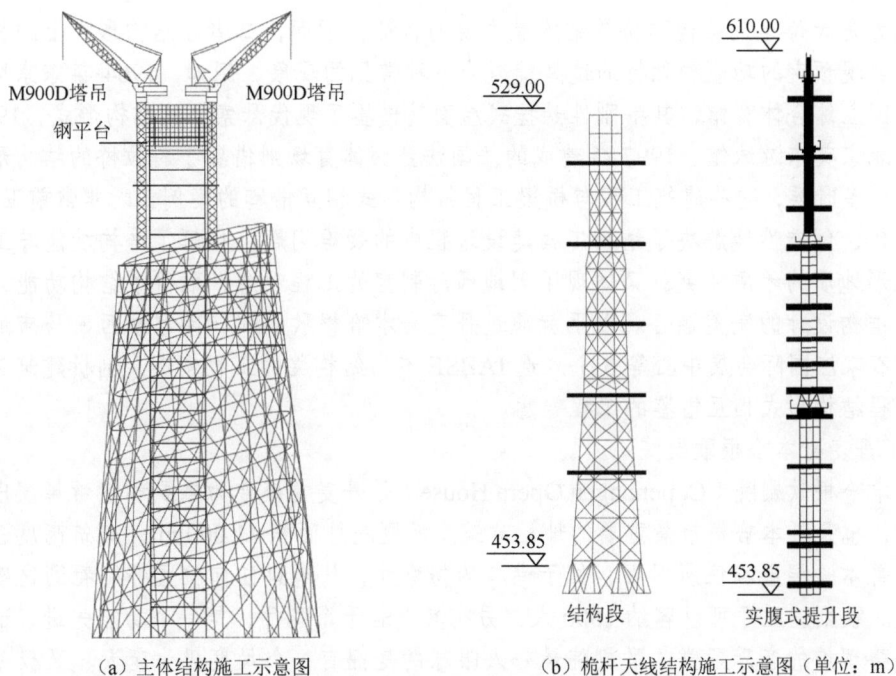

（a）主体结构施工示意图　　　　　　　　（b）桅杆天线结构施工示意图（单位：m）

图 5-21　广州塔施工示意图

结构设计、安全高效的建造技术成就了无与伦比的建筑设计方案，展示了世界第一高塔伟岸挺拔而婀娜多变的身姿，并由此获得了 2014 年 IABSE 杰出结构奖。

广州塔投入使用 15 年以来，得到了广大民众的喜爱，日均接待游客数量约 7000 人，逼近其接待上限人数 15 000 的 50%，节假日接待游客数量常常突破 10 000 人，成为广州市人气最旺的旅游景点之一。在广州塔建设前后期间，随着隔江相望的"广州东塔"（Chow Tai Fook Financial Center，高 530 m）、"广州西塔"（Guangzhou International Finance Centre，高 432 m），以及猎德大桥、海心沙桥等跨江桥梁的陆续建成，珠江两岸的结构艺术精品群交相辉映，在城市新中轴线的核心节点塑造了气象万千、富有意蕴的城市形象，并围绕广州塔开发了城市灯光秀、无人机巡演等大型表演项目，使广州塔成为广州最具显示度的城市名片。另一方面，广州塔投入使用以来，在多个正面登陆广州的超强台风如 2017 年台风"天鸽"、2018 年台风"山竹"的袭击下，广州塔的各项性能指标之一一直处于正常良好状态，经受住了时间的检验。由此可见，正是在建筑意象、结构体系、细部构造、振动控制策略等方面的创新，广州塔当之无愧地成为当代结构艺术与技术创新融合的典范。

案例 5-5　建筑工程与桥梁工程结构形式的相互借鉴——基于三个典型工程案例的剖析

1）技术背景

一般而言，结构工程包括房屋建筑工程及桥梁工程，二者具有相同的科学基础、技术方法和结构材料，只是在结构形式、荷载类型、施工方法等方面存在一些差异。由于跨越能力是大跨建筑结构和桥梁结构最主要的特征，因而，二者在结构形式上的相互借鉴、以实现预定的功能和独特的造型就成为一种常见的现象。例如，1964 年东京奥运会代代木国立综合体育馆，其半刚性悬挂式屋面就借鉴了现代悬索桥的结构形式，1988 年建成的北京英东游泳馆、1997 年建成的法国法兰西体育场则借鉴了斜拉桥的结构形式，等等。很多时候，这些建筑工程与桥梁工程结构形式相互借鉴的案例，既非常前卫大胆、构思巧妙、创造性地解决了结构工程建设过程中的疑难问题，化解了结构功能与工程造价、地形地质的矛盾冲突；又体现了因地因时制宜的工程观念，取得了结构功能、结构造型、结构设计的完美融合。以下就通过丹麦哥本哈根歌剧院、南非摩西·马布海达体育场、石家庄国际会展中心等 3 个入选 IABSE 杰出结构奖的工程实例，剖析建筑工程与桥梁工程结构形式相互借鉴的工程智慧。

2）丹麦哥本哈根歌剧院

哥本哈根歌剧院（Copenhagen Opera House）是丹麦首座专为歌剧和芭蕾舞演出而建的场馆，也是哥本哈根市最重要的地标建筑。歌剧院总面积 41 000 m^2，建筑高度 38 m，坐落在哥本哈根皇家住所对面，位于港口的拐弯处，从港口任何位置都能看到这座宏伟的建筑。歌剧院主厅可以容纳 1500 人，另有其他若干个配厅，是一个功能先进、造型独特、金碧辉煌的音乐殿堂。歌剧院最夺人眼球的是拥有一个尺度极为庞大、又极为轻巧飘逸的悬臂屋盖结构，如图 5-22（a）所示。国际桥梁与结构工程协会对其屋盖结构的评价是：利用钢桥桥面技术来控制大悬臂结构的变形、利用框架结构的细节创新来控制温差效应、一座壮观而纤细悬臂屋盖结构。哥本哈根歌剧院由丹麦建筑设计师汉宁·拉尔森（Henning Larsen）设计，于 2005 年投入使用，工程造价约 4 亿美元，是全世界造价最昂贵的歌剧院之一。

哥本哈根歌剧院地下 5 层、地上 9 层，主体结构采用混凝土框架，结构并不复杂，但其屋盖被誉为世界上最大的悬臂屋盖结构，平面尺寸达到惊人的 158 m×90 m，相当于三个标准足球场的面积。建筑师汉宁·拉尔森在设计过程中特别关注屋盖结构的外观，旨在打造一个光滑的、轻巧的外表面，以实现飘逸灵动、傲然孑立的建筑效果。屋盖设计分为东侧和西侧两个独立的部分，整个屋盖结构面积达 14 220 m^2，其中西侧屋盖是一个 78 m×90 m 的大型悬臂结构，屋盖面积达 7020 m^2。这个悬臂结构仅依靠位于歌剧院入口前厅周围的 10 根柱子、主体混凝土结构上 4 个滑动支座和舞台塔楼内侧混凝土墙上的 4 个点支撑。这样的结构布置使屋盖在三个方向上都呈现轻巧的悬臂效果：向西悬臂 32 m，向北和向南各悬臂 21 m，最大悬臂长度从前厅角落的结构柱延伸至屋顶的外角，长达到 43 m，如图 5-22（b）所示。

客观地讲，如此独特的建筑设计给丹麦 Ramboll 公司的结构工程师们出了一个不小的难题。通常，承受自重、风荷载、雪荷载的悬臂钢结构的最小高度不小于悬臂跨度的 1/10，以满足结构刚度的要求。但为了取得轻巧灵动的建筑效果，歌剧院屋盖高度又减小了约 30%，最大高度仅为 3 m。这显然会降低结构刚度、增大结构设计的难度。初步计算表明，采用常见的双向交叉桁架难以满足刚度要求，造型上也很难达到建筑师预想的建筑效果。对此，Ramboll 公司结构工程师采用钢桁梁、钢箱梁、钢工字梁三者组合的构造形式，将大悬臂屋盖结构设计成一个独特的封闭悬臂箱体结构，以有效增大其

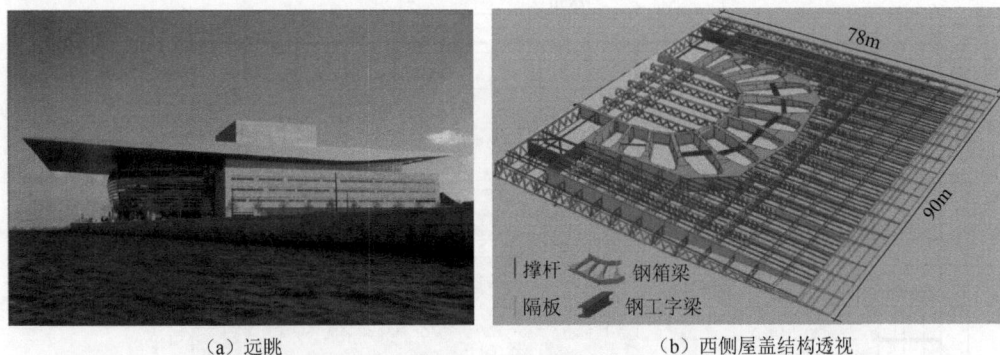

（a）远眺　　　　　　　　　　（b）西侧屋盖结构透视

图 5-22　哥本哈根歌剧院概貌［图片来自（Exner，2009），查看彩色图片可扫描封底二维码］

抗弯刚度和抗扭刚度。实际上，自 20 世纪 50 年代以来，在弗里茨·莱昂哈特发明钢箱梁及正交异性板桥面以来，钢箱梁以其优越的力学性能、极大的抗扭刚度、较低的材料用量，在大跨径桥梁中得到了广泛的应用，技术经济优势非常明显。但要将钢箱梁的构造形式直接移植应用于大跨屋盖结构，Ramboll 公司在诸多方面都做出了改进，主要包括以下 4 个方面。

①采用由连续的外环梁（RB）、呈放射状的径向梁（RAB）、桁架梁（TB）、边缘悬臂桁架梁构成了屋盖结构的主骨架，提供大部分结构刚度。其中，外环梁长 32 m、曲线半径为 16 m；径向梁共 13 片，悬臂长度为 16 m；外环梁、内环梁和径向梁均采用钢箱梁，梁高 3 m，这样，由内外环梁及径向梁形成了结构刚度极大的封闭形框架，并能够借助径向梁将来自展翼部分的内力顺畅地传递给 18 个支承点。此外，为使屋盖结构边缘的刚度与中心部位的刚度比较协调，在屋盖两侧设置了根部高度为 3 m 的悬臂桁架梁，如图 5-23 所示。

②为进一步增强内环梁与径向梁的联系，在屋盖骨架的中部设置了 5 道贯通的、梁高为 3 m、支承在前厅柱（FS）顶的桁架梁（TB）；在 13 片径向梁（RAB）之间，设置了 8 道撑杆。桁架梁与内环梁、径向梁均采用螺栓连接，这使得屋盖结构的核心部位演变为一个由内外环梁、径向梁、桁架梁构成的空间结构，整体性大为增强。

③借助于外环梁、径向梁、屋盖边缘悬臂桁架梁的支承，从屋盖结构核心部位延伸出高度逐渐减小的钢箱梁，整个屋盖采用箱体结构的面积为 5680 m^2,仅在边沿的 5～7 m 范围内采用非箱形截面。箱体结构采用纵横交错的钢工字梁、桁架梁作为主骨架，内部的纵横向隔板间距为 5 m，顶底板厚度为 6～15 mm 不等，实现了 21～32 m 的悬臂长度。为确保板件的局部稳定，在箱体结构的顶板和底板上增设了纵向槽钢作为加劲肋。

④鉴于屋盖结构尺度较大，温度效应的比较影响，为克服温度效应的不利影响，一是在箱体结构和前厅区域的桁架梁之间设置了四个滚动支座（ROB），允许箱体结构与桁架梁之间滑动；二是通过优化箱体结构的施工工序、细部构造和"合龙"时机，使箱体的一些部件如顶板、底板并不全过程参与结构整体受力，从而较好地解决了大尺度屋盖结构的温度效应问题。

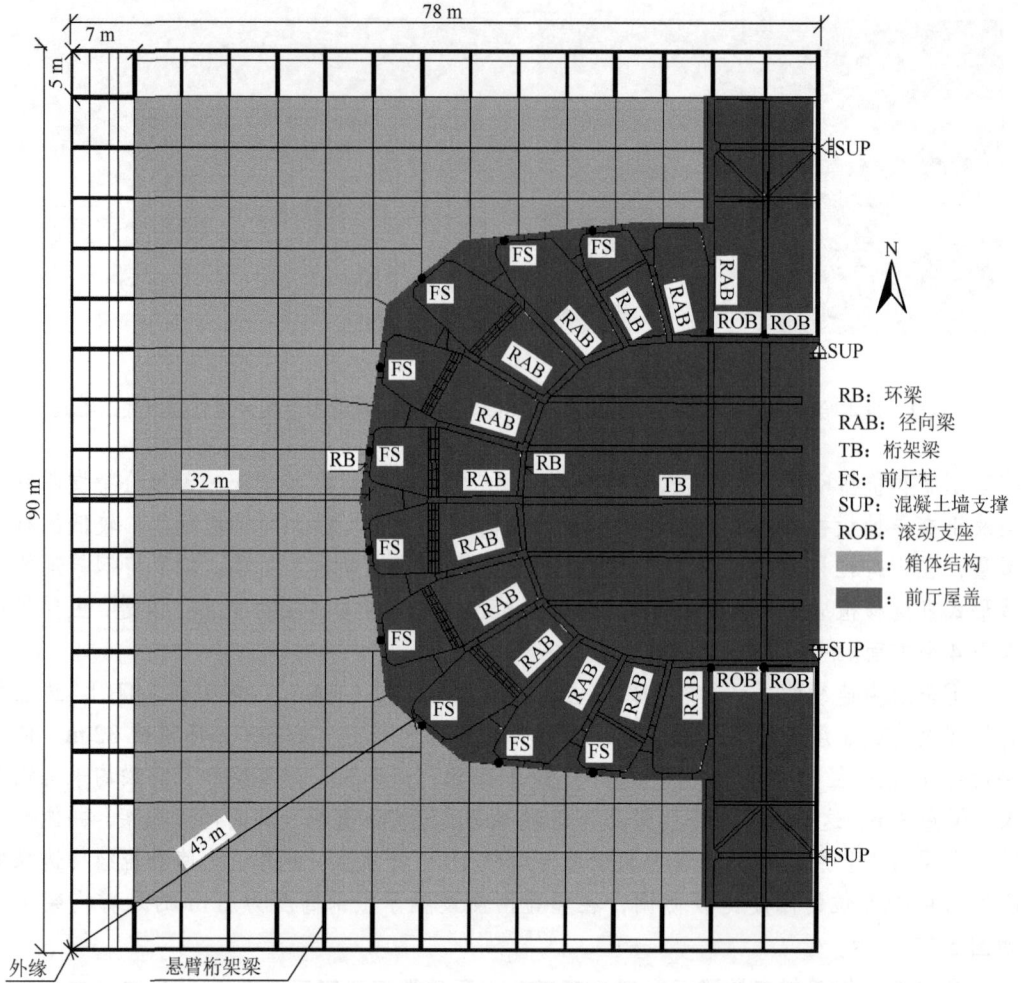

图 5-23　哥本哈根歌剧院悬挑屋顶平面图［图片来自（Exner，2009）］

　　由此可见，这些构造形式与钢箱梁桥极为类似，但又根据屋盖结构的受力特点、施工工序进行了卓有成效的改良。采用这一新颖独特的屋盖结构形式之后，借助于封闭箱体结构所提供的巨大刚度，在最不利风雪荷载作用下，屋盖外角与边缘中点之间的挠度差异非常小，在屋盖结构悬挑跨度创纪录的情况下，实现了建筑师期望的屋盖边缘看起来像是"一条悬空的直线"的艺术效果，使大悬臂屋盖成为哥本哈根歌剧院最典型的特征。需要特别指出的是，西侧屋盖总用钢量为 1800 t，折合每平方米用钢量为 256 kg，经济指标并不理想，这也是该歌剧院造价昂贵的原因之一。

　　3）南非摩西·马布海达体育场

　　摩西·马布海达体育场（Moses Mabhida Stadium）又名德班体育场，是一座为迎接2010 年南非世界杯而兴建的多功能体育场，体育场最多可容纳 8.5 万名观众，世界杯结束后常设座席数减少为 5.6 万个。该体育场于 2009 年 10 月竣工，这座体育场为南非德班市增添了一座可与埃菲尔铁塔、悉尼歌剧院及伦敦眼相媲美的地标性建筑。该体育场屋顶结构独特，由横跨比赛场地的钢拱肋和由膜材覆盖的索网结构组成，可以保障任何天气条件的体育比赛进行，在大型体育场中较为少见。因此，摩西·马布海达体育场的屋顶结构被认为是当今世界上最具挑战性的钢结构项目之一。

摩西·马布海达体育场在南侧采用开敞式，旨在吸引外部的注意力进入体育场，并使内部观众能够看到德班市中心和"人民公园"。要满足这一功能，结构形式可选择的余地很大，但中标方伊博拉·莱图联合体（Ibola Lethu Consortium）凭借标志性的拱门设计在竞标中获胜。设计灵感来源于传统非洲房屋的弧形入口和南非国旗中的 Y 形图案，象征着南非民族从分裂走向团结的历史进程，也给大多数观众提供一个透过高大雄伟的拱结构远眺市中心的独特视角，如图 5-24（a）所示。

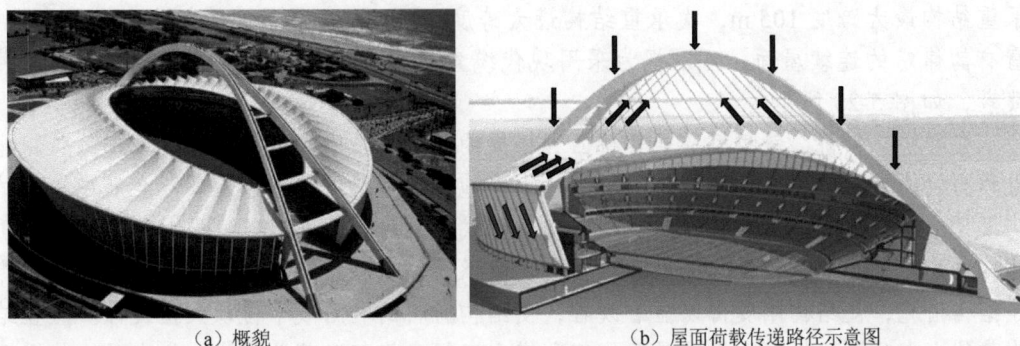

（a）概貌　　　　　　　　　　　　　　　（b）屋面荷载传递路径示意图

图 5-24　摩西·马布海达体育场概貌 [图片来自（Balz，2010），查看彩色图片可扫描封底二维码]

摩西·马布海达体育场的屋盖覆盖了体育场内 85%的座位，总面积约 4.6 万 m^2，结构形式为钢拱肋结构和索膜结构的独特结合，屋面采用聚四氟乙烯（polytetrafluoroethylene，PTFE）膜材屋面。PTFE 膜可透过 50%的光线，同时也能遮挡雨水，借助于放射形吊索、沿看台基座设置的压力环和钢拱肋，采用预应力技术将其固定，并通过 25 对、索间距 8 m、直径 95 mm 的吊索将屋面荷载传递给承重结构，承重结构为一座跨径 350 m、高 105 m 钢箱拱。由此可见，屋顶的承重结构无论是在结构形式还是受力性能上，都与桥梁结构中常用的提篮拱桥极为相似，即吊索将屋面荷载传递给拱肋，拱肋将其分解为轴力与水平推力传递给地基基础，如图 5-24（b）所示。此外，为保障拱肋的稳定性，设置了 6 道 I 形横撑。钢拱肋结构主要设计参数为：矢跨比为 0.3，拱肋截面为 5 m×5 m，由 56 段长 10 m 的钢箱节段组成，分叉点在第 21 节段处，结构材料采用 S355 及 S460 级钢材。分析计算表明：在自重及风荷载作用下，拱肋未出现拉应力，最大压应力为 305.7 MPa，结构整体稳定系数大于 5，受力性能非常良好。另外，面对如此大的跨径，如何快捷高效地施工也是一个不小的挑战，为此，设置了两个兼做索塔的临时支架，利用 1 对临时斜拉索，采用悬臂拼装与地面汽车吊装相结合的方法完成了拱肋的安装。

摩西·马布海达体育场由德国 Von Gerkan Marg und Partner 事务所完成建筑设计，由设计大师约格·施莱希主导结构设计，屋盖结构的主要材料用量为：钢拱肋 2860 t，缆索 550 t，PTFE 膜材 4.6 万 m^2。在创造性地借鉴了提篮拱桥的结构形式后，将柔性索膜结构和刚性拱结构融为一体，实现了结构功能和结构造型的完美结合，是大跨建筑结构又一座里程碑式的工程精品。

4）石家庄国际会展中心

石家庄国际会展中心（Shijiazhuang International Convention and Exhibition Center）位于石家庄市正定新区，建成于 2018 年，由清华大学建筑设计研究院有限公司设计。项目总建筑面积为 35.9 万 m²，整体布局呈鱼骨式，由中央枢纽区串联会议区域和展览区域，包括多个标准展厅（A、C、E 展厅等，室内无柱空间为 135 m×108 m）和 1 个非标展厅（D 展厅，室内无柱空间为 162 m×105 m）。标准展厅均采用双向悬索结构，形成了连绵起伏、错落有致的屋面，成为世界上最大的双向悬索结构展厅群，主承重结构最大跨度 105 m，次承重结构最大跨度 108 m，实现了连绵起伏、错落有致、富有韵律感的连续屋面，可以视为采用现代缆索技术对中国传统砖木结构形式的一种致敬，如图 5-25 所示。

在梁桥、拱桥、斜拉桥及悬索桥四种桥梁的基本体系中，悬索桥以其卓越的跨越能力和高效的材料利用率占据大跨径桥梁的主阵地，这些特点在石家庄国际会展中心的结构设计中得以彰显。该项目在实现特殊建筑形式的同时，结合建筑需求对传统的悬索桥结构体系进行了改进改良，采用了双向主次索承重体系、增设自锚杆件、优化施工步骤等结构措施，使结构刚度得以显著改善，使结构材料的利用效率得以大幅提升。屋盖结构整体上由屋面、纵向自锚式悬索桁架和横向双层索桁架三部分组成，纵向承重体系采用悬索体系，由两道主索与刚性构件构成主悬索桁架，相当于屋盖的主梁；横向承重系为 10 道间距约 12 m 的双层索桁架构成，相当于屋盖的次梁；屋面由刚性铝镁锰板面板、檩条及水平撑组成。结构设计的主要荷载为：恒荷载 1.0 kN/m²，活荷载 0.5 kN/m²；吊挂荷载 0.2 kN/m²，最大温差为 ±35℃；基本风压 0.4 kN/m²。与传统的双向桁架结构相比，主次索承重体系节省了近 50%的用钢量。以最为典型的 A 展厅和 C 展厅为例，屋脊标高 28.65 m，屋檐标高 18.0 m，最低点标高 16.683 m，稳定索最低点标高 13.0 m，结构主要构造形式及设计参数如下。

（a）远眺　　　　　　　　　　　　（b）结构内部仰视

图 5-25　石家庄国际会展中心概貌（图片来自百度图片，查看彩色图片可扫描封底二维码）

①主要承重体系为纵向自锚式悬索桁架，由柔性的主索、端竖索（端斜索），以及刚

性构件 A 形柱、上弦杆、下弦杆以及自锚杆组成，如图 5-26（a）所示，主索固定在 A 形柱顶端，竖杆将次索传递的竖向力传至主索，在 A 形柱顶端，主索的拉力分解为竖向和水平分量，竖向分量由 A 形柱承担，水平分量由端斜索、端竖索和自锚杆来平衡。主索、端斜索为 $4×\phi133\,mm$，端竖索为 $4×\phi97\,mm$，索体均采用高钒钢绞线；A 形柱为 $\phi1200×40mm$ 钢管混凝土柱（内灌 C50 混凝土），桁架上弦杆为 $\phi500×30\,mm$，下弦杆为 $\phi299×12mm$，自锚杆为 $\phi1000×30\,mm$，主要构件钢材均采用 Q345B。此外，因建筑设计不允许锚固点离主体结构太远，故采用水平力自平衡杆，将端斜索在一定高度处转化为端竖索。鉴于竖杆不仅是关键的传力构件，还是形成建筑屋脊的必要构件，为保证竖杆在各种工况下不偏离初始位置，在主索平面内通过上下水平杆对其进行约束，并在次索平面内由次索和稳定索分别对竖杆上下端进行约束，如图 5-26（b）所示。

②次要受力结构为横向双层索桁架，由边立柱、边斜索、次索、定型索、稳定索、主索、吊索及中立柱构成索桁架结构，如图 5-26（c）所示。次索固定在屋脊和屋檐，竖向荷载通过屋面板和檩条传递至次索。在屋脊处，次索的拉力分解为竖向和水平分量，水平分量相互平衡，而竖向分量由竖杆来平衡并传递给主索。在屋檐处，次索的拉力由边斜索和边立柱来平衡。次索为 $2×\phi97\,mm$，稳定索为 $\phi63\,mm$，边斜索为 $2×\phi133\,mm$，索体均采用高钒钢绞线；边立柱采用方钢管（$700\sim1000$）$×500×20×30\,mm$（内灌 C50 混凝土），中立柱采用方钢管 $700×500×18×14\,mm$，吊索为 $\phi26\,mm$ 的钢丝绳。

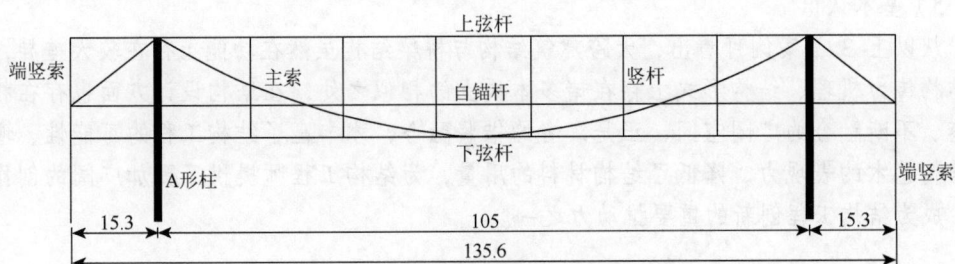

（a）纵向自锚式悬索桁架结构

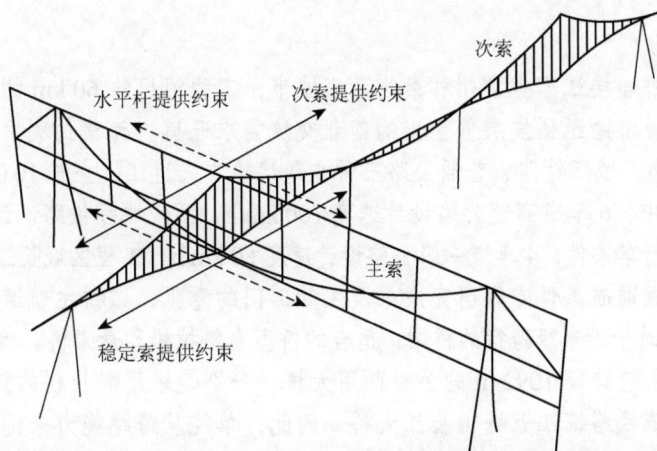

（b）竖杆各方向受到的约束

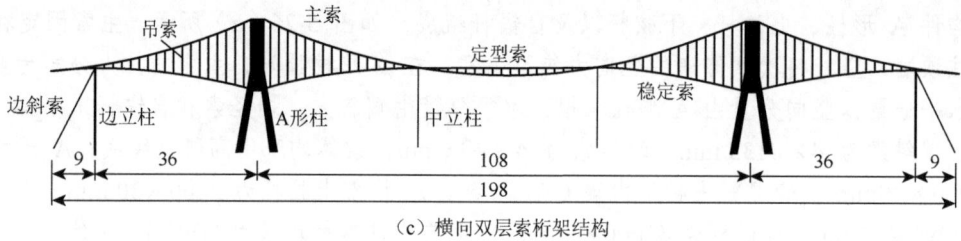

（c）横向双层索桁架结构

图 5-26   石家庄国际会展中心结构布置示意图（单位：m）

石家庄国际会展中心创造性地发挥了悬索结构的优势，采用柔性索与刚性杆形成的双向交叉索桁架结构实现了较大的跨越能力，展现了悬索结构在现代大跨度建筑中的应用潜力，为类似项目提供了新的实现路径和工程实践经验。该典型展厅屋盖结构的材料用量为：单位屋面面积用钢量约 62 kg/m² （含 A 形柱、边立柱、中立柱等），单位屋面面积拉索用量约 18 kg/m²，用钢量稍高。分析计算表明：在最不利荷载组合作用下，典型展厅屋脊处的最大横向水平位移为 28.4 mm，为跨度的 1/1008，屋面中心最大竖向位移为 485.16 mm，为跨度的 1/223，屋面最大起伏变形为 550 mm；缆索最大拉应力为 677 MPa，且所有索在各类组合下均未出现松弛现象。由此可见，虽然双向悬索结构在结构找形、参数优化、刚度分配、张拉方案、计算方法等多个层面存在一系列比较复杂的技术问题，但却是一种高效、稳定的结构体系，在大跨建筑结构中具有极大的发展潜力。

5）基本认识

从以上 3 个案例可看出，大跨建筑结构与桥梁结构虽然在功能上存在较大差异，但在结构传力机理、结构形式上存在诸多本质上的相似之处，在结构设计方面也存在相互借鉴、不断融合的广阔空间，正是二者的借鉴融合，才丰富了结构工程的可能性、增强了结构艺术的表现力，降低了结构材料的用量，为结构工程师提供了更加广阔的创作空间，成为结构工程创新的重要推动力之一。

案例 5-6   常泰长江大桥——结构体系改进的新模板

1）工程概况

常泰长江大桥连接江苏省常州和泰州两座城市，工程河段约 60 km 的范围内没有跨江桥梁，长江两岸经济的迅猛发展催生出的南北交流需求旺盛。为集约利用过江通道资源，该桥搭载高速公路、城际铁路、普通公路三种交通运输方式过江，全长 10.03 km，公铁合建段长 5299 m，其中，6 车道高速公路设计速度 100 km/h，两线城际铁路设计速度 200 km/h，并预留 250 km/h 行车条件，4 车道一级公路设计速度 80 km/h。工程区域长江主航道为 12.5 m 的深水航道，根据通航条件专题研究成果及主管部门的意见，该桥主航道桥主跨跨径确定为 1200 m 左右。对于千米级跨径的桥梁，适合的桥型有斜拉桥和悬索桥。稍早前的 2020 年，我国已建成两座主跨跨径 1092 m 的公铁两用大桥，分别是采用斜拉桥的沪苏通长江大桥、采用悬索桥的连镇铁路镇江五峰山长江大桥，因此，单纯从跨越能力来说，两种结构形式均可满足跨越需求。但由于桥址处江面宽阔，若采用悬索桥，锚碇则必须放置于江中，导致其工程体量巨大、对防洪有较大影响。经综合比选，主航道桥采用了钢桁梁斜拉桥方案，考虑到公铁两用斜拉桥对刚度、梁端转角的严苛要求，斜拉桥的主梁采用 5 跨连续结构，跨径布置为 142 m + 474 m + 1208 m[①] + 474 m + 142 m = 2440 m。如图 5-27 所示。

由此可见，常泰长江大桥具有跨径大、设计活荷载大、主梁连续长度长等主要特点，这些特点给结构设计带来了一系列挑战。对此，该桥设计方中铁大桥勘测设计院集团有限公司在结构约束体系、主桁梁截面形式、索塔构造方式、主塔基础形式等方面进行了全方位的探索创新，以应对桥梁跨径、设计荷载等方面打破世界纪录后所衍生出的各种设计施工难点。

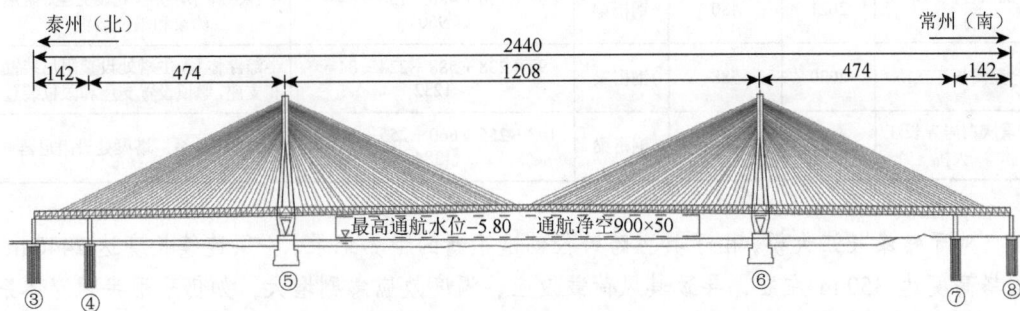

图 5-27　常泰长江大桥主桥的总体布置（单位：m）

2）结构约束体系

大跨径铁路斜拉桥或公铁两用斜拉桥因运营要求严、主梁连续长度大，在活载、纵向阵风、列车制动力、地震、温度等荷载作用下，结构约束体系对主梁、索塔的受力行为影响非常突出。如果不对主梁纵向变形加以有效而恰当的约束，塔顶、梁端会产生较大的纵向水平位移，对索塔受力和伸缩缝布置极为不利；如果采用纵向完全固定约束，温度、地震荷载产生的内力又将在索塔和近索塔的主梁中产生很大弯矩，对索塔和主梁受力极为不利。因此，大跨径铁路斜拉桥多采用具有一定限位约束功能的半漂浮体系，以便既能够释放温度变形、又能适当限制主梁在运营过程中的变位。近年来，我国桥梁界在半飘浮体系的基础上，根据各个工程项目的具体情况，探索出形式稍有差异的约束体系及相应的约束装置，部分铁路斜拉桥或公铁两用斜拉桥的结构体系和主梁约束方式汇总如表 5-7 所示。工程实践表明：设置合适的约束体系后，在风荷载及列车制动力作用下，主梁梁端、塔顶位移响应可减小 50%～70% 以上。

表 5-7　我国大跨径铁路斜拉桥或公铁两用斜拉桥结构体系和主梁约束方式（部分）

桥名	建成年份	主跨跨径/m	主梁形式	主梁连续长度/m	结构体系和主梁约束方式
武汉天兴洲长江大桥	2008	504	钢桁梁	98 + 196 + 504 + 196 + 98 = 1092	半漂浮体系，塔梁处设两组阻尼器
渝利铁路韩家沱长江大桥	2013	432	钢桁梁	81 + 135 + 432 + 135 + 81 = 864	半漂浮体系，塔梁处设阻尼器及锁定装置

---

① 该桥主塔下塔柱为四肢结构，设置在两主塔外侧横梁上的支座间距为 1208 m，而主塔中心线间距为 1176 m，故有些文献也称其跨径为 1176 m。

桥名	建成年份	主跨跨径/m	主梁形式	主梁连续长度/m	结构体系和主梁约束方式
江津长江大桥	2014	464	钢桁梁	60.5 + 156 + 464 + 156 + 60.5 = 897	半漂浮体系，塔梁处设阻尼器
沪苏通长江公铁大桥	2020	1092	钢桁梁	140 + 462 + 1092 + 462 + 140 = 2296	半漂浮体系，桥塔处设置支座、阻尼约束和限位装置
黄冈长江大桥	2014	567	钢桁梁	81 + 243 + 567 + 243 + 61 = 1195	半漂浮体系，主塔处设支座，索塔横梁与主桁间设液压阻尼器
杭绍台铁路椒江特大桥	2021	480	钢桁梁	84 + 156 + 480 + 156 + 84 = 960	半漂浮体系，桥塔处设支座、阻尼约束和限位装置
芜湖长江三桥	2020	588	钢桁梁	98 + 238 + 588 + 224 + 84 = 1232	半漂浮体系，主塔处设置阻尼装置和支座，墩顶设置支座和限位装置
重庆白居寺长江大桥	2022	660	钢桁梁	107 + 255 + 660 + 255 + 107 = 1384	半漂浮体系，塔梁处设阻尼器

对于常泰长江大桥，由于其主跨跨径创造了新的世界纪录、主梁连续长度达 2440 m、索塔高度达 350 m 左右，导致其风荷载效应、温度效应急剧增大，如仍采用半飘浮体系（即在主梁索塔相交处设置竖向支座及速度相关型阻尼器、在静力作用下塔梁之间无纵向约束），计算结果表明：①梁端位移幅度达 2.8 m，远远超过已建成的其他桥梁，导致公路伸缩缝和铁路轨道伸缩调节器设计制造及后期养护维修极为困难；②塔底弯矩高达 10.3×10^6 kN·m，据此设计的索塔断面将会非常大。

面对这一挑战，设计者突破了常规双塔斜拉桥半漂浮体系的束缚，在塔梁之间设置纵向大吨位阻尼器（阻尼力 3000 kN，阻尼行程 ±800 mm）的前提下，创造性地采用了温度自适应塔梁约束体系。所谓温度自适应塔梁约束体系，是指采用碳纤维水平拉索、将主跨跨中与索塔下横梁直接连接起来，从而改变了温度内力的传递路径。当温度上升时，主梁的伸长所产生的附加内力通过碳纤维拉索直接传递给下塔柱、而不再通过斜拉索传递给上塔柱，从而既使主梁的纵向变形受到了有效约束、但又不会过度增大索塔的温度附加内力，在改变了纵向水平荷载的传力路径的同时，有效降低了塔根弯矩和梁端位移。计算表明，采用温度自适应体系后，主梁梁端纵向位移降低了 23%，塔根弯矩降低了 39%，主要荷载效应仅相当于主跨 900 m 左右斜拉桥的水平，效果十分明显，对索塔、主梁梁端的伸缩缝设计与施工非常有利。温度自适应塔梁约束体系具体布置方式是在主梁跨中的上、下游两侧分别设置 7 根 $127 \times \phi 7$ mm 的 CFRP 成品索，一端连接跨中钢桁梁下层桥面，另一端与索塔下横梁相连，如图 5-28 所示。由于碳纤维的线膨胀系数仅为钢材的 1/20，具有较为明显的温度变形惰性，因此这种连接方式并不会在碳纤维水平拉索中产生过大的温度内力增量。温度自适应塔梁约束体系的建立，既为碳纤维这种先进结构材料寻找到了与其力学性能匹配的应用场景，又将原有结构约束体系解构后优化重组，创造性地解决了常泰长江大桥主缆连续长度增大后温度效应极为突出的新症结。

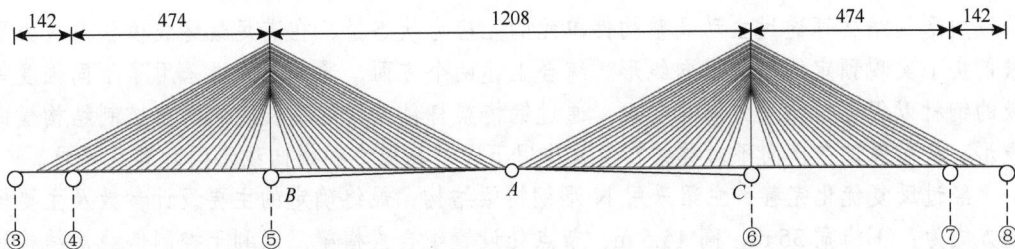

图 5-28　常泰长江大桥温度自适应体系示意图（单位：m）

3）主梁截面形式

常泰长江大桥搭载 6 车道高速公路、双线城际铁路、4 车道普通公路，交通布置极为复杂。如采用平层布置，桥面宽度将达到 70 m 左右，而采用钢桁梁上下层布置，则横断面布置紧凑，结构整体受力好，并可节约工程投资。但是，在采用钢桁梁上层布置高速公路、下层布置城际铁路与普通公路的方案后，新的问题不期而至，即下层城际铁路与普通公路如何布置才能使主梁截面的整体性能最优。对此，一种是传统的普通公路分幅布置于城际铁路两侧的对称布置方案，如图 5-29（a）所示；另一种是上、下游分别布置普通公路与城际铁路的非对称布置方案，如图 5-29（b）所示。对称布置方案具有结构受力明确简单、设计和施工控制难度小等优点，但导致普通公路的引桥与两岸既有道路接入非常复杂，需要设置 4 处 S 形曲线，增加桥梁建设用地 660 亩，且普通公路接线线形指标、行车舒适性及安全性相对较差。非对称布置方案减少了两岸土地占用，改善了公路引桥的使用功能，但带来了一个新的问题：即由于公路和铁路恒载活载差异很大（公路路面恒载约为有砟铁路恒载的 1/3 左右，公路单车道活荷载约为单线城际铁路活荷载的 1/5 左右），结构在恒载作用下钢桁梁横桥向受力差异较大，需要研究提出针对性的结构设计和施工控制技术措施。

解决横桥向恒载、活载差异较大的问题，需要同时满足成桥状态的结构应力和钢桁梁横向线形两方面的要求。对此，设计者创造性地将结构应力与横向线形解耦。就成桥状态的结构应力而言，由横桥向荷载差异引起的结构应力差异可通过采用不同截面的构件或不同强度等级的钢材来解决；对于钢桁梁的横向线形，依据无应力状态法理论，分

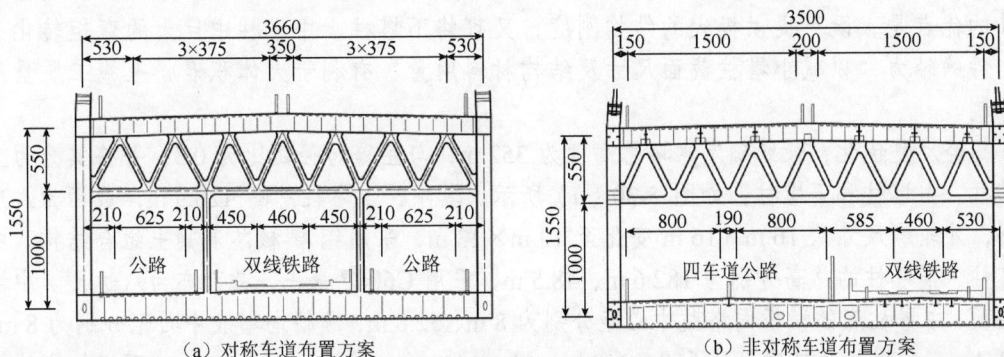

（a）对称车道布置方案　　　　　　　　　　（b）非对称车道布置方案

图 5-29　车道布置方案及标准主梁断面（单位：cm）

阶段成形的结构可通过主动调整构件单元的无应力状态量，在满足最终成桥状态应力要求前提下实现预定的结构横向线形。综合上述两个方面，通过上下游采用了不同强度等级的钢材以保证结构受力满足要求，通过钢桁梁杆件工厂制造长度来调整控制结构横向线形，从而保证在横向不对称结构恒载作用下，结构应力和横向线形同时满足要求。

经过反复优化完善，主梁采用 N 形钢桁梁结构，最终确定的主要设计参数及主要构造方式为：①桁宽 35 m、高 15.5 m，节点处设置组合式横梁，以利于控制偏载对结构线形的影响。②根据受力不同，主桁及桥面系构件分别采用 Q500qE、Q420qE、Q370qE 三种不同强度级别的钢材，同一节间内所有构件采用统一材质，其中辅助墩和索塔墩支点范共 26 个节间采用 Q500qE 钢，相邻的 36 个节间采用 Q420qE 钢，其余 112 个节间采用 Q370qE 钢。③上层桥面采用纵横梁体系正交异性桥面板，与主桁形成板桁组合结构；下层桥面采用整体钢箱桥面，与主桁形成箱桁组合结构；上、下弦杆件采用箱形截面，腹杆采用箱形、H 形或王字形截面，杆件内宽 1.2 m，标准节段主梁采用两节间全焊接整体制造、运输、吊装。④斜拉索采用 7 mm 平行钢丝成品索，上下游采用规格相同、强度级别不同的斜拉索，城际铁路侧斜拉索采用 2100 MPa 既钢丝，公路侧使用 2000 MPa 级钢丝，以使结构材料更好地与结构受力要求相匹配。

4）空间钻石型索塔的结构设计

常泰长江大桥主跨达 1208 m，导致其合理的索塔高度在 300～350 m 以上。工程实践经验表明：随着斜拉桥跨径的增大，在主梁、拉索、索塔三类斜拉桥的构件中，荷载效应增长最快的是索塔弯矩。以公铁两用斜拉桥为例，芜湖长江大桥为主跨 312 m 的双线铁路斜拉桥，塔根控制弯矩约 1.2×10^6 kN·m；武汉天兴洲长江大桥为主跨 504 m 的 4 线铁路斜拉桥，塔根控制弯矩约 3.0×10^6 kN·m；而常泰长江大桥塔根控制弯矩达 10.3×10^6 kN·m。对于数值如此巨大的塔根弯矩，索塔如果仍采用平面钻石型桥塔，下塔柱底部的顺桥向尺寸将达到 21 m，壁厚接近 3 m，面对如此体量的混凝土构件，施工质量及裂缝控制无疑充满挑战。就目前的工程实践经验而言，对于边长超过 15 m 的大尺度厚壁混凝土结构，控制其非主要受力方向（索塔断面横向）混凝土的开裂还没有非常有效的办法，因此必须跳出平面型索塔的束缚。于是，设计者将 1 个塔肢拆分成 2 个塔肢，形成空间钻石型索塔。空间钻石型索塔即索塔在顺桥向、横桥向均为钻石型结构，然后在适当高度将 4 根塔柱合并、形成上塔柱作为拉索的锚固区。这样设计的优点是，既可提供极大的结构刚度，又可将下塔柱、中塔柱中巨大的弯矩转化为构件的轴力，以减小塔柱截面尺寸及结构材料用量、有利于大体积混凝土施工质量的控制。

经反复优化，最终确定索塔总高度为 352 m，与主跨跨径之比为 0.3，并将其分为上塔柱、中塔柱和下塔柱，如图 5-30（a）所示。其中，上塔柱总高 120.9 m，截面为八边形，外轮廓尺寸从 16 m×16 m 变化至 13 m×13 m，采用钢箱-核芯混凝土组合结构。中塔柱、下塔柱的总高分别为 182.6 m、48.5 m，采用 C60 混凝土，截面亦为八边形。中塔柱顶、中塔柱底的横桥向塔肢中心距分别为 8 m、52.8 m，顺桥向塔肢中心距分别为 8 m、31.4 m，中塔柱外轮廓尺寸为 8 m×8 m～11 m×11 m，壁厚 1.55～1.9 m。下塔柱底的横桥向和顺桥向塔肢中心距分别为 33 m、16.5 m，下塔柱外轮廓尺寸为 11 m×11 m～

13 m×13 m、壁厚 1.9～2.3 m。此外，为便于顺畅传力，还在中、上塔柱交界位置设置钢-混凝土结合段；为加强塔柱纵横向的整体受力性能，在下塔柱与中塔柱交界处设置 2 道横梁和 2 道纵梁，横梁和纵梁均为预应力混凝土结构，如图 5-30（b）所示。

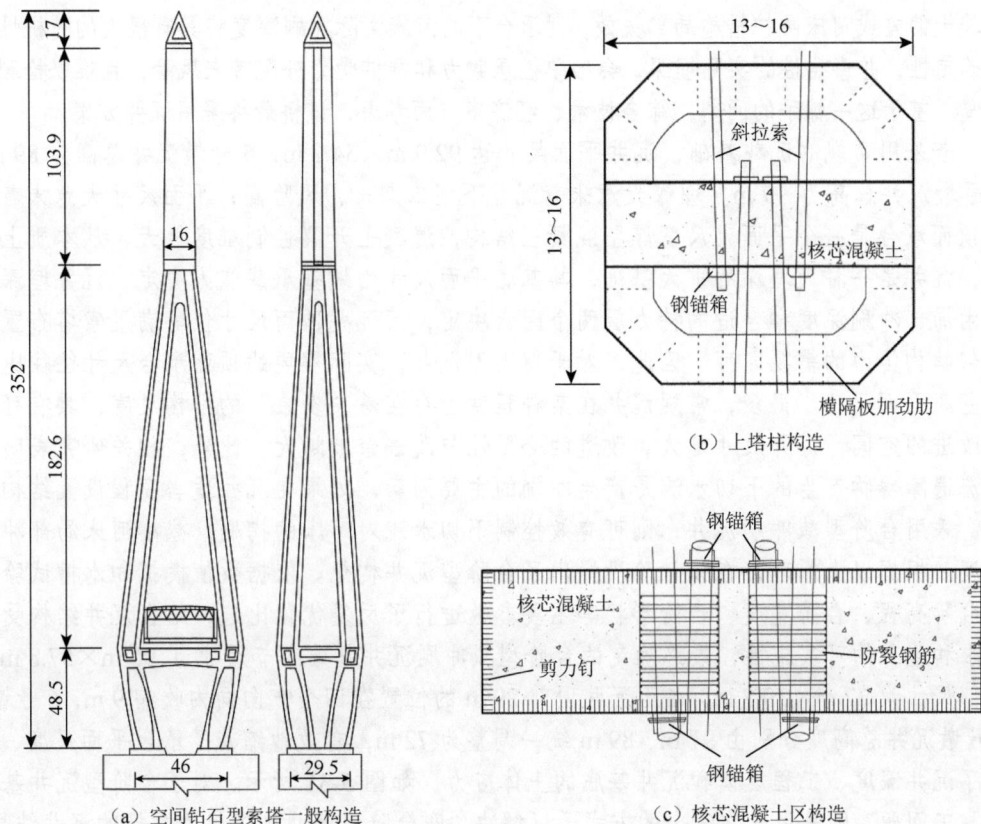

（a）空间钻石型索塔一般构造

（b）上塔柱构造

（c）核芯混凝土区构造

图 5-30　索塔主要构造方式（单位：m）

　　考虑到上塔柱断面应力超过 50%来自竖向轴力，兼顾混凝土的开裂控制难题，设计采用了钢箱-核芯混凝土组合结构，该结构主要由钢塔外壁板、竖肋、横隔板、横隔板加劲肋、核芯混凝土外壁钢板和剪力钉、钢锚箱和核芯混凝土等构成，如图 5-30（b）、（c）所示。该结构的特点为：①核芯混凝土既是斜拉索的锚固结构又是桥塔整体受力的一部分，斜拉索在恒载作用下的水平分力由核芯混凝土承担，活载作用下的不平衡水平分力由塔壁承担，结构紧凑、施工简便；②边跨、中跨斜拉索的水平分力相互挤压，受力简单可靠，有利于控制塔柱锚固区混凝土开裂的难题；③降低了施工过程边跨与中跨不平衡荷载的严格要求，有利于加快主梁的拼装进度。相对于传统的钢锚梁方案，钢箱-核芯混凝土组合结构可以将斜拉索的竖向最小构造间距从 2.8 m 缩减至为 2.2 m，对减小塔柱高度及截面尺寸非常有利。结构设计表明：采用钢箱-核芯混凝土组合结构后，上塔柱拉索锚固区全高由 120 m 减少至 92 m，不仅降低了工程造价、缩短了施工工期，而且改善了全桥特别是公路桥面视角的景观效果。

5）台阶型沉井基础

在常泰长江大桥设计阶段，针对2个主塔的基础形式，研究了钻孔桩、沉井等多种基础的方案。由于主塔基础需承担上部结构巨大的荷载，钻孔桩基础需要直径2.5 m、桩长123 m的桩227根，承台平面尺寸达99 m×81.6 m，在运营过程中，一旦河床冲刷与设计预估值出现较大偏差或河床防护措施局部失效，则承台下的河床实际冲刷深度将具有很大的随机性和不确定性，并影响桩的实际埋深，会给单桩承载力和群桩受力分配带来风险，且难以检测和恢复。基于这一棘手的问题，综合技术、经济多方面考虑，该桥最终采用沉井方案。

若采用常规的沉井基础，沉井平面尺寸达92.9 m×54.2 m，5号墩沉井总高为89 m，6号墩沉井总高为97 m。埋深大意味着沉井下沉工期长、风险高；平面尺寸大意味着沉井顶面承台是一个平面大尺度厚壁混凝土结构，混凝土开裂控制难度极大。从本质上来说，沉井是一种大埋深的扩大基础，其基底平面尺寸由地基承载能力决定，沉井埋深主要由局部冲刷深度和合适的持力层两个因素决定，而沉井顶面尺寸仅需满足索塔布置和上部结构传力的需要即可。因此，对于超大型沉井，实际需要的顶面承台尺寸往往比沉井基底平面尺寸小很多，常规沉井在某种程度上存在着"多余"的结构尺度，具有可优化改进的空间，沉井尺寸越大、改进的必要性与改进余地越大。此外，相关研究表明，水流遇障碍物产生的下切水流是产生冲刷的主要因素，如果在沉井适当高程设置结构台阶，采用台阶型减冲刷沉井，则可有效控制下切水流对河床的掏刷，减小河床局部冲刷深度。根据以上原理，在设计阶段提出了台阶型沉井构想。依据数值模拟和水槽试验，对台阶高程、台阶宽度、台阶形状等主要参数进行了反复优化比选，结合沉井结构受力要求和施工的可实施性，最终确定的台阶型减冲刷沉井基础底节尺寸为95 m×57.8 m、顶部尺寸为77 m×39.8 m，在距沉井顶部29 m的位置在四个方向向内收缩9 m，6号墩、5号墩沉井总高度分别由97 m、89 m统一调整为72 m，有效地缩减了承台平面尺度、降低了沉井深度、工程规模和沉井基底的土体应力，如图5-31所示。对于台阶型沉井基础的施工问题，则采用永临结合的方式予以解决，即台阶型沉井施工时为常规的沉井结构，台阶以上的外井壁设计为可拆除的双壁临时钢结构，沉井下沉施工时临时外井壁起挡沙作用，下沉到位后将台阶之上外井壁拆除。

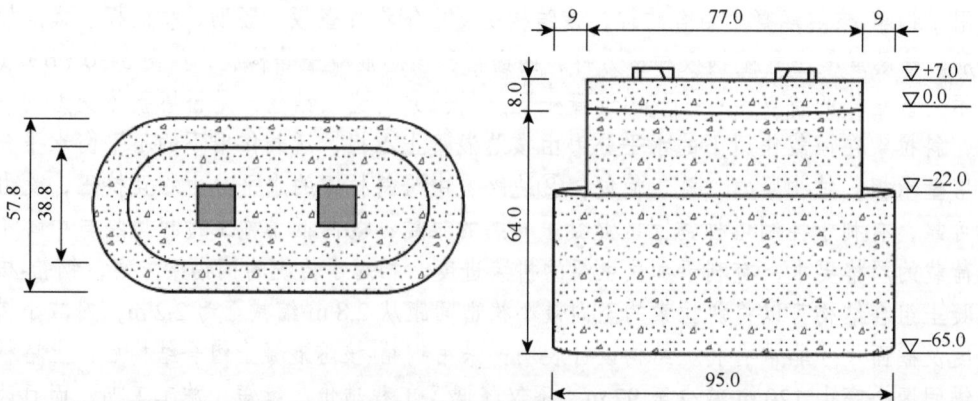

图5-31 常泰长江大桥主墩的台阶型沉井构造示意图（单位：m）

6）结语

常泰长江大桥在结构跨度、活载集度、索塔高度、沉井基础尺度、钢桁梁连续长度等方面均位居世界桥梁前列，这些创纪录的结构尺度对结构设计提出了一系列技术挑战。在应对这一举世瞩目的工程挑战过程中，设计者遵循节约建设用地、节省结构材料、利于运营维护等基本原则，因桥制宜，在结构约束体系、主桁截面形式优化、索塔构造方式、主塔基础形式等方面进行了大胆的改进创新，在打破工程纪录的同时，提出了新的结构约束体系、结构构造形式及 CFRP 的应用方式，破解了一个又一个工程难题，使该桥成为结构体系、结构材料融合创新的又一典范。该桥工程总投资约为 220 亿元，主桥已于 2024 年 6 月合龙，建成后概貌如图 5-32 所示。

图 5-32　常泰长江大桥概貌（图片来自百度图片）

5.3.2　结构材料的创新

结构材料的发展迭代一直是结构工程技术进步、结构体系演化的最主要发动机，也是结构工程演化的基石。自有结构工程实践活动以来，人类先后经历了两次大的飞跃，而这两次飞跃都来源于结构材料的升级。第一次飞跃是在 19 世纪、铁钢材料取代天然木石材料，第二次是在 20 世纪、混凝土材料的出现和广泛应用。在当代，随着结构工程建设规模的扩大、结构工程疆界的拓展、建设环境的严苛化和运营条件的复杂化，结构材料的一些新的问题如耐久性问题、可循环利用问题等逐渐显现，因此结构材料也一直处在不断迭代升级的过程中。结构材料的创新发展主要体现在以下三个方面：一是全面深化对结构材料的力学行为、劣化机理、极端条件下工作性能的描述刻画，增强描述的科学性和全面性，不断降低、消除结构材料的"不能被彻底认知"特性；二是不断强化结构材料改良与结构体系的融合，使结构材料性能与新的结构体系、新的施工工艺的匹配度更好，以更好地实现结构功能；三是开发出力学性能更好、施工工作性能更佳、耐久性能更优良、技术经济指标更优越、可循环利用程度更高的新结构材料，以全方位地提高结构工程的品质。

然而，受制于结构材料基本要求即力学性能要求高、应用规模体量大、可获取性好、制作工艺便利、施工方便等方面的约束，在当代，在预应力混凝土普及、钢-混凝土复合形式深化和其他辅助性结构材料多样化之后，结构材料一直处在取得突破瓶颈的漫漫长夜，目前还看不到其他材料取代钢材和混凝土、进入大规模工程应用的可能性。因此，在可预见的未来，结构材料取得颠覆性创新的几率很小，传统结构材料的改良改进依然是结构材料创新的主渠道。在这个缓慢而曲折的进程中，始终应将结构工程这一人工系统置于自然大系统之下，依据工程系统观、工程社会观、工程生态观等基本观念，从结构材料与结构形式融合、结构材料循环利用、结构材料本土化改良等三个方面协同发力。

一是强化结构材料改良开发与结构体系改进、施工工艺优化的深度融合，避免在结构材料改良开发过程中出现单兵突进的现象。现代结构工程创新发展历程表明：工程创新历来是多种技术要素相互交织、相互促进的，单一技术要素的工程创新是比较少见的，这既反映了工程的系统性、集成性本质属性，也揭示了工程创新的曲折性和复杂性。进一步来说，在结构工程技术迭代升级的进程中，结构体系、结构材料、结构理论、施工方法是四个相互支撑、相互促进的支柱，任何一个支柱都不能脱离其他支柱而独立发展。具体来说，虽然近几十年来，围绕高性能混凝土改良、高性能钢材开发、纤维增强复合材料研发的研究活动非常活跃，也取得了一些明显的进展，但不可否认的是，结构工程实践活动中仍以传统的钢材和混凝土为主，工程化的结构材料改良开发仍然显得举步维艰。事实上，没有最先进的结构材料，只有最适宜的结构材料，结构材料的改良开发必须基于结构工程实践活动当时当地性的需求、基于结构体系受力的基本要求、基于现有施工工艺的优化完善，偏离了这一主航道或前提条件，单纯提升结构材料的性能，其工程价值往往十分有限，甚至在一些情况下得不到工程项目筛选的机会，更谈不上获得迭代进化的机遇。以目前的研究开发热点 UHPC 为例，在现有的结构体系、使用性能及施工工艺的约束下，UHPC 优越的力学行为难以全面地发挥出来，在这种情况下，如果仍然固守钢筋混凝土或预应力混凝土结构形式及施工工艺、而不是寻求适宜于 UHPC 的结构形式、应用场景，单纯提升改善 UHPC 力学性能则往往令研究开发活动失去了工程价值。

二是更加重视结构材料的耐久性问题及循环利用问题。随着结构工程实践活动规模的扩张、结构工程疆界的拓展，结构工程实践活动消耗的自然资源越来越多，对自然环境、可持续发展所产生的压力越来越大。以我国为例，自 2010 年来，我国年水泥平均消耗量达 23.41 亿 t，占全球水泥消耗量的 50% 以上，这既体现了我国强大的基建能力，也意味着庞大的水泥消耗量、废弃的老旧混凝土材料将会产生严重的环境压力。另外，混凝土结构的耐久性能并不像人们过去认为的那样好，而结构工程实践活动大多数都遵循单向的"建设—使用—废弃"的机制，与自然界内在的"物质能量交换和自组织"发展演化机制明显相悖，人工结构材料并不具备天然材料的一些特性，如石材具有较好的耐久特性、木材具有较好的自我循环特性等。随着量大面广的既有结构工程项目进入"老龄化"阶段，其改建、改造、拆除、废弃带来的环境问题越来越突出，已经演化为一个严峻的自然、社会、经济、技术和工程伦理问题。因此，在结构材料的开发过程中，要从工程系统观、工程生态观的高度出发，高度重视结构材料的耐久性、重视结构混凝土材料的循环利用和再生问题。

三是更加关注结构材料的本土化改良，以体现结构工程当时当地性的本质特征。工程实践的历史表明：结构材料常常呈现出明显的本土化、区域化特点，这一特点并不见得会随着技术进步的加速而式微，而是会变得更加明显、更加富有特色。这既由结构工程实践活动体量规模大这个基本面所决定的，也符合结构工程实践活动的社会性、经济性、系统性、集成性等本质属性。因此，在结构材料的改良进程中，要倡导因地制宜、重视结构材料获取的便利性，要系统地统筹结构材料、结构形式、工艺工法、技术工人的技能等方方面面，以建造最适宜当时当地的结构工程项目。在这方面，我国钢管混凝土拱桥的工程实践就是一个颇有说服力的例证。钢管混凝土作为一种推陈出新的结构材料，当应用于大跨径拱桥时，能够将受力性能、施工方法、工程造价、艺术表现力等方面优势融为一体，使其造价与同等跨径的预应力混凝土连续梁桥、连续刚构桥大致相当，仅为同等跨径斜拉桥的 60%～70%。自 1991 年来，我国已建成的钢管混凝土拱桥达 500多座，其中跨径大于 200 m 的 50 多座、跨径大于 400 m 的 10 座，在结构形式、设计计算理论、施工工法工艺、材料制备与泵送装备等方面形成了成套技术，并在实践中不断迭代优化，使其成为最具中国特色的桥型。但这一工程创新扩散至国外后，仅在日本、越南、法国等国家有一些零星的工程实践，最大跨径也仅为 235 m（日本新西海大桥）。之所以产生这种现象，究其原因大致有二：一是欧美国家近 30 年来新建桥梁数量不多，工程实践驱动的理论研究偏少，没有形成相应的、成套的技术规范规程，难以指导结构设计和施工；二是分环浇筑的劲性骨架施工法在国外应用很少、积淀不足，而采用其他施工方法如悬臂拼装法则难以发挥钢管混凝土截面逐步形成、节省钢材的优势。这个案例从一个侧面再次揭示了结构工程当时当地性的约束和筛选作用，因此，在进行结构材料的开发改良时，需要高度关注结构材料本土化改良的工程实践。

案例 5-7　如何让木结构再次焕发活力——基于两座大跨建筑结构实践的剖析

1）技术背景

木材作为最古老的建筑材料，一直在结构工程的实践中扮演着重要角色。木材总能给人一种亲切、温暖的感觉，千百年来，人们对木材总有份难以割舍的情怀。由于天然木材尺寸受生长期的限制，强度受木节、斜纹、裂缝等影响，又有易燃、易腐和虫蛀等缺点，因此，木结构设计受到木材的可变性、伸缩性以及节点特殊性三方面因素的制约，导致木结构的推广应用长期一直以来受到了很多限制。20 世纪 60～70 年代，随着现代木业的迅速发展、结构胶合木技术的发明，天然木材的上述缺点基本上被克服了。所谓胶合木（glued laminated wood），也被称为集成材，是一种将厚度为 20～45 mm、含水率不高于 15% 的木板刨光后，涂胶层叠压、胶合成各种形状和截面尺寸的结构材料，中间过程还包括表面处理、端部拼接等生产工艺，然后采用层板胶合木组成梁、柱、拱、桁架、框架等构件或结构。这种加工方式使得木材不再受自然特性的限制，并能够拼接成尺寸与形状符合需求、整体性能良好的结构。一般而言，层板胶合木的容重不超过 600 kg/m³（约为混凝土的 1/4、钢材的 1/12），其最大长度可达 20 m 上下，最大截面尺寸可达 200 mm×1300 mm，弹性模量可达 $1.9×10^6$ MPa，抗拉强度可达 20 MPa 左右，力学性能比较优越，如果与 FRP 进一步复合，其强度还可以更高。同时，一系列牢固可靠、简便易行的连接构造也被开发出来了，从而为木结构的设计和建造提供了极大的便利。

胶合木不仅具有良好的防腐、阻燃和防虫的功能，设计使用寿命多在 50 年以上，而且具有自重轻、易维护、自然美观、抗震性能好、设计方便灵活、可循环再生利用等优点，因此在一些国家地区得到了一定的应用。以日本为例，近 20 年来，每年新建木结构占新建住宅总数的比例基本保持在 45% 左右，虽然木结构主要应用于 3 层以下住宅，但由于其耗能能力较强、震害相对较轻，在历次大地震中表现良好，因而深受日本民众的喜爱。与此同时，在森林资源比较丰富的北美、北欧、俄罗斯等地区，木结构在低层房屋、景区桥梁、大跨建筑结构中的应用也比较广泛，工期、工程造价相对于钢筋混凝土结构更低，因此始终在结构工程中占有一席之地。在我国，虽然木结构在古代建筑中占据举足轻重的地位、取得了辉煌的建设成就，但在当代，受国土建设面积紧张、人均森林面积较小等基本国情的制约，木结构的工程应用日渐式微。

制约木结构发展的瓶颈除了结构材料之外，还有结构形式与细部构造。木结构经过上千年的发展，虽然形成了一些比较固定的结构形式与细部构造方式，如我国古建筑中规制明确的穿斗式、抬梁式、井干式等就是木结构的典型式样。在现代结构工程的实践中，这些传统的构造式样难以满足现代木结构工程应用的要求，也难以在与钢结构、钢筋混凝土结构的竞争中取得优势。破解这一问题的技术路线是：胶合木与钢材（板材、线材）进一步复合，形成钢-木结构，创造出更能发挥出木结构优势的结构体系与细部构造。例如，由著名结构大师斋藤公男设计、1992 建成的日本出云穹顶，其球形穹顶直径 143.8 m、顶部高度 48.9 m，就是采用木拱架与钢索组成的张弦拱结构，集体育馆、展览厅和会堂于一体，充分发挥了木结构轻质、造型优美、加工便利等特点，成为现代大跨钢-木结构的标志性工程之一。近 20 年来，围绕着钢-木结构体系的创新、细部构造的改良，国际结构工程界进行了持续不断的探索，引领了建筑业向更加绿色、低碳的方向迈进。现摘取伦敦奥林匹克自行车馆、四川天府农博园主展馆两个典型案例予以简要说明。

2）伦敦奥林匹克自行车馆

伦敦奥林匹克自行车馆（London 2012 Olympic Velodrome）建成于 2011 年，是伦敦奥运会和残奥会场地自行车赛的主场馆，最多可容纳 6000 名观众，建筑尺度约 120 m×100 m，工程造价约 1.05 亿英镑。该馆由霍普金斯建筑事务所（Hopkins Architects）设计，其设计理念是：通过钢结构、木结构及混凝土结构的有机协作，完美回答结构功能、结构造型、可建造性、可持续发展等结构工程的核心价值问题，成为伦敦奥组委所提倡的可持续发展理念的最佳诠释。

自行车馆的主体结构主要分为 3 个部分，即看台为混凝土结构、外环为悬挑钢桁架结构、屋盖为马鞍形索-木结构，其结构概貌及结构剖面如图 5-33 所示。该馆设计的关键是屋盖结构，最初设计方案一个传统的钢屋盖。然而，经施工方、设计方的测算表明，采用钢结构屋盖存在工序多、工期长、施工难度大、高空焊接工作效率低等局限，这将使施工工期延长 5~6 个月，无法在 2011 年 3 月前竣工。于是，工程参建各方对各种屋盖的替代方案如张拉索网、钢桁拱、复合木拱、索-木结构进行了深入的研究，最终选取索-木结构来实现马鞍形屋盖。采用索-木结构的优势在于：索-木结构可与下部悬挑的钢桁架结构结合起来，形成一个整体共同受力，外倾的悬挑钢桁架结构可为索-木结构提供水平约束、而索-木结构的水平拉力则有助于改善悬挑钢桁架受力较大的局限，二者相辅相成，且能以轻巧的环形受压钢桁架取代悬索屋盖所需的、形体庞大的巨型环梁。采用索-木结构后，不仅将屋盖结构用钢量由原钢屋盖方案的 1300 t 减小到索-木结构的 160 t，降幅达 80%，减少了 45% 的二氧化碳排放量，避免了钢结构带来的工期延误问题；而且使该馆在结构的轻盈性、美观性、可持续性等多个维度上产生了显著提升，加上该馆采用纯自然的通风系统、有效降低了建筑耗能，为场馆增添了一抹自然与温馨的气息。

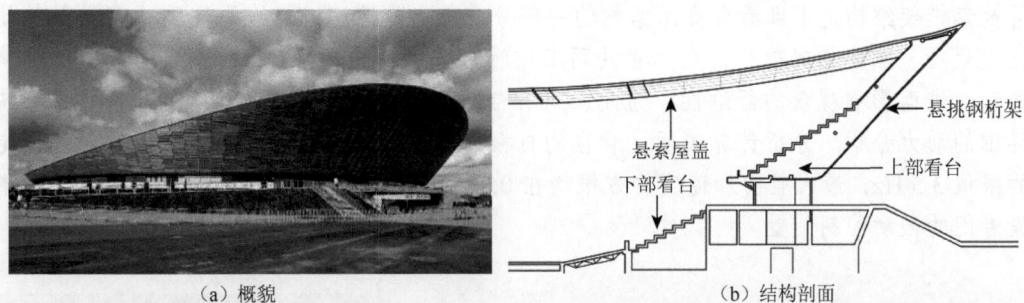

（a）概貌 （b）结构剖面

图 5-33 伦敦奥林匹克自行车馆［图（a）来自维基百科，其他自绘，查看彩色图片可扫描封底二维码］

具体来说，该馆的下部看台采用混凝土结构，在上下部看台之间，增设了外倾的环形悬挑钢桁架，在其上布置上部看台，这些都属常规结构，并没有太大的设计难度。屋盖为垂直布置的双向马鞍形单层索-木结构，为使索-木屋盖结构与悬挑钢桁架在外观上比较协调，悬挑钢桁架大部分外立面也采用胶合木贴面，这样的建筑与结构设计，不仅与沿径向逐渐抬高自行车赛道的木质地板、逐级升高观众看台等建筑功能需求非常贴合，而且通过木材这种纯天然材料的运用，彰显了自然与可持续的环保理念，赋予建筑温暖而亲切的视觉感受。即便如此，索-木屋盖结构的设计仍有三个难点需要克服。

①如何增强索-木屋盖结构的整体性。为此，在悬挑钢桁架上设置了重量较轻、体积较小的环形受压钢桁架，由于索-木屋盖结构与下部悬挑钢桁架结构共同工作，屋盖边缘的环形受压桁架承担了约 40% 的索力，其余 60% 的索力通过悬挑钢桁架传至下部的混凝土结构，钢拉索初始张力平衡了悬挑钢桁架外倾产生的倾覆弯矩，而环形受压钢桁架、悬挑钢桁架及混凝土看台则给悬索屋盖提供了较大的刚度约束，二者结合为一个受力整体，如图 5-34 所示。根据悬索屋盖、环形受压钢桁架、悬挑钢桁架三者协同受力的特点，通过整体数值分析模型来确定各根悬索的索力、以实现悬索屋盖精准地"找力、找形"，从而获得屋盖悬索的合理间距、初始形态及对应的初始张力。分析计算表明：采用成对排列、两个方向间距均为 3.6 m 是最合理的，同时，这一索距也非常便于胶合木屋盖的布

设施工；在这一索距下，悬索采用直径 36 mm 的锌-5%铝-混合稀土合金镀层高强钢丝绳，单根钢拉索的最大初始拉力约为 650 kN；在任意荷载工况下，所有的拉索均处于受拉状态。

②如何确何保刚性屋面与柔性悬索结构的变形协调。索-木屋盖结构既需确保胶合木面板能够适应索网较大的变形，同时又要限制胶合木面板间立缝的相对运动，以保持整体结构的几何稳定性和防水性能。为此，项目团队开发出一种新型的连续索交叉节点形式，如图 5-35 所示。这种节点由螺栓、螺母、涂层垫圈、连接板、可调节支架、镀锌钢盖板、电缆夹等部件组成，既非常精细、又调节方便、同时也很轻巧，巧妙地实现了钢索网与胶合木面板之间的精准连接，在承受各种荷载、产生各种变形时，该节点均具有非常稳定的力学性能，既保证了屋盖结构的刚度需求，又兼顾了胶合木面板与索网结构连接的可靠性，从而实现了半刚性屋面与柔性索网结构之间的完美协调。

③如何避免悬挑钢桁架结构、索-木屋盖结构振动引起上部看台观众的不舒适。由于悬挑钢桁架结构是上部看台支承结构的一部分，加上悬挑钢桁架结构与索-木屋盖结构均比较轻巧、刚度相对较小，当二者共同工作时，在观众进退场时可能会产生较大的结构振动，进而影响观众的舒适性。为此，对看台结构的自振频率、加速度响应进行了系统详细的动力分析。分析计算表明：看台的自振频率约为 2.5 Hz，低于根据工程经验设定的限值 3.5 Hz，最大竖向加速度均方根均在 0.075 g 以内，能够满足舒适度要求，无需增设专门的振动控制装置。

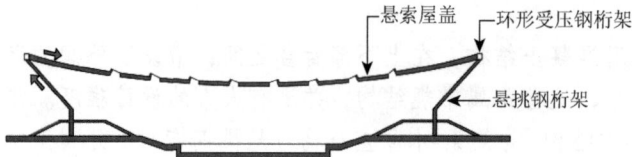

图 5-34　悬索屋盖、环形受压钢桁架与悬挑钢桁架协作受力示意图

图 5-35　连续索交叉节点
［图片来自（Douglas，2010）］

由此可见，伦敦奥林匹克自行车馆创造性地将场馆的看台结构与屋盖结构作为一个整体进行设计，推陈出新地采用索-木屋盖结构来演绎可持续发展理念，诠释了人与自然和谐共生的不懈追求。这一创新解决方案不仅解决了奥运场馆建设的技术难题，更为伦敦市留下了独特的奥运遗产和标志性城市景观。该馆屋盖用钢量约为 30 kg/m²，仅为同类钢屋盖结构用钢量的一半左右，具有极大的技术经济优势及艺术感染力，这一点正如国际桥梁与结构工程协会在 2013 年颁发杰出结构奖的颁奖词所指出的"一个将简单技术创造性地结合并设计出优雅、创新且可持续建筑的典范。"

3）四川天府农博园主展馆

天府农博园（Tianfu Agricultural Exposition）位于四川新津天府农博园核心区，包含会展会议、农科文创、生活配套、休闲旅游等 6 大体验场景，项目占地面积约 202 亩，按照"田间地头办农博"理念和"复合多样、前展后街"的功能布局进行规划设计。主展馆由 5 座波浪般起伏的拱结构组成，总建筑面积约 13 万 m²，结构为钢-木拱架，单榀拱桁架最大跨 118 m，总投资 16.9 亿元，该展馆是世界上最大的钢-木结构建筑之一。项目由中国建筑设计研究院崔愷领衔设计，由加拿大 Structure Craft Builder、上海思卡福建筑科技有限公司承接结钢-木结构的加工安装，建成于 2022 年。从外观上看，它们仿佛指尖轻盈随意地轻触稻浪滚滚的大地，毫不违和地散落在田间地头之间，展现出独特的艺术美感与深厚的农耕文化底蕴；在功能布局上，前展区与后街区紧密相连，开创了田园风光与展览完美融合的新模式，为农博会的举办提供了前所未有的展示平台。天府农博园概貌如图 5-36 所示。

在结构功能上，根据会展、科创、游览等不同的功能需求，在主展馆钢-木拱架下设了高低不一、形状各异的"棚中房"，并将各类高大的植物点缀其中，形成了立体绿化的效果，钢-木拱架成为房屋与田地的自然过渡，柔和的界面避免了实体建筑与田地的直接碰撞，田地景观的主体地位得以保持。为降低建筑能耗、实现绿色建筑的设计目标，一是"棚中房"采用了层层退台的技术措施，避免高大的房屋与轻巧的钢-木拱架形成体量上、视觉上的冲突，并在钢-木拱架与"棚中房"之间，形成一个导风降温的走廊；二是鉴于钢-木拱架具有良好的防护功能，"棚中房"回归建筑最基本的经济适用属性，尽可能简化其围护界面、防水排水、结构装饰等非结构措施。

（a）鸟瞰　　　　　　　　　　　　　　（b）局部近观

图 5-36　天府农博园概貌（图片来自百度图片，查看彩色图片可扫描封底二维码）

在结构形式上，主展馆采用古朴自然的钢-木结构，为取得随意洒脱的建筑效果，每个拱筒的高度沿轴线方向呈现出规律性的变化，使得相邻各榀桁架拱肋的跨度、高度均不相同。结构桁架单榀最大跨度达 118 m、矢高为 43.25 m，矢跨比为 1/2.5，拱线采用悬链线曲线，以最大限度地减小拱肋的弯矩，充分发挥木结构受压性能较好的受力性能，提高结构的承载能力。以跨度最大的桁架为例，钢-木桁架拱肋截面从拱底到拱顶采用变高度的正三角形截面，上弦采用双拼矩形胶合木，下弦采用矩形胶合木、截面为 160 mm×300 mm；上下弦之间根据抗剪需求、设置了变间距的实腹式四角锥形钢腹杆，构成了整体空腹桁架，既满足了结构的受力要求，又取得了轻盈纤细的建筑效果，如图 5-37 所示。此外，为加强钢-木结构的整体性，在屋面上沿轴线方向设置了贯穿全长 X 形钢拉索，在桁架拱肋之间采用木次梁连接，相比传统的水平交叉支撑，这种横向次梁、钢拉索混用的方式，不仅能够使桁架拱肋形成共同受力的整体，而且显得更加轻盈和通透。

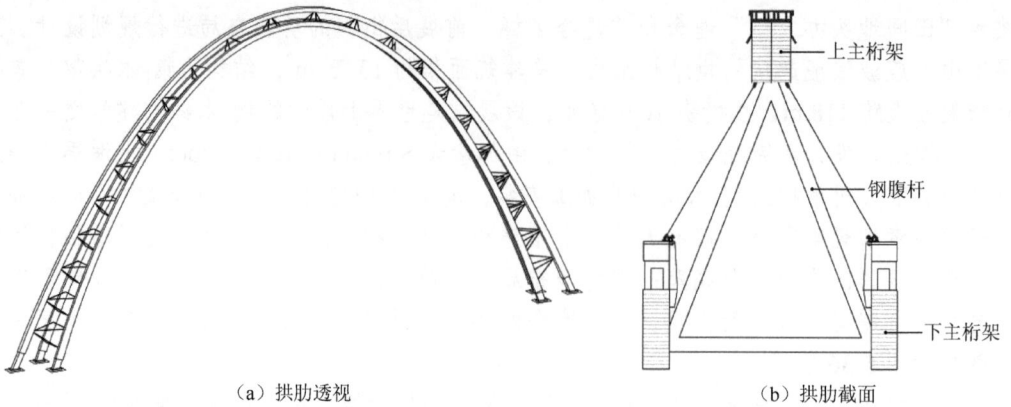

（a）拱肋透视　　　　　　　　　　（b）拱肋截面

图 5-37　钢-木桁架拱肋一般构造

在结构材料上，主展馆以胶合木为主，以体现生态与农业特色，胶合木具有色彩质朴、加工方便、易于拼装等特点；同时，木结构源于自然，无需二次外立面装修，是一种可以固碳的负碳材料。然而，作为国内最大体量的钢-木结构，在实施过程中仍有以下两个问题需要解决。一是由于胶合木在我国现行防火技术规范中被定义为可燃材料，只能用于 3 级以下耐火等级屋面，为确保天府农博主展馆实现其独特的设计理念、又能符合现行防火技术规范的要求，设计团队采取了如下折中而稳健的技术对策：将钢-木拱架与主体房屋彻底分离，拱架下的"棚中房"屋面材料选用为具有 A 级耐火等级的材料，以满足安全规范的要求；而钢-木拱架则充分利用胶合木结构的优势，既保持了建筑外观的和谐统一，又实现了对田园风光的完美融入，而不再专门去提升其防火性能。试验结果表明：在钢-木拱架受火 90 min 后仍能保持整体安全，结构安全储备较高，性能达到了一级耐火等级建筑对屋顶承重构件的要求。二是钢-木拱架顶部围护材料的比选。综合透光性能、阻燃性能、材料自重、工程造价等各种因素，设计团队比选了建筑玻璃、聚碳酸酯 PC 板、ETFE 膜材等多种围护材料后，选取了 ETFE 膜材。ETFE 膜材是一种成熟的、性能优越的膜材，此前已在多个国内外的大型交通枢纽、体育场馆中成功应用，其可靠性和实用性得到了充分验证。设计团队因此决定将 ETFE 膜材作为天府农博园主展馆顶部围护结构的材料，以确保展览活动在遮阳挡雨的同时，也能为参观者提供一个安全、舒适的观赏环境。

由此可见，天府农博园主展馆以其独特的设计理念与精湛的建筑手法，巧妙地解决了在自然美景中如何让建筑物和谐融入并与之对话的难题。它不仅仅是一座建筑，更是对田园生活的深刻理解和物化表达，引领着人们重返自然，体验那份久违的返璞归真。天府农博园主展馆以其绿色的建设理念、功能融合的布局、浑然天成的结构材料与结构形式，成功地实现了"田间地头办农博"的愿景。

4）结语

现代胶合木结构以其较高的比强度、较大的跨越能力、便捷的施工方法、突出的艺术表现力、与自然融合的天然属性，在某些情况下具有独特的魅力，为用户带来亲近自然、温馨舒适的体验，即便在钢结构、钢筋混凝土结构技术非常成熟的当代，仍具有一定的不可替代性。作为一种古老而现代的结构材料，木结构复兴的关键在于不断与钢材进行组合，找到最能发挥其力学特性的结构形式与细部构造，拓展其应用场景，在这方面，伦敦奥林匹克自行车馆、四川天府农博园主展馆无疑具有方法论的价值。通过这两个典型案例的剖析，再次印证了一个结构工程创新发展的基本规律，即结构材料的创新迭代永无止境，结构材料与结构体系的融合永无终点，而这一切的关键是要因地因时制宜地提出系统的解决方案，这正是一代又一代结构工程师孜孜不倦的追求。

5.3.3　施工方法的创新

施工方法是结构工程设计意图实现的保障，往往是大跨建筑结构和大跨桥梁结构建设的瓶颈因素，直接影响着结构工程建设的经济性能指标，有些时候还会制约结构设计的方案，关系到结构工程的安全和质量，影响着结构工程的施工工期。不同的结构体系及结构材料，在不同自然条件、社会经济发展水平的约束下，都对施工方法的安全性、可靠性、经济合理性提出了相应的要求。因此，没有最先进的施工方法，只有因地制宜的、合理可行的施工方法，以最大限度地提升施工质量、控制施工风险、降低施工措施费用。从这个角度来说，施工方法创新永无止境，并且一直是结构工程实践活动的核心技术问题之一。近现代以来，随着结构工程实践活动体量规模的扩张，新的结构体系及新型结构材料的推广应用，以及在机械电子、计算机技术、测量控制技术等相关领域技术的支撑下，结构工程的施工方法取得了巨大的进步，施工质量、施工效率、施工安全可靠性得以不断提升，站上了人类结构工程发展历史的巅峰。

然而，受制于结构工程庞大的规模体量、复杂多变的建设条件与个性化的结构设计方案，结构工程并未完成工业化进程、仍处在从建造向制造转化的漫长进程中，时不时地还因施工方法、施工工艺制约而形成新的瓶颈，对结构工程实践活动带来了一定的挑战。另外，随着劳动力要素、环境保护要求、工程经济指标等结构工程实践活动相关社会条件的变迁，一些传统的施工方法、施工工艺、施工手段逐渐失去了竞争力、显得有些不合时宜了，需要与时俱进地更新迭代。因此，近现代以来结构工程施工方法的创新从未停滞，只是在某一个时段快一些、而另一个时段慢一些而已。施工方法的创新既与结构体系、结构材料密切相关，也与设计计算理论、测量控制技术、施工装备的发展密不可分，还深受经济指标、环境因素的约束和筛选，是一个非常复杂的经济技术问题。换言之，施工方法的创新不仅要解决"能不能"的问题，还要统筹解决"好不好、快不快、合适不合适"的问题。基于结构工程施工建造过程中方方面面的问题，在探索施工方法创新时，需要从以下四个相互矛盾的方面进行统筹。

一是紧跟建筑业发展的大趋势，将工业化制造的元素尽可能多地融入传统的施工方法之中，以达成降本增效、半工业化建造的目标。在钢材、混凝土作为主要结构材料的前提下，在结构工程实践活动呈现出规模化、个性化时代特点的情况下，结构工程实现工业化制造的进阶之路仍然非常漫长曲折，在这一大背景下，尽可能多地将工业化制造元素融入、移植至传统施工方法中，不断提高施工质量、提升施工效率，而不是简单照搬产品工业化大规模生产的模式，不失为一条务实而有效的产业策略。为此，既要从结构（构件）设计的标准化入手，也要从细部构造方式的完善等方面迭代，还要统筹结构（构件）运输安装条件的制约，以因时因地地实现某种程度的标准化设计、工业化制造、装配化施工，匹配当地的结构工程实践活动的规模和经济社会发展水平。以随着欧美发达国家近年来发展起来的 ABC（accelerated bridge construction）工法为例，从本质上来说，ABC 工法是一种缩减现场施工工期、减少现场施工作业的技术体系，也是传统预制节段工法的升级。ABC 工法兴起的主要背景是，随着发达国家交通基础设施的老化，需要改造或替换的桥梁日益增多，桥梁改造替换所造成的长时间封道、改道对公共运输造成严重的负面影响，有时候社会间接成本甚至会超过桥梁工程自身的成本。为应对这一挑战，在中小跨径桥梁改建或新建工程中大量采用模块化梁体、墩台装配式构件，采用高性能材料，开发新的接缝材料及运输架设装备便应运而生，以强化预制节段工法的适应性、缩减现场施工时间、减小桥梁更换对全社会正常运转的影响。应该说，ABC 工法的出现和快速发展是时代发展的新要求，对桥梁建造或更换的结构材料、构件形式、细部构造、管理模式、施工装备、设计标准化等方面都提出了系统性的要求，成为结构工程工业化制造的有益探索。

二是把握结构工程当时当地性的特征，因地因时制宜地改良改进传统施工方法。与工业制成品的生产制造不同，结构工程的施工方法既包含结构材料、构件制造（制备）、连接构造、运输机具、施工装备、技术工人技能水平等技术要素，还深受项目环境、地质地形、场地水文、施工工期、工程造价等外部因素的约束，这就使得当时当地性成为施工方法筛选和改进最重要的尺度，往往存在着"淮南为橘淮北为枳"的现象。对此，不可将其他国家地区的先进工艺工法原样照搬、一抄了之，而是要结合结构工程项目的具体情况，有的放矢地进行改进。另外，经过上百年的发展演化，在钢材和混凝土作为主要结构材料的情况下，结构工程传统的施工方法、施工工艺已经非常成熟了，施工方法创新的主渠道是针对传统施工方法的改进和融合，以适应新的应用场景或建设条件。基于上述两个方面，在结构工程的施工实践中，施工方法的改进和融合的关键大致有以下几点：①基于工程系统观、工程生态观，最大限度地减小结构工程建造施工过程中临时措施的规模及临时材料用量，降低措施费用，避免在施工过程中过多消耗自然资源；②基于工程社会观，不断提升大型先进施工装备的覆盖面和应用水平，提升工效，降低人力成本在结构工程项目中的占比；③顺应经济产业发展的大趋势，强化信息技术对传统施工模式的赋能，提升结构工程施工质量和精细化程度。

三是重视施工装备，特别是大型施工装备的创新和迭代，不断提升结构工程施工的安全性和工效。施工装备是结构工程建造水平、建设效率的集中展现，是设计意图实现的关键，对结构工程的施工的安全、质量、经济指标都有直接的影响，很多时候甚至会影响到结构设计方案或改变施工模式。在现代结构工程发展进程中，大型施工装备经历了机械化、自动化两个阶段，创造出一大批先进、复杂、专门的施工装备，成为结构工程从建造向制造转型的关键。其中，以大型浮吊、大型塔吊、大型起重机、架桥机、造楼机、打桩船、移动模架为代表的大型施工装备已经成为结构工程建设的关键装备，并推广应用于海洋工程、港航工程中，成为行业乃至国家竞争力的标志。例如，在我国高铁桥梁累计应用长度超过 2.0 万 km 的 32 m 混凝土简支箱梁，其重量高达 820 t，就是采用架设速度、架设精度及操控性能俱佳的 1000 t 级架桥机及配套的运梁车来施工的，并将适用范围逐步拓展至跨径 40 m 的混凝土简支箱梁。进一步来说，大型施工装备创新迭代的价值意义主要有以下三个方面：①提高施工操作的效率、缩短工期，克服极端自然条件下施工困难，适应特定的建设条件；②利用设备感知人工难以直接观测到的一些结构参数，克服人工操作普遍存在的、受人的技能和熟练水平的差异所产生的不稳定性，提高施工精度与施工质量，提升结构安装质量和测控能力；③大型施工装备具有承载能力大、吊运距离长、定位精度高等特点，能够促进结构构件工厂化制造、大型化拼装、数字化管控的普及。

四是不断完善施工方法、施工工艺对结构设计的反馈纠偏机制，协力促进结构工程安全性和可靠性的提升。在结构工程实践活动中，设计指导施工建设模式是最常见的，其优势是促进了行业细分和专业化程度，有利于提升行业效率，其不足之处是容易产生结构设计与结构施工的分离。目前，在大多数情况下，设计指导施工建设模式并无不妥，但在新结构、新材料、新工艺、新工法的创新中，这种模式的一些弊端在某些情况下就会被放大，常常存在一些在理论上可行、但构造复杂和施工难度很大的结构设计方案，如果不吸收施工单位的反馈意见、加以改进纠偏，不仅施工成本高，而且还会给整个工程的建造运营埋下安全隐患。因此，国内外一些结构设计大师从不同角度都指出了结构工程师与施工单位沟通的重要性，以便在结构设计时更多地关注施工的便利性、可靠性与可实现性，忠实地实现设计意图。另外，在国内外一些建造难度极大的结构工程项目中，建设业主之所以常常采用设计施工总承包的模式，其主要目的是促进结构设计与施工工艺工法的高度融合和无缝衔接，能够创造性地拿出系统的解决方案。从上述两个方面可以看出，从施工方法、施工工艺、施工装备的角度对结构设计方案进行反馈纠偏，不仅十分必要、而且十分重要。

案例 5-8　加拿大联邦大桥——从桥梁建造到桥梁制造的华丽跃升

1）技术背景

自 20 世纪 70 年代以来，在经济社会发展需求的推动下，桥梁建设逐渐从跨越江河山谷进入跨越海湾的建设阶段。为适应经济技术、运输吊装、深水基础、建设效率等方面对跨海长桥建设的要求，跨海长桥的经历了标准化、大型化两个阶段，并开始向工业化建造转变。在标准化阶段，比较有代表性的桥梁有：1974 年建成的巴西里约-尼泰罗伊大桥（Rio-Niterói Bridge），全长 13 600 m，其中 8776 m 位于海上，除主跨采用 200 m + 300 m + 200 m 的钢箱连续梁外，引桥全部采用了标准跨径为 80 m 的预应力混凝土连续梁；1982 年建成的美国七英里桥，全长 10 931 m，采用 264×41.15 m 的混凝土连续梁；等等。这些桥梁大多位于浅海，下部结构多采用桩基础，上部结构采用标准跨径设计、节段或整跨批量预制，然后采用架桥机或移动支架逐跨拼装，最快每天可以拼装 1 跨，成为桥梁工业化建造的先声。

进入 20 世纪 90 年代，随着丹麦大带海峡大桥、丹麦-瑞典厄勒海峡大桥、加拿大联邦大桥等跨海长大桥梁的建设提上议事日程，跨海桥梁开始向深海、深水区进军，这些桥梁平均水深往往超过 20 m，桥梁长度常常超过 10 km，在这种情况下，仍然采用中等跨径的混凝土连续梁桥就难以顺应建设条件及工期的要求，同时也因下部结构建设费用的剧增而显得不够经济合理。跨海桥梁向深水进军、向大跨发展，对桥梁的上部、下部结构的构造形式与施工方法都提出了新的要求，对桥梁结构的设计与施工模式产生了深远的影响。于是，国际桥梁界在跨海桥梁标准化设计、节段拼装施工的基础上，开始了大型化预制拼装的工程实践，即采用大跨径标准跨径、大节段构件预制、大型构件整体运输安装的技术策略，预制构件也从上部结构发展到下部结构，并配套研制建造大型浮吊，以最大程度地将海上施工转化为陆地施工，从而提高施工效率、提升建设品质、顺应工期及施工环境的要求。在这个进程中，加拿大联邦大桥的工程实践无疑是最富有挑战性、最具创造性的。

　　2）建设条件

　　加拿大联邦大桥(Confederation Bridge)横跨圣劳伦斯湾的诺森伯兰(Northumberland)海峡，连接爱德华王子岛省与新不伦瑞克省，海峡最窄处宽约 13 km，浅滩区水深 8 m，最大水深 33 m，平均水深约 20 m，该桥在我国又被称为诺森伯兰海峡大桥。自 1873 年爱德华王子岛加入加拿大联邦以来，100 多年来岛上民众非常渴望建造一条连接线，加拿大联邦政府从政治角度考虑也积极推动此事，以取代来往于大陆与海岛之间的渡船。但由于诺森伯兰海峡自然条件十分恶劣，冬季冰封，没有冰冻的季节仅为 5～11 月，在此期间潮差达 4 m、浪高达 2 m，并伴有平均风速 26.5 m/s 的强风，建设条件十分恶劣，曾一度被视为工程禁区。

　　加拿大公共工程及政府服务部自 20 世纪 80 年代以来，一直在研究建设连接线取代轮渡的工程可行性，研究内容包括隧道方案、桥梁方案、桥隧结合方案，以及与该联络通道设计相关的冰荷载取值、耐久性标准、结构可靠性等专题。1992 年，加拿大公共工程及政府服务部向全球发布了该桥的设计与施工招标邀请，要求通航跨净空不小于 40 m、跨径不小于 200 m，其他非通航跨最小净空为 28 m。经过激烈角逐，由法国著名桥梁设计大师让·穆勒主导的设计施工方案中标。中标方案为预应力混凝土连续刚构桥，上下部结构均采用大型块件预制、整体运输安装施工的方案，跨径布置为 14×93 m + 165 m + 43×250 m + 165 m + 6×93 m = 12 940 m，建成后的概貌如图 5-38 所示。

图 5-38　加拿大联邦大桥概貌（图片来自维基百科，查看彩色图片可扫描封底二维码）

3) 设计构思

让·穆勒是享誉国际的桥梁设计大师，在混凝土桥梁节段施工、混凝土斜拉桥、跨海长桥等方面均有诸多开创性的贡献。在加拿大联邦大桥国际竞标中，让·穆勒以自己近 50 年的工程经验，敏锐地洞察到该桥设计方案的核心要点是：一是以先进合理的施工方法来选择、决定结构形式，具体来说，在常见的几种桥型中，只有大跨径梁桥才能与该桥极为严苛的建设条件适配；二是对于梁桥，只有上下部结构都采用大型块件预制拼装的施工方法才能满足施工工期、工程造价、桥址环境等建设条件的约束。在当时，桥梁上部结构、下部结构预制拼装施工已经有一些成功的工程实践，如由他本人设计的美国切萨比克-特拉华运河桥(Chesapeake & Delaware Bridge)，主桥为跨径布置 3×45.7 m $+ 228.6$ m $+ 3 \times 45.7$ m 的单索面混凝土斜拉桥，全长 1417 m，1995 年建成，总造价仅 5800 万美元，该桥的上下部结构就全部采用节段预制拼装法施工，经济技术效益十分显著。但是，要从小节段（长度 10 m 上下）拼装跃升到大节段（长度 100 m 以上）拼装施工，挑战无疑是严峻的，主要难点大致有三个：一是采用何种结构体系才能与大型块件拼装工法相匹配？二是下部结构采用何种构造形式？三是采用什么施工装备进行大型预制构件的拼装？

对于第一个难点即采用何种结构体系，只有采用标准化的梁桥才能发挥大节段拼装工法的优势，如果采用斜拉桥、拱桥等结构形式，则很难发挥大型块件拼装工法的优势，竞标过程中另外一些桥梁设计大师的斜拉桥方案未能中标也从侧面印证了这一点。另外，如果采用重量较轻的钢梁桥或钢-混凝土组合梁桥，虽然便于加工制造与施工架设，但很难适应当地海洋环境，运营和维护成本较高，全寿命造价也会明显增大。于是，兼顾受力性能、跨越能力、耐久性能、施工方法与工程造价等多个方面，让·穆勒采用了跨径大于 200 m 的预应力混凝土连续刚构桥。对于这个跨径的混凝土连续刚构桥，恒载产生的内力占比高达 80%以上，而恒载内力主要取决于结构自身重量及架设安装方式，因此施工方案、成桥工序就成为设计的关键。

对于第二个难点即下部结构采用何种构造形式，经比对分析，在主桥的深水区中排除了数量较多、单体承载能力较小、施工效率较低的桩基础，而是采用了基座、墩身一体化预制的设置钟形基础，以最大限度地方便预制拼装、减少海上作业量、缩短施工工期，并有效抵抗该桥所特有的冰荷载。

对于第三个难点即采用什么施工装备进行大型预制构件的拼装，只需通过工程装备资源的全球配置便可基本解决。此前，丹麦在全长 6.6 km 的大带海峡西桥建设中，建造了起吊能力为 6500 t、起重高度 48.5 m 的天鹅（Swan）号浮吊，集吊装、运输、架设多种能力于一体，在 1989~1993 年已经完成了 52 孔 110.4 m 预应力混凝土箱梁的吊装，只需将其加以改造提升，使其起吊能力、起重高度满足本桥大型块件运输吊装的需求并没有原则性困难，然后根据起改造后的天鹅号浮吊的吊装运输能力来确定基座、墩身、梁体的预制节段的划分方式，以及各类构件的配筋方式与细部构造设计。

这些难点基本解决后，于是，采用主跨标准跨径 250 m、设置钟形基础、整体墩身的预应力混凝土连续刚构桥的方案便呼之欲出了。

4) 设计方案要点

总体布置：桥梁跨径为 14×93 m $+ 165$ m $+ 43 \times 250$ m $+ 165$ m $+ 6 \times 93$ m $= 12\,940$ m，

其中海上深水区域由 43 孔跨度 250 m 的预应力混凝土连续梁组成。

设计荷载：百年一遇海平面以上 10 m、10 min 平均风速为 26.5 m/s，桥墩上的总静态横向风力为 3.7 MN，桥墩冰压力为 30 MN。

设计使用年限：结构目标可靠度指标为 4.0，按 100 年使用年限进行设计。

截面形式：预应力单室箱梁，桥面宽度 12 m，布设双车道。

引桥：位于水深不超过 8 m 的浅水区，标准跨径为 93 m，基础由 6 根直径 2.0 m 的钻孔灌注桩组成，墩身截面为 3.6 m×5.2 m 空心混凝土预制构件，上部结构梁高 3.0～5.1 m，采用悬臂拼装法架设，节段重 50～90 t。

主桥：上部结构标准跨度为 250 m，截面形式为单箱单室后张法预应力混凝土箱梁，梁高从桥墩处 14.5 m 变化到悬臂端的 4.5 m，上部结构分为 190 m 双悬臂梁和 60 m 挂梁两种，最大重量为 7800 t，主桥结构布置如图 5-39 所示。基础由四种不同的混凝土构件组成，分别为基座环、圆锥基座、基座圆筒和基座上部，基座底部直径 22 m，重量在 3500～5200 t。墩身由冰盾构和墩柱两个构件组成，墩高 25～40 m，截面为 5 m×10 m 的矩形截面（冰盾构顶部为 8 m、截面为八角形），最大重量为 4000 t。主桥下部结构构造如图 5-40 所示。

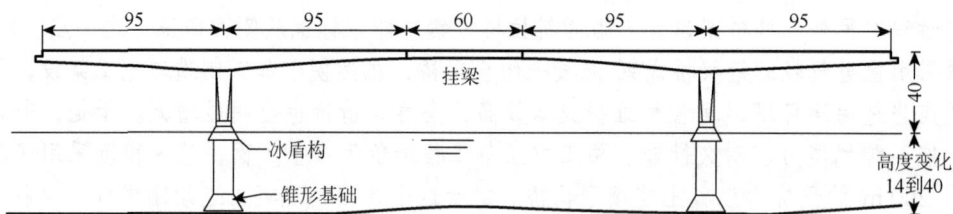

图 5-39　主桥结构布置（单位：m）

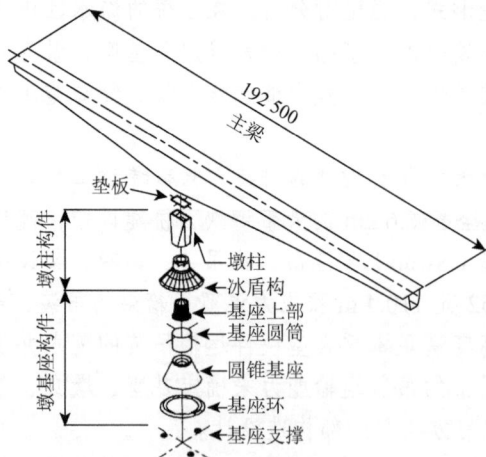

（a）下部结构构造拆分示意图　　　　　　　　　　（b）下部结构预制过程

图 5-40　联邦大桥下部结构构造示意图［图（b）来自（Tadros，1997）］

5）施工方法

构件预制：预制场位于爱德华王子岛海岸，占地 60 公顷，预制场内共设三条预制/存储混凝土构件生产线，共有 185 个大型预制构件。大型预制构件采用荷兰 Husiman Iterc 公司专门设计制造的两个滑块来运输，滑块重 500 t，能够承载重达 7800 t 的主梁。

构件移位：使用专门的滑动系统，该系统为带有液压推动系统的不锈钢和聚四氟乙烯履带，能够将大型预制构件从预制场移至装船码头的指定位置。

主要施工装备：天鹅号自行式浮吊，自升式驳船、疏浚船、抓斗船等。其中，为满足本桥的主梁吊装需求，对丹麦天鹅号进行了改造，最大起吊能力达到了 8700 t、最大起吊高度达到了 76 m。

施工测量：采用全球定位系统 GPS 定位，GPS 每秒钟进行一次定位校准，可以将构件安装精确度控制在 6 mm 以内，放置每个大型预制构件需要 0.5 h。

梁体预制及吊装架设如图 5-41 所示。

（a）梁体预制　　　　　　　　　　　（b）天鹅号吊装架设梁体

图 5-41　联邦大桥构件预制吊装架设［图片来自（Tadros，1997）］

主要施工架设主要工序如图 5-42 所示，简述如下。

①在桥墩基座位置进行地质探勘，利用抓斗船等大型船只清淤整平基础，露出砂岩。

②利用天鹅号浮吊将桥墩基座移动至桥墩位置，安放在砂岩上，并在基座环上利用导管，灌注基座与岩面之间 20～50 cm 厚的混凝土垫层，确保基座受力均匀。

③待基座稳定，采用浮吊将预制墩身安放在基座顶部的千斤顶上，利用千斤顶进行墩身的精细调整，采用预应力筋将其与基座相连，灌注墩底与墩身挡冰块之间空隙的混凝土。

④在墩顶安装模板，将主梁吊放在模板中，利用安装在墩身顶部的水平导轨和千斤顶精细控制定位，安装就位后，施加竖向预应力，由桥墩基座、墩身和主梁构成一个 T 形构件。

⑤重复上述步骤，对相邻桥墩完成装配 T 形构件。

⑥架设挂梁，完成体系转换。在梁的端部布设钢支架、千斤顶，在浮吊安放挂梁同时，采用千斤顶在主梁两个悬臂端部产生强迫位移、调整应力，布设纵向连续钢筋束、

浇筑挂梁和悬臂梁间隙间的混凝土，施加预应力，完成体系转换。

　　⑦桥面系施工。

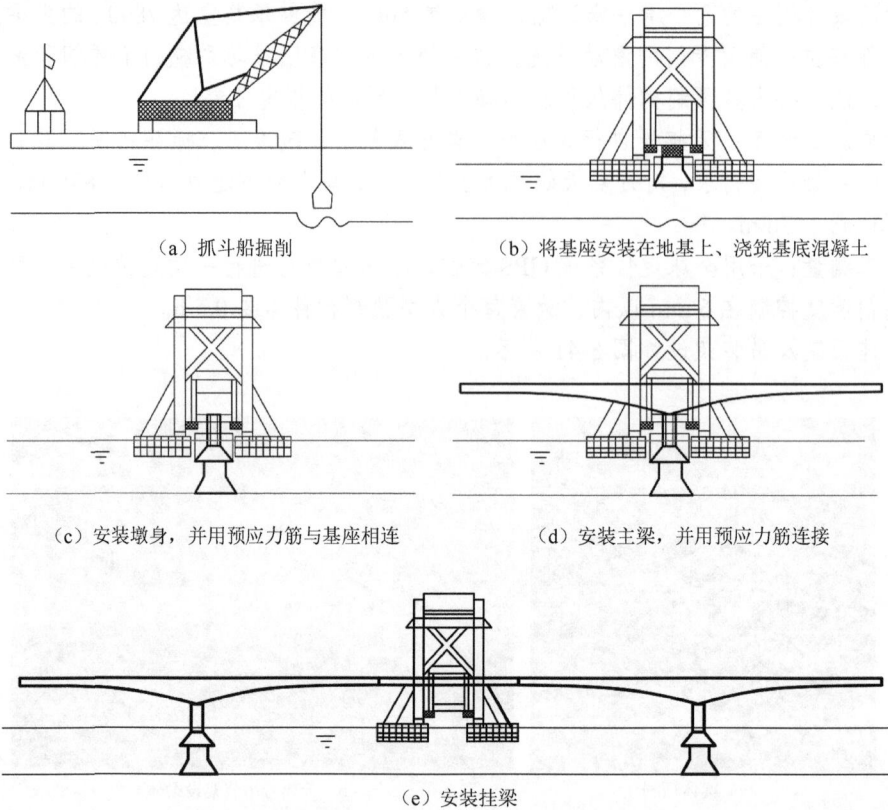

（a）抓斗船掘削　　　　　　　　　（b）将基座安装在地基上、浇筑基底混凝土

（c）安装墩身，并用预应力筋与基座相连　　　　（d）安装主梁，并用预应力筋连接

（e）安装挂梁

图 5-42　主要施工架设主要工序

6）技术经济优势及工程创新扩散

　　加拿大联邦大桥于 1993 年 10 月开工，1994 年开始构件预制，1995 年 8 月开始安放基座，1996 年 11 月全桥合龙，1997 年 6 月通车，总造价为 13 亿加元。该桥发展了大型构件预制拼装工法，化海上施工为岸上施工，实现了大节段拼装施工的标准化、工厂化，充分发挥了大节段预制拼装施工方法的施工速度快、施工质量好、施工效率高、对环境影响小、施工风险小等技术优势，提高了桥梁建设的品质，成为桥梁工业化制造的先声。同时，该桥不仅在结构构造、施工方法等技术层面引领示范了跨海长桥的建设，更是深刻洞察了跨海桥梁建造的本质，凝练出先进科学的工程理念，萌芽出"施工引导设计"的工程建设原则，成为结构工程师改造客观世界最有力、最强大的思想武器。

　　加拿大联邦大桥的建成，引起了国际桥梁界的广泛关注，对后续跨海长桥的建设产生了深远的影响。进入 21 世纪，国内外建成的一批跨海长桥如丹麦-瑞典厄勒海峡大桥、韩国釜山-巨济大桥、科威特海湾大桥、俄罗斯克里米亚大桥、中国东海大桥、胶州湾大桥、杭州湾大桥、港珠澳大桥、平潭海峡大桥等均因地制宜地对标准化、大型化、工业化装配施工模式进行了有益的探索，尝试了从桥梁建造向桥梁制造的转变。在这个进程中，许多结构设计构思、实施方案、施工装备研发都深受加拿大联邦大桥的影响，从标准化、大型化建造迈入工业化制造新阶段，逐步实现了从桥梁建造到桥梁制造的突破。

案例 5-9　法国米约高架桥——一座创新顶推施工法的多跨斜拉桥

1）技术背景

自 1993 年世界上第一座密索体系的三塔斜拉桥——墨西哥 Mezcala 大桥建成以来，多跨斜拉桥以其优越的技术经济优势在跨越河口、峡谷等宽阔障碍中得到了比较广泛的应用，工程实践比较活跃。但是，由于多跨斜拉桥的受力复杂、建造难度大，其技术瓶颈并未得到系统全面的解决。概括来说，多跨斜拉桥技术瓶颈主要有以下三个方面。

①如何在经济合理的情况下提高多跨斜拉桥结构体系的刚度。虽然一些结构对策措施如增设辅助墩、优化跨径布置、增大索塔刚度、改变缆索体系等都可以提高结构体系刚度，但不同技术对策的工程造价、结构造型、地形适应性等方面却相差甚远。

②对于跨越峡谷的多跨斜拉桥，采用何种施工方法才比较快捷经济。不同于跨越宽阔水域的多跨斜拉桥，跨越峡谷的多跨斜拉桥难以借助于水运条件来运送结构材料、施工机具和施工人员，虽然悬臂施工法依然适用于跨越峡谷多跨斜拉桥，但当斜拉桥跨数较多、跨径较大时，往往需要修建大量的施工便道、利用多套挂篮机具，导致工程措施费用剧增、削弱多跨斜拉桥的经济技术竞争优势，也会导致合龙工序非常复杂、施工工期延长。

③如何恰当处理多跨斜拉桥的温度效应。当多跨斜拉桥主梁连续长度增大、塔墩水平刚度较大时，温度效应的影响就会显著增大，对主梁和斜拉索来说，过大的温度变形会影响结构设计的合理性、安全性与适用性；对索塔来说，温度效应处理不当将会导致边塔塔根截面弯矩过大，增加索塔、桥墩、基础等主要受力构件的设计难度和材料用量。

面对多跨斜拉桥的上述技术瓶颈，国际桥梁界展开了不断的探索，以因地制宜地寻求最适宜、最经济的解决方案，在这个进程中，法国米约高架桥所采用带索塔的顶推施工法无疑是最富有创造力的。

2）工程概况

法国米约高架桥（Millau Viaduct）穿越米约地区广袤而深邃的塔恩河谷，是法国 A75 高速公路的控制性工程，也是法国至西班牙高速公路的重要组成部分。从 1987 年起，法国国家高速公路管理局就着手推进跨越塔恩河谷线路的前期研究工作。经过数年研究，确定了高线位方案，即采用高架桥跨越塔恩河谷，桥长约 2.5 km，谷底与两岸高地的高差约为 275 m，最高桥墩约 245 m。高线位方案避免了低线位方案中的长陡坡，非常有利于高速公路的安全运营，但桥梁设计建造难度较大、造价亦高，存在一定的技术挑战。为此，法国国家高速公路管理局从 1993 年开始，通过多轮国际方案竞赛与全球招标，历时 8 年，方才确定了最终的实施方案。实施方案由法国桥梁设计大师米歇尔·维洛热和英国著名建筑师诺曼·福斯特主导，方案为 204 m + 6×342 m + 204 m = 2460 m 的 7 塔 8 跨钢箱梁斜拉桥，桥墩采用混凝土双肢墩，索塔为倒 V 形钢索塔。结构设计方案主要考虑的核心问题有以下三个。

一是如何优化塔、梁、墩主要设计参数，使结构体系在风荷载、环境温度及运营车辆荷载作用下受力性能最佳，并具有适宜的体系刚度和良好的使用性能？由于该桥墩高差异大（7个桥墩高度在78～245 m）、钢箱梁连续长度达2460 m，导致提升结构体系刚度的措施与顺应温度变化的矛盾非常突出，为此，米歇尔·维洛热采取了如下对策。①采用混凝土单柱-双肢墩，并针对高度不同的桥墩、单柱墩在一定高度分叉形成双肢墩，在其上设置双排支座，以有效约束钢箱梁的变形，也便于倒V形钢索塔的布置；同时，将单柱墩分叉形成双肢墩后，桥墩截面及水平刚度大为降低，既有利于减小风阻，也有利于满足主梁的纵向变形需求（高度较大、抗推刚度较小的双肢墩通过自身挠曲变形，可以满足主梁高达30～40 cm温度变形的需求），以便将长达2460 m的钢箱梁做成连续结构、改善行车使用性能。②索塔采用钢索塔，在顺桥向适度增大索塔两腿间距及索塔高度，索塔呈倒V形、桥面以上高度为88.92 m，塔高与跨径之比为1/3.84，在取得优雅造型的同时，增大了索塔的纵向挠曲刚度，并满足顶推施工过程中最大150 m悬臂状态下的受力要求。③采用梁高4.2 m的三角形钢箱梁，梁高与跨径之比为1/81.4，稍大于常规斜拉桥梁高与跨径之比在1/300～1/100的合理范围，在提供较大抗弯抗扭刚度的情况下，尽可能减小风阻，满足顶推施工过程中的抗风性能要求。

二是采用何种施工方法，使该桥能够满足造价、工期及环境保护的要求？由于塔恩河水流很小，并不具备通航及水运条件，为解决施工困难，设计团队大胆地推陈出新，采用钢索塔与钢箱梁一起顶推的施工方案，将施工阶段与成桥阶段的受力要求完美地结合在一起，不仅避免了大量施工便道的修建、有利于环境保护，具有施工工期较短、造价相对较低、结构体系转换简单、施工阶段与成桥阶段结构受力行为比较一致等优势；而且可以利用混凝土双肢桥墩设置双排支座、较好地兼顾结构体系的刚度要求与温度效应的妥善处理。实际上，自1959年弗里茨·莱昂哈特发明顶推施工法以来，顶推施工法主要应用于中等跨径的混凝土梁桥（40 m<L<100 m，$\Sigma L \geqslant$500 m，L为跨径），当其用于大跨径桥梁时，由于其施工阶段的受力图式与运营阶段的受力图式差异较大，施工阶段的梁体弯矩峰值往往会控制整个设计，导致临时措施（临时墩、梁体临时预应力束等）的材料用量大增，并不够经济合理，因此，顶推施工法很少用于跨径大于150 m的桥梁施工。另外，利用斜拉索的弹性支承优势、采用悬臂节段拼装法进行斜拉桥施工也是顺理成章的，似乎看不出有什么创新的空间。面对这一现实情况，设计团队结合施工阶段、成桥阶段的结构受力行为，最终采取了带索塔顶推的施工方式，以减小临时工程数量、改善结构受力性能，颠覆了工程界的传统认知。具体技术措施主要包括：①增设8个临时墩，在临时墩顶设置两个间距12 m的支点，使得顶推过程中最大悬臂长度不超过150 m。②由索塔、6根拉索和钢箱梁构成稳定的、自平衡的三角形结构，以减小钢箱梁在顶推过程中的内力和变形。③为改善顶推过程中钢箱梁受力行为、减小风致振动，采用了三角形钢箱梁截面，并在钢箱梁中间设置两道间距较小直腹板，以便顶推力的传递。④计算确定了顶推施工阶段的结构定位、风致振动、变形监测、停工风速等一系列阈值，以便指导施工过程监测控制，等等。

三是如何将该桥优雅和谐地融入法国南部秀丽的高原风光之中，使其成为新的景观？在本桥设计中，采用结构工程师与建筑师合作的方式，以诺曼·福斯特为首的建筑师深度参与了结构设计方案，对于要不要布设引桥、跨径划分布置、索塔及桥墩外形等方面提出了专业而权威的意见，最终使该桥成为现代结构艺术的典范之一。其中，诺曼·福斯特坚持取消引桥、采用跨径较大边跨的处理方式获得了普遍的认可，虽然边跨与主跨跨径之比达 0.596，在受力上不够合理，但却取得了优雅协调的结构造型与艺术表现力，避免了采用中小跨径引桥所带来的结构韵律上的突变。

3）主要设计参数

跨径布置：204 m＋6×342 m＋204 m＝2460 m，无引桥，桥面为双向 4 车道，整座桥以 3.025%的坡度由南端向北端下降，全桥位于平面半径 20 km 曲线上，以便于乘客通过时欣赏塔恩河谷自然景色及本桥雄伟轻盈的造型。

基础：该桥地质情况良好，基岩埋深较浅，基础采用挖孔沉井。

桥墩：7 个桥墩高 78～245 m，采用统一的混凝土桥墩形状，桥墩下部为大型箱形断面，尺寸为 17 m×27 m；桥墩上半部分叉形成两个柔性的墩柱，分叉后双肢墩顶间距为 16 m，各个桥墩的分叉位置经过反复计算确定，其中，最高的 P2 桥墩分叉点为桥面以下 90 m。

索塔：桥面以上塔高 88.92 m，塔高与跨径之比为 1/3.84，采用倒 V 形钢索塔，索塔两腿间距为 15.5 m。

主梁：采用三角形单箱三室截面，梁宽 32.05 m，梁高 4.2 m，除设置 4 车道外，为消除司乘人员的眩晕感、降低山谷阵风对车辆行驶的影响，还设置了 3 m 宽的路肩及挡风板。

斜拉索：10 根斜拉索采用竖琴式布置，钢绞线强度为 1860 MPa，梁上索间距 12.51 m。

塔梁墩关系：塔梁固结，即倒 V 形钢索塔与加劲钢箱梁固结；墩梁支承，在双肢墩墩顶设置双排支座来支承加劲梁。

设计使用寿命：120 年。

该桥总体布置及概貌如图 5-43 所示，塔梁墩关系等细部构造如图 5-44 所示。

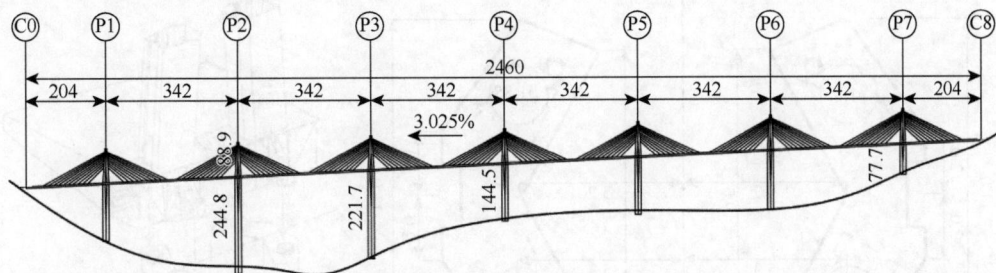

（a）总体布置（单位：m）

（b）概貌（图片来自维基百科）

图 5-43　米约高架桥的总体布置及概貌（查看彩色图片可扫描封底二维码）

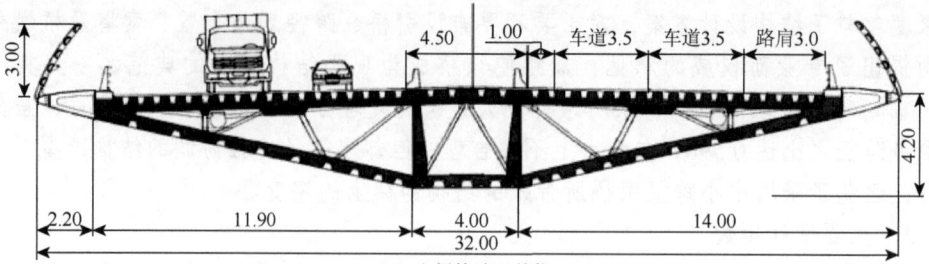

（a）主梁构造（单位：m）

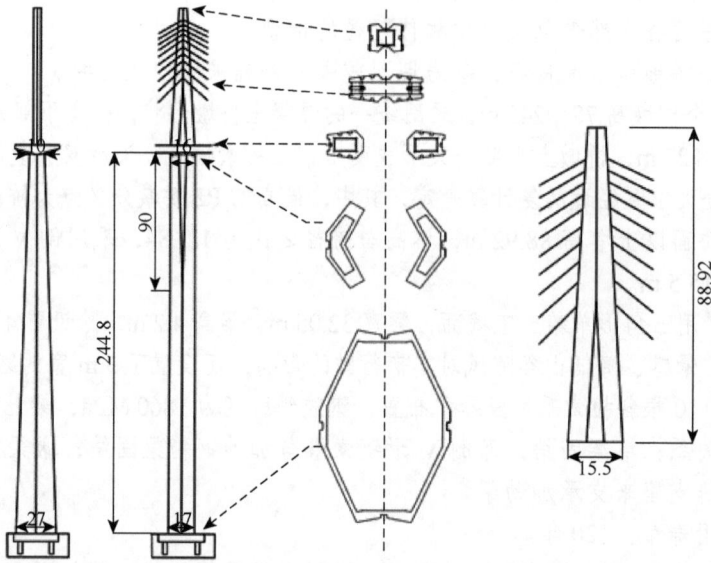

（b）P2桥墩及索塔构造（单位：m）

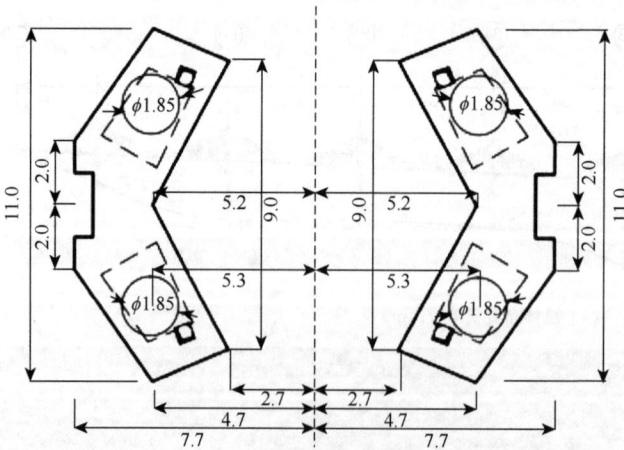

（c）双肢墩墩顶截面（单位：m）

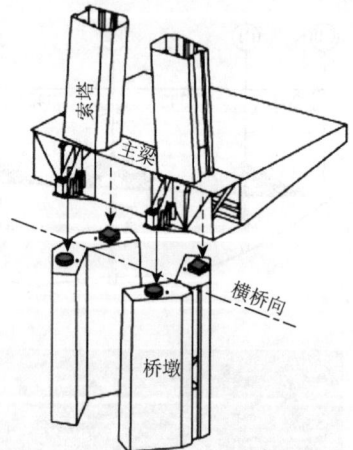

（d）塔墩梁关系示意图

图 5-44　米约高架桥主梁、桥墩及索塔的主要构造

4）施工方法

制约该桥顶推施工的主要因素是山谷阵风，最大风速可达 69.4 m/s，在顶推过程中，

当钢箱梁尚未合龙、斜拉索弹性支承约束尚未形成时，悬臂梁体在风力作用下会剧烈晃动，对顶推施工的影响较大，因此，在风速达到 19.4 m/s 时必须停工。施工主要情况如下。

桥墩施工：由于桥墩高、数量多，桥墩在设计时采用了统一的外形，以便于预制拼装，桥墩最大节段尺寸为 4×17 m，重约 120 t，在拼装时采用自升式起重机逐节逐段吊装、借助于内侧限位模板及 GPS 系统精确定位，以纠正由风力或温度产生的微小偏差，并将竖向误差控制在 5 mm 以内，如图 5-45（a）所示。

钢箱梁顶推：设置了 8 个临时墩并采取相应措施后，顶推最大悬臂长度仍达 150 m，为此，采用了带塔顶推的施工方案，即在悬臂最前端，除按常规方法设置钢导梁以外，还利用永久性索塔（P2 塔、P3 塔），以及相应的 6 对斜拉索与主梁一起构成了稳定的三角形结构，以最大限度地减小主梁悬臂弯矩与变形。顶推采用双向多点、同步控制的顶推施工法，由于桥墩很高，顶推产生的摩擦力必须在各个墩顶内取得平衡，因此在所有墩柱顶上都安装了两套自平衡的活动顶推轴承，以避免顶推使桥墩产生附加弯矩。顶推拼装节段长 16 m，最大顶推总重量约为 36 000 t，顶推至下一个支点、完成 171 m 的行程需要 5 天时间，合龙点在 P2 与 P3 墩之间，如图 5-45（b）所示。

索塔安装及后续施工：顶推合龙后，在桥面上铺设临时轨道以利于荷载的分散分布，采用两台拖车整体运输钢索塔，单个钢索塔重约 650 t，运输至索塔位置后，利用汽车吊、临时支护塔架，将钢索塔倾斜起吊、向上反转，安装到位，然后布设、张拉斜拉索，按此方法逐一完成另外 5 个索塔（P1 塔、P4～P7 塔）的安装及斜拉索的张拉。如图 5-45（c）所示。

（a）桥墩拼装施工

（c）索塔安装

（b）顶推施工过程

图 5-45 米约高架桥施工过程的几个关键片段［图片来自（Virlogeux，2003），查看彩色图片可扫描封底二维码］

5）技术经济优势

历时近 10 年的方案研究和设计，米约高架桥 2001 年 10 月于该桥开工建设，经过 3 年 2 个月的施工，该桥于 2004 年 12 月竣工，将跨越塔恩河谷的时间从 2 h 缩短为 3 min。米约高架桥创造性建构了轻盈简洁、与环境高度和谐、艺术表现力丰富的结构造型，将历史人文、自然环境与桥梁工程有机地融为一体，成为一座新的人造景观。同时，该桥受力合理、施工方法独特、材料用量节省，既是结构与艺术融为一体的杰作，是顶推施工法的又一个里程碑。

该桥主要材料用量为：总用钢量 55 350 t，其中，主梁 S355 钢 23 500 t、S460 钢 12 500 t；索塔 S355 钢 3200 t、S460 钢 1400 t；斜拉索 1500 t；混凝土用量 77 500 m³，钢筋 13 250 t，折合每平方米桥面用钢量为 702 kg、混凝土用量为 0.98 m³。此外，该桥的临时工程材料用量为：S355 钢 3200 t、S460 钢 3200 t，其他钢材 800 t；混凝土用量 7500 m³。总造价约 3 亿欧元。应该说，对于这样的跨径和桥下净高，这个材料用量、工程造价还是非常节省的。

6）工程创新扩散

法国米约高架桥的建成，很好地顺应了自然条件，创新了斜拉桥的施工方法，建构了结构艺术的新图景，堪称现代桥梁工程的精品之一。在米约高架桥建成以后，桥梁工程界更加注重结构造型的艺术表现力，桥梁工程的社会属性、艺术特质得到了社会各界的普遍认同，建筑师也成为工程师的好伙伴，在许多著名桥梁的设计中，都可以看到建筑师忙碌的身影。此外，顶推施工法作为一种快捷高效、顺应桥梁工业化大趋势的施工方法，在梁桥以外的其他桥型中得到了一定的应用，成为克服大跨径桥梁施工困难的利器之一。例如，2012 年建成的我国杭州九堡大桥，虽然结构形式为拱梁组合体系，但采用顶推施工法同样取得了显著的社会经济效益。

法国米约高架桥的工程创新表明：结构工程创新就是在"可用解集、合理可用解集、优化解集"的空间中寻求最适宜于建设条件的、最经济合理的方案，没有"对不对？"、只有"好不好、合适不合适"；结构工程创新就是在积极面对社会需求拉动、面对市场竞争、面对经济尺度和能效尺度筛选的过程中，突破先前同类工程的局限、打破以往工程实践活动效能效率的壁垒，从而解决工程实践过程中实际困难的创造性活动。其中，施工方法创新往往能够促进新结构、新体系、新材料的推广应用。从这个角度来看，米约高架桥不仅解决了"能不能"的问题，而且创造性地解决了"好不好"的问题，因而自其建成以来，一直广受社会各界的赞誉，成为国际桥梁界公认的结构工程与自然景观融合的新典范。

5.4　结构工程的创新机制

一般而言，创造具有最低和最高两层含义。最低意义的是工程创造，即每个工程项目都是独一无二的人工创造物，都是从无到有的建造过程；最高意义是工程创新，即在实践活动中呈现出价值的提升、技术和方法的改良或施工装备的改进。在现实工程实践活动中，工程创造活动处处时时可见，但真正的工程创新，特别是突破性的工程创新却非常少见。剖析其中原因，主要有三个方面。一是结构工程创新不但包括"要素方面的创新"，也包括"要素集成方面的创新"，就技术层面而言，每个要素包括结构材料、结构形式、施工方法、施工装备等方方面面，每个要素都包含着诸多控制因素，某种程度上形成了种种制约工程创新的壁垒；就非技术层面来讲，其涉及的要素更广，自然、政治、经济、历史、文化、宗教等都会对工程创新形成各种有利或不利的影响。二是结构工程活动本身就具有传承性、稳健性等固有特性，遵循传统、借鉴先例、规避风险、依靠经验也是大多数结构工程实践活动的应有之义，不可避免地会出现因循守旧的倾向。甚至在有些时候，遵循传统、延续传统变成了一种符合工程利益相关方的普适做法。三是结构工程创新具有内在的、不以人们意志为转移的内在机制，并深受经济社会环境、工程文化、融资建设模式等因素的制约。换言之，创新机制是否具备健全、创新氛围是否浓郁对结构工程创新有很大的直接关系。在本节中，作者将从结构工程的创新机制、结构工程创新群体的特质特征两个方面进行比较深入的探讨分析，以揭示结构工程创新的内在机制。

5.4.1　结构工程创新机制的简要剖析

一般说来，工程创新机制主要包括社会需求推动、科学技术支撑、自然社会筛选、技术自我进化、工程大师点化等五个方面，这五个方面相辅相成、相互作用、缺一不可。对于古老而现代的结构工程，随着工业化城市化进程的加速，这五个方面要素的相互作用就显得更加突出。当这些要素在同一时空聚集时，就会迸发出巨大创造力，结构工程创新就会成簇地发生，并呈现出创新加速迭代、快速扩散的态势，从而推动建筑行业升级、经济发展和社会变迁。举例来说，20 世纪 20 年代的美国、第二次世界大战结束后的欧洲、20 世纪 70 年代的日本、21 世纪初的中国等，这些国家（地区）结构工程都呈现出创新加速的态势，不仅有效地满足了当时当地人们生产生活的需求，推动了社会经济发展，而且促进了技术创新与工程创新的扩散，带动了结构工程实践活动资源的全球化配置。

1. 社会需求推动

近现代结构工程实践的发展历程表明：技术必然以发明革新的形态而不是墨守成规的方式来接受结构工程项目的集成，社会必然推动结构工程以创新的形态而不是以因循守旧的方式来接受市场的选择，并在不断竞争、选择、淘汰的洗礼中曲折发展。例如，20 世纪初，随着第二次工业革命特别是电力电气、化学工业的发展，全球城市人口第一次超过 4 亿，占人类总人口的比例上升至 20%以上，伦敦、巴黎、纽约、芝加哥、曼彻斯特等大都市迅速崛起。为了更好、更有效地满足社会经济的发展需求，钢材、混凝土等人工材料迅速取代天然材料，高层建筑、道路桥梁、市政管网等城市基础设施的建造变得日益迫切，而电梯的发明、有轨电车及地铁的发展又为城市化进程增添了助力，结构工程进入了空前的发展繁荣期。在这一浪潮的推动下，钢结构、钢筋混凝土结构、钢-混凝土组合结构获得了广泛应用，新的结构形式、施工方法、施工工艺、细部构造不断被发明出来，并在大规模应用过程中逐渐形成了相应的设计理论、规范规程和检验方法，结构工程的创新发展形成了一个自我革新、自我完善的生态系统。又如，随着纽约、芝加哥、伦敦等大都市的崛起，导致都市核心区人口密度、建筑密度不断增长，大都市核心区高层建筑结构的蓬勃发展，促使结构工程实践活动规模不断扩张，不仅引发了现代商业组织形态的嬗变，满足了现代工商业高效运营的需求，而且改变了人们的居住和出行方式，带动了工业厂房、供水排水、交通工具、公共运输模式等方面发生了革命性的改变，城市化进入到自我驱动的加速过程。

从工业化城市化发展进程不难看出，社会需求是工程技术进步、工程创新的最主要的推动力量，这对于作为人类生产生活物质基础的结构工程更加突出。从近现代结构工程发展的地域性来看，先后站上结构工程实践活动巅峰的国家（地区）大致可按时间顺序粗略地梳理为：18～19 世纪的西欧，19 世纪末 20 世纪初的北美，第二次世界大战后的德国、日本，以及 21 世纪的中国，与此相对应的是，这些国家在这一时段内对结构工程实践需求非常旺盛。反过来看，当其进入后工业化阶段、城市化达到某一平衡点（一般认为在 80%左右）后，结构工程实践活动就进入到平稳发展期，表现在技术创新、工程创新上，就是技术迭代速度逐渐减缓、工程创新数量减少。这一点正如恩格斯所言：社会一旦有技术上的需要，这种需要就会比十所大学更能将科学推向前进。恩格斯这里所说的技术，实际上是指工程化的技术创新。因此，在任何时代的任何工程领域，社会需求都是工程创新、技术进步的最主要推动力量。

2. 科学技术支撑

近现代以来，结构工程一直是各个工程领域的排头兵，示范和引领了科学（力学）理论、技术创新对工程实践活动的指导支撑作用。一般说来，科学发现指引了工程创新的前进方向，是工程创新的源泉；技术创新为工程创新储备了技术路线选择的可能性和多样性，技术条件为工程创新提供了坚实的实现基础，也回答了工程创新的可能性限度。离开科学与技术的支撑，工程创新就会成为无源之水、无根之木，必然难以为继。受制于结构工程项目的复杂性和当时当地性，虽然工程经验是结构工程实践活动不可或缺的有机组成部分，有些时候甚至是最重要的组成部分，但工程经验天然地具有局限性和不可复制性，将隐性知识去蔽、转化为显性工程规则或工程知识时也存在着极大的难度，因此，从根源上来说，科学和技术才是工程创新最重要的支撑要素。

此外，从科学理论到技术开发，再到工程集成和大规模应用，是一个漫长曲折的过程，中间存在着巨大的、难以预见的鸿沟，需要打破重重技术壁垒、经历市场的层层筛选，往往难以一蹴而就。例如，钢管混凝土具有力学性能好、无需模板、施工方便、节省钢材、造价低廉等优势，早在 20 世纪初，钢管混凝土就被欧美工程界提出来了，也进行了一些理论研究与技术开发，但由于未找到与其力学性能匹配的结构形式、也未开发出合适的连接构造，钢管混凝土仅在地铁工程、房屋建筑工程、桥梁工程中有零星的应用，且大多数以短柱的形式出现，其综合优势并未发挥出来。直到 20 世纪 90 年代，我国桥梁界才将结构材料、施工方法、结构形式与力学性能四者融合为一体，发展出钢管混凝土拱桥，才形成经济合理、技术优势突出的技术体系，并在工程实践中逐步完善，使其成为最具中国特色的创新桥型。

3. 自然社会筛选

任何工程创新都是在一定的自然环境、社会环境之中诞生的，因此也必然会受到自然条件、社会经济环境的制约和影响，同时也要经受市场严苛的检验与筛选，结构工程也不例外。在这个过程中，市场竞争、环境约束、文化传统等因素是几种最主要的筛选力量。其中，市场优胜劣汰机制一直是工程创新最重要的筛选力量，市场会从经济尺度、能效尺度对工程创新进行全方位的检验，不但会将形形色色的伪创新、虚创新、短命创新淹没在工程历史的长河中，而且也会将绝大多数"不成功"工程创新驱离工程实践活动的舞台、使其成为工程演化进程中的铺路石。另外，随着结构工程实践活动规模的扩张，人们逐渐认识到工程实践活动的副作用，工程理念也从近代的"锐意进取、改造自然"转变为现代的"天人和谐、尊重自然"。因此，自然环境约束、环境保护要求及可持续发展也成为结构工程创新实践活动的筛选力量之一。此外，在结构工程当时当地性这一根本属性的约束下，很多情况下，政治、文化、宗教等因素也会成为结构工程创新的筛选力量。

进一步地从中微观来说，结构工程创新的筛选力量主要体现在工程建设投融资模式、结构艺术的评价方式、行业自我完善的机制等方面。结构工程，特别是大型工程项目往往承载着使用功能以外的许多社会期望，担负着彰显城市乃至国家实力形象的使命，因此，面对这些诸多同体异质要素的复合体，科学恰当、行之有效的筛选机制既是非常重要的、也是必不可少的，以免结构工程的创新偏离主航道——即更少地向自然索取、更多地增进人类福祉而不自知。客观来说，以市场竞争为核心的筛选机制在大多数时候是有效的。然而，遗憾的是，在某些地区的某一时期，在政治、文化、宗教等外部力量的干扰下，这种筛选机制却是失灵的，与此相应的，一些未展现出"价值提升"的伪创新、虚创新、短命创新就会大行其道，成为结构工程创新进阶之路上难以避免的歧途。例如，20 世纪 50～60 年代，在苏联曾风靡一时的、被视为建筑产业化代表的多层房屋的大板结构体系（也就是社会上被戏称为"赫鲁晓夫楼"多层住宅），具有结构简单、造价低廉、施工快捷等优势，在强大政治及行政力量的推动下，虽然最多时容纳了约 1/4、5000 多万的居民，但由于其在防水、隔音、保暖等方面存在诸多功能缺陷，不得不在 20 世纪 70 年代就停止建设，并在使用仅 30 年后就开始大规模的拆除。

4. 技术自我进化

结构工程的创新和技术进步，一方面来源于日益增长和不断变化的社会需求的推动，另一方面来自技术本身的自我进化。工程创新的目的在于：或者在能效尺度上克服了先前同类工程功能的局限，例如比先前同类工程做得更大或更高，能以往所"不能"，将"不可能"转化为现实中的工程；或者比先前同类工程做得更好更快，提升结构工程综合性能；或者在经济尺度上突破了先前同类工程效能的壁垒，比先前同类工程的全寿命成本更低；或者让工程项目在使用性能之外，能够增加工程的艺术价值，使人们获得精神上、文化上、艺术上的愉悦。只有这样，工程创新才能够满足人们日益增长的需求，才能够在激烈的市场竞争中脱颖而出，才能够促进工程演化。

在这个优胜劣汰的市场竞争中，技术创新的出现、完善、迭代和扩散，有其相对独立的自我演化的特点，一般遵循着"种子型发明、技术开发、产品化、商品化、产业化、反复改良改进"的演化进程，直到其技术体系寿命终结、被下一代新技术所替代。在这个过程中，技术存在着自我发育进化、不断革新完善的内在机制，只有这样，技术创新才能被工程实践活动不断地选择、嵌入和集成。与此同时，在工程实践中，人们也普遍存在企图通过改良改进、融合组合等方式来延长技术体系寿命的路径依赖，以避免付出技术体系换代的巨大代价。因此，从技术发展迭代的内部规律来看，技术本身亦是工程创新的推动力量之一。作为古老而现代的结构工程，技术迭代升级的速度虽然相对比较缓慢，但技术自身的进化对工程创新仍具有决定性作用。例如，顶推施工法在 1959 年发明之初，仅仅适用于中等跨径混凝土梁桥（40 m<L<100 m，ΣL≥500 m，L 为跨径），体现出施工快捷、节省人工、施工质量好、无需大型运输吊装装备等优势，但也存在着临时钢束用量多、临时墩工程量较大、经济指标不够理想等不足，经过全世界 1000 多座桥梁顶推施工的实践，现已从直线梁桥推广至曲线梁桥，从等高度梁桥拓展至变高度梁桥，从混凝土桥推广至钢-混凝土组合桥，从梁桥扩展到除地锚式悬索桥以外的各种结构体系，且发展出以步履式装置为代表的标准化成套装备，临时材料用量不断降低、竞争优势不断提升。

5. 工程大师点化

任何工程创新、技术创新都是依靠人来突破、来实现的，结构工程亦不例外。在结构工程创新的大军中，为数不多的工程设计大师对"创新空间"往往具有异于普通结构工程师的洞察判断能力、无与伦比的创造力和工程实践结果：他们创造出新的工程理念和工程知识，创造性地解决了结构工程实践活动中的疑难问题，揭示出工程背后的技术问题和科学问题，发展完善了现代结构设计理论和计算方法；他们具有点石成金的神奇能力，提出了一系列新的结构形式，发明了许多令人惊奇的施工方法和细部构造方式；他们丰富了结构材料的应用方式，催化了新技术、新方法、新材料、新工艺、新装备的诞生，示范推动了技术创新的集成应用；他们将结构工程的系统性、实践性、建构性与艺术性融为一体，创造出一大批划时代的结构艺术精品，成为近现代结构工程史上的一个又一个节点，对结构工程的发展起到了重要的推动作用。例如，正是结构设计大师尤金·弗雷西奈发现了混凝土徐变特性，才萌生出通用的预应力思想，进而开发出预应力张拉锚固设备、提出了预应力混凝土梁桥的新形式，使预应力技术成为现代结构工程最重要、应用最广的技术发明之一。

从客观上来说，在具备旺盛社会需求的情况下、在科学发现和技术积累的支撑下，虽然大多数技术创新、工程创新的出现具有一定的必然性，但如果没有工程大师的点化，一些技术创新也许会晚诞生很多年，一些工程创新也许会换一种形式出现，由此也许会导致某些工程传统，甚至工程演化的路径发生改变。从近现代结构工程的实践结果来看，工程大师点化了工程创新，工程创新也成就了工程大师，有些工程大师甚至形成了别具一格的创新风格，开创了独属自己的设计流派，照亮了新一代结构工程师的成长发展的道路。

综上所述，不失一般性，可以将结构工程创新机制勾勒如图 5-46 所示。

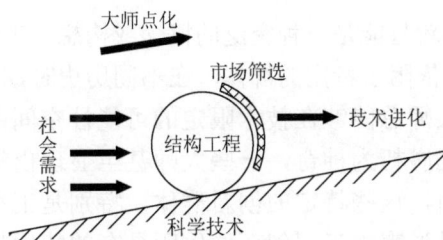

图 5-46　结构工程创新机制示意图

5.4.2　结构工程创新群体的特质

结构工程创新常常不是单独存在的，而是依附于特定的创新群体之中，这一类创新群体的杰出代表，便是人们所说的工程设计大师。没有这个创新群体，工程创新就有可能失去了依存的载体，技术创新、工程创新的路径也许会给变，正是这些工程设计大师一个又一个的创新成果，构成了工程创新进阶之路上的重要节点，成为工程演化的阶梯，从而推动结构工程不断发展。案例 3-10 所简要介绍的 20 世纪最伟大的 30 位结构工程大师及其主要贡献，就是 20 世纪数以百计工程大师的典型缩影。虽然从大的工程历史尺度来看，在具备了旺盛的社会需求、坚实的科学基础和技术支撑和健全完善的市场竞争机制之后，工程创新总会发生，但如果没有这些创新群体的努力，没有工程大师的点石成金，工程创新往往会滞后若干年，工程创新的路径或许会改变。

正如约瑟夫·阿洛伊斯·熊彼特所言："创新不是孤立事件，并且不在时间上均匀地分布，而是相反，它们趋于群集，或者说成簇地发生"。工程创新之所以会成簇地发生，无疑源于当时当地社会需求的强劲推动，社会需求与工程实践的落差才是一切工程创新的前提和推动力。然而，社会需求推动仅仅是必要条件而非充要条件，工程历史上曾多次出现当时当地需求旺盛而技术停滞不前的状况。在现实中，在同一时间空间下，技术创新、工程创新呈现出明显的离散现象，即一些人创新能力明显地高于大多数同业工程师，一些国家、某些区域、某一企业的创新能力和水平甚至引领了某个工程领域的发展潮流，存在着"群雄并起、各领风骚"的时代特点。工程创新之所以呈现出离散现象，既与社会需求、科学发展水平、技术支撑能力等相对较"硬"的因素密切相关，也与历史传统、创新氛围、创新群体特质等相对较"软"的因素密不可分。从这个角度来看，工程创新既存在"时势造英雄"的现象，也存在"英雄造时势"的情况。就结构工程而言，第一次工业革命后的英国及其自治领地，20 世纪初的美国，20 世纪下半叶的日本，以及 21 世纪的中国，之所以能够涌现出一批又一批结构设计大师，无疑与当时当地旺盛的工程建设需求是分不开的。

从工程历史角度来看，工程创新不但是物化的建造过程，更是全方位渗透着创新群体的思想、知识、经验、胆识、价值观、审美观等思想要素和精神内涵的思维过程，因此，在技术创新、工程创新过程中，人的作用、人的主观能动性是至关重要的。进一步来说，对于善于发现问题、捕捉创新机遇的创新群体而言，社会需求无疑是最宝贵的机遇，如果没有工程实践活动的需求，新理论、新技术、新方法、新工具就可能失去了检验与完善的机会，技术创新只能是一种空泛的概念或构想，工程创新也没有机会落地。此外，工程创新成果主要依附于特定的群体，在不同历史时期、不同工程领域都会涌现出一批工程大师，这些大师总能够在技术限定的可能性空间中推陈出新，在工程的可行性空间中化繁为简、化腐朽为神奇，一些大师甚至显现出鲜明的个体风格，影响工程界长达数十年。这说明，这些特定的创新群体，特别是工程大师具备了一些不为常人所有的特征特质。一般说来，工程创新群体所具有的特质特征，可以总结概括为以下五个方面。

一是专业能力（capability）。专业能力包括专业技能、专业理论、专业经验和专业信息收集筛选加工能力等多个方面，它是创新群体在传承工程传统的基础上，通过学校科班学习与长期工程实践的经验积累构建起来的。即便是科学和技术高度发达的今天，结构工程仍具有半理论半经验的特点，很多隐性知识只能通过长期工程实践活动进行体会和领悟，这既是工程人才与科学研究人才最大的区别，也是一些工程设计大师老而弥坚的原因之一。因为只有在长期工程实践活动经验积累的基础上，才能够建构对结构工程问题的整体把握能力、洞察能力、判断能力、沟通能力和技术驾驭能力。只有这样，在面对具体的、复杂的技术问题或工程症结时，才能够化繁为简，迅速抓住问题的要害，透过现象直抵本质。

二是好奇心（curiosity）。好奇心是驱动人类发现和发明的原始动力，是推动技术创新、工程创新的源头活水。这一点对于技术迭代速度相对缓慢的结构工程尤为重要。从结构工程创新的源头来看，一些重大的工程创新成果或源于具体工程项目的瓶颈结症，或源于对传统解决方案效率效能的不满意，或源于对其他工程领域技术方法学习借鉴移植嫁接的渴望，等等。正是这些殊途同归的源头，才促使技术创新、工程创新成果的落地生根。由此看来，问题意识的重要性怎么拔高都不为之过，创新群体特别是工程大师总能够对一些常见的工程问题紧绷思弦探究质疑、而不是习以为常，总能够保持长时间的关注、而不是一闪而过，总能够在司空见惯的现象中发现新的问题线索、而不是熟视无睹，总能够在平淡无奇之处提出问题、打破常规地提出质疑或新想法。这一点正如梁启超所言："能够发现问题，是做学问的起点；若凡事不成问题，那便无学问可言了"，梁启超这里所说的学问是一个宽泛的概念，自然也包括结构工程的理论、技术和方法。

三是想象力（creativity）。对工程问题如何改进解决，创新群体往往具有颠覆性、超出一般工程师认知能力的构想，甚至有一些天马行空、不着边际的预想，由此引发或催生出技术创新、工程创新的思路或线索。这一点正如爱因斯坦所言："想象力比知识更重要，因为知识是局限于我们已经知道和理解的，而想象力覆盖整个世界，包括那些将会知道和理解的"。但是，想象力与工程传统、工程经验却是天然排斥的，当一个工程师的工程经验越丰富、越老到，其想象力便会自然而然地不断萎缩，遇到工程问题时便会不由自主地在经验和习惯的领域内寻找解决对策，而不是借助于想象力去另辟蹊径，存在突出的路径依赖现象。这本是人类思维的正常现象，某种程度上具有一定的合理性。然而，一些工程设计大师、创新群体却可以将以上矛盾的两个方面有机地统一起来，他们凭借丰富的工程经验、扎实的工程洞察能力和无与伦比的想象力，能够提出人意料、而又符合技术逻辑的创新方案（构造/工法），并逐步地将创新方案完善细化，成为工程创新的载体。这一点正如著名桥梁大师约格·施莱希所言："为设计出一个综合意义上的高品质结构，工程师需要在培养自身的工程知识，同时修炼敏锐的直觉和创造性的联想，前者是所有受过正规教育的技术人员普遍具备的专业知识，后者是人类与生俱来的想象力。"

四是批判性思维（critical thinking）。批判性思维不是对一切命题都否定，而是针对工程疑难问题或技术挑战，采用分析性、创造性、建设性的方式提出新解释，做出新判断，给出新方向，从而孕育出技术创新、工程创新的火苗。批判性思维主要表现为善于提出问题或质疑，而问题或来源于对现有解决方案不满意，或来源于对既有技术路线的批判，或来源于对权威意见的质疑，从而提出新的可能性，并通过种种方式检验落实其可行性，这就是邓文中所提出的 3W（Why？Why not？What...if？）思维模式。然而，在接受科班训练和长期工程实践活动之后，结构工程师的疑问疑虑往往会被工程经验、工程传统所遮蔽，也会被浩瀚如海的工程技术标准所束缚，还会被稳当保守的工程文化所压制，要让经验丰富的工程师群体葆有批判性思维，的确有点强人所难。但是，总有那么一些个体，能够在传承工程传统的同时，对工程问题的现有解决方案进行批判反思、提出新路径新方法，这便是工程创新群体的基本特质。在案例 5-10 中，让-佛朗索瓦·克莱因之所以能够不受既有工程实践成果的约束、能够突破现有条条框框的束缚，推陈出新地提出当时国际桥梁界并不太认可的斜拉-悬索协作结构体系，无疑与他具有的批判性思维是分不开的。另外，批判性思维的对象越是基础、越是针对行业中的普遍问题、越是面向被广泛接受的结论，其所产生的作用就可能越大、效果越显著，这一点正如张五常所言：提问题要问得浅、要问得基本、要一针见血，问题问得好，答案就往往隐含在其中。因此，创新群体往往善于提出疑问、敢于挑战，能够以批判者的姿态对现有技术、既有方法、成熟工具提出疑问，而不是习以为常地接受传统方案或权威的意见。

五是勇气（courage）。在突破工程传统、另辟蹊径之后，意味着创新者率先进入了某一工程领域的"无人区"，进入了一片自己也不熟悉的领域，没有路标、没有参照物，甚至还要遭受同行嘲讽和社会各界的非议，可能成功，但更可能失败，冒着较大的风险，这既与工程的稳健性本质存在天然的矛盾冲突，也与人类厌恶风险的天性背道而驰。抛开技术来说，工程历史上的一些重大创新成果之所以能够产生，其中最主要的因素就是创新者的勇气、胆识和执着。因此，勇气对于创新者来讲尤为重要。此外，勇气对于一些功成名就的工程大师来说就更加难能可贵，就显得尤为重要，因而也更令人敬佩。因为如果创新失败了，往往意味着工程大师的一世英名毁于一旦，也意味着工程大师的执业生涯走到了尽头，这虽然非常残酷，也与社会各界应对创新者的失误给予必要宽容的氛围相悖，但却在近现代结构工程历史上多次出现。例如，桥梁设计大师里昂·所罗门·莫西夫因 1940 年华盛顿州塔科马海峡大桥的风毁事件、在 3 年后就郁郁而终，虽然当时美国工程界普遍认为并在后来的工程实践中得以证实：风毁事件超出了当时人们的认知能力，谁都无法预料事故的发生，设计者并没有过错，但这一事件却在里昂·所罗门·莫西夫职业生涯中留下了抹不去的污迹。

以上用 5C 简要概括了创新群体的精神特质、思维方式等基本特征，描述了创新群体的主观能动性，虽然一些创新个体还具有其他一些突出的特点，甚至形成了自己的风格，但毫无疑问的是，5C 是创新群体最常见的品质特征，也是量大面广的工程师应着力提升的品质特性。诚然，具备 5C 特质特征仅仅是创新者的必要条件而非充要条件，要成为一个名副其实的创新者，还应具备先进的工程观念、崇高的精神追求、坚忍不拔的意志、追求卓越的品质、永不言败的信念，只有这样，当工程实践的机遇来临之时，创新者就有可能施展才华，担负起工程实践活动影响社会和改造社会的重任。

案例 5-10　推陈出新的斜拉-悬索桥——土耳其博斯普鲁斯海峡Ⅲ桥的工程创新及其扩散

1）技术背景

斜拉-悬索桥又被称为斜拉-悬索协作体系，是一种较为古老的结构形式。早在悬索桥发展的初期，由于未能掌握悬索桥的受力特性，一些近代桥梁设计大师依据工程经验就采用了斜拉-悬索协作体系，但多将斜拉索作为悬索体系的一种补充和加强措施。受分析计算能力制约，并未进行斜拉索与悬索桥主缆之间的内力分配、刚度协调等方面的计算分析与施工监控。例如，近代悬索桥的奠基者之一约翰·A. 罗布林设计的悬索桥多采用斜拉-悬索协作体系，如尼亚加拉河悬索桥（主跨 250 m，钢-木桁架加劲梁，上层通行火车，下层通行马车，1855 年建成，1892 年废弃），为减小活载产生的挠度和振动，就在主跨布置了多组斜拉索来增强对主梁的弹性支承；又如 1883 年建成的、在近代结构工程历史上享有盛誉的纽约布鲁克林大桥，主跨为 486 m、边跨为 284 m，由于边跨跨径较大、边中跨比达到了 0.59，就在边跨布置了斜拉索以及支撑在主缆与加劲梁之间的短柱来给加劲梁提供辅助支承，以克服超长边跨所产生的过大变形；等等。据不完全统计，这种依据工程经验的斜拉-悬索桥的工程实践约有 40 座左右，主要分布在北美、欧洲和地中海沿岸，跨径多在 300 m 上下，结构体系多采用并联式（即加劲梁的部分区域同时存在斜拉索与吊索），建成时间基本上在 20 世纪 20 年代以前，但留存下来、可以继续使用的数量很少。此后，随着 20 世纪 30 年代美式悬索桥的成熟并向全世界推广、20 世纪 60 年代悬索桥英国流派的形成，以及 20 世纪 60 年代以后现代斜拉桥的蓬勃发展，斜拉-悬索协作体系的研究探索和工程实践就陷入了沉寂状态。

第二次世界大战前后，随着大跨径悬索桥的快速发展，人类在跨越千米级障碍时已经没有原则性的技术困难了，大跨径公路悬索桥梁建设呈现出日新月异的局面，美式钢桁梁加劲梁悬索桥、英式扁平流线型加劲梁悬索桥引领了现代悬索桥的发展，相继建成了一系列令人瞩目的桥梁如美国旧金山金门大桥、英国福斯公路桥、美国韦拉扎诺海峡大桥等，并发展出分体式钢箱梁、钢桁-钢箱组合梁等新一代加劲梁，制约大跨径悬索桥发展的瓶颈因素如抗风问题、结构体系问题、施工工法工艺问题等都已基本解决，公路悬索桥的建设基本上没有技术障碍了。但是，铁路桥梁或公铁两用桥梁因活荷载大、刚度要求高、运营条件严，存在一些比较特殊复杂的技术问题，导致人们对悬索桥应用于铁路桥梁时普遍持审慎态度，仅在一些美国早期建成的悬索桥如纽约布鲁克林大桥、曼哈顿大桥搭载城市轻轨，由于轻轨荷载集度较小（仅为国际铁路联盟 UIC 荷载标准的 1/4 左右）、最高行驶速度低（仅为 60～80 km/h），国际桥梁界普遍认为城市轻轨与干线铁路对大跨径悬索桥的受力要求存在较大差异，现有技术难以支撑铁路及公铁两用悬索桥的建设，因此，铁路悬索桥及公铁两用悬索桥的工程实践进展非常缓慢。在这方面，比较典型的案例是 1966 年建成开通公路交通的、主跨 1013 m 的葡萄牙塔古斯桥，因出于对铁路运营要求、受力性能的担忧及控制投资规模的需要，建设时按公路、铁路的最大荷载设计施工索塔及基础，并预留了采取斜拉-悬索协作体系的改造空间、以便将来增设铁路线路时来提高结构体系的刚度。而实际情况是，32 年后的 1998 年才通过新增主缆及锚锭、更换下层桁架等措施，采用国际铁路联盟 UIC 荷载标准（均布荷载集度为 80 kN/m，最大加载长度 400 m），完成了改造扩建、增设了下层铁路，但其铁路运营速度为客车 60 km/h、货车 40 km/h，铁路加载长度为 184.3 m、最大荷载总重仅为 16 500 kN。

进入 21 世纪之前，全世界铁路或公铁两用悬索桥的工程实践主要集中在日本的本四联络线中，建成了多座跨径千米级的公铁两用悬索桥，形成了一系列非常有价值的设计原则、技术导则与构造形式，开发了铁道缓冲梁、插接梁（又名抽屉梁）等新型构造，以调整分散加劲梁端的大变位、满足铁路运营的要求，但日本新干线荷载集度仍相对较小（每线荷载集度为 38 kN/m×370 m，列车总重量不大于 14 000 kN，不到国际铁路联盟 UIC 荷载标准的 1/2）。总的说来，国际桥梁工程界对大跨径铁路或公铁两用悬索桥的建设普遍存在疑虑，全世界建成的铁路或公铁两用悬索桥不过数座，其概况可汇总如表 5-8 所示。此外，在这些为数不多的公铁两用悬索桥中，为增大加劲梁刚度、便于公路及铁路交通布置，满足列车走行安全性与平稳性的约束，均采用了钢桁加劲梁，桁高一般在 12~15 m，桁宽多在 30 m 以上，桁宽与跨径之比多在 1/30 左右。通过这些结构措施，虽然基本满足了铁路运营的严苛要求，但也普遍存在用钢量大、造价高、施工工期长等不足，如采用共用锚碇的日本南北备赞濑户大桥悬索桥总长为 3235 m，而造价高达 84.6 亿美元。

表 5-8　几座典型的大跨径铁路或公铁两用悬索桥概况

序号	桥名	主跨跨径/m	建成年份	通行荷载	铁路运行最高速度/（km/h）	加劲梁形式
1	葡萄牙里斯本塔古斯桥*	1013	1966	4 车道公路，预留双线铁路	60	钢桁梁
2	日本大鸣门桥	876	1985	4 车道公路、新干线双线铁路	180	钢桁梁
3	日本南备赞濑户大桥	1100	1988	4 车道公路，建成时新干线双线铁路、预留双线铁路	180	钢桁梁
4	日本北备赞濑户大桥	990	1988			钢桁梁
5	日本下津井濑户大桥	940	1988			钢桁梁
6	香港青马大桥	1377	1997	6 车道公路、双向轻轨	140	钢框架

*该桥 1998 年开通铁路时另外增加了两根主缆。

制约铁路或公铁两用悬索桥发展应用的主要瓶颈因素是结构刚度问题，具体体现在以下两个方面。一是悬索桥属柔性结构，在荷载集度较大的列车活载作用下加劲梁跨中变形及梁端转角较大，对于列车安全运营非常不利。以千米级公路悬索桥为例，挠跨比允许限值一般为 1/250，这就意味着跨中最大挠度将达 3~4 m、加劲梁端转角会达到 3% 左右，超过了列车安全运营的限值。由于悬索桥是依靠主缆初应力刚度来抵抗变形的二阶结构，加劲梁的挠度从属于主缆，主缆的重力刚度基本上决定了结构体系的竖向刚度，增大加劲梁刚度对提高结构竖向刚度的作用非常有限，因此，在很难提高结构竖向刚度的情况下，采取何种措施来提高结构刚度、提升列车运营的安全性与平稳性一直困扰着国际桥梁界。二是车-桥耦合振动与舒适度问题，由于悬索桥纵向及侧向刚度均较小，在列车荷载作用下结构振动特别是横向振动响应较大，桥梁结构及铁路车辆的振幅、加速度响应可能会超过允许限值，导致司乘人员舒适度难以满足要求，这一问题随着铁路运营速度的提高、设计荷载的增大会变得更加突出。以日本本四联络线的大鸣门桥、南备赞濑户大桥、北备赞濑户大桥、下津井濑户大桥几座千米级的公铁两用悬索桥为例（表 5-9），在采取各种结构措施的情况下，其竖向刚度、横向刚度并不优良，运营速度一直控制在 180 km/h 以下，且在大风情况下需要中断运营。此外，对于单纯的铁路悬索桥，即便是设置双向铁路，由于桁梁宽度需求要比公铁两用桥梁小很多，悬索桥的横向刚度问题会变得更加棘手。

表 5-9　几座日本公铁两用悬索桥的刚度

桥名	主跨跨径/m	建成年份	竖向挠跨比	横向挠跨比（列车＋风）	横向挠跨比（强风）
大鸣门桥	876	1985	1/302	1/384	1/96
下津井濑户大桥	940	1987	1/387	1/588	1/199
南备赞濑户大桥	1100	1988	1/364	1/385	1/130
北备赞濑户大桥	990	1988	1/381	1/446	1/151

注："列车＋风"荷载组合的桥面风速取 25 m/s（10 级风）。

此外，随着大跨径公路斜拉桥的蓬勃发展，其跨越能力在 20 世纪末正在向千米大关迈进（法国诺曼底桥，主跨 856 m，1995 年建成；日本多多罗大桥，主跨 890 m，1998 年建成），受公路斜拉桥发展的鼓舞，大跨径铁路或公铁两用斜拉桥的工程实践也开始活跃起来，先后建成了阿根廷 Parana Buenos Airos 桥（主跨 330 m，1977 年建成）、南斯拉夫萨瓦（Sava）河桥（主跨 254 m，1979 年建成）、日本柜石岛大桥、岩黑岛大桥（主跨均为 420 m，1988 年建成）、丹麦-瑞典厄勒海峡大桥（主跨 490 m，2000 年建成）等几座斜拉桥。在这几座铁路斜拉桥中，虽然设计荷载存在不小差异（萨瓦河桥及厄勒海峡大桥为双线 UIC 荷载，柜石岛大桥及岩黑岛大桥采用日本新干线荷载标准，Parana Buenos Airos 桥为轻轨），但主梁多采用钢桁梁，斜拉索多采用双索面的竖琴式或扇形-竖琴式的布置方式，施工方法均采用悬臂施工法。然而，由于大跨径铁路或公铁两用斜拉桥需要较长的边跨以平衡中跨受力，边中跨比通常在 0.50 以上，并需采用压重、设置辅助墩等措施，以避免边跨支座出现负反力或加劲梁端转角过大、对列车安全舒适运行造成影响，这就导致铁路或公铁两用斜拉桥在一些情况下存在辅助墩多、主梁较长、用钢量大、造价高的局限。总体来说，在进入 21 世纪之前，铁路或公铁两用斜拉桥跨越能力局限在500 m 以下，要跨越千米级的障碍尚存在不小的挑战。

与此同时，国际桥梁界对斜拉-悬索协作体系的探索研究从未停止，在意大利墨西拿海峡大桥、直布罗陀海峡大桥、青岛海湾大桥、广东伶仃洋大桥等跨海桥梁国际国内竞标中，都曾出现过斜拉-悬索桥方案，但由于对斜拉-悬索协作体系复杂的受力行为的把握还不全面，一直未能付诸工程实践。例如，在土耳其马尔马拉海东端的新伊兹密特海湾公路大桥

（New Izmit Bay Bridge，2016 年建成）方案设计中，曾有一个主跨 1665 m 的、采用双索面的串联式斜拉-悬索桥方案，但由于串联式斜拉-悬索桥存在一些结构性能缺陷，该方案最终被弃用，取而代之的是主跨 1550 m 常规悬索桥。从理论上来说，斜拉-悬索桥兼有斜拉桥与悬索桥的优点，可以利用两种缆索系统提供更大的刚度，具有更好的运营性能，在施工上也不存在原则性的困难，是跨径大于 1000 m 铁路桥梁或公铁两用桥梁的比较合理结构形式。

　　但是，斜拉-悬索桥的受力行为、结构构造非常复杂，主要的技术难点主要有以下三点。一是加劲梁从设置吊索区域到设置斜拉索区域，存在显著的刚度突变，采用何种方式才能实现刚度的平缓过渡，确保过渡区域吊杆、斜拉索具有较好的受力行为与抗疲劳性能；二是斜拉、悬索两种体系协作方式有串联式、并联式、混合式三种（图 5-47），不同协作方式的受力特性差异很大，索塔、加劲梁及缆索系统的构造形式也相差甚远，采用哪种协作方式最为有利；三是由于在加劲梁上同时存在斜拉索和吊索，采用什么加劲梁截面形式才比较合理，才能避免斜拉索与吊索互相干扰、使与斜拉索和吊索更好地匹配、将桥面荷载更顺畅地传递给索塔。

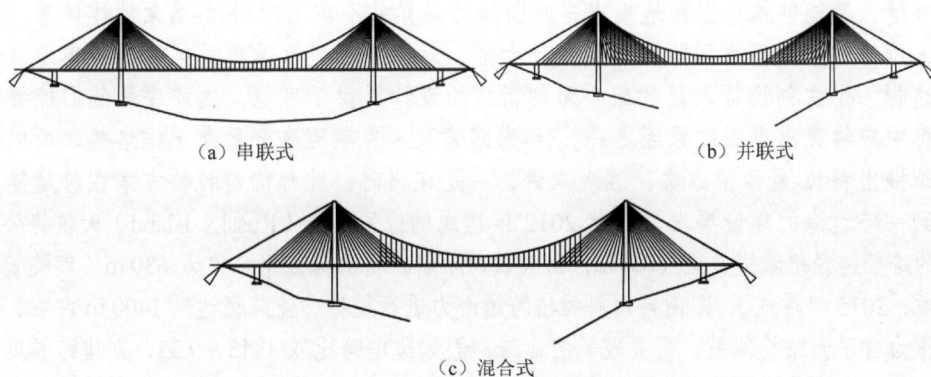

(a) 串联式　　　　　　　　　　　　　　　　　　(b) 并联式

(c) 混合式

图 5-47　斜拉-悬索体系协作的三种方式

　　综上所述，斜拉-悬索桥虽然是一种相对较老的结构形式，但却有着独特的、复杂的受力行为，受种种因素影响，人们并未完全掌握其受力性能，工程应用时尚存在诸多技术瓶颈；在铁路斜拉桥尚未发展起来的情况下，当铁路桥梁或公铁两用桥梁需要的跨径超过 1000 m 时，人们似乎只能沿着日本本四联络线的技术路线、寄希望于传统的悬索桥了；但受制于铁路运营安全性与舒适性的制约，大跨径铁路悬索桥建设运营的技术障碍仍未完全克服，等等。这些问题一直困扰着国际桥梁界，直到土耳其博斯普鲁斯海峡Ⅲ桥的建设给出了出人意料又符合技术逻辑的解决方案。

　　2）方案构思

　　土耳其博斯普鲁斯海峡Ⅲ桥（Bosporus Ⅲ Bridge）又名亚武兹·苏丹·塞利姆大桥（The Yavuz Sultan Selim Bridge），是一座主跨 1408 m 的公铁两用斜拉-悬索协作体系，建成于 2016 年。土耳其博斯普鲁斯海峡（Strait of Bosporus）又被称为伊斯坦布尔海峡，是连接黑海、马尔马拉海及地中海、沟通欧亚两大洲的交通要道，地理位置独特，自古以来一直是世人瞩目的战略焦点和国际航道。博斯普鲁斯海峡长约 37 km，宽 550～3000 m、水深 30～120 m。伊斯坦布尔市区主要位于海峡南部、跨海峡而建，2010 年常住人口约 1300 万，联通海峡两岸交通非常繁忙。在博斯普鲁斯海峡Ⅲ桥开工建设之前，博斯普鲁斯海峡上有 2 座公路桥梁，分别是 1973 年建成的、主跨 1074 m 的博斯普鲁斯海峡Ⅰ桥，1988 年建成的、主跨 1090 m 的博斯普鲁斯海峡Ⅱ桥，两座桥均采用扁平流线型钢箱梁，由英国桥梁设计大师吉尔伯特·罗伯茨和威廉·布朗设计。面对联通海峡两岸迅猛增长的交通需求，当局决定修建博斯普鲁斯海峡Ⅲ桥及两条隧道。其中，博斯普鲁斯海峡Ⅲ桥交通需求为：双向 8 车道公路，运行速度为 160 km/h 双线干线铁路。考虑到博斯普鲁斯海峡航运非常繁忙，以及相关国际条约的规定，博斯普鲁斯海峡Ⅲ桥只能一跨过海，也就是说其跨径在千米以上。

在该桥设计方案的国际竞标中，由让-佛朗索瓦·克莱因（Jean-Francois Klein）和米歇尔·维洛热主导的、主跨 1408 m 的公铁两用斜拉-悬索协作体系成为最终方案。其中，让-佛朗索瓦·克莱因因 1990 年获苏黎世联邦理工学院（ETH）工学博士学位，在留校任教的同时，也在瑞士的 T-ingénerie 公司兼职，在 2013 年之前并无大跨径桥梁的设计经验，但对悬索桥颇有研究，这可能使他既能免受现有工程实践成果的约束、突破现有条条框框的束缚，又能够推陈出新地提出当时国际桥梁界并不常用的斜拉-悬索协作体系，而米歇尔·维洛热则是享誉国际的桥梁设计大师，对大跨径缆索承重桥梁的设计建造造诣颇深，这样一个主创设计人员的组合为创新性的设计提供了可能，这或许是他们能够在国际竞标中能够突出重围的原因之一。让-佛朗索瓦·克莱因和米歇尔·维洛热之所以推陈出新地提出斜拉-悬索桥方案，客观来讲，一是在当时，纯粹的斜拉桥方案在跨越能力上达不到一跨过海的建设要求，虽然 2012 年建成的俄罗斯岛（Russky Island）大桥将公路斜拉桥的跨径跨径纪录提升至 1104 m，而公铁两用斜拉桥的跨径纪录仅为 630 m（铜陵长江公铁大桥，2015 年建成），即便再对斜拉桥跨越潜力进行挖掘、使跨径达到 1400 m 左右，但斜拉桥作为自平衡结构体系、需要较长的边跨，假如边中跨比取 0.45～0.55，则边跨长度将达 630～770 m，这与博斯普鲁斯海峡Ⅲ桥桥址处的地形明显不吻合。二是纯粹的悬索桥虽然在跨越能力能够达到 1400 m，主跨、边跨的跨径布置也容易与桥址处的地形匹配，但悬索桥的刚度特别是横向刚度明显偏小，常常难以满足铁路运营安全性与舒适性的要求。在当时，全世界已建成公铁两用悬索桥中，刚度最优者为日本北备赞濑户大桥，但其跨径为 990 m，竖向挠跨比为 1/381，在强风作用下的横向挠跨比仅为 1/151（参见表 5-9），且这一指标是在日本新干线荷载标准情况下得出的，与搭载双线 UIC 荷载标准公铁两用桥梁的运营要求尚有较大差异。因此，必须突破既有工程经验的束缚，在结构体系上另辟蹊径。于是，斜拉-悬索桥方案便被两位设计大师出人意料地提出来了。

在让-佛朗索瓦·克莱因确定了斜拉-悬索桥方案之后，尚有两个关键技术问题需要应对：一是跨径布置，二是截面形式及公铁交通布置方式。对于跨径布置，由于博斯普鲁斯海峡水深较深、航运繁忙，比较符合建设条件、经济合理、便于施工的布跨方式是一跨越海峡、将索塔设置在岸上，因此，结合两岸地质条件、该桥主跨跨径被确定为 1408 m。此外，为解决斜拉-悬索协作体系的刚度突变问题，该桥选取了采用了混合式布索方式（也称为部分并联式），即在主跨 $L/4$（L 为跨径）附近的 240 m 区域中，既布设吊索、也布设斜拉索，采用由两个斜拉索面、两个吊索面组成的四索面弹性支承方式，形成平缓的刚度过渡区域，从而使斜拉部分深入主跨的长度达到 500 m 左右、纯粹悬吊部分的长度不足 400 m，使得全桥刚度能够满足铁路运营的要求。对于公铁两用桥梁的交通布置方式，设计者一反常规地摒弃了常用的公路在上层桥面、铁路在下层桥面的双层结构，而是采用平层布置，即把双线铁路布置在桥面中间，将双向 8 车道公路布置在两侧，这样做的主要优势是，放弃了公铁两用桥梁常用的钢桁加劲梁，采用梁宽达 58.4 m、抗弯抗扭性能优越的钢箱加劲梁，宽跨比达 1/24，既为斜拉索、主缆及吊索布置提供了很大的灵活性，也有效增大了加劲梁的侧向抗弯刚度，以便满足铁路运营的要求。为便于主缆、吊索及斜拉索布置及其在钢箱加劲梁上锚固，将主缆、吊索设置在铁路与公路的分隔带上，将斜拉索设置在公路车道的外侧，巧妙解决了缆索布置的相互干扰的问题，如图 5-48 和图 5-49 所示。

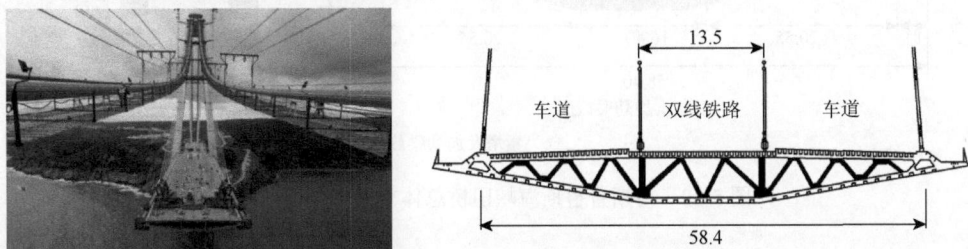

图 5-48 博斯普鲁斯海峡Ⅲ桥加劲梁截面形式及索面布置（单位：m）[图片来自（Guesdon 等，2020；张俊平，2023）]

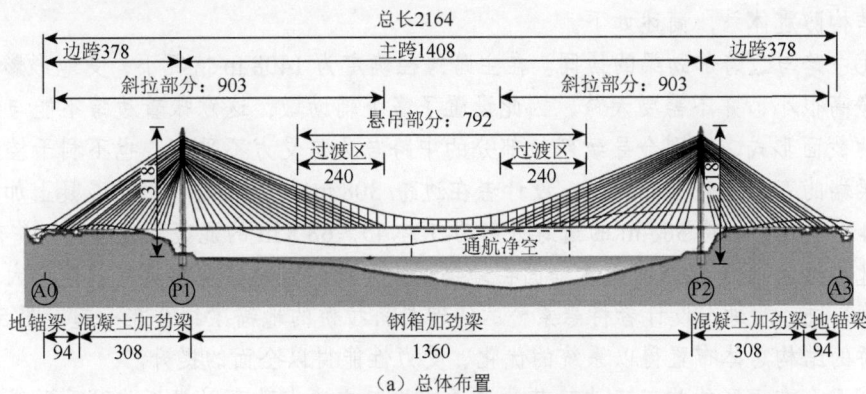

（a）总体布置

（b）建成后概貌（图片来自维基百科，查看彩色图片可扫描封底二维码）

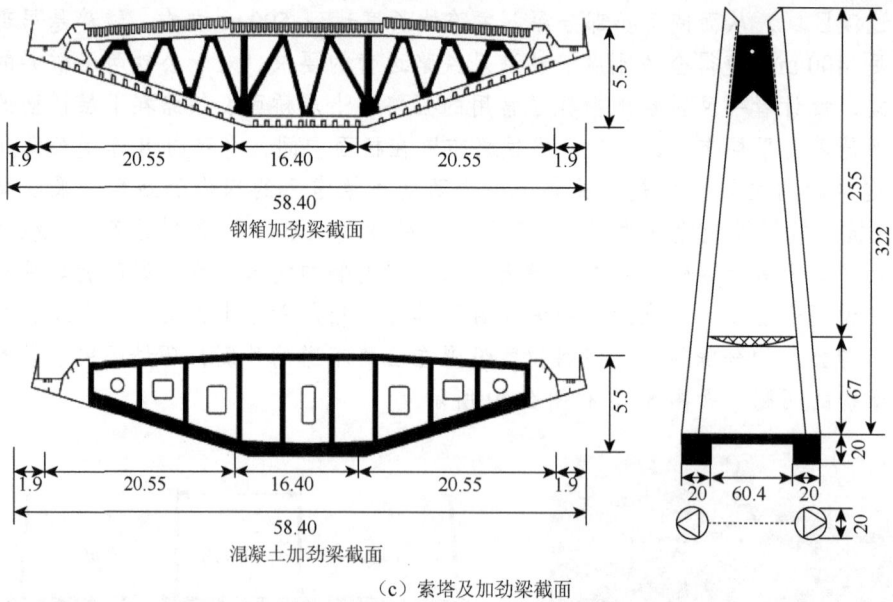

钢箱加劲梁截面

混凝土加劲梁截面

（c）索塔及加劲梁截面

图 5-49　博斯普鲁斯海峡Ⅲ桥总体布置（单位：m）

解决了斜拉-悬索桥的结构体系刚度突变、加劲梁截面形式这两个关键技术问题之后，博斯普鲁斯海峡Ⅲ桥的总体方案就明确了。然而，构思方案仍有三个核心技术问题需要系统考虑、精心设计，具体包括中跨与边跨加劲梁的协同、混合布索区的施工工法工艺以及结构防震体系，简述如下。

①中跨与边跨加劲梁的协同。在主跨跨径确定为 1408 m 情况下，受地形影响，边跨桥下净高很小，并不需要大跨，因此设置了多个辅助墩，这意味着边跨不能与中跨采用同样的截面形式，否则会导致斜拉部分的中跨与边跨受力不平衡，也不利于控制削减加劲梁梁端的变位和转角，对此，设计者在边跨 308 m 的范围内采用了混凝土加劲梁，布设了 4 个辅助墩，将 308 m 的边跨分解为 5 跨 45～68.5 m 的混凝土连续梁，并布设 94 m 长的地锚梁、将 5 根斜拉尾索锚固在地锚梁上，使斜拉尾索能够更有效地增大全桥的竖向刚度。进一步地，设计者将悬索桥的锚碇与斜拉桥的地锚梁结合在一起（图 5-50），使得全桥的结构总体布置得以系统的优化、受力性能得以全面的提升。

②混合布索区的施工工法工艺。该桥的施工方法大致可以概括为：采用斜拉桥的悬臂拼装法施工斜拉桥部分，在最长斜拉索就位的同时，安装好悬索桥的主缆，然后安装混合布索区的吊索，施工中间的悬吊部分，直至合龙。对于混合布索区，由于悬挂部分的吊索与斜拉索重叠，施工阶段内力和位移变化非常复杂，设计者通过设置临时吊索、交错装拆和调节优化控制指令，较好地解决了吊索与斜拉索施工过程中的相互干扰问题，将斜拉桥与悬索桥的优势充分发挥出来，如图 5-51 所示。

③结构防震体系。由于土耳其处于地震活跃带，该桥的防震性能要求很高，经过分析比较，最终确定了在塔梁交界处及边跨的 A1～A4 桥墩上布设半径不同的双弧面柱形钢支座，在地震作用下加劲梁可以发生较大幅度的纵向摆动，以便既能有效地耗散地震

能量输入，又能很好地约束风荷载、温度、列车制动力等作用力产生的变形。当加劲梁产生纵向位移时，支座上部有抬高的趋势，在边跨梁体的自重作用下，支座压力增大、恢复力也随之增大，有效阻止了加劲梁继续位移，既起到隔震作用，又释放索力、减小了索塔的绕曲，很好地兼顾正常使用阶段的受力要求与结构的防震性能，如图 5-52 所示。

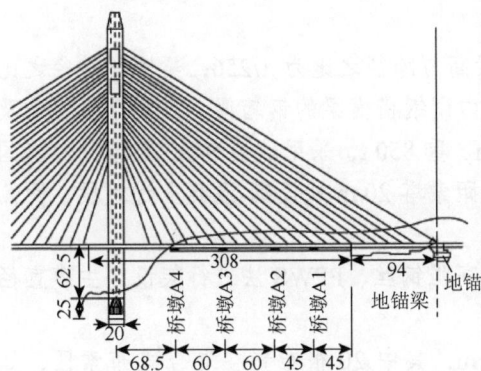

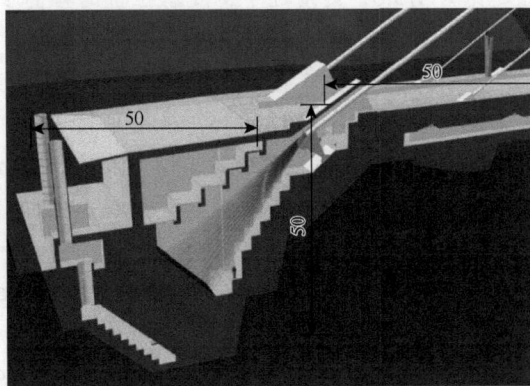

图 5-50　边跨加劲梁、地锚梁及锚碇布置（单位：m）［图片来自（Guesdon 等，2020；张俊平，2023）］

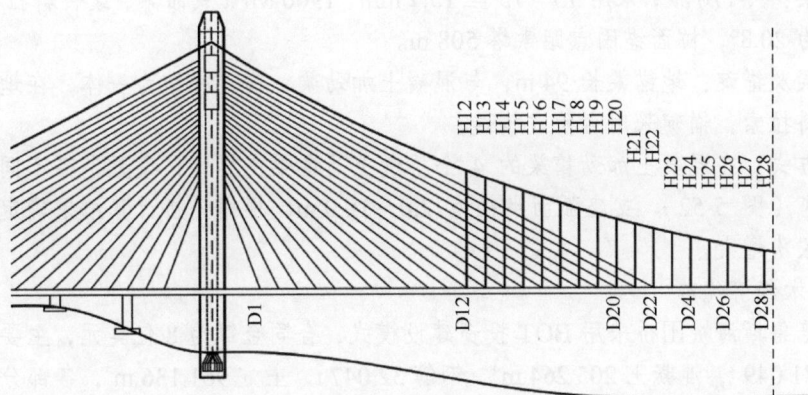

图 5-51　混合布索区拉索布置

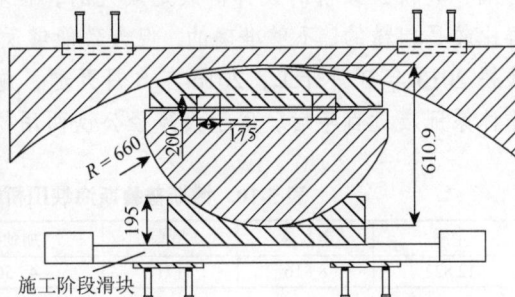

图 5-52　边跨支座构造示意图（单位：mm）［图片来自（Guesdon 等，2020；张俊平，2023）］

3）主要设计参数

设计荷载：双线铁路，铁路采用国际铁路联盟 UIC 的标准，均布荷载集度 80 kN/m，最大加载长度 400 m，运行速度 160 km/h；8 车道公路，公路采用欧盟及土耳其标准。

跨径布置：378 m + 1408 m + 378 m，边跨与中跨之比为 0.27，其中，中跨悬吊部分的长度为 792 m，混合式布索区为 2×240 m。

索塔：欧洲侧索塔高 322 m，亚洲侧索塔高 318 m，桥面以上塔高 255 m，塔高与跨径之比为 1/5.6，更接近于常规斜拉桥的塔高/跨径比；索塔采用横向内倾的门式塔，塔柱截面为三角形，采用 C60 混凝土浇筑。

加劲梁：加劲梁宽 58.4 m，梁高 5.5 m，梁高与跨径之比为 1/256，梁宽与跨径之比为 1/24；钢箱梁总长 1368 m，采用单箱单室、内设钢桁横梁的钢箱梁，以便于斜拉索及吊索锚固，由 57 个节段组成，每个节段长 24 m、重 850 t，采用欧盟 S460 级钢材及韩国的 S355J0 级钢材在土耳其造船厂制造；在边跨距索塔 20 m 处设钢-混凝土过渡段，两侧的混凝土箱梁长 308 m。

主缆：采用 1860 MPa 的 11 300 丝 5.4 mm 高强钢丝、PPWS 法进行架设，主缆直径为 0.72 m、长 2421 m。

吊索：共布设吊索 32 对，吊索间距为 24 m，其中 20 根布置在混合式布索区，如图 5-51 所示。

斜拉索：共 176 根，采用 15～75 丝 15.7 mm、1960 MPa 成品索，最长斜拉索 597 m，最小夹角为 20.8°，桥面锚固点距索塔 508 m。

地锚梁及锚碇：地锚梁长 94 m，与混凝土加劲梁、锚碇联结为一体，在地锚梁上锚固了 5 根斜拉索，锚碇采用台阶式构造。

约束方式：在混凝土加劲箱梁的 4 个桥墩上及塔梁交界处，设置半径不同的双弧面柱形钢支座（图 5-52）。支座弧面半径为 2.0～10.0 m，根据分析计算结果确定，从索塔至最边墩依次增大。

4）技术经济优势

博斯普鲁斯海峡Ⅲ桥采用 BOT 投资建设模式，合同金额为 8 亿美元，主要材料用量为：钢材 71 049 t，混凝土 205 264 m³，钢筋 32 047 t，土方 981 136 m³，各部分的具体材料用量如表 5-10、表 5-11 所示。相对于类似公铁两用桥梁如香港青马大桥、日本南北备赞濑户大桥，该桥的设计荷载是最大的，但材料用量、工程造价却是最低的（当然，这样比较是粗糙的、不够准确的，但大致能够反映出斜拉-悬索协作体系的技术经济优势）。该桥 2013 年 3 月开工，2016 年 8 月开通，施工工期仅为 3 年 4 个月，成为斜拉-悬索协作体系沉寂近百年后、用于大跨径公铁两用桥梁最重要的工程实践。

表 5-10　博斯普鲁斯海峡Ⅲ桥钢材用量明细表（单位：t）

主缆	斜拉索	吊索	加劲梁	锚箱	其他	合计
12 822	8 816	171	45 500	2 820	920	71 049

表 5-11　博斯普鲁斯海峡Ⅲ桥混凝土及钢筋用量明细表

	索塔	混凝土梁	地锚梁	锚碇	合计
混凝土/m³	82 736	48 830	28 162	45 536	205 264
钢筋/t	15 437	7 150	4 068	5 392	32 047

理论分析表明，博斯普鲁斯海峡Ⅲ桥的结构刚度较大、静动力性能非常优越。一阶侧向弯曲频率为 0.098 Hz，一阶竖向弯曲频率为 0.169 Hz，一阶纵飘频率为 0.172 Hz，一阶扭转频率为 0.289 Hz，明显大于跨径相近的传统悬索桥，克服了传统悬索桥应用于铁路桥梁的瓶颈，且自振特性分布也与传统悬索桥差异较大。在设计铁路荷载（双线 80 kN/m，加载长度 273.3 m）的作用下，边跨斜拉尾索、双弧面柱形钢支座对加劲梁及索塔的约束能力作用非常强劲，塔梁交界处的支座最大纵向位移仅为 2.8 cm（如果没有双弧面的摩擦力和支座纵向刚度的约束，则该处最大纵向位移将达 29 cm）。此外，车-桥-风耦合振动仿真结果表明：在 32 m/s 的阵风及 160 km/h 的列车作用下，加劲梁最大纵向加速度为 0.03 m/s²，最大竖向加速度为 0.68 m/s²，列车走行安全性良好；在 15 m/s 的阵风作用下，最外侧公路车道的最大竖向加速度为 0.33 m/s²，汽车内司乘人员的最大竖向加速度为 0.43 m/s²，相对于传统悬索桥大幅度降低，行车安全性及舒适度指标非常优越。

5）工程创新扩散

博斯普鲁斯海峡Ⅲ桥的工程实践，将斜拉-悬索桥这种比较古老的结构体系首次应用于大跨径公铁两用桥梁，其所采用加劲梁截面形式、拉索吊索布置方式，大幅度提高了大跨径缆索承重梁的结构刚度，破解了大跨径公铁两用斜拉-悬索桥建设的瓶颈，揭示出斜拉-悬索桥独有的技术经济优势，开启了大跨径缆索承重桥梁建设的新纪元。

近年来，随着我国高速铁路跨越江河海峡需求的增长，正在建设的一些大跨径公铁两用桥梁或公路桥梁中，就有多座大桥采用斜拉-悬索桥的设计方案，斜拉-悬索桥以其优越的结构刚度、高效的协作能力、灵活的设计参数、优雅别致的造型等，形成与传统悬索桥、斜拉桥并驾齐驱的态势，这几座桥梁的基本情况可以简要汇总如表 5-12 所示。客观地说，这些大桥或直接借鉴了博斯普鲁斯海峡Ⅲ桥的加劲梁布置方式，或在博斯普鲁斯海峡Ⅲ桥结构体系的基础上、结合当地建设条件进行了因地制宜的改进，成为应对大跨径公铁两用桥梁的技术挑战的主要策略。可以预见，随着大跨径缆索承重桥梁的发展，斜拉-悬索体系结构刚度大的优势会进一步显现，得到更广泛的应用。

表 5-12　近年来我国开工建设的几座斜拉-悬索桥基本情况

桥名	跨径布置/m	通行荷载	桥宽/m	交通布置方式	加劲梁形式
浙江甬舟铁路西堠门公铁两用跨海大桥	70 + 112 + 406 + 1488 + 406 + 112 + 70	双线铁路＋六车道高速公路	68	公铁平层布置	分体式钢箱梁
G3 铜陵长江公铁大桥	127.5 + 131 + 988 + 131 + 127.5	四线铁路＋六车道高速公路	35	公铁分层布置	钢桁梁
湖北荆州李埠长江公铁大桥	302 + 1120 + 302	双线铁路＋六车道高速公路＋四车道一级公路	38.6	公铁分层布置	钢桁梁
广西藤州浔江大桥	638 + 638	双向四车道公路	32.4	/	钢箱梁

经过近百年的沉寂，斜拉-悬索桥在土耳其博斯普鲁斯海峡Ⅲ桥的建设中得以复兴，带领国际桥梁界摆脱既有工程经验的束缚，走出此前工程实践的窠臼，高效、优雅地解决大跨径缆索承重桥梁刚度不足的难题。同时，博斯普鲁斯海峡Ⅲ桥的工程创新再一次深刻揭示了结构工程创新的内在机制，即社会需求是一切技术创新、工程创新的主要推

动力量，市场竞争一直是工程创新最重要的筛选机制，工程大师点石成金的能力则是工程创新破土而出的关键推手，而对于那些通过了工程项目筛选的技术创新，技术自身也会在后续的工程实践中不断自我革新迭代。

5.5　结构工程的演化

人类对世界上万物演化问题的研究，经历了一个漫长而曲折的历史过程，经过近200 年的发展，逐渐从生物学延伸至经济、社会、科学、技术、文化及工程领域。演化（evolution）一词原意是"展开"，可以理解为从一种存在状态向另一种存在状态的转化过程，可以基于运动、要素、过程、系统、理念、功能、效果以及边界条件等关键词来理解。演化反映了自然界的本质，即自然界不是既成事物的集合体，而是事物发展过程的集合体，揭示了"变"是自然界唯一"不变"的主导力量。自查尔斯·罗伯特·达尔文（Charles Robert Darwin）1859 年出版《物种起源》、创立生物进化论（theory of bio-evolution）以来，进化论不仅作为一种生物学的理论在生物学领域发挥了重大的作用，而且作为一种普适的思想观念和方法工具被人们引申运用到众多研究领域，产生了极其广泛而深远的影响，陆续出现了经济演化论、知识演化论、技术演化论、科学演化论及工程演化论等。各个领域中的演化现象，正如马克思所言："经济生活呈现出的现象，和生物学的其他领域的发展史颇为相似"。

同样地，工程作为人类造物的实践活动，自然而然地也存在演化现象，只是这一演化现象中包含了自然、经济、社会、政治、技术、宗教等各类同体异质的要素，更加复杂多变和难以把握。纵观人类 4000 多年工程发展历史，工程实践活动不是停滞不前的，而是不断发展、进阶演化的，以满足日益增长的社会需求，只不过很多时候进展比较缓慢。因此，需要将工程放在大的历史尺度下才能对其演化的要素、机理、机制进行科学客观地观察分析。在当代，科学发现对工程创新、工程演化起到了巨大的推动作用，随着社会需求的急剧扩张，以及技术创新、工程创新迭代升级速度的加快，工程演化的速度呈现出明显的加速态势，在一些新兴产业表现尤为突出。

作为古老而现代的结构工程，无疑是观察工程演化的一个绝佳的样本，与依赖于工匠经验的古代工程、近代工程不同，现代结构工程演化的要素发生了重大变化。技术创新，特别是知识形态的技术创新在结构工程演化中扮演着越来越重要的角色；工程演化的机制、工程实施的组织形态也发生了深刻变化，对产业经济、社会发展的影响越来越显著。为此，在本节中，作者将结合结构工程的基本特点，对工程演化的内涵、结构工程的演化要素、结构工程的演化动力、结构工程的演化机制等几个方面做一简要探讨。

5.5.1　关于工程演化

1. 工程演化的内涵

所谓工程演化，是指在技术创新、工程创新的基础上，经过工程实践检验和市场洗礼后传承存留下来，得以广泛扩散、普遍应用的工程创新成果过程及其结果的总和。工程演化是工程创新结果经过锤炼浓缩后的精华，是工程创新成果经历大浪淘沙后的结晶。工程演化既包括兼容并蓄的传承，也包括对技术创新、工程创新的扬弃，还蕴含着否定之否定后的螺旋式上升，虽然工程演化的路径大相径庭，但它总是在或快或慢的进步之中，经过不间断的积累积淀，大幅度提升了人类社会的生产效率和生活质量，丰富了人类社会存在和发展的物质基础。

事实上，生物学中的遗传与变异，和工程传承与工程创新有一定的相似性，其目的都是为了更好地继承优秀"基因"、适应外部环境变化的要求，只是工程实践活动是一种价值导向的造物过程，包含着人类目的性的社会过程，导致建立在工程创新基础之上工程演化的机理机制远比生物界的进化更加复杂，难以在工程或技术的层面上进行宏观把握。近 20 年来，在路易丝·L. 布希亚瑞利、李伯聪、殷瑞玉、陈昌曙等哲学学者的直接推动下，工程演化论便被提出来了，成为与科学演化论、技术演化论平行的分支。随着研究活动向纵深发展，在更高的层面上将工程演化的要素、动力、机理等基本因素及其相互作用机制逐渐揭示出来了，由此所形成的一些关于工程演化的基本观点得到了哲学界、工程界的普遍认可，从而起到帮助人们在更高的层面、更广的视域来认识工程发展内在机理机制的作用。

2. 研究工程演化的意义价值

如前所述，工程是一个同体异质要素的建构过程及其结果的总和，目的在于将各种要素系统集成，并创造出期望的价值。与工程相关的要素主要包括：土地、资源、环境、资本、技术、人员、制度、市场等方面。工程实践活动的当时当地性往往取决于这些要素的具体状况，工程演化在大多数情况下表现为某些要素的率先突破、从而带动系统演化，但在某些情况下，随着颠覆性工程创新的涌现，也会出现系统性的整体演化。总体说来，在工程演化过程中，要素之间存在相互作用、相互制约、相互促进的机制，不平衡、不协调才是常态，旧的矛盾解决了、新的矛盾又会接踵而至。因此，工程演化是一个动态的发展过程，只有当相关要素的作用都得以发挥时，系统性的整体演化才会发生。但随着人类社会需求的不断发展变化，工程与社会、工程与自然的新的矛盾又会出现，演化后的工程系统又出现了新的不平衡状态，直到新一轮的工程演化的启动。如此循环往复、周而不息。研究工程演化就是要分析考察这些要素之间如何相互作用、相互促进，就是要从更高的层面、更广的视域把握技术创新和工程创新背后的规律。

但是，研究工程演化不是简单地从工程历史长河中搜寻典型案例，也不是复原工程演化一个个节点的原始样貌，而是要从这些典型案例中探究工程演化的内在规律、探明工程演化的机理机制，从而为当前的工程实践活动指明方向，启迪技术创新、工程创新活动沿着正确的方向上不断前进。因此，工程演化的研究既具有明显的理论价值，也具有重大的现实工程意义。具体来说，主要包含以下三个方面。

一是可以帮助工程师在更广阔视野下（土地、资源、环境、资本、技术、人员、制度、市场等）来认识工程、理解工程，可以在更深厚的理论背景（政治、经济、文化、历史、宗教、伦理等）下来解构工程、反思工程，从而总结工程发展的历史经验教训，认识把握工程创新、工程演化的发展规律。

二是可以更好地促进工程哲学、工程发展历史的深入研究，从而使工程的决策者、投资者、管理者站在大的历史尺度上，从工程哲学的高度对技术创新、工程创新、工程决策、工程管理进行宏观的把控和历史的比对，更加深入地理解技术创新、工程创新的价值，提高工程决策的科学水平和成功率，降低工程决策时可能出现事与愿违的几率。

三是可以从工程演化要素、演化机理、演化路径等方面更全面地把握工程本质特征，更好地理解技术创新、工程创新、经济社会发展之间的相互作用机制，从而促进工程实践主体具有深邃的历史眼光，抓住工程和技术的演化方向和演化规律，跳出工程来看工程，从自然、社会、经济、政治、文化等多个方面理解把握工程传承和工程创新的辩证对立关系。

3. 工程创新与工程演化

工程创新与工程演化之间既有非常紧密的联系，但也有非常明显的区别。总体说来，工程创新是工程演化的前提，工程演化是工程创新成果扩散的结果；工程创新是阶段性的突破和提升，工程演化是历史筛选与市场检验的结果；工程创新是一个个独立的点，工程演化则是一个相互依存的链；工程创新是一个动态的、渐进的改良改进过程，而工程演化是一个大浪淘沙、长期积淀结果的总和。从这个角度来看，工程演化远比工程创新的影响因素复杂、制约因素众多，工程创新与工程演化的联系与区别主要表现为以下三个方面。

一是工程创新是工程演化的基础，工程创新是工程演化的铺路石。没有工程创新，工程演化就会停滞不前，但工程创新只有经历了市场严苛的筛选、经历了时间和历史的检验，经历了去伪存真、去粗存精、大浪淘沙的过程后，留存下来的工程创新才有可能产生创新扩散和推广应用，从而对工程演化产生影响，成为工程演化过程中的一个个节点。从工程历史来看，工业革命前的自然经济状况低下，农业社会的需求非常有限，绝大多数人的生活半径不超过 50 km，工程技术总体上处于停滞不前的状况，导致工程创新的数量非常稀少，加上地理隔绝等因素，导致这些为数不多的工程创新也很难扩散，由此导致 4000 多年来的工程演化基本处于停顿状态。例如，如果没有天宝十年（公元 751 年）唐朝与阿拉伯帝国的怛罗斯之战，我国造纸术就很难传到中亚及欧洲，穆斯林世界的百年翻译运动因缺乏书写载体恐怕也很难持续下去。进一步打个蹩脚的比方，一个秦汉时期的匠人（铁匠、石匠或木匠），如果让他直接跨越到明清时期，他专业技能、劳作方式等方面适应行业要求是没有大的问题的。此外，在工程实践活动的历史上，一些工程创新虽然能够全部或部分地解决相应问题，但由于在能效尺度上、经济尺度上显现出比较优势还不够突出，价值提升的力度还不够到位，在创新成果尚未得到大范围扩散的情况下，就迅速被下一代工程创新所取代淘汰，并未成功"凝结"成工程演化过程的节点，成为工程历史上的匆匆过客，工程历史上无数"不成功"的创新都证明了这一点。

二是在某些特殊情况下，受工程传统、政治宗教等因素的影响，一些工程创新不具有可复制性、可推广性，难以跻身工程演化的节点群。工程创新具有突出的当时当地性，一些工程创新具有特殊的自然条件、历史环境或社会背景，在当时当地的条件下，这些工程创新的确体现出了价值的提升，解决了生产生活当中的突出问题，但由于该工程创新所处的自然社会条件过于特殊，在创新成果扩散或推广应用时失去了其价值提升的自然环境或时代背景，导致其不再具有方法论或工具论层面的意义，难以对工程演化产生明显的影响，最终悄无声息地消失在工程实践的历史长河中。例如，在 20 世纪 60～80 年代，在与国际桥梁界封闭的形势下，为适应钢材匮乏的国情，我国自力更生、土法上马修建了大量的双曲拱桥、刚架拱桥，虽然具有显著的工程创新特征，解决了当时钢材供应紧张、经济困难、运输吊装能力低下时期的桥梁建设需求，但因与桥梁整体化预制、大型机械化施工的发展趋势相左，最终不得不黯然退出了桥梁建设的历史舞台，也未能跻身成为工程演化的一个节点。

三是工程演化比工程创新的影响因素更多、机理机制更加复杂多元。相比于工程创新存在着包括社会需求推动、科学技术支撑、自然社会筛选、技术自我进化、工程大师点化五个方面的机制，工程演化的机理更加庞杂多元，囊括了土地、资源、资本、技术、人员、制度、市场等多个方面的要素，这就导致工程演化的选择与淘汰机制更加严苛，创新与竞争机制更加激烈，建构与协同机制更加复杂。此外，在有些时候非技术要素如政治、文化、宗教等还会在工程演化中扮演重要角色，例如西方中世纪的宗教对其土木建筑结构的风格、形式、建造技术、工法工艺产生了深远的影响，直至今天还在以不同方式渗透体现在工程建设中。从更高层面来看，可以将工程创新看成是一个个独立的节点，而工程演化视为由工程创新节点构成的、相互依存的链条，因此，工程演化的复杂性与系统性远远超过了工程创新。

5.5.2 结构工程的演化要素

1. 演化要素

结构工程是人类生活生产的物质基础，也是人类 4000 多年来工程实践活动的主阵地。在结构工程演化的诸要素中，可以根据自然条件、土地、资本、技术、人员、制度、市场等要素的属性，大致将其划分为基础性要素、变量性要素和制约性要素三类。这三类要素在结构工程演化过程中所起的作用是不同的，相互之间不能替代，但在某些情况下，这些要素之间的矛盾冲突又可以转化。

第一类为自然条件、结构材料、土地等基础性要素，它是结构工程演化的前提和边界条件，决定了结构工程实践活动的基本面貌。虽然这一类要素不是一成不变的，但其发展演变的速度却是非常缓慢的。以结构材料为例，人类早期的工程实践只能依赖于天然材料如木材、石材、竹材、藤材，以及经过烧制的砖瓦或经过夯实的土体，导致在 18 世纪之前，建筑结构最大跨度难以突破几十米（最大跨度者为罗马万神庙，跨度 43.3 m，公元 123 年建成）、桥梁跨径一直难以超过百米（最大跨径者为中国四川泸定桥，跨径 101.67 m，1706 年建成）。第一次工业革命以后，人工材料如铸铁、锻铁开始在 19 世纪初登上了结构工程实践活动的舞台，经过 50～60 年的发展，钢材在 19 世纪 80～90 年代终于取代铸铁、锻铁成为桥梁工程的主要结构材料，由此推动了桥梁跨径迈上了 500 m 的台阶（美国纽约布鲁克林大桥，跨径 483 m，1883 年建成；英国福斯铁路桥，跨径 521 m，1890 年建成）。19 世纪末，随着第二次工业革命向纵深发展，工业化城市化进程的加速发展，天然石材、木材，以及人工材料钢铁等已经难以满足规模急剧扩张的工程建设需求，于是钢筋混凝土这种廉价易得、性能优越、可塑性好的新材料，历过 30～40 年的发展，登上了结构工程建设的舞台中央、成为结构工程的主要结构材料，随即便全面促进了新的结构形式的问世、新的细部构造方式的迭代、新的施工方法的推广。到了 20 世纪 30 年代，随着城市化进程的加速，纽约、芝加哥、伦敦等大都市核心区的土地资源越来越紧缺、土地价格越来越高，由此推动了高层建筑结构的发展，钢材也就顺理成章地成为高层建筑的主要结构材料。在大规模工程建设的带动下，结构工程的设计施工技术体系、执业人员准入、建设管理模式、资金筹措方式、工程人才培育等方面都发生了革命性的变化。由此不难看出，结构材料是结构工程演化的基础性要素，基本决定了结构工程实践活动的整体面貌和发展态势。

第二类为资本、技术、人员、制度等变量性要素，这些要素既是工程演化最主要的变量，也是人类不断认识自然、利用自然、提升工程认识、增强工程能力后的产物，还是工程演化发展最主要的推动力量。在这些林林总总的要素中，最核心要素的集中体现为资本、制度和技术三个方面。其中，资本是社会需求的缩影，反映了全社会生产力提升的加速度。资本对于工程演化的促进作用，犹如血液之于人体，深刻而系统地影响了工程实践活动的规模扩展、建设运营模式的变迁，强化了工程投资者在工程建设、工程运营过程中的主导作用。制度包括工程规划、勘察、设计、施工、检验、运营、维护等方方面面的管理制度和技术制度，集中反映在林林总总的建设法律法规和技术规范规程中。制度对于工程演化的影响，犹如神经之于人体，调校着结构工程技术进步的速度，降低了结构工程事故出现的几率，全方位地激励或限制着结构工程师们的创造能力。技术包括规划、勘察、设计、施工、运营、维护等各个方面的方法和手段，也包括各类设计工具和施工装备。技术对于工程演化的推动作用，犹如肌肉之于人体，全面而深刻地制约着工程实践活动的成效、工程创新的程度，并对行业的组织形态、实施方式、市场竞争模式产生了深远的影响，成为结构工程演化最重要的推手。然而，受结构工程稳健性、系统性、复杂性等本质属性的制约，技术创新往往需要经过工程项目不断地选择、竞争、匹配、优化、整合后，才可能会被有效地嵌入到结构工程实践中。因此，建筑行业的技术进步在很多时候都是一个漫长而曲折的迭代过程，这也是结构工程在某一时期发展相对缓慢的原因之一。

第三类要素为市场需求，它是结构工程演化的支撑性或制约性要素。随着工业化城市化进程的加速、汽车进入家庭、城市人口迅速膨胀，导致不同国家在不同时期都出现了住房紧张、交通拥堵的现象。例如，第二次世界大战后的欧洲、20 世纪 60～70 年代的美国和日本，人们追求的生活生产方式对结构工程建设规模、建设速度、建造方式都提出了新的要求，市场需求对结构工程实践活动的推动作用开始显现出来，一些新的结构形式如高层住宅便应运而生，一些新的技术体系如装配式桥梁结构、装配式建筑结构开始在市场竞争中脱颖而出。进入 20 世纪 90 年代，随着一些先发国家的人口不再增长、城市化率达到 70%以上，这些国家（地区）的结构工程实践活动规模便逐渐萎缩、进入到一个平缓期。与此同时，结构工程建设全球化配置资金、技术、人力等资源也成为一种新的常态，新的建设模式如 BOT、EPC 等也迅速兴起，成为建设业主应对大型工程项目建设挑战的利器之一。市场需求既对结构工程实践活动起到了不可替代的引导和约束作用，成为结构工程实践活动的最重要的动力源泉和检验力量，甚至在某些时候成为一些国家地区走出经济危机的抓手之一。

2. 演化趋势

第二次世界大战以后，和平与发展成为全世界的主基调。随着工程观念的转变、结构理论的成熟、结构设计方法与 CAE 软件的发展，结构工程实践活动的技术支撑力量显著增强，结构工程实践规模得以快速扩张，一大批超级结构工程的建设运营又不断提振了人类进取的信心，于是，以技术创新为主要载体的知识经济开始萌芽，结构工程资源的全球化配置方兴未艾，推动了结构工程呈现出工程演化加速的趋势，具体体现在以下三个方面。

一是结构工程演化从要素推动转变为系统整体演化。随着结构工程资源全球化配置，土地、人力、资本、结构材料等因素不再是制约结构工程实践活动的瓶颈因素了，这些要素的比较优势促进了人力、技术、资本的跨国界流动，技术创新、工程创新及工程演化呈现出迭代时间区段缩短、不断加快速度的趋势。例如，在卡塔尔世界杯场馆、迪拜哈利法塔、美国奥克兰海湾大桥东桥、挪威哈罗格兰德大桥、希腊里翁-安蒂里翁大桥等很多举世瞩目的工程项目中，都可以看到来自多个国家地区的设计团队的协同攻坚克难，而结构材料、技术人员和施工装备也来自不同的国家地区。随着技术迭代升级速度的加快，技术创新在工程演化过程中的重要性愈发突出，以结构设计为核心的技术往往成为结构工程实践活动中最关键的拼图。

二是以技术为核心的创新与竞争空前激烈，技术创新的倍增效应更加突出。随着经济社会的发展、结构工程实践活动规模的扩张，以及来自相近领域科学技术知识的涌现，技术创新与技术迭代的速度不断加快，结构工程的演化形式越来越丰富多元。20 世纪 60 年代以来，新的工程理论如系统论、信息论、控制论以及计算科学对结构工程进行了全方位的改造和赋能，有限元法及 CAE 软件、结构振动控制等新的方法迅速成熟，进入了工程实用化阶段。进入 21 世纪，新的工具方法如云计算、物联网、大数据、人工智能等对结构工程的建造运营开始产生影响，提升了结构工程应对各类不确定性的能力，结构工程的"技术发明—技术开发—工程化技术—工程创新—产业化"的创新路径链日趋紧密，市场选择与淘汰日趋严苛。

三是结构工程的演化在满足人类基本需求的同时，也在不断创造出新的需求，呈现出工程演化与社会需求相互作用、相互影响的态势。例如，随着对生活环境、居住条件和结构安全要求的提高，人们对近代建筑物进行了系统的现代化改造；随着汽车进入家庭及现代物流业的发展，高速公路成为一个国家地区发展的基本条件；随着快捷便利出行成为普遍性诉求，地下铁道、高速铁路成为现代交通体系中的基本元素；等等。这些散布于我们日常生活中的各种变化，使得现代生产生活方式发生了显著的变化、人均物资消耗量大幅度增长，这既给结构工程实践活动、技术创新、工程创新提供了广阔的用武空间，也加速了结构工程演化的进程。具体来说，城市交通综合体、地铁上盖建筑、大跨径高铁桥梁等新的结构都是在这一大背景下涌现出来的，其所特有的一些科学问题、技术问题和工程实现问题的探索实践又反过来促进了结构工程的演化。但与此同时，不断扩大的结构工程实践活动规模、不断增长的人类需求所产生的负面效应也逐渐引起了一些有识之士的担忧，在工程伦理观、工程生态观等方面也产生了诸多争议。

案例 5-11　高层建筑结构防震对策的发展——基于若干栋日本高层建筑结构防震技术的启迪

1）技术背景

1978 年宫城大地震后，日本根据自身的工程建设条件、吸纳全世界的研究成果，于 1981 年公布了新的抗震设计方法，要求高层建筑结构必须具有抵御 7 级以上地震的能力，提出了抗震设计两阶段方法（第一阶段为承载力验算，第二阶段为层间位移、刚度及偏心率验算等），并根据历次地震的经验教训，着力在以下五个方面提升高层建筑结构的抗震性能：①加强结构构造规定；②强化层间位移角的限值规定；③提出结构平面偏心率及楼层的抗侧刚度比限值规定；④首次提出了第二水准（大震）下的弹塑性设计要求；⑤在计算地震作用时可考虑结构延性的有利作用。日本新的抗震设计方法是 20 世纪工程抗震技术发展进程中的重大进步，比较科学地总结吸纳了结构抗震设计理论和工程经验的最新成果，走在了全世界的前列。这一时期，正值日本经济快速发展之际，结构工程的实践活动规模迅速扩张，高层建筑结构也得到了蓬勃发展，按新的抗震设计方法建造的各类建筑物，在 1995 年兵库县南部 7.3 级地震中震害相对较轻。

然而，日本的震害调查表明：1981 年的抗震设计方法仍存在诸多不足，其抗震设计理论、设计方法及细部构造在很多情况下仍难以应对高度不确定性的地震输入。为此，日本结构工程界在此后的 40 多年里进行了持续不断的研究和工程实践，取得了较为丰富的研究与工程实践成果，主要集中在以下几个方面。①更新防震设计理念，采用隔震、减震、振动控制等新技术来实现结构防震目标，"刚柔相济""以柔克刚"等基本理念的成为结构工程界的共识；②基于结构隔震、减震及振动控制的基本原理，研究开发了一系列新型主被动控制装置和各种结构防震体系，并进行了卓有成效的工程实践；③基于新的结构材料如高强钢管混凝土、高强钢-混凝土混合结构、波纹钢板阻尼墙等，不断改良传统高层建筑结构的抗震体系、提升防震性能；④针对高层建筑结构的一些振动特点如长周期、远距离共振等，率先开发隔震-减震混合体系、震-振双控的减震体系。这些结构工程防震新技术的发展，极大地提升了结构工程的防震性能，并经受住了多次大地震的考验（如 2011 年 3 月 11 日日本东北部 9.0 级地震、2021 年 2 月 13 日日本本州东岸近海 7.3 级地震、2022 年 3 月 16 日日本本州东岸近海 6.0 级地震等），推动了结构工程防震技术的发展迭代。

20 世纪 90 年代以后，随着日本经济增长放缓、基础设施建设进入尾声，结构工程实践活动的规模有所收缩，日本结构工程界不再过度执着于结构体量尺度、也不热衷创造结构工程的新纪录，而是进一步加强了结构防震体系、结构振动控制装置的研究开发，强化了结构工程防震新技术的迭代和工程应用，这使得日本的结构工程防震技术始终处在国际前列。高层建筑结构地震响应较为复杂、建筑功能与结构设计矛盾冲突较为突出，同时，受结构柔度较大、自振周期较长、风致振动响应较大等特点的制约，导致简便易行的结构基底隔震技术应用于高层建筑时存在的瓶颈较多，使得其防震策略、理论技术、主被动控制装置开发相对于多层建筑无疑更为复杂、更具挑战性的，也使得其从传统的结构抗震策略转向结构减震控制策略的进阶之路充满了各种障碍。为此，以下基于日本 3 栋典型的高层建筑结构——1994 年建成的大阪基恩士株式会社总部和实验室大楼、2008 年建成的名古屋 Mode 学园螺旋塔楼，以及 2014 年建成的大阪阿倍野大厦，简要说明近 30 年来日本高层建筑结构防震技术的优化迭代进程，阐明结构减震控制等新策略的演化之路。

2）基恩士株式会社总部和实验室大楼

日本大阪基恩士株式会社总部和实验室大楼（Keyence Corporation Head Office and Laboratory，以下简称基恩士大楼）建成于 1994 年，大楼高 111 m，地下 1 层、地上 21 层，占地面积 3819.16 m²，建筑面积 21 633.89 m²，主要功能是办公，由日本 Nikken Sekkei 公司承担结构设计。该大厦是采用分散式多外核巨型框架结构早期工程实践的代表性工程之一，也是日本高层建筑结构"抗震"技术路线的代表性项目。巨型框架结构的应用，不仅形成了更加高效合理的基底基印图、有效增大了结构刚度，降低了高层建筑的震害，而且非常方便地将垂直交通和设备用房等分散布置在周边巨型柱内，使高层建筑结构的巨型柱具有了使用功能，从而实现了无柱的室内大空间。因此，基恩士大楼被认为是"一座拥有极具想象力框架系统的高层建筑，创新地使用了不同的钢和混凝土组合形成无柱办公空间和高抗震性能。"（国际桥梁与结构工程协会颁奖词），该大厦概貌、立面及典型平面图见图 5-53。

进一步来说，自 20 世纪 60 年代以来，框架-核心筒结构以其优越的结构性能、方便的功能布局几乎已经成为全世界高层建筑的标准范式，日本也不例外。框架-核心筒结构可将垂直交通布置于核心筒内，依托核心筒传递竖向荷载，从而减少外框柱的数量，走出了高层建筑早期密柱形钢框架-剪力墙结构形式的束缚。在核心筒、外围框架与梁板结构三者协同得当的情况下，可以有效抵御各个方向的侧向荷载，可使高层建筑结构在比较经济的情况下获得良好的力学性能。但框架-核心筒结构仍然存在室内空间受限、外围框架梁柱数量偏多等不足。为此，国际结构工程界一直尝试在高层建筑的角偶处设置巨型柱，以便将外柱的数量减少，并利用强大的横梁或桁架梁将外柱联结成为一个整体，形成抗弯、抗剪及抗震性能俱佳的巨型框架结构，基恩士大楼便是这一类工程实践探索的典范。

在建筑上，该大厦采用"核的分散"技术路线，将"内核"分离成多个"外核"，并将电梯、设备和楼梯设置在"外核"内，实现了主从空间的彻底分离和灵活布置，以及办公区域的无柱大空间的需求。

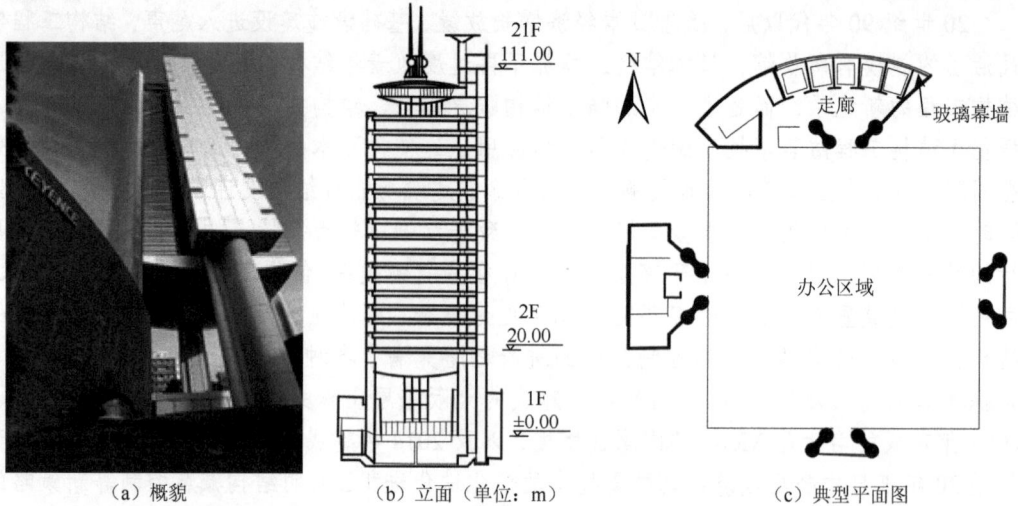

| （a）概貌 | （b）立面（单位：m） | （c）典型平面图 |

图 5-53 基恩士大楼概貌、立面及典型平面图［图（a）来自维基百科，其他自绘，查看彩色图片可扫描封底二维码］

在结构上，该大厦虽然秉持传统的抗震技术路线，但通过拉开"外核"的间距、加强"外核"以及连接其间巨型钢骨架的刚度来增强结构的整体抗震性能，其中，西侧和北侧"外核"核心筒采用剪力墙，东侧与南侧核心筒采用钢管混凝土组合柱，外侧核心筒之间的连接采用巨型钢骨架。这样，就形成了刚度极大的"外核"与较柔的主体结构，两部分结构各自工作，不仅显著增大了结构的抗倾覆力矩，有效提升了结构抵抗地震作用、风荷载的能力，而且增强了结构抗震设计的合理性与经济性。

3）Mode 学园螺旋塔楼

日本名古屋 Mode 学园螺旋塔楼（Mode Gakuen Spiral Towers）建成于 2008 年，楼高 170 m，地下 3 层、地上 36 层，高 170 m，占地面积 3540.66 m²，建筑面积 48 989 m²，主要功能是安排各类教学活动。该塔楼位于名古屋火车站前方，其前卫的形象、独特的造型、流畅的结构，既与名古屋城区的古建筑相映成辉，也与其他方方正正的高层建筑形成了鲜明对比，建成之后随即成为 Mode 学园的地标，也成为日本名古屋最具特色的建筑之一。该塔楼的建设业主是一个职业教育园区，期望通过该教学研习大楼使"不同的专业学校聚集在一起，通过相互刺激，共同进步为社会发展做贡献。"Nikken Sekkei 公司的建筑设计方案以极具艺术特色的方式实现了建设业主的这一目的，该方案的外表三片翅翼的扇形平面分别代表着"MODE"（设计）、"HAL"（计算机）、"ISEN"（医疗），螺旋上升的外观寓意着学生们活力四射，走在时代的前列，在相互学习中取长补短、在未来社会中展翅高飞。

在建筑上，Mode 学园螺旋塔楼的 3 片翅翼围绕在核心筒周围，按不同的旋转中心盘旋而上、每上升一个楼层即旋转 3°，3 个翅翼高度分别为低层 26 层、中层 31 层、高层 36 层，各类教学场所错落有致地布置在翅翼上，而由 2310 块形状和角度完全不同的三维曲面玻璃幕墙又进一步强化了旋转的艺术感，在任意角度均有不同的旋转效果，演绎出女装长裙般的柔和及剪影效果，非常时尚科幻。此外，设计时有意识地考虑建筑和周边环境的协调性，3 个翘翼在平面图上与地基形状自然融合，仅将最高翘翼在底层采用了裙摆状的展开形状，裙摆收放自如。Mode 学园螺旋塔楼在建筑方案上无疑是大胆前卫、独树一帜的，其建筑效果正如 2010 年国际桥梁与结构工程协会在杰出结构奖颁奖词中所指出的："采用内筒为椭圆形，外加 3 片翘翼的扇形平面组成，并且外表造型犹如礼服般柔和曲线和统一的美感。"该塔楼的概貌、立面及典型平面图如图 5-54 所示。

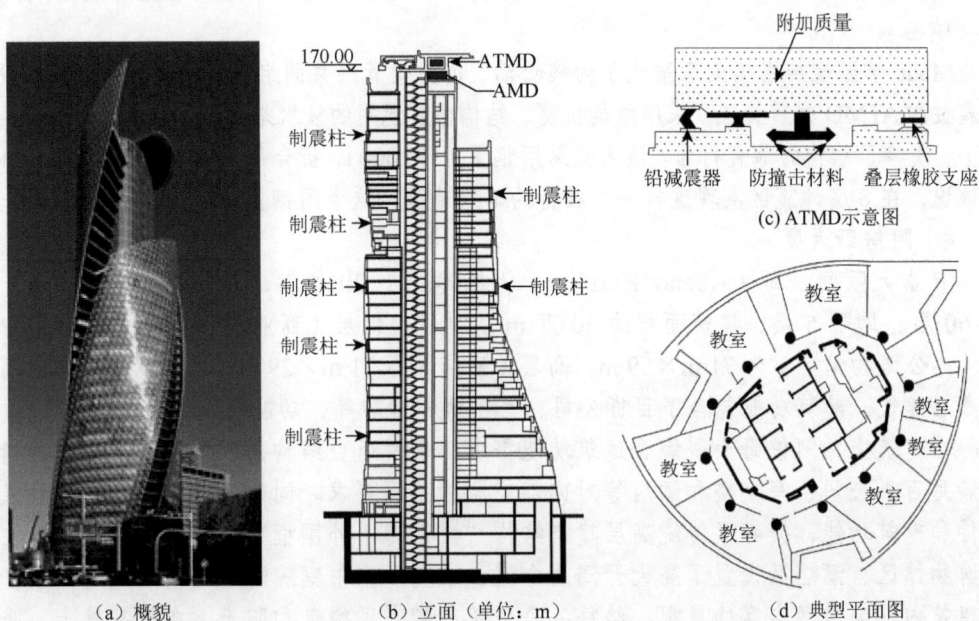

图 5-54　Mode 学园螺旋塔楼的概貌、立面及典型平面图［图（a）来自（Nakai 等，2013），其他自绘，查看彩色图片可扫描封底二维码］

在结构上，Mode 学园螺旋塔楼采用了"核心筒＋内桁架管网＋外框架"的结构体系，结构核心筒和内桁架管网是主要的抗侧力体系，建筑外框架依托其上，以应对这一独特的建筑外形所带来的结构设计挑战。其中，核心筒为 C60 混凝土现浇采用椭圆形混凝土结构，在核心筒周围排列了直径 406～900 mm 的 12 根钢管混凝土立柱，这些立柱通过钢管斜撑形成了网状的桁架管网状结构，该管网状结构具有极大的强度和刚度，能够提供足够的结构侧向刚度和承载能力、确保结构在地震和强风作用下具有良好的结构性能。在建筑的外层，由于外框架钢结构的主要作用是承受竖向荷载、提供必要的刚度和强度，以便将地震作用和风荷载效应传递给核心筒和内桁架管网，并不是结构抗震抗风的主要构件，因此在结构设计时可以选用直径较小的立柱，使其显得比较轻巧通透。此外，由于外框架的立柱是逐层内缩的，在重力作用下会产生水平推力及一定的扭曲变形，结构设计时特意设置了由平面桁架构成的大梁、以便将水平力顺畅地传递到内部核心筒上来。

然而，应对这一别出心裁的建筑设计方案，仅仅依靠结构体系的优化重构不仅是困难的，而且是不合理不经济的，为此，在结构设计中全方位地植入了结构减震的装置，具体包括以下两个方面。①在外框柱上布设了 26 个制震柱,制震柱的柱顶设有特殊的橡胶隔震支座和限位装置,能够在设防地震时产生 18~41 mm 的相对滑移,以便将外框柱水平力通过从核心筒伸出的悬臂梁直接传递给核心筒,避免外框柱承受过大的水平作用力而破坏,制震柱的布设位置经反复优化后确定;②在结构顶层布设半主动控制的 ATMD,ATMD 的质量比为 1%,采用由叠层橡胶支座支承的铅块作为质量块,主控振型为一阶振型,为避免发生额定行程以上的运动,设置了由缓冲材料构成的挡板。分析计算表明:设置 ATMD 之后,可以削减 25% 的顶层变形,并且也能有效控制风致振动响应。

Mode 学园螺旋塔楼刻意强化了由核心筒、内桁架管网共同组成的抗侧力体系,增设了制震柱和 ATMD 减震装置,采用结构抗震、结构减震混用的技术路线,在造型极为特殊的情况下,改善了结构的地震行为。该大厦总用钢量为 10 000 t,折合每平方米用钢量为 210 kg,应该说,在 8 度地震区实现这样一个独特的建筑造型,这个用钢量指标还是比较节省的。

4)阿倍野大厦

日本大阪阿倍野(Abeno Harukas)大厦建成于 2014 年,建筑总高度 300 m,地上 60 层、地下 5 层,建筑面积约 30 万 m^2。其中,低层(商业)为 71 m×80 m,中间层(办公博物馆区)为 71 m×59 m,高层(酒店)为 71 m×29 m。该大厦是日本最高的超高层建筑,建筑功能包含了百货公司、写字楼和酒店等,功能比较复杂。

在建筑上,阿倍野大厦综合建筑功能需求,采用退台结构,以便在经济合理的情况下满足百货公司、写字楼和酒店等对内部空间的不同要求。同时,该大厦结合当地气候条件和建筑功能,摒弃了传统高层建筑结构“核心筒+外围框架柱”的布置方式,在办公博物馆区、酒店区设置了高大开阔的中庭,中庭和空中庭院既有通风采光的作用,又为建筑内部创造了丰富的景观,给每一个角落都带来了绿色和阳光。在此基础上,采用被动式节能理念、利用不同分区的能耗特点实现能源综合调配,有效降低了建筑耗能,成为日本被动式节能建筑的典范。阿倍野大厦概貌、办公博物馆区的中庭局部及结构剖面见图 5-55,各功能区的典型平面图见图 5-56。

在结构上,为满足建筑功能要求,阿倍野大厦并未设置贯通各楼层的核心筒,导致其结构设计十分棘手。为此,综合了结构抗震、结构减震两类结构体系的优点,采用巨型桁架结构作为主受力体系,并在建筑低层、中层、高层之间设置了 3 个强大的转换桁架和 2 个伸臂桁架来增大结构的整体刚度、抑制结构的整体变形、加强不同区域的联系。另外,该大厦防震设防目标比通常高层建筑结构设定的设计标准提高了一级:即在第二水准地震(中震)作用时,构件不发生屈服;在第三水准地震(大震)作用时,梁和支撑允许屈服。为此,采用了如下结构设计措施。

①在建筑的低层、中层、高层分别设置强大的竖向桁架作为结构的主骨架,在低层、中层、高层之间的分界处设置转换桁架,并且在办公楼的中间楼层设置了伸臂桁架,以便既减少内部空间的立柱,增强室内空间利用的灵活性,又有利于增大结构的整体刚度,能够有效地将地震产生的侧向力传递给竖向桁架结构。由于拉压杆承受轴力时所产生的轴向变形远小于梁柱承受弯矩时的弯曲变形,因此以桁架作为结构的主骨架,能够有效增大结构的整体刚度,减小地震作用对外部框柱结构的影响,增强整体结构的抗震能力。

（a）概貌

（b）办公博物馆中庭局部

（c）结构剖面图（单位：m）

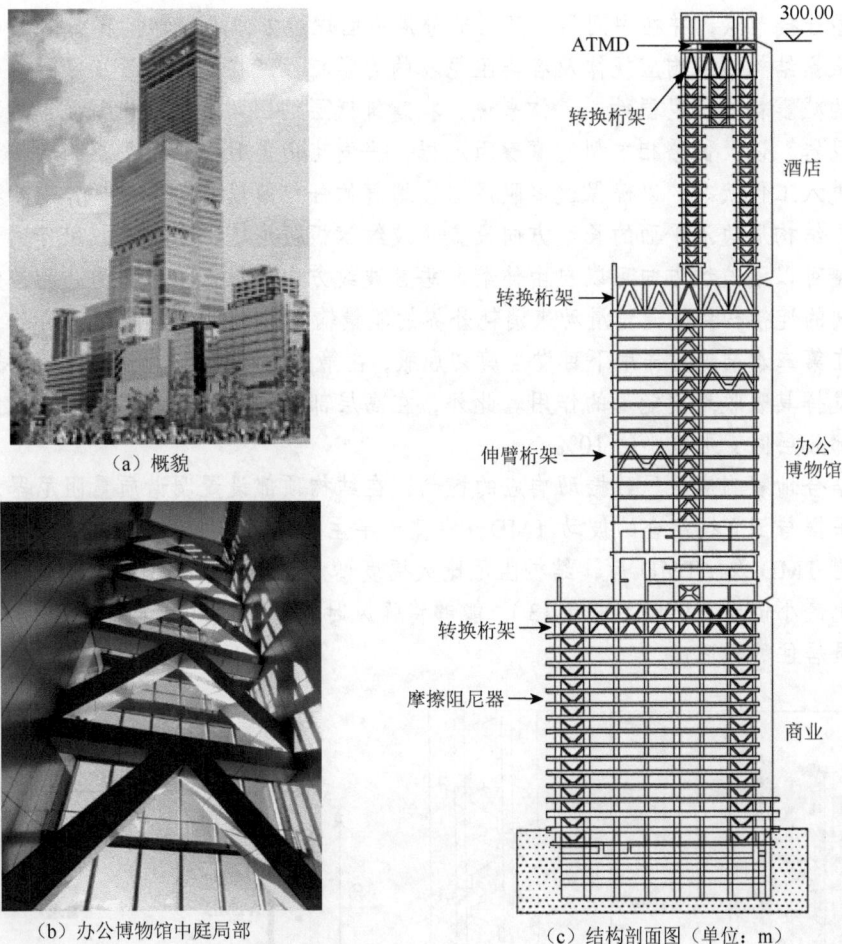

图 5-55　阿倍野大厦概貌、办公博物馆中庭局部及结构剖面图（图片来自 https://structurae.net/en/，查看彩色图片可扫描封底二维码）

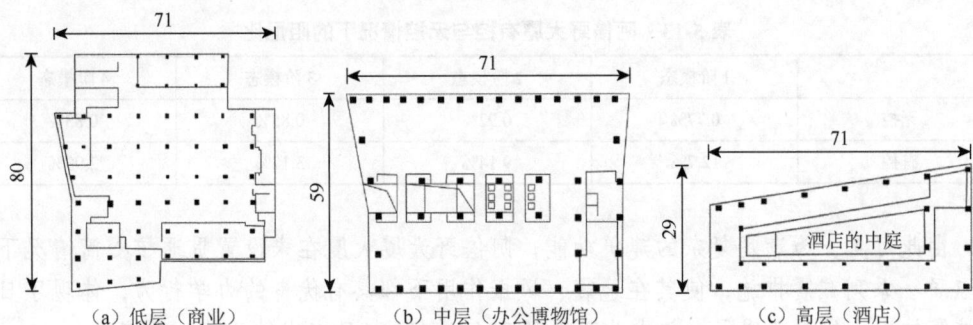

（a）低层（商业）　　　　　（b）中层（办公博物馆）　　　　　（c）高层（酒店）

图 5-56　阿倍野大厦各功能区的典型平面图（单位：m）

　　②结构柱采用高强钢管混凝土，以增大建筑的刚度、增强结构的抗震性能，高强钢管混凝土柱采用 C150 级的高强混凝土和 S590 级的高强钢材，开发了钢管混凝土柱与大

梁的新型连接节点，并在中间层、高层部分沿平面短边方向设钢骨抗震支撑。

③根据结构地震响应规律及各类阻尼器的力学特性，在大厦内设置了性能各异、数量众多的减震耗能阻尼器件。具体来说，在建筑低层的四角均衡地设置了速度相关型的油压阻尼器，以及位移相关型的摩擦阻尼器，当发生地震时每种阻尼器都会按预定情况触发、进入工作状态，以确保这些阻尼器在地震的任何阶段都可以发挥作用。在建筑中层的中央结构周边沿平面的长边方向设置了波纹钢板阻尼墙，在地震或风作用下波纹钢板阻尼墙可以沿波纹方向可以自由伸缩，垂直波纹方向可以抵抗水平力，而波纹钢板阻尼墙之间的连接构件则通过滑动来消耗外界的能量输入，如图 5-57（a）所示。波纹钢板阻尼墙在第二水准地震作用下可发生剪切屈服，在第三水准地震作用下可发生受压屈服，以充分发挥其吸收地震能量的作用。此外，在高层部分的结构周边，设置油压阻尼器，使高层部分层间变形减小约 10%。

④结合地震响应、风致振动响应的控制，在结构顶部设置调谐质量阻尼器，右侧为常规的吊摆与倒立摆组合的被动 TMD，左侧为半主动控制的 ATMD，如图 5-57（b）所示。设置 TMD 及 ATMD 后，结构阻尼比大幅度增加。实测结果表明，各阶模态下的结构阻尼比最小值为 2.99%（表 5-13），能够将强风时的顶层加速度控制在 3 gal 以内，保证了人员居住的舒适性。

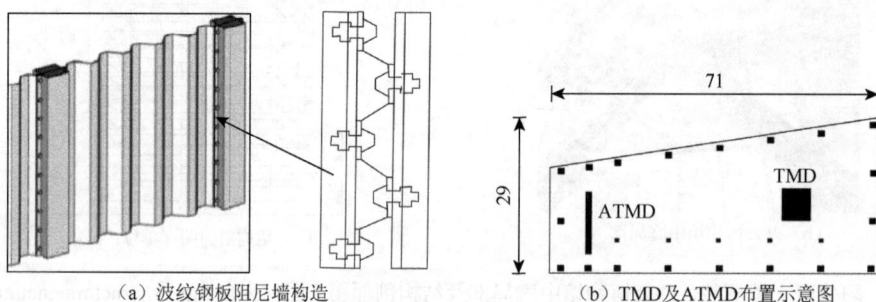

（a）波纹钢板阻尼墙构造   （b）TMD及ATMD布置示意图

图 5-57　阿倍野大厦典型阻尼器示意图

表 5-13　阿倍野大厦有控与无控情况下的阻尼比

	1阶模态	2阶模态	3阶模态	4阶模态
无控	0.77%	0.92%	0.85%	0.83%
有控	12.7%	9.14%	3.17%	2.99%

由此可见，为满足复杂的建筑功能，阿倍野大厦大厦在未设置贯通核心筒情况下，采取了一系列减震措施，使其在地震、风振作用下都具有优良的力学行为，体现了日本在抗震技术上的最新成果，并由此获得了 2015 年 IABSE 杰出结构奖的提名。

5）结语

日本作为一个多地震、多台风的国家，虽然其结构工程实践活动的规模、体量自 20 世纪 90 年代以后一直处于低位，新建高层建筑结构的数量也有所减少，但其对结构防震新对策、新技术的研究却从未停下脚步，并在结构工程实践活动中屡屡有所创新，关于高层建筑结构的抗侧力体系、ATMD、波纹钢板阻尼墙的研究及工程应用等方面始终走在了全世界的前列。另外，日本结构工程界面对高层建筑防震对策选择时，并不是一味地采用传统或先进技术，而是将传统的抗震技术与减震新技术有机地融合为一体，不断推陈出新。如果说，基恩士大楼突出了一个"抗"字，即通过设置多个"外核"、着力增大结构刚度；那么，阿倍野大厦则突出了一个"减"字，即通过布设数量众多、特性各异的各类阻尼器来削减结构地震风振风振响应；而学园螺旋塔楼则为了应对独特的结构造型，"抗""减"并用，采用独有的"核心筒 + 内桁架管网 + 外框架"结构体系和制震柱，将结构地震及风振响应控制在期望的范围内。这三栋大厦虽然防震策略迥异，却都很好地顺应了建筑功能与防震要求，无疑是日本高层建筑结构防震对策的典型代表，具有突出的工程创新特征。同时，这三栋大厦从一个可对比分析的侧面，揭示了结构工程演化正在从要素推动转变为系统整体演化，在这个不断加速的进程中，技术创新具有自我进化迭代的机制，技术创新的倍增效应越来越突出。而正是这些技术创新、工程创新的实践活动，才推动了结构工程不断发展演化。

5.5.3　结构工程的演化动力

结构工程演化不仅对工程实践活动、经济社会发展、建筑行业升级产生了深远的影响，而且引导着工程决策、工程管理、工程评价、工程教育等相关细分领域的发展，丰富了结构工程实践活动的价值理性。然而，结构工程演化是一个缓慢曲折、有时甚至处于低水平徘徊的过程，需要拉长时间轴才能进行深入地分析。那么，结构工程演化的动力是什么？为什么某一时期结构工程演化速度较快、而其他时期结构工程演化速度非常缓慢？理解和掌握结构工程的演化动力，对于结构工程实践活动有何指导价值？事实上，结构工程实践活动是存在于特定的自然条件和社会环境之中的，自然条件和社会环境都会对结构工程实践活动产生直接的、巨大的影响，"自然-社会-工程"三元互动的巨系统具有一系列复杂特征，这些特征推动、制约着结构工程的演化进程，很多时候也直接表现为结构工程演化的推动力。一般说来，结构工程演化动力主要包括三个方面，即结构工程发展水平与社会需求的矛盾、结构工程实践与自然环境条件的矛盾、结构工程传统与结构工程创新的矛盾，简述如下。

1. 结构工程发展水平与社会需求的矛盾

结构工程发展水平与社会需求的矛盾主要表现为社会发展会不断产生新的需求，在社会需求的牵引下，结构工程演化不断加速。所谓社会需求，其表现形态是多种多样的、与时俱进的，例如经济需求、政治需求、军事需求、文化需求、安全需求、宗教需求、精神需求等，这些社会需求在具体的环境和条件下、通过不同方式和途径形成了结构工程演化的动力。社会需求既为结构工程实践活动、工程演化指明了前进的方向，又直接牵引和促进着结构工程的演化。在人类4000多年的工程史上，绝大多数时间里结构工程实践活动能力是无法满足社会需求的，结构工程实践能力与社会需求的矛盾直接推动工程实践活动不断突破工程壁垒、提高能效水平、突破工程禁区。

以第一次工业革命以后的结构工程演化为例，在当时，随着人口向伦敦、曼彻斯特、利物浦等大城市集中，为满足冬季采暖需求，英国不得不大量开采煤炭，采矿业的蓬勃发展直接推动了冶金、船舶、机械制造等行业的兴起，并由此衍生出大规模运输的需求，催生了铁路的发明、带动了道路桥梁的建设，给结构工程的发展演化带来了新的需求。与此同时，煤炭的开采，为冶金业的发展提供了能量基础，亚伯拉罕·达比一世首次尝试采用焦炭代替木炭炼铁并获得了巨大成功，由此带动了冶金行业的革命，到了其孙子亚伯拉罕·达比三世时，铁的产能严重过剩，于是达比三世便探索采用铸铁、锻铁来修建桥梁，以便既消化过剩的产能、又改善运输条件，不出意外，这一尝试又一次获得了巨大成功，这便是 1779 年建成的世界上第一座铸铁拱桥。到了 19 世纪中叶，铸铁、锻铁成为最主要的结构材料，并在结构工程的实践中探索出铁管道梁、铁桁架梁、悬索桥等新的结构形式，技术创新、工程创新层出不穷，铁桥、钢桥的工程实践开始活跃起来，带领结构工程逐步走出了石拱结构、砖木结构的领地，引领了全世界结构工程实践活动的发展潮流。在这个进程中，工程与社会的相互影响相互作用逐步强化了，各个工程领域的相互联系逐渐紧密了，科学发现和技术发明的支撑作用变得更突出了，结构工程实践活动的能力提升了，结构工程的创新成果增多了，经过市场的洗礼、时间的沉淀、历史的检验，这其中的一些结构工程的创新成果如管道梁、桁架梁等，就结晶成为结构工程演化进程中的一环。进入现代社会，随着工程实践活动规模的扩张、技术力量的增强，虽然结构工程实践活动在能够满足社会基本需求方面已不存在原则性困难，但随着人们对生活品质、对结构工程抵御自然灾变等方面要求的不断提升，结构工程发展水平与社会需求的矛盾变得更加常见，由此推动了结构工程的技术不断进步。

2. 结构工程实践与自然环境条件的矛盾

结构工程实践与自然环境条件的矛盾主要表现为自然环境条件既是工程实践活动的基本支撑条件、又是结构工程实践活动的物质基础和限定条件，同时，自然规律又是结构工程实践活动的最主要制约因素和根本特征。二者呈现出相互作用相互制约的复杂关系，具体表现在以下三个方面。

首先，在结构工程实践活动中，自然资源、环境条件是工程实践活动的物质前提和物质基础，它反映了结构工程活动的当时当地性，决定了结构工程的基本样貌。例如，正是依赖于维苏威火山间歇喷发的这一独特自然条件，古罗马人才能够发明出火山灰水泥，并广泛应用于砖石结构的砌筑，建造了以加尔水道桥、罗马万神庙为代表的一大批流芳百世的石拱桥和石穹顶建筑。但在古代中国，由于并未发明出简单可靠、经济性好的砖石无机黏结材料①，大跨砖石结构的发展和应用受到了明显地制约。在当代，随着结构材料生产技术的普及、工程资源全球化配置的深化，这一因素的影响有所减弱，但当

---

① 我国古代的砖石黏结材料主要是糯米灰浆，即在石灰砂浆中加入糯米浆、蛋清、蜂蜜、桐油、贝壳等有机材料，具有黏结力较高、抗渗性和耐久性较好的特点，典型应用案例包括明长城、南京明城墙、福建土楼、拉萨布达拉宫等，但其造价昂贵、不同地域配方差异大，并未得到广泛应用。

时当地性，尤其是大宗结构材料的可获取性还是深刻地影响着建筑方案设计、进而对结构方案设计与施工产生了全方位的影响。

其次，结构工程实践活动是通过对自然界物质的结构、性质、状态进行重组和转换而实现的人工系统，自然界的物质、能量、信息以及它们之间相互作用的规律和机制从根本上制约着结构工程实践活动，为结构工程的发展设定了可能性空间。结构工程实践活动必须遵循自然规律、依据科学理论，在此基础上，利用技术手段方法来把握客观事物的本质。进一步来说，包括力学、材料学、统计学等在内的科学，便是认识这些自然规律的理论基础，而依据这些理论基础所构建的结构设计理论、结构设计方法、结构施工装备等就成为现代结构工程实践活动中最核心的技术。

最后，与自然界无目的的运行演化不同，结构工程实践活动是一种价值导向的演化过程，必须在顺应自然、依靠自然、适度改造自然的过程中不断发展，体现工程实践活动的目的性和价值性，很多时候表现就会为工程与自然的矛盾冲突。正是这些矛盾冲突和正反两方面的经验教训，特别是一些重大的工程事故的发生，促使人类不断认识自然规律，迫使人们逐渐认识到工程是属于自然界的一个分系统，必须将其置于自然界这个大系统下才能保障人类的永续发展，由此，人们才得以不断更新工程理念，先后经历了"整体模糊论框架""机械还原论框架"和"系统整体论框架"三个大的阶段。随着工程观念的升华，结构工程实践活动的方式方法、技术手段等得以不断更新，结构工程实践活动与自然环境和谐共处的程度得以不断提升，相关成果经过积淀就成为工程演化的有机组成部分。

3. 结构工程传统与结构工程创新的矛盾

结构工程传统是工程经验、工程当时当地性、工程文化等要素的高度凝练，是结构工程实践活动不可或缺的一部分。所谓工程传统，很多时候也被称为工程传承，是指将人类在长期工程实践活动中所形成的成熟的理念、规则、规范、方法、程序等，通过知识传播、技能研习、经验交流、文化积淀等途径，形成一定的、稳定的传统。因而，工程传统具有不可避免的局限性和天然的保守性，有些时候会甚至异化为工程创新的对立面。结构工程传统与结构工程创新的矛盾是工程演化的内生动力，这一矛盾不仅直接加速了技术创新、工程创新的进程，而且加快了工程演化的速度，提升了人类改造自然的能力，具体表现在以下三个方面。

首先，工程传统犹如生物演化过程中的遗传，工程创新犹如生物演化过程中的变异，正如遗传和变异是生物界的基本法则和演化机制，传统与创新也是工程界的基本法则和演化机制。工程传统建构起了工程实践活动的基因，离开了工程传承，结构工程实践活动将无法开展与运行。例如，古罗马建筑师维特鲁威所提出的"实用、坚固、美观"三原则，经历 2000 多年的演化，放在结构工程技术非常成熟的今天仍有普遍的指导价值。然而，这并不意味工程传统总是科学的、合理的，而是需要根据社会需求的变迁、技术进步的程度，与时俱进地进行改造改良，需要依据技术创新、工程创新的力度，辩证地、历史地予以继承和扬弃，只有这样，才能减小社会需求与工程实践活动之间的落差，才能减小工程实践活动与自然界的矛盾，才能使结构工程更好地增进人类福祉。

其次，工程创新是工程演化的重要机制与实现途径，工程创新正是在充分吸收和保留了工程传承中的积极合理的成分，又在反思、批判、改造与超越工程传承的过程中自我扬弃与进步。工程实践活动的集成性、建构性与创造性，决定了工程创新在传承与变异的矛盾中居支配地位，由于矛盾无处不在、无时不有，旧的矛盾解决了，新的矛盾又会出现，这就需要持续不断的工程创新，正是在这种永无止境的工程创新推动下，工程才得以不断演化和发展。以预应力技术为例，20 世纪 30 年代，尤金·弗雷西奈、弗朗茨·迪辛格等人发明的预加应力技术，最初仅仅是为了抵消补偿混凝土收缩徐变产生的变形和应力损失；到了 20 世纪 50 年代，乌立希·芬斯特沃尔德将预应力发展为大跨径梁桥的悬臂浇筑施工技术，破解了大跨径混凝土梁桥的施工难题，使预应力技术具有了高效配筋和调整结构施工阶段应力的双重属性；而到了 20 世纪 80 年代，斋藤公男发明的张弦梁结构，预应力演化为提高结构刚度的方法，使张弦梁结构成为大跨建筑结构屋盖的新形式；与此同时，大卫·盖格尔、M. P. 勒维等人所提出的张拉膜结构，预应力则演化为保持结构形状、提供结构刚度的主要手段，使张拉膜结构成为大跨建筑结构最经济的结构形式，结构材料的利用方式和利用效率达到了前所未有的高度。由此不难看出，在短短的 50 年时间里，结构工程实践活动中的各种矛盾促使预应力从混凝土梁桥的应力调整技术、演化为一种通用的结构设计思想和方法手段，传统与创新之间的矛盾成为了工程演化的内生动力，工程演化呈现出多路径协同发展的良性态势。

最后，工程传承与工程创新的矛盾是对立统一的，任何时期的工程都是既保持了一定的工程传承，又包含了一定程度的工程创新的成分。如果工程传承是某一时期工程实践的基本面，工程演化就表现为渐进式改良，体现在工程创新、技术创新上就表现为改进和融合；如果某一时期发生了颠覆性的工程创新，工程演化就表现为质变或革命。总体来说，在工程演化的漫漫长河中，受制于工程的系统性、稳健性、建构性等本质属性的制约，渐进式改良占据主流，主导着工程创新的进程，工程演化正是通过传承与创新内部矛盾的不断调整，积小变为大变，积量变为质变，最终产生飞跃性的演化。

5.5.4 结构工程的演化机制

如前所述，建立在工程实践活动、技术创新与工程创新之上的结构工程演化，在实现价值创造和提升的过程中，其演化的机制是非常复杂的，在不同地域、不同时期都呈现出不同的表现方式和演化进度。有些时候，当社会需求非常旺盛集中且工程演化要素聚集在一起时，就呈现出演化加速的态势，例如第一次工业革命后的英国、20 世纪20 年代的美国、21 世纪的中国。但在更多时候，结构工程的演化进程非常缓慢、常常出现停滞不前的现象，例如自公元前至工业革命前的 2000 年中，受制于天然结构材料的性能，结构工程演化几乎处于停滞状态，几乎没有进步。概括来说，与其他工程领域相似，结构工程领域主要存在"选择与淘汰""创新与竞争""建构与协同"三个紧密联系、相互作用的演化机制，简述如下。

1. "选择与淘汰"机制

所谓"选择与淘汰",是指结构工程的演化都是社会选择的结果。一般来说,社会选择主要包括经济选择、市场选择、技术选择、伦理选择、文化选择等,在不同的时空都有不同的表现方式。具体到结构工程,社会的"选择与淘汰"主要体现在工程造价、使用性能、技术可实现性、结构材料的可获取性、艺术表现力、历史文化传统等方面,这些因素会对结构形式、结构材料、结构构造、建筑规制进行全方位的比较和筛选,一些在结构工程历史上关键选择甚至改变了工程演化的走势和方向,并沉淀为工程传统的一部分。例如,以我国为代表的东方,由于在古代率先发展出了比较轻巧的砖木结构、斗拱结构,因而很长一段时间与厚重耐久石拱结构失之交臂,虽然到了隋唐时期,石拱桥的建造水平已经超过了西方,但一直没有出现古代西方常用的大跨穹顶结构。

在这个选择与淘汰的过程中,既有人类意志力量的支配作用,也有客观因素的约束选择作用,还有历史传统、宗教文化的深刻影响。在当代、在市场经济条件下,随着结构工程建造资源的全球化配置、工程创新扩散速度的提升,市场选择成为最主要的筛选力量,深刻而持续地影响着结构工程演化的进程。市场是一种复杂、多变、强大、既有主观性又有客观性的选择机制,具有快捷而严苛、高效而残酷的选择淘汰能力,不仅加速了新材料、新技术、新工法、新装备的扩散与推广,而且高效有力地推动了结构形式、结构材料、施工方法的迭代,将一些"不成功"工程创新、"虚创新"、"伪创新"淘汰出局。这一点从案例 5-1 的汇总表中不难看出,作为历史上桥梁工程发展最快的时期——第二次世界大战以来的 80 年,桥梁工程的建设技术取得了巨大的进步,曾经"火"及一时的工程创新成果不计其数,但经过工程实践的长期筛选、市场的洗礼与历史的检验后,存留下来的、得到大规模应用的工程创新成果不过数十项。这再一次深刻地表明,社会选择、市场淘汰是指结构工程的发展演化最主要的机制,对此,卡尔·富兰克林曾一针见血地指出:"多数的创新,无论是多么令人兴奋,最终都将消失在历史的灰烬里"。

2. "创新与竞争"机制

所谓"创新与竞争",是指在结构工程演化过程中,技术创新、工程创新的权重会不断提升,工程传统的影响会逐渐降低。进一步来说,结构工程创新与竞争的关键领地不在科学技术基础的"理论王国"中,而在工程技术开发的"现实王国"中,在工程设计、工程建造、工程管理的实践活动中。通过创新与竞争,让那些创新程度高、具有"种子型"属性的技术发明通过市场竞争的洗礼,能够尽快完成技术开发、完善相关配套技术、实现"从 1 到 N"的转变,进而不断地被结构工程选择、应用和集成,以提高工程的能效水平、提升工程的价值理性。例如,正是让-佛朗索瓦·克莱因和米歇尔·维洛热的推陈出新,才使斜拉-悬索桥这一相对较老的结构形式得以复兴,破解了大跨径铁路桥梁、公铁两用桥梁刚度不足的建设瓶颈,并呈现出工程创新扩散加速的趋势,迅速在我国多座大跨径公铁两用桥梁得到了应用。因此,竞争不仅是必要的、必须的,而且是非常有益的，只有借助于竞争，才能让工程创新成果拓展其用武之地。工程技术发展历史告诉我们：在"技术发明—技术开发—工程创新—行业扩散"这个竞争过程中，竞争机制是复杂的、曲折的、长期的、残酷的，存在着各种各样的不确定性，遗留下来的经验与教训车载斗量，但只要市场竞争机制处于良好状态，工程演化进程中的曲折、歧路、误区总归会被彻底纠正。

以大跨径悬索桥抗风为例，在美国华盛顿州塔科马海峡大桥风毁事件之后，20 世纪 50 年代，国际桥梁界为探索出大跨径柔性桥梁的抗风对策，走出了三条不同的技术路径（参见案例 1-6）：一是美国桥梁设计大师戴维·B. 斯坦因曼，采用了增大桁高、改善桁架透风性能、增设中央扣等一系列气动抗风措施，代表性工程为麦基诺海峡大桥；二是另一位美国桥梁设计大师奥斯玛·安曼，采取了增加自重、增大桁架刚度、增强桥面系等技术措施，代表性工程为韦拉扎诺海峡大桥；三是英国桥梁设计大师吉尔伯特·罗伯茨和威廉·布朗，创造性地采用了扁平流线型钢箱梁，代表性工程为塞文桥。最终，经过市场检验，因扁平流线型钢箱梁动力性能好、加劲梁材料用量小、经济技术效益显著，工程创新得以迅速扩散，扁平流线型钢箱梁成为大跨径悬索桥加劲梁的主要形式、得到了广泛的工程应用，开创了大跨径悬索桥的英国流派。这个案例再次说明，只有借助于创新与竞争、借助于市场机制的洗礼，那些"种子型"工程创新才能不断发展壮大，才能纠正工程实践活动中的偏差，进而影响工程演化的进程。

3. "建构与协同"机制

所谓"建构与协同"，是指在结构工程演化过程中需要有目标地进行跨学科、跨领域、跨行业的协作融合，以利于在更广的视野里促进结构工程的发展演化。在当代，随着工程疆界的扩张、工程实践规模的扩大，存在着工程领域日益细分、不同工程领域之间壁垒不断加高的情况，工程实践活动的专业性日益突出、分工愈来愈细，导致相近工程领域交流融合困难重重。另外，随着结构工程规模日益扩大、工程尺度向极端发展，结构工程的复杂性、系统性日益显著，导致结构工程活动中涉及的科学理论越来越宽广，技术越来越庞多，分工与协作变得越来越重要，形成了复杂的、相互依托的层次关系。

实际上，在结构工程特别是一些超级工程的实践活动中，不仅行业内的各个创新主体（投资、决策、勘察、设计、咨询、施工、检测等）之间存在相互竞争关系，也存在形式不同的合作、协调、协同关系，而且常常需要借助于相近行业的基础理论、技术力量、工程装备来攻坚克难，以更好地应对日益复杂的工程问题。正是现代结构工程的复杂性和系统性，为行业内外、跨地域跨国界的"建构与协同"提供了广阔的用武空间，同时也加速了技术创新的萌芽、工程创新的扩散，推动了结构工程演化的进程。例如，近 20 年来建成的一些超级工程如丹麦-瑞典厄勒海峡大桥、我国的港珠澳大桥、深中通道等，就勘察、设计队伍而言，常常多达 10 多家，其中除了传统结构工程领域的力量之外，不乏来自水利工程、港航工程、海洋工程、环境工程的力量，只有借助于这些先进工程领域的技术力量，才使得这些超级工程的建设得以顺利开展。

案例 5-12　如何提高多塔悬索桥结构体系刚度——一段近 200 年工程实践探索历程的回顾

1）多塔悬索桥技术经济优势

在梁桥、拱桥、斜拉桥、悬索桥 4 种常见的桥梁结构体系中，悬索桥的跨越能力是最强的，施工工法工艺的成熟也是相对比较早的。在悬索桥中，绝大多数都是单跨、双跨或三跨的。通常，桥梁工程界将三塔或四跨以上的悬索桥称为多塔多跨悬索桥或多塔悬索桥。与两塔悬索桥相比，多塔悬索桥虽然都是缆索承重桥梁，但却具有以下几个显著的特点：①多塔悬索桥可以有效减小跨径，增加一个索塔后将双塔悬索桥转换为跨径仅为一半的三塔两主跨悬索桥，在加劲梁长度相同的情况下，可以大幅度减小主缆的拉力和直径，节省主缆材料用量，跨径越大、节省幅度越大，节省率一般都在 50%左右；②多塔悬索桥增加了一个索塔后，可以避免深水锚碇的施工，大幅度降低锚碇、基础的工程量，增强悬索桥对地形地质的适应性；③在满足交通需求及抗风性能要求的情况下，跨径减小后有利于保持加劲梁合理的宽跨比、获得较大的侧向刚度，从而大幅度节省加劲梁的材料用量，改善抗风性能；④增加了一个中塔和一个主跨之后，结构受力特征与常规悬索桥存在明显不同，最突出的问题是各跨之间的变形相互影响，结构体系刚度明显小于常规悬索桥。

与多跨斜拉桥相比，多塔悬索桥在某些情况下也有一些技术经济优势，主要体现在以下两个方面。①索塔高度较小，仅为多跨斜拉桥的一半左右，这在索塔高度受限的情况下极为有利；②无需布设用于平衡主跨的边跨，跨径布置极为灵活，对地形地质的适应性较强。以三塔悬索桥为例，可以是双主跨、也可以是双主跨配一个或两个边跨，其余桥跨则可采用比较经济的梁式引桥；但三塔斜拉桥则必须是四跨或四跨以上且需布设一定数量的辅助墩，导致其主梁长度较大。因此，多塔悬索桥的加劲梁的长度可以缩减到最小，这在某些情况下可以大幅度降低加劲梁、辅助墩及基础的材料用量，从而降低工程总造价。

基于多塔悬索桥的上述技术优势，其经济性能明显优于同等加劲梁长度的双塔悬索桥，有些情况下甚至会优于同等跨径的双主跨斜拉桥。因此，近 200 年以来，人们一直在探索多塔悬索桥的合理结构形式，即便在 20 世纪 90 年代以后、多跨斜拉桥发展起来之后，这种探索的脚步不是停下来了，而是加快了。

2）早期探索

早在 1840 年，法国工程师马克·塞昆（Marc Seguin）就进行了多塔悬索桥的实践尝试，其设计的法国卢瓦河夏托纳夫桥，跨径布置为 49 m＋3×59 m＋49 m，采用了在索塔之间设置水平拉索的方式来增大中间索塔的纵向刚度，从而提高结构体系的刚度。此后几年里，马克·塞昆又设计建造了两座多塔悬索桥，最大跨径达到了 88 m。但是，由于水平拉索垂度较大、对提高结构体系刚度的作用非常有限，设置水平索的方式并不适用于大跨径多塔悬索桥。由于找不到提高结构刚度的有效对策，在此后几十年里，多塔悬索桥的工程实践陷入停滞状态。

进入 20 世纪以来，随着跨海长桥的建设提上议事日程，有时因地形地质情况的约束，需要修建大跨径多塔悬索桥，为此，一代又一代桥梁工程师展开了多塔悬索桥的实践尝试，比较著名的多塔悬索桥工程实例有三座。20 世纪 30 年代，在总长 13.2 km（其中桥梁长 8.4 km）的美国奥克兰海湾大桥西桥的建设中，桥梁设计大师查尔斯·亨利·伯塞尔（Charles Henry Purcell）[①] 就研究过多塔悬索桥的可行性，提出了两个多塔悬索桥方案，其一是跨径布置为 363 m + 725 m + 725 m + 725 m + 363 m 的四塔五跨、塔顶设置水平拉索的方案，见图 5-58（a）；其二是跨径布置为 393 m + 1036 m + 1036 m + 393 m 三塔四跨方案，见图 5-58（b）。对于四塔五跨方案，由于水平缆索垂度过大、提升结构刚度的作用极其有限，很快就放弃了。对于三塔四跨方案，在用钢量增加了 2.7 倍情况下，三塔悬索桥方案的挠度还是比双塔双联悬索桥方案的挠度大两倍以上，最后不得不放弃三塔悬索桥方案，而利用共用锚碇将两座主跨 704.3 m 的两塔三跨悬索桥串联起来，形成串联悬索桥，这是串联悬索桥的首次工程应用，如图 5-58（c）、（d）所示。在串联悬索桥中，由于两座悬索桥主缆的恒载水平拉力互相平衡，中央锚墩在尺度上远小于边跨的锚碇，相对比较经济，也一定程度上解决了深水基础建造的困难，但从受力本质上来说，其与常规悬索桥并无大的差异。此后几十年里，随着斜拉桥的兴起和发展，多塔悬索桥的工程实践陷入停顿状态，直到日本本四联络线建设中多塔悬索桥再次得到应用。1988 年建成的日本南备赞濑户大桥（主跨 1100 m）、北备赞濑户大桥（主跨 990 m），也借鉴奥克兰海湾大桥西桥的设计思路、采用了共用锚碇的方式，因此该桥也被称为南北备赞濑户大桥。稍后 1999 年建成的日本来岛海峡大桥，总长 4150 m，采用了两个共用锚碇，将主跨 600 m 的来岛一桥、主跨 1020 m 的来岛二桥及主跨 1030 m 的来岛三桥连接为一体，成为多塔悬索桥建设的里程碑。

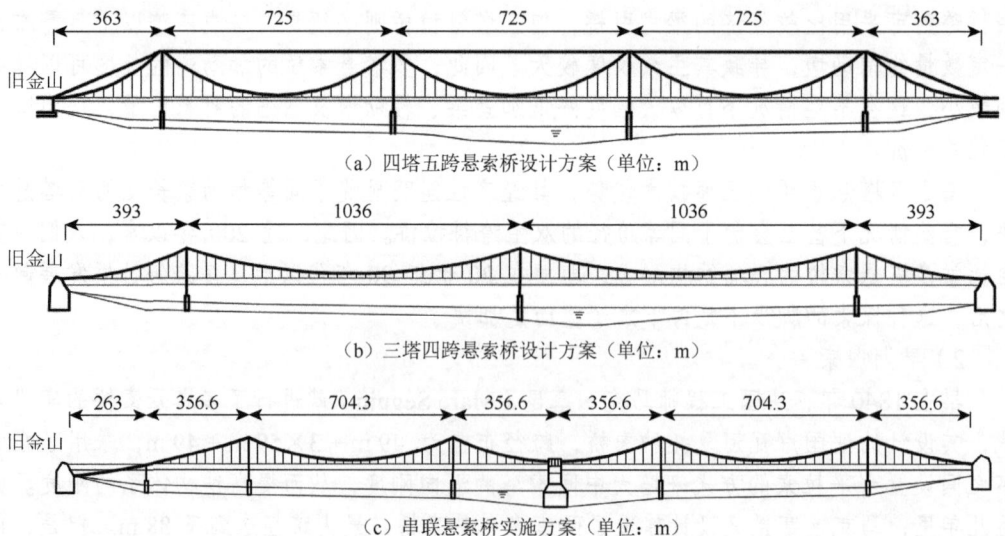

（a）四塔五跨悬索桥设计方案（单位：m）

（b）三塔四跨悬索桥设计方案（单位：m）

（c）串联悬索桥实施方案（单位：m）

---

① 查尔斯·亨利·伯塞尔（Charles Henry Purcell），1883～1951 年，20 世纪美国最杰出的桥梁设计大师之一，他的执业地主要在加利福尼亚州，作为总工程师主持建造了奥克兰海湾大桥、俄谷大桥等著名桥梁，其中，奥克兰海湾大桥全长 13.2 km，是近现代最早建成的跨海大桥，1937 年建成时被誉为当代"最伟大的成就"。

(d) 建成后概貌（图片来自维基百科，查看彩色图片可扫描封底二维码）

图 5-58　美国奥克兰海湾大桥西桥的设计方案

3）提高多塔悬索桥结构体系刚度的对策措施

进入 21 世纪，随着跨越宽阔的江面、河口及海湾桥梁建设需求的推动，以及大跨径悬索桥向轻柔化方向的发展，国际桥梁工程界关于多塔悬索桥可行性的工程实践探索再度活跃起来，以便在同等桥长的情况下减小悬索桥的跨径、提升抗风性能、改善经济指标。但是，由于多塔悬索桥受力行为比较复杂，各跨之间相互影响较大，索塔、主缆的结构行为相互制约，国际桥梁工程界一度普遍认为多塔悬索桥是一种不合理、需慎用的结构体系，其力学行为与传统的两塔三跨悬索桥存在显著差异，主要表现在以下两个方面。

①与双塔悬索桥相比，在同等跨径情况下，多塔悬索桥的结构柔性显著增大，固有频率明显降低，在极端活载作用下各跨之间相互影响的程度加剧、加劲梁的伴随挠曲变形显著增大，如图 5-59 所示。

②主缆对中间索塔的约束能力显著下降，中塔的约束条件、工作行为与边塔存在着明显的差异。当一个主跨满布荷载另一个主跨空载时，如果中塔刚度很大，则中塔承担主缆水平力增量的主要份额，中塔所承受纵向弯矩剪力很大，中塔两侧主缆轴力差值较大，可能导致主缆与鞍座产生相对滑移。如果中间主塔刚度较小，则中塔会产生较大的塔顶纵向位移，非加载跨加劲梁产生较大的向上伴随挠曲变形和弯矩。

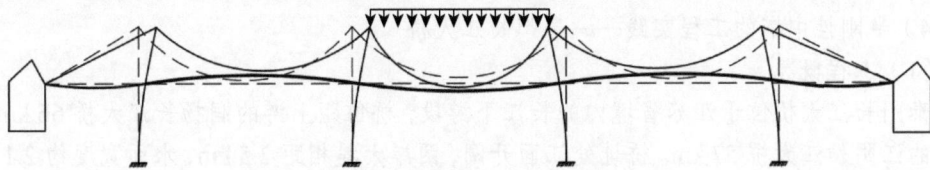

图 5-59　多塔悬索桥变形示意图

因此，采取何种技术对策使多塔悬索桥获得合适的竖向刚度、将加载跨的竖向挠度控制在一定范围之内，以保证在最不利工况作用下，由活载引起的加劲梁变形可以控制在合理的范围内、确保使用功能满足要求，就成为多塔悬索桥设计的关键问题。对于增大多塔悬索桥结构体系的刚度，从理论上来说，可以采用减小垂跨比、设置双主缆体系及增大中塔刚度三种方式予以应对。

①减小垂跨比。减小垂跨比可以在一定条件下提高多塔悬索桥的竖向刚度，但却会大幅度增加主缆的恒载拉力，需要采取增大主缆面积、增大锚碇尺寸等配套措施，往往会衍生出诸多新的技术和经济问题，因此其工程应用价值非常有限。

②采用双主缆体系。双主缆体系亦即在铅垂面上设置垂度不同的双层缆索，进而利用缆索来提高结构体系的刚度。双层缆索在加载后，邻跨的双层主缆之间会产生内力重分配，顶缆轴力增大，底缆轴力减小，这使得索塔分担的剪力和塔底弯矩都要远小于单缆体系，可以有效降低索塔不平衡水平分力的量值、增大主缆对索塔的纵向约束刚度，从而增大多塔悬索桥结构的刚度。但双层缆索需要建造较高的索塔，以便形成较大的顶、底主缆的垂度差，这会导致缆索、索塔、基础材料的用量增加 20%左右，这无形中会削弱了多塔悬索桥的经济技术优势。

③增大中塔刚度。增大中塔刚度可以减小塔顶水平变形，以及由此所引起的加劲梁伴随挠曲变形。一方面，由于悬索桥加劲梁的变形从属于主缆，增大中塔刚度可以有效地限制主缆的纵向变形，从而减小加劲梁的挠曲变形。增大中塔刚度虽然会对主缆的活载拉力产生一定的影响，但由于活载产生的主缆轴力占比通常仅为 10%~20%，主缆轴力并不会因此而产生显著的变化。另一方面，当主缆两侧不平衡水平分力超过鞍座与主缆之间的摩阻力时，主缆可能会在鞍座内发生相对滑移，需要采取专门措施予以应对。因此，在工程实践中，需要结合上述两个互相矛盾的方面统筹考虑、综合平衡，既保证中塔有足够的抗弯刚度，以提高多塔悬索桥结构体系的竖向刚度；又要保证中塔既有恰当的可挠曲性，以减小中塔两侧主缆的不平衡拉力。从理论上来说，在设计得当的情况下，多塔悬索桥的竖向刚度完全可以和常规的两塔三跨悬索桥大致相当。

经过多年理论研究，国际桥梁界普遍认为比较经济合理、具有工程应用价值的对策是增大中塔刚度，但关键是找到一个恰当的"平衡点"。这就是所谓的多塔悬索桥的"中塔刚度"问题，具体视中塔刚度大小又可分为半刚性中塔和刚性中塔。进一步来说，解决中塔刚度与主缆鞍座抗滑移这一对矛盾的技术路线有两条：一是增大中塔刚度、将传统的柔性索塔改良为半刚性中塔，这一技术路线可以避免主缆在鞍座内的滑移问题；二是设法增大主缆鞍座的抗滑移能力、采用刚性中塔。在这两条技术路线的探索进程中，江苏泰州长江大桥、温州瓯江北口大桥无疑是最具突破性的，具有方法论的价值意义。

4）半刚性中塔的工程实践——泰州长江大桥

（1）工程概况

泰州长江大桥位于江苏省境内的长江下游段，桥位距上游的润扬长江大桥 66 km，距下游的江阴长江大桥 57 km。桥址处江面开阔，两岸大堤相距 2.5 km，水面宽度约 2.1 km，河床断面呈 W 形，江中心段水深约 17 m、相对较浅，左右侧航道水深分别约 20 m、30 m，左右主槽有一定程度的摆动演变；地质情况为冲积土层、土质松软，基岩埋深超过 190 m。该桥临近泰州港，进出港口的船舶数量众多、航运繁忙，主通航孔通航要求为760 m×50 m，副通航孔为 220 m×24 m。

根据上述情况，可行的方案只有斜拉桥与悬索桥。对于悬索桥方案，必须将锚碇设置在大堤之外，以避免巨大的锚碇对航运、行洪产生影响，这就意味着要采用主跨 1400 m左右的双塔三跨悬索桥，利用主跨以及较大的边跨来满足主副航道的通航要求；或采用主跨 1000 m 左右的三塔两主跨悬索桥，充分顺应河床水文情况、满足通航要求；或采用主跨 1000 m 左右的斜拉桥方案，虽可满足航运要求，但对岸线开发建设有一定影响。为此，设计方（中铁大桥勘测设计院集团有限公司、江苏省交通规划设计院股份有限公司与同济大学建筑设计研究院集团有限公司的联合体）提出了三个方案，分别是主跨 1430 m 的两塔三跨悬索桥、2×1080 m 的三塔两主跨悬索桥以及主跨 980 m 的斜拉桥。

在上述 3 个方案中，738 m + 1430 m + 738 m 的双塔悬索桥方案跨越能力强、通航适应性佳，但在江中建造两个较大的主墩基础，对水流影响较大，船舶撞击几率亦较大，其加劲梁为三跨连续结构、长度达 2906 m，是三个方案中最长的。此外，为保障锚碇置于两岸大堤以外且有一定安全距离，边跨与中跨之比达 0.516，结构受力性能并不理想，导致工程规模较大、工期相对较长、工程造价较高。2×1080 m 的三塔两主跨悬索桥主墩将长江一分为二，提供了宽阔的上下行航道，对通航十分有利，虽在江中心设置了体量较大的主墩，但水工模型试验研究表明该方案对长江水流和河势的影响最小。此外，该方案加劲梁长度为 2160 m，主缆、加劲梁的材料用量及总造价明显低于主跨 1430 m 的双塔三跨悬索桥，工期也较短。主跨 980 m 的双塔斜拉桥，虽然设计施工技术比较成熟，施工风险较小，但在江中心深水处有 2 个体量较大的主墩，航道边缘距主墩较近，船舶撞风险较大，且斜拉桥方案除主墩外，尚有较多的辅助墩、过渡墩和引桥桥墩，深水基础较多，对河床断面压缩过大，对水流河势有一定的影响，不利于行洪和防船舶撞击。经综合比选，最终采用了 2×1080 m 的三塔两主跨悬索桥方案，如图 5-60 所示。

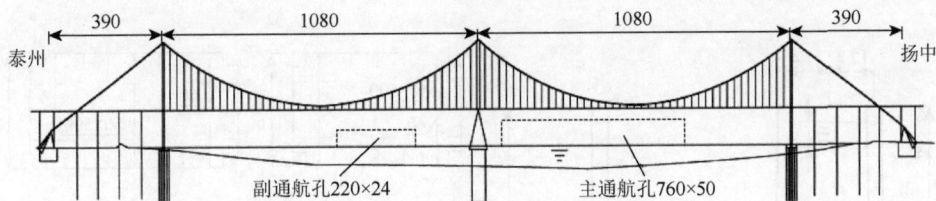

图 5-60　泰州长江大桥概貌及总体布置（单位：m）

（2）技术路线及中塔参数优化

采用三塔两主跨悬索桥后，较好地顺应了该桥建设条件及通航需求，但却带来了一系列技术难题，其中，中塔刚度及设计参数优化就成为这些技术难题的核心。为破解这些技术难题，设计单位选取了"半刚性中塔"的技术路线，相关技术难题主要体现在以下三个方面。

①中塔塔型及刚度比选。对于三塔悬索桥而言，由于中塔两侧均受主缆柔性约束，在非对称活载作用下，若中塔刚度较小、挠曲性较好，中塔顶两侧主缆不平衡水平力较小，主缆的抗滑移安全容易保证，但加载跨主缆垂度及加劲梁挠跨比较大，行车舒适性不易保证；若中塔刚度大，加劲梁的挠跨比易于满足要求，但中塔顶主缆不平衡水平力大，可能会造成主缆在鞍座内产生滑移。因此，中塔在顺桥向的合理刚度，应是既具有适当的可挠曲性，又具有足够的抗弯刚度。为此，对中塔塔型及合理刚度进行了广泛的分析比选，对中塔塔型（A 形塔、I 形塔和人字形塔）、材料（钢、混凝土、钢-混凝土混

合）、截面尺寸、人字形中塔的塔底纵向分叉宽度及分叉高度等进行了系统全面的分析，最终确定了人字形钢中塔的设计参数。

②中边塔高度比选。中塔高度不仅与整个结构体系的受力行为、刚度等因素息息相关，同时也关系到全桥景观效果，需要结合受力、景观、工程造价等因素综合考虑。分析结果表明，随着中塔高度增大，主缆索股的抗滑安全系数有所增大，但加劲梁的活载挠度、塔顶纵向位移也随之增大；单纯降低边塔的高度，对结构各主要构件内力和变形影响不大；在三塔等高的基础上加高中塔、降低边塔，则主梁挠度有所增加。因此，需控制中塔与边塔的高度差值，经多方面比较，最终选取了中塔高于边塔 20 m 的方案。

③主缆垂跨比比选。主缆垂跨比对结构刚度、工程数量等具有决定性影响，需结合结构刚度、恒载效应、工程造价等因素综合平衡。分析结果表明：随主缆垂跨比的减小，主缆抗滑安全系数有所增加，主缆垂跨比由 1/9 减小到 1/13，主缆恒载、活载拉力增加接近 50%，但主缆抗滑安全系数仅增大 20%。由此可见，主缆垂跨比减小对中塔、主梁控制截面应力的影响不大，抗滑移安全系数虽有一定程度的增大，但主缆恒活载拉力增长幅度较大，这会造成包括主缆、主塔、锚碇工程数量的大幅度增加。综合全桥静动力分析比选，为减少工程量，主缆垂跨比采用 1/9。

经过反复比较优化，最终确定了采用纵向人字形、横向门式框架的中塔结构型式，中塔主要设计参数及截面尺寸如图 5-61 所示。中塔塔柱在纵桥向共分为三个区段：即上部直线段、交点附近的曲线过渡段及下部斜腿段，塔柱两斜腿中心交点以上的塔柱高 122.0 m，交点以下的塔柱高 69.5 m，两斜腿纵向张开距离为 34.75 m，斜腿段倾斜度为 1：4；

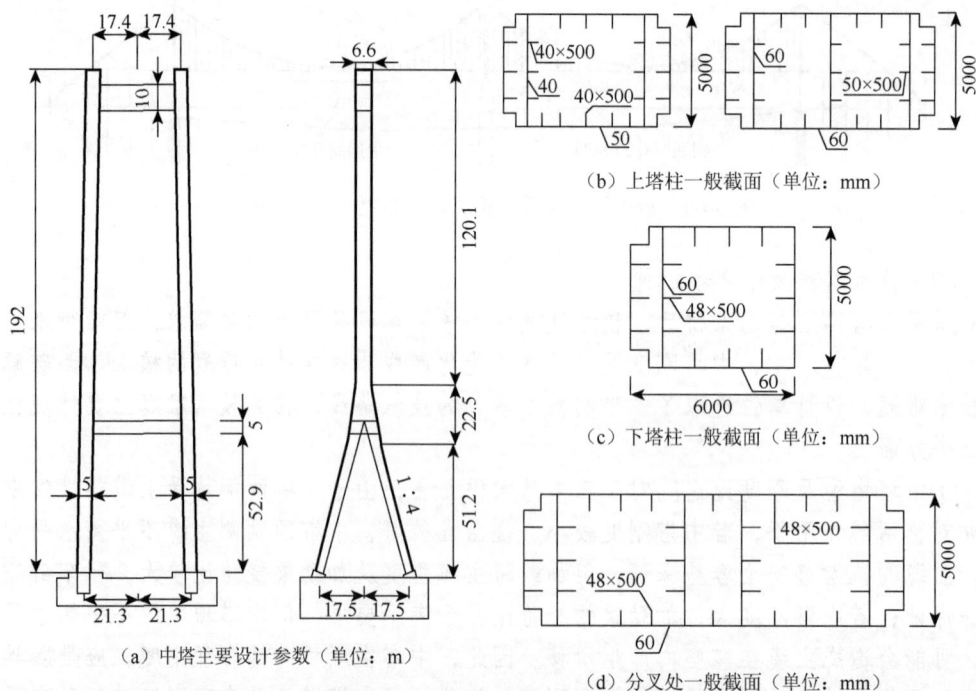

（a）中塔主要设计参数（单位：m）

（b）上塔柱一般截面（单位：mm）

（c）下塔柱一般截面（单位：mm）

（d）分叉处一般截面（单位：mm）

图 5-61　泰州长江大桥中塔主要设计参数及截面尺寸

塔柱在横桥向为门式框架，共设置两道横梁，自塔顶至塔底为等宽 5.0 m。中塔钢结构采用了 40～60 mm 厚的 Q370qD 和 Q420qD 钢板，共分为 21 个节段，节段间采用高强度螺栓连接。

泰州长江大桥于 2012 年建成，是大跨径多塔悬索桥的首次工程实践，该桥总用钢量 94 510 t，混凝土 43 万 m³，全桥总造价为 30.3 亿元，折合每平方米桥面造价 2.96 万元（约为同等地质条件下主跨 1400 m 常规悬索桥综合单价的 75%左右），在技术经济指标比较优越的情况下，成功解决了多塔悬索桥中塔刚度与主缆抗滑移问题的矛盾冲突。计算结果表明，该桥最大竖向挠度 4.17 m，挠跨比为 1/259，能够满足规范规定的最大允许挠跨比 1/250 的限值，结构体系刚度稍低于同等跨径的常规悬索桥。虽然该桥最大竖向挠跨比相对较大，但却拉开了多塔悬索桥建设发展的序幕，影响了后续多座多塔悬索桥的建设。

5）同期半刚性中塔多塔悬索桥的其他工程实践

在泰州长江大桥建成之后，多塔悬索桥已成为大跨长桥的一种可供选择的结构形式，工程实践活动逐渐活跃起来。在我国，稍后又采用同样技术路线，于 2013 年建成了安徽马鞍山长江大桥左汊桥（主跨跨径 2×1080 m，垂跨比为 1/9）、2014 年建成了湖北武汉鹦鹉洲长江大桥（主跨跨径 2×850 m，垂跨比为 1/8）两座三塔双主跨悬索桥。

同一时期，国际桥梁界也对多塔悬索桥进行了工程实践探索，比较有影响的是以下两座大桥。一座是 2019 年建成的韩国天使大桥（Cheonsa Bridge，又名千四大桥），该桥跨径布置为 225 m + 650 m + 650 m + 225 m，主缆垂跨比为 1/8，采用 H 形桥塔，中塔高出边塔 12.8 m，也采用了半刚性中塔的技术路线，并对塔身的刚度参数进行了优化，最终确定的中塔截面尺寸为 12 m×8 m，边塔截面尺寸为 7 m×7.15 m。另一座是预计 2025 年竣工的智利查考（Chacao）大桥，该桥跨径布置为 324 m + 1055 m + 1155 m + 220 m，采取了优化垂跨比的技术线路，为减小中塔两侧的不平衡拉力，小跨 1055 m 主缆的垂跨比为 1/10，大跨 1155 m 主缆的垂跨比 1/9.2，该桥的三座索塔均采用混凝土倒 Y 形索塔，并在中塔的鞍座内设置竖向隔板、采用顶盖板加压方式来增大中塔鞍座的抗滑移能力。

6）刚性中塔的工程实践——温州瓯江北口大桥①

（1）工程概况

温州瓯江北口大桥位于瓯江入海口处，北侧为乐清市，南侧为瑞安市，是甬台温高速公路复线和南金公路合建项目。桥址处瓯江分为南北两个航道，南侧为主通航孔，单孔双向通航 3 万 t 集装箱货轮，北侧副通航孔，单孔单向通航 3000 t 杂货船和 3 万 t 级修造船，南北两通航孔的净空分别为 474 m×53.5 m 和 274 m×53.5 m；瓯江北口大桥桥位距温州龙湾机场 8.5 km，处于航空限高区，要求塔顶高程不超过 154 m；同时，该地区台风多发，设计基本风速为 43.2 m/s，属海洋环境、对结构耐久性要求高。经综合考虑、反复比选，该桥选取了主跨 2×800 m 三塔两主跨悬索桥方案，两主跨分别跨越两个通航孔的方案，北塔基础置于岸上，南塔位于规划码头前沿线之后，既满足了航空对索塔高度的限制，也满足了水利与环保的要求，同时还降低了基础施工难度和船舶撞击的风险。

温州瓯江北口大桥设计单位为浙江数智交院科技股份有限公司及中铁大桥勘测设计

① 本案例部分资料及图片来自"说桥"公众号推文"多塔悬索桥的新进展"。

院集团有限公司，主要设计参数为：跨径布置为 230 m＋2×800 m＋348 m＋2178 m，垂跨比为 1/10，主缆横向间距 41.8 m，单根主缆由长约 2300 m 的 169 根通长索股组成，重约 54 t，加劲梁采用板桁组合式整体钢桁梁，桁高 12.5 m，桁间距 36.2 m，共 110 个吊装梁段，最大梁段吊重约 813 t，双层桥面、上下共设 12 个机动车道。该桥总体布置及建成后的概貌如图 5-62 所示。

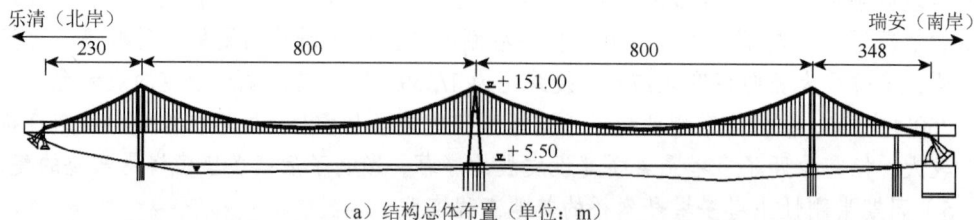

（a）结构总体布置（单位：m）

（b）概貌（图片来自百度图片，查看彩色图片可扫描封底二维码）

图 5-62　温州瓯江北口大桥总体布置及建成后概貌

（2）技术路线及中塔参数优化

为解决多塔悬索桥整体刚度不足的问题，该桥在设计时另辟蹊径，创造性地采用了刚性中塔、设置高摩擦性能鞍座的技术路线，即通过削减刚性中塔的变形来抵抗主缆的不平衡拉力、减小加劲梁的伴随挠度，并对中塔鞍座进行特殊设计来提高主缆与鞍槽之间的摩擦力。具体来说，就是通过设置高摩擦性能鞍座、增强鞍座抗滑移能力，来破解中塔刚度和鞍座-主缆滑移的矛盾冲突。

对于刚性中塔，采用四柱式钢筋混凝土索塔，塔顶标高 147.5 m，塔高 142 m，纵向为 A 形，横向为门形，经反复优化索塔刚度，索塔塔根分叉间距为 30 m，以便将索塔的弯矩转换为塔柱的轴力。中塔基础采用矩形沉井，尺寸为 66 m×55 m×68 m，塔柱截面的横向尺寸在标高 55.8 m 以上为 7 m 等宽，标高 55.8 m 以下为 7～9 m，如图 5-63（a）所示。设置刚性中塔之后，主缆在最不利活载作用下最大不平衡力达 35 811 kN，约为同类桥梁如泰州长江大桥、马鞍山长江大桥、武汉鹦鹉洲长江大桥的 3 倍，但中塔塔顶水平位移仅为 0.15 m，约为上述上述悬索桥的 1/10～1/5，在最不利活载作用下（单跨满载、另一跨空载）加劲梁最大竖向挠度为 1.36 m，约为上述悬索桥的 1/2，挠跨比达到了 1/588，与梁桥的允许挠跨比 1/600 十分接近（见表 5-14），这说明采用刚性中塔对于提高多塔悬索桥的整体刚度十分有效。此外，该桥中塔采用混凝土索塔，与全钢中塔、钢-混凝土混合索塔相比，混凝土中塔具有结构刚度大、施工方便、结构耐久性显著提高等优点（不同材料的中塔纵向刚度分别为：全钢塔 53 378 kN/m，钢-混凝土混合塔 68 515 kN/m，混凝土塔 476 644 kN/m，混凝土塔的纵向刚度约为全钢塔的 8.9 倍），很好地顺应了桥址海洋环境的要求，且混凝土索塔相对于钢索塔可节约索塔造价 1.3 亿元，技术经济优势十分显著。

表 5-14　我国几座三塔两主跨悬索桥刚度比较表

桥名	建成年份	主跨跨径/m	主缆不平衡力/kN	活载下加劲梁最大竖向挠度/m	挠跨比	中塔顶最大纵向位移/m
泰州长江大桥	2012	2×1080	10 390	4.17	1/259	1.71
马鞍山长江大桥	2013	2×1080	12 470	3.00	1/292	1.36
武汉鹦鹉洲长江大桥	2014	2×850	11 450	2.21	1/402	0.65
温州瓯江北口大桥	2022	2×800	35 811	1.36	1/588	0.15

（3）刚性中塔衍生出的新问题

采用刚性中塔虽然对提升结构整体刚度、抗风性能和结构耐久性十分有利，但却意味着中塔鞍座处主缆的抗滑移问题变得更加突出。为此，该桥在结构设计的同时，开发了高摩擦性能鞍座，在主缆与鞍槽滑移机理、新型鞍座结构形式与制造工艺上开展一系列技术攻关。高摩擦性能鞍座是在常规鞍座的基础上，采用铸焊结构，通过增设竖向摩擦板，将索股和摩擦板间的侧向摩擦力传递到鞍槽底部，从而提高索股钢丝与鞍槽之间的摩擦力。经过理论分析与模型试验，该桥中塔鞍座在鞍槽内设置了 14 道竖向摩擦板 [图 5-63（b）]，摩擦板采用 Q3454C 钢，板厚 12～16 mm、高 726～907.5 mm、横向净距 61 mm。在编缆过程中，索股会对摩擦板产生侧压力，随着索股编制高度的增大，侧压力逐渐增大，侧压力产生的摩擦力也逐渐增大，从而达到了提高鞍座的抗滑性能的目的。试验研究结果的分析表明：在最保守的情况下，将钢丝与鞍座间摩擦系数取 0.15、钢丝间摩擦系数取 0.2 进行计算，在主缆不平衡水平分力达 35 811 kN 的情况下，得到主缆整体名义摩擦系数为 0.392，抗滑安全系数为 3.37，说明主缆在极端加载条件下也不会发生索股滑移现象。

采用高摩擦性能鞍座后，鞍座抗滑移能力显著提升，但却带来了两个新的、实施性的问题。一是窄深空间（摩擦板间距 61 mm、高度 726～929.5 mm）的摩擦板如何焊接？二是在深索槽的情况下，索股如何入鞍？对于摩擦板焊接，研发了专用智能焊接设备 [图 5-63（c）]，实现了窄深空间摩擦板与鞍槽之间的连续自动化焊接，提出了相应的装焊工艺，实现了竖向摩擦板的焊接变形量小于 2 mm 的精度要求。对于索股入鞍问题，通过反复试验，研发出一套自动化主缆索股入鞍专用机器，入鞍机器人由行走系统、设备框架、顶推压杆、导引小车等部件组成，能够顺利实现索股入槽，见图 5-63（d）。

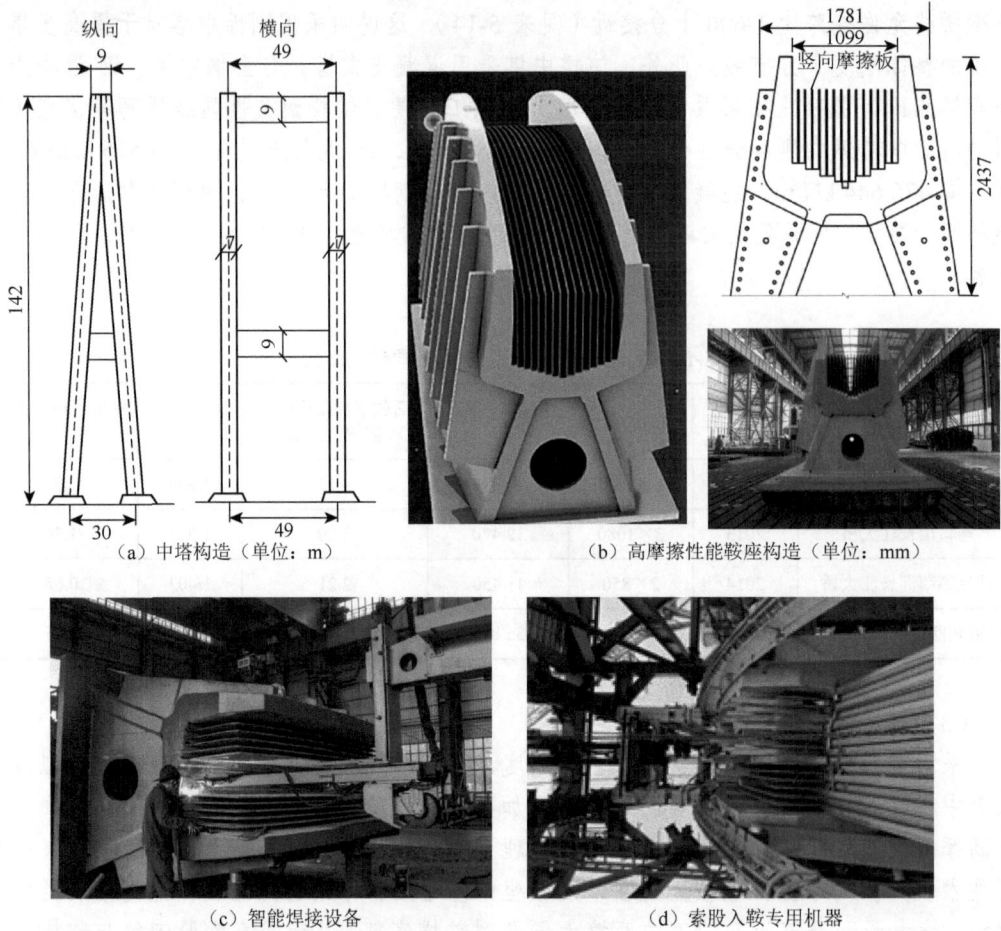

（a）中塔构造（单位：m）

（b）高摩擦性能鞍座构造（单位：mm）

（c）智能焊接设备

（d）索股入鞍专用机器

图 5-63　温州瓯江北口大桥总体布置及索鞍构造

温州瓯江北口大桥于 2022 年 6 月建成，该桥摒弃了以往采用半刚性塔的技术路线，采用了 A 形混凝土刚性中塔，并配以高摩擦性能鞍座来应对巨大的不平衡主缆水平力的全新解决方案，很好地顺应了特殊而复杂的建设条件，使得多塔悬索桥的整体刚度大幅提升，中塔刚度与鞍座抗滑移能力的矛盾得以完美解决。该桥总造价为 47.5 亿元，比主跨 1600 m 两塔悬索桥的工程造价降低了 11%，其中，主缆用钢量为 9126 t，仅为跨径 1600 m 悬索桥的主缆用钢量的一半左右。

7）几点认识感悟

从法国工程师马克·塞昆 19 世纪 40 年代的工程实践，到美国桥梁设计大师查尔斯·亨利·伯塞尔 20 世纪 30 年代的设计尝试，再到 21 世纪初泰州长江大桥、温州瓯江北口大桥的工程实践，对于提高多塔悬索桥结构体系刚度技术路线的探索，差不多经历了近 200 年，其间一度遭受工程界的质疑，设计方案多次被弃用。这一曲折崎岖工程历史的史实再次说明：一是结构体系创新就是要敢于打破常规、另辟蹊径，在多种可能的技术路线中寻求最适宜、最切中要害的解决方案，由此实现改善结构受力性能、提高经济效益的目标；二是结构体系的创新是一个漫长的、曲折的、反复迭代的进程，不可能一蹴而就，渐进性的改良改进是其最突出的特征；三是技术创新、工程创新存在着自我进化的迭代机制，在解决原有主要矛盾的同时，也会衍生出新的问题，即便在技术层面上，也必须系统化统筹、体系化推进。但正是这些复杂曲折工程创新实践，构成了工程演化的新路径。

参 考 文 献

陈良江，周勇政，2020. 我国高速铁路桥梁技术的发展与实践[J]. 高速铁路技术，11（2）：27-32.

陈宇军，刘彦生，李青翔，等，2020. 石家庄国际展览中心结构设计分析[J]. 建筑结构，50（12）：9-16.

崔鸿超，2013. 日本超高层建筑结构抗震新技术的发展现状及思考[J]. 建筑结构，43（16）：1-7.

代明，殷仪金，戴谢尔，2012. 创新理论：1912-2012：纪念熊彼特《经济发展理论》首版 100 周年[J]. 经济学动态，（4）：143-150.

邓文中，2014. 桥梁话语[M]. 北京：人民交通出版社.

弗里曼，2004. 工业创新经济学[M]. 华宏勋，译. 北京：北京大学出版社.

高宗余，阮怀圣，秦顺全，等，2019. 我国海洋桥梁工程技术发展现状、挑战及对策研究[J]. 中国工程科学，21（3）：1-4.

葛耀君，袁勇，2019. 桥岛隧组合跨海通道的最新建设技术[J]. 工程，5（1）：35-49.

广州大学，哈尔滨工业大学，广州新电视塔建设有限公司，等，2013. 广州塔主被动复合调谐控制技术研究[Z].

韩大章，万田保，陆勤丰，等，2007. 泰州长江公路大桥主桥方案设计[C]//中国公路学会桥梁和结构工程分会 2007 年全国桥梁学术会议论文集. 北京：中国公路学会桥梁和结构工程分会.

李伯聪，2008. 工程创新：聚焦创新活动的主战场[J]. 中国软科学，（10），44-51，64.

李乔，2023. 桥梁纵论[M]. 北京：人民交通出版社.

李迎九，2019. 千米跨度高速铁路悬索建造技术现状与展望[J]. 中国铁路，（9）：8.

林锦胜，吴欣之，龚剑，等，2009. 广州新电视塔结构施工技术[J]. 施工技术，38（3）：9-11，14.

刘晓光，卢春房，鞠晓臣，等，2020. 我国铁路钢结构发展回顾与展望[J]. 中国工程科学，22（3）：117-124.

毛伟琦，胡雄伟，2020. 中国大跨径桥梁最新进展与展望[J]. 桥梁建设，50（1）：13-19.

米切姆，2013. 工程与科学：历史的、哲学的和批判的视角[M]. 王前，等译. 北京：人民出版社.

秦顺全，高宗余，2017. 中国大跨径高速铁路桥梁技术的发展与前景[J]. 工程，3（6）：787-794.

秦顺全，徐伟，陆勤丰，等，2020. 常泰长江大桥主航道桥总体设计与方案构思[J]. 桥梁建设，50（3）：1-10.

曲哲，张令心，2013. 日本钢筋混凝土结构抗震加固技术现状与发展趋势[J]. 地震工程与工程振动，33（4）：61-74.

邵旭东，邱明红，晏班夫，等，2017. 超高性能混凝土在国内外桥梁工程中的研究与应用进展[J]. 材料导报，31（23）：33-43.

唐贺强，徐恭义，刘汉顺，2017. 悬索桥用于铁路桥梁的可行性分析[J]. 桥梁建设，47（2）：13-18.

唐劲婷，钟万才，刘俊，等，2023. 基于站城融合的广州白云站上盖开发建设实践[J]. 铁道建筑，63（12）：153-156.

涂铭旌，2007. 材料创造发明学[M]. 成都：四川大学出版社：45-47，52-55.

吴健，康凯，2022. 在未知与限制中寻找机会：天府农博园主展馆设计[J]. 建筑学报（12）：66-69.

项海帆，2023. 中国桥梁（2013-2023）[M]. 北京：人民交通出版社.

辛杰，2020. 铁路悬索桥设计活载模式与结构合理刚度标准研究[J]. 铁道建筑，60（12）：1-4.

徐伟，苑仁安，王强，等，2021. 常泰长江大桥主航道桥结构体系及钢梁设计[J]. 桥梁建设，51（3）：1-8.

杨进，2007. 泰州长江公路大桥主桥三塔悬索桥方案设计的技术理念[J]. 桥梁建设，（3）：33-35.

殷瑞钰，汪应洛，李伯聪，2018. 工程哲学[M]. 北京：高等教育出版社：99-106.

张金涛，傅战工，秦顺全，等，2022. 常泰长江大桥主航道桥桥塔设计[J]. 桥梁建设，52（5）：1-7.

张俊平，2023. 现代桥梁工程创新：认识、脉络及案例[M]. 北京：人民交通出版社.

张雷，2021. 桥梁之道：中国哲学思想对桥梁工程的启迪[M]. 北京：中国铁道出版社.

周定，韩建强，杨汉伦，等，2012. 广州塔结构设计[J]. 建筑结构，42（6）：1-12.

周绪红，张喜刚，2019. 关于中国桥梁技术发展的思考[J]. 工程，5（6）：1120-1130，1245-1256.

Aïtcin P C，Mindess S，Langley W S，2016. The Confederation Bridge[M]//Marine concrete structures. Cambridge：Woodhead Publishing：199-214.

Balz M，Göppert K，Kemmler R，2010. Concept，design and realization of the Moses Mabhida Stadium，Durban，South Africa for the Football World Cup 2010[C]//Symposium of the International Association for Shell and Spatial Structures（50 th. 2009. Valencia）. Evolution and Trends in Design，Analysis and Construction of Shell and Spatial Structures：Proceedings. València：Editorial Universitat Politècnica de València.

Combault J，Teyssandier J P，2005. The Rion-Antirion Bridge：concept，design and construction[C]//Proceedings of the Structures Congress 2005，[S.l.：s.n].

Douglas L，2010. Olympics watch the velodrome[J]. Engineering and Technology Magazine，5（2）：20-22.

Exner H，2009. Opera House，Copenhagen：Outstanding roof structure[J]. Structural engineering international，19（2）：118-120.

Goyet V，Duchêne Y，Virlogeux M，et al.，2015. The behavior of the Third Bosporus Bridge related to wind and railway loads[C]//Proceedings of the 2015 IABSE Geneva Conference. [S.l.：s.n]：2109-2116.

Guesdon M，Erdogan J E，Zivanovic I，2020. The Third Bosphorus Bridge：A milestone in long-span cable technology development and hybrid bridges[J]. Structural Engineering International，30（3）：312-319.

Klein J F，2017. Third Bosphorus Bridge：A masterpiece of sculptural engineering[J]. Stahlbau，86（2）：160-166.

Klein J，2015. Apologia for "Sculptural engineering" [C]//Proceedings of the 2015 IABSE Geneva Conference. [S.l.：s.n].

Martin J P，Servant C，Cremer J M，2004. The design of the Millau viaduct[C]//Fib Avignon Symposium Proceedings，[S.l.：s.n].

Nakai1 M，Hirakawa K，Yamanaka M，et al.，2013. Performance-based wind-resistant design for high-rise structures in Japan[J]. International Journal of High-Rise Buildings，2（3）：271-283.

Tadros G，1997. The Confederation Bridge：An overview[J]. Canadian Journal of Civil Engineering，24（6）：850-866.

Tavares A S，2004. Funchal airport extension，Madeira island，Portugal[J]. Structural Engineering International，14（4）：332-335.

Virlogeux M，2003. The Millau Cable-Stayed Bridge：Recent developments in bridge engineering[C]//Proceedings of the Second New York City Bridge Conference. Lisse，Netherlands.：Swets & Zeitlinger Publishers：3-18.

第6章 结构工程的未来挑战

第二次世界大战以后，随着城市化、工业化进程的加速，在经历80年的高速发展之后，结构工程实施能力取得了极大的飞跃，基本能够应对结构工程实践活动中的各种难题，取得了辉煌的成就，夯实了人类生活生产物质基础，成就了人类文明的繁荣昌盛。现阶段，虽然应对某些工程问题的方式方法还存在较大改进提升空间，在某些超级工程项目的建设中上也存在一些不小的技术挑战，但就整体状况而言，原则上已经没有不可逾越的技术障碍了。结构工程基本上实现了从"能不能"向"好不好""适合不适合"的根本转变，这是人类历史上从未有过的壮举。与此同时，结构工程正在回归成为一种常规的、传统的"工程技术"，逐渐褪去了自第一次工业革命以来所独有的耀眼光环，其所承载的社会期望也逐渐降低，人们也不再热衷于创造各类工程纪录了，结构工程界也逐渐回归到不断提高工程建设品质这一初心和使命上来了，以更好地回应工程建设与自然环境、工程建设与社会需求的矛盾冲突。

然而，由于结构工程处在科学、技术与艺术的交叉点上，既具有严谨的科学性和系统的集成性，也具有突出的时代性与当时当地性，还兼有一定的艺术性，这使得结构工程实践活动在本质上是一个同体异质要素耦合的作用过程和结果，导致结构工程实践活动是复杂多变的，除了依据科学理论与技术方法之外，还必须借助工程规则、工程经验才能够比较全面地把握。这些相互矛盾冲突的特点，必然导致人们在工程实践活动中很难准确全面地把握其内涵，既会在认识上存在各种各样以偏概全的认知误区，也会在技术开发时出现形形色色的角色错位，还会在工程实践中产生形式不一的创新异化，等等，这些相伴相生的局限性一直是结构工程实践活动的一部分，有些时候甚至会留下难以磨灭的时代印记。虽然一代又一代结构工程大师留下了诸多无与伦比的结构工程精品，已经沉淀为人类文明的有机组成部分。但也无须否认，结构工程是一项充满遗憾的实践活动，人们在工程实践中也创造出很多"不太完美"的结构物，它们固有的功能缺陷、性能瑕疵、安全隐患等，已然成为结构工程实践活动不可分割的一部分。

针对这些问题，人们从科学、技术、艺术、哲学、经济、社会、历史等多个视角，对结构工程实践活动做出内涵不一、风格迥异的描述和刻画，力图在科学层面、技术层面、认识层面、实践层面上最大限度地克服结构工程实践中形形色色的局限性。其中，一些视角如科学视角、技术视角是我们习以为常的，也是结构工程师培养和成长的最重要载体。与此同时，另一些视角如哲学视角、艺术视角、社会视角虽然是不常见的，但却是评价结构工程实践活动及其结果的广义度量衡器，阐释了结构工程发展演化进程中的内外部逻辑，调校着结构工程的发展方向。虽然这些不同视角得出的看法结论在广度、深度、风格上存在较大差异，但相互之间却具有不可替代性，都为结构工程未来进阶之路指明了方向，也为结构工程实践活动、技术开发活动拨开了观念上的迷雾。

基于上述状况，面对现代结构工程实践活动取得的伟大成就，面对当代全球自然资源匮乏、环境污染日益严重、自然灾害及工程事故频发、结构工程疆界不断扩张、新一轮技术革命正在酝酿、社会各界对结构工程建设品质期望不断提高的大背景下，有必要依据结构工程的本质特征，依托结构工程创新、工程演化的基本规律，对结构工程的发展趋势及未来结构工程面临的挑战做一简要梳理概括，以便结构工程师能够在思想观念、科学素养、技术能力等方面系统性地提升，以更好地应对未来工程挑战。

6.1　现代结构工程的发展趋势

从工程历史角度来看，工程实践活动总是在人类对自然规律、社会规律、经济规律认识深化的基础上，在"造物即造福"价值取向的引导下成为直接的生产力，进而对人类生产生活方式、经济社会发展产生了巨大而深刻的影响，结构工程亦是如此。与之相伴相生的，受工程实践活动的复杂性、技术可实现性、经济可接受性以及人类认知水平的局限性等因素的制约，工程实践活动不可避免地存在一些功能缺陷、事故教训、建设运营风险，在面对一些具有高度不确定性自然灾害如地震威胁时、面对一些超级工程的挑战时或特殊极端建设条件时，结构工程师仍会显得力不从心，与人类对结构工程实践活动的期望仍有一定的差距。即便在结构工程技术已经非常成熟的今天，结构工程与自然环境、结构工程与社会需求之间的矛盾还是无处不在、无时不在，一些时候人们并不能很好地恰当地应对这些矛盾，导致许多工程项目都留下了难以弥补败笔或无法消除的缺憾，其中既有复杂的社会、经济、历史、文化等外部原因，也与结构工程师对工程实践活动规律认知把握能力不足密切相关，这也许是"工程是关于可能性的艺术、也是遗憾的艺术"（圣地亚哥·卡拉特拉瓦）这一论断最佳的注脚。

在当代，无论是在发达国家还是发展中国家，结构工程都是消耗自然资源能源最大、吸纳就业人口最多、产生废弃物最多、对国民经济发展具有重要支撑的工程领域，因此，结构工程的技术创新、工程创新一直备受社会各界的重视，以夯实人类社会永续发展的物质基础。在全球人口膨胀、自然资源匮乏、环境问题突出、自然灾害频发、城市化进程加速、结构工程疆界不断扩张的大背景下，随着结构工程实践活动向深海、深土、高寒等极端建设场景的进军，在以云计算、物联网、大数据、人工智能等新一代数据科学与通用技术的支撑下，现代结构工程呈现出一些新的特点和发展趋势，以积极应对日益突出的结构工程与自然环境、结构工程与社会需求之间的矛盾。概括来说，现代结构工程既是在科学先进的工程观念指引下不断增进人类福祉的造物活动，也是在更加严苛的自然及社会条件约束下突破工程禁区的实践活动，还是以人类丰富的想象力为底色、将技术与艺术融为一体、将一大批未来学家如理查德·B. 富勒、阿尔文·托夫勒（Alvin

Toffler）[①]、雷·库兹韦尔（Ray Kurzweil）[②]等人描绘勾勒的宏图愿景逐渐实现的进程。在这个令人期待的历史进程中，结构工程发展趋势大致可以从工程观念、科学研究、技术创新、结构设计、工程实施等六个方面归纳如下。

一是在工程观念层面，更加重视对结构工程本质特征的全面把握，更加强调结构工程的非技术属性，更加注重可持续发展理念的贯彻落实。在既有结构工程存量及使用年限不断增大、新建结构工程数量居高不下、人口老龄化和劳动力成本不断上升的大背景下，结构工程实践活动将进一步秉持文明接续发展、文化赓续传承的历史使命，更全面地体现结构工程的"当时当地性""综合性""系统性"等根本属性，更系统地落实工程社会观、工程文化观、工程生态观，并将"为了什么"这一工程实践活动的核心问题置于一切技术活动的顶端，在技术迭代进步、文化文脉沉淀、结构功能改造、与自然和谐相处等方面取得更大的进步，以更好地化解工程项目与自然环境、工程建设与社会需求之间的矛盾冲突，使结构工程与当地历史文化进一步融合、成为人类文明赓续的载体。另外，基于新的科学发现，以及结构工程新材料、新结构、新技术、新工法的开发迭代，基于相近学科如材料科学与工程、机械电气工程、信息技术等学科的带动和支撑，工程观念将会不断被赋予新的内涵，以指导结构工程师与时俱进地处理结构工程建设运营过程中的各类新问题，并由此不断提升结构工程建设与运营的效能水平、经济效益与社会效益，将可持续发展的工程观念落实得更加到位。

二是在科学研究层面，结构工程实践活动的知识特征更加显著，科学理论、技术创新对结构工程实践活动的支撑作用更加突出。随着知识经济时代的来临以及人类对自然规律认知水平的提升，科学研究、技术创新、工程知识创造已经成为当代经济社会发展最重要的资源。对于传统而现代的结构工程领域，随着人类对材料、结构、环境作用等具有高度不确定性因素把握驾驭能力的不断增强，结构荷载学将会更加全面、客观、准确地描述自然界和人类社会对结构工程的输入。此外，计算科学范式、数据科学范式的作用价值会进一步地显现，各类结构的力学行为将会揭示得更加全面准确，基于全概率、基于结构性能、基于人工智能的设计方法将会逐渐成熟，结构设计理论将会从"材料-构件"二阶层面跃升到"材料-构件-结构"三阶层面上，以更全面地描述把握结构整体行为与可靠性、更科学地统筹结构设计中安全性与经济性的冲突、更系统地应对工程建设运营全寿命的各类风险。与此同时，在数据科学和材料科学的支撑下，新的工程知识、新的工程规则、新的构造方式会不断地被创造出来，不可描述的工程经验会逐渐被"硬化"成为新的工程知识，结构工程实践活动的理论成色将会不断得到提升，结构工程学科知识体系将会不断健全完善。

三是在技术创新层面，针对既有结构形式、结构材料、施工方法、施工装备的局限

---

① 阿尔文·托夫勒（Alvin Toffler），1928~2016 年，享誉全球的著名未来学家、社会思想家，1970 年出版了《未来的冲击》，1980 年出版了《第三次浪潮》，1990 年出版了《权力的转移》等未来三部曲，对当代社会思潮产生了广泛而深远的影响。

② 雷·库兹韦尔（Ray Kurzweil），1948 年至今，奇点大学创始人兼校长、发明家、谷歌技术总监，在计算机科学、人工智能领域有诸多发明，著有《奇点临近》《奇点更近》《如何创造思维》《灵魂机器的时代》《人工智能的未来》等影响深远的著作。

性，技术创新活动更加活跃，结构工程安全性与经济性之间的矛盾将会平衡得更加精准恰当，单位建筑面积所消耗的自然资源和能源将会逐渐减小。具体来说，即便是某一时期某一地域的结构工程规模有所收缩，但从整体上来说，由于结构工程实践活动的规模大、地域广、持续时间长，这就使得技术创新的源头活水作用更加突出、倍增效应更加明显、由技术创新带来的经济效益和社会效益更加显著，并由此使结构工程的安全性可靠性大幅提升，使单位面积所消耗的结构材料量不断降低。技术创新与工业化城市化进程相互激荡，使得工程创新呈现出集群涌现的现象，并在工程建设运营资源全球化配置的潮流下，迅速带动工程创新的扩散。另外，在社会需求的牵引下、在不断进步的结构工程技术加持下，传统观念中原来普遍认为不具备可能性的工程项目，其可行性不断提升，并逐渐转化现实当中的工程，结构工程的禁区由此不断被突破、工程疆界急剧扩大，结构工程实践活动呈现出无限的可能性和丰富的多样性。在这个加速发展的进程中，新的结构体系、新的结构材料、新的技术方法、新的施工装备将会不断被发明出来，经过市场洗礼成为工程演化进阶之路上的铺路石，并由此衍生出一些结构工程新的细分方向、推动技术创新进入了自我驱动的新阶段。

四是在结构设计层面，结构设计的核心和龙头作用更加凸显，对结构工程安全性、经济性、适用性和艺术表现力的统筹作用更加突出，对结构工程的系统性、社会性、人文性等综合属性的回应得更加到位。在未来，结构设计对技术创新和工程创新的引导作用、对工程品质和建造效能效率的提升、对工程风险的防范化解作用将会进一步凸显，结构设计不再仅仅是依据相关规范规程的技术实现过程，而是不断强化结构工程师的价值取向、思想情感、艺术素养和精神追求的创作过程。在这种情况下，结构工程师的方案构思、概念设计、结构材料选择、经济性能与安全性能统筹等创造性劳动的价值意义就更加显著。进一步来说，随着未来结构工程向体量大型化、技术复杂化、建设条件极端化等方面进军，虽然计算科学、CAE 软件及人工智能能够在某些方面减轻结构工程师的负担，但却对结构工程师的整体把握水平、全面统筹能力和技术驾驭能力提出了更高的要求。另外，为克服当代结构工程项目辨识度不高、结构艺术和人文性相对稀缺等不足，必然促使人们更加强调工程项目的独特性和创造性，更加关注结构工程的附加价值和艺术性，以修正批量化设计、工业化建造所带来的缺乏艺术特质的弊端，回归结构艺术的真谛。

五是在工程实施层面，结构工程实践活动的要素全球化配置的特点更加明显，实施约束条件更严苛，实施效率效能将不断提升。在未来，随着人类对结构工程本质属性，以及结构工程实践活动正反两方面经验教训认识的不断提升，社会大众对结构工程能效水平、环境保护与可持续发展提出了更高的期望，将会使结构工程实践活动的经济、社会、环境、文化、宗教、历史等方面约束维度更多，力度更强。这必然要求结构工程决策者、结构工程师对结构工程实践活动"当时当地性""可持续性"等基本特征有更深刻的领悟把握，从而在工程实践活动中更好地顺应结构工程建设运营条件，更加重视技术手段与管理模式的协同与融合，以不断提升结构工程实施的效率和品质，提升结构工程的工业化制造成色。另外，随着经济全球化的发展融合，建筑业、设计咨询业的比较优势得以显现，结构工程的一些要素如技术、资金、人力资本等呈现出跨国界自由流动的态势，市场呈现出全球化竞争的趋势，结构工程实践活动的空间变得更加广阔。但与此同时，结构工程实践活动的复杂性大大增加，与结构工程相关的社会、文化、宗教、历史、伦理等软因素在工程实践活动中的重要性大幅提升，这必然改进、孕育、催生出新的工程建设与运营的模式。

六是在相近领域的技术支撑层面，传统工程领域如材料工程、机电工程对结构工程实践活动的支撑力度不断加大，新一代通用技术如信息技术、人工智能对结构工程的赋能作用更加突出。随着对传统结构材料如混凝土力学特性认知的深化、性能的改良，以及新的结构材料如 FRP、智能结构材料的开发取得突破，新一代的结构材料有望在可预见的未来逐步登上结构工程历史的舞台，并由此推动结构理论、设计方法、施工工艺、工具装备等成体系地跃升，带动结构工程实践活动进入一个崭新的发展阶段。另外，随着信息技术、人工智能对结构工程赋能力度的加大，人们有望借助于标准化设计、工厂化制造、机械化施工等手段，结构工程设计与建造面临新一轮的飞跃，从而使结构工程实现从传统建造向制造乃至"智造"的转变，结构工程实践活动呈现出多学科交叉融合的特征。与此同时，随着数据科学、人工智能等通用技术的发展，将会给结构工程实践活动注入新的发展动力，使人们从大数据中直接挖掘所需的信息和知识成为可能，对客观世界的认知方式也会从二元世界（精神世界/物理世界）跃升至三元世界（精神世界/数据世界/物理世界）。在数据科学的加持下，结构工程的研究范式有可能发生转变或更替，结构工程实践活动中的长期悬而未决一些问题如风荷载、地震作用的描述方法或表征方式有可能取得新突破，这将会显著提升结构工程应对高度不确定性自然灾害的能力。

案例 6-1　重大工程建设中的信息化元素——结构工程发展的新助力

1）技术背景

2017 年，国际著名咨询公司麦肯锡发布的《想象建筑业数字化未来》(*Imagining construction's digital future*) 报告表明：全球结构工程建造领域的数字化水平仅领先于农业，处于各个行业倒数第二位，迫切需要进行变革。为此，国内外建筑企业都正在积极探索尝试，以工厂化、信息化、数字化、智能化为切入点，赋能结构工程的建设和运营，推动建筑业的智能化升级，推动结构工程实现从建造向制造乃至"智造"的转变。总体来说，受限于结构工程实践活动的一些基本特点如标准化程度低、信息化难度大、数字化起步晚等因素的影响，国内外建筑业普遍刚刚迈过信息化、数字化的门槛，距离智能化还存在很大差距。面对这一新的挑战与机遇，一些重大结构工程结合项目实施的难点，从技术、管理两个层面进行了卓有成效的实践尝试，不仅大幅度提高了施工质量与施工效率，而且在某些方面呈现出"智能建造"的基本特征，使信息技术赋能结构工程实践活动成为现实。现摘取近年来两个国内的典型案例予以简要说明。

2）深中通道钢壳混凝土沉管隧道工程

深中通道地处粤港澳大湾区腹地，是我国 G2518（从深圳到广西岑溪）珠江口段的重点控制项目，技术标准为设计速度为 100 km/h 的双向 8 车道高速公路，属"桥梁-人工岛-隧道"超级集群工程，如图 6-1（a）所示。深中通道海底隧道全长 6845 m，其中，沉管段长 5035 m，一共有 32 个管节，包括 26 个长 165 m 标准管节，6 个长 123.8 m 变宽管节，标准管节的重量约为 7.6 万 t。沉管隧道采用两孔一管廊断面形式，建筑限界净宽 2×18.0 m，标准管节尺寸为长 165 m×宽 46 m×高 10.6 m。深中通道海底隧道首次将钢壳混凝土新型复合结构应用于工程实践，建设规模和施工难度都远远超过了国内外同类的隧道，而且还需要面对的沉管钢壳制作、自密实混凝土浇筑、远距离浮运等一系列新问题新挑战。为此，建设各方借力信息化技术，在钢壳沉管智能制造、混凝土的智能浇筑与检测、管道节段智能化安装施工等方面进行了卓有成效的探索，简述如下。

（a）深中通道俯瞰图　　　　　　　　　（b）钢壳沉管移动轨道

（c）钢壳沉管智能浇筑小车　　　　　　　（d）沉管运输安装一体船

图 6-1　深中通道钢壳混凝土沉管隧道［图片来自（宋神友，2019）］

一是实现了沉管钢壳体的智能化加工。以"互联网＋BIM 技术＋智能机器人"为切入点，深入推进造船业和钢结构制造业的深度融合，研发钢壳小节段车间智能制造、中节段数字化搭载、大节段自动化总拼生产线［图 6-1（b）］，以小节段车间的智能制造为中心，开发出了"四线一系统"的智能制造生产线，具体包括：板材/型材智能切割生产线、片体智能焊接生产线、块体智能焊接生产线、智能涂装生产线、车间制造执行过程的信息化管控系统，从而提高了钢外壳的制造质量和效率，使钢外壳的智能制造得以顺利完成。

二是采用智能浇筑技术，实现了钢壳自密实混凝土的智能浇筑。为保证自密实混凝土的施工质量，研发了自密实混凝土的智能化施工装备和监控技术，具体包括：①研发智能混凝土浇筑设备及智能浇筑小车［图 6-1（c）］，能够利用温度传感器、定位装置、混凝土液面测量装置等传感元件，实现混凝土浇灌自动化和浇灌速率的控制。②以 BIM、智能传感元器件及物联网为核心，研发了涵盖混凝土生产、运输、浇筑、检测的全过程智能化管理系统，运用大数据来辅助决策，达到对沉管预制各环节任务智能分配、实时监控记录、施工缺陷快速定位、自动生成报表的高质量要求，有效提高了混凝土的浇筑品质。

三是研制了一套混凝土脱空快速测试的智能仪器，实现了钢壳混凝土浇筑质量的快速高效检测。结合定位装置、激振器和传感器，研发了阵列型智能成像装置，能够对缺陷的脱空位置、面积和高度进行精确的探测，在可视化处理后，得到二维或者三维的图像。

四是研发沉管运输安装一体船及沉管沉放智能控制系统，实现智慧安装。运输安装一体船具有接沉管出坞、带沉管自航到施工水域进行自动定位安装等功能，具有自航速度快、施工风险可控、管节结构适应性强、安装精度高等优点。钢壳混凝土管节制造基地位于珠江口的桂山岛（属港珠澳大桥沉管隧道制造基地的二次应用），距沉管安装位置的直线距离约 50 km，沉管运输安装一体船的研发，有效提升长距离管节浮运施工安全保障能力，并大幅提升浮运安装工效。

五是基于"互联网＋交通基础设施现代管理理念"的新思路，构建智能施工现场，实现了信息分享和工作协作。构建了以 BIM 技术为核心的项目管理平台，将大数据与项目管理系统深入结合，基本实现了对工程生命周期中关键信息的互联共享；大力推进"智慧工地"的建设，整合了安全预警、隐蔽工程数据采集、远程视频监控等设施设备，达到了对项目建设进行全过程、全方位管控的目的，推动工程管理水平及工程品质的提升。

3）浙江杭绍甬高速公路杭绍段工程[①]

浙江杭绍甬高速公路杭绍段工程起于萧山南阳接杭州中环，终于上虞余姚，主线全长 52.81 km，建设标准为六车道高速公路。项目建设面临着两个方面的挑战：一是作为 2022 年杭州亚运会配套工程，项目桥隧比达 99%，其中高架桥长 50.16 km，建设体量大、仅预制 T 梁构件数量达 3.3 万片，但项目批复工期仅 26 个月，建设规模与建设工期矛盾异常突出。二是项目穿越经济发达区，沿线工厂、生活区密布，工程界面复杂，项目与 2 条高速公路、4 条铁路、9 条河流、30 条公路及各类高低压市政管线存在约 470 处交叉，工程断点多，施工组织复杂、施工措施费投入大、施工安全风险高。面对上述挑战，传统工程建设体系显然已无法完全适应，迫切需要更新建设理念、探索数字化建造技术。为此，项目参建各方更新理念、搭建平台、数字赋能，在以下几个方面进行了有益的探索尝试。

一是顶层设计、构建智慧建设平台。项目业主提出了"数字化管理、指尖上生产、可视化监管"的建设理念。所谓数字化管理，是指遵循"让数据信息多跑路，让人员少跑腿"的原则，构建质量、安全、进度等业务管理的大数据底座，实现数字赋能，提升辅助决策水平。指尖上生产是指引入工业工厂化理念，利用信息技术与智能建造技术，由传统生产方式向流水化、智能化转变，构建智能化生产体系，实现施工建造的指尖上

---

① 本案例来自（方明山，2023），原文中"智慧"一词，确切含义似乎应为"智能"。

管控。可视化监管是借助于物联网、互联网及无人机等信息化手段,依托智能设备设施,强化项目质量和安全的立体化管控,实现对项目动态的可监可管,提升项目智慧化管控水平和管控能力。基于上述顶层设计,经过近一年的研发和应用实践,基于"大数据、大系统、大交融"的底层支撑,融合"智慧管理、智慧建造、智慧安管"等模块的智慧建设平台正式上线运行。

二是突出数字化管理特征、以智慧管理统筹项目建设全过程。将项目生产管理和审批流程、管理标准和控制指标数字化,构建了数据底座,解决了项目各系统间的信息孤岛问题,建立一张数据关联网,串联质量、合同、计量、安全、进度、物联网等各业务模块的 138 项功能,实现项目建设的智慧管理一张图、过程管理一棵树、质检资料数字化、施工计量自动化、进度统计关联化等核心管理要素的效能提升。其主要特点是:①智慧管理一张图,将整个项目的关键数据从业务模块中汇集、计算和分析,如投资、质量、安全、征迁、进度等,并用 BIM + GIS 及物联网手段将关键节点的重要数据信息可视化地展现出来;②过程管理一棵树,围绕项目的分部分项划分,将项目工程部位分解为约 98 万个节点,并依据节点将质量、试验、计量、进度以及物联网系统关联在一起,可以实时掌握项目的进度、计量、工序质检、试验管控等情况,避免了传统纸质版的数据报送滞后等诸多弊端;③质检资料数字化,以移动端、PC 端方式将工序报验和质检资料联动审批,实现了数据只填一次、自动引用、自动判别、质量检验自动评定,实现了质检资料数字化,确保了质检资料的及时性、规范性、真实性和可追溯性;④施工计量自动化,通过施工中间计量单自动生成、附件资料自动关联、计量工程量及费用可自动判别和计算等功能,避免了计量审批的主观性,同时确保了数据的精准性;⑤进度统计关联化,基于质量系统工序报验和计量系统"量价"的数据共享,利用质量系统提供工程实体进度、计量系统提供计量单价和工程数量,实现了工程形象进度、产值进度的自动关联统计和分析预警。通过上述智慧化管理措施,构建了"验收计量应用"数字化场景,实现了质量、计量和进度的融合分析和及时预警。

三是引入工业工厂化理念,推进智慧建造。项目参建各方以高效率、高标准打造预制精品梁为目标,以工业化制造、流水线施工、智能化生产、智慧化管控手段,围绕试验管控、混凝土拌和、T 梁预制构建了智慧建造管控体系。智慧建造主要举措包括:①采用工业工厂化制梁,新建绍兴梁厂占地 461 亩,承担约 1.4 万片 T 梁的预制任务,共设 T 梁预制区、存放区 10 大功能区,布设 11 个全天候生产车间、33 条流水生产线,实现了全天候生产,日产量可达 33 片 T 梁;按照产品流水线理念布置 T 梁预制施工模式,实现以工位固定、工人固定、产品移动为核心的工业化流水线生产方式 [图 6-2(a)]。②采用智能化生产模式,引入了新一代智能数控弯曲设备及全自动拾取机械臂,日加工半成品钢筋可达 33 t;引入新一代全自动焊接机器人,单台工效相当于 5 个熟练的焊接工人、每天可以完成 9 片梁板骨架片的焊接;采用智能蒸汽养护系统,以实时掌控每个蒸养房内的温度、蒸养时长以等信息,确保梁板养护环节的全过程动态监控;开发智能存梁找梁系统,可实现一键式存梁、精准找梁,解决传统存找梁方式效率低问题;等等。通过以上措施,实现了钢筋加工到混凝土浇筑养护全过程的实时掌控,T 梁预制生产效率由以往的 11 天/片提升至 4 天/片,实现了预制质量和预制效率的双提升 [图 6-2(b)]。

③升级了智慧拌和，实现了浇筑线上发起、自动生成、手机端审批、拌和机一键拌和生产，实现 24 h 实时监控和后台溯源，实现混凝土配合比的动态调整，提高混凝土均匀性，降低混凝土标准差。④开发智慧试验检测系统，改造仪器 100 余台，对万能材料试验机等七大类检测仪器设备进行数字赋能，实现了试块智能养护、试验数据自动推送、强度报告一键生成、标准差数据自动统计等诸多功能，参数覆盖率达 92.0%。

（a）梁厂工业化布局

（b）梁厂流水线布局

图 6-2　浙江杭绍甬高速公路杭绍段工程的智慧梁厂［图片来自（方明山，2023）］

四是创建"1＋1＋N"智慧安全管理体系，创建智慧安管。具体包括集约化安全管理平台，大数据分析应用及物联网应用，以强化施工现场远程的可监可管。智慧安管主要举措包括：①研发集约化安全管理平台，实现全过程管理信息化，涵盖人员进退场、设备日常管理、人员教育考核、安全考核等九大类管理模块，降低了一线安全管理人员的内业工作负荷，并实现安全数据的集成管理。②通过集约化平台，实现了安全九大类管理数据的互联互通，并通过系统自动汇总过程管理相关数据，采用大数据分析技术，实现对人员、设备、风险隐患以及物联网设备的数据分析，实现实时预警管控。③借助先进智能设备设施，并应用大数据技术，构建了一张安全生产监控网，典型场景主要有智能化门禁、可视化远程风险监控预警、应急辅助管理等。

通过 2021～2022 年一年多的智慧建设实践探索，实现了 52 类建设智慧化应用管控场景。在智慧管理方面，构架了平台大数据底座，降低了内业人员质检资料工作负荷约 25%，实现了线上的数字管理、大数据分析利用及过程的实时监督预警。在智慧建造方面，采用智能化生产和智慧化管控措施，全面提升了预制 T 梁的质量稳定性和生产工效，T 梁生产工效由 11 天缩短至 4 天，预拱度控制在 3 mm 左右、保护层合格率达 95% 以上。

在智慧安管方面，实现人员管理信息化、设备监管数字化、隐患排查智能化、风险管控流程化等多个智慧安管运用场景，从源头上降低了项目安全管控风险。

4）结语

从以上两个案例来看，信息化、数字化在提升结构工程的建设品质和建设效率、统筹工程建设的相关矛盾冲突等方面无疑具有巨大的价值，已然成为结构工程高质量发展的新助力。然而，这些重大工程中应用的信息化技术尚属初步，在量大面广的结构工程实践活动中并不具有普遍的代表性，这既意味着结构工程建设数字化、信息化及智能化之路才刚刚起步，未来的发展提升空间仍非常巨大；也意味着结构工程建设数字化、信息化及智能化进阶之路仍然任重道远、面临不小的困难和挑战。

6.2　未来结构工程面临的挑战

现代结构工程虽然仍存在一些长期悬而未决的科学问题和技术问题，但总体上已经基本不存在大的、难以突破的技术壁垒了，已经逐渐回归为一种常态的、常规的技术。但在未来，在跨越某些障碍或实现某种功能时，结构工程实践活动仍面临诸多的挑战，这些挑战大致可以分为观念层面的、科学层面的及技术层面的。其中，有些挑战需要不断更新工程观念才能够恰当应对，有些挑战需要借助于新的科学发现或科学方法才有可能取得突破，有些挑战则需要不断提升技术开发的力度才能满足结构工程实践活动的要求，有些挑战还需要依托相关学科领域新理论新方法的移植借鉴才能予以破解，等等。在这挑战中，工程观念具有定向作用，无疑居于顶层；科学研究是技术开发的基础，是克服破解各种挑战的关键；而技术创新则是应对各种挑战的主要手段，是落实先进工程观念、科学研究成果的抓手，三者共同支撑着未来结构工程实践活动的良性发展。在本节中，基于工程哲学的基本观点、依托结构工程的科学和技术基础，从工程观念、科学研究及技术创新三个方面对未来结构工程的主要挑战做一简要梳理，并将其概括为观念层面的 3 个子问题、科学层面的 4 个子问题、技术层面的 5 个子问题。

6.2.1　观念层面的挑战

工程观念是工程界对"自然-社会-工程"这一复杂巨系统的总体认识和高度概括，揭示了工程与自然环境、工程与社会需求的矛盾冲突及其解决之道，反映了人与自然和谐相处的美好意愿，体现了工程实践活动不断增进人类福祉的最高宗旨。从人类发展历史来看，拉长时间尺度观察，观念才是人类社会最根本的变革力量，结构工程的实践活动也不例外。作为消耗资源最大、吸纳就业人口最多、对国民经济发展具有重要支撑的工程领域，先进科学的工程观念对于结构工程实践活动的开展、对于技术创新与工程创新的激发无疑是最为重要的。进一步来说，在工程观念经历"听天由命、敬畏自然""锐意进取、改造自然""天人和谐、尊重自然"三大发展阶段的当代，工程观念的重要性不是降低了，而是在不断地提升和强化，以彰显其对工程实践活动"指南针"的定向作用。另外，工程观念的价值意义不在于凝练升华的"理论王国"，而在于工程实践活动中的"实践王国"，只有量大面广的一线工程师掌握了这一强大的思想武器，并在工程实践中春风化雨式地落实，工程观念的作用价值才能够显现出来。

然而，工程观念是一种总体性的观念，是对工程实践活动本质的高度升华和系统凝练，虽然具有跨时空、跨技术的穿透能力，但却不可避免地具有抽象性、处于理想状态，常常会与现实利益或工程传统存在各种各样的冲突，要让工程决策者、工程设计者将其在工程实践活动中落实落地并非易事，要将其创造性地应用于工程实践活动更是难上加难。在现实中，受工程系统性、复杂性、建构性、社会性的影响和制约，与先进科学工程观念矛盾冲突的工程案例还是会经常出现。例如，单纯强调安全性、忽视经济性合理性的工程项目比比皆是；而片面强调技术先进性、信奉技术万能论的结构工程师也屡见不鲜；以创新为名、实则标新立异的项目案例也不鲜见，导致一些工程项目功能上不健全、技术上不合理、经济上不划算等等，不一而足。在未来，在结构工程实践活动疆界的不断扩张、工程资源全球化配置加速、工程实施能力迅速提升、技术瓶颈日益减少的大背景下，在"工程科学运动"影响仍未消除、高等工程教育科学化及工具性过于突出等弊端未能得到彻底纠正的情况下，在工程实践活动中的工程观念的冲突和挑战会变得更加突出。概括来说，未来结构工程实践活动中的观念挑战主要体现在可持续发展观、工程系统观、工程文化观等三个方面，简述如下。

1. 挑战 1——可持续发展观

可持续发展观就是将结构工程实践活动置于"自然-人类-工程"大的框架下进行，主动回应工程与自然环境的矛盾，以便将工程对自然界的索取降至最少、将工程对生态的影响降至最低，从而有利于工程实践活动的持续发展。第一次工业革命以来，工程器物的创造生产逐渐偏离了自然界通行数十亿年的演化逻辑，形成了典型的"自然资源—工程—废弃物"单向流动方式，工程实践活动的内在逻辑与自然界循环属性产生了明显的矛盾冲突。在这一点上，结构工程实践活动不仅消耗了巨大的自然资源，且其实践成果在某种程度上变成了与自然环境、生态平衡的对立物，以结构工程为核心的建筑业在自然资源消耗、废弃物、碳排放量等方面遥遥领先于其他行业，制约着人类生产生活的永续发展。面向未来，结构工程实践活动应秉承可持续发展观念，在以下三个方面做出持续不懈的努力。

一要更加强调结构工程的经济属性，更加合理地平衡好经济性与安全性的矛盾冲突，更加恰当地把握技术进步的目的——科学地协调经济性与安全性的对立统一关系，更加科学合理地应对结构工程建设运营过程中的各种不确定性，不断增强结构工程应对自然灾变的能力、提升结构工程的设计建造品质、延长结构工程的使用寿命、强化工程经济指标的约束性，使结构工程的经济性成为工程实践活动与社会发展强有力的纽带，使结构工程实践活动成为推动社会变革、增进人类福祉的主要手段之一。

二要明确结构工程创新的应然性，深刻领悟、准确把握工程创新的本质，更加重视结构工程创新的经济尺度和能效尺度，处理好技术创新与工程创新的辩证依托关系，回归工程创新的经济属性，在兼顾结构工程的系统性稳健性等本质特征的基础上，重视渐进性创新的价值意义，使材料改良改性、结构体系改进、细部构造完善、施工装备升级等成为量大面广一线工程师创新探索的用武之地，并借助于健全的市场竞争机制，将摆脱了经济指标约束的"伪创新""虚创新"的存活空间压缩到最小。

三要更加突出结构设计的龙头枢纽和整体统筹作用，将结构设计的 3R（reduce、reuse、recycle）原则和结构艺术的 4E（efficiency、economy、elegance、environment）法则作为最高准则落实到工程设计实践中，完善有利于孕育技术创新、工程创新的市场机制，激发结构工程师的创造力，促进结构工程师尽可能采用新结构、新材料、新技术、新工艺、新方法来减小新建结构工程对自然资源和能源的消耗，减轻结构工程实践活动对自然环境的干扰和破坏，千方百计地延长既有结构工程的耐久性能与使用寿命，增大废旧结构材料的循环利用程度。

2. 挑战 2——工程系统观

工程系统观就是始终要把工程项目当成一个有机的、不可分割的整体加以认识和把握，就是要系统地恰当地处理工程项目所包含的技术和非技术因素相互作用相互矛盾的复杂关系，就是将安全性与经济性、规范性与创新性、技术与非技术、理论与经验、整体与局部、要素与全局等各种相互矛盾的因素统筹起来，将工程项目视为一个矛盾对立、有机统一的整体，并结合工程项目当时当地情况、探寻出实现工程目标及工程效益的最佳路径。工程系统观的价值意义并不单纯地在于提升认知能力水平，而在于在工程实践活动中落地、创造性地贯彻落实。然而，在工程实践活动中，受制于各种客观因素如工程利益相关方和历史传统的纠葛、各类建设法规和技术规程的影响，以及行政力量和建设业主的干预，受限于结构工程师的认知水平和驾驭应用能力，要全面恰当地把握工程系统观并非易事，结构工程师有些时候会无可奈何，有些时候会显得力不从心，有些时候会偏离主航道而不自知，有些时候还会随波逐流。在未来，随着结构工程实践活动疆界的扩张、工程禁区的不断突破以及工程实践规模的起起伏伏，结构工程界应在工程系统观的指导下，在以下几个方面着力破解各种潜在的障碍。

一是更加重视工程项目的当时当地性。工程项目的当时当地性是结构工程最突出的特征，自然条件、经济效益、社会期望、技术能力、历史传统、文化宗教都会从不同角度，来约束、引导、影响、限定工程实践活动。但很多时候，一些独有的项目特点恰恰是工程实践活动的关键，如果不能因地因时制宜地妥善解决，工程项目往往会流于平庸甚至留下败笔。从这个角度来说，因地因时制宜地抓住主要矛盾或矛盾的主要方面、来寻找结构工程项目的优化解就是一切结构工程实践活动的核心要义。在未来，这一点随着结构工程实践活动的疆界扩张、工程建设条件极端化、工程资源全球化配置而显得更加突出和重要。

二是将技术置于一个恰当的位置，避免掉入"技术万能论"的误区。技术是结构工程实践活动的关键要素，技术创新也是工程创新的源头，直接决定了工程创新的成败。因此，在现实的工程实践活动中，人们往往有意无意地夸大了技术的作用价值，甚至有时候会将工程当成"技术赞歌的形式语言"，迷信高技术必然带来成功、带来高收益，导致将工程创新矮化为技术指标的简单堆砌比较，或将工程管理问题界定为工程技术问题，导致相当一部分技术创新偏离了工程实践的需求。结构工程技术在当代已经回归为一种常规的、成熟的技术，在这种情况下，面向未来的结构工程实践活动，更要强化工程的本体地位、增强工程项目对新技术的选择、集成、检验和淘汰作用，更应该让技术回归本位，任何炫技的、夸张的、为了技术指标而进行技术开发活动都应该被清理出工程实践活动的主航道。

三是着力发挥结构工程师的主观能动性，推动结构艺术实践的普及化。在未来，结构工程师的专业水准、创造能力、价值追求、主观能动性对于破解工程疑难问题或工程症结无疑会变得更加重要，工程创新思维的将成为未来结构工程师必不可少的思想武器；结构工程师的创新性技术方案或许会改变传统的利益格局，为化解工程项目利益相关方的矛盾冲突的化解提供更多的可能性；结构工程师的创造性技术活动将会使结构艺术成为一种广泛的实践，以修正快速城市化进程中结构工程单调乏味、缺乏个性、高度雷同的弊端，并潜移默化地影响到社会大众，使结构艺术实践成为影响社会文化面貌变迁的力量之一。

3. 挑战 3——工程文化观

工程文化是结构工程建造和运营的软实力，能够渗透至工程实践活动的方方面面，对工程目标、实施过程、实践结果具有决定性的影响，是结构工程实践活动的精神内涵和"黏合剂"。工程文化观就是要求结构工程师在设计建造过程中全方位地传承当地当时的历史文化、提升工程项目的文化内涵和精神价值，从而展现工程项目的价值理性，并凝结成为当地文化新的有机组成部分。然而，工程文化是抽象的，无影无形、看不见摸不着，在现实当中会被各种各样的利益格局、实施条件、认知偏差所覆盖，也会被一些建设法规、管理规章制度所遮蔽，还会以地域特色、历史传统的名义有所异化，导致人们在工程实践活动中常常忽视了工程文化的价值作用。在未来，随着工程资源全球化配置的普及，工程文化的重要性将会不断提升，工程文化的穿透能力将会更加细密绵长，对结构工程实践活动的影响作用会更加突出。因此，结构工程师应在工程文化观的牵引下，着力在以下几个方面提升工程项目的文化辐射面。

一是结构工程师不要把眼光仅仅拘泥于技术层面，而是要抓住机会在文化传承方面做出新贡献。由于结构工程的实现路径存在无限多样性，合理解、优化解是一个可能性众多的集合，结构工程师不应仅仅停留在结构功能实现的这一初级目标上，将结构设计矮化为保障结构的安全性、功能性与可实施性，而是应该提高认识站位，以对历史、对未来负责的精神，跳出技术来看技术，沿着"能、会、美、雅"的技术境界拾级而上，将结构设计建造技术与结构艺术融会贯通，在工程实现路径优化、工程精品打造、工程文化传承等方面做出自己的贡献，不断提升技术的应用水平和工程建造的品质。进一步来说，高品质的结构工程应该最高效地利用结构材料、最低限度地消耗自然资源和能源、最大程度地丰富人类文明的载体，结构工程师应将此奉为一切技术活动的最高准则和文化信条，并由此来影响社会文化面貌的变革。

二是形成与时俱进的、先进合理的工程文化，将工程文化贯穿到工程实践活动全过程特别是结构设计方面，不断提升结构工程的品质。从本质上来说，结构工程是关于可能性的艺术，也是一种基于科学理论、技术知识、工程规则、工程经验并寻求时代表达的艺术创作实践，并尽可能创造出附加的艺术价值，使工程项目成为当地历史文化传承和光大的载体。从这个角度来看，重复乏味的结构设计是缺失工程文化、人文情怀的一种表现，无疑是难以令人满意的。另外，结构工程也是一门遗憾的艺术，工程瑕疵、工程缺陷、工程隐患是工程实践活动的孪生姐妹，一直相伴相生、难以消除，而先进合理、绵长致密的工程文化恰恰可以充当工程实践活动的"黏合剂"，能够填充渗透至工程实践活动中的细枝末节中，将这些潜在的、不为人知的瑕疵或缺陷的影响降至最低。在未来，随着技术实现手段的丰富，随着工业化建造方式的普及，随着人工智能对结构工程领域的赋能，结构工程的设计性、精细化程度不是削弱了，而是显得更加重要了；结构工程的文化属性不是减弱了，而是极大地增强了，在这一大背景下，工程文化的与时俱进就属应有之义。

三是更加强调以人为本，在结构设计实践活动中更加强调"为人"的价值理性，回归工程实践活动的原点和初心。在结构工程实施能力迅速增强的现代，人类"造物"的能力空前增强，但时不时地却忘记了工程实践活动的初心——为了什么"造物"，人文情怀有所缺失。例如，结构设计常常会偏离主航道，有时候结构设计逐渐演变为纯粹的技术活动，导致一些项目既没有完备的功能性、又缺失必要的艺术性，还忽视了普罗大众的感受和体验；有时候，炫技的、华而不实的、形式功能背离的结构设计还是经常存在，偏离了工程实践活动的原点而不自知。在未来，随着科学理论的不断完善、技术实现手段的丰富，结构工程实践活动的技术瓶颈会变得越来越少，在这种情况下，结构工程师更需要增强文化自觉，在工程实践活动的手段性与目的性之间取得更好的平衡，在技术实现与艺术呈现之间能够更恰当地协同推进，更全面地将以人为本、精益求精的精神追求植入到结构工程实践活动的方方面面。

6.2.2 科学层面的挑战

简略地说，一部近现代结构工程的发展史，其实质就是科学理论、技术原理应用于结构工程实践的历史，就是科学发现带动技术创新、催生工程创新、进而加快工程演化的历史。然而，受制于荷载与环境作用的复杂性、结构材料的"不能被彻底认知"特性、结构体系的多样性、结构行为的复杂性，以及结构风险的多源性等因素的影响，现代结构工程的设计总体上仍处在半理论-半经验水准上，结构理论仍存在诸多认识不深刻、逻辑不自洽、理论不完备、方法不严谨、应用不方便等局限，仍有许多结构工程背后的科学问题和自然规律尚未被完全揭示出来，导致在结构工程实践活动中还经常存在这样或那样的认知偏差或工程应用局限，也没有全面客观地消除各类潜在的风险。

在未来，随着研究范式的进阶、计算科学的发展完善、数据科学与结构工程的深度融合，有可能为结构工程设计建造运营过程中的各类长期悬而未决的科学问题提供新的解决途径。这些科学问题主要有4个，即环境及外部输入的描述、结构材料性能的刻画、结构行为模拟方法、新一代结构设计方法，简述如下。

1. 挑战4——环境及外部输入的描述

环境及外部输入的描述是结构工程的科学基础，揭示了结构工程在建造服役期间所承受的各种荷载及环境作用，反映了结构工程界对结构工程与自然环境、社会影响相互作用的整体认知水平。从本质上来说，环境及外部输入的描述就是为自然界及人类社会对结构工程的作用影响"画图像"或"建模型"，但这个"图像"或"模型"的客观性、全面性和准确性一直有待提升。

自第一次工业革命以来的 300 多年里，面对工程实践活动所面临的各类环境及外部输入的描述问题，结构工程界也只是解决了一些比较基本、相对容易的问题，并结合当地具体情况给出了便于工程应用的描述方式。但是，受制于地球科学、大气科学等科学领域发展水平的制约，对于具有高度不确定性的地震作用、风荷载、环境温度、车辆荷载等因素的量值大小、分布特征及描述方法，现阶段距离全面、客观、准确地认识和描述自然界和人类社会对结构工程的输入仍存在很大差距，只是构建起"结构工程大厦"的"总体框架"和"主要构件"。进一步的，源于环境及外部输入的描述偏差，势必导致在工程实践活动中，要科学、合理、系统地把控结构工程安全性、可靠性、耐久性与经济性的矛盾冲突仍面临不少困难。

在未来，在地球科学和大气科学新发现的支撑下、在数据科学及新一代通用技术手段如人工智能的加持下，结构工程界在应对高度不确定性的输入时，有望将地震作用、风荷载等外部输入描述得更加准确合理，也有望越过物理世界、直接面对数据世界，借助于既有结构工程实践成果和大数据方法手段，在数据世界里直接研究结构工程的各类响应，达成科学地、全面地描述刻画自然界对结构工程输入和影响的目标。

2. 挑战 5——结构材料性能的刻画

结构材料是结构工程的硬件，直接决定了结构工程演化的基本面貌和历史轮廓。材料科学的主要任务是提供描述材料性能的理论模型，提出材料的本构方程和破坏准则，揭示材料构成与材料性能之间的关系。而以材料科学为基础的结构材料研究与开发，则是关于材料成分、结构、工艺、性能与劣化机理刻画的"全息影像"，是结构设计、结构材料改良改性、结构行为分析、结构运营维护的前提和基础。

虽然结构材料取得了巨大进步，但现有的结构材料如钢材、混凝土、FRP 等均不同程度地存在着"不能被彻底认知"的特性，距离全面客观准确地认知描述其力学行为与劣化机理尚存在一定差距，且材料性能描述的科学性、系统性与工程应用的方便性之间也存在巨大的鸿沟，常常令工程界叫苦不迭。另外，针对现有结构材料的局限和不足，开发力学性能更好、施工工作性能更佳、耐久性能更优良、技术经济指标更优越、可循环利用程度更高新的结构材料，在科学研究及技术开发层面虽然比较活跃，但却与工程实践活动的实际需求存在着巨大差距，且其性能描述也很不全面。与此同时，智能材料的开发虽有所突破，在结构工程的一些构件（部件）中也有应用的尝试实践，但其性能描述、性能设计与控制的科学依据依然处在较低的水准上。由此可见，处在结构材料漫长演化进程的当代，结构材料性能的科学描述和全面刻画就显得尤为重要和十分迫切，以便夯实计算科学和数据科学的基础、发挥先进模拟手段的作用，进而更好地模拟结构在各种极端荷载及环境作用下的力学行为和劣化机制。

在未来，围绕传统结构材料性能指标的全面描述刻画、改良改性，以及新的结构材料的研发，在现代材料科学和数据科学的引领下，有望建构出更科学的结构材料本构模型和破坏准则，从而更全面地描述结构材料的长期性能和劣化机理、更系统地揭示材料性能对结构行为的影响，为结构设计、结构灾变行为模拟奠定坚实的科学基础。

3. 挑战 6——结构行为模拟方法

结构行为模拟是一个建立在材料科学、计算科学、结构试验、数理统计等科学的基础上，将结构工程的物理模型转化为力学-数学模型并进行求解、得到反映物理模型近似结果方法和手段的总和，从而尽可能把握"不能被精确分析"结构的力学行为，为结构设计的安全性和合理性提供科学的依据。结构行为模拟既包括各种用途各异的分析方法和模拟手段，也包括林林总总的 CAE 软件，是结构工程师把握日益复杂化、大型化结构工程项目各种力学行为的主要手段。

在过去的 60 多年里，结构行为模拟方法取得了巨大的进步，借助于计算力学、有限元法及各类功能强大的 CAE 软件，结构工程师在把握大型复杂结构的力学行为、预测评估结构的长期行为等方面取得了划时代的进步，并能在一定程度上来平衡结构设计的安全性与经济性。然而，受环境作用及外部输入高度不确定性、结构物理模型转换为力学模型主观性、结构材料本构方程及破坏准则复杂性等基础因素的制约和影响，现阶段结构行为模拟方法又一次进入了发展的瓶颈期，例如，结构非线性分析方法进展缓慢，结构拓扑优化常常缺失了工程实用价值，大型复杂结构行为的模拟仿真仍处在定性定量混用的阶段，等等。进一步来说，现有的各种模拟分析方法都存在程度不同的局限性，计算模拟结果也呈现出一定的离散性，可信度高度依赖分析计算人员的工程素养，一定程度上又停留在"工程经验"的层面，甚至在某些情况下出现了模拟计算结果"反噬"的现象，且很难提升其标准化、科学化、合理化的水准，以至于大多数结构工程师只能将一些模拟结果如结构地震弹塑性响应、结构倒塌推覆分析、结构-岩土相互作用等当成一种定性的参考，而很难直接用于结构设计，导致在现实中，结构设计还时不时出现这样或那样的偏差。

在未来，在数据科学的指引下、在计算科学及 CAE 软件支撑下，结构行为模拟方法有可能取得新的突破，可能的路径有两条。一是基于更加先进科学的环境作用及外部输入、结构材料本构方程的描述刻画，在现有的理论框架下大幅度提升结构行为模拟，特别是结构材料非线性行为和弹塑性行为模拟的准确性。二是借助于数据科学的方法，跨过环境作用及外部输入的高度不确定性、结构材料本构方程的复杂性等障碍，借助于既有结构工程各类响应海量的监测数据，在结构响应的数据世界里直接描述刻画大型复杂结构的行为。

4. 挑战 7——新一代结构设计方法

结构设计方法既是人类认识风险、防范风险、提高结构可靠性的主要方法策略，也是主动回应、积极揭示工程系统性和社会性的高效而科学的工具。从本质上来说，一部近现代结构工程史，就是一部认识风险、识别风险、防范风险的发展史，还是安全性与经济性不断调和平衡的发展史。在这个发展进程中，结构设计方法一直扮演着核心角色。

随着极限状态设计法的推广应用,结构风险识别与应对能力取得了巨大的进步,提高了结构工程设计的科学化合理化水平,一定程度上平衡了结构工程安全性与经济性之间的矛盾冲突。然而,受结构工程的复杂性、结构材料的离散性、荷载作用的随机性等因素,以及经济社会发展水平对风险接受程度变迁等主客观因素的影响,极限状态设计法的诸多不足开始显现出来,主要表现在以下四个方面。一是对结构风险识别仍不够全面、某些极限状态的内涵尚未完全厘清,以至于在结构工程实践活动中还会时不时出现现行设计方法并未涵盖的风险。二是极限状态设计法的工程应用基本停留在"材料-构件"二阶层面上,难以上升到"材料-构件-结构"三阶层面,导致可靠性理论在内容上不完备、在逻辑上不自洽,距离全面科学地应对结构工程风险尚存在一定差距。三是结构设计的可靠性与经济社会发展水平还不够协调,表现在新建结构的目标可靠度取值不够合理、既有结构安全性评估缺乏可靠性理论的支撑等方面。四是结构设计方法的科学性与实用性之间的矛盾日益突出,具体表现为结构理论越来越复杂、技术规范规程体系越来越庞杂,结构设计工作正在变成一种"寻章摘句"的校验过程,结构设计的设计性、艺术性与创造性正在远离人们而去。

在未来,随着经济社会发展水平的提升、结构工程所承载的社会财富密度日益增大,人们会不断降低结构工程风险的接受程度,一些更加科学先进的设计方法如基于风险的设计方法、基于结构性能的设计方法、基于概率密度演化理论的设计方法、基于全寿命的设计方法等有望逐步成熟,经过相互竞争进入工程应用,并在竞争过程中不断提升其实用化水准,在某些场景中替代目前常用的极限状态设计法,以实现结构风险识别应对方法与经济社会发展水平更好地匹配。另外,随着人工智能等通用技术的成熟,基于人工智能的设计方法有可能在一些专项设计中大放异彩,将结构工程师从繁琐重复的计算校验工作中解放出来,从而使其将精力主要放在方案构思、概念设计、细部构造优化、工法工艺改良、艺术表现力展现等创造性劳动中。

6.2.3 技术层面的挑战

概括来说,结构工程的技术主要以知识形态、实物形态存在于工程实践活动中。知识形态是系统化的专业知识体系,是现代结构工程技术的主要载体,具体包括结构形式、施工方法、细部构造、结构材料制备工艺等,以及支撑这些技术要素的规范标准、工艺流程、检验方法等。实物形态的技术包括各类施工工具、施工装备等,是现代结构工程实践活动不可或缺的组成部分。

经过上百年的高速发展,现代结构工程的技术体系已经比较完备了,基本上能够支撑各类结构工程项目的顺利实施,也能够满足绝大多数情况下的结构工程建设与运营的需求,只是在某些情况下做得还不够"好"、不够"巧",有时候存在资源能源消耗大、使用寿命短、安全可靠性低的局限,有时候存在使用功能较差、抗灾能力弱、劳动生产率低的不足。例如,一些结构工程项目的单位面积材料用量明显高于同时期的同类工程,经济指标差强人意;一些结构工程项目的抗灾变能力、耐久性能存在明显的不足,在设计使用寿命期间会产生较为严重的灾变现象;等等。这类存在技术缺陷的工程项目,从本质上来说既是工程实践活动历史局限性的延伸，也有工程设计建造方面主观认知偏差的原因，已然成为工程实践活动的一部分。而结构工程的一些基本特点如不可移动、使用寿命长、体量规模大等，又将这些林林总总的局限性进一步放大了。总体上来说，从已有的结构工程实践成果及设计成果来看，高度 1000 m 级的高层建筑、跨径 3000 m 级的桥梁，以及跨度 500 m 级的大跨建筑结构等①，在技术实现层面已经没有原则性的困难了，这一类创纪录的结构工程项目建设的关键已经从"技术上能不能？"转换为"需求上要不要？经济上合不合算？性能上好不好？"等问题了。

然而，从工程建设与社会需求的矛盾、工程实践与自然环境的矛盾来看，工程实践活动始终与社会需求之间存在着一定的落差，正是这个落差，必然会给工程技术不断提出新的要求，从而推动技术不断进步。从技术的本质——"怎么做得更好？怎么做得效率更高？"来看，技术必然以创新的形式而不是因循守旧的方式出现在工程实践活动中，具有自我迭代进化属性。作为自然资源和能源消耗量最大的建筑业，技术进步对于减少结构工程实践活动对自然的索取、减小结构工程实践活动对环境影响具有决定性的作用。此外，在现代结构工程的实践活动中，尚有一些技术问题仍未获得比较完备的解答，导致结构工程的事故还是经常发生、结构工程的隐患还比较常见。在未来，随着人们对高品质结构工程需求的增大，随着结构工程疆界向复杂极端环境的扩展，必将推动结构工程的技术开发、技术创新的加速发展。因此，技术的发展进步永无止境，技术创新的脚步不会停滞不前，只是受制于新的科学发现及社会需求的影响，某一时期快一点、而另一时期慢一点而已。

综合上述几个方面，面向未来结构工程疆界的拓展，面向复杂极端条件下的结构工程建设和运营，仍有一些技术挑战如高性能结构体系的开发、高烈度地震区结构防震技术、深水大跨桥梁建设技术等仍然制约着结构工程实践活动的顺利开展，也有既有工程经验亟待借助于人工智能等通用技术提升其科学化、标准化水平的问题，还有一些新的科学领域如数据科学带来的新思想、新方法，亟待结合结构工程的基本特点进行移植嫁接，因此，未来结构工程的技术挑战还会不断地涌现出来。为此，以下从智能材料开发及其工程应用、高性能结构体系、深水基础形式及其施工方法、结构防震技术、智能结构的设计建造技术等五个方面，简要概括未来结构工程主要技术挑战。

1. 挑战 8——智能材料开发及其工程应用

智能材料就是指具有感知环境刺激，并对环境刺激进行分析、处理、判断并进行适度响应的材料。智能材料具有如下基本特征：①能够准确地感知外界环境，并对外界刺激进行精准的检测；②具备自我驱动功能，能够快速对外界刺激做出恰当的反应；③能

---

① 目前，全世界已建成的最高建筑为迪拜哈利法塔，建筑高度为 828 m；最大跨度的建筑结构为伦敦千禧穹顶，结构直径为 320 m；最大跨径的桥梁为土耳其 1915 恰纳卡莱大桥，跨径为 2023 m。已经完成设计的最高结构为迪拜云溪塔（Creek Tower），原规划的建筑高度 1345 m（Santiago Calatrava 设计，2016 年动工，受种种因素影响，2023 年重新设计，结构高度为 928 m+，准确数据不详）；已经完成设计的最大跨径桥梁为意大利墨西拿海峡桥，跨径 3300 m（William Brown 设计，1993 年完成设计，近期动工）；至于跨度超过 1000 m 的穹顶，早在 20 世纪 70 年代，Richard B. Fuller 等人就提出了直径 3200 m 的纽约曼哈顿穹顶的构思。

够根据预先设计的方式，对自身行为进行相应的控制；④在外界的刺激消失之后，以最短时间、最快速度恢复到最初的状态。在结构工程中，借助于智能材料的应用，可实现结构响应的自我感知与自我调节，从而使结构性能一直处在最佳状况。例如，自修复混凝土是在混凝土传统组分中添加复合特性组分，从而在混凝土内部形成智能型仿生自愈合神经网络系统，以模仿动物的骨组织结构及受创伤后的再生、恢复机理。又如，形状记忆合金（shape memory alloy，SMA）就是一种同时具有感知和驱动功能金属材料，具有的形状记忆效应、超弹性效应、阻尼效应、电阻特性等特殊物理性能，利用这些特性研发新型结构的防震装置，当地震发生时，形状记忆合金能快速做出反应，降低地震作用对结构工程的损伤。

目前，有望应用于结构工程的智能材料主要有光导纤维、形状记忆合金、电/磁流变流体、压电材料、智能玻璃以及碳纤维混凝土等。这些智能材料在结构工程的应用探索尝试已经比较普遍，多以结构的构件、部件或传感元器件的形式出现，具有试验或试点工程的性质，作为主体结构材料的工程实践活动则不多见。例如，磁流变阻尼器就是利用磁流变体这种特殊材料在毫秒级时间内的相变特性，通过改变电流强度来调节阻尼力的大小。相对于传统的黏滞阻尼器，磁流变阻尼器具有体积小、反应灵敏、耐久性好、阻尼力大、阻尼特征可改变、参数可设计性强等优势。从结构行为来看，智能材料的兴起与发展不仅意味着结构功能的增强，结构受力效率的提高和结构形式的优化，更重要的是对结构工程的设计、建造、维护及使用等方面观念的更新。

智能材料在结构工程领域具有巨大的潜在应用前景，是智能结构设计和建造的基础，其应用基础研究与技术开发涉及材料科学、化学、力学、生物、微电子技术、分子电子学、计算科学、人工智能等多个学科领域，虽然研究与技术开发比较活跃，但距离结构工程实践活动的大规模应用尚存在较大差距。制约智能材料进一步发展的因素主要有三个方面。一是智能材料的性能尚不够理想，材料成分、结构、工艺、性能与功能的匹配程度欠佳，加上结构工程体量庞大、能源消耗量高，导致智能材料的工程应用还存在诸多技术瓶颈。二是材料工程领域的支撑力度不够，智能材料规模化生产和工程化应用的技术、经济、效率、工艺尚不够成熟，导致智能结构材料的价格较高，性价比不佳，缺乏市场竞争优势。三是在从航天、机械、军工领域的移植嫁接进程中，智能材料开发、性能提升与结构工程的结构体系、施工工艺、细部构造等方面的结合不够紧密，普遍存在单纯提升材料性能"单兵突进"的现象。

在未来，随着结构工程实践活动的品质提升、面向极端复杂环境应用场景的拓展，智能材料以其优越的力学性能和细观行为的可设计性，必将会越来越多地被工程实践活动所选择、所嵌入、所集成，并在这个过程中不断优化性能、提高性价比、扩大应用范围。

2. 挑战 9——高性能结构体系

目前，关于高性能结构工程（high-performance structural engineering）并没有一个严格的定义，但其内涵却随着时代的发展而不断地拓展。在过往，结构工程的"性能"主要指安全性能，特别是构件的安全性能。虽然保证结构安全是结构设计最基本的要求，但仅仅满足这一要求难以实现高品质发展的目标，且会在工程实践活动中带来出明显的偏差。一般而言，高性能结构工程是指结构工程在规划、设计、建造、运营、拆除等全寿命周期的各个阶段，具有高安全性能、高经济性能、高施工性能、高使用性能、高环保性能、高耐久性能和高维护性能等。高性能结构工程是相对于传统的结构工程而言的，主要通过开发以智能结构体系、广义组合结构体系、功能可恢复结构体系、绿色生态结构体系等来实现，并借助于先进结构材料与结构工程的有机融合、传统结构形式的改良改进、新一代结构设计方法的完善成熟、数据科学对结构工程的深度渗透、智能建造与运维技术的推广应用，使高性能结构体系能够逐步落实落地。

结构体系创新历来是结构工程发展进步的主要源动力之一，也是实现结构工程可持续发展以及建筑业转型升级的关键途径。然而，在长期采用基于规范的指令式或处方式简单粗放设计模式的约束下，量大面广的结构工程师逐渐创造力在某程度上被压制力，对"性能"这一结构工程设计的根本目标有所迷失。因此，回归结构工程的本质，回归结构设计的初心，将结构体系的高效性和高性能置于未来发展的战略高度上就显得极为必要和迫切。工程实践表明：结构体系对结构的安全性能、使用性能、经济性能和耐久性能等具有纲领性的统筹作用，是提升结构性能、改善结构行为最简单最有效的技术措施，毫无疑义地应该居于结构设计的核心。虽然一项结构工程很难在安全性能、使用性能、经济性能、施工性能和耐久性能等方面同时达到高性能，但力争达到综合的高性能是每一个结构工程师孜孜不倦追求的目标。高性能结构体系针对不同应用场景和使用要求，具有不同的性能特点、表现形式和实践路径，寻找其具体的表现形式、优化其实现路径就成为结构工程师的核心任务之一。例如，大跨建筑结构的弦支结构、索膜结构相对于网格结构、薄壳结构的综合性能无疑是优越的，但其设计与建造过程中却包含了大量的几何参数非线性分析与"找形""找力"的优化工作，与传统的结构设计相比，设计与建造的复杂性大为增加，且仍有很大的发展空间，距离理查德·B. 富勒期望的"让压力成为张力海洋中的孤岛"的整体张拉结构思想的目标还有很大的距离。

高性能结构体系的突破不仅仅要在传统结构体系的改良改进方面发力，更要在与结构材料、施工方法、设计理论等相关技术层面上统筹推进，以传承和体现结构工程的系统性、建构性与稳健性等根本特征。具体来说，高性能结构体系的突破需要在以下五个方面齐头并进、合力推进。一要强化先进结构材料、智能材料与结构形式的有机融合，使先进结构材料、智能材料在结构工程发展进阶之路上发挥更大的作用，夯实结构工程发展进步的物质基础。二要提升环境及外部输入的描述的科学性与简便性，发展先进科学的结构行为模拟方法，丰富以全寿命设计、基于性能设计的方法为核心的新一代设计理论，夯实结构工程的科学基础。三要加快新一代通用技术如信息技术、人工智能技术对结构工程的赋能，提高结构工程建造过程的工业化程度，提升结构工程的智能化水准。四要基于先进的 CAE 软件技术、控制技术、试验测试技术等，掌握复杂恶劣服役环境条件下的结构工程的各类行为，为结构工程的高性能计算、精细化模拟和结构优化设计注入新的活力。五要发挥结构工程师的主观能动性和创造力，使得结构工程师能够结合项目的实际情况，因时因地制宜将高性能结构体系创造性地应用于具体工程项目。

在未来，随着结构工程向巨型化、复杂化、超高（大）化发展，随着结构工程实践条件的极端化和严苛化，高性能结构体系有望在大型城市枢纽、深海工程建设、新型能源开发利用、军事防护设施等领域取得重大突破，并在促进人与自然和谐、可持续发展等方面起到更大的作用。

3. 挑战 10——结构防震技术

由于人类对地球科学、地震工程学的尚存在诸多认知盲区，导致结构工程在地震作用下的行为及破坏模式常常超出了结构工程师认知能力。以目前广泛采用的延性抗震设计方法为例，其前提假设（服役期间抵御一次强震）和基本原则（某些构件可产生塑性破坏）就具有明显的局限性，单纯从技术逻辑上来讲，就难以应对诸如 2023 年 2 月 6 日发生的土耳其东南部那样的大地震。历次震害调查表明：地震造成的大灾难往往发生在设防不足的低烈度区域，地震波的传播规律远比人们的认知更加复杂多变，一些过去人们认为比较可靠的结构形式、细部构造还是会出现各种预想不到的破坏方式。进一步来说，面对地震输入的高度不确定性，为提高结构工程的安全性，必须跳出传统结构抗震技术的框架，研究开发性能更优越、工作性能更可靠、应对不确定性输入能力更强大的结构防震技术，并着力在以下五个方面突破瓶颈。

一是更新结构工程防震设计理念。一方面是从单纯的传统结构抗震技术，过渡到抗震、隔震、减震与振动控制并用的多策略协同防震技术，使得结构防震技术路径更加丰富、更加有效。另一方面是研究基于性能的设计方法、基于风险的设计方法，以弥补现行极限状态设计法的局限，更加科学合理地应对地震输入的不确定性，更好地平衡协调结构工程防震的安全性与经济性的矛盾冲突，并逐步向结构性能可控、功能可恢复的目标迈进。与此同时，要更加重视防震的概念设计，将在历次地震中经受住了考验的抗震措施、细部构造的机理机制揭示出来，并在系统化传承的同时，开发新一代抗震措施和细部构造。

二是开发新一代结构防震体系。新一代结构防震体系主要包括智能结构、韧性结构、功能可恢复结构、自适应减震隔震体系等，以实现传统防震体系的改良升级。现阶段，有关摇摆式自复位桥墩、摇摆式阻尼墙、体外预应力装配式桥墩、新型隔震减震装置等低损伤免修复或微修复构件的开发比较活跃，基于新的结构材料如形状记忆合金、自修复混凝土等智能材料的结构构件（部件）研究进展较快，正处在形成工程化技术的前夜。在未来，有望以这些技术开发成果为基础，对传统的结构防震体系进行全面的改造改良，从而实现结构防震安全性能与耐灾性能的双提升。

三是研究多灾种耦合作用，发展多灾种断链及协同控制技术。地震引发的次生灾害如滑坡、泥石流、海啸、火灾、有害气体泄漏等，以及这些灾种的耦合作用，对结构工程防灾减灾技术提出全新的要求和挑战。在未来，面对人口密度高、社会财富集中度大、次生灾害影响范围广等实际情况，多灾种的物理模型的构建、多灾种断链与控制技术、城市尺度下的结构工程灾变模拟将成为结构工程建设、运营管理的主要挑战。

四是不断革新结构防震试验技术，借助于大科学装置来发展结构工程的地震灾变模拟方法。基于振动台试验和拟动力试验等结构防震的试验方法，在线混合试验、虚实混合模拟等新一代试验技术，在揭示复杂结构体系地震灾变机理、结构行为方面等显现出独特的优势，有望率先取得突破。在这方面，美国国家地震工程模拟网络（Network for Earthquake Engineering Simulation，NEES，包含全美 14 个最先进的结构防震领域的试验室）、日本建成的世界最大振动台 E-Defense 等大科学装置，将会有力地推动了结构防震试验技术的进步，引领结构防震技术的革新。

五是借助于正在快速发展的高性能计算技术，推动结构工程地震响应模拟分析和防震设计向精细化发展。长期以来，受结构材料性能的离散性、复杂应力状态下本构方程及破坏准则的不完备性、结构阻尼构成的不确知性等因素的制约，导致结构地震行为模拟一直处于定性状况。在未来，随着结构材料性能描述的科学化程度的提升、智能材料的工程应用，以及高性能计算技术的发展完善，结构地震响应模拟分析的科学化水准、精细化水平有望取得突破，并成为结构防震设计最主要的依据。

在未来，在计算科学、数据科学、材料科学及先进试验模拟方法的支撑下，结构工程实践活动正反面经验教训的积累总结必将更加到位，结构隔震、减震、主动控制技术必将获得更广泛的工程应用。可以相信，随着结构减震控制技术的发展，在不远的未来，人类有望基本实现"小震弹性、中震不坏、大震可修、巨震不倒"的四水准设防目标，从而将地震给人类带来的损害控制至最小。

4. 挑战 11——深水基础形式及其施工方法

客观地说，经过上百年的发展演变，深水基础如设置沉箱、设置沉井的设计施工技术总体上来说比较成熟，深水基础形式及其施工方法取得了巨大的进步，为人类近海工程、桥梁工程的建设奠定了坚实的基础。现阶段，依托施工大型化、工业化的能力，借助于大型船坞、大型拖带设备、大吨位锚碇、高精度定位系统、海床整平设备等大型施工装备，在应对水深不超过 100 m 的情况时，深水基础的设计建造并没有原则性的困难。其中，已建成结构工程水深最大者为葡萄牙塔古斯桥（1968 年建成），主墩处水深 79.2 m。但是，深水基础形式及其施工方法不仅包含了一系列复杂的科学问题如洋流波浪作用、深海高压、流固耦合、深海结构长期稳定性等，也涵盖了现代工程很多领域如结构工程、海洋工程、船舶工程、测绘控制工程与自动化工程等学科的尖端技术，是结构工程领域最具挑战的技术问题之一。

在未来，随着结构工程、海洋工程实践活动向深海进军，面对人类需要跨越一些海峡如直布罗陀海峡、白令海峡、巽他海峡等，水深常常达到百米乃至数百米，深水基础形式及其设计施工方法无疑又会变成结构工程实践活动的短板。如果采用桥梁工程或隧道工程跨越这些海峡，无疑会面临巨大的技术挑战，某种程度上超出了人类目前的认知水平和工程实施能力。具体来说，在水深大于 100 m 的情况下，深水基础形式及其设计施工方法还很不成熟。目前，应对这一挑战可能的技术路线主要有三种：第一种是借鉴海上石油平台设计施工方法、采用重力式设置基础；第二种是采用由浮箱、海底锚索组成的浮式基础；第三种是采用水中悬浮隧道。这些形式各异的结构形式，其科学基础、设计理论、施工方法、施工装备与现阶段的结构工程实践活动均存在很大差异，需要进行全方位的研究探索。

　　第一种是借鉴海上石油平台的设计建造方法、采用重力式设置基础。重力式设置基础设计施工要点是：首先，在船坞浇筑沉箱基础的底板、侧缘和室壁下部；然后，利用大型拖船拖拽至水深较大的近海，逐节浇筑室壁的上部、逐步完成沉箱的施工；最后，拖拽至最终安装区域，在逐渐下沉的同时，采用滑模技术、进行墩身的逐节浇筑施工，并最终将沉箱基础的侧缘插入预定的海床位置，其施工过程示意图见图 6-3。早在 20 世纪 70 年代，美国菲利普斯石油公司就发明了具有钻井、储油、勘探等多种功能的海上石油平台，可用于水深数百米深海石油的钻探开采。目前，采用这种施工方法完成的海上石油平台数量达数十座，最大排水量高达 150 万 t，最大水深达 305 m，而施工误差可控制在 10 cm 以内，施工工期可控制在 2～3 年以内，并经过了数十年的工程应用检验，技术相对成熟。因此，借鉴海上石油平台的设计建造方法、建造 100～300 m 的桥梁深水基础是没有原则困难的。但是，海上石油平台设计施工非常复杂，涉及洋流波浪作用、流固耦合机理等科学基础，以及海床整平加固、负压下沉锚固、精准监测定位等多项复杂特殊的工程技术，对大型施工船舶的要求也很高，目前仅有美国、英国、挪威、法国等少数几个国家掌握这一技术。

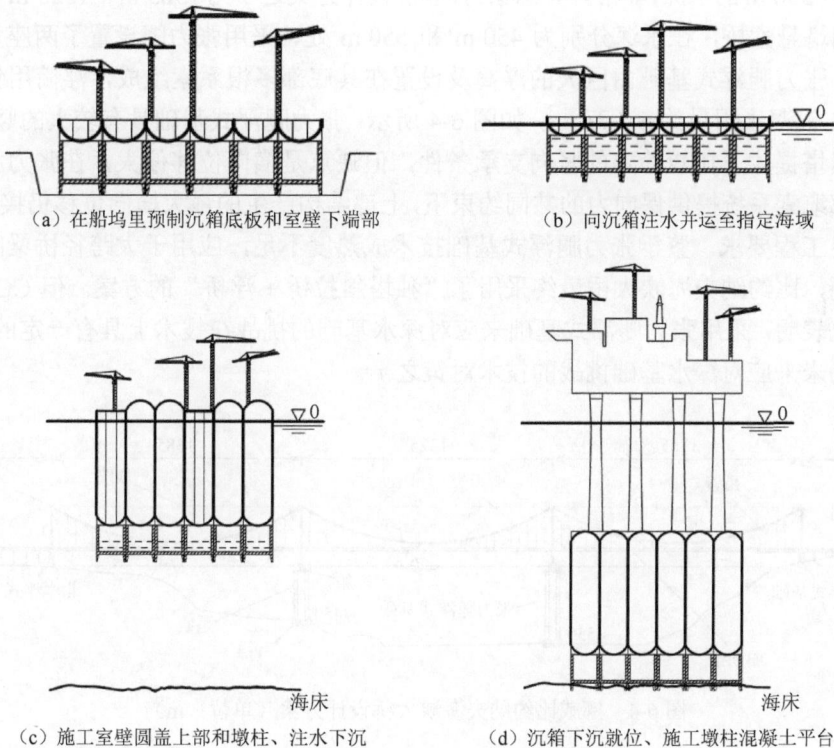

(a) 在船坞里预制沉箱底板和室壁下端部　　　　　(b) 向沉箱注水并运至指定海域

(c) 施工室壁圆盖上部和墩柱、注水下沉　　　　　(d) 沉箱下沉就位、施工墩柱混凝土平台

图 6-3　海上石油平台施工过程示意图

　　第二种是采用由浮箱（钢浮箱或混凝土浮箱）、海底锚索组成的浮式基础，将浮箱固定在水中，由锚固于海底的锚索为浮箱提供三维约束，然后在浮箱上建造桥梁下部结构。这种浮式基础在北美、北欧地区已经有数十年的工程应用，以应对地质条件极差或水深

超过百米的建设条件，取得工程造价与结构性能的平衡。例如，早在 20 世纪 40 年代，美国就采用混凝土浮箱，建造了西雅图市总长 2020 m 的 Lacey V Murrow 浮桥，以应对海峡水深较大、海床地基承载力不足的建设难题。在此期间，其他一些国家如挪威、瑞典也采用混凝土浮箱修建了多座跨越海湾的浮桥，经过几十年的服役检验，浮式基础在工程上是可行的、在某些情况下也具有经济技术优势。特别需要指出的是，在传统浮式基础发展的同时，1954 年著名海洋工程专家 R. O. Marsh 提出了张力腿平台（tension leg platform，TLP）的概念，极大地扩展了浮式基础的内涵和应用场景。张力腿浮式基础的设计原理是：通过调整浮箱断面"实空比"、压重和荷载，使浮箱在重力场和浮力场共同作用下整体上处于向上漂浮的状态，并通过锚索把浮箱与海床基础连接固定，因此，张力腿平台多用于水深数百米的环境条件。1998 年，美国在墨西哥海湾建成的石油钻井平台——Ursa 张力腿平台，其水深达到了创纪录的 1226 m，极大地增强了张力腿平台的适应能力。在海洋工程建设成就的鼓舞下，借鉴张力腿平台的设计原理及构造方式，深水跨海桥梁张力腿浮式基础的设计探索在近 20 年也开始活跃起来。例如，丹麦 COWI 公司提出的挪威比约纳夫海峡大桥（Bjørnafjorden Bridge）的设计方案，就采用张力腿浮式基础来应对 450～550 m 的水深，非常具有想象力，该桥设计方案之一为 1385 m + 1325 m + 1385 m 三主跨四塔悬索桥，在水深分别为 450 m 和 550 m 处、采用张力腿设置了两座索塔的浮式基础。张力腿浮式基础由巨大的浮筒及设置在其底部多根系索组成，浮筒用钢量约为 12.7 万 t、混凝土用量约 6.7 万 m^3，如图 6-4 所示。张力腿浮式基础具有较大的竖向刚度，可以给索塔提供了比较稳定的竖向支承条件，但缺点是横向位移偏大，在张力腿浮式基础和上部缆索系统提供保向力的共同约束下，上部结构产生的最大横向位移仍接近 30 m，难以满足工程要求。鉴于张力腿浮式基础技术成熟度不足，应用于大跨径桥梁时还存在一些问题，比约纳夫海峡大桥最终采用了"独塔斜拉桥 + 浮桥"的方案。但 COWI 公司相关研究表明，采用张力腿浮式基础来应对深水基础的挑战在技术上具有一定的可行性，有望成为未来应对深水基础挑战的技术对策之一。

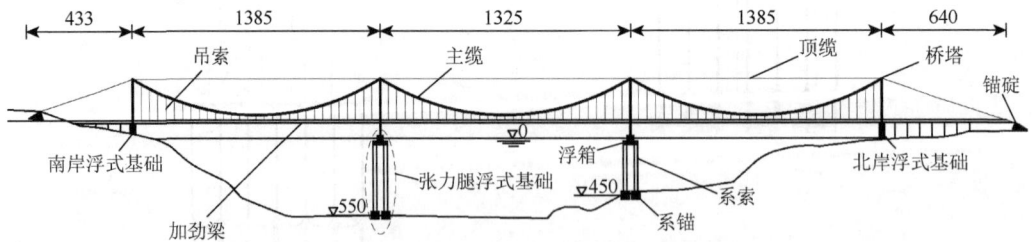

图 6-4　挪威比约纳夫海峡大桥设计方案（单位：m）

第三种是采用水中悬浮隧道。水中悬浮隧道（submerged floating tunnel，SFT）由基础、锚索、管体、管体接头、驳岸结构五个部分组成，是利用浮力原理将隧道悬浮在水中、利用张力索等固定定位的一种水下隧道。与传统的桥梁结构或海底隧道相比，水中悬浮隧道具有线路距离短、不影响船舶通行、不受水深影响等突出优点，且其单位长度的建造费用不随锚索间距的增大而显著增大，因此随着隧道长度的增大，其经济竞争优势也会随之增大。研究表明：对于长度超过 10 000 m 及水深超过 50 m 的连接工程，采用水中悬浮隧道比其他解决方案可能更具有竞争力。另外，由于水中悬浮隧道结构所处的环境介质是水，其所受的环境作用包括波浪、水流、水致振动、地震、腐蚀、冰载等，水中悬浮隧道在环境荷载的作用下，将会发生十分复杂的振动。正是这些复杂性和特殊性，导致水中悬浮隧道的研究进展十分缓慢，目前尚未形成比较系统的理论体系，也很少进行过成规模的现场试验或室内实验，试点工程也处于空白状态。在科学研究方面，长大跨度悬浮结构需要突破流固耦合机理、深水环境下悬浮隧道结构承载特性、恶劣海况下结构支撑系统稳定性、工程风险评估等重大科学难题；在工程技术方面，悬浮隧道需要探索提出结构设计标准体系、高韧性高强度特殊结构材料研发、深水复杂环境下施工工艺工法、施工装备制造等一系列问题，其中，合理可靠的施工方法可能是所有技术问题中最重要的、也是最困难的。

在未来，随着跨越深水海峡结构工程需求的凸显，与深水基础相关的科学问题、结构形式、结构材料、施工方法及施工装备等技术问题有望取得突破，重力式设置基础、浮式基础、悬浮隧道等不同技术路线的优劣也会在工程实践竞争中逐步显现，从而支撑人类结构工程实践活动从"浅蓝"走向"深蓝"。

5. 挑战 12——智能结构的设计建造技术

智能结构的设计建造技术是在人工智能、大数据等通用技术指导下技术体系重组，涉及结构工程建设与运维的各个维度，需要材料、结构、设备和信息等多个领域技术协同发展，需要勘察、设计、制造、施工、运营、检测和养护各个环节共同发力，以实现结构工程全寿命周期的风险感知、快速响应和智能管理。换言之，智能结构不是简单的"智能化技术＋传统结构工程建设和养护技术"，也不是部分采用智能材料建成的结构工程项目，而是采用智能勘察设计、智能材料、智能建造、智能检测、智能管养技术的新一代结构工程。其中，人工智能作为通用技术，有望对结构工程技术开发的方方面面产生革命性的影响，其作用甚至可以媲美第一次工业革命中的"蒸汽机"、第二次工业革命中的"电动机"或第三次工业革命中的"计算机"，蕴含着难以预估、但尚未完全彰显的作用价值。

1）智能结构的内涵

关于智能结构（intelligent stucture），目前尚没有确切定义。一般认为，智能结构大致包含三个基本要素。一是结构工程智能建设和养护技术，这是智能结构的前提，如果建设和养护技术达不到智能化水准，则结构工程中的智能化技术就会变成无本之木；二是信息技术的应用，科学统一的信息体系奠定了智能结构的基础，主要包括建立规模庞大、自上而下、有组织的信息网络体系，并依托信息网络体系进行科学决策；三是人工智能技术的赋能，这是解决结构工程建设和养护难题的根本途径，从而从根本上推动结构设计施工运维技术的升级换代。进一步来说，智能结构就是利用现代数据科学、信息技术构建结构工程建设和管养全过程的信息通道，也是结构工程传统技术与大数据、人工智能等通用技术融合形成的新一代建设与管养技术。

与传统结构相比，智能结构具有三个基本特征——信息化、产业化和智能化。其中，信息化为结构工程建设和养护全过程构建信息通道，新一代信息技术将实现普惠化应用，以实现结构全寿命期的信息标准化和数字化；产业化提供了完整的产业体系，以实现结构工程勘察、设计、建造和管养全过程的数字化；智能化为结构工程建设和养护全过程建立智能决策系统，从而减少结构工程建设和养护过程对结构工程师经验的依赖，驱动人类逐渐走向智能社会。换言之，智能结构是在智能化技术指导下的技术体系重组，代表了结构工程的发展方向，在今后相当一个时期内是结构工程技术创新、工程创新的主阵地。此外，作为智能结构底座的人工智能，在过去的 10 多年里发展非常迅猛，在计算机视觉（computer vision）、自然语言处理（natural language processing）、机器学习（machine learning）、知识图谱（knowledge graph）等关键技术上取得了很大的突破，以 Transformer、ChatGPT、Sora、DeepSeek 为代表的通用模型在各个领域都显现出难以预料的发展潜力，并有可能突破传统工程问题的解决路径。

现阶段，人工智能作为新一轮技术革命和产业变革的核心驱动力，正在加速与结构工程传统的勘察、设计、建造、运维技术深度融合，驱动结构工程全生命周期的智能升级；结构工程界正在将数据科学的基本理论、人工智能的基本方法融入传统结构工程设计建造中，以实现结构工程的风险感知、快速响应和智能管养，从而达成结构工程高效建造、有效管养、长效服役的目标。但总的说来，这些研究探索与技术开发尚处在形成突破的前夜，智能结构的设计建造技术仍有非常大的发展空间。在未来，随着结构工程实践活动规模的扩张、建设条件约束的严苛、高品质项目建设需求的井喷，以及数据科学与人工智能技术的成熟，智能结构的设计建造技术将推动结构工程站上新的发展起点。现就智能勘察设计技术、智能建造技术、智能检测技术等几个分支方向存在的瓶颈与挑战简述如下。

2）智能勘察设计技术

智能勘察设计技术是利用信息技术、人工智能等作为基本工具，辅助工程师进行结构工程勘察设计的统称。目前，在计算机辅助工程（computer aided engineering，CAE）、建筑信息模型（building information model，BIM）、计算机集成制造（computer-integrated manufacturing，CIM）、地理信息系统（geographic information system，GIS）等多种信息技术加持下，数字化勘察设计的技术应用已比较普及，但应用水平仍有待提高。智能勘察设计方面主要包括空天勘察数据如高分影像的识别、地面勘察数据识别如倾斜摄影模型的识别、地下勘察数据识别如钻孔影像的识别等，大体上可以分为知识库类、规划选线类、信息识别类、专业辅助类、设计分析类等。总体来说，这些功能各异的技术为智能建造与智能管养奠定了数据基础，但智能化勘察设计技术刚刚起步，并正在快速迭代之中，仍有很大的提升空间。

从本质上来说，传统结构设计是基于具象化模拟的设计方法，而基于人工智能则属基于抽象化数据的设计方法，具象化是抽象化的基础，抽象化是具象化的高维度表达，因此，智能勘察设计技术可以在不计其数具象方案的基础上、依据相关规则筛选出最优方案来。长期以来，勘察设计界形成了相对稳定的工作模式，积累了大量的项目成果和经验数据，但也面临着过度于依赖工程师经验、设计效率低、重复性工作量多、设计人员劳动强度大等问题，导致行业长期积累的大量设计成果无法得到有效充分利用，某种程度上存在着"资源浪费"的现象。人工智能技术可以充分利用既有的项目设计成果、挖掘项目的知识潜力，在参数化设计、智能优化设计、智能校核、结构方案智能设计等方面发挥出独特的优势，并推动结构工程师对工程理论和设计方法的认识不断深化。具体来说，智能勘察设计技术既可以代替人脑穷举各类设计方案、为方案设计提供更大的选择空间；也可以借助于大量既有设计成果的驱动、通过学习既有设计案例抽取数据高维特征并提炼潜在的规律，完成某些专项设计的工作任务；还可以辅助工程师进行结构分析计算和结构专项设计、代替工程师完成结构复核验算和工程造价统计，将工程师部分程度地从繁杂重复性劳动中解放出来，高效生成满足设计规范要求和工程经验的结构设计图纸；等等。总之，人工智能技术辅助结构工程勘察设计的应用场景十分庞大，且具备很强的发展潜力和迭代速度，有望在不远的未来在替代工程师完成部分结构设计任务的同时，还可以将工程经验逐步"硬化"、形成新的规范性。

在未来，基于模拟的设计方法和基于人工智能设计方法的深度融合，将为结构勘察设计领域的发展注入新的驱动力，大幅度提升结构工程的勘察设计的效率和精度，从而为结构工程的数字孪生、智能建造、智能监测管养提供完备的数据基础。在数据科学及人工智能的加持下，结构工程师可以将更多精力投入到概念设计、方案构思、艺术表现力等能够展现人的情感追求、文化价值的创造性劳动中，更好地从全局上谋划把握结构工程的规划、设计、建造、管理、养护等复杂的系统性社会性事务中。但是，由于结构勘察设计既是一种高度集成性、建构性、系统性的技术，更是一种满足多目标、多约束的权衡妥协艺术，具有突出的创造性、复杂性、选择性和妥协性，从这个角度来讲，智能勘察设计技术虽然大有用武之地，但却刚刚起步。如果将智能勘察设计技术划分为 5 个层级，那么，目前发展相对成熟的智能优化设计、基于深度学习的结构方案智能设计等仅仅处于第 1 或第 2 的层级，智能勘察设计技术代替工程师从事设计尚需时日。但不可否认的是，智能勘察设计技术的发展是一个由低级到高级、由简单到复杂的快速进阶过程，一旦突破某些瓶颈就有望快速成熟。现阶段，智能勘察设计技术存在的主要瓶颈集中表现在以下三个方面。

一是数字化底座的打造与共享。在未来，数据资源将成为关键生产要素和战略性资源，数据驱动的技术研发和应用创新能力将成为核心竞争力。数字化是智能化的前提，是结构设计、结构建造与结构运维智能化的基础，但现阶段的数字化普遍存在着建筑-结构-设备-运维的标准不统一、接口条块分割、共享机制不健全、精细化程度不高等问题，需要从技术和管理两个维度共同发力、统筹解决。

二是遵循"在发展中规范、在规范中发展"的技术演化原则，统筹构建智能勘察设计的技术标准框架。技术标准框架应包括但不限于基础共性、支撑技术、工程化产品、基础软硬件、关键技术、场景应用等多个方面。显然，这是一项极具挑战性的长期任务。其中，基础共性标准、基础软硬件标准、场景应用标准更是重中之重。

三是如何加快技术板块之间协同模式的构建。由于智能勘察设计涵盖了遥感、摄影测量、GPS、室内定位、工程物探、超前地质预报等信息获取技术，也包括 BIM、CIM、GIS、5G 及物联网等信息传输技术，还包含结构设计图像特征、设计文本条件指导、力学机理约束、经验规则优化、高维数据特征抽取等方面的机器学习方法。因此，业务板块之间的协同就成为关键，智能勘察设计技术工作的协同化、平台化就成为智能化的应有之义。

面对这一系列挑战，在未来，智能勘察设计技术将在数据科学、人工智能等通用技术的加持下，基于知识库、先进算法的不断迭代，在提升勘察设计工作效率的同时，有望将勘察设计这一充满复杂性、妥协性、选择性的创造性劳动，做得更好更快、更具有智能。但这也同时意味着，对结构工程师在工程项目的方案构思酝酿、整体把控、权衡取舍等方面的重要性变得更突出了。

3）智能建造技术

在结构工程从建造到制造乃至"智造"、从传统管养手段到数字化智能化管养的转型过程中，智能建造技术是一个关键的转换平台。智能建造技术不仅可有效提高结构工程的施工质量、建造精度与劳动效率，而且也是降低复杂艰险环境下作业风险、推进智能检测/监测和智能管理养护的发展应用。智能建造技术是建立在工厂化、数字化、物联网等智能技术基础之上的施工建造技术，也是传统施工技术与信息技术、人工智能技术、机械电子技术的深度融合。面对未来经济社会发展中的老龄化问题日益突出、劳动力持续减少、人力资本显著提高等趋势，结构工程的智能化建造有望破解这一难题，使结构工程从分散的、低效率的现场生产方式，向智能化、柔性化的生产制造方式转变。

智能建造技术是以数字孪生技术为纽带、以智能施工装备为载体、以标准化和工业化为核心的技术体系和管理流程，也是传统施工技术与信息技术、人工智能技术、机电自动化技术的深度融合和流程再造。目前，智能建造技术的探索、尝试和发展较快，以数字孪生技术为纽带的智能建造技术正在快速发展之中，主要集中在功能各异的施工机器人等智能设施、工程项目智能管控系统研发等方面，应用场景包括但不限于钢结构加工焊接探伤等制造、隐蔽工程中如桩基础清孔作业、工程建造服务管理与流程再造等方面。此外，基于 BIM 技术、虚拟现实技术（virtual reality，VR）对施工过程的仿真，能够有效预防工程建造的安全风险，优化施工工序。总的来说，虽然智能建造技术的探索、尝试和发展是比较迅猛的，经济社会效益是比较容易衡量的，也有可能率先在一些关键节点、工艺工序上取得实质性突破和大规模工程应用。但受结构工程体量庞大、当时当地性明显、个性化突出等基本特点的制约，智能建造技术仍存在诸多瓶颈。概括来说，这些技术瓶颈主要集中在以下三个方面。

一是结构工程的建造仍处在标准化设计、工业化生产的初期，尚未完成现代工业化大生产模式的转型。受结构工程当时当地性、个性化比较突出等基本特征的制约，在未来不会、也不应该全面完成工业化大生产模式的转型。在这一大背景下，必须根据结构工程的基本特征、在"半工业化"的基础上打造智能建造的技术体系，这必然导致智能建造技术具有"以点带面"的属性，而这个突破点的选取又与经济社会发展水平、工程项目特点密切相关，并不见得放之四海而皆准。

二是智能建造技术如何结合结构工程施工建造的难点、痛点来展开，而不是简单地将制造业的生产流程与管控方式移植过来。现阶段，大规模重复作业、高空作业、隐蔽工程作业、狭小空间的作业等，可能是智能建造技术比较容易见到成效的应用场景。在未来，随着智能建造技术比较优势的显现，其应用场景还会逐步拓展。换言之，智能建造技术在结构工程中的应用是一个循序渐进的过程，需要把控好先进技术移植应用的顺序和程度，否则，就会误入"高技术"的陷阱，也会为结构工程的社会性所不容，导致大量的低技能技术工人失业，演变出比较严重的社会问题。

三是如何遵循技术进步的内在规律，强化智能建造技术与传统建造技术体系的协同。从技术迭代升级的历史规律来看，新的技术取代原有技术体系向来是一个漫长而曲折的过程，量大面广、附加值并不显著的智能建造技术更是如此。在这个新旧技术体系转换的过程中，既要从先进技术应用的可行性着手，更要着眼于技术经济效益的筛选与检验，以避掉入"技术至上"的陷阱。

针对上述问题，在未来，一方面要强化智能建造技术体系的开发建设，使其能够全面地兼容传统建造技术并尽快成熟起来；另一方面，要强化传统建造技术内核的凝练和升华，使其精华部分成为智能建造技术体系的核心组成部分。显然，这个进阶之路必然要受到工程的系统性、实践性、社会性、建构性等本质特征的约束和激励，无疑会充满着各种冲突与挑战。

4）智能检测技术

智能检测技术是以深度学习、数据挖掘、智能算法、智能传感器件、计算机图像识别、无人机测控等为核心的检测技术，具体包括智能检测、智能监测、智能防灾减灾等多个方面。由于智能检测技术应用场景比较明确、工程目标比较单一，相对于智能材料、智能勘察设计、智能建造等技术分支方向，智能检测技术很多场合下能够突破传统检测技术的局限，发展相对较快，部分程度上解决了长期困扰结构工程界的一些疑难问题，因而具有广阔的发展前景。目前，随着深度学习的快速成熟发展，人工智能技术与结构检测技术的融合，混凝土结构无损检测、钢结构疲劳裂纹探测、水下桩基础检测、高清摄像损伤识别、无人机摄像监测、缆索检查机器人等一系列智能检测装备与检测技术正在快速迭代，基本实现了对结构工程各类复杂、隐蔽、高空部位的检测，解决了传统检测方法的效率低、精度差、覆盖范围小等问题，而数据挖掘、计算机图像识别等新技术则极大地丰富了检测数据的分析和评价手段，提升了检测数据及结果的可靠性，为智能运营维护技术提供了有力的支撑。

智能检测技术不仅丰富了结构检测/监测的手段，而且提高了检测精度和检测效率、最大程度保证了检测数据及结果的可靠性和准确性，为结构工程的智能维护技术提供了强有力的支撑。与此同时，随着海量检测/监测数据的积累，也为结构工程界越过物理世界、直接在数据世界里探究大型复杂结构的性能提供了新的可能性。然而，受结构响应的复杂性和环境随机性的影响，受结构行为感知和数据采集不确定性等因素的干扰，智能检测技术仍存在一些瓶颈，主要集中在以下三个方面。

一是智能检测技术的科学基础并不完备。现阶段，结构工程界尚未完全掌握结构损伤的演化机理，以及结构损伤与结构响应之间的物理关系。工程实践表明，结构响应对结构的某些局部损伤并不敏感，导致一些检测/监测指标所表征结构行为的内涵不清晰、含义不明确，有些时候甚至难以通过检测数据来揭示真实的结构行为。

二是结构检测/监测数据的分析判断仍很大程度上停留在工程经验的层面，在阈值设置、"干扰"因素的剥离、"异常"数据的取舍等方面普遍存在较强的主观性，科学性显得不足。另外，由于海量检测/监测数据包含了大量的随机干扰和各种噪声，导致要对这些检测/监测数据进行全面系统地、由表及里、去伪存真地分析判断仍困难重重，不得不借助于结构工程师的经验，数据挖掘分析、取舍判断的智能化水平亟待提升。

三是一些实施性、操作性的问题制约着智能检测技术的发展。例如，在现阶段，各种传感器件的使用寿命普遍多在 5～8 年，远远短于结构工程的服役年限，不得不在监测过程中多次更换传感元器件，而每次更换往往意味着某些采集信息的"丢失"或"漂移"。又如，对于一些存量的结构响应如结构应力、内部损伤，目前仍无比较准确可靠的检测方法与检测手段进行测试。

针对这些问题，在未来，一方面要夯实智能检测技术的科学基础，提升智能检测技术的科学成色，而不是仅仅停留在传统检测技术的智能化呈现的层面。另一方面，要借助于大数据的积累、算法的迭代改进，探索直接越过物理世界、在数据世界中把握结构行为的可行性。

案例 6-2　　未来全球富有挑战性的若干座跨海通道工程的构想

近 40 年来，随着日本本四联络线工程、丹麦联岛工程、韩国釜山-巨济联络工程、中国舟山联岛工程、中国港珠澳大桥、中国深中通道等几座举世瞩目的近海交通土建工程的实施，人类跨越近海障碍的能力得到空前增强，大型跨海桥梁、海底隧道建设似乎已不再是交通基础设施建设的拦路虎。然而，相对于取得的建设成就，在未来，人类面临的跨海通道工程挑战性项目仍然有很多，在设计上、施工上、运营上的技术瓶颈依然存在。以下简要介绍三个富有挑战性的跨海通道工程。

1）直布罗陀海峡通道

直布罗陀海峡两侧为西班牙和摩洛哥，海峡东西长约 87 km，南北宽窄不同（最窄处 13 km，最宽处 43 km），水深也不同（最浅处水深 301 m，最深处水深 1181 m，平均深度约 375 m），建设跨越海峡大桥的构想可以追溯到 19 世纪。自 1979 年起，西班牙、摩洛哥两国开始合作进行了可行性研究。跨越海峡的线路有两条，一条是"海峡线路"，从西班牙的 Cannales 角到摩洛哥的 Cirles 角，两岸距离为 14 km，这条线路最短、但水深较大，最大水深达 950 m，因此一开始就放弃了隧道方案，所幸的是桥梁基础可以架设在水深为 450～500 m 海峡中部的海山上。有关方面倾向于采用两主跨 5000 m、两边跨 2500 m 的四跨悬索桥方案，该方案采用 4 根直径 1.09 m 的主缆，加劲梁为宽度 58 m 的分体式箱梁，主塔高 646 m，主塔基础分别在水面以下 95 m、480 m、415 m，锚碇基础分别在水面以下 70 m、80 m。在"海峡线路"的桥梁方案中，以著名桥梁设计大师林同炎提出的悬索桁架桥最具代表性，如图 6-5 所示，该方案通过一个巨大的悬臂桁架，将跨径 5000 m 的悬索桥转化为跨径 3000 m 的悬索桥。另一条线路是"大陆架线路"，从西班牙的 Paloma 角到摩洛哥的 Malabata 角，线路总长约 28 km，水深相对较浅，最大水深约 300 m，因此考虑了隧道和桥梁两种方案，其中桥梁方案倾向于采用三主跨 3500 m、两边跨 1500 m 的五跨悬索桥方案，主塔基础在水面以下 140～315 m，锚碇基础在水面以下 55 m。从以上基本数据可以看出，直布罗陀海峡大桥建设难度极大，超出了人类目前的工程实施能力。

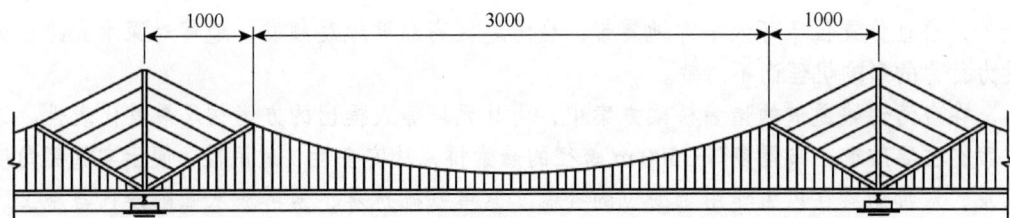

图 6-5　林同炎提出的直布罗陀海峡大桥方案（单位：m）

2）台湾海峡通道

台湾海峡处于中国东海大陆架上，南北长约 400 km，海峡北部窄、南部宽，南口宽约 400 km，北口宽约 200 km，最窄处为 120 km，最大水深不超过 80 m。台湾海峡是世界上最宽的海峡之一，是我国沿海和国际航运的重要通道。自 20 世纪 80 年代以来，我国许多设计单位、科研院所针对台湾海峡提出了若干个构思方案，线路走向主要有北线、中线、南线三种。其中，"福清—平潭岛—新竹"北线方案，长度最短，长约 122 km；"莆田笏石—南日岛—苗栗"中线方案，长约 128 km；"厦门—金门—澎湖—嘉义"南线，长约 174 km。设计构想包括桥梁方案、桥隧结合方案、隧道方案等，相关单位也多次召开学术研讨会议。总体来说，大陆技术专家倾向于选择北线方案，原因是这条通道距离最短，海底地质结构比较稳定，未发现有断裂带，水深为 40～60 m、相对较浅，工程造价最低，且北线方案两端分别靠近福州市和台北市，可以最大限度发挥海峡通道辐射作用，提升海峡通道的价值。台湾技术专家则考虑到海水深度及经济效益等因素，倾向选择南线方案，该线路涵盖澎湖、金门，串连台湾及离岛地区，通道对整个台湾地区的带动作用较大。就纯技术而言，3 条线路无论是采用桥梁方案、隧道方案，还是桥-隧结合方案，均具有技术可行性、也各有优缺点，虽然极具挑战性，但大部分技术挑战并非不可克服。台湾海峡通道项目的关键取决于技术以外的两个主要问题，一是政治问题，二是巨额建设资金的筹集问题。

2017 年京台高速公路、京台高铁被列入了国家综合交通运输体系发展规划，标志着台湾海峡通道建设进入了国家视野。2020 年，被视为台湾海峡大桥先期工程平潭海峡公铁大桥建成通车，为台湾海峡通道的建设奠定了良好的基础。平潭海峡公铁大桥长 16.34 km，设计荷载为双线 I 级铁路、双向 6 车道公路，三个航道元洪航道、鼓屿门航道、大小练岛航道分别为主跨 532 m、364 m、336 m 的钢桁组合梁斜拉桥，深水高墩区采用 80 m、88 m 简支钢桁梁，浅水及陆地区采用 40 m、48 m 预应力混凝土简支箱梁。该桥钢材用量达 124.3 万 t（其中临时钢结构 61.3 万 t），混凝土用量 294 万 m³（其中临时工程混凝土用量 47 万 m³），工程体量居世界之首，工程总造价约 88 亿元。

台湾海峡通道主要挑战有四个方面，即线路长、水深大、风浪急、桥址位于地震带。在平潭-新竹方案中，受海峡地形及洋流影响，海峡每年 6 级以上的大风天气超过 300 天，7 级以上的大风 200 多天，是全世界三大风口海域之一。受风力的影响，海峡区域浪高、流速大、潮汐明显，海峡北部的平潭海峡公铁大桥百年一遇最大风速为 44.8 m/s、最大浪高为 9.69 m、最大流速为 3.09 m/s、最大潮差为 7.09 m，气象及海况等施工条件十分恶劣。

此外，桥址位置位于环太平洋地震带，台湾地区高烈度地震频发，地震对深水大跨桥梁受力行为的影响机理尚不清楚。

在台湾海峡通道的诸多桥梁方案中，由林元培等人提出的方案构思最具代表性。该方案在主要航道上布置多跨 3500 m 跨径的悬索桥，从安全性、适用性、便于实施等角度出发，对加劲梁在风力作用下变位的控制、索塔基础抗震、索塔深水基础设计与施工、主缆防腐与换索等问题，提出了相应的构思及对策。其中，基础采用沉井-桩基础，索塔采用空间人字形结构，并设置横桥向的稳定索对索塔进行加劲，主缆系统采用直径 2.5 m、高差 20 m 的双层主缆，并采用斜吊杆、设置风缆撑杆等对策，以提升悬索桥的抗风性能；加劲梁采用宽 57 m、高 7.2 m 的扁平混凝土箱梁，并将行车道从桥面移至箱梁内，以克服浓雾、强风对桥梁正常运营的影响；在桥面设置太阳能、风能发电设施，以提供桥梁正常运营所需的动力，如图 6-6 所示。从上述构思方案可见，台湾海峡通道从技术上来说是基本可行的，相关技术难题也都可以应对，但工程所涉及的线路布局走向、桥隧结合形式、建造方式、安全运营保障、防灾减灾措施、维护管养等问题仍非常具有挑战性。

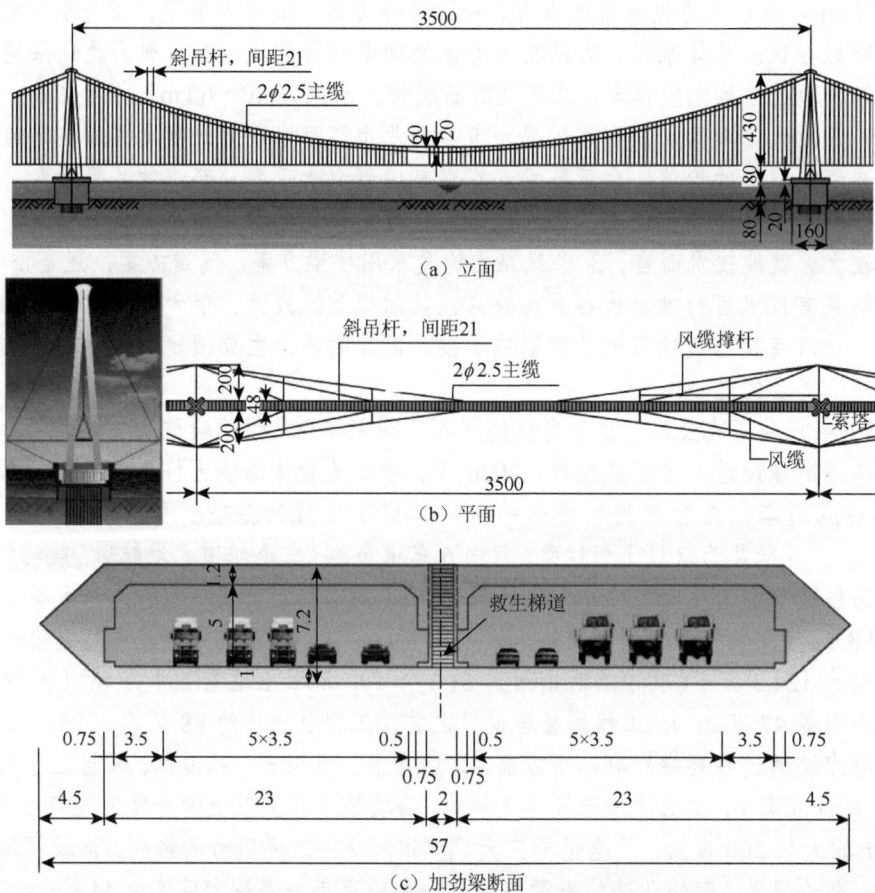

图 6-6　台湾海峡大桥主跨方案构思（单位：m）

3）马六甲海峡通道

马六甲海峡（The Strait of Malacca）是位于马来半岛与印度尼西亚的苏门答腊岛之间的狭长海峡，由新加坡、马来西亚和印度尼西亚三国共同管辖。海峡全长约 1080 km，西北部最宽处 370 km，东南部最窄处 37 km，海峡底部比较平坦，多为泥沙质，水流平缓，水深由北向南、由东往西递减，主要深水航道偏于海峡东侧，宽度 2.7～3.6 km，一般水深为 25～27 m，可通航吃水 20 m 深的巨轮，但存在着多处水深浅于 23 m 的沙洲，时不时发生巨轮搁浅事件。马六甲海峡是连接沟通太平洋与印度洋的国际水道，是环球航线最重要的节点之一，也是最繁忙的国际航道，经马六甲海峡进入南中国海的油轮是苏伊士运河的 3 倍、巴拿马运河的 5 倍，对于东亚的中国、日本、韩国等国，马六甲海峡是最重要的能源运输通道，是"海上生命线"通道。

马六甲海峡通道计划穿过众多的小海峡和大小岛屿，将马来西亚与印度尼西亚连接起来。跨海通道的方案主要有两个，一是沉管隧道方案，二是桥梁方案。其中，沉管隧道方案全长约 91 km，当时估算的工程造价约为 30 亿美元，1997 年，马来西亚政府批准了这一方案的工程可行性报告，但随着 1998 年东南亚金融危机的爆发，该方案被无限期地推迟。桥梁方案自马来西亚马六甲市西北穿过海峡，抵达印度尼西亚的鲁帕岛，然后再修建 6 km 长的桥梁到苏门答腊岛，全长约 48 km，功能为公路桥梁，当时估算的工程造价约 21 亿美元，工期约 5 年。以上两个方案从技术层面来看，挑战并不算特别大，但由于马六甲海峡通道位于国际航道上，除了马来西亚和印度尼西亚两国商议之外，通道建设施工会对国际航道产生较大干扰，对东亚各国的国际贸易产生较大影响，因此还须得到国际海事机构的批准。另外，由于马来西亚和印度尼西亚两国的经济社会发展水平不高，两国之间的人流、物流量也不够大，国际社会、马来西亚和印度尼西亚国内对通道建设的必要性还存在较大争议，因此在近期内看不到实施的可能性。

4）结语

从以上三个跨海通道工程的方案酝酿构思来看，未来结构工程实践活动的挑战还非常严峻，不仅工程建设运营的自然环境条件非常极端、恶劣，导致在技术实施层面存在着极大的困难；而且地缘政治的博弈、社会需求的厘清、经济指标的约束等外部因素都会对工程建设运营提出新的要求。虽然这些挑战是空前的，但却是推动结构工程发展进步的阶梯。

参 考 文 献

布希亚瑞利，2008. 工程哲学[M]. 沈阳：辽宁人民出版社.

朝乐门，邢春晓，张勇，2018. 数据科学研究的现状与趋势[J]. 计算机科学，45（1）：1-13.

陈昌曙，1999. 技术哲学引论[M]. 北京：科学出版社.

方明山，2023. 数字赋能 智慧可期：杭绍甬高速智慧建设的实践路线[J/OL]. 桥梁，（1）. http://www.chinabridge.org.cn/magzinelist-danben-shidu.jsp？articleId＝10000014000752.

高宗余，阮怀圣，秦顺全，2019. 我国海洋桥梁工程技术发展现状、挑战及对策研究[J]. 中国工程科学，21（3）：1-4.

雷升祥，邹春华，丁正全，2023. 我国陆路交通基础设施智能建造思考[J]. 铁道建筑技术，（1）：1-7，19.

李昊，程晓辉，余翰良，等，2022. 张力腿式水下悬浮隧道地震响应模拟：以琼州海峡跨海隧道工程为例[J]. 现代隧道技术，59（3）：146-154.

李建中，管仲国，2017. 桥梁抗震设计理论发展：从结构抗震减震到震后可恢复设计[J]. 中国公路学报，30（12）：1-9.

李剑，2003. 水中悬浮隧道概念设计及其关键技术研究[D]. 上海：同济大学.

李军堂，秦顺全，张瑞霞，2020. 桥梁深水基础的发展与展望[J]. 桥梁建设，50（3）：17-24.

李乔，2023. 桥梁纵论[M]. 北京：人民交通出版社.

刘界鹏，周绪红，伍洲，等，2021. 智能建造基础算法教程[M]. 北京：中国建筑工业出版社.

陆新征，廖文杰，顾栋炼，等，2023. 从基于模拟到基于人工智能的建筑结构设计方法研究进展[J/OL]. 工程力学，40：1-17. http://kns.cnki.net/kcms/detail/11.2595.O3.20230117.0853.002.html.

米切姆，1999. 技术哲学概论[M]. 殷登祥，曹南燕，等译. 天津：天津科学技术出版社.

聂建国，2016. 我国结构工程的未来：高性能结构工程[J]. 土木工程学报，49（9）：1-8.

宋神友，2019. "攻占"行业技术高地：深中通道的智能建造体系创建[J/OL]. 桥梁，（1）. http://www.chinabridge. org.cn/magzinelist-danben-shidu.jsp？articleId = 10000013581201.

陶慕轩，聂建国，樊健生，等，2017. 中国土木结构工程科技 2035 发展趋势与路径研究[J]. 中国工程科学，19（1）：73-79.

王梦恕，2008. 水下交通隧道发展现状与技术难题：兼论"台湾海峡海底铁路隧道建设方案"[J]. 岩石力学与工程学报，27（11）：2161-2172.

殷瑞钰，汪应洛，李伯聪，2018. 工程哲学[M]. 北京：高等教育出版社.

张俊平，2023. 现代桥梁工程创新：认识、脉络及案例[M]. 北京：人民交通出版社.

张敏政，2022. 关于抗震防灾的若干思考[J]. 地震学报，44（5）：733-742.

郑中，2024. 铁路工程人工智能技术标准体系研究[J]. 国防交通工程与技术，22（3）：1-6，17.

周绪红，张喜刚，2019. 关于中国桥梁技术发展的思考[J]. Engineering，5（6）：304-326.

Angelucci G，Spence S M J，Mollaioli F，2021. Anintegrated topology optimization framework for threedimensional domains using shell elements [J]. The Structural Design of Tall and Special Buildings，30（1）：e1817.

Ge Y J，Yuan Y，2019. State-of-the-art technology in the construction of sea-crossing fixed links with a bridge，island，and tunnel combination[J]. Engineering，5（1）：15-21.

Gholizadeh S，Ebadijalal M，2018. Performance based discrete topology optimization of steel braced frames by a new metaheuristic[J]. Advances in Engineering Software，123：77-92.

Gimenez L，Robert S，Suard F，et al.，2016. Automaticreconstruction of 3D building models from scanned 2D floor plans[J]. Automation in Construction，63：48-56.

Liao W J，Lu X Z，Huang Y L，et al.，2021. Automatedstructural design of shear wall residential buildingsusing generative adversarial networks[J]. Automation in Construction，132：103931.

附录：IABSE 杰出结构奖

国际桥梁与结构工程协会（International Association for Bridge and Structural Engineering，IABSE）杰出结构奖设立于 1998 年，从 2000 年起，IABSE 每年评选颁发 1～2 项杰出结构奖，分为建筑结构（含交通枢纽、机场航站楼、体育场馆等）、桥梁结构两大类。从 2010 年起，IABSE 又将杰出结构奖分为获奖与提名两个层次。从 2022 年起，IABSE 又进一步将奖项分为杰出小型工程奖、杰出小型建筑结构奖、杰出大型建筑结构奖、杰出人行桥梁奖、杰出小型桥梁结构奖、杰出大型桥梁结构奖、基础设施奖、杰出修复工程奖、工程施工创新奖、国际发展贡献奖、杰出工程金奖（前几者中的佼佼者）等多个奖项。IABSE 杰出结构奖国际结构工程界的最高荣誉之一，旨在表彰世界各地最杰出、最具创新性的结构工程项目。IABSE 杰出结构奖设立以来，截止 2024 年，共有82 个项目获奖，现将获奖项目的基本情况汇总如附表 1 所示。

附表 1　IABSE 杰出结构奖汇总

序号	获奖年份	项目名称	项目所在国家	结构类别	获奖/提名	所在案例
1	2000	Glass Hall of Leipzig	德国	建筑结构	获奖	
2	2000	Keyence Corporation Head Office and Laboratory	日本	建筑结构	获奖	案例 5-11
3	2001	Guggenheim Museum	西班牙	建筑结构	获奖	
4	2001	Sunniberg Bridge	瑞士	桥梁结构	获奖	案例 4-2
5	2002	Miho Museum Bridge	日本	桥梁结构	获奖	案例 3-11
6	2002	Stade de France	法国	建筑结构	获奖	
7	2002	Øresund Fixed Link	丹麦-瑞典	桥梁结构	获奖	
8	2003	Bibliotheca Alexandrina	埃及	建筑结构	获奖	
9	2003	Bras de la Plaine Bridge	法国	桥梁结构	获奖	案例 3-3
10	2004	Milwaukee Art Museum Addition	美国	建筑及桥梁结构	获奖	案例 1-8
11	2004	Funchal Airport Extension	葡萄牙	机场跑道	获奖	
12	2005	Gateshead Millennium Bridge	英国	桥梁结构	获奖	案例 3-11
13	2006	Central Bus Station Hamburg	德国	交通枢纽	获奖	
14	2006	Rion-Antirion Bridge	希腊	桥梁结构	获奖	案例 5-3
15	2006	Millau Viaduct	法国	桥梁结构	获奖	案例 5-9
16	2007	New Roof of the Commerzbank-Arena	德国	体育场馆	获奖	
17	2008	Copenhagen Opera House	丹麦	建筑结构	获奖	案例 5-5
18	2008	Shanghai Lupu Bridge	中国	桥梁结构	获奖	

序号	获奖年份	项目名称	项目所在国家	结构类别	获奖/提名	所在案例
19	2009	Church of the Most Holy Trinity	葡萄牙	建筑结构	获奖	
20	2009	Tri-Countries Bridge	德国-法国	桥梁结构	获奖	
21	2010	National Aquatics Centre	中国	体育场馆	获奖	
22	2010	Heathrow T5A	英国	机场航站楼	提名	
23	2010	Spiral Towers	日本	建筑结构	提名	案例 5-11
24	2010	Sutong Bridge	中国	桥梁结构	提名	
25	2011	Burj Khalifa Tower	阿联酋	建筑结构	获奖	
26	2011	Moses Mabhida 2010 Soccer Stadium	南非	体育场馆	提名	案例 5-5
27	2011	Pont Gustave Flaubert Lift Bridge	法国	桥梁结构	提名	
28	2011	Stonecutters Bridge	中国香港	桥梁结构	提名	
29	2012	Estadio Ciudad de la Plata	阿根廷	体育场馆	获奖	案例 2-4
30	2012	Busan-Geoje Fixed Link	韩国	桥梁结构	提名	
31	2012	Xihoumen Bridge	中国	桥梁结构	提名	
32	2013	Olympic Velodrome	英国	体育场馆	获奖	案例 5-7
33	2013	Yi Sun-sin Bridge	韩国	桥梁结构	提名	
34	2014	Taizhou Bridge	中国	桥梁结构	获奖	案例 5-12
35	2014	Kings Cross Western Concourse Roof	英国	建筑结构	提名	
36	2014	Canton Tower	中国	建筑结构	提名	案例 5-4
37	2014	Las Arenas	西班牙	体育场馆	提名	
38	2015	San Francisco Oakland Bay Bridge New East Span*	美国	桥梁结构	获奖	案例 2-8
39	2015	Abeno Harukas	日本	建筑结构	提名	
40	2015	Xiamen North Railway Station Building	中国	建筑结构	提名	
41	2015	Nanjing Dashengguan Yangtze River Bridge	中国	桥梁结构	提名	
42	2016	Shanghai Tower	中国	建筑结构	获奖	
43	2016	Viaduct over River Ulla	西班牙	桥梁结构	提名	
44	2017	Phoenix Centre	中国	建筑结构	获奖	
45	2017	Transformation of Birmingham New Street Station	英国	交通枢纽	提名	案例 5-2
46	2017	Port of Valencia Lighthouse	西班牙	建筑结构	提名	
47	2017	Dandeung Bridge	韩国	桥梁结构	提名	
48	2018	Yavuz Sultan Selim Bridge	土耳其	桥梁结构	获奖	案例 5-10
49	2018	Circle Bridge	丹麦	桥梁结构	提名	
50	2018	Viaduct over River Almonte	西班牙	桥梁结构	提名	
51	2018	Queensferry Crossing	英国	桥梁结构	提名	案例 2-6
52	2019	Mersey Gateway Bridge	英国	桥梁结构	获奖	

续表

序号	获奖年份	项目名称	项目所在国家	结构类别	获奖/提名	所在案例
53	2019	Widening of the bridge over the Rande Strait	西班牙	桥梁结构	提名	
54	2019	Mukogawa Bridge	日本	桥梁结构	提名	
55	2020	Hong Kong Zhuhai Macao Bridge	中国	桥梁结构	获奖	
56	2020	Cheonsa Bridge	韩国	桥梁结构	提名	案例 5-12
57	2020	Hålogaland Bridge*	挪威	桥梁结构	提名	
58	2020	Samuel De Champlain Bridge	加拿大	桥梁结构	提名	
59	2021	Beijing Daxing International Airport Terminal	中国	机场航站楼	获奖	
60	2021	Rose Fitzgerald Kennedy Bridge over the River Barrow	爱尔兰	桥梁结构	获奖	
61	2022	San Michele bridge over the Adda river	意大利	结构修复	获奖	
62	2022	Pingtang Bridge	中国	桥梁结构	获奖	
63	2022	Nanjing Jiangxinzhou Yangtze River Bridge	中国	桥梁结构	获奖	案例 2-9
64	2022	Hemei Bridge	中国	桥梁结构	获奖	
65	2022	Y-Shaped Suspension Bridge	韩国	桥梁结构	获奖	
66	2022	Shijiazhuang International Convention and Exhibition Center	中国	建筑结构	获奖	案例 5-5
67	2023	Tianfu Agricultural Exposition	中国	建筑结构	获奖	案例 5-7
68	2023	1915 Çanakkale Bridge*	土耳其	桥梁结构	获奖	
69	2023	Hising Bridge	瑞典	桥梁结构	获奖	
70	2023	Nancy Pauw Bridge	加拿大	桥梁结构	获奖	
71	2023	Cebu-Cordova Link	菲律宾	交通枢纽	获奖	
72	2023	Quay Quarter Tower	加拿大	结构修复	获奖	
73	2023	Cody Dock Rolling Bridge	英国	小型工程	获奖	
74	2024	Gate of Ninghe Campus of Civil Aviation University of China	中国	小型工程	获奖	
75	2024	Lighthouse	丹麦	建筑结构	获奖	
76	2024	Bracklinn Falls Footbridge	英国	桥梁结构	获奖	
77	2024	Nydal Bridge	挪威	桥梁结构	获奖	
78	2024	Tian'e Longtan Bridge	中国	桥梁结构	获奖	
79	2024	Mumbai Trans Harbour Link	印度	交通枢纽	获奖	
80	2024	The rehabilitation of the Deba Bridge	西班牙	桥梁修复	获奖	
81	2024	Bolintxu Viaducts	西班牙	建造创新	获奖	
82	2024	Padma Multipurpose Bridge*	孟加拉国	促进国际社会发展	获奖	

*表示中国企业参与了该工程的设计建造。